"十三五"普通高等教育规划教材

电气控制与可编程控制器技术

第四版

史国生　曹　弋　主编
王念春　主审

化学工业出版社
·北京·

本书依据高等院校的教学大纲，从基础理论与工程应用的角度出发，全面地介绍了电气控制和可编程控制器技术的原理和设计方法，电气控制技术包括常用的低压电器、电气控制的基本环节和典型控制线路以及电气控制系统的设计方法，可编程控制器技术主要介绍三菱 FX_{2N} 和 FX_{3U} 系列 PLC 的系统组成、工作原理、指令系统、编程方法和 PLC 控制系统的设计方法步骤。

本书注重内容的先进性和实用性，每章有大量的例题和适量的习题，图文并茂，便于教学和自学；本书配有实训教程与内容配套，以突出工程应用能力的训练和培养。在内容安排上，第一篇电气控制技术与第二篇可编程控制器技术之间既相互关联又相互独立，方便在教学中根据专业的需要，有选择地开设相应的内容。

本书可用于高等院校本科、专科生产过程自动化和电气工程及其自动化、机械设计制造及其自动化等专业的教材，也可作为相关工程技术人员的电气控制技术应用参考书。

图书在版编目（CIP）数据

电气控制与可编程控制器技术/史国生，曹弋主编.
4 版. —北京：化学工业出版社，2019.4（2024.6 重印）
ISBN 978-7-122-33906-5

Ⅰ.①电… Ⅱ.①史…②曹… Ⅲ.①电气控制器
②可编程序控制器 Ⅳ.①TM921.5②TM571.61

中国版本图书馆 CIP 数据核字（2019）第 028722 号

责任编辑：廉 静　　装帧设计：王晓宇
责任校对：杜杏然

出版发行：化学工业出版社（北京市东城区青年湖南街 13 号 邮政编码 100011）
印　　装：三河市双峰印刷装订有限公司
787mm×1092mm 1/16 印张 30 字数 804 千字 2024 年 6月北京第 4 版第 8 次印刷

购书咨询：010-64518888　　售后服务：010-64518899
网　　址：http://www.cip.com.cn
凡购买本书，如有缺损质量问题，本社销售中心负责调换。

定　　价：59.80 元

前言

Preface

《电气控制与可编程控制器技术》于 2004 年出版以来已有 14 年了，多次改版后被许多高校选作电气自动化专业教材，得到了广大读者的厚爱和支持，同时也对本书提出了许多宝贵的意见和建议，在此表示衷心的感谢。

根据读者的意见和建议，在第四版中做了如下的修订：

1. 常用低压电器的继电器部分，增加介绍了温度继电器、液位继电器、干簧继电器和漏电保护继电器等。

2. 常用低压电器部分适当进行了一些内容补充。

3. 第二篇可编程控制器技术中做了比较大的调整，根据目前三菱 PLC 的发展情况，在原来的 FX_{2N} 系列 PLC 的基础上，增加了当今应用较多的 FX_{3U} 系列 PLC 的内容。

4. 第六章中对 FX_{3U} 系列 PLC 所增加的软元件和基本指令进行了补充介绍。

5. 为了便于阅读理解，对第五章和第七章中一些内容进行了修改和调整。

6. 对第八章的应用指令部分进行了修改，并增加了一节，专门介绍 FX_{3U} 系列 PLC 的应用指令新增加的部分，并增补了各指令的应用实例。

此修订在保持第三版原有结构和特点的基础上，在第二篇可编程控制器技术中，针对目前三菱主流小型机 FX_{3U} 系列 PLC 进行了内容的增补，使各高校老师和读者根据实际情况的需要，对本教材既可以选用 FX_{2N} 系列 PLC 内容，也可以选用 FX_{3U} 系列 PLC 内容，或两者选择适当的内容进行教学，更好地为使用不同机型的广大用户服务，为教学和读者服务，以满足各行业对三菱 PLC 小型机应用的需要。

本书可作为高等学校电气工程及其自动化、机电一体化、冶金、化工自动化等相关专业的本、专科专业教材，也可作为工程技术人员的工程应用的参考书籍。

本书由南京师范大学电气与自动化工程学院史国生、曹弋担任主编，史国生编写了第五～第十章，曹保国编写了第一、三章，曹弋编写了第二、四章及承担全书校核工作。全书由史国生统稿，东南大学王念春教授主审。

本书在第四版的修订中，得到了南京师范大学电气与自动化工程学院、南师大中北学院等兄弟院校的大力支持和关心，也得到了刘飞宇老师的帮助，在此深表谢意！

由于编者水平有限，书中难免有不妥之处，敬请读者批评指正！

编　者

2018 年 12 月于南京

第一版前言

Preface

电气控制与可编程控制器技术是综合了计算机技术、自动控制技术和通信技术的一门新兴技术，是实现工业生产、科学研究以及其他各个领域自动化的重要手段之一，应用十分广泛。

由于电气控制与可编程控制器本是起源于同一体系，只是发展的阶段不同，在理论和应用上是一脉相承的，因此本书将电气控制技术和可编程控制器应用技术的内容编写在一起，能够更好地体现出它们之间的内在联系，使本书的结构和理论基础系统化，并更具有科学性和先进性。本书注重精选内容，结合实际、突出应用。在编排上循序渐进、由浅入深；在内容阐述上，力求简明扼要，图文并茂，通俗易懂，便于教学和自学。由于本课程的实践性强，因此本书在编写上也安排了电气控制与可编程控制器的实验内容。

本书由三部分组成。第一篇　电气控制技术，介绍电气控制中常用的低压电器、典型控制线路、典型电气控制系统分析和设计方法，共四章。第二篇　可编程控制器技术，介绍工业生产中常用的日本三菱公司 FX_{2N} 系列和日本 OMRON 公司 C 系列 P 型可编程控制器结构原理，指令系统及其应用，控制系统程序分析和设计方法，共六章。第三篇　电气控制与可编程控制器技术实验，介绍各种电气控制线路的设计与接线，日本三菱公司 FX_{2N} 系列可编程控制器在 PC 机上编程软件的使用和 OMRON 公司 C 系列 P 型可编程控制器简易编程器的操作，PLC 系统设计、接线和调试实验，共二章，本篇内容加强学生工程实践应用能力的培养。

本书可作为高等学校自动化、电气工程及其自动化、机械工程及其自动化等相关专业的本、专科教材，也可供相关工程技术人员参考。

本书由南京师范大学电气与电子工程学院史国生主编，并编写了第五至九章，曹保国编写了第一、三章，曹弋编写了第二、四章，李世锦编写了第十章，鞠勇编写了第十一、十二章。全书由史国生统稿，东南大学王念春教授、南京师范大学电气与电子工程学院赵阳教授主审。

本书是南京师范大学“十五”教材建设规划中首批校级重点教材。本书的出版得到了学校和电气与电子工程学院的大力资助，在此深表谢意！

由于编者水平有限，书中不足之处在所难免，敬请读者批评指正！

编　者

2004. 1

第二版前言

Preface

本书于2004年2月第一版出版以来，不到半年即重印，得到了广大读者的关心和支持，听到了许多宝贵的意见和建议，在此表示深深的感谢。

近年来，可编程控制器技术的发展异常迅猛，各生产厂家也推出了许多功能强大的新型PLC、各种特殊功能模块和通信联网器件，使可编程控制器成为集微机技术、自动化技术、通信技术于一体的通用工业控制装置，成为实现工业自动化的一种强有力的工具，在工业控制的各个领域得到了广泛应用。目前，工厂自动化（FA）、系统网络化已是PLC发展的潮流，考虑到现有的教材涉及这方面的内容较少，许多读者希望本书以一定的篇幅介绍三菱PLC的通信联网技术，全面深入了解三菱PLC的各种FA网络。因此本书在此次修订进行了这方面有益的尝试，取消了第一版中第十章“OMRON公司C系列P型可编程控制器”的内容，新增了“第十章 FX_{2N} 系列PLC的特殊功能模块及通信”，在这一章中，对三菱公司生产的常用特殊功能模块的原理、技术数据和应用以及FX系列PLC的通信单元、通信协议、网络配置、通信端口连接和相关编程进行了详细介绍。

同时对第一版中的“第十二章 PLC控制系统设计与实验”的内容也做了调整。

第二版保持了第一版原有的结构和特点，仅对局部的内容进行了调整和修订，同时对第一版中的错误和不足之处也做了修正。

全书按60授课学时编写，实验为20学时。可作为高等学校工业自动化、电气工程及其自动化、机电一体化等相关专业的本、专科专业教材，也可作为工程技术人员的工程应用参考书籍。

本次修订和第十章内容的编写由主编史国生完成。为便于新版教材的教学使用，本书同时配套了第二版的多媒体教学课件光盘，若需要可与化学工业出版社联系（电话：01064982527，E-mail：elec@cip.com.cn）

由于编者水平有限，书中难免有不妥之处，敬请读者批评指正！

编　者

2005.4

第三版前言

Preface

《电气控制与可编程控制器技术》（第二版）于2005年出版以来已有五年了，已被许多高校选作电气自动化专业教材，得到了广大读者的厚爱和支持，同时也对本书提出了许多宝贵的意见和建议，在此表示衷心的感谢。

本书根据读者的意见和建议，在第三版中做了如下的修订：

1. 为了使初学者在了解常用低压电器结构与动作原理的基础上，对工程电器实物有一定的感性认识，书中对各种电器的结构图增加了外形实物图。

2. 替换了一些陈旧的内容，并对意义不明确的部分内容进行了修正说明。

3. 为了便于阅读理解，对书中一些内容进行了调整。

4. 对书中 FX_{2N} 的指令及解释进行了修订，便于读者更加明了指令的使用和控制目的。

5. 对书中部分PLC程序进行了修订，并增加了注解，便于阅读了解程序控制的思想和方法。

6. 修订和增补了各章的习题。

7. 为了突出工程应用能力的训练和培养，本书配有《电气控制与可编程控制器技术实训教程》(书号：978-7-122-06856-9)，读者通过该书的实验、控制程序的阅读训练和各种工程控制课题的设计与调试，可以快速提高PLC的控制技术水平。

8. 为便于新版教材的教学使用，本书同时配套了第三版的多媒体教学课件，若需要请与化学工业出版社联系(010-64519189，www.cipedu.com.cn)。

本书通过以上修订的第三版内容，在保持第二版原有结构和特点的基础上，力求内容更加完整，结合图文，意义表达准确，更好地为教学和读者服务。

本书可作为高等学校电气工程及其自动化、机电一体化、冶金、化工自动化等相关专业的本、专科专业教材，也可作为工程技术人员的工程应用参考书籍。

本书由南京师范大学电气与自动化工程学院史国生主编，并编写了第五～十章，曹保国编写了第一、三章，曹弋编写了第二、四章。全书由史国生统稿，东南大学王念春教授、南京师范大学电气与电子工程学院赵阳教授主审。

本书在第三版的修订中，得到了南京师范大学、南京师范大学电气与自动化工程学院、南师大泰州学院等兄弟院校的大力支持和关心，在此深表谢意！

由于编者水平有限，书中难免有错误和不妥之处，敬请读者批评指正！

编　者

2010年3月

目录
Contents

第一篇 电气控制技术

电气控制技术在工业生产、科学研究以及其他各个领域的应用十分广泛，已经成为实现生产过程自动化的重要技术手段之一。尽管电气控制设备种类繁多、功能各异，但其控制原理、基本线路、设计基础都是类似的。本篇主要以电动机和其他执行电器为控制对象，介绍电气控制中常用的低压电器、基本线路以及电气控制系统的分析和设计方法。

第一章　常用低压电器

低压电器是组成各种电气控制成套设备的基础配套组件，它的正确使用是低压电力系统可靠运行、安全用电的基础和重要保证。

本章主要介绍常用低压电器的结构、工作原理、用途及其图形符号和文字符号，为正确选择和合理使用这些电器进行电气控制线路的设计打下基础。

第一节　电器的功能、分类和工作原理

一、电器的功能

电器是一种能根据外界的信号（机械力、电动力和其他物理量）和要求，手动或自动地接通、断开电路，以实现对电路或非电对象的切换、控制、保护、检测、变换和调节的元件或设备。

电器的控制作用就是手动或自动地接通、断开电路，“通”称为“开”，“断”也称为“关”。因此，“开”和“关”是电器最基本、最典型的功能。

二、电器的分类

电器的功能多、用途广、品种多，常用的分类方法如下。

1. 按工作电压等级分

（1）高压电器　用于交流电压1200V、直流电压1500V及以上的电路中的电器，例如高压断路器、高压隔离开关、高压熔断器等。

（2）低压电器　用于交流50Hz（或60Hz）额定电压为1200V以下、直流额定电压为1500V及以下的电路中的电器，例如接触器、继电器等。

2. 按动作原理分

（1）手动电器　人手操作发出动作指令的电器，例如刀开关、按钮等。

（2）自动电器　产生电磁力而自动完成动作指令的电器，例如接触器、继电器、电磁阀等。

3. 按用途分

（1）控制电器　用于各种控制电路和控制系统的电器，例如接触器、继电器、电动机启动器等。

（2）配电电器　用于电能的输送和分配的电器，例如高压断路器等。

（3）主令电器　用于自动控制系统中发送动作指令的电器，例如按钮、转换开关等。

（4）保护电器　用于保护电路及用电设备的电器，例如熔断器、热继电器等。

（5）执行电器　用于完成某种动作或传送功能的电器，例如电磁铁、电磁离合器等。

三、电磁式电器的基本原理

低压电器中大部分为电磁式电器，各类电磁式电器的工作原理基本相同，由检测部分（电磁机构）和执行部分（触头系统）两部分组成。

（一）电磁机构

1. 电磁机构的结构形式

电磁机构由吸引线圈、铁心和衔铁组成，其结构形式按衔铁的运动方式可分为直动式和拍合式。图 1-1 和图 1-2 是直动式和拍合式电磁机构的常用结构形式。

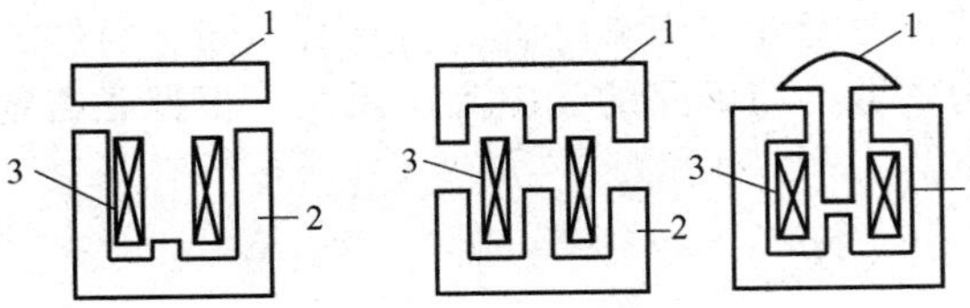

图 1-1 直动式电磁机构

1—衔铁；2—铁心；3—吸引线圈

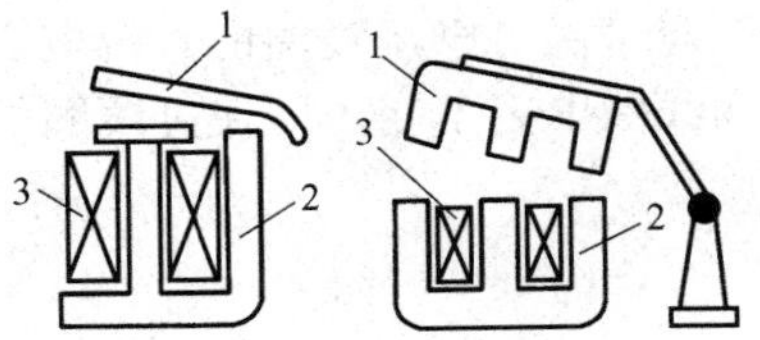

图 1-2 拍合式电磁机构

1—衔铁；2—铁心；3—吸引线圈

吸引线圈的作用是将电能转换为磁能，即产生磁通，衔铁在电磁吸力作用下产生机械位移使铁心吸合。通入直流电的线圈称直流线圈，通入交流电的线圈称交流线圈。

直流线圈通电，铁心不会发热，只有线圈发热，因此使线圈与铁心直接接触，易于散热。线圈一般做成无骨架、高而薄的瘦高型，以改善线圈自身散热。铁心和衔铁由软钢或工程纯铁制成。

对于交流线圈，除线圈发热外，由于铁心中有涡流和磁滞损耗，铁心也会发热。为了改善线圈和铁心的散热情况，在铁心与线圈之间留有散热间隙，而且把线圈做成有骨架的矮胖型。铁心用硅钢片叠成，以减少涡流。

另外，根据线圈在电路中的连接方式可分为串联线圈（即电流线圈）和并联线圈（即电压线圈）。串联（电流）线圈串接在线路中，流过的电流大，为减少对电路的影响，线圈的导线粗，匝数少，线圈的阻抗较小。并联（电压）线圈并联在线路上，为减少分流作用，需要较大的阻抗，因此线圈的导线细且匝数多。

2. 电磁机构的工作原理

电磁铁工作时，线圈产生的磁通作用于衔铁，产生电磁吸力，并使衔铁产生机械位移，衔铁复位时复位弹簧将衔铁拉回原位。因此作用在衔铁上的力有两个：电磁吸力和反力。电磁吸力由电磁机构产生，反力由复位弹簧和触头等产生。电磁机构的工作特性常用吸力特性和反力特性来表达。

（1）吸力特性　电磁机构的电磁吸力 F 与气隙 δ 的关系曲线称为吸力特性。

电磁吸力可按下式求得

$$F=\frac{10^7}{8\pi}B^2S \tag{1-1}$$

式中，F 为电磁吸力，N；B 为气隙磁感应强度，T；S 为磁极截面积，m^2。

当铁心截面积 S 为常数时，电磁吸力 F 与 B^2 成正比，也可认为 F 与气隙磁通 Φ^2 成正比。励磁电流的种类对吸力特性有很大影响。

对于具有电压线圈的交流电磁机构，设线圈外加电压 U 不变，交流电磁线圈的阻抗主要决定于线圈的电抗，若电阻忽略不计，则

$$U\approx E=4.44f\Phi N \tag{1-2}$$

$$\varPhi=\frac{U}{4.44fN} \tag{1-3}$$

式中，U 为线圈外加电压；E 为线圈感应电动势；f 为电压频率；$\varPhi$ 为气隙磁通；N 为电磁线圈的匝数。

当电压频率 f、电磁线圈的匝数 N 和线圈外加电压 U 为常数时，气隙磁通 $\varPhi$ 也为常数，则电磁吸力也为常数，即 F 与气隙 δ 大小无关。实际上，考虑到漏磁通的影响，电磁吸力 F 随气隙 δ 的减少略有增加。交流电磁机构的吸力特性如图 1-3 所示。由于交流电磁机构的气隙磁通 $\varPhi$ 不变，IN 随气隙磁阻（也即随气隙 δ）的变化成正比变化，所以交流电磁线圈的电流 I 与气隙 δ 成正比变化。

对于具有电压线圈的直流电磁机构，其吸力特性与交流电磁机构有所不同。因外加电压 U 和线圈电阻不变，则流过线圈的电流 I 为常数，与磁路的气隙大小无关。根据磁路定律

$$\varPhi=\frac{IN}{R_{\mathrm{m}}}\propto\frac{1}{R_{\mathrm{m}}} \tag{1-4}$$

则

$$F\propto\varPhi^2\propto\left(\frac{1}{R_{\mathrm{m}}^2}\right)\propto\frac{1}{\delta^2} \tag{1-5}$$

故其吸力特性为二次曲线形状，如图 1-4 所示。

在一些要求可靠性较高或操作频繁的场合，一般不采用交流电磁机构而采用直流电磁机构，这是因为一般 U 形铁心的交流电磁机构的励磁线圈通电而衔铁尚未吸合的瞬间，电流将达到衔铁吸合后额定电流的 5～6 倍；E 形铁心电磁机构则达到额定电流的 10～15 倍。如果衔铁卡住不能吸合或者频繁操作时，交流励磁线圈则有可能被烧毁。

（2）反力特性　电磁系统的反作用力与气隙的关系曲线称为反力特性。反作用力包括弹簧力、衔铁自身重力、摩擦阻力等。图 1-5 中所示曲线 3 即为反力特性曲线。图中 δ_1 为起始位置，δ_2 为动、静触头接触时的位置。在 δ_1～δ_2 区域内，反作用力随气隙减小而略有增大，到达位置 δ_2 时，动、静触头接触，这时触头上的初压力作用到衔铁上，反作用力骤增，曲线发生突变。在 δ_2～0 区域内，气隙越小，触头压得越紧，反作用力越大，其曲线比 δ_1～δ_2 段陡。

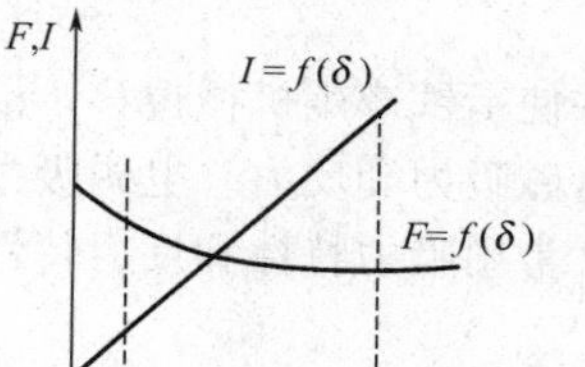

图 1-3　交流电磁机构的吸力特性

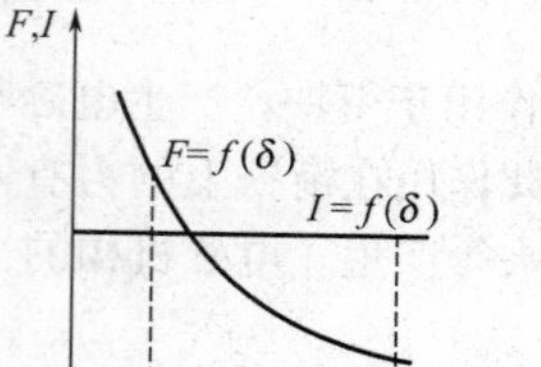

图 1-4　直流电磁机构的吸力特性

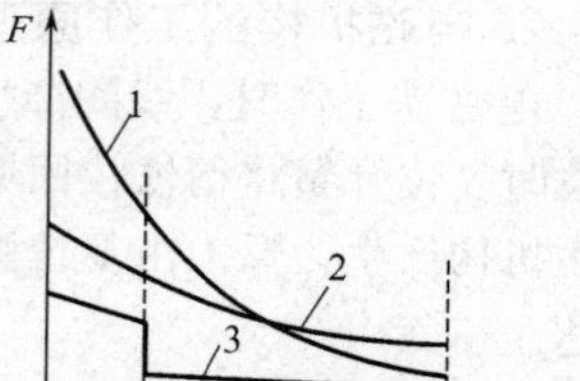

图 1-5　吸力特性和反力特性

1—直流接触器吸力特性；
2—交流接触器吸力特性；
3—反力特性

（3）反力特性与吸力特性的配合　为了保证使衔铁能牢牢吸合，反作用力特性必须与吸力特性配合好，如图 1-5 所示。在整个吸合过程中，吸力都必须大于反作用力，即吸力特性高于反力特性，但不能过大或过小，吸力过大时，动、静触头接触时以及衔铁与铁心接触时的冲击力也大，会使触头和衔铁发生弹跳，导致触头熔焊或烧毁，影响电器的机械寿命；吸

力过小时，会使衔铁运动速度降低，难以满足高操作频率的要求。因此，吸力特性与反力特性必须配合得当，才有助于电器性能的改善。在实际应用中，可调整反力弹簧或触头初压力以改变反力特性，使之与吸力特性有良好配合。

3. 交流电磁机构上短路环的作用

由于单相交流电磁机构上铁心的磁通是交变的，故当磁通过零时，电磁吸力也为零，吸合后的衔铁在反力弹簧的作用下将被拉开，磁通过零后电磁吸力又增大，当吸力大于反力时，衔铁又被吸合。这样，交流电源频率的变化，使衔铁产生强烈振动和噪声，甚至使铁心松散。因此交流电磁机构铁心端面上都安装一个铜制的短路环。短路环包围铁心端面约 2/3 的面积，如图 1-6 所示。

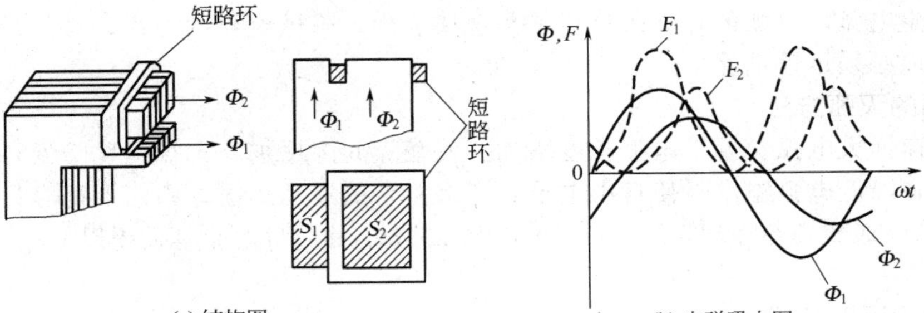

(a) 结构图　(b) 电磁吸力图

图 1-6 单相交流电磁铁铁心的短路环

当交变磁通穿过短路环所包围的截面积 S_2 在环中产生涡流时，根据电磁感应定律，此涡流产生的磁通 Φ_2 在相位上落后于短路环外铁心截面 S_1 中的磁通 Φ_1，由 Φ_1、Φ_2 产生的电磁吸力为 F_1、F_2，作用在衔铁上的合成电磁吸力是 F_1+F_2，只要此合力始终大于其反力，衔铁就不会产生振动和噪声。

(二) 触头系统

触头（触点）是电磁式电器的执行元件，用来接通或断开被控制电路。

触头的结构形式很多，按其所控制的电路可分为主触头和辅助触头。主触头用于接通或断开主电路，允许通过较大的电流；辅助触头用于接通或断开控制电路，只能通过较小的电流。

触头按其原始状态可分为常开触头和常闭触头：原始状态时（即线圈未通电）断开，线圈通电后闭合的触头叫常开触头；原始状态闭合，线圈通电后断开的触头叫常闭触头（线圈断电后所有触头复原）。

触头按其结构形式可分为桥形触头和指形触头，如图 1-7 所示。

触头按其接触形式可分为点接触、线接触和面接触三种，如图 1-8 所示。

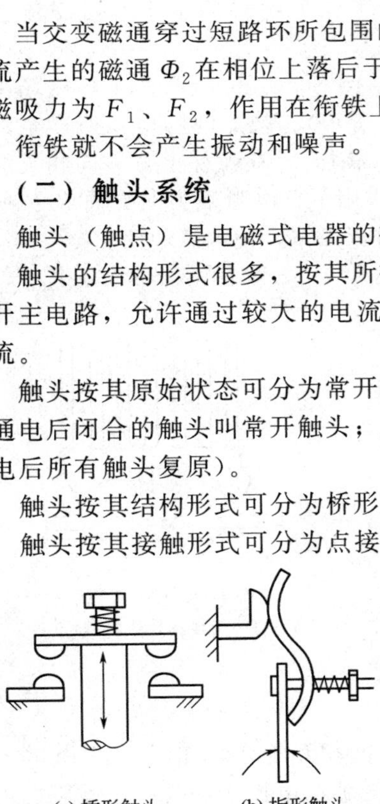
(a) 桥形触头　(b) 指形触头

图 1-7 触头结构形式

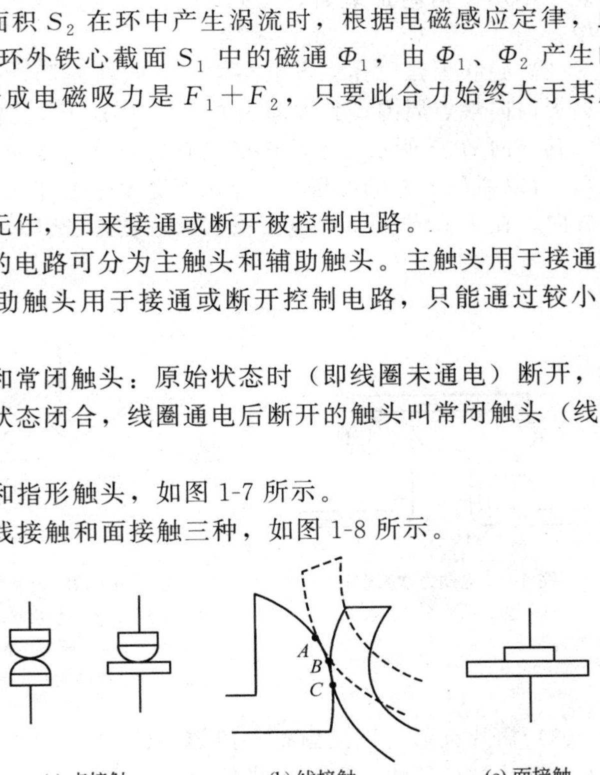

(a) 点接触　(b) 线接触　(c) 面接触

图 1-8 触头接触形式

图 1-8(a) 为点接触，它由两个半球形触头或一个半球形与一个平面形触头构成，常用于小电流的电器中，如接触器的辅助触头或继电器触头。图 1-8(b) 为线接触，它的接触区域是一条直线，触头的通断过程是滚动式进行的。开始接通时，静、动触头在 A 点处接触，靠弹簧压力经 B 点滚动到 C 点，断开时做相反运动。这样可以自动清除触头表面的氧化物，触头长期正常工作的位置不是在易灼烧的 A 点，而是在工作点 C 点，保证了触头的良好接触。线接触多用于中容量的电器，如接触器的主触头。图 1-8(c) 为面接触，它允许通过较大的电流。这种触头一般在接触表面上镶有合金，以减少触头接触电阻并提高耐磨性，多用于大容量接触器的主触头。

（三）灭弧工作原理

触点在通电状态下动、静触头脱离接触时，由于电场的存在，使触头表面的自由电子大量溢出而产生电弧。电弧的存在既烧损触头金属表面，降低电器的寿命，又延长了电路的分断时间，所以必须迅速消除。

1. 常用的灭弧方法

（1）迅速增大电弧长度　电弧长度增加，使触点间隙增加，电场强度降低，同时又使散热面积增大，降低电弧温度，使自由电子和空穴复合的运动加强，因而电荷容易熄灭。

（2）冷却　使电弧与冷却介质接触，带走电弧热量，也可使复合运动得以加强，从而使电弧熄灭。

2. 常用的灭弧装置

（1）电动力吹弧　电动力吹弧如图 1-9 所示。双断点桥式触头在分断时具有电动力吹弧功能，不用任何附加装置，便可使电弧迅速熄灭。这种灭弧方法多用于小容量交流接触器中。

（2）磁吹灭弧　在触点电路中串入吹弧线圈，如图 1-10 所示。该线圈产生的磁场由导磁夹板引向触点周围，其方向由右手定则确定（为图中×所示）。触点间的电弧所产生的磁场，其方向为⊕⊙所示。这两个磁场在电弧下方方向相同（叠加），在弧柱上方方向相反（相减），所以弧柱下方的磁场强于上方的磁场。在下方磁场作用下，电弧受力的方向为 F 所指的方向，在 F 的作用下，电弧被吹离触点，经引弧角引进灭弧罩，使电弧熄灭。

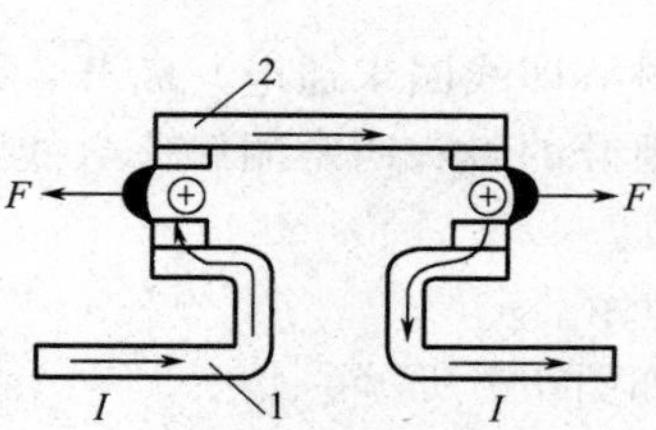

图 1-9　电动力吹弧示意

1—静触头；2—动触头

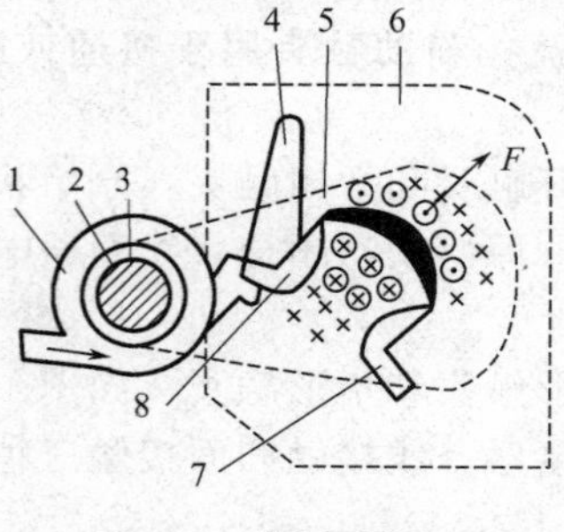

图 1-10　磁吹灭弧示意

1—磁吹线圈；2—绝缘套；3—铁心；4—引弧角；5—导磁甲板；6—灭弧罩；7—动触头；8—静触头

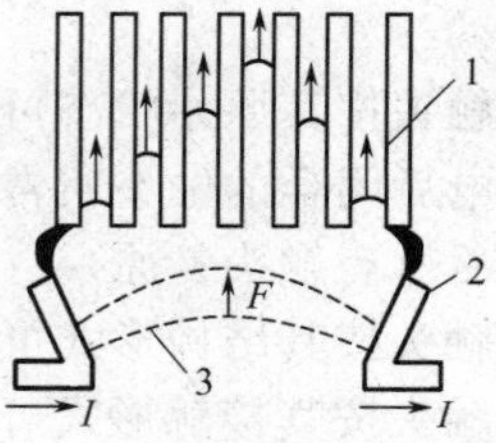

图 1-11　栅片灭弧示意

1—灭弧栅片；2—触点；3—电弧

（3）栅片灭弧　灭弧栅是一组镀铜薄钢片，它们彼此间相互绝缘，如图 1-11 所示。电弧进入栅片被分割成一段段串联的短弧，而栅片就是这些短弧的电极。每两片灭弧片之间都有 150～250V 的绝缘强度，使整个灭弧栅的绝缘强度大大加强，以致外加电压无法维持，电弧迅速熄灭。此外，栅片还能吸收电弧热量，使电弧迅速冷却。基于上述原因，电弧进入栅片后就会很快熄灭。由于栅片灭弧装置的灭弧效果在交流时要比直流时强得多，因此在交流电器中常采用栅片灭弧。

第二节　电气控制线路中常用电器

一、低压隔离器

低压隔离器是低压电器中结构比较简单、应用十分广泛的一类手动操作电器，品种主要有低压刀开关、熔断器式刀开关和组合开关三种。

隔离器主要是在电源切除后，将线路与电源明显地隔开，以保障检修人员的安全。熔断器式刀开关由刀开关和熔断器组合而成，故兼有两者的功能，即电源隔离和电路保护功能，可分断一定的负载电流。

1. 刀开关

刀开关由操纵手柄、触刀、静插座和绝缘底板等组成。图 1-12(a) 为其结构简图，图 (b) 为打开外盖的刀开关外形图。

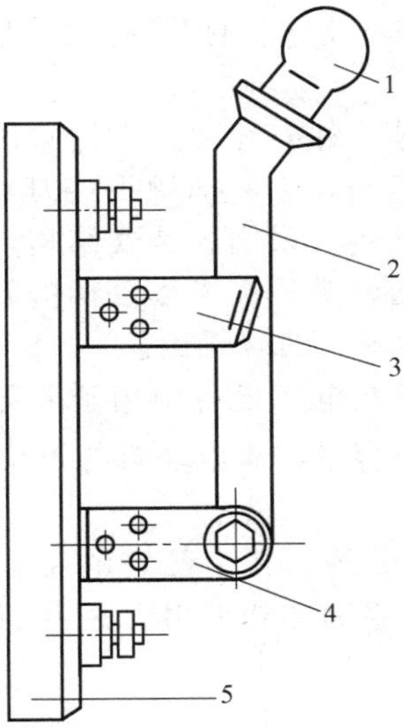

(a) 结构简图

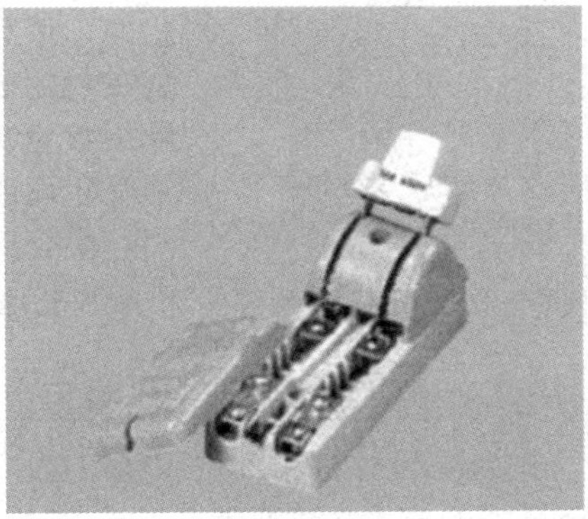

(b) 外形图

图 1-12　低压隔离开关的外形图

1—操纵手柄；2—触刀；3—静插座；4—支座；5—绝缘底板

刀开关的主要类型有：带灭弧装置的大容量刀开关，带熔断器的开启式负荷开关（胶盖开关）、带灭弧装置和熔断器的封闭式负荷开关（铁壳开关）等。常用的产品有：HD11～HD14 和 HS11～HS13 系列刀开关，HK1、HK2 系列胶盖开关，HH3、HH4 系列铁壳开关。近年来我国研制的新产品有 HD18、HD17、HS17 等系列刀形隔离开关，HG1 系列熔断器式隔离开关等。

刀开关的主要技术参数有：长期工作所承受的最大电压——额定电压，长期通过的最大允许电流——额定电流，以及分断能力等。选用刀开关时，刀的极数要与电源进线相数相等；刀开关的额定电压应大于所控制的线路额定电压；刀开关的额定电流应大于负载的额定电流。表 1-1 列出 HK1 系列胶盖开关的技术参数。

表 1-1　HK1 系列胶盖开关的技术参数

额定电流值/A	极数	额定电压值/V	可控制电动机最大容量值/kW		触刀极限分断能力/A（cosφ＝0.6）	触刀极限分断能力/A	配用熔丝规格			
							熔丝成分			熔丝直径/mm
			220V	380V			W_{Pb}	W_{Sn}	W_{Sb}	
15	2	220	—	—	30	500	98%	1%	1%	1.45 ～ 1.59
30	2	220	—	—	60	1000				2.30 ～ 2.52
60	2	220	—	—	90	1500				3.36 ～ 4.00
15	2	380	1.5	2.2	30	500				1.45 ～ 1.59
30	2	380	3.0	4.0	60	1000				2.30 ～ 2.52
60	2	380	4.4	5.5	90	1500				3.36 ～ 4.00

刀开关一般应垂直安装在开关板上，并使用静插座位于上方，以防止触刀等运动部件因支座松动而在自重作用下向下掉落，发生合闸而造成事故。

刀开关使用时应注意以下几点。

① 当刀开关被用作隔离开关时，合闸顺序是先合上刀开关，再合上其他控制负载的开关；分闸顺序则相反，先分开控制负载的开关再分开刀开关。

② 按照技术参数规定的分断能力来分断负载，若无灭弧罩一般不允许分断负载。

③ 多极刀开关应保证各极的动作同步而且接触良好，否则当负载是笼型异步电机时，可能发生电机因单相运转而烧坏。

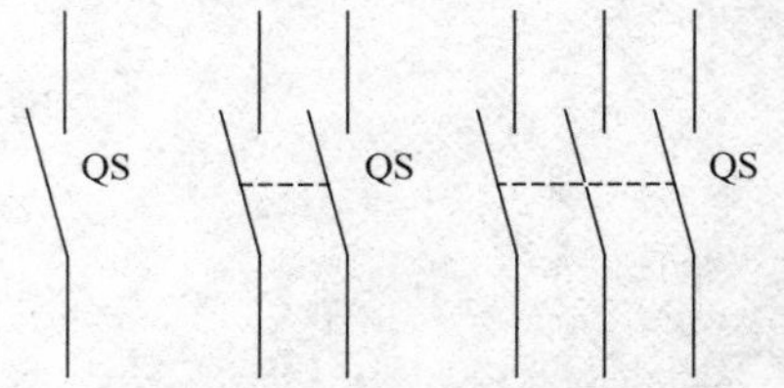

(a) 单极　(b) 双极　(c) 三极

图 1-13　刀开关的图形、文字符号

刀开关的图形、文字符号如图 1-13 所示。

2. 组合开关

组合开关也是一种刀开关，不过它的刀片是转动式的，操作比较轻巧，它的动触头（刀片）和静触头装在封闭的绝缘件内，采用叠装式结构，其层数由动触头数量决定，动触头装在操作手柄的转轴上，随转轴旋转而改变各对触头的通断状态。

组合开关一般在电气设备中用于非频繁地接通和分断电路、接通电源和负载、测量三相电压以及控制小容量异步电动机的正反转和星-三角降压启动等。

组合开关的主要参数有额定电压、额定电流、极数等。其中额定电流有 10A、25A、60A 等几级。全国统一设计的常用产品有 HZ5、HZ10 系列和新型组合开关 HZ15 等系列。HZ10 系列组合开关的技术数据见表 1-2。

表 1-2　HZ10 系列组合开关的技术数据

型号	额定电压/V	额定电流/A	极数	极限操作电流①/A		可控制电动机最大容量和额定电流①		额定电压及电流下的通断次数			
								ACcosφ		直流时间常数/s	
				接通	分断	容量/kW	额定电流/A	≥0.8	≥0.3	≤0.0025	≤0.01
HZ10-10	DC220，AC380	6	单极	94	62	3	7	20000	10000	20000	10000
		10	2，3								
HZ10-25		25		155	108	5.5	12				
HZ10-60		60									
HZ10-100		100						10000	5000	10000	5000

① 均指三极组合开关。

组合开关的结构和图形、文字符号如图 1-14(a) 所示，某种组合开关的外形图如图 1-14(b) 所示。

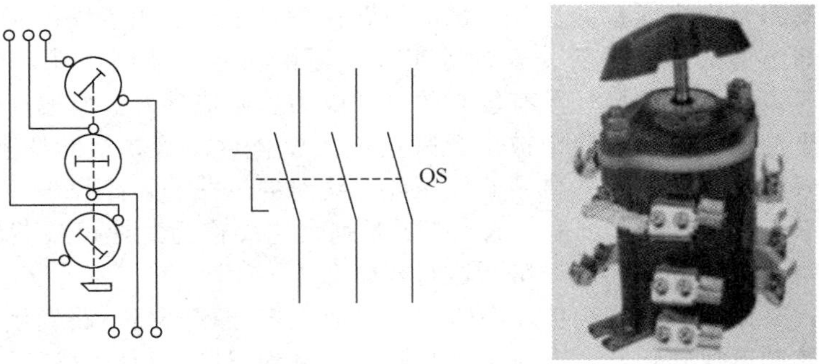

(a) 结构和图形、文字符号　　(b) 外形图

图 1-14 组合开关的结构和外形图

二、熔断器

1. 熔断器的工作原理和保护特性

熔断器是一种结构简单、使用方便、价格低廉的保护电器，广泛用于供电线路和电气设备的短路保护中。熔断器由熔体和安装熔体的熔断管（或座）等部分组成。熔体是熔断器的核心，通常用低熔点的铅锡合金、锌、铜、银的丝状或片状材料制成，新型的熔体通常设计成灭弧栅状和具有变截面片状结构。当通过熔断器的电流超过一定数值并经过一定的时间后，电流在熔体上产生的热量使熔体某处熔化而分断电路，从而保护了电路和设备。

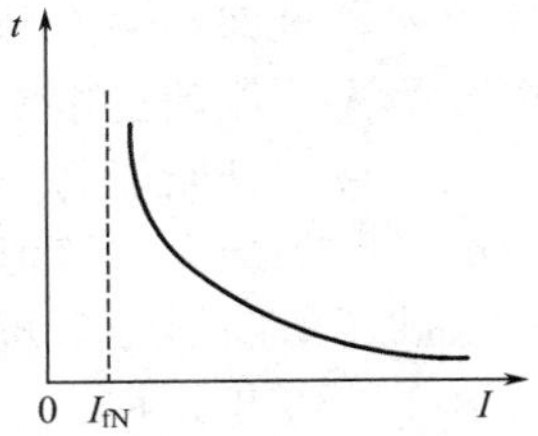

图 1-15 熔断器的安-秒特性

熔断器熔体熔断的电流值与熔断时间的关系称为熔断器的保护特性曲线，也称为熔断器的安-秒（I-t）特性，如图 1-15 所示。由特性曲线可以看出，流过熔体的电流越大，熔断所需的时间越短。熔体的额定电流 I_{fN} 是熔体长期工作而不致熔断的电流。

熔断器的熔断电流与熔断时间的数值关系如表 1-3 所示。

表 1-3 熔断器的熔断电流与熔断时间的数值关系

熔断电流	$1.25 \sim 1.3I_N$	$1.6I_N$	$2I_N$	$2.5I_N$	$3I_N$	$4I_N$
熔断时间	∞	1h	40s	8s	4.5s	2.5s

2. 常用熔断器的种类及技术数据

熔断器按其结构型式分为插入式、螺旋式、有填料密封管式、无填料密封管式等，品种规格很多。在电气控制系统中经常选用螺旋式熔断器，它有明显的分断指示和不用任何工具就可取下或更换熔体等优点。

熔断器的型号含义：

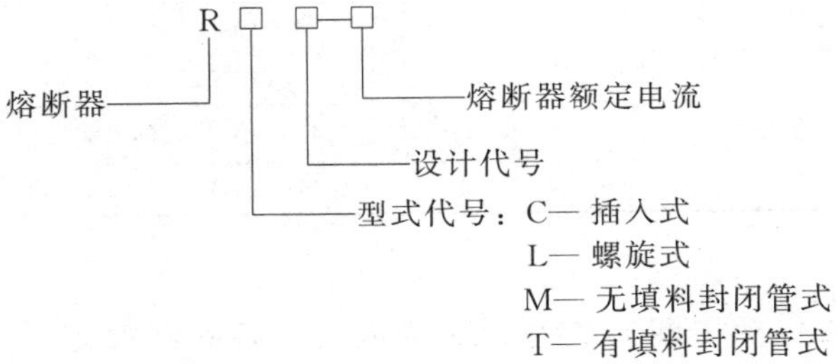

插入式熔断器常用的有 RC1A 系列，由瓷盖、底座、触点和熔丝等组成，分断能力低，主要用于低压分支路及中小容量的控制系统的短路保护，也可以用于民用照明电路的短路保护；螺旋式熔断器由瓷底座、熔管、瓷帽等组成，瓷帽顶部有玻璃圆孔，内部有熔断指示器，当熔体熔断时，指示器跳出，具有较高的分断能力，限流性好，有明显熔断指示，可不用工具就能安全更换熔体，在机床中被广泛采用；无填料封闭管式熔断器有 RM1、RM10，分断能力较低，限流特性较差，主要用于低压配电线路的过载和短路保护；常用的有填料封闭管式熔断器有 RT0、RT12、RT14、RT15 等系列，主要作为工业电气装置、配电设备的过载和短路保护，也可以配套使用于熔断器组合电器中。

自复熔断器是采用金属钠为熔体，在常温下具有高电导率。当电路发生短路故障时，短路电流产生高温使钠迅速气化，气态钠呈现高阻态，从而限制了短路电流。当短路电流消失后，温度下降，金属钠恢复原来的良好导电性。自复熔断器只能限制短路电流，不能真正分断电路，其优点是不用更换熔体，能重复使用。

熔断器的主要技术参数如下。

（1）额定电压　指熔断器长期工作时和分断后能够承受的电压，其值一般等于或大于电气设备的额定电压。

（2）额定电流　指熔断器长期工作时，设备部件温升不超过规定值时所能承受的电流。厂家为了减少熔断管额定电流的规格，熔断管的额定电流等级比较少，而熔体的额定电流等级比较多，也即在一个额定电流等级的熔管内可以分几个额定电流等级的熔体，但熔体的额定电流最大不能超过熔断管的额定电流。

（3）极限分断能力　是指熔断器在规定的额定电压和功率因素（或时间常数）的条件下，能分断的最大电流值，在电路中出现的最大电流值一般指短路电流值。所以极限分断能力也反映了熔断器分断短路电流的能力。

表 1-4 列出了 RL6、RLS2、RT12、RT14 等系列的技术数据。

表 1-4　常用熔断器技术数据

型　号	额定电压/V	额定电流/A		分断能力/kA
		熔断器	熔　体	
RL6-25	约 500	25	2,4,6,10,16,20,25	50
RL6-63		63	35,50,63	
RL6-100		100	80,100	
RL6-200		200	125,160,200	
RLS2-30	约 500	30	16,20,25,30	50
RLS2-63		63	32,40,50,63	
RLS2-100		100	63,80,100	
RT12-20	约 415	20	2,4,6,10,16,20	80
RT12-32		32	20,25,32	
RT12-63		63	32,40,50,63	
RT12-100		100	63,80,100	
RT14-20	约 380	20	2,4,6,10,16,20	100
RT14-32		32	2,4,6,10,16,20,25,32	
RT14-63		63	10,16,20,25,32,40,50,63	

3. 熔断器的选择

熔断器的选择主要包括熔断器类型、额定电压、熔断器额定电流和熔体额定电流的确定。

熔断器的类型主要由电控系统整体设计确定，熔断器的额定电压应大于或等于实际电路的工作电压；熔断器额定电流应大于或等于所装熔体的额定电流。

确定熔体电流是选择熔断器的主要任务，具体来说有下列几条原则。

（1）对于照明线路或电阻炉等电阻性负载，熔体的额定电流应大于或等于电路的工作电流，即 $I_{fN} \geqslant I$，式中 I_{fN} 为熔体的额定电流，I 为电路的工作电流。

（2）保护一台异步电动机时，考虑电动机冲击电流的影响，熔体的额定电流按下式计算

$$I_{fN} \geqslant (1.5 \sim 2.5) I_N \tag{1-6}$$

式中，I_N 为电动机的额定电流。

（3）保护多台异步电动机时，若各台电动机不同时启动，则应按下式计算

$$I_{fN} \geqslant (1.5 \sim 2.5) I_{Nmax} + \sum I_N \tag{1-7}$$

式中，I_{Nmax} 为容量最大的一台电动机的额定电流；$\sum I_N$ 为其余电动机额定电流的总和。

（4）为防止发生越级熔断，上、下级（即供电干、支线）熔断器间应有良好的协调配合，为此，应使上一级（供电干线）熔断器的熔体额定电流比下一级（供电支线）大 1～2 个级差。

熔断器的图形、文字符号如图 1-16(a) 所示，某种熔断器的外形图如图 1-16(b) 所示。

(a) 图形、文字符号　(b) 外形图

图 1-16　熔断器的图形、文字符号和外形图

三、控制继电器

继电器是一种根据某种输入信号的变化，使其自身的执行机构动作的自动控制电器。它具有输入电路（又称感应元件）和输出电路（又称执行元件），当感应元件中的输入量（如电压、电流、温度、压力等）变化到某一定值时继电器动作，执行元件便接通和断开控制电路。

继电器种类很多，按输入信号可分为：电压继电器、电流继电器、功率继电器、速度继电器、压力继电器、温度继电器等；按工作原理可分为：电磁式继电器、感应式继电器、电动式继电器、电子式继电器，热继电器等；按用途可分为控制继电器与保护继电器；按输出形式可分为有触点继电器和无触点继电器。

继电器的主要特性是输入-输出特性，即继电特性。继电特性曲线如图 1-17 所示。当继电器输入量 x 由零增至 x_2 以前，输出量 y 为零。当输入量 x 增加到 x_2 时，继电器吸合，输出量为 y_1，若 x 再增大，y_1 值保持不变。当 x 减小到 x_1 时，继电器释放，输出量由 y_1 降至零。x 再减小，y 值均为零。图中，x_2 称为继电器吸合值，欲使继电器吸合，输入量必须大于或等于此值；x_1 称为继电器释放值，欲使继电器释放，输入量必须小于或等于此值。

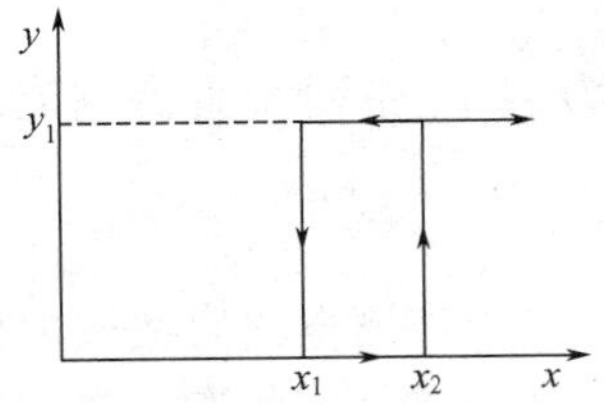

图 1-17　继电特性曲线

$k = x_1/x_2$ 称为继电器的返回系数，它是继电器的重要参数之一。k 值是可以调节的，不同场合要求不同的 k 值。例如一般继电器要求低的返回系数，k 值应在 0.1～0.4 之间，这样当继电器吸合后，输入量波动较大时不致引起误动作。欠电压继电器则要求高的返回系数，k 值应在 0.6 以上。如某继电器 $k = 0.66$，吸合电压为额定电压的 90%，则电压低于额定电压的 60%时，继电器释放，起到欠电压保护的作用。

另一个重要参数是吸合时间和释放时间。吸合时间是指从

线圈接受电信号到衔铁完全吸合所需的时间；释放时间是指从线圈失电到衔铁完全释放所需的时间。一般继电器的吸合时间与释放时间为 0.05～0.15s，快速继电器为 0.005～0.05s，它的大小影响着继电器的操作频率。

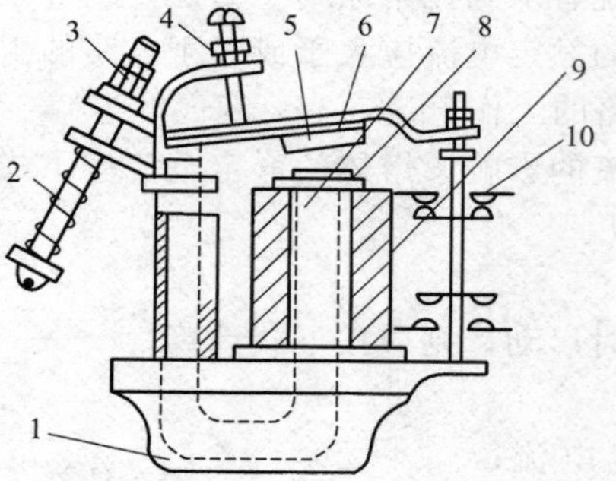

图 1-18　电磁式继电器的典型结构

1—底座；2—反力弹簧；3，4—调节螺钉；5—非磁性垫片；6—衔铁；7—铁心；8—极靴；9—电磁线圈；10—触头系统

无论继电器的输入量是电量或非电量，继电器工作的最终目的总是控制触头的分断或闭合，而触头又是控制电路通断的，就这一点来说接触器与继电器是相同的。但是它们又有区别，主要表现在以下两个方面。

（1）所控制的线路不同　继电器用于控制电讯线路、仪表线路、自控装置等小电流电路及控制电路；接触器用于控制电动机等大功率、大电流电路及主电路。

（2）输入信号不同　继电器的输入信号可以是各种物理量，如电压、电流、时间、压力、速度等，而接触器的输入量只有电压。

（一）电磁式继电器

在低压控制系统中采用的继电器大部分是电磁式继电器，电磁式继电器的结构与原理和接触器基本相同。电磁式继电器的典型结构如图 1-18 所示，它由电磁机构和触头系统组成。按吸引线圈电流的类型，可分为直流电磁式继电器和交流电磁式继电器。按其在电路中的连接方式，可分为电流继电器、电压继电器和中间继电器等。

1. 电流继电器

电流继电器反映的是电流信号。使用时，电流继电器的线圈串联于被测电路中，根据电流的变化而动作。为降低负载效应和对被测量电路参数的影响，线圈匝数少，导线粗，阻抗小。电流继电器除用于电流型保护的场合外，还经常用于按电流原则控制的场合。电流继电器有欠电流继电器和过电流继电器两种。

（1）欠电流继电器　线圈中通以 30%～65%的额定电流时继电器吸合，当线圈中的电流降至额定电流的 10%～20%时继电器释放。所以，在电路正常工作时，欠电流继电器始终是吸合的。当电路由于某种原因使电流降至额定电流的 20%以下时，欠电流继电器释放，发出信号，从而改变电路状态。

（2）过电流继电器　其结构、原理与欠电流继电器相同，只不过吸合值与释放值不同。过电流继电器吸引线圈的匝数很少。直流过电流继电器的吸合值为 70%～300%额定电流，交流过电流继电器的吸合值为 110%～400%额定电流。应当注意，过电流继电器在正常情况下（即电流在额定值附近时）是释放的，当电路发生过载或短路故障时，过电流继电器才吸合，吸合后立即使所控制的接触器或电路分断，然后自己也释放。由于过电流继电器具有短时工作的特点，所以交流过电流继电器不用装短路环。

常用的交直流电流继电器有 JT4、JT14 等系列，表 1-5 所列为 JL14 系列交直流电流继电器的技术数据。

2. 电压继电器

电压继电器反映的是电压信号。使用时，电压继电器的线圈并接于被测电路，线圈的匝数多、导线细、阻抗大。继电器根据所接线路电压值的变化，处于吸合或释放状态。常用的有欠（零）电压继电器和过电压继电器两种。

表 1-5 JL14 系列交直流电流继电器的技术数据

电流种类	型号	吸引线圈额定电流/A	吸合电流调整范围	触头组合形式	用途	备注
直流	JL14-□□Z JL14-□□ZS	1,1.5,2.5,5,10,15,25,40,60,100,150,300,600,1200,1500	70%～300%I_N	3 常开,3 常闭 2 常开,1 常闭	在控制电路中过电流或欠电流保护用	可替代 JT3-1 JT4-J JT4-S JL3 JL3-J JL3-S 等老产品
交流	JL14-□□ZO		30%～65% I_N 或释放电流在 10%～20%I_N 范围	1 常开,2 常闭 1 常开,1 常闭		
	JL14-□□J JL14-□□JS		110%～400%I_N	2 常开,2 常闭 1 常开,1 常闭		
	JL14-□□JG			1 常开,1 常闭		

电路正常工作时，欠电压继电器吸合，当电路电压减小到某一整定值（30%U_N～50%U_N）以下时，欠电压继电器释放，对电路实现欠电压保护。

电路正常工作时，过电压继电器不动作，当电路电压超过到某一整定值（105%U_N～120%U_N）时，过电压继电器吸合，对电路实现过电压保护。

零电压继电器是当电路电压降低到（5%～25%）U_N 时释放，对电路实现欠电压保护。

JT4 系列交流电磁式继电器的技术数据见表 1-6 所示。

表 1-6 JT4 系列交流电磁式继电器的技术数据

型 号	动作电压或动作电流	动作误差	吸引线圈规格	消耗功率	触头数量
JT4-□□ 型零电压(或中间)继电器	吸引电压在线圈额定电压的 60%～85%范围内调节，释放电压在线圈额定电压的 10%～35%范围内调节	±10%	110V，127V，220V，380V	75V·A	2 常开，2 常闭或 1 常开，1 常闭
JT4-□□L 型过电流继电器	吸引电流在线圈额定电流的 110%～350%范围内调节		5A，10A，15A，20A，40A，80A，150A，300A，600A	5W	
JT4-□□S 型(手动)过电流继电器					
JT4-22A 型过电流继电器	吸引电压在线圈额定电压的 105%～120%范围内调节		110V，220V，380V	75V·A	2 常开，2 常闭

3. 中间继电器

中间继电器实质上是电压继电器，只是触头数量多（一般有 8 对），容量也大，起到中间放大（触头数目和电流容量）的作用。

常用的中间继电器有 JZ7 和 JZ8 等系列。表 1-7 所示为 JZ7 系列中间继电器的技术参数。

表 1-7 JZ7 系列中间继电器的技术参数

型号	触点额定电压/V	触点额定电流/A	触点对数		吸引线圈电压/V	额定操作频率/(次·h^{-1})	线圈消耗功率/V·A	
			常开	常闭			启动	吸持
JZ7-44	500	5	4	4	交流 50Hz 时 12，36，127，220，380	1200	75	12
JZ7-62	500	5	6	2			75	12
JZ7-80	500	5	8	0			75	12

4. 电磁式继电器的整定

继电器在投入运行前，必须把它的返回系数调整到控制系统所要求的范围以内。一般整定方法有两种。

（1）调整释放弹簧的松紧程度　释放弹簧越紧，反作用力越大，则吸合值和释放值都增加，返回系数上升，反之返回系数下降。这种调节为精调，可以连续调节。但若弹簧太紧，电磁吸力不能克服反作用力，有可能吸不上；弹簧太松，反作用力太小，又不能可靠释放。

（2）改变非磁性垫片的厚度　非磁性垫片越厚，衔铁吸合后磁路的气隙和磁阻增大，释放值增大，使返回系数增大；反之释放值减小，返回系数减小，采用这种调整方式，吸合值基本不变。这种调节为粗调，不能连续调节。

5. 电磁式继电器的选择

电磁式继电器主要包括电流继电器、电压继电器和中间继电器。选用时主要依据继电器所保护或所控制对象对继电器提出的要求，如触头的数量、种类，返回系数，控制电路的电压、电流、负载性质等。由于继电器触头容量小，所以经常将触头并联使用。有时为增加触头的分断能力，也可以把触头串联起来使用。

6. 电磁式继电器的图形符号和文字符号

电磁式继电器的图形符号如图 1-19(a)、(b)、(c) 所示，某种继电器的外形图如图 1-19(d) 所示，电流继电器的文字符号为 KI，电压继电器的文字符号为 KV，中间继电器的文字符号为 KA。

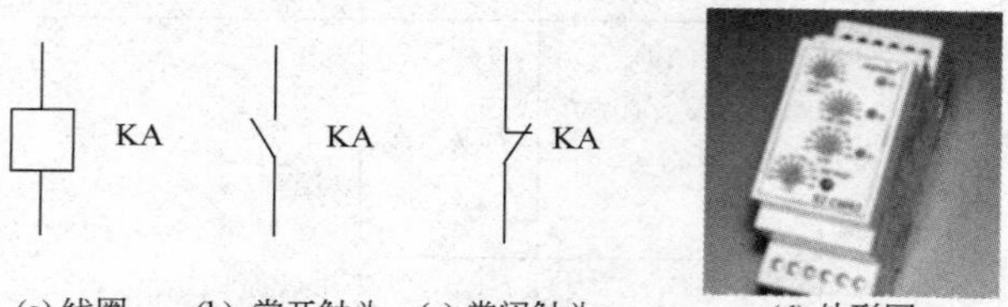

(a) 线圈　(b) 常开触头　(c) 常闭触头　(d) 外形图

图 1-19　电磁式继电器的图形符号和外形图

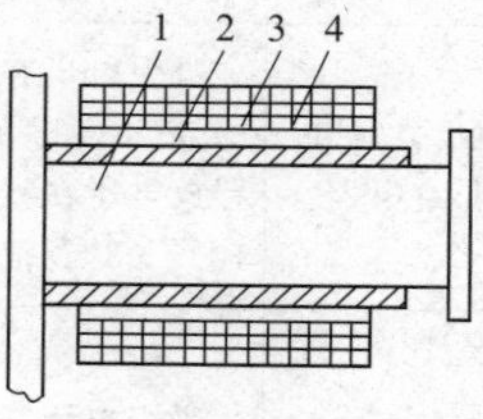

图 1-20　带有阻尼铜套的铁心示意

1—铁心；2—阻尼铜套；
3—绝缘层；4—线圈

（二）时间继电器

在自动控制系统中，需要有瞬时动作的继电器，也需要延时动作的继电器。时间继电器就是利用某种原理实现触头延时动作的自动电器，经常用于时间控制原则进行控制的场合。其种类主要有电磁阻尼式、空气阻尼式、电子式和电动机式。

时间继电器的延时方式有以下两种。

（1）通电延时　接受输入信号后延迟一定的时间，输出信号才发生变化。当输入信号消失后，输出瞬时复原。

（2）断电延时　接受输入信号时，瞬时产生相应的输出信号。当输入信号消失后，延迟一定的时间，输出才复原。

1. 直流电磁式时间继电器

在直流电磁式电压继电器的铁心上加上阻尼铜套，即可构成时间继电器，其结构原理如图 1-20 所示。它是利用电磁阻尼原理产生延时的，由电磁感应定律可知，在继电器线圈通断电过程中铜套内将感应电势，并通过感应电流，此电流产生的磁通总是反对原磁通变化的。当继电器通电时，由于衔铁处于释放位置，气隙大，磁阻大，磁通小，铜套阻尼作用相对也小，因此衔铁吸合时延时不显著（一般忽略不计）。而当继电器断电时，磁通变化量大，铜套阻尼作用也大，使衔铁延时释放而起到延时作用。因此，这种继电器仅用作断电延时。这种时间继电器延时范围很小，一般不超过 5.5s，而且准确度较低，一般只用于要求不高的断电延时的场合。

直流电磁式时间继电器 JT3 系列的技术数据如表 1-8 所示。

表 1-8 直流电磁式时间继电器 JT3 系列的技术数据

型号	吸引线圈额定电压/V	触点数量	延时/s
JT3-□□/1	12,24,48,110,220,440	2 常开,2 常闭或 1 常开,1 常闭	0.3～0.9
JT3-□□/3			0.8～3.0
JT3-□□/5			2.5～5.0

2. 空气阻尼式时间继电器

空气阻尼式时间继电器是利用空气阻尼原理获得延时的，其结构由电磁系统、延时机构和触头三部分组成。电磁机构为双 E 直动式，触头系统用 LX5 型微动开关，延时机构采用气囊式阻尼器。

空气阻尼式时间继电器的电磁机构可以是直流的，也可以是交流的；既有通电延时型，也有断电延时型。只要改变电磁机构的安装方向，便可实现不同的延时方式：当衔铁位于铁心和延时机构之间时为通电延时，如图 1-21(a) 所示；当铁心位于衔铁和延时机构之间时为断电延时，如图 1-21(b) 所示。现以通电延时型为例介绍其工作原理。

当线圈 1 得电后，衔铁 3 吸合，活塞杆 6 在塔形弹簧 8 的作用下带动活塞 12 及橡皮膜 10 向上移动，由于橡皮膜 10 下方的空气较稀薄形成负压，活塞杆 6 只能缓慢上移，其移动的速度决定了延时的长短。调整调节螺杆 13，改变进气孔 14 的大小，可以调整延时时间：进气孔大，移动速度快，延时短；进气孔小，移动速度慢，延时较长。在活塞杆向上移动的过程中，杠杆 7 随之做逆时针旋转。当活塞杆移动到与已吸合的

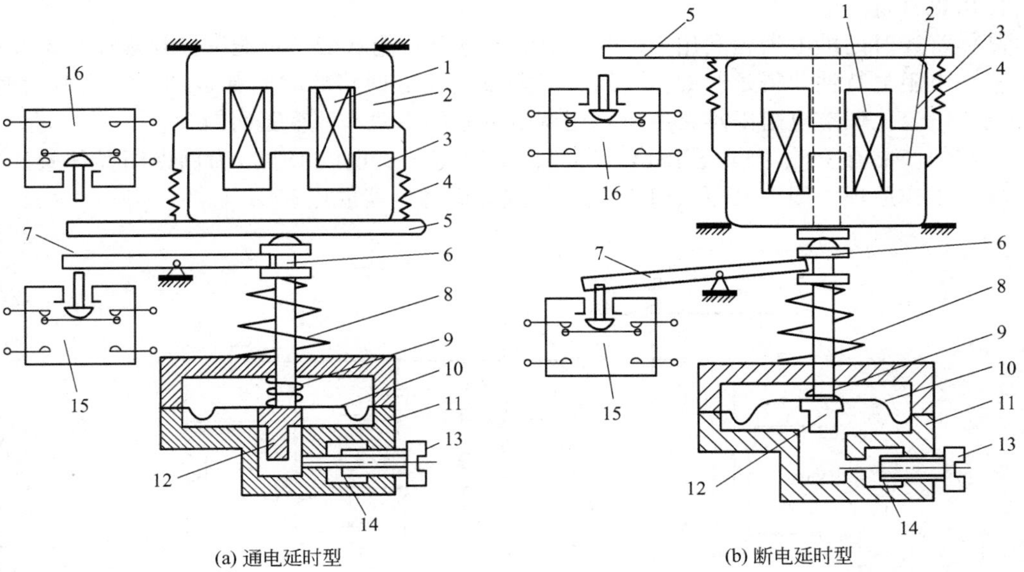

图 1-21 JS7-A 系列时间继电器动作原理

1—线圈；2—铁心；3—衔铁；4—反力弹簧；5—推板；6—活塞杆；7—杠杆；8—塔形弹簧；9—弱弹簧；10—橡皮膜；11—空气室壁；12—活塞；13—调节螺杆；14—进气孔；15，16—微动开关

衔铁接触时，活塞杆停止移动。同时，杠杆 7 压动微动开关 15，使微动开关的常闭触头断开、常开触头闭合，起到通电延时的作用。延时时间为线圈通电到微动开关触头动作之间的时间间隔。

当线圈 1 断电后，电磁吸力消失，衔铁 3 在反力弹簧 4 的作用下释放，并通过活塞杆 6 带动活塞 12 的肩部所形成的单向阀，迅速地从橡皮膜 10 上方的气室缝隙中排出，因此杠杆 7 和微动开关 15 能在瞬间复位，线圈 1 通电和断电时，微动开关 16 在推板 5 的作用下能够瞬时动作，所以是时间继电器的瞬动触头。

空气阻尼式时间继电器的特点是：延时范围较大（0.4～180s），结构简单，寿命长，价格低。但其延时误差较大，无调节刻度指示，难以确定整定延时值。在对延时精度要求较高的场合，不宜使用这种时间继电器。

常用的 JS7-A 系列时间继电器的基本技术数据见表 1-9。

表 1-9　JS7-A 系列空气阻尼式时间继电器的基本技术数据

型号	吸引线圈电压/V	触头额定电压/V	触头额定电流/A	延时范围/s	延时触头				瞬动触头	
					通电延时		断电延时		常开	常闭
					常开	常闭	常开	常闭		
JS7-1A	24，36，110，127，220，380，420	380	5	0.4～60 及 0.4～180	1	1		—	—	—
JS7-2A					1	1		—	1	1
JS7-3A					—	—	1	1	—	—
JS7-4A					—	—	1	1	1	1

按照通电延时和断电延时两种形式，空气阻尼式时间继电器的延时触头有：延时闭合的常开触头、延时断开的常闭触头及延时断开的常开触头、延时闭合的常闭触头。

3. 晶体管式时间继电器

晶体管式时间继电器也称半导体式时间继电器，具有延时范围广（最长可达 3600s）、精度高（一般为 5%左右）、体积小、耐冲击震动、调节方便和寿命长等优点，它的发展很快，使用也日益广泛。

晶体管式时间继电器是利用 RC 电路中电容电压不能跃变，只能按指数规律逐渐变化的原理——电阻尼特性获得延时的。所以，只要改变充电回路的时间常数即可改变延时时间。由于调节电容比调节电阻困难，所以多用调节电阻的方式来改变延时时间。

常用的产品有 JSJ、JS13、JS14、JS15、JS20 型等。现以 JSJ 型为例说明晶体管式时间继电器的工作原理。图 1-22 为 JSJ 型晶体管式时间继电器的原理图。

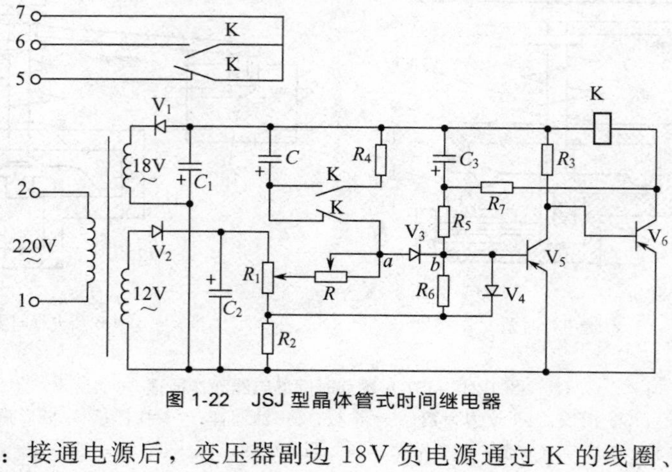

图 1-22　JSJ 型晶体管式时间继电器

其工作原理为：接通电源后，变压器副边 18V 负电源通过 K 的线圈、R_5 使 V_5 获得偏流而导通，从而 V_6 截止。此时 K 的线圈中只有较小的电流，不足以使 K 吸合，所以继电器 K 不动作。同时，变压器副边 12V 的正电源经 V_2 半波整流后，经过可调电阻 R_1、R、继电器常闭触头 K 向电容 C 充电，使 a 点电位逐渐升高。当 a 点电位高于 b 点电位并使 V_3 导通时，在 12V 正电源作用下 V_5 截止，V_6 通过 R_3 获得偏流而导通。V_6 导通后继电器线圈 K 中的电流大幅度上升，达到继电器的动作值时使 K 动作，其常闭打开，断开 C 的充电回路，常开闭合，使 C 通过 R_4 放电，为下次充电做准备。继电器 K 的其他触头则分别接通或分断其他电路。当电源断电后，继电器 K 释放。所以，这种时间继电器是通电延时型的，断电延时只有几秒钟。电位器 R_1 用来调节延时范围。

表 1-10 为 JSJ 型晶体管式时间继电器的基本技术数据。

表 1-10 JSJ 型晶体管式时间继电器的基本技术数据

<table>
<tr><th rowspan="2">型 号</th><th rowspan="2">电源电压/V</th><th colspan="3">外电路触头</th><th rowspan="2">延时范围/s</th><th rowspan="2">延时误差</th></tr>
<tr><th>数量</th><th>交流容量</th><th>直流容量</th></tr>
<tr><td>JSJ-01</td><td rowspan="8">直流 24,48,110；交流 36,110,127,220 及 380</td><td rowspan="8">一常开
一常闭
转换</td><td rowspan="8">380V
0.5A</td><td rowspan="8">110V
1A(无感负载)</td><td>0.1～1</td><td rowspan="4">±3%</td></tr>
<tr><td>JSJ-10</td><td>0.2～10</td></tr>
<tr><td>JSJ-30</td><td>1～30</td></tr>
<tr><td>JSJ-1</td><td>60</td></tr>
<tr><td>JSJ-2</td><td>120</td><td rowspan="4">±6%</td></tr>
<tr><td>JSJ-3</td><td>180</td></tr>
<tr><td>JSJ-4</td><td>240</td></tr>
<tr><td>JSJ-5</td><td>300</td></tr>
</table>

4. 电动机式时间继电器

电动机式时间继电器是用微型同步电动机带动减速齿轮系获得延时的，分为通电延时型和断电延时型两种。它由微型同步电动机、电磁离合系统、减速齿轮机构及执行机构组成。常用的有 JS10、JS11 系列和 7PR 系列。

电动机式时间继电器的延时范围宽，以 JS11 通电延时型时间继电器为例，其延时范围分别为 0～8s、0～40s、0～4min、0～20min、0～2h、0～12h、0～72h。由于同步电机的转速恒定，减速齿轮精度较高，延时准确度高达 1%。同时延时值不受电源电压波动和环境温度变化的影响。由于具有上述优点，电动机式时间继电器就延时范围和准确度而言，是电磁式、空气阻尼式、晶体管式时间继电器无法比拟的。电动机式时间继电器的主要缺点是结构复杂、体积大、寿命低、价格贵、准确度受电源频率的影响等。所以，这种时间继电器不宜轻易选用，只有在要求延时范围较宽和精度较高的场合才选用。

5. 数显时间继电器

近年来，随着电子技术的发展，采用集成电路、功率电路和单片机等电子元件构成的新型时间继电器大量面市。数显时间继电器延时范围广，延时时间可以通过键盘任意设定，用 LCD 显示时间，使用简便方法达到以往需要较复杂接线才能实现的功能，既节省了中间控制环节，又大大提高了电气控制的可靠性。

数显时间继电器有 DHC6 多制式单片机控制时间继电器，J5S17、J3320、JSZ13 等系列大规模集成电路数字时间继电器，J5145 等系列电子式数显时间继电器，J5G1 系列等固态时间继电器等，DS11S、DS14S 和 DS48S 等系列产品。其中 DH□S 系列时间继电器的主要技术参数如表 1-11 所示。

表 1-11　DH□S 系列时间继电器的主要技术数据

型号	电源电压/V	外电路触头		延时范围	电气寿命/次
		数量	交流容量		
DH11S	直流 12，24；	1 瞬动 2 延时转换	220V	0.01～99.99s	10^5
DH14S		2 延时转换		1s～9min99s	
DH48S1 DH48S2	交流 36，127，220 及 380	1 瞬动 2 延时转换	3A	1min～99h99min	

时间继电器的图形符号及文字符号如图 1-23 所示。

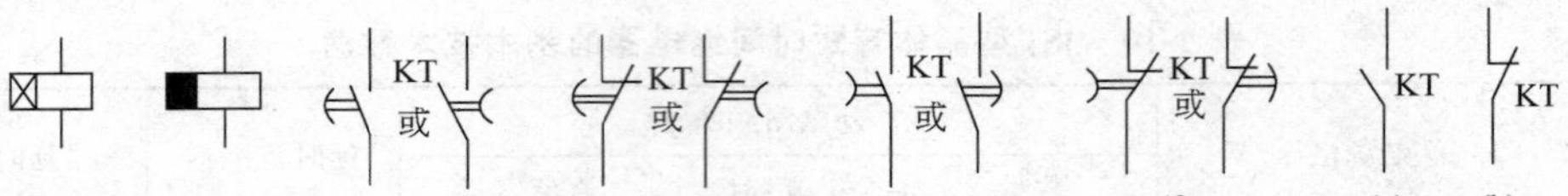

(a)　(b)　(c)　(d)　(e)　(f)　(g)　(h)

图 1-23　时间继电器的图形符号及文字符号

(a)—通电延时线圈；(b)—断电延时线圈；(c)—延时闭合常开触头；(d)—延时断开常闭触头；(e)—延时断开常开触头；(f)—延时闭合常闭触头；(g)—瞬动常开触头；(h)—瞬动常闭触头

时间继电器的外形图如图 1-24 所示。

6. 时间继电器的选用

在选用时间继电器时，首先应考虑满足控制系统所提出的工艺要求和控制要求，并应根据对延时方式的要求选用通电延时型和断电延时型。当要求的延时准确度低和延时时间较短时，可以选用电磁式（只能断电延时）或空气阻尼式；当要求的延时准确度较高、延时时间较长时，可以选用晶体管式；或晶体管式不能满足要求时，再考虑使用电动机式。这是因为虽然电动式精度高，延时范围大，但体积大，成本高。而数显时间继电器则延时范围广，精度高。总之，选用时除考虑延时范围和准确度外，还要考虑控制系统对可靠性、经济性、工艺安装尺寸等提出的要求。

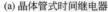

(a) 晶体管式时间继电器　　(b) 数显时间继电器

图 1-24　时间继电器的外形图

（三）热继电器

电动机在实际运行中，常常遇到过载的情况。若过载电流不太大且过载的时间较短，电动机绕组不超过允许温升，这种过载是允许的。但若过载时间长，过载电流大，电动机绕组的温升就会超过允许值，使电动机绕组绝缘老化，缩短电动机的使用寿命，严重时甚至会使电动机绕组烧毁。所以，这种过载是电动机不能承受的。热继电器就是利用电流的热效应原理，在出现电动机不能承受的过载时切断电动机电路，为电动机提供过载保护的保护电器。热继电器可以根据过载电流的大小自动调整动作时间，具有反时限保护特性，即过载电流大，动作时间短；过载电流小，动作时间长。当电动机的工作电流为额定电流时，热继电器应长期不动作。

1. 热继电器的结构及工作原理

热继电器主要由热元件、双金属片和触头三部分组成。双金属片是热继电器的感测元件，由两种线膨胀系数不同的金属片用机械碾压而成。线膨胀系数大的称为主动层，小的称为被动层。在加热以前，两金属片长度基本一致。当串在电动机定子电路中的热元件有电流通过时，热元件产生的热量使两金属片伸长。由于线膨胀系数不同，且因它们紧密结合在一起，所以，双金属片就会发生弯曲。电动机正常运行时，双金属片的弯曲程度不足以使热继电器动作，当电动机过载时，热元件中电流增大，加上时间效应，所以双金属片接受的热量就会大大增加，从而使弯曲程度加大，最终使双金属片推动导板使热继电器的触头动作，切断电动机的控制电路。其结构原理图如图 1-25 所示。

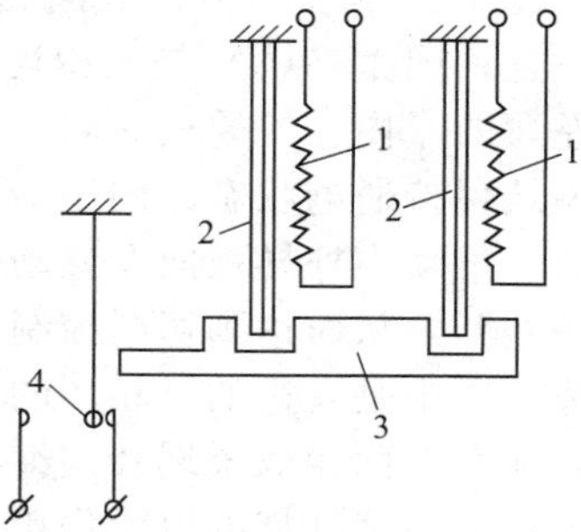

图 1-25 热继电器工作原理示意

1—热元件；2—双金属片；3—导板；4—触头

2. 热继电器的型号及选用

我国目前生产的热继电器主要有 JR0、JR5、JR10、JR14、JR15、JR16 等系列。按热元件的数量分为两相结构和三相结构。三相结构中有三相带断相保护和不带断相保护装置两种。JR16 系列热继电器的结构示意如图 1-26 所示。

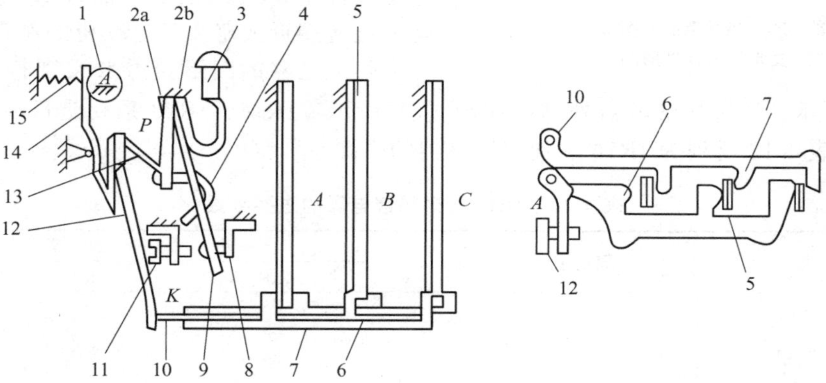

(a) 结构示意　　(b) 差动式断相保护示意

图 1-26 JR16 系列热继电器的结构示意

1—电流调节凸轮；2a，2b—簧片；3—手动复位按钮；4—弓簧；5—双金属片；6—外导板；7—内导板；8—常闭静触头；9—动触头；10—杠杆；11—复位调节螺钉；12—补偿双金属片；13—推杆；14—连杆；15—压簧

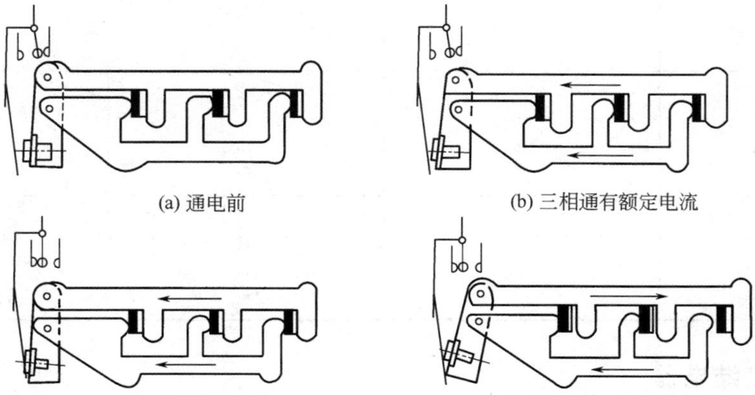

(a) 通电前　　(b) 三相通有额定电流

(c) 三相均匀过载　　(d) 电动机发生一相断线故障

图 1-27 差动式断相保护装置动作原理

图 1-27 为带有差动式断相保护装置的热继电器动作原理示意图。图 1-27(a) 为通电前的位置；图 1-27(b) 是三相均通过额定电流时的情况，此时 3 个双金属片受热相同，同时向左弯曲，内、外导板一起平行左移一段距离，但移动距离尚小，未能使常闭触头断开，电路继续保持通电状态；图 1-27(c) 为三相均匀过载的情况，此时三相双金属片都因过热向左弯曲，推动内外导板向左移动较大距离，经补偿双金属片和推杆，并借助片簧和弓簧使常闭触头断开，从而达到切断控制回路保护电动机的目的；图 1-27(d) 为电动机发生一相断线故障（图中是右边的一相）的情况，此时该相双金属片逐渐冷却，向右移动，带动内导板右移，而其余两相双金属片因继续通电受热而左移，并使外导板仍旧左移，这样内、外导板产生差动，通过杠杆的放大作用，使常闭触点断开，从而切断控制回路。

选择热继电器的原则为：根据电动机的额定电流确定热继电器的型号及热元件的额定电流等级。对于星形接法的电动机及电源对称性较好的场合，可选用两相结构的热继电器；对于三角形接法的电动机或电源对称性不够好的场合，应选用三相结构或三相结构带断相保护的热继电器。热继电器热元件的额定电流原则上按被控电动机的额定电流选取，即热元件额定电流应接近或略大于电动机的额定电流。

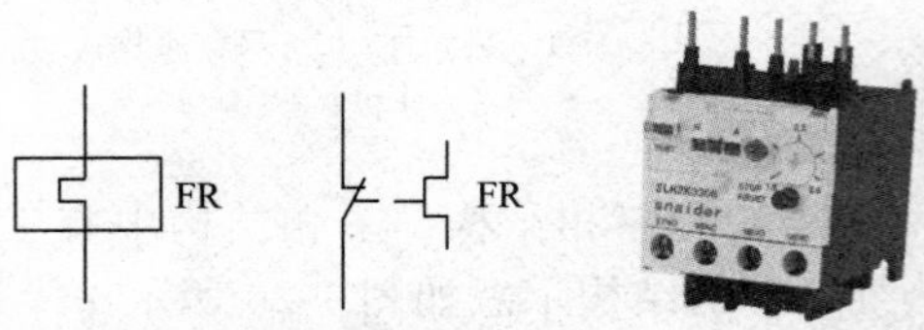

(a) 热元件　　(b) 常闭触头　　(c) 外形图

图 1-28　热继电器的图形、文字符号及外形图

热继电器的图形符号及文字符号如图 1-28(a)、(b) 所示，某种执继电器外形图如图 (c) 所示。JR16、JR20 系列是目前广泛使用的热继电器，表 1-12 所列为 JR16 系列热继电器的主要参数。

表 1-12　JR16 系列热继电器的主要参数

型　号	额定电流/A	热　元　件　规　格	
		额定电流/A	电流调节范围/A
JR16-20/3 JR16-20/3D	20	0.35 0.5 0.72 1.1 1.6 2.4 3.5 5.0 7.2 11.0 16.0 22	0.25～0.35 0.32～0.5 0.45 ～ 0.72 0.68～1.1 1.0～1.6 1.5～2.4 2.2～3.5 3.5～5.0 6.8～11 10.0～16 14～22
JR16-60/3 JR16-60/3D	60 100	22 32 45 63	14～22 20～32 28～45 45～63
JR16-150/3 JR16-150/3D	150	63 85 120 160	40～63 53～85 75～120 100～160

（四）速度继电器

速度继电器根据电磁感应原理制成，常用于笼型异步电动机的反接制动控制线路中，也称反接制动继电器。当电动机制动转速下降到一定值时，由速度继电器切断电动机控制电路。其结构原理如图 1-29(a) 所示，JY_1 型速度继电器外形图如图 1-29(b) 所示。

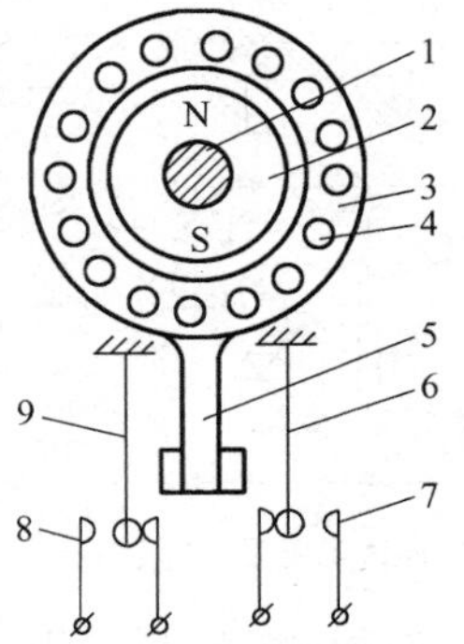

(a) 结构原理图

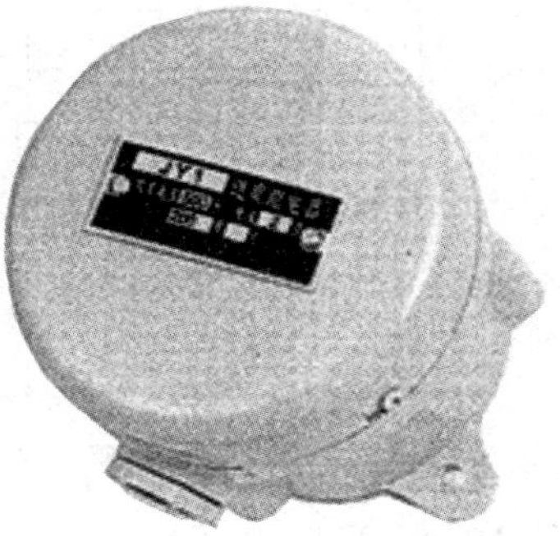
(b) 外形图

图 1-29 速度继电器结构原理和外形图

1—转轴；2—转子；3—定子；4—绕组；5—摆锤；6,9—簧片；7,8—静触点

速度继电器是一种利用速度原则对电动机进行控制的自动电器。它主要由转子、定子和触头组成。转子是一个圆柱形永久磁铁，定子是一个笼型空心圆环，由硅钢片叠成，并装有笼型的绕组。速度继电器的转轴与被控电动机的轴相连接，当电动机轴旋转时，速度继电器的转子随之转动。这样就在速度继电器的转子和圆环内的绕组便切割旋转磁场，产生使圆环偏转的转矩。偏转角度是和电动机的转速成正比的。当偏转到一定角度时，与圆环连接的摆锤推动触头，使常闭触头分断，当电动机转速进一步升高后，摆锤继续偏转，使动触头与静触头的常开触头闭合。当电动机转速下降时，圆环偏转角度随之下降，动触头在簧片作用下复位（常开触头打开，常闭触头闭合）。

速度继电器有两组触头（各有一对常开触头和常闭触头），可分别控制电动机正、反转的反接制动。常用的速度继电器有 JY1 型和 JFZ0 型，一般速度继电器的动作速度为 120r/min，触头的复位速度值为 100r/min。在连续工作制中，能可靠地工作在 1000～3600r/min，允许操作频率每小时不超过 30 次。

速度继电器应根据电动机的额定转速进行选择。

速度继电器的图形符号及文字符号如图 1-30 所示。

（五）温度继电器

温度继电器是一种可埋设在电动机发热部位，如定子槽内、绕组端部等，直接反映该处发热情况，对电动机温度升高起到过热保护作用，可以保护电机因过电流发热和其他原因引起的发热。

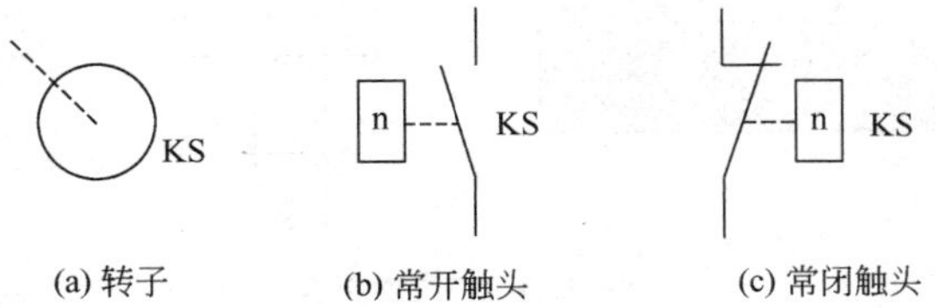

(a) 转子　(b) 常开触头　(c) 常闭触头

图 1-30 速度继电器的图形符号及文字符号

温度继电器一般有两种类型，一种是双金属片式温度继电器，这与热继电器原理相似，不再重复。另一种是热敏电阻式温度继电器，热敏电阻式继电器外形与一般的晶体管式时间继电器相似，但热敏电阻不装在继电器中，而是装在电动机定子槽内或绕组端部。热敏电阻是一种半导体元件，根据材料性质分为正温度系数和负温度系数，具有明显的开关性，有电阻温度系数大、体积小和灵敏度高等优点。

如图 1-31 所示为负温度系数热敏电阻式温度继电器的原理电路图。

图中，R_T 表示各绕组内埋设的热敏电阻串联后的总电阻，它同电阻 R_3、R_4 和 R_6 构

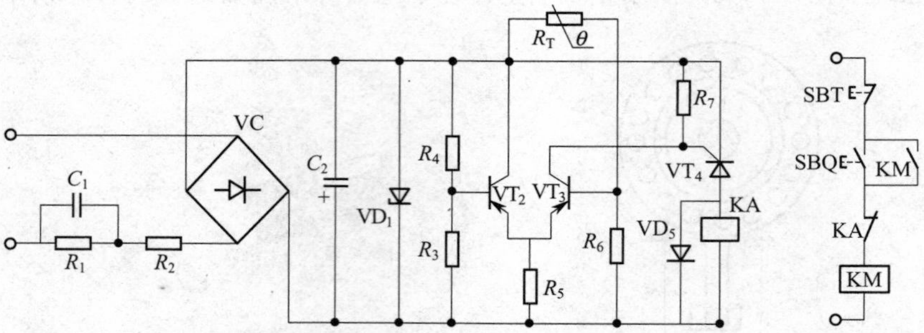

图 1-31　热敏电阻式温度继电器的原理电路图

成一电桥，由晶体管 VT_2、VT_3 构成的差分开关电路接在电桥的对角线上。当温度在 65℃以下时，R_T 大体为一恒值，电桥处于平衡状态，VT_2、VT_3 截止，晶闸管 VT_4 不导通，执行继电器 KA 不动作。当温度上升到动作温度时，R_T 的阻值变化，使电桥出现不平衡状态，VT_3 导通，晶闸管 VT_4 获得门极电流也导通，KA 线圈得电吸合，其常闭触头分断接触器 KM 线圈使电动机断电，实现了电动机的过热保护。当温度下降至电桥处于平衡状态时，VT_3 截止，使晶闸关 VT_4 关断，继电器 KA 线圈断电而使衔铁释放。

（六）液位继电器

液位继电器一般用于根据液位高低变化进行控制水泵电动机的启停，常用于水箱、锅炉等容器。

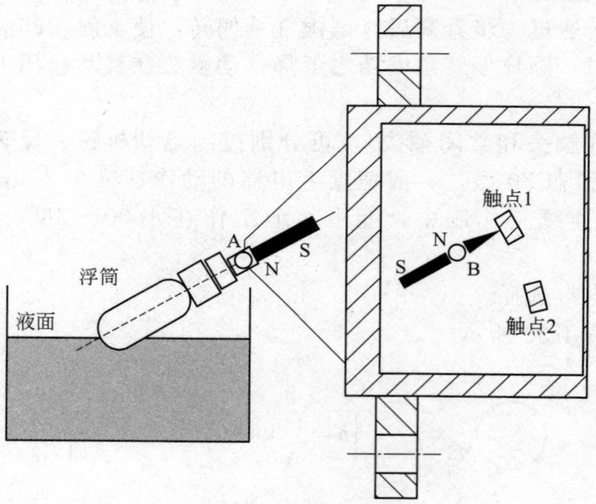

图 1-32　液位继电器

液位继电器的结构如图 1-32 所示，由磁钢、与动触头相连的磁钢和两个静触点组成。浮筒放置于锅炉内，浮筒的一端有一根磁钢，锅炉外壁装着一对触点，动触点一端也有一根磁钢，它与浮筒一端的磁钢对应。当液面水位降低到极限值时，浮筒下落使磁钢端绕支点 A 上翘，由于磁钢同性相斥，动触点的磁钢端下落，通过支点 B 使静触点 1 接通，触点 2 断开，水泵电机工作锅炉进水；当液面水位上升到上极限时，浮筒上浮使静触点 2 接通，触点 1 断开。

液位的高低由液位继电器安装的位置决定的。

（七）干簧继电器

干簧继电器由于其结构小巧、动作迅速、工作稳定、灵敏度高等优点，触点电寿命一般可达 10 的 7 次方左右。

干簧继电器的主要部分是干簧管，它由一组或几组导磁簧片封装在惰性气体（如氦、氮等气体）的玻璃管中组成开关元件，如图 1-33 所示。干簧管有常开（H）、常闭（D）与转换（Z）三种形式。常开式干簧管的舌簧片分别固定在玻璃管的两端，它们在线圈（磁铁）的作用下，一端产生的磁性恰好跟另一端相反，因此两接触点依靠磁的“异性相吸”克服弹片的弹力而闭合；常闭式干簧杆的舌簧片则固定在玻璃管的同一端，在外磁场的作用下两者所产生的磁性相同，因此两触点依靠“同性相斥”克服舌簧片的弹力而断开。

干簧继电器特点如下：

① 接触点与空气隔绝，可有效地防止老化和污染，也不会因触点产生火花而引起附近易燃物的燃烧。

② 触点采用金、钯的合金镀层，接触电阻稳定，寿命长，为100万～1000万次。

③ 动作速度快，为1～3ms，比一般继电器快5～10倍。

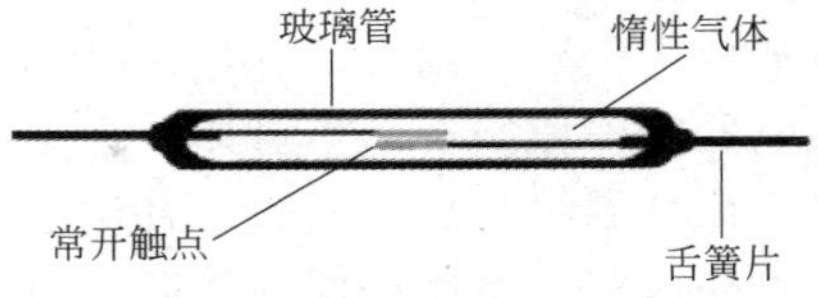

图1-33 干簧继电器的结构

④ 与永久磁铁配合使用方便灵活。可与晶体管配套使用。

⑤ 承受电压低，通常不超过250V。

（八）漏电保护继电器

供电系统中的电气设备常因绝缘程度的降低而漏电，漏电状态的延续可能导致故障的扩大以酿成重大事故。除触头漏电保护断路器外，近年来电子式漏电保护继电器也得到了广泛的发展和应用。这里仅介绍中性点接地系统的漏电保护继电器。

当电动机绕组的绝缘破坏，其导线将通过铁心和机壳接地。如果电网的中性点接地则产生较大的接地短路电流。此时在系统中将产生小的零序电压和零序电流（这种零序电流在电动机正常或发生其他类型的非对称故障如断相时是不存在的）。因此漏电继电器漏电信号的检测需要高的灵敏度，采用高灵敏度的零序电流互感器—电抗互感器组（TA-L组）作为1-U变换器，并用放大器将信号放大。

图1-34所示为380V/220V低压电网的漏电保护继电器电路。测量电路部分为TA-L组，电流互感器具有以坡莫合金为导磁材料的闭合铁心，输出信号电压U_{Rff}可通过R_1、R_2、R_3调节，并以此整定继电器K的动作值。为了防止发生金属性接地时出现的极大信号电压，用V_4、V_5两个二极管进行限幅，R_4、C_1是干扰信号的吸收环节，C_1容量较小。放大检波电路的输入信号u_{ab}通过放大器的交流通道（C_2、C_3）送到兼有检波作用的晶体管V_1的发射结上，V_1的静态工作点设在接近截止区，此时从R_{10}、R_{t2}上输出的直流电压U_{C4}，作为鉴幅器电路的门限电压U_d，经射极跟随器V_2及R_{12}、R_{13}分压值作为输出电路中的晶闸管VT的触发端（门极）电压。只有当被保护电路的零序电流达到预先整定的50mA，VT才导通。继电器线圈K才能得电。设置电容C_4、C_5一方面是为了滤波，另一方面是为了得到继电器K的动作延时。延时时间与信号电压U_{Rff}的大小有关，U_{Rff}越大，K动作延时越短，具有反时限特性。

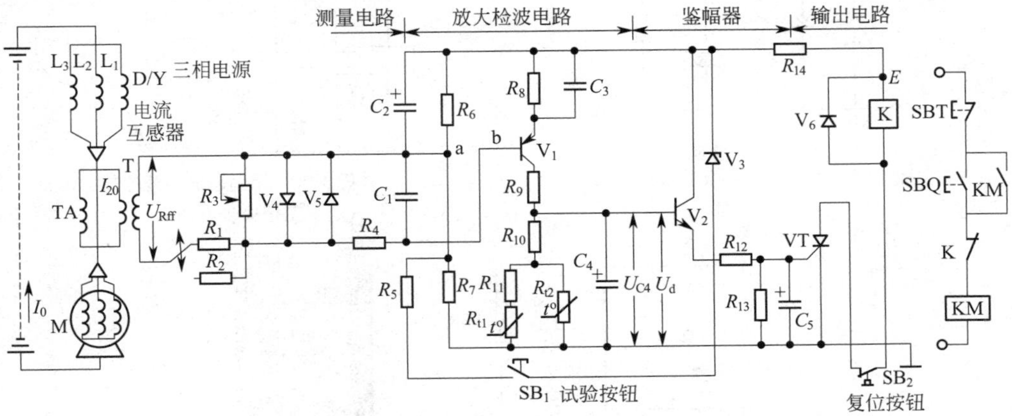

图1-34 中性点接地系统的漏电保护继电器电路

该电路没有设置独立的鉴幅器，这里的门限电压U_d是V_2的发射结压降U_{BE}和VT的

触发电压 U_{VT} 之和，U_{BE} 和 U_{VT} 对于环境温度都很敏感，当环境温度升高时，V_1、V_2 的电流放大倍数 β 增大，它们的发射结压降 U_{BE} 和 VT 的触发电压和触发电流均降低，会使继电器动作值减小而不可靠。为了给予适合的温度补偿，在 V_1 的集电极上接入 R_{t1}、R_{t2}，以降低高温时的放大倍数。补偿电路的补偿特性应与 V_1、V_2、VT 的温度特性相配合，给全电路以综合温度补偿的功能。当电动机绕组的尾端附近（接近中点）发生漏电故障时，如产生零序电流小于 50mA 的整定值，继电器不动作，这一情况称为漏电保护继电器的死区。SB_1、SB_2 分别是试验按钮和复位按钮，通过 SB_1 的闭合接入低阻值电阻 R_5，使 V_1 导通，进行模拟动作试验。

（九）固态继电器

固态继电器（Solid State Relay，SSR）是微电子技术发展起来出现的新型无触点继电器，是一种带光电隔离器的无触点开关，由可控硅或晶体管代替常规触点。具有无触点、无火花、耐振动、寿命长、抗干扰能力强、可靠性高、开关速度快、工作频率高和便于小型化等一系列优点。在微机控制系统（数控机床）中，可以用微弱的 TTL、CMOS 等电平信号对输出回路的大功率电器进行控制。在机床、家电、汽车、通信和航空等行业中得到广泛应用。

1. 工作原理

单相固态继电器具有两个输入和两个输出端，按输出端负载电源类型可分为直流型和交流型两类。其中，直流型是以功率晶体管的两个电极作为输出端负载的开关控制，而交流型是以双向三端晶体闸流管的两个电极作为输出端负载的开关控制，如图 1-35 所示。当固态继电器的输入端施加控制信号时，其输出端负载电路常开式的被导通，常闭式的被断开。交流型固态继电器按双向晶闸管的触发方式又可分为非过零型和过零型。

2. 接线方法

一般固态继电器的输入端电压为 3～30V，固态继电器就可以正常工作。输入端一般采用串联接法，如图 1-36 所示，用三只固态继电器控制一台电机，三只固态继电器的输入端是串联的，只要保证输入端的电压高于 9V 即可。

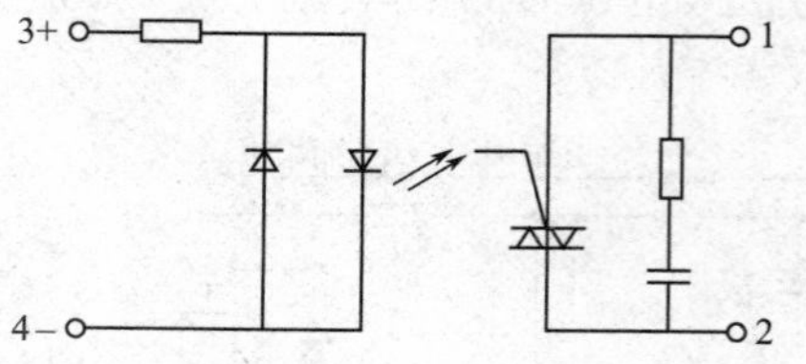

图 1-35　固态继电器原理图

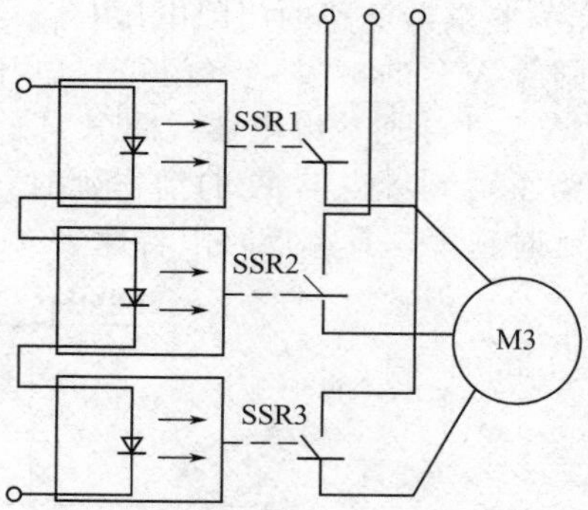

图 1-36　用固态继电器控制三相异步电动机

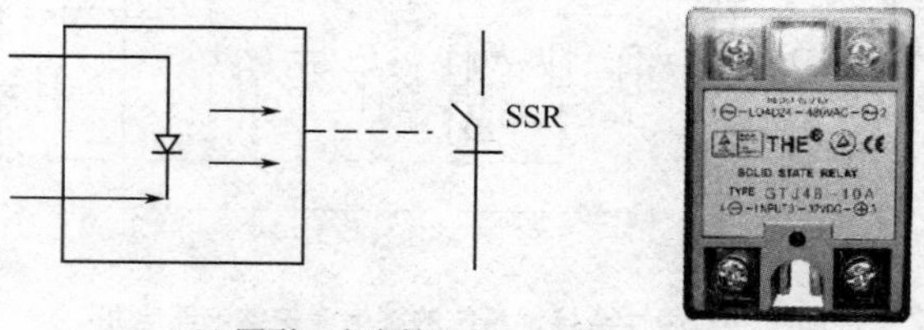

(a) 图形、文字符号　　(b) 外形图

图 1-37　固态继电器的图形、文字符号和外形图

3. 型号和选用

固态继电器的图形、文字符号如图 1-37(a) 所示，某种固态继电器的外形图如图 1-37(b) 所示。

常见的固态继电器有 JGF 和 JGX 等系列产品，其中 JGX 系列固态继电器的主要技术参数见表 1-13。

表 1-13　JGX 系列固态继电器的主要技术数据

技术参数	具体数值	技术参数	具体数值
额定输出电压	AC:380V、220V	额定输出电流	10A、20A、30A、40A、50A、60A、70A、80A
输出压降	2V	输出漏电流	10mA
输入电压范围	DC:3～32V	输入电流	最大 30mA
接通时间	AC:10ms	关断时间	AC:10ms
零点交越	±17V～25V dv/dt v/vt:200	介质耐压	100VAC

4. 注意事项

① 固态继电器的输入端要求从几毫安到 20mA 的驱动电流，最小工作电压为 3V，所以 TTL 信号和 MOS 逻辑信号通常要经晶体管缓冲放大后再去控制固态继电器，对应 CMOS 的电路可利用 NPN 晶体管缓冲器。当输出端的负载容量很大时，直流固态继电器可通过功率晶体管再驱动负载。

② 当温度超过 35℃左右后，固态继电器的负载能力随温度升高而下降，因此必须注意散热或降低电流使用，通常使用散热片散热。

③ 对于容性或阻性负载，应限制其开通瞬间的浪涌电流值，对于电感性负载，应限制其瞬时峰值电压，以防止损坏固态继电器。

第三节　主令电器

主令电器是用来发布命令、改变控制系统工作状态的电器，它可以直接作用于控制电路，也可以通过电磁式电器的转换对电路实现控制，其主要类型有按钮、行程开关、凸轮控制器与主令控制器、接近开关等。

一、按钮

按钮是最常用的主令电器，在低压控制电路中用于手动发出控制信号。其典型结构如图 1-38 所示，它由按钮帽、复位弹簧、桥式触头和外壳等组成。

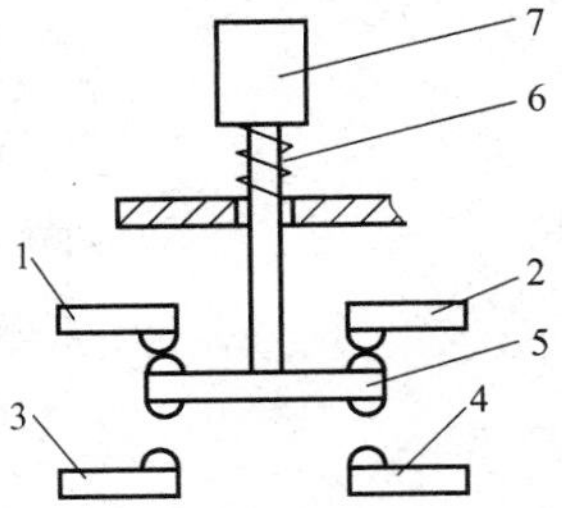

图 1-38　按钮开关结构示意
1,2—常闭触头；3,4—常开触头；5—桥式触头；6—复位弹簧；7—按钮帽

按用途和结构的不同，分为启动按钮、停止按钮和复合按钮等。

启动按钮带有常开触头，手指按下按钮帽，常开触头闭合；手指松开，常开触头复位。启动按钮的按钮帽采用绿色。停止按钮带有常闭触头，手指按下按钮帽，常闭触头断开；手指松开，常闭触头复位。停止按钮的按钮帽采用红色。复合按钮带有常开触头和常闭触头，手指按下按钮帽，先断开常闭触头再闭合常开触头；手指松开，常开触头和常闭触头先后复位。

为了便于识别各个按钮的作用，避免误动作，通常在按钮帽上做出不同标记或涂上不同颜色，一般红色表示停止，绿色表示启动等。

在机床电气设备中，常用的按钮有LA18、LA19、LA20、LA25系列。LA25系列按钮的主要技术数据见表1-14。

按钮型号的含义如下。

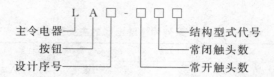

L A □ - □ □ □

- 主令电器（L）
- 按钮（A）
- 设计序号（□）
- 常开触头数（□）
- 常闭触头数（□）
- 结构型式代号（□）

其中结构型式代号的含义为：K—开启式，S—防水式，J—紧急式，X—旋钮式，H—保护式，F—防腐式，Y—钥匙式，D—带灯按钮。

表1-14　LA25系列按钮的主要技术数据

型　号	触头组合	按钮颜色	型　号	触头组合	按钮颜色
LA25-10	一常开	白 绿 黄 蓝 橙 黑 红	LA25-33	三常开三常闭	白 绿 黄 蓝 橙 黑 红
LA25-01	一常闭		LA25-40	四常开	
LA25-11	一常开一常闭		LA25-04	四常闭	
LA25-20	二常开		LA25-41	四常开一常闭	
LA25-02	二常闭		LA25-14	一常开四常闭	
LA25-21	二常开一常闭		LA25-42	四常开二常闭	
LA25-12	一常开二常闭		LA25-24	二常开四常闭	
LA25-22	二常开二常闭		LA25-50	五常开	
LA25-30	三常开		LA25-05	五常闭	
LA25-03	三常闭		LA25-51	五常开一常闭	
LA25-31	三常开一常闭		LA25-15	一常开五常闭	
LA25-13	一常开三常闭		LA25-60	六常开	
LA25-32	三常开二常闭		LA25-06	六常闭	
LA25-23	二常开三常闭				

按钮的图形、文字符号如图1-39(a)、(b)、(c) 所示，某种按钮的外形图如图1-39(d) 所示。

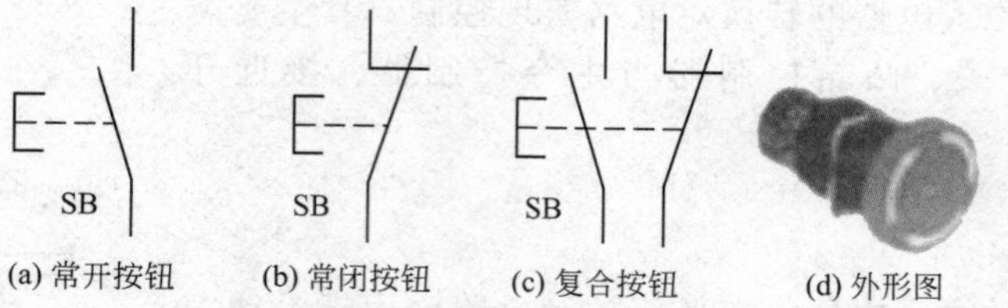

(a) 常开按钮　(b) 常闭按钮　(c) 复合按钮　(d) 外形图

图1-39　按钮的图形、文字符号和外形图

二、行程开关

行程开关主要用于检测工作机械的位置，发出命令以控制其运动方向或行程长短。行程开关也称位置开关。

行程开关按结构分为机械结构的接触式有触点行程开关和电气结构的非接触式接近开关。

接触式行程开关靠移动物体碰撞行程开关的操动头而使行程开关的常开触头接通和常闭触头分断，从而实现对电路的控制作用，其结构如图1-40所示。

行程开关按外壳防护形式分为开启式、防护式及防尘式；按动作速度分为瞬动和慢动

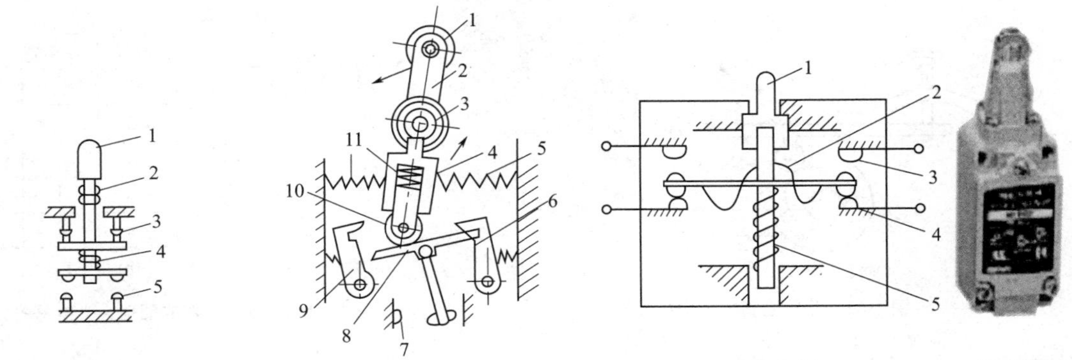

(a) 直动式
1—顶杆；2—弹簧；3—常闭触头；4—触头弹簧；5—常开触头

(b) 滚动式
1—滚轮；2—上转臂；3，5，11—弹簧；4—套架；6，9—压板；7—触头；8—触头推杆；10—小滑轮

(c) 微动式
1—推杆；2—弯形片状弹簧；3—常开触头；4—常闭触头；5—恢复弹簧

(d) 外形图

图 1-40　行程开关的结构

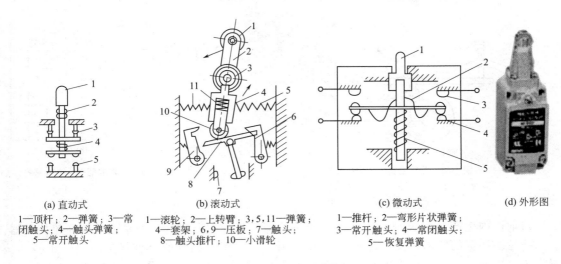

（蠕动）；按复位方式分为自动复位和非自动复位；按接线方式分为螺钉式、焊接式及插入式；按操作形式分为直杆式（柱塞式）、直杆滚轮式（滚轮柱塞式）、转臂式、方向式、叉式、铰链杠杆式等；按用途分为一般用途行程开关、起重设备用行程开关及微动开关等多种。

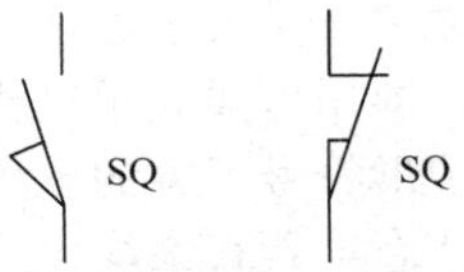

(a) 常开触头 (b) 常闭触头

图 1-41　行程开关的图形、文字符号

行程开关的图形、文字符号如图 1-41 所示。

常用的行程开关有 LX10、LX21、JLXK1 等系列，JLXK1 系列行程开关的技术数据如表 1-15 所示。

表 1-15　JLXK1 系列行程开关的技术数据

型　号	额定电压/V		额定电流/A	触头数量		结构形式
	交流	直流		常开	常闭	
JLXK1-111	500	440	5	1	1	单轮防护式
JLXK1-211	500	440	5	1	1	双轮防护式
JLXK1-111M	500	440	5	1	1	单轮密封式
JLXK1-211M	500	440	5	1	1	双轮密封式
JLXK1-311	500	440	5	1	1	直动防护式
JLXK1-311M	500	440	5	1	1	直动密封式
JLXK1-411	500	440	5	1	1	直动滚轮防护式
JLXK1-411M	500	440	5	1	1	直动滚轮密封式

三、凸轮控制器与主令控制器

1. 凸轮控制器

凸轮控制器用于起重设备和其他电力拖动装置，以控制电动机的启动、正反转、调速和制动。其结构主要由手柄、定位机构、转轴、凸轮和触头组成，如图 1-42(a) 图所示，某种凸轮控制器的外形图如 1-42(b) 图所示。

转动手柄时，转轴带动凸轮一起转动，转到某一位置时，凸轮顶动滚子，克服弹簧压力使动触头顺时针方向转动，脱离静触头而分断电路。在转轴上叠装不同形状的凸轮，可以使若干个触头组按规定的顺序接通或分断。

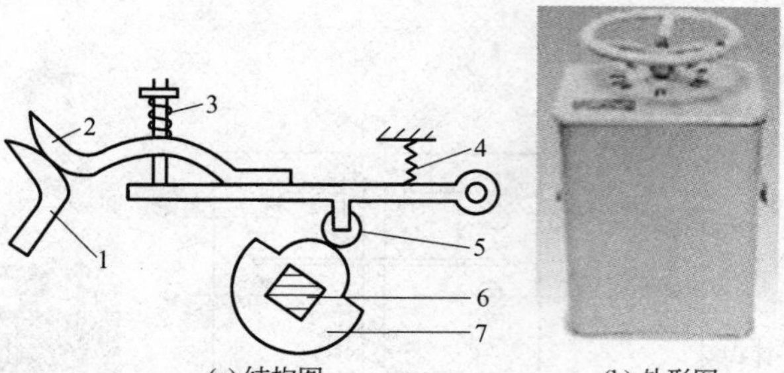

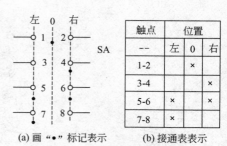

(a) 结构图　　　　(b) 外形图

图 1-42　凸轮控制器结构和外形图

1—静触头；2—动触头；3—触头弹簧；4—弹簧；5—滚子；6—方轴；7—凸轮

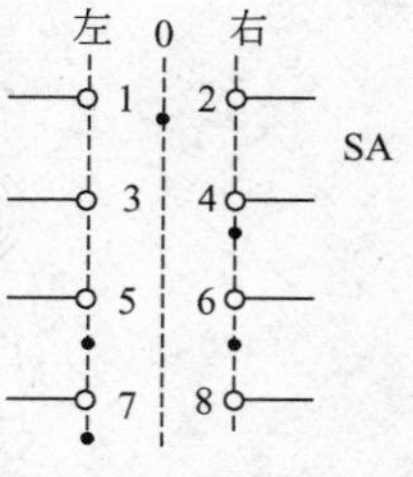

(a) 画“•”标记表示

触点	位置		
--	左	0	右
1-2		×	
3-4			×
5-6	×		×
7-8	×		

(b) 接通表表示

图 1-43　凸轮控制器的图形、文字符号

目前国内生产的有 KT10、KT14 等系列交流凸轮控制器和 KTZ2 系列直流凸轮控制器。

凸轮控制器的图形、文字符号如图 1-43 所示。由于其触点的分合状态与操作手柄的位置有关，因此，在电路图中除画出触点圆形符号之外，还应有操作手柄与触点分合状态的表示方法。其表示方法有两种，一种是在电路图中画虚线和画“•”的方法，如图 1-43(a) 所示，即用虚线表示操作手柄的位置，用有无“•”表示触点的闭合和打开状态。比如，在触点图形符号下方的虚线位置上画“•”，则表示当操作手柄处于该位置时，该触点是处于闭合状态；若在虚线位置上未画“•”，则表示该触点是处于打开状态。另一种方法是，在电路图中既不画虚线也不画“•”，而是在触点图形符号上标出触点编号，再用接通表表示操作手柄于不同位置时的触点分合状态，如图 1-43(b) 所示。在接通表中用有无“×”来表示操作手柄不同位置时触点的闭合和断开状态。

2. 主令控制器

当电动机容量较大时，工作繁重，操作频繁，当调整性能要求较高时，往往采用主令控制器操作。由主令控制器的触头来控制接触器，再由接触器来控制电动机。这样，触头的容量可大大减小，操作更为简便。

主令控制器是按照预定程序转换控制电路的主令电器，其结构和凸轮控制器相似，只是触头的额定电流较小。

主令控制器通常是与控制屏相配合来实现控制的，因此要根据控制屏的型号来选择主令控制器。

目前，国内生产的有 LK14～LK16 系列的主令控制器。LK14 系列主令控制器的技术数据见表 1-16。

表 1-16　LK14 系列主令控制器的技术数据

型号	额定电压/V	额定电流/A	控制回路数	外形尺寸/mm
LK14-12/90 LK14-12/96 LK14-12/97	380	15	12	227×220×300

主令控制器的图形符号和文字符号与凸轮控制器类似。

四、接近开关

接近式位置开关是一种非接触式的位置开关，是一种开关型的传感器，简称接近开关。接近开关与行程开关相似，都是位置开关，但接近开关是无触点非接触式的位置开关，当运动部件与接近开关的感应头接近时，就使其输出一个电信号。

接近开关由感应头、高频振荡器、放大器和外壳组成。接近开关的图形及文字符号如图1-44(a) 所示，某种接近开关的外形图如图(b) 所示。

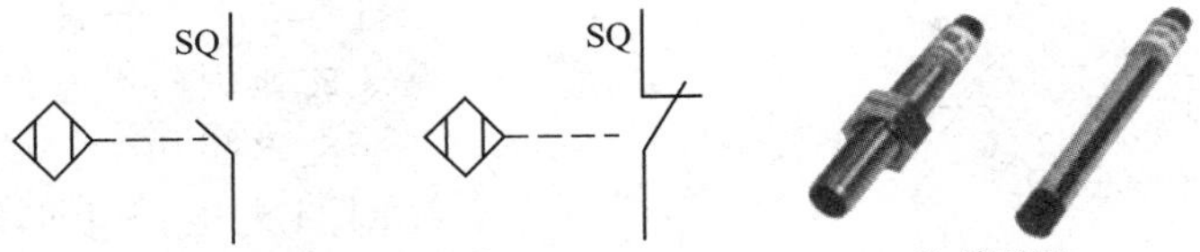

(a) 图形及文字符号　　(b) 外形图

图 1-44　接近开关的图形、文字符号和外形图

常用的接近开关有 JM、JG、JR、LJ、CJ 和 SJ 等系列产品。其中 JM 系列接近开关的型号定义如下。

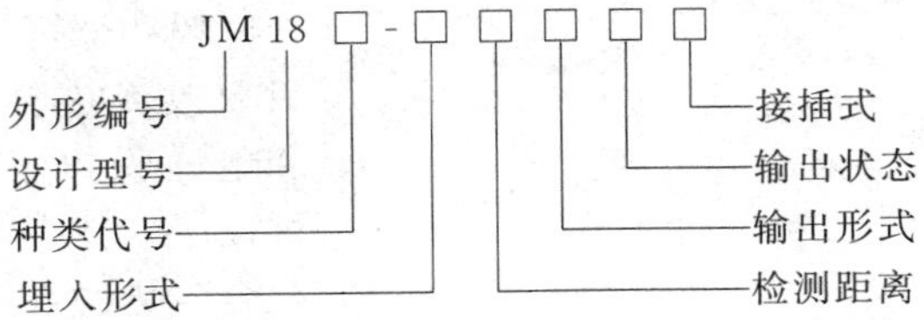

按照工作原理接近开关可以分为电感式、电容式、霍耳式和磁感式。常用的电感式接近开关有 LJ 系列产品，电容式有 CJ 系列产品，霍耳式有 SJ 系列产品，磁感式有 R 系列产品。

电感式接近开关的感应头是一个具有铁氧体磁心的电感线圈，只能用于检测金属体。振荡器在感应头表面产生一个交变磁场，当金属体接近感应头时，金属中产生涡流吸收了振荡能量使振荡减弱以致停振，产生振荡和停振两种信号表示“开”和“关”的控制作用。

电容式接近开关既能检测金属，又能检测非金属和液体。感应头是一个圆形平板电极，与振荡电路的地线形成一个分布电容，当有导体或其他介质接近感应头时，电容量增大而使振荡器停振，经整形放大器输出电信号。

另外，根据电路类型可以分为交流型和直流型。

第四节　动力线路中常用电器

一、低压断路器

低压断路器又称为自动空气开关，它可用来分配电能，不频繁地启动异步电动机，对电源线路及电动机等实行保护。当发生严重的过载或短路及欠电压等故障时能自动切断电路，其功能相当于熔断器式断路器与过流、欠压、热继电器等的组合，而且在分断故障电流后一般不需要更换零部件，因而获得了广泛的应用。

（一）低压断路器的结构及工作原理

低压断路器的结构原理如图 1-45 所示，主要由触头、灭弧系统、各种脱扣和操作结构等组成。

手动合闸后，动、静触点闭合，脱扣联杆 9 被锁扣 7 的锁钩钩住，它又将合闸联杆 5 钩住，将触点保持在闭合状态。

发热元件 14 与主电路串联，有电流流过时产生热量使热脱扣器 6 的下端向左弯曲，发

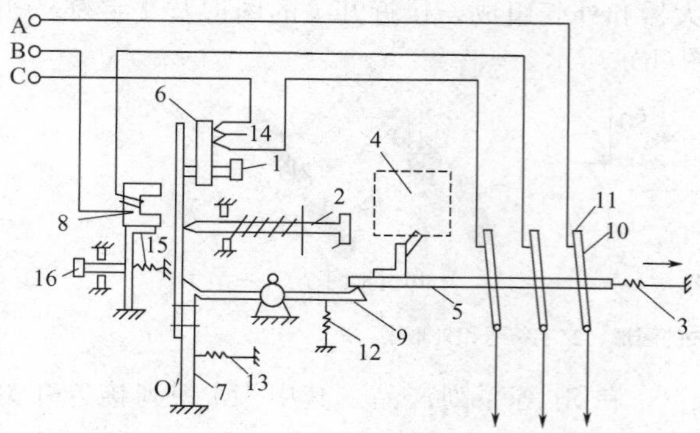

图 1-45　低压断路器的结构原理

1—热脱扣器整定按钮；2—手动脱扣按钮；3—脱扣弹簧；4—手动合闸机构；5—合闸联杆；6—热脱扣器；7—锁扣；8—电磁脱扣器；9—脱扣联杆；10，11—动、静触点；12，13—弹簧；14—发热元件；15—电磁脱扣弹簧；16—调节旋钮

生过载时，热脱扣器 6 弯曲到将脱扣锁钩推离开脱扣联杆 9，从而松开合闸联杆 5，动、静触点 10、11 受脱扣弹簧 3 的作用而迅速分开。

电磁脱扣器 8 有一个匝数很少的线圈与主电路串联。当发生短路时，它使铁心脱扣器上部的吸力大于弹簧的反力，脱扣锁钩向左转动，最后也使触点断开。

如果要求手动脱扣时，按下手动脱扣按钮 2 就可使触点断开。

脱扣器可以对脱扣电流进行整定，只要改变热脱扣器所需要的弯曲程度和电磁脱扣器铁心机构的气隙大小就可以了。热脱扣器和电磁脱扣器互相配合，热脱扣器担负主电路的过载保护，电磁脱扣器担负短路故障保护。当低压断路器由于过载而断开后，应等待 2～3min 才能重新合闸，以使热脱扣器回复原位。

低压断路器的主要触点由耐压电弧合金（如银钨合金）制成，采用灭弧栅片加陶瓷罩来灭弧。

（二）低压断路器的类型及其主要参数

1. 低压断路器的类型

（1）万能式低压断路器　它又称敞开式低压断路器，具有绝缘衬底的框架结构底座，所有的构件组装在一起，用于配电网络的保护。主要型号有 DW10 和 DW15 两个系列。

（2）装置式低压断路器　又称塑料外壳式低压断路器，具有模压绝缘材料制成的封闭型外壳将所有构件组装在一起，用作配电网络的保护以及成为电动机、照明电路及电热器等控制开关。主要型号有 DZ5、DZ10、DZ20 等系列。

（3）快速断路器　它具有快速电磁铁和强有力的灭弧装置，最快动作时间可在 0.02s 以内，用于半导体整流元件和整流装置的保护。主要型号有 DS 系列。

（4）限流断路器　利用短路电流产生巨大的吸力，使触点迅速断开，能在交流短路电流尚未达到峰值之前就把故障电路切断。用于短路电流相当大（高达 70kA）的电路中，主要型号有 DWX15 和 DZX10 两种系列。

另外，中国引进的国外断路器产品有德国的 ME 系列，SIEMENS 的 3WE 系列，日本的 AE、AH、TG 系列，法国的 C45、S060 系列，美国的 H 系列等。这些引进产品都有较高的技术经济指标，通过这些国外先进技术的引进，使中国断路器的技术水平达到一个新的阶段，为中国今后开发和完善新一代智能型的断路器打下了良好的基础。

低压断路器的图形、文字符号如图 1-46(a) 所示，某种低压断路器的外形图如图(b) 所示。

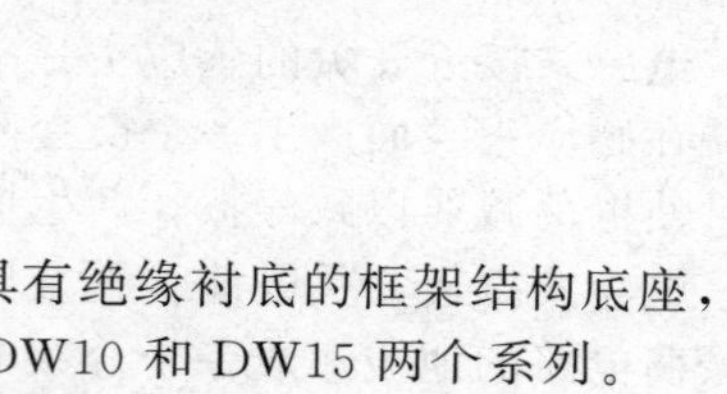

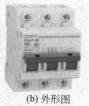

(a) 图形、文字符号　　(b) 外形图

图 1-46　低压断路器的图形、文字符号和外形图

2. 低压断路器的主要参数

（1）额定电压　是指断路器在长期工作时的允许电压。通常，它等于或大于电路的额定电压。

（2）额定电流 是指断路器在长期工作时的允许持续电流。

（3）通断能力 是指断路器在规定的电压、频率以及规定的线路参数（交流电路为功率因素，直流电路为时间常数）下，所能接通和分断的断路电流值。

（4）分断时间 是指断路器切断故障电流所需的时间。

（三）低压断路器的选择

① 低压断路器的额定电流和额定电压应大于或等于线路、设备的正常工作电压和工作电流。

② 低压断路器的极限通断能力应大于或等于电路最大短路电流。

③ 欠电压脱扣器的额定电压等于线路的额定电压。

④ 过电流脱扣器的额定电流大于或等于线路的最大负载电流。

使用低压断路器来实现短路保护比熔断器优越，因为当三相电路短路时，很可能只有一相的熔断器熔断，造成单相运行。对于低压断路器来说，只要造成短路都会使开关跳闸，将三相同时切断。另外还有其他自动保护作用。但其结构复杂、操作频率低、价格较高，因此适用于要求较高的场合，如电源总配电盘。

二、接触器

接触器是一种用于频繁地接通或断开交直流主电路、大容量控制电路等大电流电路的自动切换电器。在功能上接触器除能自动切换外，还具有手动开关所缺乏的远距离操作功能和失压（或欠压）保护功能，但没有自动开关所具有的过载和短路保护功能。接触器生产方便、成本低，主要用于控制电动机、电热设备、电焊机、电容器组等，是电力拖动自动控制线路中应用最广泛的电器元件。

接触器按其主触点控制的电路中电流种类分类，有直流接触器和交流接触器。它们的线圈电流种类既有与各自主触点电流相同的，但也有不同的，如对于重要场合使用的交流接触器，为了工作可靠，其线圈可采用直流励磁方式。按其主触点的极数（即主触点的个数）来分，则直流接触器有单极和双极两种；交流接触器有三极、四极和五极三种。其中交流触电器用于单相双回路控制可采用四极，对于多速电动机的控制或自耦合降压启动控制可采用五极的交流接触器。

（一）交流接触器

交流接触器用于控制电压至380V、电流至600A的50Hz交流电路。铁心为双E型，由硅钢片叠成。在静铁心端面上嵌入短路环。对于CJ0、CJ10系列交流接触器，大都采用衔铁做直线运动的双E直动式或螺管式电磁机构。而CJ12、CJ12B系列交流接触器，则采用衔铁绕轴转动的拍合式电磁机构。线圈做成短而粗的形状，线圈与铁心之间留有空隙以增加铁心的散热效果。

接触器的触头用于分断或接通电路。交流接触器一般有3对主触头，2对辅助触头。主触头用于接通或分断主电路，主触头和辅助触头一般采用双断点的桥式触头，电路的接通和分断由两个触头共同完成。由于这种双断点的桥式触头具有电动力吹弧的作用，所以10A以下的交流接触器一般无灭弧装置，而10A以上的交流接触器则采用栅片灭弧罩灭弧。

图1-47为交流接触器结构图。

交流接触器工作时，一般当施加在线圈上的交流电压大于线圈额定电压值的85%时，接触器能够可靠地吸合。其原理为：在线圈上施加交流电压后在铁心中产生磁通，该磁通对衔铁产生克服复位弹簧拉力的电磁吸力，使衔铁带动触头动作。触头动作时，常闭先断开，常开后闭合，主触头和辅助触头是同时动作的。当线圈中的电压值降到某一数值时（无论是正常控制还是失压、欠压故障），铁心中的磁通下降，吸力减小到不足以克服复位弹簧的反

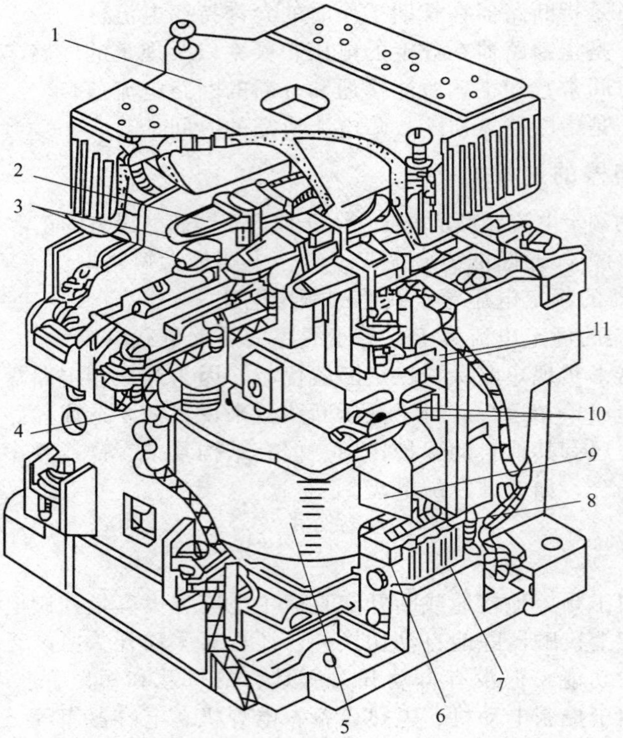

图 1-47　CJ0-20 型交流接触器

1—灭弧罩；2—触头压力弹簧片；3—主触头；4—反作用弹簧；5—线圈；6—短路环；
7—静铁心；8—弹簧；9—动铁心；10—辅助常开触头；11—辅助常闭触头

力时，衔铁就在复位弹簧的反力作用下复位，使主触头和辅助触头的常开触头断开，常闭触头恢复闭合。这个功能就是接触器的失压保护功能。

常用的交流接触器有 CJ10 系列，可取代 CJ0、CJ8 等老产品，CJ12、CJ12B 系列可取代 CJ1、CJ2、CJ3 等老产品，其中 CJ10 是统一设计产品。表 1-17 为 CJ10 系列交流接触器的技术数据。

表 1-17　CJ10 系列交流接触器的技术数据

型号	额定电压/V	额定电流/A	可控制的三相异步电动机的最大功率/kW			额定操作频率/(次/h)	线圈消耗功率/V·A		机械寿命/万次	电寿命/万次
			220V	380V	500V		启动	吸持		
CJ10-5	380 500	5	1.2	2.2	2.2	600	35	6	300	60
CJ10-10		10	2.2	4	4		65	11		
CJ10-20		20	5.5	10	10		140	22		
CJ10-40		40	11	20	20		230	32		
CJ10-60		60	17	30	30		485	95		
CJ10-100		100	30	50	50		760	105		
CJ10-150		150	43	75	75		950	110		

（二）直流接触器

直流接触器主要用于电压 440V、电流 600A 以下的直流电路。其结构与工作原理基本上与交流接触器相同，即由线圈、铁心、衔铁、触头、灭弧装置等部分组成。所不同的是除触头电流和线圈电压为直流外，其触头大都采用滚动接触的指形触头，辅助触头则采用点接触的桥形触头。铁心由整块钢或铸铁制成，线圈制成长而薄的圆筒形。为保证衔铁可靠地释放，常在铁心与衔铁之间垫有非磁性垫片。

由于直流电弧不像交流电弧有自然过零点，所以更难熄灭，因此，直流接触器常采用磁吹式灭弧装置。

直流接触器的常见型号有 CZ0 系列，可取代 CZ1、CZ2、CZ3 等系列。CZ0 系列直流接触器的技术数据见表 1-18。

表 1-18 CZ0 系列直流接触器的技术数据

型号	额定电压/V	额定电流/A	额定操作频率/(次/h)	主触头形式及数目		辅助触头形式及数目		吸引线圈额定电压/V	吸引线圈消耗功率/W
				常开	常闭	常开	常闭		
CZ0-40/20	440	40	1200	2	—	2	2	24,48,110,220,440	22
CZ0-40/02		40	600	—	2	2	2		24
CZ0-100/10		100	1200	1	—	2	2		24
CZ0-100/01		100	600	—	1	2	1		24
CZ0-100/20		100	1200	2	—	2	2		30
CZ0-150/10		150	1200	1	—	2	2		30
CZ0-150/01		150	600	—	1	2	1		25
CZ0-150/20		150	1200	2	—	2	2		40
CZ0-250/10		250	600	1	—	5(其中 1 对常开，另 4 对可任意组合成常开或常闭)			31
CZ0-250/20		250	600	2	—				40
CZ0-400/10		400	600	1	—				28
CZ0-400/20		400	600	2	—				43
CZ0-600/10		600	600	1	—				50

(三) 接触器的主要技术参数及型号的含义

1. 技术参数

(1) 额定电压　接触器铭牌上的额定电压是指主触头的额定电压。交流有 127V、220V、380V、500V 等档次；直流有 110V、220V、440V 等档次。

(2) 额定电流　接触器铭牌上的额定电流是指主触头的额定电流。有 5A、10A、20A、40A、60A、100A、150A、250A、400A 和 600A。

(3) 吸引线圈的额定电压　交流有 36V、110V、127V、220V、380V；直流有 24V、48V、220V、440V。

(4) 电气寿命和机械寿命　接触器的电气寿命用不同使用条件下无需修理或更换零件的负载操作次数来表示。接触器的机械寿命用其在需要正常维修或更换机械零件前，包括更换触头，所能承受的无载操作循环次数来表示。

(5) 额定操作频率　它是指接触器的每小时操作次数。

2. 接触器的型号含义

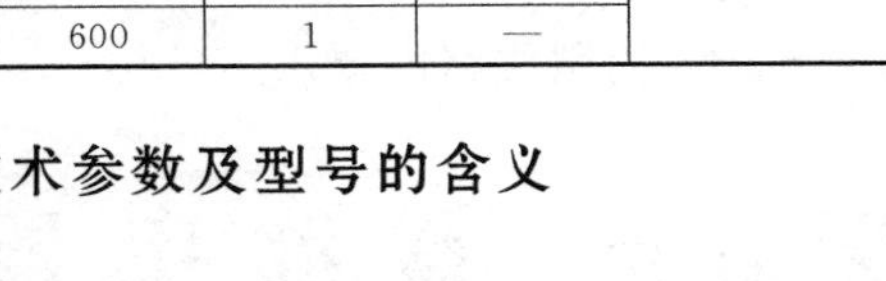

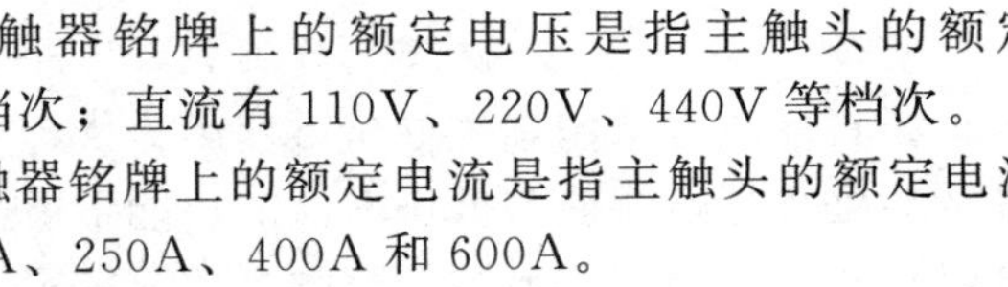

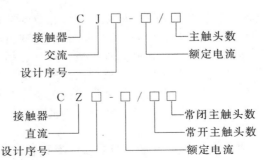

3. 接触器的图形符号及文字符号

接触器的图形符号及文字符号见图 1-48(a)、(b) 和 (c)，某种接触器的外形图如图 (d) 所示。

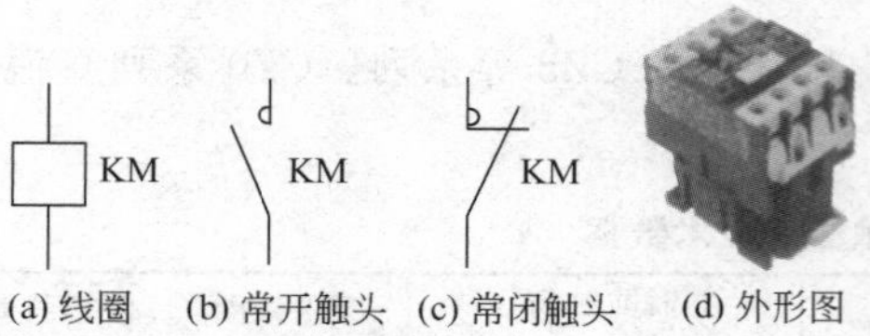

图 1-48　接触器的图形、文字符号和外形图

(四) 接触器的选择

1. 接触器的类型选择

根据接触器所控制的负载性质，选择直流接触器或交流接触器。

2. 额定电压的选择

接触器的额定电压应大于或等于所控制线路的电压。

3. 额定电流的选择

接触器的额定电流应大于或等于所控制电路的额定电流。对于电动机负载可按下列经验公式计算

$$I_C = \frac{P_N}{KU_N} \tag{1-8}$$

式中，I_C 为接触器主触头电流，A；P_N 为电动机额定功率，kW；U_N 为电动机额定电压，V；K 为经验系数，一般取 1～1.4。

4. 吸引线圈额定电压选择

根据控制回路的电压选用。

5. 接触器触头数量、种类选择

触头数量和种类应满足主电路的控制线路的要求。

第五节　智能电器

随着计算机技术的发展，智能化技术用到了低压电器中，这种智能型低压电器控制的核心是具有单片计算机功能的微处理器，智能型低压电器的功能不但覆盖了全部相应的传统电器和电子电器的功能，而且还扩充了测量、显示、控制、参数设定、报警、数据记忆及通信等功能。随着技术的发展，智能电器在性能上更是大大优于传统电器和电子电器。除了通用的单片计算机外，各种专用的集成电路如漏电保护等专用集成电路、专用运算电路等的采用，减轻了 CPU 的工作负荷，提高了系统的相应速度。另外，系统集成化技术、新型的智能化和集成化传感器的采用，使智能化电气产品的整体性提高一个档次。尤其是可通信智能电器产品的使用，适应了当前网络化的需要，有良好的发展前景。

一、智能化接触器

智能化接触器的主要特征是装有智能化电磁系统，并具有与数据总线及与其他设备之间相互通信的功能，其本身还具有对运行工况自动识别、控制和执行的能力。

智能化接触器一般由基本的电磁接触器及附件构成。附件包括智能控制模块、辅助触头组，机械联锁机构、报警模块、测量显示模块、通信接口模块等，所有智能化功能都集成在一块以微处理器或单片机为核心的控制板上。从外形结构上看，与传统产品不同的是智能化接触器在出线端位置增加了一块带中央处理器及测量线圈的机电一体化的线路板。

1. 智能化电磁系统

智能化接触器的核心是具有智能化控制的电磁系统，对接触器的电磁系统进行动态控制。

由接触器的工作原理可见，其工作过程可分为吸合过程、保持过程、分断过程三部分，是一个变化规律十分复杂的动态过程。电磁系统的动作质量依赖于控制电源电压，阻尼机构和反力弹簧等，并不可避免地存在不同程度的动、静铁心的“撞击”“弹跳”等现象，甚至造成“触头熔焊”和“线圈烧损”等，即传统的电磁接触器的动作具有被动的“不确定”性。智能化接触器是对接触器的整个动态工作过程进行实时控制，根据动作过程中检测到的电磁系统的参数，如线圈电流、电磁吸力、运动位移、速度和加速度、正常吸合门槛电压和释放电压等参数，进行实时数据处理，并依此选取事先存储在控制芯片中相应控制方案以实现“确定”的动作，从而同步吸合、保持和分断三个过程，保证触头开断过程的电弧量最小，实现三过程的最佳实时控制。检测元件主要是采用了高精度的电压互感器和电流互感器，但这种互感器与传统的互感器有所区别，如电流互感器是通过测量一次侧电流周围产生的磁通量并使之转化为二次侧的开路电压，依此确定一次侧的电流，再通过计算得出 I^2 及 I^2t 值，从而获取与控制对象相匹配的保护特性，并具有记忆、判断功能，能够自动调整、优化保护特性。经过对被控制电路的电压和电流信号的检测、判别和变换过程，实现对接触器电磁线圈的智能化控制，并可实现过载、断相或三相不平衡、短路、接地故障等保护功能。

2. 双向通信与控制接口

智能化接触器能够通过通信接口直接与自动控制系统的通信网络相连，通过数据总线可输出工作状态参数、负载数据和报警信息等，可接受上位控制计算机及可编程序控制器（PLC）的控制指令，其通信接口可以与当前工业上应用的大多数低压电器数据通信规约兼容。

目前智能化接触器的产品尚不多，已面世的产品在一定程度上代表了当今智能化接触器技术发展的方向。如日本富士电机公司的 NewSC 系列交流接触器，美国西屋公司的“A”系列智能化接触器，ABB 公司的 AF 系列智能化接触器、金钟-默勒公司的 DIL-M 系列智能化接触器等。中国已有将单片机引入交流接触器的控制技术。

二、智能型断路器

智能型断路器是指具有智能化控制单元的低压断路器。

智能型断路器与普通断路器一样，也有基本框架（绝缘外壳）、触头系统和操作机构。所不同的是普通断路器上的脱扣器现在换成了具有一定人工智能的控制单元，或者叫智能型脱扣器。这种智能型控制单元的核心是具有单片机功能的微处理器，其功能不但覆盖了全部脱扣器的保护功能（如短路保护、过流过热保护、漏电保护、缺相保护等），而且还能够显示电路中的各种参数（电流、电压、功率、功率因素等）。各种保护功能的动作参数也可以显示、设定和修改。保护电路动作时的故障参数，可以存储在非易失存储器中以便查询。还扩充了测量、控制、报警、数据记忆及传输、通信等功能，其性能大大优于传统的断路器产品。

随着集成电路技术的不断提高，微处理器和单片机的功能越来越强大，成为智能型可通信断路器的核心控制技术。专用集成电路和漏电保护、缺相保护专用集成电路、专用运算电路等的采用，不仅能减轻 CPU 的工作负荷，而且能够提高系统的相应速度。另外，断路器要完成上述的保护功能，就要有相应的各种传感器。要求传感器要有较高的精度、较宽的动态范围，同时又要求体积小，输出信号还要便于与智能控制电路接口。故新型的智能化、集成化传感器的采用可使智能化电气开关的整体性能提高一个档次。智能化断路器是以微处理器为核心的机电一体化产品，使用了系统集成化技术。它包括供电部分（常规供电、电池供电、电流互感器自供电），传感器，控制部分，调整部分以及开关本体。各个部分之间相互关联又相互影响。如何协调与处理好各组成部分之间的关系，使其既满足所有的功能，又不超出现有技术条件所允许的范围（体积、功耗、可靠性、电磁兼容性等），就是系统集成技术的主要内容。

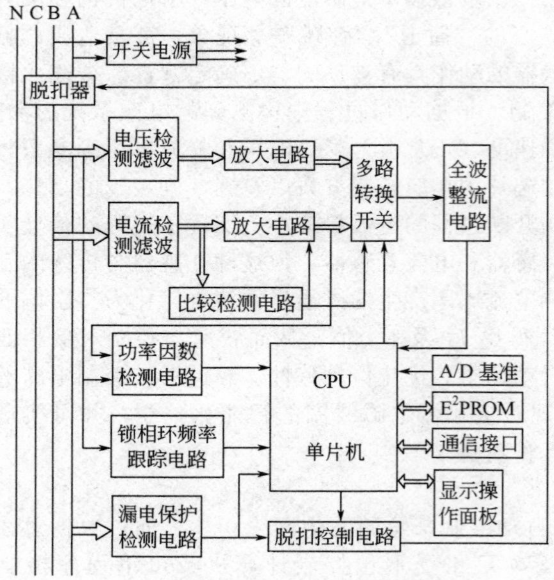

图 1-49　智能化断路器原理框图

智能化断路器原理框图如图 1-49 所示。单片机对各路电压和电流信号进行规定的检测。当电压过高或过低时发出缺相脱扣信号。当缺相功能有效时，若三相电流不平衡超过设定值，发出缺相脱扣信号，同时对各相电流进行检测，根据设定的参数实施三段式（瞬动、短延时、长延时）电流热模拟保护。

目前，国内生产智能型断路器的厂家还不多，其中有的是国内协作生产的，如贵州长征电器九厂的 MA40B 系列智能型万能式断路器、上海人民电器厂的 RMW1 系列智能型空气断路器；有的是引进技术生产的，如上海施耐德配电电器有限公司引进法国梅兰日兰公司的技术和设备生产的 M 系列万能式断路器、厦门 ABB 低压电器设备有限公司引进 ABB SACE 公司的技术和设备生产的 F 系列的万能式断路器等。

本　章　小　结

低压电器的种类很多，本章主要介绍了常用开关电器、主令电器、接触器和继电器的用途、基本结构及其主要参数、型号与图形符号。

每种电器都有一定的使用范围，要根据使用条件正确选用。各类电器元件的技术参数是选用的主要依据，可以在产品样本及电工手册中查阅。

保护电器（如热继电器、熔断器、断路器等）及某些控制电器（如时间继电器、温度继电器等）的使用，除了要根据保护要求、控制要求正确选用电器类型外，还要根据被保护、被控制电路的具体条件，进行必要的调整整定动作值，同时还要考虑各保护之间的配合特性的要求。

随着电器技术的发展，出现了智能电器等新型电器，为优化系统，提高系统可靠性应尽量选用新型电器元件。

习题与思考题

【1-1】　何谓电磁式电器的吸力特性与反力特性？吸力特性与反力特性之间应满足怎样的配合关系？

【1-2】　单相交流电磁铁的短路环断裂或脱落后，在工作中会出现什么现象？为什么？

【1-3】　常用的灭弧方法有哪些？

【1-4】　熔断器的额定电流、熔体的额定电流和熔体的极限分断电流三者有何区别？

【1-5】　什么是继电器的返回系数？将释放弹簧放松或拧紧一些，对电流（或电压）继电器的吸合电流（或电压）与释放电流（或电压）有何影响？

【1-6】　电压和电流继电器在电路中各起什么作用？他们的线圈和触点各接于什么电路中？

【1-7】 JS7-A 型时间继电器触头有哪几种？画出它们的图形符号。

【1-8】 热继电器与熔断器的作用有何不同？

【1-9】 热继电器在电路中的作用是什么？带断相保护和不带断相保护的三相式热继电器各用在什么场合？

【1-10】 时间继电器和中间继电器在电路中各起什么作用？

【1-11】 感应式速度继电器怎样实现动作的？用于什么场合？

【1-12】 什么是主令电器，常用的主令电器有哪些？

【1-13】 接触器的作用是什么？根据结构特征如何区分交、直流接触器？

【1-14】 交流接触器在衔铁吸合前的瞬间，为什么在线圈中产生很大的电流冲击？直流接触器会不会出现这种现象？为什么？

【1-15】 线圈电压为 220V 的交流接触器，误接入 380V 交流电源会发生什么问题？为什么？

【1-16】 接触器是怎样选择的？主要考虑哪些因素？

【1-17】 画出下列电器元件的图形符号，并标出其文字符号。

①自动空气开关；②熔断器；③热继电器的热元件和常闭触点；④时间继电器的延时断开的常开触点和延时闭合的常闭触点；⑤时间继电器的延时闭合的常开触点和延时断开的常闭触点；⑥复合按钮；⑦接触器的线圈和主触头；⑧行程开关的常开和常闭触头；⑨速度继电器的常开触头和常闭触点；⑩接近开关；⑪固态继电器。

【1-18】 智能电器有什么特点？其核心是什么？

【1-19】 固态继电器与接触器相比有什么优势？

第二章　电气控制线路的基本控制规律

在工业、农业、交通运输等行业中都需要各种生产机械，这些生产机械的电力拖动和电气设备，主要是以各类电动机作为动力的，例如在工业方面的各种生产流水线，生产机械，起重机械以及风机、泵和专用加工装备等就是以电动机作为动力。据统计，中国生产的电能约60%用于电动机，其中的70%以上又用于一般用途的交流异步和同步电动机。因此，掌握电机及其控制技术的应用十分重要。

电气控制就是指通过电气自动控制方式来控制生产过程。电气控制线路是把各种有触点的接触器、继电器以及按钮、行程开关等电气元件，用导线按一定方式连接起来组成的控制线路。电气控制线路能够实现对电动机或其他执行电器的启停、正反转、调速和制动等运行方式的控制，以实现生产过程自动化，满足生产工艺的要求。因此，电气控制通常称为继电接触器控制。

继电接触器控制的优点是电路图较直观形象，装置结构简单，价格便宜，抗干扰能力强，因此被广泛应用于各类生产设备及控制系统中。它可以方便地实现简单和复杂的、集中和远距离生产过程的自动控制。同时继电接触器控制线路的缺点主要是由于采用固定接线形式，其通用性和灵活性较差，在生产工艺要求提出后才能制作，一旦做成就不易改变，另外不能实现系列化生产。由于采用有触点的开关电器，触点易发生故障，维修量较大等。尽管如此，目前继电接触器控制仍然是各类机械设备最基本的电气控制形式之一。

由于生产设备和加工工艺各异，因而所要求的控制线路也多种多样。但是无论哪一种控制线路，都是由一些比较简单的基本控制环节组成的。因此，只要对控制线路的基本环节和典型线路熟练掌握，结合具体的生产工艺要求按照由浅入深、由易到难的步骤，电气控制线路的阅读分析和设计就可以较好的解决。

目前，电气控制的发展趋势是将电机控制技术与传感器技术、电力电子技术、微电子技术、自动控制技术和微机应用技术相结合。

第一节　绘制电气控制线路的若干规则

电气控制线路是用导线将电机、继电器、接触器等电气元件按一定的要求和方法连接起来，并能实现某种控制功能的线路。电气控制线路图是将各电气元件的连接用图来表达，各种电气元件用不同的图形符号表示，并用不同的文字符号来说明其所代表电气元件的名称、用途、主要特征及编号等。绘制电气控制线路图必须清楚地表达生产设备电气控制系统的结构、原理等设计意图，并且以便于进行电气元件的安装、调整、使用和维修为原则。因此，电气控制线路应根据简明易懂的原则，采用统一规定的图形符号、文字符号和标准画法来进行绘制。

一、电气控制线路图和常用符号

电气控制线路的表示方法有两种：安装图和原理图。由于它们的用途不同，绘制原则也有所差别。

（一）常用电气图形符号和文字符号

在绘制电气线路图时，电气元件的图形符号和文字符号必须符合国家标准的规定。表 2-1 为常用电气图形符号表，所用图形符号符合 GB 4728《电气图用图形符号》有关规定。表 2-2 为电气设备常用文字符号和中英文名称表，所用文字符号符合 GB 7159—87《电气技术中的文字符号制订通则》的规定。表 2-3 为常用辅助文字符号表。

表 2-1 常用电气图形符号表

名称		图形符号	文字符号缩写
三相电源开关			QK
按钮	启动		SB
	停止		
	复合触点		
接触器	线圈		KM
	主触点		
	常开辅助触点		
	常闭辅助触点		
熔断器			FU
直流电动机		M	M
三相鼠笼型异步电动机		M 3~	M
低压断路器			QF
位置（行程）开关	常开触点		SQ
	常闭触点		
	复合触点		
热断电器	热元件		FR
	常闭触点		
速度继电器	常开触点		KS
	常闭触点		
旋动开关			SA
交流电动机		M ~	M

名称		图形符号	文字符号缩写
三相绕线型异步电动机		M 3~	M
桥式整流装置			VC
时间继电器	线圈	或	KT
	延时闭合动合（常开）触点	或	
	延时打开动断（常闭）触点	或	
	延时打开动合（常开）触点	或	
	延时闭合动断（常闭）触点	或	
电抗器			L
中间断开的双向触头			Q
电磁离合器			YC
信号灯			HL
继电器	中间继电器		KA
	欠电压继电器		KV
	欠（过）电流继电器		KI
	常开触点		相应符号
	常闭触点		
电阻			R
半导体二极管			P
保护接地			PE
电流表		A	
导线连接			
电压表		V	
导线不连接			

表 2-2　电气设备常用文字符号和中英文名称表

设备、装置和元器件种类	中文名称	英文名称	文字符号缩写
组件部件	分离元件放大器	Amplifier using discrete components	A
	晶体管放大器	Transistor amplifier	AD
	集成电路放大器	Integrated circuit amplifier	AJ
非电量与电量之间的变换器	自整角机旋转变压器	Synchro Resolver	B
	旋转变换器(测速发电机)	Rotation transducer(Tachogenerator)	BR
电容器	电容器	Capacitor	C
二进制器件 延迟器件 存储器件	双稳态器件 单稳态器件 寄存器	Bistables element Monostable element Register	D
保护器件	瞬时动作的限流保护器件	Current threshold protective device with instantaneous action	FA
	延时动作的限流保护器件	Current threshold protective device with time lagaction	FR
	延时和瞬时动作的限流保护器件	Current threshold protective device with instantaneous and time lagaction	FS
	熔断器	Fuse	FU
发生器 发电机 电源	旋转发电机	Rotating generator	G
	同步发电机	Synch ronous generator	GS
	异步发电机	Asynchronous generator	GA
	蓄电池	Battery	GB
继电器 接触器	瞬时接触继电器	Instantaneous contactor relay	KA
	瞬时有或无继电器	Instantaneous all or nothing relay	KA
	接触器	Contactor	KM
	延时有或无继电器	Time delay all or nothing relay	KT
电感器电抗器	电抗器	Reactors	L
电动机	电动机	Motor	M
测量设备试验设备	电流表	Ammeter	PA
	电压表	Voltmeter	PV
电阻器	电阻器	Resistor	R
	电位器	Potentionmeter	RP
控制、记忆信号电路的开关器件	控制开关	Control switch	SA
	选择开关	Selector switch	SA
	按钮开关	Push button	SB
变压器	电流互感器	Current transformer	TA
	电力变压器	Power transformer	TM
	电压互感器	Voltage transformer	TV
电子管 晶体管	二极管 晶体管 晶闸管	Diode Transistor Thyristor	V
电器操作的机械器件	气阀	Pneumatic Valve	Y
	电磁铁	Electromagnet	YA
	电磁阀	Electromagnetically operatod valve	YV

表 2-3　常用辅助文字符号表

文字符号	名称	英文名称	文字符号	名称	英文名称
AC	交流	Alternating current	DC	直流	Direct current
A AUT	自动	Automatic	E	接地	Earthing
ACC	加速	Accelerating	F	快速	Fast
ADD	附加	Add	FB	反馈	Feedback
ADJ	可调	Adjustability	FW	正，向前	Forward
B BRK	制动	Braking	IN	输入	Input
BW	向后	Backward	OFF	断开	Open，off
C	控制	Control	ON	闭合	Close，on
D	延时(延迟)	Delay	OUT	输出	Output
D	数字	Digital	P	保护	Protection
			ST	启动	Start

（二）电气原理图

电气原理图一般分为主电路和辅助电路两个部分。主电路是电气控制线路中强电流通过的部分，是由电机以及与它相连接的电气元件如组合开关、接触器的主触点、热继电器的热元件、熔断器等组成的线路。辅助电路中通过的电流较小，包括控制电路、照明电路、信号电路及保护电路。其中，控制电路是由按钮、继电器和接触器的吸引线圈和辅助触点等组成。一般来说，信号电路是附加的，如果将它从辅助电路中分开，并不影响辅助电路工作的完整性。电气原理图能够清楚地表明电路的功能，对于分析电路的工作原理十分方便。

1. 绘制电气原理图的原则

根据简单清晰的原则，原理图采用电气元件展开的形式绘制。它包括所有电气元件的导电部件和接线端点，但并不按照电气元件的实际位置来绘制，也不反映电气元件的尺寸大小。绘制电气原理图应遵循以下原则。

① 所有电机、电器等元件都应采用国家统一规定的图形符号和文字符号来表示。

② 主电路用粗实线绘制在图的左侧或上方，辅助电路用细实线绘制在图的右侧或下方。

③ 无论是主电路还是辅助电路或其元件，均应按功能布置，各元件尽可能按动作顺序从上到下、从左到右排列。

④ 在原理图中，同一电路的不同部分（如线圈、触点）应根据便于阅读的原则安排在图中，为了表示是同一元件，要在电器的不同部分使用同一文字符号来标明。对于同类电器，必须在名称后或下标加上数字序号以区别，如 KM1、KM2 等。

⑤ 所有电器的可动部分均以自然状态画出，所谓自然状态是指各种电器在没有通电和没有外力作用时的状态。对于接触器、电磁式继电器等是指其线圈未加电压，触点未动作；控制器按手柄处于零位时的状态画；按钮、行程开关触点按不受外力作用时的状态画。

⑥ 原理图上应尽可能减少线条和避免线条交叉。各导线之间有电的联系时，在导线的交点处画一个实心圆点。根据图面布置的需要，可以将图形符号旋转 90°、180°或 45°绘制。

一般来说，原理图的绘制要求层次分明，各电气元件以及它们的触点安排要合理，并保证电气控制线路运行可靠，节省连接导线，便于施工、维修。

2. 图面区域的划分

为了便于检索电气线路，方便阅读电气原理图，应将图面划分为若干区域，图区的编号一般写在图的下部。图的上方设有用途栏，用文字注明该栏对应电路或元件的功能，以利于理解原理图各部分的功能及全电路的工作原理。例如，图 2-1 为 CM6132 普通车床电气原理图，在图 2-1 中图面划分为 14 个图区。

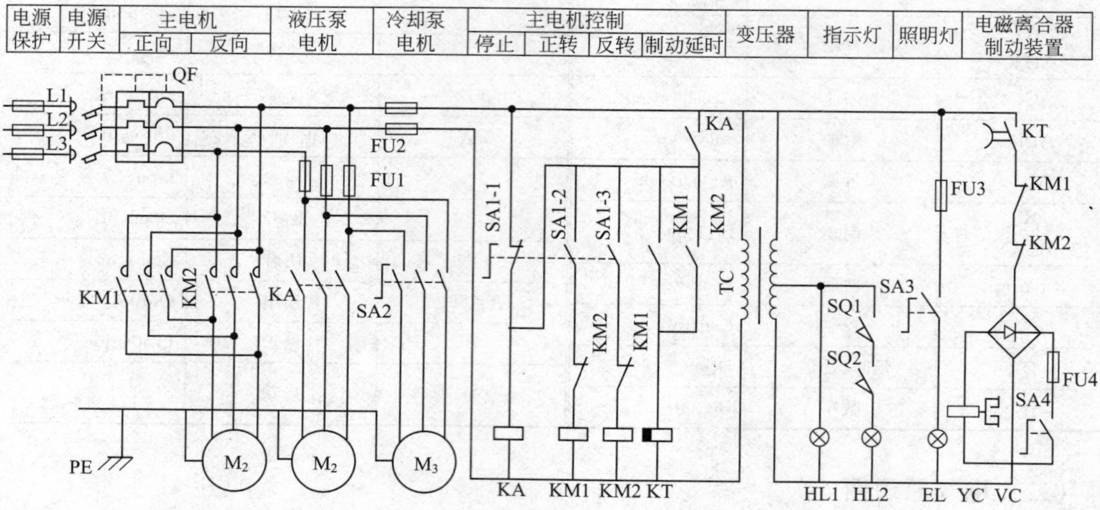

图 2-1　CM6132 普通车床电气原理

（三）电气安装图

电气安装图用来表示电气控制系统中各电气元件的实际安装位置和接线情况，包括电器位置图和电气互连图两部分。

1. 电器位置图

电器位置图详细绘制出电气设备零件的安装位置。图中各电气元件的代号应与有关电路图对应的元器件代号相同，在图中往往留有 10%以上的备用面积及导线管（槽）的位置，以供改进设计时用。

2. 电气互连图

电气互连图是用来表明电气设备各单元之间的连接关系。它清楚地表示了电气设备外部元件的相对位置及它们之间的电气连接，是实际安装接线的依据，在具体施工和检修中能够起到电气原理图所起不到的作用，因此在生产现场中得到了广泛应用。

二、阅读和分析电气控制线路图的方法

阅读电气线路图的方法主要有两种：查线读图法和逻辑代数法。

1. 查线读图法

查线读图法又称直接读图法或跟踪追击法。查线读图法是按照线路根据生产过程的工作步骤依次读图，查线读图法按照以下步骤进行。

（1）了解生产工艺与执行电器的关系　在分析电气线路之前，应该熟悉生产机械的工艺情况，充分了解生产机械要完成哪些动作，这些动作之间又有什么联系；然后进一步明确生产机械的动作与执行电器的关系，必要时可以画出简单的工艺流程图，为分析电气线路提供方便。

例如，车床主轴转动时，要求油泵先给齿轮箱供油润滑，即应保证在润滑泵电动机启动后才允许主拖动电动机启动，对控制线路提出了按顺序工作的联锁要求。图 2-2 为主拖动电动机 M1 与润滑泵电机 M2 的联锁控制线路图，其中润滑泵电动机是拖动油泵供油的。

（2）分析主电路　在分析电气线路时，一般应先从电动机着手，根据主电路中有哪些控制元件的主触点、电阻等大致判断电动机是否有正反转控制、制动控制和调速要求等。

例如，在图 2-2 所示的电气线路的主电路中，主拖动电动机 M1 电路主要由接触器 KM2 的主触点和热继电器 FR1 组成。从图中可以断定，主拖动电动机 M1 采用全压直接启动方式。热继电器 FR1 作电动机 M1 的过载保护，由熔断器 FU 作短路保护。油泵电动机 M2 电路由接触器 KM1 的主触点和热继电器 FR2 组成，该电动机也是采用直接启动方式，并由热继电器 FR2 作其过载保护，由熔断器 FU 作其短路保护。

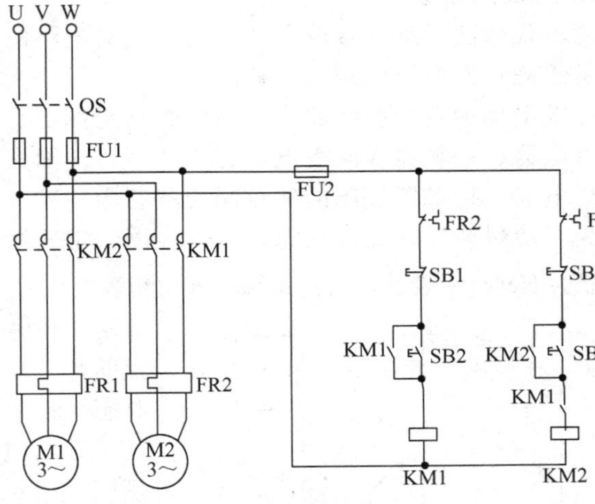

图 2-2　车床主电路和控制线路图

（3）分析控制电路　通常对控制电路按照由上往下或由左往右的顺序依次阅读，可以按主电路的构成情况，把控制电路分解成与主电路相对应的几个基本环节，一个环节一个环节地分析，然后把各环节串起来。首先，记住各信号元件、控制元件或执行元件的原始状态；然后，设想按动了操作按钮，线路中有哪些元件受控动作；这些动作元件的触点又是如何控制其他元件动作的，进而查看受驱动的执行元件有何运动；再继续追查执行元件带动机械运动时，会使哪些信号元件状态发生变化；然后再查对线路信号元件状态变化时执行元件如何动作……在读图过程中，特别要注意相互的联系和制约关系，直至将线路全部看懂为止。

例如，图 2-2 电气线路的主电路，可以分成电动机 M1 和 M2 两个部分，其控制电路也可相应地分解成两个基本环节。其中，停止按钮 SB1 和启动按钮 SB2、热继电器触点 FR2、接触器 KM1 构成直接启动电路；不考虑接触器 KM1 的常开触点，接触器 KM2、热继电器触点 FR1、按钮 SB3 和 SB4 也构成电动机直接启动电路。这两个基本环节分别控制电动机 M2 和 M1。

其控制过程如下。

合上刀闸开关 QS，按启动按钮 SB2，接触器 KM1 吸引线圈得电，其主触点 KM1 闭合，油泵电动机 M2 启动。同时，KM1 的辅助触点自锁闭合，电动机 M2 正常运转。

按下停止按钮 SB1，接触器 KM1 的吸引线圈失电，KM1 主触点断开，油泵电动机 M2 失电停转。

同理，可以分析主拖动电动机 M1 的启动与停止，工艺上要求主拖动电动机 M1 必须在油泵电动机 M2 正常运行后才能启动工作，M1、M2 必须顺序工作，将油泵电动机接触器 KM1 的常开触点串入主拖动电动机接触器 KM2 的线圈电路中，从而保证了接触器 KM2 只有在接触器 KM1 通电后才可能通电，即只有在油泵电动机 M2 启动后主拖动电动机 M1 才能启动。

对于复杂的电路图，在读图时可以先化整为零，分成不同的功能模块，将每一个模块看懂；然后将功能相关的模块联系起来，对整个电路综合分析。

查线读图法的优点是直观性强，容易掌握，因而得到广泛采用。其缺点是分析复杂线路时容易出错，叙述也较长。

2. 逻辑代数法

逻辑代数法又称间接读图法，是通过对电路的逻辑表达式的运算来分析控制电路的，其关键是正确写出电路的逻辑表达式。

在继电接触器控制线路中逻辑代数规定如下。

继电器、接触器线圈得电状态为“1”，线圈失电状态为“0”；

继电器、接触器控制的触点闭合状态为“1”，断开状态为“0”。

为了清楚地反映元件状态，元件线圈、常开触点（动合触点）的状态用相同字符（例如接触器为KM）来表示，而常闭触点（动断触点）的状态以$\overline{KM}$表示。若：KM为“1”状态，则表示线圈得电，接触器吸合，其常开触点闭合，常闭触点断开。得电、闭合都是“1”状态，而断开则为“0”状态，若KM为“0”状态，则与上述相反。

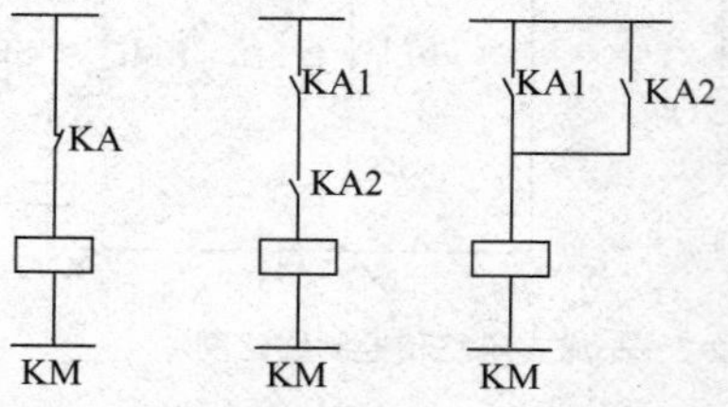

(a) 逻辑非　(b) 逻辑与　(c) 逻辑或

图 2-3　基本逻辑电路图

在继电接触器控制线路中，把表示触点状态的逻辑变量称为输入逻辑变量；把表示继电器、接触器等受控元件的逻辑变量称为输出逻辑变量。输出逻辑变量是根据输入逻辑变量经过逻辑运算得出的。输入、输出逻辑变量的这种相互关系称为逻辑函数关系，也可用真值表来表示。

（1）逻辑非　图 2-3(a) 所示电路实现逻辑非运算。其公式如下。

$$KM=\overline{KA} \tag{2-1}$$

式(2-1) 的含意是：当 KA=1，$\overline{KA}$=0，常闭触点 KA 断开，则 KM=0，线圈不得电；当 KA=0，$\overline{KA}$=1，常闭触点 KA 闭合，则 KM=1，线圈得电吸合。

逻辑非运算规则是

$$0=\overline{1} \qquad 1=\overline{0}$$

（2）逻辑与　逻辑与用触点串联实现，图 2-3(b) 所示的 KA1 和 KA2 触点串联电路实现了逻辑与运算，逻辑与运算用符号“·”表示。其公式如下。

$$KM=KA1\cdot KA2 \tag{2-2}$$

式(2-2) 的含意是：只有当 KA1=1 与 KA2=1 时，KM=1，否则为 0。对于电路来说，只有当触点 KA1 与 KA2 都闭合时，线圈 KM 才得电，为“1”状态。

显然，逻辑与的运算规则是

$$0\cdot 0=0 \qquad 0\cdot 1=0$$
$$1\cdot 0=0 \qquad 1\cdot 1=1$$

（3）逻辑或　逻辑或用触点并联电路实现，图 2-3(c) 所示的并联电路实现逻辑或运算，逻辑或运算用符号“+”表示。其公式如下。

$$KM=KA1+KA2 \tag{2-3}$$

式(2-3) 的含意是：当 KA1=1 或 KA2=1 时，KM=1。对于电路来说，触点 KA1 或 KA2 任一个闭合时，线圈 KM 都得电为“1”。

则对应于图 2-2 的车床主电路的逻辑表达式分别为：

$$KM1=\overline{SB1}\cdot(KM1+SB2) \tag{2-4}$$

$$KM2=\overline{SB3}\cdot KM1(KM2+SB4) \tag{2-5}$$

逻辑或的运算规则是

$$0+0=0 \qquad 0+1=1$$
$$1+0=1 \qquad 1+1=1$$

逻辑代数法读图的优点是，各电气元件之间的联系和制约关系在逻辑表达式中一目了然。通过对逻辑函数的具体运算，一般不会遗漏或看错电路的控制功能。而且采用逻辑代数法后，对电气线路采用计算机辅助分析提供方便。该方法的主要缺点是，对于复杂的电气线路，其逻辑表达式很烦琐冗长。

第二节　电气控制的基本控制环节

异步电动机启、停、保护电气控制线路是广泛应用的，也是最基本的控制线路，以三相交流异步电动机和由其拖动的机械运动系统为控制对象，通过由接触器、熔断器、热继电器和按钮等所组成的控制装置对控制对象进行控制。如图 2-4 所示，该线路能实现对电动机启动、停止的自动控制，并具有必要的保护。

一、启-停电动机和自锁环节

1. 启动电动机

如图 2-4 所示线路的工作原理。

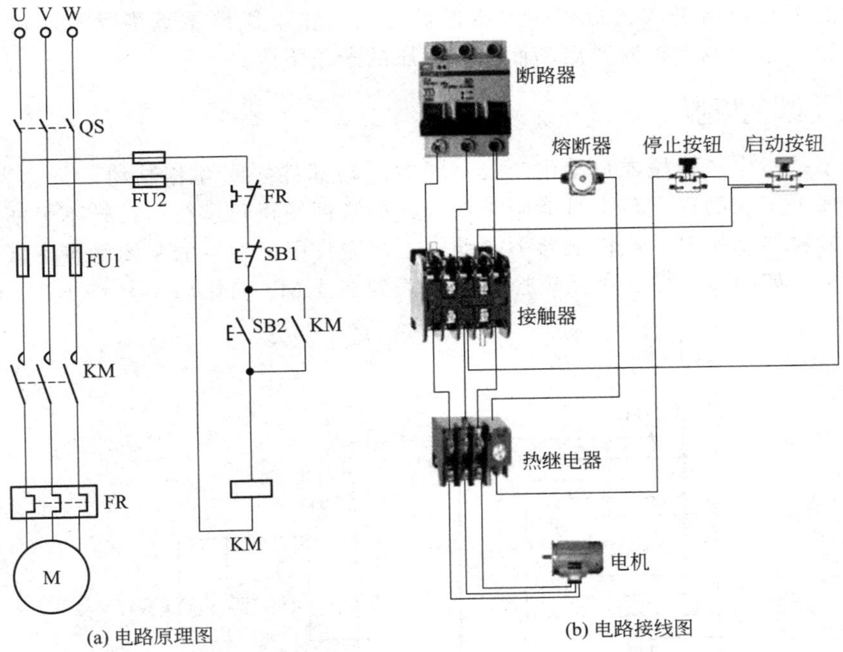

(a) 电路原理图　　(b) 电路接线图

图 2-4　简单的启、停、保护控制线路

按启动按钮 SB2 时，接触器 KM 的吸引线圈得电，主触点 KM 闭合，电动机启动。同时，KM 辅助常开触点闭合，当松手断开 SB2 启动按钮后，吸引线圈 KM 继续保持通电，故电动机不会停止。

2. 停止电动机

按停止按钮 SB1 时，接触器 KM 的吸引线圈失电，KM 主触点断开，电动机失电停转。同时，KM 辅助触点断开，消除自锁电路，清除“记忆”。

3. 自锁

电路中接触器 KM 的辅助常开触点并联于启动按钮 SB2 称为“自锁”环节。“自锁”环节是由命令它通电的主令电器的常开触点与本身的常开触点相并联组成，这种由接触器（继电器）本身的触点来使其线圈长期保持通电的环节叫“自锁”环节。

“自锁”环节具有对命令的“记忆”功能，当启动命令下达后，能保持长期通电。而当停机命令或停电出现后失去自锁不会自行启动，又叫零压保护，防止电源电压恢复时，电动机突然启动运转，造成设备和人身事故。

自锁环节不仅常用于电路的启、停控制，而且凡是需要“记忆”的控制都可以运用自锁环节。

4. 线路保护环节

线路保护环节包括短路保护、过载保护、欠压保护等。

（1）短路保护　短路时通过熔断器 FU1 和 FU2 的熔体熔断来切断电路，FU1 和 FU2 分别控制主电路和控制电路，分断能力不同，短路时可以使电动机立即停转。

（2）过载保护　通过热继电器 FR 实现。当负载过载或电动机单相运行时，FR 动作，其常闭触点 FR 控制电路断开，KM 吸引线圈失电来切断电动机主电路使电动机停转。

（3）欠压保护　通过接触器 KM 的自锁触点来实现。当电源电压消失（如停电）或者电源电压严重下降，使接触器 KM 由于铁心吸力消失或减小而释放，这时电动机停转，接触器常闭触点 KM 断开并失去自锁。欠压保护可以防止电压严重下降时电动机在负载情况下的低压运行；避免电动机同时启动而造成电压的严重下降。

二、互锁控制

互锁控制是指生产机械或自动生产线不同的运动部件之间互相制约，又称为联锁控制。例如，机械加工车床的正反转不可能同时，因此加联锁使正转运行时反转不可能启动。

要求甲接触器动作时，乙接触器不能动作，则需将甲接触器的常闭触点串联在乙接触器的线圈电路中。如图 2-5 所示在互锁控制中，需要当 KM2 动作后不允许 KM3 动作，则将

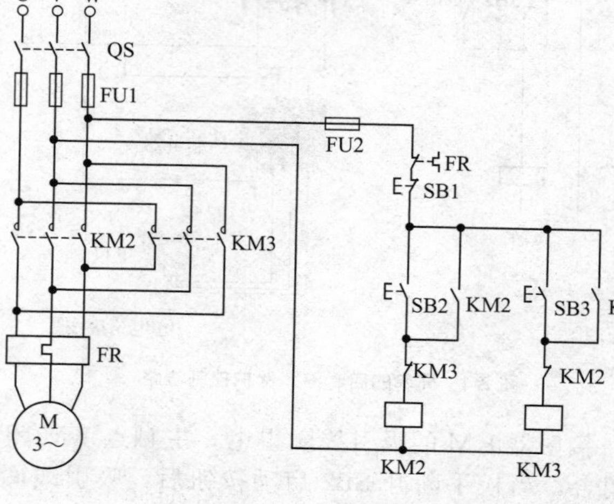

图 2-5　正反转控制线路

KM3 的常闭触点串联于 KM2 的线圈电路中，KM2 的常闭触点串联于 KM3 的线圈电路中，这就是“非”的关系。

三、顺序控制

在一些简易的顺序控制装置中，加工顺序按照一定的程序依次转换，依靠顺序控制线路完成，顺序控制又称为步进控制。例如，图 2-2 中车床的主轴启动必须先让油泵电机启动使齿轮箱有充分的润滑油。

顺序控制是要求甲接触器动作后乙接触器方能动作，则需将甲接触器的常开触点串联在乙接触器的线圈电路中。图 2-6 为顺序启动控制线路，图 2-6（a）所示是将油泵电动机接触器 KM1 的常开触点串入主拖动电动机接触器 KM2 的线圈电路中来实现的，只有当 KM1 先启动，KM2 才能启动，这就是“与”的关系，互锁起到顺序控制的作用。图 2-6（b）的接法可以省去 KM1 的常开触点，使线路得到简化。

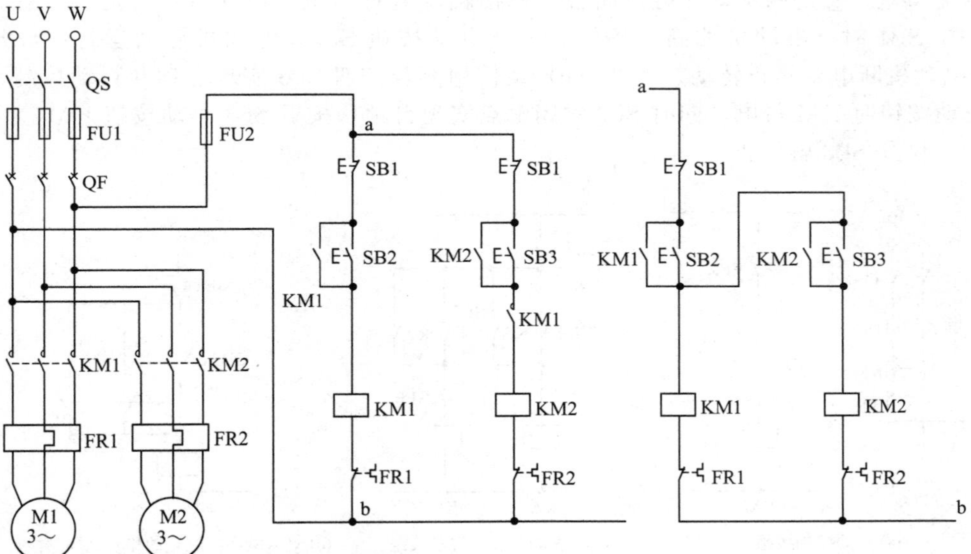

(a) 顺序启动顺序停止控制线路　　(b) 简化电路

图 2-6　控制线路图

四、多地点控制

有些生产设备为了操作方便，常需要在两个以上的地点进行控制。例如，电梯的升降控制可以在梯厢里面控制，也可以在每个楼层控制；有些生产设备可以由中央控制台集中管理，也可以在每台设备调试检修时就地进行控制。

多地点控制必须在每个地点有一组按钮，所有各组按钮的连接原则必须是：常开启动按钮要并联，常闭停止按钮应串联。图 2-7 就是实现三地控制的控制电路。

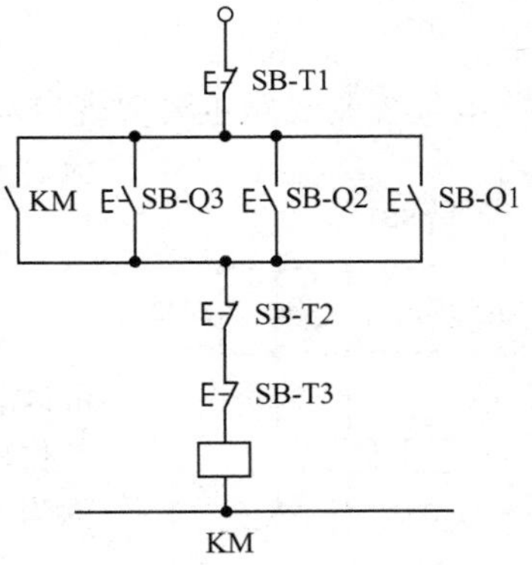

图 2-7　实现三地控制的控制电路

图中 SB-Q1 和 SB-T1，SB-Q2 和 SB-T2，SB-Q3 和 SB-T3 为一组装在一起，固定于生产设备的 3 个地方；启动按钮 SB-Q1、SB-Q2 和 SB-Q3 并联，停止按钮 SB-T1、

SB-T2 和 SB-T3 串联。

五、长动控制和点动控制

长动是指按了启动按钮后，电机启动后就一直长期运行，直到按停止按钮才停止。点动的含义是当按下启动按钮后，电动机启动运转，松开按钮时，电动机就停止转动，即点一下，动一下，不点则不动。

点动控制与长动控制的区别主要在自锁触点上。点动控制电路没有自锁触点，由点动按钮兼起停止按钮作用，因而点动控制不另设停止按钮。与此相反，长动控制电路，必须设有自锁触点，并另设停止按钮。图 2-8(a) 是最基本的点动控制线路。按下点动按钮 SB，KM 闭合，电动机启动运行；松开 SB 按钮，电动机断电停止转动。这种线路不能实现连续运行，只能实现点动控制。

图 2-8(b) 是采用中间继电器 KA 实现点动与长动的控制线路。按下长动按钮 SB2，继电器 KA 得电，它的两个常开触点闭合，使接触器 KM 得电，电动机长动运行，只有按下停止按钮 SB1 时，电动机才断电停转。按下点动按钮 SB3，电动机启动运行；松开按钮 SB3，电动机断电，停止转动。图 2-8(c) 是使用复合按钮 SB3 实现点动和长动控制，按下 SB2 长动按钮时 KM 得电，同时 SB3 常闭触点实现自锁；按下 SB3 点动按钮 KM 得电但没有自锁，松开 SB3 就停止。

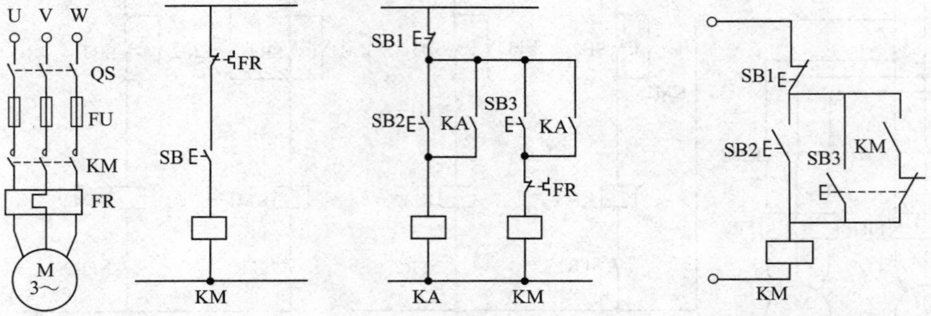

(a) 点动控制线路　(b) 点动和长动控制线路　(c) 复合按钮控制点动和长动控制线路

图 2-8　点动和长动控制电路

第三节　电气控制的基本控制原则

电气控制线路主要实现启动、制动、正反转和顺序控制等控制规律，通常使用时间、电流、转速和位置参量作为控制量来实现不同的工作状态变换。

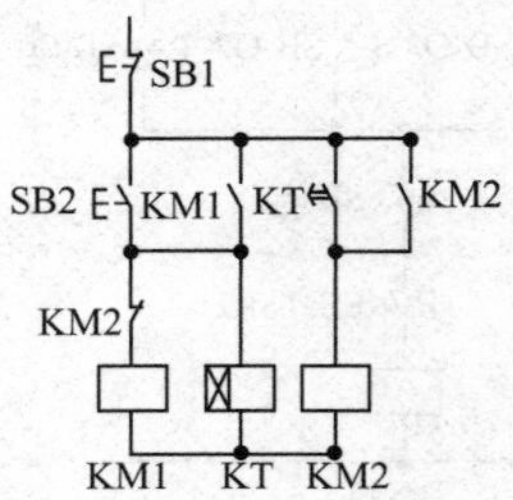

图 2-9　时间原则控制电路

一、时间原则控制

时间原则是采用时间继电器来完成，由于时间继电器的延时可以较为准确的整定，当时间继电器延时到，就切换进入下一个工作状态。这种使用时间继电器控制线路中各电器的动作顺序，称为时间原则控制线路。

如图 2-9 所示，当按下启动按钮 SB2 后，接触器 KM1 线圈得电，KM2 常开触点自锁，同时时间继电器 KT 得电，KT 开始延时；当 KT 延时时间到，KT 延时常开触点闭合，KM2 线圈得电，同时 KM2 常开触点闭合自锁，KM2 常闭触点断开，KM1 线圈失电。

时间继电器的延时时间可以根据不同类型时间继电器的延时范围选择，并可以根据系统要求进行微调。

二、电流原则控制

电流原则控制是指根据电路中电流的变化来控制不同状态的切换，使用电流继电器来实现，当电路中的电流达到电流继电器的设定值则触点动作，切换进入下一个工作状态。

如图 2-10 所示，由于绕线式电动机启动时转子电流较大，在启动过程中电流逐渐减小，因此使用欠电流继电器进行控制。当启动过程中电流由大变小，欠电流继电器一开始触点动作；当电流达到释放值，则欠电流继电器的触点复位。

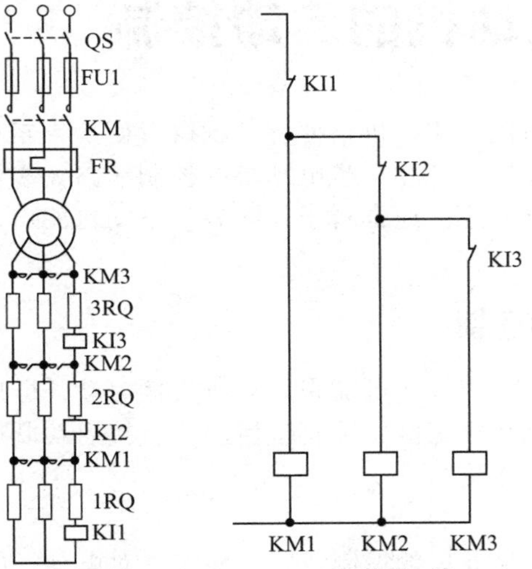

(a) 主电路　(b) 控制电路

图 2-10　电流原则控制电路

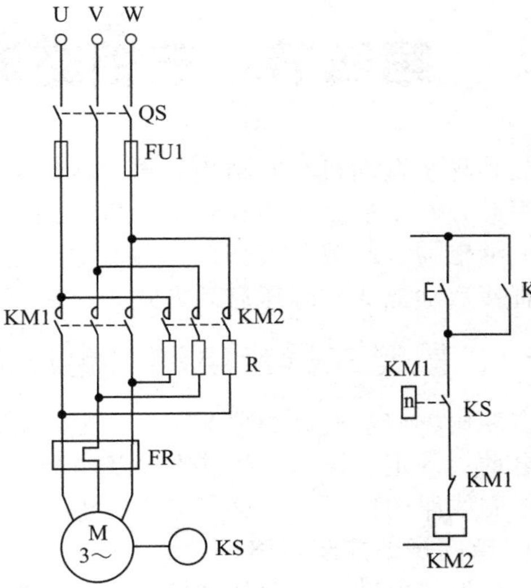

(a) 主电路　(b) 控制电路

图 2-11　转速原则控制电路

图中 KI1、KI2、KI3 为欠电流继电器，线圈串联在转子电路中，这 3 个继电器线圈的吸合电流相同，但释放电流不一样，KI1 释放电流＞KI2 释放电流＞KI3 释放电流。

当启动开始时电流较大，KI1、KI2 和 KI3 触点都动作即常闭触点断开，随着电流的减小依次按 KI1、KI2 和 KI3 的顺序常闭触点复位，则 KM1、KM2 和 KM3 在主电路中的线圈依次得电。

三、转速原则控制

转速原则控制是指根据电动机转速的变化来控制不同状态的切换，使用速度继电器来实现，当电机的转速大于设定值时则触点动作，常用于制动控制电路中。

如图 2-11(a) 所示，速度继电器 KS 是与电动机同轴运行的，其转子在主电路中与电机连接；图 2-11(b) 所示当电机正常运行时 KS 常开触点闭合，按下停止按钮 SB1，接触器 KM2 线圈得电，开始反接制动，电机减速，当电机转速下降到接近零时（100r/min）KS 常开触点断开，这样就可以当电动机转速接近零时自动将电源切断。

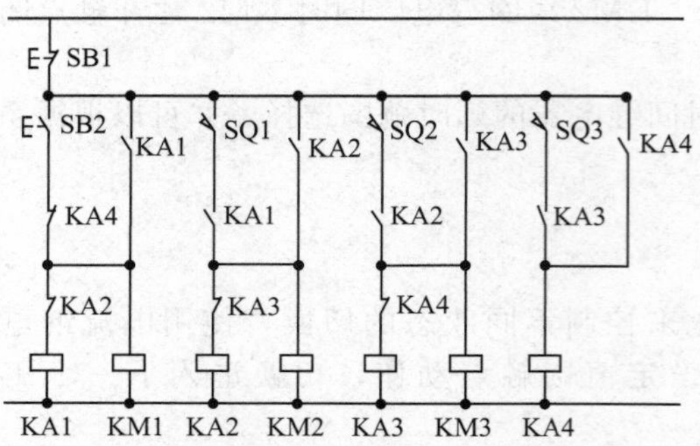

图 2-12 位置原则控制的步进控制线路

四、位置原则控制

位置原则控制是指根据位置的变化来控制不同状态的切换。使用行程开关来实现，当工件移动并压到行程开关使其触点动作，从而控制进入不同的工作状态。常用于工作台的往复运动、步进控制、刀具进给等场合。

如图 2-12 所示，使用行程开关实现步进控制，由行程开关 SQ1、SQ2 和 SQ3 分别控制工作状态，工件位置行进到 SQ1 时接通 KM2，行进到 SQ2 时接通 KM3，行进到 SQ3 时结束加工过程。

第四节　三相交流电动机的启动控制

三相异步电动机具有结构简单，运行可靠，坚固耐用，价格便宜，维修方便等一系列优点。因此，在工矿企业中异步电动机得到广泛的应用，三相异步电动机的控制线路大多由接触器、继电器、闸刀开关、按钮等有触点电器组合而成。通常对于三相异步电动机的启动有全压直接启动方式和降压启动方式。

一、鼠笼式异步电动机全压启动控制

在变压器容量允许的情况下，鼠笼式异步电动机应该尽可能采用全压直接启动，即启动时将电动机的定子绕组直接接在交流电源上，电机在额定电压下直接启动。直接启动既可以提高控制线路的可靠性，又可以减少电器的维修工作量。

1. 单向长动控制线路

三相鼠笼电动机单向长动控制是一种最常用、最简单的控制线路，能实现对电动机的启动、停止的自动控制。单向长动控制的电路图即前面图 2-4 所示的启、保、停电路。

2. 单向点动控制线路

生产机械在正常工作时需要长动控制，但在试车或进行调整工作时，就需要点动控制，点动控制也叫短车控制或点车控制。例如桥式吊车需要经常通过点动作调整运动。在图 2-8 中（a）、（b）和（c）图就分别显示单独的点动控制和点动与长动的控制线路。

二、三相鼠笼式异步电动机降压启动

鼠笼式异步电动机采用全压直接启动时，控制线路简单，但是异步电动机的全压启动电流一般可达额定电流的 4～7 倍，过大的启动电流会降低电动机寿命，使变压器二次电压大幅度下降，减小电动机本身的启动转矩，甚至使电动机无法启动，过大的电流还会引起电源电压波动，影响同一供电网路中其他设备的正常工作。

判断一台电动机能否全压启动的一般规定是：电动机容量在 10kW 以下者，可直接启动；10kW 以上的异步电动机是否允许直接启动，要根据电动机容量和电源变压器容量的经验公式来估计：

$$\frac{I_q}{I_e} \leqslant \frac{3}{4} + \frac{\text{电源变压器容量(kV·A)}}{4 \times \text{电动机容量(kV·A)}} \tag{2-6}$$

式中 I_q——电动机全电压启动电流，A；

I_e——电动机额定电流，A。

若计算结果满足上述经验公式，一般可以全压启动，否则应考虑采用降压启动。有时，为了限制和减少启动转矩对机械设备的冲击作用，允许全压启动的电动机，也多采用降压启动方式。

1. 自耦变压器降压启动控制线路

自耦变压器又称为启动补偿器。电动机启动时，定子绕组得到的电压是自耦变压器的二次电压，一旦启动完毕，自耦变压器便被切除，电动机进入全电压运行。自耦变压器的次级一般有 3 个抽头，可得到 3 种数值不等的电压，使用时可根据启动电流和启动转矩的要求灵活选择。

工作原理：自耦变压器的控制采用时间原则控制线路，电机启动后时间继电器开始延时，当延时到就切除自耦变压器结束启动过程。自耦变压器降压启动控制线路如图 2-13 所示。

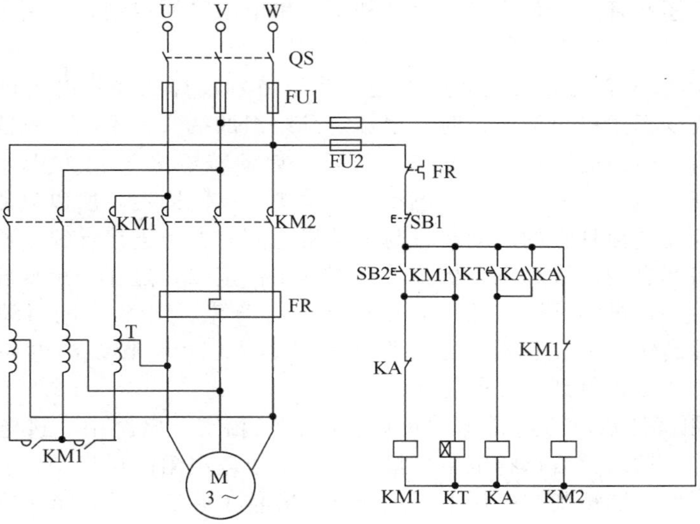

图 2-13 自耦变压器降压启动控制线路

2. Y-Δ降压启动控制线路

Y-△降压启动是在启动时将电动机定子绕组接成 Y 形，每相绕组承受的电压为电源的相电压（220V），在启动结束时换接成三角形接法，每相绕组承受的电压为电源线电压（380V），电动机进入正常运行。凡是正常运行时定子绕组接成三角形的鼠笼式异步电动机，均可采用这种线路。

Y-△降压启动的自动控制线路如图 2-14 所示。

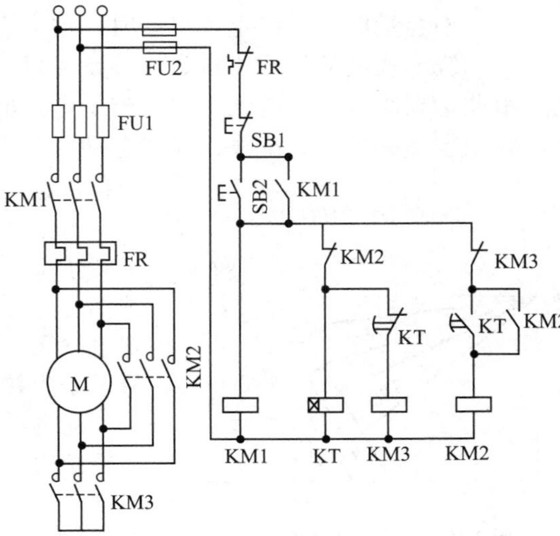

图 2-14 Y-△降压启动的自动控制线路

工作原理；Y-△降压启动设计思想仍是按时间原则控制。

按下启动按钮 SB2。

① 接触器 KM1 线圈得电，电动机 M 接入电源。

② 接触器 KM3 线圈得电，其常开主触点闭合，Y 形启动，辅助触点断开，保证了接触器 KM2 不得电。

③ 时间继电器 KT 线圈得电，经过一定时间延时，常闭触点断开，切断 KM3 线圈电源。

④ KM3 主触点断开，KM3 常闭辅助触点闭合，KT 常开触点闭合，接触器 KM2 线圈得电，KM2 主触点闭合，使电动机 M 由 Y 形启动切换为△运行。

按下停止按钮 SB1，切断控制线路电源，电动机 M 停止运转。

三相鼠笼式异步电动机采用 Y-△降压启动的优点是定子绕组 Y 形接法时，启动电压为直接采用△接法时的 $1/\sqrt{3}$，启动电流为三角形接法时的 1/3，因而启动电流特性好，线路较简单，投资少。其缺点是启动转矩也相应下降为三角形接法的 1/3，转矩特性差。本线路适用于轻载或空载启动的场合，应当强调指出，Y-△连接时要注意其旋转方向的一致性。

3. 降压启动的其他方法

降压启动方法还有延边三角形降压启动和定子串电阻降压启动，这两种方法目前已很少采用。

① 延边三角形降压启动方法仅适用于定子绕组特别设计的异步电动机，这种电动机共有九个出线端，改变延边三角形连接时，根据定子绕组的抽头比不同，就能够改变相电压的大小，从而改变启动转矩的大小。延边三角形降压启动转矩比 Y-△方式大，并且可以在一定范围内进行选择。但是，一般来说，电动机的抽头比已经固定，所以只能在这些抽头比的范围内作有限的变动；而且它的启动装置与电动机之间有九条连接导线，所以在生产现场为了节省导线往往将其启动装置和电动机安装在同一工作室内，这在一定程度上限制了启动装置的使用范围；另外，虽然延边三角形降压启动的启动转矩比 Y-△的启动转矩大，但与自耦变压器启动时最高转矩相比仍有一定差距，而且延边三角形接线的电动机的制造工艺复杂，故这种启动方法难以得到广泛的应用。

② 定子串电阻降压启动方法是电动机启动时在三相定子电路中串接电阻，使电动机定子绕组电压降低，启动结束后再将电阻短接。由于定子串电阻降压启动，启动电流随定子电压成正比下降，而启动转矩则按电压下降比例的平方倍下降。显然，这种方法会消耗大量的电能且装置成本较高，三相鼠笼式异步电动机采用电阻降压的启动方法，适用于要求启动平稳的小容量电动机以及启动不频繁的场合。

三、绕线式异步电动机启动控制

在大、中容量电动机的重载启动时，增大启动转矩和限制启动电流两者之间的矛盾十分突出。三相绕线式电动机的优点之一，是可以在转子绕组中串接外加电阻或频敏变阻器进行启动，由此达到减小启动电流，提高转子电路的功率因数和增加启动转矩的目的。一般在要求启动转矩较高的场合，绕线式异步电动机的应用非常广泛。例如桥式起重机吊钩电动机、卷扬机等。

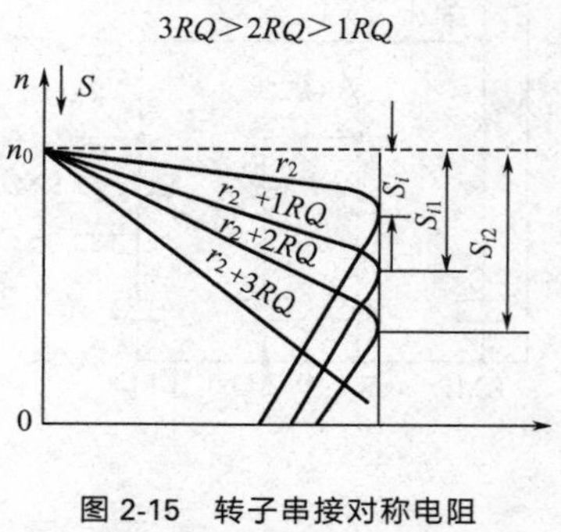

图 2-15　转子串接对称电阻时的人为特性

转子绕组串接电阻后，启动时转子电流减小。但由于转子加入电阻，转子功率因数提高，只要电阻值大小选择合适，转子电流的有功分量增大，电动机的启动转矩也增大，从而具有良好的启动特性。绕线式异步电动机转子串接对称电阻后，其人为特性如图 2-15 所示。

从图中的曲线可以看出，串接电阻 RQ 值愈大，启动转矩也愈大，临界转差率 S_i 也愈大，特性曲线的倾斜度愈大。因此，改变串接电阻 RQ 可作为改变转差率调速的一种方法。注意，当串接电阻大于图中所标的 3RQ 时，启动转矩反而降低。三相绕线式异步电动机可采用转子串接电阻和转子串接频敏变阻器两种启动方法。

1. 转子串接电阻启动控制线路

在电动机启动过程中，串接的启动电阻级数愈多，电动机启动时的转矩波动就愈小，启动愈平滑。启动电阻被逐段地切除，电动机转速不断升高，最后进入正常运行状态。

设计思想　这种控制线路既可按时间原则组成控制线路，也可按电流原则组成控制线路。

（1）按时间原则组成的绕线式异步电动机启动控制线路　图 2-16 为按时间原则组成的绕线式异步电动机启动控制线路，依靠时间继电器的依次动作短接启动电阻，实现启动控制。

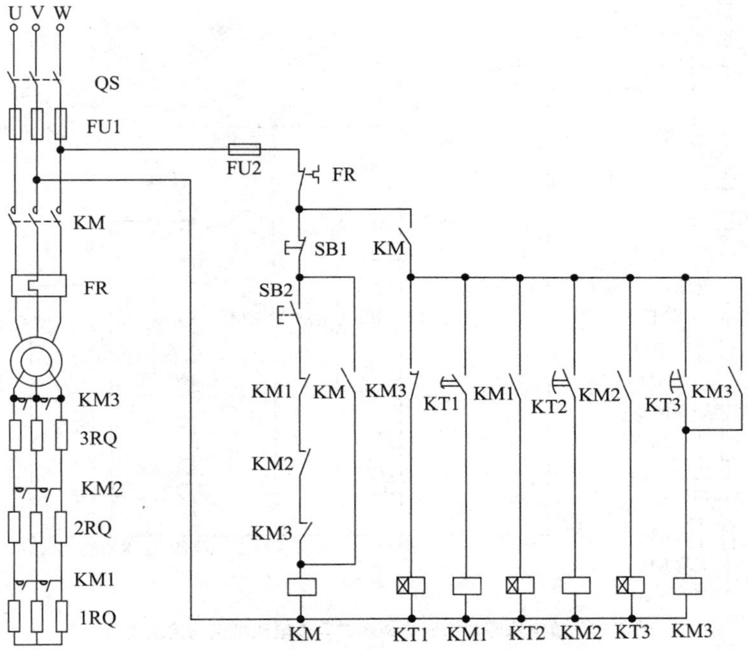

图 2-16　按时间原则组成的绕线式异步电动机启动控制线路

线路工作原理如下。

合上刀闸开关 QS，按启动按钮 SB2，运行过程如下。

① 接触器 KM 线圈得电，其主触点闭合，将电动机转子串入全部电阻进行启动，KM 辅助触点闭合自锁。

② 时间继电器 KT1 得电，时间继电器 KT1 的常开触点经一定延时后闭合，使接触器 KM1 线圈得电吸合，切除第 1 级启动电阻 1RQ。同时，时间继电器 KT2 得电。

③ 时间继电器 KT2 的常开触点经一定延时后闭合，使接触器 KM2 得电吸合并自锁，短接第 2 级启动电阻 2RQ。同时，时间继电器 KT3 得电。

④ 时间继电器 KT3 的常开触点经一定延时后闭合，使接触器 KM3 得电吸合并自锁，短接第 3 级启动电阻 3RQ，启动过程全部结束。

⑤ 接触器 KM3 得电，KM3 常闭触点断开，切断时间继电器 KT1 线圈电源，使 KT1、KM1、KT2、KM2、KT3 依次释放。当电动机进入正常运行时，只有 KM3 和 KM 保持得电吸合状态，其他电器全部复位。

按下停止按钮 SB1，KM 线圈失电切断电动机电源，电动机停转。

（2）按电流原则组成的绕线式异步电动机启动控制线路 按电流原则启动控制是指通过欠电流继电器的释放值设定进行控制，利用电动机启动时转子电流的变化来控制转子串接电阻的切除。

图 2-17 为按电流原则组成的绕线式异步电动机启动控制线路。图中，KI1、KI2、KI3 为电流继电器。这 3 个继电器线圈的吸合电流相同，但释放电流不一样，KI1 释放电流>KI2 释放电流>KI3 释放电流。

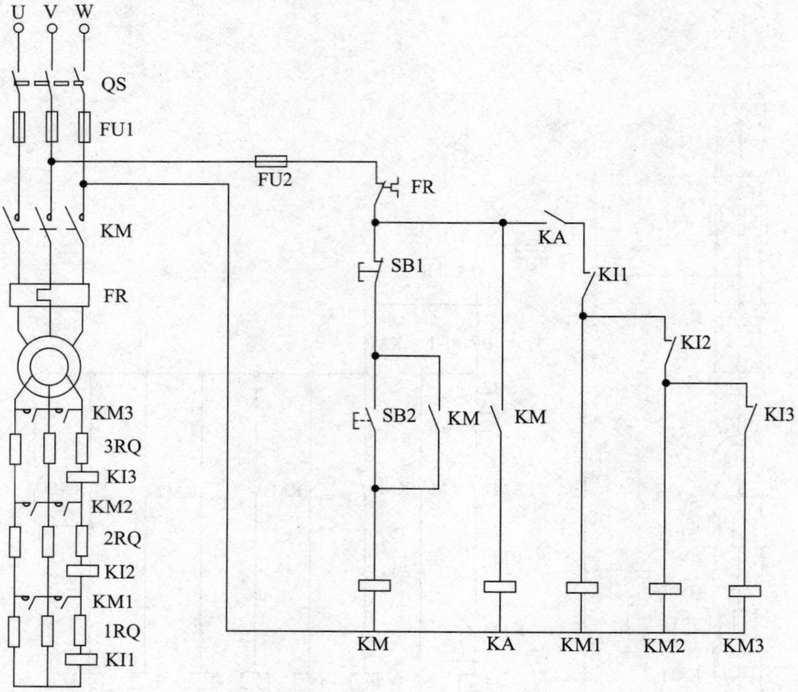

图 2-17 按电流原则组成的绕线式异步电动机启动控制线路

线路工作原理如下。

合上刀闸开关 QS，按下启动按钮 SB2，运行过程如下。

① 接触器 KM 和中间继电器 KA 线圈相继吸合。刚开始启动时，冲击电流很大，KI1、KI2 和 KI3 的线圈都吸合，其在控制电路中的常闭触点均断开，接触器 KM1、KM2、KM3 的线圈都不动作，其接于转子电路中的常开触点均断开，全部电阻接入转子。

② 当电动机速度升高后，转子电流逐渐减少，KI1 首先释放，其控制电路中的常闭触点闭合，使接触器 KM1 得电吸合，把第 1 级启动电阻 1RQ 切除。

③ 当 1RQ 被切除后，随着电动机转速升高，转子电流又减小，电流继电器 KI2 释放，其常闭触点闭合，使接触器 KM2 得电吸合，把第 2 级启动电阻 2RQ 短接。

④ 当 2RQ 被切除后，转子电流又减小，电流继电器 KI3 释放，其常闭触点闭合，使接触器 KM3 得电吸合，把第 3 级启动电阻 3RQ 短接。启动过程结束。

中间继电器 KA 是为了保证启动时接入全部电阻而设计的。因为刚启动时，若无 KA，电流从零开始，KI1、KI2、KI3 都未动作，全部电阻都被短接，电动机处于直接启动状态；增加了 KA，从 KM 线圈得电到 KA 的常开触点闭合需要一段时间，这段动作时间能保证电流冲击到最大值，使 KI1、KI2、KI3 全部吸合，接于控制电路中的常闭触点全部断开，从而保证电动机全电阻启动。

2. 转子串接频敏变阻器启动控制线路

转子串接电阻启动控制在绕线式异步电动机启动过程中逐段减小电阻时，电流与转矩是成跃变状态变化，电流与转矩突然增大会产生一定的机械冲击；而且分段级数越多时控制线路越复杂，工作可靠性低。因此使用频敏变阻器（frequency sensitue rheostat）来替代启动电阻。频敏变阻器的阻抗能够随着转子电流频率的下降自动减小，所以它是绕线异步电动机较为理想的启动设备，常用于较大容量的绕线式异步电动机的启动控制中，如空气压缩机等。

频敏变阻器是一个铁心损耗很大的三相电抗器，它由数片 E 形硅钢片叠成，外面再套上绕组，采用 Y 形接线。将其串入绕线异步电动机转子回路中，相当于接入一个铁损较大的电抗器。

在电动机开始启动时，转速 $n=0$，转子频率最高，频敏变阻器的阻抗最大；随着转子频率的减小，其绕组电抗和铁心损耗决定的等效阻抗也随着减小，随着电动机转速的提高，自动平滑地减小阻抗值，从而限制启动电流。由于频敏变阻器的等效电阻和电抗同步变化，因此转子电路的功率因数基本不变，从而得到大致恒定的启动转矩。

图 2-18 为采用频敏变阻器的启动控制线路，可实现手动和自动两种控制。

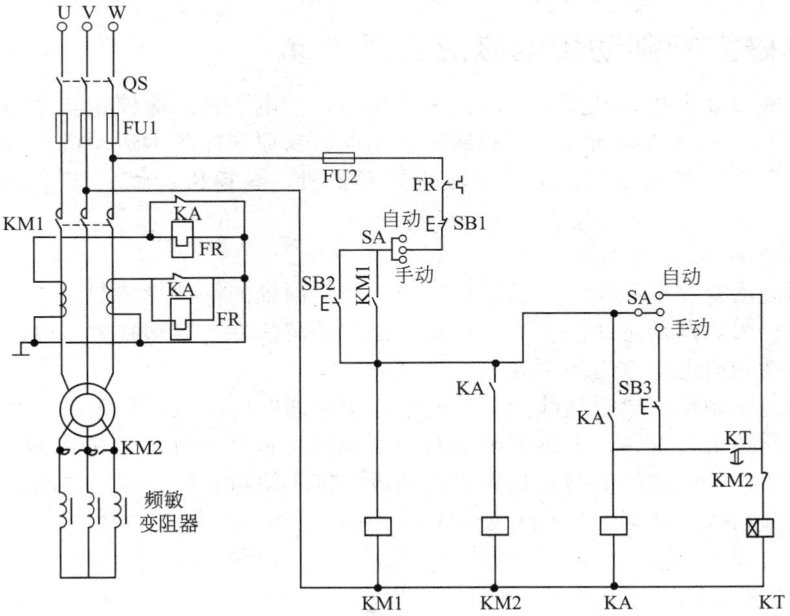

图 2-18 采用频敏变阻器的启动控制线路

自动控制的线路工作原理如下。

当转换开关 SA 扳到“自动”位置时，按下 SB2 启动按钮。

① 接触器 KM1 得电，电动机串频敏变阻器启动。同时，时间继电器 KT 得电。

② 时间继电器 KT 经过一段时间延时，KT 常开触点闭合，中间断电器 KA 得电闭合实现自锁。主电路中 KA 常闭触点断开，热继电器 FR 保护。

③ KA 常开触点闭合，KM2 线圈得电，KM2 常开触点闭合，将频敏变阻器短接。KM2 常闭触点断开，KT 失电，电动机在额定电压下运行。

手动控制的线路工作原理如下。

当转换开关 SA 扳到“手动”位置时，时间继电器 KT 不起作用，利用按钮 SB3 手动控制，使中间继电器 KA 和接触器 KM2 动作，从而控制电动机的启动和正常运转。

频敏变阻器有四个接头可以调整匝数，上下铁心之间也可以调整空气气隙。在使用中如果遇到下列情况，可以调整匝数和气隙。

① 启动电流过大，启动太快，应增加匝数，使阻抗变大，减小启动电流，同时启动转矩减小，启动过程变慢。

② 启动时力矩过大，有机械冲击，应增加气隙，使启动电流略增加，而启动转矩略减小，从而使稳定运行时的转速有所提高。

第五节 三相异步电动机制动控制

三相异步电动机从切断电源到安全停止转动，由于惯性的关系总要经过一段时间，影响了劳动生产率。在实际生产中，为了实现快速、准确停车，缩短时间，提高生产效率，对要求停转的电动机强迫其迅速停车，必须采取制动措施。

三相异步电动机的制动方法分为两类：机械制动和电气制动。机械制动有电磁抱闸制动、电磁离合器制动等；电气制动有反接制动、能耗制动、回馈制动等。

一、电磁抱闸制动和电磁离合器制动

机械制动的设计思想是利用外加的机械作用力，使电动机迅速停止转动。机械制动有电磁抱闸制动、电磁离合器制动等。电磁制动应用电磁铁原理在各种运动机构中吸收旋转运动惯性能量，从而达到制动目的，被广泛应用于起重机、卷扬机、碾压机等类型的升降机械设备。

1. 电磁抱闸制动

电磁抱闸制动是靠电磁制动闸紧紧抱住与电动机同轴的制动轮来制动的。电磁抱闸制动方式的制动力矩大，制动迅速停车准确，缺点是制动越快冲击振动越大。电磁抱闸制动有断电电磁抱闸制动和通电电磁抱闸制动。

断电电磁抱闸制动在电磁铁线圈一旦断电或未接通时电动机都处于抱闸制动状态，例如电梯、吊车、卷扬机等设备。电磁抱闸主要由制动电磁铁和闸瓦制动器组成，如图 2-19(a) 所示，制动电磁铁的电磁线圈与三相异步电动机的定子绕组并联，闸瓦制动器的转轴与电机的转轴相连。制动线路如图 2-19(b) 所示。

线路工作原理如下。

按下启动按钮 SB2：

• 接触器 KM2 线圈得电，主触点吸合，电磁铁线圈 YA 接入电源，电磁铁产生磁场力吸合衔铁，带动制动杆推动闸瓦松开闸轮。

• KM2 线圈得电触点闭合后，KM1 线圈得电，触点吸合，电动机启动运转。

按下停止按钮 SB1：

• KM1、KM2 线圈失电，触点释放，电动机和电磁铁绕组均断电，电磁铁衔铁释放，弹簧的弹力使闸瓦紧紧抱住闸轮，依靠摩擦力使电动机快速停车。

为了避免电动机在启动前瞬时出现转子被掣住不转的短路运行状态，在电路设计时使接触器 KM2 先得电，使得电磁铁线圈 YA 先通电待制动闸松开后，电动机才接通电源。

通电电磁抱闸制动控制则是在平时制动闸总是在松开的状态，通电后才抱闸。例如机床等需要经常调整加工件位置的设备往往采用这种方法。

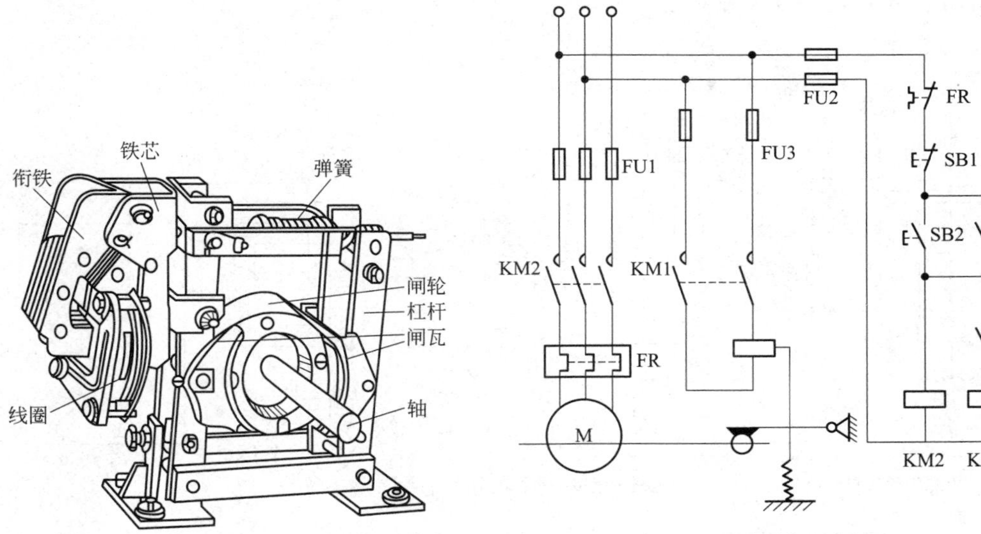

(a) 电磁抱闸装置结构图 (b) 电磁抱闸电路图

图 2-19 断电电磁抱闸装置

2. 电磁离合器制动

电磁离合器制动是采用电磁离合器来实现制动的，电磁离合器体积小，传递转矩大，制动方式比较平稳且迅速，并可以安装在机床等的机械设备内部。

二、反接制动控制线路

1. 线路设计思想

反接制动是一种电气制动方法，通过改变电动机电源电压相序使电动机制动。由于电源相序改变，定子绕组产生的旋转磁场方向也与原方向相反，而转子仍按原方向惯性旋转，于是在转子电路中产生相反的感应电流。转子要受到一个与原转动方向相反的力矩的作用，从而使电动机转速迅速下降，实现制动。

在反接制动时，转子与定子旋转磁场的相对速度接近于两倍同步转速，所以定子绕组中的反接制动电流相当于全电压直接启动时电流的两倍。为避免对电动机及机械传动系统产生过大冲击，一般在 10kW 以上电动机的定子电路中串接对称电阻或不对称电阻，以限制制动转矩和制动电流，这个电阻称为反接制动电阻，如图 2-20（a）、（b）所示为定子电路中串接对称电阻或不对称电阻。

2. 典型线路介绍

反接制动的关键是采用按转速原则进行制动控制。因为当电动机转速接近零时，必须自动地将电源切断，否则电动机会反向启动。采用速度继电器来检测电动机的转速变化，当转速下降到接近零时（100r/min），由速度继电器自动切断电源。反接制动的控制线路如图 2-21 所示。

线路工作原理。

按下启动按钮 SB2：接触器 KM1 线圈得电，主触点吸合，电动机启动运行。在电动机正常运行时，速度继电器 KS 的常开触点闭合，为反接制动接触器 KM2 线圈通电准备条件。

当按下停止按钮 SB1。

● 接触器 KM1 线圈失电，切断电动机三相电源。此时电动机的转速仍然很高，KS 的常开触点仍闭合，接触器 KM2 线圈得电主触点吸合，使定子绕组得到相反相序的电源，电动机串制动电阻 R 进入反接制动。

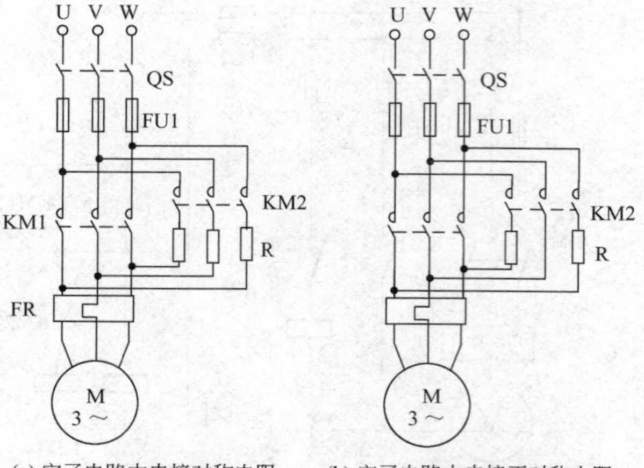

(a) 定子电路中串接对称电阻　(b) 定子电路中串接不对称电阻

图 2-20　定子电路中串接电阻

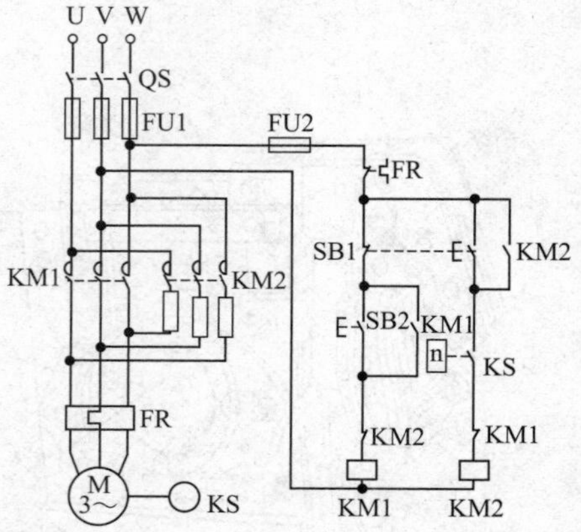

图 2-21　单向反接制动线路图

● 当电动机转子的惯性转速接近零（100r/min）时，速度继电器 KS 的常开触点恢复断开，接触器 KM2 线圈失电，主触点释放，切断电源制动结束。

反接制动的优点是制动效果好，其缺点是能量损耗大，由电网供给的电能和拖动系统的机械能全部都转化为电动机转子的热损耗。

三、能耗制动控制线路

1. 线路设计思想

能耗制动是一种应用广泛的电气制动方法。当电动机脱离三相交流电源以后，立即将直流电源接入定子的两绕组，绕组中流过直流电流，产生了一个静止不动的直流磁场。此时电动机的转子切割直流磁通，产生感生电流。在静止磁场和感生电流相互作用下，产生一个阻碍转子转动的制动力矩，因此电动机转速迅速下降，从而达到制动的目的。当转速降至零时，转子导体与磁场之间无相对运动，感生电流消失，电动机停转，再将直流电源切除，制动结束。

2. 典型线路介绍

能耗制动可以采用时间原则与速度原则两种控制形式。

图 2-22 为按时间原则控制的单向能耗制动控制线路。

线路原理：

按启动按钮 SB2：接触器 KM1 得电投入工作，使电动机正常运行，KM1 与 KM2 互锁，接触器 KM2 和时间继电器 KT 不得电。

按下停止按钮 SB1：

● KM1 线圈失电，主触点断开，电动机脱离三相交流电源。

● KM1 辅助触点闭合，KM2 与 KT 线圈相继得电，KM2 主触点闭合，将经过整流后的直流电压接至电机两相定子绕组上开始能耗制动。

● 当转子速度接近零时，时间继电器 KT 的常闭触点延时断开，使接触器 KM2 线圈和 KT 线圈相继失电，切断能耗制动的直流电流，切断电源制动结束。

从能量角度看，能耗制动是把电动机转子运转所储存的动能转变为电能，且又消耗在电动机转子的制动上，与反接制动相比，能量损耗少，制动停车准确。所以，能耗制动适用于电动容量大，要求制动平稳和启动频繁的场合。但制动速度较反接制动慢一些，能耗制动需要整流电路，不过，随着电力电子技术的迅速发展，半导体整流器件的大量使用，直流电源已成为不难解决的问题了。

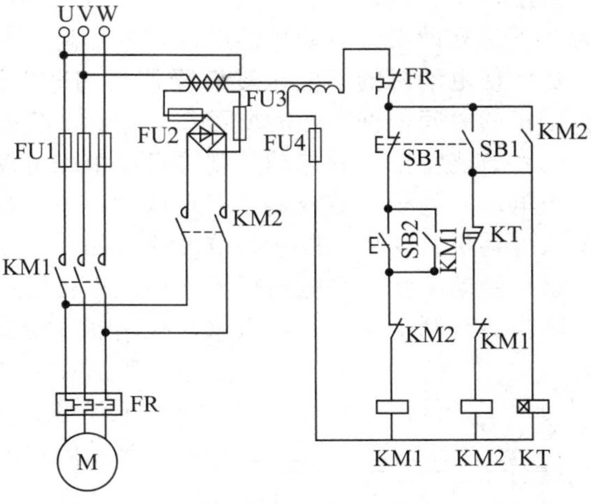

图 2-22 按时间原则控制的单向能耗制动控制线路

四、固态降压启动器

前述传统异步电机启动方式的共同特点是控制电路简单，但启动转矩固定不可调，启动过程中存在较大的冲击电流，使被拖动负载受到较大的机械冲击；停机时都采用瞬间停电，也将会造成剧烈的电网电压波动和机械冲击；且易受电网电压波动的影响，一旦出现电网电压波动，会造成启动困难甚至使电机堵转。为克服上述缺点，人们研制了固态降压启动器，固态降压启动器（Soft Starter）是一种集电机软启动、软停车、轻载节能和多种保护功能于一体的新颖电机控制装置。

1. 固态降压启动器的工作原理

固态降压启动器由电动机的启停控制装置和软启动控制器组成，其核心部件是软启动控制器，它是由功率半导体器件和其他电子元器件组成的。软启动控制器是利用电力电子技术与自动控制技术将强弱电结合，其主要结构是一组串接于电源与被控电机之间的三相反并联晶闸管及其电子控制电路，利用晶闸管移相控制三相反并联晶闸管的导通角，使被控电机的输入电压按不同的要求而变化，从而实现不同的启动功能。启动时，使晶闸管的导通角从 0 开始，逐渐前移，电机的端电压从零开始，按预设函数关系逐渐上升，直至达到满足启动转矩而使电动机顺利启动，这就是软启动控制器的工作原理。软启动控制器的主电路原理图如图 2-23 所示。软启动控制器一般并联接触器来实现软启动和软停车。如图 2-23 所示，在软启动控制器两端并联接触器 K，当电动机软启动结束后，K 合上，运行电流将通过 K 送至电动机。若要求电动机软停车，一旦发出停车信号，先将 K 分断，然后再由软启动器对电动机进行软停车。该电路有如下优点：在电动机运行时可以避免软启动器产生的谐波；软启动器仅在启动、停车时工作，可以避免长期运行使晶闸管发热，延长了使用寿命；一旦软启动器发生故障，可由并联的接触器作为应急备用。

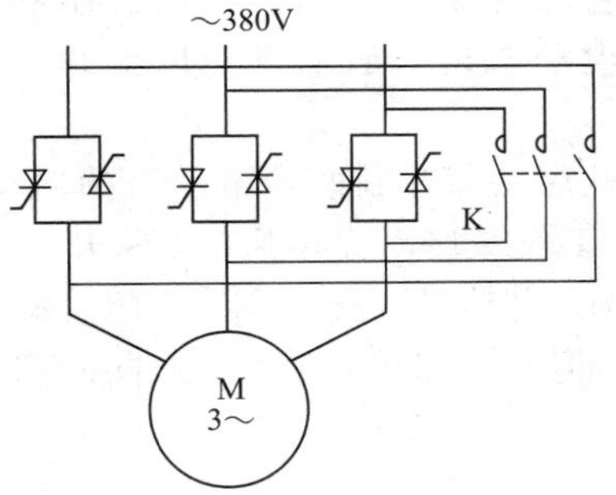

图 2-23 软启动控制器的主电路原理图

2. 软启动控制器的工作特性

（1）启动特性　异步电动机在软启动过程中，软启动控制器是通过控制加到电动机上的平均电压来控制电动机的启动电流和转矩的，启动转矩逐渐增加，转速也逐渐增加。一般软启动控制器可以通过设定得到不同的启动特性，以满足不同负载特性的要求。

（2）减速软停控制　传统的控制方式都是通过瞬间停电完成的，但有许多应用场合不允许电机瞬间关机。例如：高层建筑、楼宇的水泵系统，如果瞬间停机，会产生巨大的“水锤”效应，使管道甚至水泵遭到损坏。软启动控制可以实现电机逐渐停机，当电动机需要停机时，不是立即切断电动机的电源，而是通过调节晶闸管的导通角，从全导通状态逐渐地减小，从而使电动机的端电压逐渐降低而切断电源的，这一过程时间较长故称为减速软停控制。停车的时间根据实际需要可在 0～120s 范围内调整。

（3）节能特性　软启动控制器可以根据电动机功率因数的高低，自动判断电动机的负载率，当电动机处于空载或负载率很低时，通过相位控制使晶闸管的导通角发生变化，从而改变输入电动机的功率，以达到节能的目的。

（4）制动特性　当电动机需要快速停机时，软启动控制器具有能耗制动功能。能耗制动功能即当接到制动命令后，软启动控制器改变晶闸管的触发方式，使交流电转变为直流电，然后在关闭主电路后，立即将直流电压加到电动机定子绕组上，利用转子感应电流与静止磁场的作用达到制动的目的。

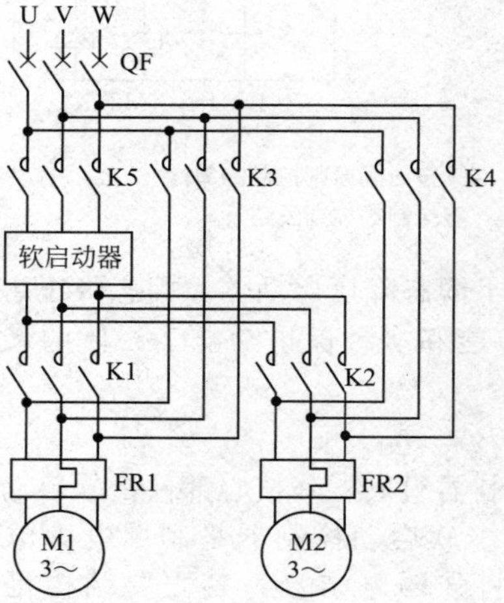

图 2-24　一台软启动器对两台电动机启动、停机

3. 固态降压启动器的应用

在工业自动化程度要求比较高的场合，为了便于控制和应用，往往将软启动控制器、断路器和控制电路组成一个较完整的电动机控制中心（MCC）以实现电动机的软启动、软停车、故障保护、报警、自动控制等功能。同时具有运行和故障状态监视、接触器操作次数、电机运行时间和触点弹跳监视、试验等辅助功能。另外还可以附加通信单元、图形显示操作单元和编程器单元等并可直接与通信总线联网。

一些工厂有多台电动机需要启动，可以使用一台软启动控制器对多台电动机进行软启动，以节约资金投入。

图 2-24 是用一台软启动器控制两台电动机的启动、停机的电路。电动机 M1 启动时，接触器 K1 闭合软启动器工作，启动完毕后 K1 断开，K3 闭合将软启动器切除，电动机 M1 正常运行；同样电动机 M2 启动时，接触器 K2 闭合软启动器工作，启动完毕接触器 K4 闭合，软启动控制器切除。但是，M1 和 M2 不能同时启动或停机，只能一台台分别启动、停机。

第六节　电动机的可逆运行

一、电动机可逆运行的手动控制

电动机的可逆运行就是正反转控制。在生产实际中，往往要求控制线路能对电动机进行正、反转的控制。例如，机床主轴的正反转，工作台的前进与后退，起重机起吊重物的上升与下放以及电梯的升降等。

由三相异步电动机转动原理可知，若要电动机逆向运行，只需将接于电动机定子的三相电源线中的任意两相对调一下即可，与反接制动的原理相同。电动机可逆运行控制线路，实质上是两个方向相反的单向运行电路的组合，并且在这两个方向相反的单向运行电路中加设必要的联锁。

根据电动机可逆运行操作顺序的不同，有“正—停—反”与“正—反—停”手动控制电路。

1. “正—停—反”手动控制电路

“正—停—反”控制电路是指电动机正向运转后要反向运转，必须先停下来再反向。图 2-25 为电动机“正—停—反”手动控制线路。KM2 为正转接触器，KM3 为反转接触器。

线路工作原理为：

按下正向启动按钮 SB2：接触器 KM2 得电吸合，其常开主触点将电动机定子绕组接通电源，相序为 U、V、W，电动机正向启动运行。

按停止按钮 SB1：KM2 失电释放，电动机停转。

按反向启动按钮 SB3：KM3 线圈得电主触点吸合，其常开触点将相序为 W、V、U 的电源接至电动机，电动机反向启动运行。

再按停止按钮 SB1：电动机停转。

由于采用了 KM2、KM3 的常闭辅助触点串入对方的接触器线圈电路中，形成互锁。因此，当电动机正转时，即使误按反转按钮 SB3，反向接触器 KM3 也不会得电。要电动机反转，必须先按停止按钮，再按反向按钮。

2. “正—反—停”手动控制电路

在实际生产过程中，为了提高劳动生产率，常要求电动机能够直接实现正、反向转换。

（1）简单的“正—反—停”控制　利用复合按钮可构成简单的“正—反—停”控制，控制线路如图 2-26 所示。

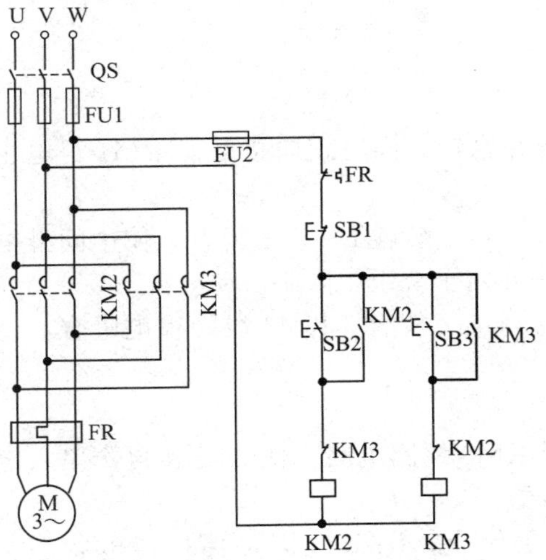

图 2-25　“正—停—反”手动控制线路

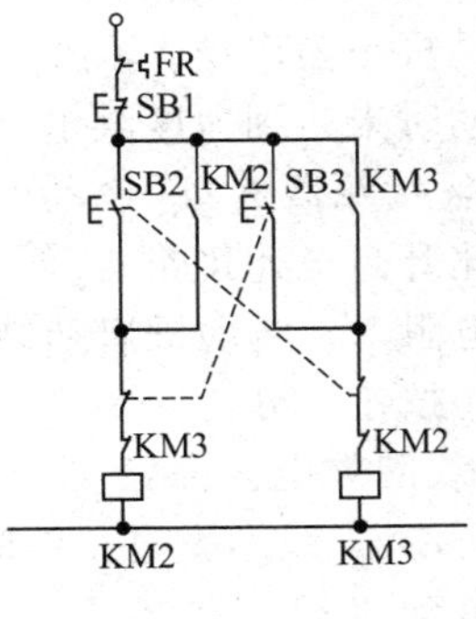

图 2-26　“正—反—停”手动控制线路

线路工作原理为：

若需电动机反转，不必按停止按钮 SB1，直接按下反转按钮 SB3，使 KM2 线圈失电触点释放，KM3 线圈得电触点吸合，电动机先脱离电源，停止正转，然后又反向启动运行。反之亦然。

（2）可逆反接制动的“正—反—停”控制　电动机可逆运行的反接制动控制线路如图 2-27 所示。主电路中 KM1 分别实现正转启动和反转制动控制，KM2 分别实现反转启动和正转制动控制，由于速度继电器的触点具有方向性，所以电动机的正向和反向制动分别由速度继电器的两对常开触点 KS-Z、KS-F 来控制，在定子电路中都串接限流电阻 R，在电动机

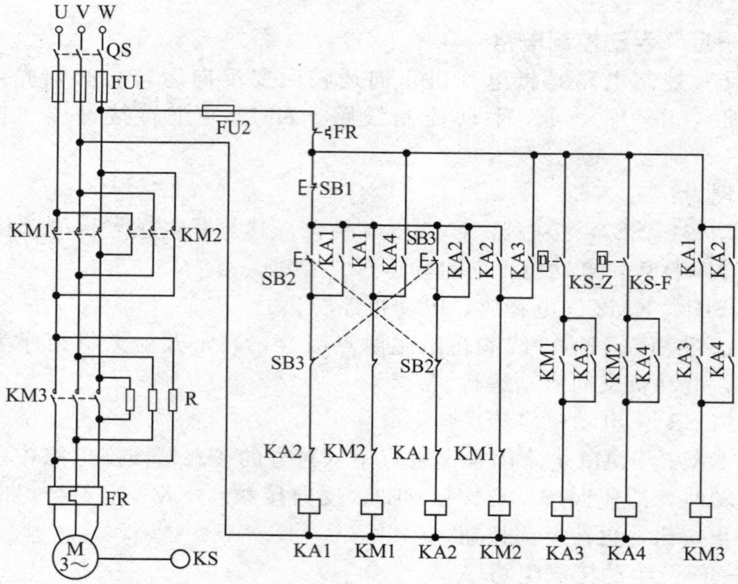

图 2-27 电动机可逆运行的反接制动控制线路

正反转启动和反接制动时，起到了在反接制动时限制制动电流，在启动时限制启动电流的双重限流作用。操作方便，具有触点、按钮双重联锁，运行安全、可靠，是一个较完善的控制线路。

线路工作原理：

按下正向启动按钮 SB2：

• 中间继电器 KA1 线圈得电，KA1 触点吸合并自锁，同时正向接触器 KM1 得电主触点吸合，电动机正向启动。

• 刚启动时未达到速度继电器 KS 动作的转速，常开触点 KS-Z 未闭合，使中间继电器 KA3 不得电，接触器 KM3 也不得电，因而使 R 串在定子绕组中限制启动电流。

• 当转速升高至速度继电器动作时，常开触点 KS-Z 闭合，KM3 线圈得电吸合，经其主触点短接电阻 R，电动机启动结束。

按下停止按钮 SB1：

• KA1 线圈失电，KA1 常开触点断开接触器 KM3 线圈电路，使电阻 R 再次串入定子电路；同时，KM1 线圈失电，切断电动机三相电源。

• 此时电动机转速仍较高，常开触点 KS-Z 仍闭合，KA3 线圈仍保持得电状态。在 KM1 失电同时，KM2 线圈得电吸合，其主触点将电动机电源反接，电动机反接制动，定子电路一直串有电阻 R 以限制制动电流。

• 当转速接近零时，常开触点 KS-Z 恢复断开，KA3 和 KM2 相继失电，制动过程结束。电动机停转。

按下反向启动按钮 SB3：

• 如果正在正向运行，反向启动按钮 SB3 同时切断 KA1 和 KM1 线圈。

• 中间继电器 KA2 线圈得电，触点 KA2 闭合自锁，同时正向接触器 KM2 得电主触点吸合，电动机先进行反接制动。

• 当转速降至零时常开触点 KS-Z 恢复断开，电动机又反向启动。只有当反向转速升高达到 KS-F 动作值时，常开触点 KS-F 闭合，KA4 和 KM3 线圈相继得电吸合，切除电阻 R，直至电动机进入反向正常运行。

二、电动机可逆运行的自动控制

自动控制的电动机可逆运行电路，可按行程控制原则来设计。按行程控制原则又称为位置控制，就是利用行程开关来检测往返运动位置，发出控制信号来控制电动机的正反转，使机件往复运动。

图 2-28(a) 为工作台自动循环的原理，行程开关 SQ1 和 SQ2 安装在指定位置，工作台下面的挡铁压到行程开关 SQ1 就向右移动，压到行程开关 SQ2 就向左移动。图 2-28(b) 为工作台自动循环的控制线路。

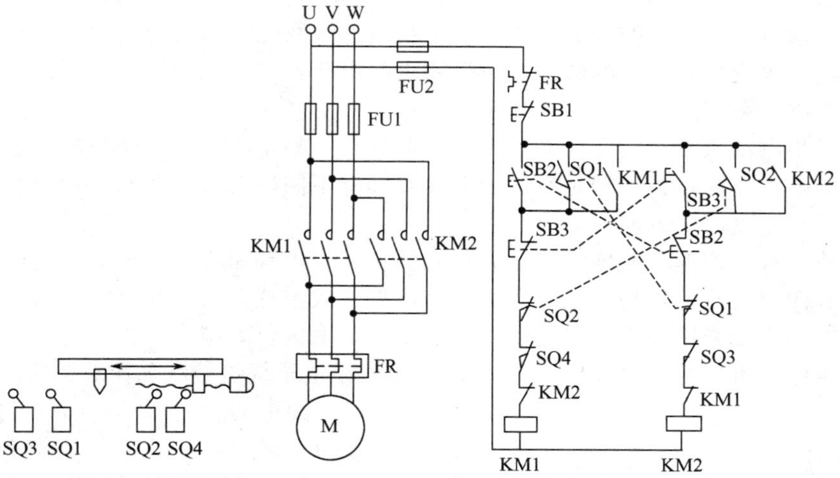

(a) 工作台自动循环的原理　　(b) 工作台自动循环的控制线路

图 2-28　工作台自动循环的原理和控制线路

线路工作原理如下。

按正向启动按钮 SB2 时，运行过程如下。

① KM1 得电并自锁，电动机正向启动运行，工作台向右运动。

② 当工作台运行至 SQ2 位置时，压下行程开关 SQ2，SQ2 的常闭触点断开，KM1 断电释放；SQ2 常开触点闭合，接触器 KM2 线圈得电吸合，电动机反向启动运行，使工作台自动返回。

③ 当工作台返回到 SQ1 位置，压下行程开关 SQ1，KM2 失电，接触器 KM1 线圈得电吸合，工作台又向右运动。

④ 工作台周而复始地进行往复运动，直到按下停止按钮使电动机停转。

在控制电路中，行程开关 SQ3、SQ4 为极限位置保护，是为了防止 SQ1、SQ2 可能失效引起事故而设的，SQ4 和 SQ3 分别安装在电动机正转和反转时运动部件的行程极限位置。如果 SQ2 失灵，运动部件继续前行压下 SQ4 后，KM1 失电而使电动机停止。这种限位保护的行程开关在位置控制电路中必须设置。

第七节　三相异步电动机调速控制

异步电动机调速常用来改善机床的调速性能和简化机械变速装置。根据异步电动机转速

公式

$$n=\frac{(1-s)\times 60\times f}{P} \tag{2-7}$$

式中，s 为转差率；f 为电源频率；P 为定子极对数。

由上式可知，三相异步电动机的调速可通过改变定子电压频率 f、定子极对数 P 和转差率 s 来实现。具体归纳为变极调速、变频调速、调压调速、转子串电阻调速、串级调速和电磁调速等调速方法。

1. 变极调速

通常变更绕组极对数的调速方法简称为变极调速。变极调速是通过改变电动机定子绕组的外部接线来改变电动机的极对数。鼠笼式异步电动机转子绕组本身没有固定的级数，改变鼠笼式异步电动机定子绕组的极数以后，转子绕组的级数能够随之变化；绕线式异步电动机的定子绕组极数改变以后，它的转子绕组必须重新组合，往往无法实现。所以，变更绕组极对数的调速方法一般仅适用于鼠笼式异步电动机。

鼠笼式异步电动机常用的变极调速方法有两种：一种是改变定子绕组的接法，即变更定子绕组每相的电流方向；另一种是在定子上设置具有不同极对数的两套互相独立的绕组，又使每套绕组具有变更电流方向的能力。

变极调速是有级调速，速度变换是阶跃式的。用变极调速方式构成的多速电动机一般有双速、三速、四速之分。这种调速方法简单、可靠、成本低，因此在有级调速能够满足要求的机械设备中，广泛采用多速异步电动机作为主拖动电机，如镗床、铣床等。

（1）双速电动机　双速电动机△/YY 接法的三相定子绕组接线如图 2-29 所示。

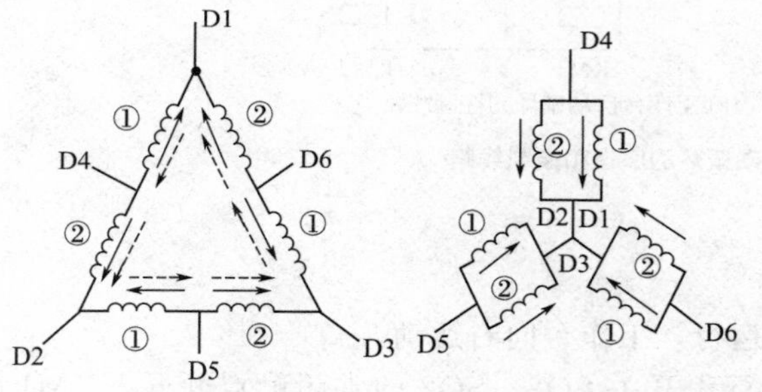

图 2-29　双速电动机△/YY 三相定子绕组接线

图中为△/YY 接线的变换，电机极数为 4 极/2 极。当定子绕组 D1、D2、D3 的接线端接电源，D4、D5、D6 接线端悬空时，三相定子绕组接成了△，对应低速，此时每相绕组中的线圈 1、线圈 2 相互串联，其电流方向如图中虚箭头所示，每相绕组具有 4 个极。若将定子绕组的 D4、D5、D6 三个接线端接电源，D1、D2、D3 接线端短接，则把原来的三角形接线改变为 YY 接线，对应高速，每相绕组中的线圈 1 与线圈 2 并联，电流方向如图中实线箭头所示，每相绕组具有两个极。应当强调指出，当把电动机定子绕组的△接线变更为 YY 接线时，接线的电源相序必须反相，从而保证电动机由低速变为高速时旋转方向一致。△/YY 接线属于恒功率调速。图 2-30 为双速电动机调速控制线路。

线路工作原理如下。

双投开关 Q 合向“低速”位置时，接触器 KM3 线圈得电，电动机接成三角形，低速运转。

双投开关 Q 置于“空档”时，电动机停转。

双投开关 Q 合向“高速”位置时，电动机运转如下。

① 时间继电器 KT 得电，其瞬动常开触点闭合，使 KM3 线圈得电，绕组接成三角形，电动机低速启动。

② 经一定延时，KT 的常开触点延时闭合，常闭触点延时断开，使 KM3 失电，KM2 和 KM1 线圈相继得电，定子绕组接线自动从△切换为 YY，电动机高速运转。

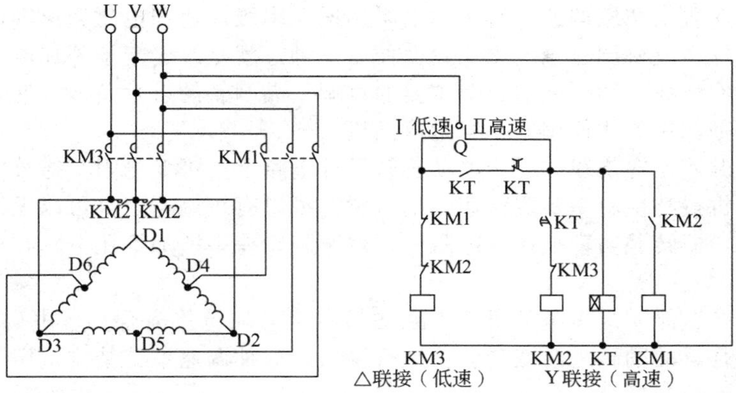

图 2-30 双速电动机调速控制线路

这种先低速启动，经一定延时后自动切换到高速的控制，目的是限制启动电流。

双速电动机 Y/YY 接法的接线变换如图 2-31，电机极数 4 极/2 极，对应电动机的低速和高速。它属于恒转矩调速。

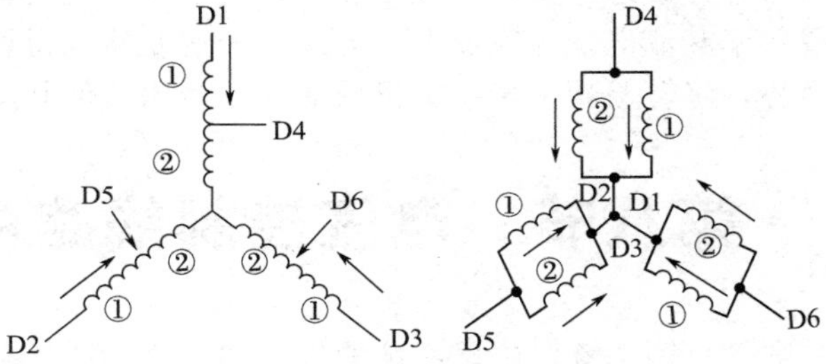

图 2-31 双速电动机 Y/YY 三相定子绕组接线图

（2）三速异步电动机 一般三速电动机的定子绕组具有两套绕组，其中一套绕组连接成△/YY，另一套绕组连接成 Y，如图 2-32(a) 所示。

假设将 D1、D2、D3 接电源时，电动机具有 8 个极；将 D4、D5、D6 接电源而 D1、D2、D3 互相短接时，电动机具有 4 个极；将 D7、D8、D9 接线端接电源时，电动机为 6 个极。故将不同的端头接向电源，电动机便有 8、6、4 三种级别磁极的转速，对应的转速由低速变为高速。当只有单独一套绕组工作时（D7、D8、D9 接电源），由于另一套△/YY 接法的绕组仍置身于旋转磁场中，在其△接线的线圈中肯定要流过环流电流。为避免环流产生，一般设法将绕组接成开口的三角形，如图 2-32(b) 所示。

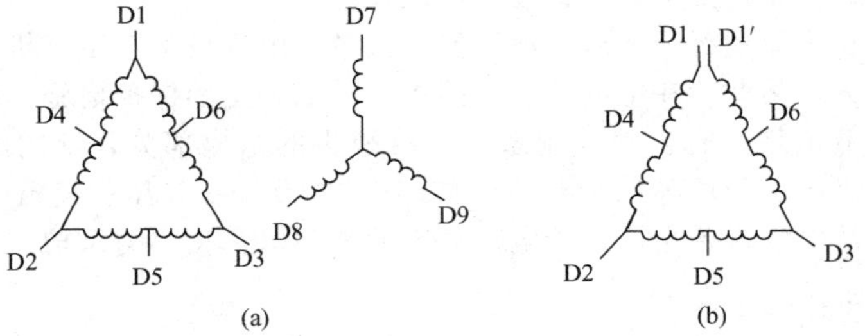

图 2-32 三速电动机定子绕组接线图

2. 变频调速

由式(2-7) 可见，变频调速就是改变异步电动机的供电频率 f，利用电动机的同步转速随频率变化的特性进行调速。在交流异步电动机的诸多调速方法中，变频调速的性能最好，调速范围大，稳定性好，运行效率高。采用通用变频器对鼠笼式异步电动机进行调速控制，由于使用方便、可靠性高并且经济效益显著，所以逐步得到推广应用。

3. 变转差率调速

变转差率调速包括调压调速、转子串电阻调速、串级调速和电磁调速等调速方法。

调压调速是异步电机调速系统中比较简便的一种，就是改变定子外加电压来改变电机在一定输出转矩下的转速。调压调速目前主要通过调整晶闸管的触发角来改变异步电动机端电压进行调速。这种调速方式仅用于小容量电动机。

转子串电阻调速是在绕线式异步电动机转子外电路上接可变电阻，通过对可变电阻的调节来改变电动机机械特性斜率实现调速。电机转速可以有级调速，也可以无级调速，其结构简单，价格便宜，但转差功率损耗在电阻上，效率随转差率增加等比下降，故这种方法目前一般不被采用。

电磁调速是在鼠笼式异步电动机和负载之间串接电磁转差离合器（电磁耦合器），通过调节电磁转差离合器的励磁来改变转差率进行调速。这种调速系统结构适用于调速性能要求不高的小容量传动控制场合。

串级调速就是在绕线式异步电动机的转子侧引入控制变量，如附加电动势来改变电动机的转速进行调速。基本原理是在绕线转子异步电动机转子侧通过二极管或晶闸管整流桥，将转差频率交流电变为直流电，再经可控逆变器获得可调的直流电压作为调速所需的附加直流电动势，将转差功率变换为机械能加以利用或使其反馈回电源而进行调速。

第八节　电气控制线路中的保护主令电器

电气控制系统对国民经济的发展和人民生活的影响都很大。为了提高电气控制系统运行的可靠和安全性，在电气控制系统的设计与运行中，都必须考虑到系统有发生故障和不正常工作情况的可能性。电气系统故障可能引起下列严重后果。

① 短路电流通过短路点燃起电弧，使电气设备烧坏甚至烧毁，严重时会引发火灾。

② 短路电流通过故障设备和非故障设备时，产生热和电动力的作用，致使其绝缘遭到损坏或缩短使用寿命。

③ 造成电网电压下降，波及其他用户和设备，使正常工作和生产遭到破坏甚至使事故扩大，造成整个配电系统瘫痪。

④ 最常见的不正常工作情况是过负荷。长时间过负荷会使载流设备和绝缘的温度升高，而使绝缘加速老化或设备遭受损坏，甚至引起故障。

电气控制线路在事故情况下，应能保证操作人员、电气设备、生产机械的安全，并能有效地制止事故的扩大。为此，在电气控制电路中应采取一定的保护措施，以避免因误操作而发生事故。保护环节也是所有自动控制系统不可缺少的组成部分，常用的保护环节包括短路、过载、过流、过压、失压等保护环节，如图 2-33 为具有欠压、过流、过载、短路保护的控制电路。下面从电气设备角度讨论电气故障的类型以及相应的保护。

一、电流型保护

电气元件在正常工作中，通过的电流一般在额定电流以内。短时间内，只要温升允许，超过额定电流也是可以的，这就是各种电气设备或电气元件根据其绝缘情况条件的不同，具有不同过载能力的原因。电气元件由于电流过大引起损坏的根本原因是温升超过绝缘材料的承受能力。电流型保护的基本原理是：将保护电器检测的信号，经过变换或放大后去控制被保护对象，当电流达到整定值时保护电器动作。电流型保护主要有过流、过载、短路和断相几种。

1. 短路保护

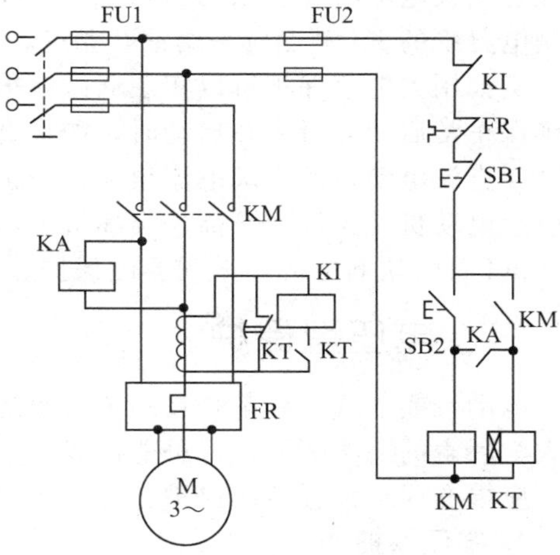

图 2-33 控制电路的欠压、过流、过载、短路保护

绝缘损坏、负载短接、接线错误等故障，都可能产生短路现象而使电气设备损坏，短路的瞬时故障电流可达到额定电流的几倍到几十倍。短路保护要求具有瞬动特性，即要求在很短时间内切断电源。

（1）熔断器　短路保护的常用方法是采用熔断器，通常熔断器比较适合用于动作准确度要求不高和自动化程度较差的系统中。如图 2-33 电路中的 FU1，在对主电路采用三相四线制或对变压器采用中点接地的三相三线制的供电电路中，必须采用三相短路保护。FU2 是当主电机容量较大在控制电路单独设置短路保护熔断器，如果主电机容量较小，其控制电路不需要另外设置熔断器。

（2）低压断路器　低压断路器也称为自动空气开关，既作为短路保护，又作为过载保护的电路。其中过流线圈具有反时限特性，用作短路保护；热元件用作过载保护。线路出故障时自动开关动作，事故处理完毕，只要重新合上开关，线路就能重新运行。

2. 过电流保护

过电流保护是区别于短路保护的另一种电流型保护，用于不正确的启动和过大的负载转矩引起的电流保护，一般采用过电流继电器 KI，过电流继电器的特点是动作电流值比短路保护的小，一般不超过 $2.5I_e$。因为电动机或电气元件超过其额定电流的运行状态，时间长了同样会过热损坏绝缘。过电流保护也要求有瞬动保护特性，即只要过电流值达到整定值，保护电器立即切断电源。

如图 2-33 所示，按下 SB2 后，时间继电器 KT 的瞬动触点立即闭合，将过流继电器 KI 接入电路。但当电动机启动时，延时继电器 KT 的常闭触点闭合，过电流继电器的过电流线圈被短接，这时虽然启动电流很大，但过电流保护不执行。启动结束后，KT 的常闭触点经过延时已断开，过电流继电器 KI 开始起保护作用。当电流值达到整定值时，过电流继电器 KI 动作，其常闭触点断开，接触器 KM 失电，电机停止运行。

这种方法，既可用于保护目的，也可用于一定的控制目的，一般用于绕线式异步电动机。

3. 过载保护

过载是指电动机长期超负载运行，运行电流大于其额定电流，但超过额定电流的倍数更小些，通常在 $1.5I_e$ 以内。过载保护是采用热继电器 FR 与接触器 KM 配合动作的方法完成保护的。引起过载的原因很多，如负载的突然增加、缺相运行以及电网电压降低等。长期处于过载也将引起电动机过热，使其温升超过允许值而损坏绝缘。过载保护要求保护电器具有反时限特性，即根据电流过载倍数的不同，其动作时间是不同的，它随着电流的增加而减小。

如图 2-33 中的热继电器 FR 在过载时其常闭触点动作，使接触器 KM 失电，电动机停转而得到保护。

4. 欠电流保护

所谓欠电流保护是指被控制电路电流低于整定值时动作的一种保护。欠电流保护通常是用欠电流继电器 KI 来实现的。欠电流继电器线圈串联在被保护电路中，正常工作时吸合，一旦发生欠电流时释放以切断电源。其线圈在线路中的接法同过电流继电器一样，但串联在控制电路中的 KI 触点应采用常开触点，并与时间继电器的常闭延时断开触点相并联。

例如用欠电流保护可以实现弱磁保护，对于直流电动机来说，必须有一定强度的磁场才能确保正常启动运行。在启动时，如果直流电动机的励磁电流太小，产生的磁场也就减弱，将会使直流电动机的启动电流很大；当正常运转时，如直流电动机的磁场突然减弱或消失，会引起电动机转速迅速升高，损坏机械，甚至发生“飞车”事故。因此，必须采用欠电流继电器 KI 及时切断电源，实现弱磁保护。

二、电压型保护

电动机或电气元件都是在一定的额定电压下正常工作，电压过高、过低或者工作过程中非人为因素的突然断电，都可能造成生产机械的损坏或人身事故，因此在电气控制线路设计中，应根据要求设置零压保护、过电压保护及欠压保护。

1. 零压保护

电动机正常工作时，如果因为电源电压的消失而停转，那么在电源电压恢复时就可能自行启动而造成人身事故或机械设备损坏。为防止电压恢复时电动机的自行启动或电气元件的自行投入工作而设置的保护，称为零压保护。如图 2-33 所示采用接触器 KM 及按钮 SB2 控制电动机的启保停电路具有失压保护作用。当突然断电时，接触器 KM 失电触点释放，当电网恢复正常时，由于接触器自锁电路已断开不会自行启动。

2. 欠电压保护

电动机或电气元件在正常运行中，电网电压降低到 U_e 的 60%～80%时，就要求能自动切除电源而停止工作，这种保护称为欠电压保护。因为当电网电压降低时，在负载一定的情况下，电动机电流将增加；另外，如电网电压降低到 U_e 的 60%，控制线路中的各类交流接触器、继电器既不释放又不能可靠吸合，处于抖动状态（有很大噪声），线圈电流增大，既不能可靠工作，又可能造成电气元件和电动机的烧毁。图 2-33 中接触器 KM 及按钮 SB2 控制方式具有欠电压保护作用外，还可以采用空气开关或专门的电磁式欠电压继电器 KA 与接触器 KM 配合来进行欠电压保护，欠电压继电器用其常开触点来完成保护任务，当电网低于整定值时，欠电压继电器 KA 释放，其常开触点断开使接触器释放，电动机断电。

3. 过电压保护

电磁铁、电磁吸盘等大电感负载及直流电磁机构、直流继电器等，在通断时会产生较高的感应电动势，较高的感应电动势易使工作线圈绝缘击穿而损坏。因此，必须采用适当的过电压保护措施。

通常过电压保护的方法可以采用专门的电磁式过电压继电器与接触器配合来进行过电压保护，其线圈和触点的接法与欠电压继电器 KA 相同。

4. 多功能保护器

多功能保护器是将过载保护、断相保护、欠压保护和短路保护等在一个保护装置中同时实现。多功能保护器品种很多，性能各异。

图 2-34 所示的电动机多功能保护器，采用压敏电阻器作为检测器件，能在三相交流电源出现断相或过电压时，及时切断电动机的输入电源，保护电动机不因断相过电流和过电压而损坏。同时还能吸收开关尖脉冲和浪涌电流，控制电火花造成的干扰，延长电动机的使用寿命。

图 2-34 中，输入电压检测电路是由电阻器 R1～R3 和压敏电阻器 RV1～RV3 组成的三相平衡电路。在三相交流电源正常时，三相平衡电路的公共端（A 点）电位为 0V；控制保护电路由压敏电阻器 RV4、RV5、电阻器 R4、R5、固态继电器 KN，刀开关 Q，熔断器

FU，交流接触器 KM，启动按钮 S 和电动机 M 组成。RV4 为公共端保护压敏电阻器，它与 RV1～RV3 构成过电压保护电路。当三相交流电源的任一相电压异常（电压过高或断相）时，均会导致公共端电位上升，使固态继电器 KN 内电路导通，将交流接触器 KM 的线圈短路，使 KM 释放，切断输入电压，保护电动机。

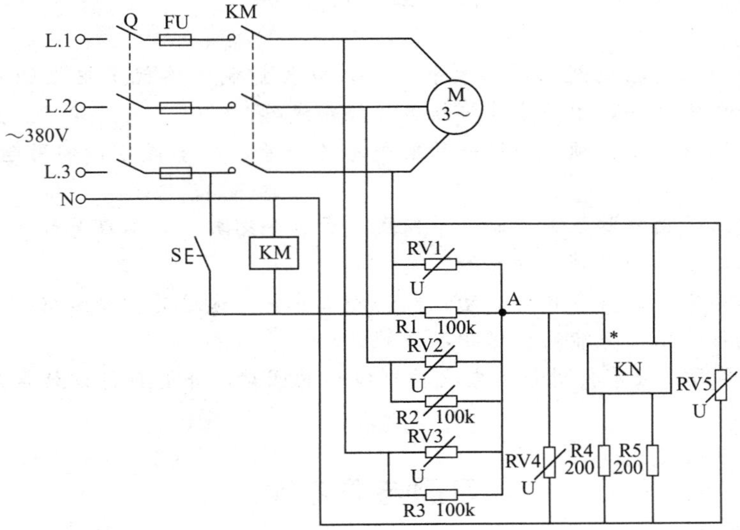

图 2-34 多功能保护器

三、其他保护

在现代工业生产中，控制对象千差万别，所需要设置的保护措施很多。例如电梯控制系统中的越位极限保护（防止电梯冲顶或撞底），高炉卷扬机和矿井提升机设备中，则必须设置超速保护装置来控制速度等。

1. 位置保护

一些生产机械的运动部件的行程和相对位置，往往要求限制在一定范围内，必须有适当的位置保护。例如工作台的自动往复运动需要有行程限位，起重设备的上、下、左、右和前、后运动行程都需要位置保护，否则就可能损坏生产机械并造成人身事故。

位置保护可以采用行程开关、干簧继电器，也可以采用非接触式接近开关等电气元件构成控制电路。

2. 超速保护

有些控制系统为了防止生产机械运行超过允许的速度，要求限制速度在一定的范围内，以保证整个系统的安全运行，如高炉卷扬机和矿井提升机等，必须在线路中设置超速保护。

超速保护通常使用离心开关或测速发电机来实现。

3. 温度、压力、流量等物理量的保护

在电气控制线路设计中，常要对生产过程中的温度、压力（液体或气体压力）、流量、运动速度等设置必要的控制与保护，将以上各物理量限制在一定范围以内。例如对于冷冻机、空调压缩机等，为保证电机绕组温升不超过允许温升，而直接将热敏元件预埋在电机绕组中来控制其温度；大功率中频逆变电源、各类自动焊机电源的晶闸管、变压器等水冷循环系统，当水压、流量不足时将损坏器件，可以采用压力开关和流量继电器进行保护。

大多数的物理量均可转化为温度、压力、流量等，需要采用各种专用的温度、压力、流

量、速度传感器或继电器，它们的基本原理都是在控制回路中串联一些受这些参数控制的常开或常闭触点，然后通过逻辑组合、联锁等实现控制的。有些继电器的动作值能在一定范围内调节，以满足不同场合的保护需要。

本 章 小 结

本章主要介绍电气控制线路的绘制和分析，电气控制线路就是把接触器、继电器、按钮、行程开关等电气元件，用导线连接组成的控制线路。

绘制电气控制线路图必须使用统一的电气元件符号，应掌握各种常用电气元件的名称、符号、用途等。

电气控制线路是由一些基本控制环节组成，通过介绍典型基本环节和线路，使用户掌握控制线路的基本环节，如自锁、联锁等。

电动机控制的常用运行方式为启动、制动和正反转，通过对控制线路的介绍，掌握电动机的各种常用运行线路，并能实现保护环节的设计。

通过本章的学习，应掌握对基本电气控制线路的阅读，并能自行设计常用的电动机控制线路。

习题与思考题

【2-1】 自锁环节怎样组成？它起什么作用？并具有什么功能？

【2-2】 什么是互锁环节，它起到什么作用？

【2-3】 在有自动控制的机床上，电动机由于过载而自动停车后，有人立即按启动按钮，但不能开车，试说明可能是什么原因？

【2-4】 有二台电动机，试拟定一个既能分别启动、停止，又可以同时启动、停车的控制线路。

【2-5】 试设计某机床主轴电动机的主电路和控制电路。要求：①Y/△启动；②能耗制动；③电路具有短路、过载和失压保护。

【2-6】 设计一个控制电路，要求第一台电机启动运行3s后，第二台电机才能自行启动，运行8s后，第一台电机停转，同时第三台电机启动，运行5s后，电动机全部断电。

【2-7】 设计一个鼠笼型电动机的控制电路，要求①既能点动又能连续运转；②停止时采用反接制动；③能在两处进行启动和制动。

【2-8】 试设计一个往复运动的主电路和控制电路。要求①向前运动到位停留一段时间再返回；②返回到位立即向前；③电路具有短路、过载和失压保护。

【2-9】 在电动机的主电路中既然装有熔断器，为什么还要装热继电器？它们各起什么作用？

【2-10】 为什么电动机要设零电压和欠电压保护？

第三章　电气控制系统分析

电气控制系统是机械设备的重要组成部分，是保证机械设备各种运动的准确与协调，使生产工艺各项要求得以满足，工作安全可靠及操作自动化的主要技术手段。了解电气控制系统对于机械设备的正确安装、调整、维护与使用都是必不可少的。

本章以几种典型机床的电气控制系统为例进行介绍，使读者学会分析电气控制系统的方法，提高读图能力，并为按照生产设备工艺要求设计电气控制系统打下一定基础。

在分析典型生产机械的电气控制系统时，首先应对其机械结构及各部分的运动特征有清楚了解。其次，由于现代生产机械多采用机械、液压和电气相结合的控制技术，并以电气控制系统技术作为联接中枢，所以应树立机、电、液相结合的整体概念，注意它们之间的协调关系。

第一节　CA6140 车床电气控制线路分析

一、CA6140 车床的主要工作情况

车床是一种应用极为广泛的金属切削机床，主要用于加工各种回转表面、螺纹和端面，并可通过尾架进行钻孔、铰孔等切削加工。车床的种类很多，有卧式车床、立式车床、六角车床和落地车床等，其中最常见的是卧式车床。

CA6140 车床主要由床身、主轴变速箱、进给箱、溜板箱、溜板与刀架、尾座和丝杆等几部分组成。CA6140 车床的外形图如图 3-1 所示。

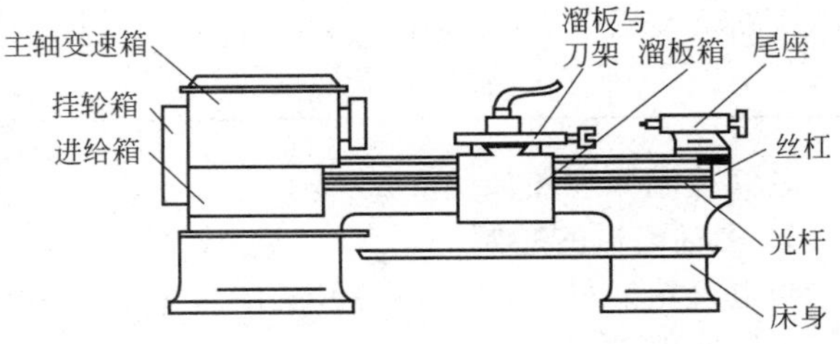

图 3-1　CA6140 车床的外形图

车床的切削加工包括主运动、进给运动和辅助运动。主运动为工件的旋转运动，进给运动为刀具的直线运动，辅助运动为刀架的快速移动及工件的夹紧、放松等。电动机的动力由三角皮带通过主轴变速箱传递给主轴。变换主轴变速箱外的手柄位置，可以改变主轴转速。主轴通过卡盘带动工件旋转，主轴只要求单方向旋转，只有车螺纹时才需要反转来退刀，用操纵手柄通过机械的方法来改变主轴的方向。

二、电力拖动的特点和控制要求

根据切削加工工艺的要求，机电传动与电气控制应满足以下要求。

① 为保证主运动与进给运动的严格比例关系，进给机构消耗的功率很小，主轴旋转和进给运动采用一台电动机拖动，从经济性和可靠性出发，采用三相笼型电动机。

② 车床切削加工时，刀具和工件都会产生高温，应设一台冷却泵电动机，提供切削液。冷却泵电机在主轴电机启动后才能启动，当主轴电机停止时，冷却泵电机应自动停止。

③ 车床刀架进给运动采用点动控制。

④ 中小型车床的主轴电机采用直接启动，制动一般采取机械或电气制动，实现快速停车。

⑤ 为满足调速要求，采用机械变速，主轴电机与主轴之间采用齿轮箱连接。主轴切削螺纹时要求正反转，主轴正反转采用摩擦离合器来实现。

⑥ 电路应有必要的保护环节、照明电路和信号指示电路。

三、电气控制分析

控制系统有三台电动机：M1 为主轴电动机，M2 为冷却泵电机，M3 为刀架快速移动电机。有三个旋动开关：SA1 是指示灯旋动开关，SA2 是冷却泵旋动开关，SA3 是车床电源钥匙旋动开关。两个行程开关：SQ1 是传动带罩检测开关，当传动带罩未关好则 SQ1 断开；SQ2 是电气箱盖漏电开关，当电气箱盖打开则 SQ2 闭合。CA6140 型卧式车床电气元件明细表见表 3-1。

表 3-1　CA6140 型卧式车床电气元件符号与功能说明

符　号	名称及用途	符　号	名称及用途
M1	主电动机	SB1	主电动机启动按钮
M2	冷却泵电动机	SB2	停止按钮
M3	快速移动电动机	SB3	快移电机点动按钮
KM1	主电动机启动接触器	SQ1	传动带罩检测开关
KM2	冷却泵电动机启动接触器	SQ2	电气箱盖漏电开关
KM3	快移电动机启动接触器	SA1	指示灯旋动开关
FU1～FU6	熔断器	SA2	冷却泵旋动开关
TC	控制变压器	SA3	车床电源钥匙与旋动开关
FR1	冷却泵电机过载保护热继电器	R	限流电阻
FR2	快移电机过载保护热继电器	EL	照明灯
QF	断路器	HL	信号灯

电气控制原理图如图 3-2 所示。

1. 主轴电机的控制

当电气箱盖打开 SQ2 漏电开关闭合→合上断路器 QF→漏电电阻 R 通电，QF 就自动跳闸进行短路保护。

当电气箱盖好，SQ2 断开→使用钥匙旋动开关 SA3 断开→合上断路器 QF→经过变压器 TC 变成 110V 控制电路电压→当传动带箱罩关好 SQ1 闭合→按下启动开关 SB1→KM1 线圈得电→KM1 主触点闭合，电机 M1 启动，KM1 辅助触点闭合自锁，主轴电机正常运转。

按下停止按钮 SB2→KM1，KM2 线圈失电→M1 和 M3 电机都停止运行。

2. 冷却泵电机的控制

合上旋动开关 SA2→当主轴电机启动，KM1 辅助常开触点闭合→KM2 线圈得电→

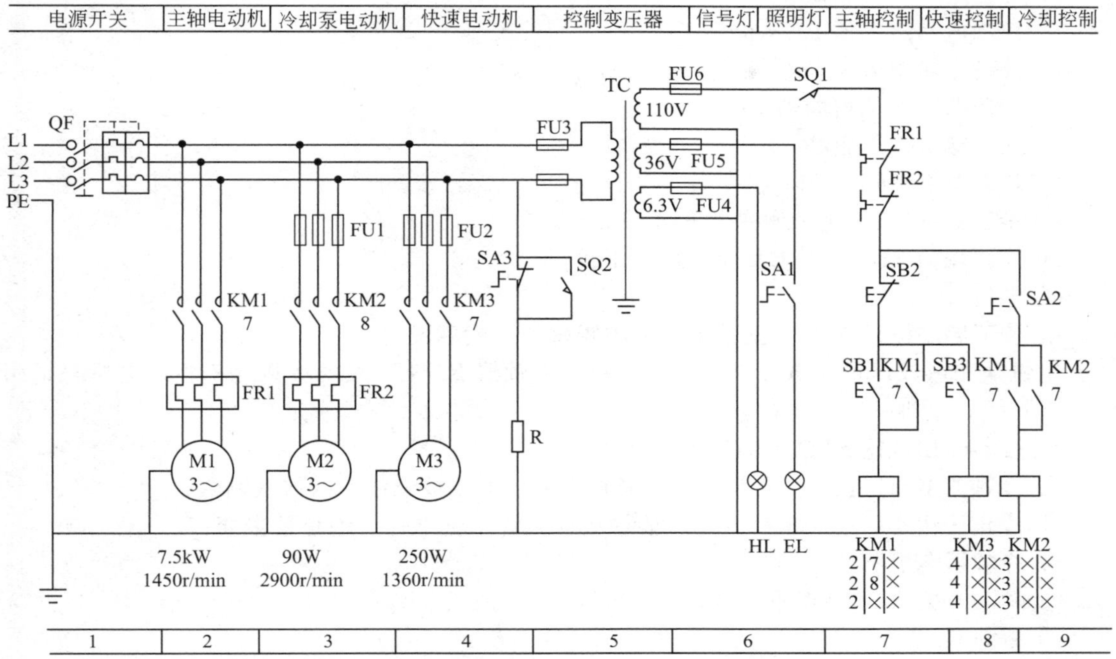

图 3-2　CA6140 型车床的电气控制原理图

KM2 主触点闭合，M2 电机启动；KM2 辅助触点闭合自锁。

断开旋动开关 SA2 →KM2 线圈失电→冷却泵电机停止。

3. 快速移动电机的控制

先将手柄扳到需要快速移动的方向→按下快速移动按钮 SB3 →KM3 线圈得电→KM3 主触点闭合，M3 电机启动→机械超越离合器自动将进给传给传动链，传动刀架快速移动。

松开 SB3 按钮→M3 快速移动电机停止，为点动控制。

4. 车床照明灯和电源指示灯

① 车床照明灯。车床照明灯 EL 为 36V 交流电，旋动开关 SA1 接通时打开照明灯。

② 电源指示灯。指示灯 HL 为 6.3V 交流电，只要 QF 接通指示灯就亮。

5. 电气保护环节

短路保护：FU1 和 FU2 实现主电路的短路保护，FU3 实现变压器的短路保护，FU4、FU5 和 FU6 实现控制电路和辅助电路的短路保护。

过载保护：FR1 和 FR2 热继电器实现过载保护，QF 断路器也具有过载保护功能。M3 因为要频繁启动，电流冲击大，不安装过载保护。

QF 断路器实现过流、欠压和失压保护。

位置保护：SQ1 和 SQ2 是检测传动带罩和电气箱盖是否关好的位置保护，实现断电保护。

四、常见故障分析

1. 短路器 QF 合不上

① 未用钥匙打开旋动开关 SA2；

② 行程开关 SQ2 未合上，电源箱未关好；

③ QF 故障。

2. 三台电机均不启动

① 控制电路熔断器 FU6 断开；

② 传动带箱罩未关好行程开关 SQ1 断开；

③ 变压器一次侧熔断器 FU3 断开。

3. 主轴电机不能启动

① 热继电器 FR1 断开；

② 接触器 KM1 主触点触头接触不良；

③ 停止按钮 SB1 触点未复位或接触不良；

④ 电机 M1 故障。

4. 按下启动按钮 SB1，主轴电机发出嗡嗡声不能启动

电机缺相造成，可能电源进线一相断路，接触器 KM1 一对触头接触不良，电机三根引线一根断线，电机一相绕组损坏。

5. 按下停止按钮 SB2 主轴电机不停转

① 接触器 KM1 主触点未断开，可能触头被熔焊或被卡住，衔铁有剩磁；

② 停止按钮常闭触头未断开，可能触头被熔焊或被卡住，绝缘被击穿。

6. 冷却泵电机不能启动

① 旋动开关 SA1 触点不闭合；

② 熔断器 FU1 断开；

③ 热继电器 FR2 断开；

④ 接触器 KM2 主触点触头接触不良；

⑤ 冷却泵电机损坏。

7. 快速移动电机不能启动

① 点动按钮 SB3 不闭合；

② 接触器 KM3 主触点触头接触不良；

③ 熔断器 FU2 断开；

④ 快速移动电机损坏。

第二节　X62 型万能铣床的电气控制线路分析

铣床是用铣刀进行铣削的机床。用来加工各种形式的表面、成形面和沟槽等，甚至可以加工回转体，如果装上分度头，还可用于铣削直齿轮和螺旋面等。

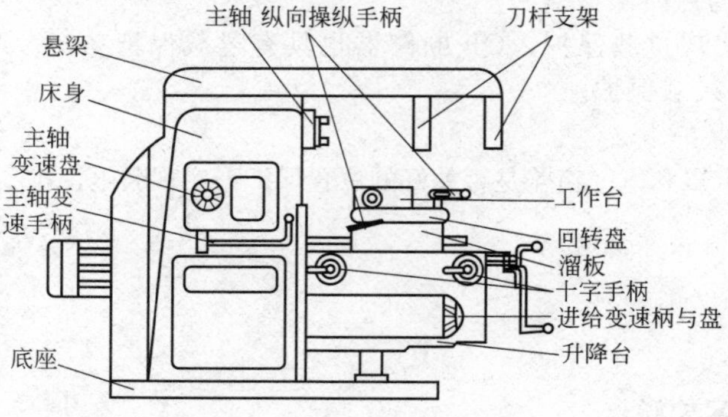

图 3-3　X62W 万能铣床的外观简图

铣床的主运动是铣刀的旋转运动，切削速度高，且又是多刃连续切削，所以它的生产效率较高。

铣床的种类很多，有卧式铣床、立式铣床、仿形铣床、龙门铣床和各种专门铣床。常用的万能铣床有 X62W 卧式铣床和 X53K 立式铣床，现以 X62W 万能铣床为例对其电气控制系统进行分析。图 3-3 是 X62W 万能铣床的外观简图。

一、主要结构和运动形式

X62W 万能铣床是卧式铣床，主要由床身、悬梁、刀杆支架、工作台、溜板和升降台等几部分组成。床身固定在底座上，内装主轴传动机构和变速机构，床身顶部有水平导轨，悬梁可沿导轨水平移动。刀杆支架装在悬梁上，可在悬梁上水平移动。升降台可沿床身前面的垂直导轨上下移动。溜板在升降台的水平导轨上可作平行于主轴轴线方向的横向移动。工作台安装在溜板的水平导轨上，可沿导轨作垂直于主轴轴线的纵向移动。

此外，溜板可绕垂直轴线左右旋转 45°，所以工作台还能在倾斜方向进给，以加工螺旋轴。

二、电力拖动和控制要求

① 铣床的主运动是铣刀的旋转运动，主轴由一台 5.5kW 鼠笼式异步电动机拖动，要求能正反转。主轴改变转速是通过机械变速机构实现的，可以有 18 种不同转速。为提高工作效率，停车采用反接制动。

② 为了实现工作台纵向、横向和垂直方向的进给运动，采用一台 1.5kW 交流电动机拖动，3 个方向的选择由机械手柄操纵，每个方向的正反向运动由电动机的正反转实现，还需有快速移动和限位控制。

③ 为保证主轴和进给变速时变速箱内齿轮易于啮合，减小齿轮端面冲击，要求有变速冲动，即变速时电动机能点动一下。

④ 冷却泵由一台 0.125kW 交流电动机拖动，供给铣削用的冷却液。

三、控制电路分析

根据铣床的运动特点及工艺要求，对机电传动与电气控制要求如下。

① 铣床主轴电机与进给电机可实现正、反转，以适应顺、逆铣的工艺要求，并另设有两个电机的变速冲动功能线路。

② 设有两套操纵按钮盒，能实现两地操纵控制。

③ 为确保准确停车和装卸刀具方便，主轴有电磁制动器。

④ 电气控制有完善的电气联锁装置，以保证设备的使用有较高的安全性。

⑤ 线路有必要的保护环节。

⑥ 有必要的照明和指示电路。

图 3-4 是 X62W 万能铣床的电气控制系统原理图，表 3-2 是其电气元件符号及功能说明。

表 3-2 铣床电气元件符号及功能说明

符　号	名称及用途	符　号	名称及用途
M1	主轴电动机	SQ6	进给变速冲动开关
M2	进给电动机	SQ7	主轴变速冲动开关
M3	冷却泵电动机	SA1	圆工作台转换开关
KM3	主电动机启、停控制接触器	SA3	冷却泵转换开关
KM2	反接制动接触器	SA4	照明灯开关
KM4、KM5	进给电动机正、反转接触器	SA5	主轴电机转换开关
KM6	快速移动接触器	QS	电源隔离开关
KM1	冷却泵接触器	SB1、SB2	分设在两处的主轴启动按钮
KS	速度继电器	SB3、SB4	分设在两处的主轴停止按钮
YA	快速电磁铁线圈	SB5、SB6	工作台快速移动按钮
R	限流电阻	FR1	主轴电动机热继电器
SQ1	工作台向右进给行程开关	FR2	进给电动机热继电器
SQ2	工作台向左进给行程开关	FR3	冷却泵热继电器
SQ3	工作台向前、向下进给行程开关	TC	变压器
SQ4	工作台向后、向上进给行程开关	FU1～FU4	熔断器，短路保护

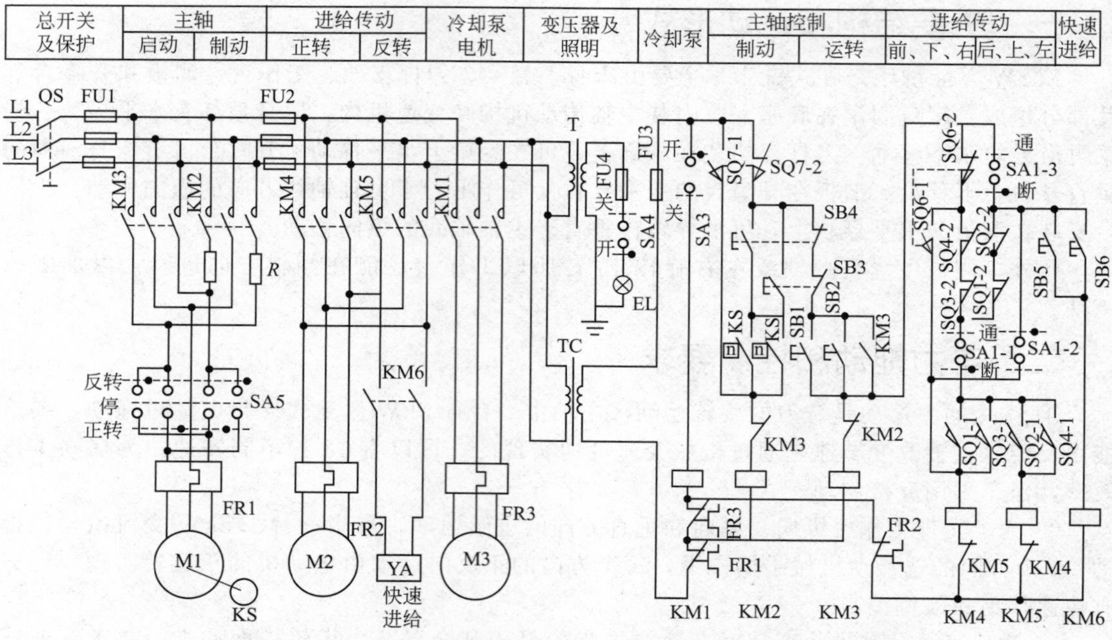

图 3-4　X62W 万能铣床的电气控制系统原理图

（一）主电动机 M1 的控制

（1）主电机的启停控制　主电机具有正反转控制，由 KM3 控制正转启动和反转制动，KM2 控制反转启动和正转制动；由速度继电器 KS（正转和反转）控制制动结束。为了操作方便，主电机的启停按钮各有两个，SB3、SB4 和 SB1、SB2 可在两处中的任一处进行操作。

合上 QS 开关→将换向开关 SA5 旋转到所需方向→合上 SB1 或 SB2→KM3 线圈得电→电机 M1 启动→KM3 辅助触点闭合自锁。

（2）换向开关 SA5　启动前，先将换向开关 SA5 旋转到所需方向，SA5 有三个不同的位置，各触点的通断如表 3-3 所示。

表 3-3　SA5 主轴转换开关触点的通断情况

触点＼位置	正转	停止	反转	触点＼位置	正转	停止	反转
SA5-1	断	断	通	SA5-3	通	断	断
SA5-2	通	断	断	SA5-4	断	断	通

（3）主轴的变速冲动　当主轴需要变速时，为保证变速齿轮易于啮合，需设置变速冲动控制，它是利用变速手柄和冲动开关 SQ7 通过机械上的联动机构完成的，在手柄推拉过程中，凸轮瞬时压下弹簧杆，冲动开关 SQ7 瞬时动作。

变速冲动的操作过程是：先将变速手柄拉向前面压行程开关 SQ7-2 断开，使电机 M1 停止转动，然后旋转变速盘选择转速，再把手柄快速推回原位，压 SQ7-1 闭合，使接触器 KM2 短时通电，电动机 M1 反转一下，以利齿轮咬合。为避免 KM2 通电时间过长，手柄的推拉操作都应以较快速度进行。

主电动机的逻辑表达式为：

$$KM3=\overline{SQ7\text{-}2}\cdot\overline{SB4}\cdot\overline{SB3}(SB1+SB2+KM3)\cdot\overline{KM2}\cdot\overline{FR1} \tag{3-1}$$

（二）进给电动机 M2 的控制

启动 M1 主电机，KM3 辅助触点闭合并自锁后，就可以启动进给电机 M2。先将转换开关 SA1 扳到合适的位置，SA1 各触点的通断如表 3-4 所示。

表 3-4 SA1 工作台转换开关触点的通断情况

触点 \ 位置	接通	断开
SA1-1	断	通
SA1-2	通	断
SA1-3	断	通

1. 工作台横向（前、后）和升降（上、下）进给运动的控制

先将工作台转换开关 SA1 扳在断开位置，这时 SA1-1 和 SA1-3 接通，如图 3-4 所示。

工作台的横向和升降控制是通过“十字复式操作手柄”进行的，有两个手柄分别装在工作台的左侧前、后方，通过机械联锁，只需要操作其中一个。该手柄有上、下、前、后和中间零位共 5 个位置。在扳动手柄时，通过联动机构将控制运动方向的机械离合器合上，并压下相应行程开关 SQ3（向下、向前）或 SQ4（向上、向后）。

比如欲使工作台向上运动，将手柄扳到向上位置，压下 SQ4，使 SQ4-2 断开，SQ4-1 闭合，接触器 KM5 线圈通电，M2 电动机反转，工作台向上运动，其控制逻辑为：

$$\begin{aligned}KM5=&\overline{SQ7\text{-}2}\cdot\overline{SB4}\cdot\overline{SB3}\cdot KM3\cdot SA1\text{-}3\cdot\overline{SQ2\text{-}2}\cdot\overline{SQ1\text{-}2}\cdot SA1\text{-}1\cdot\\&SQ4\text{-}1\cdot\overline{KM4}\cdot\overline{FR2}\cdot\overline{FR3}\cdot\overline{FR1}\end{aligned}\qquad(3\text{-}2)$$

工作台上、下、前、后运动的终端限位，是利用固定在床身上的挡铁撞击手柄，使其回复到中间零位加以实现的。

当手柄回到中间位置时，机械机构都已经脱开，行程开关也都复位，接触器 KM4 和 KM5 都释放，进给电机 M2 停止，工作台也停止。

2. 工作台纵向（左右）运动控制

首先将工作台转换开关 SA1 扳到断开位置，然后通过纵向操作手柄控制工作台的纵向运动。该手柄有左、右、中间 3 个位置，扳动手柄时，一方面合上纵向进给机械离合器同时压下行程开关 SQ1（向右）或 SQ2（向左）。

比如欲使工作台向右运动，将手柄扳到向右位置，SQ1 被压下，其触点 SQ1-2 断开，SQ1-1 闭合，接触器 KM4 线圈通电，进给电动机 M2 正转，工作台向右移动。停止运动时，只要将手柄扳回中间位置即可。工作台向左、右运动的终端限位，也是利用床身上的挡铁撞动手柄使其回到中间位置实现的。接触器 KM4 线圈的逻辑表达式为：

$$\begin{aligned}KM4=&\overline{SQ7\text{-}2}\cdot\overline{SB4}\cdot\overline{SB3}\cdot KM3\cdot\overline{SQ6\text{-}2}\cdot\overline{SQ4\text{-}2}\cdot\overline{SQ3\text{-}2}\cdot\\&\overline{SA1\text{-}1}\cdot SQ1\text{-}1\cdot\overline{KM5}\cdot\overline{FR2}\cdot\overline{FR3}\cdot\overline{FR1}\end{aligned}\qquad(3\text{-}3)$$

3. 工作台的快速移动控制

在进刀时，为了缩短对刀时间，应快速调整工作台的位置，也就是将工作台快速移动。工作台上述 6 个方向的快速移动也是由 M2 拖动的，通过上述两个操作手柄和快速移动按钮 SB5 和 SB6 实现控制。

按下 SB5 或 SB6→接触器 KM6 线圈通电→KM6 辅助触点闭合→快速进给电磁铁 YA 线圈接通电源，通过机械机构将快速离合器挂上，实现快速进给。由于 KM6 线圈控制电路中没有自锁，所以快速进给为点动工作，松开按钮，仍以原进给速度工作。

4. 进给变速时的冲动控制

为了使进给变速时齿轮容易啮合，进给也有变速冲动。变速前先启动主电机 M1，使

KM3 闭合，在进给变速冲动控制电路中常开触点闭合，为变速冲动做好准备。

由变速手柄与冲动开关 SQ6 通过机械上的联动机构进行控制。其操作顺序是：变速时，将蘑菇形的进给变速手柄向外拉一些，转动该手柄调到所需的进给速度，再把手柄向外一拉并立即推回原位，在拉到极限位置的瞬间，其连杆机构推动冲动开关 SQ6，其动断触点 SQ6-2 断开一下，同时动合触点 SQ6-1 闭合一下，接触器 KM4 线圈短时通电，进给电动机 M2 瞬时转动一下，完成了变速冲动。

5. 圆工作台回转运动控制

圆工作台是机床的附件，在铣削圆弧和凸轮等曲线时，可以在工作台上安装圆工作台进行铣削。

圆工作台的回转运动由进给电动机 M2 经传动机构拖动。在机床开动前，先将圆工作台转换开关 SA1 扳到接通位置，如表 3-4 所示，SA1-2 闭合，工作台全部操作手柄位于中间位置，行程开关 SQ1～SQ4 均不受压。这时按主轴电动机启动按钮 SB1 或 SB2，主轴电动机启动，进给电动机 M2 也因接触器 KM4 线圈通电吸合而开始转动，从而拖动工作台转动。此时 KM4 线圈的逻辑表达式为：

$$\begin{aligned} KM4 = & \overline{SQ7\text{-}2} \cdot \overline{SB4} \cdot \overline{SB3} \cdot KM3 \cdot \overline{SQ6\text{-}2} \cdot \overline{SQ4\text{-}2} \cdot \overline{SQ3\text{-}2} \cdot \\ & \overline{SQ1\text{-}2} \cdot \overline{SQ2\text{-}2} \cdot SA1\text{-}2 \cdot \overline{KM5} \cdot \overline{FR2} \cdot \overline{FR3} \cdot \overline{FR1} \end{aligned} \tag{3-4}$$

电动机 M2 正向旋转，圆工作台只能单方向旋转。由于圆工作台控制电路中串接了 SQ1～SQ4 的动断触点，所以只要扳动工作台的任一进给手柄，都会使圆工作台停止工作，这就起到了工作台的进给运动与圆工作台的联锁保护作用。

6. 进给的联锁

① 只有主轴电动机启动后，进给电动机才能启动。这是因为进给控制的电源需经接触器 KM3 的辅助动合触点才能形成通路。

② 工作台在同一时刻只允许一个方向的进给运动，这是通过机械和电气的方法实现联锁的。如果两个手柄都离开中间零位，则行程开关 SQ1～SQ4 的 4 个动断触点全部断开，接触器 KM4、KM5 的线圈电源全部断开，进给电动机 M2 不能转动，达到联锁目的。

③ 进给变速时，两个进给操作手柄都必须在中间零位。即进给变速冲动时，不能有进给运动。4 个行程开关的 4 个动断触点 $\overline{SQ1\text{-}2}$、$\overline{SQ2\text{-}2}$、$\overline{SQ3\text{-}2}$、$\overline{SQ4\text{-}2}$ 串联后，与冲动开关 SQ6 的动合触点 SQ6-1 串联，形成进给冲动控制电路。只要有任一手柄离开中间零位，必有一行程开关被压下，使冲动控制电路断开，接触器 KM4 不能吸合，M2 就不能转动。

（三）冷却泵电动机 M3 的控制

冷却泵电动机由转换开关 SA3 控制，当接通 SA3 时，接触器 KM1 通电吸合，冷却泵电动机 M3 转动。其逻辑表达式为：

$$KM1 = SA3 \cdot \overline{FR1} \cdot \overline{FR3} \tag{3-5}$$

在主电动机 M1 和冷却泵电动机 M3 中，任一个电动机过载发热都会使 KM1 断电，达到过载保护的目的。

（四）照明控制

机床照明灯由变压器 TC 将 380V 交流电压变为 36V 安全电压供电，由转换开关 SA4 控制，熔断器 FU4 作短路保护。

四、X62W 万能铣床的电气控制线路特点

① 电气控制线路与机械操作配合相当密切，因此分析中要详细了解机械结构与电气控

制的关系。

② 运动速度的调整主要是通过机械方法，因此简化了电气控制系统中的调速控制线路，但机械结构就相对比较复杂了。

③ 控制线路中设计了变速冲动控制，从而使变速顺利进行。

④ 采用两处控制，操作方便。

⑤ 具有完善的电气联锁，并具有短路、零电压、过载及超行程限位保护环节，工作可靠。

五、常见故障分析

1. 主电机不能启动

① 主轴转换开关 SA5 在停止位置；

② 控制电路熔断器 FU1 断开；

③ 主轴变速冲动行程开关 SQ7 的常闭触点断开；

④ 热继电器 FR1 断开；

⑤ QS 故障。

2. 主轴不能变速冲动

主轴变速冲动行程开关 SQ7 位置移动、撞坏或断线。

3. 主轴不能制动

① 接触器 KM3 主触点未断开，可能触头被熔焊或被卡住，衔铁有剩磁；

② 主轴制动电磁吸合器线圈烧毁。

4. 工作台不能进给

① 主电机未启动；

② 行程开关 SQ1、SQ2、SQ3 或 SQ4 的常闭触点接触不良，接线松动或脱落；

③ 热继电器 FR2 断开；

④ 进给变速冲动行程开关 SQ6 的常闭触点断开；

⑤ 两个进给操作手柄不在零位。

5. 进给不能变速冲动

① 进给变速冲动行程开关 SQ6 位置移动、撞坏或断线；

② 进给操作手柄不在零位。

6. 工作台不能快速移动

① 熔断器 FU2 断开；

② 快速移动离合器 YA 损坏；

③ 快速移动按钮 SB5 或 SB6 的触点接触不良。

习题与思考题

【3-1】 对图 3-2 所示的 CA6140 型车床的电气原理图，试分析和写出以下问题：

① 分析 CA6140 型车床的工作过程；

② 写出 KM1、KM2 自锁回路的构成；

③ 写出快速移动电机的工作过程。

【3-2】 为什么图 3-2 中的 M1 电机没有进行短路保护？

【3-3】 为什么图 3-2 中的 M3 电机没有进行过载保护，而 M1、M2 电机有过载保护？

【3-4】 CA6140 型车床有哪些保护？是通过哪些电器元件实现保护的？

【3-5】 说明 X62W 万能铣床主电机的正、反转控制过程。

【3-6】 说明 X62W 万能铣床的工作台各方向的运动，包括快速移动和慢速进给的控制过程。

【3-7】 说明 X62W 万能铣床控制线路中工作台六个方向进给联锁保护的工作原理。

【3-8】 分析图 3-4 中万能铣床电路原理图中，当热继电器 FR2 突然动作，则产生什么后果。

【3-9】 如果 X62W 万能铣床控制电路发生以下故障，分析故障原因。

① 主轴停车时，正、反方向都没有制动；

② 进给运动时，不能实现圆工作台的运动。

【3-10】 分析 X62W 万能铣床控制电路，说明：

① 主轴制动采用什么方式？有什么优缺点？

② 主轴和进给变速冲动的作用是什么？如何控制变速冲动？

③ 进给控制中有哪些联锁？

第四章　电气控制系统的设计

电气控制系统的设计任务是根据生产工艺，设计出合乎要求的、经济的电气控制线路；并编制出设备制造、安装和维修使用过程中必需的图纸和资料，包括电气原理图、安装图和互连图以及设备清单和说明书等。由于设计是灵活多变的，即使是同一功能，不同人员设计出来的线路结构可能完全不同。因此，作为设计人员，应该随时发现和总结经验，不断丰富自己的知识，开阔思路，才能做出最为合格的设计。

第一节　电气控制系统设计的基本内容和一般原则

一、电气控制系统设计的基本内容

设计一台电气控制系统的新设备，一般包括的设计内容如下。

① 拟定电气设计的技术条件（任务书）；

② 选择电气传动形式与控制方案；

③ 确定电动机的容量；

④ 设计电气控制原理图；

⑤ 选择电气元件，制订电机和电气元件明细表；

⑥ 画出电动机、执行电磁铁、电气控制部件以及检测元件的总布置图；

⑦ 设计电气柜、操作台、电气安装板以及非标准电器和专用安装零件；

⑧ 绘制装配图和接线图；

⑨ 编写设计计算说明书和使用说明书。

根据机电设备的总体技术要求和电气系统的复杂程度不同，以上步骤可以有增有减，某些图纸和技术文件的内容也可适当合并或增删。

二、电气控制线路设计的一般原则

当机械设备的电力拖动方案和控制方案已经确定后，就可以进行电气控制线路的设计。电气控制线路的设计是电力拖动方案和控制方案的具体化实施，一般在设计时应该遵循以下原则。

（一）最大限度地实现生产机械和工艺对电气控制线路的要求

控制线路是为整个设备和工艺过程服务的。因此，在设计之前，要调查清楚生产要求，对机械设备的工作性能、结构特点和实际加工情况有充分的了解。电气设计人员深入现场对同类或相近的产品进行调查，收集资料，加以综合分析，并在此基础上考虑控制方式，启动、反向、制动及调速的要求，设置各种联锁及保护装置，最大限度地实现生产机械和工艺对电气控制线路的要求。

（二）在满足生产要求的前提下，力求使控制线路简单、经济

（1）尽量选用标准的、常用的或经过实际考验过的环节和线路。

（2）尽量缩短连接导线的数量和长度。设计控制线路时，应合理安排各电器的位置，考虑到各个元件之间的实际接线，要注意电气柜、操作台和限位开关之间的连接线。

如图 4-1 所示，启动按钮 SB1 和停止按钮 SB2 装在操作台上，接触器 K 装在电气柜内。图 4-1(a) 所示的接线不合理，照图 4-1(a) 接线就需要由电气柜引出 4 根导线到操作台的按钮上。图 4-1(b) 所示线路是合理的，将启动按钮 SB1 和停止按钮 SB2 直接连接，两个按钮之间距离最小，所需连接导线最短。这样，只需要从电气柜内引 3 根导线到操作台上，节省了一根导线。

（3）尽量减少电气元件的品种、规格和数量，并尽可能采用性能优良、价格便宜的新型器件和标准件，同一用途尽量选用相同型号的电气元件。

（4）尽量减少不必要的触点以简化电路。在满足动作要求的条件下，电气元件触点愈少，控制线路的故障概率就愈低，工作的可靠性愈高。常用的方法如下。

① 在获得同样功能情况下，合并同类触点。如图 4-2 所示，图 4-2(b) 将两个线路中同一触点合并，比图 4-2(a) 在电路上少了一对触点。但是在合并触点时应注意触点对额定电流值的限制。

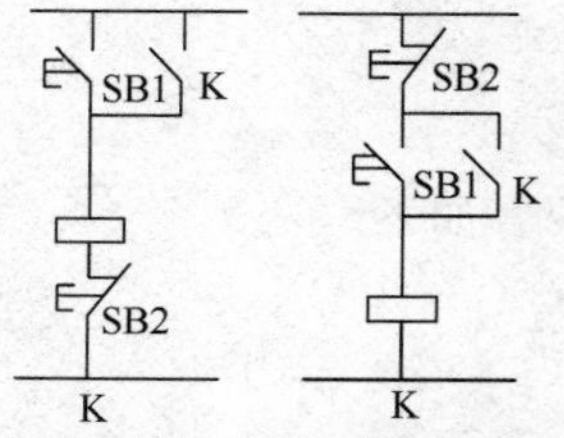

(a) 不合理的线路　(b) 合理的线路

图 4-1　电气柜接线图

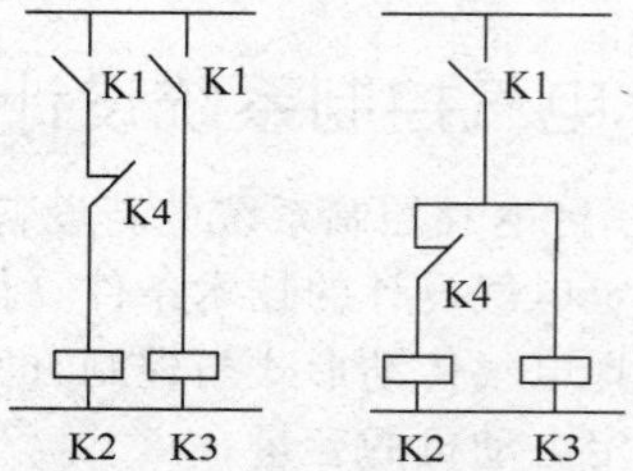

(a) 触点不合并状态　(b) 触点合并状态

图 4-2　合并同类触点

② 利用半导体二极管的单向导电性来有效地减少触点数，如图 4-3 所示。对于弱电电气控制电路，这样做既经济又可靠。

③ 在设计完成后，利用逻辑代数进行化简，得到最简化的线路。

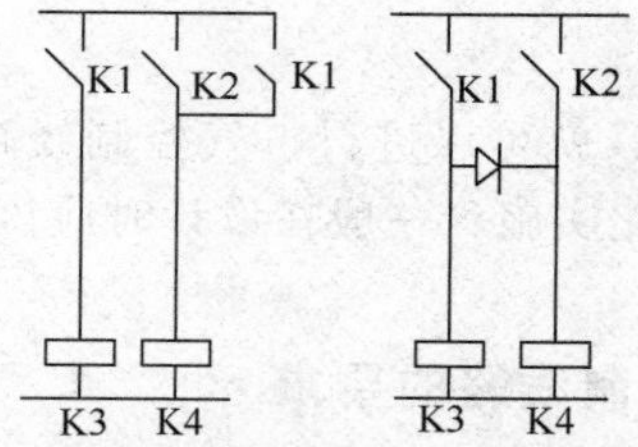

(a) 不加二极管　(b) 加二极管

图 4-3　半导体二极管的单向导电性

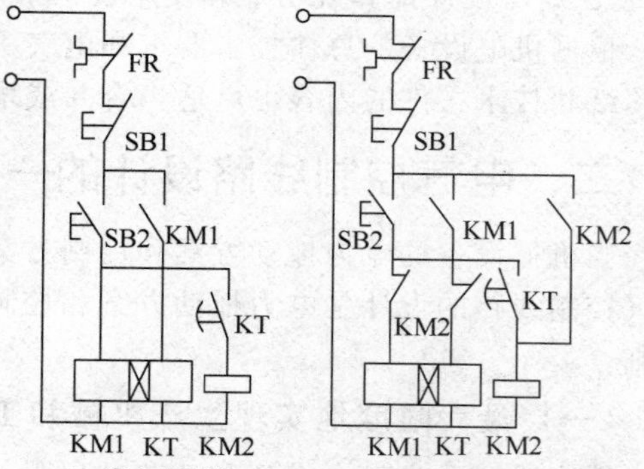

(a) 不合理线路　(b) 合理线路

图 4-4　以时间原则控制的电动机降压启动线路

（5）尽量减少电器不必要的通电时间，使电气元件在必要时通电，不必要时尽量不通

电，可以节约电能并延长了电器的使用寿命。

图 4-4 为以时间原则控制的电动机降压启动线路图。图（a）中接触器 KM2 得电后，接触器 KM1 和时间继电器 KT 就失去了作用，不必继续通电，但它们仍处于带电状态。图（b）线路比较合理，在 KM2 得电后，切断了 KM1 和 KT 的电源。

（三）保证控制线路工作的可靠性和安全性

（1）选用的电气元件要可靠、牢固、动作时间短，抗干扰性能好。

（2）正确连接电器的线圈。在交流控制电路中不能串联接入两个电器的线圈，即使外加电压是两个线圈额定电压之和，也是不允许的，如图 4-5 所示。因为每个线圈上所分配到的电压与线圈阻抗成正比，两个电器动作总是有先有后，不可能同时吸合。若接触器 KM2 先吸合，线圈电感显著增加，其阻抗比未吸合的接触器 KM1 的阻抗大，因而在该线圈上的电压降增大，使 KM1 的线圈电压达不到动作电压。因此，若需两个电器同时动作时，其线圈应该并联连接。

（3）正确连接电器的触点。同一电气元件的常开和常闭触点靠得很近，若分别接在电源不同的相上，由于各相的电位不等，当触点断开时，会产生电弧形成短路。如图 4-6(a) 所示的开关 S1 的常开和常闭触点间产生飞弧而短路，如图 4-6(b) 所示开关 S1 的电位相等，就不会产生飞弧。

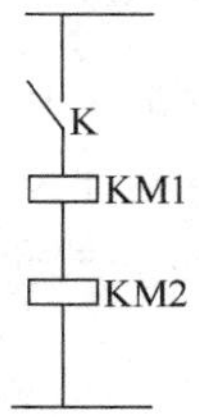

图 4-5　两个接触器线圈串联

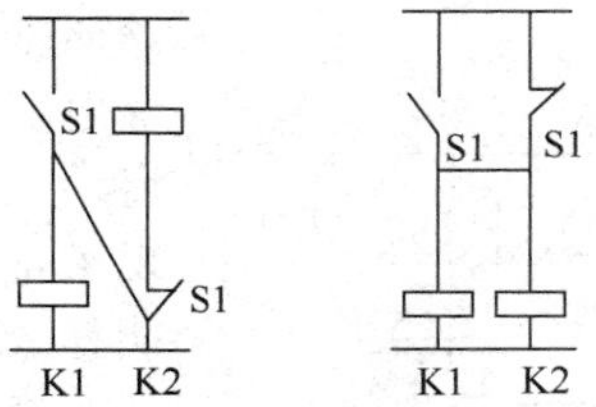

(a) 产生飞弧　(b) 消除飞弧

图 4-6　电器触点正确连接方式

（4）在控制线路中，采用小容量继电器的触点来断开或接通大容量接触器的线圈时，要计算继电器触点断开或接通容量是否足够，不够时必须加小容量的接触器或中间继电器，否则工作不可靠。在频繁操作的可逆线路中，正反向接触器应选较大容量的接触器。

（5）在线路中应尽量避免许多电器依次动作才能接通另一个电器的控制线路的情况，如图 4-7(a) 所示，图 4-7(b) 为正确线路。

（6）避免发生触点“竞争”与“冒险”现象。通常我们分析控制回路的电器动作及触点的接通和断开，都是静态分析，没有考虑其动作时间。实际上，由于电磁线圈的电磁惯性、机械惯性、机械位移量等因素，通断过程中总存在一定的固有时间（几十毫秒到几百毫秒），这是电气元件的固有特性，其延时通常是不确定、不可调的。在电气控制电路中，某一控制信号作用下，电路从一个状态转换到另一个状态时，常常有几个电器的状态发生变化，由于电气元件总有一定的固有动作时间，往往会发生不按预定时序动作的情况，触点争先吸合，发生振荡，这种现象称为电路的“竞争”。另外，由于电气元件的固有释放延时作用，也会出现开关电器不按要求的逻辑功能转换状态的可能性，称这种现象为“冒险”。“竞争”与“冒险”现象都将造成控制回路不能按要求动作，引起控制失灵。

如图 4-8 所示为用时间继电器组成的反身关闭电路。当时间继电器 KT 的常闭触点延时断开后，时间继电器 KT 线圈失电，经 t_s 秒延时断开的常闭触点恢复闭合，而经 t_1 秒常开触点瞬时动作。如果 $t_s > t_1$ 则电路能反身关闭；如果 $t_s < t_1$ 则继电器 KT 就再次

闭合……这种现象就是触点竞争。在此电路中增加中间继电器 KA 就可以解决，如图 4-8（b）所示。

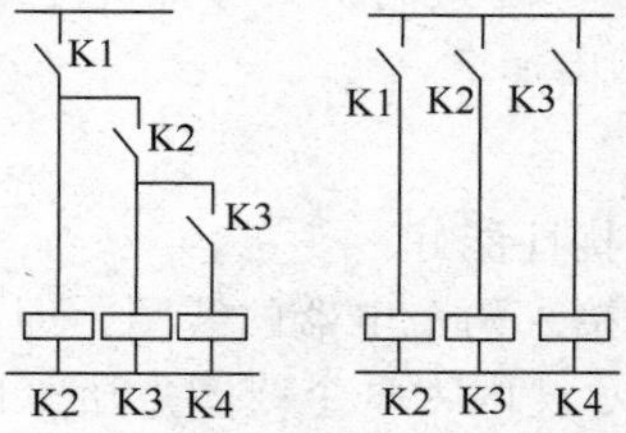

(a) 不合理　(b) 减少元件依次动作

图 4-7　电器正确连接方式

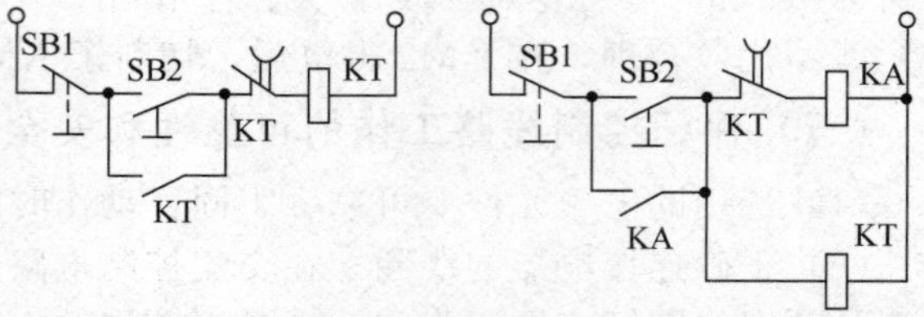

(a) “竞争”与“冒险”　(b) 合理电路

图 4-8　时间继电器组成的反身关闭电路

要避免发生触点“竞争”与“冒险”现象的方法有：应尽量避免许多电器依次动作才能接通另一个电器的控制线路；防止电路中因电气元件固有特性引起配合不良后果，当电气元件的动作时间可能影响到控制线路的动作程序时，就需要用时间继电器配合控制，这样可清晰地反映元件动作时间及它们之间的互相配合；若不可避免，则应将产生“竞争”与“冒险”现象的触点加以区分、联锁隔离或采用多触点开关分离。

（7）在控制线路中应避免出现寄生电路。在电气控制线路的动作过程中，意外接通的电路叫寄生电路（或假电路）。图 4-9 所示是一个具有指示灯和热继电器保护的正反向控制电路。在正常工作时，能完成正反向启动、停止和信号指示；但当热继电器 FR 动作时，线路就出现了寄生电路（如图 4-9 中箭头所示），使正向接触器 KM1 不能释放，起不了保护作用。

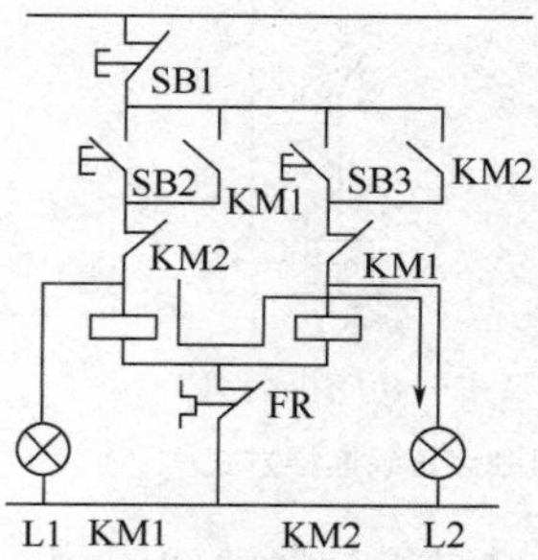

图 4-9　寄生电路

避免产生寄生电路的方法有：在设计电气控制线路时，严格按照“线圈、能耗元件上边接电源，下边接触点”的原则，降低产生寄生回路的可能性；还应注意消除两个电路之间产生联系的可能性，若不可避免应加以区分、联锁隔离或采用多触点开关分离。如将图中的指示灯分别用 KM1、KM2 的另外常开触点直接连接到左边控制母线上，就可消除寄生电路。

（8）设计的线路应能适应所在电网情况，根据现场的电网容量、电压、频率，以及允许的冲击电流值等，决定电动机是否直接或间接（降压）启动。

（四）操作和维修方便

电气设备应力求维修方便，使用安全。电气元件应留有备用触点，必要时应留有备用电气元件，以便检修、改接线用，为避免带电检修应设置隔离电器。控制机构应操作简单、便利，能迅速而方便地由一种控制形式转换到另一种控制形式，例如由手动控制转换到自动控制。

第二节　电力拖动方案确定原则和电机的选择

电力拖动方案是指确定电动机的类型、数量、传动方式及电动机的启动、运行、调速、转向、制动等控制要求，是电气设计的主要内容之一，为电气控制原理图设计及电气元件选择提供依据。确定电力拖动方案必须依据生产机械的精度、工作效率、结构以及运动部件的数量、运动要求、负载性质、调速要求以及投资额等条件。

一、确定拖动方式

电动机的拖动方式有：单独拖动，一台设备只有一台电动机拖动；分立拖动，一台设备由多台电动机分别驱动各个工作机构，通过机械传动链连接各个工作机构。

二、确定调速方案

不同的对象有不同的调速要求，为了达到一定的调速范围，可采用齿轮变速箱、液压调速装置、双速或多速电动机以及电气的无级调速传动方案。在选择调速方案时，可参考以下几点。

① 重型或大型设备主运动及进给运动，应尽可能采用无级调速。这有利于简化机械结构、缩小体积、降低制造成本。

② 精密机械设备如坐标镗床、精密磨床、数控机床以及某些精密机械手，为了保证加工精度和动作的准确性，便于自动控制，也应采用电气无级调速方案。

③ 一般中小型设备如普通机床没有特殊要求时，可选用经济、简单、可靠的三相鼠笼式异步电动机，配以适当级数的齿轮变速箱。为了简化结构，扩大调速范围，也可采用双速或多速的鼠笼式异步电动机。在选用三相鼠笼式异步电动机的额定转速时，应满足工艺条件要求。

在选择电动机调速方案时，要使电动机的调速特性与负载特性相适应，否则将会引起拖动工作的不正常，电动机不能充分合理的使用。例如，Δ/YY 双速鼠笼式异步电动机，它适用于恒功率传动。对于低速为 Y/YY 连接的双速电动机，它适用于恒转矩传动。分析调速性质和负载特性，找出电动机在整个调速范围内的转矩、功率与转速的关系，为合理确定拖动方案和控制方案以及电机和电机容量的选择提供必要的依据。

三、电动机的选择和电动机的启动、制动和反向要求

1. 电动机的选择

电动机的选择包括电动机的种类、结构形式、额定转速和额定功率。电动机的种类和转速根据生产机械的调速要求选择，一般都应采用感应电动机，仅在启动、制动和调速不满足要求时才选用直流电动机；电动机的结构形式应适应机械结构和现场环境，可选用开启式、防护式、封闭式、防腐式甚至是防爆式电动机；电动机的额定功率根据生产机械的功率负载和转矩负载选择，使电动机容量得到充分利用。

一般情况下为了避免复杂的计算过程，电动机容量的选择往往采用统计类比或根据经验采用工程估算方法，但这通常具有较大的宽裕度。

2. 电动机的启动、制动和反向要求

一般说来，由电动机完成设备的启动、制动和反向要比机械方法简单容易。设备主轴的启动、停止、正反转运动和调整操作，只要条件允许最好由电动机完成。

机械设备主运动传动系统的启动转矩一般都比较小，因此，原则上可采用任何一种启动方式。对于它的辅助运动，在启动时往往要克服较大的静转矩，必要时也可选用高启动转矩的电动机，或采用提高启动转矩的措施。另外，还要考虑电网容量，对电网容量不大而启动电流较大的电动机，一定要采取限制启动电流的措施，如串电阻降压启动等，以免电网电压波动较大而造成事故。

传动电动机是否需要制动，应视机电设备工作循环的长短而定。对于某些高速高效金属切削机床，宜采用电动机制动。如果对于制动的性能无特殊要求而电动机又需要反转时，则采用反接制动可使线路简化。在要求制动平稳、准确，即在制动过程中不允许有反转可能性

时，则宜采用能耗制动方式。在起吊运输设备中也常采用具有连锁保护功能的电磁机械制动（电磁抱闸），有些场合也采用回馈制动。

第三节　电气控制线路的经验设计法

电气控制线路有两种设计方法：一种是经验设计法；另一种是逻辑代数设计法。这两种设计方法在第二章都作过介绍，下面对这两种方法分别进行较详细地介绍。

所谓经验设计法就是根据生产工艺要求直接设计出控制线路。在具体的设计过程中常有两种做法：一种是根据生产机械的工艺要求，适当选用现有的典型环节，将它们有机地组合起来，综合成所需要的控制线路；另一种是根据工艺要求自行设计，随时增加所需的电气元件和触点，以满足给定的工作条件。

一、经验设计法的基本步骤

一般的生产机械电气控制电路设计包括主电路和辅助电路等的设计。

1. 主电路设计

主要考虑电动机的启动、点动、正反转、制动及多速电动机的调速，另外还考虑包括短路、过载、欠压等各种保护环节以及联锁、照明和信号等环节。

2. 辅助电路设计

主要考虑如何满足电动机的各种运转功能及生产工艺要求。设计步骤是根据生产机械对电气控制电路的要求，首先设计出各个独立环节的控制电路，然后再根据各个控制环节之间的相互制约关系，进一步拟定联锁控制电路等辅助电路的设计，最后再考虑根据线路的简单、经济和安全、可靠，修改线路。

3. 反复审核电路是否满足设计原则

在条件允许的情况下，进行模拟试验，逐步完善整个电气控制电路的设计，直至电路动作准确无误。

二、经验设计法的特点

① 易于掌握，使用很广，但一般不易获得最佳设计方案。

② 要求设计者具有一定的实际经验，在设计过程中往往会因考虑不周发生差错，影响电路的可靠性。

③ 当线路达不到要求时，多用增加触点或电器数量的方法来加以解决，所以设计出的线路常常不是最简单经济的。

④ 需要反复修改草图，一般需要进行模拟试验，设计速度慢。

三、经验设计法举例

下面以设计龙门刨床横梁升降控制线路为例来说明经验设计法。

龙门刨床（或立车）上装有横梁机构，刀架装在横梁上，随着加工工件大小不同横梁机构需要沿立柱上下移动，在加工过程中，横梁又需要保证夹紧在立柱上不松动。横梁的上升与下降由横梁升降电动机来驱动，横梁的夹紧与放松由横梁夹紧放松电动机来驱动。横梁升降电动机装在龙门顶上，通过蜗轮传动，使立柱上的丝杠转动，通过螺母使横梁上下移动。横梁夹紧电动机通过减速机构传动夹紧螺杆，通过杠杆作用使压块夹紧或放松。龙门刨床横梁夹紧放松示意图如图 4-10 所示。

横梁机构对电气控制系统的工艺要求如下。

① 刀架装在横梁上，要求横梁能沿立柱做上升、下降的调整移动。

② 在加工过程中，横梁必须紧紧地夹在立柱上，不许松动。夹紧机构能实现横梁的夹紧和放松。

③ 在动作配合上，横梁夹紧与横梁移动之间必须有一定的操作程序，具体如下。

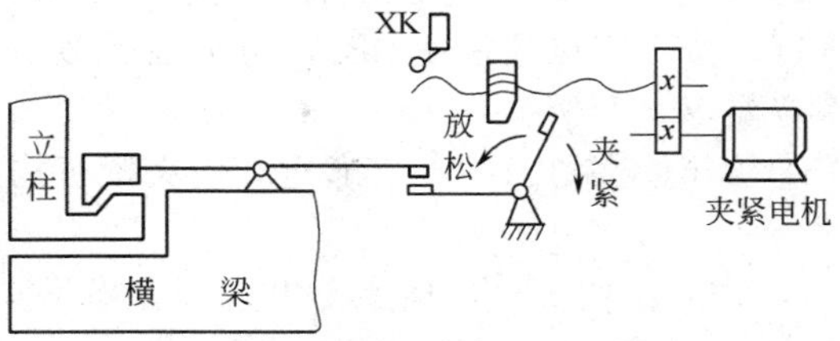

图 4-10　龙门刨床横梁夹紧放松示意图

- 按向上或向下移动按钮后，首先使夹紧机构自动放松；
- 横梁放松后，自动转换成向上或向下移动；
- 移动到所需要的位置后，松开按钮，横梁自动夹紧；
- 夹紧后夹紧电动机自动停止运动。

④ 横梁在上升与下降时，应有上下行程的限位保护。

⑤ 正反向运动之间，以及横梁夹紧与移动之间要有必要的联锁。

在了解清楚生产工艺要求之后，可进行控制线路的设计。

1. 设计主电路

根据横梁能上下移动和能夹紧放松的工艺要求，需要用两台电动机来驱动，且电动机能实现正反向运转。因此采用 4 个接触器 KM1、KM2 和 KM3、KM4，分别控制升降电机 M1 和夹紧放松电动机 M2 的正反转，如图 4-11(a) 所示。因此，主电路就是控制两台电机正反转的电路。

2. 设计基本控制电路

由于横梁的升降和夹紧放松均为调整运动，故都采用点动控制。采用两个点动按钮分别控制升降和夹紧放松运动，仅靠两个点动按钮控制 4 个接触器线圈，则需要增加两个中间继电器 KA1 和 KA2。根据工艺要求可以设计出如图 4-11(b) 所示的草图。

经仔细分析可知，该线路存在问题如下。

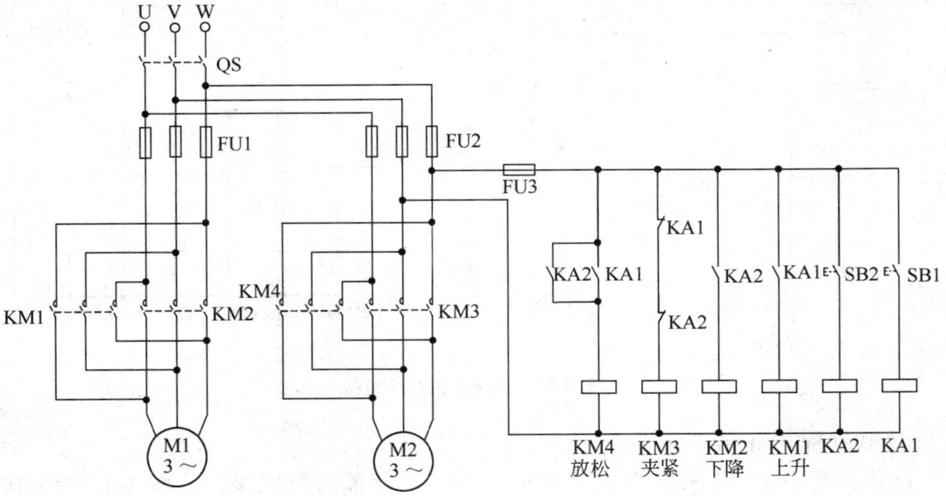

(a) 横梁控制的主电路　　(b) 横梁控制的辅助电路

图 4-11　横梁控制电路

① 按上升点动按钮 SB1 后，接触器 KM1 和 KM4 同时得电吸合，横梁的上升与放松同时进行，按下降点动按钮 SB2，也出现类似情况。不满足“夹紧机构先放松，横梁后移动”的工艺要求。

② 放松线圈 KM4 一直通电，使夹紧机构持续放松，没有设置检测元件检查横梁放松的程度。

③ 松开按钮 SB1，横梁不再上升，横梁夹紧线圈得电吸合，横梁持续夹紧，不能自动停止。

根据以上问题，需要恰当地选择控制过程中的变化参量，实现上述自动控制要求。

3. 选择控制参量，确定控制原则

（1）反映横梁放松程度的参量　可以采用行程开关 SQ1 检测放松程度，如图 4-12。当横梁放松到一定程度时，其压块压动 SQ1，使常闭触点 SQ1 断开，表示已经放松，接触器 KM4 线圈失电；同时，常开触点 SQ1 闭合，使上升或下降接触器 KM1 和 KM2 通电，横梁向上或向下移动。

（2）反映横梁夹紧程度的参量　包括时间参量、行程参量和反映夹紧力的电流量。若用时间参量，不易调整准确度；若用行程参量，当夹紧机构磨损后，测量也不准确。这里选用反映夹紧力的电流参量是适宜的，夹紧力大，电流也大，故可以借助过电流继电器来检测夹紧程度。在图 4-12 中，在夹紧电动机 M2 的夹紧方向的主电路中串联过电流继电器 KI，将其动作电流整定在额定电流的两倍左右。过电流继电器 KI 的常闭触点串接在接触器 KM3 电路中。当夹紧横梁时，夹紧电动机 M2 的电流逐渐增大，当超过过电流继电器整定值时，KI 的常闭触点断开，KM3 线圈失电，自动停止夹紧电动机的工作。

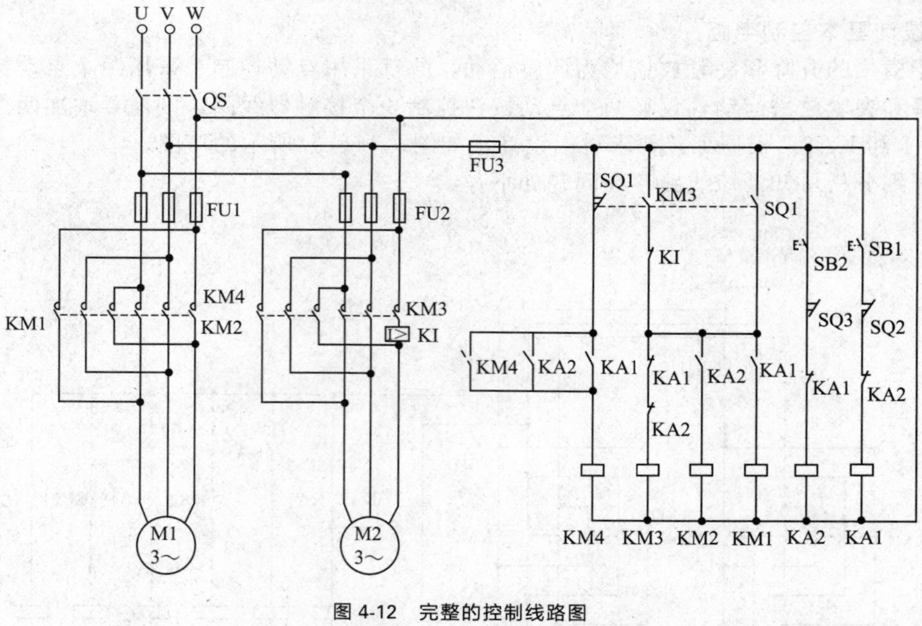

图 4-12　完整的控制线路图

4. 设计联锁保护环节

采用行程开关 SQ2 和 SQ3 分别实现横梁上、下行程的限位保护。图 4-12 为修改过的完整的控制线路图。

① 采用熔断器 FU1 和 FU2 作短路保护。

② 行程开关 SQ1 不仅反映了放松信号，而且还起到了横梁移动和横梁夹紧之间的联锁

作用。

③ 中间继电器 KA1、KA2 的常闭触点，用于实现横梁移动电动机和夹紧电动机正反向运动的联锁保护。

5. 线路的完善和校核

控制线路设计完毕后，往往还有不合理的地方，或者还有需要进一步简化之处，应认真仔细地校核。对图 4-12 所示线路审核是对照生产机械工艺要求，反复分析所设计线路是否能逐条实现，是否会出现误动作，是否保证了设备和人身安全，是否还要进一步简化以减少触点或节省连线等。

下面分四个阶段对横梁移动和夹紧放松进行分析。

① 按下横梁上升点动按钮 SB1，由于行程开关 SQ1 的常开触点没有压合，升降电动机 M1 不工作；中间继电器 KA1 线圈得电，KM4 线圈得电，夹紧放松电动机 M2 工作将横梁放松。

② 当横梁放松到一定程度时，夹紧装置将 SQ1 压下，其常闭触点断开，KM4 线圈失电，夹紧放松电动机 M2 停止工作；SQ1 常开触点闭合，KM1 线圈得电，升降电动机 M1 启动，驱动横梁在放松状态下向上移动。

③ 当横梁移动到所需位置时，松开上升点动按钮 SB1，KA1 线圈失电，KM1 线圈失电使升降电动机 M1 停止工作；由于横梁处于放松状态，SQ1 的常开触点一直闭合，KA1 常闭触点闭合，KM3 线圈得电，使 M2 反向工作，从而进入夹紧阶段。

④ 当夹紧电动机 M2 刚启动时，启动电流较大，过电流继电器 KI 动作，但是由于 SQ1 的常开触点闭合，KM3 线圈仍然得电；横梁继续夹紧，电流减小，过电流继电器 KI 复位；在夹紧过程中，行程开关 SQ1 复位，为下次放松做准备。当夹紧到一定程度时，过电流继电器 KI 的常闭触点断开，KM3 线圈失电，切断夹紧放松电动机 M2，整个上升过程到此结束。

横梁下降的操作过程与横梁上升操作过程类同。

以上分析初看无问题，但仔细分析第二阶段即横梁上升或下降阶段，其条件是横梁放松到位。如果按下 SB1 或 SB2 的时间很短，横梁放松还未到位就已松开按下的按钮，致使横梁既不能放松又不能进行夹紧，容易出现事故。改进的方法是将 KM4 的辅助触点并联在 KA1、KA2 两端（图 4-12），使横梁一旦放松，就必然继续工作至放松到位，然后可靠地进入夹紧阶段。

第四节 电气控制线路的逻辑设计法

逻辑设计法是根据生产工艺的要求，利用逻辑代数来分析、化简、设计线路的方法。这种设计方法是将控制线路中的继电器、接触器线圈的通、断，触点的断开、闭合等看成逻辑变量，并根据控制要求将它们之间的关系用逻辑函数关系式来表达，然后再运用逻辑函数基本公式和运算规律进行简化，根据最简式画出相应的电路结构图，最后再做进一步的检查和完善，即能获得需要的控制线路。

一、利用逻辑函数来简化电路

逻辑函数的化简可以使继电接触器控制电路简化。对于较简单的逻辑函数，可以利用逻辑代数的基本定律和运算法则，并综合运用并项、扩项、提取公因子等方法进行化简。

下面介绍有关逻辑代数化简的基本定理：

① 交换律

$A \cdot B = B \cdot A \qquad A + B = B + A$

② 结合律

$A \cdot (B \cdot C) = (A \cdot B) \cdot C$

$A + (B + C) = (A + B) + C$

③ 分配律

$A \cdot (B + C) = A \cdot B + A \cdot C$

$(A + B) \cdot C = (A + B) \cdot (A + C)$

④ 吸收律

$A + AB = A \qquad A \cdot (A \cdot B) = A$

$A + \overline{A}B = A + B \qquad \overline{A} + A \cdot B = \overline{A} + B$

⑤ 重叠律

$A \cdot A = A \qquad A + A = A$

⑥ 非非律

$\overline{\overline{A}} = A$

⑦ 反演律（摩根定律）

$\overline{A + B} = \overline{A} \cdot \overline{B} \qquad \overline{A \cdot B} = \overline{A} + \overline{B}$

化简中常用到的基本恒等式：

$A + 0 = A \qquad A \cdot 1 = A$

$A + 1 = 1 \qquad A \cdot 0 = 0$

$A + \overline{A} = 1 \qquad \overline{A} \cdot A = 0$

利用逻辑函数来简化电路需要注意以下问题。

① 注意触点容量的限制。检查化简后触点的容量是否足够，尤其是担负关断任务的触点。

② 注意线路的合理性和可靠性。一般继电器和接触器有多对触点，在有多余触点的情况下，不必强求化简，而应考虑充分发挥元件的功能，让线路的逻辑功能更明确。

二、电气控制线路的逻辑函数

电气控制线路是开关线路，符合逻辑规律。它以按钮、触点和中间继电器等作为输入逻辑变量，进行逻辑函数运算后得出以执行元件为输出变量。通过下面简单线路对其逻辑函数表达式的规律加以说明。

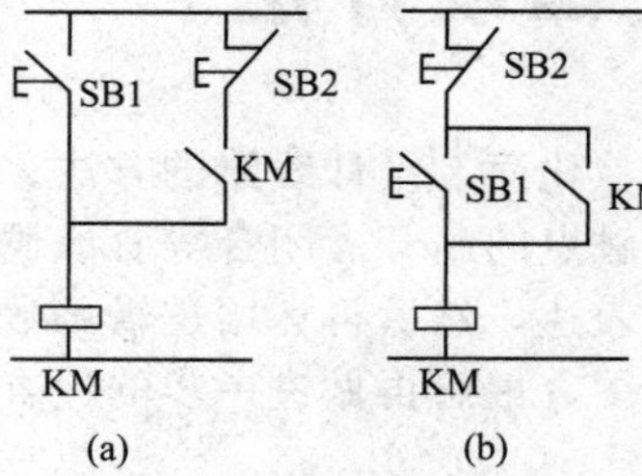

图 4-13 两个简单的启、保、停电路

例：图 4-13(a)、(b) 为两个简单的启、保、停电路。按图 2-4 的规定，常开触点（动合触点）的状态用相同字符来表示，而常闭触点（动断触点）的状态以逻辑非表示。则 SB1 为启动信号（开启），$\overline{SB2}$ 为停止信号（关断），KM 的动合触点为 KM。

对图(a) 和图(b) 可分别写出逻辑函数为：

$$f_{KM} = SB1 + \overline{SB2} \cdot KM \tag{4-1}$$

$$f_{KM} = \overline{SB2} \cdot (SB1 + KM) \tag{4-2}$$

将 SB1 作为开启信号 $X_{开}$；$\overline{SB2}$ 作为关断信号 $X_{关}$；KM 为自锁信号；则继电器 KM 的逻辑函数 f_{KM} 其一般形式为

$$f_{KM}=X_{开}+X_{关}\cdot KM \tag{4-3}$$
$$f_{KM}=X_{关}\cdot(X_{开}+KM) \tag{4-4}$$

图4-13中的两个电路图逻辑功能相似，但从逻辑函数表达式来看，式(4-3)中的$X_{开}=1$，$f_{KM}=1$，$X_{关}$这时不起控制作用，因此这种电路称为开启从优形式；式(4-4)中的$X_{关}=0$，$f_{KM}=0$，$X_{开}$这时不起控制作用，因此这种电路称为关断从优形式。一般为了安全起见，选择图4-13(b)的关断从优形式。

实际的启、保、停电路往往有很多相互限制的条件，因此需要添加启、保、停电路的联锁条件，对开启信号和关断信号增加约束条件。

(1) 开启信号　当开启的转换主令信号不止一个，要求具备其他条件才能开启时，则开启信号用$X_{开主}$表示，其他条件称开启约束信号，用$X_{开约}$表示。显然，只有条件都具备才能开启，$X_{开主}$与$X_{开约}$是“与”的逻辑关系。因而$X_{开}=X_{开主}\cdot X_{开约}$。

(2) 关断信号　当关断信号不止一个，要求具备其他条件才能关断时，则关断信号用$X_{关主}$表示，其他条件称为关断的约束信号，以$X_{关约}$表示。显然，$X_{关主}$与$X_{关约}$全为“0”时，才能关断，所以$X_{关主}$与$X_{关约}$是“或”的关系。因而$X_{关}=X_{关主}+X_{关约}$。

$X_{开主}$信号如果主令信号由常态变成受激，则取其常开（动合）触点，若相反则取其常闭（动断）触点；$X_{关约}$信号如果主令信号由常态变成受激，则取其常闭（动断）触点，若相反则取其常开（动合）触点。

可将式(4-3)和式(4-4)扩展成式(4-5)和式(4-6)。

$$f_{KM}=X_{开主}\cdot X_{开约}+(X_{关主}+X_{关约})KM \tag{4-5}$$
$$f_{KM}=(X_{关主}+X_{关约})(X_{开主}\cdot X_{开约}+KM) \tag{4-6}$$

三、逻辑设计方法的一般步骤

逻辑设计法可以使线路简化，充分利用电气元件来得到较合理的线路。对复杂线路的设计，特别是生产自动线、组合机床等控制线路的设计，采用逻辑设计法比经验设计法更为方便、合理。

逻辑设计法的一般步骤：

① 按工艺要求设计主电路；

② 按工艺过程写出执行元件和检测元件的逻辑函数式；

③ 根据逻辑函数式建立电路结构图；

④ 进一步完善电路，增加必要的连锁、保护等辅助环节，检查电路是否符合原控制要求，有无寄生回路，是否存在触点竞争现象等。

四、用逻辑设计法进行线路设计

1. 设计动力头主轴电动机启动线路

动力头主轴电动机必须在滑台停在原位时才能启动，滑台进给到需要位置时，才允许主轴电动机停止。若滑台在原位，压行程开关SQ1；若滑台进给到需要位置时，压行程开关SQ2。启动按钮为SB1，停止按钮为SB2。

根据式(4-5)和式(4-6)，$X_{开主}$是启动按钮SB1，SB1是由常态变成受激，因此$X_{开主}=SB1$；$X_{开约}$是行程开关SQ1，$X_{开约}=SQ1$；$X_{关主}$是停止按钮SB2和行程开关$\overline{SQ2}$，它们均可实现停车，且均由常态变成受激，因此$X_{关主}=\overline{SB2}\cdot\overline{SQ2}$；$\overline{SQ2}$在运行过程需要自锁。因此写出逻辑代数式为：

$$f_{KM}=SB1\cdot SQ1+(\overline{SB2}\cdot\overline{SQ2})KM \tag{4-7}$$

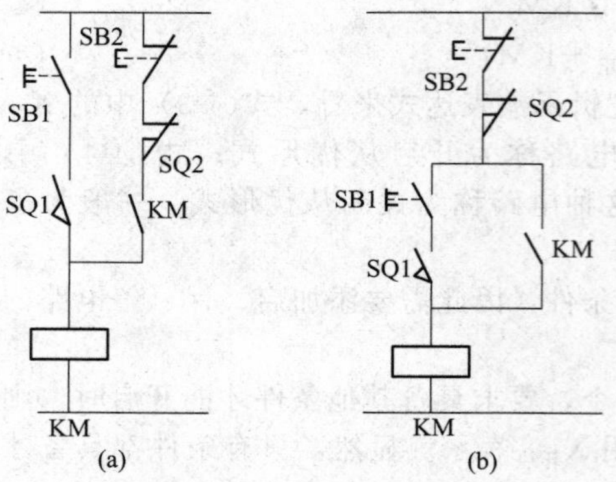

图 4-14　动力头控制电路

$$f_{KM}=\overline{SB2}\cdot\overline{SQ2}(SB1\cdot SQ1+KM) \tag{4-8}$$

上述两式对应的线路如图 4-14(a)、(b) 所示。

2. 龙门刨床横梁升降自动控制线路

龙门刨床横梁升降是按上升或下降按钮 SB1 或 SB2 实现的。升降的控制过程是：按下按钮 SB1 或 SB2，接触器 KM4 动作，控制横梁夹紧电机 M2 进行放松运行，放松到一定程度后碰行程开关 SQ1，接触器 KM1 或 KM2 动作，横梁升降电机 M1 驱动横梁上升或下降；到达需要位置时松开按钮 SB1 或 SB2，横梁停止升降，接触器 KM3 动作，使横梁夹紧电机 M2 进行夹紧，SQ1 复位；当夹紧力达到一定程度时，过电流继电器 K1 动作，横梁夹紧电机 M2 停止工作。

（1）列出逻辑代数式

- KM4 为控制横梁放松电机的接触器。

$X_{开主}$ 为 SB1 或 SB2，由常态到受激，因此取其常开触点 $X_{开主}=SB1+SB2$；$X_{关主}$ 为行程开关 SQ1，由常态到受激，因此取其常闭触点为 $X_{关主}=\overline{SQ1}$。运行过程中 SB1 或 SB2 为点动信号，须加自锁。则由式(4-6) 得出：

$$f_{km4}=(SB1+SB2+KM4)\cdot\overline{SQ1} \tag{4-9}$$

- KM1 为控制横梁上升电机的接触器。

横梁上升的主令信号为 SQ1，SQ1 由常态到受激状态，所以 $X_{开主}=SQ1$；$X_{关主}$ 为上升按钮 SB1，SB1 由受激到常态状态，$X_{关主}=SB1$；SQ1 是长信号不需要自锁。得出下式：

$$f_{km1}=SQ1\cdot SB1 \tag{4-10}$$

为了防止升、降按钮同时按压的误操作，将 SB2 的常闭触点（动断）作为联锁环节。得出下式：

$$f_{km1}=SQ1\cdot\overline{SB2}\cdot SB1 \tag{4-11}$$

- KM2 为控制横梁下降电机的接触器。

与横梁上升相似，得出下式：

$$f_{km2}=SQ1\cdot\overline{SB1}\cdot SB2 \tag{4-12}$$

- KM3 为控制横梁夹紧电机的接触器。

横梁上升时，横梁夹紧的 $X_{开主}$ 为 SB1，由受激转为常态，$X_{开主}=\overline{SB1}$；$X_{开约}$ 为行程开关 SQ1，$X_{开约}=SQ1\cdot\overline{SB2}$；KI 为 $X_{关主}$ 信号，由常态到受激，因此 $X_{关主}=\overline{KI}$。同理，横梁下降时，转换主令信号是 SB2，$X_{开主}=\overline{SB2}$，$X_{开约}=SQ1\cdot\overline{SB1}$；$X_{关主}=\overline{KI}$。由于 SQ1 在执行过程中由 1 变 0，因此 KM3 需要自锁。分别根据式(4-5) 和 (4-6) 得出：

$$f_{km3}=\overline{SB1}\cdot\overline{SB2}\cdot SQ1+\overline{KI}\cdot KM3 \tag{4-13}$$

$$f_{km3}=\overline{KI}\cdot(\overline{SB1}\cdot\overline{SB2}\cdot SQ1+KM3) \tag{4-14}$$

在式(4-14) 关断优先形式中，夹紧电机启动时电流大，使 KI 动作，完成启动后 KI 又释放，KI 线圈启动时为 1，运行时为 0。因此只有选择式(4-13) 开启优先形式。

对式(4-13)进行化简，由于夹紧电机在夹紧的整个过程中，$\overline{SB1}$ 和 $\overline{SB2}$ 一直为"1"，因此将式(4-14)演变为：

$$f_{km3}=SQ1\cdot\overline{SB1}\cdot\overline{SB2}+\overline{KI}\cdot KM3\cdot\overline{SB1}\cdot\overline{SB2}$$
$$=(SQ1+\overline{KI}\cdot KM3)\cdot\overline{SB1}\cdot\overline{SB2} \tag{4-15}$$

(2) 画电路图　按上面求出的逻辑函数式画电路图，这时应注意元件的触点数。例如，以上的 f_{km1}、f_{km2}、f_{km3}、f_{km4} 式中有 3 式内都有 SQ1，一个行程开关可能没有这么多触点，这时可利用中间继电器增加等效触点，或者分析可否找到等位点。对于上面的三个式中的 SQ1，将其置于 KM1、KM2、KM3 的公共通路之上，既满足了要求，又节省了两个 SQ1 触点。另外，根据式(4-15)，SQ1 需要与 KM2 的关断信号 $\overline{KI}\cdot KM3$ 并联，并联后要分析其对其他控制线路的影响。需要升降停止时，应松开按钮 SB1、SB2，即 SB1、SB2 为 0，KM1、KM2 才不工作，因此 SQ1 与 $\overline{KI}\cdot KM3$ 并联对 KM1、KM2 无影响，并可节省 SQ1 的一对常闭触点。其电路如图 4-15 所示。

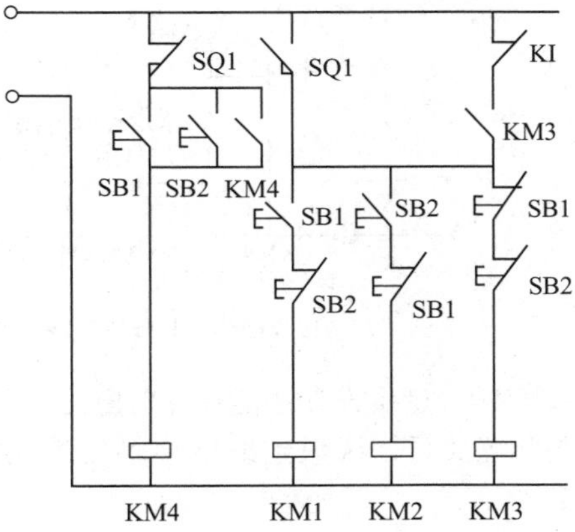

图 4-15　横梁升降电路图

线路中 SB1、SB2 的触点是两对常开、两对常闭，数量太多，元件难以满足要求，同时控制按钮到开关柜的距离也很远，穿线太多，应予简化。

若 K＝SB1＋SB2

则 $\overline{K}=\overline{SB1+SB2}=\overline{SB1}\cdot\overline{SB2}$

$$f_{km1}=SQ1\cdot\overline{SB2}\cdot SB1=SQ1\cdot(SB1+SB2\cdot\overline{SB2})\cdot\overline{SB2}$$
$$=SQ1\cdot(SB1+SB2)\cdot\overline{SB2}$$
$$=SQ1\cdot K\cdot\overline{SB2} \tag{4-16}$$

同理可得：

$$f_{km2}=SQ1\cdot K\cdot\overline{SB1} \tag{4-17}$$

$$f_{km3}=(SQ1+\overline{KI}\cdot KM3)\cdot\overline{SB1}\cdot\overline{SB2}$$
$$=(SQ1+\overline{KI}\cdot KM3)\cdot\overline{K} \tag{4-18}$$

$$f_{km4}=(SB1+SB2+KM4)\cdot\overline{SQ1}=(K+KM4)\cdot\overline{SQ1} \tag{4-19}$$

根据以上关系修改的控制线路如图 4-16 所示。

(3) 进一步完善电路　加上必要的连锁保护等辅助措施，校验电路在各种状态下是否满足工艺要求，其他保护、联锁、互锁等在经验设计法中已叙述。最后得到完整控制电路图如图 4-17 所示。

逻辑设计法较为科学，能够确定实现一个自动控制线路所必须的最少的中间记忆元件(中间继电器)的数目，以达到使逻辑电路最简单的目的，设计的线路比较简化、合理。但是当设计的控制系统比较复杂时，这种方法就显得十分烦琐，工作量也大。因此，如果将一个较大的、功能较为复杂的控制系统分成若干个互相联系的控制单元，用逻辑设计方法先完成每个单元控制线路的设计，然后再用经验设计方法把这些单元电路组合起来，各取所长，也是一种简捷的设计方法。

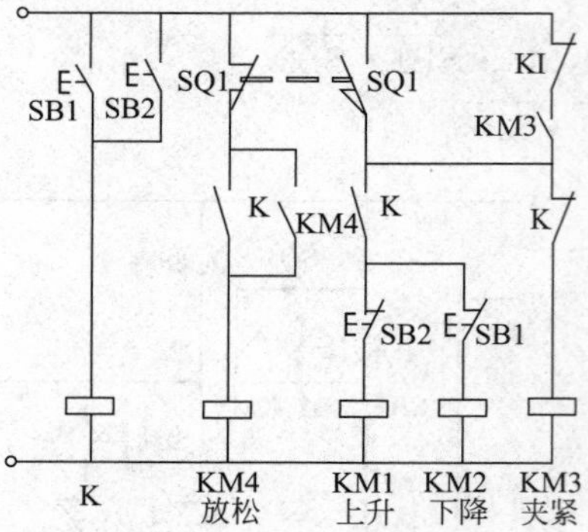

图 4-16　修改的横梁升降控制线路图

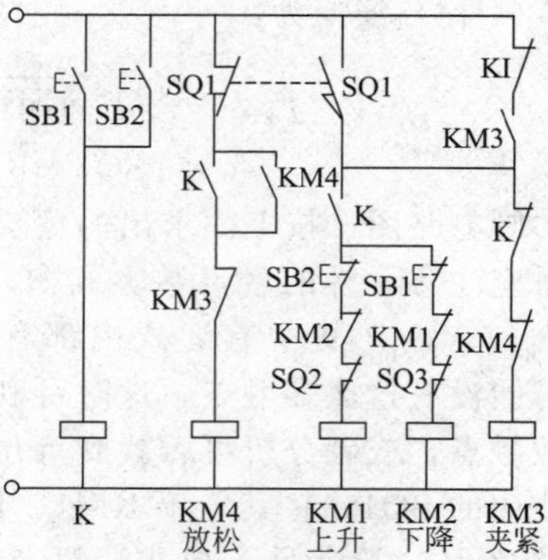

图 4-17　完善的横梁升降控制线路图

学习逻辑设计法能加深对电路的分析与理解，有助于弄清电气控制系统中输入与输出的作用与相互关系，认识到继电接触器控制线路设计的实质，对以后学习可编程控制器打下良好的基础。

第五节　电气控制系统的工艺设计

在完成电气原理设计及电气元件选择之后，就应进行电气控制的工艺设计。工艺设计的目的是为了满足电气控制设备的制造和使用要求。

工艺设计内容包括：

① 电气控制设备总体配置，即总装配图、总接线图。

② 各部分的电器装配图与接线图，并列出各部分的元件目录、进出线号以及主要材料清单等技术资料。

③ 编写使用说明书。

一、电气设备总体配置设计

各种电动机及各类电气元件在构成一个完整的自动控制系统时，必须划分组件。例如机床电器部分（各拖动电动机，抬刀机构电磁铁，各种行程开关和控制站等）、机组部件（交磁放大机组、电动发电机组等）以及电气箱（各种控制电气、保护电器、调节电器等）。根据各部分的复杂程度又可划分成若干组件，如印制电路组件、电器安装板组件、控制面板组件、电源组件等。

1. 划分组件的原则

① 功能类似的元件组合在一起。

② 尽可能减少组件之间的连线数量，接线关系密切的控制电器置于同一组件中。

③ 强弱电控制器分离，以减少干扰。

④ 力求整齐美观，外形尺寸、重量相近的电器组合在一起。

⑤ 便于检查与调试，需经常调节、维护和易损元件组合在一起。

2. 电气控制设备的各部分及组件之间的接线方式

① 电器板、控制板，机床电器的进出线一般采用接线端子（按电流大小及进出线数选用不同规格的接线端子）。

② 电器箱与被控制设备或电气箱之间采用多孔接插件，便于拆装、搬运。

③ 印制电路板及弱电控制组件之间宜采用各种类型标准接插件。

总体配置设计是以电气系统的总装配图与总接线图形式来表达的。图中应以示意形式反映出各部分主要组件的位置及各部分接线关系、走线方式及使用管线要求等。

二、元件布置图的设计及电器部件接线图的绘制

总体配置设计确定了各组件的位置和连线后，就要对每个组件中的电气元件进行设计，电气元件的设计图包括布置图、接线图、电气箱及非标准零件图的设计。

1. 电气元件布置图

电气元件布置图是依据总原理图中的部件原理图设计的，是某些电器元件按一定原则的组合。布置图是根据电器元件的外形绘制，并标出各元件间距尺寸。每个电气元件的安装尺寸及其公差范围，应严格按产品手册标准标注，作为底板加工依据，以保证各电器的顺利安装。

同一组件中电器元件的布置要注意以下问题。

① 体积大和较重的电气元件应装在电器板的下面，而发热元件应安装在电器板的上面。

② 强弱电分开并注意弱电屏蔽，防止外界干扰。

③ 需要经常维护、检修、调整的电器元件安装位置不宜过高或过低。

④ 电气元件的布置应考虑整齐、美观、对称，外形尺寸与结构类似的电器安放在一起，以利加工、安装和配线。

⑤ 电气元件布置不宜过密，要留有一定的间距，若采用板前走线槽配线方式，应适当加大各排电器间距，以利布线和维护。

各电气元件的位置确定以后，便可绘制电气布置图。在电器布置图设计中，还要根据本部件进出线的数量（由部件原理图统计出来）和采用导线规格，选择进出线方式，并选用适当接线端子板或接插件，按一定顺序标上进出线的接线号。

2. 电气部件接线图

电气部件接线图是部件中各电气元件的接线图。电气元件的接线要注意以下问题。

① 接线图和接线表的绘制应符合 GB 6988—86 中《电气制图接线图和接线表》的规定。

② 电气元件按外形绘制，并与布置图一致，偏差不要太大。

③ 所有电气元件及其引线应标注与电气原理图中相一致的文字符号及接线号。

④ 与电气原理图不同，在接线图中同一电气元件的各个部分（触点、线圈等）必须画在一起。

⑤ 电气接线图一律采用细线条，走线方式有板前走线及板后走线两种，一般采用板前走线。对于简单电气控制部件，电气元件数量较少，接线关系不复杂，可直接画出元件间的连线。但对于复杂部件，电气元件数量多，接线较复杂的情况，一般是采用走线槽，只需在各电气元件上标出接线号，不必画出各元件间连线。

⑥ 接线图中应标出配线用的各种导线的型号、规格、截面积及颜色要求。

⑦ 部件的进出线除大截面导线外，都应经过接线板，不得直接进出。

3. 电气箱及非标准零件图的设计

电气控制箱设计要考虑电气箱总体尺寸及结构方式、方便安装、调整及维修要求，并利于箱内电器的通风散热。

三、清单汇总和说明书的编写

在电气控制系统原理设计及工艺设计结束后，应根据各种图纸，对本设备需要的各种零件及材料进行综合统计，按类别划出外购成件汇总清单表、标准件清单表、主要材料消耗定额表及辅助材料消耗定额表。

设计及使用说明书是设计审定及调试、使用、维护过程中必不可少的技术资料。设计及使用说明书应包含以下主要内容：

① 拖动方案选择依据及本设计的主要特点；

② 主要参数的计算过程；

③ 各项技术指标的核算与评价；

④ 设备调试要求与调试方法；

⑤ 使用、维护要求及注意事项。

本 章 小 结

本章在已初步掌握阅读和分析电气控制线路能力的基础上，介绍了设计一个电气控制线路的基本内容、设计方法步骤和设计原则等。

设计一个电气控制线路有其一般的原则，用户必须按照这些原则设计线路，才能避免出现一些常见的故障，使设计的线路安全、可靠。

设计电气控制线路的一般方法有经验设计法和逻辑设计法，两种方法各有其利弊，经验设计法根据典型环节并在具有一定经验的基础上反复修改来完成设计；逻辑设计法则根据逻辑函数，画出工作循环图，最后得出控制线路。用户根据自己的特长，选择使用不同的方法来实现设计方案，使设计方案简洁、科学。

通过本章的学习，应掌握经验设计法和逻辑设计法两种设计方法，自行设计各种控制线路，完成不同的控制功能。

习题与思考题

【4-1】 如果有两个交流接触器，它们的型号相同，额定电压相同，则在电气线路中如果将其线圈串联连接，则在通电时会出现什么情况？为什么？

【4-2】 电气控制设计中应遵循的原则是什么？设计内容包括哪些方面？

【4-3】 如何根据设计要求选择拖动方案与控制方式？

【4-4】 某电动机要求只有在继电器 KA1、KA2、KA3 中任何两个动作时才能运转，而在其他条件下都不运转，试用逻辑设计法设计其控制线路。

【4-5】 设计一个小型吊车的控制线路。小型吊车有 3 台电动机，横梁电机 M1 带动横梁在车间前后移动，小车电机 M2 带动提升机构在横梁上左右移动，提升电机 M3 升降重物。3 台电机都采用直接启动，自由停车。要求：

① 3 台电动机都能正常起、保、停；

② 在升降过程中，横梁与小车不能动；

③ 横梁具有前、后极限保护，提升有上、下极限保护。

【4-6】 试设计一个加工零件的孔和倒角的机床，其加工过程为：快进——工进——停留光刀——快退——停。

该机床有三台电机：

M1：主电机 4kW；M2：工进电机 1.5kW；M3：快进电机 0.8kW。

要求：

① 工作台工进到终点或返回到原位后，有行程开关使其自动停止，设限位保护，为保证工进准确定位，需采取制动措施；

② 快进电机可进行点动调整，但在工作进给时点动无效；

③ 设急停按钮；

④ 应有短路和过载保护。

第二篇

可编程控制器技术

第五章　可编程控制器概述

第一节　可编程控制器的基本概念

可编程控制器（Programmable Controller）简称 PC。个人计算机（Personal Computer）也称 PC，为了避免混淆，人们将最初用于逻辑控制的可编程控制器叫做 PLC（Programmable logic Controller）。本书也采用 PLC 作为可编程控制器的简称。

国际电工委员会（International Electrical Committee）在 1987 年颁布的 PLC 标准草案中对 PLC 作了如下定义："PLC 是一种专门为在工业环境下应用而设计的数字运算操作的电子装置。它采用可以编制程序的存储器，用来在其内部存储执行逻辑运算、顺序运算、定时、计数和算术运算等操作的指令，并能通过数字式或模拟式的输入和输出，控制各种类型的机械或生产过程。PLC 及其有关的外围设备都应按照易于与工业控制系统形成一个整体，易于扩展其功能的原则而设计。"

定义中有以下几点应值得注意。

① 可编程控制器是"数字运算操作的电子装置"，其中带有"可以编制程序的存储器"，可以进行"逻辑运算、顺序运算、定时、计数和算术运算"工作，可以认为可编程控制器具有计算机的基本特征。事实上，可编程控制器无论从内部构造、功能及工作原理上看都是不折不扣的计算机。

② 可编程控制器是"为工业环境下应用"而设计的计算机。工业环境和一般办公环境有较大的区别，PLC 具有特殊的构造，使它能在高粉尘、高噪声、强电磁干扰和温度变化剧烈的环境下正常工作。为了能控制"机械或生产过程"，它又要能"易于与工业控制系统形成一个整体"这些都是个人计算机不可能做到的。因此可编程控制器不是普通的计算机，它是一种工业现场使用的计算机。

③ 可编程控制器能控制"各种类型"的工业设备及生产过程。它"易于扩展其功能"，它的程序能根据控制对象的不同要求，让使用者"可以编制程序"。也就是说，可编程控制器较其以前的工业控制计算机，如单片机工业控制系统，具有更大的灵活性，它可以方便地应用在各种场合，是一种通用的工业控制计算机。

通过以上定义还可以了解到，相对一般意义上的计算机，可编程控制器并不仅仅具有计算机的内核，它还配置了许多使其适用于工业控制的器件。它实质上是经过一次开发的工业控制用计算机。但是，从另一个方面来说，它是一种通用机，不经过二次开发，它就不能在任何具体的工业设备上使用。不过，自其诞生以来，电气工程技术人员感受最深刻的也正是可编程控制器二次开发编程十分容易。它在很大程度上使得工业自动化设计从专业设计院走进了厂矿企业，变成了普通工程技术人员甚至普通电气工人力所能及的工作。再加上其体积小、工作可靠性高、抗干扰能力强、控制功能完善、适应性强、安装接线简单等众多优点，可编程控制器在 20 世纪 70 年代问世后获得了突飞猛进的发展，在各种控制系统中得到了越来越广泛的应用。

第二节 可编程控制器的特点及应用

一、PLC 的特点

1. 可靠性高，抗干扰能力强

高可靠性是电气控制设备的关键性能。PLC 由于采用现代大规模集成电路技术，严格的生产工艺制造，内部电路采用了先进的抗干扰技术，具有很高的可靠性。例如三菱公司生产的 F 系列 PLC 平均无故障时间高达 30 万小时。一些使用冗余 CPU 的 PLC 的平均无故障工作时间则更长。从 PLC 的机外电路来说，使用 PLC 构成控制系统，和同等规模的继电接触控制系统相比，电气接线及开关接点已减少到原来的数百甚至数千分之一，故障也将随之大大降低。此外，PLC 具有硬件故障的自我检测功能，出现故障时可及时发出报警信息。在应用软件中，用户还可以编入外围器件的故障自诊断程序，使系统中除 PLC 以外的电路及设备也获得故障自诊断保护。这样，整个系统具有了极高的可靠性。

2. 配套产品齐全，功能完善，适用性强

PLC 发展到今天，已经形成了大、中、小各种规模的系列化产品。可以用于各种规模的工业控制场合。除了逻辑处理功能外，现代 PLC 大多具有完善的数据运算能力，可用于各种数字控制领域。近年来 PLC 的功能模块大量涌现，使 PLC 渗透到了位置控制、温度控制、计算机数控（CNC）等各种工业控制中。加上 PLC 通讯能力的增强及人机界面技术的发展，使用 PLC 组成各种控制系统变得非常容易。

3. 易学易用，深受工程技术人员欢迎

PLC 作为通用工业控制计算机，是面向工矿企业的工控设备，其编程语言易于为工程技术人员接受。像梯形图语言的图形符号和表达方式与继电器电路图非常接近，只用 PLC 的少量开关逻辑控制指令就可以方便地实现继电接触器电路的功能。

4. 系统设计周期短、维护方便，改造容易

PLC 用存储逻辑代替接线逻辑，大大地减少了控制设备外部的接线，使控制系统设计周期大大缩短。由于 PLC 具有完善的自诊断、履历情报存储和监视显示功能，便于故障的迅速查找和处理，使维护变得十分容易。对于多品种、小批量的生产场合，可以在同一设备或生产线上，通过修改 PLC 的程序来改变生产过程已成为现实。

5. 体积小，重量轻，能耗低

超小型的 PLC，其产品都是采用单元箱体式结构，其体积和重量只有通常的接触器大小，功耗很低，易于安装在机械内部控制运动物体，是实现机电一体化的理想控制设备。

二、PLC 的应用领域

目前，PLC 在国内外已广泛应用于钢铁、石油、化工、电力、建材、机械制造、汽车、轻纺、交通运输、环保及文化娱乐等各个行业，使用情况大致可归纳为如下几类。

1. 开关量的逻辑控制

这是 PLC 最基本、最广泛的应用领域，可用它取代传统的继电器控制电路，实现逻辑控制、顺序控制，既可用于单台设备的控制，又可用于多机群控制及自动化流水线。如电梯控制、高炉上料、注塑机、印刷机、组合机床、磨床、包装生产线、电镀流水线等。

2. 模拟量控制

在工业生产过程中，有许多连续变化的量，如温度、压力、流量、液位和速度等都是模拟量。为了使可编程控制器能够处理模拟量信号，PLC 厂家生产有配套的 A/D 和 D/A 转换模块，使可编程控制器可用于模拟量控制。

3. 运动控制

PLC 可以用于圆周运动或直线运动的控制。从控制机构配置来说，早期直接用开关量 I/O 模块连接位置传感器和执行机构，现在可使用专用的运动控制模块。如可驱动步进电机或伺服电机的单轴或多轴位置控制模块。世界上各主要 PLC 厂家的产品几乎都有运动控制功能，广泛地用于各种机械、机床、机器人、电梯等场合。

4. 过程控制

过程控制是指对温度、压力、流量等模拟量的闭环控制。作为工业控制计算机，PLC 能编制各种各样的控制算法程序，完成闭环控制。PID 调节是一般闭环控制系统中常用的调节方法。目前不仅大中型 PLC 都有 PID 模块，而且许多小型 PLC 也具有 PID 功能。PID 处理一般是运行专用的 PID 子程序。PLC 的过程控制在冶金、化工、热处理、锅炉控制等场合的应用十分广泛。

5. 数据处理

现代 PLC 具有数学运算（含矩阵运算、逻辑运算）、数据传送、数据转换、排序、查表、位操作等功能，可以完成数据的采集、分析及处理。这些数据可以与储存在存储器中的参考值比较，完成一定的控制操作，也可以利用通讯功能传送到别的智能装置，或将它们打印制表。数据处理一般用于大型控制系统，如无人控制的柔性制造系统；也可用于过程控制系统，如造纸、冶金、食品工业中的一些大型控制系统。

6. 通信及联网

PLC 通信包含 PLC 之间的通信以及 PLC 与其他智能设备间的通信。随着计算机控制的发展，工厂自动化网络发展将会加快，各 PLC 厂商都十分重视 PLC 的通讯功能，纷纷推出各自的网络系统。最新生产的 PLC 都具有通信接口，实现通信非常方便。

第三节　可编程控制器的发展

世界上公认的第一台 PLC 是 1969 年美国数字设备公司（DEC）研制的。限于当时的元件及计算机发展水平，早期的 PLC 主要由分立元件和中小规模集成电路组成，可以完成简单的逻辑控制及定时、计数功能。20 世纪 70 年代初出现了微处理器。人们很快将其引入可编程控制器，使 PLC 增加了运算、数据传送及处理等功能，成为真正具有计算机特征的工业控制装置。为了方便熟悉继电接触控制系统的电气工程技术人员使用，可编程控制器采用了和继电接触器电路图类似的梯形图作为主要编程语言，并将参加运算的计算机存储元件都以继电器命名。因而人们称可编程控制器为微机技术和继电器常规控制概念相结合的产物。

20 世纪 70 年代中末期，可编程控制器进入了实用化发展阶段，计算机技术已全面引入可编程控制器中，使其功能发生了飞跃。更高的运算速度、超小型的体积、更可靠的工业抗干扰设计、模拟量运算、PID 功能以及极高的性价比奠定了它在现代工业中的地位。

20 世纪 80 年代初，可编程控制器在先进工业国家中已获得了广泛的应用。例如，在世界上第一台可编程控制器的诞生地美国，权威情报机构 1982 年的统计数字显示，大量应用可编程控制器的工业厂家占美国重点工业行业厂家总数的 82%，可编程控制器的应用数量已位于众多的工业自控设备之首。这个时期可编程控制器发展的特点是大规模、高速度、高性能、产品系列化。这标志着可编程控制器已步入成熟阶段。这个阶段的另一个特点是世界上生产可编程控制器的国家日益增多，产量日益上升。许多可编程控制器的生产厂家已闻名于全世界。如美国 Rockwell 自动化公司所属的 A－B（Allen-Bradley）公司，GE-Fanuc 公司，日本的三菱公司和立石公司，德国的西门子（Siemens）公司等。

20 世纪末期，可编程控制器的发展特点是更加适应于现代工业控制的需要。从控制规模上来说，这个时期发展了大型机及超小型机；从控制能力上来说，诞生了各种各样的特殊功能单元，用于压力、温度、转速、位移等各种控制场合；从产品的配套能力来说，生产了各种人机界面单元、通讯单元，使应用可编程控制器的工业控制设备的配套更加容易。目前，可编程控制器在机械制造、石油化工、冶金钢铁、汽车、轻工业等领域的应用都得到了长足的发展。

中国是 20 世纪 80 年代初引进、应用、研制、生产可编程控制器的。最初是在引进设备中大量使用了可编程控制器。后来在企业的各种生产设备及产品中不断扩大了 PLC 的应用。目前，中国已能够生产中小型可编程控制器。上海东屋电气有限公司生产的 CF 系列、杭州机床电器厂生产的 DKK 及 D 系列、大连组合机床研究所生产的 S 系列、苏州电子计算机厂生产的 YZ 系列等多种产品已具备了一定的规模，并在工业产品中获得了应用。此外无锡华光公司、上海香岛公司等中外合资企业也是我国比较著名的可编程控制器生产厂家。

21 世纪可编程控制器将会有更大的发展。从技术上看，计算机技术的新成果会更多地应用于可编程控制器的设计及制造上，会有运算速度更快、存储容量更大、智能水平更高的品种出现。从产品规模上看，会进一步向超小型及超大型两个方向发展。从产品的配套性能上看，产品的品种会更丰富、规格更齐备。完美的人机界面、完备的通信设备会更好地适应各种工业控制场合的需求。从市场上看，各国生产多品种产品的情况会随着国际竞争的加剧而打破，会出现少数几个品牌垄断国际市场的局面，会出现国际通用的编程语言，这将是有利于可编程技术的发展及可编程产品普及的。从网络的发展状况来看，可编程控制器和其他工业控制计算机组网构成大型的控制系统是可编程控制器技术的发展方向。目前的集散控制系统（Distributed Control System）中已有大量的可编程控制器应用。伴随着计算机网络的发展，可编程控制器作为自动化控制网络或国际通用网络的重要组成部分，将在众多领域发挥越来越大的作用。

第四节 可编程控制器的组成及其各部分功能

可编程控制器虽然外观各异，但其硬件结构都大体相同。主要由中央处理器（CPU）、存储器（RAM、ROM）、输入输出器件（I/O 接口）、电源及编程设备几大部分构成。PLC 的硬件结构框图如图 5-1 所示。

一、中央处理器（CPU）

中央处理器是可编程控制器的核心，它在系统程序的控制下，完成逻辑运算、数学运算、协调系统内部各部分工作等任务。一般说来，可编程控制器的档次越高，CPU 的位数越多，运算速度越快，指令功能也越多。为了提高 PLC 的性能和可靠性，有的一台 PLC 上采用了多个 CPU。CPU 按 PLC 中的系统程序赋予的功能指挥 PLC 有条不紊地工作，完成如下的工作：

① 自诊断 PLC 内部电路工作状况和程序语言的语法错误等；

② 采用扫描的方式通过 I/O 接口，接收编程设备及外部单元送入的用户程序和数据；

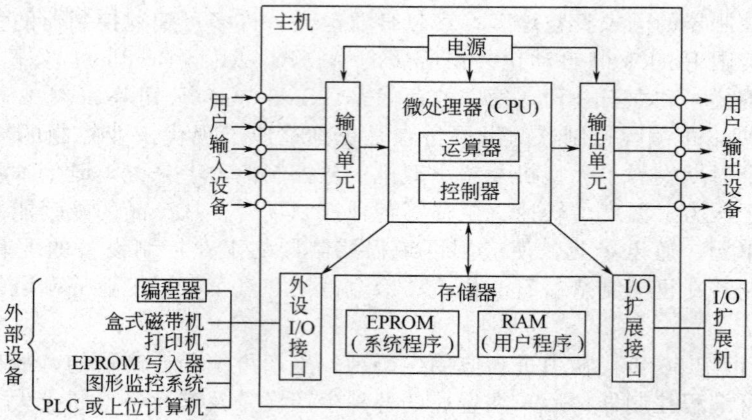

图 5-1　单元式 PLC 结构框图

③ 从存储器中逐条读取用户指令，解释并按指令规定的任务进行操作运算等，并根据结果更新有关标志和输出映像存储器，由输出部件输出控制数据信息。

二、存储器

存储器是可编程控制器存放系统程序、用户程序及运算数据的单元。和计算机一样，可编程控制器的存储器可分为只读存储器（ROM）和随机读写存储器（RAM）两大类。只读存储器用来存放永久保存的系统程序，一般为掩膜只读存储器和可编程电改写只读存储器。随机读写存储器的特点是写入与擦除都很容易，但在掉电情况下存储的数据会丢失，一般用来存放用户程序及系统运行中产生的临时数据。为了能使用户程序及某些运算数据在可编程控制器脱离外界电源后也能保持，机内随机读写存储器均配备了电池或电容等掉电保持装置。

可编程控制器的用户存储器区域按用途不同，又可分为程序区及数据区。程序区是用来存放用户用 PLC 规定的编程语言编写的应用程序的区域，该区域的程序可以由用户任意修改或增删。用来存放用户数据的区域一般较小，在数据区中，各类数据存放的位置都有严格的划分。由于可编程控制器是为熟悉继电接触器系统的工程技术人员使用的，可编程控制器的数据单元都叫做继电器，如输入继电器、辅助继电器、时间继电器、计数器等，其特点是它们可编程，也称为 PLC 的编程“软元件”，是 PLC 应用中用户涉及最频繁的区域。不同用途的继电器在存储区中占有不同的区域。每个存储单元有不同的地址编号。

三、输入输出接口

输入输出接口是可编程控制器和工业控制现场各类信号连接的部分。输入接口用来接受生产过程的各种参数，并存放于输入映像寄存器（也称输入数据暂存器）中。可编程控制器运行程序后输出的控制信息刷新输出映像寄存器（也称输出数据暂存器），由输出接口输出，通过机外的执行机构完成工业现场的各类控制。生产现场对可编程控制器接口的要求，一是要有较好的抗干扰能力，二是能满足工业现场各类信号的匹配要求，因此厂家为可编程控制器设计了不同的接口单元。主要有以下几种。

1. 开关量输入接口

其作用是把现场的开关量信号变成可编程控制器内部处理的标准信号。开关量输入接口按可接收的外信号电源的类型不同，分为直流、交直流和交流输入单元。如图 5-2～图 5-4 所示。

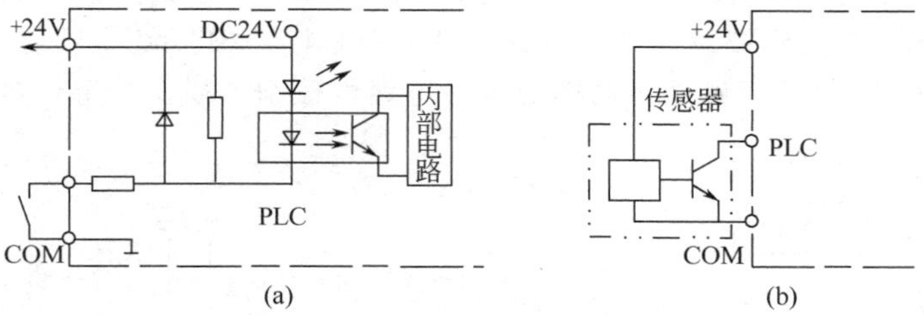

图 5-2 直流输入电路

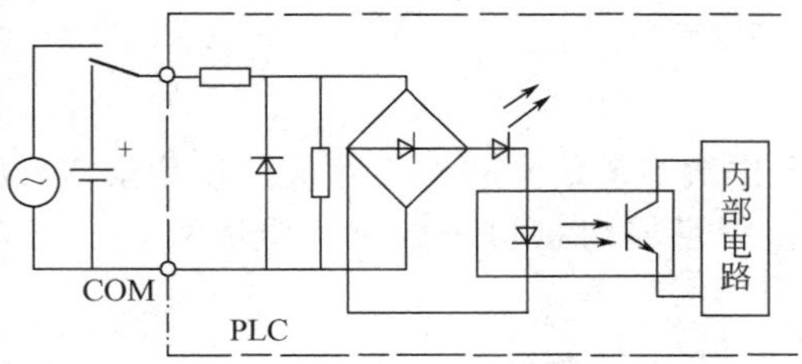

图 5-3 交流/直流输入电路

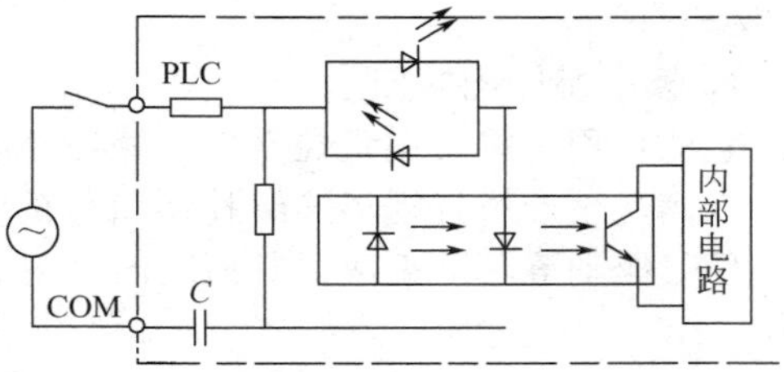

图 5-4 交流输入电路

输入接口中都有滤波电路及耦合隔离电路，具有抗干扰及转换为标准信号的作用。图中输入口的电源部分都画在了输入口外（虚线框外），这是分体式输入口的画法，在一般单元式可编程控制器中都自备有 24V 直流电源可供输入口开关器件使用，若输入口开关器件较多，所需电流较大时则需要使用外接电源。

2. 开关量输出接口

其作用是把可编程控制器内部的标准信号转换成现场执行机构所需要的开关量信号。开关量输出接口内部参考电路如图 5-5 所示，图（a）输出接口为继电器型、图（b）输出接口为晶体管型，图（c）输出接口为可控硅型。

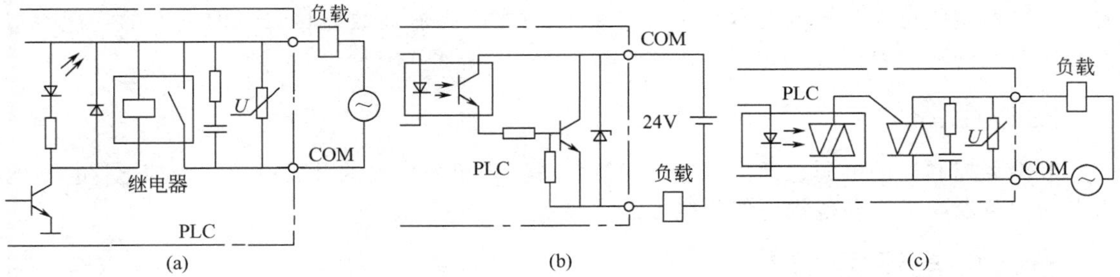

图 5-5 开关量输出电路

从图中看出，各类输出接口中也都具有光电耦合电路。这里特别要指出的是，输出接口本身都不带电源。而且在考虑外驱动电源时，还需考虑输出器件的类型。继电器式的输出接口可用于交流及直流两种电源，但接通、断开的频率低，晶体管式的输出接口有较高的接通、断开频率，但只适用于直流驱动的场合，可控硅型的输出接口仅适用于交流驱动场合。

3. 模拟量输入接口

其作用是把现场连续变化的模拟量标准信号转换成适合可编程控制器内部处理的二进制数字信号。模拟量输入接口接收标准模拟电压或电流信号均可。标准信号是指符合国际标准的通用交互用电压电流信号值，如 4～20mA 的直流电流信号，1～10V 的直流电压信号等。

工业现场中模拟量信号的变化范围一般是不标准的，在送入模拟量接口时一般都需经过变送处理才能使用，图 5-6 是模拟量输入接口的内部电路框图。模拟量信号输入后一般经运算放大器放大后进行 A/D 转换，再经光电耦合后为可编程控制器提供一定位数的数字量信号。

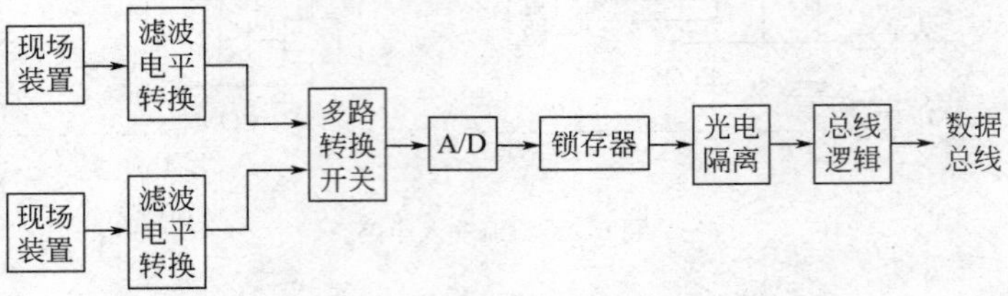

图 5-6　模拟量输入电路框图

4. 模拟量输出接口

它的作用是将可编程控制器运算处理后的若干位数字量信号转换为相应的模拟量信号输出，以满足生产过程现场连续控制信号的需要。模拟量输出接口一般由光电隔离、D/A 转换和信号驱动等环节组成。其原理图见图 5-7。

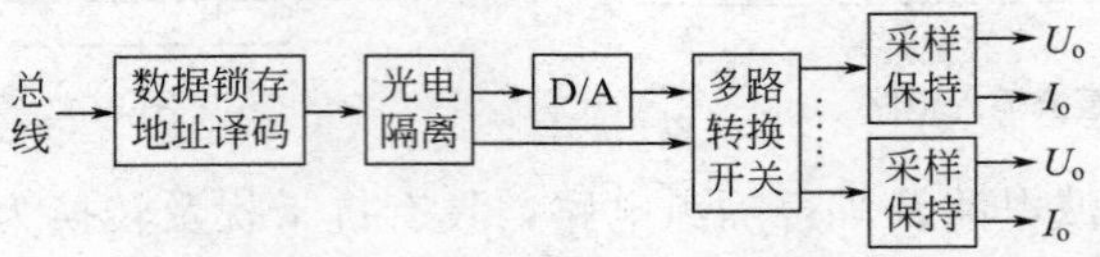

图 5-7　模拟量输出电路框图

模拟量输入输出接口一般安装在专门的模拟量工作单元上。

5. 智能输入输出接口

为了适应较复杂的控制需要，可编程控制器还有一些智能控制单元，如 PID 工作单元、高速计数器工作单元、温度控制单元等。这类单元大多是独立的工作单元。它们和普通输入输出接口的区别在于它们一般带有单独的 CPU，有专门的处理能力。在具体的工作中，每个扫描周期智能单元和主机的 CPU 交换一次信息，共同完成控制任务。从目前的发展来看，不少新型的可编程控制器本身也带有 PID 功能及高速计数器接口，但它们的功能一般比专用单元的功能要弱。

四、电源

可编程控制器的电源包括为可编程控制器各工作单元供电的开关电源及为掉电保护电路供电的后备电源，后备电源一般为电池。

五、外部设备

1. 编程器

可编程控制器的特点是它的程序是可变更的，能方便地加载程序，也可方便地修改程序。编程设备就成了可编程控制器现场工作中不可缺少的设备。可编程控制器的编程设备一般有两类：一类是专用的编程器，有手持式的，其优点是携带方便，也有台式的，有的可编程控制器机身上自带编程器；另一类是在个人计算机上安装可编程控制器相关的编程软件即可完成编程任务。借助软件编程比较容易，一般是编好了以后再下载到可编程控制器中去，关于编程软件的使用请参阅本书配套的《电气控制与可编程控制器技术实训教程》（ISBN：978-7-122-19791-7）。

编程器除了编程以外，还具有一定的调试及监控功能，能实现人机对话操作。

按照功能强弱，手持式编程器又可分为简易型及智能型两类。前者只能联机编程，后者既可联机编程又可脱机编程。所谓脱机编程是指在编程时，把程序存储在编程器自身的存储器中的一种编程方式。它的优点是在编程及修改程序时，可以不影响 PLC 机内原有程序的执行，也可以在远离主机的异地编程后再到主机所在地下载程序。

图 5-8 为 FX－20P 型手持式编程器。这是一种智能型编程器，配有存储器卡盒后可以脱机编程，本机显示窗口可同时显示四条基本指令。关于编程设备的使用可参阅相关说明书。

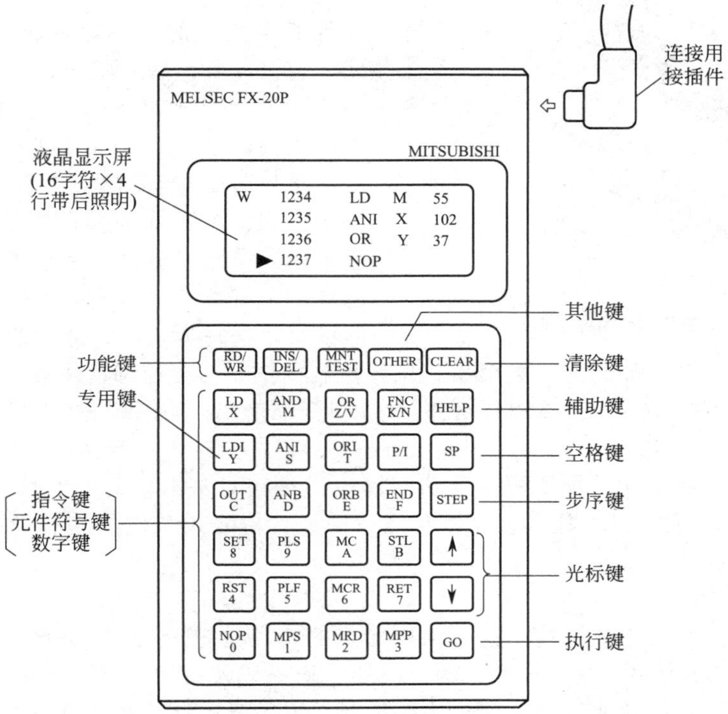

图 5-8 FX—20P 型手持式编程器

2. 其他外部设备

PLC 还配有其他一些外部设备。

① 盒式磁带机，用以记录程序或信息。

② 打印机，用以打印程序或制表。

③ EPROM 写入器，用以将程序写入到用户 EPROM 中。

④ 高分辨率大屏幕彩色图形监控系统，用以显示或监视有关部分的运行状态。

第五节 可编程控制器的结构及软件

一、可编程控制器的结构

（一）按硬件的结构类型分类

可编程控制器是专门为工业生产环境设计的。为了便于在工业现场安装，便于扩展，方便接线，其结构与普通计算机有很大区别，常见的有单元式、模块式及叠装式三种结构。

1. 单元式结构

从结构上看，早期的可编程控制器是把 CPU、RAM、ROM、I/O 接口及与编程器或 EPROM 写入器相连的接口、输入输出端子、电源、指示灯等都装配在一起的整体装置。一个箱体就是一个完整的 PLC，称为基本单元。它的特点是结构紧凑、体积小、成本低、安装方便。缺点是输入输出点数是固定的，不一定适合具体的控制现场的需要。有时 PLC 基本单元的输入和输出端不能满足需要，希望一种能扩展一些 I/O 接口，不含 CPU，需要有自备工作电源的装置，这种装置叫做扩展单元，若仅需要扩展一些输入或输出接口，不含 CPU 和自备工作电源的装置，这种装置叫做扩展模块。

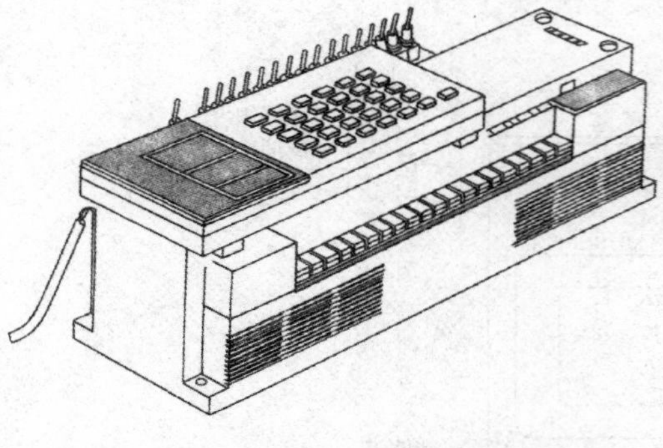

图 5-9　单元式可编程控制器

系列 PLC 产品，通常都有不同接口数的基本单元、扩展单元，扩展模块可供选择，一般来说，单元和模块的品种越多，系统配置就越灵活。有些 PLC 产品中还具有一些特殊功能模块，这是为某些特殊的控制目的而设计的具有专门功能的设备，如高速计数模块、位置控制模块、温度控制模块等等，通常都是智能单元，内部一般有自己专用的 CPU，它们可以和基本单元的 CPU 协同工作，构成一些专用的控制系统。

综上所述，扩展单元、扩展模块及功能模块都是相对基本单元而言的，单元式 PLC 的基本特征是一个完整的 PLC 机体。图 5-9 是一种具有单元式结构的装有编程器的日本三菱 F_1 系列 PLC 外形图。

2. 模块式结构

模块式结构又叫积木式结构。这种结构形式的特点是把 PLC 的每个工作单元都制成独立的模块，如 CPU 模块、输入模块、输出模块、通讯模块等等。另外用一块带有插槽的母板（实质上就是计算机总线）把这些模块按控制系统需要选取后插到母板上，就构成了一个完整的 PLC。这种结构的 PLC 的特点是系统构成非常灵活，安装、扩展、维修都很方便。缺点是体积比较大。图 5-10 就是一种具有模块式 PLC 的外形示意图。

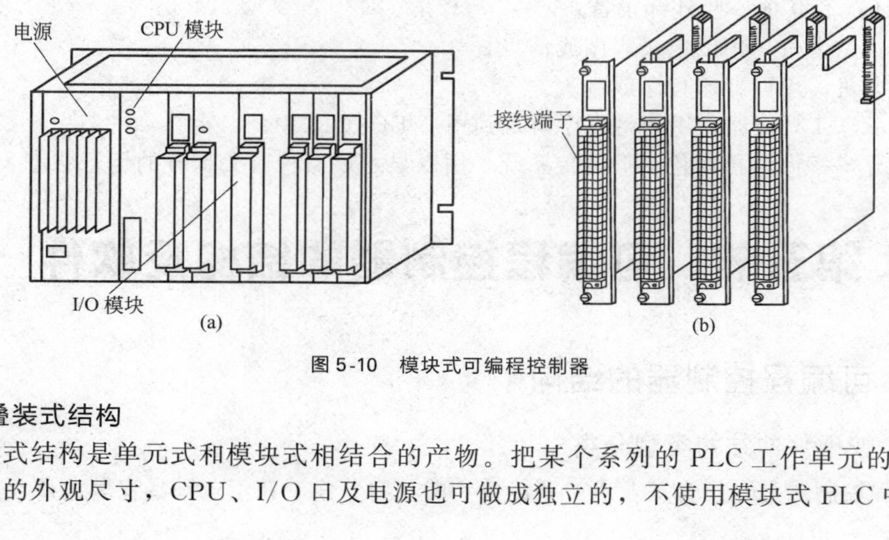

图 5-10　模块式可编程控制器

3. 叠装式结构

叠装式结构是单元式和模块式相结合的产物。把某个系列的 PLC 工作单元的外形都制作成一致的外观尺寸，CPU、I/O 口及电源也可做成独立的，不使用模块式 PLC 中的母板，采用电缆连接各个单元，在控制设备中安装时可以一层层地叠装，就成了叠装式 PLC。图 5-11 是一款西门子 S7-200 叠装式 PLC。

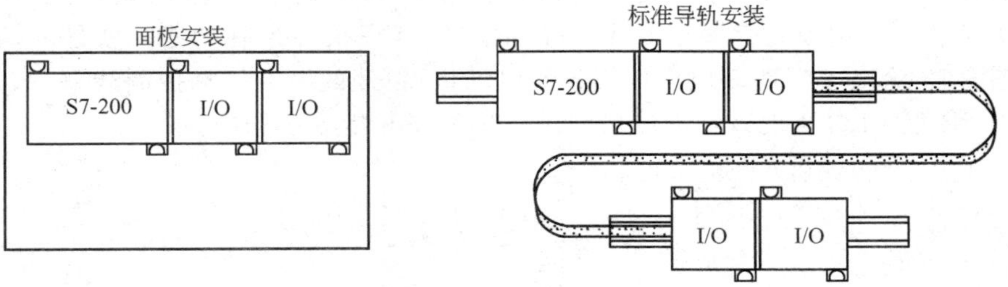

图 5-11 叠装式可编程控制器

单元式 PLC 一般用于规模较小，输入输出点数固定，不需要扩展的场合。模块式 PLC 一般用于规模较大，输入输出点数较多，输入输出点数比例灵活的场合。叠装式 PLC 具有二者的优点，从近年来市场上看，单元式及模块式有结合为叠装式的趋势。

（二）按应用规模及功能分类

为了适应不同工业生产过程的应用要求，可编程控制器能够处理的输入和输出信号数量是不一样的。一般将一路信号称作一个输入或输出接点，将可编程控制器的输入点和输出点数的总和称为 PLC 的总点数。按照 PLC 的总点数可分为超小（微）、小、中、大、超大等五种类型。表 5-1 是 PLC 按点数规模分类的情况。只是这种划分并不十分严格，也不是一成不变的。随着 PLC 的不断发展，标准已有过多次的修改。

表 5-1 PLC 按点数规模分类

超小型	小型	中型	大型	超大型
64 点以下	64～128 点	128～512 点	512～8192 点	8192 点以上

可编程控制器还可以按功能分为低档机、中档机及高档机。低档机以逻辑运算为主，具有计时、计数、移位等功能。中档机一般有整数及浮点运算、数制转换、PID 调节、中断控制及联网功能，可用于复杂的逻辑运算及闭环控制场合。高档机具有更强的数字处理能力，可进行矩阵运算、函数运算，可完成数据管理工作，有更强的通讯能力，可以和其他计算机构成分布式生产过程综合控制管理系统。

可编程控制器按功能划分及按点数规模划分是有一定联系的。一般大型、超大型机都是高档机。机型和机器的结构形式及内部存储器的容量一般也有一定的联系，大型机一般都是模块式机，具有很大的内存容量。

二、可编程控制器的软件

（一）可编程控制器的软件分类

可编程控制器的软件包含系统软件和应用软件两大部分。

1. 系统软件

系统软件包含系统的管理程序、用户指令的解释程序，另外还包括一些供系统调用的专用标准程序块等。系统管理程序用以完成机内运行相关时间分配、存储空间分配管理及系统自检等工作。用户指令的解释程序用以完成用户指令变换为机器码的工作。系统软件在用户使用可编程控制器之前就已装入机内，并永久保存，在各种控制工作中并不需要做什么调整。

2. 应用软件

应用软件也叫用户软件。是用户为达到某种控制目的，采用 PLC 厂家提供的编程语言自主编制的程序。根据控制要求若使用导线连接继电-接触器来确定控制器件间逻辑关系的方式叫做接线逻辑。用预先存储在 PLC 机内的程序实现某种控制功能，就是人们所指的存储逻辑。图 5-12 绘出了实现多地点控制异步电动机启/停的继电接触控制线路图、用三菱公司 FX_{2N}-16MR 型 PLC 实现该功能的接线图、梯形图和指令表程序。

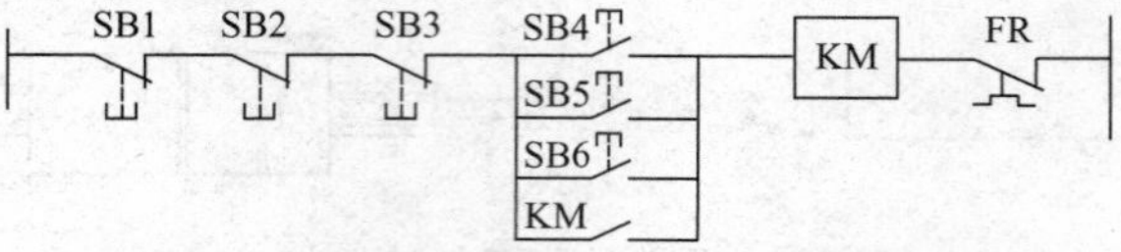

(a) 三地点控制异步电机启动、停止的继电接触控制线路

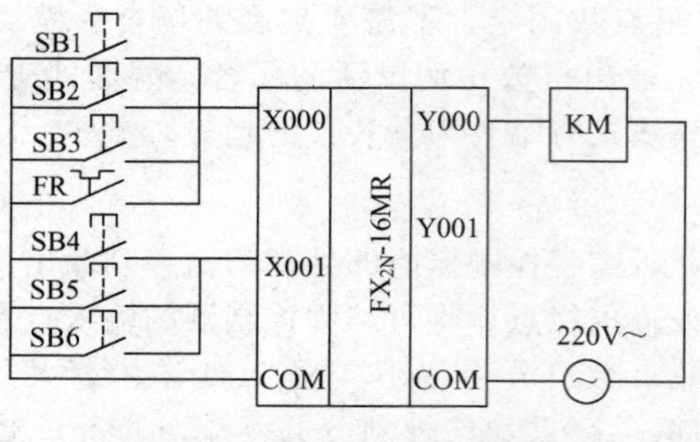

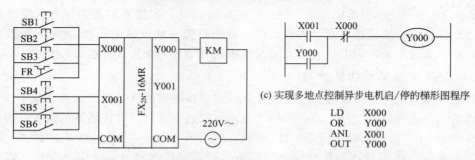

(b) PLC 实现三地点控制异步电机启/停的接线图

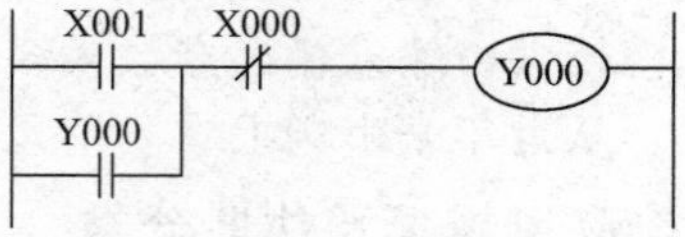

(c) 实现多地点控制异步电机启/停的梯形图程序

```
LD    X000
OR    Y000
ANI   X001
OUT   Y000
```

(d) 实现三地点控制异步电机启/停的指令程序

图 5-12　实现三地址控制异步电动机启/停的 PLC 控制方案及程序

从图中很容易看出，继电接触线路图与 PLC 接线图中使用的按钮、接触器是一样的。所不同的是，这些按钮及接触器都连接在 PLC 的输入输出口上，而不是相互间连接。为了使图（b）的 PLC 接线电路具有图（a）接线逻辑电路同样的控制功能，编制了两种具有相同逻辑功能的应用程序，图（c）是 PLC 的梯形图程序，图（d）是 PLC 的指令表程序，它们可以预先存储在 PLC 机内，实现图（a）的接线逻辑功能。这里顺便说明的是应用程序是一定控制功能的表述，一台 PLC 用于不同的控制目的时，需要编制不同的应用软件。用户软件存入 PLC 后如需改变控制目的可多次改写。

（二）应用软件编程语言的表达方式

应用程序的编制需使用可编程控制器生产厂方提供的编程语言。至今为止还没有一种能适合于各种可编程序控制器的通用编程语言。但由于各国可编程控制器的发展过程有类似之处，可编程序控制器的编程语言及编程工具都大体差不多。一般常见的有如下几种编程语言的表达方式。

1. 梯形图（Ladder diagram）

梯形图语言是一种以图形符号及其在图中的相互关系表示控制关系的编程语言，是从继电器电路图演变过来的。从图 5-12(c）的梯形图程序可见，梯形图中所绘的图形符号和图（a）继电器线路图中的符号十分相似。而且这两个控制实例中梯形图的结构和继电器控制线路图也十分相似。这两个相似的原因非常简单，一是因为梯形图是为熟悉继电器线路图的工程技术人员设计的，所以使用了类似的符号，二是两种图所表达的逻辑含义是一样的。因而，将可编程控制器中参与逻辑组合的元件看成和继电器一样的器件，具有常开、常闭触点及线圈；且线圈的得电及失电将导致触点的相应动作。再用母线代替电源线；用能量流概念来代替继电器线路中的电流概念，使用绘制继电器线路图类似的思路绘出梯形图。需要说明的是，PLC 中的继电器等编程元件并不是实际物理元件，而只是机内存储器中的存储单元，它的所谓接通不过是相应存储单元置 1 而已。

表 5-2 符号对照表

符号名称	继电器电路图符号	梯形图符号
常开触点		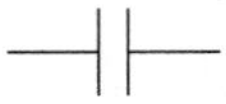
常闭触点		
线图	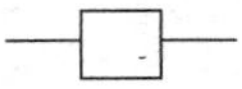	

表 5-2 给出了继电接触器线路图中部分符号和 PLC 梯形图符号对照关系。除了图形符号外，梯形图中也有文字符号。图 5-12(c) 中第一行第一个常开触点上面标有 X001 即是文字符号。和继电接触器线路一样，文字符号相同的图形符号即是属于同一器件的。梯形图是 PLC 编程语言中使用最广泛的一种语言。

2. 指令表（Instruction list）

指令表也叫做语句表，是程序的另一种表示方法。它和单片机程序中的汇编语言有点类似，由语句指令依一定的顺序排列而成。一条指令一般可分为两部分，一为助记符，二为操作数，也有只有助记符没有操作数的指令，称为无操作数指令。指令表程序和梯形图程序有严格的对应关系。对指令表编程不熟悉的人可先画出梯形图，再转换为语句表。应说明的是程序编制完毕输入机内运行时，对简易的编程设备，不具有直接读取图形的功能，梯形图程序只有改写成指令表才能送入可编程控制器运行。图 5-12(d) 是与梯形图（c）所对应的语句表。本书将在第六章介绍 FX_{2N} 系列 PLC 梯形图及指令表编程的基本方法。

3. 顺序功能图（Sequential function chart）

顺序功能图常用来编制顺序控制类程序。它包含步、动作、转换三个要素。顺序功能编程法可将一个复杂的控制过程分解为一些小的工作状态，对这些小的工作状态的功能分别处理后再依一定的顺序控制要求连接组合成整体的控制程序。顺序功能图体现了一种编程思想，在程序的编制中有很重要的意义。本书将在第七章中介绍顺序编程思想及方法。图 5-13 是顺序功能图的示意图。

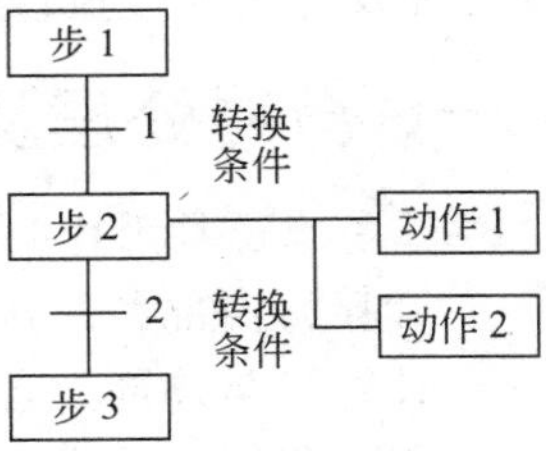

图 5-13 顺序功能图

4. 功能块图（Function block diagram）

功能块图是一种类似于数字逻辑电路的编程语言，熟悉数字电路的人比较容易掌握。该编程语言用类似与门、或门的方框来表示逻辑运算关系，方框的左侧为逻辑运算的输入变量，右侧为输出变量，信号自左向右流动。就像电路图一样，它们被“导线”连接在一起。功能块图与指令表见图 5-14。

5. 结构文体（Structured text）

随着 PLC 的飞速发展，如果许多高级功能还使用梯形图来表示，会很不方便。为了增强 PLC 的数学运算、数据处理、图表显示、报表打印等功能，许多大中型 PLC 都配备了 PASCAL、BASIC、C 语言等高级编程语言。这种编程方式叫作结构文本。与梯形图相比，结构文本有两个突出优点，其一是能实现复杂的数学运算，其二是非常简洁和紧凑，用结构文本编制极其复杂的数学运算程序可能只占一页纸。结构文本用来编制逻辑运算程序也很容易。

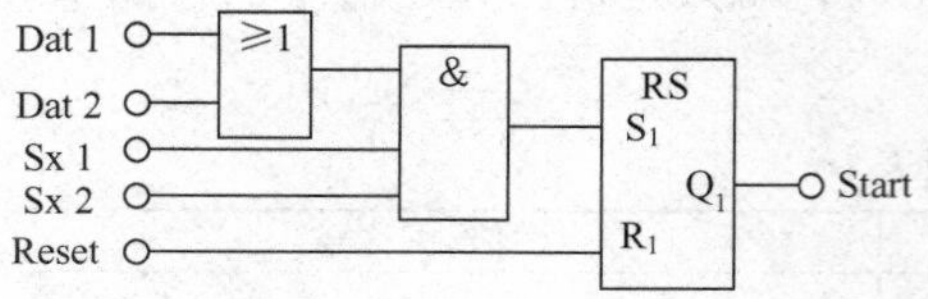

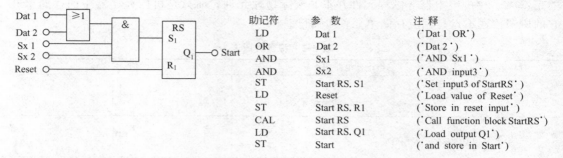

助记符	参 数	注 释
LD	Dat 1	('Dat 1 OR')
OR	Dat 2	('Dat 2 ')
AND	Sx1	('AND Sx1 ')
AND	Sx2	('AND input3 ')
ST	Start RS. S1	('Set input3 of StartRS ')
LD	Reset	('Load value of Reset')
ST	Start RS. R1	('Store in reset input')
CAL	Start RS	('Call function block StartRS')
LD	Start RS. Q1	('Load output Q1')
ST	Start	('and store in Start')

图 5-14 功能块图与指令表

以上编程语言的五种表达方式是由国际电工委员会（IEC）1994 年 5 月在 PLC 标准中推荐的。对于一款具体的 PLC，生产厂家可在这五种表达方式中提供其中的几种编程语言供用户选择。也就是说，并不是所有的 PLC 都支持全部的五种编程语言。

可编程控制器的编程语言是编制可编程控制器应用程序的工具。它是以 PLC 的输入口、输出口、机内元件进行逻辑组合以及数量关系实现系统的控制要求，并存储在机内的存储器中。

第六节 可编程控制器的工作原理

可编程控制器的工作原理与计算机的工作原理基本上是一致的，可以简单地表述为在系统程序的管理下，通过运行应用程序完成用户任务。但个人计算机与 PLC 的工作方式有所不同，计算机一般采用等待命令的工作方式。如常见的键盘扫描方式或 I/O 扫描方式。当键盘有键按下或 I/O 口有信号时则中断转入相应的子程序，而 PLC 在装入了用户程序后，就成了一种专用机，它一旦启动运行，采用循环扫描的方式进行工作，即 PLC 对系统工作任务管理及应用程序执行都是以循环扫描方式完成的。现叙述如下。

一、分时处理及扫描工作方式

PLC 系统正常工作时要完成如下的任务：

① 计算机内部各工作单元的调度、监控；

② 计算机与外部设备间的通信；

③ 用户程序所要完成的工作。

这些工作都是分时完成的。每项工作又都包含着许多具体的工作，以用户程序的完成来说又可分为以下三个阶段。

1. 输入处理阶段

也称输入采样。在这个阶段中，可编程序控制器读入输入口的状态，并将它们存放在输入数据暂存区中。

在执行程序过程中，即使输入口状态有变化，输入数据暂存区中的内容也不变，直到下一个周期的输入处理阶段，才读入这种变化。

2. 程序执行阶段

在这个阶段中，可编程控制器根据本次读入的输入采样数据，依用户程序的顺序逐条执行用户程序。执行的结果均存储在输出状态暂存区中。

3. 输出处理阶段

也叫输出刷新阶段。这是一个程序执行周期的最后阶段。可编程控制器将本次用户程序的执行结果一次性地从输出状态暂存区送到对应的各个输出口，对输出状态进行刷新。

这三个阶段也是分时完成的。为了连续地完成 PLC 所承担的工作，系统必须周而复始地依一定的顺序完成这一系列的具体工作。这种工作方式叫做循环扫描工作方式。

二、PLC 的两种工作状态及扫描工作过程

PLC 中的 CPU 有两种基本的工作状态，即运行（RUN）状态和停止（STOP）状态。CPU 运行状态是执行应用程序的状态。CPU 停止状态一般用于程序的编制与修改。除了 CPU 监控到致命错误强迫停止运行以外，CPU 运行与停止方式可以通过 PLC 的外部开关或通过编程软件的运行/停止指令加以选择控制。图 5-15 给出了 PLC 运行和停止两种状态不同的扫描处理过程。由图可知，在这两个不同的工作状态中，扫描处理过程所要完成的任务是不尽相同的。

PLC 通电后系统内部处理后进入用户程序服务状态（即进入循环扫描处理用户程序的状态），每个扫描周期处理用户程序的过程包括外部输入数据和信息的处理与服务、刷新监视定时器 D8000（开机后由 ROM 送入的）扫描时间、程序处理、数据输出处理、系统状况自诊断处理，图 5-15 是 PLC 开机后的系统内部处理、一个扫描周期的处理过程和系统自诊断出错处理的流程示意图。

以 OMRON 公司 C 系列的 P 型机为例，其内部处理时间为 1.26ms；执行编程器等外部设备命令所需的时间为 1～2ms（未接外部设备时该时间为零）；输入、输出处理的执行时间小于 1ms。指令执行所需的时间与用户程序的长短、指令的种类和 CPU 执行速度有很大关系，PLC 厂家一般给出的是每执行 1K（1K＝1024）条基本逻辑指令所需的时间（以 ms 为单位）。某些厂家在说明书中还给出了执行各种指令所需的时间。一般说来，一个扫描过程中，执行程序指令的时间占了绝大部分。

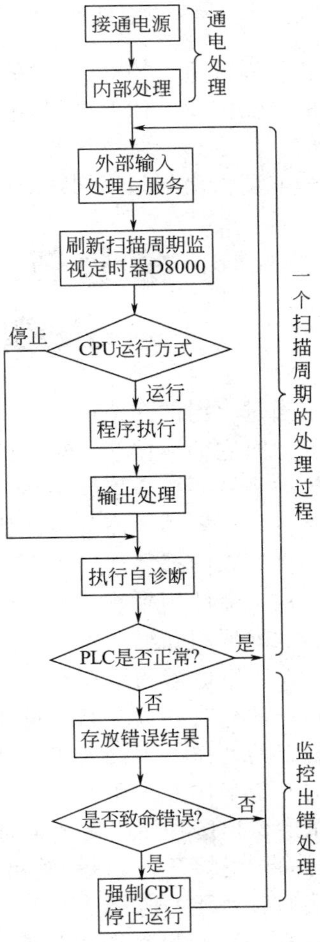

图 5-15 扫描过程示意图

三、输入输出滞后时间

输入输出滞后时间又称为系统响应时间，是指 PLC 外部输入信号发生变化的时刻起至它控制的有关外部输出信号发生变化的时刻止之间的时间间隔。它由输入电路的滤波时间、输出模块的滞后时间和因扫描工作方式产生的滞后时间三部分所组成。

输入模块的 RC 滤波电路用来滤除由输入端引入的干扰噪声，消除因外接输入触点动作时产生抖动引起的不良影响。滤波时间常数决定了输入滤波时间的长短，其典型值为 10ms 左右。

输出模块的滞后时间与输出所用的开关元件的类型有关：若是继电器型输出电路，负载被接通时的滞后时间约为 1ms，负载由导通到断开时的最大滞后时间为 10ms；晶体管型输出电路的滞后时间一般在 1ms 左右，因此开关频率高。

下面分析由扫描工作方式引起的滞后时间。在图 5-16 梯

形图中的 X000 是输入继电器接口，用于接收外部输入信号。波形图中最上面一行是输入 X000 的外部输入信号。Y000、Y001、Y002 是输出继电器，用来将输出信号传送给外部负载。波形图中 X000 和 Y000、Y001、Y002 的波形表示对应输入/输出数据锁存器的状态，高电平表示“1”状态，低电平表示“0”状态。

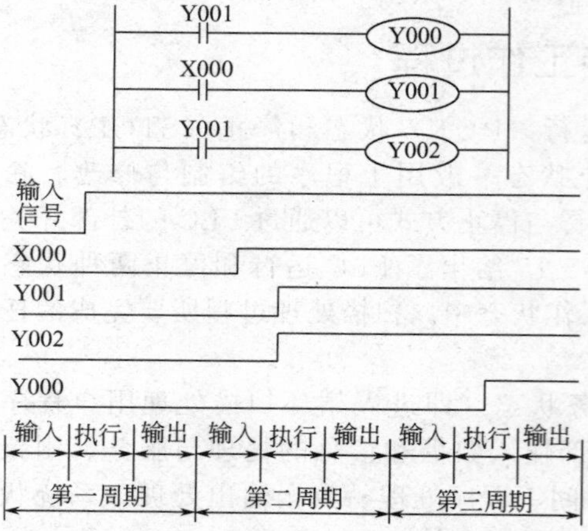

图 5-16　PLC 的输入/输出延迟

波形图中，输入信号在第一个扫描周期的输入处理阶段之后才出现，所以在第一个扫描周期内各数据锁存器均为“0”状态。

在第二个扫描周期的输入处理阶段，输入继电器 X000 的输入锁存器变为“1”状态。在程序执行阶段，由梯形图可知，Y001，Y002 依次接通，它们的输出锁存器都变为“1”状态。

在第三个扫描周期的程序执行阶段，由于 Y000 线圈前的 Y001 常开触点在循环扫描中只能在第三个扫描周期中接通，Y000 的输出锁存器接通，其接通的响应延迟达两个多扫描周期。

若交换梯形图中第一行和第二行的位置，读者可以分析，Y000 接通的延迟时间将减少一个扫描周期，可见延迟时间可以使用程序优化的方法减少。PLC 总的响应延迟时间一般只有数十毫秒，对于一般的控制系统是无关紧要的。但也有少数系统对响应时间有特别的要求，这时就需要考虑选择扫描时间快的 PLC，或采取使输出与扫描周期脱离的中断控制方式来解决。

第七节　可编程控制器系统与继电接触器系统工作原理的差别

通过上面的介绍可知，继电接触器指以电磁开关为主体的低压电器元件，用导线依一定的规律将它们连接起来得到的继电器控制系统，接线表达了各元器件之间的关系。要想改变逻辑关系就要改变接线关系，显然是比较麻烦的。而可编程控制器是计算机。在它的接口上接有各种元器件，而各种元器件之间的逻辑关系是通过程序来表达的，改变这种关系只要重新编排原来的程序就行了，比较方便。

从工业应用来看，可编程控制器的前身是继电接触器系统。在逻辑控制场合，可编程控制器的梯形图和继电器线路图非常相似。但是这二者之间在运行时序问题上，有着根本的不同。对于继电器的所有触点的动作是和它的线圈通电或断电同时发生的。但在 PLC 中，由于指令的分时扫描执行，同一个器件的线圈工作和它的各个触点的动作并不同时发生。这就是所谓的继电接触器系统的并行工作方式和 PLC 的串行工作方式的差别。图 5-17 所示的梯形图程序叫做“定时点灭电路”。程序中使用了一个时间继电器 T5 及一个输出继电器 Y005，X005 接收与之连接的启动开关信号。程序的功能是：定时器 T5 触点每隔 0.5s 在一次扫描周期里通断一次，使 Y005 线圈周而复始地接通 0.5s，断电 0.5s，形成 Y005 周期为 1s 的振荡程

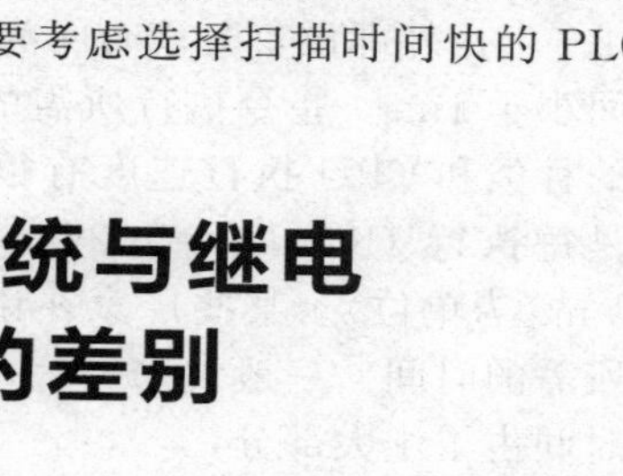

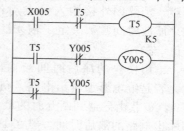

图 5-17　“定时点灭电路”

序。这个程序是PLC以循环扫描的工作方式为基础才能实现的功能，若将图中的器件换成为继电接触器接线逻辑线路，继电器线圈是不能实现Y000线圈周期振荡工作的。例如，当用时间继电器和继电器替换PLC的T5定时器和输出Y000线圈，时间继电器当得电计时且时间到而动作时，时间继电器线圈的自身触点同时动作，使输出继电器无法周而复始振荡工作。这个梯形图的分析过程能很好地体现PLC程序扫描执行的特点。有兴趣的读者可自己分析。

本章小结

可编程控制器是一种工业控制计算机，通过二次开发（编制符合控制要求的程序）能够控制“各种类型”的工业设备及生产过程，是各个领域实现自动化的主要设备之一。

由于可编程控制器具有可靠性高、抗干扰能力强、控制功能完善、适应性强、易学易用，应用十分广泛。

当前的可编程控制器在产品规模上，正在向超小型和超大型两个方向发展。可编程控制器的品种和各种控制模块十分丰富，规格齐全，控制功能更加多样化、人性化，并在向更快、更高智能化方向发展。

可编程控制器硬件由中央处理器、存储器、输入/输出接口、外设和电源等部分组成，它的工作过程是串行分时扫描方式。可编程控制器的结构有单元（箱体）式、模块式和叠装式三种。可编程控制器的软件有系统软件和用户应用软件两部分。最常用的应用软件编程语言是梯形图。

习题与思考题

【5-1】 为什么说可编程控制器是通用的工业控制计算机？和一般的计算机系统相比，PLC有哪些特点？

【5-2】 作为通用工业控制计算机，可编程控制器有哪些特点？

【5-3】 继电接触器控制系统是如何构成及工作的？可编程控制器系统和继电器控制系统有哪些异同点？

【5-4】 可编程控制器的硬件主要由哪几部分组成？简述各部分的作用。

【5-5】 什么是接线逻辑？什么是存储逻辑？它们的主要区别是什么？

【5-6】 可编程控制器的输出接口有几种形式？它们分别应用于什么场合？

【5-7】 可编程控制器有哪些常用编程语言？说明梯形图中能流的概念。

【5-8】 说明PLC中CPU的两种工作状态，一个扫描工作过程主要有哪几个阶段？每个阶段完成什么任务？在扫描过程中，输入暂存寄存器和输出暂存寄存器各起什么作用？

【5-9】 试分析图5-17所示梯形图的工作过程，为什么能形成周而复始振荡的？并画出波形图。

【5-10】 什么是PLC的输入/输出滞后现象？造成这种现象的主要原因是什么？可采用哪些措施缩短输入/输出滞后时间？

第六章　三菱 $FX_{2N/3U/3UC/3G}$ 系列可编程控制器及其基本指令的应用

第一节　三菱 FX 系列可编程控制器

一、三菱电机公司可编程控制器主要机型和基本组成

三菱电机公司是日本生产 PLC 的主要厂家之一。从 1981 年首推第 1 代 F_1 系列小型 PLC 开始，已先后推出第 1～3 代系列小型 PLC 机，目前以 FX_5 为代表的第 4 代全新理念的 PLC 也正在推入市场。由于当今该公司力推的第 3 代系列小型 PLC 的机内资源（软元件和指令系统等）已全部包含和运行第 2 代 FX_{2N} 系列机的资源，因此，第 2 代 FX_{2N} 系列机产品将完成使命后停产，由市场上第 3 代 FX_{3U}、FX_{3UC}、FX_{3G} 产品（简称 FX_3 产品）主流机型替代。在 FX_3 的 PLC 小型机产品中，FX_{3U} 产品代表了该公司当今小型 PLC 中的较高档次，其特点是 CPU 性能优、运算速度最快（其执行基本指令速度为 0.065μs/条）、可以适用于网络控制、能够兼容 FX_{2N} 的全部功能，I/O 点最大可增加到 384 点（FX_{2N} 最大只能达到 256 点），存储器容量可扩大到 64K 字节，通信功能、高速计数功能、应用指令丰富、控制功能进一步增强等。另外，三菱公司还生产 A 和 Q 系列 PLC 的中大型模块式机种，主要系列型号有 A_nS、A_nA 和 Q4AR 等产品。它们的点数都比较多，最多的可达 4096 点，最大用户程序存储量达 124K 步，一般用在控制规模比较大的场合。A 系列产品具有数百条功能指令，类型众多的功能单元，可以方便地完成位置控制、模拟量控制及几十个回路的 PID 控制，可以方便地和上位机及各种外设进行通讯工作，在多任务的自动化场合获得广泛应用。

本教材主要讨论三菱电机公司的小型 FX 系列 PLC。由于第 3 代 PLC 系列产品的指令系统和功能是在第 2 代 FX_{2N} 系列 PLC 基础上发展起来的，具有向下兼容性，考虑到市场上还有大量的第 2 代 FX_{2N} 系列 PLC 机在使用，因此，本书在介绍 FX_{2N} 系列 PLC（其实也是 FX_3 系列机的内容）的基础上，在后续有关章节中补充介绍 FX_3 系列 PLC 的扩展软元件功能和增加的指令，以供读者全面了解和熟悉第 2～3 代 PLC 系列小型机的应用，更好地服务于工程控制要求。

$FX_{2N/3}$ 系列 PLC 的基本单元可以根据控制规模大小外加扩展单元、扩展模块及特殊功能单元构成叠装式 PLC 控制系统。图 6-1 是 $FX_{2N/3U}$ 可编程控制器基本单元的外观顶视图。

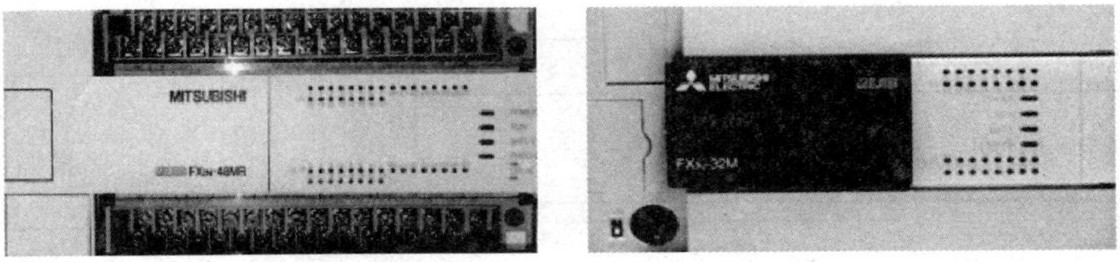

(a) FX_{2N}PLC主机外观　　(b) FX_{3U}PLC主机外观

图 6-1 $FX_{2N/3U}$ 可编程控制器外观顶视图

PLC 的主机也称基本单元（Basic Unit），内部基本组成包括 CPU、存储器、输入输出口及直流电源等部分。另外还有用于同时增加 I/O 点数的装置，称为扩展单元（Extension Unit），其内部不包括 CPU，仅有存储器、输入输出口和直流电源等部分。也有仅用于增加输入或者输出点数，改变输入与输出点数比例的装置，称为扩展模块（Extension Module），内部无 CPU 和直流电源，仅有存储器、输入或输出口构成，它需要由基本单元或扩展单元提供直流电源才能工作。由于扩展单元及扩展模块内部均无 CPU，因此它们必须与基本单元一起使用。三菱公司还提供有一些专门控制用途的特殊功能单元（Special Function Unit），如位置控制模块、模数转换模块、通讯模块等等（见第十章）。

二、 $FX_{2N/3}$ 系列可编程控制器的型号名称体系及其种类

1. $FX_{2N/3}$ 系列的基本单元名称体系及其种类

$FX_{2N/3}$ 系列的基本单元型号名称体系形式如图 6-2 所示。

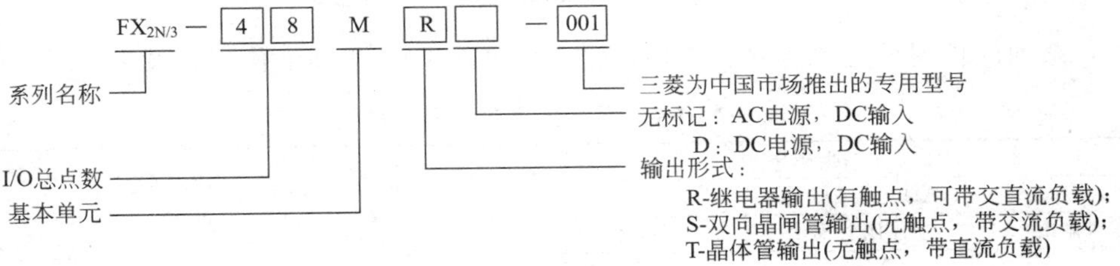

图 6-2 $FX_{2N/3}$ 系列的基本单元型号名称体系形式

$FX_{2N/3U}$ 系列的基本单元的种类共有 16 种，见表 6-1 所示。

表 6-1 $FX_{2N/3U}$ 系列基本单元的种类

$FX_{2N/3U}$ 系列基本单元			输入点数	输出点数	输入输出总点数
AD 电源 DC 输入					
继电器输出	晶闸管输出①	晶体管输出			
$FX_{2N/3U}$-16MR-001		$FX_{2N/3U}$-16MT-001	8	8	16
$FX_{2N/3U}$-32MR-001	FX_{2N}-32MS-001	$FX_{2N/3U}$-32MT-001	16	16	32
$FX_{2N3/3U}$-48MR-001	FX_{2N}-48MS-001	$FX_{2N/3U}$-48MT-001	24	24	48
$FX_{2N/3U}$-64MR-001	FX_{2N}-64MS-001	$FX_{2N/3U}$-64MT-001	32	32	64
$FX_{2N/3U}$-80MR-001	FX_{2N}-80MS-001	$FX_{2N/3U}$-80MT-001	40	40	80
$FX_{2N/3U}$-128MR-001		$FX_{2N/3U}$-128MT-001	64	64	128

① FX_{3U} 系列 PLC 基本单元没有晶闸管输出的。

每个基本单元最多可以连接 1 个功能扩展板，8 个特殊单元和特殊模块，连接方式如图 6-3。由图 6-3 可知，基本单元或扩展单元可对连接的特殊模块提供 DC5V 电源，特殊单元因有内置电源，则不用供电。

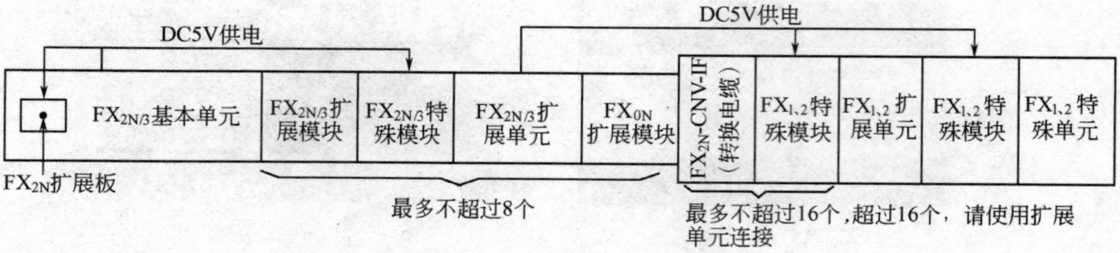

图 6-3　$FX_{2N/3}$ 基本单元连接扩展模块、特殊模块、特殊功能单元个数及供电范围

FX_{2N} 系列的基本单元可扩展连接的最大输入输出点为

输入点数：184 点以内
输出点数：184 点以内 } 合计点数：256 点以内（FX_{3U} 最大可达 384 点以内）

2. $FX_{2N/3}$ 系列的扩展单元名称体系及其种类

$FX_{2N/3}$ 系列的扩展单元型号名称体系形式如图 6-4 所示。

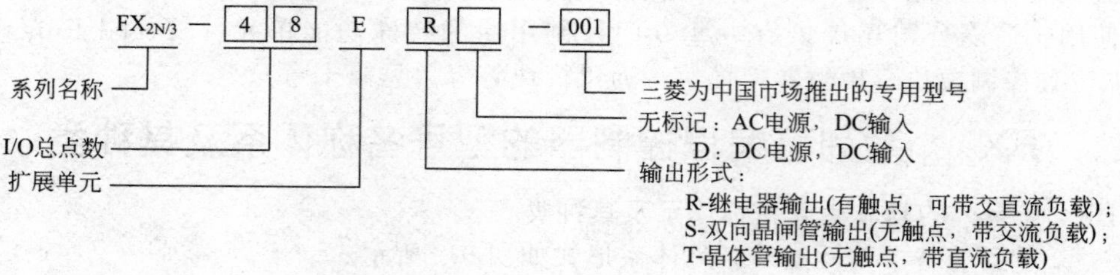

图 6-4　$FX_{2N/3}$ 系列扩展单元型号名称体系形式

FX_{2N} 系列的扩展单元种类共有 5 种，它们均可在 FX_3 机型上使用，如表 6-2 所示。

表 6-2　FX_{2N} 系列扩展单元型号种类

FX_{2N} 系列扩展单元			输入点数	输出点数	输入输出总点数
AD 电源 DC 输入					
继电器输出	晶闸管输出	晶体管输出			
FX_{2N}-32ER	FX_{2N}-32ES	FX_{2N}-32ET	16	16	32
FX_{2N}-48ER	—	FX_{2N}-48ET	24	24	48

3. FX_{2N} 系列的扩展模块名称体系及其种类

FX_{2N} 系列扩展模块型号名称体系形式如图 6-5 所示。

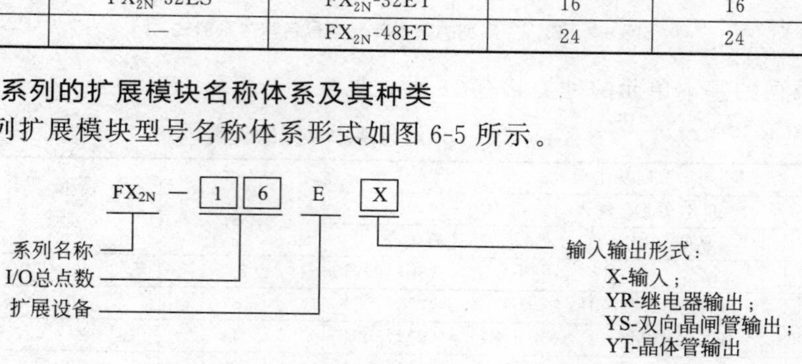

图 6-5　FX_{2N} 系列扩展模块型号名称体系形式

在 $FX_{2N/3}$ 系列基本单元上不仅可以直接连接 FX_{2N} 系列的扩展单元和扩展模块，还可以直接连接 FX_{0N} 系列的多种扩展模块（但不能直接连接 FX_{0N} 用的扩展单元），它们必须接在 FX_{2N} 系列扩展单元和扩展模块之后，如图 6-6(a)。在图 6-6(a) 的连接之后，也可以通过 FX_{2N}-CNV-IF 转换电缆连接，如图 6-3 所示的 FX_1、FX_2 用的扩展单元和其他扩展特殊、特殊单元、特殊模块连接，可多达 16 个外设。基本单元也可以像图 6-6(b) 所示的连接，

但这种连接之后，就不能像再直接连接 FX_{2N} 和 FX_{0N} 设备了。

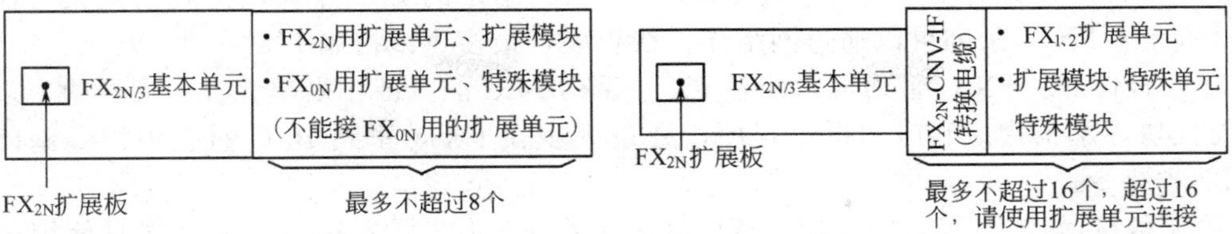

(a) FX_{2N}基本单元可直接连接的8个设备　　(b) FX_{2N}基本单元通过转换电缆可连接的16个设备

图 6-6 $FX_{2N/3}$ 基本单元连接外部设备的两种方法

FX_{2N} 系列 4 种扩展模块和 FX_{0N} 系列扩展模块的种类如表 6-3 所示。

表 6-3 FX_{0N}、FX_{2N} 系列扩展模块种类

继电器		晶闸管	晶体管	输入点数	输出点数	输入输出总点数	输入电压
输出	输入	输出	输出				
FX_{0N}-8ER		—	—	4(8)	4(8)	8(16)	DC24V
—	FX_{0N}-8EX	—	—	8	0	8	DC24V
FX_{0N}-8EYR	—	—	FX_{0N}-8EYT	0	8	8	DC24V
—	FX_{0N}-16EX	—	—	16	0	16	DC24V
FX_{0N}-16EYR	—	—	FX_{0N}-16EYT	0	16	16	DC24V
—	FX_{2N}-16EX	—		16	0	16	DC24V
FX_{2N}-16EYR		FX_{2N}-16EYS	FX_{2N}-16EYT	0	16	16	DC24V

注：表中括号内数字表示扩展模块占有的点数，括号外数字是有效点数。

4. FX_{2N} 系列使用的特殊功能模块

FX_{2N} 系列备有各种特殊功能的模块，如表 6-4。这些特殊功能模块均要用直流 5V 电源驱动。

表 6-4 FX_{2N} 系列使用的特殊功能模块

分类	型号	名称	占有点数	耗电量/DC5V
模拟量控制模块	FX_{2N}-4AD	4CH 模拟量输入(4 路)	8	30mA
	FX_{2N}-4DA	4CH 模拟量输出(4 路)	8	30mA
	FX_{2N}-4AD-PT	4CH 温度传感器输入	8	30mA
	FX_{2N}-4AD-TC	4CH 热电偶温度传感器输入	8	30mA
位置控制模块	FX_{2N}-1HC	50KHz2 相高速计数器	8	90mA
	FX_{2N}-1PG	100Kpps 高速脉冲输出	8	55mA
计算机通讯模块	FX_{2N}-232-IF	RS232 通信接口	8	40mA
	FX_{2N}-232-BD	RS232 通信接板	—	20mA
	FX_{2N}-422-BD	RS422 通信接板	—	60mA
	FX_{2N}-485-BD	RS485 通信接板	—	60mA
特殊功能板	FX_{2N}-CNV-BD	与 FX_{0N} 用适配器接板	—	—
	FX_{2N}-8AV-BD	容量适配器接板	—	20mA
	FX_{2N}-CNV-IF	与 FX_{0N} 用接口板	8	15mA

5. FX_{3U} 系列 PLC 与 FX_{2N} 系列 PLC 的性能比较

FX_{3U} 基本单元除了采用最新的高性能 CPU，与 FX_{2N} 系列基本单元比较具有以下的特点：

① 运算速度提高了近一倍：FX_{3U} 系列 PLC 执行基本指令的时间由 FX_{2N} 系列 PLC 的 0.08μs/条提高到了 0.065μs/条，应用指令执行的时间由 FX_{2N} 系列 PLC 的 1.25μs/条提高到了 0.642μs/条。

② I/O 点增加：FX_{3U} 系列 PLC 与 FX_{2N} 系列 PLC 一样，均采用基本单元加扩展的结构形式，基本单元具有 16/32/48/64/80/128 点六种固定的 I/O 点外，扩展的最大可控制点数为 256 点。FX_{3U} 系列可以通过网络连接线扩展，最多可以控制 I/O 多达 384 点。

③ 兼容性好：FX_{3U} 系列可以兼容 FX_{2N} 系列 PLC 的全部扩展单元和扩展模块、多数特殊功能模块，基本指令和应用指令程序，并进一步在 FX_{2N} 系列 PLC 的应用指令基础上增加了 83 种指令。

④ 通讯口增加：FX_{3U} 比 FX_{2N} 多增加了一个 RS-422 标准接口，可以同时使用 3 个通信接口。

⑤ 高速脉冲输出：FX_{3U} 系列 PLC 可以控制 3 轴，比 FX_{2N} 多一轴。FX_{3U} 系列 PLC 内置 100kHz 的 6 点同时高速计数器可以与独立 3 轴 100kHz 定位控制器，可以实现简易的位置控制功能。

⑥ 增加了 S/S 端：FX_{3U} 与 FX_{2N} 接线最大的区别在于，FX_{3U} 有 S/S 端，通过 S/S 端可以对 PLC 变为漏型输入或源型输入，FX_{2N} 就没有此功能。

⑦ 存储器容量扩大：FX_{3U} 系列 PLC 在 FX_{2N} 系列 PLC 的 8K RAM 基础上扩大到 64K 字节，并采用"闪存"（Flash ROM）卡。

⑧ 内部软元件数量增强：FX_{3U} 系列 PLC 的编程软元件数量比 FX_{2N} 系列 PLC 大大增加，内部辅助继电器有 7680 个（是 FX_{2N} 的近三倍），状态继电器有 4096 个（是 FX_{2N} 的近四倍），定时器有 512 个（是 FX_{2N} 的两倍），增加了内置 RAM 中的扩展寄存器 R0～R32767（停电保持型），计 32768 个，若使用存储盒中闪存，可提供其内部的扩展文件寄存器 ER0～ER32767，计 32768 个。

⑨ 常数处理方面加强了实数和字符串处理功能。

三、 FX_{2N} 系列可编程控制器的技术指标

FX_{2N} 系列可编程控制器的技术指标包括一般技术指标、电源技术指标、输入技术指标、输出技术指标和性能技术指标，分别如表 6-5～表 6-9 所示。

表 6-5 FX_{2N} 一般技术指标

环境温度	使用时：0～55℃、储存时：－20～＋70℃	
环境湿度	35%～89%RH（不结露）使用时	
抗震	JIS C0911 标准 10～55Hz 0.5mm（最大 2G）3 轴方向各 2h（但用 DIN 导轨安装时 0.5G）	
抗冲击	JIS C0912 标准 10G 3 轴方向各 3 次	
抗噪声干扰	用噪声仿真器产生电压为 $1000V_{P-P}$，噪声脉冲宽度为 $1\mu s$，周期为 30～100Hz 的噪声，在此噪声干扰下 PLC 工作正常	
耐压	AC1500V 1min	所有端子与接地端之间
绝缘电阻	5MΩ 以上 （DC500V 兆欧表）	
接地	第三种接地，不能接地时，也可浮空	
使用环境	无腐蚀性气体，无尘埃	

表 6-6 FX_{2N} 电源技术指标

项目		FX_{2N}－16M	FX_{2N}－32M FX_{2N}－32E	FX_{2N}－48M FX_{2N}－48E	FX_{2N}－64M	FX_{2N}－80M	FX_{2N}－128M
电源电压		AC100～240V 50/60Hz					
允许瞬间断电时间		对于 10ms 以下的瞬间断电，控制动作不受影响					
电源保险丝		250V 3.15A，Φ5×20mm	250V 5A，Φ5×20mm				
电力消耗/（V·A）		35	40（32E 35）	50（48E 45）	60	70	100
传感器电源	无扩展部件	DC24V 250mA 以下		DC24V 460mA 以下			
	有扩展部件	DC5V 基本单元 290mA； 扩展单元 690mA					

表 6-7　FX_{2N} 输入技术指标

输入电压	输入电流		输入 ON 电流		输入 OFF 电流		输入阻抗		输入隔离	输入响应时间
	X000～7	X010 以内	X000～7	X010 以内	X000～7	X010 以内	X000～7	X010 以内		
DC24V	7mA	5mA	4.5mA	3.5mA	≤1.5mA	≤1.5mA	3.3kΩ	4.3kΩ	光电绝缘	0～60ms 可变

注：输入端 X000～7 内有数字滤波器，其响应时间可由程序调整为 0～60ms。

表 6-8　FX_{2N} 输出技术指标

项目		继电器输出	晶闸管输出	晶体管输出
外部电源		AC 250V,DC30V 以下	AC 85～240V	DC 5～30V
最大负载	电阻负载	2A/1 点;8A/4 点共享;8A/8 点共享	0.3A/1 点 0.8A/4 点	0.5A/1 点 0.8A/4 点
	感性负载	80VA	15VA/AC 100V 30VA/AC 200V	12W/DC24V
	灯负载	100W	30W	1.5W/DC24V
开路漏电流		—	1mA/AC 100V 2mA/AC 200V	0.1mA 以下/DC30V
响应时间	OFF 到 ON	约 10ms	1ms 以下	0.2ms 以下
	ON 到 OFF	约 10ms	最大 10ms	0.2ms 以下①
电路隔离		机械隔离	光电晶闸管隔离	光电耦合器隔离
动作显示		继电器通电时 LED 灯亮	光电晶闸管驱动时 LED 灯亮	光电耦合器隔离驱动时 LED 灯亮

① 响应时间 0.2ms 是在条件为 24V/200mA 时，实际所需时间为电路切断负载电流到电流为 0 的时间，可用并接续流二极管的方法改善响应时间。大电流时为 0.4mA 以下。

表 6-9　FX_{2N} 性能技术指标

运算控制方式		存储程序反复运算方法(专用 LSI),中断命令	
输入输出控制方式		批处理方式(在执行 END 指令时),但有输入输出刷新指令	
运算处理速度	基本指令	0.08μs/指令	
	应用指令	1.52μs～数百 μs/指令	
程序语言		继电器符号+步进梯形图方式(可用 SFC 表示)	
程序容量存储器形式		内附 8K 步 RAM,最大为 16K 步(可选 RAM,EPROM EEPROM 存储卡盒)	
指令数	基本、步进指令	基本(顺控)指令 27 个,步进指令 2 个	
	应用指令	128 种 298 个	
输入继电器		X000～X267(八进制编号)184 点	合计 256 点
输出继电器		X000～X267(八进制编号)184 点	
辅助继电器	一般用①	M000～M499①　500 点	
	锁存用	M500～M1023②　524 点,M1024～M3071③　2048 点	合计 2572 点
	特殊用	M8000～M8255　256 点	
状态寄存器	初始化用	S0～S9　10 点	
	一般用	S10～S499①　490 点	
	锁存用	S500～S899②　400 点	
	报警用	S900～S999③　100 点	
定时器	100ms	T0～T199　(0.1～3276.7s)　200 点	
	10ms	T200～T245　(0.01～327.67s)　46 点	
	1ms(积算型)	T246～T249③　(0.001～32.767s)　4 点	
	100ms(积算型)	T250～T255③　(0.1～32.767s)　6 点	
	模拟定时器(内附)	1 点③	

续表

计数器	增计数	一般用	C0～C99① (0～32,767) (16位) 100点
		锁存用	C100～C199② (0～32,767)(16位) 100点
	增/减计数用	一般用	C220～C234① (32位)20点
		锁存用	C220～C234② (32位)15点
	高速用		C235～C255中有：1相60kHz 2点，10kHz 4点或2相30kHz 1点，5kHz 1点
数据寄存器	通用数据寄存器	一般用	D0～D199① (16位) 200点
		锁存用	D200～D511②(16位)312点；D512～D7999③(16位)7488点
	特殊用		D8000～D8195(16位)106点
	变址用		V0～V7，Z0～Z7 (16位) 16点
	文件寄存器		通用数据寄存器中的D1000～D7999③，计7000点，为文件寄存器区
指针	跳转、调用		P0～P127 128点
	输入中断、计时中断		I0□～I8□ 9点
	计数中断		I010～I060 6点
	嵌套(主控)		N0～N7 8点
常数	十进制K		16位：－32,768～＋32,767；32位：－2,147,483,648～＋2,147,483,647
	十六进制H		16位：0～FFFF(H)；32位：0～FFFFFFFF(H)
SFC程序			○
注释输入			○
内附RUN/STOP开关			○
模拟定时器			FX_{2N}－8AV－BD(选择)安装时8点
程序RUN中写入			○
时钟功能			○(内藏)
输入滤波器调整			X000～X017 0～60ms可变；FX_{2N}-16M X000～
恒定扫描			○
采样跟踪			○
关键字登录			○
报警信号器			○
脉冲列输出			20kHz/DC5V或10kHz/DC12～24V 1点

① 非后备锂电池保持区。通过参数设置，可改为后备锂电池保持区。

② 由后备锂电池保持区保持，通过参数设置，可改为非后备锂电池保持区。

③ 由后备锂电池固定保持区固定，该区域特性不可改变。

第二节 $FX_{2N/3}$ 系列PLC内部软组件及功能

可编程控制器的软组件从物理实质上来说就是电子电路及存储器。具有不同使用目的的软组件其电路也有所不同。考虑到工程技术人员的习惯，常用继电器电路中类似器件名称命名。为了明确它们的物理属性，称它们为“软继电器”。从编程的角度出发，可以不管这些器件的物理实现，只注重它们的功能，在编程中可以像在继电器电路中一样使用它们。

在可编程控制器中这种“软组件”的数量往往是很多的。为了区分它们的功能，不重复地选用，通常给软组件编上号码。这些号码就是PLC内存储区中存储单元的地址。

一、 $FX_{2N/3}$ 系列PLC软组件的分类、编号和基本特征

FX_{2N} 系列PLC系统RAM中软组件有输入继电器［X］、输出继电器［Y］、辅助继电器［M］、状态继电器［S］、定时器［T］、计数器［C］、数据寄存器［D］和变址寄存器［V、Z］八大类，FX_{3U} 系列PLC软组件不仅含有 FX_{2N} 系列PLC的八类软组件，在机内扩展的RAM中，增加有扩展寄存器［R］和在存储盒中插入闪存，增加了扩展文件寄存器

[ER] 两类文件处理。

$FX_{2N/3}$ 系列 PLC 软组件的编号分为两部分，第一部分用一个字母代表功能，如输入继电器用“X”表示，输出继电器用“Y”表示，第二部分用数字表示该类软组件的序号，输入、输出继电器的序号为八进制，其余软组件序号为十进制。从软组件的最大序号可以了解到可编程控制器的某类器件可能具有的最大数量。例如表 6-9 中输入继电器的编号范围为 X000～X267，为八进制编号，则可知道 FX_{2N} 系列 PLC 的输入接点数最多可达到 184 点。这是以 CPU 所能接收的最大输入信号数量来表示的，并不是一台具体的基本单元或扩展单元所具有的输入接点的数量。

软组件的使用主要体现在程序中，一般可认为软组件和继电接触器类似，具有线圈和常开常闭触点。触点的状态随线圈的状态而变化，当线圈通电时，常开触点闭合，常闭触点断开，当线圈断电时，常闭接通，常开断开。与继电接触器不同的是，一是每个软组件是 PLC 中存储区的一个单元，当某个软组件被选中（相当于继电器线圈通电），只是这个软组件的对应存储单元置 1，未被选中的存储单元置 0，且可以认为它有一个常开和一个常闭软触点，可以在编写程序中不限次数地使用；二是软组件若在存储区中的单元只占一位，称为位组件，$FX_{2N/3}$ 系列 PLC 中有 [X]、[Y]、[M]、[S] 四类位组件，它们可以组合使用构成一定的字长组件，例如 K4Y000，表示可将 Y000～Y017 组合为一个 16 位的字长组件，软组件若在存储区中的单元占有 16 位或更多，称为字组件。

二、 $FX_{2N/3}$ 系列 PLC 软组件的地址号及功能

（一）输入输出继电器 [X/Y]

输入与输出继电器的地址号是指基本单元的固有地址号和扩展单元分配的地址号，为八进制编号。其分配方法如表 6-10 所示。

表 6-10　输入输出继电器地址分配表

型号	$FX_{2N/3}$-16M	$FX_{2N/3}$-32M	$FX_{2N/3}$-48M	$FX_{2N/3}$-64M	$FX_{2N/3}$-80M	$FX_{2N/3}$-128M	FX_{2N} 扩展时
输入继电器	X000～X007 8 点	X000～X017 16 点	X000～X027 24 点	X000～X037 32 点	X000～X047 40 点	X000～X077 64 点	X000～X267 184 点以内
输出继电器	Y000～Y007 8 点	Y000～Y017 16 点	Y000～Y027 24 点	Y000～Y037 32 点	Y000～Y047 40 点	Y000～Y077 64 点	Y000～Y267 184 点以内

输入端是可编程控制器接收外部开关信号的端口，端口与内部输入继电器（也称输入映像寄存器）之间是采用光电耦合连接的，每个输入继电器的常开、常闭触点，可以在程序中无限次地使用，但输入继电器线圈不能用程序来驱动。

输出端是可编程控制器向外部负载发送信号的端口，机内的输出映像寄存器与输出继电器（如继电器、双向晶闸管、晶体管）光电耦合连接，输出继电器的常开、常闭触点，可以在程序中无限次使用，但每个输出继电器线圈在程序中一般只能使用一次。可编程控制器内部输入输出继电器与外部端子的功能与作用见图 6-7 所示。

可编程控制器在每个扫描周期中主要进行输入/输出处理和程序处理三个过程，对输入/输出处理是采用成批输入输出方式（也称集中刷新方式），其过程如图 6-8 所示。

1. 输入处理

可编程控制器在执行程序前，将可编程控制器的全部输入端子的 ON/OFF 状态读入到输入数据存储器中。

在执行程序中，即使输入状态变化，输入数据存储器的内容也不改变，而要在下一个周期的输入处理时，才读入新的变化数据。

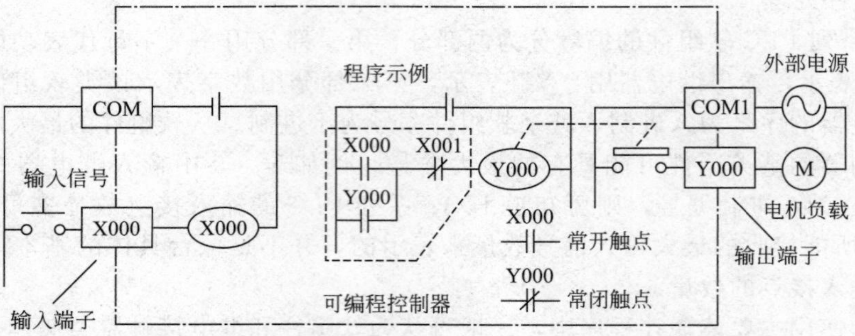

图 6-7　可编程控制器内部输入输出继电器与外部端子的功能与作用

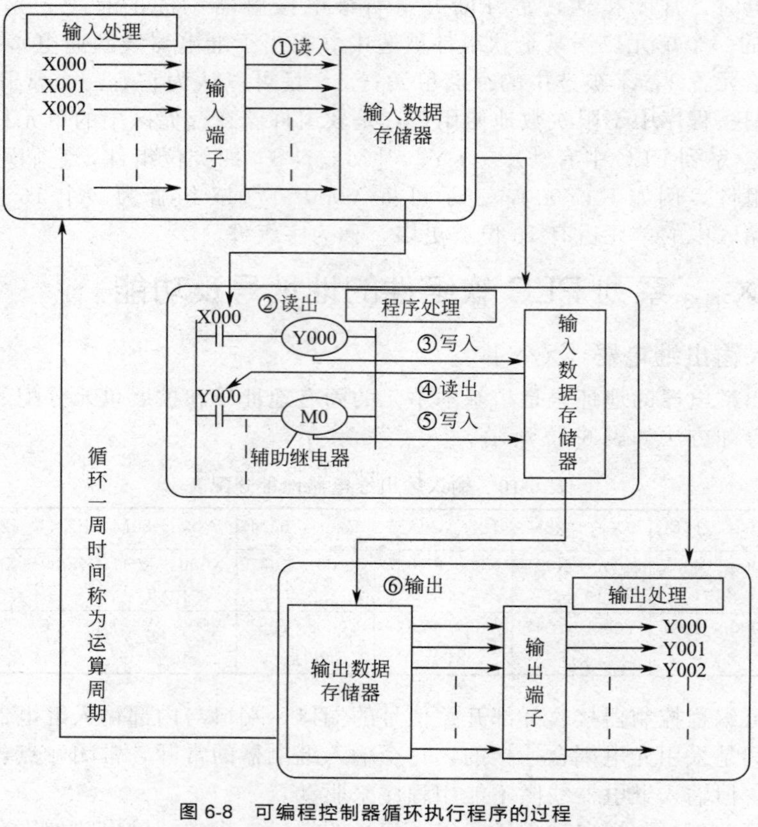

图 6-8　可编程控制器循环执行程序的过程

从具有数字滤波的输入端子（X000～X017）输入的信息，输入滤波器会造成响应滞后（约 10ms）。（输入滤波器滤波时间可用可编程控制器的程序进行修改）。

2. 程序处理

当 CPU 处于运行状态，则从程序存储器中 0 号地址起，顺序执行指令，并分别从输入/输出数据存储器以及其他相关软组件的数据存储器中读取数据进行运算，将新的运算结果对输出数据存储器以及其他相关软组件的数据存储器进行刷新。

因此，输出数据存储器以及其他相关软组件的数据存储器会随着程序的执行逐步改变其内容。

3. 输出处理

程序执行到 END 结束后，返回到程序的 0 步，并将输出数据存储器中数据向输出端子传送，作为可编程控制器的实际输出。

（二）辅助继电器［M］

FX_{2N} 可编程控制器内部有 3072 个辅助继电器，而 FX_{3U} 可编程控制器内部则有 7680 个辅助继电器可供编程使用。辅助继电器的作用与继电器电路中的中间继电器类似，可作为中间状态存储及信号变换。每个辅助继电器的线圈可以被 PLC 内的八类软组件的触点驱动，其常开与常闭触点在程序中可以无限次地使用，但是不能直接驱动外部负载，外部负载应通过输出继电器进行驱动。可编程控制器内的辅助继电器可分为普通用途、停电保持用途及特殊用途辅助继电器三大类，其地址（按十进制）编号分配如表 6-11 所示。用户可以根据控制需要，选择这三类辅助继电器中的相应编号。

表 6-11　$FX_{2N/3U}$ 辅助继电器地址分配表

普通用途	停电保持用途		特殊用途
	停电保持用	停电保持专用	
M0～M499① 500 点	M500～M1023②　524 点 供链路用…… 总站→分站：M800→M899 分站→总站：M900→M999	M1024～M3071③ 2048 点 M1024～M7679④ 6655 点	M8000～M8255 256 点 M8000～M8511④ 512 点

① 非后备电池区辅助继电器。依据参数设定，可变为后备电池区（停电保持）辅助继电器。

② 电池后备区辅助继电器（停电保持）。依据参数设定，可变为非后备辅助继电器。

③ 电池后备固定区辅助继电器（停电保持）。（利用 RST，ZRST 指令可清除内容）

④ FX_{3U} 系列 PLC 的停电保持辅助继电器可达 6655 个，特殊用途辅助继电器可达 512 个。

若 PLC 有通信，停电保持用辅助继电器 M800～M999 将用于通信而被占用。停电保持用辅助继电器在程序运行前要先用 RST 或 ZRST 指令清除其内容。

1. 普通用途辅助继电器

普通用途辅助继电器的元件编号为 M0～M499，共 500 个。在 PLC 运行中电源断电，程序中的普通用途辅助继电器将全部变为 OFF 状态，恢复电源后，除了因外部输入信号使其为 ON 的以外，其余的仍保持 OFF 状态。

2. 具有停电保持用途的辅助继电器

普通用途的辅助继电器在运行中断电，来电后其状态为 OFF，是不能恢复到原来状态的，但根据控制对象的不同，有时候需要辅助继电器恢复供电后记忆停电前的状态，在 PLC 中能够满足这种控制要求的辅助继电器称为“停电保持用的辅助继电器”，它是利用可编程控制器内的后备电池进行供电，以保持停电前的状态。停电保持用途的辅助继电器的元件编号为 M500～M3071，共有 2572 个。

图 6-9 是停电保持继电器应用于滑台往复运动机构的例子。图中停电保持继电器 M600 及 M601 的状态决定电机的转向，在机构掉电后又来电时，电机仍按掉电前的转向运行。其分析如下：

启动 PLC 运行程序，若程序中 M601 原先是 ON 状态，运行中状态不变，驱动电机使滑台向左行，直到碰撞左限位开关 LS1，X000＝ON→使 M601＝OFF，M600＝ON→电机正转驱动滑台右行→若突然停电→滑台途中停止→来电后再启动，因 M600＝ON 保持→电机继续驱动滑台右行，直到滑台碰撞右限位开关 LS2，X001＝ON→使 M600＝OFF、M601＝ON→电机反转驱动滑台左行，滑台实现往复运行。

3. 特殊辅助继电器

可编程控制器内的特殊辅助继电器元件编号为 M8000～M8255，共 256 个。按其使用方式不同可分为两类。

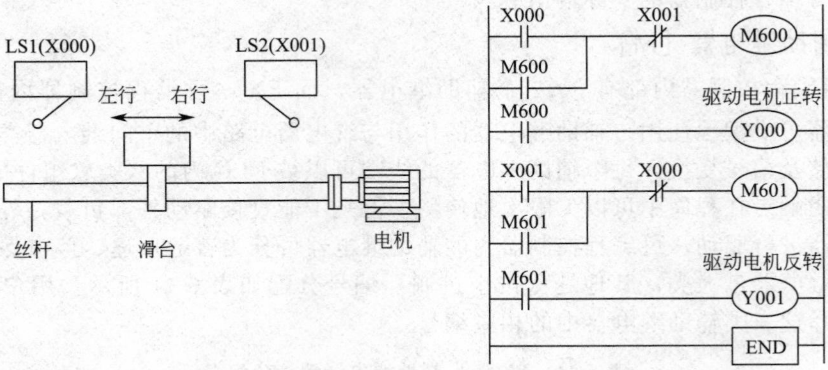

图 6-9　停电保持辅助继电器的应用

① 触点使用型特殊辅助继电器　其线圈由 PLC 运行时自行驱动，用户在程序中只能使用其触点。这类特殊辅助继电器常用作时基、状态标志或专用控制组件出现的程序中。

例如，M8000：为运行监视器（在运行中触点一直接通）；M8002：为初始化脉冲（仅在 PLC 运行开始的第一个扫描周期触点接通一次）；M8011～M8014：分别为 10ms、100ms、1s 和 10min 时钟脉冲触点。

② 线圈驱动型特殊辅助继电器　这类继电器由用户程序驱动线圈后（注意：又有“驱动时有效”和“END 指令实行后驱动有效”两种情况），使可编程控制器作特定的操作。

例如，M8030 线圈通电：使 PLC 的锂电池发光二极管熄灭；M8033 线圈通电：PLC 由运行进入停止状态，输出状态保持不变；M8034 线圈通电：输出全部禁止；M8039 线圈通电：PLC 以 D8039 中指定的扫描时间进行扫描。

FX_{2N} 系列 PLC 特殊辅助继电器见书后附录 A。注意：用户不可使用尚未定义的特殊辅助继电器。

（三）状态软元件［S］

FX_{2N} 有 1000 个状态软元件（也称状态继电器，简称状态），而 FX_{3U} 则有 4096 个状态软元件，其分类、地址（以十进制数）编号及用途如表 6-12 所示。

表 6-12　$FX_{2N/3U}$ 状态软元件

类别		组件编号	数量	用途及特点
普通用途①	初始状态继电器	S0～S9	10	用于状态转移图(SFC)的初始状态
	复原状态继电器	S10～S19	10	使用状态初始化[IST]指令时，在复原程序中作复原状态
	非停电保持用途继电器	S20～S499	480	用于状态转移图(SFC)中的中间状态
停电保持用②继电器		S500～S899 S1000～S4095	400 3096③	用作停电后继续运行的状态
信号报警用④继电器		S900～S999	100	用于故障诊断或报警的状态

① 非电池后备区域。利用参数设定，可变为后备（停电保持）区域。
② 电池后备区域（停电保持）。利用参数设定，可变为非后备区域。
③ FX_{3U} 系列 PLC 中有 S1000～S4095，计 3096 个停电保持用继电器。
④ 电池后备区域（停电保持）固定。（以 RST，ZRST 指令可清除内容）

状态［S］是构成状态转移图（SFC）的基本要素，是对工序步进型控制进行简易编程的重要软元件，与步进梯形图指令 STL 组合使用。

状态软元件与辅助继电器一样，每个状态元件的线图在程序中一般只能使用一次，其常开与常闭触点，在程序中使用次数不限。如果不作步进状态程序中状态软组件，状态［S］

可在一般的顺序控制程序中作辅助继电器［M］使用。

利用来自外围设备的参数设定，可改变普通用途与停电保持用状态的分配。

供信号报警器用的状态，也可用作外部故障诊断的输出。若需要对 PLC 系统外部的多个故障点进行监测时，可利用报警状态进行监测报警，在消除最小编号报警状态的故障后能知道下一个编号的报警状态。可采用图 6-10 所示的外部故障诊断程序，程序采用特殊辅助寄存器 M8049 对所有报警状态元件进行监视，一旦有故障出现，M8048 就驱动 Y010 报警，用户可利用复位开关 X005 顺序复位当前最小编号的报警状态元件的状态，最终消除全部故障。其原理如下。

① 程序运行时，M8000＝ON，利用触点型特殊辅助继电器 M8049 对报警状态 S900～S999 监视有效。若全部报警元件为 OFF 状态，则触点型特殊辅助继电器 M8048 的常闭触点为 ON，常开触点为 OFF 状态。

② 输出 Y000 闭合之后，如果检测到 X000 常闭触点在 1s 内不断开的故障时，则 S900 置位。

③ 如果检测到 X001 与 X002 常闭触点在 2s 内没有一个断开的故障时，则将 S901 置位。

④ 当 X003 为 ON，若检测到常闭触点 X004 在 10s 内不断开的故障时，则 S902 置位。

⑤ S900～S999 中任一个报警状态置位为 ON，则特殊辅助继电器 M8048 触点就动作，使 Y010＝ON，进行故障报警。

⑥ 利用复位按钮 X005 驱动标志复位指令［ANRP］，将置位的报警状态复位。X005 每闭合一次，就会按顺序将当前最小地址号的置位报警状态复位，直于 Y010 为 OFF。

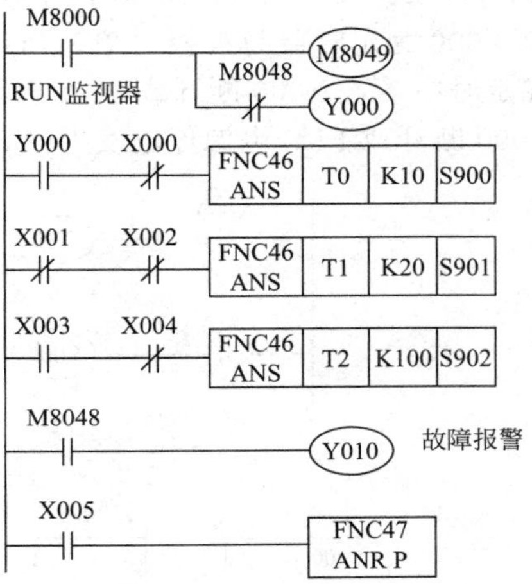

图 6-10　状态报警器的使用

（四）定时器［T］

定时器相当于继电器电路中的时间继电器，可在程序中用于定时控制。FX_{2N} 系列可编程控制器可提供多达 256 个定时器［T］，而 $FX_{2N/3U}$ 系列可编程控制器可提供多达 512 个定时器［T］，见表 6-13 所示。

表 6-13　$FX_{2N/3U}$ 系列可编程控制器中的定时器［T］的地址编号

$FX_{2N/3U}$ 普通型定时器		$FX_{2N/3U}$ 积算型定时器		FX_{3U} 定时器
100ms 型 0.1～3276.7 秒	10ms 型 0.01～327.67 秒	1ms 型积算型 0.001～32.767 秒	100ms 积算型 0.1～3276.7 秒	1ms 0.001～32.767 秒
T0～T199　200 点 其中：T192～T199 用于子程序	T200～T245 46 点	T246～T249 4 点 执行中断保持用	T250～T255 6 点保持用	T256～T511 256 点

注：1. 在子程序与中断程序内请采用 T192～T199 定时器。这种定时器在执行线圈指令时或执行 END 指令时计时。如果计时达到设定值，则在执行线圈指令或 END 指令时，输出触点动作。

2. 普通定时器只是在执行线圈指令时计时（请参照后面的［定时器动作细节与定时器精度］）。因此，如果仅在某种条件下执行线圈指令的子程序内使用，就不计时，不能正常动作。

3. 如果在子程序或中断程序内采用 1ms 积算型定时器，在其达到设定值之后，必须注意的是，在执行最初的线圈指令时，输出触点动作。

可编过程控制器中的定时器是对机内 1ms，10ms，100ms 等不同规格的时钟脉冲计数定时的。每个定时器占有三个寄存器，除了自己编号占一个寄存器单元外，还占有一个设定值寄存器和一个当前值寄存器。设定值寄存器存放程序赋予的定时设定值，设定值可用十进制常数（K）表示，也可在数据寄存器（D）中进行间接指定。当前值寄存器对机内相关的脉冲进行计数。这些寄存器均为 16 位二进制存储器，其最大值乘以定时器的计时单位值即是定时器的最大计时范围值。当某个定时器满足计时条件时（即定时线圈接通时），它的当前寄存器开始计时，当它的当前计时值与设定值寄存器存放的设定值相等时，定时器的触点动作，其常开/常闭触点可在程序中无限次使用。

定时器不用作定时时，可作为数据寄存器使用。

图 6-11 是两种定时器在梯形图中使用的情况。图（a）中普通定时器 T10 的设定值为 K20（0.1s×20＝2s），X000 为计时条件，当 X000 接通定时器 T10 线图时，开始计时。图中 Y000 为定时器的被控对象。当计时时间到，定时器 T10 的常开触点接通，Y000 置 1。在定时中，若 X000 断开或 PLC 电源停电，计时过程中止且当前值寄存器复位（置 0）。若 X000 断开或 PLC 电源停电发生在 2s 定时以后，定时器触点的动作也不能保持。

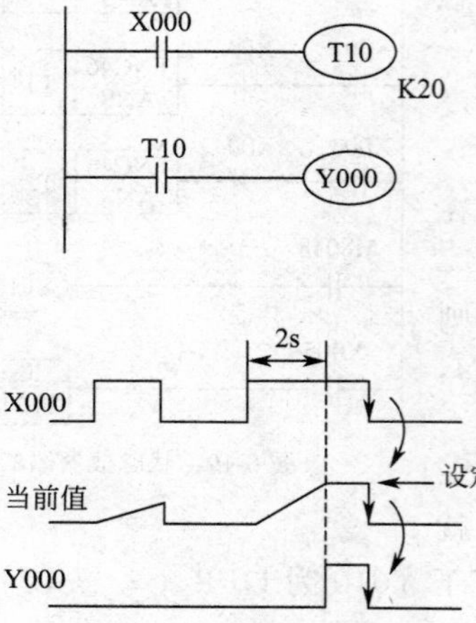

(a) 普通型定时器程序及工作波形

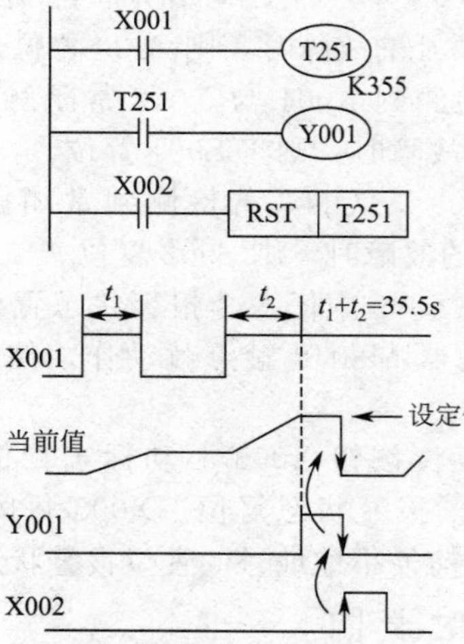

(b) 积算定时器程序及工作波形

图 6-11 定时器的应用

若把普通型定时器 T10 换成积算式定时器 T251，如图 6-11（b）所示，情况就不一样了。积算式定时器 T251 在计时条件失去（X001 断开）或 PLC 失电时，其当前值寄存器的内容及触点状态均可保持，当计时条件恢复或来电时可继续“累计”计时，故称为“积算”式定时。由于积算式定时器的当前值寄存器具有累计记忆的功能，要消除这种累计记忆，可以在图（b）程序中采用专门的复位指令 RST 加以解决，当 X002 接通，执行“RST T251”指令时，T251 的当前值寄存器复位，T251 常开触点断开。

如果定时器的设定值在数据寄存器 D10 中，设 D10 中的内容为 100，则定时器的设定值为 K100。用数据寄存器内容作为设定值时，一般需要使用具有掉电保持功能的数据寄存器。

定时器还有定时器触点的动作时序与精度的问题。从图 6-12 中可知，定时器从驱动定时器线圈开始计时，到达设定值后，触点动作的动作精度时间 t 大致可用下式表示。

$$t=T+T_0-\alpha$$

式中 T——定时器设定时间，s；

T_0——扫描周期，s；

α——定时器时钟周期；1ms、10ms、100ms 定时器分别对应为 0.001、0.01、0.1，单位为秒。

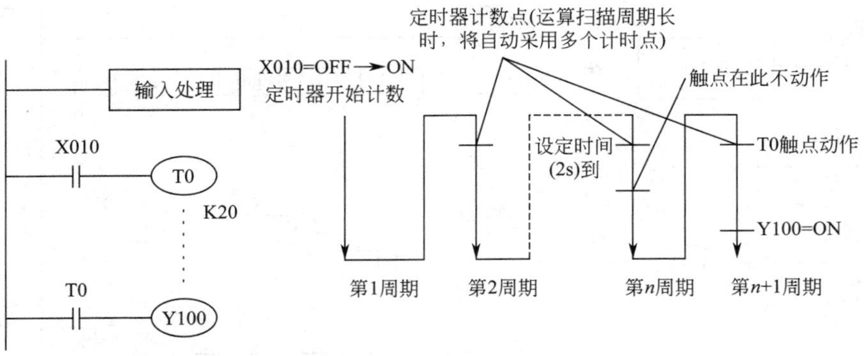

图 6-12 定时器触点动作时序示意图

定时器触点动作最大误差为 $+2T_0$，即定时器的设定值为 0 时，在下一个扫描周期执行定时器指令时，触点瞬间动作。此外，1ms 定时器指令执行后，是以中断方式对 1ms 时钟脉冲计数。

(五) 计数器 [C]

计数器 [C] 在程序中用作计数控制，每个计数器占有地址、设定值和当前计数值三个寄存器。$FX_{2N/3}$ 系列 PLC 中计数器可分为内部信号计数器（也称普通计数器）和外部信号计数器（也称高速计数器）两类。内部计数器是对机内组件（X、Y、M、S、T 和 C）的信号计数，由于机内组件信号的频率低于扫描频率，因而是低速计数器。若需要对高于机器扫描频率的外部信号进行计数，则需要使用机内的高速计数器。

1. 内部计数器的分类及地址分配

$FX_{2N/3}$ 系列 PLC 中内部计数器有 235 个，可分为 16 位增计数器和 32 位增/减双向计数器两类，它们又可分为普通用途和停电保持用的两种计数器，其地址（以十进制数）分配如表 6-14 所示。不用作计数的计数器也可作为数据寄存器使用。

表 6-14 $FX_{2N/3}$ 系列 PLC 中内部计数器分类地址分配

16 位增计数型计数器（设定值:1～+32767）		32 位增/减型双向计数器（设定值:−2,147,483,648～+2,147,483,647）	
普通用途	停电保持型	普通用途	停电保持型
CO～C99① 100 点	C100～C199② 100 点	C200～C219① 20 点	C220～234② 15 点

① 为非电池后备用区域。利用外围设备的参数设定，可变为备用（停电保持）区域。

② 电池后备区域（停电保持）。利用参数设定，可变为非电池后备区域。

2. 16 位增计数器

16 位增计数器是指其设定值及当前值寄存器为二进制 16 位寄存器，其设定值在 K1～K32767 范围内有效。设定值若为 K0，与 K1 意义相同，均在第一次计数时，其触点动作。

图 6-13 所示为 16 位增计数器的工作过程。图中计数输入 X011 是计数器 C0 的计数条件，X011 常开触点每接通一次计数器 C0 的线圈时，计数器的当前值加 1。“K10”为计数器 C0 的设定值。当 X011 第 10 次驱动计数器 C0 线圈时，计数器的当前值和设定值比较相等时，其触点动作，Y000＝ON，这时即使 X011 再动作，C0 不再计数，保持当前触点动作状态不变。

在电源正常情况下，由于计数器的当前值寄存器对所计的数值具有记忆保持功能，因而计数器重新开始计数前要用复位指令 RST 对当前值寄存器复位。图 6-13 中，X010 就是计

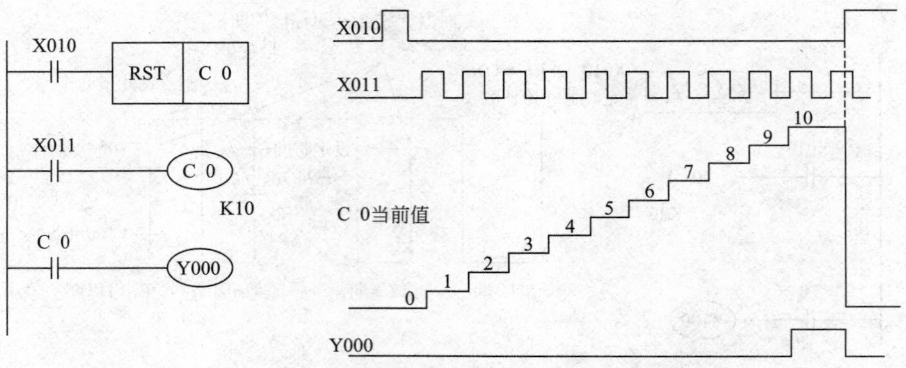

图 6-13　16 位增计数器的工作过程

数器 C0 复位的条件，当 X010 常开触点接通时，执行复位（RST）指令，计数器的当前值复位为 0，输出触点也复位（即 C0 的常开触点断开，常闭触点闭合）。

计数器的设定值，除了常数外，也可以间接通过数据寄存器设定。若使用计数器 C100～C199，即使停电，当前值和输出触点状态也能保持不变。

3. 32 位增／减双向计数器

32 位计数器是指其设定值及当前值寄存器均为 32 位，32 位中的首位为符号位。设定值的最大绝对值是 31 位二进制数所表示的十进制数，即为－2147483648～＋2147483647。设定值可直接用常数 K 或间接用数据寄存器 D 的内容设定。间接设定值时，是用两个连号的数据寄存器存放的，例如，C200 用数据寄存器设定初值的表示方法是 D0（D1），括号内 D1 是存放的默认的高十六位。

每个增/减计数的计数方向由相关的特殊辅助继电器 M8200～M8234 设定，例如当 M8200 接通（置 1）时，C200 为减计数器，M8200 断开（置 0）时，C200 为增计数器。32 位计数器增/减计数方向切换所用的对应特殊辅助继电器地址号见表 6-15。

表 6-15　32 位计数器增/减计数切换所用的对应特殊辅助继电器地址号

计数器地址号	方向切换	计数器地址号	方向切换	计数器地址号	方向切换	计数器地址号	方向切换
C200	M8200	C209	M8209	C218	M8218	C226	M8226
C201	M8201	C210	M8210	C219	M8219	C227	M8227
C202	M8202	C211	M8211	—	—	C228	M8228
C203	M8203	C212	M8212	C220	M8220	C229	M8229
C204	M8204	C213	M8213	C221	M8221	C230	M8230
C205	M8205	C214	M8214	C222	M8222	C231	M8231
C206	M8206	C215	M8215	C223	M8223	C232	M8232
C207	M8207	C216	M8216	C224	M8224	C233	M8233
C208	M8208	C217	M8217	C225	M8225	C234	M8234

图 6-14 为 32 位加减计数器的动作过程。图中 X014 作为计数输入驱动 C200 线圈进行加计数或减计数。X012 为计数方向选择。计数器设定值为 K-5。当计数器的当前值由-6 增加为-5 时，其触点置 1，由-5 减少为-6 时，其触点置 0。

32 位增减计数器为循环计数器。当前值的增减虽与输出触点的动作无关，但从＋2147483647 起再加 1 时，当前值就变成－2147483648；同理，从－2147483648 起再减 1，则当前值变为＋2147483647。

当复位条件 X013 接通时，执行 RST 指令，则计数器 C200 的当前值为 0，其输出触点

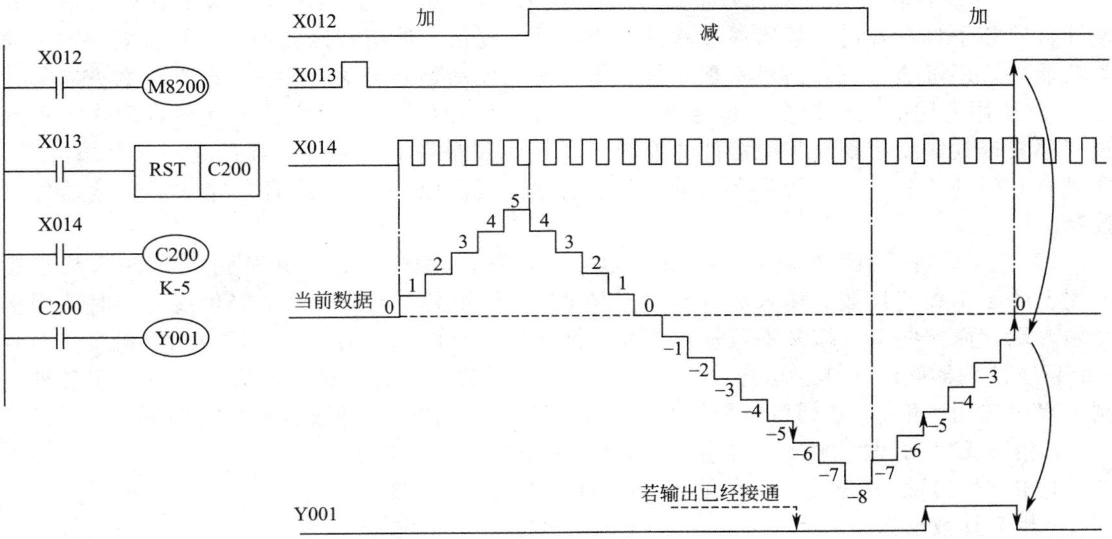

图 6-14　32 位加减计数器的动作过程

也复位。若使用停电保持计数器，其当前值和输出触点状态皆能断电保持。

4. 16 位计数器与 32 位计数器的特点

16 位计数器与 32 位计数器的特点如表 6-16。32 位计数器使用较为灵活，可满足计数方向与计数范围等使用条件。

表 6-16　16 位计数器与 32 位计数器的特点

项目	16 位计数器	32 位计数器
计数方向	增计数	可采用增计数/减计数切换(见表 6-15)
设定值	1～32,767	－2,147,483,648～＋2,147,483,647
设定值的指定	常数 K 或数据寄存器	同左栏，但是要用成对的数据寄存器指定
当前值的变化	当前值加到设定值后不再计数，保持不变化	当前计数值加或减到设定值后，继续变化(环形计数器)
输出触点	加到设定值后触点动作并保持	加到设定值时常开触点闭合并保持，减到设定值时常开触点断开并保持
复位动作	执行 RST 指令时，计数器的当前值为 0，输出触点复位	
当前值寄存器	16 位	32 位

如果可编程控制器电源断电，普通用途计数器清除当前计数值。而停电保持用计数器则可保存停电前的计数值，恢复供电后计数器仍可按停电前的计数值累积计算。

32 位计数器不作计数器使用时也可以作为 32 位的数据寄存器使用，并要注意，32 位计数器不能作为 16 位指令中的软组件。

5. $FX_{2N/3}$ 可编程控制器中的高速计数器

高速计数器与普通计数器的主要差别在于以下几点。

① 对外部信号计数，工作在中断工作方式　由于待计量的高频信号都是来自机外，可编程控制器中高速计数器都设有专用的输入端子及控制端子。一般是在输入端设置一些带有特殊功能的端子，它们既可完成普通端子的功能，又能接收高频信号。为了满足控制准确性的需要，计数器的计数、启动、复位及数值控制功能都采取中断方式工作。

② 计数范围较大，计数频率较高　一般高速计数器均为 32 位加减计数器。最高计数频率一般可达到 10kHz。

③ 工作设置较灵活　从计数器的工作要素来说，高速计数器的工作设置比较灵活。高速计数器除了具有普通计数器通过软件完成启动、复位、使用特殊辅助继电器改变计数方向等功能外，还可通过机外信号实现对其工作状态的控制，如启动、复位、改变计数方向等。

④ 使用专用的工作指令　普通计数器工作时，一般是达到设定值，其触点动作，再通过程序安排其触点实现对其他器件的控制。高速计数器除了普通计数器的这一工作方式外，还具有专门的控制指令，可以不通过本身的触点，以中断工作方式直接完成对其他器件的控制。

$FX_{2N/3}$ 系列可编程控制器中 C235～C255 为高速计数器。它们共享同一个 PLC 机型输入端上的 6 个高速计数器输入端（X000～X005）。使用某个高速计数器时可能要同时使用多个输入端，而这些输入端又不可被多个高速计数器重复使用，因此，实际应用中最多只能有 6 个高速计数器同时工作。这样设置是为了使高速计数器具有多种工作方式，方便在各种控制工程中选用。FX_{2N} 系列可编程控制器的 21 个高速计数器按计数方式分类如下。

1 相（无启动/复位端子）单输入　C235～C240　6 点
1 相（带启动/复位端子）单输入　C241～C245　5 点
1 相 2 计数输入型　C246～C250　5 点
2 相双计数输入型　C251～C255　5 点

表 6-17 列出了它们和各输入端之间的对应关系。从表中可以看到，X006 及 X007 也可参与高速计数工作，但只能作为启动信号而不能用于计数脉冲的输入。

表 6-17　$FX_{2N/3}$ 系列可编程控制器的高速计数器分类一览表

中断输入	1 相(无启动/复位)单输入						1 相(带启动/复位)单输入					1 相 2 计数输入					2 相双计数输入				
	C235	C236	C237	C238	C239	C240	C241	C242	C243	C244	C245	C246	C247	C248	C249	C250	C251	C252	C253	C254	C255
X000	U/D						U/D			U/D		U	U		U		A	A		A	
X001		U/D					R			R		D	D		D		B	B		B	
X002			U/D					U/D			U/D		R		R			R		R	
X003				U/D				R			R			U		U			A		A
X004					U/D				U/D					D		D			B		B
X005						U/D			R					R		R			R		R
X006										S					S					S	
X007											S					S					S

注：1. U 表示增计数输入，D 表示减计数输入，A 表示 A 相输入，B 表示 B 相输入，R 表示复位输入，S 表示启动输入。

2. 输入端 X000～X007 不能重复使用。例如：使用 C251 时，因为 X000、X001 被占用，所以 C235、C236、C241、C244、C246、C247、C249、C252、C254 输入分配指针 I00＊、I10＊和该输入的脉冲速度（SPD）指令都不能使用。

3. 使用高速计数器时，相对应的输入端号内的滤波器常数自动转为适应高速写入（50μs）

以上高速计数器都具有停电保持功能，也可以利用参数设定变为非停电保持型。不作为高速计数器使用的高速计数器也可作为 32 位数据寄存器使用。

下面介绍各分类高速计数器的使用方法。

① 1 相无启动/复位端子高速计数器　由表 6-17 可知，1 相无启动/复位端高速计数器的编号为 C235～C240，有 6 个。它们的计数方式及触点动作与普通 32 位计数器相同。作增计数时，当计数值达到设定值时，触点动作并保持，做减计数时，计数值到达设定值时触点复位。其计数方向取决于对应的计数方向标志继电器 M8235～M8240。

图 6-15 为 1 相无启动/复位高速计数器工作的梯形图。这类计数器只有一个脉冲输入端。图中计数器为 C235，其外部计数脉冲指定从 X000 输入端输入，图中 X012 为 C235 的启动信号，这是由程序安排的启动信号。X010 也是由程序安排的计数方向选择信号，驱动 M8235 接通（高电平）时为减计数，反之，M8235 断开（低电平）时为增计数（若程序中

无 M8235 相关的驱动程序时，机器默认为增计数)，波形可参考图 6-14。X011 是复位信号，当 X011 接通时，C235 复位。Y010 是计数器 C235 的控制对象，如果 C235 的当前值大于等于设定值，则 Y010 接通，反之小于设定值，则 Y010 断开。

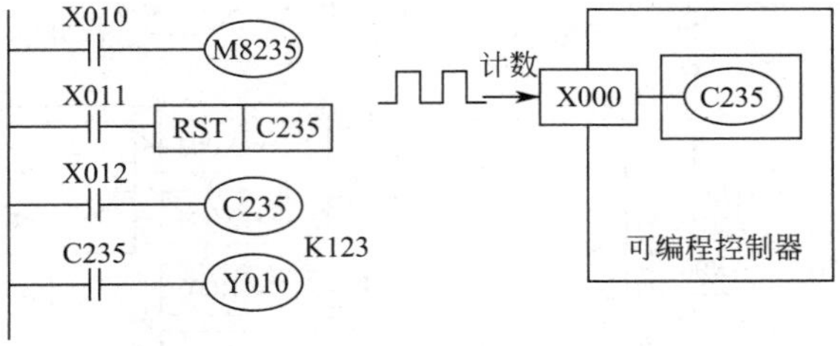

图 6-15　1 相无启动／复位高速计数器

② 1 相带启动/复位端子高速计数器　1 相带启动/复位端的高速计数器编号为 C241～C245，计 5 个，这些计数器较 1 相无启动/复位端的高速计数器增加了外部启动、复位控制端子。图 6-16 给出了这类计数器的使用情况。从图 6-16 中可以看出，1 相带启动/复位端子高速计数器的梯形图和图 6-15 中的梯形图结构是一样的。不同的是这类计数器利用 PLC 输入端 X003、X007 作为接收外部复位信号和启动信号。应注意的是，X007 端子上输入的外启动信号只有程序中 X015 先接通下，计数器 C245 启动才有效。而 X003 为外复位输入，X014 为程序复位，两种复位方式均有效。

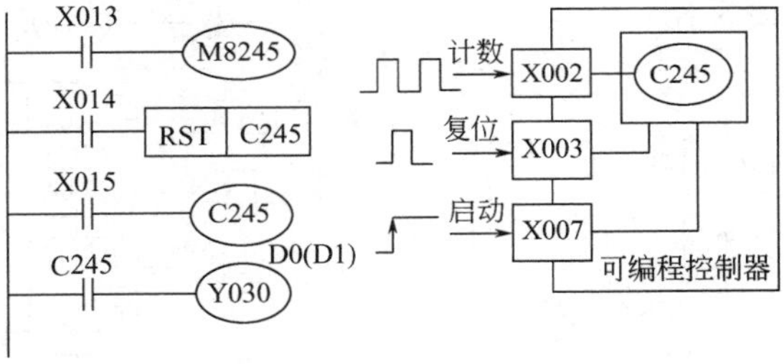

图 6-16　1 相带启动/复位端子高速计数器

③ 1 相 2 计数输入　1 相 2 计数输入型高速计数器的编号为 C246～C250，计 5 个。1 相 2 计数输入高速计数器有两个外部计数输入端子：一个是输入增计数脉冲的端子，另一个是输入减计数脉冲的端子。图 6-17 是高速计数器 C246 的梯形图和信号连接情况，X000 及 X001 分别为 C246 接收外输入脉冲的增计数输入端及减计数输入端。C246 是由程序中的 X011 安排启动及 X010 进行复位的。也有的 1 相 2 计数输入高速计数器还带有外复位及外启动端，例如图 6-17（b）就是 C250 带有外复位和外启动端的情况。图中 X005 及 X007 分别为外复位端及外启动端。它们的工作情况和 1 相带启动/复位端计数器的相应端子相同。

④ 2 相双计数输入　2 相双计数输入型高速计数器的编号为 C251～C255，计 5 个。2 相双计数输入型高速计数器的二个脉冲输入端子是同时工作的，外计数方向的控制方式由 2 相脉冲间的相位决定。如图 6-18 所示，当 A 相信号为“1”期间，B 相信号在该期间为上升沿时为增计数，反之，B 相信号在该期间为下降沿时是减计数。其余功能与 1 相 2 输入型相同。需要说明的是，带有外计数方向控制端的高速计数器也配有编号相对应的特殊辅助继电器，只是它们没有控制功能只有指示功能了。相对应的特殊辅助继电器的状态会随着计数方向的变化而变化。例如图 6-18(a) 中，当外部计数方向由 2 相脉冲相位决定为增计数时，M8251 闭合，Y003 接通，表示高速计数器在增计数。

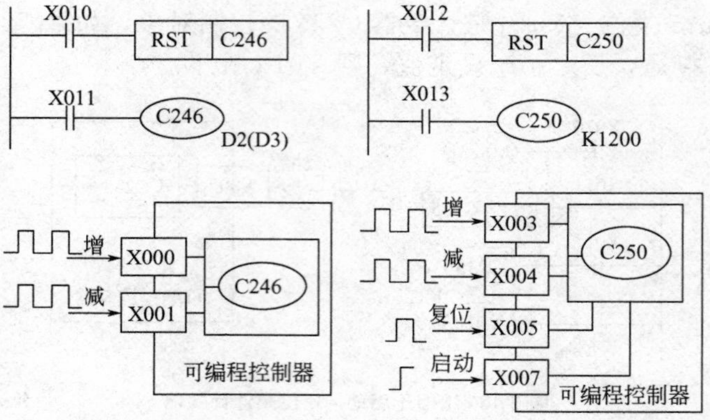

(a) 1相双输入　　(b) 带外启动/复位的1相双输入

图 6-17　1 相双输入型高速计数器

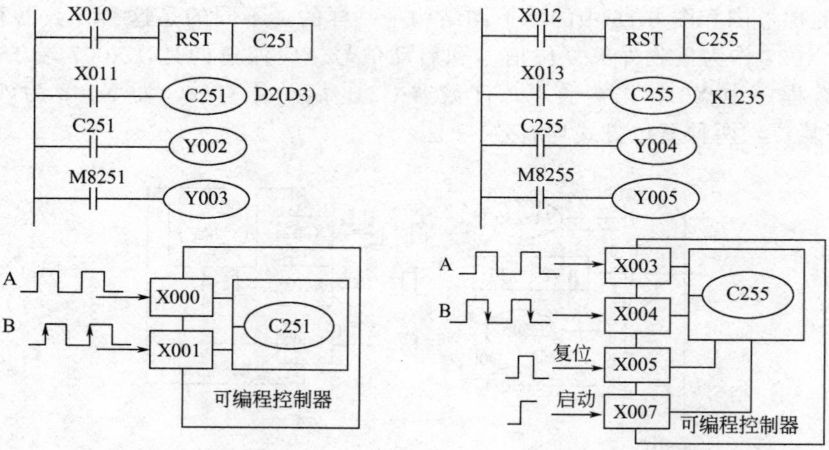

(a) 2相双输入增计数　　(b) 带外启动/复位的2相双输入减计数

图 6-18　2 相双计数输入型高速计数器

高速计数器设定值的设定方法和普通计数器相同，也有直接设定和间接设定两种方式。也可以使用传送指令修改高速计数器的设定值及当前值。

6. 高速计数器的频率总和

由于高速计数器是采取中断方式工作的，会受到机器中断处理能力的限制。使用高速计数器，特别是一次使用多个高速计数器时，应该注意高速计数器的频率总和。

频率总和是指同时在 PLC 输入端口上出现的所有信号的最大频率总和。因而，安排高速计数器的工作频率时需考虑以下的几个问题。

① 各输入端的响应速度　表 6-18 给出了受硬件限制，各输入端的最高响应频率。由表 6-17 可知，FX_{2N} 系列 PLC 除了允许 C235，C236，C246 输入 1 相最高 60KHz 脉冲；C251 输入 2 相最高 30kHz 脉冲以外，其他高速计数器输入最大频率总和不得超过 20kHz。

② 被选用的计数器及其工作方式　1 相输入高速计数器无论是增计数还是减计数，都只需一个输入端送入脉冲信号。1 相双输入高速计数器在工作时，如已确定为增计数或为减计数，情况和 1 相型类似。如增计数脉冲和减计数脉冲同时存在时，该计数器所占用的工作频率应为 2 相信号频率之和。2 相双输入型高速计数器工作时不但要接收两路脉冲信号，还

需同时完成对两路脉冲的解码工作，有关技术手册规定，在计算总的频率和时，要将它们的工作频率乘以 2 倍。

表 6-18　输入点的频率性能

高速计数器类型	1 相输入		2 相输入	
	特殊输入点	其余输入点	特殊输入点	其余输入点
输入点	X000、X001	X002～X005	X000、X001	X002～X005
最高频率	60kHz	10kHz	30kHz	5kHz

下面是从频率角度安排高速计数器使用的实例。

某系统选用的高速计数器输入信号频率情况如表 6-19 所示。则频率总和为：

$$1\text{ 相 }5\text{kHz}\times 1+1\text{ 相 }7\text{kHz}\times 1+2\text{ 相 }3\text{kHz}\times 1\times 2=18\text{kHz}\leqslant 20\text{kHz}$$

表 6-19　高速计数器输入信号频率安排表

计数器	对应输入点	输入信号最高频率
1 相型 C237	X002	5kHz
1 相双输入型 C246	X000、X001	7kHz
2 相双输入型 C255	X003、X004	3kHz×2

上例说明，当使用多个高速计数器时，其频率总和必须低于 20kHz，且还须考虑不同的输入口及不同的计数器的具体情况。

(六) 数据寄存器、文件寄存器 [D]

数据寄存器是保存数值数据用的软组件。文件寄存器是对相同软元件编号的数据寄存器设定初始值的软元件。它们按用途可分为普通用途数据寄存器、特殊用途数据寄存器、变址用的数据寄存器、文件寄存器四种，其地址号（以十进制数分配）如表 6-20 所示。

表 6-20　$FX_{2N/3U}$ 数据寄存器、文件寄存器分类及地址号

分类	普通用途(共 8000 点)		特殊用途	供变址用	文件寄存器
数据、文件数据寄存器	D0～D199① 200 点	D200～D511② 312 点(供链路用) D512～D7999③ 7488 点(供滤波器用)	D8000～D8195④ 106 点 D8000～D8511⑤ 512 点	V0(V)～V7 Z0(Z)～Z7 16 点	D1000 以上的通用停电保持寄存器以 500 点为单位，可作为最大 7000 点的文件寄存器使用

① 非电池备用区域。利用参数设定，可变为电池备用（停电保持）区域。

② 电池备用区域（停电保持）。利用参数设定，可变为非电池备用区域。

③ 电池备用区域（停电保持）固定。（可利用 RST，ZRST 指令清除内容）。

④ 特殊用途数据寄存器种类及功能见书后附录一，没定义的软组件不要使用。

⑤ FX_{3U}PLC 的特殊用途数据寄存器有 512 个。

数据寄存器、文件寄存器都是 16 位（最高位为正负符号位）的，也可将 2 个数据寄存器组合，存储 32 位（最高位是正负符号位）的数值数据。

一个寄存器（16 位）处理的数值范围为－32，768～＋32，767。其数据表示如图 6-19(a) 所示。寄存器的数值读出与写入一般采用应用指令。而且可以从数据存取单元（显示器）与编程器直接读出/写入。

以 2 个相邻的数据寄存器表示 32 位数据（高位为大号，低位为小号。在变址寄存器中，V 为高位，Z 为低位），可处理－2，147，483，648～＋2，147，483，647 的数值。在指定 32 位时，如果指定低位（例如：D0），则高位继其之后的地址号（例如 D1）被自动占用。低位可用奇数或偶数的软组件地址号指定，考虑到外围设备的监视功能，低位请采用偶数软组件地址。其数据表示如图 6-19(b) 所示。

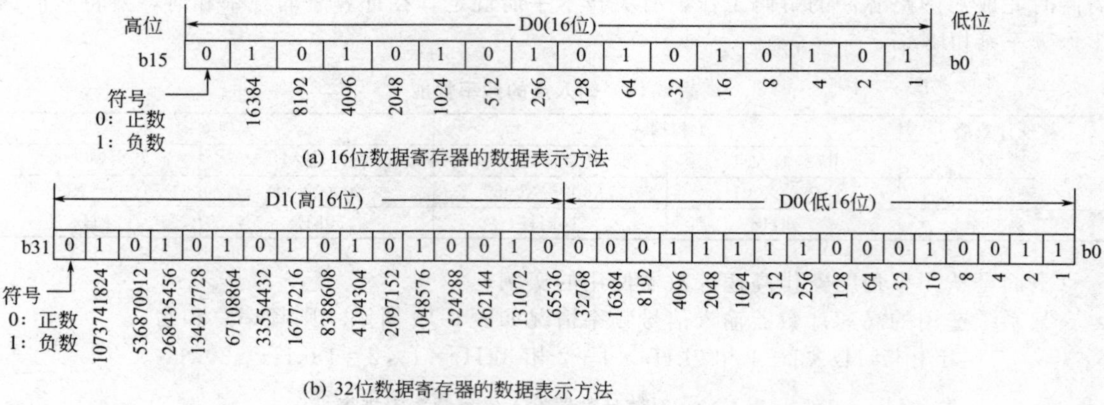

图 6-19　16 位、32 位数据寄存器的数据表示方法

1. 普通用途数据寄存器

普通用途数据寄存器中一旦写入数据，只要不再写入其他数据，就不会变化。但是在运行中停止时或停电时，所有数据被清除为 0（如果驱动特殊的辅助继电器 M8033，则可以保持）。而停电保持用的数据寄存器在运行中停止与停电时可保持其内容。

利用外围设备的参数设定，可改变普通用途与停电保持用数据寄存器的分配。而且在将停电保持用的数据寄存器用于普通用途时，在程序的起始步应采用复位（RST）或区间复位（ZRST）指令将其内容清除。

在并联通信中，D490～D509 被作为通信占用。

在停电保持用的数据寄存器内，D1000 以上的数据寄存器通过参数设定，能以 500 为单位用作文件数据寄存器。在不用作文件数据寄存器时，与通常的停电保持用的数据寄存器一样，可以利用程序与外围设备进行读出与写入。

2. 特殊用途数据寄存器

特殊用途的数据寄存器是指写入特定目的的数据，或事先写入特定的内容。其内容在电源接通时，置位于初始值。（一般清除为 0，具有初始值的内容，利用系统只读存储器将其写入）。例如图 6-20 中，利用传送指令（FNC12　MOV）向监视定时器时间的数据寄存器 D8000 中写入设定时间 250ms，并用监视定时器刷新指令 WDT 对其刷新。写入设定的时间值可以是十进制常数，也可以是计数器、数据寄存器中的值。

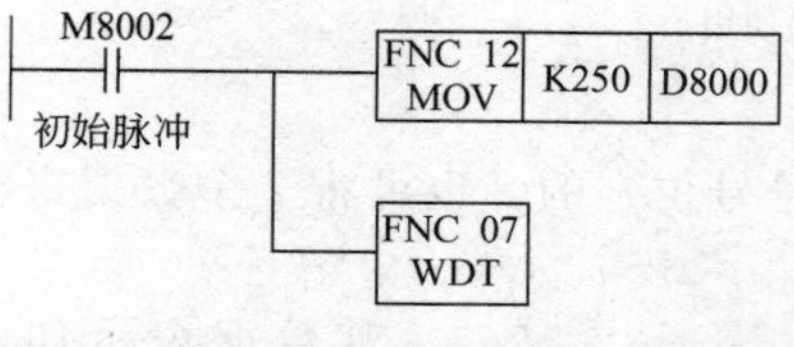

图 6-20　特殊用途数据寄存器写入特定数据

在程序中不使用的定时器和计数器可作为 16 位或 32 位的数据存储软组件（数据寄存器）使用。

3. 变址寄存器 [V、Z]

变址寄存器 V、Z 和通用数据寄存器一样，是进行数值数据读、写的 16 位数据寄存器。主要用于运算操作数地址的修改。

进行 32 位数据运算时，要用指定的 Z0～Z7 和 V0～V7 组合修改运算操作数地址，即：（V0，Z0），（V1，Z1）……（V7，Z7）。变址数据寄存器 V、Z 的组合如图 6-21 所示。

图 6-22 所示是变址寄存器使用说明，根据 V 与 Z 的内容修改软组件地址号，称为软组件的变址。

变址寄存器的内容除了可以修改软组件的地址号外，也可以修改常数，例如 K20V0，若（V0）＝18 时，则 K20V0 的十进制常数是 K38（20＋18＝38）。

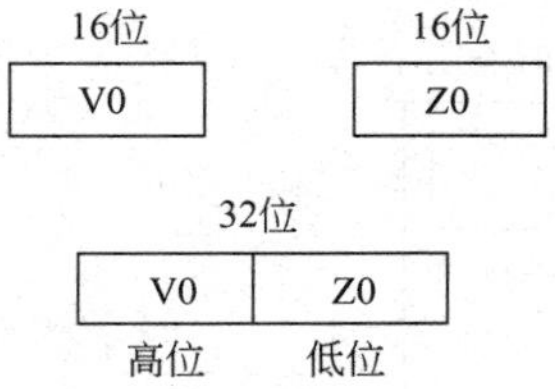

图 6-21　变址寄存器 V、Z 的组合

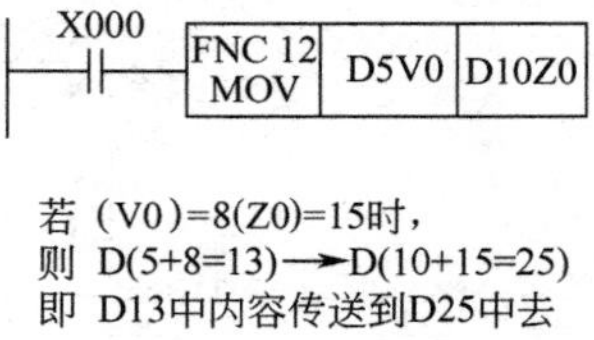

图 6-22　变址寄存器的使用说明

可以用变址寄存器进行变址的软组件是 X、Y、M、S、P、T、C、D、K、H、KnX、KnY、KnM、KnS（Kn□为位组合组件，见第 139 页中“3. 位组合元件的构成”）。但是，变址寄存器不能修改 V 与 Z 本身或位数指定用的 Kn 本身。例如 K4M0Z0 有效，而 K0Z0M0 无效。

图 6-23 是用变址寄存器在应用程序中改变输出软组件地址号的例子。该程序仅用有限次数的指令就实现了将 D10 或 D11 中内容所确定的脉冲量分别由 Y020 或 Y021 输出。切换输出软组件地址由 X010 的通/断确定。当 X010 闭合时，K0 值送入 Z0，X011 闭合时，执行 FNC 57 脉冲输出指令一次，将 D10 中脉冲量以 1kHz 的频率从 Y020 端输出；若 X010 断开，则 K1 值送入 Z0，X011 闭合时，执行 FNC 57 脉冲输出指令一次，则 D11 中脉冲量以 1kHz 的频率从 Y021 输出。

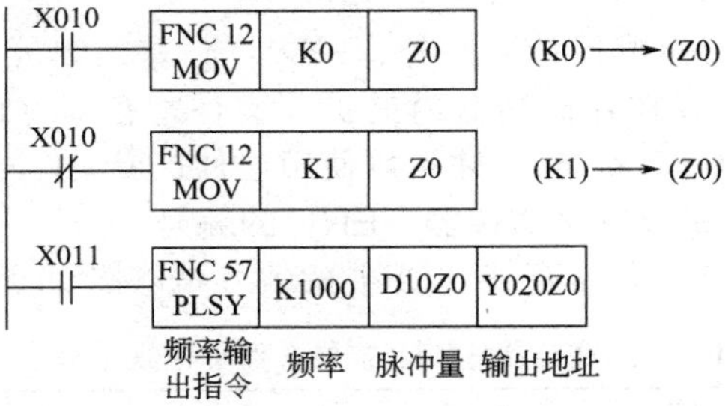

图 6-23　用变址寄存器改变输出软组件地址

4. 文件寄存器

在 $FX_{2N/3}$ 可编程控制器的数据寄存器区域内，D1000 号（包括 D1000）以上的数据寄存器称为通用停电保持寄存器，可作为最多 7000 点的文件寄存器处理。文件寄存器实际上是一类专用数据寄存器，用于存储大量的数据，例如采集数据、统计计算数据、多组控制参数等。

文件寄存器占用机内 RAM 存储器中的一个存储区 A，以 500 点为一个单位，最多可设置 500×14=7000 点。下面对设定文件寄存器时的处理加以说明。

图 6-24 是文件寄存器动作示意图。当 PLC 启动运行时，当 M8024=OFF 时，数据块传送指令（FNC15　BMOV）将内置 RAM 或是存储器盒内的文件寄存器区［A］中的数据成批传送到系统 RAM 内的文件寄存器区［B］中，供系统中除了数据块传送指令以外的应用指令对文件寄存器区 B 进行读写。反之，当 M8024=ON 时，也可以通过数据块传送指令（FNC15　BMOV）将系统 RAM 内的文件寄存器区［B］的数据成批传送到内置 RAM 或是存储器盒内的文件寄存器区［A］中，可参阅第八章图 8-36。

应注意的是，系统 RAM 内的文件寄存器区［B］中的软组件虽然具有停电保持功能，但是系统在停电后恢复电源启动时，文件寄存器区［B］中保存的停电前的变化数据将会被

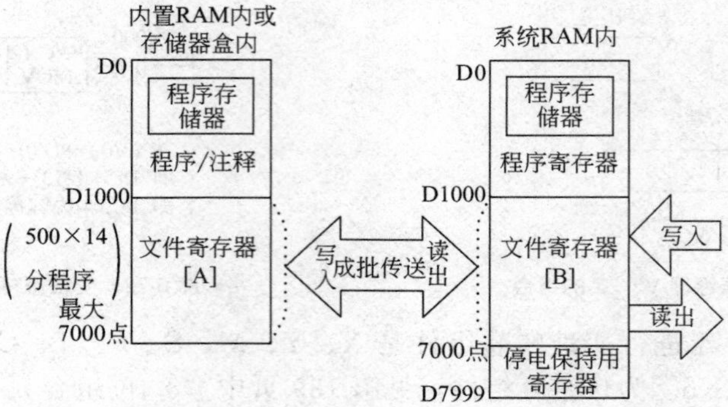

图 6-24　文件寄存器动作示意图

文件寄存器区［A］中数据初始化。若要保持文件寄存器区［B］中变化的数据，必须同时要将文件寄存器区［A］中数据更新为变化的数据。另外，外围设备要对文件寄存器［B］中软组件的“当前值”强制复位或清除时，应将文件寄存器区［A］中对应软组件进行修改［需要内置 RAM 或存储器内文件寄存器区［A］复位或为电可擦只读存储器（EEPROM）的存储卡的保护开关断开状态］，然后向文件寄存器区［B］中自动传送。

（七）$FX_{3U/3UC}$ 扩展寄存器［R］、扩展文件寄存器［ER］

$FX_{3U/3UC}$ 基本单元内置的机内 RAM 中具有扩展寄存器（R），是数据寄存器（D）用的软元件，具有后备电池进行停电保持。此外，$FX_{3U/3UC}$ 基本单元使用存储器盒时，扩展寄存器（R）的内容也可以保存在存储器盒内的扩展文件寄存器（ER）中，但是，只有使用了存储器盒的情况下（在 OFF 状态），才可以使用这种扩展文件寄存器（ER）。

1. 扩展寄存器 [R]、扩展文件寄存器 [ER] 的编号

扩展寄存器［R］、扩展文件寄存器［ER］的编号是以按 10 进制数分配的，如表 6-21。

表 6-21　扩展寄存器［R］、扩展文件寄存器［ER］的编号

$FX_{3U/3UC}$ 可编程控制器	扩展寄存器(R)(电池保持)	扩展文件寄存器(ER)(文件用)
	R0～R32767,计 32768 点	ER0～ER32767,计 32768 点①

① 仅在使用存储器盒的时候可以使用（保存在存储器盒的闪存中）。

2. 数据的存储地点和访问方法

由于扩展寄存器［R］和扩展文件寄存器［ER］所保存数据用的内存不同，因此，访问的存储地点和方法也不同。

（1）数据存储地点　扩展寄存器［R］的数据存储地点为内置的 RAM；扩展文件寄存器（ER）的存储地点为存储器盒（闪存）。

（2）访问方法　扩展寄存器［R］与扩展文件寄存器（ER）访问方法不尽相同，见表 6-22。

表 6-22　扩展寄存器［R］与扩展文件寄存器（ER）访问方法的差异

访问方法		扩展寄存器[R]	扩展文件寄存器(ER)
程序中读出		可以	仅专用指令可以
程序中写入		可以	仅专用指令可以
显示模块		可以	可以
数据的变更方法	GX Developer 的在线测试操作	可以	不可以
	使用 GX Developer 进行成批写入	可以	可以
	计算机链接功能	可以	不可以

（3）扩展寄存器［R］与扩展文件寄存器（ER）的构造及操作　扩展寄存器［R］与扩展文件寄存器（ER）均由 1 点 16 位构成，这种软元件与数据寄存器［D］相同，可以在应用指令等中用 16 位/32 位指令进行处理。

例如，可以使用应用指令对它们进行 16 位/32 位数据的读出/写入，也可以用人机界面、显示模块、编程工具直接进行读出/写入。

（八）关于软元件的停电保持区域的变更方法

上面介绍的软元件，除了定时器以外，可对［M］、［S］、［C］、［D］四类软元件，可以利用参数设定，变更停电保持区域的范围，步骤如下。

① 打开编程软件，在工程数据一览中选择［参数］，并双击［PLC 参数］，如图 6-25(a)；

② 在跳出的 FX 参数设置界面中，点击［软元件］，如图 6-25(b)；

③ 在跳出的 FX 参数设置界面中，生成一张表格，如图 6-25(c)，在表格中的锁存起始号和结束两列，修改停电保持型软元件的地址起始号和结束号，在下面点击“结束设置”，就完成了［M］、［S］、［D］三类字软元件停电保持区域的变更。

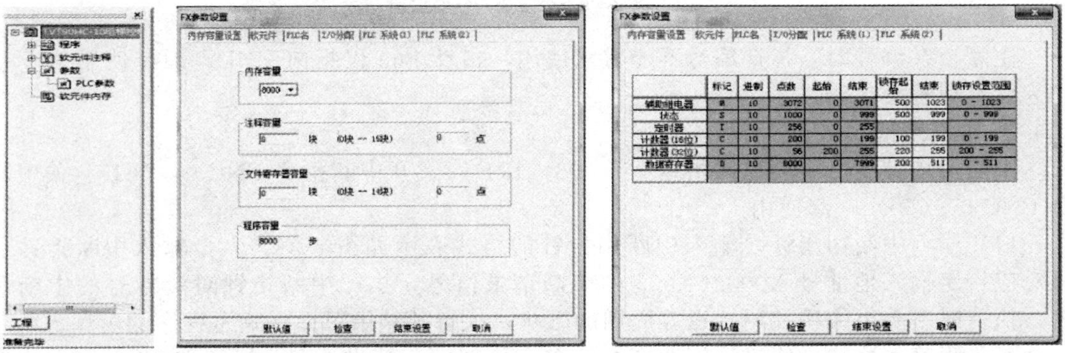

(a) 在工程数据中选择[参数]，双击[PLC参数]　(b) 在FX参数设置中点击[软元件]　(c) 锁存起始号及结束两列变更软元件的起始号和结束号，点[结束设置]

图 6-25　停电保持区域的变更

（九）指针［P/I］

指针用作跳转、中断等程序的入口地址、与跳转、子程序、中断程序等指令一起应用。按用途可分为分支用指针 P 和中断用指针 I 两类，其中中断用指针 I 又可分为输入中断用、定时器中断用和计数器中断用三种。其地址号采用十进制数分配，如表 6-23 所示。

表 6-23　$FX_{2N/3U}$ 系列 PLC 指针种类及地址分配

分支用指针	$FX_{2N/3U}$ 中断用指针		
	输入中断用	定时器中断用	计数器中断用
FX_{2N}	I00□(X000)		I010
P0～P127	I10□(X001)		I020
128 点	I20□(X002)	I6□□	I030
FX_{3U}	I30□(X003)	I7□□	I040
P0～P4095	I40□(X004)	I8□□	I050
4096 点	I50□(X005)	3 点	I060
	6 点		6 点

1. 分支用指针 P

分支用指针 P 用于条件跳转，子程序调用指令中，应用举例如图 6-26 所示。

图 6-26(a) 所示的是分支用指针在条件跳转指令中的使用，图中 X000 接通，执行条件跳转指令 CJ，程序跳转到指针指定的标号 P0 位置，执行其后的程序。

图 6-26(b) 所示的是分支用指针在子程序调用中的使用。当图中 X002 接通时，子程序调用指令 CALL 执行指针指定的 P1 标号位置的子程序，并从子程序的返回指令 FNC 02（SRET）处返回到原调用位置的下一条程序。

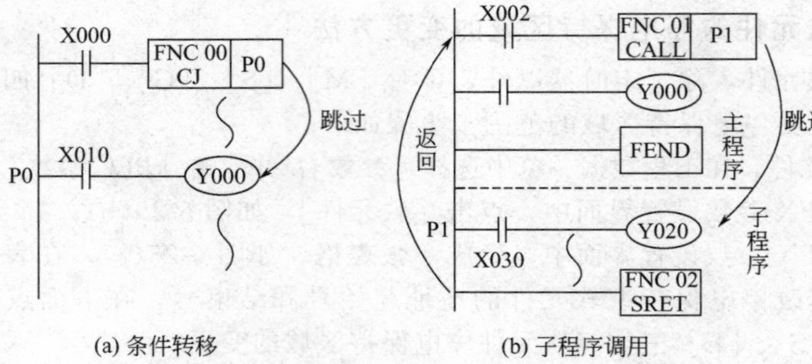

图 6-26　分支用指针的应用

注意，在编程时，指针编号不能重复使用，指针 P63 仅指向 END，因此使用 P36 指针作为标签编程会出错。

2. 中断用指针 I

中断用指针常与中断返回指令 FNC 03（IRET）、开中断指令 FNC 04（EI）、关中断指令 FNC 05（DI）一起使用。

(1) 输入中断用指针　输入中断用指针的格式表示如图 6-27。六个输入中断指针仅接收对应特定输入地址号 X000～X005 的中断请求信号，执行中断指针对应标号的中断子程序，执行时不受可编程控制器运算周期的影响，执行的结果可以影响主程序的运算。由于输入中断子程序可以响应比运算周期更短的多个外部中断请求信号，因而 PLC 厂家在制造中已对 PLC 作了必要的优先处理和短时脉冲的响应处理。

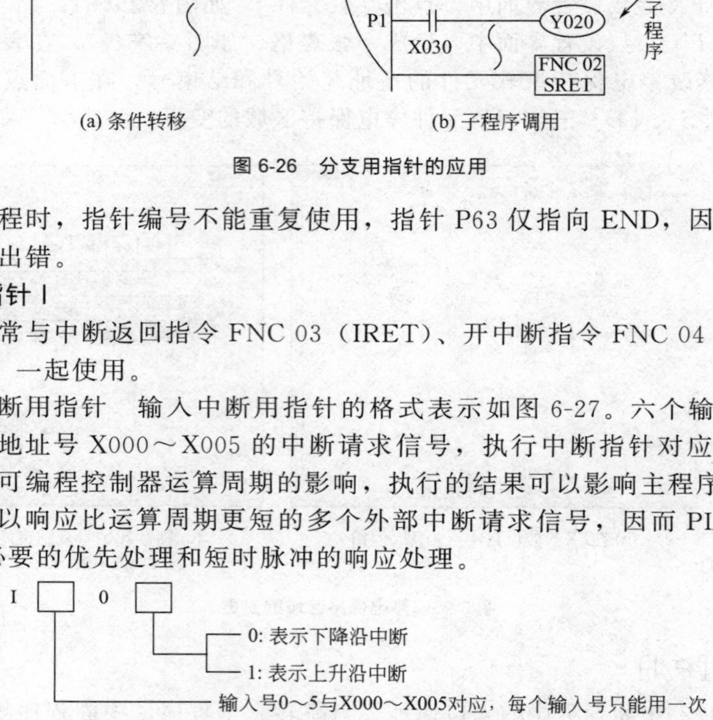

图 6-27　输入中断用指针的格式表示意义

例如，在主程序开中断程序区，当 I001 为标号的子程序接收到输入点 X000 由 OFF→ON 变化的中断请求信号时，执行中断子程序，并在执行到中断返回指令 IRET 时返回主程序。

(2) 定时器中断用指针　定时器中断用指针的格式表示如图 6-28(a)。用于需要指定中断时间执行中断子程序或需要不受 PLC 运算周期影响的循环中断处理控制程序。

定时器中断为机内信号中断。由指定编号为 I6～I8 的专用定时器控制。设定时间在 10～99ms 间选取。每隔设定时间中断一次。

例如 I610 为每隔 10ms 就执行标号为 I610 后面的中断程序一次，在中断返回指令 IRET 处返回。

(3) 计数器中断用指针　计数器中断用指针的格式表示如图 6-28(b)。根据可编程控制器内部的高速计数器的比较结果，执行中断子程序。用于优先控制利用高速计数器的计数结果。该指针的中断动作要与高速计数比较置位指令 FNC 53 HSCS 组合使用，如图 6-29 所示。

在图 6-29 中，当 X000＝ON 时，高速计数器 C255 的当前值不断与 K1000 比较，若相

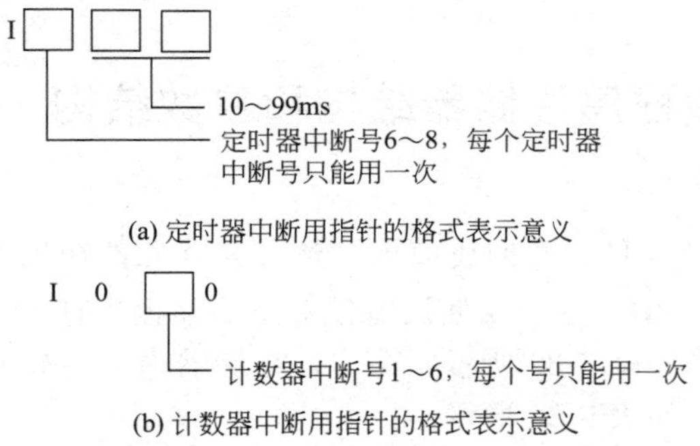

图 6-28　定时器、计数器中断指针的格式表示意义

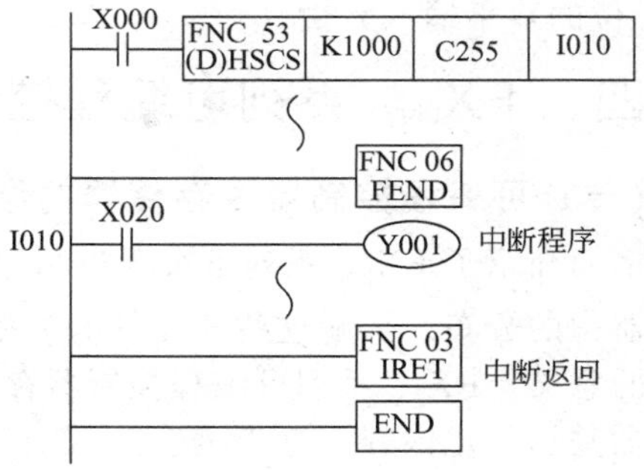

图 6-29　高速计数器中断动作示意图

等，发生中断，中断指针指向中断程序，执行中断程序后返回原来程序的下一条程序。

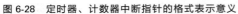

以上讨论的中断用指针的动作会受到机内特殊辅助继电器 M8050～M8059 的控制，如表 6-24 所示，它们若接通，则中断禁止。例如，M8059 接通，计数器中断全禁止。

表 6-24　特殊辅助继电器中断禁止控制

编号	名称	备注
M8050＝ON	I00□禁止	输入中断禁止
M8051＝ON	I10□禁止	
M8052＝ON	I20□禁止	
M8053＝ON	I30□禁止	
M8054＝ON	I40□禁止	
M8055＝ON	I50□禁止	
M8056＝ON	I60□禁止	定时器中断禁止
M8057＝ON	I70□禁止	
M8058＝ON	I80□禁止	
M8059＝ON	I010～I060 禁止	计数器中断禁止

三、数据类软元件的结构形式

1. 字元件的基本形式

$FX_{2N/3}$ 系列 PLC 数据类字元件的基本结构为 16 位存储单元，最高位（第 16 位）为符号位，如图 6-19(a) 所示。机内的 T、C、D、V、Z、R、ER 元件均为 16 位字元件。

2. 双字元件的结构形式

为了实现 32 位数据的运算、传送和存储，可以用两个字元件构成 32 位的“双字元件”，其中低位字元件存储 32 位数据的低 16 位部分，高位字元件存储 32 位数据的高 16 位部分。最高位（第 32 位）为符号位。在指令中表示双字元件时，一般只指出低位字元件的地址号，高位字元件被隐藏，但被指令所占用。虽然取奇数或偶数地址作为双字元件的低位是任意的，但为了减少元件安排上的错误，建议用偶数作为双字元件的低位字元件号。

3. 位组合元件的构成

在可编程控制器中，除了大量使用的是二进制数据以外，也常希望能用一种方法来反映十进制数据。FX_{2N} 系列 PLC 中是采用 4 个位元件的状态来表示一位十进制数据的，称为 BCD 码（也称 8421 码）。由此而产生了位组合元件。位组合元件常用输入继电器 X、输出继电器 Y、辅助继电器 M 和状态继电器 S 这样的位元件组合而成，用 KnX、KnY、KnM、KnS 等形式表示，式中 Kn 指有 n 组 4 位的组合元件。例如 K1X000 表示由 X000～X003 四位位元件组合，若 n＝2，即 K2M0，则由 M0～M7 八个连号的辅助继电器组成，同理，若是 K4Y000，则由 Y000～Y017 十六个输出继电器组合，构成了字元件，而 K8X000 则构成了 32 位的双字输入元件。

四、$FX_{2N/3}$ 系列可编程控制器中程序存储器结构和参数结构

（一）可编程控制器中存储器的结构

上面介绍了 FX_{2N} 系列可编程控制器的全部软元件，我们还应该清楚各类软元件在机内存储器中的分布。了解这些软元件的类型、数量、编号区间及使用特性对正确编程具有十分重要的意义。FX_{2N} 系列可编程控制器存储器结构如图 6-30 所示。图中，存储器内的各软元件根据其初始化内容，分为 A、B、C 三种类型，如表 6-25 所示。

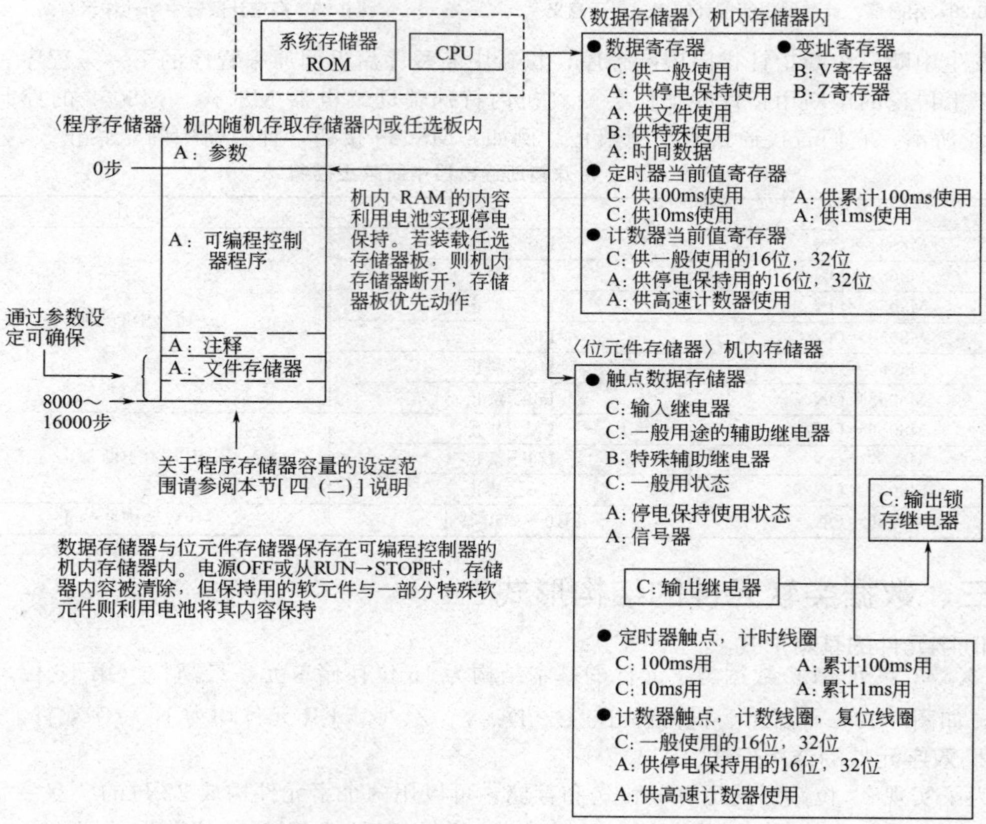

图 6-30　FX_{2N} 型 PLC 存储器分配图

表 6-25　存储器种类及初始化状态

存储器类型	电源 OFF	电源 OFF→ON	STOP→RUN	RUN→STOP
A 型：有电池后备的存储器	数值保持不变			
B 型：特殊辅助继电器、特殊数据寄存器、变址寄存器	清 0	置初始化值	不变①	
C 型：其他无电池后备的存储器	清 0		不变	清 0
			M8033 接通时不变化	

① 部分内容在 STOP→RUN 时被清除。

（二）可编程控制器中存储器容量的设定

图 6-29 中可编程控制器程序存储器，若容量不能满足需要，可安装选件存储器板进行容量扩展。选件存储器板种类如表 6-26 所示。

表 6-26 FX_{2N} 机型程序存储器容量及扩展设定

设定内容	机内存储器	FX_{2N} 机型可选的存储器板①		
		EEPROM-4	EEPROM-8	EEPROM-16 EEPROM-8 RAM-8
顺控程序	0～8K 步	0～4K 步	0～8K 步	0～16K 步
文件寄存器	0～7K 步	0～4K 步	0～7K 步	0～7K 步
注释	0～8K 步	0～4K 步	0～8K 步	0～16K 步
合计	最大 8K，也可采用 2K/4K 模式	最大 4K 也可采用 2K	最大 8K，也可采用 2K/4K 模式	最大 16K，也可采用 2K/4K/8K 模式

① 安装选件存储器板，则机内存储器断开，存储器板优先动作。

五、FX_{3U} 系列 PLC 的功能与扩展

FX_{3U} 系列 PLC 兼容 FX_{2N} 系列 PLC 的全部功能，主要区别在于编程功能、内部软组件资源、输入、输出扩展和特殊通信功能模块方面。

（一）编程功能的扩展

FX_{3U} 系列 PLC 与 FX_{2N} 系列 PLC 的编程功能相比，如表 6-27 所示。

表 6-27 FX_{3U} 系列 PLC 与 FX_{2N} 系列 PLC 的编程功能比较

编程功能比较项目	FX_{3U} 系列 PLC 编程功能	FX_{2N} 系列 PLC 编程功能
编程语言	指令表、梯形图(STL)、步进状态转移图(SFC 图)	
用户存储器容量	64K 步	8K 步
基本逻辑控制指令	顺控基本指令 29 条	顺控基本指令 27 条
步进指令	2 条	
应用指令	211 种	128 种
输入/输出最大总点数	384 点	256 点
指令处理速度	基本指令：0.065μs/条，应用指令：0.642～几百微秒/条	基本指令：0.08μs/条

另外，FX_{3U} 系列 PLC 由于增加了执行高精度运算的浮点数运算指令和字符串处理指令，弥补了 FX_{2N} 系列 PLC 以下不具有的功能。

1. 可以将实数用 E 表示实数常数，便于执行高精度的浮点数运算

E 是表示实数（浮点数数据）的符号，主要用于指定应用指令的操作数的数值。

例如：1.234 可用 E1.234 表示实数常数；E1.234+3 表示实数 1.234×10^3

实数的指定范围为 $-1.0*2^{128}\sim-1.0*2^{-126}$，0，$1.0*2^{-126}\sim1.0*2^{128}$。

在顺控程序中实数可以指定“普通表示”和“指数表示”两种：

普通表示就将设定的数值指定，例如，12.6578 就以 E12.6578 指定；

指数表示设定的数值以（数值）$\times10^n$ 指定，例如，1623 以 E1.623+3 指定，+3 表示 10^3。

2. 可以进行字符串处理

FX_{3U} 系列 PLC 在应用指令的操作数中可以直接指定字符串的字符串常数和字符串数据。

（1）字符串常数（“ABC”）的指定　字符串是顺控程序中直接指定字符串的软元件。以“”框起来的半角字符，例如：“ABCD1257”。字符串中可以使用 JIS8 代码。但是，字符串最多只能指定 32 个字符。

（2）字符串数据的指定　字符串的数据，从指定软元件开始，到 NUL 代码（00H）为止以字节为单位被视为一个字符串。但是，在指定位数的位软元件中体现字符串数据的时候，由于指令为 16 位长度，所以包含象征字符串数据结束的 NUL 代码（00H）的数据也需要是 16 位。正确的字符串数据如图 6-31 所示。如果出现以下情况时，应用指令中会出现运

算错误。(错误代码为：K6706)：

① 在应用指令的源程序中指定了软元件编号以后，相应软元件范围内未设定［00H］的情况。

② 在应用指令的嵌套指定的软元件中，保存字符串数据（包含了表示字符串数据的末尾的［00H］或［0000H］）用的软元件数不够的情况。

a. 字软元件中保存的字符串数据

- 能够识别为字符串数据的例子（末尾有［00H］或［0000H］），如图 6-31 所示。
- 不能识别为字符串数据的例子（末尾没有［00H］或［0000H］），如图 6-32 所示。

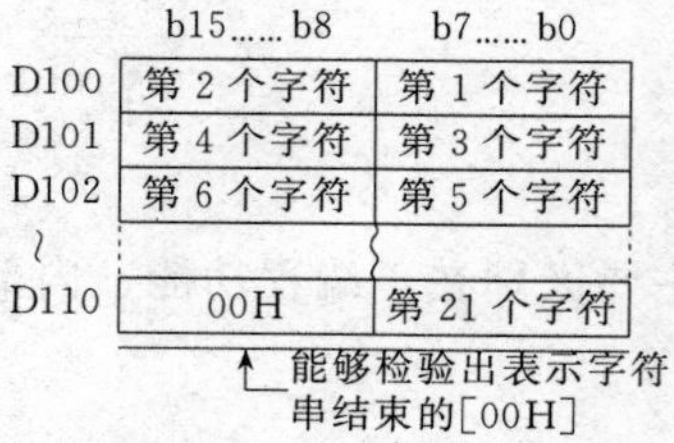

图 6-31　正确的字符串数据（字软元件）

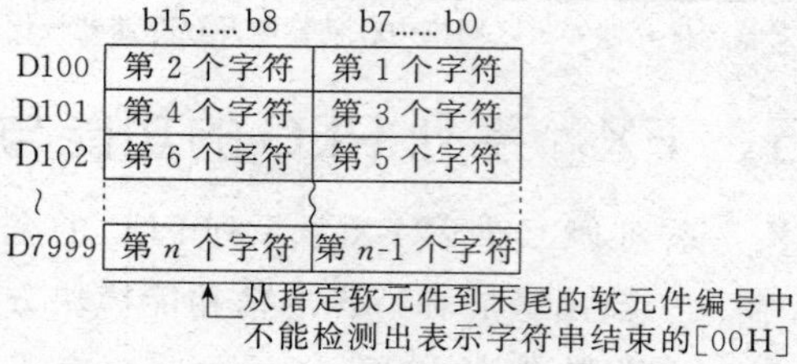

图 6-32　无法识别的字符串（字软元件）

b. 位数指定的位软元件中保存的字符串

- 能够识别为字符串数据的例子，如图 6-33 所示。
- 不能识别为字符串数据的例子，如图 6-34 所示。

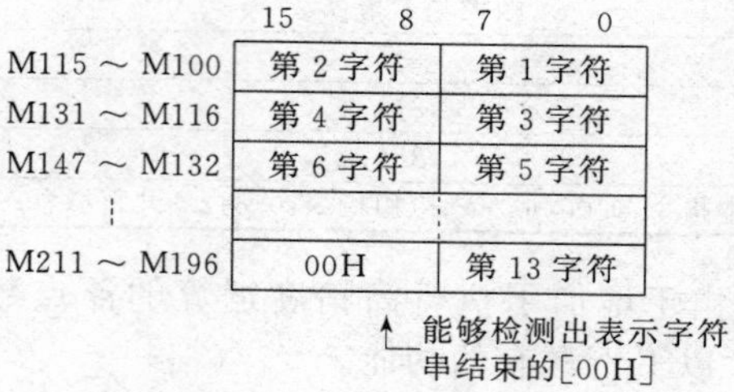

图 6-33　正确的字符串数据（位软元件）

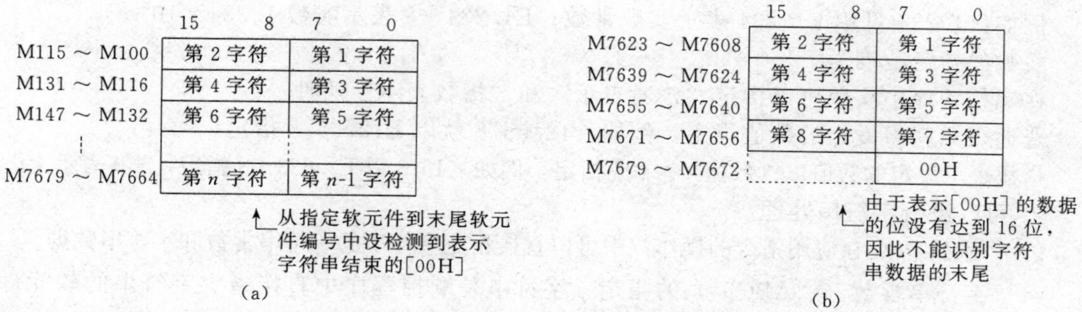

图 6-34　无法识别的字符串数据（位软元件）

3. 可以对字软元件的位数据进行指定（D□. b）

FX_{3U} 系列 PLC 可以对指定的字软元件的位，作为位数据使用。指定字软元件的位时，请使用字软元件地址编号和位编号（十六进制数）进行指定，例如：D0. 9 表示指定数据寄存器 D0 的第 9 位编号数据。注意，对指定的软元件地址编号、位编号不能执行变址修饰。

字软元件的对象：数据寄存器或特殊数据寄存器。

位编号表示：0～F（十六进制），如图 6-35 所示。

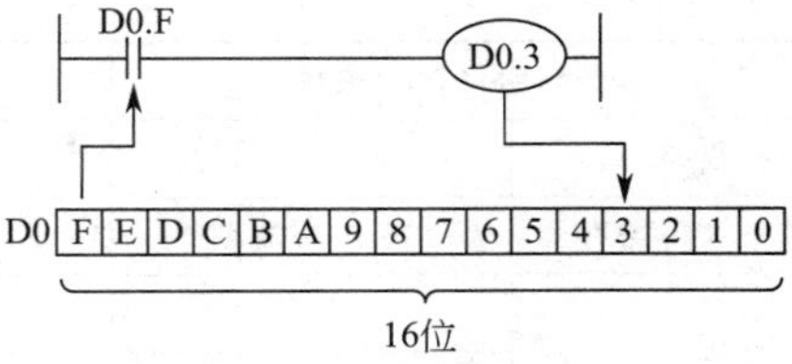

图 6-35　字软元件的位的指定

4. 可能对连接的特殊功能单元或模块的缓冲存储器直接指定

FX_{3U} 系列 PLC 基本单元右侧可最多连接八个特殊功能模块或单元，其编号从基本单元开始为 U0～U7，并可能直接对某个特殊功能模块或特殊单元内的缓冲存储器（BFM）指定，进行其数据操作。BFM 一般为 16 位或 32 位的字数据，可作为应用指令的操作数。

指定连接的特殊功能模块或特殊单元内的缓冲存储器方法是：U□＼G□，U□表示特殊功能模块或单元号，方框为连接的位置号 0～7。G□表示指定的特殊功能模块或特殊单元内的缓冲存储器号，指定范围为 0～32766。例如：U0＼G12，表示 0 号位置模块内的♯12BFM，其应用如图 6-36(a)。

另外，对 BFM 编号可能允许变址，如图 6-36(b) 所示。

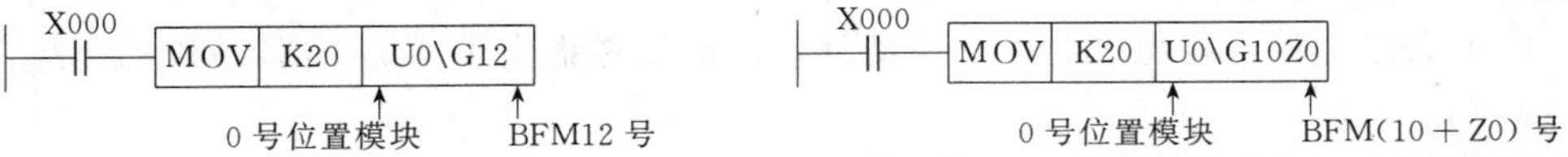

(a)将 K20 传送到 U0\G12 中　　(b)对 10 号 BFM 进行变址修改为(10＋Z0)号 BFM

图 6-36　对指定的模块缓冲单元传送数据

（二）内部软组件资源

FX_{3U} 系列 PLC 与 FX_{2N} 系列 PLC 的内部软组件比较，见表 6-28 所示。

表 6-28　FX_{3U} 系列 PLC 与 FX_{2N} 系列 PLC 内部软组件比较

<table>
<tr><th colspan="2">内部软组件比较项目</th><th>FX_{3U} 系列 PLC 内部软组件</th><th>FX_{2N} 系列 PLC 内部软组件</th></tr>
<tr><td rowspan="3">辅助继电器</td><td>普通型</td><td colspan="2">M0～M499,共 500 个</td></tr>
<tr><td>停电保持型</td><td>M500～M7679,共 7180 个</td><td>M500～M3071,共 2572 个</td></tr>
<tr><td>特殊型</td><td>M8000～M8511,共 512 个</td><td>M8000～M8255,共 256 个</td></tr>
<tr><td rowspan="4">状态继电器</td><td>初始状态</td><td colspan="2">S0～S10,共 10 个</td></tr>
<tr><td>普通状态</td><td colspan="2">S10～S499,共 490 个</td></tr>
<tr><td>停电保持型</td><td>S500～S899,S1000～S4095,共 3496 个</td><td>S500～S899,共 400 个</td></tr>
<tr><td>信号报警器用</td><td colspan="2">S900～S999,共 100 个</td></tr>
<tr><td rowspan="3">定时器</td><td>100ms</td><td colspan="2">普通型:T0～T199,200 个,积算型:T250～T255,6 个</td></tr>
<tr><td>10ms</td><td colspan="2">普通型:T200～T245,46 个,</td></tr>
<tr><td>1ms</td><td>积算型:T246～T249,4 个
普通型:T256～T511,256 个,</td><td>积算型:T246～T249,4 个</td></tr>
<tr><td rowspan="6">计数器</td><td>16 位普通型</td><td colspan="2">C0～C99,计 100 个加计数器</td></tr>
<tr><td>16 位停电保持型</td><td colspan="2">C100～C199,计 100 个加计数器</td></tr>
<tr><td>32 位普通型</td><td colspan="2">C200～C219,计 20 个加/减计数器</td></tr>
<tr><td>32 位停电保持型</td><td colspan="2">C220～C234,计 15 个加/减计数器</td></tr>
<tr><td rowspan="2">32 位高速计数器</td><td colspan="2">C235～C255,计 21 个高速计数器</td></tr>
<tr><td>可同时使用 8 个高速计数器</td><td>可同时使用 6 个高速计数器</td></tr>
<tr><td rowspan="5">数据寄存器</td><td>16 位普通型</td><td colspan="2">D0～D199,计 200 个</td></tr>
<tr><td>16 位停电保持型</td><td colspan="2">D200～D7999,计 7800 个</td></tr>
<tr><td>文件数据寄存器</td><td colspan="2">D1000～D7999,区域参数设定,最大 7000 个</td></tr>
<tr><td>16 位特殊用途</td><td>D8000～D8511,计 512 个</td><td>D8000～D8195,计 106 个</td></tr>
<tr><td>16 位变址型</td><td colspan="2">V0～V7,Z0～Z7,计 16 个</td></tr>
</table>

续表

内部软组件比较项目		FX_{3U} 系列 PLC 内部软组件	FX_{2N} 系列 PLC 内部软组件
扩展寄存器	16 位停电保持型	R0～R32767(内置 RAM 中)	无
扩展文件寄存器	16 位普通型	ER0～ER32767[存储器盒(闪存)]	无
指针	分支指针	P0～P4095,计 4096 个	P0～P127,计 128 个
	输入中断指针	I00□～I50□,计 6 个	
	定时中断指针	I6□□～I8□□,计 3 个	
	计数中断指针	I010～I060,计 6 个	

（三）输入/输出扩展组件

FX_{3U} 系列 PLC 的输入/输出扩展组件，可使用 FX_{0N} 和 FX_{2N} 系列的扩展模块或扩展单元，扩展方法与 FX_{2N} 系列相似。

使用 FX_{3U} 的 I/O 扩展设备时，PLC 系统的 I/O 总数会受到如下限制：

主机的 I/O 点数与使用 CC-Link 连接的远程 I/O 点数，均不得超过 256 点，两者合计的输入/输出点的总数不能超过 384 点，此外，还需要考虑由于增加 PLC 特殊功能模块而占用的 I/O 点。

（四）特殊功能模块

FX_{3U} 系列 PLC 的特殊功能扩展模块与 FX_{2N} 系列 PLC 的特殊功能扩展模块基本相同。FX_{3U} 系列 PLC 的特殊功能扩展模块主要包括温度测量与调节模块、高速计数、脉冲输出、定位模块等等，可查阅 FX_{3U} 系列的特殊功能模块产品手册。

（五）FX_{3U} 系列 PLC 具有扩展寄存器［R］和扩展文件寄存器［ER］

FX_{3U} 系列 PLC 除了系统 RAM 以外，还具有机内 RAM 和存储器盒中的闪存卡，它们不仅有与系统 RAM 中对应的数据寄存器和文件寄存器一致的编号外，在机内 RAM 中还有 R0～R32767，计 32768 个扩展寄存器，在存储器盒（闪存）中有 ER0～ER32767，计 32768 个扩展文件寄存器，它们均为 16 位寄存器，可用 FNC290～FNC295 应用指令对扩展文件寄存器［ER］和扩展存器［R］进行信息读、写/删除或初始化，（可参阅第八章第十四节的 FNC290～FNC295 应用指令介绍）。

第三节　$FX_{2N/3U}$ 系列可编程控制器的基本指令及应用

FX_{2N} 系列 PLC 的基本（顺控）指令为 27 条，而 FX_{3U} 系列 PLC 的基本（顺控）指令为 29 条，步进指令均为 2 条（将在第七章介绍），本节将介绍 $FX_{2N/3U}$ 系列 PLC 的基本指令以及由它们根据逻辑关系而集合构成的指令表程序。指令表程序与梯形图程序有严格的一一对应关系，并可互相转换。梯形图是用类似于继电-接触控制线路的图形符号及图形符号间的相互逻辑关系来表达控制思想的一种图形程序，而指令表则是图形符号及它们之间逻辑关系的语句表述。

$FX_{2N/3U}$ 系列可编程控制器的基本指令如表 6-29 所示。

表 6-29　$FX_{2N/3U}$ 基本指令一览表

助记符名称	功能	梯形图表示及可用元件
[LD] 取	逻辑运算开始与左母线连接的常开触点	XYMSTC
[LDI] 取反	逻辑运算开始与左母线连接的常闭触点	XYMSTC
[LDP] 取脉冲	逻辑运算开始与左母线连接的上升沿检测	XYMSTC
[LDF] 取脉冲	逻辑运算开始与左母线连接的下降沿检测	XYMSTC
[AND] 与	串联连接常开触点	XYMSTC
[ANI] 与非	串联连接常闭触点	XYMSTC
[ANDP] 与脉冲	串联连接上升沿检测	XYMSTC
[ANDF] 与非脉冲	串联连接下降沿检测	XYMSTC
[OR] 或	并联连接常开触点	XYMSTC
[ORI] 或非	并联连接常闭触点	XYMSTC
[ORP] 或脉冲	并联连接上升沿检测	XYMSTC
[ORF] 或非脉冲	并联连接下降沿检测	XYMSTC
[ANB] 电路块与	并联电路块的串联连接	
[ORB] 电路块或	串联电路块的并联连接	

助记符名称	功能	梯形图表示及可用元件
[OUT] 输出	线圈驱动指令	YMSTC
[SET] 置位	线圈接通保持指令	SET YMS
[RST] 复位	线圈接通清除指令	RST YMSTCD
[PLS] 上沿脉冲	上升沿微分输出指令	PLS YM
[PLF] 下沿脉冲	下降沿微分输出指令	PLF YM
[MC] 主控	公共串联点的连接线圈	MC N YM
[MCR] 主控复位	公共串联点的清除指令	MCR N
[MPS] 进栈	连接点数据入栈	MPS
[MRD] 读栈	从堆栈读出连接点数据	MRD
[MPP] 出栈	从堆栈读出数据并复位	MPP
[INV] 反转	运算结果取反	INV
[MEP] M. E. P	上升沿时导通	
[MEF] M. E. F	下降沿时导通	
[NOP] 空操作	无动作	变更程序中替代某些指令
[END] 结束	顺控程序结束	顺控程序结束返回到 0 步

一、逻辑取及线圈驱动（LD、LDI、OUT）指令

1. 指令助记符及功能

LD、LDI、OUT 指令的功能、梯形图表示、可操作组件、程序步如表 6-30 所示。

表 6-30　指令助记符及功能

符号、名称	功能	梯形图表示和可操作组件	程序步
LD　取	逻辑运算开始的常开触点	X,Y,M,S,T,C	1
LDI 取反	逻辑运算开始的常闭触点	X,Y,M,S,T,C	1
OUT(输出)	线圈驱动指令	Y,M,S,T,C	Y、M:1;S,特 M:2;T:3;C:3～5

注：当使用停电保持型辅助继电器 M1536～M3071 时，程序步加 1。

2. 指令说明

① LD、LDI 指令可用于将触点与左母线连接，也可以与后面介绍的 ANB、ORB 指令

配合使用于分支起点处。

② OUT 指令是对输出继电器 Y、辅助继电器 M、状态继电器 S、定时器 T、计数器 C 的线圈进行驱动的指令，但不能用于输入继电器。OUT 指令可多次并联使用。

3. 编程应用

图 6-37 给出了本组指令的梯形图实例，并配有指令表。需指出的是：图中的 OUT M100 和 OUT T0 是线圈的并联使用。另外，定时器或计数器的线圈在梯形图中或在使用 OUT 指令后，必须设定十进制常数 K，或指定数据寄存器的地址号。

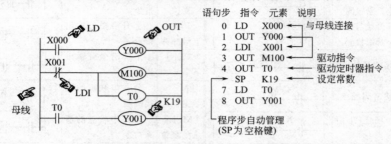

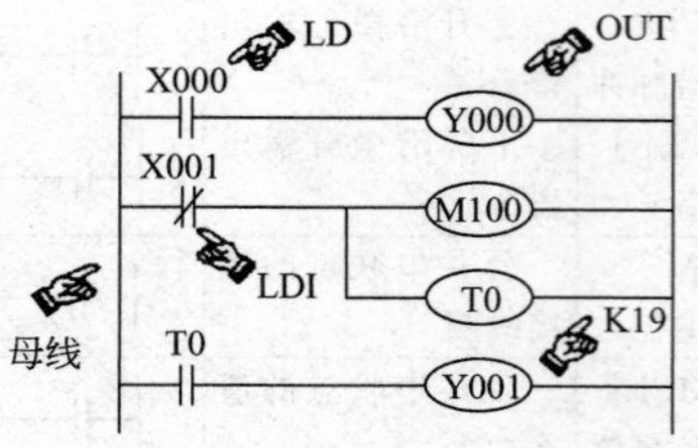

语句步	指令	元素	说明
0	LD	X000	与母线连接
1	OUT	Y000	驱动指令
2	LDI	X001	
3	OUT	M100	驱动指令
4	OUT	T0	驱动定时器指令
	SP	K19	设定常数
7	LD	T0	
8	OUT	Y001	

程序步自动管理（SP为空格键）

图 6-37　LD、 LDI、 OUT 指令的编程应用

二、触点串联（AND、ANI）指令

1. 指令助记符及功能

AND、ANI 指令的功能、梯形图表示、可操作组件、程序步如表 6-31 所示。

表 6-31　触点串联指令助记符及功能

符号、名称	功能	梯形图表示和可操作组件	程序步
AND 与	常开触点串联连接	X、Y、M、S、T、C	1
ANI 与非（And Inverse）	常闭触点串联连接	X、Y、M、S、T、C	1

注：当使用 M1536～M3071 时，程序步加 1。

2. 指令说明

① AND、ANI 指令为单个触点的串联连接指令。AND 用于常开触点。ANI 用于常闭触点。串联触点的数量不受限制。

② OUT 指令后，可以通过触点对其他线圈使用 OUT 指令，称之为纵接输出或连续输出。例如，下面图 6-38 中就是在 OUT　M101 之后，通过触点 T1，对 Y004 线圈使用 OUT 指令，这种纵接输出，只要顺序正确可多次重复。但限于图形编程器的限制。应尽量做到一行不超过 10 个接点及一个线圈，总共不要超过 24 行。

3. 编程应用

图 6-38 给出了本组指令应用的梯形图和指令表程序实例。

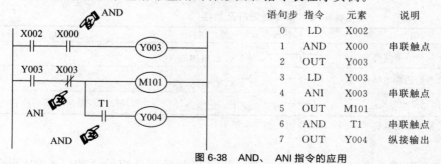

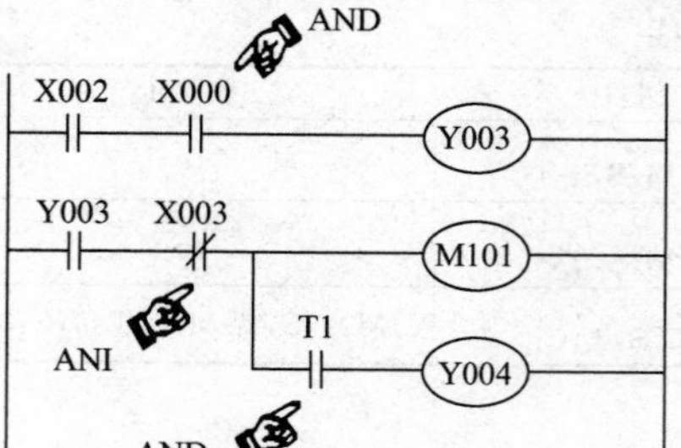

语句步	指令	元素	说明
0	LD	X002	
1	AND	X000	串联触点
2	OUT	Y003	
3	LD	Y003	
4	ANI	X003	串联触点
5	OUT	M101	
6	AND	T1	串联触点
7	OUT	Y004	纵接输出

图 6-38　AND、 ANI 指令的应用

在图 6-38 中驱动 M101 之后再通过触点 T1 驱动 Y004 的。但是，若驱动顺序换成图 6-39 的形式，则必须用后述的栈操作指令 MPS 与 MPP 进行处理。

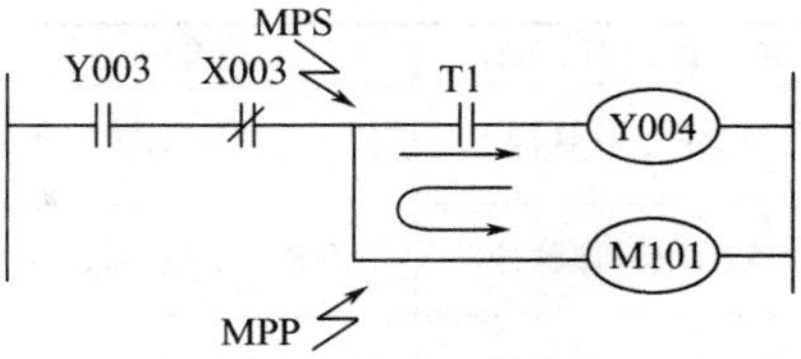

图 6-39　MPS、 MPP 指令的关系

三、触点并联（OR、ORI）指令

1. 指令助记符及功能

OR、ORI 指令的功能、梯形图表示、可操作组件、程序步如表 6-32 所示。

表 6-32　触点并联指令助记符及功能

符号、名称	功能	梯形图表示和可操作组件	程序步
OR 或	常开触点并联连接	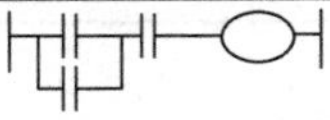 X、Y、M、S、T、C	1
ORI 或非 (Or Inverse)	常闭触点并联连接	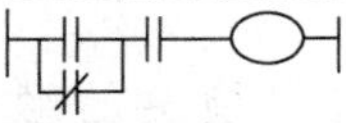 X、Y、M、S、T、C	1

注：当使用 M1536～M3071 时，程序步加 1。

2. 指令说明

① OR、ORI 指令是单个触点的并联连接指令。OR 为常开触点的并联，ORI 为常闭触点的并联。

② 与 LD、LDI 指令触点并联的触点要使用 OR 或 ORI 指令，并联触点的个数没有限制，但限于编程器和打印机的幅面限制，尽量做到 24 行以下。

③ 若两个以上触点的串联支路与其他回路并联时，应采用后面介绍的电路块或（ORB）指令。

3. 编程应用

触点并联指令应用程序如图 6-40 所示。

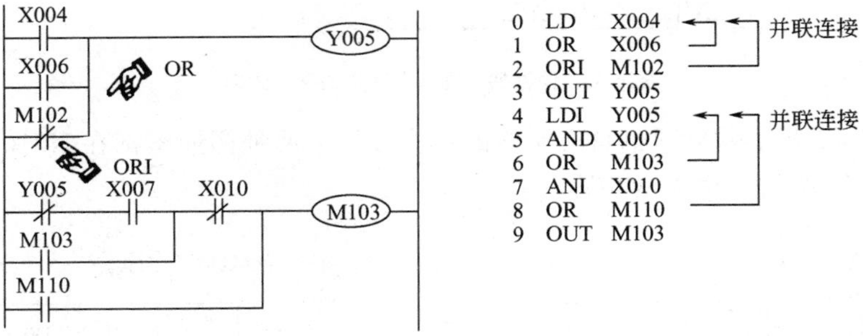

图 6-40　OR、 ORI 指令的使用

四、脉冲指令

1. 指令助记符及功能

脉冲指令的助记符及功能、梯形图表示和可操作组件等如表 6-33 所示。

表 6-33　脉冲指令助记符及功能

指令助记符、名称	功能	梯形图表示和可操作组件	程序步
LDP　取脉冲	上升沿检测运算开始	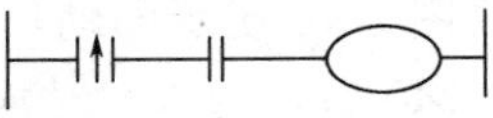 X、Y、M、S、T、C	1

续表

指令助记符、名称	功能	梯形图表示和可操作组件	程序步
LDF　取脉冲	下降沿检测运算开始	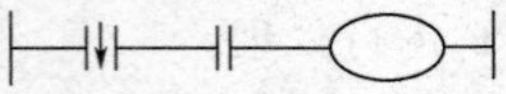 X,Y,M,S,T,C	1
ANDP　与脉冲	上升沿检测串联连接	 X,Y,M,S,T,C	1
ANDF　与脉冲	下降沿检测串联连接	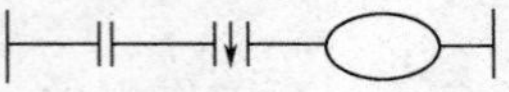 X,Y,M,S,T,C	1
ORP　或脉冲	上升沿检测并联连接	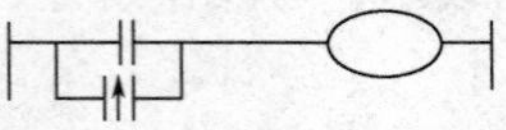 X,Y,M,S,T,C	1
ORF　或脉冲	下降沿检测并联连接	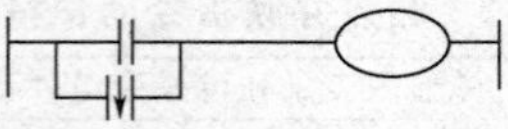 X,Y,M,S,T,C	1

当使用 M1536～M3071 时，程序步加 1。

2. 指令说明

① LDP，ANDP，ORP 指令是进行上升沿检测的触点指令，仅在指定位软组件由 OFF→ON 上升沿变化时，使驱动的线圈接通 1 个扫描周期后变为 OFF 状态。

② LDF，ANDF，ORF 指令是进行下降沿检测的触点指令，仅在指定位软组件由 ON→OFF 下降沿变化时，使驱动的线圈接通 1 个扫描周期后变为 OFF 状态。

③ 利用取脉冲指令驱动线圈和用脉冲指令驱动线圈（后面介绍），具有同样的动作效果。如图 6-41 所示，两种梯形图都在 X010 由 OFF→ON 变化时，使 M6 接通一个扫描周期后变为 OFF 状态。

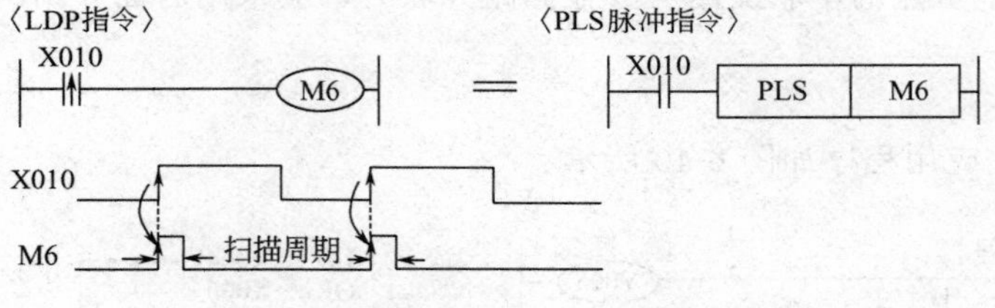

图 6-41　两种梯形图具有同样的动作效果

同样，图 6-42 两个梯形图也具有同样的动作效果。两种梯形图都在 X010 由 OFF→ON 变化时，只执行一次传送指令 MOV。

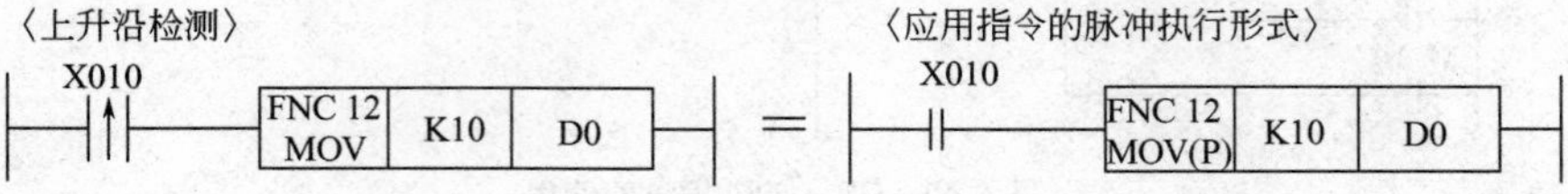

图 6-42　两种取指令均在 OFF→ON 变化时，执行一次 MOV 指令

3. 编程应用

脉冲检测指令应用与编程如图 6-43 所示。在图中当 X000～X002 由 OFF→ON 时或由 ON→OFF 变化时，M0 或 M1 接通 1 个扫描周期的时间后变为 OFF 状态。

4. 脉冲检测指令对辅助继电器地址号不同范围造成的动作差异

在将 LDP，LDF，ANDP，ANDF，ORP，ORF 指令的软组件指定为辅助继电器（M）时，该软组件的地址号范围不同造成图 6-44 所示的动作差异。

在图 6-44(a) 中，由 X000 驱动 M0 后，与 M0 对应的①～④的所有触点都动作。其中

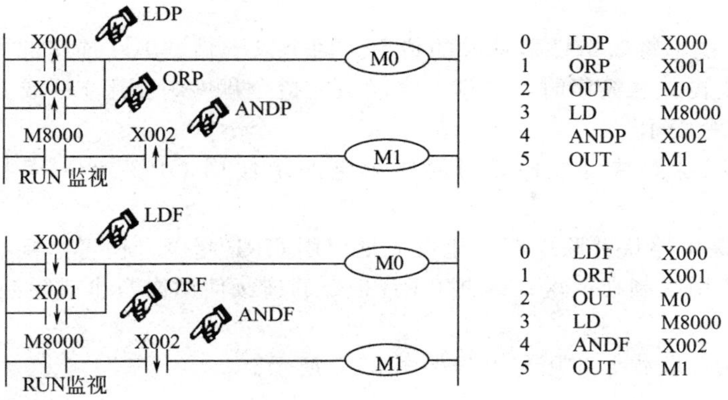

图 6-43　脉冲检测指令的应用与编程

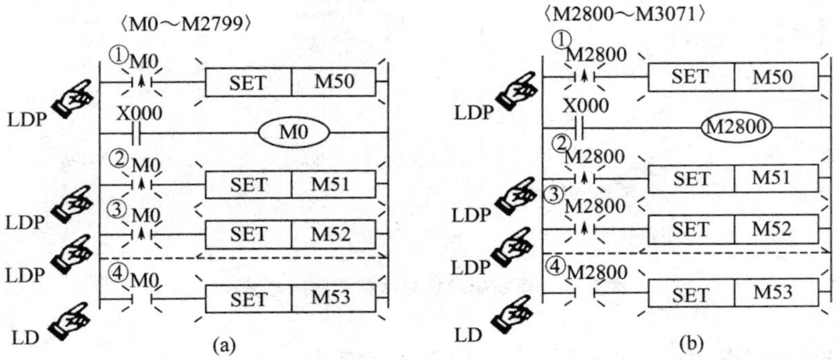

图 6-44　脉冲沿检测指令驱动辅助继电器不同地址号范围所造成的动作差异

①～③的 M0 触点执行上升沿检出；④为 LD 指令，因此，M0 触点是在接通过程中导通。

LDP 指令和 LD 指令对驱动辅助继电器 M0～M2799 地址范围的触点，都有以上情况出现。

在图 6-44(b) 中，由 X000 驱动 M2800 后，只有在 OUT　M2800 线圈之后编程的最初的上升沿或下降沿检测指令（LDP/LDF）的触点导通，其他检测指令的触点不导通。因此②处 M2800 触点执行上升沿检测；①，③处触点不动作；④为 LD 指令，因而 M2800 触点是在接通过程中导通。

脉冲沿检测指令（LDP/LDF）对驱动辅助继电器 M2800～M3071 地址范围的触点，都有以上情况出现。利用这一特性可对步进梯形图中“利用同一信号进行状态转移”进行高效率的编程。

五、串联电路块的并联（ORB）指令

1. 指令助记符及功能

ORB 指令的功能、梯形图表示、可操作组件、程序步如表 6-34 所示。

表 6-34　电路块或指令助记符与功能

符号、名称	功能	梯形图表示和可操作组件	程序步
ORB(电路块或)	串联电路块的并联连接	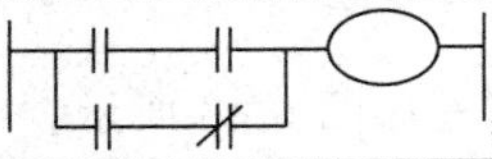 操作组件：无	1

2. 指令说明

① ORB 指令是不带软组件地址号的指令。两个以上触点串联连接的支路称为串联电路块，将串联电路块再并联连接时，其第一个触点在指令程序中要用 LD 或 LDI 指令表示，分支结束用 ORB 指令表示。

② 有多条串联电路块并联时，可对每个电路块使用 ORB 指令，对并联电路数没有限制。

③ 对多条串联电路块并联电路，也可成批使用 ORB 指令，但考虑到在指令程序中 LD、LDI 指令的重复使用限制在 8 次，因此 ORB 指令的连续使用次数也应限制在 8 次。

3. 编程应用

串联电路块的并联指令应用与编程如图 6-45 所示。

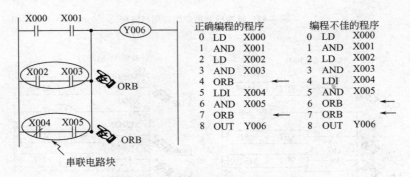

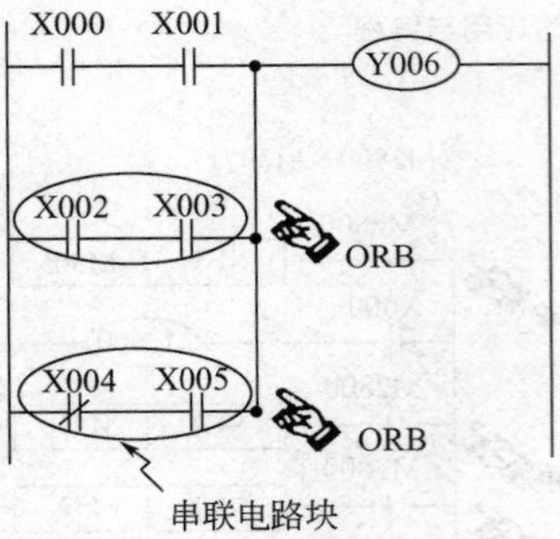

正确编程的程序			编程不佳的程序		
0	LD	X000	0	LD	X000
1	AND	X001	1	AND	X001
2	LD	X002	2	LD	X002
3	AND	X003	3	AND	X003
4	ORB ←		4	LDI	X004
5	LDI	X004	5	AND	X005
6	AND	X005	6	ORB ←	
7	ORB ←		7	ORB ←	
8	OUT	Y006	8	OUT	Y006

图 6-45　串联电路块并联指令应用与编程

六、并联电路块的串联（ANB）指令

1. 指令助记符及功能

ANB 指令的功能、梯形图表示、可操作组件和程序步如表 6-35 所示。

表 6-35　并联电路块串联指令助记符及功能

符号、名称	功能	梯形图表示和可操作组件	程序步
ANB（电路块与）	并联电路块的串联连接	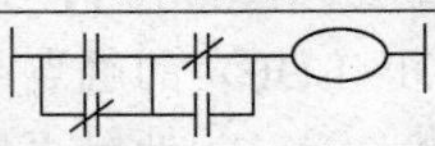 操作组件：无	1

2. 指令说明

① ANB 指令是不带操作组件编号的指令。两个或两个以上触点并联连接的电路称为并联电路块。当分支电路并联电路块与前面的电路串联连接时，在编写指令程序时要使用 ANB 指令，即分支起点的触点要用 LD 或 LDI 指令，并联电路块编程结束后使用 ANB 指令，表示与前面的电路串联。

② 若多个并联电路块按顺序和前面的电路串联连接时，则 ANB 指令的使用次数没有限制。

③ 对多个并联电路块串联时，ANB 指令可以在最后集中成批地使用，但在这种场合，与 ORB 指令一样，在指令程序中 LD、LDI 指令的使用次数只能限制在 8 次以内，ANB 指令成批使用次数也应限制在 8 次。

3. 编程应用

并联电路块串联指令应用与编程如图 6-46 所示。

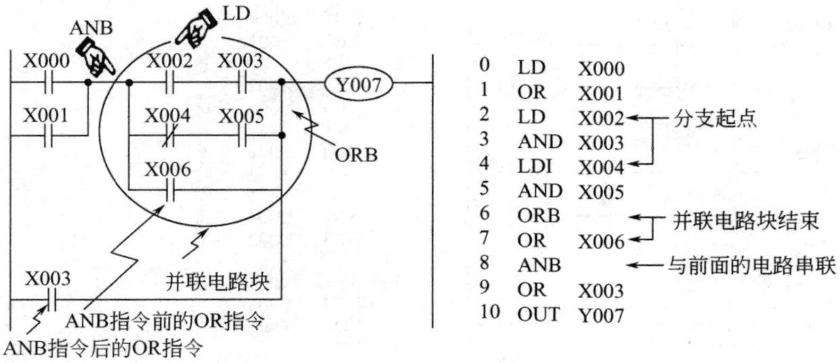

图 6-46　并联电路块串联指令应用与编程

七、栈操作（MPS／MRD／MPP）指令

1. 指令助记符及功能

MPS、MRD、MPP 指令功能、梯形图表示、可操作组件和程序步如表 6-36 所示。

表 6-36　栈指令助记符及功能

指令助记符、名称	功能	电路表示及操作组件	程序步
MPS(Push)进栈	将连接点数据入栈	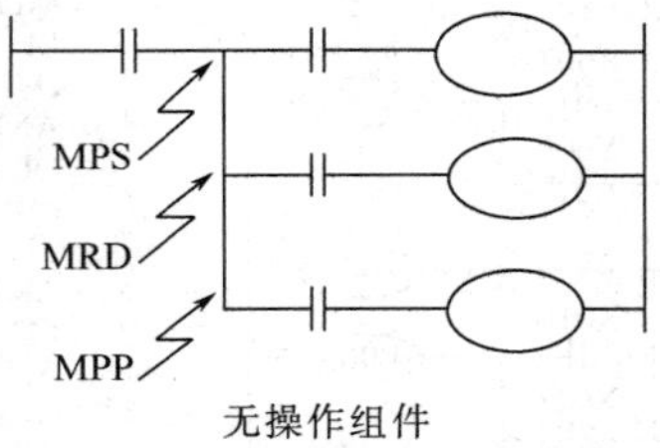	1
MRD(Read)读栈	读栈存储器栈顶数据		1
MPP(Pop)出栈	取出栈存储器栈顶数据	无操作组件	1

2. 指令说明

① 这组指令分别为进栈、读栈、出栈指令，用于分支多重输出电路中将连接点数据先存储，便于连接后面电路时读出或取出该数据。

② 在 FX_{2N} 系列可编程控制器中有 11 个用来存储运算中间结果的存储区域，称为栈存储器。栈指令操作如图 6-47，由图可知，使用一次 MPS 指令，便将此刻的中间运算结果送入堆栈的第一层，而将原存在堆栈第一层的数据移往堆栈的下一层。

MRD 指令是读出栈存储器最上层的最新数据，此时堆栈内的数据不移动。可对分支多重输出电路多次使用，但分支多重输出电路不能超过 24 行。

使用 MPP 指令是取出栈存储器最上层的数据，并使栈下层的各数据顺次向上一层移动。

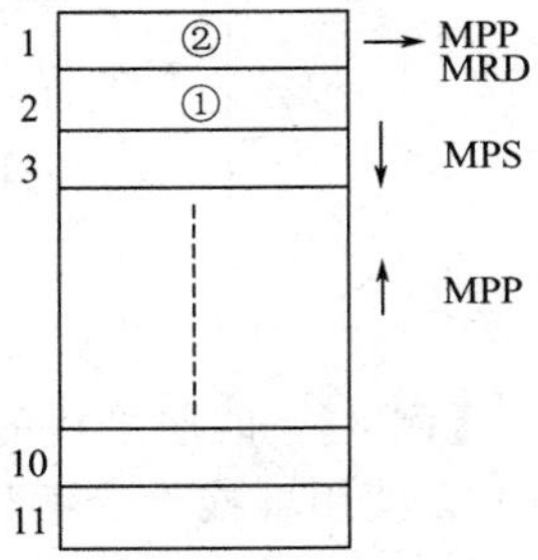

图 6-47　栈存储器

③ MPS、MRD、MPP 指令都是不带软组件的指令。

④ MPS 和 MPP 必须成对使用，而且连续使用应少于 11 次。

3. 编程应用

【例 1】 一层堆栈的应用与编程，如图 6-48。

【例 2】 一层堆栈，需使用 ANB、ORB 指令的编程，如图 6-49。

【例 3】 二层堆栈的编程，如图 6-50 所示。

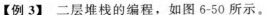

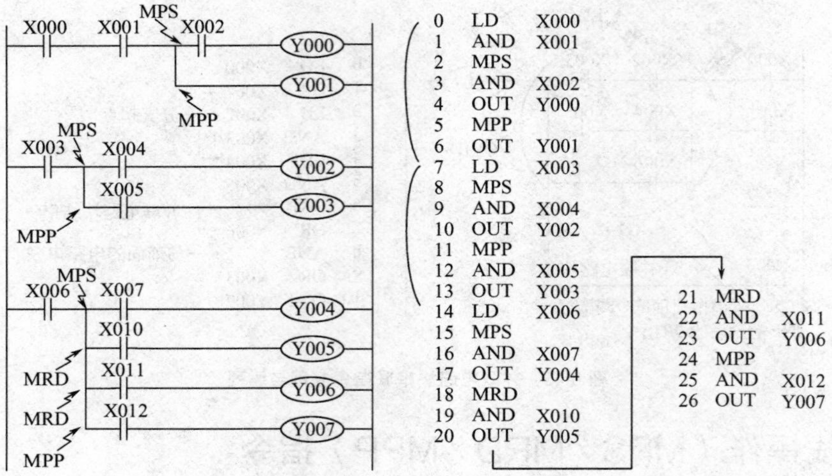

图 6-48　一层堆栈的应用与编程

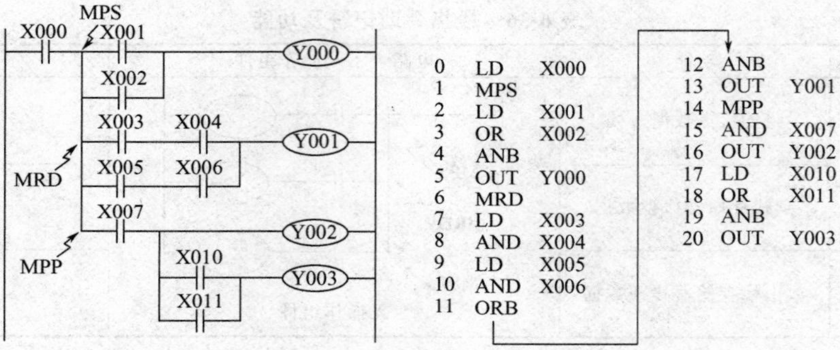

图 6-49　一层堆栈，需使用 ANB、 ORB 指令的编程

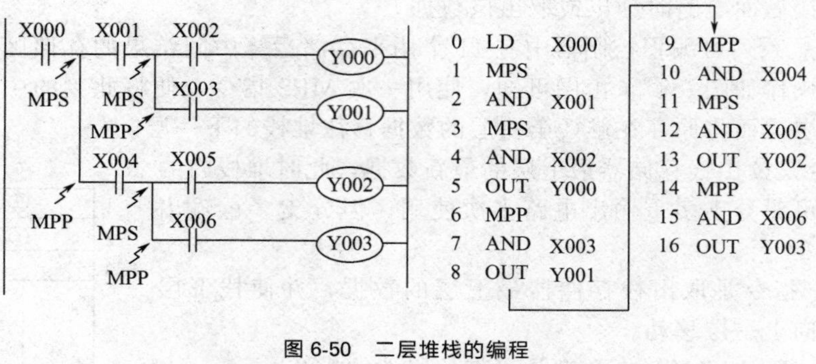

图 6-50　二层堆栈的编程

【例 4】 四层堆栈的编程如图 6-51(a)，也可以将梯形图（a）改变成图（b）所示，就可不必使用堆栈指令编程。

八、主控触点（MC／MCR）指令

1. 指令助记符及功能

MC、MCR 指令功能、梯形图表示、可操作组件、程序步如表 6-37 所示。

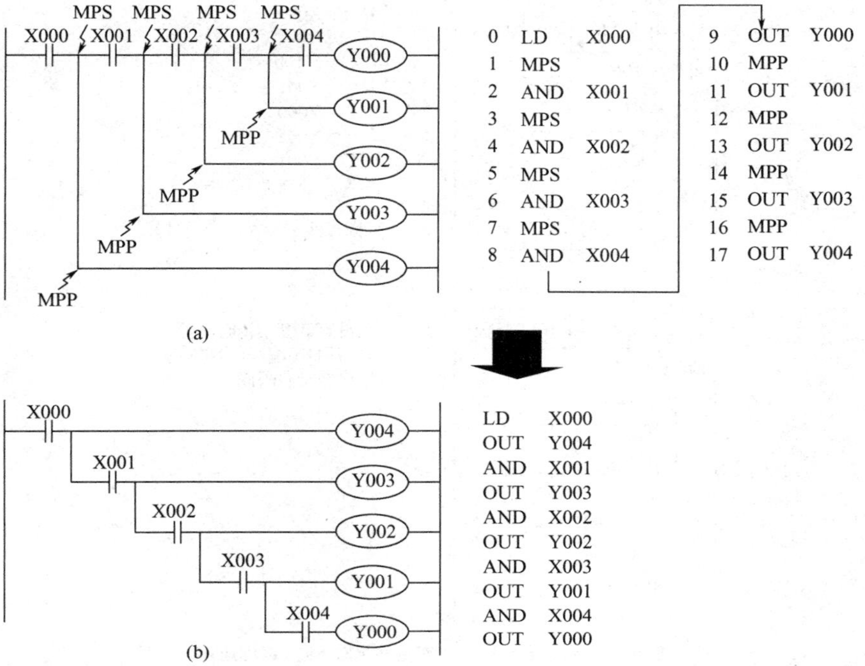

图 6-51　四层堆栈及编程的改进

表 6-37　主控指令助记符及功能

符号、名称	功能	梯形图表示及操作组件	程序步
MC(主控)(Master Control)	主控电路块起点	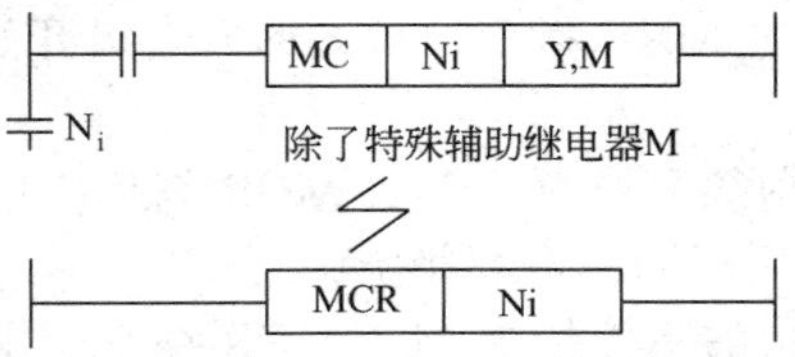	3
MCR(主控复位)	主控电路块终点		2

注：当使用 M1536～M3071 时，程序步加 1。N_i 为嵌套级，$i=0$～7。

2. 指令说明

① MC 为主控指令，用于公共串联触点的连接，MCR 为主控复位指令，即 MC 的复位指令。编程时，经常遇到多个线圈同时受一个或一组触点控制。若在每个线圈的控制电路中都串入同样的触点，将多占存储单元。应用主控触点可以解决这一问题。主控指令 MC 控制的操作组件的常开触点（即嵌套 Ni 触点）要与主控指令后的母线垂直串联连接，是控制一组梯形图电路的总开关。当主控指令控制的操作组件的常开触点闭合时，激活所控制的一组梯形图电路。如图 6-52 所示。

② 在图 6-52 中，若输入 X000 接通，则执行 MC 至 MCR 之间的梯形图电路的指令。若输入 X000 断开，则跳过主控指令控制的梯形图电路，这时 MC/MCR 之间的梯形图电路根据软组件性质不同有以下两种状态：

积算定时器、计数器、置位/复位指令驱动的软组件保持 X000 断开前状态不变；

非积算定时器、OUT 指令驱动的软组件均变为 OFF 状态。

③ 主控（MC）指令母线后接的所有起始触点均以 LD/LDI 指令开始，最后由 MCR 指

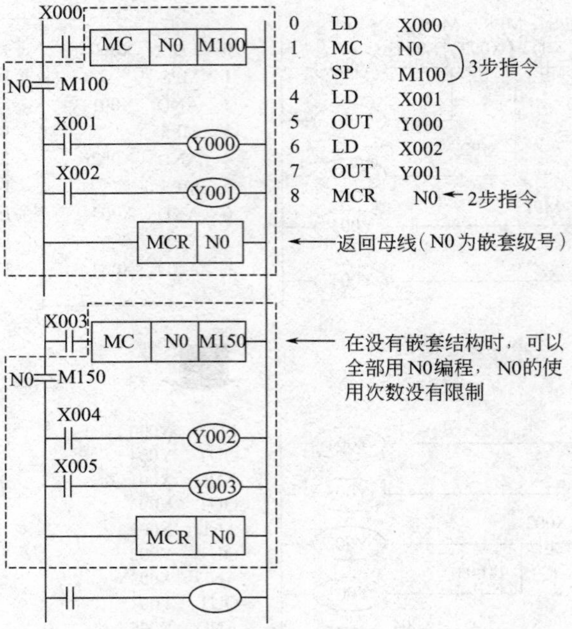

图 6-52　无嵌套结构的主控指令 MC/MCR 编程应用

令返回到主控（MC）指令后的母线，向下继续执行新的程序。

④ 在没有嵌套结构的多个主控指令程序中，可以都用嵌套级号 N0 来编程，N0 的使用次数不受限制（见编程应用中的例 1）。

⑤ 通过更改 M_i 的地址号，可以多次使用 MC 指令，形成多个嵌套级，嵌套级 Ni 的编号由小到大。返回时通过 MCR 指令，从大的嵌套级开始逐级返回（见编程应用中的例 2）。

3. 编程应用

【例 1】 无嵌套结构的主控指令 MC/MCR 编程应用，如图 6-52 所示。图中上、下两个主控指令程序中，均采用相同的嵌套级 N0。

【例 2】 有嵌套结构的主控指令 MC/MCR 编程应用，如图 6-53 所示。程序中 MC 指令内嵌套了 MC 指令，嵌套级 N 的地址号按顺序增大。返回时采用 MCR 指令，则从大的嵌套级 N 开始消除。

九、置位/复位（SET／RST）指令

1. 指令助记符及功能

SET、RST 指令的功能、梯形图表示、操作组件和程序步如表 6-38 所示。

表 6-38　置位/复位指令助记符及功能

符号、名称	功能	梯形图表示及可操作的组件	程序步
SET(置位)	线圈接通保持指令	SET　Y，M，S	Y、M：1 S、特 M：2
RST(复位)	线圈接通清除指令	RST　Y，M，S，T，C，D，V，Z	T、C：2 D、V、Z、特 D：3

2. 指令说明

① SET 为置位指令，使线圈接通保持（置 1）。RST 为复位指令，使线圈断开复位（置 0）。

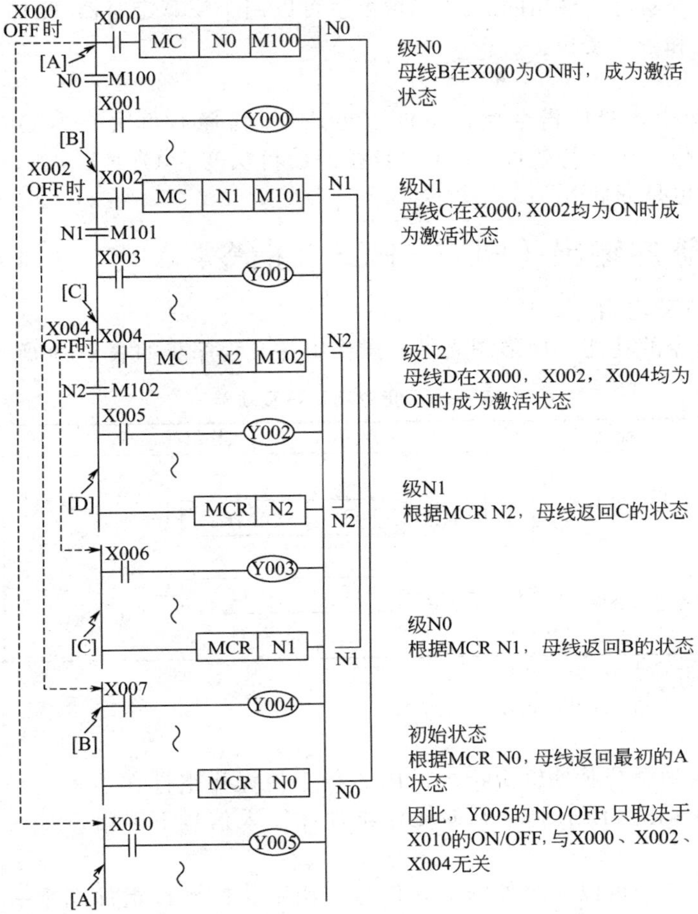

图 6-53 主控指令 MC/MCR 嵌套的编程应用

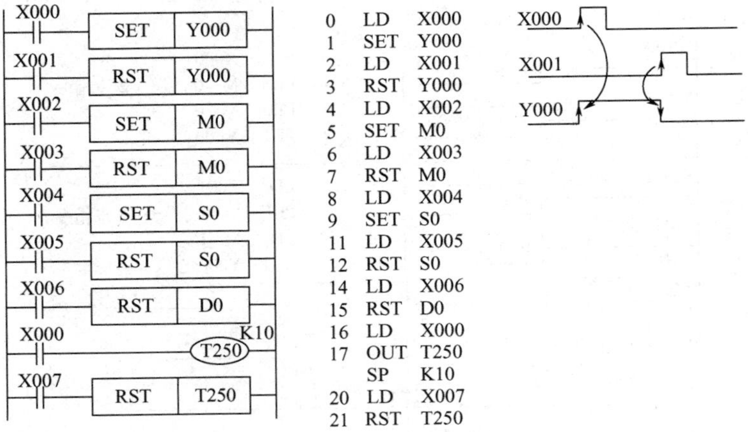

图 6-54 SET/RST 指令的编程应用

② 对同一软组件，SET，RST 可多次使用，不限制使用次数，但最后执行者有效。

③ 对数据寄存器 D、变址寄存器 V、Z 的内容清零，既可以用 RST 指令，也可以用常

数 K0 经传送指令清零，效果相同。RST 指令也可以用于积算定时器 T246～T255 和计数器 C 的当前值的复位和触点复位。

3. 编程应用

在图 6-54 程序中，置位指令执行条件 X000 一旦接通后再次变为 OFF，Y000 驱动为 ON 后并保持。复位指令执行条件 X001 一旦接通后再次变为 OFF 后，Y000 被复位为 OFF 后并保持。M，S 也是如此。

十、微分脉冲输出（PLS／PLF）指令

1. 指令助记符及功能

PLS、PLF 指令的功能、梯形图表示、操作组件及程序步如表 6-39 所示。

表 6-39　指令助记符及功能

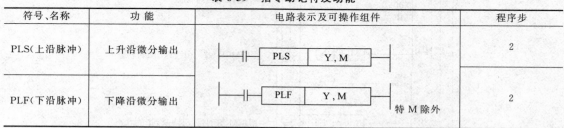

符号、名称	功 能	电路表示及可操作组件	程序步
PLS(上沿脉冲)	上升沿微分输出	PLS　Y，M	2
PLF(下沿脉冲)	下降沿微分输出	PLF　Y，M 特 M 除外	2

注：1. 当使用 M1536～M3071 时，程序步加 1。

2. 特殊继电器不能作为 PLS 或 PLF 的操作组件

2. 指令说明

① PLS、PLF 为微分脉冲输出指令。PLS 指令使操作组件在输入信号上升沿时产生一个扫描周期的脉冲输出。PLF 指令则使操作组件在输入信号下降沿产生一个扫描周期的脉冲输出。

② PLS、PLF 指令可以在组件的输入信号作用下，使操作组件产生一个扫描周期的脉冲输出，相当于对输入信号进行了微分。

3. 编程应用

PLS/PLF 微分脉冲输出指令的编程应用及操作组件输出时序如图 6-55 所示。

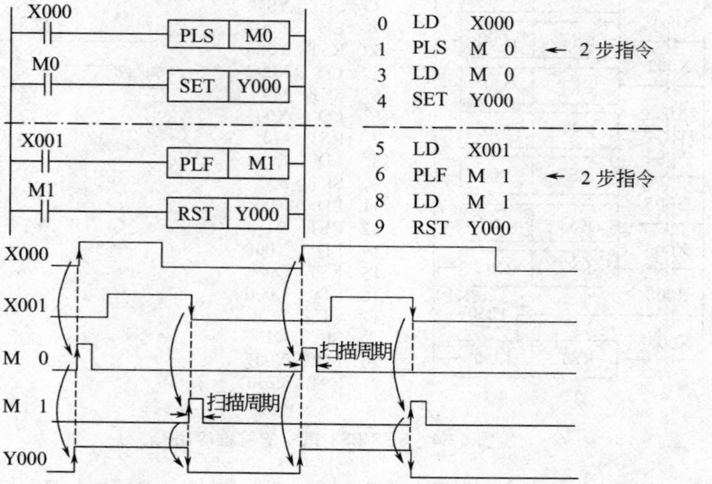

图 6-55　PLS/PLF 指令的编程应用

十一、取反（INV）指令

1. 指令助记符及功能

INV 指令的功能、梯形图表示、操作组件和程序步如表 6-40 所示。

表 6-40　指令助记符及功能

符号、名称	功能	梯形图表示及可操作组件	程序步
INV(取反)	运算结果取反操作	无操作软元件	1

2. 指令说明

① INV 指令是根据它左边触点的逻辑运算结果进行取反，是无操作数指令，如图 6-56 所示。

② 使用 INV 指令编程时，可以在 AND 或 ANI，ANDP 或 ANDF 指令的位置后编程，也可以在 ORB、ANB 指令回路中编程，但不能像 OR，ORI，ORP，ORF 指令那样单独并联使用，也不能像 LD，LDI，LDI，LDF 那样与母线单独连接。

执行INV前的运算结果	执行INV后的运算结果
OFF →	ON
ON →	OFF

图 6-56　INV 指令操作示意图

3. 编程应用

【例 1】 取反操作指令编程应用如图 6-57 所示。由图可知，如果 X000 断开，则 Y000 接通；如果 X000 接通，则 Y000 断开。

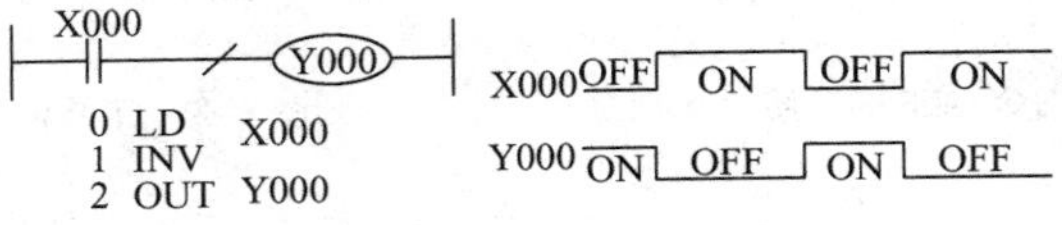

图 6-57　取反 INV 指令的编程应用

【例 2】 图 6-58 是 INV 指令在包含 ORB 指令、ANB 指令的复杂回路编程的例子，读者可以考虑这段梯形图程序的指令程序如何编写。由图可见，各个 INV 指令是将它前面的逻辑运算结果取反。图 6-58 程序输出的逻辑表达式为

$$Y000=\overline{X000\cdot(\overline{\overline{X001\cdot X002}+\overline{X003\cdot X004}}+\overline{X005})}$$

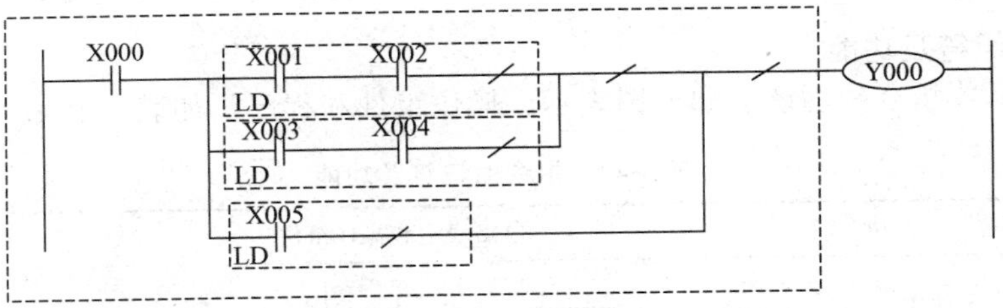

图 6-58　INV 指令在 ORB、ANB 指令的复杂回路中的编程

十二、上升沿/下降沿时导通指令（MEP/MEF）

1. 指令助记符及功能

MEP、MEF 指令是 FX_3 系列 PLC 的使运算结果脉冲化的指令，不需要指定软元件编

号。其指令的功能、梯形图表示、操作组件和程序步如表 6-41 所示。

<div align="center">表 6-41　指令助记符及功能</div>

符号、名称	功能	梯形图表示及可操作组件	程序步
MEP（上升沿时导通）	运算结果脉冲化	⊣⊢──↑──◯─ 无操作软元件	1
MEF（下降沿时导通）	运算结果脉冲化	⊣⊢──↓──◯─ 无操作软元件	1

2. 指令说明

① MEP　在到 MEP 指令为止的运算结果，从 OFF→ON 时变为导通。使用 MEP 指令，在串联了多个触点的情况下，非常容易实现脉冲化处理，如图 6-59。

② MEF　在到 MEF 指令为止的运算结果，从 ON→OFF 时变为导通。使用 MEF 指令，在串联了多个触点的情况下，非常容易实现脉冲化处理，如图 6-60。

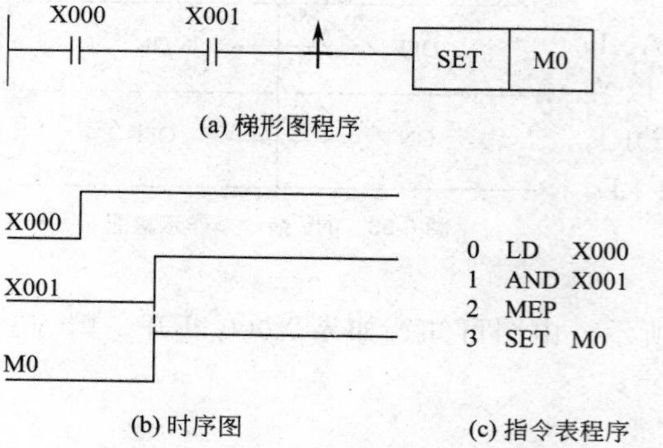

图 6-59　上升沿导通指令 MEP 的应用　　　　图 6-60　下降沿导通指令 MEF 的应用

3. 注意要点

① 在子程序以及 FOR～NEXT 指令等中，用 MEP、MEF 指令对用变址修饰的触点进行脉冲化的话，可能无法正常动作。

② MEP、MEF 指令是根据到 MEP/MEF 指令正前面为止的运算结果而动作的，所以请在与 AND 指令相同的位置上使用。

③ MEP、MEF 指令不能用于 LD、OR 的位置。

十三、空操作（NOP）指令和程序结束（END）指令

1. 指令助记符及功能

NOP 和 END 指令的功能、梯形图表示、操作组件和程序步如表 6-42 所示。

<div align="center">表 6-42　指令助记符及功能</div>

符号、名称	功　能	电路表示和操作组件	程序步
NOP（空操作）	无动作	─[NOP]─ 无操作元件	1
END（程序结束）	进入输入输出处理以及返回到程序 0 步	─[END]─ 无操作元件	1

2. 指令说明

① 空操作指令就是使该步不操作。在程序中加入空操作指令，在变更程序或增加指令

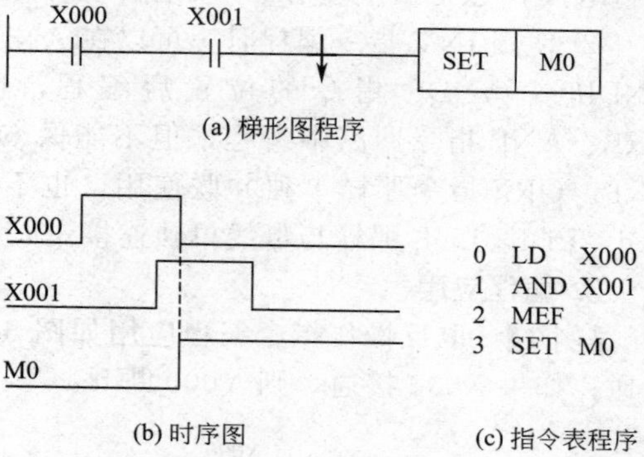

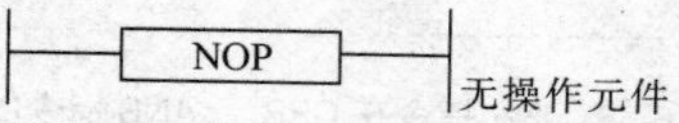

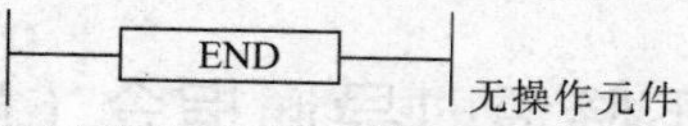

时可以使步序号不变化。用 NOP 指令也可以替换一些已写入的指令，修改梯形图或程序。但要注意，若将 LD、LDI、ANB、ORB 等指令换成 NOP 指令后，会引起梯形图电路的构成发生很大的变化，导致出错。

例如：

a. AND、ANI 指令改为 NOP 指令时会使相关触点短路，如图 6-61(a)。

b. ANB 指令改为 NOP 指令时，使前面的电路全部短路，如图 6-61(b)。

c. OR 指令改为 NOP 时使其并联的触点断开，如图 6-61(c)。

d. ORB 指令改为 NOP 时上面的电路块全部切断，如图 6-61(d)。

e. 图 6-61(e) 中 LD 指令改为 NOP 时，则与上面的 OUT 电路纵接，电路如图 6-61(f)，若图 6-61(f) 中 AND 指令改为 LD，电路就变成了图 6-61(g)。

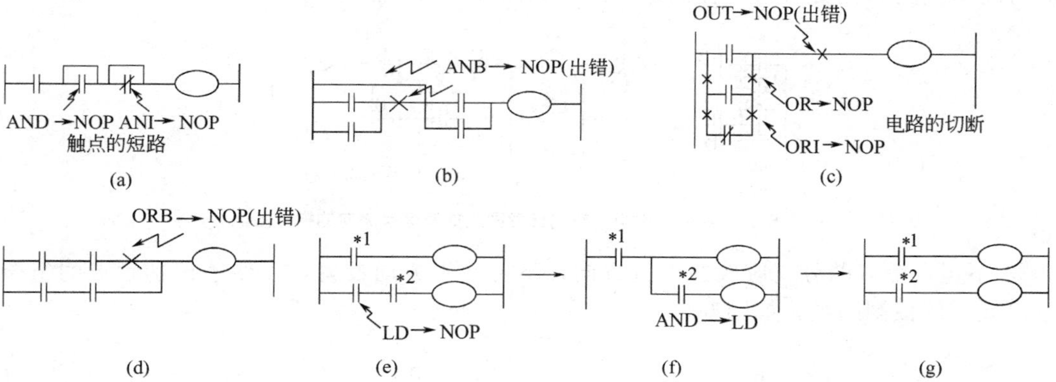

图 6-61　用 NOP 指令修改电路

② 当执行程序全部清零操作时，所有指令均变成 NOP。

③ END 为程序结束指令。可编程序控器总是按照指令进行输入处理、执行程序到 END 指令结束，进入输出处理工作。若在程序中不写入 END 指令，则可编过程控制器从用户程序的第 0 步扫描执行到程序存储器内全部程序的最后一步。若在程序中写入 END 指令，则程序执行到 END 为止，以后的程序步不再扫描执行，而是直接进行输出处理，如图 6-62。也就是说，使用 END 指令可以缩短扫描周期。

④ END 指令还有一个用途是可以对较长的程序分段程序调试。调试时，可将程序分段后插入 END 指令，从而依次对各程序段的运算进行检查。然后在确认前面电路块动作正确无误之后依次删除 END 指令。

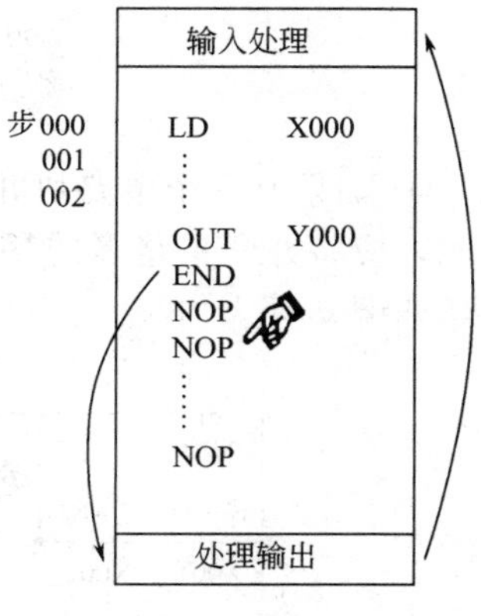

图 6-62　END 指令执行过程

第四节　编程规则及注意事项

一、梯形图的结构规则

梯形图作为一种编程语言，绘制时有一定的规则。在编辑梯形图时，要注意以下几点。

① 梯形图的各种符号，要以左母线为起点，右母线为终点（可允许省略右母线）从左

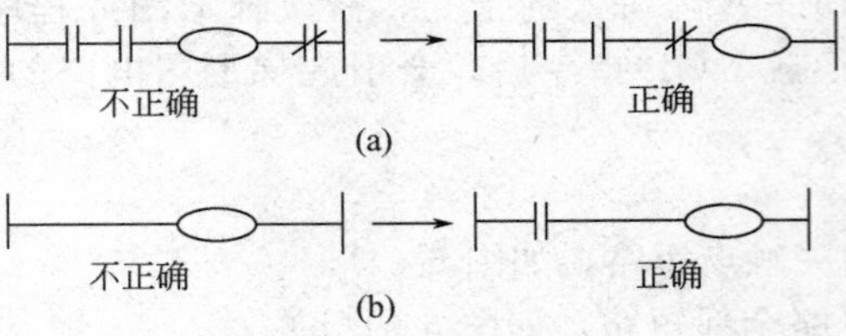

图 6-63 规则①说明

向右分行绘出。每一行起始的触点群构成该行梯形图的“执行条件”，与右母线连接的应是输出线圈、功能指令，不能是触点。一行写完，自上而下依次再写下一行。注意，触点不能接在线圈的右边，如图 6-63(a) 所示；线圈也不能直接与左母线连接，必须通过触点连接，如图 6-63(b) 所示。

② 触点应画在水平线上，不要画在垂直分支线上（主控触点除外）。例如，在图 6-64(a) 中触点 E 被画在垂直线上，便很难正确识别它与其他触点的逻辑关系，也难于判断通过触点 E 对输出线圈的控制方向。因此，应根据信号单向自左至右、自上而下流动的原则和对输出线圈 F 的几种可能控制路径画成如图 6-64(b) 所示的形式。

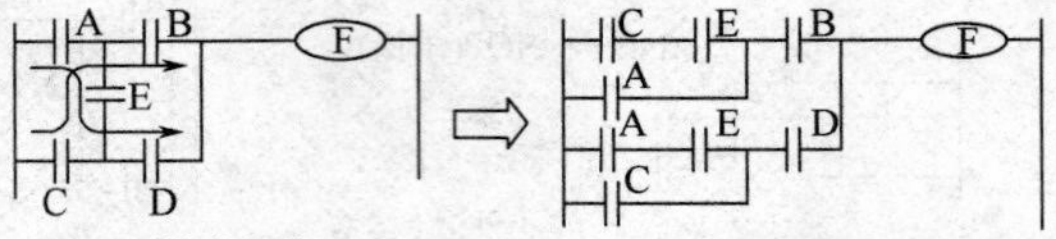

(a) 桥式电路　　(b) 双信号流向电路

图 6-64 规则②说明：桥式梯形图改成双信号流向的梯形图

③ 不包含触点的分支应放在垂直方向，不可水平方向设置，以便于识别触点的组合和对输出线圈的控制路径，如图 6-65。

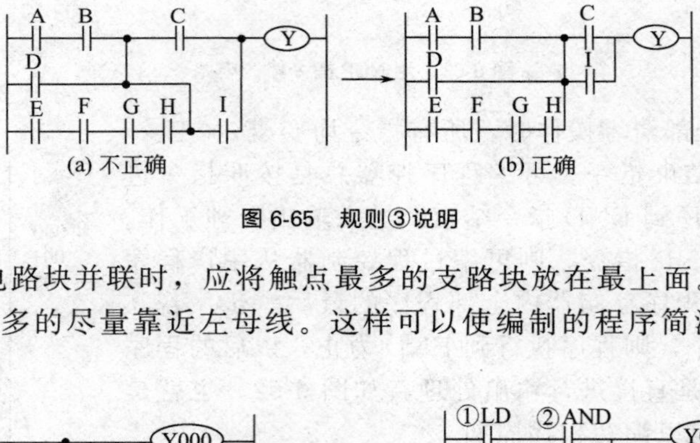

(a) 不正确　　(b) 正确

图 6-65 规则③说明

④ 如果有几个电路块并联时，应将触点最多的支路块放在最上面。若有几个支路块串联时，应将并联支路多的尽量靠近左母线。这样可以使编制的程序简洁明了，指令语句减少。如图 6-66 所示。

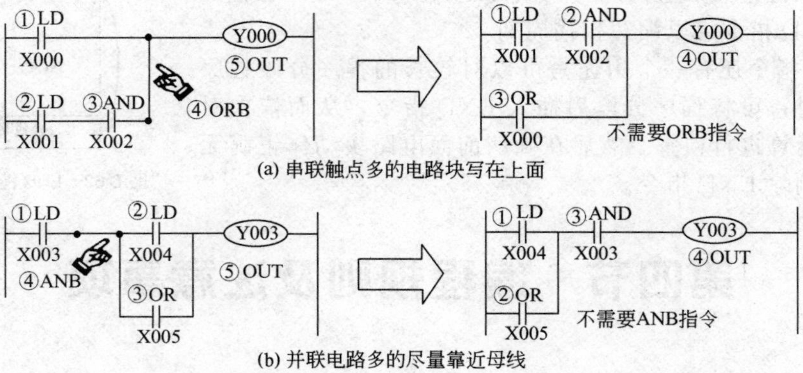

(a) 串联触点多的电路块写在上面

(b) 并联电路多的尽量靠近母线

图 6-66 规则④说明

⑤ 遇到不可编程的梯形图时，可根据信号流向对原梯形图重新编排，以便于正确进行编程。图 6-67 中举了几个实例，将不可编程梯形图重新编排成了可编程的梯形图。

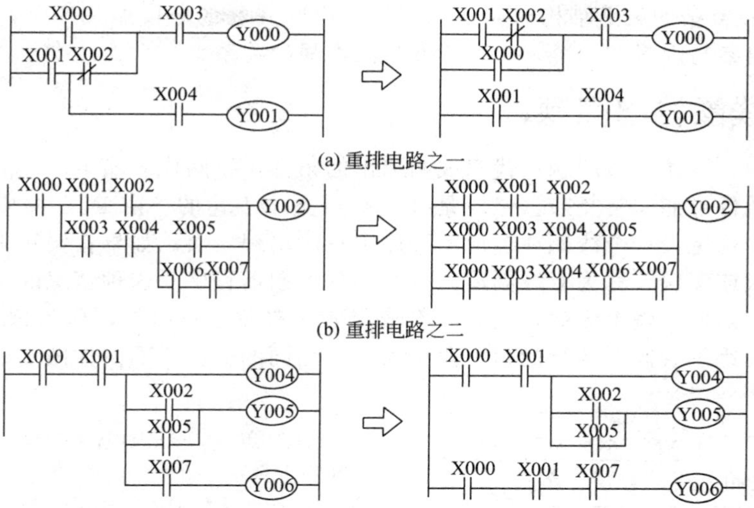

(a) 重排电路之一

(b) 重排电路之二

(c) 重排电路之三

图 6-67 重排电路举例

二、语句表程序的编辑规则

在许多场合需要将绘好的梯形图列写出指令语句表程序。根据梯形图上的符号及符号间的相互关系正确地选取指令及注意正确的表达顺序是很重要的。

① 利用 PLC 基本指令对梯形图编程时，必须要按信号单方向从左到右、自上而下的流向原则进行编写。图 6-68 阐明了所示梯形图的语句表编程顺序。

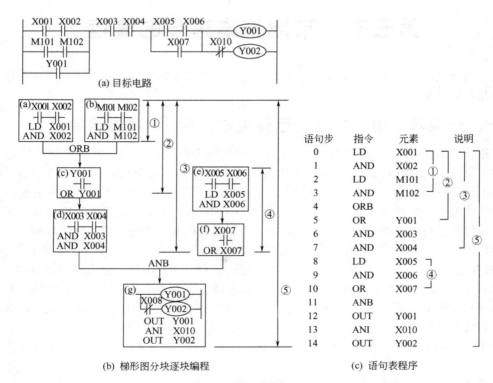

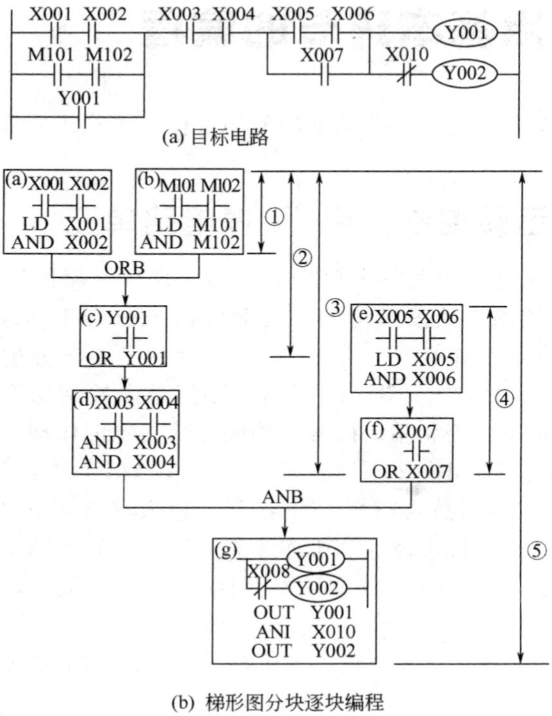

(b) 梯形图分块逐块编程

语句步	指令	元素	说明
0	LD	X001	
1	AND	X002	①
2	LD	M101	②
3	AND	M102	③
4	ORB		
5	OR	Y001	
6	AND	X003	
7	AND	X004	⑤
8	LD	X005	
9	AND	X006	④
10	OR	X007	
11	ANB		
12	OUT	Y001	
13	ANI	X010	
14	OUT	Y002	

(c) 语句表程序

图 6-68 梯形图的编程顺序

② 在处理较复杂的触点结构时，如触点块的串联并联或堆栈相关指令，指令表的表达顺序为：先写出参与因素的内容，再表达参与因素间的关系。

三、双线圈输出问题

在梯形图中，线圈前边的触点代表线圈输出的条件，线圈代表输出。在同一程序中，某个线圈的输出条件可能非常复杂，但应是唯一且可集中表达的。由 PLC 的操作系统引出的梯形图编程法则规定，一个线圈在梯形图程序中只能出现一次。如果在同一程序中同一组件的线圈使用两次或多次，称为双线圈输出。可编程控制器程序对这种情况的出现，扫描执行的原则规定是：前面的输出无效，最后一次输出才是有效的。但是，作为这种事件的特例：同一程序的两个绝不会同时执行的程序段中可以有相同的输出线圈。如图 6-69 所示。

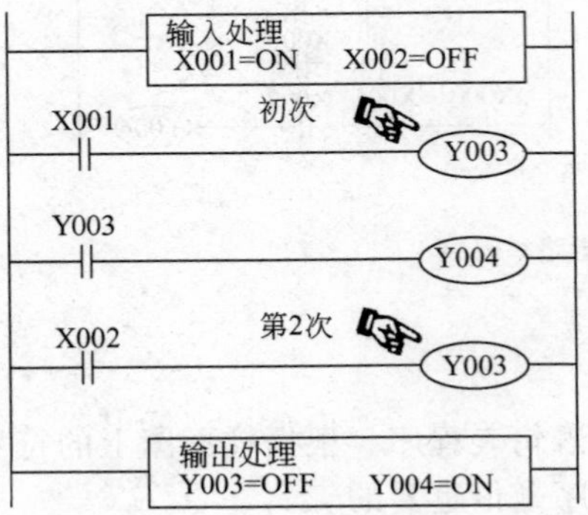

在左图程序中，输出线圈Y003出现了两次输出的情况

当X001=ON, X002=OFF时，第一次的Y003因X001接通，因此其输出数据存储器接通，输出Y004也接通

但是第二次的Y003，因输入X002的断开，因此其输出数据存储器又断开

因此，实际的外部输出成为 Y003=OFF，Y004=ON

图 6-69 双线圈输出的程序分析

第五节 常用基本环节的编程

作为编程组件及基本指令的应用，本节将讨论一些基本环节的编程。这些环节常作为梯形图的基本单元出现在程序中。

一、三相异步电动机单向运转控制：启-保-停电路单元

三相异步电动机单向运转控制电路在电气控制部分已经介绍过。现将线路图转绘于图 6-70 中。图（a）为 PLC 的输入输出接线图，从图中可知，启动按钮 SB1 接于 X000 输入点，停车按钮 SB2 接于 X001，交流接触器 KM 接于输出点 Y000，这就是端子分配图，实质是为程序安排代表控制系统中事物的机内组件。图（b）是启-保-停单向控制梯形图。它是将机内组件进行逻辑组合的程序，也是实现控制系统内各事物间逻辑关系的体现。

梯形图（b）的工作过程是，当启动按钮 SB1 按下时，X000 接通，Y000 置 1，并联在 X000 触点上的 Y000 是常开触点自锁，其作用是当按钮 SB1 松开，输入继电器 X000 断开时，线圈 Y000 仍然能保持接通状态，接触器 KM 使电动机连续通电运行。需要停车时，按下停车按钮 SB2，串联于 Y000 线圈回路中的 X001 的常闭触点断开，Y000 置 0，接触器 KM 使电机失电停车。

启-保-停单向控制电路是梯形图中最典型的单元，它包含了梯形图程序的全部要素。具体有以下几点。

① 事件　每一段梯形图都针对一个事件。事件用输出线圈（或功能框）表示，本例中

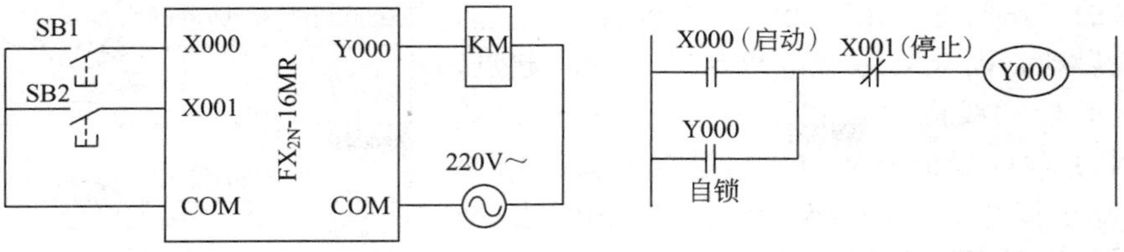

(a) PLC接线图　　(b) 单向控制运转的梯形图

图 6-70　异步电机单向运转控制

为 Y000。

② 事件发生的条件　每一段梯形图中除了线圈外还有若干触点的逻辑组合，若干触点的逻辑组合使线圈置 1 的条件即是事件发生的条件，本例中启动按钮使 X000 闭合是 Y000 置 1 的条件。

③ 事件得以延续的条件　触点组合中使线圈置 1 得以保持的条件是与 X000 并联的 Y000 自锁触点闭合。

④ 使事件终止的条件　即触点组合中使线圈置 1 中断的条件。本例中为 X001 常闭触点断开。

二、三相异步电动机可逆运转控制：互锁环节

在上例的基础上，如希望实现三相异步电机可逆运转。只需增加一个反转控制按钮和一个反转接触器 KM2 即可。PLC 的端子分配及梯形图见图 6-71。梯形图设计可以这样考虑，选两套启-保-停电路，一个用于正转，（通过 Y000 驱动正转接触器 KM1），一个用于反转（通过 Y001 驱动反转接触器 KM2）。考虑正反转两个接触器不能同时接通，在两个接触器的驱动支路中分别串入对方接触器的常闭触点（如 Y000 支路串入 Y001 常闭触点；Y001 支路串入 Y000 常闭触点），这样当正转方向的驱动组件 Y000 接通时，反转方向的驱动组件 Y001 就不能同时接通。这种两个线圈回路中互串对方常闭触点的结构形式叫做“互锁”或“联锁”。这个例子提示我们：在多输出的梯形图中，若要考虑多输出间的相互制约，可以用上述方法实现多输出之间的联锁。

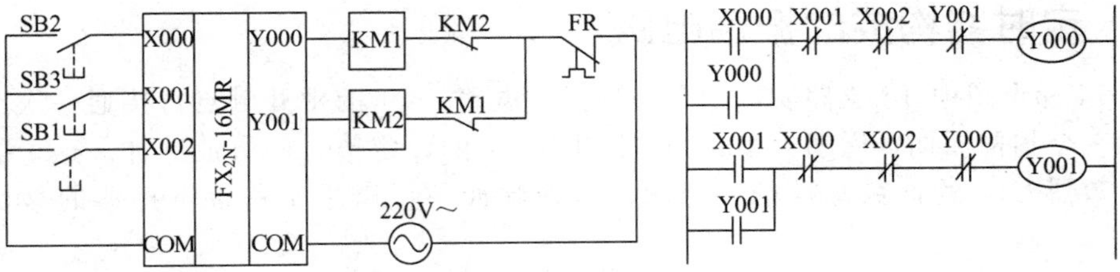

图 6-71　三相异步电机可逆运转控制

三、两台电机延时启动的基本环节

两台交流异步电动机，一台启动 10s 后第二台启动，运行后能同时停止。欲实现这一功能，给两台电机供电的两个交流接触器要占用 PLC 的两个输出口。由于是两台电机延时启动，同时停车，一个启动按钮和一个停止按钮就够了，但延时需一个定时器。梯形图的设计可以依以下顺序进行，先绘两台电机独立的启-保-停梯形图程序，第一台电机使用启动按钮启动，第二台电机使用定时器的常开触点延时启动，两台电机均使用同一停止按钮，然后再

解决定时器的工作问题。由于第一台电机启动 10s 后第二台电机启动，因此第一台电机启动是计时起点，因而要将定时器的线圈并接在第一台电机的输出线圈上。本例的 PLC 端子分配与接线情况只要将图 6-71 中 PLC 端子接线图中的反转控制按钮 SB3 去掉，就完全相同，梯形图绘于图 6-72 中。

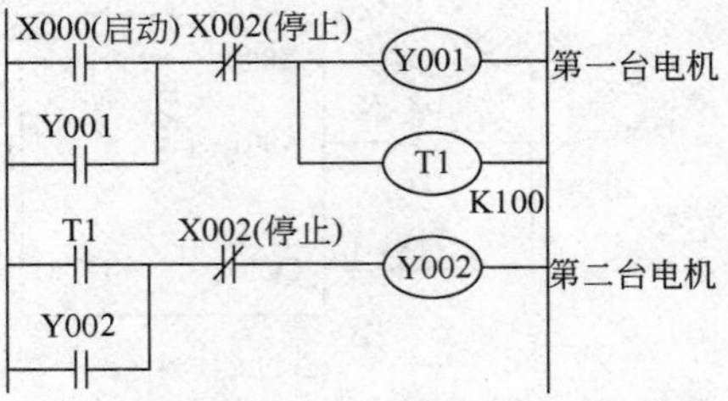

图 6-72　两台异步电机延时启动控制

四、定时器的延时扩展

每个定时器的计时时间都有一个最大值，如 100ms 的定时器最大计时时间为 3276.7s。若工程中所需的延时时间大于选定的定时器最大定时数值时，最简单的延时扩展方法是采用定时器接力计时，即先启动一个定时器计时，计时时间到时，用第一个定时器的常开触点启动第二个定时器，再使用第二个定时器启动第三个……。记住，要使用最后一个定时器的触点去控制最终的控制对象。图 6-73 梯形图就是定时器接力延时的例子。

另外也可以利用计数器配合定时器获得长延时，如图 6-74 所示。图中常开触点 X000 闭合是梯形图程序的执行条件，当 X000 保持接通时，电路工作。在定时器 T1 的支路中接有定时器 T1 的常闭触点，它可使定时器 T1 每隔 10s 复位一次，重新计时。T1 的常开触点每 10s 接通一个扫描周期，使计数器 C10 计一个数，当 C10 计到设定值 100 时（相当于延时 1000s），C10 常开触点闭合，将控制对象 Y010 接通。从 X000 接通为始点的延时时间就是：定时器的时间设定值×计数器的设定值。X001 是计数器 C1 的复位条件。

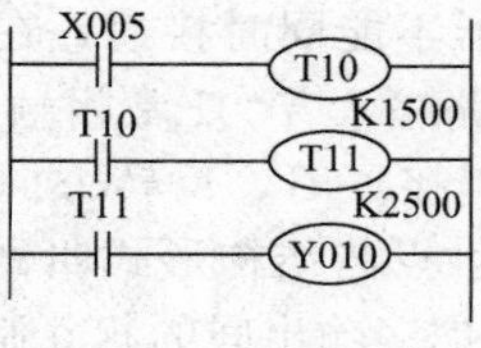

图 6-73　用两个定时器延时 400s

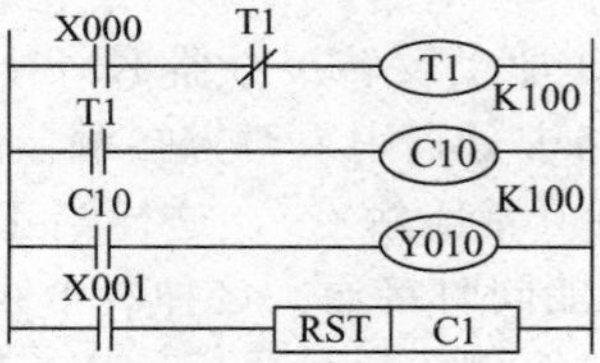

图 6-74　定时器与计数器配合延时 1000s

五、定时器构成的振荡电路

图 6-74 梯形图中 T1 支路实际上是一种振荡电路，T1 的常开触点每接通一次产生的脉冲宽度为一个扫描周期，周期为 10s（即定时器 T1 的设定值）的方波脉冲。这个脉冲序列是作为计数器 C10 的计数脉冲的。当然，这种脉冲还可以用于移位寄存器的移位等其他场合。

六、分频电路

图 6-75 所示是一个 2 分频电路。待分频的脉冲信号加在 X000 端，设 M101 和 Y010 初始状态均为 0。

在第一个脉冲信号到来时，M101 产生一个扫描周期的单脉冲，它的常开触点闭合一个扫描周期，常闭触点断开，使 1 号支路接通，2 号支路断开，Y010 置 1。M101 产生的脉冲周期结束后，M101 置 0，又使第 2 个支路接通，第 1 支路断开，使 Y010 保持置 1。当第二个脉冲到来时，M101 再产生一个扫描周期的单脉冲，1 号支路中因 Y010 常闭触点是断开的，对 Y010 的状态无影响，而 2 号支路 M101 常闭触点断开，使 Y010 由 1 变为 0。第二个

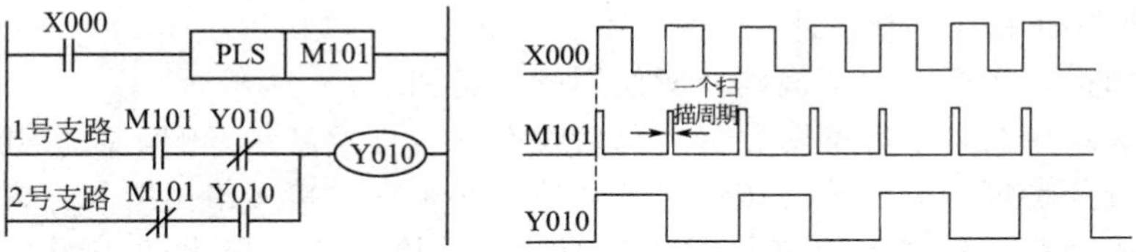

图 6-75　2 分频电路及波形

脉冲扫描周期结束后，M101 置 0，使 Y010 仍保持 0 直到第三个脉冲到来。第三个脉冲到来时，Y010 及 M101 的状态和第一个脉冲到来时完全相同，Y010 的状态变化将重复上面讨论的过程。通过以上分析可知，X000 每送入 2 个脉冲，Y010 产生一个脉冲，完成了输入信号的 2 分频。

第六节　基本指令编程实例

【例 1】 用 PLC 实现对通风机的监视。

用 PLC 设计一个对三台通风机选择运转装置进行监视的系统。如果三台风机中有两台在工作，信号灯就持续发亮；如果只有一台风机工作，信号灯就以 1Hz 的频率闪光；如果三台风机都不工作，信号灯就以 10Hz 频率闪光；如果选择运转装置不运行，信号灯就熄灭。

对 PLC 机内器件安排如表 6-43 所示。

表 6-43　器件安排表

输入器件	输出器件	其他机内器件
X000：风机 1（接触器的常开触点）	Y000：信号灯	M100：至少 2 台风机运行，其信号为 1
X001：风机 2（接触器的常开触点）		M101：当无风机运行时，其信号为 1
X002：风机 3（接触器的常开触点）		M8013：1Hz 脉冲发生器（1s 周期振荡）
X003：运转选择开关		M8012：10Hz 脉冲发生器（0.1s 周期振荡）

根据以上要求，条件信号有三个，即：①三台风机中至少有两台在运行，这时有 3 种逻辑组合关系，如图 6-76(a) 所示；②只有一台风机在运行，逻辑关系如图 6-76(b) 所示；③三台风机都不在运行的监视逻辑如图 6-76(c) 所示。

由以上三种逻辑关系可以绘出风机监视系统的梯形图如图 6-77 所示。

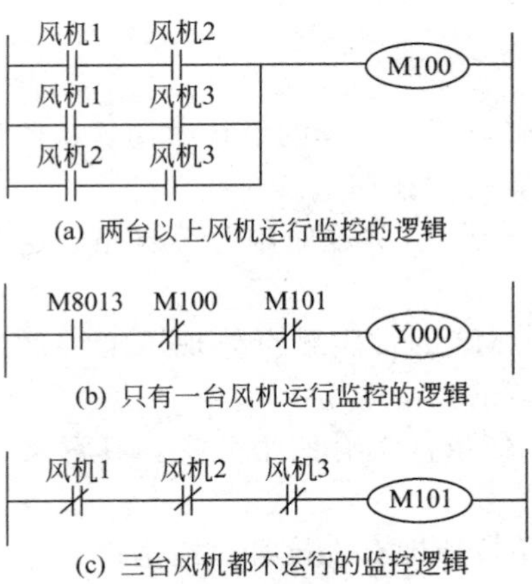

图 6-76　风机运行控制逻辑

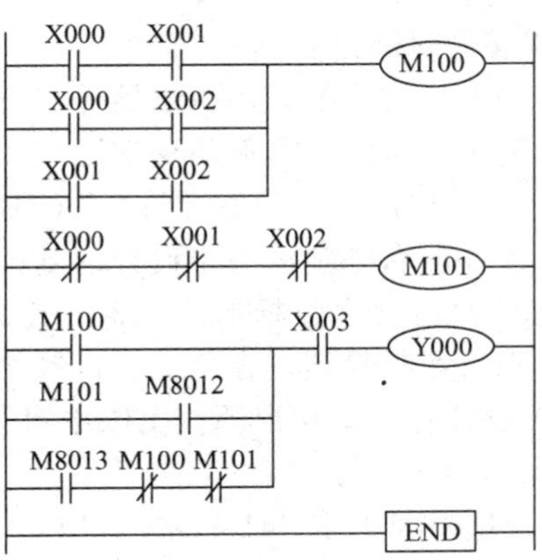

图 6-77　风机监视梯形图

【例 2】 五组抢答器控制设计。

五个队参加抢答比赛。比赛规则及所使用的设备如下。

设有主持人总台及各个参赛队分台。总台设有总台灯及总台音响，总台开始及总台复位按钮。分台设有分台灯、分台抢答按钮。各队抢答必须在主持人给出题目，说了“开始”并同时按了开始控制钮后的 10s 内进行，如提前抢答，抢答器将报出“违例”信号（违例扣分）。10s 时间到，还无人抢答，抢答器将给出应答时间到信号，该题作废。在有人抢答情况下，抢得的队必须在 30s 内完成答题。如 30s 内还没有答完，则作答题超时处理。灯光及音响信号的意义安排如下：

音响及某台灯：正常抢答；

音响及某台灯加总台灯：违例；

音响加总台灯：无人应答及答题超时。

在一个题目回答终了后，主持人按下复位按钮，抢答器恢复原始状态，为第二轮抢答做好准备。

首先决定输入输出端子及机内器件的安排。为了清晰地表达总台灯、各台灯、总台音响这些输出器件的工作条件，机内器件除了选用了应答时间及答题时间两个定时器外，还选用一些辅助继电器，现将机内器件的意义列于表 6-44。

表 6-44 器件安排表

输入器件	输出器件	其他机内器件
X000：总台复位按钮	Y000：总台音响	M0：公共控制触点继电器
X001～X005：分台按钮	Y001～Y005：各台灯	M1：应答时间辅助继电器
X010：总台开始按钮	Y014 总台灯	M2：抢答辅助继电器
		M3：答题时间辅助继电器
		M4：音响启动信号继电器
		T1：应答时限 10s
		T2：答题时限 30s
		T3：音响时限 1s

本例输出器件比较多，且需相互配合表示一定的意义。分析抢答器的控制要求，发现以下几项事件对编写输出器件的工作条件有重要的意义。

① 主持人是否按下开始按钮。这是正常抢答和违例的界限。

② 是否有人抢答。

③ 应答时间是否到时。

④ 答题时间是否到时。

程序设计时，要先用机内器件将以上事件表达出来，并在后续的设计中用这些器件的状态表达输出的条件。本例的梯形图见图 6-78，设计步骤可表述如下。

① 先绘出图中“应答允许”“应答时限”“抢答继电器”“答题时限”等支路。这些支路中输出器件的状态是进一步设计的基础。

② 设计各分台灯梯形图。各分台灯启动条件串入 M2 的常闭触点体现了抢答器的一个基本原则：竞时封锁，在已有人抢答之后按按钮是无效的。

③ 设计总台灯梯形图。由图中可知，总台灯的工作条件含有四个分支。其意义可以解释如下：（自上而下）

a. M2 的常开和 M1 的常闭串联：主持人未按开始按钮即有人抢答，违例；

b. T1 的常开和 M2 的常闭串联：应答时间到无人抢答，本题作废；

c. T2 的常开和 M2 的常开串联：答题超时；

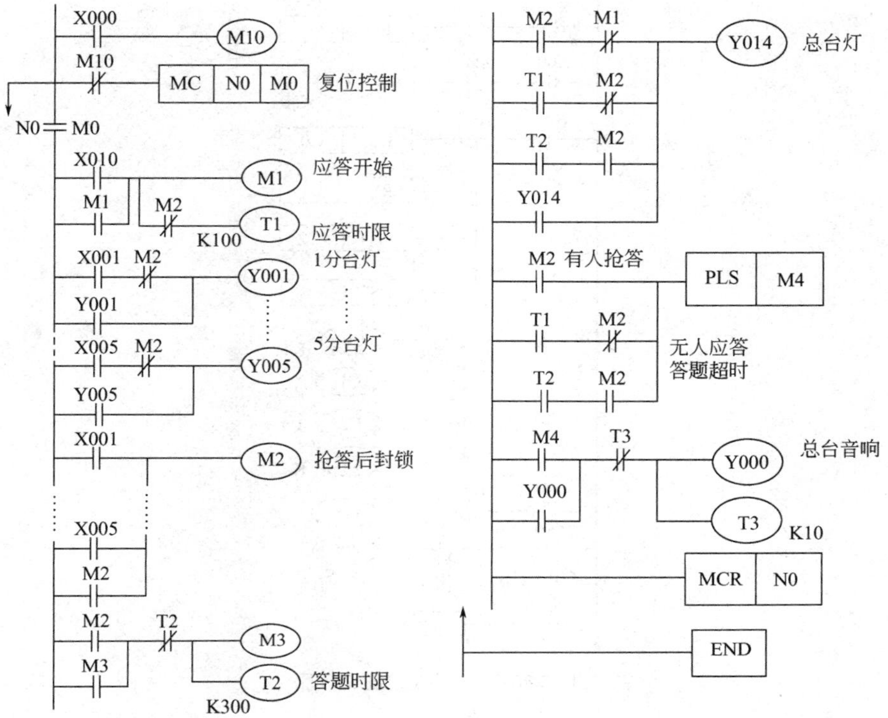

图 6-78　抢答器梯形图

d. Y14 常开：自保触点。

④ 设计总台音响梯形图。总台音响梯形图的结构本来可以和总台灯是一样的，为了缩短音响的时间（设定为 1s），在音响的输出条件中加入了启动信号的脉冲处理环节。有关的支路请读者自行分析。

⑤ 最后解决复位功能。考虑到主控触点指令具有使主控触点后的所有启-保-停电路输出中止的作用，将主控触点 M0 及相关电路加在已设计好的梯形图前部。

【例 3】 三台电机的循环启停运转控制。

驱动三台电机的接触器接于 Y001、Y002、Y003。要求三台电机相隔 5s 启动，各运行 10s 停止，并按这种运行规律循环工作。根据控制要求可绘出三台电机工作的时序图如图 6-79 所示。

分析时序图，不难发现输出 Y001、Y002、Y003 的控制逻辑和间隔 5s 一个的“时间点”有关，每个“时间点”都有电机启停。因而用程序建立这些“时间点”是程序设计的关键。由于本例时间间隔相等，“时间点”的建立可借助振荡电路及计数器来实现。设 X001 为电机运行开始的时刻，让定时器 T1 实现振荡。再用计数器 C0、C1、C2、C3 作为一个循环过程中的时间点。循环功能借助 C3 对全部计数器的复位实现。“时间点”建立之后，用这些点来表示输出的状态就十分容易了。设计好的梯形图如图 6-80 所示。梯形图中输出 Y001、Y002、Y003 的启动、停止循环均由 C0、C1、C2、C3 的“时间点”决定的。

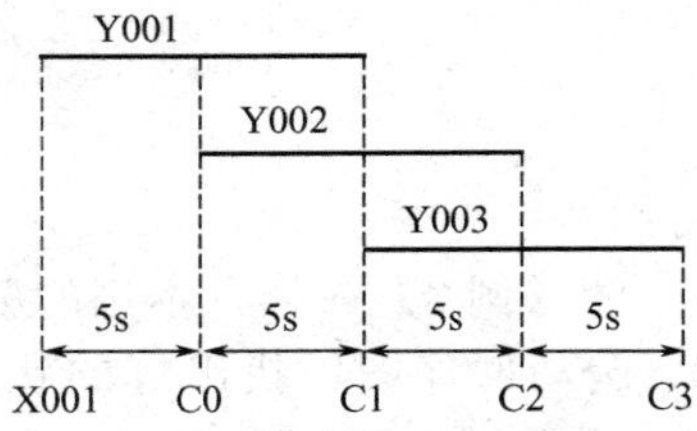

图 6-79　三台电机控制时序图

【例 4】 十字路口交通灯控制设计。

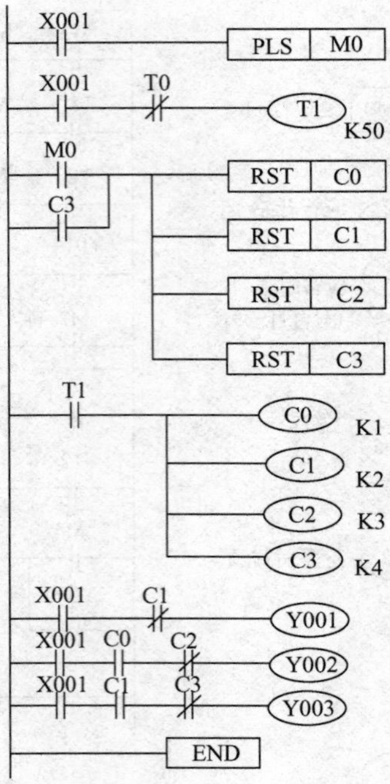

图 6-80　三台电机控制梯形图

这也是一个时序控制实例。十字路口南北向及东西向均设有红、黄、绿三个信号灯，六个灯依一定的时序循环往复工作。图 6-81 是交通灯的时序图。

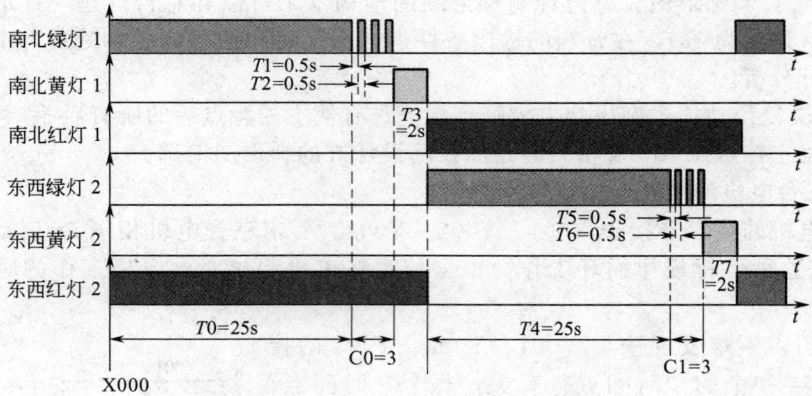

图 6-81　交通灯时序图

和【例 3】一样，本例的关键仍然是要用机内器件将灯的状态变化的“时间点”表示出来。分析时序图，找出灯的状态发生变化的每个“时间点”，并安排相应的机内器件如表 6-45 所示。

表 6-45　时间点及实现方法

器件	名称	实现功能
X000	启动按钮接入端	X000＝ON，绿灯 1 与红灯 2 点亮
T0	绿灯 1 定时器	T0 定时 25s 后，使绿灯 1 熄灭

续表

器件	名称	实现功能
T1、T2	T1、T2 构成周期为 1s 的振荡器	使绿灯 1 闪动，T1 定时 0.5s 后，绿灯 1 亮，T2 定时 0.5s 后，绿灯 1 灭
C0	绿灯 1 频闪计数器	T2 为 C0 计数信号，C0 计数到 3，绿灯 1 灭，黄灯 1 亮
T3	黄灯 1 亮 2s 定时器	T3 定时 2s 后，使黄灯 1 和红灯 2 熄灭，红灯 1 与绿灯 2 点亮
T4	绿灯 2 定时器	T4 定时 25s 后，使绿灯 2 熄灭
T5、T6	T5、T6 构成周期为 1s 的振荡器	使绿灯 2 闪动，T5 定时 0.5s 后，绿灯 2 亮，T6 定时 0.5s 后，绿灯 2 灭
C1	绿灯 2 频闪计数器	T6 为 C1 计数信号，C1 计数到 3，绿灯 2 灭，黄灯 2 亮
T7	黄 2 亮 2s 定时器	T7 定时 2s 后，使黄灯 2 和红灯 1 熄灭，红灯 2 与绿灯 1 点亮，一个循环周期结束

本例梯形图设计步骤如下。

① 依表 6-45 所列器件及方式绘出各“时间点”对应的支路。这些支路是依“时间点”的先后顺序绘出的，且采用一点扣一点的方式进行的。

② 以“时间点”为工作条件绘出各灯的输出梯形图。

③ 为了实现交通灯的启停控制，在已绘好的梯形图上增加主控环节。作为一个循环的结束，第二个循环开始控制的 T7 的常闭触点也作为条件串入主控指令中。本例梯形图绘于图 6-82。

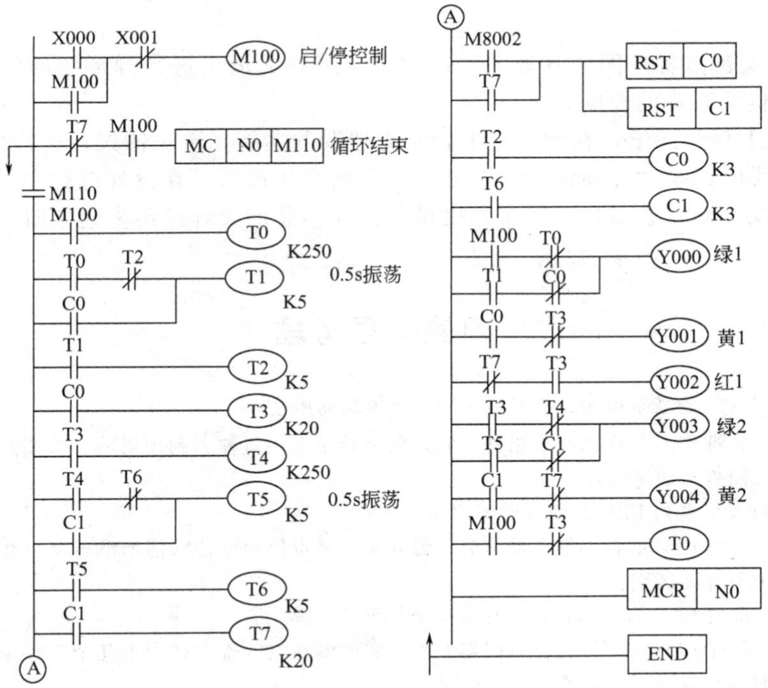

图 6-82 交通灯梯形图

第七节 “经验”编程方法

以上四个实例编程应用的方法称为“经验设计法”。“经验设计法”顾名思义就是依据设计者的设计经验进行设计的方法。它主要基于以下几点。

① PLC 的编程，从梯形图来看，其根本点是找出符合控制要求的系统各个输出的工作条件，这些条件又总是用机内各种器件按一定的逻辑关系组合来实现的。

② 梯形图的基本模式为启-保-停电路。每个启-保-停电路一般只针对一个输出，这个输出可以是系统的实际输出，也可以是中间变量。

③ 梯形图编程中有一些约定俗成的基本环节，它们都有一定的功能，可以在许多地方借以应用。

在编绘以上各例程序的基础上，现将“经验设计法”编程步骤总结如下。

① 在准确了解控制要求后，合理地为控制系统中的事件分配输入输出端。选择必要的机内器件，如定时器、计数器、辅助继电器。

② 对于一些控制要求较简单的输出，可直接写出它们的工作条件，依启-保-停电路模式完成相关的梯形图支路。工作条件稍复杂的可借助辅助继电器。

③ 对于较复杂的控制要求，为了能用启-保-停电路模式绘出各输出端的梯形图，要正确分析控制要求，并确定组成总的控制要求的关键点。在空间类逻辑为主的控制中关键点为影响控制状态的点（如抢答器例中主持人是否宣布开始，答题是否到时等）。在时间类逻辑为主的控制中（如交通灯），关键点为控制状态转换的时间。

④ 将关键点用梯形图表达出来。关键点总是用机内器件来代表的，应考虑并安排好。绘关键点的梯形图时，可以使用常见的基本环节，如定时器计时环节、振荡环节、分频环节等。

⑤ 在完成关键点梯形图的基础上，针对系统最终的输出进行梯形图的编绘。使用关键点综合出满足整个系统的控制要求。

⑥ 审查以上草绘图纸，在此基础上，补充遗漏的功能，更正错误，进行最后的完善。

最后需要说明的是“经验设计法”并无一定的章法可循。在设计过程中如发现初步的设计构想不能实现控制要求时，可换个角度试一试。当您的设计经历多起来时，经验法就会得心应手了。

习题与思考题

【6-1】 简述 FX_{2N} 的基本单元、扩展单元和扩展模块的用途。

【6-2】 FX_{2N} 系列 PLC 有哪八类软组件？它们的地址是采用何种进制编码的？哪些是位组件？哪些是字组件？如何将位组件构成字组件？

【6-3】 简述 FX_{2N} 系列 PLC 是如何循环扫描工作的？

【6-4】 FX_{2N} 系列 PLC 的辅助继电器可分为哪几类？触点使用型特殊辅助继电器与线圈使用型特殊辅助继电器在使用上有什么区别？

【6-5】 FX_{2N} 系列 PLC 的状态软元件有多少个？可分为哪三类？

【6-6】 FX_{2N} 系列 PLC 中有哪几类定时器？每个定时器在它的寄存区中占几个寄存单元？它是如何工作的？积算型定时器与普通型定时器有什么区别？

【6-7】 FX_{2N} 系列 PLC 中有哪两类计数器？高速计数器有多少个？它们是对内部还是对外部脉冲进行计数？占用多少个输入端资源？

【6-8】 使用高速计数器的控制系统在安排输入口时要注意些什么？C241 高速计数器的计数脉冲和外启动/复位端应接哪几个输入口？如何控制它的加减计数方向？

【6-9】 什么是高速计数器的外启动、外复位功能？该功能在工程上有什么意义？外启动、外复位和在程序中安排的启动复位条件之间是什么关系？

【6-10】 画出与下列语句表对应的梯形图。

0 LD X001
1 OR M100
2 ANI X002
3 OUT M100
4 OUT Y031
5 LD X003
7 OUT T50
SP K2550
10 OUT Y032
11 LD T50
12 OUT T51
SP K35
15 OUT Y033
16 LD X004
17 PLS M101
19 LD M101
20 RST C60
22 LD X005
23 OUT C60
SP K10
26 OUT Y034

【6-11】 画出与下列语句表对应的梯形图。

0 LD X000
1 AND X001
2 LD X002
3 ANI X003
4 ORB
5 LD X004
6 AND X005
7 LD X006
8 AND X007
9 ORB
10 ANB
11 LD M101
12 AND M102
13 ORB
14 AND M102
15 OUT Y034
16 END

【6-12】 写出图 6-83 所示梯形图对应的指令表。

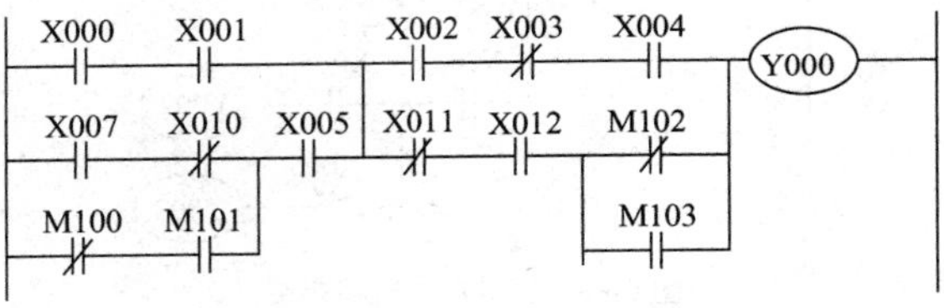

图 6-83 题【6-12】图

【6-13】 写出图 6-84 所示梯形图对应的指令表。

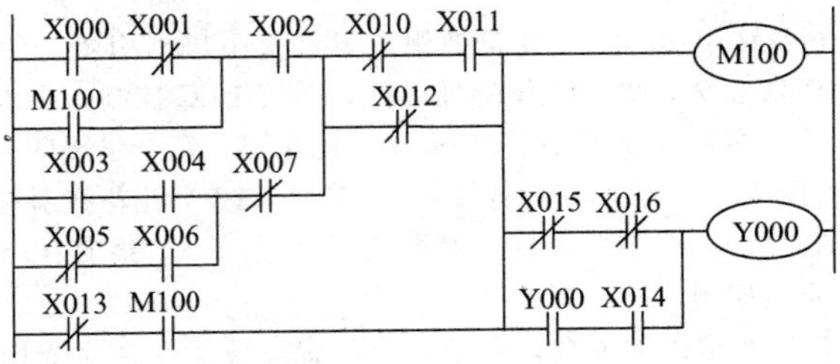

图 6-84 题【6-13】图

【6-14】 写出图 6-85 所示梯形图对应的指令表。

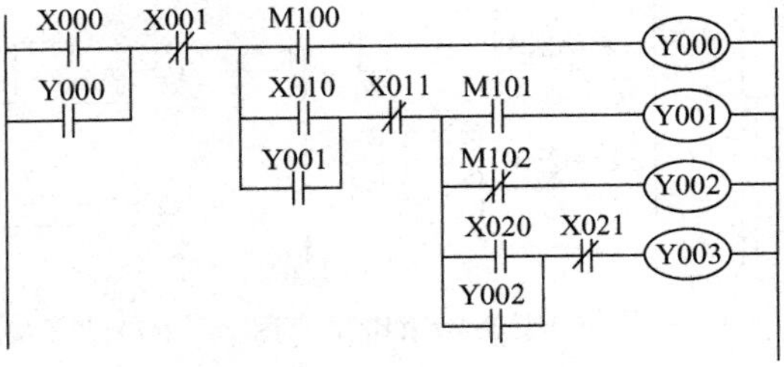

图 6-85 题【6-14】程序

【6-15】 画出图 6-86 中 M206 的波形。

【6-16】 画出图 6-87 中 Y0 的波形。

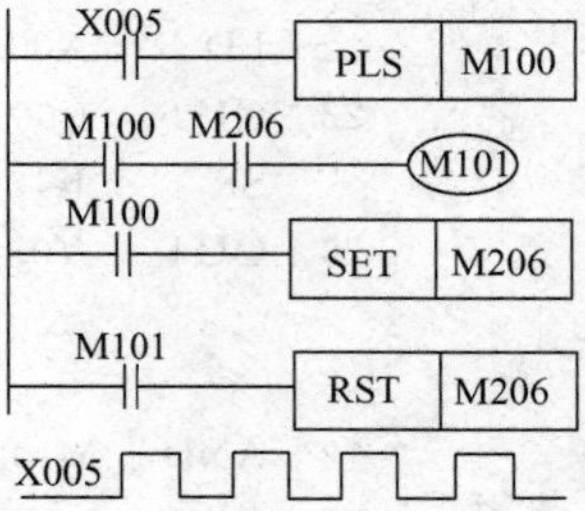

图 6-86 题【6-15】程序图

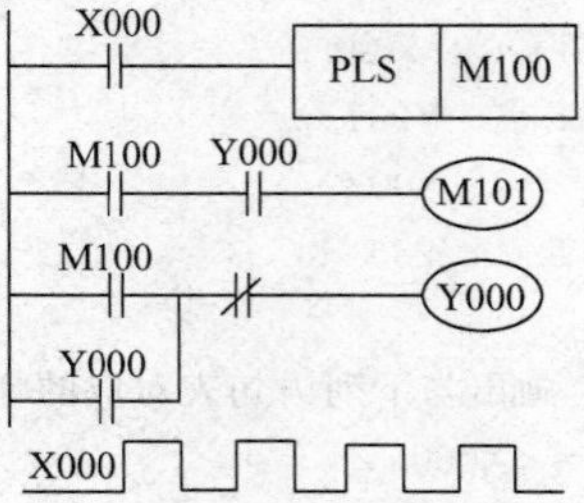

图 6-87 题【6-16】图

【6-17】 用主控指令画出图 6-88 的等效电路，并写出指令表程序。

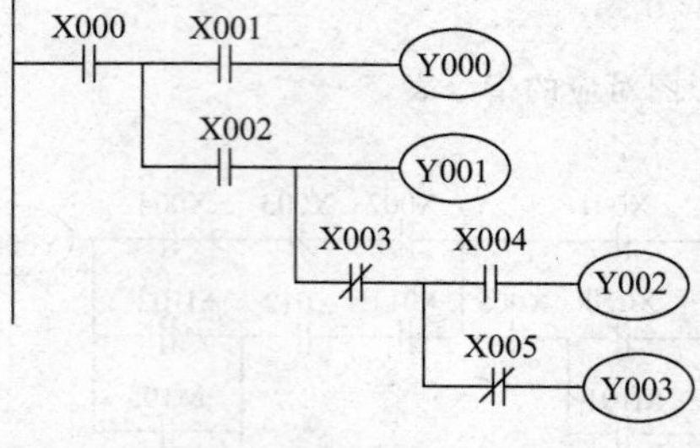

图 6-88 题【6-17】程序图

【6-18】 设计一个四组抢答器，任一组抢先按下按键后，显示器能及时显示该组的编号并使蜂鸣器发出响声，同时锁住抢答器，使其他组按下按键无效。抢答器有复位开关，复位后可重新抢答，设计其 PLC 程序。

【6-19】 设计一个节日礼花弹引爆程序。礼花弹用电阻点火引爆器引爆。为了实现自动引爆，以减轻工作人员频繁操作的负担，保证安全，提高动作的准确性，采用 PLC 控制，要求编制以下两种控制程序。

① 1～12 个礼花弹，每个引爆间隔为 0.1s；13～14 个礼花弹，每个引爆间隔为 0.2s。

② 1～6 个礼花弹引爆间隔 0.1s，引爆完后停 10s，接着 7～12 个礼花弹引爆，间隔 0.1s，引爆完后又停 10s，接着 13～18 个礼花弹引爆，间隔 0.1s，引爆完后再停 10s，接着 19～24 个礼花弹引爆，间隔 0.1s。引爆用一个引爆启动开关控制。

【6-20】 某大厦欲统计进出大厦内的人数，在唯一的门廊里设置了两个光电检测器，如图 6-89(a) 所示，当有人进出时就会遮住光信号，检测器就会输出“1”状态信号；光不被遮住时，信号为“0”。两个检测信号 A 和 B 变化的顺序将能确定人走动的方向。

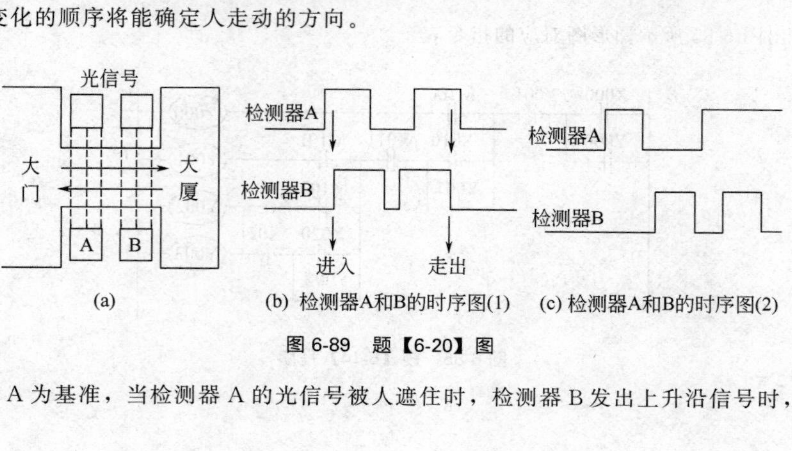

(a)　(b) 检测器A和B的时序图(1)　(c) 检测器A和B的时序图(2)

图 6-89 题【6-20】图

设以检测器 A 为基准，当检测器 A 的光信号被人遮住时，检测器 B 发出上升沿信号时，就可以认为有人进入大厦，如果此时 B 发出下降沿信号则可认为有人走出大厦，如图 6-89(b) 所示。当检测器 A 和 B 都检测到信号时，计数器只能减少一个数字；当检测器 A 或 B 只有其中一个检测到信号时，不能认为有人出入；或者在一个检测器状态不改变时，另一个检测器的状态连续变化几次，也不能认为有人出入了大厦，如图 6-89(c) 所示，相当于没有人进入大厦。

用 PLC 实现上述控制要求，设计一段程序，统计出大厦内现有人数，达到限定人数（例如 500 人）时发出报警信号。

【6-21】 设计 3 分频、6 分频功能的梯形图，并画出程序输出波形。

【6-22】 阅读下面图 6-90 的程序，画出 X000、M0、M1、M2、M3、C0 和 Y000 的波形，说明程序能够实现几分频功能？

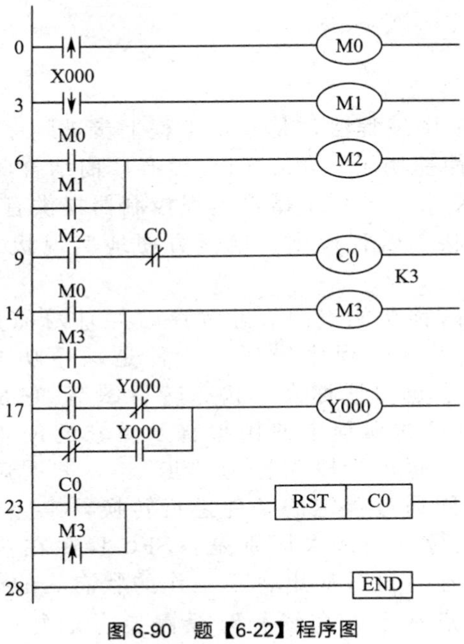

图 6-90 题【6-22】程序图

第七章　$FX_{2N/3U}$ 系列 PLC 的步进指令及状态编程法

状态编程法也叫功能表图编程法，是实现工程上步进顺序控制的重要编程方法，该方法应用方便灵活、程序简捷明了。当今 PLC 生产厂商结合此法都提供有相关的指令，如三菱电机公司生产的 $FX_{2N/3U}$ 系列小型可编程控制器提供有两条步进指令，利用机内大量的状态软元件，通过状态编程规则，就能方便地实现状态编程，满足工程上各种顺序控制的要求。

功能表图编程中常用两种功能表图表述程序，并且两种关系是对应的，也是可以互相转换的，它们均可用指令表程序描述。一种是顺序功能图（Sequential Function Chart，SFC）程序，工程上也习惯称为“状态转移图”，它是一种 IEC 标准推荐的首选编程语言，近年来在 PLC 的编程中使用很普及。它的编程思想是：将控制过程的一个周期分为若干个阶段（每个阶段简称为“步”），并明确每一步所要通过逻辑控制执行的输出，步与步之间通过指定的条件进行转换，来完成全部的控制过程。SFC 程序与其他 PLC 程序在执行中的最大区别是：SFC 程序在执行过程中始终只对处于工作状态的 S 进行逻辑处理与执行输出，不工作的状态 S 的全部逻辑与输出状态均无效，因此，SFC 的最大优点在于，在编程时只需要考虑每一步工作状态的逻辑控制与执行的输出，以及步与步之间的转换条件对某个状态的激活。由于工作的状态 S 是由转换条件激活的，每个工作的状态包含了状态编程的全部要素。另一种是顺序梯形图（Sequential Ladder diagram STL）程序，工程上也称为状态梯形图，它是描述 SFC 的梯形图程序，在进行状态编程时，一般先绘出 SFC，再转换成状态梯形图或指令表程序。

本章将介绍 $FX_{2N/3U}$ 系列 PLC 的两条步进指令、状态元件、状态三要素、状态编程思想，SFC 与 STL 对应的编程关系。然后介绍工程中常见的状态编程方法，并结合实例介绍状态编程方法在步进顺序控制中的应用。

第一节　步进指令与状态转移图表示方法

一、 $FX_{2N/3U}$ 系列步进指令及使用说明

1. $FX_{2N/3U}$ 系列步进指令

$FX_{2N/3U}$ 系列 PLC 的两条步进指令的助记符与功能如表 7-1 所示。

表 7-1 步进指令助记符与功能

指令助记符、名称	功能	步进梯形图的表示	程序步
STL 状态触点生成指令	在左母线上生成状态 Si 的常开触点	S0 ~ S899	1
RET 返回指令	程序流程结束返回	RET	1

FX_{2N} 系列 PLC 步进指令所使用的状态软元件有 1000 个，其分类、编号、数量和用途见表 6-12。其中 S0～S899 计 900 个状态元件可用于步进转移图和梯形图中。

在编程软件中编写状态梯形图时，在左母线上生成状态元件 Si 的常开触点，要在指令栏中输入“STL Si”，才能生成“[STL Si]”形式的常开触点（在教材中用-|||-表示），它的右侧形成一根新的内母线，凡是与 Si 常开触点内母线连接的触点，在指令表程序中要用 LD 或 LDI 指令。当梯形图程序流程编写结束时，一定要在最后一个状态的内母线上安排一条返回指令 RET，表示程序运行的一个周期结束返回初始状态或转移到某个阶段重新开始。由 FX 编程软件编制的状态梯形图如图 7-1 所示。

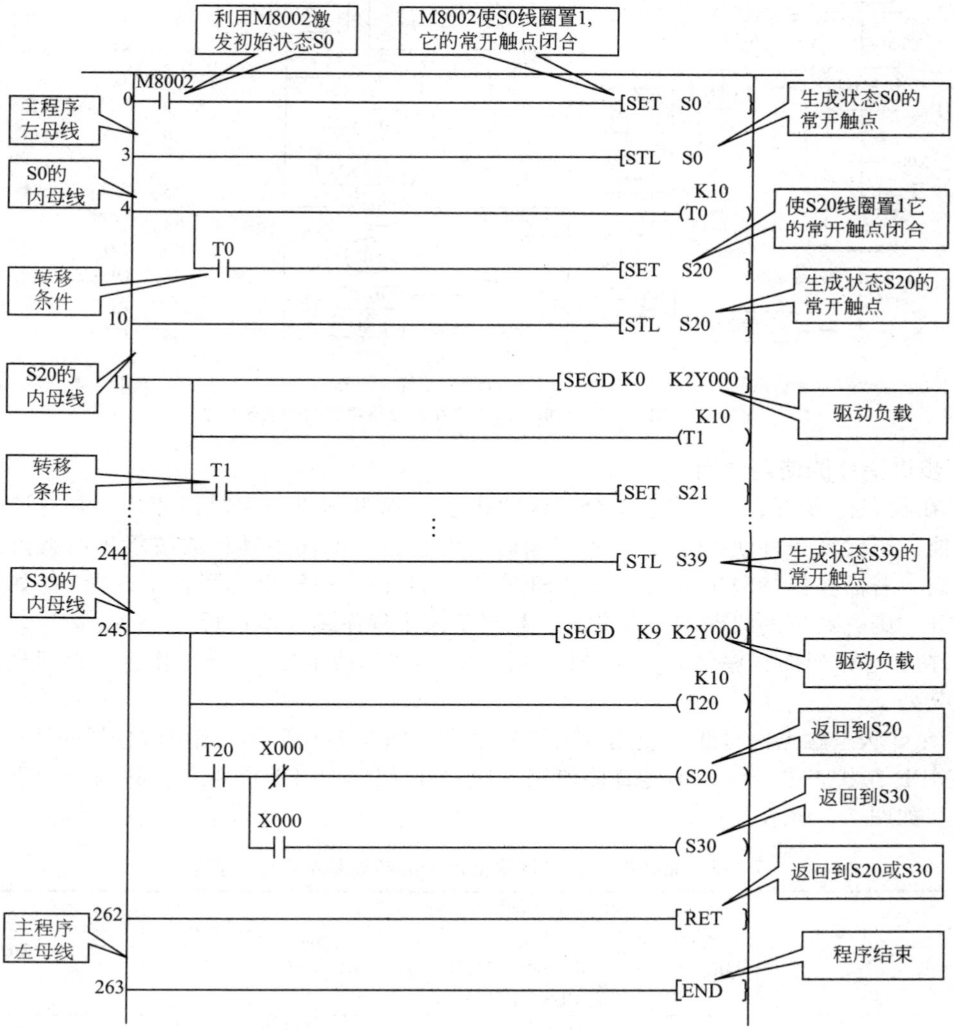

图 7-1 由 FX 编程软件编制的状态梯形图

教材中表示状态转移图 SFC、状态梯形图 STL 以及对应的指令表程序如图 7-2 所示。在图 7-2（a）、（b）中，每个状态的内母线上都将具有三种功能：① 可以驱动负载（OUT Yi）；②指定转移条件（LD/LDI Xi）；③指定转移目标（SET Si 或 OUT Si），称为状态的三要素。后两个功能是必不可少的。

程序执行的过程是：程序进入运行状态后，M8002 的初始脉冲自动使 S0 线圈置 1，它的“-||-”触点接通（称为激活 S0），当转移条件 X000 触点闭合使 S20 线圈置 1，S20 的“-||-”触点接通，同时上一步的状态 S0 常开触点自动断开。激活的 S20 将驱动输出线圈 Y010 接通，若转移条件 X001 触点闭合，则激活 S21，同时使上一步的状态 S20 常开触点自动断开。激活的 S21 将驱动 Y011 线圈接通，若转移条件 X002 触点闭合，激活 S0，程序将返回到初始状态 S0，等待 X000 闭合，重复以上执行的过程。

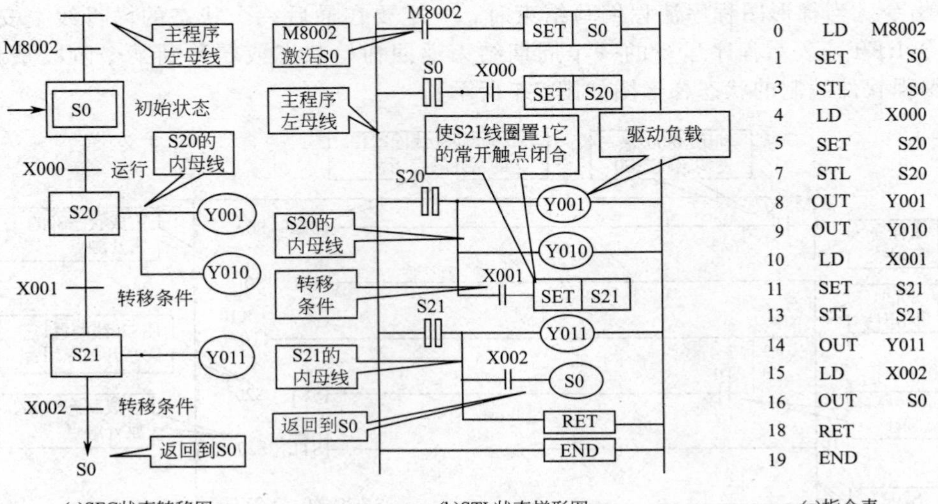

(a)SFC状态转移图 (b)STL状态梯形图 (c)指令表

图 7-2 SFC、STL 和指令表程序在本教材中编写的表示方法

2. 步进指令的使用说明

① 在状态梯形图中，由步进指令生成的状态 Si 常开触点与左母线相连，具有该步的主控制功能。当转换条件使 Si 常开触点接通时，由它控制的输出动作或按输出前触点的逻辑关系输出。若需要保持输出结果，可用 SET 或 RST 指令使输出线圈置 1 或置 0。如果状态触点断开，则它右侧的线路则全部断开，相当于该步程序跳过不执行。

② 在状态梯形图程序结束，在最后一个状态的内母线上使用 RET 指令，返回到主程序开始或某处。

③ 允许状态触点内母线上使用的顺控基本指令如表 7-2 所示。表中的栈操作指令 MPS/MRD/MPP 在状态内母线上不能直接使用，应接在 LD 或 LDI 指令之后的两个触点之间才能使用，如图 7-3 所示。

表 7-2 允许在状态内母线上使用的顺控基本指令一览表

状态 \ 指令		LD/LDI/LDP/LDF AND/ANI/ANDP/ANDF OR/ORI/ORP/ORF/INV/OUT, SET/RST,PLS/PLF	ANB/ORB MPS/MRD/MPP	MC/MCR
初始状态/一般状态		可以使用	可以使用	不可使用
分支,汇合状态	输出处理	可以使用	可以使用	不可使用
	转移处理	可以使用	不可使用	不可使用

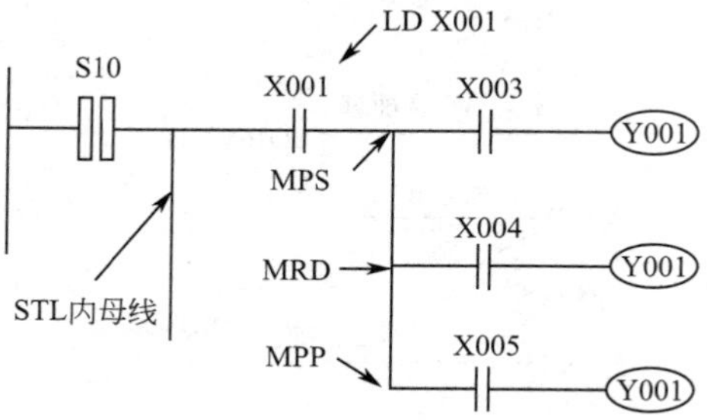

图 7-3 栈操作指令在状态内的正确使用

④ 允许同一软元件的线圈在不同的状态接点后面多次使用(因它们在不同的状态不能同时工作，不认为是重线圈)。但是应注意，定时器线圈不能在相邻的状态中出现。在同一个程序段中，同一状态继电器地址号只能使用一次。

⑤ 在状态常开触点的内母线上对逻辑开关触点用 LD 或 LDI 指令编程后，对图 7-4(a)所示没有触点的线圈 Y003 将不能编程，应改成按图 7-4(b)电路才能对 Y003 编程。

⑥ 为了控制电机正反转时避免两个线圈同时接通短路，在两个状态内可利用对方输出线圈的常闭触点串入实现互锁，方法如图 7-5 所示。

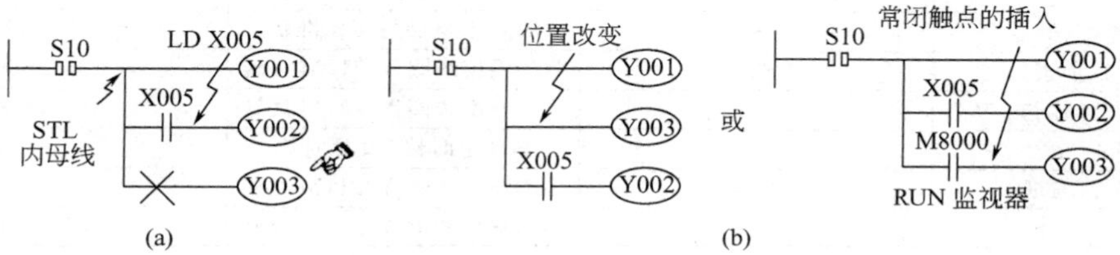

图 7-4 状态内没有触点线圈的编程

二、状态转移图(SFC)的建立及其特点

状态转移图是状态编程法的重要工具。状态编程的一般设计思想是：将一个复杂的控制过程分解为若干步，每步赋予一个工作状态 Si，作为步的控制开关。弄清各步工作状态的工作细节（执行的任务、转移条件和转移方向），再依据总的控制顺序要求，将这些工作状态联系起来，就构成了状态转移图。SFC 图可以在备有 A7PHP/HGP 等图示图像外围设备和与其对应编程软件的个人计算机上编程。根据 SFC 图进而可以编绘出状态梯形图。下面介绍图 7-6 中某台车自动往返控制的 SFC 建立。

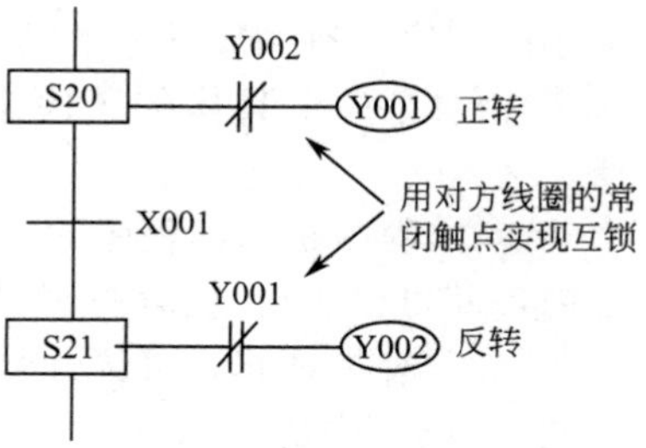

图 7-5 输出线圈的互锁

台车自动往返一个工作周期的控制工艺要求如下。

① 按下启动钮 SB，电机 M 正转，台车前进，碰到限位开关 SQ1 后，电机 M 反转，台车后退。

② 台车后退碰到限位开关 SQ2 后，台车电机 M 停转，台车停车 5s 后，第二次前进，碰到限位开关 SQ3，再次后退。

③ 当后退再次碰到限位开关 SQ2 时，台车停止。

下面运用状态编程思想说明建立 SFC 图的方法。

① 将整个过程按工序要求分解。由 PLC 的输出点 Y021 控制电机 M 正转驱动台车前进，由 Y023 控制电机 M 反转驱动台车后退。为了解决延时 5s，选用定时器 T0。将启动按钮 SB 及限位开关 SQ1、SQ2、SQ3 分别接于 X000、X011、X012、X013。分析其一个工作周期的控制要求，有五个工序要顺序控制，如图 7-7 所示。

② 对每个工序分配状态元件，说明每个状态的功能与作用、转移条件。如表 7-3 所示。

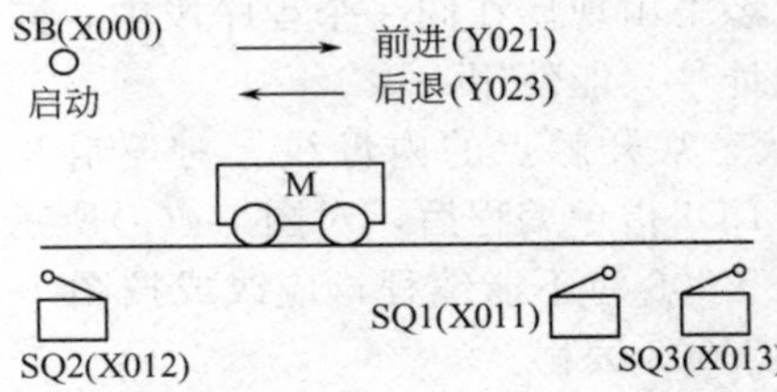

图 7-6　台车自动往返示意图

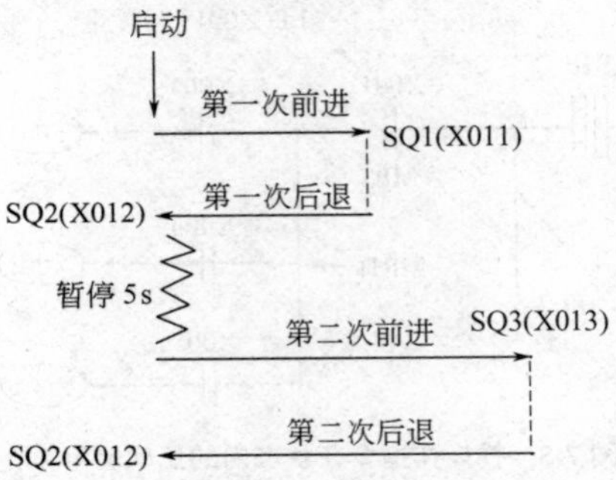

图 7-7　台车自动往返顺序控制图

表 7-3　工序状态元件分配、功能与作用、转移条件

工序	分配的状态元件	功能与作用	转移条件
0 初始状态	S0	PLC 上电做好工作准备	X000(SB)
1 第一次前进	S20	驱动输出线圈 Y021,M 正转	X011(SQ1)
2　第一次后退	S21	驱动输出线圈 Y023,M 反转	X012(SQ2)
3　暂停 5s	S22	驱动定时器 T0 延时 5s	T0
4　第二次前进	S23	驱动输出线圈 Y021,M 正转	X013(SQ3)
5 第二次后退	S24	驱动输出线圈 Y023,M 反转	X012(SQ2)

根据表 7-3 可绘出状态转移图、状态梯形图和指令表程序如图 7-8 所示。在图 7-8（a）中初始状态 S0 要用双框，驱动 S0 的电路要在对应的状态梯形图中的开始处绘出。在流程结束时，应在状态梯形图结束处使用 RET 和 END 指令。

从图 7-8（a）可以看出，状态转移图具有以下特点。

① SFC 将复杂的任务或过程分解成了若干个工序（状态）。无论多么复杂的过程均能分化为小的工序，有利于程序的结构化设计。

② 相对某一个具体的工序来说，控制任务实现了简化，并给局部程序的编制带来了方便。

③ 整体程序是局部程序的综合，只要弄清各工序成立的条件、工序转移的条件和转移的方向，就可以进行这类图形的设计。

④ SFC 容易理解，可读性强，能清晰地反映全部控制工艺过程。

图 7-8(a) 中的 LAD0，LAD1 的英文是 Ladder0，Ladder1，表示在 SFC 的初始状态的启动工作和流程结束要使用所指的指令程序，但它们不属于 SFC 指令程序，要在 STL 状态梯形图中编写出这些指令程序。例如 LAD0 指出可以利用 M8002 的初始脉冲使初始状态 S0 置 1，让它的常开触点动作，进入步进控制流程；LAD1 指出在程序流程返回与结束时要使用 RET 和 END 指令。

三、状态转移图(SFC)转换成状态梯形图(STL)、指令表程序

从图 7-8(a)分析可看出，SFC 图基本上是以步进控制状态的流程完成一个控制周期的，它实际上就是一个实现控制方案的流程图。而图 7-8(b)的 STL 图，是由状态软元件和其他继电器的触点及线图来描述 SFC 的梯形图程序。当然，图 7-8(b)的 STL 程序也可以用图 7-8(c)的指令表程序来描述 STL 中各状态、各触点的逻辑关系和执行元件，这三者之间具有一一对应的描述关系，因此，应养成先设计出图 7-8(a)的 SFC 图程序的习惯，有了 SFC，修改 SFC、将其转换成 STL 图和指令表程序都是比较方便的。

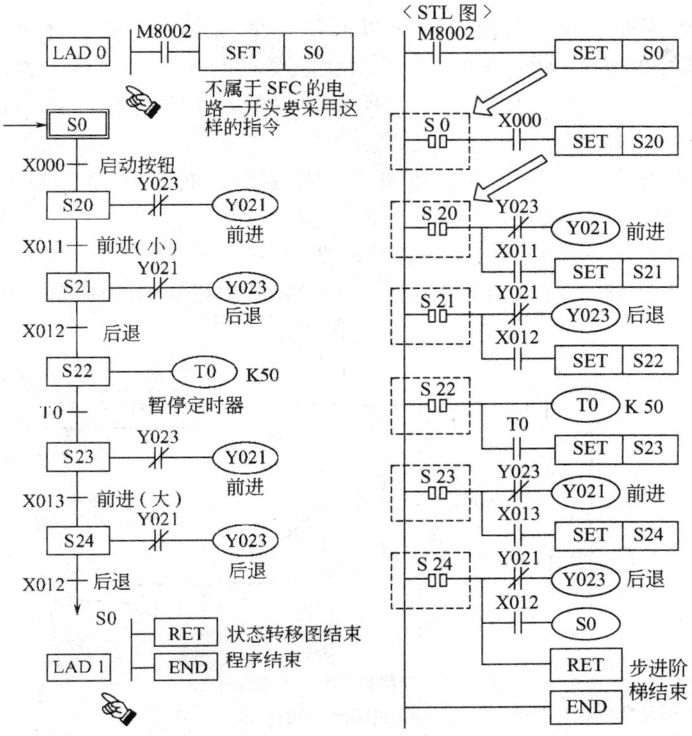


```
LD    M8002   运行开始对状态 S0 驱动
SET   S0
STL   S0      激活初始状态 S0,PLC 运行
LD    X000
SET   S20
STL   S20
LDI   Y023
OUT   Y021    驱动 M 第一次前进
LD    X011
SET   S21
STL   S21
LDI   Y021
OUT   Y023    驱动 M 第一次后退
LD    X012
SET   S22
STL   S22
OUT   T0      暂停 5s
      K50
LD    T0
SET   S23
STL   S23
LDI   Y023
OUT   Y021    驱动 M 第二次前进
LD    X013
SET   S24
STL   S24
LDI   Y021
OUT   Y023    驱动 M 第二次后退
LD    X012
OUT   S0
RET           步进程序结束返回 S0
END
```

(a)台车自动往返控制的SFC图　(b)台车自动往返控制的状态梯形图(STL图)　(c)台车自动往返控制的指令表程序

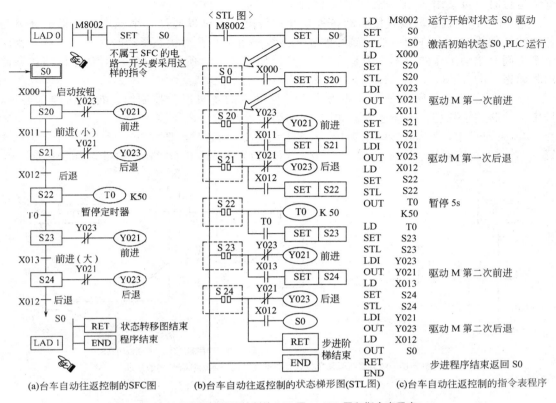

图 7-8　台车自动往返控制的 SFC 图、 STL 图和指令表程序

第二节　编制 SFC 图的注意事项和规则

一、编制 SFC 图的注意事项

① 在设计 SFC 图时，初始状态软元件只能使用 S0～S9，并要用双框表示。要使 SFC 按流程进行工作，首先要启动初始状态处于工作状态（即使它的线图置 1，常开触点闭合），可以根据控制要求启动初始状态工作，若需要程序一运行即能自动启动初始状态工作，可用 M8002 初始脉冲特殊辅助继电器实现。

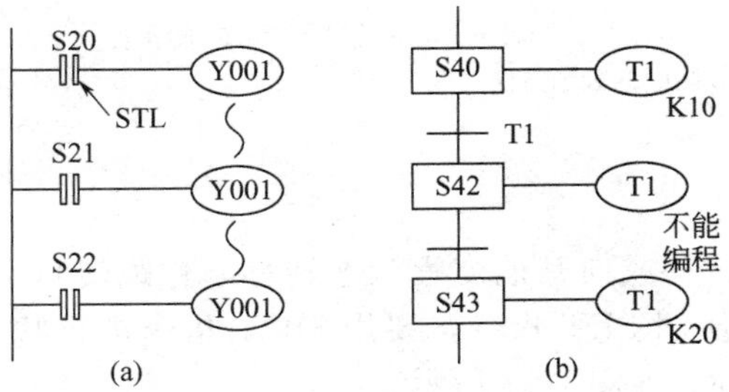

图 7-9　同一负载允许由多个状态驱动输出，但相邻状态定时器编号不能相同

② 在 SFC 图中，需要自动运行前进行初始复原（即恢复原始）操作，要用复原状态 S10～S19，编写复原程序的最后要使复原完毕特殊继电器 M8043 置 1，使所用的复原状态自动复位（见第八章图 8-96）。一般情况下，不用这些复原状态作为普通状态使用。

③ 在 SFC 中，除了初始状态外，每步使用的普通状态元件可以在 S20～S899 中选用，用单框表示，步与步之间的状态编号可以不连续。若需要在停电恢复后继续在原工作状态处

继续运行时，可选用 S500～S899 编号的停电保持状态元件。

④ 每个普通状态可以直接驱动各种软元件线圈，也可以通过各个触点的逻辑组合驱动各种软元件线圈。允许同一地址编号的软元件线圈由多个普通状态驱动时，由于在状态程序中不是同时驱动工作的，不作为是“双线圈”，如图 7-9(a)所示。另外，不允许相邻状态使用相同编号的 T、C 元件。如图 7-9(b)所示。

⑤ 驱动的负载、转移条件可能为多个元件触点的逻辑组合控制时，视具体控制要求，按串、并联关系处理，不能遗漏。如图 7-10(a)所示。

⑥ 在 SFC 中，若需要按顺序使下一个状态常开触点闭合时，要用 SET 指令使下个状态线圈置 1。若需要跳转到某个状态，使其工作时，要使用 OUT 指令进行跳转。如图 7-10(b)所示。

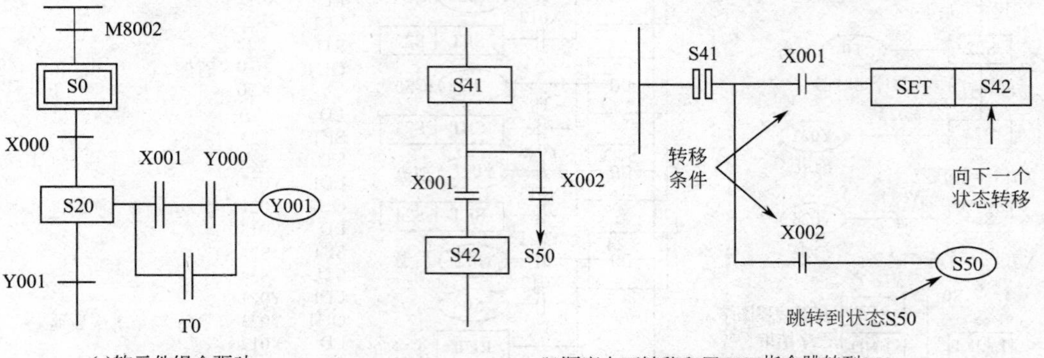

(a)软元件组合驱动　　(b)顺序向下转移和用OUT指令跳转到S50

图 7-10　触点组合驱动负载、状态向连续或不连续状态转移的处理

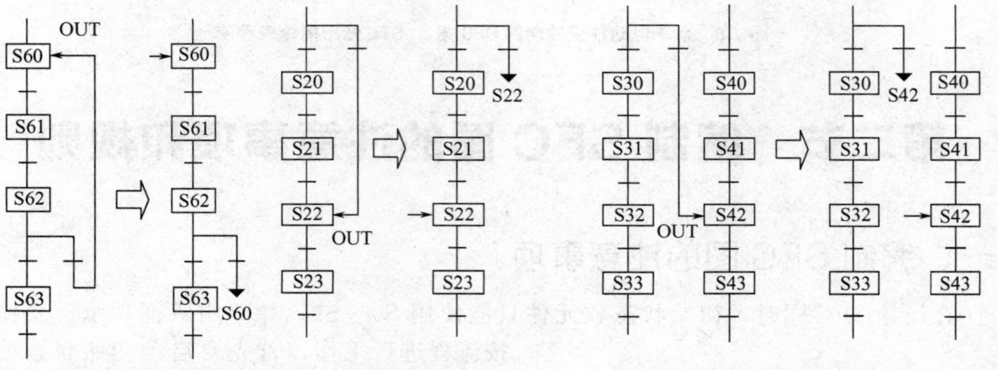

(a) 向上面状态转移的表示　(b) 向下面状态转移的表示　(c) 向其它流程状态转移的表示

图 7-11　非连续转移在 SFC 图中的表示方法

二、编制 SFC 图的规则

① 若向上转移（称循环）、向下面流程状态转移或向其他流程状态转移（称跳转），称为顺序不连续转移，顺序不连续转移的状态不能使用 SET 指令，要用 OUT 指令进行状态转移，并要在 SFC 图中用“↓”符号表示转移目标。如图 7-11 所示。

② 在流程中要表示状态的自复位处理时，要用“↓”符号表示，自复位状态在程序中用 RST 指令表示，如图 7-12 所示。

③ SFC 图中的转移条件不能使用 ANB，ORB，MPS，MRD，MPP 指令。应按图 7-13(b)所示确定转移条件。

④ 在 SFC 图中的流程不能交叉，应按图 7-14 处理。

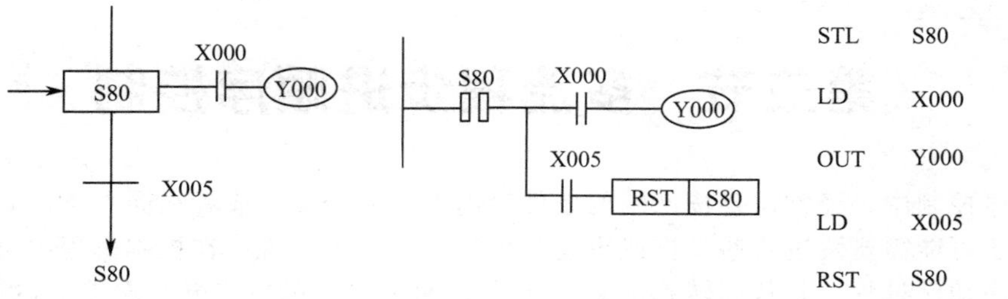

图 7-12　自复位表示方法

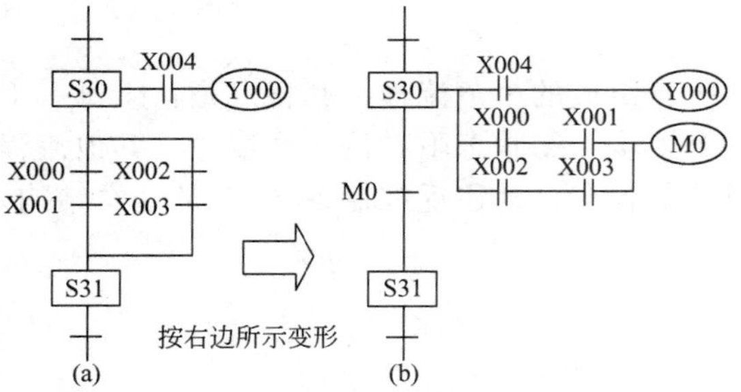

图 7-13　复杂转移条件的处理

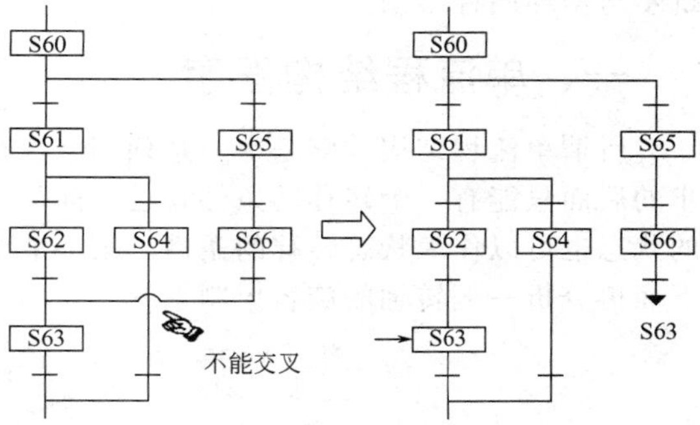

图 7-14　SFC 图中交叉流程的处理

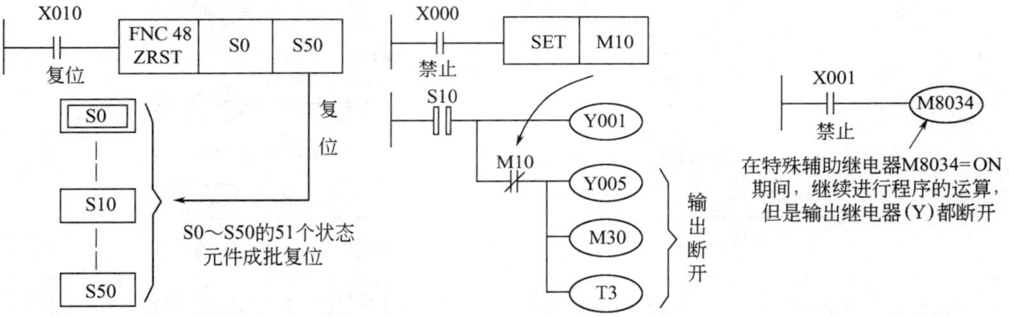

(a) 状态区间的成批复位　　(b) 禁止状态运行中有任何输出　　(c) 使PLC全部输出继电器都断开

图 7-15　状态区域复位和输出禁止的处理

⑤ 若要对某个区间状态进行复位，可用区间复位指令 ZRST 按图 7-15(a)处理；若要使某个状态中的输出禁止，可按图 7-15（b）所示方法处理；若要使 PLC 的全部输出继电器（Y）断开，可用特殊辅助继电器 M8034 接成图 7-15（c）电路，当 M8034 为 ON 时，PLC 继续进行程序运算，但所有输出继电器（Y）都断开了。

为了有效地编制 SFC 图，常需要采用表 7-4 所示的特殊辅助继电器。

表 7-4　SFC 图中常采用的特殊辅助继电器功能与用途

地址号	名称	功能与用途
M8000	RUN 监视器	可编程控制器在运行过程中，它一直处于接通状态。可作为驱动所需的程序输入条件与表示可编程控制器的运行状态来使用。
M8002	初始脉冲	在可编程控制器接通瞬间，产生 1 个扫描周期的接通信号。用于程序的初始设定与初始状态的置位。
M8040	禁止转移	在驱动该继电器时，禁止在所有程序步之间转移。在禁止转移状态下，接通的状态内的程序仍然动作，因此输出线圈等不会自动断开。
M8046	STL 动作	任一状态接通时，M8046 仍自动接通，可用于避免与其他流程同时启动，也可用作工序的动作标志。
M8047	STL 监视器有效	在驱动该继电器时，编程功能可自动读出正在动作中的状态地址号

第三节　多流程步进顺序控制

在顺序控制中，经常需要按不同的条件转向不同的分支，或者在同一条件下转向多路分支。当然还可能需要跳过某些操作或重复某种操作。也就是说，在控制过程中可能具有两个以上的顺序动作过程，其状态转移流程图也具有两个以上的状态转移分支，这样的 SFC 图称为多流程顺序控制。常用的状态转移图的基本结构有单流程、选择性分支、并联性分支和跳步与循环四种结构。

一、单流程结构程序

所谓单流程结构，就是由一系列相继执行的工步组成的单条流程。其特点是：①每一工步的后面只能有一个转移的条件，且转向仅有一个工步。②状态不必按顺序编号，其他流程的状态也可以作为状态转移的条件。第一节中讨论的台车自动往返控制 SFC 就是这类结构。下面再分析一例转轴的旋转控制系统。

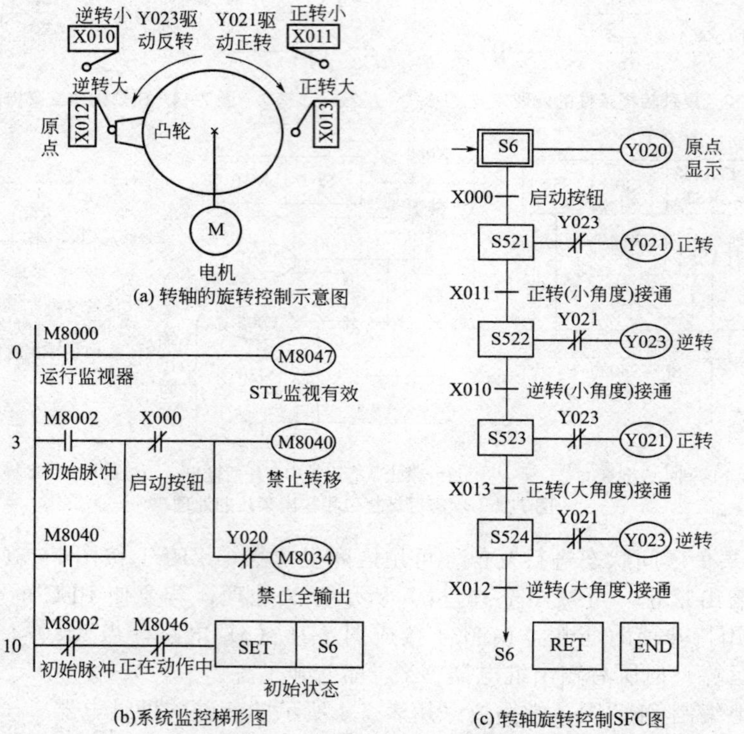

图 7-16　转轴旋转控制系统

转轴旋转控制示意图如图 7-16(a)所示。在正转的两个位置（一个为小角度，一个为大角度）上设置的限位开关分别接于 X013、X011，在反转的两个位置（一个为小角度，一个为大角度）上设置的限位开关分别接于 X012、X010。工作时，按下启动按钮（接于 X000），转轴的凸轮则按小角度正转→小角度反转→大角度正转→大角度反转的顺序动作一个周期，然后停止。限位开关接在 X010～X013 平时处在 OFF 状态，只有转轴的凸轮转到规定的角度位置碰到设置的限位开关时，才变为 ON 状态。

图 7-16(b)为系统监控梯形图。图中 M8047 为 STL 监视有效特殊辅助继电器，若 M8047 动

作，则步进状态 S0～S899 动作有效，并且 S0～S899 中只要有一个动作，在执行结束指令后 M8046 就动作（常开触点闭合，常闭触点断开）。因此，PLC 一运行，在第一个扫描周期就执行系统监控程序，使 M8047、M8040 和 M8034 线圈接通，不仅对 STL 程序进行监控，并且使 STL 不能执行，禁止全部输出。当第一个扫描周期结束，利用 M8002 常闭触点的复位和 M8046 常闭触点的原态激活初始状态 S6，使原点指示灯亮，进入待工作状态。当按下 X000 上的启动按钮，则 M8040 和 M8034 线圈断电，则使图 7-16(c)的 SFC 进入正常执行状态，每步的转移条件成立，就能使程序顺序执行，起到了安全运行的保护作用。

图 7-16(c)是该系统的 SFC 图。该流程图为单流程结构的，SFC 只要处于正常待工作状态，每按一次启动按钮，程序控制转轴的凸轮运行一个周期而停止，回到状态 S6 驱动 Y020，原点指示灯亮。在 SFC 中状态采用的是电池后备型的，在动作期间，发生停电恢复后，再按启动按钮，则会从停电时所处工序开始继续动作。

二、选择性分支与汇合及其编程

（一）选择性分支 SFC 图的特点

从多个分支流程中根据条件选择执行某一分支，不满足选择条件的分支不执行，即每次只执行满足选择条件的一个分支，称为选择性分支。图 7-17 就是一个选择性分支的状态转移图，其特点如下。

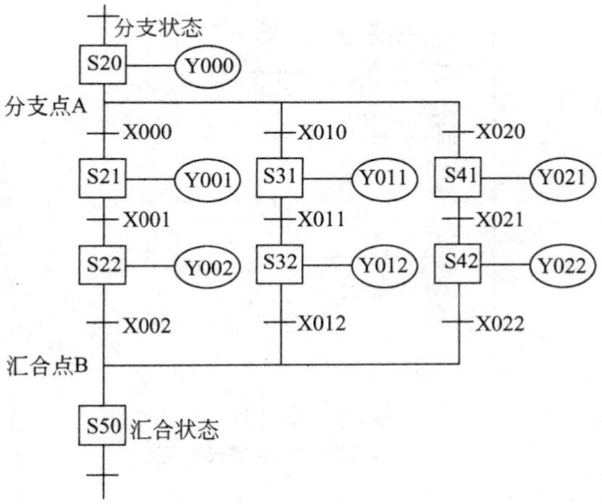

图 7-17　选择性分支状态转移图

① 该状态转移图有三个分支流程顺序。

② S20 为分支状态。根据不同的条件（X000、X010、X020），选择执行其中的一个分支流程。当 X000 为 ON 时执行第一分支流程；X010 为 ON 时执行第二分支流程；X020 为 ON 时执行第三分支流程。X000，X010，X020 不能同时为 ON。

③ S50 为汇合状态，可由 S22、S32、S42 的任一工作状态的转移条件驱动。

（二）选择性分支、汇合的编程

编程原则是先集中处理分支状态，然后再集中处理汇合状态。

1. 分支状态的编程

编程方法是先用 STL 指令激活分支状态 S20，然后对 S20 内母线的逻辑操作进行编程（即 OUT Y000），再对分支点下面的各分支按顺序进行条件转移的编程处理。图 7-17 的分支状态 S20 如图 7-18（a），图 7-18（b）是其分支状态 S20 的程序。

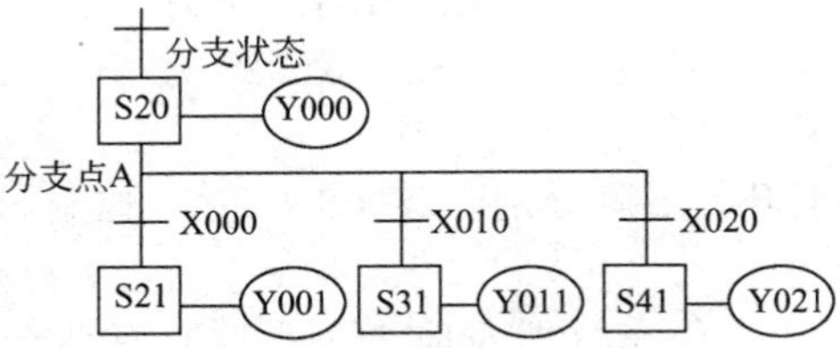

(a)分支状态S20

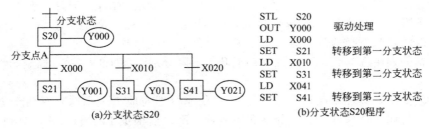

```
STL   S20
OUT   Y000    驱动处理
LD    X000
SET   S21     转移到第一分支状态
LD    X010
SET   S31     转移到第二分支状态
LD    X041
SET   S41     转移到第三分支状态
```

(b)分支状态S20程序

图 7-18　分支状态 S20 及其编程

2. 汇合状态的编程

编程方法是先依次对各分支的状态 S21、S22、S31、S32、S41、S42 进行汇合前的输出处理编程，然后按顺序从每个分支的最后一个状态（如第一分支的 S22、第二分支的 S32、第三分支的 S42）向汇合状态 S50 转移编程。

图 7-17 的汇合状态 S50 的 SFC 图如图 7-19（a）所示，图 7-19（b）是其各分支汇合前的输出处理和向汇合状态 S50 转移的编程。

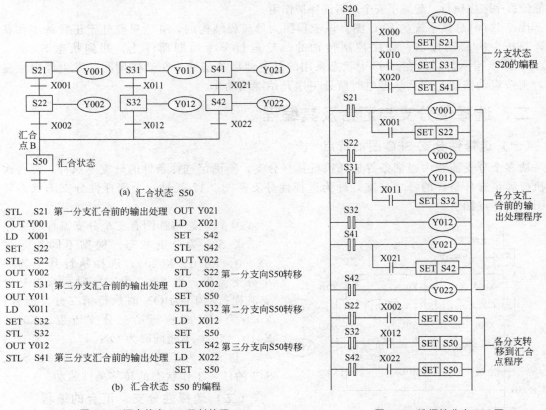

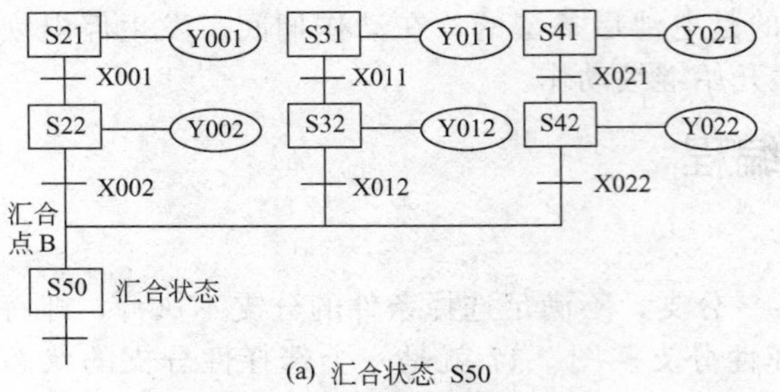

(a) 汇合状态 S50

```
STL   S21  第一分支汇合前的输出处理
OUT   Y001
LD    X001
SET   S22
STL   S22
OUT   Y002
STL   S31  第二分支汇合前的输出处理
OUT   Y011
LD    X011
SET   S32
STL   S32
OUT   Y012
STL   S41  第三分支汇合前的输出处理
OUT   Y021
LD    X021
SET   S42
STL   S42
OUT   Y022
STL   S22  第一分支向S50转移
LD    X002
SET   S50
STL   S32  第二分支向S50转移
LD    X012
SET   S50
STL   S42  第三分支向S50转移
LD    X022
SET   S50
```

(b) 汇合状态 S50 的编程

图 7-19 汇合状态 S50 及其编程

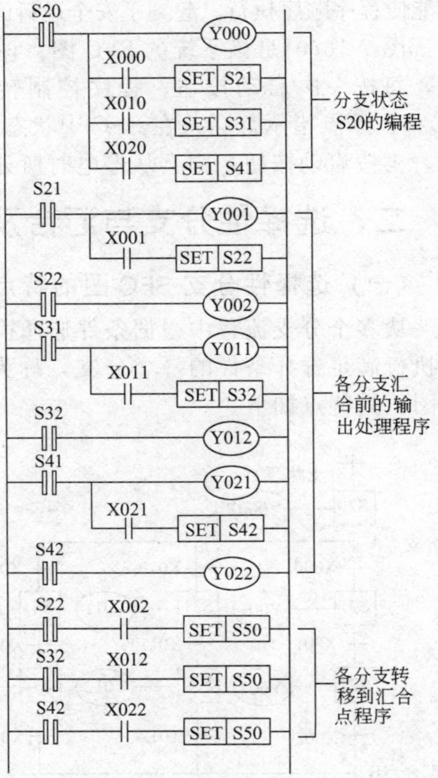

图 7-20 选择性分支 SFC 图对应的状态梯形图

3. 选择性分支状态转移图对应的状态梯形图

根据图 7-17 的选择性分支 SFC 图和上面的指令表程序，可以绘出它的状态梯形图（STL）如图 7-20 所示。

（三）选择性分支状态转移图及编程实例

图 7-21 为使用传送带将大、小球分类选择传送的装置示意图。

左上为原点，机械臂的动作顺序为下降、吸球、上升、右行、下降、释放、上升、左行。机械臂下降时，当电磁铁压着大球时，下限位开关 LS2（X002）断开；压着小球时，LS2 接通，以此可判断吸的是大球还是小球。

左、右移分别由 Y004、Y003 控制；上升、下降分别由 Y002、Y000 控制，将球吸住由 Y001 控制。

根据工艺要求，该控制流程可根据 LS2 的状态（即对应大、小球）有两个分支，此处应为分支点，且属于选择性分支。分支在机械臂下降之后根据 LS2 的通断，分别将球吸住、上升、右行到 LS4（小球位置 X004 动作）或 LS5（大球位置 X005 动作）处下降，此处应为汇合点。然后再释放、上升、左移到原点。其状态转移图如图 7-22 所示。在图 7-22 的 SFC 图中有两个分支，若吸住的是小球，则 X002 为 ON，执行左侧流程；若为大球，X002 为 OFF，执行右侧流程。根据图 7-22 的 SFC 图，可编制出大、小球分类传送的 STL 程序如下。

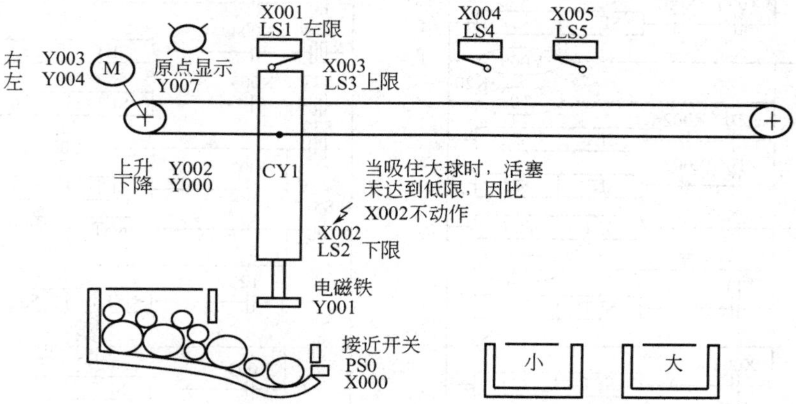

图 7-21　大小球分类选择传送装置示意图

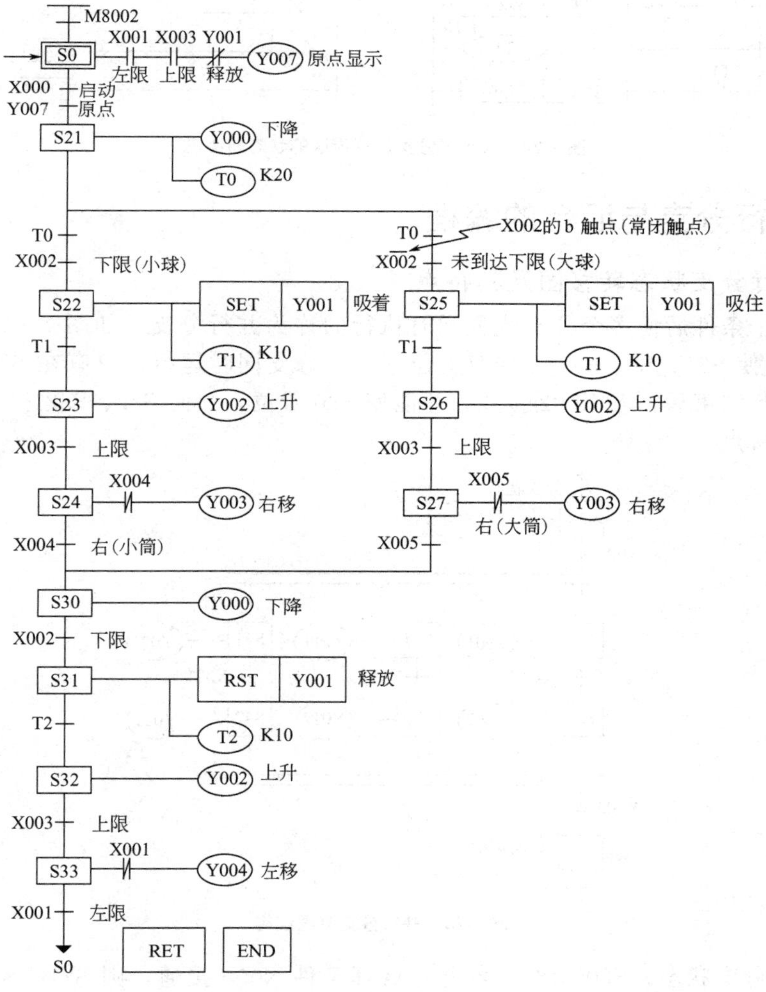

图 7-22

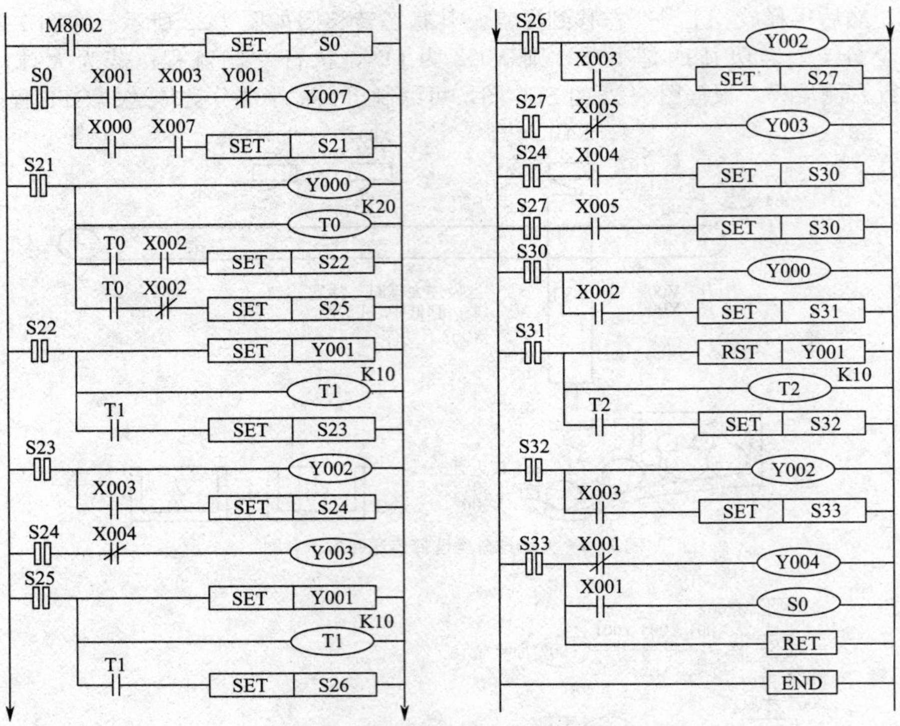

图 7-22 大小球分类选择传送的状态转移图

三、并行分支与汇合的编程

（一）并行分支状态转移图及其特点

当满足某个条件后使多个分支流程同时执行的称为并行分支，如图 7-23 所示。图中当 X000 接通时，使 S21、S31 和 S41 同时置位，三个分支同时运行，只有在 S22、S32 和 S42 三个状态都运行结束后，若 X002 接通，才能使 S30 置位，并使 S22、S32 和 S42 同时复位。它有以下两个特点。

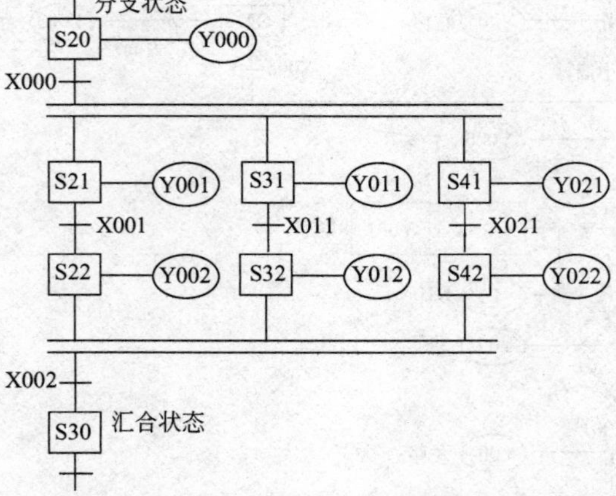

图 7-23 并行分支流程结构

① S20 为分支状态。S20 动作，若并行处理条件 X000 接通，则 S21、S31 和 S41 同时激活，三个分支同时开始执行。

② S30 为汇合状态。三个分支流程运行全部结束后，当汇合条件 X002 为 ON，则 S30 激活，S22、S32 和 S42 同时复位。这种汇合，有时又叫做排队汇合（即先执行完的流程保持动作，直到全部分支流程执行完成，汇合才结束）。

（二）并行分支状态转移图的编程

编程原则是先集中进行并行分支处理，再集中进行汇合处理。

1. 并行分支的编程

编程方法是先用 STL 指令激活分支状态 S20，然后对 S20 内母线的逻辑操作进行编程，再对并行条件及各并行分支按顺序进行状态转移的编程。图 7-24(a)为分支状态 S20 图，图 7-24(b)是并行分支状态 S20 的编程。

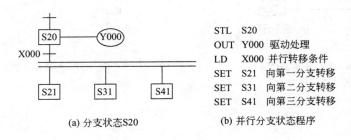

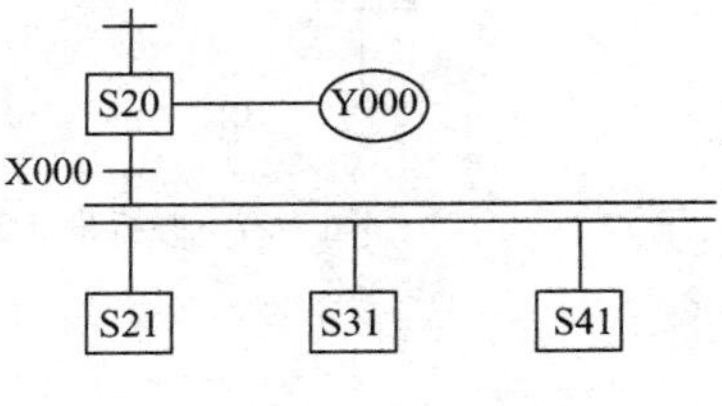

(a) 分支状态S20

```
STL  S20
OUT  Y000  驱动处理
LD   X000  并行转移条件
SET  S21   向第一分支转移
SET  S31   向第二分支转移
SET  S41   向第三分支转移
```

(b) 并行分支状态程序

图 7-24 并行分支的编程

2. 并行汇合处理编程

编程方法是先进行汇合前各分支状态的操作编程，然后进行汇合状态 S30 的转移编程。

按照并行汇合的编程方法，应先进行汇合前的编程，即按分支顺序对 S21、S22、S31、S32、S41、S42 进行它的逻辑操作编程，然后依次从状态 S22、S32、S42 到汇合状态 S30 的转移编程。图 7-25（a）是并行汇合状态 S30 的 SFC 图，图 7-25（b）是并行汇合状态 S30 的编程。

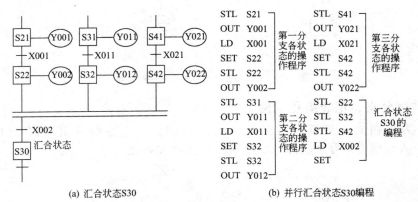

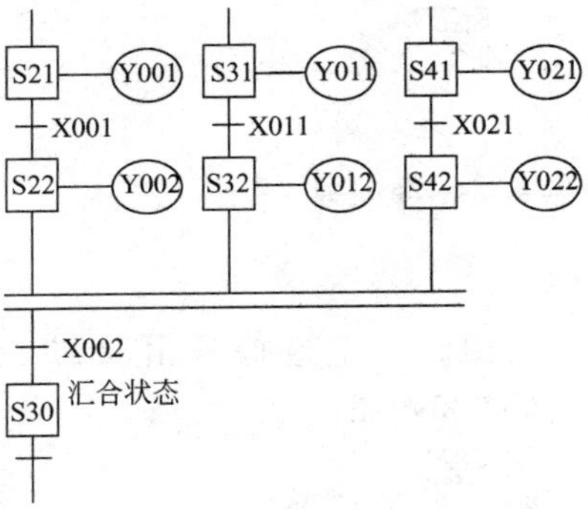

(a) 汇合状态S30

```
STL  S21    ┐
OUT  Y001   │
LD   X001   │ 第一分支各状态的操作程序
SET  S22    │
STL  S22    │
OUT  Y002   ┘
STL  S31    ┐
OUT  Y011   │
LD   X011   │ 第二分支各状态的操作程序
SET  S32    │
STL  S32    │
OUT  Y012   ┘
STL  S41    ┐
OUT  Y021   │
LD   X021   │ 第三分支各状态的操作程序
SET  S42    │
STL  S42    │
OUT  Y022   ┘
STL  S22    ┐
STL  S32    │
STL  S42    │ 汇合状态S30的编程
LD   X002   │
SET         ┘
```

(b) 并行汇合状态S30编程

图 7-25 并行汇合的编程

3. 并行分支 SFC 图对应的状态梯形图

根据图 7-23 的 SFC 图和上面的指令表程序，可以绘出它的状态梯形图如图 7-26 所示。

4. 并行分支、汇合编程应注意的问题

① 并行分支的汇合最多能实现 8 个分支的汇合，如图 7-27 所示。

② 并行分支与汇合流程中，并联分支内不能使用选择转移条件※和汇合转移条件＊，如图 7-28(a)所示，应改成图 7-28(b)后，方可编程。

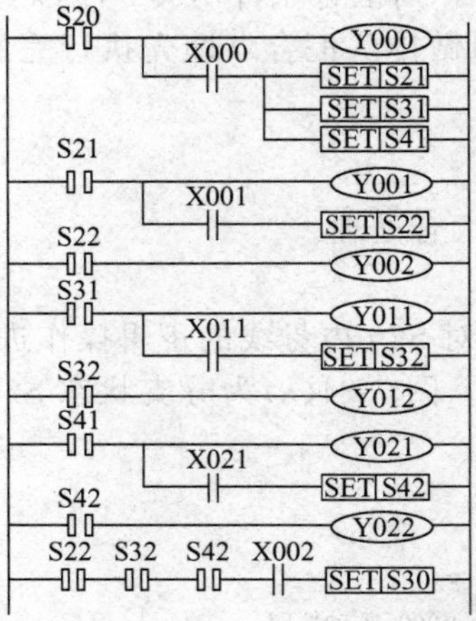

图 7-26　并行分支 SFC 图的状态梯形图

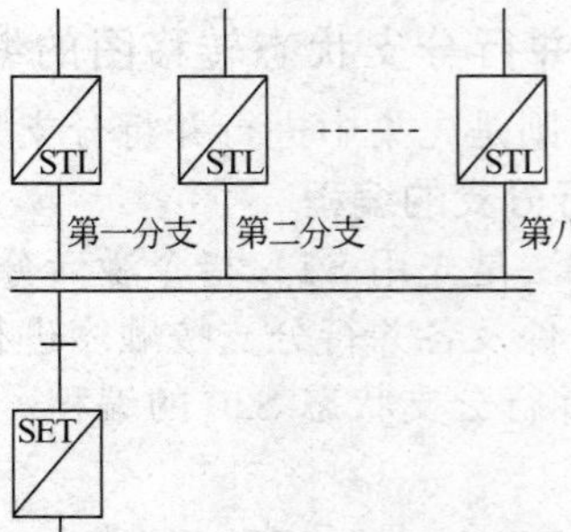

图 7-27　并行分支数的汇合限制

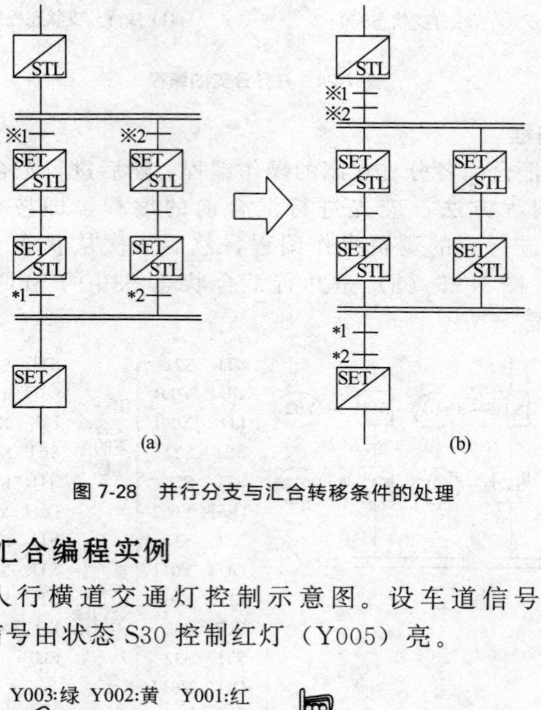

图 7-28　并行分支与汇合转移条件的处理

（三）并行分支、汇合编程实例

图 7-29 为按钮式人行横道交通灯控制示意图。设车道信号由状态 S21 控制绿灯（Y003）亮，人行横道信号由状态 S30 控制红灯（Y005）亮。

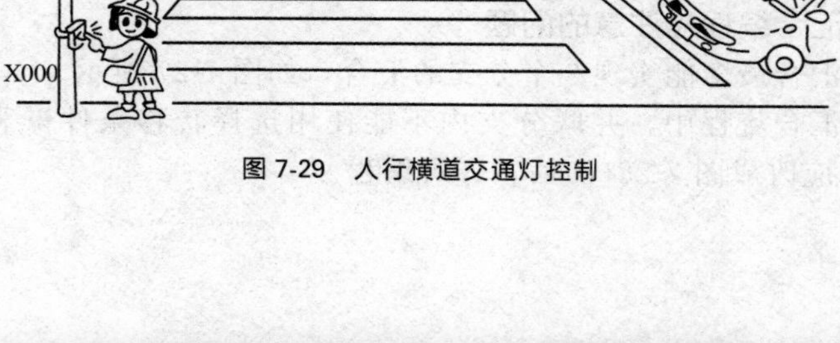

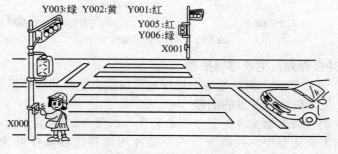

图 7-29　人行横道交通灯控制

为了行人过马路的安全，对交通灯的控制要求是：人过马路应按马路两边的人行横道按钮 X000 或 X001，车道绿灯延时亮 30s 后，由状态 S22 控制车道黄灯（Y002）延时亮 10s，再由状态 S23 控制车道红灯（Y001）亮。此后延时 5s 启动状态 S31 使人行横道绿灯（Y006）点亮，行人才能过马路。15s 后，人行横道绿灯由状态 S32 和 S33 交替控制 0.5s 闪烁，闪烁 5 次，人行横道红灯亮，行人禁止过马路。延时 5s 后车道绿灯（Y003）亮，恢复车辆通行。人行横道交通灯控制时序图如图 7-30 所示。

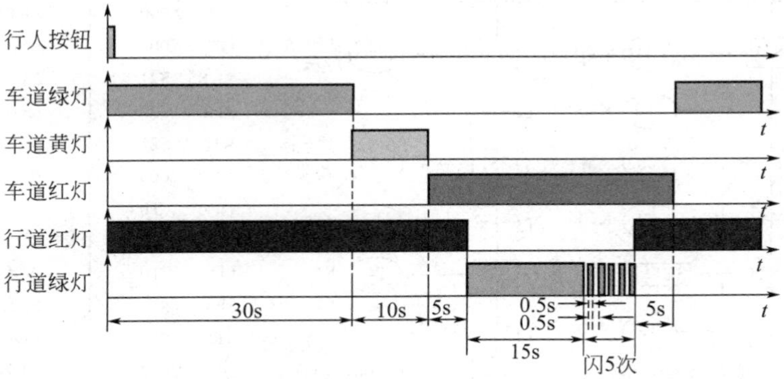

图 7-30 人行横道交通灯控制时序图

人行横道交通灯控制的状态转移图及程序如图 7-31 所示。在图中 S33 处有一个选择性分支，人行道绿灯闪烁不到五次，选择局部重复动作；闪烁五次后使车道红灯亮。

四、分支、汇合的组合流程及虚设状态

运用状态编程思想解决问题，当状态转移图设计出后，发现有些状态转移图不单单是某一种分支、汇合流程，而是若干个或若干类分支、汇合流程的组合。如按钮式人行横道交通灯控制的状态转移图中，右边的人行横道交通灯控制分支中存在选择性分支，只要严格按照选择性分支的编程原则和方法，就能对其编出正确的程序。但有些分支、汇合的组合流程不能直接编程，需要转换后才能进行编程，如图 7-32 所示，应将左图转换为可直接编程的右图形式。

另外，还有一些分支、汇合组合的状态转移图如图 7-33 所示，它们连续地直接从汇合线转移到下一个分支线，而没有中间状态。这样的流程组合既不能直接编程，又不能采用上述办法先转换后编程。这时需在汇合线到分支线之间插入一个状态，以改变直接从汇合线到下一个分支线的状态转移。但在实际工艺中这个状态并不存在，所以只能虚设，这种状态称为虚设状态。加入虚设状态之后的状态转换图就可以进行编程了。

一条并行分支或选择性分支的电路数限定为 8 条以下；有多条并行分支与选择性分支时，每个初始状态的电路总数应小于等于 16 条，如图 7-34 所示。

五、跳转与循环结构

跳转与循环是选择性分支的一种特殊形式。若满足某一转移条件，程序跳过几个状态往下继续执行，这是正向跳转，或程序返回上面某个状态再开始往下继续执行，这是逆向跳转，也称作循环。

任何复杂的控制过程均可以由以上四种结构组合而成。下面图 7-35 所示就是跳转与循环结构的状态转移图和状态梯形图。

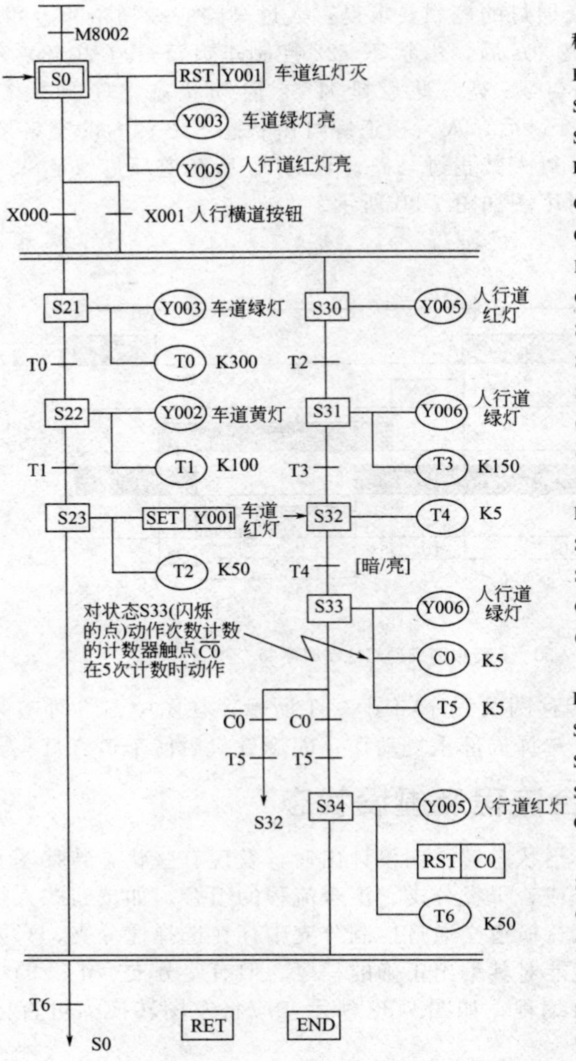

程序如下：

```
LD   M8002        LD   T3
SET  S0           SET  S32
STL  S0           STL  S32
RST  Y001         OUT  T4
OUT  Y003              K5
OUT  Y005         LD   T4
LD   X000         SET  S33
OR   X001         STL  S33
SET  S21          OUT  Y006
SET  S30          OUT  C0
STL  S21               K5
OUT  Y003         OUT  T5
OUT  T0                K5
     K300         LD   C0
LD   T0           AND  T5
SET  S22          SET  S34
STL  S22          LDI  C0
OUT  Y002         AND  T5
OUT  T1           OUT  S32
     K100         STL  S34
LD   T1           OUT  Y005
SET  S23          RST  C0
STL  S23          OUT  T6
SET  Y001              K50
OUT  T2           STL  S23
     K50          STL  S34
STL  S30          LD   T6
OUT  Y005         OUT  S0
LD   T2           RET
SET  S31          END
STL  S31
OUT  Y006
OUT  T3
     K150
```

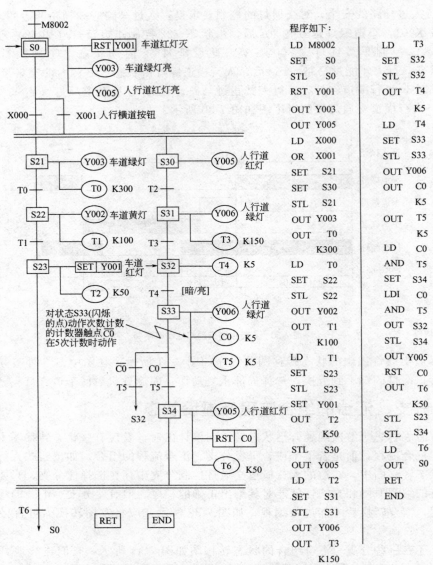

图 7-31　人行横道交通灯控制的状态转移图及程序

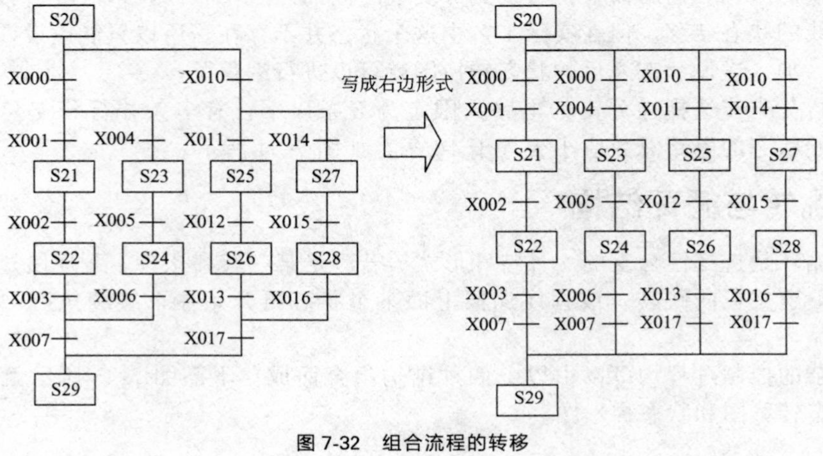

图 7-32　组合流程的转移

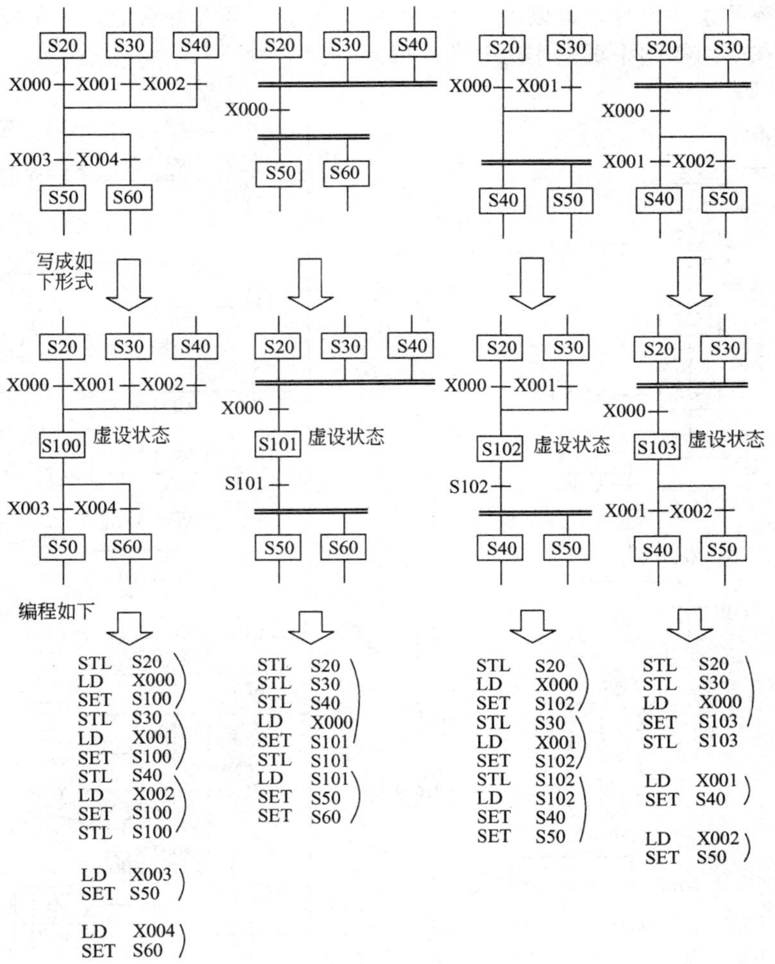

图 7-33 虚设状态的设置

在图 7-35 中，在 S23 工作时，X003 和 X100 均接通，则进入逆向跳转，返回到 S21 重新开始执行（循环工作）；若 X100 断开，则 $\overline{X100}$ 常闭触点闭合，程序则顺序往下执行 S24。当 X004 和 X101 均接通时，程序由 S24 直接转移到执行状态 S27，跳过 S25 和 S26，为正向跳转。当 X007 和 X102 均接通时，程序将返回到 S21 状态，开始新的工作循环；若 X102 断开，$\overline{X102}$ 常闭触点闭合时，程序返回到预备工作状态 S0，等待新的启动命令。

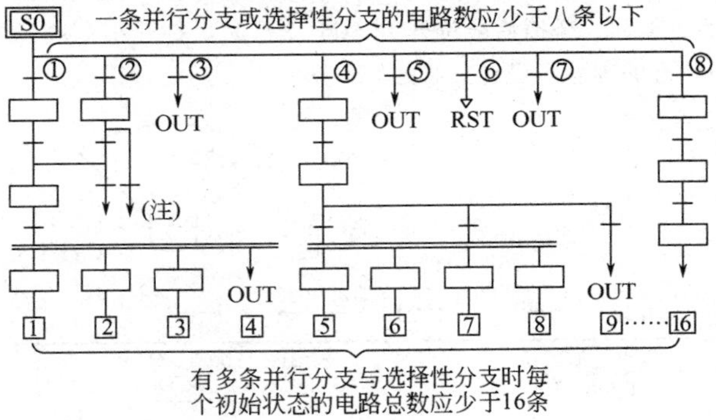

图 7-34 分支数的限定

跳转与循环的条件信号，可以由现场的行程（位置）开关等获取，也可以用计数方法确定循环次数，在时间控制中可以用定时器来确定。

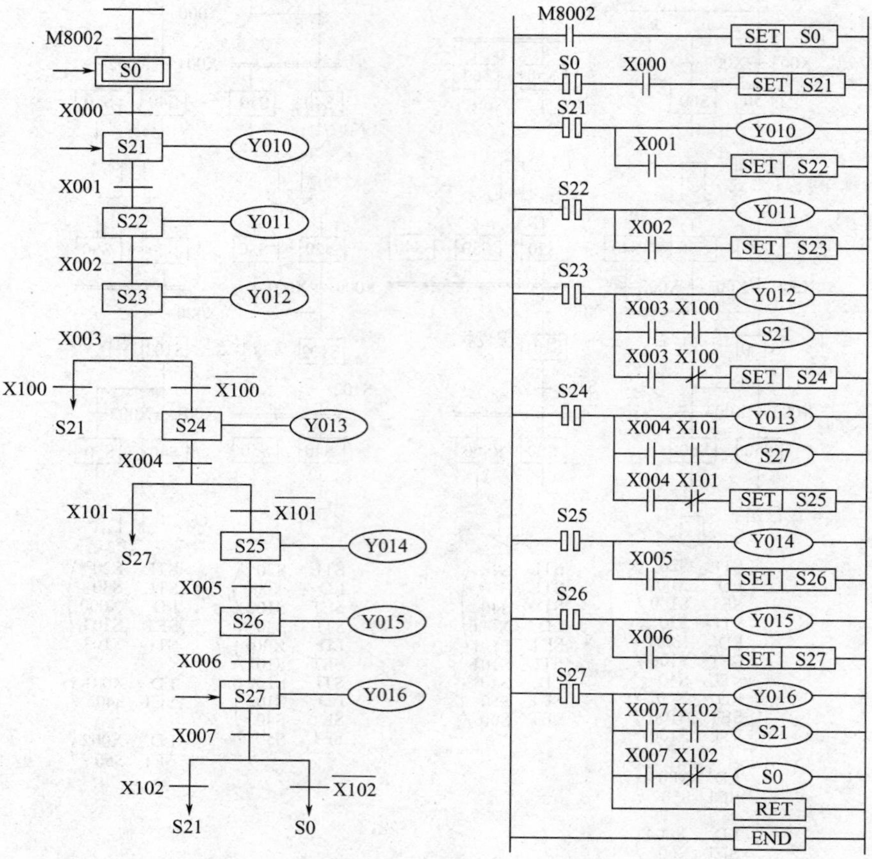

图 7-35　跳转与循环控制的 SFC 图和 STL 图

习题与思考题

【7-1】 说明状态编程思想的特点及适用场合。

【7-2】 有一小车运行过程如图 7-36 所示。小车原位在后退终端，当小车压下后限位开关 SQ1 时，按下启动按钮 SB，小车前进。当运行至料斗下方时，前限位开关 SQ2 动作，此时打开料斗给小车加料，延时 8s 后关闭料斗。小车后退返回，碰撞后限位开关 SQ1 动作时，打开小车底门卸料，6s 后结束，完成一次动作。如此循环。请用状态编程思想设计其状态转移图。

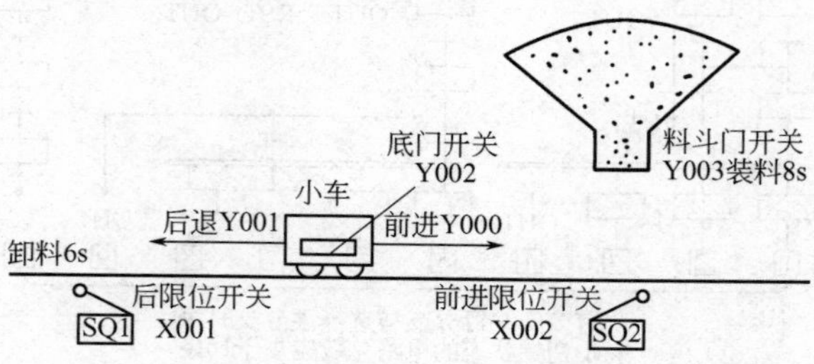

图 7-36　小车运行过程示意图

【7-3】 使用状态法设计第六章讨论过的十字路口交通灯的程序。

【7-4】 在氯碱生产中，碱液的蒸发、浓缩过程往往伴有盐的结晶，因此要采取措施对盐碱进行分离。分离过程为一个顺序循环工作过程，共分 6 个工序，靠进料阀、洗盐阀、化盐阀、升刀阀、母液阀、熟盐水阀 6 个电磁阀完成上述过程，各阀的动作如表 7-5 所示。当系统启动时，首先进料，5s 后甩料，延时 5s 后洗盐，5s 后升刀，在延时 5s 后间歇，间歇时间为 5s，之后重复进料、甩料、洗盐、升刀、间歇工序，重复八次后进行洗盐，20s 后再进料，这样为一个周期。请设计其状态转移图。

表 7-5 【题 7-4】盐碱分离动作表

电磁阀序号	步骤 / 名称	进料	甩料	洗盐	升刀	间歇	清洗
1	进料阀	+	−	−	−	−	−
2	洗盐阀	−	−	+	−	−	+
3	化盐阀	−	−	−	+	−	−
4	升刀阀	−	−	−	+	−	−
5	母液阀	+	+	+	+	+	−
6	熟盐水阀	−	−	−	−	−	+

注：表中的“+”表示电磁阀得电，“−”表示电磁阀失电。

【7-5】 某注塑机，用于热塑料的成型加工。它借助于八个电磁阀 YV1～YV8 完成注塑各工序。若注塑模子在原点 SQ1 动作，按下启动按钮 SB，通过 YV1、YV3 将模子关闭，限位开关 SQ2 动作后表示模子关闭完成，此时由 YV2、YV8 控制射台前进，准备射入热塑料，限位开关 SQ3 动作后表示射台到位，YV3、YV7 动作开始注塑，延时 10s 后 YV7、YV8 动作进行保压，保压 5s 后，由 YV1、YV7 执行预塑，等加料限位开关 SQ4 动作后由 YV6 执行射台的后退，限位开关 SQ5 动作后停止后退，由 YV2、YV4 执行开模，限位开关 SQ6 动作后开模完成，YV3、YV5 动作使顶针前进，将塑料件顶出，顶针终止限位 SQ7 动作后，YV4、YV5 使顶针后退，顶针后退限位 SQ8 动作后，动作结束，完成一个工作循环，等待下一次启动。编制控制程序。

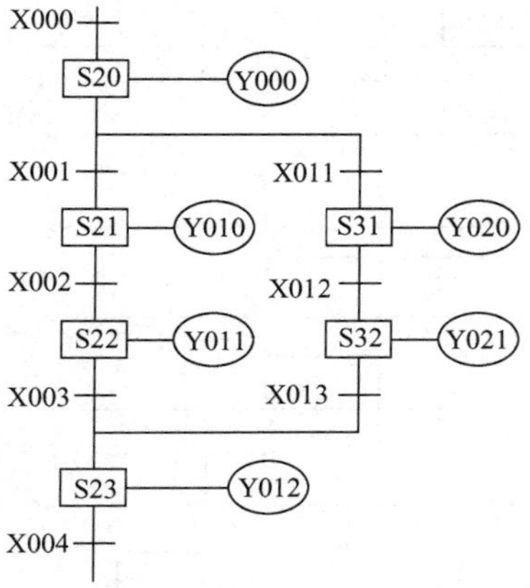

图 7-37　题【7-6】状态转移图

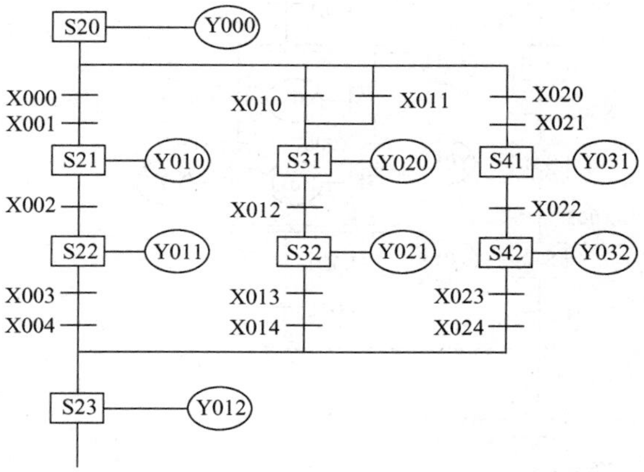

图 7-38　题【7-7】状态转移图

【7-6】 选择性分支状态转移图如图 7-37 所示。请绘出状态梯形图并对其进行编程。

【7-7】 选择性分支状态转移图如图 7-38 所示。请绘出状态梯形图并对其进行编程。

【7-8】 并行分支状态转移图如图 7-39 所示。请绘出状态梯形图并对其进行编程。

【7-9】 并行分支状态转移图如图 7-40 所示。请绘出状态梯形图并对其进行编程。

【7-10】 有一状态转移图如图 7-41 所示。请绘出状态梯形图并对其进行编程。

【7-11】 某一冷加工自动线有一个钻孔动力头，如图 7-42 所示。动力头的加工过程如下。编控制程序。

① 动力头在原位，加上启动信号（SB）接通电磁阀 YV1，动力头快进。

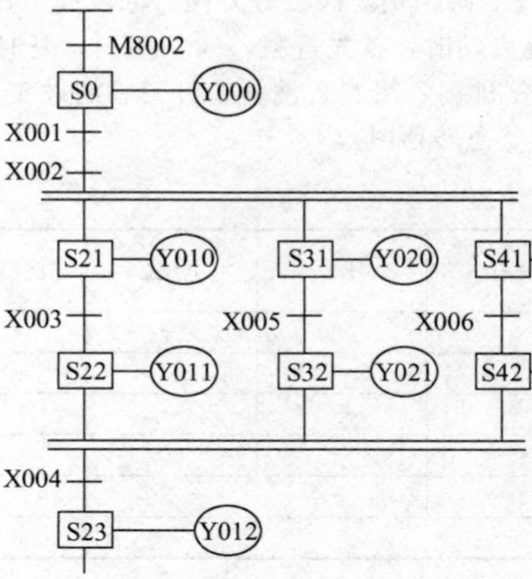

图 7-39　题【7-8】状态转移图

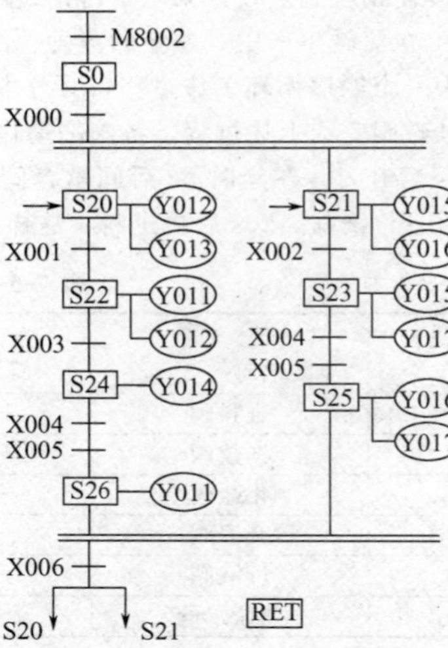

图 7-40　题【7-9】状态转移图

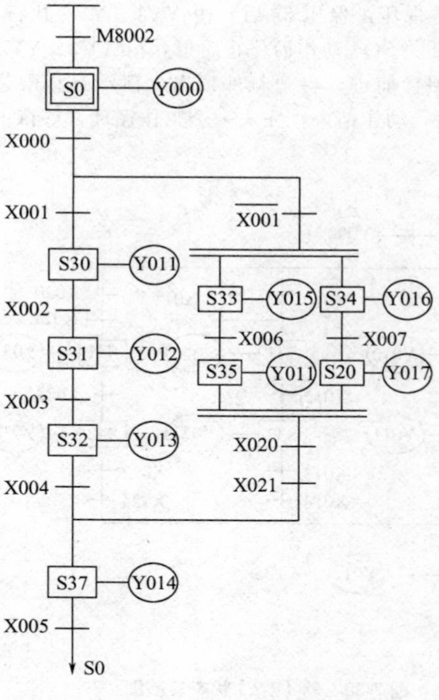

图 7-41　混合分支汇合状态转移图

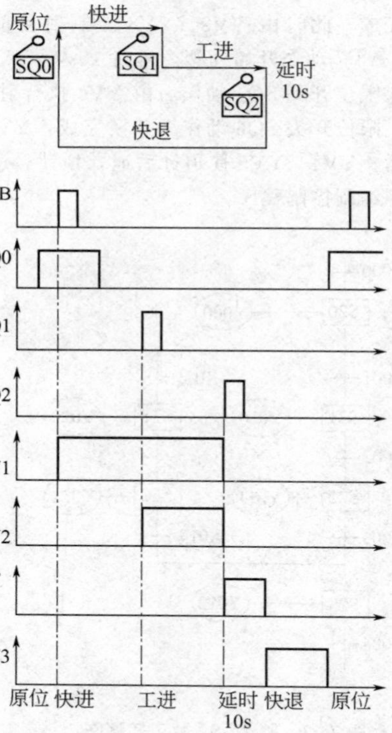

图 7-42　钻孔动力头工序及时序图

② 动力头碰到限位开关 SQ1 后，接通电磁阀 YV1、YV2，动力头由快进转为工进。

③ 动力头碰到限位开关 SQ2 后，开始延时，时间为 10s。

④ 当延时时间到，接通电磁阀 YV3，动力头快退。

⑤ 动力头回原位后，停止。

【7-12】 试绘出图 7-31 按钮式人行横道交通灯控制 SFC 图的状态梯形图。

【7-13】 请写出图 7-35 的语句表程序。

【7-14】 图 7-43 所示是用计数器控制循环操作次数的状态转移图，试画出它的 STL 图，并写出其

程序。

【7-15】 四台电动机动作时序如图 7-44 所示。M1 的循环动作周期为 34s，M1 动作 10s 后 M2、M3 启动，M1 动作 15s 后，M4 动作，M2、M3、M4 的循环动作周期为 34s，用步进顺控指令，设计其状态转移图，并进行编程。

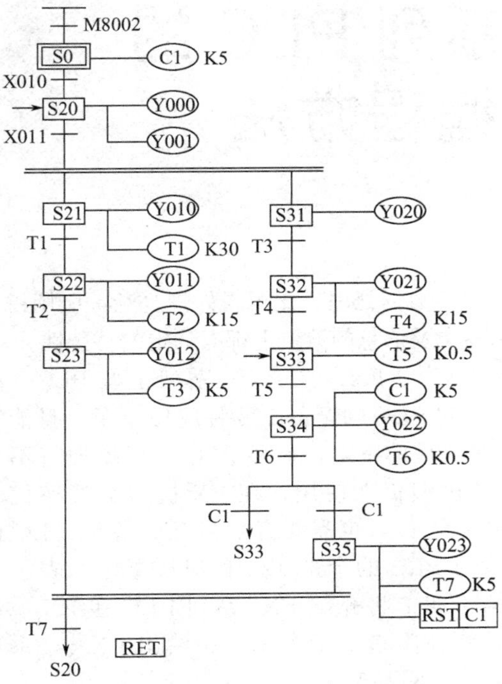

图 7-43 题 【7-14】 的 SFC 图

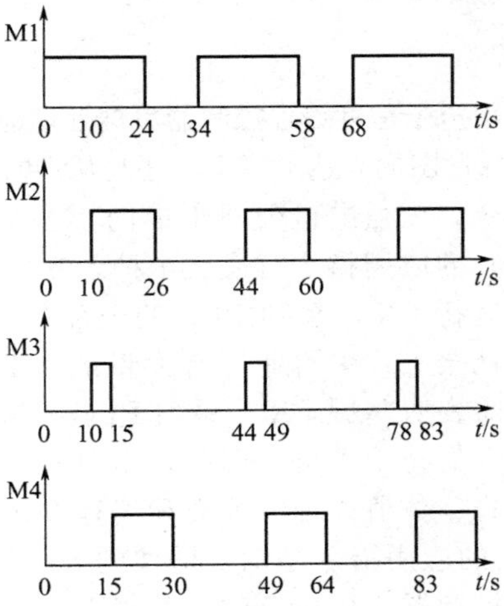

图 7-44 四台电机动作时序图

第八章 $FX_{2N/3}$ 系列 PLC 的应用指令及编程方法

应用指令是可编程控制器数据处理能力的标志。由于数据处理远比逻辑处理复杂，应用指令无论从梯形图的表达形式上，还是从涉及的机内器件种类及信息的数量上都有一定的特殊性。

当今，三菱电机公司主推的小型 PLC 机型是 FX_{3U}、FX_{3UC}、FX_{3G} 系列小型 PLC（简称 FX_3）的应用指令就有 211 种，它包含了 FX_{2N} 系列 PLC 的全部 128 种应用指令，且能够兼容和运行 FX_{2N} 系列 PLC 的全部指令程序。考虑到目前 FX_{2N} 系列 PLC 机厂家即将不生产，但社会上许多行业还有大量的 FX_{2N} 系列 PLC 机型仍在使用，在 FX 机型交替换代时期，既需要有掌握 FX_{2N} 系列 PLC 机应用指令的技术人员，也需要有掌握 FX_3 系列 PLC 机应用指令的技术人员，因此，本章先介绍 FX_{2N} 系列 PLC 的全部 128 种应用指令、表示与执行形式、数值处理、分类和编程方法，在最后第十四节将介绍 FX_3 系列 PLC 在 FX_{2N} 系列 PLC 的应用指令基础上增加的 83 种应用指令，并在附录二指令总表中给出 $FX_{2N/3}$ 系列可编程控制器应用指令的全部索引，供读者有选择地查阅和使用。

FX 系列小型可编程控制器的基本指令是基于继电器、定时器、计数器类软元件，主要用于逻辑处理的指令，作为工业控制计算机，PLC 仅有基本指令是远远不够的。现代工业控制在许多场合需要数据处理，因而 PLC 制造商逐步在 PLC 中引入应用指令（Applied Instruction，也有的书称为功能指令 Functional Instruction)，用于数据的传送、运算、变换及程序控制等应用。这使得可编程控制器成了真正意义上的计算机。特别是近年来，应用指令在向多功能综合性方向发展，出现了许多指令即能实现以往需要大段程序才能完成的某种任务的指令，如 PID 应用、表应用、各种数据处理、扩展文件寄存器数据读取、删除和写入控制等。这类指令实际上就是一个个应用完整的子程序，从而大大提高了 PLC 的实际应用价值和普及率。

FX_3 系列可编程控制器是 FX 系列机中的小型、高速、高性能的中高档产品，它丰富的应用指令，不仅可以满足控制上编程的需要，且能够根据需要对所用的应用指令进行扩展应用，例如，在满足指令的条件下，有的指令可以让它在每个运行周期不断地执行，也可以根据需要扩展为 16 位或 32 位脉冲执行型应用指令（即指令条件每动作一次，执行一次)。FX_3 系列 PLC 的应用指令可以分为程序结构控制、传送与比较、四则运算与逻辑运算、循环与移位、数据处理、高速处理、便利指令、外部设备 I/O、外部设备服务、浮点数操作、时钟运算、格雷码转换、触点比较等 25 类指令。

第一节 应用指令的类型及使用要素

FX_{2N} 系列 PLC 的应用指令依据处理的对象不同，也可以分为数据处理、程序控制、外部设备 I/O、专用外部设备服务、特种应用五大类。由于应用指令主要解决的是数据处理任务，因此数据处理类指令种类多、数量大、使用频繁，包括传送、比较、数学运算及逻辑运算、移位、编码与解码等类应用指令。程序控制类指令主要用于程序的结构及流程控制，包含跳转及循环、子程序、中断等类应用指令。外部设备类指令是 PLC 的输入输出与外部设备数据交换、控制的指令，含一般的输入输出口设备及专用外部设备两大类。专用外部设备服务指令是指与 PLC 主机配接的应用单元及专用通讯单元等。特种应用类指令是专用设备的一些特殊应用，如高速计数器或模仿一些专用机械或专用电气设备应用的指令。

一、应用指令的表示形式、应用与操作

应用指令与基本指令不同的是，应用指令不含表达梯形图符号间相互关系的成分。而是直接表达本指令要做什么操作。FX$_{2N}$ 系列 PLC 的应用指令在教材中则是使用应用框来表示应用指令的，如图 8-1 是应用指令的梯形图示例（但在编程软件中，是以方括号表示应用指令的，如［MOV K245 D501］）。图 8-1 中 M8002 的常开触点是应用指令的执行条件，其后用应用框表示的是“传送”应用指令，应用框具有三栏，分别表示该指令的助记符、源数据和目标操作数。图 8-1 中“传送”应用指令的操作意义是：当 M8002 接通时，指令将源操作数指定的“十进制常数 245”送往目标操作数指定的“数据寄存器 D501”中去。这种应用指令的表示方式的优点是直观、明了，稍具有计算机程序知识的人就能悟出这个应用指令的操作意义。

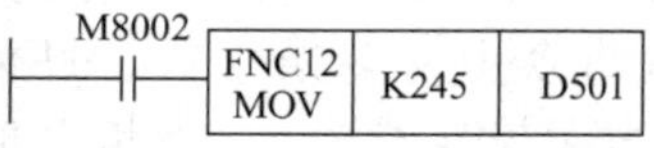

图 8-1　应用指令的梯形图形式

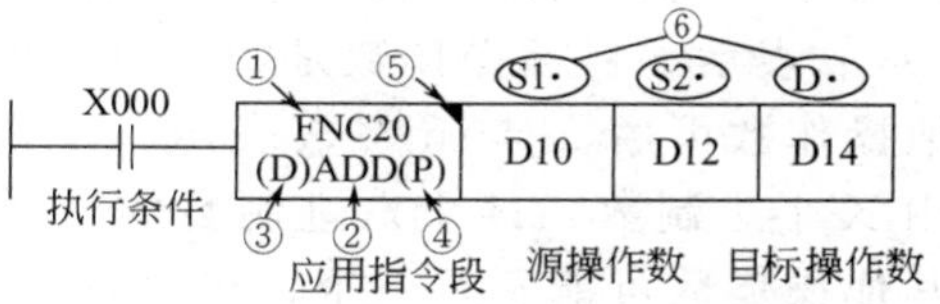

图 8-2　加法指令的表示形式

使用应用指令需要注意指令的表示形式及构成要素，不同的应用指令因实现操作的需要，其应用框的分栏数及构成要素是不同的，有的只有指令助记符栏，无操作数，有的指令有多个分栏（在编程软件中用方括号表示多栏的应用指令时，分栏是用“空格”表示）。现以图 8-2 及表 8-1 给出的加法指令的表示形式及构成要素加以说明。该加法指令是具有四栏的应用指令，第一栏总是表示指令的助记符，第二、三栏为第一和第二源操作数，第四栏为目标操作数，每栏构成要素的意义如下。

表 8-1　加法指令的构成要素

指令名称	指令代码	助记符	操作数范围			程序步
			S1(·)	S2(·)	D(·)	
加法	FNC 20 (16/32)	ADD ADD(P)	K、H KnX、KnY、KnM、KnS T、C、D、V、Z		KnY、KnM、KnS T、C、D、V、Z	ADD、ADDP…7 步 DADD、DADDP…13 步

① 应用指令编号　每条应用指令都有唯一的编号。在使用简易编程器的场合，输入应用指令时，首先输入的就是应用指令编号。如图 8-2 中①所示的就是应用指令 ADD 的编号：FNC 20。在编程软件中，可以省略不写。

② 应用指令助记符　应用指令助记符在应用框左边第一栏总是采用指令的英文缩写词

表示。如加法指令“ADDITION”可缩写为ADD。采用缩写的方式方便记忆指令。如图8-2中②所示。

③ 应用指令的操作数长度　若需要指令进行32位数据操作，则应在指令前加“D”表示，称为32位加法指令（简称D指令），若指令前没有“D”，则为16位加法指令。图8-2中③为数据长度符号，若指令为DADD，则将第一源操作数指定的（D11，D10）中32位数据与第二源操作数指定的（D13，D12）中32位数据相加，求得的32位之和存入（D15，D14）中（注意，32位操作数的高16数据寄存器可以省略不写）。

④ 应用指令的执行方式　应用指令有脉冲执行型和连续执行型两种方式。若仅需要指令在执行条件满足的第一个扫描周期执行一次，在其他扫描周期不再执行，则指令助记符之后要标以“P”，称为脉冲执行型指令（简称P指令），如图8-2中④所示。脉冲执行型加法指令在第一个扫描周期将加数和被加数进行一次加法运算，结果存入目标操作数指定的寄存器中，在以后的扫描周期则不再进行加法操作。若加法指令后不标“P”，称为连续执行型指令，在执行条件满足时，该指令在每一个扫描周期里都要进行一次加法运算，可能会使目标操作数指定的寄存器中内容在每个扫描里不断变化。若在应用指令助记符栏的右上角有“◥”的警示符号，表示提醒使用该指令时，要注意使用要求，见图8-2中⑤。

⑤ 指令需要的操作数　是根据指令操作的要求来确定的。图8-2的加法指令，它需要由图中⑥确定加数、被加数、和的存放三个操作数栏。操作数是应用指令操作涉及或产生的数据，可以是常数，也可以指定软元件地址中的数据。操作数分为源操作数、目标操作数及其他操作数三种。源操作数是指令执行后不改变其内容的操作数，用［S（·）］表示。目标操作数是指令执行后将改变其内容的操作数，用［D（·）］表示。其他操作数可用m与n参数表示。参数是对源操作数和目标操作数作出补充说明的，可用K十进制数，H十六进制数的常数表示。在有些指令中，源操作数、目标操作数及其他操作数可能不止一个，也可以一个都没有（称为无操作指令）。当指令的某种操作数较多时，可用标号区别，如［S1（·）］、［S2（·）］。

需要注意的是，由于指令操作数指定的常数或软元件会依它的类型在存储区中分布的不同，不同的指令对操作数类型具有一定限制，因此，不同的指令的操作数的取值就有一定的范围要求，图8-3给出了表8-2中各种指令操作数可选用的软元件类型及范围选取。根据指令正确选取操作数类型及允许的范围，是正确使用指令的重要保证。

⑥ 操作数可以变址应用　若指令的操作数S或D旁边带有“（·）”符号的，即表示操作数可以变址应用。例如指令ADD D10Z0　D12　D14中的源操作数是变址应用，该指令表示将（D（10＋（Z0）））中数据与（D12）中数据相加，结果存入（D14）中。

⑦ 程序步数　是PLC执行该指令所需的基本步数。应用指令的功能号和指令助记符占一个程序步，每个操作数占2个或4个程序步（16位操作数是2个程序步，32位操作数是4个程序步）。因此，一般16位指令为7个程序步，32位指令为13个程序步。

熟悉应用型指令的以上要素，查阅$FX_{2N/3}$编程手册中应用指令的用法，减少编程的语法错误，提高编程效率是具有实际意义的。

二、FX_{2N}系列可编程控制器应用指令分类及汇总

FX_{2N}系列可编程控制器的应用指令在FX_2型应用指令的基础上，又增加了浮点数运算、触点形比较及时钟应用等指令，指令数量达到了128种298条，列于表8-2中所示。

表 8-2 $FX_{2N/3}$ 系列可编程控制器共有的应用指令总表

分类	指令编号 FNC	指令助记符	指令格式、操作数(可用软元件)	指令名称及功能简介	D命令	P命令
程序流程	00	CJ	S(•)(指针 P0～P127)	条件跳转；程序跳转到[S(•)]P指针指定处 P63 为 END 步序，不需指定		O
	01	CALL	S(•)(指针 P0～P127)	调用子程序；程序调用[S(•)]P指针指定的子程序，嵌套5层以内		O
	02	SRET		子程序返回；从子程序返回主程序		
	03	IRET		中断返回主程序		
	04	EI		中断允许		
	05	DI		中断禁止		
	06	FEND		主程序结束		
	07	WDT		监视定时器；顺控指令中执行监视定时器刷新		O
	08	FOR	S(•)(W4)	循环开始；重复执行开始，嵌套5层以内		
	09	NEXT		循环结束；重复执行结束		
传送和比较	010	CMP	S1(•)(W4) S2(•)(W4) D(•)(B′)	比较；[S1(•)]同[S2(•)]比较→[D(•)]	O	O
	011	ZCP	S1(•)(W4) S2(•)(W4) S(•)(W4) D(•)(B′)	区间比较；[S(•)]同[S1(•)]～[S2(•)]比较→[D(•)]，[D(•)]占3点	O	O
	012	MOV	S(•)(W4) D(•)(W2)	传送；[S(•)]→[D(•)]	O	O
	013	SMOV	S(•)(W4) $m1$(•)(W4″) $m2$(•)(W4″) D(•)(W2) n(W4″)	移位传送；[S(•)]第 $m1$ 位开始的 $m2$ 个数位移到[D(•)]的第 n 个位置，$m1$、$m2$、n=1～4		O
	014	CML	S(•)(W4) D(•)(W2)	取反；[S(•)]取反→[D(•)]	O	O
	015	BMOV	S(•)(W3′) D(•)(W2′) n(W4″)	块传送；[S(•)]→[D(•)](n点→n点)，[S(•)]包括文件寄存器，n≤512		O
	016	FMOV	S(•)(W4) D(•)(W2′) n(W4″)	多点传送；[S(•)]→[D(•)](1点～n点)；n≤512	O	O
	017	XCH ◥	D1(•)(W2) D2(•)(W2)	数据交换；[D1(•)]←→[D2(•)]	O	O
	018	BCD	S(•)(W3) D(•)(W2)	求BCD码；[S(•)]16/32位二进制数转换成4/8位BCD→[D(•)]	O	O
	019	BIN	S(•)(W3) D(•)(W2)	求二进制码；[S(•)]4/8位BCD转换成16/32位二进制数→[D(•)]	O	O

续表

分类	指令编号 FNC	指令助记符	指令格式、操作数(可用软元件)				指令名称及功能简介	D命令	P命令
四则运算和逻辑运算	020	ADD	S1(·)(W4)	S2(·)(W4)	D(·)(W2)		二进制加法;[S1(·)]＋[S2(·)]→[D(·)]	○	○
	021	SUB	S1(·)(W4)	S2(·)(W4)	D(·)(W2)		二进制减法;[S1(·)]－[S2(·)]→[D(·)]	○	○
	022	MUL	S1(·)(W4)	S2(·)(W4)	D(·)(W2′)		二进制乘法;[S1(·)]×[S2(·)]→[D(·)]	○	○
	023	DIV	S1(·)(W4)	S2(·)(W4)	D(·)(W2′)		二进制除法;[S1(·)]÷[S2(·)]→[D(·)]	○	○
	024	INC ◥	D(·)(W2)				二进制加1;[D(·)]＋1→[D(·)]	○	○
	025	DEC ◥	D(·)(W2)				二进制减1;[D(·)]－1→[D(·)]	○	○
	026	AND	S1(·)(W4)	S2(·)(W4)	D(·)(W2)		逻辑字与:[S1(·)]∧[S2(·)]→[D(·)]	○	○
	027	OR	S1(·)(W4)	S2(·)(W4)	D(·)(W2)		逻辑字或:[S1(·)]∨[S2(·)]→[D(·)]	○	○
	028	XOR	S1(·)(W4)	S2(·)(W4)	D(·)(W2)		逻辑字异或:[S1(·)]⊕[S2(·)]→[D(·)]	○	○
	029	NEG ◥	D(·)(W2)				求补码;[D(·)]按位取反＋1→[D(·)]	○	○
循环移位与移位	030	ROR ◥	D(·)(W2)	n (W4″)			循环右移;执行条件成立,[D(·)]循环右移 n 位(高位→低位→高位)	○	○
	031	ROL ◥	D(·)(W2)	n (W4″)			循环左移;执行条件成立,[D(·)]循环左移 n 位(低位→高位→低位)	○	○
	032	RCR ◥	D(·)(W2)	n (W4″)			带进位循环右移;[D(·)]带进位循环右移 n 位(高位→低位→＋进位→高位)	○	○
	033	RCL ◥	D(·)(W2)	n (W4″)			带进位循环左移;[D(·)]带进位循环左移 n 位(低位→高位→＋进位→低位)	○	○
	034	SFTR ◥	S(·)(B)	D(·)(B′)	$n1$ (W4″)	$n2$ (W4″)	位右移;$n2$ 位[S(·)]右移→$n1$ 位的[D·],高位进,低位溢出		○
	035	SFTL ◥	S(·)(B)	D(·)(B′)	$n1$ (W4″)	$n2$ (W4″)	位左移;$n2$ 位[S(·)]左移→$n1$ 位的[D(·)],低位进,高位溢出		○
	036	WSFR ◥	S(·)(W3′)	D(·)(W2′)	$n1$ (W4″)	$n2$ (W4″)	字右移;$n2$ 字[S(·)]右移→[D(·)]开始的 $n1$ 字,高字进,低字溢出		○
	037	WSFL ◥	S(·)(W3′)	D(·)(W2′)	$n1$ (W4″)	$n2$ (W4″)	字左移;$n2$ 字[S(·)]左移→[D(·)]开始的 $n1$ 字,低字进,高字溢出		○
	038	SFWR ◥	S(·)(W4)	D(·)(W2′)	n (W4″)		FIFO写入;先进先出控制的数据写入,$2 \leqslant n \leqslant 512$		○
	039	SFRD ◥	S(·)(W2′)	D(·)(W2′)	n (W4′)		FIFO读出;先进先出控制的数据读出,$2 \leqslant n \leqslant 512$		○

续表

分类	指令编号 FNC	指令助记符	指令格式、操作数(可用软元件)	指令名称及功能简介	D 命令	P 命令
数据处理	040	ZRST ◥	D1(•)(W1′、B′)　D2(•)(W1′B′)	成批复位；[D1(•)]～[D2(•)]复位，[D1(•)]＜[D2(•)]		O
	041	DECO ◥	S(•)(B、W1、W4″)　D(•)(B′、W1)　n(W4″)	解码；[S(•)]的 n(n=1～8)位二进制数解码为十进制数 α→[D(•)]，使[D(•)]的第 α 位为“1”		O
	042	ENCO ◥	S(•)(B、W1)　D(•)(W1)　n(W4″)	编码；[S(•)]的 2^n(n=1～8)位中的最高“1”位代表的位数(十进制数)编码为二进制数后→[D(•)]		O
	043	SUM	S(•)(W4)　D(•)(W2)	求置 ON 位的总和；[S(•)]中“1”的数目存入[D(•)]	O	O
	044	BON	S(•)(W4)　D(•)(B′)　n(W4″)	ON 位判断；[S(•)]中第 n 位为 ON 时，[D(•)]为 ON(n=0～15)		O
	045	MEAN	S(•)(W3′)　D(•)(W2)　n(W4″)	平均值；[S(•)]中 n 点平均值→[D(•)](n=1～64)		O
	046	ANS	S(•)(T)　m(K)　D(•)(S)	标志置位；若执行条件为 ON，[S(•)]中定时器定时 m ms 后，标志位[D(•)]置位。[D(•)]为 S900～S999		
	047	ANR ◥		标志复位；被置位的定时器复位		O
	048	SOR	S(•)(D、W4″)　D(•)(D)	二进制平方根；[S(•)]平方根值→[D(•)]	O	O
	049	FLT	S(•)(D)　D(•)(D)	二进制整数与二进制浮点数转换；[S(•)]内二进制整数→[D(•)]二进制浮点数	O	O
高速处理	050	REF	D(•)(X、Y)　n(W4″)	输入输出刷新；指令执行，[D(•)]立即刷新。[D(•)]为 X000、X010、…，Y000、Y010、…，n 为 8，16…256		O
	051	REFF	n(W4″)	滤波调整；输入滤波时间调整为 n ms，刷新 X0～X17，n=0～60		O
	052	MTR	S(•)(X)　D1(•)(Y)　D2(•)(B′)　n(W4″)	矩阵输入(使用一次)；n 列 8 点数据以 D1(•)输出的选通信号分时将[S(•)]数据读入[D2(•)]		
	053	HSCS	S1(•)(W4)　S2(•)(C)　D(•)(B′)	比较置位(高速计数)；[S1(•)]=[S2(•)]时，D(•)置位，中断输出到 Y，S2(•)为 C235～C255	O	
	054	HSCR	S1(•)(W4)　S2(•)(C)　D(•)(B′C)	比较复位(高速计数)；[S1(•)]=[S2(•)]时，[D(•)]复位，中断输出到 Y，[D(•)]为 C 时，自复位	O	

续表

分类	指令编号 FNC	指令助记符	指令格式、操作数(可用软元件)	指令名称及功能简介	D命令	P命令
高速处理	055	HSZ	S1(•)（W4） S2(•)（W4） S(•)（C） D(•)（B′）	区间比较(高速计数)；[S(•)]与[S1(•)]～[S2(•)]比较，结果驱动[D(•)]	O	
高速处理	056	SPD	S1(•)（X0～X5） S2(•)（W4） D(•)（W1）	脉冲密度；在[S2(•)]时间内，将[S1(•)]输入的脉冲存入[D(•)]		
高速处理	057	PLSY	S1(•)（W4） S2(•)（W4） D(•)（Y0 或 Y1）	脉冲输出(使用一次)；以[S1(•)]的频率从[D(•)]送出[S2(•)]个脉冲；[S1(•)]：1～1000Hz	O	
高速处理	058	PWM	S1(•)（W4） S2(•)（W4） D(•)（Y0 或 Y1）	脉宽调制(使用一次)；输出周期[S2(•)]、脉冲宽度[S1(•)]的脉冲至[D(•)]。周期为1～32767ms，脉宽为1～32767ms		
高速处理	059	PLSR	S1(•)（W4） S2(•)（W4） S3(•)（W4） D(•)（Y0 或 Y1）	可调速脉冲输出(使用一次)；[S1(•)]最高频率：10～20000Hz；[S2(•)]总输出脉冲数；[S3(•)]增减速时间：5000ms以下；[D(•)]：输出脉冲	O	
便利指令	060	IST	S(•)（X、Y、M） D1(•)（S20～S899） D2(•)（S20～S899）	状态初始化(使用一次)；自动控制步进顺控中的状态初始化。[S(•)]为运行模式的初始输入；[D1(•)]为自动模式中的实用状态的最小号码；[D2(•)]为自动模式中的实用状态的最大号码		
便利指令	061	SER	S1(•)（W3′） S2(•)（C′） D(•)（W2′） n（W4″）	查找数据；检索以[S1(•)]为起始的 n 个与[S2(•)]相同的数据，并将其个数存于[D(•)]	O	O
便利指令	062	ABSD	S1(•)（W3′） S2(•)（C′） D(•)（B′） n（W4″）	绝对值式凸轮控制(使用一次)；对应[S2(•)]计数器的当前值，输出[D(•)]开始的 n 点由[S1(•)]内数据决定的输出波形		
便利指令	063	INCD	S1(•)（W3′） S2(•)（C） D(•)（B′） n（W4″）	增量式凸轮顺控(使用一次)；对应[S2(•)]的计数器当前值，输出[D(•)]开始的 n 点由[S1(•)]内数据决定的输出波形。[S2(•)]的第二个计数器统计复位次数		
便利指令	064	TIMR	D(•)（D） n（0～2）	示数定时器；用[D(•)]开始的第二个数据寄存器测定执行条件ON的时间，乘以 n 指定的倍率存入[D(•)]，n 为0～2		

续表

分类	指令编号 FNC	指令助记符	指令格式、操作数(可用软元件)	指令名称及功能简介	D 命令	P 命令
便利指令	065	STMR	S(·) (T)　m (W4″)　D(·) (B′)	特殊定时器；m 指定的值作为[S(·)]指定定时器的设定值，使[D(·)]指定的 4 个器件构成延时断开定时器、输入 ON→OFF 后的脉冲定时器、输入 OFF→ON 后的脉冲定时器、滞后输入信号向相反方向变化的脉冲定时器		
	066	ALT ◥	D(·) (B′)	交替输出；每次执行条件由 OFF→ON 的变化时，[D(·)]由 OFF→ON、ON→OFF、…交替输出	O	
	067	RAMP	S1(·) (D)　S2(·) (D)　D(·) (B′)　n (W4″)	斜坡信号；[D(·)]的内容从[S1(·)]的值到[S2(·)]的值慢慢变化，其变化时间为 n 个扫描周期。n：1～32767		
	068	ROTC	S(·) (D)　m1 (W4″)　m2 (W4″)　D(·) (B′)	旋转工作台控制(使用一次)；[S(·)]指定开始的 D 为工作台位置检测计数寄存器，其次指定的 D 为取出位置号寄存器，再次指定的 D 为要取工件号寄存器，m1 为分度区数，m2 为低速运行行程。完成上述设定，指令就自动在[D(·)]指定输出控制信号		
	069	SORT	S(·) (D)　m1 (W4″)　m2 (W4″)　D(·) (D)　n (W4″)	表数据排序(使用一次)；[S(·)]为排序表的首地址，m1 为行号，m2 为列号。指令将以 n 指定的列号，将数据从小开始进行整理排列，结果存入以[D(·)]指定的为首地址的目标元件中，形成新的排序表；m1：1～32，m2：1～6，n：1～m2		
外部机器 I/O	070	TKY	S(·) (B)　D1(·) (W2′)　D2(·) (B′)	十键输入(使用一次)；外部十键键号依次为 0～9，连接于[S(·)]，每按一次键，其键号依次存入[D1(·)]，[D2(·)]指定的位元件依次为 ON	O	
	071	HKY	S(·) (X)　D1(·) (Y)　D2(·) (W1)　D3(·) (B′)	十六键输入(使用一次)；以[D1(·)]为选通信号，顺序将[S(·)]所按键号存入[D2(·)]，每次按键以 BIN 码存入，超出上限 9999，溢出；按 A～F 键，[D3(·)]指定位元件依次为 ON	O	

续表

分类	指令编号 FNC	指令助记符	指令格式、操作数(可用软元件)				指令名称及功能简介	D命令	P命令
外部机器 I/O	072	DSW	S(·) (X)	D1(·) (Y)	D2(·) (W1)	*n* (W4″)	数字开关(使用二次)；四位一组(*n*＝1)或四位二组(*n*＝2)BCD数字开关由[S(·)]输入，以[D1(·)]为选通信号，顺序将[S(·)]所键入数字送到[D2(·)]		
	073	SEGD	S(·) (W4)	D(·) (W2)			七段码译码：将[S(·)]低四位指定的0～F的数据译成七段码显示的数据格式存入[D(·)]，[D(·)]高8位不变		O
	074	SEGL	S(·) (W4)	D(·) (X)	*n* (W4″)		带锁存七段码显示(使用二次)，四位一组(*n*＝0～3)或四位二组(*n*＝4～7)七段码，由[D·]的第2四位为选通信号，顺序显示由[S(·)]经[D(·)]的第1四位或[D(·)]的第3四位输出的值		O
	075	ARWS	S(·) (B)	D1(·) (W1)	D2(·) (Y)	*n* (W4″)	方向开关(使用一次)；[S(·)]指定位移位与各位数值增减用的箭头开关，[D1(·)]指定的元件中存放显示的二进制数，根据[D2(·)]指定的第2个四位输出的选通信号，依次从[D2(·)]指定的第1个四位输出显示。按位移开关，顺序选择所要显示位；按数值增减开关，[D1(·)]数值由0～9或9～0变化。*n*为0～3，选择选通位		
	076	ASC	S(·) (字母数字)	D(·) (W1′)			ASCII码转换；[S(·)]存入微机输入8个字节以下的字母数字。指令执行后，将[S(·)]转换为ASC码后送到[D(·)]		
	077	PR	S(·) (W1′)	D(·) (Y)			ASCII码打印(使用二次)；将[S(·)]的ASC码→[D(·)]		
	078	FROM	*m*1 (W4″)	*m*2 (W4″)	D(·) (W2)	*n* (W4″)	BFM读出；将特殊单元缓冲存储器(BMF)的*n*点数据读到[D(·)]；*m*1＝0～7，特殊单元特殊模块号；*m*2＝0～31，缓冲存储器(BFM)号码；*n*＝1～32，传送点数	O	O
	079	TO	*m*1 (W4″)	*m*2 (W4″)	S(·) (W4)	*n* (W4″)	写入BFM；将可编程控制器[S(·)]的*n*点数据写入特殊单元缓冲存储器(BFM)，*m*1＝0～7，特殊单元模块号；*m*2＝0～31，缓冲存储器(BFM)号码；*n*＝1～32，传送点数	O	O

续表

分类	指令编号 FNC	指令助记符	指令格式、操作数(可用软元件)				指令名称及功能简介	D命令	P命令
外部机器SER	080	RS	S(•) (D)	*m* (W4″)	D(•) (D)	*n* (W4″)	串行通讯传递;使用功能扩展板进行发送接收串行数据。发送[S(•)]*m* 点数据至[D(•)]*n* 点数据。*m*、*n*:0～256		
	081	PRUN	S(•) (KnM、KnX) (*n*=1～8)	D(•) (KnY、KnM) (*n*=1～8)			八进制位传送;[S(•)]转换为八进制,送到[D(•)]	O	O
	082	ASCI	S(•) (W4)	D(•) (W2′)	*n* (W4″)		HEX→ASCII变换;将[S(•)]内HEX(十六进)制数据的各位转换成ASCII码向[D(•)]的高低8位传送。传送的字符数由*n*指定,*n*:1～256		O
	083	HEX	S(•) (W4′)	D(•) (W2)	*n* (W4″)		ASCII→HEX变换;将[S(•)]内高低8位的ASCII(十六进制)数据的各位转换成ASCII码向[D(•)]的高低8位传送。传送的字符数由*n*指定,*n*:1～256		O
	084	CCD	S(•) (W3′)	D(•) (W1″)	*n* (W4″)		检验码;用于通讯数据的校验。以[S(•)]指定的元件为起始的*n*点数据,将其高低8位数据的总和校验检查[D(•)]与[D(•)]+1的元件		O
	085	VRRD	S(•) (W4″)	D(•) (W2)			模拟量输入;将[S(•)]指定的模拟量设定模板的开关模拟值0～255转换为8位BIN传送到[D(•)]		O
	086	VRSC	S(•) (W4″)	D(•) (W2)			模拟量开关设定;[S(•)]指定的开关刻度0～10转换为8位BIN传送到[D(•)]。[S(•)]:开关号码0～7		O
	087								
	088	PID	S1(•) (D)	S2(•) (D)	S3(•) (D)	D(•) (D)	PID回路运算;在[S1(•)]设定目标值;在[S2(•)]设定测定当前值;在[S3(•)]～[S3(•)]+6设定控制参数值;执行程序时,运算结果被存入[D(•)]。[S3(•)]:D0～D975		
浮点运算	110	ECMP	S1(•)	S2(•)	D(•)		二进制浮点比较;[S1(•)]与[S2(•)]比较→[D(•)]	O	O

续表

分类	指令编号 FNC	指令助记符	指令格式、操作数(可用软元件)	指令名称及功能简介	D命令	P命令
浮点运算	111	EZCP	S1(·) S2(·) S(·) D(·)	二进制浮点比较；[S1(·)]与[S2(·)]比较→[D(·)]。[D(·)]占3点，[S1(·)]<[S2(·)]	O	O
	118	EBCD	S(·) D(·)	二进制浮点转换十进制浮点；[S(·)]转换为十进制浮点→[D(·)]	O	O
	119	EBIN	S(·) D(·)	十进制浮点转换二进制浮点；[S(·)]转换为二进制浮点→[D(·)]	O	O
	120	EADD	S1(·) S2(·) D(·)	二进制浮点加法；[S1(·)]+[S2(·)]→[D(·)]	O	O
	121	ESUB	S1(·) S2(·) D(·)	二进制浮点减法；[S1(·)]−[S2(·)]→[D(·)]	O	O
	122	EMUL	S1(·) S2(·) D(·)	二进制浮点乘法；[S1(·)]×[S2(·)]→[D(·)]	O	O
	123	EDIV	S1(·) S2(·) D(·)	二进制浮点除法；[S1(·)]÷[S2(·)]→[D(·)]	O	O
	127	ESOR	S(·) D(·)	开方；[S(·)]开方→[D(·)]	O	O
	129	INT	S(·) D(·)	二进制浮点→BIN整数转换；[S(·)]转换BIN整数→[D(·)]	O	O
	130	SIN	S(·) D(·)	浮点SIN运算；[S(·)]角度的正弦→[D(·)]。0°≤角度<360°	O	O
	131	COS	S(·) D(·)	浮点COS运算；[S(·)]角度的余弦→[D(·)]。0°≤角度<360°	O	O
	132	TAN	S(·) D(·)	浮点TAN运算；[S(·)]角度的正切→[D(·)]。0°≤角度<360°	O	O
数据处理2	147	SWAP	S(·)	高低位变换；16位时，低8位与高8位交换；32位时，各个低8位与高8位交换	O	O
时钟运算	160	TCMP	S1(·) S2(·) S3(·) S(·) D(·)	时钟数据比较；指定时刻[S(·)]与时钟数据[S1(·)]时[S2(·)]分[S3(·)]秒比较，比较结果在[D(·)]显示。[D(·)]占有3点		O
	161	TZCP	S1(·) S2(·) S9(·) D(·)	时钟数据区域比较；指定时刻[S(·)]与时钟数据区域[S1(·)]～[S2(·)]比较，比较结果在[D(·)]显示。[D(·)]占有3点。[S1(·)]≤[S2(·)]		O

续表

分类	指令编号FNC	指令助记符	指令格式、操作数(可用软元件)			指令名称及功能简介	D命令	P命令
时钟运算	162	TADD	S1(·)	S2(·)	D(·)	时钟数据加法；以[S2(·)]起始的3点时刻数据加上存入[S1(·)]起始的3点时刻数据，其结果存入以[D(·)]起始的3点中		O
	163	TSUB	S1(·)	S2(·)	D(·)	时钟数据减法；以[S1(·)]起始的3点时刻数据减去存入以[S2(·)]起始的3点时刻数据，其结果存入以[D(·)]起始的3点中		O
	166	TRD	D(·)			时钟数据读出；将内藏的实时计算器的数据在[D(·)]占有的7点读出		O
	167	TWR	S(·)			时钟数据写入；将[S(·)]占有的7点数据写入内藏的实时计算器		O
格雷码转换	170	GRY	S(·)	D(·)		格雷码转换；将[S(·)]格雷码转换为二进制值，存入[D(·)]	O	O
	171	GBIN	S(·)	D(·)		格雷码逆变换；将[S(·)]二进制值转换为格雷码，存入[D(·)]	O	O
接点比较	224	LD=	S1(·)	S2(·)		触点形比较指令；连接母线形接点，当[S1(·)]=[S2(·)]时接通	O	
	225	LD>	S1(·)	S2(·)		触点形比较指令；连接母线形接点，当[S1(·)]>[S2(·)]时接通	O	
	226	LD<	S1(·)	S2(·)		触点形比较指令；连接母线形接点，当[S1(·)]<[S2(·)]时接通	O	
	228	LD<>	S1(·)	S2(·)		触点形比较指令；连接母线接点，当[S1(·)]<>[S2(·)]时接通	O	
	229	LD≤	S1(·)	S2(·)		触点形比较指令；连接母线接点，当[S1(·)]≤[S2(·)]时接通	O	
	230	LD≥	S1(·)	S2(·)		触点形比较指令；连接母线形接点，当[S1(·)]≥[S2(·)]时接通	O	
	232	AND=	S1(·)	S2(·)		触点形比较指令；串联形接点，当[S1(·)]=[S2(·)]时接通	O	
	233	AND>	S1(·)	S2(·)		触点形比较指令；串联形接点，当[S1(·)]>[S2(·)]时接通	O	
	234	AND<	S1(·)	S2(·)		触点形比较指令；串联形接点，当[S1(·)]<[S2(·)]时接通	O	

续表

分类	指令编号 FNC	指令助记符	指令格式、操作数(可用软元件)		指令名称及功能简介	D命令	P命令
接点比较	236	AND<>	S1(·)	S2(·)	触点形比较指令；串联形接点，当[S1(·)]<>[S2(·)]时接通	O	
	237	AND≤	S1(·)	S2(·)	触点形比较指令；串联形接点，当[S1(·)]≤[S2(·)]时接通	O	
	238	AND≥	S1(·)	S2(·)	触点形比较指令；串联形接点，当[S1(·)]≥[S2(·)]时接通	O	
	240	OR=	S1(·)	S2(·)	触点形比较指令；并联形接点，当[S1(·)]=[S2(·)]时接通	O	
	241	OR>	S1(·)	S2(·)	触点形比较指令；并联形接点，当[S1(·)]>[S2(·)]时接通	O	
	242	OR<	S1(·)	S2(·)	触点形比较指令；并联形接点，当[S1(·)]<[S2(·)]时接通	O	
	244	OR<>	S1(·)	S2(·)	触点形比较指令；并联形接点，当[S1(·)]<>[S2(·)]时接通	O	
	245	OR≤	S1(·)	S2(·)	触点形比较指令；并联形接点，当[S1(·)]≤[S2(·)]时接通	O	
	246	OR≥	S1(·)	S(2)	触点形比较指令；并联形接点，当[S1(·)]≥[S2(·)]时接通	O	

注：表中D命令栏中有“O”的表示可以是32位的指令；P命令栏中有“O”的表示可以是脉冲执行型的指令。

在表8-2中，表示各操作数可用元件类型的范围符号是：B、B′、W1、W2、W3、W4、W1′、W2′、W3′、W4′、W1″、W4″，其表示的范围如图8-3所示。

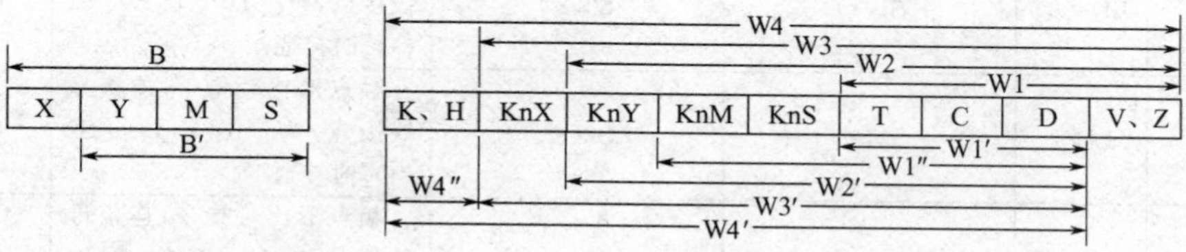

(a) 位元件　　(b) 字元件

图8-3　操作数可用元件类型的范围符号

第二节　$FX_{2N/3}$的程序流程类应用指令及应用

程序流程类应用指令共有十条，指令功能编号为FNC00～FNC09，它们在程序中的条件执行与优先处理，主要与顺控程序的控制流程有关。下面对它们逐一介绍。

一、条件跳转指令及应用

1. 条件跳转指令说明

该指令的代码、助记符、操作数和程序步如表 8-3 所示。

表 8-3　条件跳转指令要素

指令名称	指令代码位数	助记符	操作数 D(・)	程序步
条件跳转	FNC 00 (16)	CJ、CJP	P0～P127(跳转指针号可变址修改)，其中P63 指向 END 所在步，可以不标记	CJ 和 CJP～3 步 跳转指针号 Pn ～1 步

条件跳转指令可用于需要跳过不执行的程序指令，达到缩短程序执行周期的目的。条件跳转指令在梯形图中使用的情况如图 8-4 所示。程序中两条条件跳转指令 CJ 均是连续执行型指令，它们前面的触点是执行跳转指令的条件，跳转指令的操作数是指向对应左母线上标注的跳转指针号 P8、P9，也是跳转到该指针指定的入口程序地址。

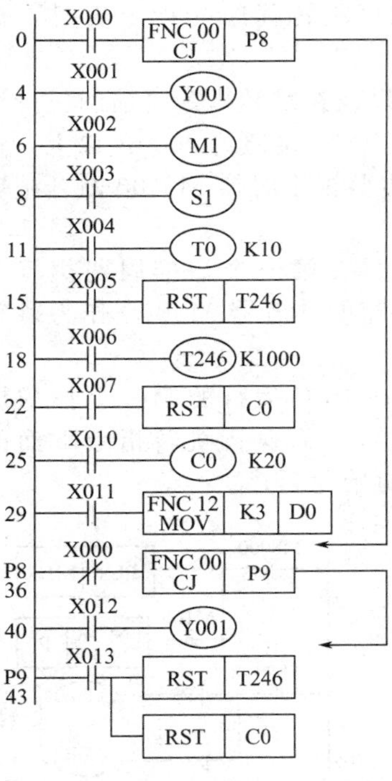

图 8-4　条件跳转指令使用说明

条件跳转指令执行的意义是：只要满足跳转条件，PLC 在每个扫描周期都执行跳转指令，跳转到以指针 Pn 为入口地址的程序执行，若跳转条件不满足，不执行跳转指令，顺序往下执行程序。在图 8-4 中，当 X000 置 1（常开触点闭合），执行跳转指令，跳至标号 P8（左母线上 36 号地址）处开始执行程序，因 X000＝1，它的常闭触点此时是断开的，不执行 CJ　P9 跳转指令，仅执行 40 号开始的以下程序。

2. 条件跳转程序段中元器件在跳转执行中的工作状态

表 8-4 给出了图 8-4 中跳转发生前后输入或前序器件状态发生变化对程序执行结果的影响。从表中可以看到以下几点。

① 跳过不执行的程序段中的输出继电器 Y、辅助继电器 M、状态 S，即使梯形图中涉及的工作条件发生变化，它们的工作状态将保持跳转发生前的状态不变。

② 跳过不执行的程序段中的时间继电器 T 及计数器 C，无论其是否具有掉电保持功能，它们的当前值寄存器被锁定保持不变。在不发生跳转执行这些程序时，时间继电器 T 及计数器 C 的当前值寄存器继续计数。另外，定时、计数器的复位指令具有优先权，即使复位指令位于被跳过的程序段中，执行条件满足时，复位工作也将执行。

表 8-4　跳转对元器件状态的影响

元件	跳转前的触点状态	跳转后的触点状态	跳转过程中线圈的动作
Y、M、S	X001、X002、X003、断开	X001、X002、X003、接通	Y001、M1、S1 断开
	X001、X002、X003、接通	X001、X002、X003、断开	Y001、M1、S1 接通
10ms 100ms 定时器	X004　断开	X004　接通	定时器不动作
	X004　接通	X004　断开	定时中断，X000 断开后继续计时
1ms 定时器	X005　断开 X006　断开	X006　接通	定时器不动作
	X005 断开 X006　接通	X006　断开	定时器停止，X000 断开后继续计时

续表

元件	跳转前的触点状态	跳转后的触点状态	跳转过程中线圈的动作
计数器	X007 断开 X010　断开	X010　接通	计数器不动作
	X007 断开 X010　接通	X010　断开	计数器停止，X000 断开后继续计数
应用指令	X011　断开	X011　接通	除 FNC52～FNC59 之外的其他应用指令不执行
	X011　接通	X011　断开	

3. 使用跳转指令的几点注意

① 由于跳转指令具有选择执行程序段的功能。在同一程序且位于因跳转而不会被同时执行程序段中的同一线圈不被视为双线圈。

② 可以有多条跳转指令使用同一标号。在图 8-5 中，如 X020 接通，第一条跳转指令有效，从这一步跳到标号 P9。如果 X020 断开，而 X021 接通，则第二条跳转指令有效，程序从第二条跳转指令处跳到 P9 处。但不允许一个跳转指令对应两个标号的情况存在，即在同一程序中不允许存在两个相同的标号。在编写跳转程序的指令表时，标号需占一行。

③ 标号一般设在相关的跳转指令之后的左母线上，也可以设在跳转指令之前的左母线上，如图 8-6 所示。应注意的是，从程序执行顺序来看，如果 X024 接通约 200ms 以上，造成该程序的执行时间超过了 D8000 中警戒时钟设定值，会发生监视定时器 M8000 断开报警出错。

④ 使用脉冲执行型 CJP 指令时，当跳转条件满足时，只在第一个扫描周期执行一次跳转。若使用连续执行型 CJ 指令，又采用运行监视特殊辅助继电器 M8000 作为跳转条件，该跳转就成为无条件跳转了。

⑤ 跳转可用来执行程序初始化工作，如图 8-7 所示。在 PLC 运行的第一个扫描周期中，因常闭触点 M100 是断开的，跳转指令 CJ　P7 不执行，而执行跳转指令下面的初始化程序，在第二个扫描周期，才执行跳转指令，跳过初始化程序。

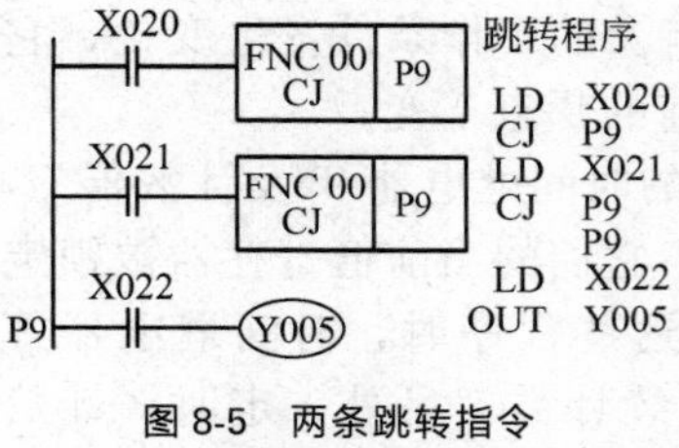

图 8-5　两条跳转指令使用同一指针标号

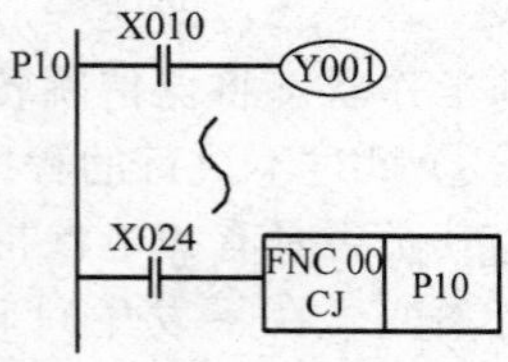

图 8-6　指针标号可以设在跳转指令之前

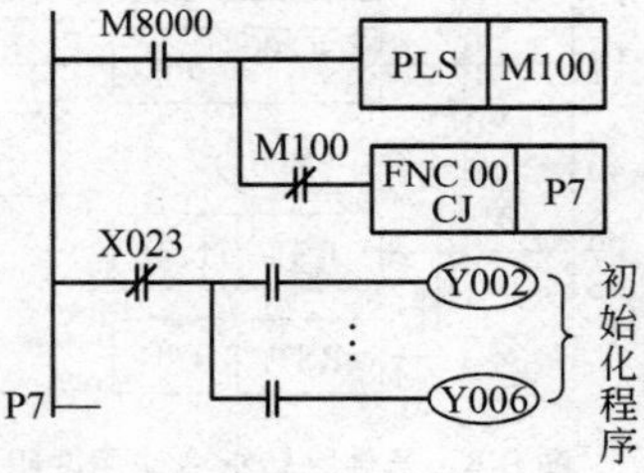

图 8-7　跳转指令用于程序初始化

⑥ 图 8-8 说明了主控区与跳转指令的关系。

a. 对跳过整个主控区（MC～MCR）的跳转不受限制。

b. 从主控区外跳到主控区内时，跳转独立于主控操作，CJ　P1 执行时，不论 M 0 状态如何，均作 ON 处理。

c. 在主控区内跳转时，若 M 0 为 OFF，跳转不能执行；若 M 0 为 ON，跳转可以执行。

d. 从主控区内跳到主控区外时，M 0 为 OFF 时，跳转不能执行；M 0 为 ON 时，跳转条件满足，可以跳转，这时 MCR N0 无效，但不会出错。

e. 从一个主控区内跳到另一个主控区内时，当 M1 为 ON 时，可以跳转。执行跳转时不论 M2 的实际状态如何，均看作 ON。MCR N0 被忽略。

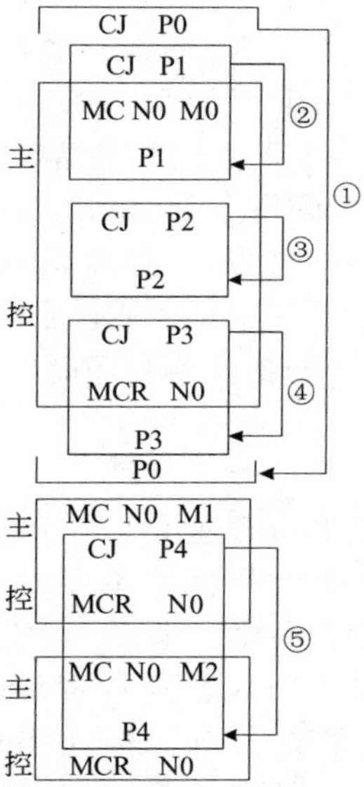

图 8-8　主控区与跳转指令关系

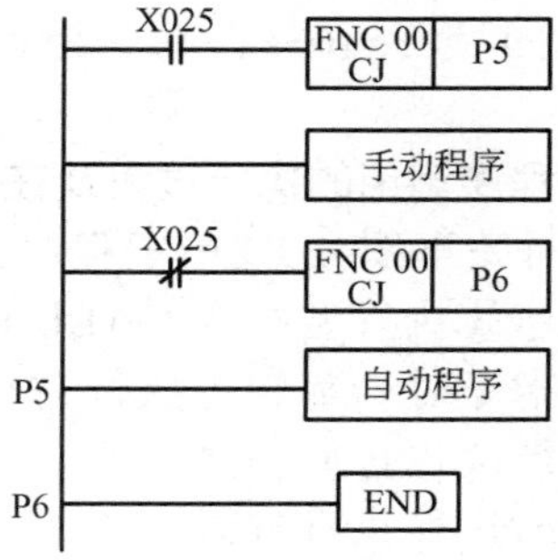

图 8-9　手动/自动转换程序

4. 跳转指令的应用及实例

跳转指令可用来选择执行一定的程序段，在工业控制中经常使用。比如，同一套设备在不同的条件下，有两种工作方式，需运行两套不同的程序时可使用跳转指令。常见的手动、自动工作状态的转换即是这样一种情况。为了提高设备的可靠性和调试的需要，许多设备要建立自动及手动两种工作方式。这就要在程序中编排两段程序，一段用于手动，一段用于自动。然后设立一个手动/自动转换开关对程序段进行选择。图 8-9 即为一段手动/自动程序选择的梯形图。图中输入继电器 X025 为手动/自动转换开关。当 X025 置 1 时，执行自动工作方式，置 0 时执行手动工作方式。

二、子程序调用指令及应用

1. 子程序调用指令的使用说明及其梯形图表示方法

该指令的指令代码、助记符、操作数、程序步见表 8-5。

表 8-5　子程序调用指令使用要素

指令名称	指令代码	助记符	操作数	程序步
			D(・)	
子程序调用	FNC 01 (16)	CALL CALLP	指针 P0～P62,P64～P127 可嵌套 5 级	3 步(指令标号)1 步
子程序返回	FNC 02	SRET	无可用软件	1 步

子程序是为一些特定的控制目的编制的相对独立的程序。为了独立于主程序，不受主程序扫描周期的影响，规定在程序编排时，将子程序安排在主程序结束指令 FEND（FNC 06）的后边，如图 8-10 所示。

图 8-10 中，脉冲执行型子程序调用指令 CALLP 安排在主程序中，它调用的以 P10 指针为入口地址的子程序安排在主程序结束指令 FEND 之后。X001 是子程序调用指令的执行条件，当 X001 常开触点闭合时，执行 CALLP 指令，调用 P10 指针标号与最近的返回指令 SRET 之间的子程序一次。若主程序带有多个子程序或子程序中嵌套有子程序时，子程序可

依次列在主程序结束指令之后，并以不同的标号相区别。例如图 8-10 中有两个子程序，第一个子程序中又嵌套第二个子程序调用指令，当该子程序执行中 X030 常开触点闭合时，第二个 CALLP 指令转去调用标号为 P11 与它最近的返回指令 SRET 之间的第二个子程序，执行到第二个返回指令 SRET 处，返回到第一个子程序调用指令下面的程序继续执行，直到第一个子程序返回指令 SRET 处，返回到主程序的调用子程序指令下面的程序，继续执行到主程序 FEND 结束。FX_{2N} 系列 PLC 规定子程序内允许嵌套使用子程序调用指令可达 4 次，整个程序嵌套可多达 5 次。另外，在子程序和中断子程序中若需用到定时器，只能使用 T192～T199 或 T246～T249 定时器。在编写子程序调用指令的指令表程序时，标号需要占一行。

2. 子程序调用的执行过程及在程序编制中的意义

再分析一下图 8-10 中子程序执行的过程，在图 8-10 中，若主程序中的子程序调用指令改为连续执行型指令 CALL P10，当 X001 常开触点闭合并保持不变时，每当程序执行到该指令时，都转去执行指针为 P10 开始的第一个子程序，遇到 SRET 指令即返回原断点继续执行原程序。而当 X001 常开触点不动作时，PLC 仅执行主程序。子程序调用指令的这种执行方式对有多个控制功能又需依一定的条件有选择地实现时，是有重要的意义的。例如，编程时将一些相对独立的功能都设置成子程序，而在主程序中再设置一些调用条件驱动子程序调用指令就可以实现对这些子程序的选择执行了。为了区分主程序后多个独立的子程序时，每个标号和最近的一个子程序返回指令 SRET 构成的是一个子程序。

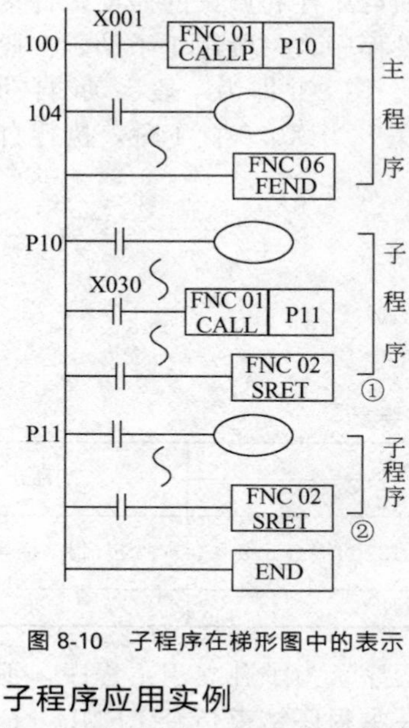

图 8-10　子程序在梯形图中的表示

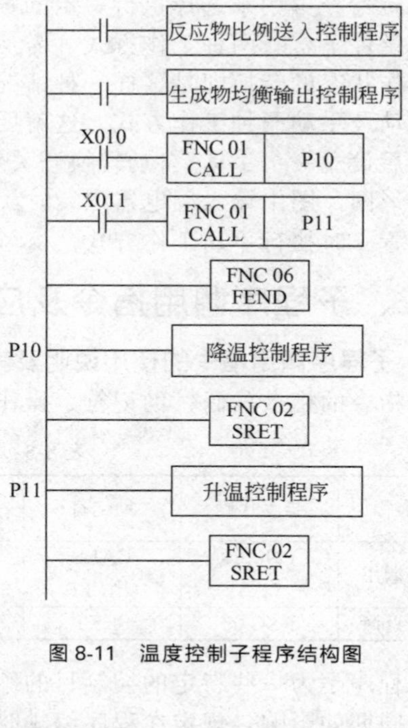

图 8-11　温度控制子程序结构图

3. 子程序应用实例

某化工反应装置可完成多液体物料的化合工作，并能连续生产。该化工反应装置采用可编程控制器完成物料的比例投入及送出，并实现反应温度的控制工作。反应物料的比例投入由 PLC 程序根据装置内酸碱度经运算，控制有关阀门的开度，反应物的送出由 PLC 程序依进入物料的，经运算控制出料阀门的开启程度。温度控制由 PLC 程序控制加温及降温设备，使温度维持在一个区间内。在设计程序的总体结构时，将运算为主的程序内容作为主程序。

将加温及降温等逻辑控制为主的程序作为子程序。子程序的执行条件 X010 及 X011 为温度高限继电器及温度低限继电器。图 8-11 为该程序结构示意图。

三、中断指令及其应用

1. 中断指令说明及其梯形图表示方法

中断指令有中断允许、中断禁止和中断返回三条指令，其助记符、指令代码、操作数、程序步见表 8-6。

表 8-6 中断指令要素

指令名称	指令代码	助记符	操作数	程序步
			D	
中断返回	FNC 03	IRET	无	1 步
中断允许	FNC 04	EI	无	1 步
中断禁止	FNC 05	DI	无	1 步

中断是 PLC 响应各种中断请求的一种工作方式。主程序在执行过程中，当有中断请求信号时，主程序若允许中断请求，中断主程序的执行，转去执行中断子程序，由于中断请求是机内外突发随机事件信号，时间很短，因此中断子程序的执行不受主程序运行周期的约束，子程序运行结束返回主程序断点，其结果可以影响主程序中的某些运算结果。FX_{2N} 系列可编程控制器有三类中断：输入中断、定时器中断和计数器中断，对应三类中断所用的中断指针 I 的地址编号见第六章中表 6-21，并规定中断指针即是中断子程序的入口标号（在编写中断子程序的指令表时，标号需占一行）。每个中断子程序入口标号在程序中不可重复使用。

输入中断请求信号从对应的输入端子送入，可用于机外突发随机事件通过输入端发出的中断响应。定时器中断是机内中断定时指针定时，定时时间到了自动执行中断子程序，多用于周期性工作场合。计数器中断是利用机内高速计数器对外部计数的当前值与设定值进行比较，若满足比较的条件则执行中断子程序。当一个程序中有多个中断子程序时，对多个突发事件出现的中断请求按规定的优先秩序处理，称为中断优先权，FX_{2N} 系列 PLC 一共有 15 个中断，当多个中断请求依次发生时，先发生的中断优先响应，当多个中断请求同时发生时，其优先权由中断号的大小决定，即标号小的优先响应。由于输入中断号整体上小于定时器中断和计数中断，即输入中断的优先权较高。

由于中断子程序是为一些特定的随机事件处理而设计的子程序，它能否允许响应中断请求，取决于主程序中是否安排有中断允许的开放区和中断禁止的关闭区。在主程序中允许中断子程序响应中断请求的程序区域可以用中断允许指令 EI 及中断禁止指令 DI 指令标出来，称为开中断区。那么，DI 指令到下一个 EI 指令的区间，中断子程序是禁止执行的，则称为关中断区。如果希望在主程序的全过程都可以允许中断子程序响应中断请求，则在主程序的开始处仅安排中断允许指令 EI，在全部程序中可以不安排中断禁止指令 DI，则称为全程中断。另外，如果主程序中安排的中断子程序比较多，而这些中断子程序又不一定需要同时响应时，还可以在开中断区通过特殊辅助继电器 M8050～M8059 实现对应的中断子程序是否允许响应的选择。这些特殊辅助继电器和 15 个中断的对应关系如表 8-7 所示。机器规定，当这些特殊辅助继电器通过控制条件信号被置 1 时，其对应的中断子程序响应被禁止。

表 8-7　特殊辅助继电器与中断的对应关系

中断类别	地址号·名称	动作·功能
输入中断	M8050＝ON,I00□中断禁止	在 FNC 04(EI)与 FNC05(DI)开中断程序区，若中断指针对应的特殊辅助继电器为 ON，则该中断子程序被禁止执行。例如 M8050＝ON 时，I00□的中断子程序被禁止执行
	M8051＝ON,I10□中断禁止	
	M8052＝ON,I20□中断禁止	
	M8053＝ON,I30□中断禁止	
	M8054＝ON,I40□中断禁止	
	M8055＝ON,I50□中断禁止	
定时中断	M8056＝ON,I6□□中断禁止	
	M8057＝ON,I7□□中断禁止	
	M8058＝ON,I8□□中断禁止	
计数中断	M8059＝ON	I010～I060 中断禁止

中断指令的梯形图表示如图 8-12 所示。从图中可以看出，中断程序作为子程序是安排在主程序结束指令 FEND 之后的。主程序中中断允许指令 EI 及中断禁止指令 DI 间的程序区为允许中断子程序响应的范围。若主程序带有多个中断子程序时，在子程序区中为了区分每个独立的中断子程序，中断标号和与其最近的一处中断返回指令构成的程序即为一个中断子程序。FX_{2N} 型可编程控制器规定在一个中断子程序中可实现不多于二级的中断嵌套。另外，一次中断请求，中断子程序只能执行一次。

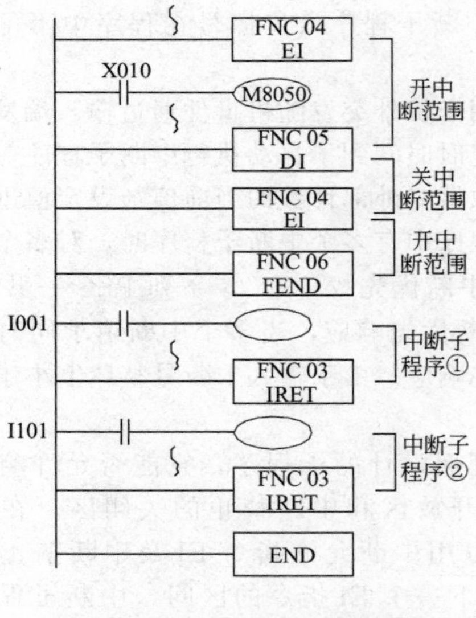

图 8-12　中断指令在梯形图中的表示

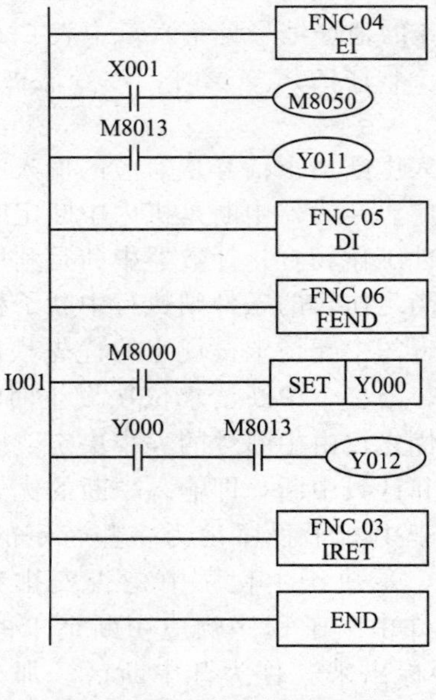

图 8-13　外部输入中断子程序

2. 三种中断子程序的执行过程及应用实例

① 外部输入中断子程序　图 8-13 是主程序中具有响应外部输入请求的中断子程序的梯形图。在主程序的开中断区，当 X001＝OFF，则特殊辅助继电器 M8050 为 OFF，标号为 I001 的中断子程序允许执行，即每当输入口 X000 接收到一次上升沿中断请示信号时，就执行该中断子程序一次，使 Y000＝ON，利用触点型秒脉冲特殊继电器 M8013 驱动 Y012 每秒接通一个扫描周期，中断子程序执行完后返回主程序。

外部输入中断常用来引入发生频率高于机器扫描频率的外控制信号，或用于处理那些需快速响应的信号，因此中断子程序是独立于主程序的运算周期进行工作的。比如，在可控整流装置的控制中可利用这一特点，采用同步变压器的同步触发信号经专用输入端子作为中断请求源，并以此信号作为中断子程序的移相角计算起点。

② 定时中断子程序　如图 8-14 是一个时间比较的验证性程序。程序中的定时中断子程序入口标号为 I610，表示时间周期为 10ms 自动执行一次定时中断子程序。从梯形图的开中断区来看，当程序第一次扫描执行期间，M8056＝ON，标号为 I610 的定时中断子程序禁止执行，对 M1～M3，D0 和 T0 进行初始化处理，在第二次扫描执行程序时，M8056＝OFF，定时中断子程序允许工作，即每间隔 10ms，执行一次中断子程序，数据存储器 D0 中加 1，当加到 1000 时，M2 触点动作，即主程序中 M2 常开触点闭合，Y002 置 1，子程序中 M2 常闭触点断开，D0 不再每 10 ms 加 1。为了验证定时中断子程序执行的正确性，主程序中的时间继电器 T0 与中断子程序同时定时运行，其设定值也为 10s，控制输出端 Y001，这样，主程序与中断子程序经过 10s 的运行，Y001 及 Y002 应同时置 1。

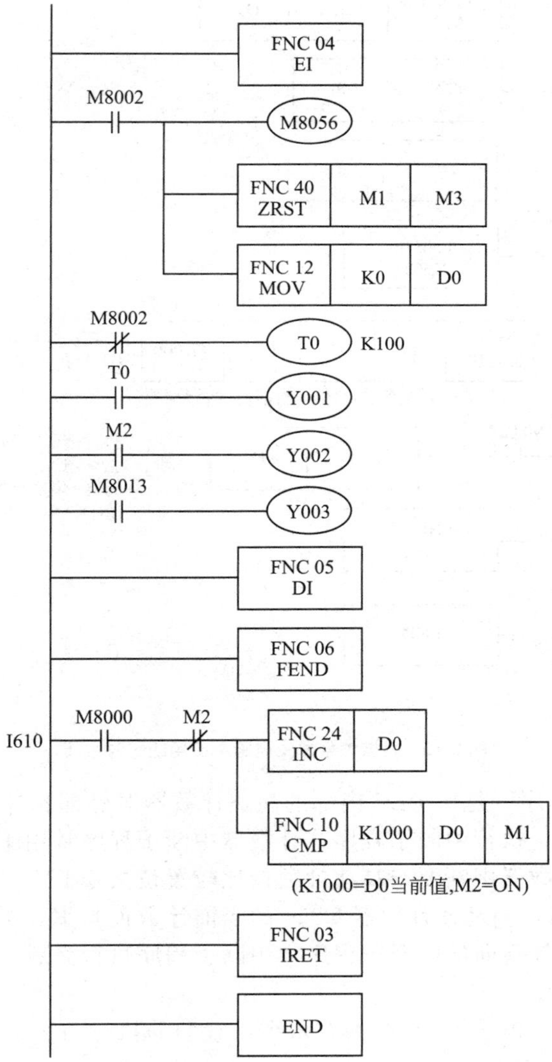

图 8-14　定时中断子程序

图 8-15 是 FX_{2N} 系列 PLC 用于产生斜坡信号的程序中使用的定时中断的例子。斜坡输出指令 RAMP 是用于产生不同斜率的斜坡信号的指令，在电机等设备的软启动控制中很有用处。该指令源操作数 D1 中为斜坡初值，D2 中为斜坡终了值，D3 为存放斜坡变化数据的寄存器。操作数 K1000 是从初值到终值需要指令操作的次数。该指令如不采取定时中断控制方式，从初值到终值的时间及变化速率会受到机器扫描周期的影响。因此使用标号 I610 定时中断子程序，可以确保 D3 中数值的变化与时间的变化线性成比例。

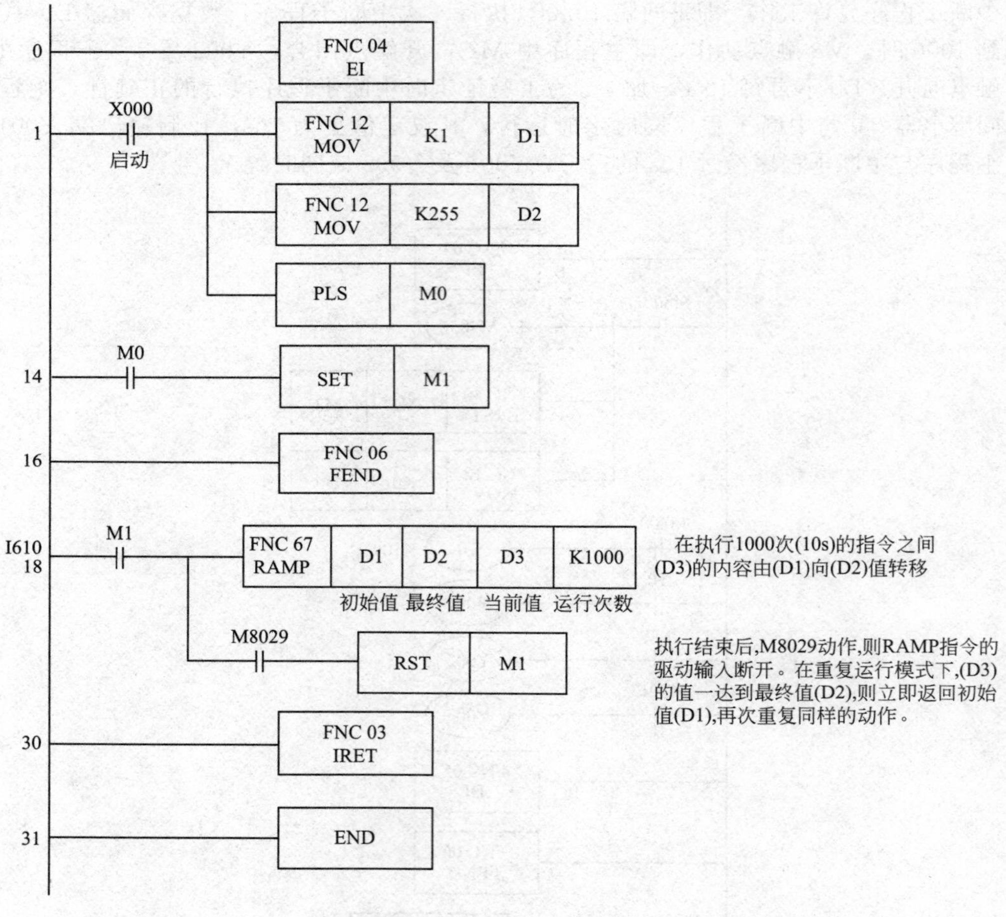

图 8-15　斜坡信号发生电路中使用的定时中断

③ 计数器中断子程序　是用 PLC 内部的高速计数器对外部脉冲计数，若当前计数值与设定值进行比较相等时，执行中断子程序。计数器中断子程序常用于利用高速计数器计数进行优先控制的场合。计数器中断要与高速计数器比较置位指令 FNC 53（HSCS）组合使用才能实现，如图 8-16 所示，当高速计数器 C255 的当前计数值与 K100 比较相等时，产生中断响应，转去执行中断指针指向的中断子程序，中断子程序执行完后，返回原断点后的主程序继续执行到 FEND 结束。

计数器中断指针 I0□0(□=1～6)共有六个，它们的执行与否也会受到机内特殊辅助继电器 M8059 状态的控制。

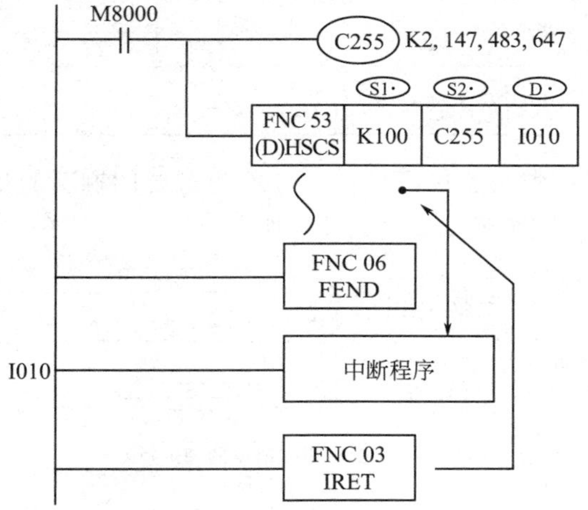

图 8-16 高速计数器中断动作示意图

四、主程序结束和监视定时器刷新指令

1. 主程序结束指令说明及其梯形图表示方法

该指令的助记符、指令代码、操作数、程序步见表 8-8。

表 8-8 主程序结束指令要素

指令名称	指令代码	助记符	操作数	程序步
			D	
主程序结束指令	FNC 06	FEND	无	1 步

该指令表示主程序结束。执行 FEND 指令的操作与执行全部程序结束指令 END 一样，都要进行输出、输入处理，对监视定时器刷新之后，返回到程序的 0 步。

在多次使用 FEND 指令的程序中，在最后的 FEND 指令与 END 指令之间安排子程序和中断子程序编程，并一定要有 SRET 和 IRET 返回指令。图 8-17 是主程序中多次使用 FEND 指令的应用举例。由图可见，①当 X010 为 OFF 时，不执行跳转指令，仅执行第一主程序到 FEND，返回主程序 0 步；②当 X010 为 ON 时，执行跳转指令，跳到指针标号 P20 处，执行第二个主程序，在这个主程序中，若 X011 为 OFF，仅执行第二个主程序到 FEND 时，返回主程序 0 步；③若 P20 处调用子程序条件 X011 为 ON，调用指针标号为 P21 的子程序，执行结束后，通过 SRET 指令返回原断点，继续执行第二个主程序到 FEND，返回主程序 0 步；④I100 标号的输入中断子程序是独立于主程序执行的，当有外中断请求时，中断主程序的执行，转去执行中断子程序到 IRET，返回主程序中断点，主程序继续执行到 FEND，返回到主程序的 0 步。

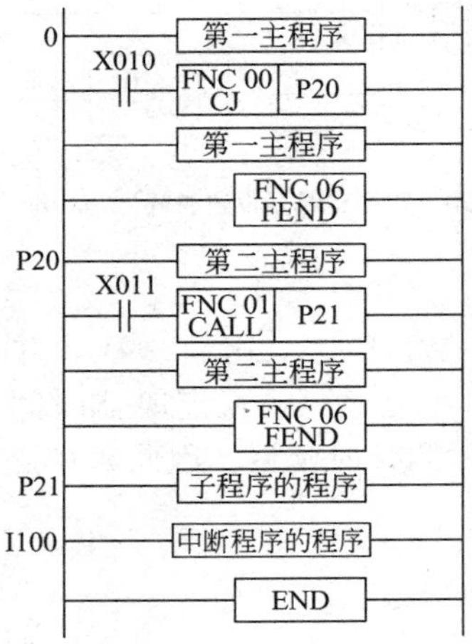

图 8-17 主程序结束指令的应用

2. 监视定时器刷新指令说明及其梯形图表示方法

该指令的助记符、指令代码、操作数、程序步见表 8-9。

表 8-9 监视定时器指令使用要素

指令名称	指令代码	助记符	操作数 D	程序步
监视定时器刷新 WATCH DOG TIMER	FNC 07	WDT WDTP	无	1步

WDT 指令是顺控程序中对监视定时器 D8000 进行时间刷新的指令。它有脉冲执行型和连续执行型两种形式，它们的执行过程如图 8-18 所示。

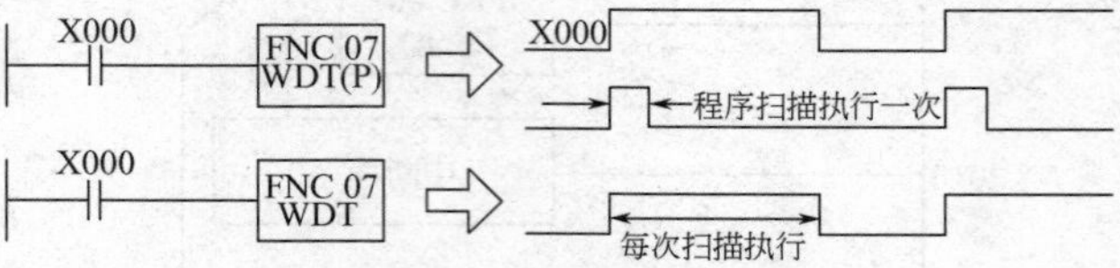

图 8-18 监视定时器指令两种执行方式

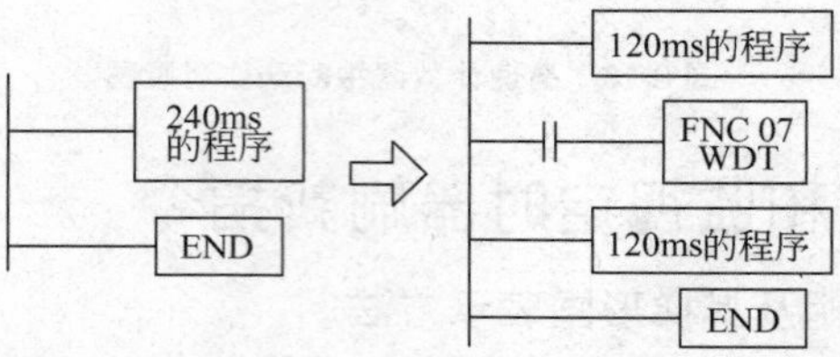

图 8-19 应用监视定时器指令将程序一分为二

当可编程控制器的运算周期（0～END 或 FEND 指令执行时间）超过 D8000 中规定的某一值（FX_{2N} 机中 D8000 一般设定为 200ms）时，M8000 触点会断开，CPU 产生出错指示灯亮，PLC 停止工作。因此在编程中，插入 WDT 指令对 D8000 刷新，保证程序运行周期不超过 D8000 中设定值。图 8-19 是将一个 240ms 的程序中插入 WDT 使程序一分为二的例子，在这个大于可编程控制器运行周期的程序中插入 WDT 指令，则前半部分与后半部分都在 D8000 设定的 200ms 以下，PLC 就不会报警停机了。另外，在使用模拟、定位、M-NET/MINI 用的接口单元的情况下，可编程控制器运行后，需要将这些特殊单元、电路块内的缓冲存储区初始化，这时在连接的特殊单元与电路块较多的情况下，初始化时间会过长，产生 WDT 错误，因此也要像图 8-19 那样，在程序中的初始步附近插入 WDT 进行监视定时器的刷新。

WDT 指令也可以用于较长的跳转程序和循环子程序中进行编程，对 D8000 刷新。

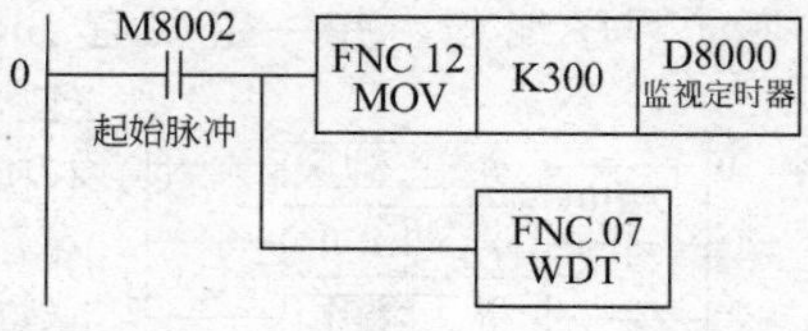

图 8-20 监视定时器设置时间为 300ms

监视定时器 D8000 中时间设定值也可以通过编程更改。图 8-20 所示是编程更改 D8000 中设定值的例子，监视定时器时间更新要在程序执行前进行，时间更新后要用 WDT 指令刷新一次，并且 WDT 指令不被编入程序的情况下，在 END 处理时，D8000 值才有效。监视定时器时间最长可设置到 32，767ms，若设置该值，其结果变为运算异常的检测计时延迟。因此，在运行不出现故障的情况下，一般设定初值为 200ms。

五、程序循环指令及应用

1. 程序循环指令的要素及梯形图表示

该指令的助记符、指令代码、操作数、程序步见表 8-10。

表 8-10 程序循环指令要素

指令名称	指令代码	助记符	操作数	程序步
			S	
循环开始指令	FNC 08 (16)	FOR	K、H、KnX、KnY KnM、KnS、T、C D、V、Z	3 步(嵌套 5 层)
循环结束指令	FNC09	NEXT	无	1 步

循环程序中的循环指令 FOR 与 NEXT 两条指令要成对使用，如图 8-21 所示。图中有三条 FOR 指令和三条 NEXT 指令相互对应，构成三层循环，这样的嵌套可达五层。在梯形图中相距最近的 FOR 指令和 NEXT 指令是一对，构成最内层循环①；其次是中间的一对指令构成中循环②；再就是最外层一对指令构成外循环③。每一层循环间包括了一定的程序，这就是所谓程序执行过程中需依一定的次数循环的部分。循环的次数由 FOR 指令的 K 值给出，K＝1～32767，若给定为－32767～0 时，作 K＝1 处理。该程序中内层循环①程序是向数据存储器 D100 中加 1，若循环值从输入端设定为 4，它的中层②循环值 D3 中为 3，最外层③循环值为 4。循环嵌套程序的执行总是从最内层开始。以图 8-21 的程序为例，当程序执行到内循环程序段时先向 D100 中加四次 1，然后执行中层循环，中层循环要将内层的过程执行三次，执行完成后 D100 中的值为 12。最后执行最外层循环，即将内层及中层循环再执行四次。从以上的分析可以看出，多层循环间的关系是循环次数相乘的关系，这样，本例中的加 1 指令在一个扫描周期中就要向数据存储器 D100 中加入 48 个 1 了。

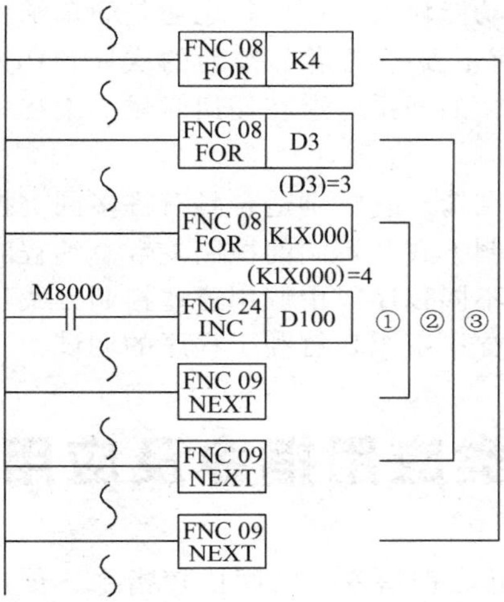

图 8-21 循环指令使用说明

2. 循环程序的意义及应用

循环指令用于某种操作需反复进行的场合。如对某一取样数据做一定次数的加权运算，控制输出口依一定的规律做重复的输出动作或利用重复的加减运算完成一定量的增加或减少，或利用重复的乘除运算完成一定量的数据移位。循环程序可以使程序简明扼要，增加编程的方便，提高程序执行效率。

六、程序控制指令与程序结构化

程序是由一条条的指令组成的，一定的指令集合总是完成一定的功能。当功能控制要求复杂，程序变的庞大时，就要求将一定功能的指令块合理地组织起来，这就是程序的结构化处理。

结构化程序应具有功能模块化，有利于阅读理解程序的各种控制功能的实现思想与方法，好的结构化程序，能使 PLC 的运行效率提高。

常见的程序结构类型有以下几种。

1. 简单结构

这是小程序的常用结构，也叫作顺序结构。指令平铺直叙地写下来，执行时也是平铺直叙地运行下去。程序中也会分一些段。简单结构的特点是每个扫描周期中每一条指令都要被扫描。

2. 有跳转及循环的简单结构

根据控制要求，需要程序有选择地执行各种控制功能时，可采用跳转结构的编程，如自动、手动程序段的选择，初始化程序段和工作程序段的选择。这时在某个扫描周期中就不一定全部指令被扫描到了，而是有选择的执行，被跳过的指令不被扫描。当需要多次执行某段程序功能时，可采用循环结构编程，在循环执行时，其他程序就相当于被跳过。

3. 组织模块式结构

组织模块式结构的程序则存在并列结构。组织模块式程序可分为组织块、功能块、数据块。组织块专门解决程序流程问题，常作为主程序。功能块则独立地解决局部的、单一的功能，相当于一个个的子程序。数据块则是程序所需的各种数据的集合。在这里，多个功能块和多个数据块相对组织块来说是并列的程序块。前边讨论过的子程序指令及中断程序指令常用来编制组织模块式结构的程序。

组织模块式程序结构为编程提供了清晰的思路。各程序块的功能不同，编程时就可以集中精力解决局部问题。组织块主要解决程序的入口控制，子程序完成单一的功能，程序的编制无疑得到了简化。当然，作为组织块中的主程序和作为功能块的子程序，也还是简单结构的程序。不过并不是简单结构的程序就可以简单地堆积而不要考虑指令排列的次序，PLC的串行工作方式使得程序的执行顺序和执行结果有十分密切的联系，这在任何时候的编程中都是重要的。

与先进编程思想相关的另一种程序结构是结构化编程结构。它特别适合具有许多同类控制对象的庞大控制系统，这些同类控制对象具有相同的控制方式及不同的控制参数。编程时先针对某种控制对象编出通用的控制方式程序，在程序的不同程序段中调用这些控制方式程序时再赋予所需的参数值。结构化编程有利于多人协作的程序组织，有利于程序的调试。

第三节　$FX_{2N/3}$ 的传送、比较类应用指令及应用

FX_{2N} 系列可编程控制器数据传送、比较类指令包含有比较指令、区间比较指令、传送与移位传送指令、取反传送指令、块传送指令、多点传送指令、数据交换指令、BCD交换指令、BIN交换指令共十条，它们所涉及的数据均以带符号位的16位或32位二进制数进行操作或变换，是数据处理类程序中使用十分频繁的指令。

本节介绍传送和比较类指令的使用方法及应用，并给出一些应用实例。

一、传送和比较类指令说明

（一）比较指令

该指令的助记符、指令代码、操作数范围、程序步如表8-11所示。

表8-11　比较指令的要素

指令名称	指令代码位数	助记符	操作数范围			程序步
			S1(·)	S2(·)	D(·)	
比较	FNC10 (16/32)	CMP、CMPP DCMPP、DCMP	K、H、KnX、KnY、KnM、KnS、T、C、D、V、Z		Y、M、S	CMP、CMPP…7步 DCMP、DCMPP…13步

比较指令CMP是使源操作数S1（·）与S2（·）中的常数或指定软组件中当前数据进行比较，比较结果使目标操作数D（·）指定的对应位元件动作，如图8-22所示。图中目标位软元件指定M0时，以M0起始地址的M0、M1、M2三个连续地址号的位元件会自动被占用。当比较指令的操作数不完整（若只指定一个或两个操作数），或者指定的操作数不符合要求（例如把X、D、T、C指定为目标操作数），或者指定的操作数的元件号超出了

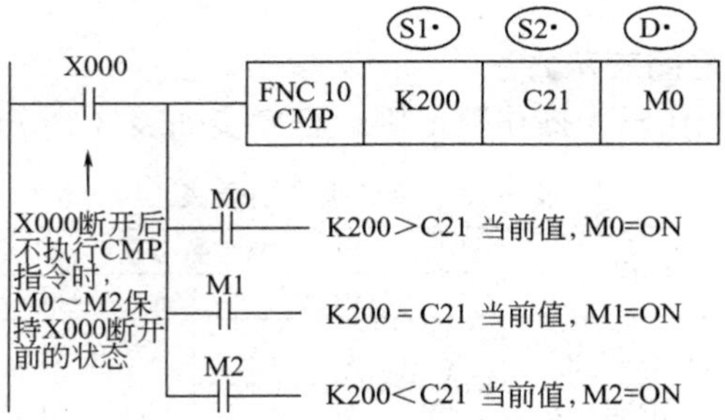

图 8-22 CMP 指令使用说明

允许范围等情况，比较结果将会出错。

目标软元件在使用比较指令前应清零或要清除其比较结果，要采用复位 RST 指令。如图 8-23 所示。

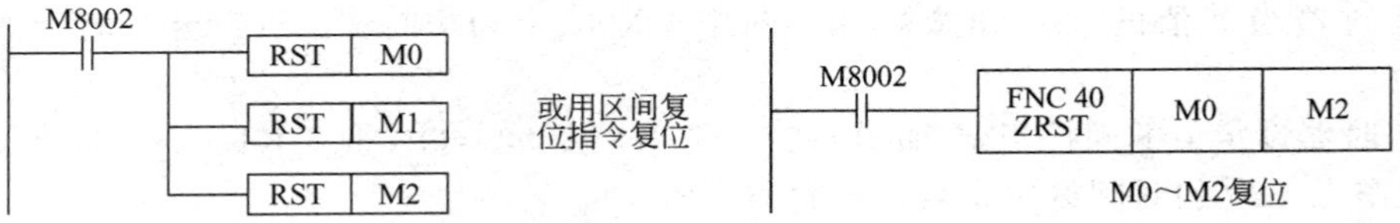

图 8-23 比较结果复位

（二）区间比较指令

该指令的助记符、指令代码、操作数范围、程序步如表 8-12 所示。

表 8-12 区间比较指令的要素

指令名称	指令代码位数	助记符	操作数范围		程序步
			S1(・)/S2(・)/S(・)	D(・)	
区间比较	FNC11 (16/32)	ZCP、ZCPP DZCP、DZCPP	K、H、KnX、KnY、KnM、KnS T、C、D、V、Z	Y、M、S	ZCP、ZCPP…9 步 DZCP、DZCPP…17 步

图 8-24 是区间比较指令 ZCP 的使用说明。该指令是将 S（・）中的常数或指定的软元件中当前数据与上、下限两个源数据 S1（・）和 S2（・）中设定的数据比较，在其比较范围内的结果使目标操作数中指定的三个连号的位元件 M3、M4、M5 中某一个软元件动作。使用该指令时注意：S1（・）的内容应小于或等于 S2（・），若 S1（・）内容比 S2（・）内容大，S2（・）则被看作与 S1（・）一样大，例如在 S1（・）＝K100，S2（・）＝K90 时，则 S2（・）内容看作 K100 进行运算。

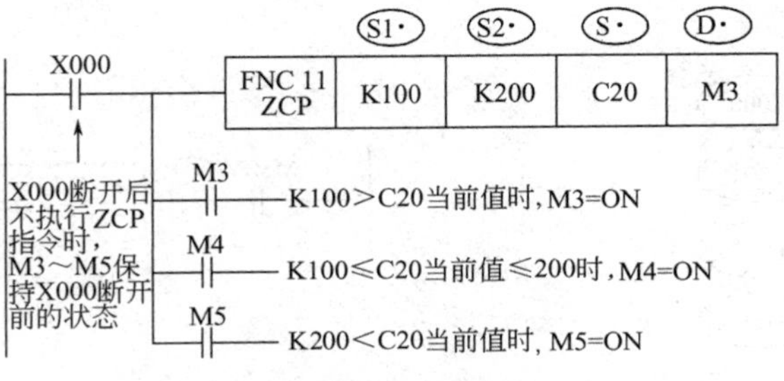

图 8-24 区间比较指令的使用说明

使用区间比较指令前对目标操作数指定的位元件应清零，也可采用图 8-23 方法复位。

（三）传送指令

1. 传送指令说明及梯形图表示方法

该指令的助记符、指令代码、操作数范围、程序步如表 8-13 所示。

表 8-13 传送指令的要素

指令名称	指令代码位数	助记符	操作数范围		程序步
			S1(·)	D(·)	
传送	FNC12 (16/32)	MOV、MOVP DMOV、DMOVP	K、H KnX、KnY、KnM、KnS T、C、D、V、Z	KnX、KnM、KnS T、C、D、V、Z	MOV、MOVP…5 步 DMOV、DMOVP…9 步

传送指令 MOV 的使用说明如图 8-25。当 X000＝ON 时，每次扫描执行到 MOV 指令时，就将源操作数 S（·）中的常数 K100 送到目标操作软元件 D10 中一次。当 X000 断开，指令不执行时，D10 中数据保持不变。

2. 指令的应用举例

① 定时器当前值的读出如图 8-26。图中，X001＝ON 时，（T1 当前值）不断送入（D21）中。

② 定时器设定值的间接指定 如图 8-27。图中，X002＝ON 时，K100→（D10），（D10）中的数值作为 T20 的时间设定常数，定时器延时 10s。

③ 成组位软元件的传送如图 8-28。图中左边是成组输入位元件顺序驱动成组输出位元件的程序，图右是用一条 MOV 指令实现左图的多条顺控程序，使程序简洁明了。

④ 32 位数据的传送如图 8-29。图中 DMOV 指令常用于将 32 位二进制数值、32 位数据寄存器中数据以及 32 位高速计数器的当前值数据的传送。

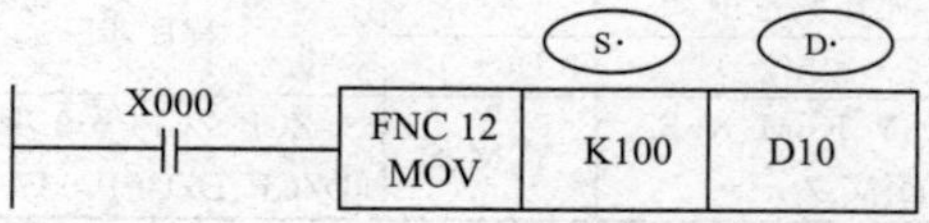

图 8-25 传送指令的使用说明

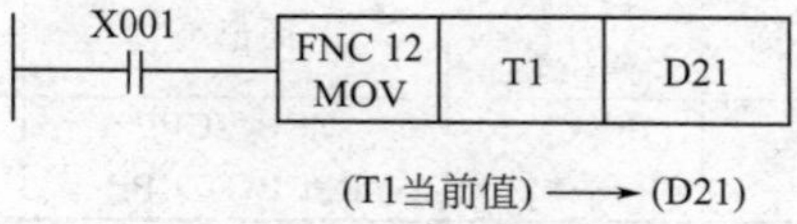

图 8-26 定时器当前值的读出

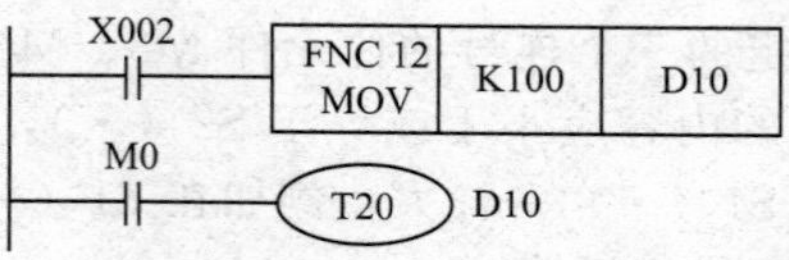

图 8-27 定时器设定值的间接指定

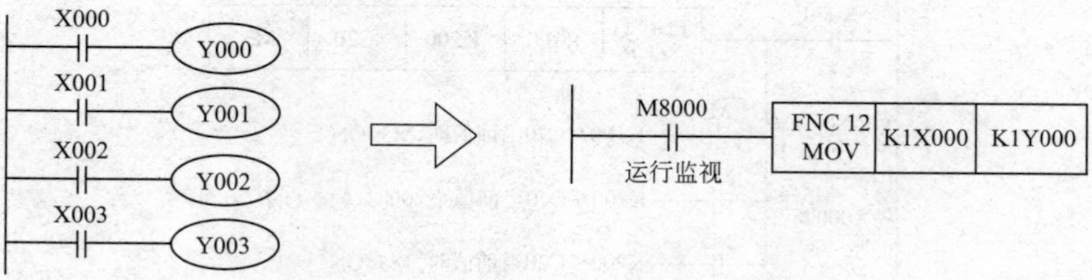

图 8-28 成组位软元件的传送

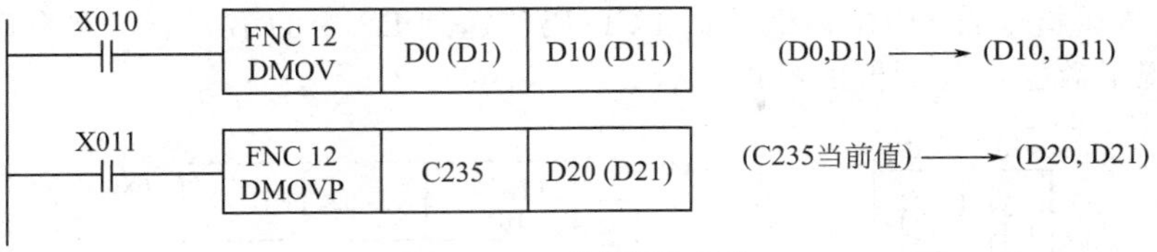

图 8-29　32 位数据的传送

（四）移位传送指令

1. 移位传送指令说明及梯形图表示方法

该指令的助记符、指令代码、操作数范围、程序步如表 8-14 所示。

表 8-14　移位传送指令的要素

指令名称	指令代码位数	助记符	操作数范围					程序步
			S(·)	m1	m2	D(·)	n	
移位传送	FNC13（16）	SMOV SMOVP	KnX、KnY、KnM、KnS、T、C、D、V、Z	K、H= 1～4	K、H= 1～4	KnY、KnM、KnS、T、C、D、V、Z	K、H= 1～4	SMOV、SMOVP …11 步

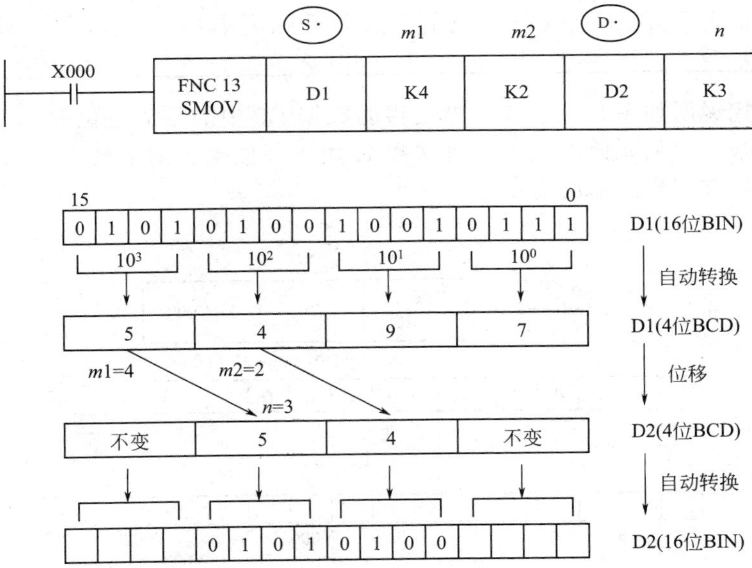

图 8-30　移位传送指令的使用和移位说明

SMOV 指令是将正的 16 位二进制数据进行移位合成为新的数据的指令。操作该指令的意义是将源操作数中二进制（BIN）码自动转换为 BCD 码，按源操作数中指定的起始位号 $m1$ 和移位的位数 $m2$ 向目标操作数中指定的起始位 n 进行数据移位传送，目标操作数中未被移位传送的 BCD 位，数值不变，然后再自动转换成新的二进制（BIN）码，如图 8-30 所示。

源操作数为负以及 BCD 码的值超过 9，999 都将出现错误。

2. 移位传送指令应用

图 8-31 是三位 BCD 码数字开关与不连续的输入端连接实现数据从高到低的顺序组合。由图中程序可知，数字开关经 X020～X027 输入的 2 位 BCD 码自动以二进制形式存入 D2 中的低八位；而数字开关经 X000～X003 输入的 1 位 BCD 码自动以二进制形式存入 D1 中低四

位。通过移位传送指令将 D1 中最低位的 BCD 码传送到 D2 中的第 3 位，并自动以二进制码存入 D2，实现了数据从高到低的顺序组合。

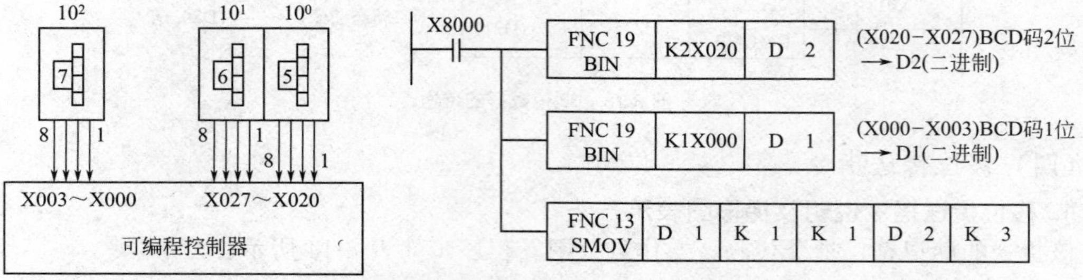

图 8-31　数字开关输入的数据移位传送进行组合的程序

（五）取反传送指令

该取反指令的助记符、指令代码、操作数范围、程序步如表 8-15 所示。

表 8-15　取反指令的要素

指令名称	指令代码位数	助记符	操作数范围		程序步
			S(·)	D(·)	
取反传送	FNC 14 (16/32)	CML、CMLP DCML、DCMLP	K、H、KnX、KnY、KnM、KnS、T、C、D、V、Z	KnY、KnM、KnS、T、C、D、V、Z	CML、CMLP…5 步 DCMLP、DCMLP…9 步

该指令的使用说明如图 8-32，其功能是将源数据 D0 中的数值按位取反（0→1，1→0）传送到目标操作数指定的元件中去。若将常数 K 用于源数据，则自动进行二进制变换。该指令常用于希望将数据取反输出的场合。

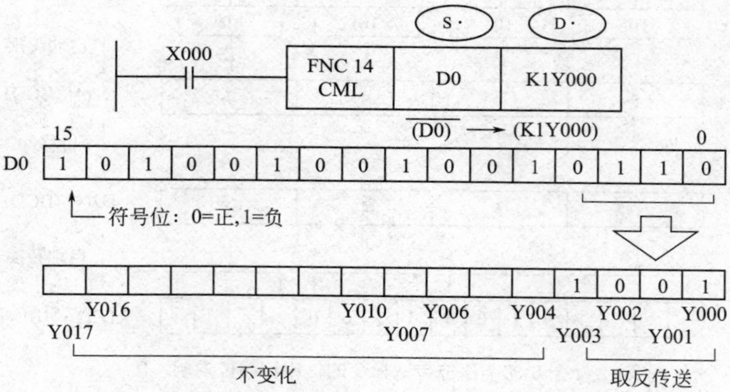

图 8-32　取反指令的使用说明

（六）块传送指令

该指令的助记符、指令代码、操作数范围、程序步如表 8-16 所示。

表 8-16　块传送指令的要素

指令名称	指令代码位数	助记符	操作数范围			程序步
			S(·)	D(·)	n	
块传送	FNC15 (16)	BMOV BMOVP	KnX、KnY、KnM、KnS T、C、D	KnY、KnM、KnS T、C、D	K、H ≤512	BMOV、BMOVP …7 步

块传送是 16 位操作数指令，其操作的意义是从源操作数指定的软元件开始的 n 个数据块传送到目标操作数指定的软元件开始的 n 个软元件中，如果元件号超出允许的元件号范围，数据仅传送到允许的范围内，如图 8-33 所示。

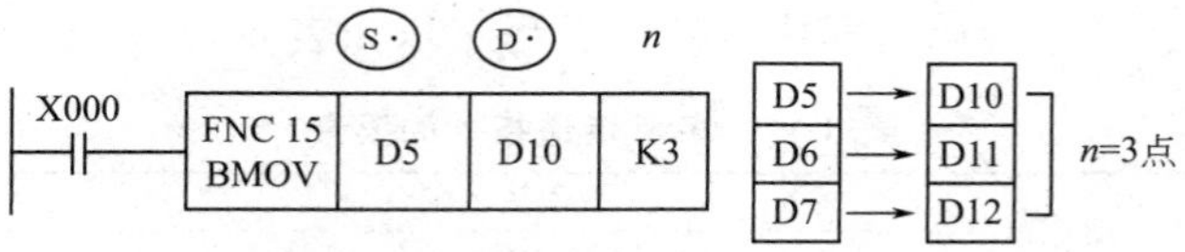

图 8-33 块传送指令的使用说明之一

若块传送的是位元件构成的字长数据，源与目标操作数中的位元件要采用相同的字长，如图 8-34 所示。

在传送的源与目标操作数地址号范围有重叠的场合，为了防止源数据没有传送就被改写，PLC 自动确定传送顺序，如图 8-35 中的①～③顺序。

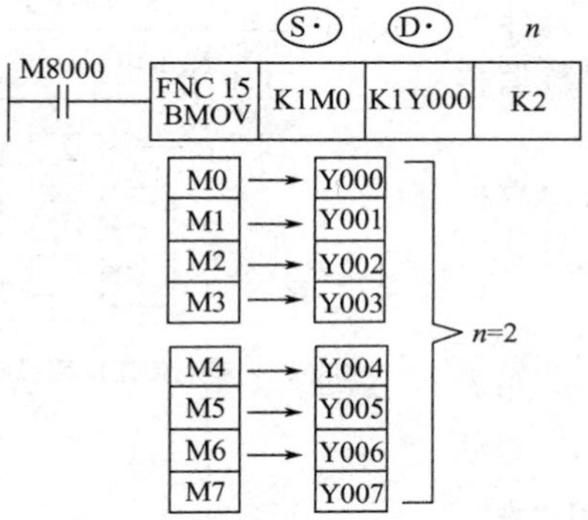

图 8-34 块传送指令使用说明之二

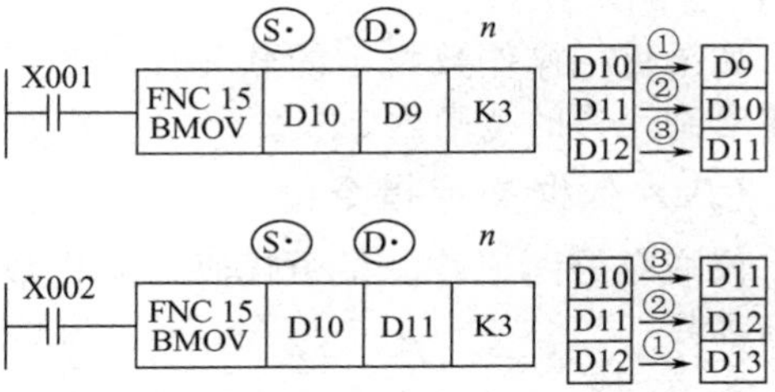

图 8-35 块传送指令使用说明之三

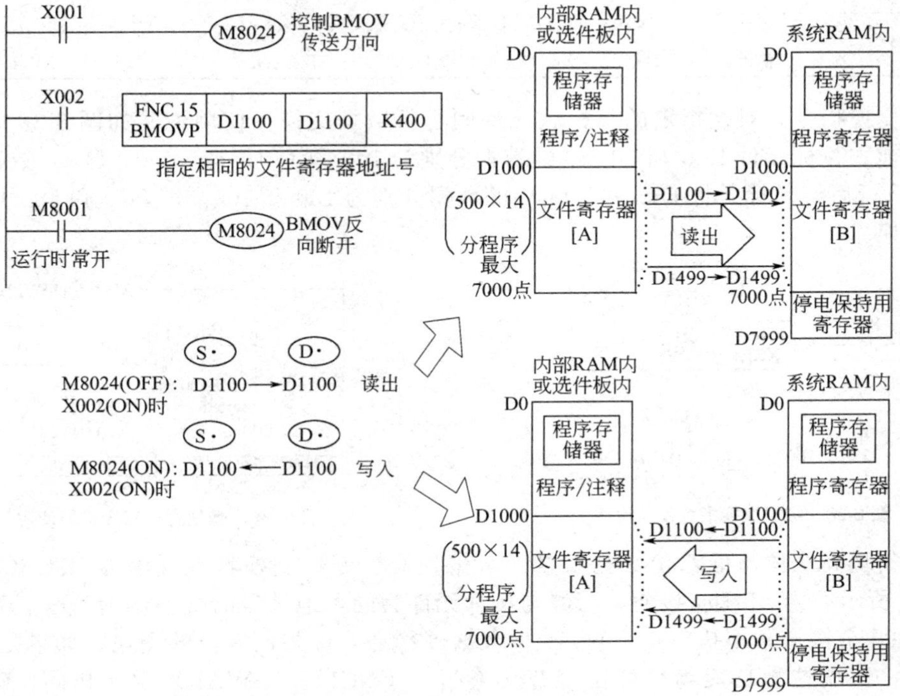

图 8-36 利用 BMOV 指令读写文件寄存器中数据

利用 BMOV 指令在 M8024 传送方向控制下可以读写文件寄存器（D1000～D7999）中的数据，如图 8-36 所示。

（七）多点传送指令

该指令的助记符、指令代码、操作数范围、程序步如表 8-17 所示。

表 8-17　多点传送指令的要素

指令名称	指令代码位数	助记符	操作数范围			程序步
			S(·)	D(·)	n	
多点传送	FNC16 (16)	FMOV FMOVP	K、H KnX、KnY、 KnM、KnS T、C、D、V、Z	KnX、KnM、KnS T、C、D	K、H ≤512	FMOV、FMOVP…7 步 DFMOV、DFMOVP…13 步

FMOV 指令是将源操作数指定的软元件中内容向以目标操作数指定的软元件起始的 n 个软元件传送，n 个软元件的内容都一样。如图 8-37 所示，当 X000＝ON 时，K10 数据传送到 D1～D5 中。

如果目标操作数指定的软元件号超出允许的范围，数据仅传送到允许的范围内。

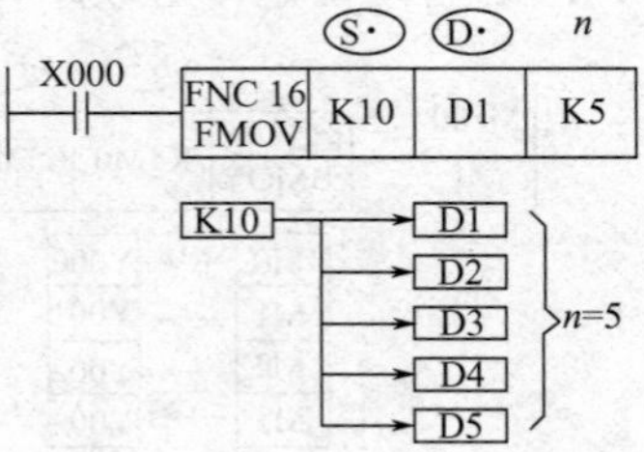

图 8-37　多点传送使用说明

（八）数据交换指令

该指令的助记符、指令代码、操作数范围、程序步如表 8-18 所示。

表 8-18　数据交换指令的要素

指令名称	指令代码位数	助记符	操作数范围		程序步
			D1(·)	D2(·)	
数据交换	FNC17 (16/32)	XCH、XCHP DXCH、DXCHP	KnY、KnM、KnS T、C、D、V、Z	KnY、KnM、KnS T、C、D、V、Z	XCH、XCHP…5 步 DXCH、DXCHP…9 步

数据交换指令是对被指定的目标软元件间进行数据交换。使用说明如图 8-38 所示。在指令执行前，目标元件 D10 和 D11 中的数据分别为 100 和 130；当 X000＝ON，数据交换指令 XCH 执行后，目标元件 D10 和 D11 中的数据分别为 130 和 100。即 D10 和 D11 中的数据进行了交换。

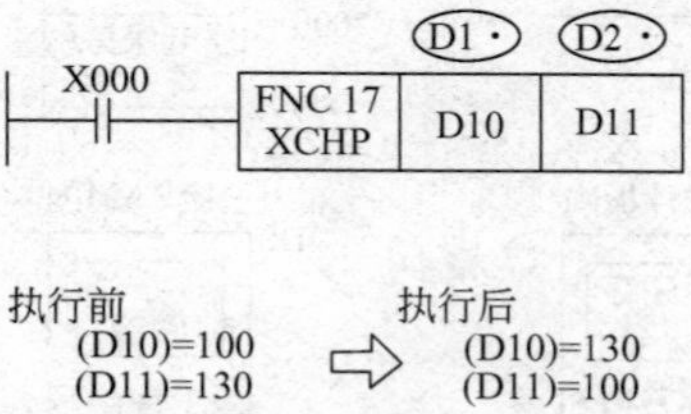

图 8-38　数据交换指令使用说明

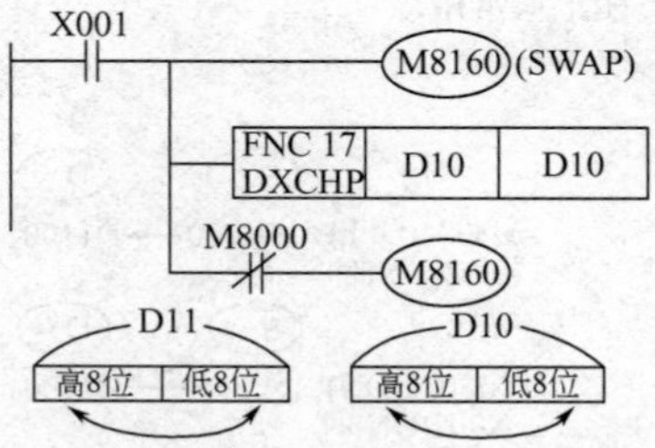

图 8-39　数据交换指令扩展使用

若要实现高八位与低八位数据交换，可采用高、低位交换特殊继电器 M8160 来实现。如图 8-39 所示。当 M8160 接通，当源与目标元件为同一地址号时（不同地址号，错误标号继电器 M8067 接通，不执行指令），16 位数据进行高 8 位与低 8 位的交换；如果是 32 位指令亦相同，实现这种功能与高低位字节交换指令 FNC147（SWAP）功能相同，建议采用 FNC147（SWAP）指令较方便。

（九）BCD 码转换指令

该指令的助记符、指令代码、操作数范围、程序步如表 8-19 所示。

表 8-19 BCD 交换指令的要素

指令名称	指令代码位数	助记符	操作数范围		程序步
			S·	D(·)	
BCD 码转换	FNC18 ◥ (16/32)	BCD、BCDP DBCD、DBCDP	KnX、KnY、KnM、KnS T、C、D、V、Z	KnY、KnM、KnS T、C、D、V、Z	BCD、BCDP…5 步 DBCD、DBCDP…9 步

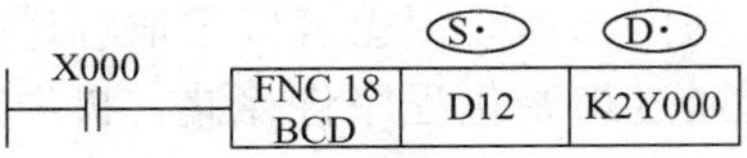

图 8-40 BCD 变换指令使用说明

BCD 转换指令是将源元件中的二进制数转换成 BCD 码送到目标元件。BCD 转换指令使用说明如图 8-40 所示。当 X000＝ON 时，源元件 D12 中的二进制数转换成 BCD 码送到目标元件 Y000～Y007 中，可用于驱动七段显示器。

如果是 16 位操作，转换的 BCD 码若超出 0～9999 范围，将会出错；如果是 32 位操作，转换结果超出 0～99999999 的范围，将会出错。

转换 BCD 指令可用于 PLC 内的二进制数据转变为七段显示等的 BCD 码向外部输出的场合。

（十）变换二进制数指令

该指令的助记符、指令代码、操作数范围、程序步如表 8-20 所示。

表 8-20 变换二进制数指令的要素

指令名称	指令代码位数	助记符	操作数范围		程序步
			S·	D(·)	
变换二进制数	FNC19 (16/32)	BIN、BINP DBIN、DBINP	KnX、KnY、KnM、KnS T、C、D、V、Z	KnY、KnM、KnS T、C、D、V、Z	BIN、BINP…5 步 DBIN、DBINP…9 步

变换二进制数指令是将源元件中 BCD 码转换成二进制数送到目标元件中。源数据范围：16 位操作为 0～9999；32 位操作为 0～99999999。

变换 BIN 指令的使用说明如图 8-41 所示。当 X010＝ON 时，源元件 X000～X007 中 BCD 码转换成二进制数送到目标元件 D12 中去。

如果源数据不是 BCD 码时，M8067 为 ON（运算错误），M8068（运算错误锁存）为 OFF，不工作。

图 8-42 是用七段显示器显示数字开关输入 PLC 中的 BCD 码数据。在采用 BCD 码的数字开关向 PLC 输入，要用 FNC19（BCD→BIN）转换指令；欲要输出 BCD 码到七段显示器时，应采用 FNC18（BIN→BCD）转换传送指令。

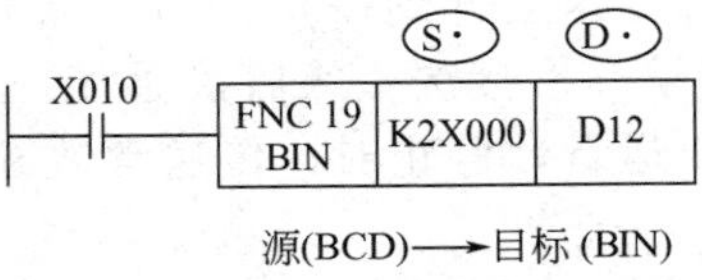

图 8-41 BIN 转换指令使用说明

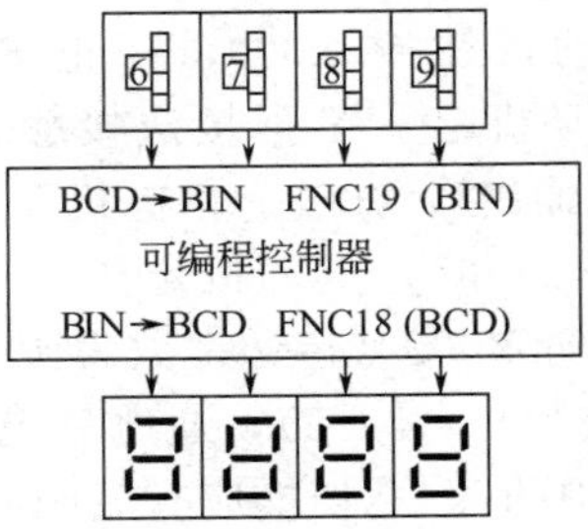

图 8-42 BIN 与 BCD 转换指令应用举例

二、传送比较类指令的基本用途及应用实例

传送比较指令，特别是传送指令，是应用指令中使用最频繁的指令。下面讨论其基本用途。

（一）传送比较指令的基本用途

1. 用以获得程序的初始工作数据

一个控制程序总是需要初始数据。初始数据获得的方法很多，例如，可以从输入端口上连接的外部器件，使用传送指令读取这些器件上的数据并送到内部单元；也可以采取程序设置，即向内部单元传送立即数；也可以在程序开始运行时，通过初始化程序将存储在机内某个地方的一些运算数据传送到工作单元等。

2. 机内数据的存取管理

在数据运算过程中，机内的数据传送是不可缺少的。运算可能要涉及不同的工作单元，数据需在它们之间传送；运算可能会产生一些中间数据，这需要传送到适当的地方暂时存放；有时机内的数据需要备份保存，这要找地方把这些数据存储妥当。总之，对一个涉及数据运算的程序，数据存取管理是很重要的。

此外，二进制和 BCD 码的转换在数据存取管理中也是很重要的。

3. 运算处理结果向输出端口传送

运算处理结果总是需要通过输出来实现对执行器件的控制，或者输出数据用于显示，或者作为其他设备的工作数据，对于输出口连接的离散执行器件，可成组处理后看作是整体的数据单元，按各口的目标状态送入一定的数据，可实现对这些器件的控制。

4. 比较指令用于建立控制点

控制现场常常需要将某个物理量的量值或变化区间作为控制点的情况。如温度低于多少度就打开电热器，速度高于或低于一个区间就报警等。比较指令作为一个控制“阀门”，常出现在工业控制程序中。

（二）传送比较指令应用举例

1. 用程序构成一个闪光信号灯，改变输入口的置数开关可以改变闪光频率。（即信号灯亮 t 秒, 熄 t 秒）。

设定开关 4 个，分别接于 X000～X003，X010 为启停开关，信号灯接于 Y000。

梯形图如图 8-43 所示。图中第一行用传送指令为变址寄存器清零，上电时完成。第二行从输入口读入设定开关的数据到 Z0 中，变址综合后的数据 K8＋（Z0）送到寄存器 D0 中，作为定时器 T0 的定时设定值，并和第三行的定时器 T1 配合产生振荡脉冲，驱动 Y000 输出。

2. 电动机的 Y/△ 启动控制

设启动按钮接 X000，停止按钮接 X001；电路主（电源）接触器 KM1 接于输出口 Y000，电动机定子 Y 形接法接触器 KM2 接于输出口 Y001，电动机定子△形接法接触器 KM3 接于输出口 Y002。依电机 Y/△启动控制要求，通电时，应 Y000、Y001 为 ON（传送常数为 1＋2＝3），电动机定子 Y 形接法降压启动，当转速上升到一定值时，断开 Y000、Y001，接通 Y002（传送常数为 4），电源断开下电机定子△形接法。然后接通 Y000、Y002（传送常数为 1＋4＝5），通电后电机定子△形接法全压运行，停止时，传送常数 0。另外，启动过程中的 Y/△切换应有时间间隔。

本例使用向输出端口送数的方式实现控制的梯形图如图 8-44 所示。

上述传送指令的应用，比起用基本指令进行程序设计有了较大简化。

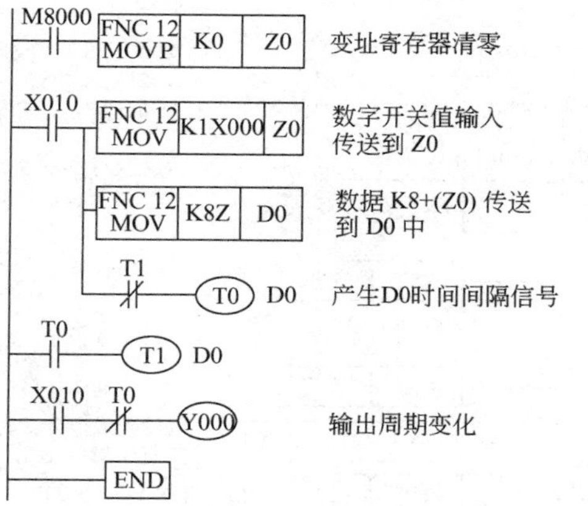

图 8-43 闪光频率可改变的闪光信号灯

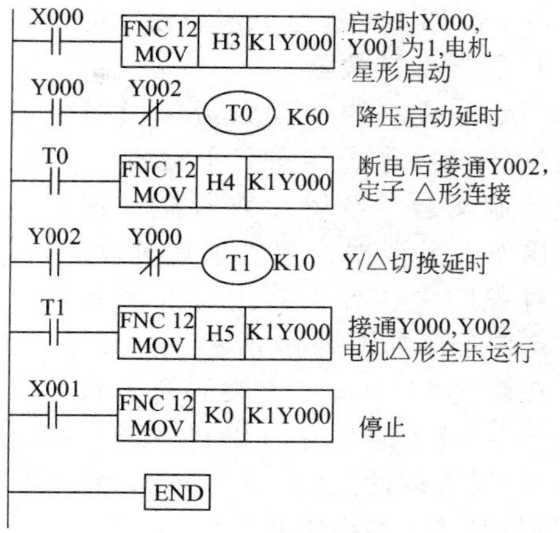

图 8-44 电动机 Y/△启动控制

3. 密码锁

采用比较指令编程构成密码锁系统，密码输入的 12 个按钮分别接入 X000～X013，其中 X000～X003 代表第一个十六进制数；X004～X007 代表第二个十六进制数；X010～X013 代表第三个十六进制数。为了安全起见，密码为四组三位十六进制的数，输入时需按四次密码，每个三位十六进制数每一位密码要按四个键，如密码与程序设定值符合，5s 后锁自动开启。若门没打开（X014 未断开），20s 后，锁被重新锁定。

密码的设定值可在程序中设定。假定密码设定的四个三位十六进制数为 H2A4、H01E、H151、H18A，则从 K3X000 四次送入的数据应分别和它们相等，其梯形图程序如图 8-45 所示。

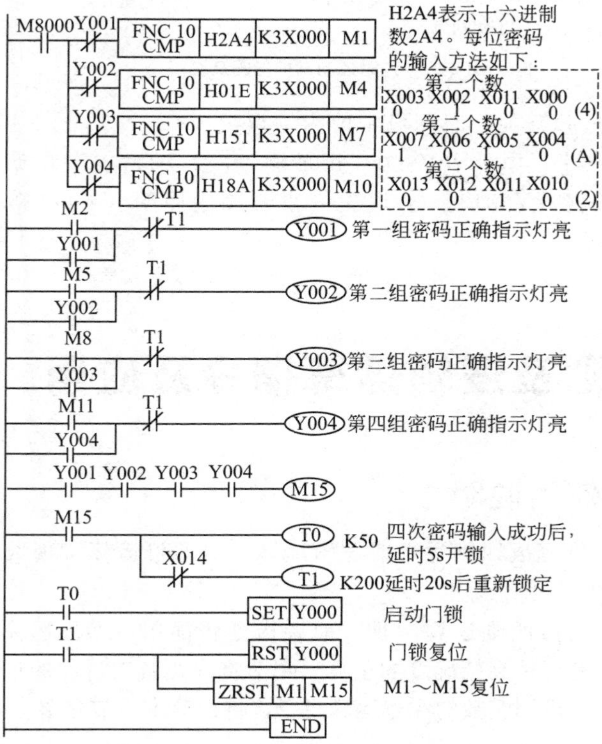

图 8-45 密码锁的梯形图程序

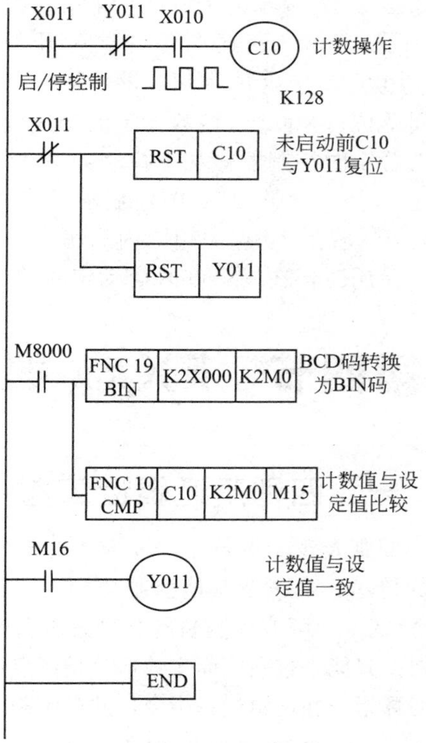

图 8-46 外置数计数器的梯形图程序

以上所用十二键排列组合设计的密码锁，具有较高的安全实用性。

4. 外置数计数器

可编程控制器中计数器的设定值一般是在程序中设定的，但是在一些工业控制场合，希望计数器能在程序外由操作人员根据工艺要求临时设定，能够对程序中的计数器进行外部置数的梯形图程序如图 8-46 所示。

在图 8-46 中，二位拨码开关接于 X000～X007，通过它可以自由设定数值在 99 以下的计数值；X010 为计数源输入端；X011 为启停开关。

C10 计数值是否与外部拨码开关设定值一致，是借助比较指令实现的，由于比较操作只对二进制数有效。因此，拨码开关送入的设定值是 BCD 码，要用 BIN 指令将 BCD 码转换为二进制码存入 M0～M7 中。

5. 简易定时报时器

应用计数器与比较指令，构成 24h 可设定定时时间的定时控制器，梯形图如图 8-47 所示。X000 为启停开关；X001 为 15min 快速调整与试验开关，每 15min 为一设定单位，24h 共 96 个时间单位；X002 为格数设定的快速调整与试验开关。时间设定值为钟点数×4。

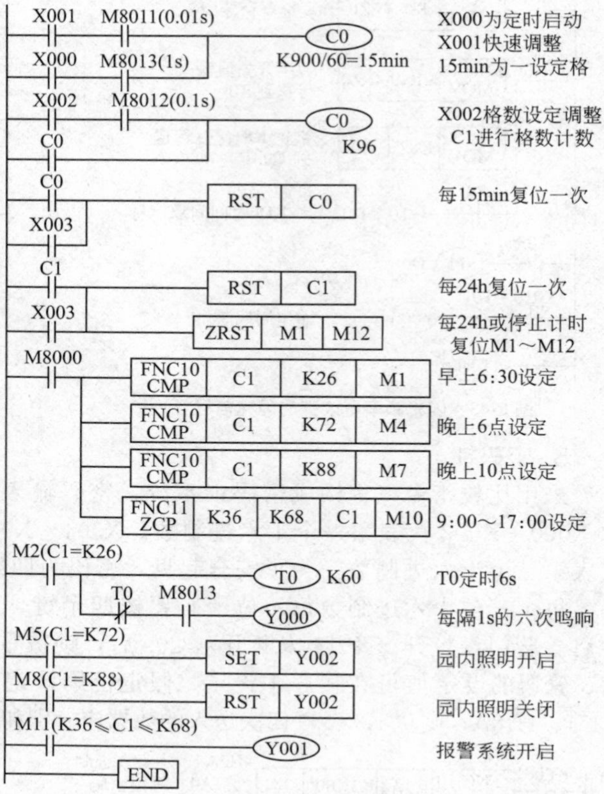

图 8-47　定时控制器梯形图及说明

若定时控制器做如下控制：① 早上 6 点半，电铃（Y000）每秒响一次，响六次后自动停止。② 9：00～17：00，启动住宅报警系统（Y001）。③ 晚上 6 点开园内照明（Y002 接通）。④ 晚上 10 点关闭园内照明（Y002 断开）。

使用时，在 0：00 时启动定时器。

第四节　$FX_{2N/3}$ 的四则及逻辑运算指令及应用

一、四则及逻辑运算指令的使用说明

四则及逻辑运算指令是基本运算指令，可完成四则运算或逻辑运算，可通过运算实现数据的传送、变位及其他控制功能。

$FX_{2N/3}$ 可编程控制器有整数四则运算和实数四则运算两种，前者指令较简单，参加运算的数据只能是整数。而实数运算是浮点运算，是一种高精确度的运算。本节将介绍其二进制的整数运算指令和逻辑运算指令，共有十条，关于二进制实数的浮点运算指令，将在第十一节介绍。

（一）二进制加法指令

该指令的助记符、指令代码、操作数、程序步如表 8-21 所示。

表 8-21　加法指令的要素

指令名称	指令代码位数	助记符	操作数范围			程序步
			S1(·)	S2(·)	D(·)	
加法	FNC20 (16/32)	ADD、ADDP DADD、DADDP	K、H、KnX、KnY、KnM、KnS、T、C、D、V、Z		KnY、KnM、KnS T、C、D、V、Z	ADD、ADDP…7 步 DADD、DADDP…13 步

ADD 加法指令是将两个常数或指定的源元件中的二进制数相加，结果送到指定的目标元件中去。ADD 加法指令的使用说明如图 8-48 所示。

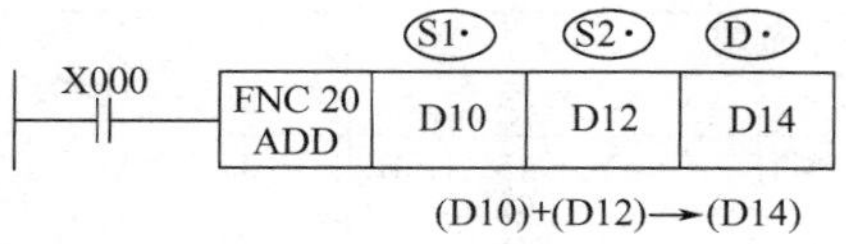

图 8-48　二进制加法指令使用说明之一

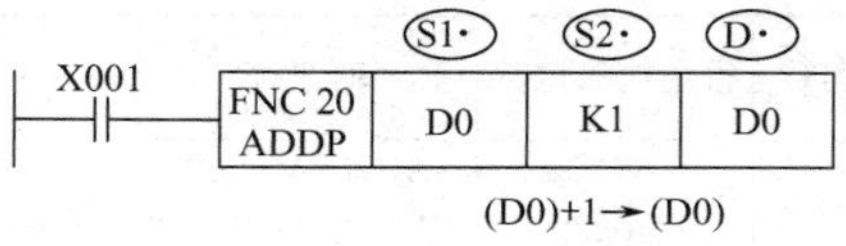

图 8-49　二进制加法指令使用说明之二

图 8-48 中当执行条件 X000＝ON 时，PLC 每扫描执行一次 ADD 指令，就将（D10）＋（D12）相加的结果送入（D14）中一次。运算是代数运算，如 5＋（－8）＝－3。

ADD 加法指令操作会影响 3 个标志特殊辅助寄存：M8020 为零标志，M8021 为借位标志，M8022 为进位标志。如果运算结果为 0，则零标志 M8020 置 1；如果运算结果超过 32767（16 位）或 2147483647（32 位）则进位标志 M8022 置 1；如果运算结果小于－32767（16 位）或－2147483647（32 位），则借位标志 M8021 置 1。

在 32 位运算中，约定被指定的起始字元件是低 16 位元件，而下一个字元件则为高 16 位元件，如（D1）D0，高 16 位寄存器（D1）可以省略不写。

源和目标可以用相同的元件地址号。若源和目标元件号相同而采用连续型的 ADD、DADD 指令时，加法的结果在每个扫描周期都会改变。

若采用的是脉冲型加法指令时，如图 8-49 所示。则每当 X001 从 OFF→ON 变化一次，ADDP 指令就使 D0 中的数据加 1，这与加 1 指令 INCP 的执行结果相似。其不同之处是这里采用的是加法指令实现加 1，则可能会使零位、借位、进位标志按上述方法置位。

（二）二进制减法指令

该指令的助记符、指令代码、操作数、程序步如表 8-22 所示。

表 8-22　二进制减法指令的要素

指令名称	指令代码位数	助记符	操作数范围			程序步
			S1(·)	S2(·)	D(·)	
减法	FNC21 (16/32)	SUB、SUBP DSUB、DSUBP	K. H、KnX、KnY、KnM、KnS、T、C、D、V、Z		KnY、KnM、KnS T、C、D、V、Z	SUB、SUB P…7 步 DSUB、DSUBP…13 步

SUB 减法指令是将两个常数或指定的源元件中的二进制数相减，结果送到指定的目标元件中去。SUB 减法指令的说明如图 8-50 所示，当执行条件 X000＝ON 时，PLC 每扫描执行一次 SUB 指令就将(D10)－(D12)的结果送入（D14）中一次。运算是代数运算，如 5－(－8)＝13。

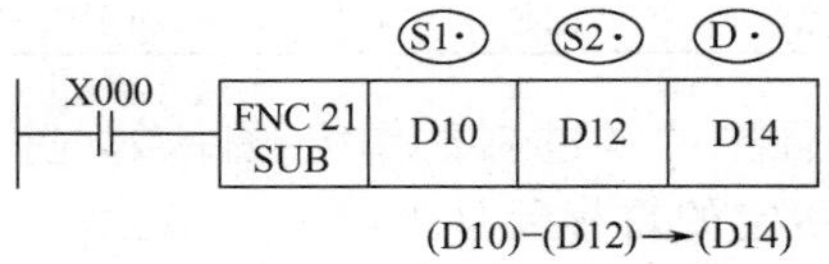

图 8-50　二进制减法指令使用说明之一

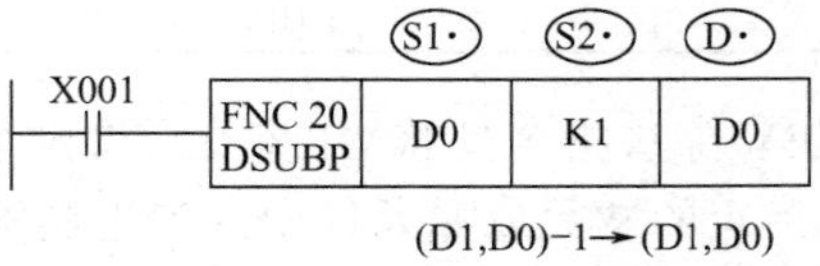

图 8-51　二进制减法指令使用说明之二

各种标志的动作、32 位运算中软元件的指定方法、连续执行型和脉冲执行型的差异等均与上述加法指令相同。

图 8-51 所示是 32 位脉冲执行型减法指令的使用说明，与后面讲述的减 1 指令相似，但采用减法指令实现减 1，零位、借位等标志位可能会动作。

（三）二进制乘法指令

该指令的助记符、指令代码、操作数、程序步如表 8-23 所示。

表 8-23　二进制乘法指令的要素

指令名称	指令代码位数	助记符	操作数范围			程序步
			S1(・)	S2(・)	D(・)	
乘法	FNC 22 (16/32)	MUL、MULP DMUL、DMULP	K. H、KnX、KnY、KnM、KnS、T、C、D、Z限16位运算		KnY、KnM、KnS、T、C、D	MUL、MULP…7 步 DMUL、DMULP…13 步

MUL 乘法指令是将两个源操作常数或指定的源元件中的二进制数相乘，结果送到指定的目标元件中去。MUL 乘法指令使用说明如图 8-52 所示。它分 16 位和 32 位两种运算情况。

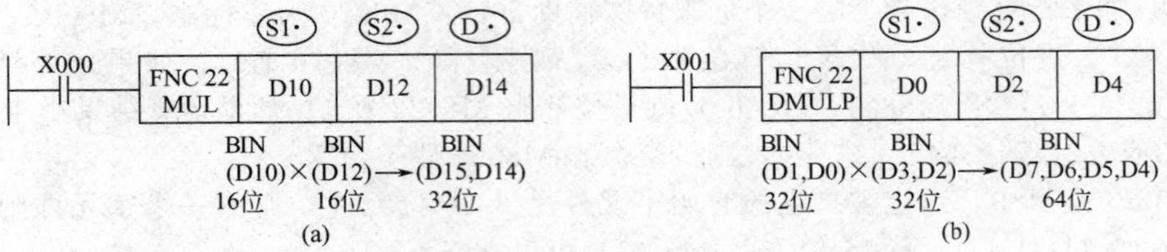

图 8-52　二进制乘法指令使用说明

16 位运算如图 8-52(a)，当执行条件 X000＝ON，PLC 每扫描执行一次指令 MUL，就将（D0）×（D2）的 32 位乘积送入（D5，D4）一次。16 乘法指令是指两个源操作数为 16 位，目标操作数应为 32 位，其最高位为符号位，0 为正，1 为负。

图 8-52(b)是 32 位脉冲型乘法指令，当 PLC 在扫描执行程序时，若执行条件 X001 产生 OFF→ON 变化，DMULP 指令将两个 32 位源操作数（D1，D0）×（D3，D2）的 64 位乘积送入（D7，D6，D5，D4）中，其最高位为符号位，0 为正，1 为负。在 32 位乘法指令中，尽量不要将位组合元件用作目标操作元件，因限于 K（≤8）的取值，只能得到低位 32 位的结果，不能得到高位 32 位的结果。另外，Z 不能在 32 位指令中指定为目标元件，只能在 16 位运算中作为源操作数元件的指定。

（四）二进制除法指令

该指令的助记符、指令代码、操作数、程序步如表 8-24 所示。

表 8-24　二进制除法指令的要素

指令名称	指令代码位数	助记符	操作数范围			程序步
			S1(・)	S2(・)	D(・)	
除法	FNC 23 (16/32)	DIV、DIVP DDIV、DDIVP	K、H、KnX、KnY、KnM、KnS、T、C、D、Z限16位运算		KnY、KnM、KnS、T、C、D	DIV、DIVP…7 步 DDIV、DDIVP…13 步

DIV 除法指令是将 S1（・）指定的常数或源元件中的二进制数作为被除数，除以 S2（・）指定的常数或源元件中的二进制除数，商送到指定的目标元件 D（・）中去，余数送到目标元件 D（・）＋1 的元件中。DIV 除法指令使用说明如图 8-53 所示，它也分 16 位和 32 位两种运算情况。

图8-53（a）是16位连续执行型除法指令运算，若执行条件X000＝ON，PLC每扫描执行一次指令DIV，就将（D0）÷（D2）的商存入（D4），余数存入（D5）中一次。

图8-53（b）是32位脉冲执行型除法指令的运算。当PLC在扫描执行程序时，若执行条件X001产生OFF→ON变化，DDIVP就将（D1、D0）÷（D3、D2），商放在（D5、D4），余数放在（D7、D6）中。

商与余数的二进制最高位是符号位，0为正，1为负。被除数或除数中有一个为负数时，商为负数。被除数为负数时，余数为负数。

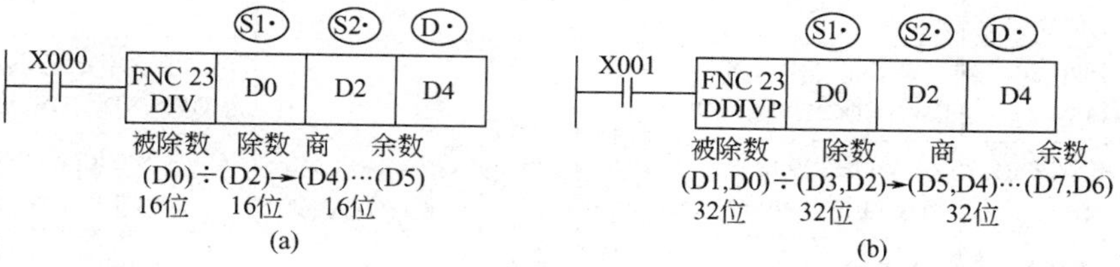

图8-53　二进制除法指令使用说明

（五）二进制加1指令

该指令的助记符、指令代码、操作数、程序步如表8-25所示。

表8-25　加1指令的要素

指令名称	指令代码 位数	助记符	操作数范围 D(·)	程序步
加1	FNC 24 (16/32)	INC、INCP DINC、DINCP	KnY、KnM、KnS T、C、D、V、Z	INC、INCP…3步 DINC、DINCP…5步

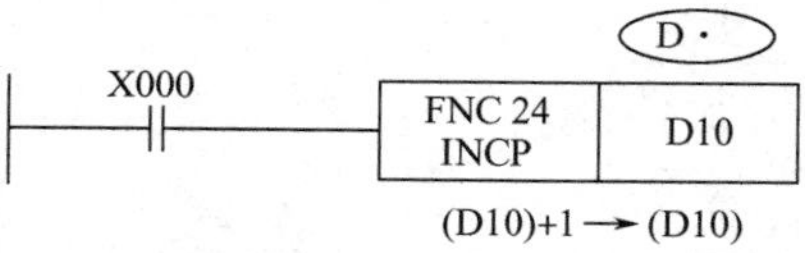

图8-54　加1指令使用说明

脉冲执行型加1指令的说明如图8-54所示。当X000由OFF→ON变化时，INCP指令就使D（·）指定的元件D10中的二进制数自动加1。若用连续执行型指令时，X001＝ON则每个扫描周期都使D（·）指定的元件加1。

注意：16位运算时，＋32767加1则变为－32768。同理，在32位运算时，＋2147483647加1就变为－2147483647。加1指令的操作对零位、进/借位标志没有影响。

（六）二进制减1指令

该指令的助记符、指令代码、操作数、程序步如表8-26所示。

表8-26　二进制减1指令的要素

指令名称	指令代码 位数	助记符	操作数范围 D(·)	程序步
减1	FNC 25 (16/32)	DEC、DECP DDEC、DDECP	KnY、KnM、KnS T、C、D、V、Z	DEC、DECP…3步 DDEC、DDECP…5步

脉冲型减1指令的使用说明如图8-55所示，当X001由OFF→ON变化时，DECP指令就使D（·）指定的元件D10中的二进制数自动减1。若用连续型指令时，X001＝ON时，每个扫描周期都使D（·）指定的元件减1。

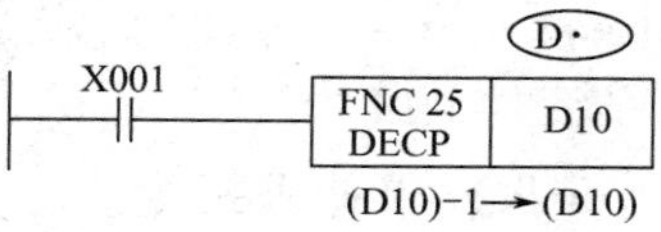

图8-55　二进制减1指令使用说明

注意：在16位运算时，－32768减1就变为＋32767。同样在 32 位运算时，－2147483648 减 1 就变为＋2147483647。减 1 指令的操作对 M8020～M8022 没有影响。

（七）逻辑字的与、或、异或指令

逻辑字的与、或、异或指令的助记符、指令代码、操作数、程序步如表 8-27 所示。

表 8-27　逻辑字与指令的要素

指令名称	指令代码位数	助记符	操作数范围			程序步
			S1(·)	S2(·)	D(·)	
逻辑字与	FNC 26 (16/32)	WAND、WANDP DWANDC、DWANDP	K、H、KnX、KnY、KnM、KnS、T、C、D、V、Z		KnY、KnM、KnS T、C、D、V、Z	WAND、WANDP…7 步 DWANDC、DWANDP…13 步
逻辑字或	FNC 27 (16/32)	WOR、WORP DWORC、DWORP				WOR、WORP…7 步 DWORC、DWORP…13 步
逻辑字异或	FNC 28 (16/32)	WXOR、WXORP DWXORC、DWXORP				WXOR、WXORP…7 步 DWXORC、DWXORP…13 步

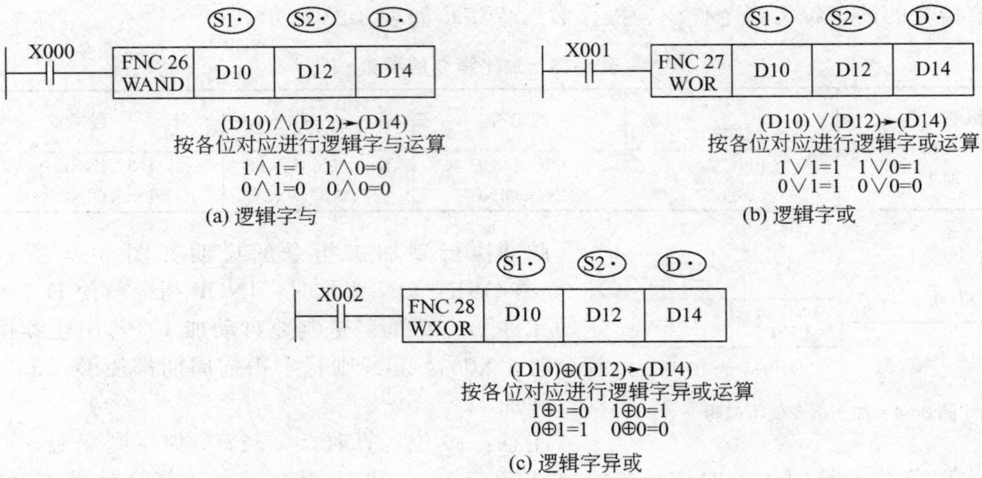

图 8-56　逻辑字与、或、异或指令使用说明

逻辑字“与”指令的使用说明如图 8-56(a)所示。当 X000＝ON 时，S1（·）指定的 D10 和 S2（·）指定的 D12 中数据按各位对应进行逻辑字与运算，结果存于由 D（·）指定的元件 D14 中。

逻辑字“或”指令的使用说明如图 8-56(b)所示。当 X001＝ON 时，S1（·）指定的 D10 和 S2（·）指定的 D12 中数据按各位对应进行逻辑字或运算，结果存于由 D（·）指定的元件 D14 中。

逻辑字“异或”指令的使用说明如图 8-56(c)所示。当 X002＝ON 时，S1（·）指定的 D10 和 S2（·）指定的 D12 中数据按各位对应进行逻辑字异或运算，结果存于 D（·）指定的元件 D14 中。

（八）求补码指令

该指令的助记符、指令代码、操作数、程序步如表 8-28 所示。

表 8-28 求补码指令的要素

指令名称	指令代码位数	助记符	操作数范围 D(·)	程序步
求补码	FNC 29 (16/32)	NEG、NEGP DNEG、DNEGP	KnY、KnM、KnS T、C、D、V、Z	NEG、NEGP…3 步 DNEG、DNEGP…5 步

求补指令仅对负数求补码，其使用说明如图 8-57 所示，当 X000 由 OFF→ON 变化时，由 D（·）指定的元件 D10 中的二进制负数按位取反后加 1，求得的补码仍存入 D10 中。

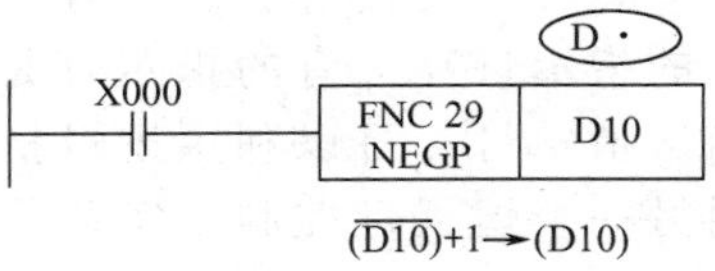

图 8-57 求补码指令的使用说明

若使用的是连续型求补指令时，则在每个扫描周期都执行一次求补运算。

二、算术及逻辑运算指令应用实例

（一）四则运算式的实现

编程实现：$\frac{45X}{356}+3$ 算式的运算。式中，"X" 代表输入端口 K2X000 接收的数（≤255），运算结果送输出口 K2Y000 驱动两位数码管；X020 为启停开关，其程序梯形图如图 8-58 所示。

（二）彩灯正序亮至全亮、反序熄至全熄再循环控制

实现彩灯控制功能可采用加 1、减 1 指令及变址寄存器 Z0 来完成，彩灯有 12 盏，各彩灯状态变化的时间单位为 1s，用触点型特殊辅助继电器 M8013 产生的秒脉冲控制。梯形图见图 8-59，图中 X001 为彩灯控制开关，X001＝OFF 时，特殊辅助继电器 M8034＝1，禁止全部输出，则 12 个输出口 Y000～Y014 为 OFF。M1 为正、反序控制辅助继电器。

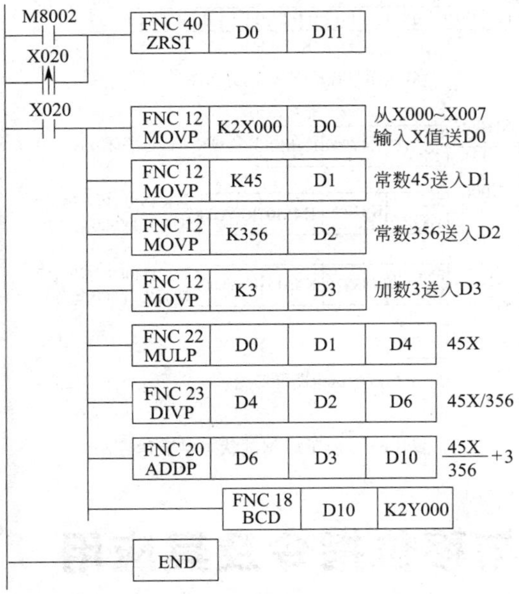

图 8-58 整数四则运算式实现程序

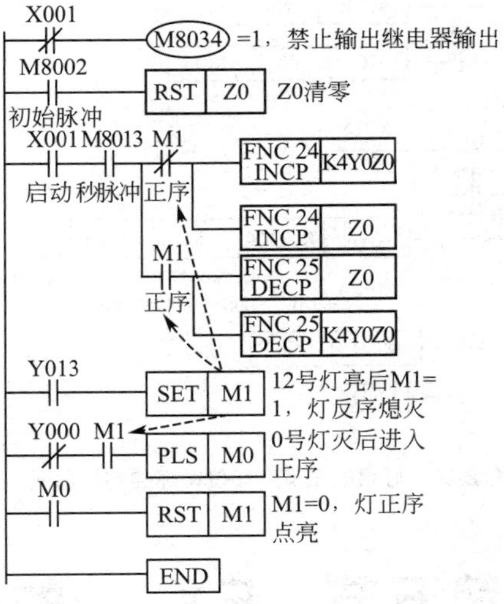

图 8-59 彩灯控制梯形图

（三）利用乘除运算指令实现移位循环控制

采用乘除法指令编程控制一组灯的正反序移位循环点亮的程序，如图 8-60 所示。一组灯有 15 个分别接于 Y000～Y016 输出口。控制要求是：当正序启动开关 X000＝ON 时，该

组灯正序每隔1s逐个移位点亮，并循环；当反序启动开关X001＝ON时，该组灯每隔1s逐个反序移位点亮，并循环。由梯形图程序可知，程序中利用乘2、除2实现目标元件中数据“1”的移位，实现一组灯的正反序移位循环点亮的。

（四）指示灯的测试电路

某机场装有用于各种场合指示的十六盏指示灯，由K4Y000控制。一般情况下总是有的指示灯亮，有的指示灯是灭的。但机场有时候需将指示灯全部点亮或全部关闭来测试指示灯。可以利用逻辑指令设计一个程序，用一个开灯控制字实现打开所有的灯，用另一个熄灭灯控制字实现关闭所有的灯。16盏指示灯在K4Y000的分布构成的开/关测试字如图8-61(a)所示，可见，一个开灯控制字为K31709，另一个熄灯控制字为K33826。

图8-61(b)是采用逻辑指令来完成这一功能的梯形图。设所有输出指示灯为某一个状态字，并可随时将各输出指示灯状态字存入K4M0中。当打开所有灯的开灯控制字和关闭所有的灯的熄灯控制字如图8-61（a）所示时，若当前K4Y000驱动指示灯的状态字为K33826，需要全部亮灯时，可按下X000，开灯字K31709和灯的当前状态字K33826相“或”，指示灯将全部打开；若当前K4Y000驱动指示灯的状态字为K31709时，需要全部灭灯时，可按下X001，将熄灯字K33826和灯的当前状态字K31709相“与”，即可实现指示灯全部熄灭。

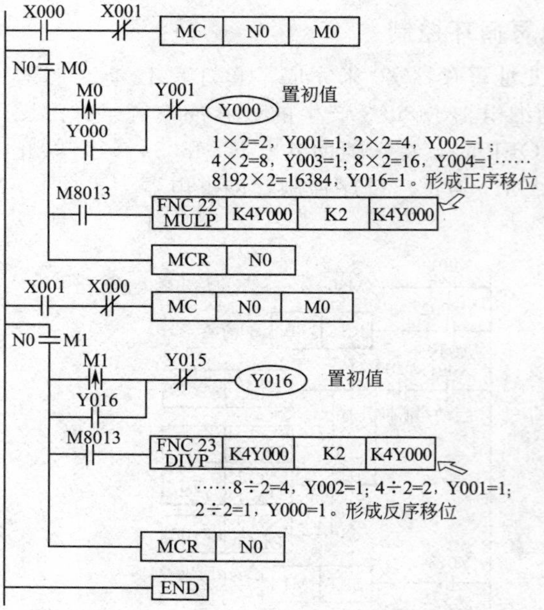

图8-60 灯组的正反序移位循环控制梯形图

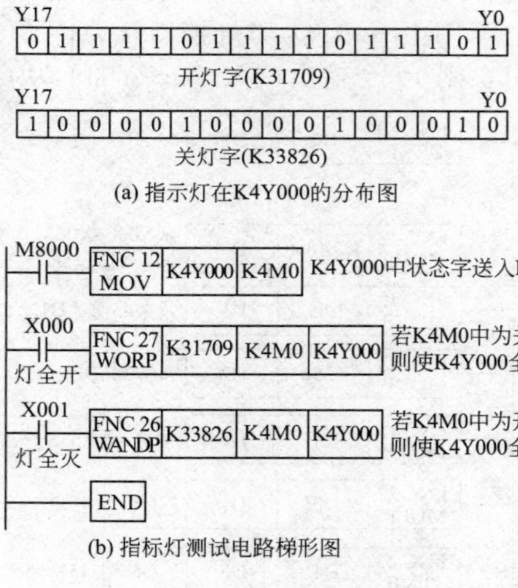

图8-61 指示灯测试状态字及程序

第五节 $FX_{2N/3}$的循环与移位指令及其应用

$FX_{2N/3}$系列可编程控制器循环与移位指令有循环移位、位移位、字移位及先入先出FIFO指令等十种，其中循环移位分为带进位循环及不带进位的循环。位或字移位有左移和右移之分。FIFO分为写入和读出。

从指令的功能来说，循环移位是指数据在单字节或双字内的移位，是一种环形移动。而非循环移位是线性的移位，数据移出部分将丢失，移入部分从其他数据获得。移位指令可用于数据的 2 倍乘处理，形成新数据，或形成某种控制开关。字移位与位移位不同的是它可用于字数据在存储空间中的位置调整等功能。先入先出 FIFO 指令可用于产品先入先出的管理。

一、循环与移位控制类指令说明

（一）循环右移和循环左移指令

该类指令的助记符、指令代码、操作数、程序步如表 8-29 所示。

表 8-29 循环右移、左移指令的要素

指令名称	指令代码位数	助记符	操作数范围		程序步
			D(·)	n	
循环右移	FNC 30 ◥ (16/32)	ROR、RORP DROR、DRORP	KnY、KnM、KnS T、C、D、V、Z	K、H 移位量 n≤16(16 位) n≤32(32 位)	ROR、RORP…5 步 DROR、DRORP…9 步
循环左移	FNC 31 ◥ (16/32)	ROL、ROLP DROL、DROLP			ROL、ROLP…5 步 DROL、DROLP…9 步

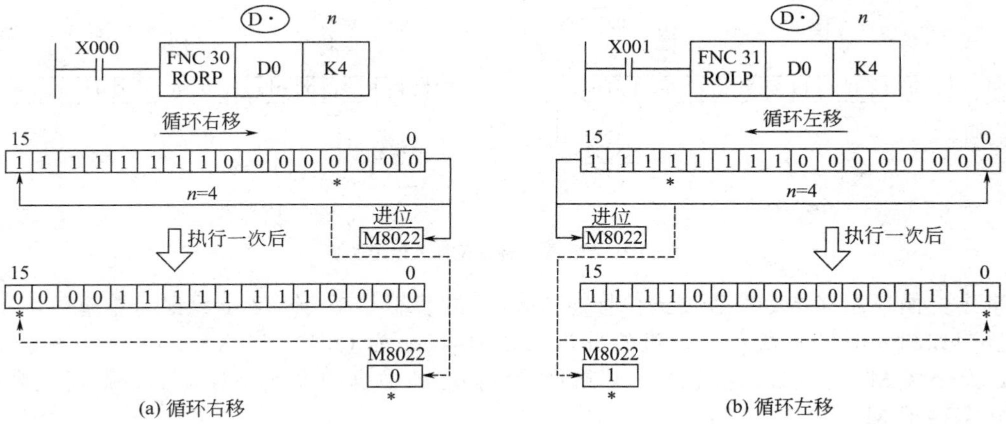

图 8-62 循环移位指令使用说明

循环右移指令可以使 16 位数据或 32 位数据向右循环移位，其使用说明如图 8-62 (a) 所示。当 X000 由 OFF→ON 时，RORP 指令使 D（·）指定的元件内各位数据向右移 4 位，最低 4 位循环移向高 4 位，且最后从低位移出的状态同时存于进位标志 M8022 中。

循环左移指令可以使 16 位数据或 32 位数据向左循环移位，其使用说明如图 8-62 (b) 所示。当 X001 由 OFF→ON 时，ROLP 指令使 D（·）内各位数据向左移 4 位，最高 4 位循环移向低 4 位，且最后从高位移出的状态同时存于进位标志 M8022 中。

用连续指令执行时，每个扫描周期执行一次循环移位操作。

在指定位软元件的场合下，只有 K4（16 位指令）或 K8（32 位指令）有效。例如 K4Y000，K8M0。

（二）带进位循环右移、左移指令

该类指令的助记符、指令代码、操作数、程序步如表 8-30 所示。

表 8-30　带进位循环右移、左移指令的要素

指令名称	指令代码位数	助记符	操作数范围		程序步
			D(·)	n	
带进位循环右移	FNC 32 ◥ (16/32)	RCR、RCRP DRCR、DRCRP	KnY、KnM、KnS T、C、D、V、Z	K、H 移位量 n≤16(16 位) n≤32(32 位)	RCR、RCRP…5 步 DRCR、DRCRP…9 步
带进位循环左移	FNC 33 ◥ (16/32)	RCL、RCLP DRCL、DRCLP			RCL、RCLP…5 步 DRCL、DRCLP…9 步

带进位循环右移指令可以使进位标志 M8022 的状态与 16 或 32 位数据向右循环移 n 位，使用说明如图 8-63(a) 所示。设进位标志 M8022 的状态为 ON，当 X000 由 OFF→ON 时，RCRP 指令将 M8022 的状态连到同 D(·) 指定元件内各位数据向右循环移 4 位，最后从低位移出的状态存入 M8022 中。

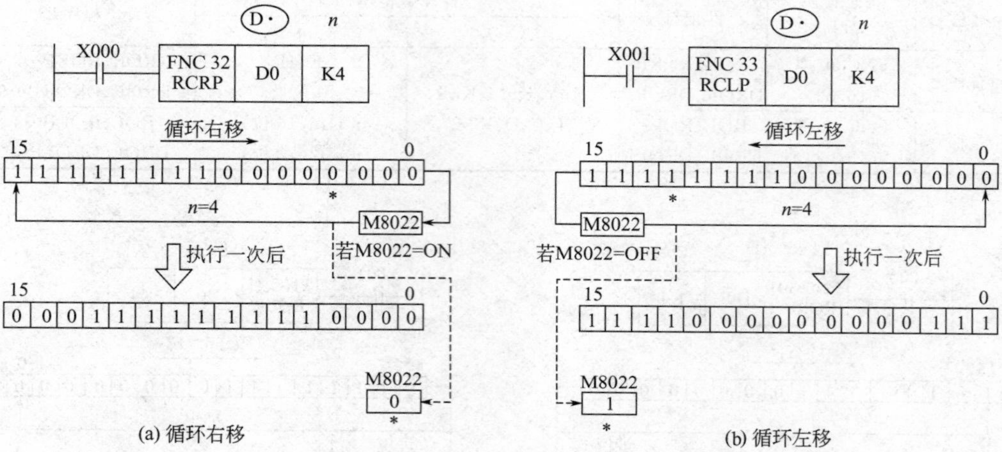

图 8-63　带进位循环移位指令使用说明

带进位循环左移指令可以使进位标志 M8022 的状态与 16 或 32 位数据向左循环移 n 位，使用说明如图 8-63(b) 所示。设进位标志 M8022 状态为 OFF，当 X001 由 OFF→ON 时，RCLP 指令将 M8022 状态连同 D(·) 指定元件内各位数据向左循环移 4 位，最后从高位移出的状态存于 M8022 中。

用连续指令执行时，每个扫描周期执行一次带进位循环移位的操作。

在指定位软元件的场合下，只有 K4（16 位指令）或 K8（32 位指令）有效。例如 K4Y010，K8M0。

（三）线性位右移、位左移指令

该类指令的助记符、指令代码、操作数、程序步如表 8-31 所示。

表 8-31　线性位移位指令的要素

指令名称	指令代码位数	助记符	操作数范围				程序步
			S(·)	D(·)	n1	n2	
位右移	FNC 34 ◥ (16)	SFTR、SFTRP	X、Y、M、S	Y、M、S	K、H n2≤n1≤1024		SFTR、SFTRP…9 步
位左移	FNC 35 ◥ (16)	SFTL、SFTLP					SFTL、SFTLP…9 步

线性位移位指令是对 D(·) 所指定的 $n1$ 个位元件连同 S(·) 所指定的 $n2$ 个位元件的数据右移或左移 $n2$ 位，其使用说明如图 8-64 所示。图 8-64(a) 是位右移指令的梯形图，当

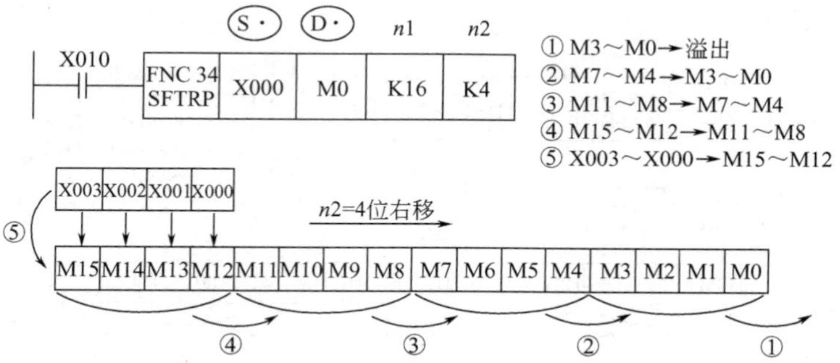

(a) 位右移指令使用说明

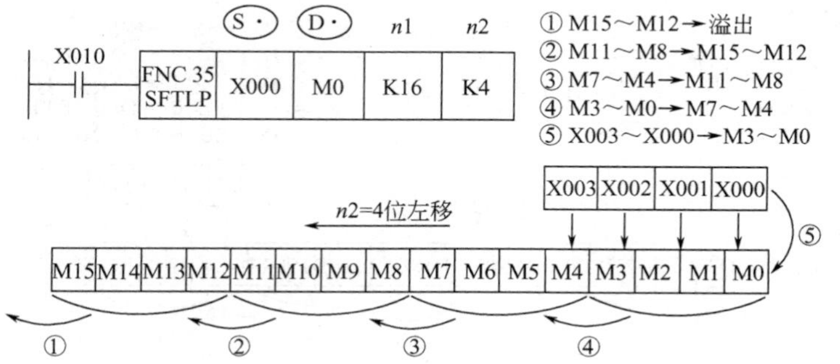

(b) 位左移指令使用说明

图 8-64 位移位指令使用说明

X010 由 OFF→ON 时，SFTRP 指令将 S(·) 指定的 4 位位元件中数据移向 D(·) 指定的 16 位位元件的高四位 M12～M15 中，且 D(·) 元件内数据依次向右移四位，低四位 M0～M3 中数据移出（溢出）。若图中 $n2=1$，则每次只右移 1 位。同理，对于图 8-64(b) 的位左移指令梯形图移位原理也类同。

若使用连续型位移位指令，则每个扫描周期执行一次位移位指令操作。

（四）线性字右移、字左移指令

该类指令的助记符、指令代码、操作数、程序步如表 8-32 所示。

表 8-32 线性字移位指令的要素

指令名称	指令代码位数	助记符	操作数范围				程序步
			S(·)	D(·)	n1	n2	
字右移	FNC 36 ◥ (16)	WSFR、WSFRP	KnX、KnY、KnM、KnS、T、C、D	KnY、KnM、KnS T、C、D	K、H $n2\leqslant n1\leqslant 512$		WSFR、WSFRP…9 步
字左移	FNC 37 ◥ (16)	WSFL、WSFLP					WSFL、WSFLP…9 步

线性字移位指令是对 D(·) 所指定的 $n1$ 个字元件连同 S(·) 所指定的 $n2$ 个字元件右移或左移 $n2$ 个字数据，其使用说明如图 8-65 所示。图 8-65(a) 是线性字右移指令的梯形图，当 X000 由 OFF 变 ON 时，WSFRP 指令将 S(·) 指定的 4 个字元件中数据移向 D(·) 指定的 16 个字元件的高四位 D22～D25 中，且 D(·) 元件内数据依次向右移四个字，D10～D13 中 4 个字数据移出（溢出）。若图中 $n2=1$，则每次只右移 1 个字。图 8-65(b) 为线性字左移指令使用说明，原理类同。

若使用的是连续型字移位指令，每个扫描周期将执行一次字移位指令的操作，必须注意。

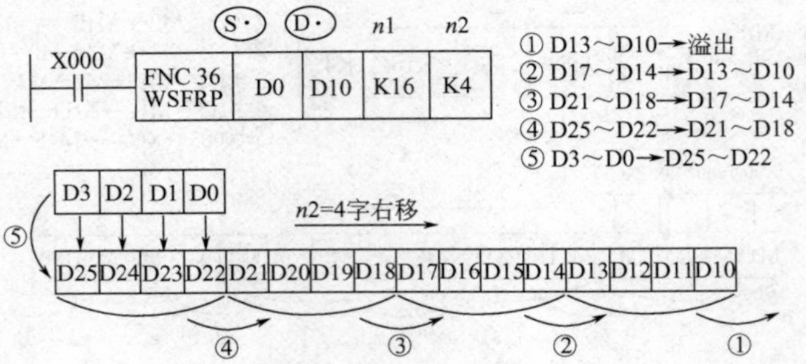

(a) 字右移指令使用说明

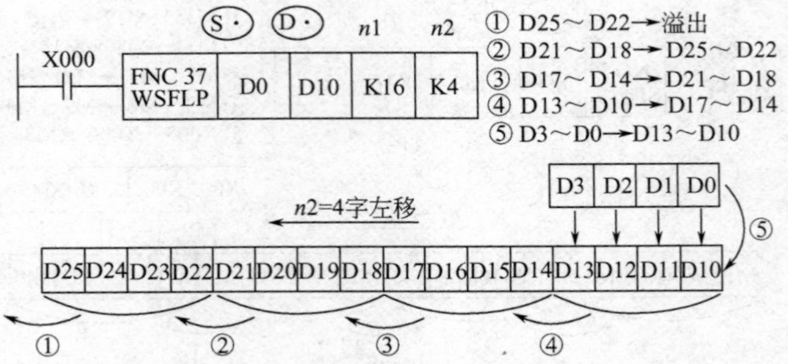

(b) 字左移指令使用说明

图 8-65 字移位指令使用说明

（五）FIFO 写入/读出指令

该指令的助记符、指令代码、操作数、程序步如表 8-33 所示。

表 8-33 FIFO 写入指令的要素

指令名称	指令代码	助记符	操作数			程序步
			S(·)	D(·)	n	
先进先出写入	FNC38 ◥ (16)	SFWR、SFWR P	K、H KnX、KnY、KnM、KnS T、C、D、V、Z	KnY、KnM、KnS T、C、D	K、H 2≤n≤512	SFWR、SFWRP…7 步
先进先出读出	FNC39 ◥ (16)	SFRD、SFRDP	KnX、KnX、KnM、KnS T、C、D	KnY、KnM、KnS T、C、D、V、Z		SFRD、SFRDP…7 步

SFWR 指令是先进先出控制数据写入指令，其使用说明如图 8-66(a) 所示，图中 $n=10$ 表示 D(·) 指定从 D1 开始有 10 个连续软元件，且 D1 中内容被指定作为数据写入个数的指针，初始应置 0。当 X000 由 OFF→ON 时，SFWRP 指令将 S(·) 所指定的 D0 的数据存

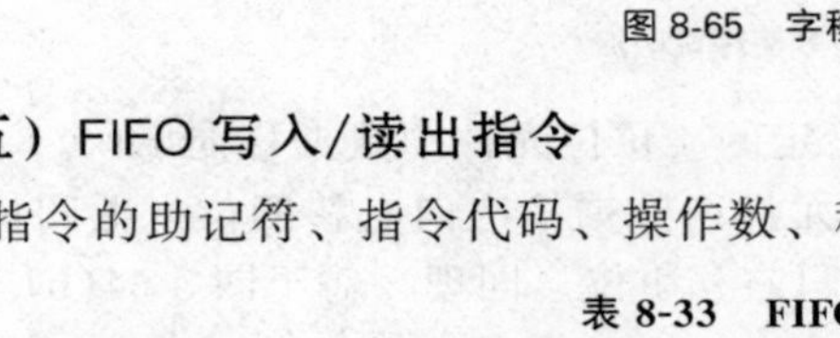

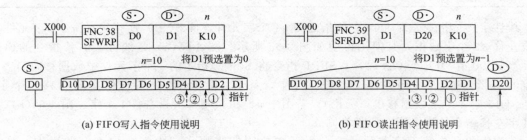

(a) FIFO写入指令使用说明

(b) FIFO读出指令使用说明

图 8-66 FIFO 写入/读出指令使用说明

储到 D(·) 所指定的 D2 内，指针 D1 的内容为 1。若改变 D0 的数据，当 X000 再由 OFF→ON 时，SFWRP 指令再将 D0 的数据存入 D(·) 所指定的 D3 中，D1 的内容变为 2。依此类推，当 D1 内的数据超过 $n-1$ 时，则上述操作不再执行，进位标志 M8022 动作置 1，表示写入已满。

若是连续指令执行时，则在各个扫描周期按顺序执行 SFWRP 指令的写入操作。

SFRD 指令是先进先出控制数据读出指令，其使用说明如图 8-66(b) 所示。图中 $n=10$ 表示 S(·) 指定从 D1 开始有 10 个连续软元件，且 D1 中内容被指定作为数据读出个数的指针，初始应置 $n-1$。当 X000 由 OFF→ON 时，SFRD 指令将 S(·) 指定的 D2 内的数据传送到 D(·) 所指定的 D20 内，与此同时，指针 D1 的内容减 1，D3～D10 的数据向右移一个字。当 X000 再由 OFF→ON 时，D2 的数据（即原 D3 中的内容）传送到 D20 内，D1 的内容再减 1。依此类推，当 D1 的内容减为 0 时，则上述操作不再执行，零位标志 M8020 动作置 1，表示数据读出结束。

若是连续型 SFRD 指令，则在每个扫描周期将 S(·) 中 $n-1$ 个元件的数据按顺序右移逐个从 D2 中读到 D20 中，D20 中数据要及时取走，否则会被刷新。

二、循环与移位指令应用

(一) 流水灯光控制

某招牌上有 L1～L8 八个灯接于 K2Y000，要求当 X000 为 ON 时，灯先以正序（左移）每隔 1s 依次点亮，当 Y007 亮后，停 2s；然后以反序（右移）每隔 1s 依次点亮，当 Y000 亮后，停 2s，重复上述过程。当 X001 为 ON 时，停止工作。梯形图如图 8-67 所示。分析见梯形图右边文字说明。注意，循环移位指令中 D(·) 指定的是“Kn+位元件”时，Kn 只能为 K4 或 K8。

(二) 步进电机控制

用位移位指令可以实现步进电机正反转和调速控制。以三相三拍电机为例，脉冲列由 Y010～Y012（为晶体管输出型）输出，作为步进电机驱动电源功放电路的输入。

程序中采用积算定时器 T246 为脉冲发生器，设定值为 K2～K500，定时为 2～500ms，则步进电机可获得 500 步/s～2 步/s 的变速范围。X000 为正反转切换开关（X000 为 OFF 时，正转；X000 为 ON 时，反转），X002 为启动按钮，X003 为减速按钮，X004 为增速按钮。

梯形图如图 8-68 所示。以正转为例，程序开始运行前，设 M0 为零。M0 提供移入 Y010、Y011、Y012 的“1”或“0”，在 T246 的作用下最终形成 011、110、101 的三拍循环。T246 为移位脉冲产生环节，INC 指令及 DEC 指令用于调整 T246 产生的脉冲频率。T0 为频率调整时间限制。

调速时，按下 X003（减速）或 X004（增速）按钮，观察 D0 的变化，当变化值为所需速度值时，释放。如果调速需经常进行，可将 D0 的内容显示出来。

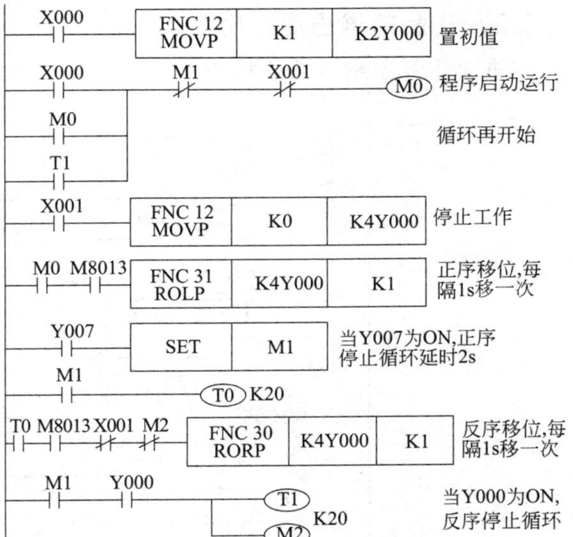

图 8-67 灯组移位控制梯形图

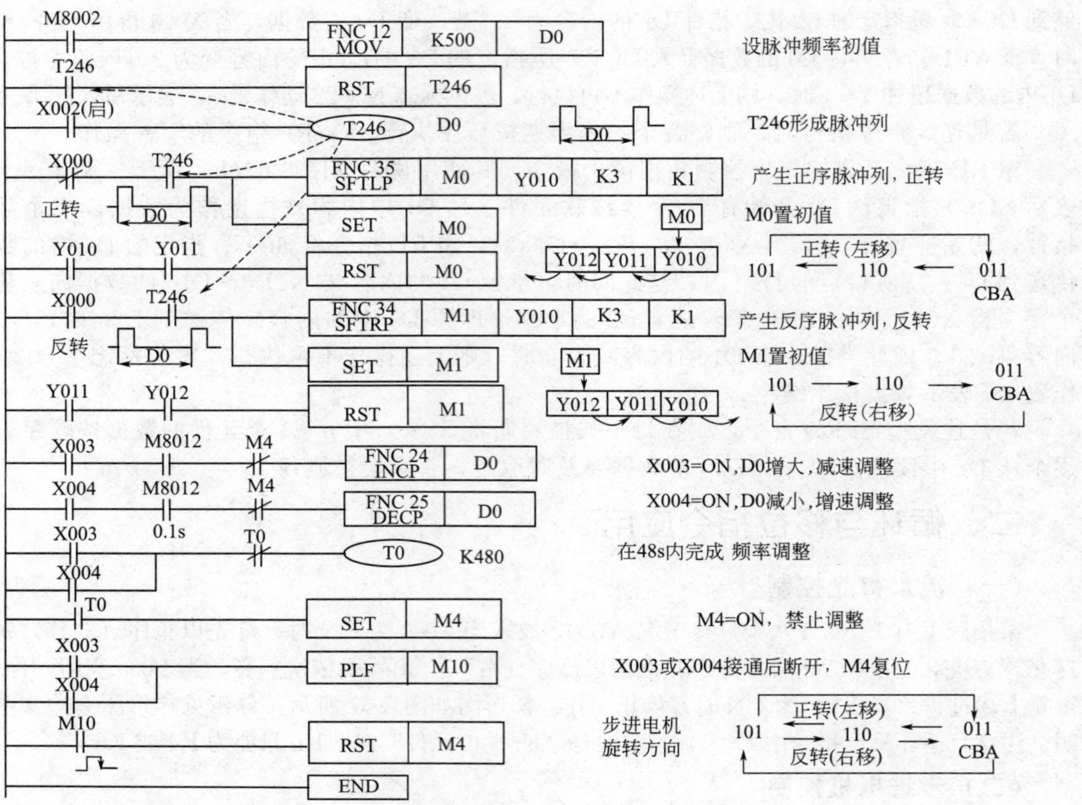

图 8-68　步进电机控制梯形图及说明

（三）产品的进出库控制

先进先出控制指令可应用于边登记产品进库，边按顺序将先进的产品出库登记。若产品

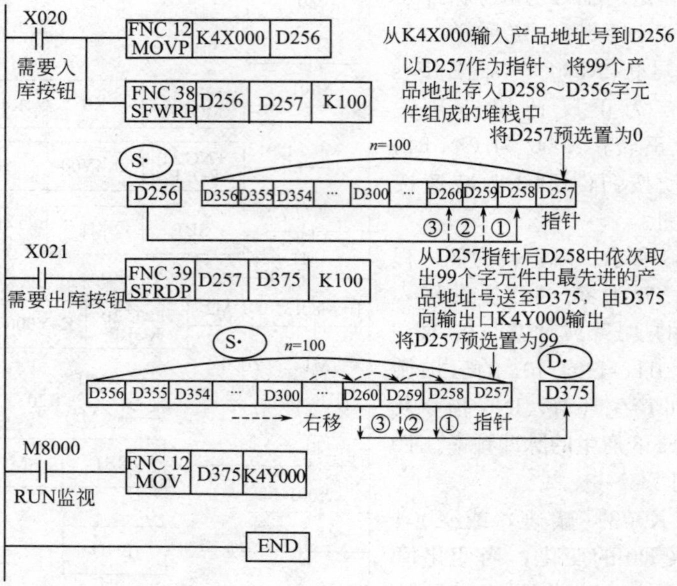

图 8-69　产品进出库的先进先出控制

地址号为 4 位以下数字，最大库存量为 99 点以下，采用十六进制。其程序梯形图如图 8-69 所示。

当入库按钮 X020 按下时，从输入口 K4X000（X000～X017）输入产品地址号到 D256，并以 D257 作为指针，存入从 D258～D356 的 99 个字元件组成的堆栈中，当出库按钮 X021 按下时，从 D257 指针后开始的 99 个字元件组成的堆栈中取出先进的一个地址号送至 D375，由 D375 向输出口 K4Y000 输出。

第六节 $FX_{2N/3}$ 的数据处理指令及其应用

数据处理类指令有批复位指令、编、译码指令及平均值计算指令等十条指令。其中批复位指令可用于数据区的初始化，编、译码指令可用于字元件中某个置 1 位的位码的编译。

一、数据处理指令说明

（一）区间复位指令

1. 区间复位指令的使用说明

该指令的助记符、指令代码、操作数、程序步如表 8-34 所示。

表 8-34 区间复位指令的要素

指令名称	指令代码位数	助记符	操作数范围		程序步
			D1(・)	D2(・)	
区间复位	FNC 40 ◥ (16)	ZRST、ZRSTP	Y、M、S、T、C、D（D1 元件号≤D2 元件号）		ZRST、ZRSTP…5 步

区间复位指令也称为成批复位指令，使用说明如图 8-70 所示。当 M8002 由 OFF→ON 时，执行区间复位指令。位元件 M500－M599 成批复位、字元件 C235～C255 成批复位、状态元件 S0～S127 成批复位。

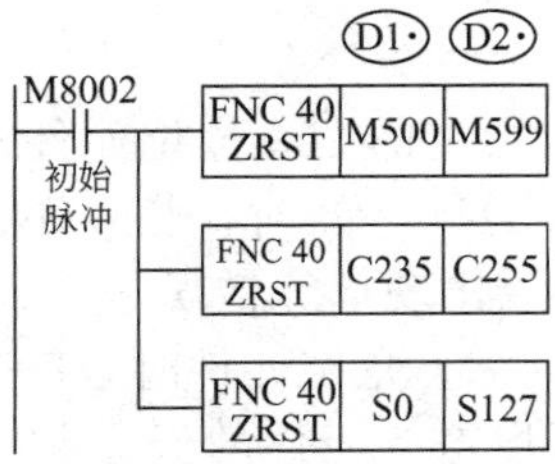

图 8-70 区间复位指令的使用说明

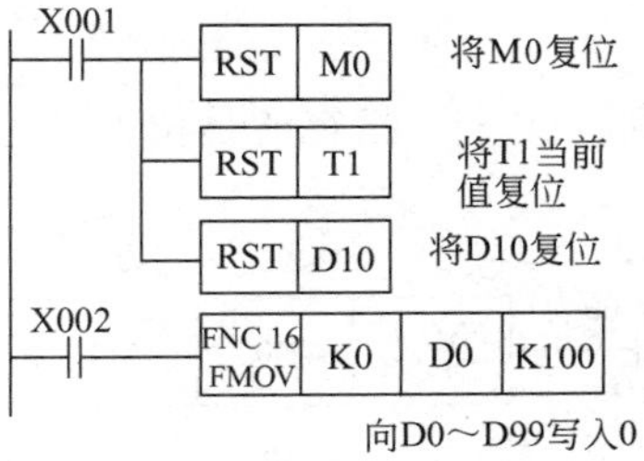

图 8-71 其它复位指令的应用

使用时注意：目标操作数 D1(・) 和 D2(・) 指定的元件应为同类软元件，D1(・) 指定的元件号应小于等于 D2(・) 指定的元件号。若 D1(・) 的元件号大于 D2(・) 的元件号，则只有 D1(・) 指定的元件被复位。

该指令为 16 位处理指令，但是可在 D1(・)、D2(・) 中指定 32 位计数器。不过不能混合指定，即不能在 D1(・) 中指定 16 位计数器，在 D2(・) 中指定 32 位计数器。

2. 与其他复位指令的比较

① 采用 RST 指令仅对位元件 Y、M、S 和字元件 T、C、D 单独进行复位。不能成批复位。

② 也可以采用多点传送指令 FMOV（FNC 16）将常数 K0 对 KnY、KnM、KnS、T、

C、D 软元件成批复位。

这类指令的应用如图 8-71 所示。

（二）解码指令

1. 解码指令的使用说明

该指令的助记符、指令代码、操作数、程序步如表 8-35 所示。

表 8-35　解码指令的要素

指令名称	指令代码位数	助记符	操作数范围			程序步
			S(·)	D(·)	n	
解码	FNC 41 ◥ (16)	DECO DECO(P)	K、H、X、Y、M、S、T、C、D、V、Z	Y、M、S T、C、D	K、H $1 \leqslant n \leqslant 8$	DECO、DECOP…7 步

① 当 D(·) 指定的是 Y、M、S 位元件时，解码指令根据源 S(·) 指定的起始地址的 n 位连续的位元件所表示的十进制码值 Q，对 D(·) 指定的 2^n 位目标元件的第 Q 位（不含目标元件位本身）置 1，其他位置 0。使用说明如图 8-72 所示，图中 3 个连续源元件数据十进制码值 $Q=2^1+2^0=3$，因此从 M10 开始的第 3 位 M13 为 1 。若源数据 $Q=0$，则第 0 位（即 M10）为 1。

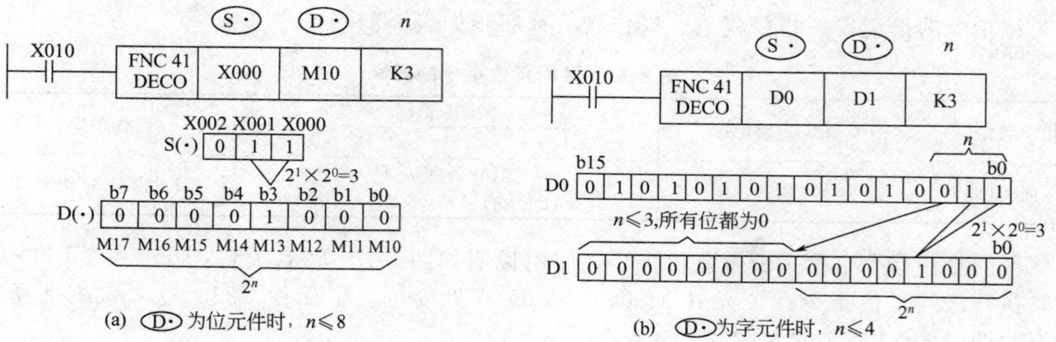

图 8-72　解码指令的使用说明

注意：D(·) 指定的是位元件时，$n \leqslant 8$，可对 D(·) 指定的 256 位位元件范围内的某位解码置 1；若 $n=0$ 时，指令不执行；n 在 1～8 以外时，出现运算错误。

② 当 D(·) 是字元件时，DECO 指令以源 S(·) 所指定字元件的低 n 位所表示的十进制码 Q，对 D(·) 指定的目标字元件的第 Q 位（不含最低位）解码置 1，其他位置 0。说明如图 8-72(b) 所示，图中源数据 $Q=2^1+2^0=3$，因此 D1 的第 3 位为 1。当源数据为 $Q=0$ 时，第 0 位为 1。

注意：D(·) 指定的是字元件时，$n \leqslant 4$，则可对 D(·) 指定的字元件的 $2^4=16$ 位范围的某位解码置 1；若 $n=0$，指令不执行；n 在 1～4 以外时，出现运算错误。

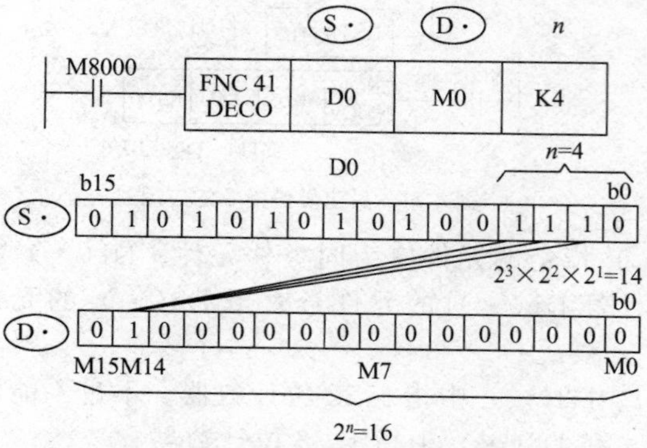

图 8-73　根据 D0 中所存数值可选定同一地址号的位元件接通

当执行解码指令后，X010 变为 OFF，D(·) 指定元件中解码置 1 的位保持不变。

若指令是连续执行型，则在每个扫描周期都执行一次解码指令，使用时应注意。

2. 解码指令的应用

DECO指令的应用如图8-73所示，解码指令根据S(・)指定的字元件D0，取其低4位中所存放的数值14，对D(・)指定的$2^4=16$位辅助继电器M0～M15中M14置1。D0中的低4位可存放0～15的数值，可对M0～M15中相应的1个M接通。

由于n可在K1～K8之间变化，则可以与0～255的数值对应，可以接通M0～M255中某一个。但是为此解码所需的目标软元件范围被占用，务必要注意，不要与其他控制重复使用。

（三）编码指令

该指令的助记符、指令代码、操作数、程序步如表8-36所示。

表8-36　编码指令的要素

指令名称	指令代码位数	助记符	操作数范围			程序步
			S(・)	D(・)	n	
编码	FNC42 (16)	ENCO、ENCOP	X、Y、M、S T、C、D、V、Z	T、C、D、V、Z	K、H $1\leqslant n\leqslant 8$	ENCO、ENCOP…7步

① 当S(・)指定的是位元件时，编码指令根据源操作数S(・)指定的位元件为首地址的2^n位元件中，将最高置1的位号以二进制码形式存放到目标D(・)指定元件的低n位中。使用说明如图8-74(a)所示，图中源元件的长度为$2^n=2^3=8$位，即M10～M17，其最高置1位是M13即第3位。将"3"对应的二进制数存放到D10的低3位中。

当源操作数中只有第0位元件为1，则D(・)指定元件的低n位存放0。当源操作数中无1，出现运算错误。

注意：源操作数指定的是位元件时，$n\leqslant 8$，即S(・)能够指定的位元件长度≤256；若$n=0$时，程序不执行；n>8时，出现运算错误。

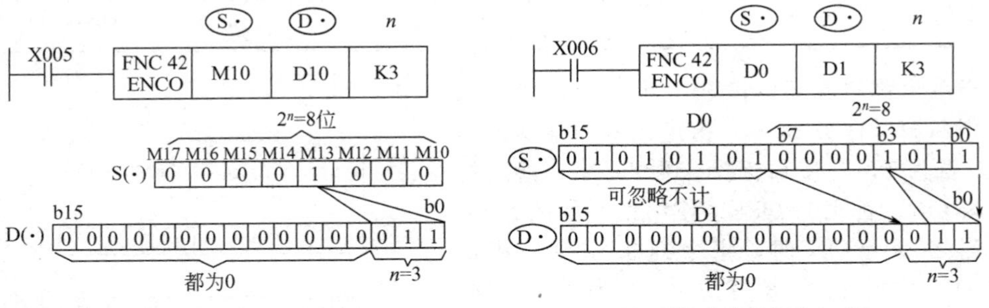

(a) S・为位元件时，$n\leqslant 8$　　(b) S・为字元件时，$n\leqslant 4$

图8-74　编码指令的使用说明

② 当S(・)指定的是字元件时，编码指令根据源操作数S(・)指定字元件中的2^n位中最高置1的位号，以二进制码形式存放到目标D(・)指定元件的低n位中，使用说明如图8-74(b)所示，图中源字元件的可读长度为$2^n=2^3=8$位，其最高置1位是第3位。将"3"以二进制码存放到D1的低3位中。

当源操作数中只有第0位为1，则D(・)指定元件的低n位中存放0。当源操作数中无1，出现运算错误。

注意：源操作数指定的是字元件时，$n\leqslant 4$，即S(・)指定的字元件中最大有效位的范围为$2^n=2^4=16$位；若$n=0$时，程序不执行；n在1～4以外时，出现运算错误。

编码指令执行后，若指令执行条件变为OFF，D(・)指定元件中被编码的n位值保持不变。

若指令是连续执行型，则在每个扫描周期都执行一次指令，必须注意。

（四）求置1位总和指令

该指令的助记符、指令代码、操作数范围、程序步如表8-37所示。

表 8-37 求置1位总和指令的要素

指令名称	指令代码位数	助记符	操作数范围		程序步
			S(·)	D(·)	
求置1位总和	FNC43 (16/32)	SUM、SUMP DSUM、DSUMP	K、H、KnX、KnY、KnM、KnS、T、C、D、V、Z	KnY、KnM、KnS T、C、D、V、Z	SUM，SUMP…5步 DSUM，DSUMP…9步

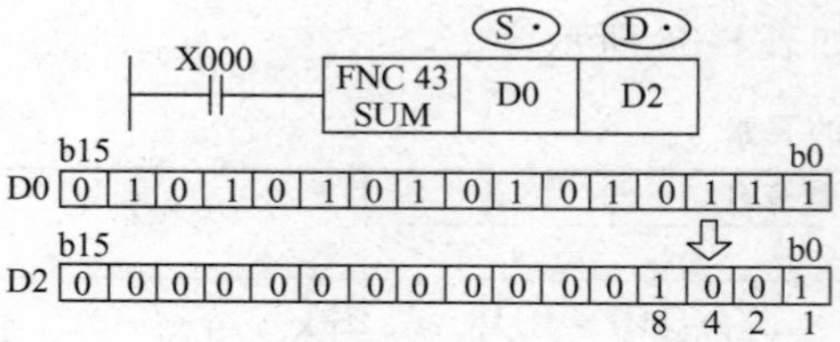

图 8-75 求置1位总和指令的使用说明

求置1位总和指令是对源操作数S(·)指定元件中置1位求出总和，以二进制码形式存入目标操作数D(·)指定的元件中，使用说明如图8-75。图中X000为ON时，指令对源元件D0中置1位求和为9，并以二进制码1001存入目标元件D2中。若D0中全为0，则0标志M8020动作。

若图8-75中使用的是DSUM或DSUMP指令，是将（D1，D0）中32位置1的位求和写入D2中，与此同时D3全部为0。

（五）ON位判断指令

该指令的助记符、指令代码、操作数范围、程序步如表8-38所示。

表 8-38 ON位判断指令的要素

指令名称	指令代码位数	助记符	操作数范围			程序步
			S(·)	D(·)	n(指定位)	
ON位判断	FNC44 (16/32)	BON，BONP DBON，DBONP	K、H、KnX、KnY、KnM、KnS、T、C、D、V、Z	Y、M、S	K、H n=0～15/16位指令 n=0～31/32位指令	BON，BONP…7步 DBON，DBONP…13步

本指令也称"源元件指定位状态判别指令"，可用来判断源操作数S(·)指定元件的第n位是否为1，若为1，则使目标操作数D(·)指定的位元件为ON，否则为OFF。使用说明如图8-76。图中，当X000=ON时，指令判断S(·)指定的元件D10中第15位是否为1？若为1，则M0为ON，否则M0为OFF。X000变为OFF时，M0的状态保持不变化。

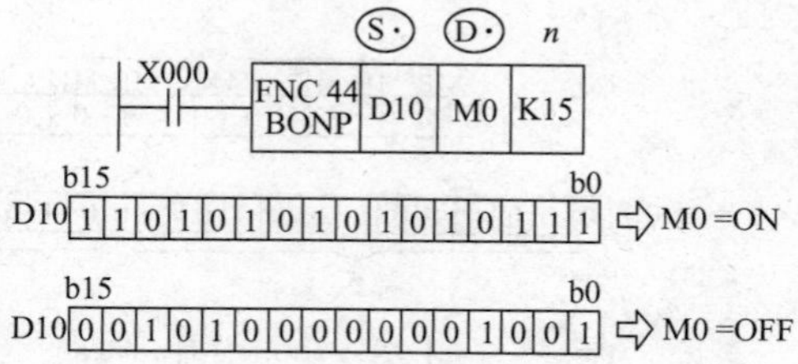

图 8-76 ON位判断指令的使用说明

注意：若使用的是16位指令时，n在0～15取值；若使用的是32位指令时，n在0～31取值。

（六）平均值指令

该指令的助记符、指令代码、操作数范围、程序步如表8-39所示。

表 8-39 平均值指令的要素

指令名称	指令代码位数	助记符	操作数范围			程序步
			S(·)	D(·)	n	
平均值	FNC45 (16)	MEAN MEANP	KnX、KnY、KnM、KnS T、C、D	KnY、KnM、KnS T、C、D、V、Z	K、H 1～64	MEAN，MEANP…7步 DMEAN，DMEANP…7步

平均值指令 MEAN 是对 S(・) 指定的 n 个（元件的）源操作数据求平均值（用 n 除代数和）存入目标操作数 D(・) 指定的元件中，舍去余数。MEAN 指令的说明如图 8-77 所示。

如指令中指定的 n 超出元件规定的地址号范围时，n 值自动减小。n 在 1～64 以外时，会发生错误。

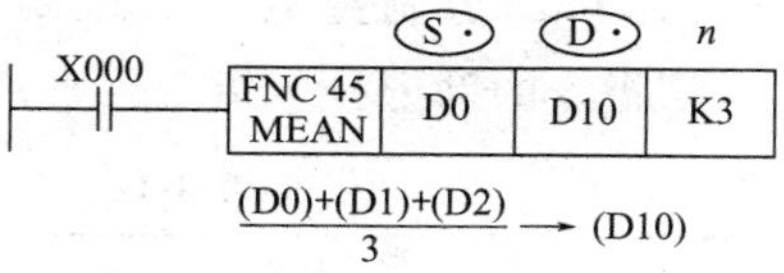

图 8-77　平均值指令的使用说明

（七）状态报警元件的置位和复位指令

指令的助记符、指令代码、操作数范围、程序步如表 8-40 所示。

表 8-40　状态报警器置位和复位指令的要素

指令名称	指令代码位数	助记符	操作数范围			程序步
			S(・)	m	D(・)	
报警器置位	FNC 46 (16)	ANS	T (T0～T199)	m=1～32767 (100ms 单位)	S (S900 ～S999)	ANS…7 步
报警器复位	FNC 47 (16)	ANR、ANRP	—			ANR，ANRP…1 步

状态报警元件置位指令可以对外部驱动条件进行定时检测，驱动条件不发生变化达到定时时间时，使指定的状态元件置 1，并使信号报警器 M8048 动作报警。指令使用说明如图 8-78(a)，当 X000 与 X001 均为 ON 时，指令使 S(・) 中定时器 T0 接通定时，若 1s 到了驱动条件不断开，则 D(・) 指定的状态元件 S900 置 1，同时 M8048 接通报警，定时器 T0 复位。若 1s 后 X000 或 X001 为 OFF，S900 置 1 的状态不变。若 X000 与 X001 同时接通不满 1s 变为 OFF，则 T0 复位，S900 不置位。

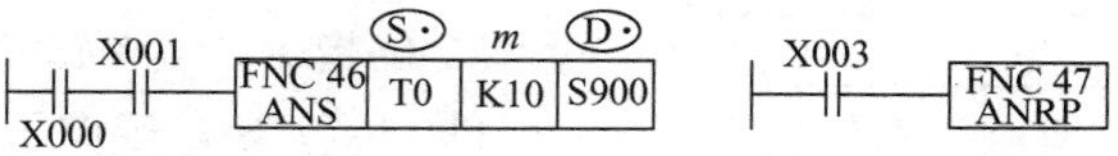

(a) 报警器置位指令的使用说明　(b) 报警器复位指令的使用说明

图 8-78　报警器置位和复位指令使用说明

状态报警器复位指令可以使多个被置位的报警用状态寄存器逐个复位。使用说明如图 8-78(b)，每当 X003 接通一次，则将动作的当前最小地址号的状态复位。

若采用连续型 ANR 指令，在 X003＝ON 不变下，指令在每个扫描周期的执行中按顺序对当前最小地址号的报警用状态寄存器复位，直至 M8048＝OFF。使用时请务必注意。

（八）二进制平方根指令

该指令的助记符、指令代码、操作数范围、程序步如表 8-41 所示。

表 8-41　二进制平方根指令的要素

指令名称	指令代码位数	助记符	操作数范围		程序步
			S(・)	D(・)	
二进制平方根	FNC 48 (16/32)	SQR，SQRP DSQR，DSQRP	K、H、D	D	SQR，SQRP…5 步 DSQR，DSQRP…9 步

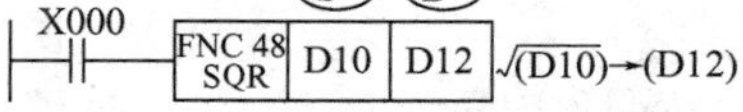

图 8-79　二进制平方根指令的使用说明

该指令可用于计算二进制整数的平方根。要求 S(・) 元件中只能是正数，若为负数，错误标志 M8067 动作，指令不执行。使用说明如图 8-79。另外，计算结果为舍去小数取整。舍弃小数时，借位标志 M8021 为 ON。如果计算结果为 0 时，零标志 M8020 动作。

（九）二进制整数与二进制浮点数转换指令

该指令的助记符、指令代码、操作数范围、程序步如表 8-42 所示。

表 8-42　二进制整数与二进制浮点数转换指令的要素

指令名称	指令代码位数	助记符	操作数范围		程序步
			S(・)	D(・)	
二进制整数与二进制浮点数转换	FNC49 (16/32)	FLT、FLTP DFLT、DFLTP	D	D	FLT，FLTP…5 步 DFLT，DFLTP…9 步

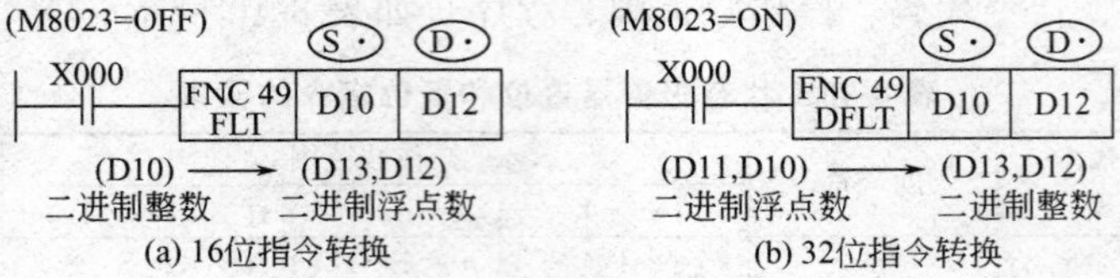

图 8-80　二进制整数与二进制浮点数转换指令使用说明

该指令是二进制整数值转换为二进制浮点数的指令。常数 K，H 在各浮点计算指令中自动转换，在 FLT 指令中不做处理。

指令的使用说明如图 8-80，该指令在 M8023 作用下可实现可逆转换。图 8-80（a）是 16 位转换指令，若 M8023＝OFF，当 X000 接通时，则将源元件 D10 中的 16 位二进制整数转换为二进制浮点数，存入目元件（D13，D12）中；图 8-80（b）是 32 位指令，若 M8023＝ON，则将源元件（D11，D10）中的二进制浮点数转换为 32 位二进制整数（小数点后的数舍去）存入（D13，D12）中。

FLT 指令的逆转换指令为 DINT（FNC 129），它可实现二进制浮点数转换为二进制整数的操作。

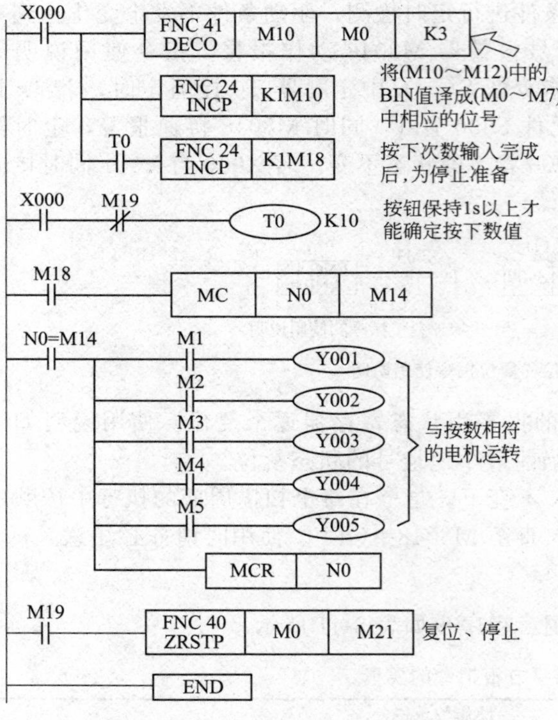

图 8-81　单按钮控制五台电机运行的梯形图

二、数据处理指令应用

1. 用解码指令实现单按钮分别控制五台电动机的启停

按钮按数次，最后一次保持 1s 以上后，则号码与次数相同的电机运行，再按按钮，该电机停止，五台电动机接于 Y001～Y005。

梯形图如图 8-81 所示。输入电机编号的按钮接于 X000，电机号数使用加 1 指令记录在 K1M10 中，解码指令 DECO 则将 K1M10 中的数据解读并令 M0～M7 中相应的位元件置 1。M9 及 T0 用于输入数字确认及停车复位控制。

例如，按钮连按三次，最后一次保持 1s 以上，则 M10～M12 中为 $(011)_{BIN}$，通过译码，使 M0～M7 中相应的 M3 为 1，则接于 Y003 上的电机运行，再按一次 X000，则 M9 为 1，T0 和 M10～M12 复位，电机停车。

2. 用报警器置位、复位指令实现外部故障诊断处理

用报警器置位、复位指令实现外部故障诊断处理的程序如图 8-82 所示。该程序中采用了两个特殊辅助寄存器：①报警器有效 M8049，若它被驱动，则可将 S900～S999 中的工作状态的最小地址号存放在特殊数据寄存器 D8049 内；②状态元件报警器 M8048，若状态 S900～S999 中任何一个动作，则 M8048 动作，并可驱动对应的故障显示。

在程序中，对于多个故障同时发生的情况采用监视 M8049，在消除 S900～S999 中动作的最小地址号状态之后，可以知道下一个故障地址号状态。

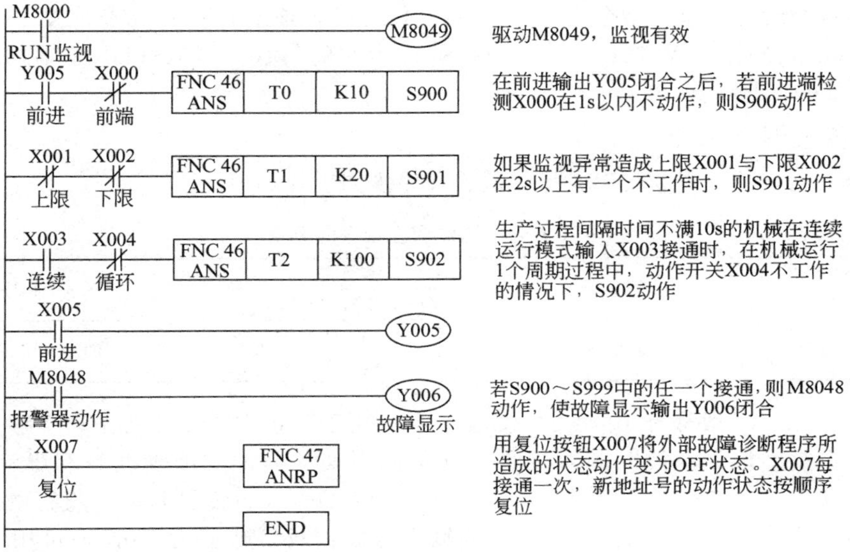

图 8-82 外部故障处理梯形图

第七节 FX2N/3 的高速处理指令及应用

高速处理指令（FNC 50～FNC 59）可以按最新的输入输出信息进行程序控制，并能有效利用数据高速处理能力进行中断处理。

一、高速处理指令说明

配有高速计数器的可编程序控制器，一般都具有利用软件调节部分输入口滤波时间及对一定的输入输出口进行即时刷新的功能。

（一）输入输出刷新指令

该指令的助记符、指令代码、操作数、程序步如表 8-43。

表 8-43 输入输出刷新指令的要素

指令名称	指令代码位数	助记符	操作数		程序步
			D(·)	n	
输入输出刷新	FNC 50 (16)	REF、REFP	X、Y	K、H n 为 8 的倍数	REF,REFP…7 步

该指令可以用于在某段程序处理时对指定的输入口读取最新数据信息或在某一操作结束后立即将结果从指定的输出口输出。指令使用说明如图 8-83。图(a) 为输入刷新，指令执行

时对D(·)指定的X010～X017八个输入点刷新。图(b)为输出刷新，执行指令时，对D(·)指定的Y000～Y007、Y010～Y017、Y020～Y027的24点输出刷新。

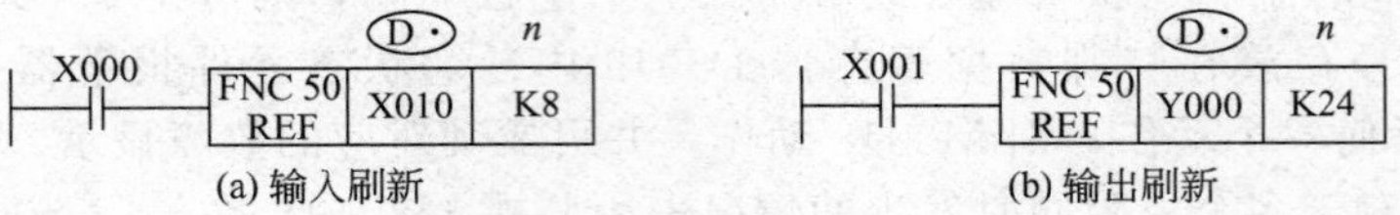

图 8-83 输入输出刷新指令的使用说明

使用该指令时应注意，指令中D(·)指定的元件首地址必须是10的倍数，即为X000，X010…；Y000，Y010，Y020…。刷新点数n应为8的倍数，即K8(H8)，K16(H10)，…K256(H100)…。否则会出错。

(二) 滤波调整指令

该指令的助记符、指令代码、操作数、程序步如表8-44。

表 8-44 滤波调整指令的要素

指令名称	指令代码 位数	助记符	操作数 n(滤波时间常数)	程序步
滤波调整	FNC 51 (16)	REFF、REFFP	K、H $n=0\sim60$ms	REFF,REFFP…7步

PLC的输入口一般都有10ms的RC滤波器，用于防止输入接点的振动或噪声对数据接收的影响。但是固定的滤波时间对接收外部不同周期的脉冲的准确度是有影响的，因此，FX_{2N}系列PLC的滤波调整指令具有对X000～X017的输入滤波器D8020进行滤波时间调整的功能。需要说明的是：①X000～X017的输入滤波器设定初值为10ms，可用REFF指令改变滤波时间，范围为0～60ms，也可以通过MOV指令改写D8020滤波时间；②当X000～X017用作高速计数输入，或用于速度检测信号，或用作中断输入时，输入滤波器的时间常数自动设置为50μs。

滤波调整指令的使用说明如图8-84。程序中两次使用了滤波调整指令，在三段程序中

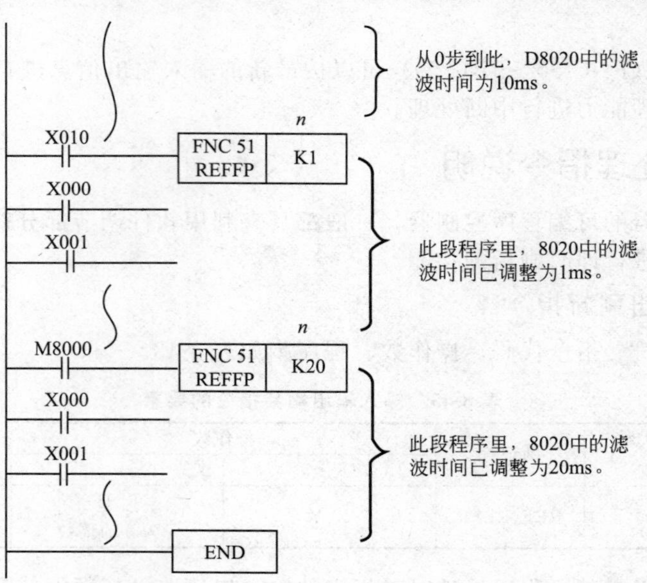

图 8-84 滤波调整指令的使用说明

D8020 中滤波时间由 10ms 分别调整为 1ms 和 20ms。

（三）矩阵输入指令

该指令的助记符、指令代码、操作数、程序步如表 8-45。

表 8-45 矩阵输入指令的要素

指令名称	指令代码位数	助记符	操作数				程序步
			S(·)	D1(·)	D2(·)	*n*	
矩阵输入指令	FNC 52 (16)	MTR	X	Y	Y、M、S	K、H n=2～8	MTR……9 步

该指令可以 S(·) 指定的 8 点 X 输入与 D1(·) 指定的 n 点 Y 输出构成 8 行 n（=2～8）列的输入矩阵，从输入端快速、批量接收数据存入到 D2(·) 指定的 8×n 个位元件中。使用 MTR 指令时应注意的是：S(·) 只能指定 X000，X010，X020 等最低位为 0 的 X 作起始点，占用连续 8 点输入，通常选用 X010 以后的输入点，若选用输入 X000～X017 虽可以加快存储速度，但会因输出晶体管还原时间长和输入灵敏度高发生误输入，这时必须在晶体管输出端与 COM 之间接 3.3kΩ/0.5W 负载电阻；D1(·) 只能指定 Y000，Y010，Y020 等最低位为 0 的 Y 作起始点，占用 n 点晶体管型输出；D2(·) 可指定 Y、M、S 作为存储单元，下标起点应为 0，数量为 8×n。因此，使用该指令最大可以用 8 点输入和 8 点晶体管输出存储 64 点输入信号。矩阵指令的驱动条件若采用 M8000，运行中一直为 ON 状态，可以确保指令正常工作。

指令使用说明如图 8-85。图(a) 中当 M8000 闭合时，指令以 X020 为起点的 8 点输入、

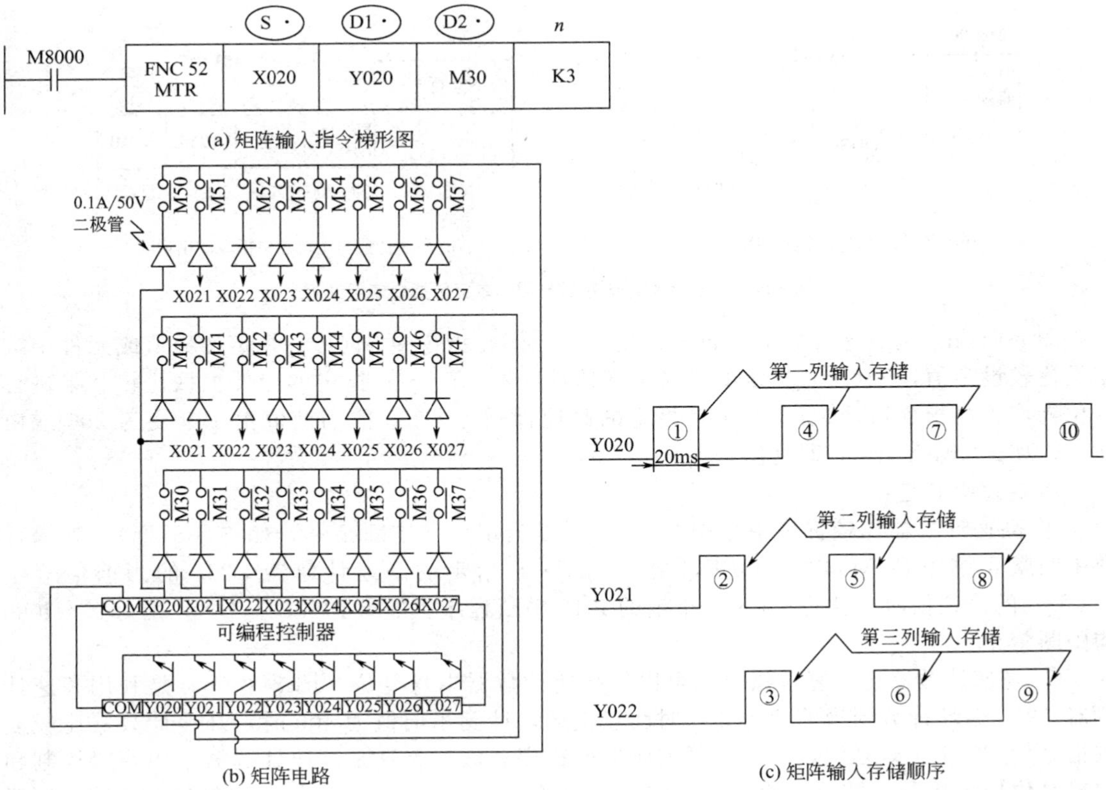

(a) 矩阵输入指令梯形图

(b) 矩阵电路

(c) 矩阵输入存储顺序

图 8-85 矩阵输入指令使用说明

Y020～Y022 三点输出，构成 8×3 的输入矩阵，24 点输入信息存入 D2(·) 指定的 M30～M37、M40～M47、M50～M57 元件中。图(b) 是 PLC 内部矩阵硬件接线，当 3 点输出 Y020、Y021、Y022 依次循环为 ON 时，就将每一列接收的 8 个输入数据分别存入到 M30～M37、M40～M47、M50～M57 中。存储顺序如图(c) 所示。

（四）高速计数器比较置位和比较复位指令

指令的助记符、指令代码、操作数、程序步如表 8-46 所示。

表 8-46　高速计数器比较置位和比较复位指令的要素

指令名称	指令代码位数	助记符	操作数			程序步
			S1(·)	S2(·)	D(·)	
比较置位	FNC53 (32)	DHSCS	K、H KnX、KnY、KnM、KnS、 T、C、D、Z	C C=235～255 高速计数器地址	Y、M、S I010～I060 计数中断指针	DHSCS…13 步
比较复位	FNC54 (32)	DHSCR			Y、M、S [可同 S2(·)]	DHSCR…13 步

这两条指令可以用于需要立即向外部输出高速计数器的当前值与设定值比较结果时置位、复位的场合。

图 8-86(a) 为高速计数器比较置位指令的梯形图。指令中 S1(·) 指定的数值或元件中数据是比较设定值，S2(·) 指定的是某个高速计数器，D(·) 指定的元件根据比较结果进行置位操作。当指令执行时，S2(·) 指定的高速计数器 C255 的当前值由 99 变为 100 或由 101 变为 100 时，Y010 立即置 1。

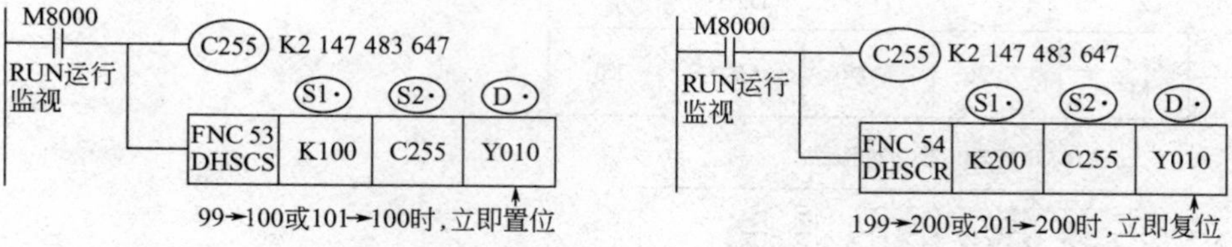

(a) 高速计数器比较置位指令使用说明　　(b) 高速计数器比较复位指令使用说明

图 8-86　高速计数器比较置位和比较复位指令使用说明

图 8-86(b) 为高速计数器比较复位指的梯形图。指令中 S1(·) 指定的数值或元件中数据是比较设定值，S2(·) 指定的是某个高速计数器，D(·) 指定的元件根据比较结果进行复位操作。当指令执行时，S2(·) 指定的高速计数器 C255 的当前值由 199 变为 200 或由 201 变为 200 时 Y010 立即复位。

需要说明的是：

① 高速计数器比较置位指令中 D(·) 可以指定计数中断指针，如图 8-87(a)。如果计数中断禁止继电器 M8059＝OFF，图中 S2(·) 指定的高速计数器 C255 的当前值等于 S1(·) 的设定值时，执行 D(·) 指定的 I010 中断程序。如果 M8059＝ON，则 I010～I060 均中断禁止。

② 高速计数器比较复位指令也可以使高速计数器本身复位。图 8-87(b) 是利用高速计数器 C255 循环计数到当前值为 300 时触点接通，计到当前值为 400 时，高速计数器比较复位指令使 C255 立即复位，产生一系列脉冲的程序和波形。这是高速计数器采用一般控制和比较复位指令控制相结合，使其触点依一定的计数（或时间）要求接通与复位形成脉冲波形的常用方法。

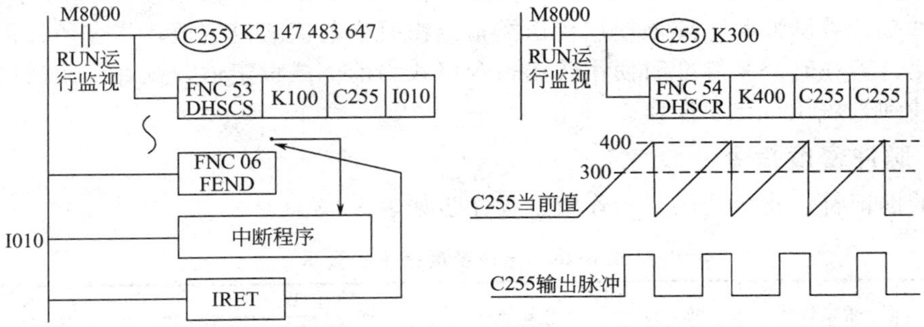

(a) 高速计数器比较置位指令的中断操作　　(b) 高速计数器自复位用以产生脉冲

图 8-87　高速计数器比较置位、复位指令的应用

（五）高速计数器区间比较指令

该指令的助记符、指令代码、操作数、程序步如表 8-47 所示。

表 8-47　高速计数器区间比较指令的要素

指令名称	指令代码位数	助记符	操作数			程序步
			S1(·)/S2(·) [S1(·)≤S2(·)]	S(·)	D(·)	
区间比较	FNC55 (32)	DHSZ	K、H、KnX、KnY、KnM、KnS、T、C、D、Z	C C=235～255	Y、M、S	DHSZ…13 步

该指令是专门针对高速计数器的区间比较指令，S1(·) 与 S2(·) 指定的常数或元件内数据是 S(·) 指定的高速计数器当前值的比较上、下限，当 S(·) 指定的高速计数器的当前值在设定的上、下限区间比较的结果，使 D(·) 指定的三个连号的位元件中某一个动作。图 8-88 是高速计数器区间比较指令应用的梯形图程序，当执行 DHSZ 指令时，高速计数器 C251 的当前值若<1000 时，Y000 置 1；1000≤C251 的当前值≤2000 时，Y001 置 1；C251 的当前值>2000 时，Y002 置 1。

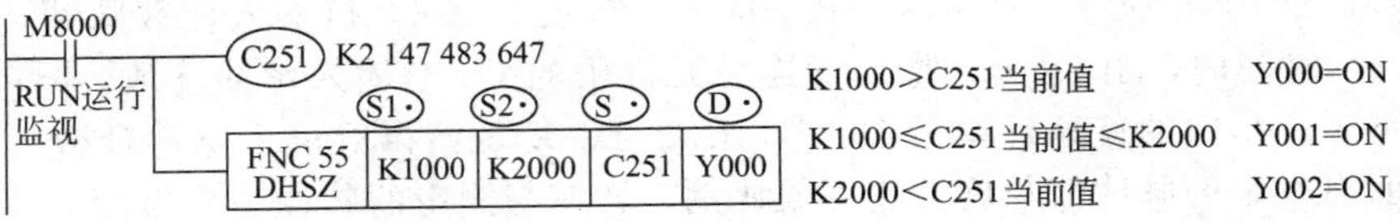

图 8-88　高速计数器区间比较指令的使用说明

（六）高速计数比较类指令的使用说明

① 比较置位、比较复位、区间比较三条指令是高速计数器的 32 位专用控制类指令，使用这些指令时，梯形图中应含有计数器设置内容，明确被选用的高速计数器。当不涉及高速计数器触点控制时，高速计数器的设定值可设为最大值计数或任意高于控制数值的数据。

② 在同一程序中如多处使用高速计数器控制指令，其被控对象输出继电器的编号的高 2 位应相同，以便在同一中断处理过程中完成控制。例如，若使用 Y000 时，在其他地方应尽量选用 Y000～Y007 范围的元件。

③ 特殊辅助继电器 M8025 是高速计数器比较类指令的外部复位标志。在驱动 M8025 置 1 后，对于外带复位功能的高速计数器，如 C241 的外部复位端为 X001，若送入复位脉冲，可使高速计数比较类指令指定的 C241 在计数中立即复位。可作为计数器的外部计数起始控制。

④ 高速计数比较指令是在外来计数脉冲作用下以比较当前值与设定值的方式工作的。当不存在外来计数脉冲时，应该使用传送类指令修改当前值或设定值，指令所控制的触点状态不会变化。若在有外来脉冲时使用传送指令修改当前值或设定值，则在修改后的下一个扫描周期脉冲到来后执行比较操作。

（七）脉冲密度指令

指令的助记符、指令代码、操作数、程序步如表 8-48。

表 8-48　脉冲密度指令的要素

指令名称	指令代码	助记符	操作数			程序步
			S1(·)	S2(·)	D(·)	
脉冲密度指令	FNC 56 (16)	SPD	X X=X000～X005	K、H KnX、KnY、KnM、KnS、 T、C、D、V、Z	T、C、D、V、Z (为三连号单元)	SPD…7 步

脉冲密度指令可用于从指定的输入口输入计数脉冲，在规定的时间里，统计输入脉冲数的场合，例如统计转速脉冲等等。指令使用说明如图 8-89。

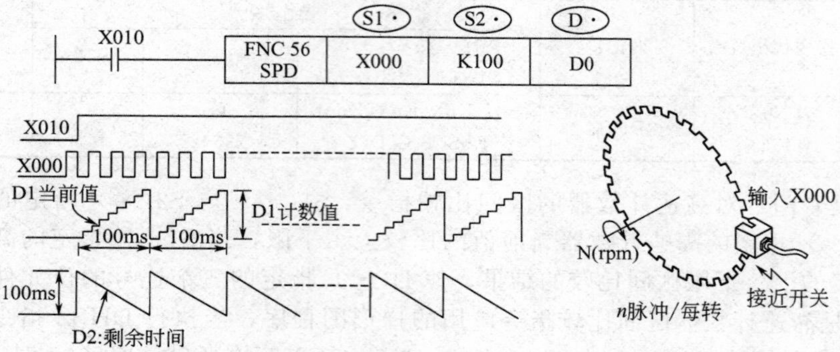

图 8-89　脉冲密度指令使用说明

该指令在 X010 由 OFF→ON 后，在 S1(·) 指定的 X000 口输入计数脉冲，在 S2(·) 指定的 100ms 时间内，由 D(·) 指定三连号元件中的 D1 对输入脉冲计数，时间到将计数结果存入 D(·) 指定的首地址单元 D0 中，随之 D1 复位，再对输入脉冲计数，D2 用于测定剩余时间。D0 中的脉冲值与旋转速度成比例，转速与测定的脉冲关系为：

$$N=\frac{60(D0)}{n\times t}\times 10^{3}\quad (\text{rpm})$$

式中，n 为每转的脉冲数；t 为 S2(·) 指定的测定时间，ms。

从 X000～X005 输入的脉冲最高频率与 1 相高速计数器要求的最高输入频率相同。

（八）脉冲输出指令

指令的助记符、指令代码、操作数、程序步如表 8-49。

表 8-49　脉冲输出指令的要素

指令名称	指令代码	助记符	操作数		程序步
			S1(·)/S2(·)	D(·)	
脉冲输出指令	FNC 57 (16/32)	PLSY DPLSY	K、H KnX、KnY、KnM、KnS、T、C、D、V、Z	只能指定晶体管 型 Y000 或 Y001	PLSY…7 步 DPLSY…13 步

该指令可用于指定频率、产生定量脉冲输出的场合。使用说明如图 8-90。图中 S1(·)

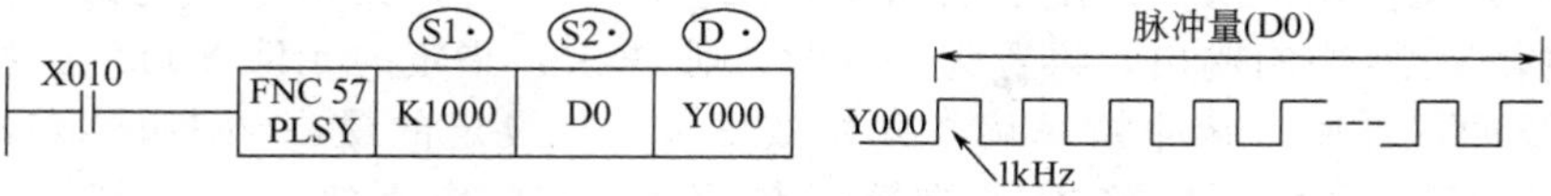

图 8-90 脉冲输出指令使用说明

用以指定频率，范围为 2～20kHz；S2(·) 用以指定产生的脉冲数量，16 位指令指定范围为 1～32767，32 位指令指定范围为 1～2，147，483，647，D(·) 用以指定脉冲输出的 Y 地址号（仅限于指定晶体管型 Y000、Y001），输出的脉冲占空比为 50%。当 X010 为 ON 时，Y000 以每秒 1000Hz 的频率输出连续的脉冲列，当达到 D0 指定量时，执行完毕，标志 M8029 动作。在指令执行中，若 X010 变为 OFF，中断脉冲输出（Y000＝OFF)，输出脉冲数保存于 D8137 和 D8136 中。X010 再置为 ON 时，Y000 从 0 开始输出。

注意：S1(·) 中的内容在指令执行中可以变更，但 S2(·) 的内容在指令执行中不可更改。

（九）脉宽调制指令

指令的助记符、指令代码、操作数、程序步如表 8-50。

表 8-50 脉宽调制指令的要素

指令名称	指令代码	助记符	操作数		程序步
			S1(·)/S2(·)	D(·)	
脉宽调制	FNC 58 (16)	PWM	K、H KnX、KnY、KnM、KnS、T、C、D、V、Z	只能指定晶体管型 Y000 或 Y001	PWM…7 步

该指令可用于按指定要求的脉冲宽度、周期、产生脉宽可调的脉冲输出，控制变频器实现电机调速的场合（PLC 与变频器之间应加有平滑电路）。使用说明如图 8-91。梯形图中 S1(·) 指定 D10 中为脉冲宽度 t，t 理论上可在 0～3，2767ms 范围内选取，但不能大于周期，即本例中 D10 的内容只能在 S2(·) 指定的脉冲周期 T_0＝50 以内变化，否则出现错误，T_0 可在 0～3，2767ms 范围内选取；D(·) 指定脉冲输出地址号为 Y000（并且输出号只能指定为晶体管输出型的 Y000 或 Y001）。当 X010 为 ON 时，Y000 输出脉宽调制比为 $q=t/T_0$ 的脉冲。脉宽调制比可采用中断处理控制。

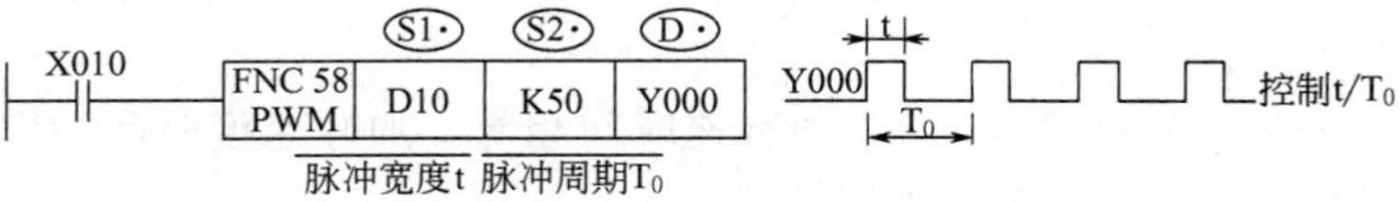

图 8-91 脉宽调制指令使用说明

（十）加减速脉冲输出指令

指令的助记符、指令代码、操作数、程序步如表 8-51。

表 8-51 加减速脉冲输出指令的要素

指令名称	指令代码	助记符	操作数		程序步
			S1(·)/S2(·)/S3(·)	D(·)	
加减速脉冲输出	FNC 59 (16/32)	PLSR DPLSR	K、H KnX、KnY、KnM、KnS、T、C、D、V、Z	只能指定晶体管型 Y000 或 Y001	PLSR…9 步 DPLSR…17 步

该指令具有在规定的时间内输出具有加减速的定量脉冲，用以控制步进电机的工作。该

指令在程序中只能使用一次。使用说明如图 8-92。图 8-92(a) 为指令使用梯形图，当 X010 置于 OFF 时，Y000 中断输出，再置为 ON 时，则 D(·) 指定的元件 Y000 在规定的时间内输出规定的脉冲，且输出脉冲频率从 0 开始按 S1(·) 设定的最高频率的 1/10 逐级加速，直到设定的最高频率后，再按指定的最高频率的 1/10 作逐级减速，其脉冲时序说明如图 8-92(b)。

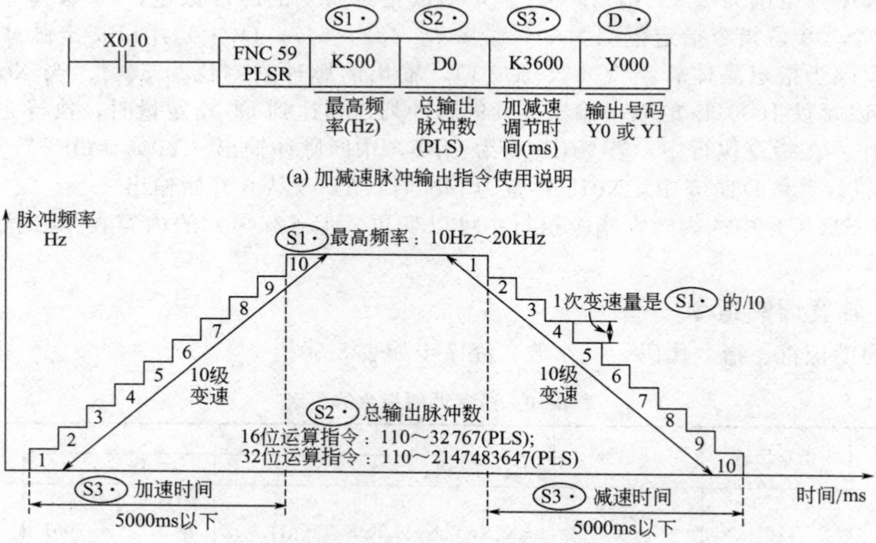

(a) 加减速脉冲输出指令使用说明

(b) 加减速脉冲输出指令时序说明

图 8-92　加减速脉冲输出指令说明

指令中各操作数的意义与设定内容如下。

S1(·) 设定脉冲输出的最高频率，设定范围为 10～20kHz，并以 10 的倍数指定，若指定 1 位数时，则结束运行。脉冲输出频率按 S1(·) 设定的最高频率的 1/10 作为加减速的逐级变速量，每级的变速量应设定在步进电机不失调的范围。

S2(·) 设定总的输出脉冲（PLS）数，设定范围为：16 位运算指令，110～3，2767（PLS）；32 位运算指令，110～2147483647（PLS）。若设定值小于 110 值时，脉冲不能正常输出。

S3(·) 设定加减速度时间（ms），加减速时间相等。加减速度时间设定范围为：50～5000ms 以内，且应按以下①～③的条件设定。

① 加减速时间应设定在 PLC 的扫描时间最大值（即 D8012 内的值）的 10 倍以上，若设定不足 10 倍时，加减速不一定计时。

② 加减速时间最小值设定应大于下式，即

$$\text{S3}\cdot \geqslant \frac{90000}{\text{S1}\cdot}\times 5$$

若小于上式的最小值，加减速时间的误差增大，此外，设定不到 90000/ S1(·) 值时，在 90000/ S1(·) 值时结束运行。

③ 加减速时间最大值设定应小于下式，即

$$\text{S3}\cdot \leqslant \frac{\text{S2}\cdot}{\text{S1}\cdot}\times 818$$

④ 加减速的变速次数固定为 10 次。

在不能按以上条件设定时，应降低 S1(・) 设定的最高频率。

D(・) 指定脉冲输出 Y 地址号，只能指定 Y000 或 Y001，并且 PLC 输出要为晶体管输出型。输出频率为 2～20kHz。若指令设定的最高频率、加减速时的变速速度超过此范围时，自动在该输出范围内调低或进位。FNC59（PLSR）指令输出的脉冲数存入以下特殊数据寄存器中：

Y000 输出脉冲数存入［D8141（高 16 位），D8140（低 16 位）］；

Y001 输出脉冲数存入［D8143（高 16 位），D8142（低 16 位）］；

FNC59（PLSR）、FNC57（PLSY）两指令输出的总脉冲数对 Y000、Y001 输出脉冲的累计存入［D8137（高 16 位），D8136（低 16 位）］。

二、高速处理指令的应用实例

工程中常需要进行准确的长度测量及定长控制，如箔材或线材的生产线，钢板的开平冲剪等。长度的测量常使用光电编码器或接近开关形成高频脉冲，再用高速计数器对脉冲计数。

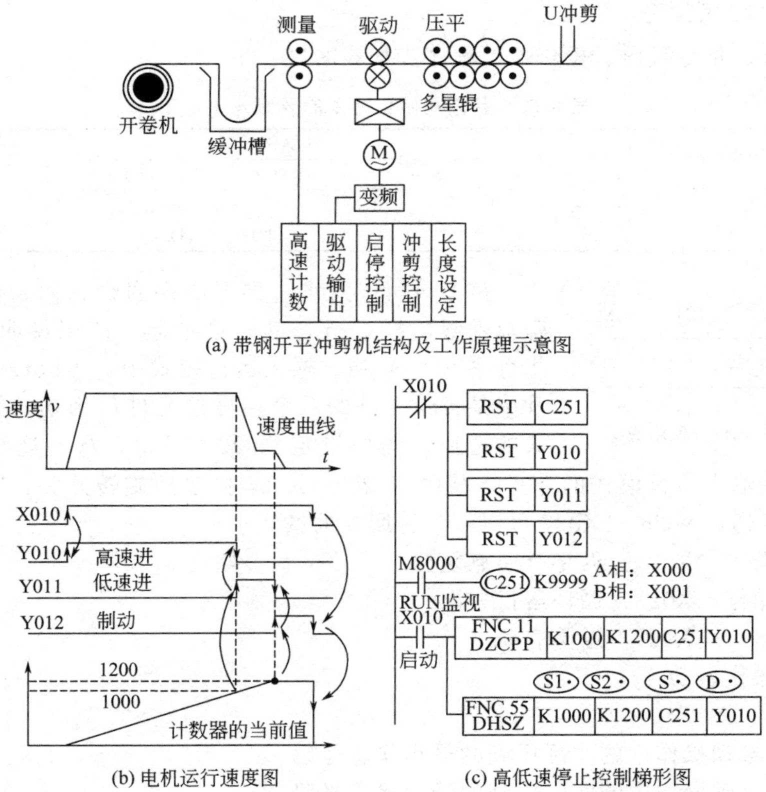

(a) 带钢开平冲剪机结构及工作原理示意图

(b) 电机运行速度图　　(c) 高低速停止控制梯形图

图 8-93　钢板展开压平冲剪流水线控制

图 8-93(a) 为薄带钢板的开平冲剪设备的结构及工作原理示意图。图中开卷机用来将带钢卷打开，多星辊用来将钢板整平，冲剪机用来将带钢冲剪成一定长度的钢板。缓冲坑为冲剪送料和开卷给料的缓冲而设计。系统通过变频调速器驱动交流电机作为送料拖动动力。分析每剪切一块钢板的过程，电机要经过启动送料、稳速运行、减速、制动停车几个步骤，电动机运行速度图如图 8-93(b) 所示。而速度图的实现则是使用高速计数器来控制完成的。图 8-93(c) 是用 2 相高速计数器 C251 控制高低速和停止的梯形图。程序中使用区间比较指令 FNC 11［DZCPP］可以在 X010 断开时，保持 Y010～Y012 的状态不变这一特点，保证

在 C251 当前值归 0 启动计数时，使 Y010 为 ON（C251 的当前值小于 K1000）。使用高速计数器区间比较指令 FNC 55［DHSZ］实现对输出点 Y010、Y011、Y012 的控制，Y010、Y011、Y012 则与变频器的高速、低速、制动端子相连。而高速计数器区间比较的设定值则是由速度图曲线不同阶段所包含的面积计算得来的。

第八节　$FX_{2N/3}$ 的方便类指令及其应用

方便类指令可以利用最简单的顺控程序进行复杂控制。该类指令有状态初始化、数据查找、绝对值式/增量式凸轮控制、示教/特殊定时器、旋转工作台控制、列表数据排序等十种，指令代码范围为 FNC 60～FNC 69。下面介绍它们的使用。

一、方便类指令使用说明

（一）状态初始化指令

指令的助记符、指令代码、操作数、程序步如表 8-52。

表 8-52　状态初始化指令的要素

指令名称	指令代码	助记符	操作数			程序步
			S(·)	D1(·)	D2(·)	
状态初始化	FNC 60 (16)	IST	X、Y、M	S20～S899 [D1(·)<D2(·)]		IST…7 步

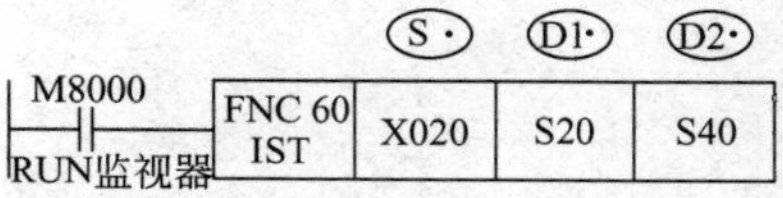

图 8-94　状态初始化指令使用说明

该指令可以对步进梯形图中的状态初始化和一些特殊辅助继电器进行自动切换控制。使用说明如图 8-94。指令中 S(·) 指定输入运行模式中，可以设定三种位元件中某种位元件的八个连号位元件作为初始输入运行模式的选择，例如设定 X020～ X027 八个连续的输入接口，作为以下初始输入运行模式的选择，其中 X020～ X024 接多挡旋转开关，确保五种运行模式不被同时接通，X025～ X027 可以接各种所需的按钮。

X020：手动操作　X021：返零（原点复位）

X022：单步操作　X023：循环运行一次

X024：循环运行　X025：返零启动

X026：自动操作启动

X027：停止

D1(·) 指定自动操作中的实际用到的最小状态号码。

D2(·) 指定自动操作中的实际用到的最大状态号码。

当 M8000＝ON，执行 IST 指令时，下列元件在 M8000＝OFF 保持的状态被自动改变原状态的控制。

禁止转移 M8040：所有状态被禁止；　S0：手动操作状态初始化；

转移开始 M8041：从初始状态转移；　S1：返零状态初始化；

启动脉冲 M8042：输出启动脉冲；　S2：自动操作状态初始化；

STL 监测有效 M8047：动作时将 S0～S899 的状态按顺序存入 D8040～D8047 中。

IST 指令只能在步进顺序程序之前使用一次。如果在编程中，不是使用以上八个连号的输入模式或有些输入模式要省略时，应该使用辅助继电器 M 改变排列，然后再以 M0 作为指令的指定运行模式，如图 8-95 所示。

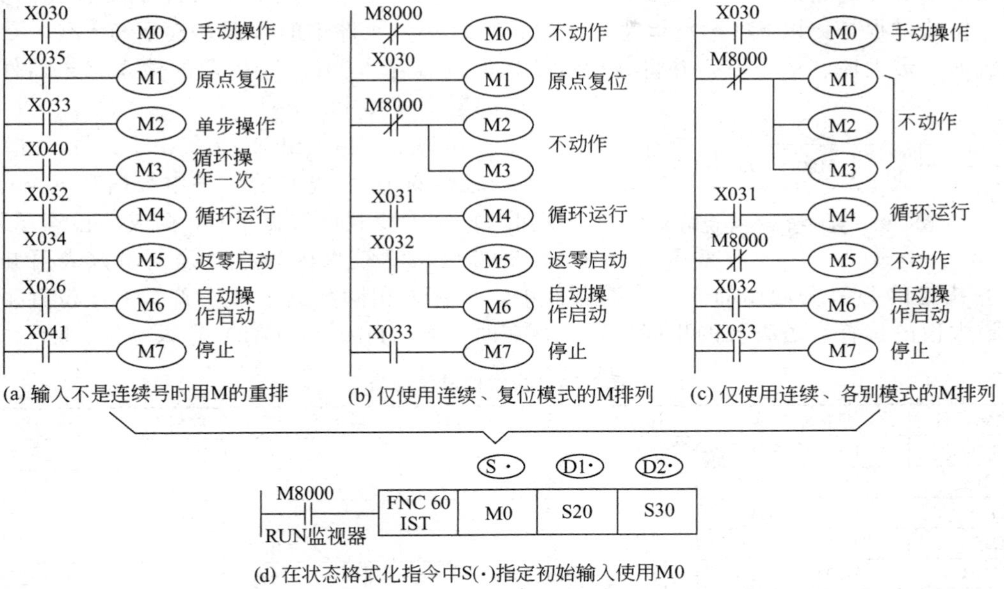

图 8-95　模式输入用 M 重排实例

注意事项：

① 使用 IST 指令时，PLC 自动将 S10～S19 作为返零使用。因此在编程中请勿将这些状态作为普通状态使用。另外，PLC 还将 S0～S9 作为状态初始化处理，其中 S0～S2 作为上述的手动操作，返零，自动操作使用，S3～S9 可以自由使用。

② IST 指令应在状态 S0～S2 等的一系列 STL 程序之前优先编程。

③ 为了防止上面 S(・) 指定的 X020～X024 同时为 ON，必须采用旋转开关。

④ 若复原完毕特殊辅助继电器 M8043 未动作时，手动（X020）、复原（X021）、自动（X022、X023、X024）之间进行切换动作时，则所有输出全为 OFF。反之，M8043 动作，输出按指令要求复原为 OFF。如图 8-96。

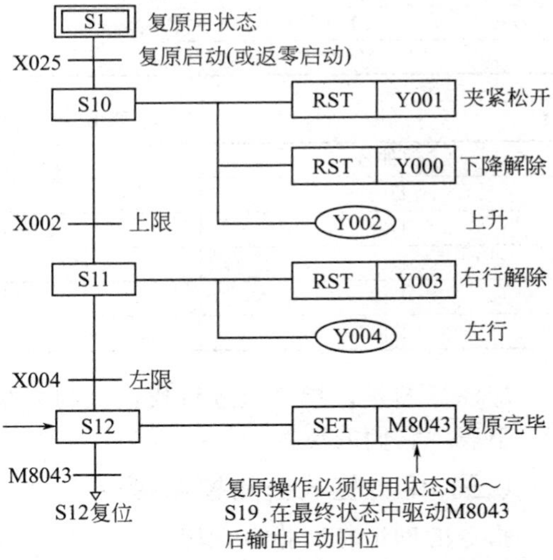

图 8-96　利用 M8043 对机械手自动运行前的复原操作

(二) 数据查找指令

指令的助记符、指令代码、操作数、程序步如表 8-53。

表 8-53　数据查找指令的要素

指令名称	指令代码	助记符	操作数				程序步
			S1(・)	S2(・)	D(・)	*n*	
数据查找	FNC 61 (16/32)	SER、SERP DSER、DSERP	KnX、KnY、KnM、KnS、T、C、D	K、H、KnX、KnY、KnM、KnS、T、C、D、V、Z	KnY、KnM、KnS、T、C、D	K、H、D (1～256/16 位) (1～128/32 位)	SER,SERP…9 步 DSER,DSERP…17 步

该指令可以进行同一数据、最大值、最小值检索。使用说明如图 8-97。图中，S1(·) 指定被检索器件的起始号；n 指定被检索器件的个数；S2(·) 指定器件中要查找的数据。指令操作的过程是：以 S1(·) 指定元件为起始的 n 个元件中的数据，检索与 S2(·) 中相同的数据、最大值、最小值，并将其检索结果的内容存入 D(·) 指定的检索结果器件 D10 开始的五个器件中。

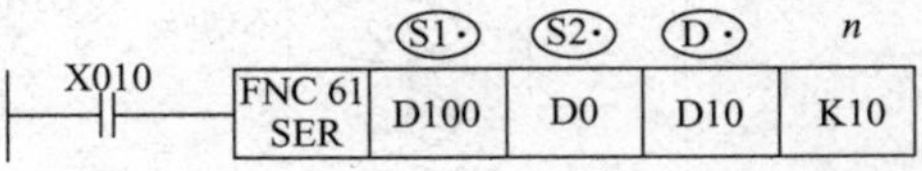

图 8-97　查找指令使用说明

表 8-54 是根据 SER 指令中 S1(·) 指定的 D100 起始的 10 个连号的元件中数据和 S2(·) 指定的 D0 中要查找的数据 K100 构成的检索原理表。表 8-55 是检索结果内容存放表。由该表可知，以 D(·) 指定的 D10 为起始的 5 个连续器件中，可存入相同数据个数及首、末次位置、最小值、最大值的位置。若查找的相同数据不存在时，则 (D10)～(D12) 存入 0。

表 8-54　检索构成原理表

被检索器件	被检索数据	比较数据	数据位置	最大值	同一数据	最小值
D100	(D100)＝K100	(D0)＝K100	0		相同	
D101	(D101)＝K111		1			
D102	(D102)＝K100		2		相同	
D103	(D103)＝K 98		3			
D104	(D104)＝K123		4			
D105	(D105)＝K 66		5			最小
D106	(D106)＝K100		6		相同	
D107	(D107)＝K 95		7			
D108	(D108)＝K210		8	最大		
D109	(D109)＝K 88		9			

表 8-55　检索结果内容存放表

器件号	内容	备注
D10	3	相同数据个数
D11	0	相同数据首次位置
D12	6	相同数据末次位置
D13	5	最小值最终位置
D14	8	最小值最终位置

应注意的是，指令只进行代数上的大小比较，若最大值、最小值有复数时，仅在 D13、D14 中表示它们的位置。

(三) 绝对值式凸轮控制指令

指令的助记符、指令代码、操作数、程序步如表 8-56。

表 8-56　绝对值式凸轮控制指令的要素

指令名称	指令代码位数	助记符	操作数				程序步
			S1(·)	S2(·)	D(·)	n	
绝对值式凸轮控制	FNC 62 (16/32)	ABSD DABSD	K＊X、K＊Y、K＊M、K＊S、T、C、D	C	Y、M、S	K、H (1≤n≤64)	ABSD…9 步 DABSD…17 步

注：表中＊表示指令是 16 位时，＊＝4，32 位时，＊＝8，并且 X、Y、M、S 为 8 的倍数指定号码。

该指令以凸轮平台旋转产生的脉冲，由 S2(·) 指定的计数器当前值与 S1(·) 指定的器件中数据进行比较，使 D(·) 指定器件为起始号的 n 个连续软元件，输出各种要求的波形。使用实例如图 8-98。图(a) 是指令使用说明，X000 为指令执行条件，凸轮平台旋转一

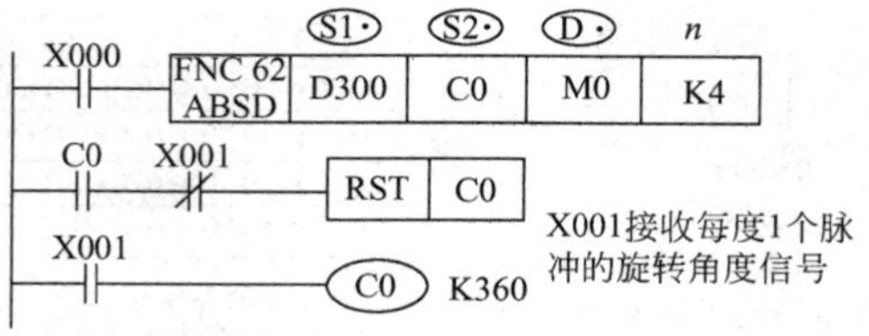

(a) 绝对值式凸轮控制指令使用说明

上升点	下降点	输出点
(D300)＝40	(D301)＝140	M0
(D302)＝100	(D303)＝200	M1
(D304)＝160	(D305)＝60	M2
(D306)＝240	(D307)＝280	M3

(b) 预先用传送指令写入 D300～D307 中数据

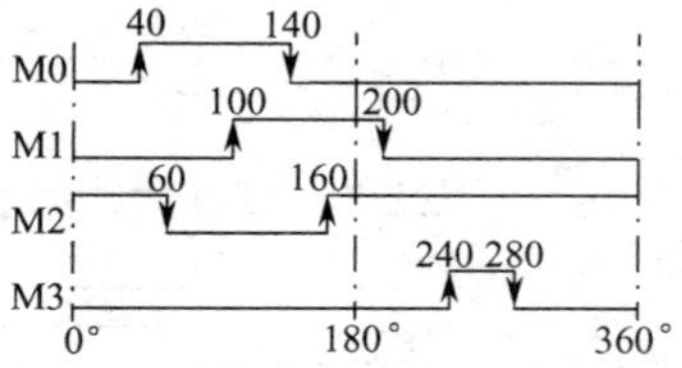

(c) X000=ON时，M0～M3产生的波形

图 8-98 绝对值式凸轮控制指令的使用实例

周产生每度 1 个脉冲从 X001 输入。S1(·) 指定的八个器件 D300～D307 中数据需预先由传送指令输入，上升点数据存入偶数号元件中，下降点数据存入奇数号元件中，如图(b) 所示。当 X000＝ON 时，计数器 C 0 对 X001 输入的脉冲计数，其当前值与 D300～D307 中数据比较，使 n＝4 个输出点 M0～M3 输出各自一个周期的波形，如图(c) 所示。改变 D300～D307 中数据值，输出波形随之而变化。

注意事项：

① n 值决定输出点数，当 X000 变为 OFF 后，输出各点状态保持不变。

② 若计数器是 32 位的，要用 DABSD 指令。也可以使用高速计数器。但是对于计数器的当前值，输出波形会由于扫描循环而造成响应滞后。若要响应具有快速性，建议使用高速计数器的区间比较指令 DHSZ。

③ 该指令在程序中只能使用一次。

(四) 增量式凸轮顺控指令

指令的助记符、指令代码、操作数、程序步如表 8-57。

表 8-57 增量式凸轮顺控指令的要素

指令名称	指令代码位数	助记符	操作数				程序步
			S1(·)	S2(·)	D(·)	n	
增量式凸轮顺控	FNC 63 (16)	INCD	K4X、K4Y、K4M、K4S、T、C、D	C	Y、M、S	K、H (1≤n≤64)	ABSD…9 步

注：X、Y、M、S 以 8 的倍数指定号码。

该指令由 S2(·) 指定的一对计数器计数（一个为秒脉冲计数器，例如 C0；另一个为统计复位次数的工作计数器，例如 C1，默认设定值为 n），秒脉冲计数器当前值按顺序达到 S1(·) 指定的 n 个器件中设定数据时，自动复位，由 D(·) 指定的 n 个输出器件按工作计数器的当前计数值顺序输出控制波形。使用说明如图 8-99。图(a) 是指令使用说明，X000 为指令执行条件，秒脉冲发生器 M8013 的脉冲使秒脉冲计数器 C0 计数，设 S1(·) 指定的 n＝4 个器件 D300～D303 中数据已预先由传送指令输入，如图(b) 所示。当 X000＝ON 时，秒脉冲计数器 C0 对 M8013 输入的脉冲计数，其当前值与 D300～D303 中数据顺序比较，当达到 D300～D303 设定的值时，自动按顺序复位，工作计数器 C1 统计 C0 的复位

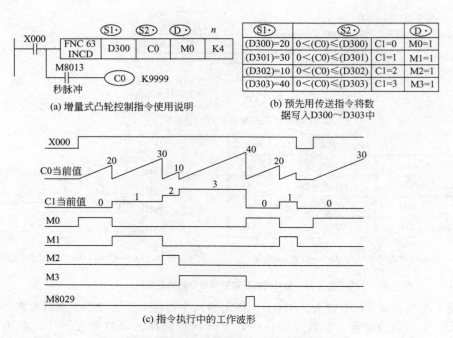

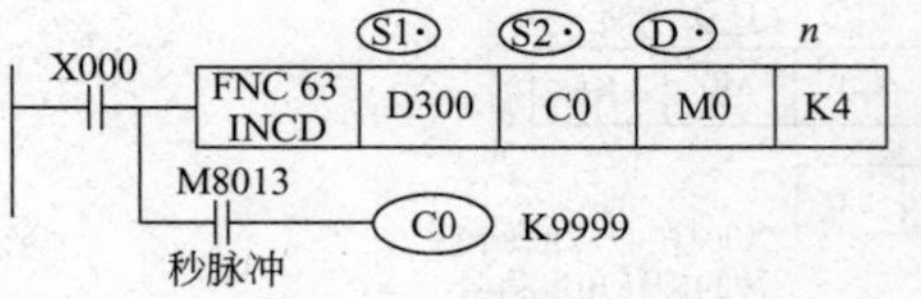

(a) 增量式凸轮控制指令使用说明

S1·	S2·		D·
(D300)=20	0<(C0)≤(D300)	C1=0	M0=1
(D301)=30	0<(C0)≤(D301)	C1=1	M1=1
(D302)=10	0<(C0)≤(D302)	C1=2	M2=1
(D303)=40	0<(C0)≤(D303)	C1=3	M3=1

(b) 预先用传送指令将数据写入D300～D303中

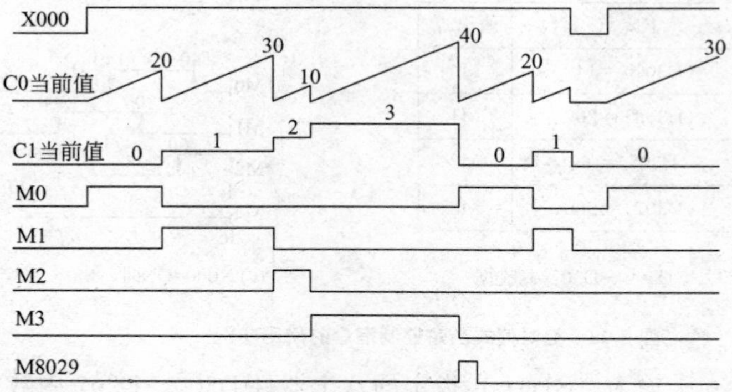

(c) 指令执行中的工作波形

图 8-99 增量式凸轮顺控指令使用说明及工作波形

次数，按照 C1 的当前值使 M0～M3 按顺序动作，输出控制波形，如图(c) 所示。改变 D300～D303 中数据值，输出波形脉宽随之而变化。

注意事项：

① 工作计数器 C1 达到默认的设定值 n 后，“指令执行结束”标志 M8029 动作，指令再次重复同样的工作。

② X000 由 ON→OFF 时，CO、C1 被复位，M0～M3 也为 OFF。再次将 X000 置于 ON 时，从初始运行。

③ 该指令在程序中只能使用一次。

（五）示教定时器指令

指令的助记符、指令代码、操作数、程序步如表 8-58。

表 8-58 示教定时器指令的要素

指令名称	指令代码位数	助记符	操作数		程序步
			D(・)	n	
示教定时器	FNC 64 (16)	TTMR	D	K、H (n=0～2)	TTMR…5 步

该指令可以测定按钮按下的时间，乘以 n 指定的倍率存入定时器的设定值元件中。使用说明如图 8-100。图(a) 是指令的形式，目标操作数 D(・) 指定的数据寄存器有两个，数据寄存器 D301 用以测定按钮 X010 闭合的时间，乘以 n 指定的倍率，存入起始数据寄存器 D300 中，D300 中数据作为定时器的新的设定时间。图(b) 是按钮 X010 闭合 t_0 秒时的波形；图(c) 是根据 n 的倍率，存入 D300 中对应的设定值。应注意的是，当 X010 为 OFF 时，D301 被复位，而存入 D300 中的数据不变。

图 8-101 是用示教定时器指令为 10 个定时器的数据寄存器调整设定时间的程序。程序中 10 个定时器 T0～T9 的计时单位均是 100ms 的，其定时设定值在 D400～D409 中已写入。程序执行时，连接 X000～X003 接口的一位数字开关（BCD 码）输入的数据通过 BIN 码指

令转换为二进制码送入变址寄存 Z0 中，作为 D400 的变址。当 X010 闭合执行示教定时器指令，闭合时间存入 D300 中，当 X010 闭合结束，立即将 D300 中示教时间传送到指定的 D400Z0 中。

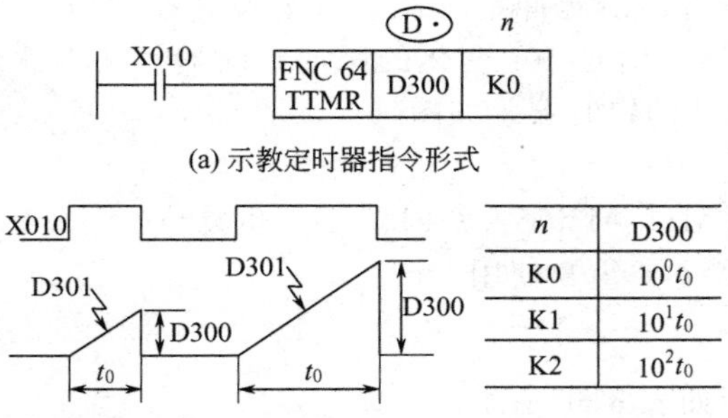

(a) 示教定时器指令形式

(b) 测定和存储 X010 闭合时间的波形

n	D300
K0	$10^0 t_0$
K1	$10^1 t_0$
K2	$10^2 t_0$

(c) 实际 D300 中的值

图 8-100　示教定时器指令使用说明

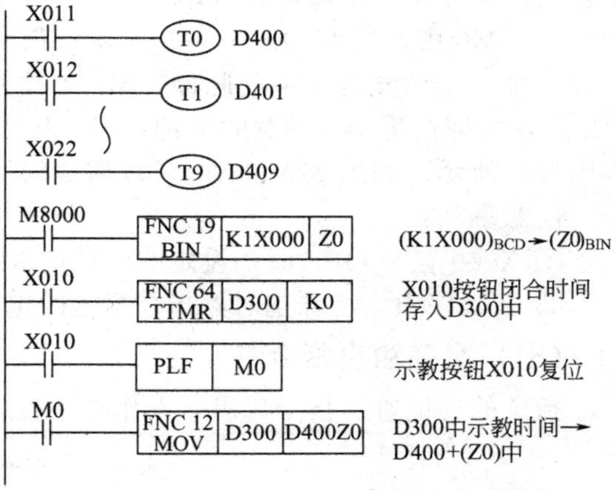

图 8-101　示教定时器指令为 10 个定时器的数据寄存器调整设定时间

（六）特殊定时器指令

指令的助记符、指令代码、操作数、程序步如表 8-59。

表 8-59　特殊定时器指令的要素

指令名称	指令代码位数	助记符	操作数			程序步
			S(·)	m	D(·)	
特殊定时器	FNC 65 (16)	STMR	T0～T199 (100ms/定时)	K、H (0～32,767)	Y、M、S	STMR…7 步

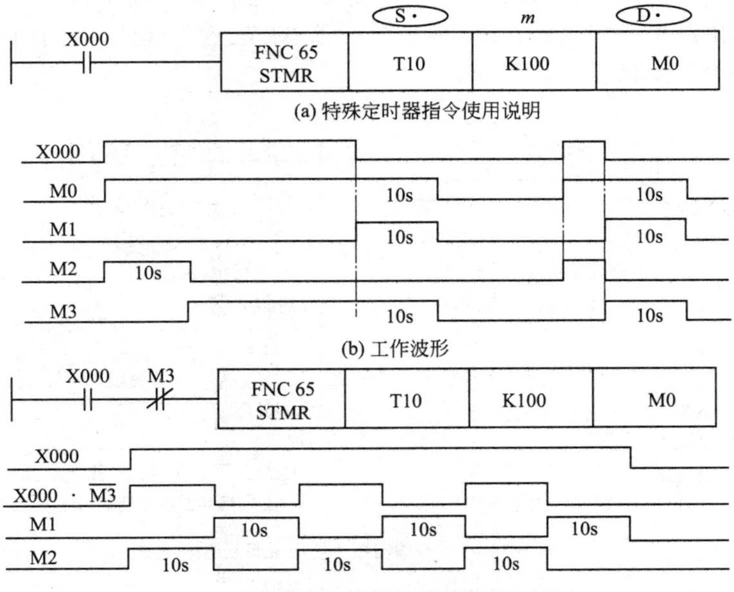

(a) 特殊定时器指令使用说明

(b) 工作波形

(c) 利用特殊定时器指令构成闪烁定时脉冲

图 8-102　特殊定时器指令使用说明及工作波形

特殊定时器指令可以根据输入信号使 D(·) 指定的四个连号的位元件构成延时断开定时器、脉冲定时器、闪烁定时器。使用说明如图 8-102。图(a) 为指令使用说明，m 为 S(·) 指定定时器的延时设定值，本例中 m＝K100 为 10s；D(·) 指定起始号为 M0 的四个连续位元件作为特殊定时器，其中 M0 为延时断开定时器，当输入信号由 ON 变 OFF 后，延时 10s M0 由 ON 变 OFF；M1 为输入信号后沿脉冲定时器，当输入信号由 ON 变 OFF 后，产生一个脉宽为 10s 的脉冲；M2 为输入信号前沿脉冲定时器，当输入信号由 OFF 变 ON 后，立即产生 10s 脉宽的脉冲；M3 为滞后输入信号 10s 变化的脉冲定时器。工作波形如图(b) 所示。利用 M2 和 M3 可以构成闪烁脉冲的定时器，如图(c) 所示。

注意事项：

① X000 置于 OFF 时，设定时间后的 M0、M1、M3 变为 OFF，T10 也复位。

② 在程序中由特殊定时器指令指定的定时器不要重复使用。

(七) 交替输出指令

指令的助记符、指令代码、操作数、程序步如表 8-60 所示。

表 8-60　交替输出指令的要素

指令名称	指令代码 位数	助记符	操作数范围 D(·)	程序步
交替输出	FNC66 ◥ (16)	ALT、ALTP	Y、M、S	ALT、ALTP…3 步

交替输出指令在每次执行条件由 OFF→ON 的上升沿，D(·) 中指定元件的状态按二分频变化，利用这一特征，可以实现多级分频输出、单按钮启/停、闪烁动作等功能。

指令的使用说明及应用如图 8-103。图(a) 是由交替输出指令构成二分频程序及输出波形；图(b) 为四分频程序及输出波形；图(c) 是单按钮启/停程序，程序中输出 Y000 和 Y001 分别驱动停止和启动指示灯，当按下按钮使 X000 第一次闭合时，M0 的常开触点闭合，常闭触点断开，使输出 Y001 闭合，启动指示灯亮，再次按下按钮使 X000 第二次闭合时，M0 的常开触点断开，常闭触点闭合，使输出 Y000 闭合，停止指示灯亮；图(d) 是闪烁脉冲程序及输出波形，当 X006 闭合时，定时器 T2 触点每隔 1s 瞬间闭合一次，使输出 Y007 交替 ON/OFF 变化，产生序列脉冲。

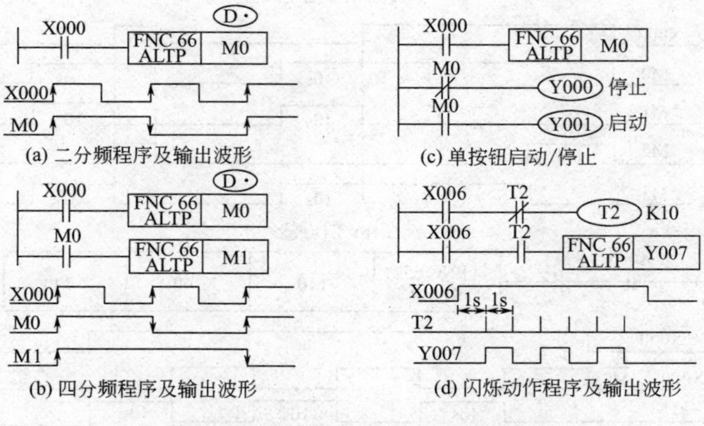

图 8-103　交替输出指令使用说明及应用

注意：如果程序中使用的是连续执行型交替输出指令，则在每个程序运行周期执行一次指令。

(八) 斜坡信号指令

指令的助记符、指令代码、操作数、程序步如表 8-61 所示。

表 8-61　斜坡信号指令的要素

指令名称	指令代码位数	助记符	操作数范围				程序步
			S1(·)	S2(·)	D(·)	n	
斜坡信号	FNC 67 (16)	RAMP	D			K、H (1～32,767)	RAMP…9 步

该指令可以产生不同斜率的斜坡信号，若与模拟输出组合，可以输出缓冲启动/停止信号。使用说明如图 8-104。图(a) 是指令的梯形图，S1(·) 指定 D1 中为斜坡信号的起始值，S2(·) 指定 D2 中为斜坡信号的终端值，D1 和 D2 中数据应预先写入；D(·) 指定以 D3 为起始号的两个连号的数据寄存器 D3、D4。D3 中存放的是从 D1 的值到 D2 的值的变化数据，其数值变化的快慢取决于 n 次扫描周期时间，D4 是存放的扫描次数 n 值，若 D3、D4 改为停电保持型的，应在执行指令前清零；n 为设定的扫描次数，应将每次扫描周期的时间（该扫描时间要稍大于实际程序的扫描时间）预先写入 D8039 中，再置恒周期扫描方式辅助继电器 M8039=1，使 PLC 处于恒定扫描周期方式。若 D8039 中写入的值为 0ms（即默认每次扫描时间为 1ms)，则 n 次扫描周期时间 $=1\text{ms}\times n=1000\text{ms}$，若 D8039 中预先写入的值为 20ms（要≥PLC 扫描周期)，n 次扫描周期时间 $=20\text{ms}\times n=20\text{s}$。

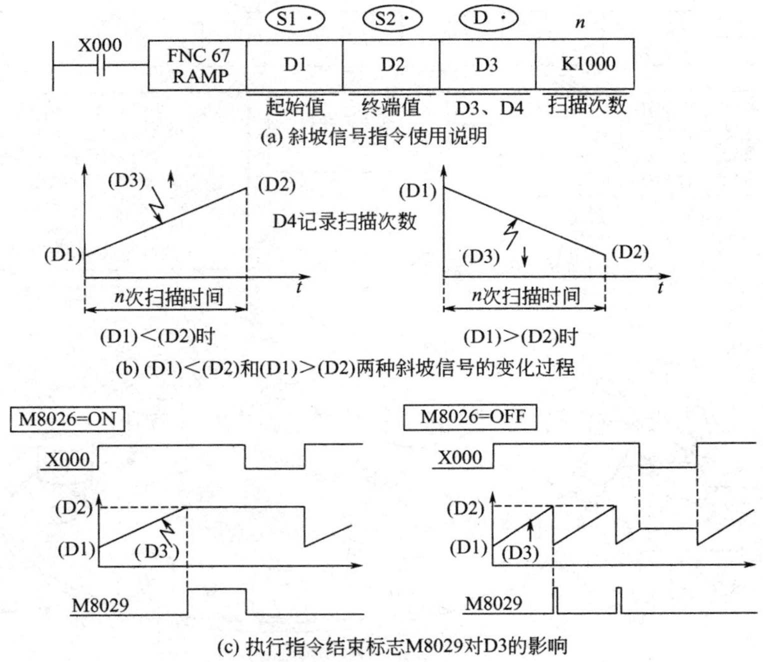

图 8-104　斜坡信号指令的使用说明

图 8-104(b) 是 (D1)>(D2)和(D2)>(D1) 两种情况下斜坡信号变化的过程。

注意事项如下。

① 指令执行中若 X000 变为 OFF 时，指令处于运行中断状态，D3、D4 中数据保持不变；若再次将 X000 置于 ON 时，D3、D4 中内容被清除，D3、D4 从初始记录数据。

② D3 中变化数据受斜坡信号标志继电器 M8026 影响，若 M8026＝ON，在 X000＝ON 期间，D3 从（D1）变化到（D2）仅一次，并且 D3 中变化值保持不变，且（D4）＝1；若 M8026＝OFF，在 X000＝ON 期间，D3 从（D1）变化到（D2）立即回到起始值（D1），并重复变化，（D4）则记录扫描的次数。如图 8-104(c)。

③ 斜坡信号变化结束，“指令执行结束”标志继电器 M8029 会置 ON，D3 的值恢复到 D1 的起始值。如图 8-104(c)。

（九）旋转工作台控制指令

指令的助记符、指令代码、操作数、程序步如表 8-62 所示。

表 8-62　旋转工作台控制指令的要素

指令名称	指令代码位数	助记符	操作数范围				程序步
			S(·)	*m*1	*m*2	D(·)	
旋转工作台控制	FNC 68 (16)	ROTC	D	K、H (2～32,767)	K、H (0～32,767)	Y、M、S	ROTC…9 步

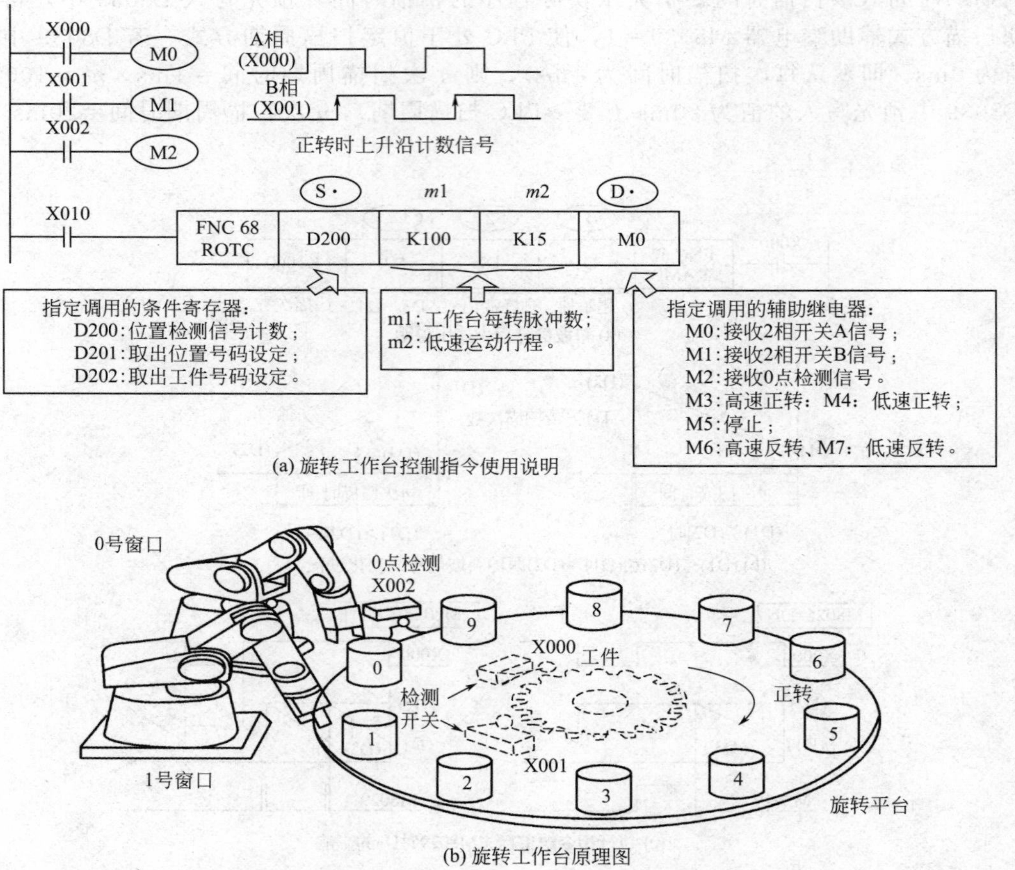

(a) 旋转工作台控制指令使用说明

(b) 旋转工作台原理图

图 8-105　旋转工作台控制指令使用说明及工作台原理图

该指令（在程序中只能使用一次）可以对旋转工作台上工件取放进行控制。使用说明和原理如图 8-105 所示。图(a) 是指令的梯形图，S(·) 指定以 D200 起始的三个数据寄存器，D200 指定为工作台旋转检测信号计数寄存器，D201 指定为存放“工件取出位置号”的寄存器，D202 指定为存放“工件取出工件号”的寄存器，D201 和 D202 在指令执行前要预先设定；$m1$ 是设定旋转工作台每转的脉冲数，$m2$ 是设定工作台低速运动行程，$m2 \leqslant m1$；完成上述设定后，指令就自动以 D(·) 指定的起始号为 M0 的八个辅助继电器接收和输出控制信号，其中：M0、M1 用于接收工作台正/反转的 2 相开关信号（M0 接收从 X000 输入的 A 相信号，M1 接收从 X001 输入的 B 相信号），M2 接收 0 号工件转到 0 号窗口时，动作开关 X002 的 0 点检测信号，M0～M2 必须预先由输入点 X000～X002 构成驱动电路，而 M3～M7 分别是高速正转、低速正转、停车、低速反转、高速反转的输出控制继电器，它们在指令执行中自动输出结果。当 X010 断开时，它们的信息全部清除。

当 X010 为 ON、0 点检测信号 X002＝ON 时（M2＝1），计数寄存器 D200 的内容清为零。为工件转到 0 号检测点重新进行计数。

如果取工件 0 与工件 1 区间内旋转检测信号动作 10 次，旋转工作台区域的设定、调用位置的号码设定、工件号码的设定均要设为 10 的倍值。由此，低速区间的设定值也可以取区域设定值的中间值。

例如：旋转检测信号取工件 0 与工件 1 区间内动作 10 次，旋转工作台设定为 10 个区域，则旋转台检测信号为 10×10＝100 脉冲/转（由 D200 计数），则工件号码，调用位置号码定为 0、10、20、30……90。

作为低速区间，需要工件间距 10 的 1.5 倍时，$m2=15$。

（十）列表数据排序指令

指令的助记符、指令代码、操作数、程序步如表 8-63 所示。

表 8-63 列表数据排序指令的要素

指令名称	指令代码位数	助记符	操作数范围					程序步
			S(·)	$m1$(行)	$m2$(列)	D(·)	n	
列表数据排序	FNC 69 (16)	SORT	D	K、H (1～32)	K、H (1～6)	D	D 1～$m2$ (指定列号)	SORT…17 步

列表数据排序指令可以对 S(·) 指定的排序表，按 n 指定的列号，将该列数据从小到大排序，新的排序表存入 D(·) 指定的数据寄存器中。该指令在程序中只能使用一次。使用说明如图 8-106，图(a) 是指令使用说明，执行指令时，根据 S(·) 指定的 D100 为首地址的 $m1$(行)×$m2$(列) 源排序表，按 n＝(D0)＝K2 指定的第 2 列，将数据从小到大排列，新的排序表存入 D(·) 指定的 D200 为首地址的 $m1 \times m2$ 排序表中。执行过程如图(b) 所示。若 n 指定的列号为 K3，则对源数据表中第 3 列数据从小到大排序，如图（c）。

注意事项如下。

① 当 X010＝ON 时，指令按行扫描直至数据排序结束，指令执行结束标志 M8029＝ON，指令停止运行。运行中不能改变指令操作数和表数据的内容。再运行时，请将 X010 置于 OFF 一次。

② 若 S(·) 与 D(·) 所指为同一器件时，请注意指令未运行完毕时，不要改变 S(·) 中的内容。

二、方便类指令应用

图 8-107(a) 所示是工件传送机构，通过机械手将工件从 A 点传送到 B 点。图 8-107(b) 是机械手的操作面板。面板上操作可分为手动和自动两大类，每类的操作如下。

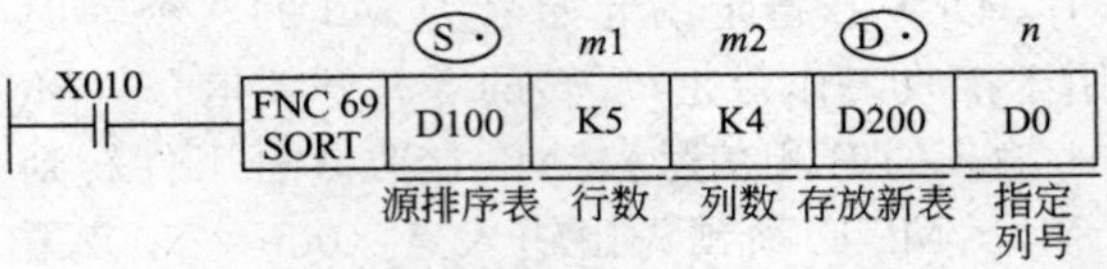

(a) 列表排序指令使用说明

D100 起始的排序表

列号 行号	1	2	3	4
	人员号码	身长	体重	年龄
1	D100 1	D105 150	D110 45	D115 20
2	D101 2	D106 180	D111 50	D116 40
3	D102 3	D107 160	D112 70	D117 30
4	D103 4	D108 100	D113 20	D118 8
5	D104 5	D109 150	D114 50	D119 45

(D0)＝K2，执行指令时

列号 行号	1	2	3	4
	人员号码	身长	体重	年龄
1	D200 4	D205 100	D210 20	D215 8
2	D201 1	D206 150	D211 45	D216 20
3	D202 5	D207 150	D212 50	D217 45
4	D203 3	D208 160	D213 70	D218 30
5	D204 2	D209 180	D214 50	D219 40

(b)

D100 起始的排序表

列号 行号	1	2	3	4
	人员号码	身长	体重	年龄
1	D100 1	D105 150	D110 45	D115 20
2	D101 2	D106 180	D111 50	D116 40
3	D102 3	D107 160	D112 70	D117 30
4	D103 4	D108 100	D113 20	D118 8
5	D104 5	D109 150	D114 50	D119 45

(D0)＝K3，执行指令时

列号 行号	1	2	3	4
	人员号码	身长	体重	年龄
1	D200 4	D205 100	D210 20	D215 8
2	D201 1	D206 150	D211 45	D216 20
3	D202 2	D207 180	D212 50	D217 40
4	D203 5	D208 150	D213 50	D218 45
5	D204 3	D209 160	D214 70	D219 30

(c)

图 8-106　列表排序指令使用说明

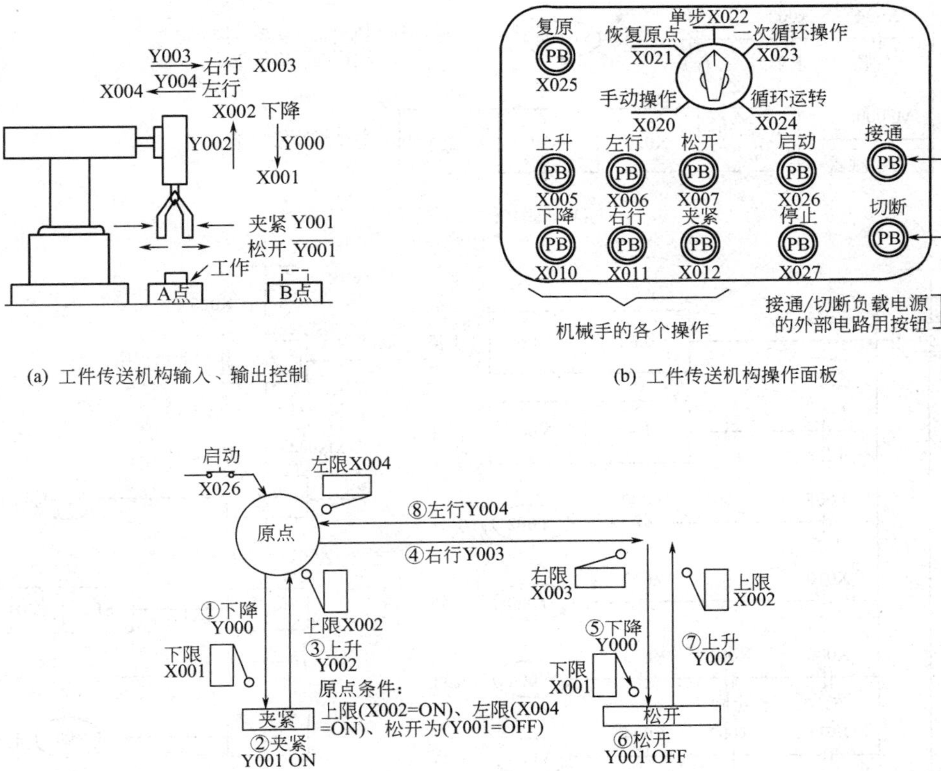

(a) 工件传送机构输入、输出控制

(b) 工件传送机构操作面板

(c) 传送机构控制原理图

图 8-107 工件传送控制机构

手动——单个操作:用单个按钮接通或切断各负载的模式。
　　—单　　步:每次按下启动按钮,前进一个工序。
　　—原点复位:按下原点复归按钮(X021= ON)时,使机械手自动复归原点的模式。

自动—— 循环一次:在按下循环一次按钮(X023=ON)时,循环运行一次后停在原点。若运行中按下停止按钮(X027=ON),运行停止,再按下启动按钮(X026=ON)时,继续在原位置运行至原点。
　　— 循环运行:按下启动按钮(X026=ON)和连续运行按钮(X024=ON)时,机械手循环运行。若按下停止按钮,运行到原点位置后停车。

根据操作面板模式分配以下输入接点号码为:

X020:各个操作　　X021:原点复归
X022:单步操作　　X023:循环一次
X024:连续运行操作　　X025:复原启动
X026:自动启动　　X027:停止

图 8-107(c) 是工件传送机构的原理图。左上为原点,按照①下降、②夹紧、③上升、④右行、⑤下降、⑥松开、⑦上升、⑧左行的顺序从左向右传送。下降/上升、左行/右行使用的是双电磁阀(驱动/非驱动 2 个输入),夹紧使用的是单电磁阀(只在通电中动作)。

则可以编写出步进状态初始化、手动单个操作、原点复位、自动运行(包括循环一次、连续运行）四部分梯形图程序如图 8-108 所示，指令表程序如图 8-109 所示。

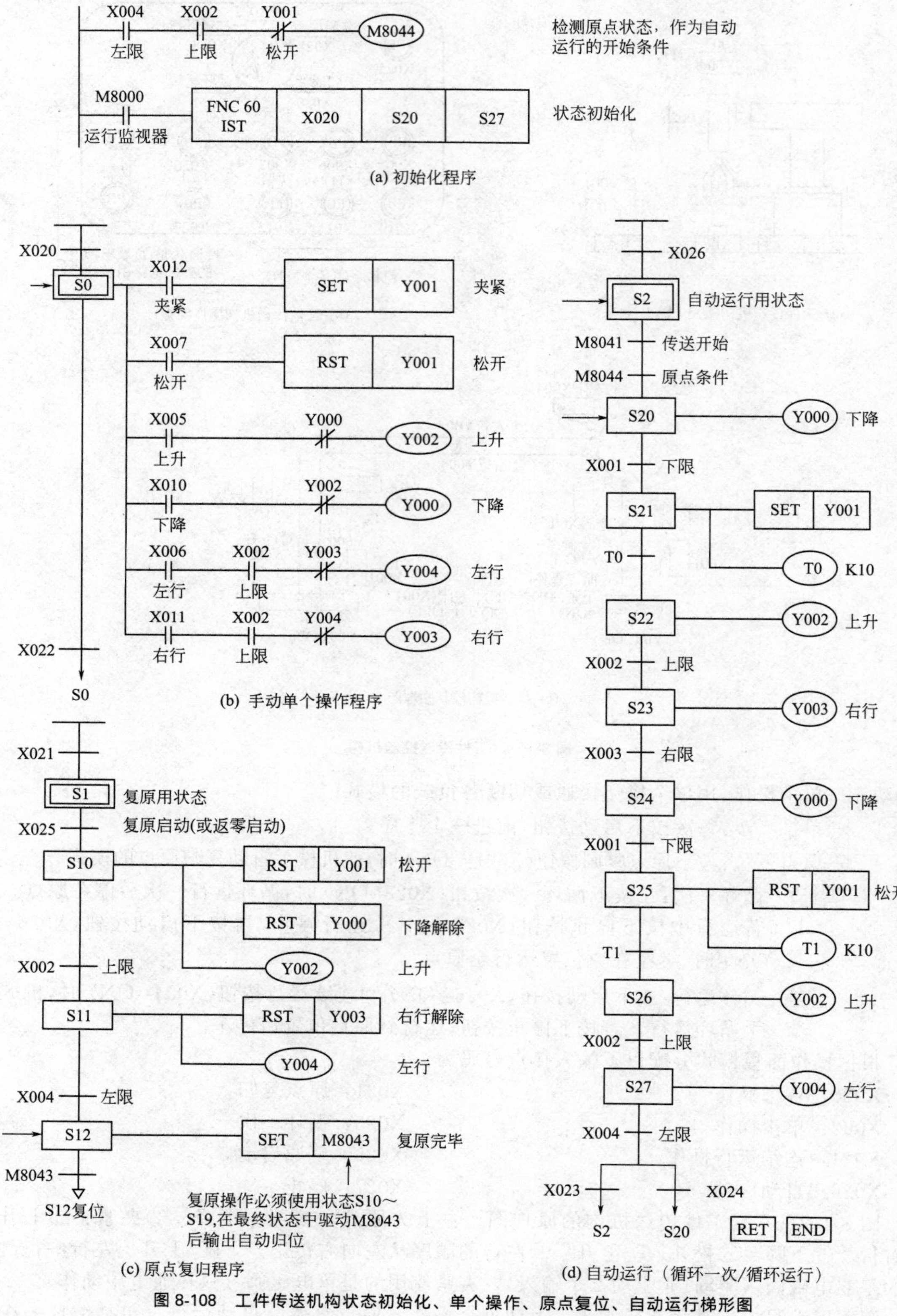

图 8-108　工件传送机构状态初始化、单个操作、原点复位、自动运行梯形图

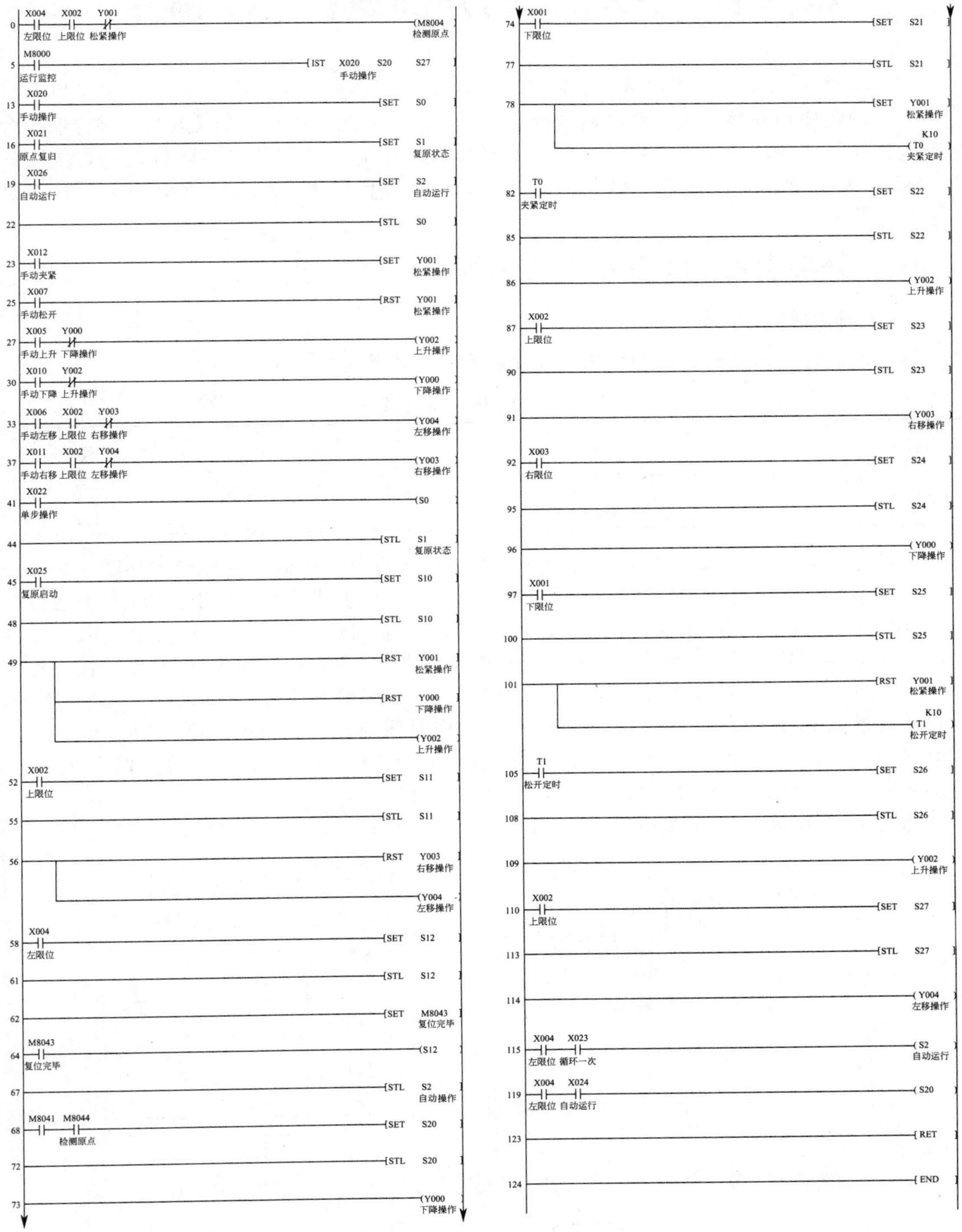

图 8-109 工件传送机构的图 8-108 程序转换为梯形图的程序

第九节　$FX_{2N/3}$ 的外部设备 I/O 指令

$FX_{2N/3}$ 系列可编程控制器备有可供与外部设备交换数据的 I/O 指令。这类指令可以通过最少量的程序和外部布线，简单地进行复杂的控制。因此，这类指令具有与上述方便指令近似的性质。此外，为了控制特殊单元、特殊模块，还有对它们的缓冲区数据进行读写的 FROM、TO 指令。外部设备 I/O 指令共有十条，指令代码为 FNC70～FNC79，下面对这类指令进行介绍。

一、外部设备 I/O 指令使用说明

（一）十键输入指令

指令的名称、助记符、指令代码、操作数和程序步数见表 8-64。

表 8-64　十键输入指令要素

指令名称	指令代码位数	助记符	操作数			程序步
			S(·)	D1(·)	D2(·)	
十键输入	FNC 70 (16/32)	TKY DTKY	X、Y、M、Z (用 10 个连号元件)	KnY、KnM、KnS、T、C、D、V、Z	Y、M、S (11 个连号元件)	TKY…7 步 DTKY…13 步

十键输入指令是用 10 个按键输入十进制数的功能指令。该指令的梯形图如图 8-110(a) 所示。图中 S(·) 指定输入元件 X000 为起始号的 10 个连号元件，用于接收 10 个按键输入；D1(·) 指定存储元件 D0，存放接收的 4 位 10 进制数据；D2(·) 指定读出位元件 M10 为起始号的连续 11 个元件。与梯形图相配合的 0～9 输入按键与 PLC 的输入接点连接如图 8-110(b) 所示，接在 X000～X011 端口上的 10 个按键若输入 2130 四位 10 进制数据，并自动转换成 BCD 码存于 D0 中。按键输入的动作时序与对应的辅助继电器 M10～M19 动作时序如图 8-110(c) 所示，按键按①②③④顺序按下时，则 D0 中存入的数据为 2130 的 BCD 码，如果送入的数据大于 9999，则高位溢出并丢失。

当使用 32 位的 DTKY 指令时，D0 和 D1 成对使用，最大存入的数据为 99999999。

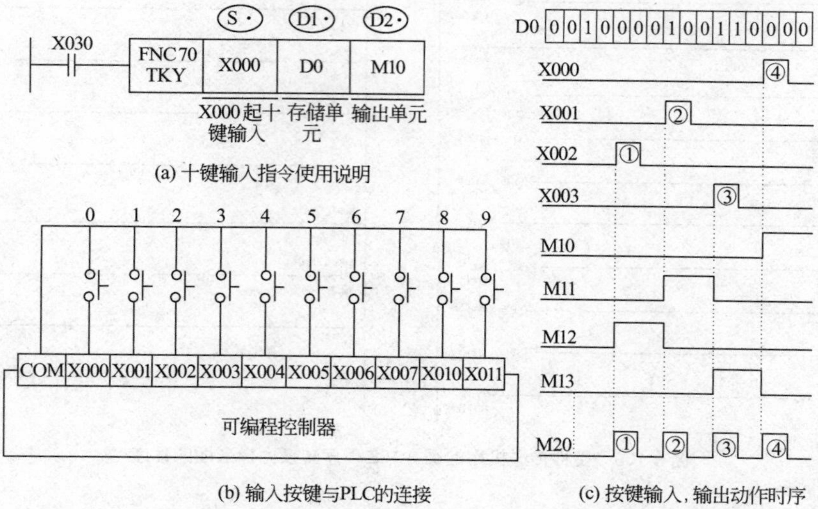

(a) 十键输入指令使用说明

(b) 输入按键与PLC的连接

(c) 按键输入，输出动作时序

图 8-110　十键输入指令使用说明

由图 8-110(c) 时序可知，当 X002 按下后，M12 置 1 并保持至下一键 X001 按下结束，X001 按下后 M11 置 1 并保持到下一个键 X003 按下结束……，因此 X000～X011 与 M10～M19 是一一对应的。M20 对于任何一个键按下，都将产生一个脉冲，称为键输入脉冲，可作为计数脉冲，记录 10 个按键按下的次数，并且按下次数值大于 4 时发出提醒重新置数信号，并将存储单元 D0 中对应四位二进制数清零。当有两个或更多键被按下时，先按下的键有效。本指令中操作数 D2(・) 指定的各位元件的动作可用于输入相关的功能设计。

使用时注意：① 当驱动指令的条件 X030 由 ON 变为 OFF 时，D0 中的数据保持不变，但 M10～M20 全部变为 OFF。

② 该指令在程序中只能使用一次。

(二) 十六键输入指令

指令的名称、助记符、指令代码、操作数和程序步数见表 8-65。

表 8-65　十六键输入指令的要素

指令名称	指令代码位数	助记符	操作数				程序步
			S(・)	D1(・)	D2(・)	D3(・)	
十六键输入	FNC 71 (16/32)	HKY DHKY	X 4个连号元件	Y 4个连号元件	T、C、D、V、Z	Y、M、S 8个连号元件	HKY…9 步 DHKY…17 步

十六键指令是使用十六键键盘输入数字及功能信号的指令。HKY 指令梯形图如图 8-111(a) 所示，其中 S(・) 指定 4 个连号的输入元件，D1(・) 指定 4 个连号的扫描输出元件，D2(・) 指定存储键输入信号的元件，D3(・) 指定 8 个连号的读出位元件。

十六键的键盘与 PLC 的外部连接如图 8-111(b) 所示。由图可知，键盘十六个键采用 4×4 矩阵连接方式与 PLC 的输入/输出口相连。指令中 S(・) 指定 4 个连号的输入口构成行输入，D1(・) 指定的 4 个连号的晶体管输出单元构成列输入，D2(・) 指定的存储元件存放键盘上数字键输入的数据，D3(・) 指定的 8 个连号的读出位元件一般是与键盘上功能键相对应的机内辅助存储器。

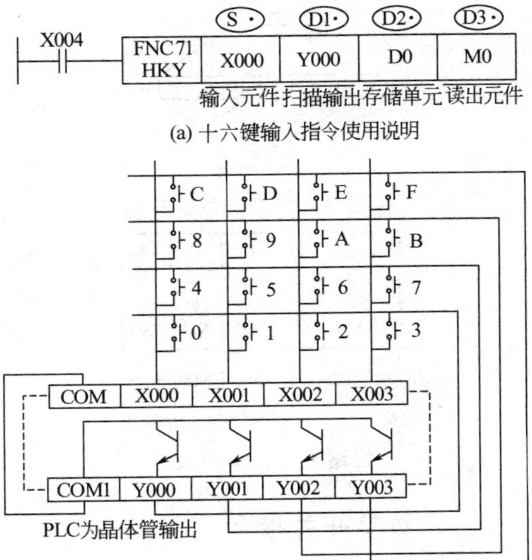

(a) 十六键输入指令使用说明

(b) 十六键输入与PLC的外部连接

图 8-111　十六键输入指令使用说明

十六键键盘上分为数字键和功能键两部分。

1. 数字键部分

十六键键盘上有 0～9 十个数字键，从这 10 个数字键输入的 4 位十进制数 0～9999 以二进制码存于 D2(・) 指定的 D0 中，数大于 9999 时将溢出，如图 8-112(a) 所示。

使用 32 位 DHKY 指令时，输入的 8 位十进制数 0～99999999 存于 D1 和 D0 中。多个键同时按下时先按下的键有效。

2. 功能键部分

十六键键盘上有六个功能键 A～F 与读出元件 M0～M5 的关系如图 8-112(b) 所示。按下 A 键，M0 置 1 并保持。按下 D 键，M0 置 0 且 M3 置 1 并保持。其余类推。同时按下多个键时，先按下的键有效。在应用程序中可使用 M0～M5 作为 A～F 键的启动信息。

3. 键扫描输出

当 X004＝ON，按下（数字或功能）键被扫描到后，指令执行结束标志 M8029 置 1。功能键 A～F 的任一个键被按下期间，M6 置 1（不保持）。数字键 0～9 的任一个键被按下期间，M7 置 1（不保持）。当 X004 变为 OFF 时，D0 中数据保持不变，M0～M7 全部为 OFF。

十六键输入指令扫描全部 16 键需要扫描 8 次，一般情况需 8 个扫描周期。即执行所需的时间取决于程序的执行速度。同时，执行速度将受相应的输入时间限制。如果扫描时间太长，则应该设置一个时间中断来加快键输入信息的采集。当使用时间中断程序后，必须要使输入端在执行指令 HKY 前及输出端在执行 HKY 后能重新工作，这一过程可以用输入输出刷新指令 REF 来完成。

时间中断的设置时间要稍长于输入端重新工作的时间。对于普通输入，要设置 15ms 或更长一些，对高速输入设置 10ms 较好。图 8-113 是使用时间中断程序中用十六键指令 HKY 来加速输入响应的梯形图。若预先将具有数据处理功能的 M8167 置 1，可将 0～F 的十六进制数据原封不动地写入 D2(·) 指定的字元件中。

HKY 指令在程序中只能用一次。HKY 指令只能适用于晶体管输出的可编程控制器。

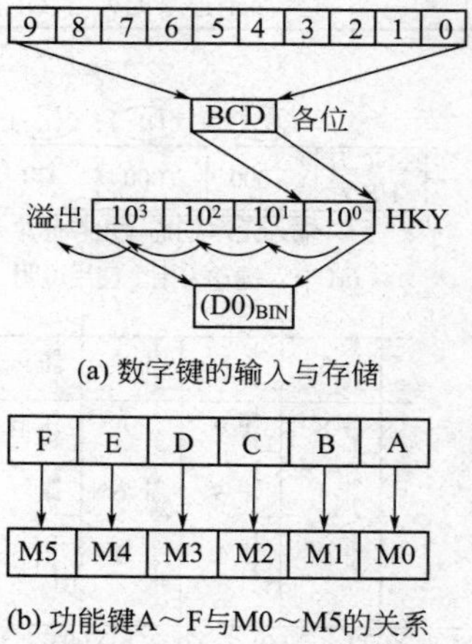

图 8-112　数字键和功能键的输入与存储的关系

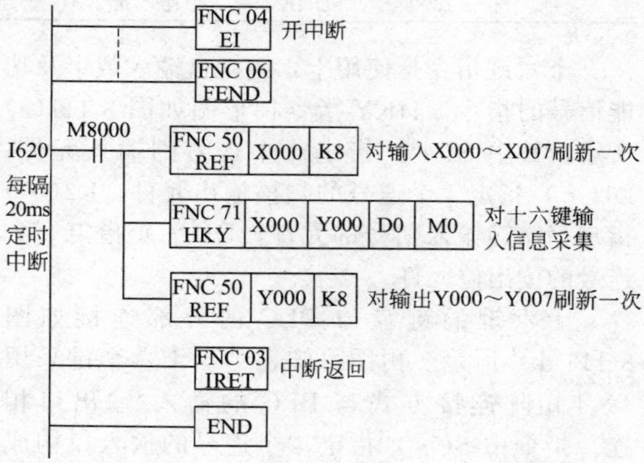

图 8-113　HKY 指令中使用时间中断

（三）数字开关指令

指令的名称、助记符、指令代码、操作数和程序步数见表 8-66。

表 8-66　数字开关指令的要素

指令名称	指令代码位数	助记符	操作数				程序步
			S(·)	D1(·)	D2(·)	n	
数字开关	FNC 72 (16)	DSW	X 4 个连号	Y 4 个连号	T、C、D、V、Z	K、H n=1 或 2	DSW…9 步

数字开关指令是输入 BCD 码开关数据的专用指令，可用来读入 1 组或 2 组 4 位数字开关的设置值。在一个程序中，此指令可以使用两次。指令的使用说明如图 8-114 所示。

指令梯形图如图 8-114(a) 所示，S(·) 指定 n×4 位输入点的起始号，D1(·) 指定 4 位输出选通读出点的起始号，D2(·) 指定 n 个连号的数据存储元件，n 指定数字开关的组数。

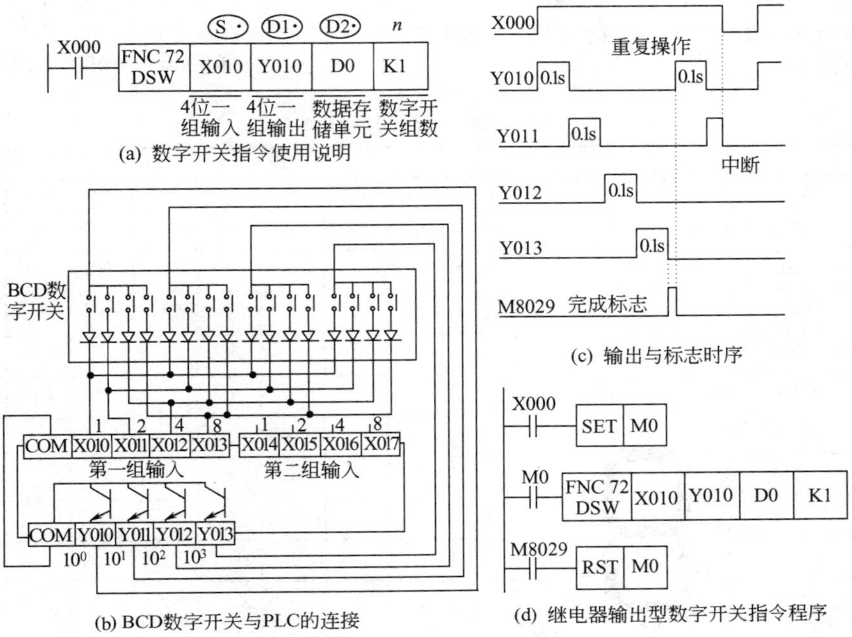

图 8-114 数字开关指令使用说明

每组开关由 4 个拨盘组成（每个拨盘构成一位 BCD 码），拨盘也叫 BCD 码数字开关。开关与 PLC 的接线如图 8-114(b) 所示。指令格式中 n=K1，指一组 BCD 码数字开关，一组 BCD 数字开关接到 X010～X013，由 Y010～Y013 顺次选通读出，数据自动以 BIN 码形式存入 D2(·) 指定的元件 D0 中。若 n=K2，有 2 组（8 个拨盘组成的）BCD 码数字开关，第二组数字开关接在 X014～X017 上，仍由 Y010～Y013 顺次输出选通信号，第二组数据自动以 BIN 码存入 D1 中。

当 X000 为 ON 时，指令使 Y010～Y013 依次为 ON，读出一组 BCD 码数据，存入 D0 中，一个周期完成后“指令执行结束”标志 M8029=1，其时序如图 8-114(c) 所示。

为了能连续存入 DSW 的值，最好选用晶体管输出型 PLC，如果用继电器输出型的 PLC，可采用如图 8-114(d) 所示指令梯形图，在 X000=ON 期间，FNC 72（DSW）工作，即使 X000 变为 OFF，M0=1 会一直保持到指令执行结束才复位。

当数字开关指令在操作中被中止后重新开始工作时，则从初始开始循环而不是从中止处开始。

（四）七段码译码指令

指令的名称、助记符、指令代码、操作数和程序步数见表 8-67。

表 8-67 七段码译码指令的要素

指令名称	指令代码位数	助记符	操作数		程序步
			S(·)	D(·)	
七段码译码	FNC 73 (16)	SEGD、SEGDP	K、H、KnX、KnY、KnM、KnS、T、C、D、V、Z	KnY、KnM、KnS、T、C、D、V、Z	SEGD、SEGDP…5 步

七段码译码指令是驱动 1 位七段码显示器显示 16 进制数据指令。使用说明如图 8-115 所示。指令中 S(·) 指定的常数或字元件低 4 位（只用低四位）中内容是待显示的十六进

制数据。译码后的七段码存于 D(·) 指定元件的低 8 位中，高 8 位为 0 保持不变。译码表见表 8-68。

表中 B0～B7 对应 D(·) 指定位元件的 Y000～Y007 或字元件的低八位。

图 8-115　七段码译码指令使用说明

表 8-68　七段码译码表

S(·)		7 段码组合数字	D(·)								显示数据
十六进制	二进制		B7	B6	B5	B4	B3	B2	B1	B0	
0	0000	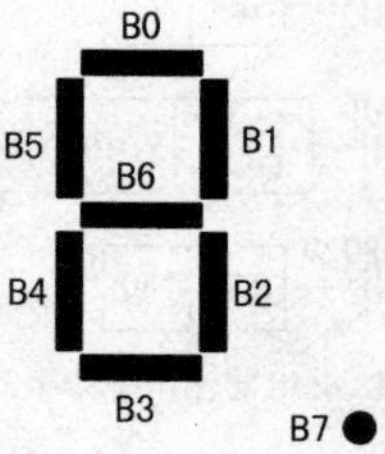	0	0	1	1	1	1	1	1	0
1	0001		0	0	0	0	0	1	1	0	1
2	0010		0	1	0	1	1	0	1	1	2
3	0011		0	1	0	0	1	1	1	1	3
4	0100		0	1	1	0	0	1	1	0	4
5	0101		0	1	1	0	1	1	0	1	5
6	0110		0	1	1	1	1	1	0	1	6
7	0111		0	0	1	0	0	1	1	1	7
8	1000		0	1	1	1	1	1	1	1	8
9	1001		0	1	1	0	1	1	1	1	9
A	1010		0	1	1	1	0	1	1	1	A
B	1011		0	1	1	1	1	1	0	0	b
C	1100		0	0	1	1	1	0	0	1	C
D	1101		0	1	0	1	1	1	1	0	d
E	1110		0	1	1	1	1	0	0	1	E
F	1111		0	1	1	1	0	0	0	1	F

（五）带锁存七段码显示指令

指令的名称、助记符、指令代码、操作数和程序步数见表 8-69。

表 8-69　带锁存七段码显示指令的要素

指令名称	指令代码位数	助记符	操作数			程序步
			S(·)	D(·)	n	
带锁存七段码显示	FNC 74 (16)	SEGL	K、H、KnX、KnY、KnM、KnS、T、C、D、V、Z	Y 占用 12 个连号元件	K、H $n=0\sim7$	SEGD、SEGD(P)…5 步

该指令是驱动四位一组或二组“带锁存七段码显示器”显示的指令，在程序中指令可以使用两次。指令使用说明如图 8-116，执行图(a) 所示指令时，若是四位一组锁存显示（n 按表 8-71 取值 0～3），则将 S(·) 指定的 D0 中二进制数自动转换成四位一组的 BCD 码（即 8421 码），按 D(·) 指定的第 2 个四位 Y004～Y007 作为显示器的选通信号，依次从 D(·) 指定的第 1 个四位 Y000～Y003 输出数据，锁存于七段码显示器的锁存器中进行显示；若是四位二组锁存显示（n 按表 8-71 取值 4～7），S(·) 指定 D0 中二进制数数据向 D(·) 指定的第 1 个四位 Y000～Y003（第一组）输出数据，D1 中二进制数数据向 D(·) 指定的第 3 个四位 Y010～Y013（第二组）输出显示的数据，将 Y004～Y007 输出作为两组显示器共用的选通信号。图(b) 是 PLC 与四位二组带锁存七段码显示器的连接。

指令中参数 n 应根据 PLC 的晶体管输出的正负逻辑、七段码显示器接收数据的逻辑以

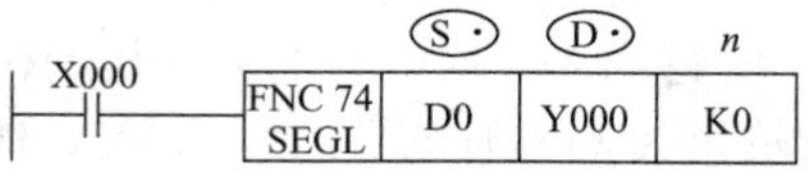

(a) 带锁存七段码显示指令使用说明

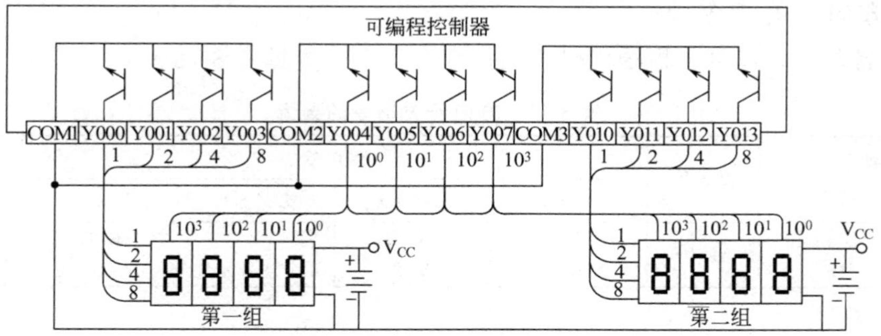

(b) 带锁存七段码显示器与PLC的连接

图 8-116 带锁存七段码显示指令的使用说明及带锁存七段码显示器与 PLC 的连接

及是四位一组控制还是四位二组控制来选择号码。若 PLC 的输出晶体管为 PNP 型，内部逻辑为 1 时，输出信号为高电平，称为输出正逻辑；若 PLC 的输出晶体管为 NPN 型，内部逻辑为 1 时，输出信号则为低电平，称为输出负逻辑。七段码显示器接收数据和选通脉冲信号的逻辑如表 8-70。

表 8-70 七段码显示器逻辑

区分	正逻辑	负逻辑
数据输入	以高电平变为 BCD 码	以低电平变为 BCD 码
选通脉冲信号	以高电平保持锁存的数据	以低电平保持锁存的数据

根据 PLC 的输出正负逻辑与七段码显示器的正负逻辑是否一致，参数 n 可以按表 8-71 来进行选取。

表 8-71 带锁存的七段码显示指令中参数 n 的选择

数据输入	选通脉冲信号	参数 n		数据输入	选通脉冲信号	参数 n	
		四位一组	四位二组			四位一组	四位二组
一 致	一致	0	4	不 一 致	一致	2	6
	不一致	1	5		不一致	3	7

例如，① 若已知 PLC 输出为负逻辑，七段码显示器的数据输入为负逻辑、选取通脉冲信号为正逻辑，且是四位一组，则可从表 8-71 知，数据输入一致，与选通脉冲信号不一致，应选取 $n=1$；若是四位二组，应选取 $n=5$。

② 若已知 PLC 输出为正逻辑，七段码显示器的数据输入为负逻辑、选取通脉冲信号为正逻辑，且是四位一组，则可从表 8-71 知，数据输入不一致，与选通脉冲信号一致，应选取 $n=2$；若是四位二组，应选取 $n=6$。

注意事项如下。

① 指令进行四位一组或二组驱动带锁存的七段数码管进行显示，需要 12 个运算周期时间。为了执行一系列显示，要求 PLC 的扫描周期（即运算周期）在 10ms 以上，不足 10ms 时，应使用恒定扫描模式，用 10ms 以上的扫描周期定时运行。

② 四位数输出结束后，“指令执行结束”标志 M8029 动作。

③ 指令的驱动条件 X000＝ON 时，指令反复动作，但在一系列动作过程中，若 X000 变为 OFF，指令动作中断，X000 再为 ON 时，指令从初始动作开始。

④ FX_{2N} 系列 PLC 晶体管输出为 ON 时电平约为 1.5V，使用的带锁存七段显示器应与此相应的输出电压相匹配。

（六）方向开关指令

指令的名称、助记符、指令代码、操作数和程序步数见表 8-72。

表 8-72 方向开关指令的要素

指令名称	指令代码位数	助记符	操作数				程序步
			S(·)	D1(·)	D2(·)	*n*	
方向开关	FNC 75 (16)	ARWS	X、Y、M、S 4 个连号元件	T、C、D、 V、Z	Y 8 个连号元件	K、H *n*＝0～3	ARWS……9 步

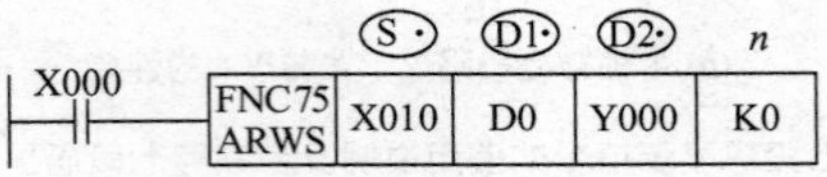

(a) 方向开关指令使用说明

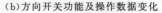

方向开关键	开关名称	功 能	操作数据变化
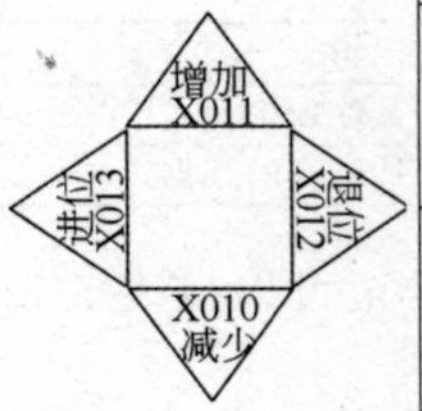	减少 X010	对于被指定位，每次按减少键，D0 的内容递减	对于被指定位，每次按减少键 D0 中数按 0→9→8→…→1→0 变化
	增加 X011	对于被指定位，每次按增加键，D0 的内容递增	对于被指定位，每次按增加键 D0 中数按 0→1→2→…→9→0 变化
	退位 X012	对于被指定位，每次按退位键，指定位右移位	若指定位为 10^3，每次按退位键，则 10^3 →10^2 →10^1 →10^0 →10^3 变化
	进位 X013	对于被指定位，每次按进位键，指定位左移位	若指定位为 10^3，每次按进位键，则 10^3 →10^0 →10^1 →10^2 →10^3 变化

(b) 方向开关功能及操作数据变化

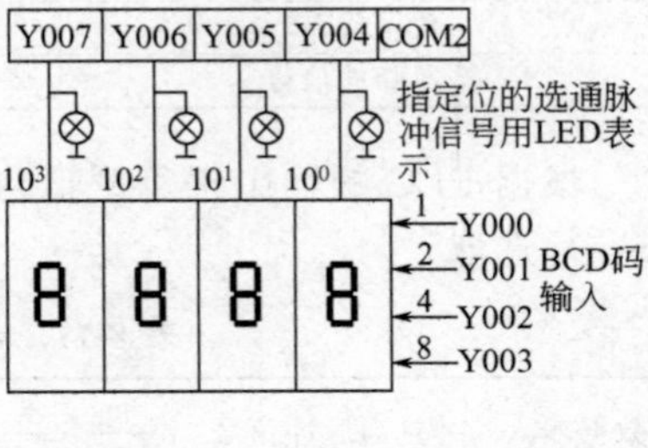

(c) 四位带锁存七段码显示器与PLC的连接

图 8-117 方向开关指令使用说明

该指令能够通过接收方向开关输入的位数据处理信息，对 D1(·) 指定元件中存放的显示数据进行指定位的操作，并可将变化的当前数据在四位一组带锁存七段码显示器上进行显示。

指令使用说明如图 8-117，图(a) 是指令的梯形图，S(·) 指定 X010 起始的 4 个连号的输入端接收方向开关的位左/右移（即进/退位）和已被选择的位数值增减的信号，方向开关的功能和操作数据变化规律如图 (b) 所示；D1(·) 指定 D0 元件中存放显示的二进制数；在指令执行中，D0 中 BIN 值将自动转换成 BCD 码（转换的 BCD 码数值在 0～9,999 内有效），根据 D2(·) 指定的第 2 个四位输出 Y004～Y007 的选通脉冲信号，依次使 D2(·) 指定的第 1 个四位 Y000～Y003 输出的 BCD 码送到四位七段码显示器的指定位（该位 LED 亮）进行显示，例如，当选通信号 Y007＝ON 时，选中 10^3 位（该位 LED 亮），Y000～Y003 输出的 BCD 码在该位被显示，若这时按一次右移（退位）方向键，则该位按 10^3→

$10^2 \rightarrow 10^1 \rightarrow 10^0 \rightarrow 10^3$ 顺序右移一位。参数 n 的选择与 SEGL 指令相同。图(c) 是七段码显示器与 PLC 连接的简化示意图。

注意：① 指令要求 PLC 是晶体管输出型；

② 指令与 PLC 的扫描周期（运算周期）同步执行。扫描时间短时，请用恒定扫描模式或定时中断，按一定时间间隔运行。

(七) ASCII 码转换指令

指令的名称、助记符、指令代码、操作数和程序步数见表 8-73。

表 8-73 ASCII 码转换指令的要素

指令名称	指令代码位数	助记符	操作数		程序步
			S(·)	D(·)	
ASCII 码转换	FNC 76 (16)	ASC	由微机输入的 A、B、C、D、E、F、G、H、8 个 字母数字	T、C、D 占用 4～8 个连号元件	ASC……11 步

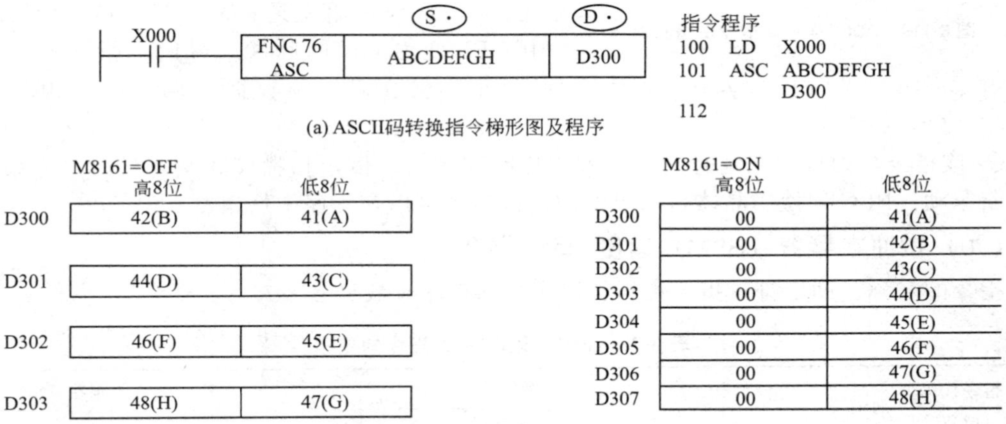

(a) ASCII码转换指令梯形图及程序

(b) M8161状态不同，存储ASCII码格式的区别

图 8-118 ASCII 码转换指令的使用说明

该指令可以将 A～H 八个以内的字母数字转换为 ASCII 码。使用说明如图 8-118，执行该指令时，转换后的格式受 ASCII 码继电器 M8161 状态影响，当 M8161＝OFF 时，S(·) 由微机输入的 A～H 八个以内的字母数字（每个字母数字为 8 位一个字节）转换为 ASCII 码后，存入 D(·) 指定的以 D300 起始号的 4 个连号的单元中，每个数据寄存器中存放两个字母的 ASCII 码；若 M8161＝ON，输入的 A～H 八字母数字转换为 ASCII 码后存入 D(·) 指定的以 D300 起始号的 8 个连号的单元中，每个 ASCII 码存入数据寄存器的低 8 位，高 8 位为零，即占一个数据存储单元，如图 8-118(b) 所示。

(八) ASCII 码打印指令

指令的名称、助记符、指令代码、操作数和程序步数见表 8-74。

表 8-74 ASCII 码打印指令的要素

指令名称	指令代码位数	助记符	操作数		程序步
			S(·)	D(·)	
ASCII 码打印	FNC 77 (16)	PR	T、C、D	Y 10 个连号输出元件	PR…5 步

ASCII 码打印指令的使用说明如图 8-119。图(a) 是指令的梯形图，当 X000＝ON 时，

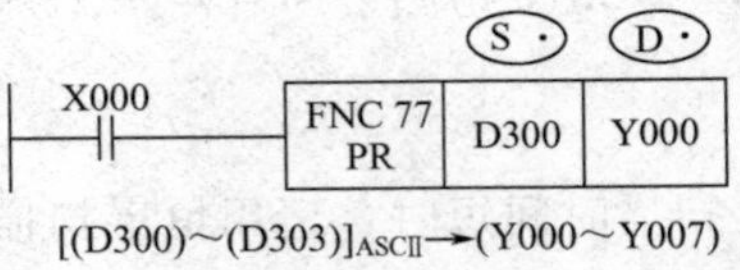

(a) ASCII码打印指令梯形图及意义

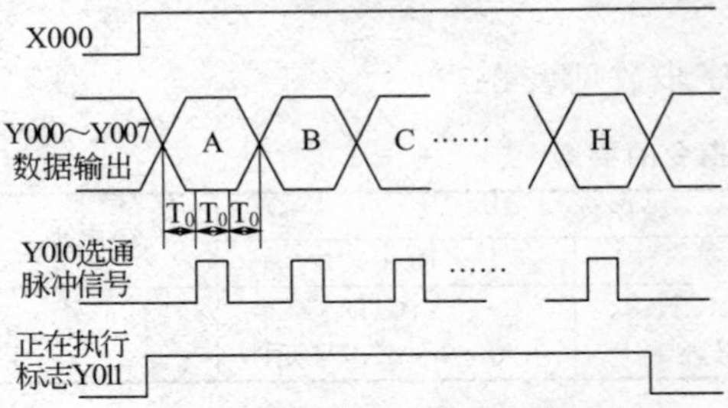

(b) ASCII码打印指令输出时序图

图 8-119　ASCII 码打印指令使用说明

指令对 S(·) 指定单元 D300～D303 中的 8 个 ASCII 码数据按顺序从 A 到 H，从 D(·) 指定的输出端 Y000（低位）～Y007（高位）输出，Y010 为发送选通脉冲信号，Y011 是正在执行标志信号，它们都处于动作状态。每发送一个 ASCII 码，需要 3 个扫描周期 T_0，Y010 产生一个选通脉冲信号。时序图如图 8-119(b) 所示。

注意事项：

① ASCII 码打印指令执行时受 PR 指令打印方式继电器 M8027 状态的影响，当 M8027＝OFF 时，X000＝ON，指令执行时是按 8 位数据/每个 ASCII 码串行输出打印，若 X000 在指令执行中被置为 OFF 时，发送被中断，再次置为 ON 时，从头开始发送；M8027＝ON 时，X000 由 OFF 变为 ON 的脉冲信号时，指令执行时是将所有 1～16 字节（1 个字节＝8 位数据/每个 ASCII 码）的数据全部串行输出打印完毕，M8029＝ON。

② 该指令与扫描周期定时同步，若扫描时间短时，恒定扫描模式又过长时，应采用定时中断驱动。PLC 须使用晶体管输出型的。该指令可以在程序中使用 2 次。

（九）缓冲存储器（BFM）读出/写入指令

指令的名称、助记符、指令代码、操作数和程序步数见表 8-75。

表 8-75　BFM 读出/写入指令的要素

指令名称	指令代码位数	助记符	操作数				程序步
			*m*1	*m*2	D(·)/S(·)	*n*	
BFM 读出	FNC 78 (16/32)	FROM、FROMP DFROM、DFROMP	K、H *m*1＝0～7 特殊单元，特殊模块号	K、H *m*2＝0～31 (BFM)号	KnY、KnM、KnS、T、C、D、V、Z	K、H *n*＝1～32/16 位 *n*＝1～16/32 位 传送字数	FROM、FROMP…9 步 DFROM、DFROMP…17 步
BFM 写入	FNC 79 (16/32)	TO、TOP DTO、DTOP			K、H、KnX、KnY、KnM、KnS、T、C、D、V、Z		TO、TOP…9 步 DTO、DTOP…17 步

FX_{2N} 系列可编程控制器最多可连接 8 个增设的特殊（功能）模块，并且赋予模块号，模块编号从最靠近基本单元开始顺序编为 No. 0～No. 7，模块号可供 FROM/TO 指令指定哪个模块工作。有些增设的特殊模块中内藏有 32 个 16 位 RAM（例如 4 通道 12 位模拟量输入输出转换模块 FX_{2N}-4AD、FX_{2N}-4DA），称为缓冲存储器（BFM），缓冲存储器编号范围为＃0～＃31，其内容根据各模块的控制目的而设定。

FROM 指令具有将增设的指定特殊模块号中指定缓冲存储器（BFM）的内容读到可编程控制器内指定元件中的功能。16 位 BFM 读出指令梯形图如图 8-120(a) 所示。当驱动条件 X000＝ON 时，指令根据 *m*1 指定的 N0. 1 特殊模块，对 *m*2 指定的＃29 缓冲存储器(BFM) 内 16 位数据读出并传送到可编程控制器的 K4M0 中。若 X000＝OFF 时，不执行传送，传送地点的数据不变，脉冲型指令 FROMP 执行后也同样，但 X000＝ON，仅执行一次。

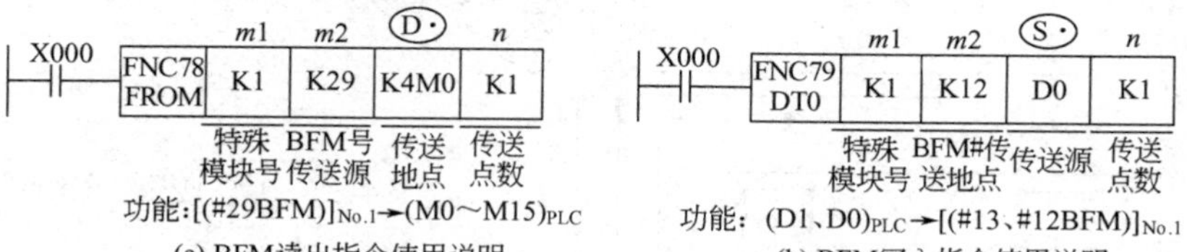

(a) BFM读出指令使用说明 (b) BFM写入指令使用说明

图 8-120 FROM/TO 指令的使用说明

TO 指令具有将常数或可编程控制器内指定元件中的数据写入到指定特殊模块指定缓冲存储器（BFM）的功能。32 位 BFM 写入指令梯形图如图 8-120(b)，当驱动条件 X000＝ON 时，指令将 S(・）指定的（D1、D0）中 32 位数据写入 $m1$ 指定的 N0.1 特殊模块中＃13、＃12 缓冲存储器（BFM）中。若 X000＝OFF 时，不执行写入传送，传送地点的数据不变，脉冲型指令 TO（P）执行后也同样，但 X000＝ON，仅执行一次。

注意事项：

① 若为 16 位指令对 BFM 处理时，传送的点数 n 是点对点的单字传送。图 8-121(a) 是 16 位指令，$n=5$ 的传送示意图；若用 32 位指令对 BFM 处理时，指令中 $m2$ 指定的起始号是低 16 位的 BFM 号，其后续号为高 16 位的 BFM，传送点数 n 是对与对之间的双字传送。图 8-121(b) 是 32 位指令，$n=2$ 的传送示意图。若 16 位指令的 $n=2$，32 位指令的 $n=1$，具有相同的意义。

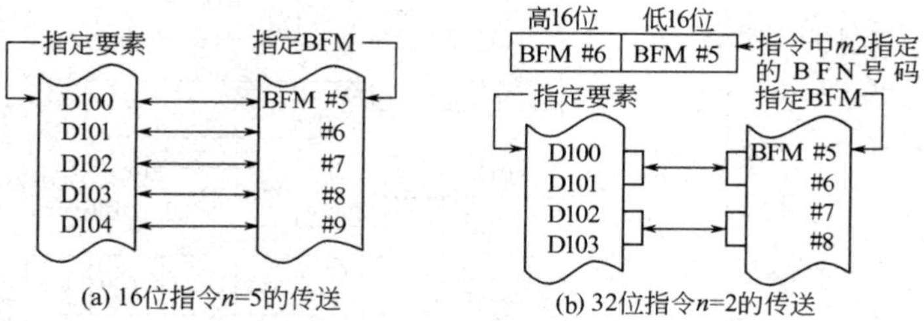

(a) 16位指令n=5的传送 (b) 32位指令n=2的传送

图 8-121 16 位/32 位指令对 BFM 处理时传送点 n 的意义

② FROM/TO 指令的执行受中断允许继电器 M8028 的约束。

当 M8028＝OFF 时，FROM/TO 指令执行过程中，处于禁止中断状态，只有在 FROM/TO 指令执行完毕后才能立即执行中断。FROM/TO 指令也可以在中断程序中使用。

当 M8028＝ON 时，FROM/TO 指令执行过程中，处于允许中断状态，当有中断发生时，立即执行中断。但是，此时 FROM、TO 指令不能在中断程序中使用。

二、外部设备 I/O 指令应用

（一）对指定的定时器的当前值显示和修改设定值的编程

采用 3 位数字开关指定定时器的号码的接线如图 8-122(a) 所示；对定时器的当前值显示和设定值修改采用 4 位一组带锁存的七段码显示器，用方向开关修改设定值，如图 8-122(b) 所示。

操作要求：每次按方向开关上读出/写入键（X004）时，对应读出（Y014），写入（Y015）会驱动 LED 灯点亮；读出时，用 3 位数字开关指定定时器号码后，按设定键（X003），显示指定定时器的当前值；写入时，用方向开关一边观察七段码显示器的显示值，一边修改设定值，修改后按设定键（X003），改变指定定时器的原设定值。

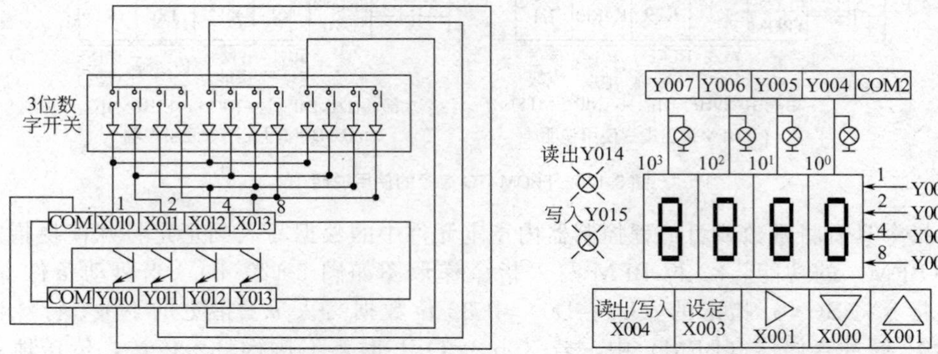

(a) 用3位数字开关指定定时器号码　　(b) 方向开关进行常数设定

图 8-122　指定定时器号码的 3 位数字开关、显示当前值显示器和改变设定值的方向开关

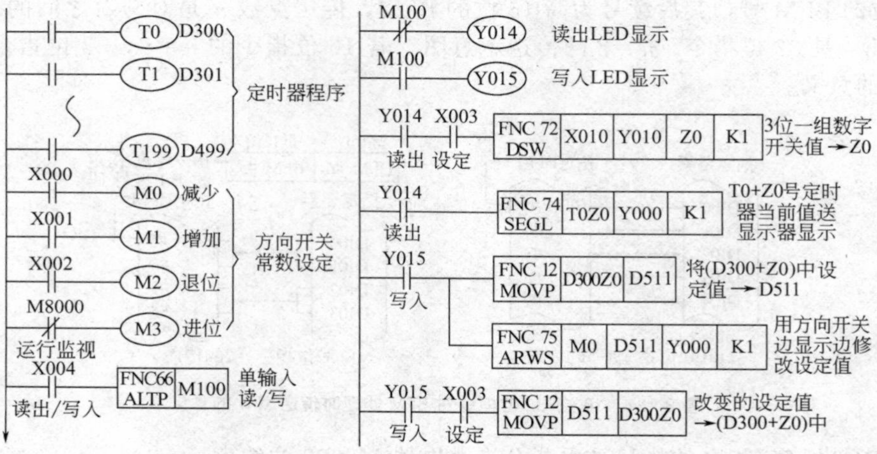

图 8-123　对指定定时器的当前值显示和修改设定值的程序

根据操作要求编程如图 8-123。

（二）FX_{2N} 可编程控制器的模拟输入模块中 BFM 读/写的编程

FX_{2N}-4AD 模拟输入模块是特殊功能模块之一。FX_{2N}-4AD 模块在基本单元 FX_{2N}-64MR 的右扩展总线上的编号为 No.0，它的 4 个通道仅开通 CH1 和 CH2 两个通道作为电压量输入通道，＃0BFM 对 4 个通道初始化的十六进制 4 位数字为 H3300（从最低位到最高位数字分别控制通道 1～通道 4，每位数字可由 0～3 表示，0 表示设定输入电压范围为 −10～＋10V；1 表示设定输入电流范围为＋4～＋20mA；2 表示设定输入电流范围为 −20～＋20mA；3 表示关闭通道）。要求编程计算模拟输入模块 4 次取样的平均值（平均值取样次数应写入＃1 和＃2 BFM 中，平均值由＃5 和＃6 BFM 计算），结果存入 PLC 的数据寄存器 D0、D1 中。程序如图 8-124 所示。

FX_{2N}-4AD 模拟输入模块可参阅第十章第一节介绍，它的内部有 32 个 BFM，每个 BFM 的编号分配及意义可参阅第十章中表 10-2、表 10-3 的说明。

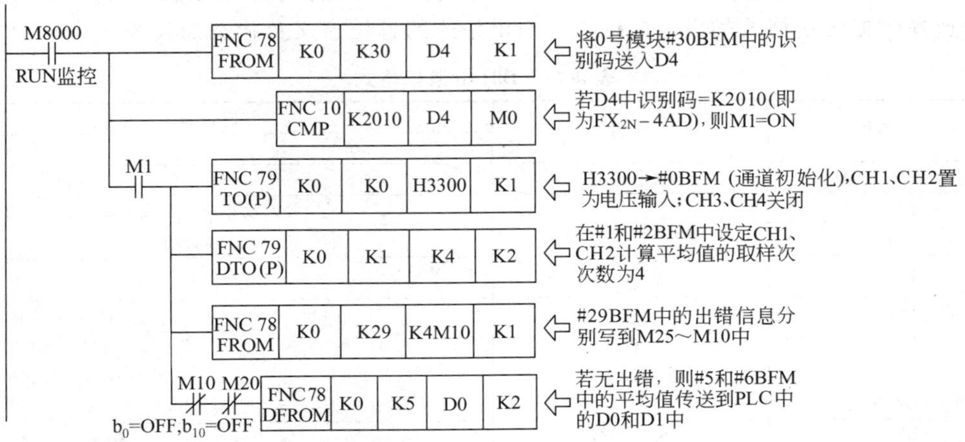

图 8-124　FX_{2N}-4AD 模拟输入模块 4 次采样平均值程序

第十节　$FX_{2N/3}$ 的外部串行口设备指令

$FX_{2N/3}$ 系列 PLC 共有的外部串行口设备指令共有七条，指令代码范围为 FNC80～FNC86，还有一条为 PID（FNC88）指令。另外，FX_{3U} 系列 PLC 还增加了一条串行数据传送 2 指令“RS2（FNC 87）”，将在第十四节进行介绍。外部串行口设备指令可以对连接串行口的特殊附件进行控制的指令。使用 RS232、RS422/RS485 接口，可以很容易配置一个与外部计算机进行通讯的局域网系统，PLC 接收系统的各种控制信息，处理后转换为 PLC 中软元件的状态和数据；PLC 又可以将处理后的软元件数据和状态送往计算机，由计算机采集这些数据进行分析及运行状态监测，或改变 PLC 的初始值和设定值，从而实现计算机对 PLC 的直接控制。

一、串行通讯传送指令

指令的名称、助记符、指令代码、操作数和程序步数见表 8-76。

表 8-76　串行通讯传送指令的要素

指令名称	指令代码位数	助记符	操作数				程序步
			S(・)	*m*	D(・)	*n*	
串行通讯传送	FNC 80（16）	RS	D	K、H、D（m=0～256）	D	K、H、D（n=0～256）	RS……9 步

该指令可以与所使用的 RS-232C（或 RS-485）功能扩展板或适配器进行发送和接收串行数据。RS 指令的使用说明如图 8-125。在图中：S(・) 指定发送数据单元的首地址；*m* 指定发送数据的长度（也称点数）；D(・) 指定接收数据的首地；*n* 指定接收数据的长度。

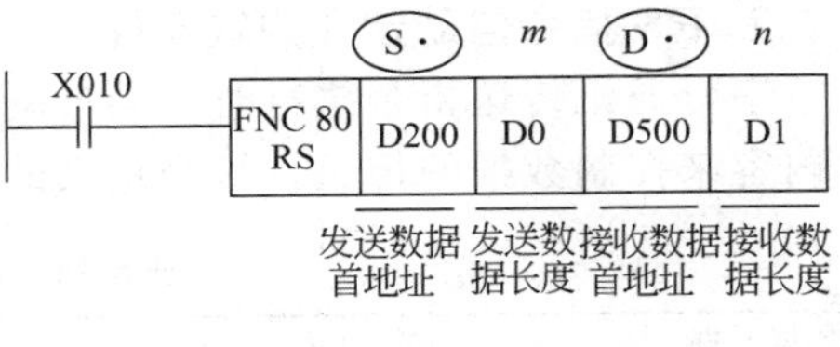

图 8-125　串行通讯指令使用说明

1. RS 指令传送数据格式的设定

RS 指令传送数据的格式是由“通讯格式”特殊数据寄存器 D8120 来设定的。D8120 中存放着两个串行通信设备数据传送的波特率、停止位和奇偶校验等参数，通过 D8120 中位组合来选择数据传送格式的设定。D8120 通讯格式的各位意义及状态如表 8-77。

表 8-77　D8120 通讯格式

D8120 各位	说明	位状态	
		0	1
b0	数据长度	7 位	8 位
b1 b2	奇偶校验	(00)：无校验；(01)：奇校验； (11)：偶校验	
b3	停止位	1 位	2 位
b4 b5 b6 b7	波特率 (bps)	(0011)：300 (0100)：600 (0101)：1200 (0110)：2400	(0111)：4800 (1000)：9600 (1001)：19200
b8	起始字符	无	有(D8124)①
b9	结束字符	无	有(D8125)②
b10	控制线	无	H/W③
b11	模式	一般模式	调制解调模式
b12～b15	未使用	—	—

① D8124 中起始字符为 STX（02H），（用户可以自选修改）；

② D8125 中结束字符为 ETX（03H），（用户可以自选修改）；

③ 与对方设备之间进行信号交换的同时，传送数据采用的是硬件握手信号（H/W），不用此信号，可将两者间设定为无交换信号模式。

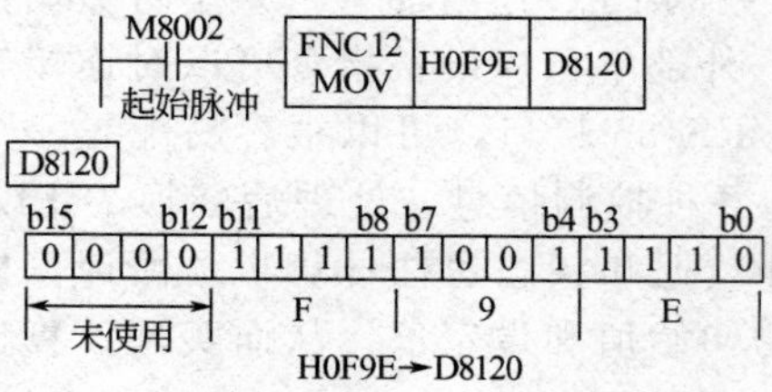

图 8-126　D8120 中通讯格式的设定

数据传送格式的设定可用传送指令对 D8120 中内容修改，如图 8-126。图中设定参数后三位的含义是：

E 表示数据长度为 7 位，偶校验，2 位停止位；

9 表示传送波特率为 19200 bps；

F 表示有起始字符 STX、结束字符 ETX，控制线信号为硬件握手（H/W）信号，调制解调（MODEM）模式。

注意事项：

① 在指定起始字符 STX 和结束字符 ETX 发送时它们自动加到发送信息的两端。

② 在接收信息过程中，若接收不到起始字符，数据将被忽略。

③ 由于数据传送直到收到结束字符或接收缓冲区全部占满为止，因此接收缓冲区长度应大于等于接收的信息长度。

④ 数据传送格式的数据要在一开始传送到 D8120 中，若在 RS 指令执行中，修改 D8120 参数，指令不接收新的传送格式。

⑤ 若不进行数据发送/接收，可将指令的发送和接收点数设为 K0。

2. RS 指令自动定义的软元件

串行通讯传送指令执行时，会自动定义一些特殊标志继电器和数据寄存器，根据它们中的内容来控制数据的传送。指令定义的这些软元件及功能如表 8-78 所示。

表 8-78　RS 指令自动定义的软元件

数据元件	说　明	操作标志	说　明
D8120	存放传送格式参数	M8121	ON 时，传送延迟，直到接收数据完成
D8122	存放当前发送的信息中尚未发出的字节	M8122	ON 时，用来触发数据的传送
D8123	存放已接收到的字节数	M8123	ON 时，表示一条信息已被完全接收

续表

数据元件	说　明	操作标志	说　明
D8124	存放信息起始字符串的 ASCII 码，缺省值为“STX”	M8124	载波检测标志，用于调制解调的通讯中
D8125	存放一条信息结束字符串的 ASCII 码，缺省值为“ETX”	M8161	8 位或 16 位传送模式。ON 时，为 8 位传送模式，源或目标元件中只有低 8 位有效；OFF 时为 16 位传送模式，即源或目标元件中全部 16 位有效

3. 指令执行说明

现结合图 8-127 中 M8161＝OFF，16 位数据传送过程及动作时序对 RS 指令执行进行说明。

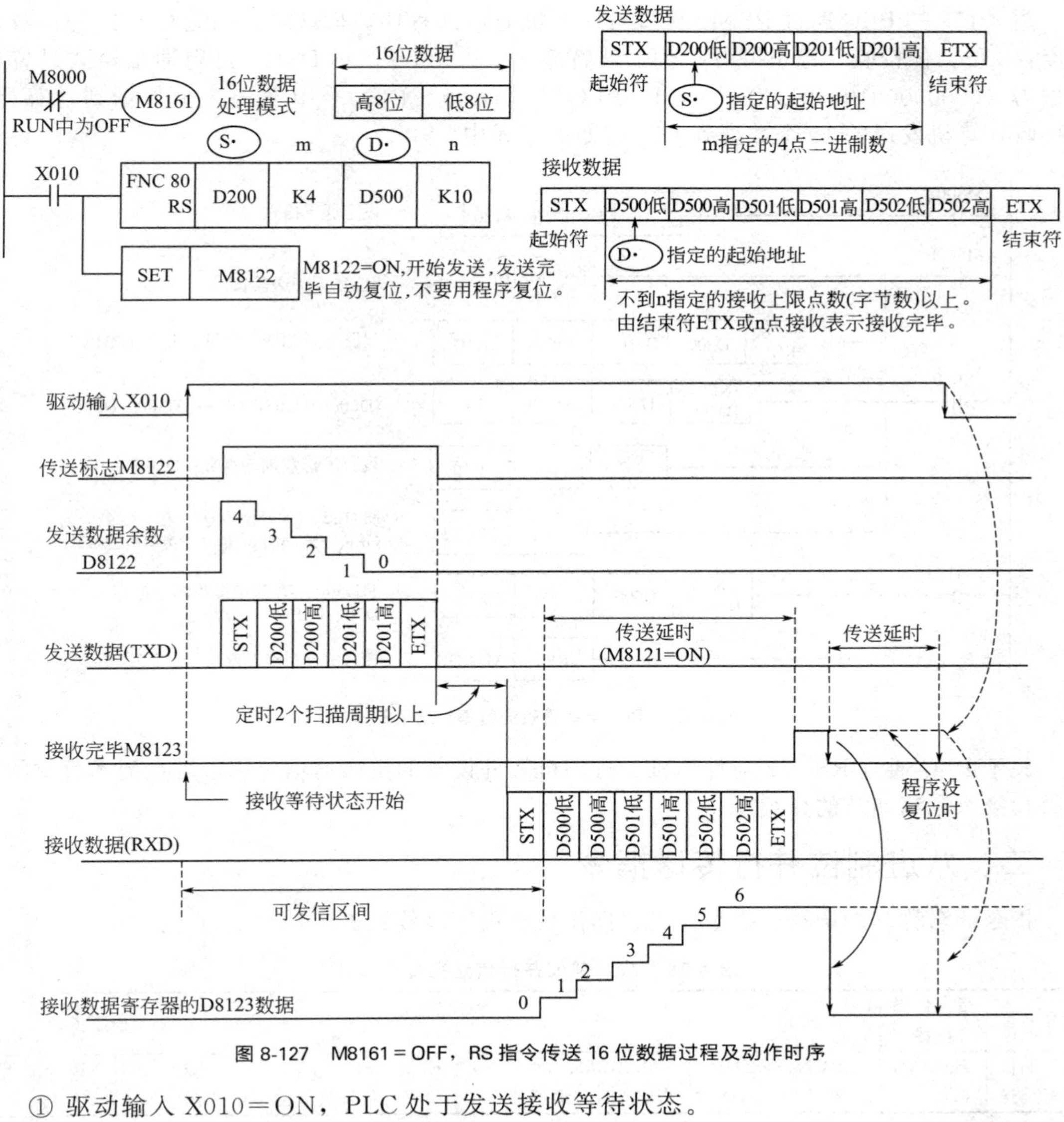

图 8-127　M8161＝OFF，RS 指令传送 16 位数据过程及动作时序

① 驱动输入 X010＝ON，PLC 处于发送接收等待状态。

② 当用 SET 指令使传送请求标志 M8122 置 ON，PLC 开始发送（接收处于等待状态），D200 发送 m＝4 点数据（即 4 个八位字节数据），D8122 中存入的发送字节数 m 递减，到

0 时发送完毕，M8122 自动复位。

③ 可编程控制器发送完数据后延时 2 个扫描周期开始接收数据，传送延迟标志 M8121 为 ON，D8123 中的字节数从 0 递增，直到其接收完毕，接收完毕标志 M8123 由 OFF 变为 ON。利用 M8123＝ON 可将接收的数据送至其他寄存器中，并对 M8123 复位，才能再次转为接收等待状态。

④ 若接收点数 n＝K0，执行 RS 指令时，M8123 不运行，也不会转为接收等待状态。只有 $n \geqslant 1$，M8123 由 ON 转为 OFF 时，才能转为接收待机状态。

⑤ 若传送模式标志 M8161＝ON（M8161 与 RS，HEX，CCD 指令共用），为 8 位数据传送模式，仅对 16 位数据的低八位数据传送，高八位数据忽略不传送。

⑥ 在接收发送过程中若发生错误，M8063 为 ON，并把错误内容存入 D8063。

4. 指令应用举例

图 8-128 是 PLC 通过 RS232 接口与计算机通信的程序，RS232 接口通信格式为：数据长度：8 位，偶校验，停止位占 1 位，波特率为 9600bit/s，对 D8120 进行通信格式设置的数据为 $(0000000010000111)_2$＝87H。PLC 从（D200～D205）中发送 6 个数据到计算机，并接收计算机发送的 10 个数据到 D70 起始的单元中。

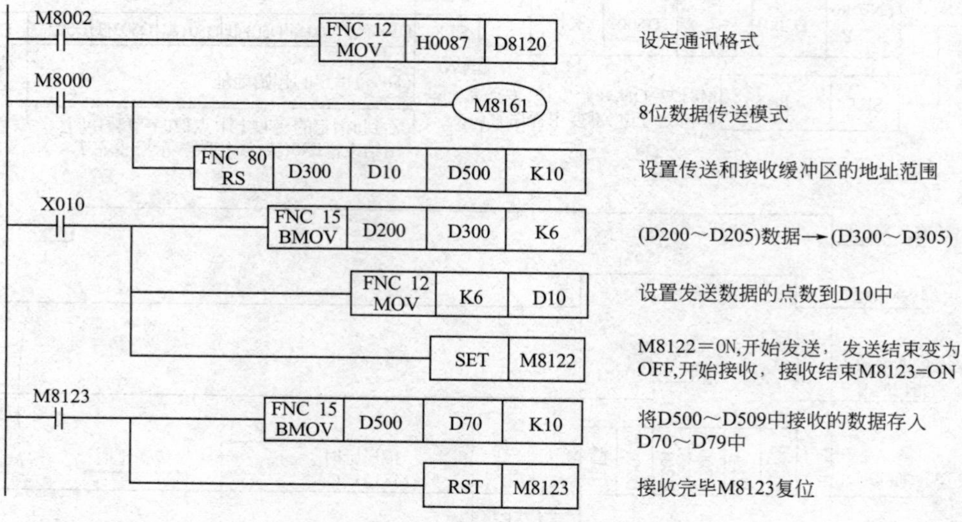

图 8-128 PLC 与计算机进行串行通信的程序

关于 PLC 通过 RS-232 与计算机、打印机等外设备的更多通信应用，可参阅本教材的实训教程第八章第四节的介绍。

二、八进制位并行传送指令

指令的名称、助记符、指令代码、操作数和程序步数见表 8-79。

表 8-79 八进制位并行传送指令的要素

指令名称	指令代码位数	助记符	操作数		程序步
			S(·)	D(·)	
八进制位并行传送	FNC 81 (16/32)	PRUN、PRUNP DPRUN、DPRUN P	KnX、KnM、(n＝1～8) 指定元件号最低位为 0	KnY、KnM、(n＝1～8) 指定元件号最低位为 0	PRUN,PRUNP…5 步 DPRUN,DPRUNP…9 步

该指令可用于两台 PLC 并行运行时的数据交换。指令使用说明如图 8-129，当执行指令时，将源操作数 S(·) 指定的位元件区域中数据与目标操作数 D(·) 指定的位元件区域中

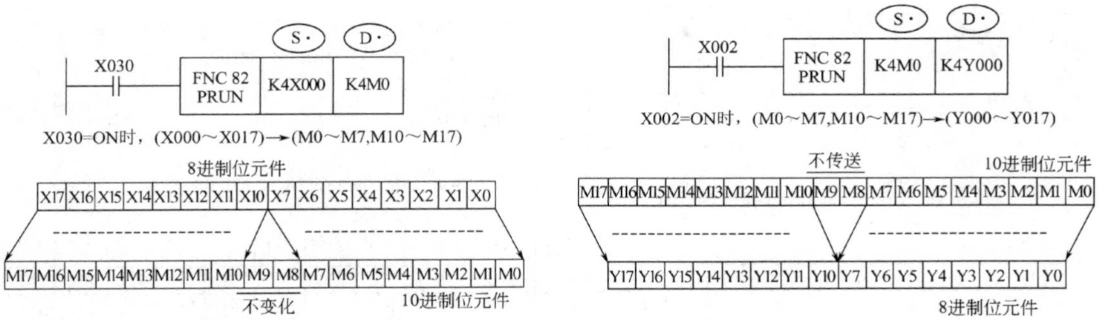

图 8-129 八进制位传送指令使用说明

数据以八进制位为单位并行传送。

三、 HEX 与 ASCII 码变换指令

指令的名称、助记符、指令代码、操作数和程序步数见表 8-80。

表 8-80 HEX 与 ASCII 码变换指令的要素

指令名称	指令代码位数	助记符	操作数			程序步
			S(·)	D(·)	n	
HEX→ASCII 变换	FNC 82 (16)	ASCIP	K、H、KnX、KnY、KnM、KnS、T、C、D、V、Z	KnY、KnM、KnS、T、C、D	K、H (1～256)	ASCI，ASCIP…7 步
ASCII→HEX 变换	FNC 83 (16)	HEX HEXP		KnY、KnM、KnS、T、C、D、V、Z		HEX，HEXP…7 步

HEX→ASCII 变换指令 ASCI 可将每个十六进制数转换为八位的 ASCII 码数据传送到指定单元存放；而 ASCII→HEX 变换指令 HEX 是将每个八位 ASCII 码数据转换为四位十六进制数据传送到指定单元存放。变换模式由 M8161（M8161 与 RS，HEX，CCD 指令共用）状态决定，有 16 位/OFF 和 8 位/ON 两种变换模式。

1. HEX→ASCII 变换指令使用说明

图 8-130 是 HEX→ASCII 指令在 M8161 线圈在 OFF 状态下的 16 位转换模式，举例说明当 $n=4$ 的 ASCII 在目标元件中存放位置。指令的梯形图如图 8-130(a)，当 X010＝ON 执行指令时，将 S(·) 指定单元 D100 中的 $n=4$ 个十六进制数据分别转换成 4 个 8 位 ASCII 码数据，向 D(·) 指定起始元件 D200 的高低 8 位中传送 41H［$(A)_H$］和 30H［$(O)_H$］，若 D(·) 指定元件存不下 n 个 ASCII 数据，自动向 D(·) ＋1 个元件 D201 中存放 43H［$(C)_H$］和 42H［$(B)_H$］，存放的位置如图 8-130(b) 所示。

图 8-131 是 HEX→ASCII 指令在 M8161 线圈在 ON 状态下的 8 位转换模式，举例说明当 $n=2$ 个 ASCII 在目标元件中存放位置。指令的梯形图如图 8-131(a)，当 X010＝ON 执行指令时，将 S(·) 指定单元 D100 低八位中的 $n=2$ 个十六进制数据分别转换成 2 个 8 位 ASCII 码数据，向 D(·) 指定起始元件 D200 的低 8 位传送 42H［$(B)_H$］，高 8 位为零，D(·)＋1 个元件 D201 的低 8 位传送 43H［$(C)_H$］，高 8 位为零。存放的位置如图 8-131(b) 所示。

2. ASCII→HEX 变换指令使用说明

图 8-132 是 ASCII→HEX 指令在 M8161 线圈在 OFF 状态下的 16 位转换模式，举例说明当 n＝K4 的 HEX 数在目标元件中存放的位置。图 8-132(a) 是 ASCII→HEX 指令的梯形图，当 X010＝ON 时，指令将 S(·) 指定元件 D200 起始的 $n=4$ 个八位的 ASCII 码字符数

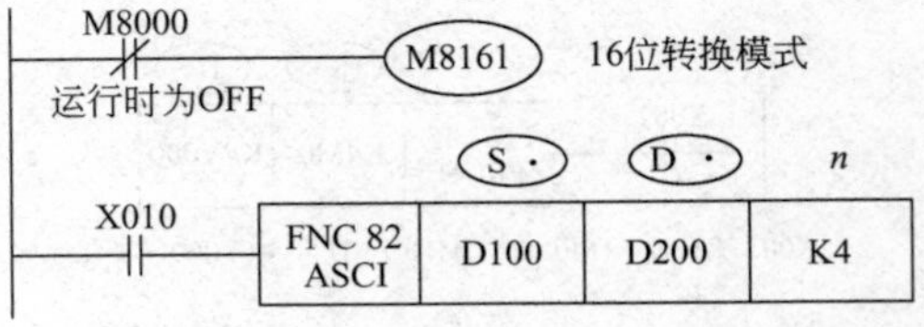

(a) HEX→ASCII 变换指令梯形图

设 S・ 指定的元件中16进制数及对应的ASCII码是

(D100)=0ABCH [0]=30H [A]=41H [B]=42H [C]=43H
(D101)=1234H [1]=31H [2]=32H [3]=33H [4]=34H
(D102)=5678H [5]=35H [6]=36H [7]=37H [8]=38H

D・ 指定元件中不同n值存放ASCII码的位置

D・ \ n	K1	K2	K3	K4	K5	K6	K7	K8	K9
D200低	[C]	[B]	[A]	[0]	[4]	[3]	[2]	[1]	[8]
D200高		[C]	[B]	[A]	[0]	[4]	[3]	[2]	[1]
D201低			[C]	[B]	[A]	[0]	[4]	[3]	[2]
D201高				[C]	[B]	[A]	[0]	[4]	[3]
D202低					[C]	[B]	[A]	[0]	[4]
D202高						[C]	[B]	[A]	[0]
D203低			不变化				[C]	[B]	[A]
D203高								[C]	[B]
D204低									[C]

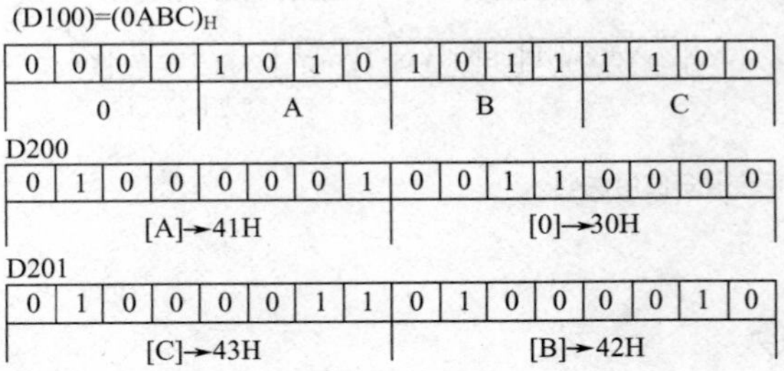

(b) n=K4时的位构成

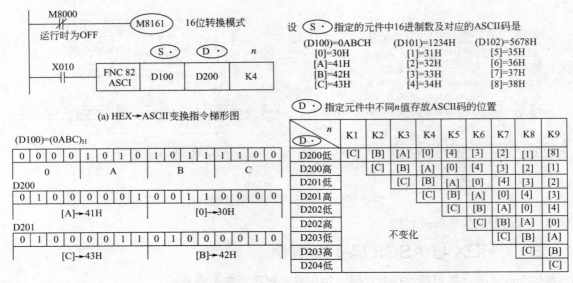

图 8-130　16 位转换模式的 HEX→ASCII 变换

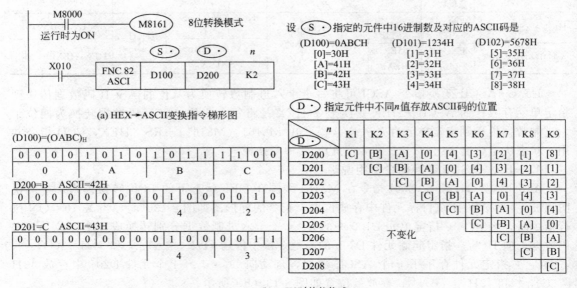

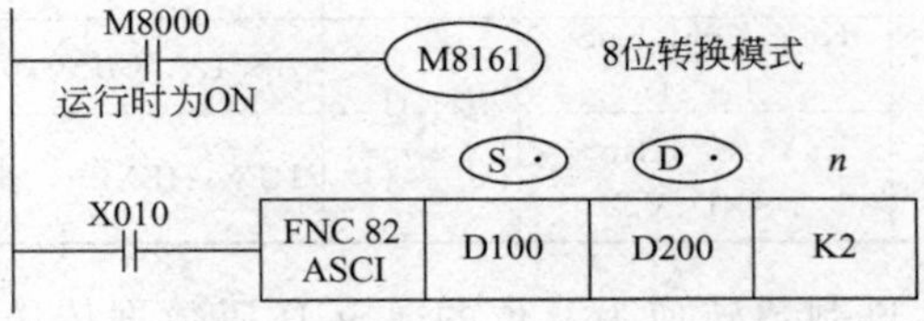

(a) HEX→ASCII变换指令梯形图

设 S・ 指定的元件中16进制数及对应的ASCII码是

(D100)=0ABCH [0]=30H [A]=41H [B]=42H [C]=43H
(D101)=1234H [1]=31H [2]=32H [3]=33H [4]=34H
(D102)=5678H [5]=35H [6]=36H [7]=37H [8]=38H

D・ 指定元件中不同n值存放ASCII码的位置

D・ \ n	K1	K2	K3	K4	K5	K6	K7	K8	K9
D200	[C]	[B]	[A]	[0]	[4]	[3]	[2]	[1]	[8]
D201		[C]	[B]	[A]	[0]	[4]	[3]	[2]	[1]
D202			[C]	[B]	[A]	[0]	[4]	[3]	[2]
D203				[C]	[B]	[A]	[0]	[4]	[3]
D204					[C]	[B]	[A]	[0]	[4]
D205						[C]	[B]	[A]	[0]
D206			不变化				[C]	[B]	[A]
D207								[C]	[B]
D208									[C]

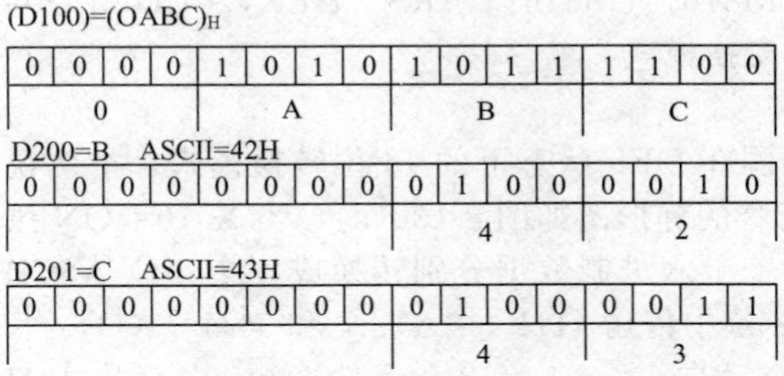

(b) n=K2时的位构成

图 8-131　8 位转换模式的 HEX→ASCII 变换

据转换成对应的四位二进制数，向 D(・) 指定元件 D100 中传送，若指定单元存不下 n 个字符的四位 HEX 数据，自动向 D(・) +1 个元件中存放。存放的位置如图 8-132(b) 所示。

图 8-133 是 ASCII→HEX 指令在 M8161 线圈在 ON 状态下的 8 位转换模式，举例说明当 n=K2 的 HEX 数在目标元件中存放位置。图 8-133(a) 是 ASCII→HEX 指令的梯形图，当 X010=ON 时，指令将 S(・) 指定的 n=2 个元件中低 8 位 ASCII 码字符数据分别转换成 n=2 个四位二进制数表示的 HEX 数，向 D(・) 指定元件 D100 中传送，若一个单元存不下 n 个字符的四位二进制数表示的 HEX 数据时，自动向 D(・)+1 个元件中存放。存放的位置如图 8-133(b) 所示。

注意事项：

① 使用打印等输出 BCD 码时，在执行 HEX→ASCII 指令前，需要进行 BIN→BCD 转换。同理，输入数据为 BCD 码时，在 ASCII→HEX 指令执行后，需要 BCD→BIN 转换。

② 在 ASCII→HEX 指令中，若 S(·) 指定元件中不是 ASCII 码，则转换出错。尤其是在 M8161＝OFF，16 位转换模式时，S(·) 的高 8 位也应是 ASCII 码。

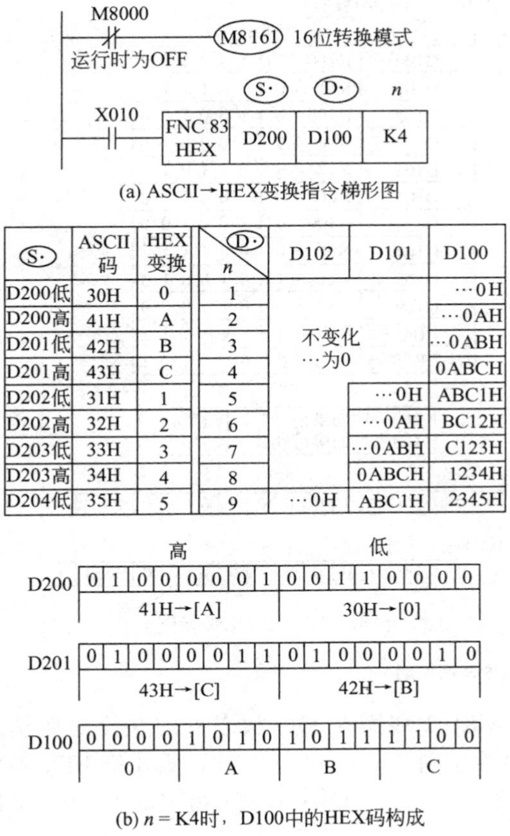

图 8-132　16 位转换模式的 ASCII→HEX 变换

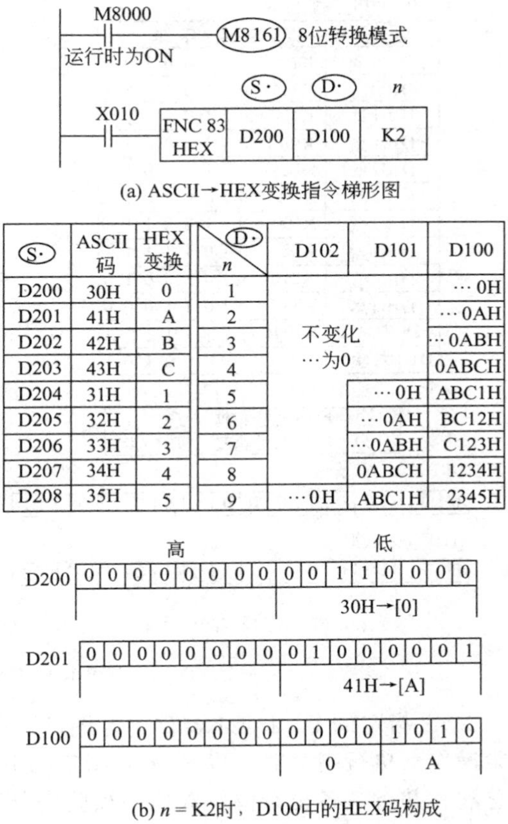

图 8-133　8 位转换模式的 ASCII→HEX 变换

四、校验码指令

指令的名称、助记符、指令代码、操作数和程序步数见表 8-81。

表 8-81　校验码指令的要素

指令名称	指令代码位数	助记符	操作数			程序步
			S(·)	D(·)	n	
校验码	FNC 84 (16)	CCD CCDP	KnX、KnY、KnM、KnS、T、C、D	KnM、KnS、T、C、D	K、H (n＝1～256)	CCD、CCDP…7 步

该指令可用于通信数据的校检。指令在 M8161（M8161 与 RS，HEX，CCD 指令共用）的不同状态下也有 16 位变换模式和 8 位变换模式两种校验操作。指令使用说明如图 8-134，图(a) 为在 M8161 线圈在 OFF 状态下的 16 位变换模式校验操作，执行指令时，以 S(·) 指定元件 D100～D104 中的 n＝10 个高低八位 BIN 码数据求和，并对其各位奇偶校验（若某位 1 的个数为奇数，则该位校验码为 1，反之则为 0）的八位校验码分别存于 D(·) 与

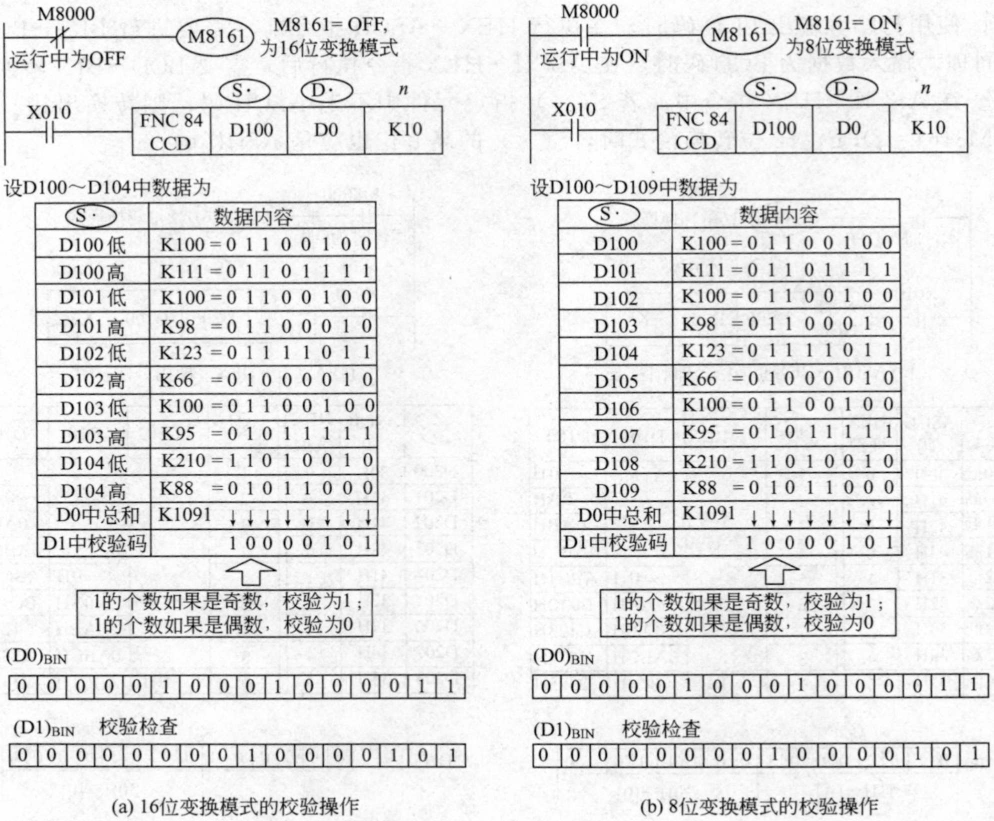

图 8-134　校验码指令使用说明

D(·)+1 指定的 D0 和 D1 器件中。图(b) 是在 M8161 线圈在 ON 状态下的 8 位变换模式校验操作，执行指令时，以 S(·) 指定的 n=10 个元件 D100～D109 中的低 8 位 BIN 码数据总和、并对其各位奇偶校验后的校验码分别存于 D(·) 与 D(·) +1 指定的 D0 和 D1 器件中。

五、电位器模拟量及刻度读出指令

指令的名称、助记符、指令代码、操作数和程序步数见表 8-82。

表 8-82　电位器模拟量及刻度读出指令的要素

指令名称	指令代码位数	助记符	操作数 S(·)	操作数 D(·)	程序步
电位器模拟量读出	FNC 85 (16)	VRRD VRRDP	K、H (电位器编号：0～7)	KnY、KnM、KnS、T、C、D、V、Z	VRRD、VRRDP…5 步
电位器模拟量刻度读出	FNC 86 (16)	VRSC VRSCP			VRSC、VRSCP…5 步

1. 电位器模拟量读出指令使用说明

电位器模拟量读出指令可对内置于 PLC 中的专用 8 路模拟电位器功能扩展板（如 FX_{2N}-8AV-BD）上的某路模拟值进行 A/D 转换并进行传送。该扩展板上有 8 个小型模拟电位器，可向 PLC 提供 8 路模拟值，用 VRRD 指令可读出与某路电位器模拟值（0～10）成比例的 0～255 的八位 BIN 数据进行传送。指令使用说明如图 8-135(a)，当 X000＝ON 时，

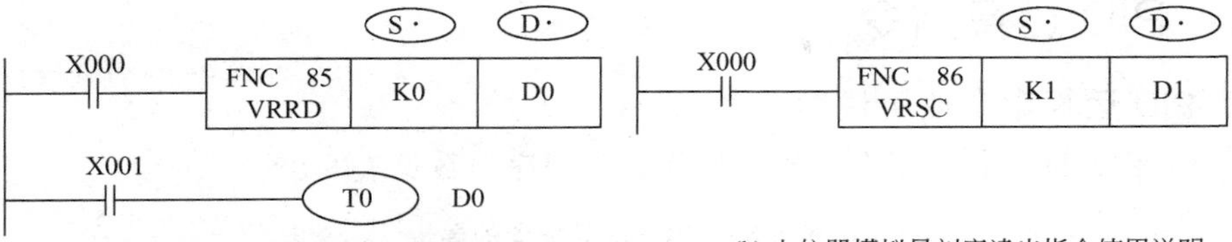

(a) 电位器模拟量读出指令使用说明　　(b) 电位器模拟量刻度读出指令使用说明

图 8-135　电位器模拟量读出及刻度读出指令使用说明

指令根据 S(·) 指定的第 0 号模拟电位器的模拟值转换为八位 BIN 值传送到 D(·) 指定的 DO 中。数据寄存器 D0 中数据可作为定时器、计数器的设定值使用，也可以输出。若作为定时、计数设定值需要大于 255 时，可用乘法指令把存储值乘以常数值作为间接设定。

2. 电位器模拟量刻度读出指令使用说明

电位器模拟量刻度读出指令可以读取 8 路模拟电位器功能扩展板上的某路电位器的模拟值，通过四舍五入化整为 0～10 的对应旋转刻度，转换成 BIN 值读出。指令使用说明如图 8-135(b)，当 X000＝ON 时，指令读出 S(·) 指定的第 1 号模拟电位器模块的刻度转换为 BIN 值传送到 D(·) 指定的 D1 中。

3. 电位器模拟量及刻度读出指令的应用

电位器模拟量读出指令的应用程序如图 8-136(a) 所示。程序采用 FOR－NEXT 循环指令操作，从 4 步到 16 步的指令按 FOR 指令的指定次数循环 8 次，修改变址寄存器 Z 的值，按 0，1，2，…，7 的顺序增加，使 VRRD 指令依次对 K0～K7 号模拟电位器的模拟值读出，并转换为八位 BIN 值依次传送到 D20～D207 中，作为 T0～T7 定时器的定时设定值。

电位器模拟量刻度读出指令的应用如图 8-136(b) 所示。程序中 VRSC 指令读取 1 号模拟电位器的刻度值转换为二进制数存入 D1，通过解码指令将 D1 中数值进行解码，使辅助继电器 M0～M10 中某点为 1，驱动输出指示灯亮，显示电位器当前的刻度值。

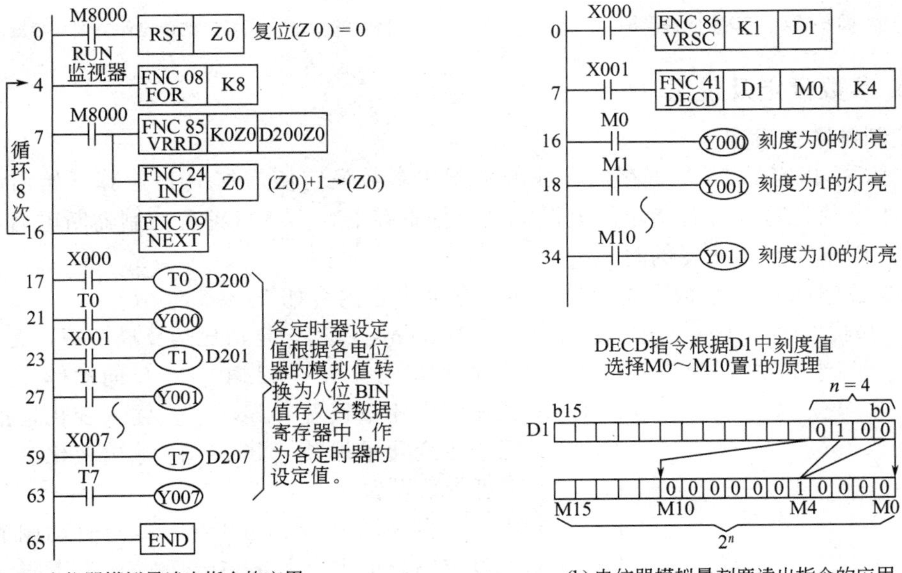

(a) 电位器模拟量读出指令的应用　　(b) 电位器模拟量刻度读出指令的应用

图 8-136　电位器模拟量及刻度读出指令的应用

六、 PID 运算指令

（一）PID 运算指令使用说明

指令的名称、助记符、指令代码、操作数和程序步数见表 8-83。

表 8-83　PID 运算指令的要素

指令名称	指令代码位数	助记符	操作数				程序步
			S1	S2	S3	D	
PID 运算	FNC 88 (16)	PID	D ［目标值(SV)］	D ［测定值(PV)］	D0～D975 ［参数］	D ［输出值(MV)］	PID…9 步

该指令可用于系统需要进行比例、积分、微分控制的 PID 运算程序，指令在达到采样时间后的扫描时进行 PID 运算。

指令的梯形图如图 8-137，图中：

(S1)　设定目标值（SV）
(S2)　设定测定现在值（PV）
(S3)～(S3)＋6　设定控制参数
}执行程序时，运算输出结果（MV）被存于(D)中。

对于(D)最好指定非电池保持的数据寄存器，若指定 D200 以上的电池保持寄存器，一定要在 PLC 运行前，用图 8-138 程序清除保持的内容。

参数(S3)占有起始的 25 个数据寄存器。例如，图 8-137 中占有 D100～D124［但是在控制参数的(S3)＋1 动作方向（ACT）设定中，若 bit1、bit2 和 bit5 均为 0 时，(S3)只占有 20 点］。

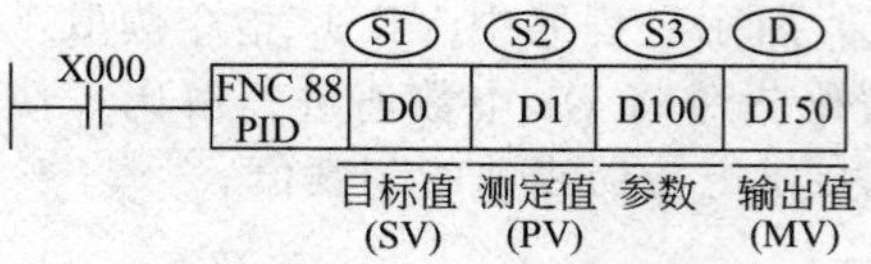

图 8-137　PID 指令梯形图

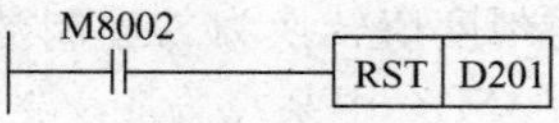

图 8-138　对(D)指定的停电保持型寄存器清除内容

（二）参数设定及说明

1. 控制参数的设定

指令中(S3)指定的 25 个寄存器存放的控制用参数设定值需在 PID 运算开始前，需要通过 MOV 指令预先写入。若指定停电保持型数据寄存器，由于可编程控制器断电后，设定值也能保持，就不需要再重复的写入处理。

控制参数(S3)的 25 个数据寄存器名称、参数设定内容如下。

(S3)：采样时间（Ts）　设定范围为 1～32767(ms)（若设定值比运算周期短，无法执行）

(S3)＋1：动作方向(ACT)　bit0＝0 正向动作　bit0＝1 反向动作
bit1＝0 无输入变化量报警　bit1＝1 输入变化量报警有效
bit2＝0 无输出变化量报警　bit2＝1 输出变化量报警有效
bit3　不可参数设置
bit4＝0 不执行自动调节　bit4＝1 执行自动调节
bit5＝0 不设定输出值上下限　bit5＝1 输出上下限设定有效
bit6～bit15 不可使用
（注：bit5 与 bit2 不能同时为 ON）

(S3)+2：输入滤波常数（α）设定范围 0～99%　　设定为 0，没有输入滤波

(S3)+3：比例增益（K_P）　设定范围 1%～32767%

(S3)+4：积分时间（T_I）　设定范围 0～32767(×100ms) 设定为 0 作为无积分处理

(S3)+5：微分增益（K_D）　设定范围 0～100%　　设定为 0 时无微分增益

(S3)+6：微分时间（T_D）　设定范围 0～32767（×100ms）设定为 0 时无微分处理

(S3)+7：
～
(S3)+19：　PID 运算内部占用处理

(S3)+20：输入变化量（增加方向）报警设定值　0～32767　[动作方向（ACT）的 bit1=1 有效]

(S3)+21：输入变化量（减少方向）报警设定值　0～32767　[动作方向（ACT）的 bit1=1 有效]

(S3)+22：输出变化量（增加方向）报警设定值　0～32767　[动作方向（ACT）的 bit2=1，bit5=0 有效]

(S3)+23：输出变化量（减少方向）报警设定值　0～−32767　[动作方向（ACT）的 bit2=1，bit5=0 有效]

(S3)+24：报警输出　bit0=1 输入变化量（增加方向）溢出报警　[动作方向（ACT）的 bit1 或 bit2=1 时有效]
bit1=1 输入变化量（减少方向）溢出报警
bit2=1 输出变化量（增加方向）溢出报警
bit3=1 输出变化量（减少方向）溢出报警

2. 控制参数说明

PID 指令可同时多次执行（循环次数无限制），但要注意，用于运算的(S3)、(D)软元件号码不得重复。

PID 指令在定时中断、子程序、步进梯形图，跳转指令中也可使用，在这种情况下，执行 PID 指令前要清除(S3)+7 单元后再使用，如图 8-139 所示。

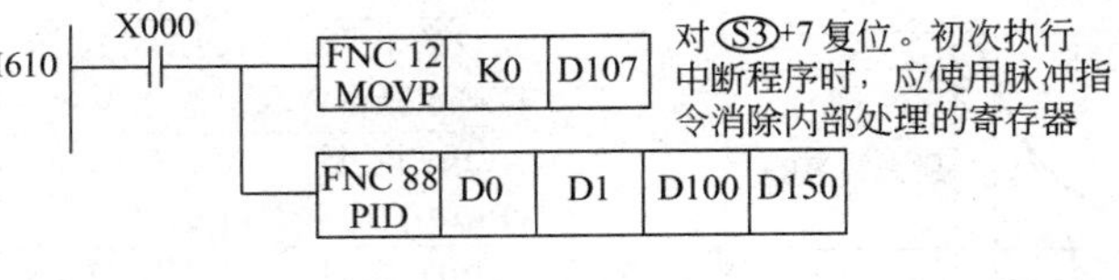

图 8-139　执行 PID 指令前对(S3)+7 复位的程序

采样时间 T_S 的最大误差为：−(1 个运算周期+1ms)～+(1 个运算周期)。T_S 值较小时，请使用恒定扫描模式，或在定时器中断程序中编程。

如果采样时间 T_S 小于等于可编程控制器的 1 个运算周期，则发生 PID 运算错误（错误代码为 K6740)，并以 T_S=运算周期执行 PID 运算，在此种情况下，建议最好在定时器中断（I6□□～I8□□）中使用 PID 指令。

输入滤波常数具有使测定值平滑变化的效果。

微分增益具有缓和输出值激烈变化的效果。

输入变化量、输出变化量报警设定。

使(S3)+1(ACT）的 bit1、bit2 均为 ON 时，用户可任意检测输入/输出变化量，检测按(S3)+20～(S3)+23 的值进行。超出设定的输入/输出变化值时，作为报警标志(S3)+24

的各位在其 PID 指令执行后立即为 ON。如图 8-140 所示。

所谓变化量是：上次的值－本次的值＝变化量。

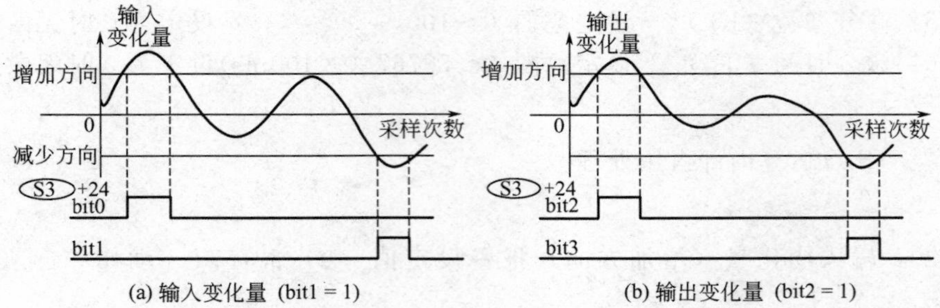

图 8-140　输入/输出变化量报警设定

（三）PID 指令的运算公式及 3 个常数 K_P、T_I、T_D 的求法

PID 指令的运算公式为

$$输出量(MV) = K_P\left\{\varepsilon + K_D T_D \frac{d\varepsilon}{dt} + \frac{1}{T_I}\int \varepsilon\,dt\right\}$$

式中，K_P 为比例增益；ε 为每个采样周期间的误差；K_D 为微分放大系数；T_D 为微分时间常数；T_I 为积分时间常数。

为了执行 PID 得到良好的控制效果，必须求得适合于控制对象的 3 个常数（比例增益 K_P、微分时间 T_D、积分时间 T_I）的最佳值。工程上常采用阶跃响应法求出这 3 个常数（FX_{2N} 可编程控制器仅适用于 V2.00 以上版本）。

阶跃响应法是使控制系统产生 0～100％的阶跃输出，测量输入值变化对输出的动作特性参数：无用时间 L、最大斜率 R，来换算出 PID 的 3 个常数，如图 8-141 所示。

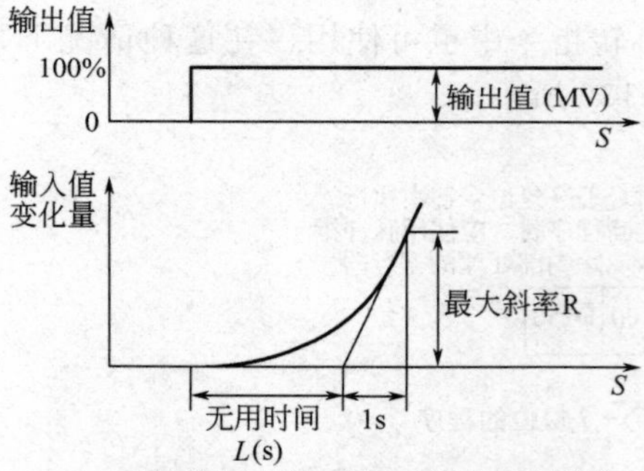

(a) 阶跃响应法检测输入变化的动作特性

	比例增益 (K_P)％	积分时间 (T_I)(0.1s)	微分时间 (T_D)(0.1s)
仅有比例控制(P 动作)	$(1/R\times L)\times$ 输出值(MV)	—	—
PI 控制 (PI 动作)	$(0.9/R\times L)\times$ 输出值(MV)	$33L$	—
PID 控制 (PID 动作)	$(1.2/R\times L)\times$ 输出值(MV)	$20L$	$50L$

(b) 输入动作特性与 3 个常数的关系

图 8-141　PID 的 3 个常数的求法

（四）自动调节功能

使用自动调节功能可以得到最佳的 PID 控制。自动调节方法如下。

(1) 传送自动调节用的（采样时间）输出值至Ⓓ中。

自动调节用的输出值应根据输出设备在输出可能最大值的 50％～100％范围内选用。

(2) 设定自动调节的采样时间、输入滤波、微分增益以及目标值等。

为了正确执行自动调节，目标值的设定应保证自动调节开始时的测定值与目标值之差要大于 150 以上。若不能满足大于 150 以上，可以先设定自动调节目标值，待自动调节完成后，再次设定目标值。

自动调节时的采样时间应大于 1s 以上，并且要远大于输出变化的周期时间。

(3) Ⓢ3+1 动作方向（ACT）的 bit4 设定为 ON 后，则自动调节开始。自动调节开始时的测定值到目标值的变化量变化在三分之一以上，则自动调节结束，Ⓢ3+1(ACT) 的 bit4 自动变为 OFF。

注意：自动调节应在系统处于稳态时进行，否则不能正确进行自动调节。

(五) 错误代码

控制参数的设定值或 PID 运算中的数据发生错误时，运算错误标志 M8067 为 ON，按照其错误内容 D8067 中存有以下错误代码。

PID 运算实行前必须将正确的测定值读入 PID 测定值（PV）中，尤其是在 PID 对模拟输入模块 FX_{2N}-4AD 的输入值进行运算时，请注意其转换时间。

错误代码	错误内容(D8067)	处理
K6705	应用命令的操作数在对象要素范围外	PID 运算停止
K6706	应用命令在对象范围外	
K6730	采样时间(T_S)在对象软元件范围外($T_S<0$)	
K6732	输入滤波常数(α)在对象范围外($\alpha<0$ 或 $100\leqslant\alpha$)	
K6733	比例增益(K_P)在对象范围外($K_P<0$)	
K6734	积分时间(T_I)在对象范围外($T_I<0$)	
K6735	微分增益(K_D)在对象范围外($K_D<0$ 或 $201\leqslant K_D$)	
K6736	微分时间(T_D)在对象范围外($T_D<0$)	
K6740	采样时间(T_S)≤运算周期	PID 以运算数据作为 MAX 值继续运算
K6742	测定值变化量超出($\Delta PV<-32768$ 或 $32767<\Delta PV$)	
K6743	偏差超出(EV<−32,768 或 32,767<EV)	
K6744	积分计算值超出(−32,768～32,767 以外)	
K6745	由于微分增益(K_D)超出新造成的微分值而超出	
K6746	微分计算值超出(−32,768～32,767 以外)	
K6747	PID 运算结果超出(−32,768～32,767 以外)	

(六) 指令应用

温度闭环控制系统如图 8-142(a) 所示。FX_{2N}-48MR 基本单元的输出驱动电加热器给温度槽加温，由热电偶检测温度槽温度的模拟信号经模拟输入模块进行模数转换后，PLC 执行程序，调节温度槽温度保持在＋50℃。图中模拟输入模块 FX_{2N}-4AD-TC 与基本单元连接，编号为 0，它有 4 个通道，程序中选用通道 2 作为对热电偶检测输出的模拟电压采样，其他通道不使用，因此，模拟输入模块 FX_{2N}-4AD-TC 的 BFM＃0 中设定值应为 H3303（从最低位到最高位数字分别控制通道 1～通道 4，每位数字可由 0～3 表示，0 表示设定输入电压范围为-10V～＋10V）。

图 8-142(b) 是自动调节和 PID 控制参数设定内容。由控制参数设定内容可知，设定目标值为 500（即温度保持在 500×0.1℃/单位变化量＝＋50℃），要求输入/输出变化量报警有效，有输出上下限设定，自动调节＋PID 控制，则Ⓢ3＋1 动作方向（ACT）的 bit0＝0（大于 0℃的正向动作），bit1～bit5 均为 1，即动作方向（ACT）单元的设定参数为 $(0\sim011110)_{BIN}$＝K30。

图 8-142(c) 是自动调节和 PID 控制下的电加热器的动作时序图。D502 为自动调节输出值设定存储单元。

自动调节＋PID 控制的程序如下。在程序中，X010＝ON，X011＝OFF，先执行自动调节，然后进行 PID 控制（实际为 PI 控制）；若 X010＝OFF，X011＝ON，仅执行 PID 控制。

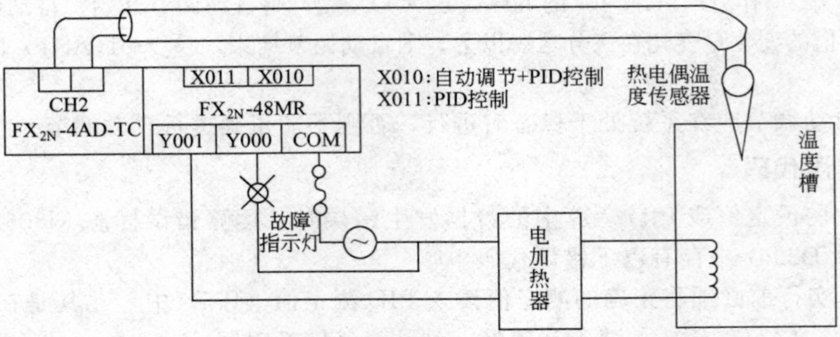

(a) 温度自动控制系统

PID 控制设定内容				自动调节中参数	PID 控制中参数
目标值(SV)			S1	500(＋50℃)	500(＋50℃)
参数设定	采样时间(T_S)		S3	3000ms	500ms
	输入滤波(α)		S3＋2	70%	70%
	微分增益(K_D)		S3＋5	0	0
	输出值上限		S3＋22	2000(2s)	2000(2s)
	输出值下限		S3＋23	0	0
	动作方向(ACT)	输入变化量报警	S3＋1 bit1	有效	有效
		输出变化量报警	S3＋1 bit2	有效	有效
		输出值上下限设定	S3＋1 bit5	有	有
输出值(MV)			D	1800ms	根据运算

(b)自动调节与 PID 控制参数设定内容

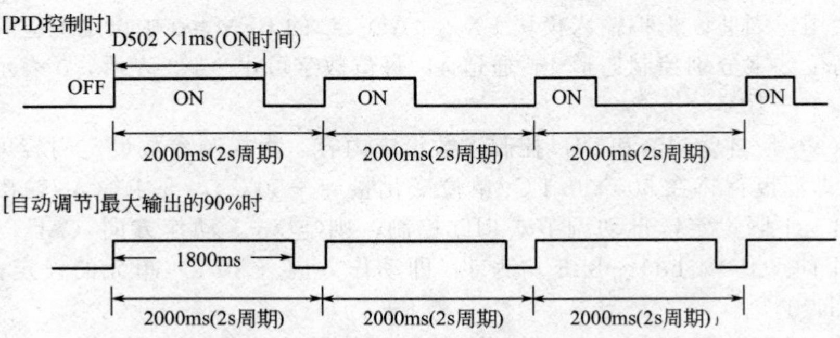

(c) 电加热器动作时序

图 8-142　温度自动控制系统、控制参数设定及电加热器动作时序

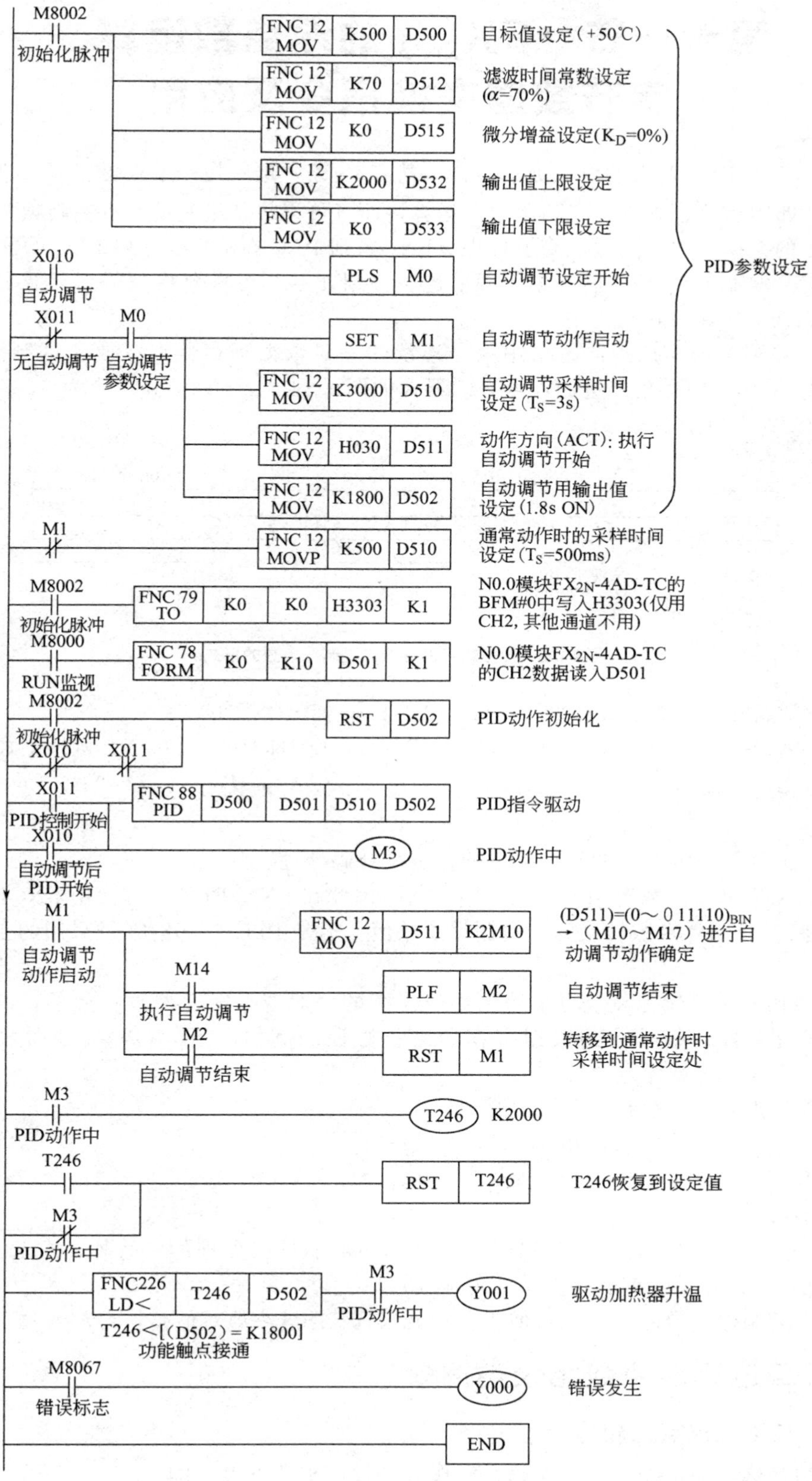
M8002
初始化脉冲
FNC 12 MOV K500 D500
目标值设定(+50℃)
FNC 12 MOV K70 D512
滤波时间常数设定(α=70%)
FNC 12 MOV K0 D515
微分增益设定(KD=0%)
FNC 12 MOV K2000 D532
输出值上限设定
FNC 12 MOV K0 D533
输出值下限设定
X010
自动调节
PLS M0
自动调节设定开始
PID参数设定
X011 M0
无自动调节 自动调节参数设定
SET M1
自动调节动作启动
FNC 12 MOV K3000 D510
自动调节采样时间设定(TS=3s)
FNC 12 MOV H030 D511
动作方向(ACT):执行自动调节开始
FNC 12 MOV K1800 D502
自动调节用输出值设定(1.8s ON)
M1
FNC 12 MOVP K500 D510
通常动作时的采样时间设定(TS=500ms)
M8002
初始化脉冲
FNC 79 TO K0 K0 H3303 K1
N0.0模块FX2N-4AD-TC的BFM#0中写入H3303(仅用CH2, 其他通道不用)
M8000
RUN监视
FNC 78 FORM K0 K10 D501 K1
N0.0模块FX2N-4AD-TC的CH2数据读入D501
M8002
初始化脉冲
X010 X011
RST D502
PID动作初始化
X011
PID控制开始
FNC 88 PID D500 D501 D510 D502
PID指令驱动
X010
自动调节后PID开始
M3
PID动作中
M1
自动调节动作启动
FNC 12 MOV D511 K2M10
(D511)=(0～0 11110)BIN →(M10～M17)进行自动调节动作确定
M14
执行自动调节
PLF M2
自动调节结束
M2
自动调节结束
RST M1
转移到通常动作时采样时间设定处
M3
PID动作中
T246 K2000
T246
M3
PID动作中
RST T246
T246恢复到设定值
FNC226 LD< T246 D502
T246<[(D502)=K1800]功能触点接通
M3
PID动作中
Y001
驱动加热器升温
M8067
错误标志
Y000
错误发生
END

第十一节　$FX_{2N/3}$ 的浮点数运算、字节数据交换指令及应用

$FX_{2N/3}$ 系列 PLC 共有的浮点数运行指令共有 13 条，这些指令不仅可以对二进制浮点数进行比较、四则运算、开方、三角函数等运算，而且可以将二进制的浮点数转换为二进制整数，转换后的数据可进行高低位交换处理。FX_3 系列 PLC 在 FX_{2N} 系列 PLC 的浮点数运行指令基础上又增加了 12 条，将在第十四节进行介绍。本节还将介绍一条高、低字节数据交换指令 SWAP（FNC 147）。

$FX_{2N/3}$ 系列可编程控制器是采用编号连续的一对数据寄存器来存放二进制浮点数的。例如（D11、D10）中存放二进制浮点数的形式如图 8-143。若 b0～b31 全为 0，浮点数为 0（零标志 M8020＝ON）。

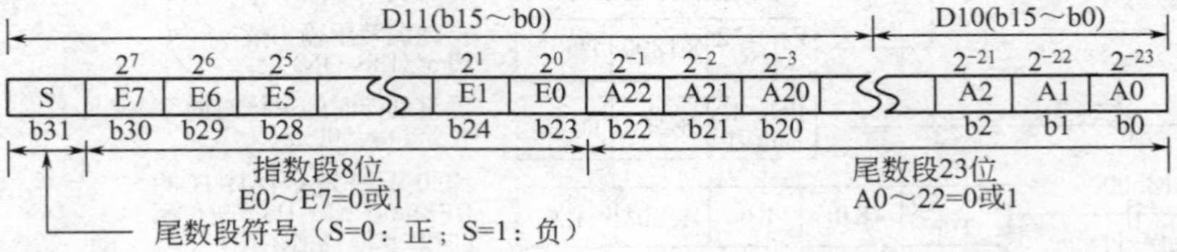

图 8-143　数据寄存器存放二进制浮点数的形式

二进制浮点值＝$\pm(2^0+A22\times2^{-1}+A21\times2^{-2}+\cdots+A0\times2^{-23})\times2^{(E7\times2^7+E6\times2^6+\cdots+E0\times2^0)}/2^{127}$

例如：A22＝1，A21＝0，A19～A0＝0；E7＝1，E6～E1＝0，E0＝1，则按上式可求出

二进制浮点值＝$\pm(2^0+1\times2^{-1}+0\times2^{-2}+1\times2^{-3}+\cdots+0\times2^{-23})\times2^{(1\times2^7+0\times2^6+\cdots+1\times2^0)}/2^{127}$

$=\pm1.625\times2^{129}/2^{127}=\pm1.625\times2^2$

注意：正负数是由 b31 的符号决定的，不是补码处理。

有时候二进制浮点数对用户难以判断数值，因此在 FX_{2N} PLC 中可使用 FNC118（DEBCD）指令将二进制浮点数转换为十进制浮点数值。但是 PLC 内部运算仍采用的是二进制浮点数。

PLC 转换的十进制浮点数也是采用编号连续的一对数据寄存器来存放的，编号小的数据寄存器为尾数段，编号大的数据寄存器为指数段。例如，用 MOV 指令向数据寄存器（D1，D0）写入十进制浮点数形式为

十进制浮点数＝[尾数 D0]×$10^{[指数D1]}$

尾数 D0＝±(1,000～9,999)或 0

指数 D1＝－41～＋35

注意事项如下：

（1）D1，D0 的最高位是正负符号位，都作为 2 的补码处理的。另外，在 D0 中的尾数不存在 100，要表示 100 时，应写成 1000×10^{-1}；

（2）十进制浮点数的最大绝对值为：3402×10^{35}；最小绝对值是：1175×10^{-41}。

一、二进制浮点数比较类指令

（一）二进制浮点比较指令

指令的名称、助记符、指令代码、操作数和程序步数见表 8-84。

表 8-84　二进制浮点比较指令的要素

指令名称	指令代码位数	助记符	操作数			程序步
			S1(・)	S2(・)	D(・)	
二进制浮点比较	FNC110 (32)	DECMP DECMPP	K、H、D	K、H、D	Y、M、S (占 3 点)	DECMP、DECMPP…13 步

指令使用说明如图 8-144 所示，两个源操作数内的二进制浮点数比较，根据比较结果大、小、一致，使目标操作数内三个位元件中对应的一个动作，即（D11，D10）与（D21，D20）比较，使 M0，M1，M2 中一个为 ON。若两个源操作数中指定的是常数 K、H，自动转换成二进制浮点值进行比较。

（二）二进制浮点区间比较指令

指令的名称、助记符、指令代码、操作数和程序步数见表 8-85。

表 8-85　二进制浮点区间比较指令的要素

指令名称	指令代码位数	助记符	操作数				程序步
			S1(・)	S2(・)	S(・)	D(・)	
二进制浮点区间比较	FNC111 (32)	DEZCP、DEZCPP	K、H、KnX、KnY、KnM、KnS、T、C、D [S1(・)≤S2(・)]			Y、M、S (占 3 点)	DEZCP、DEZCPP…17 步

该指令使用说明如图 8-145。当 X001＝ON 时，指令根据 S(・) 指定元件 D1，D0 中的二进制浮点值与 S2(・) 和 S1(・) 指定元件中的上下限二进制浮点数设定范围进行比较，使 D(・) 指定的 3 个位元件中某一个动作。

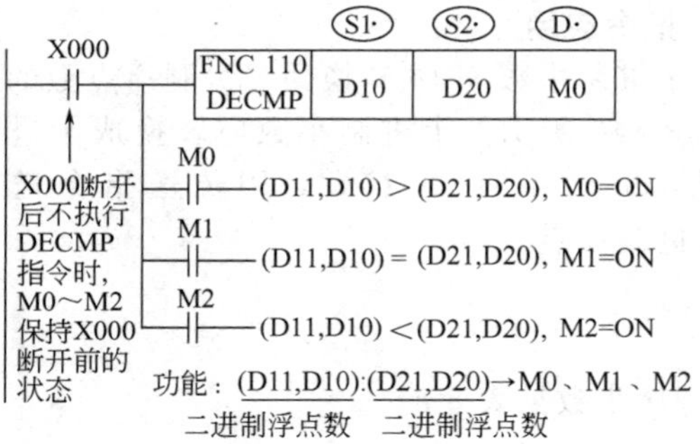

图 8-144　二进制浮点比较指令使用说明

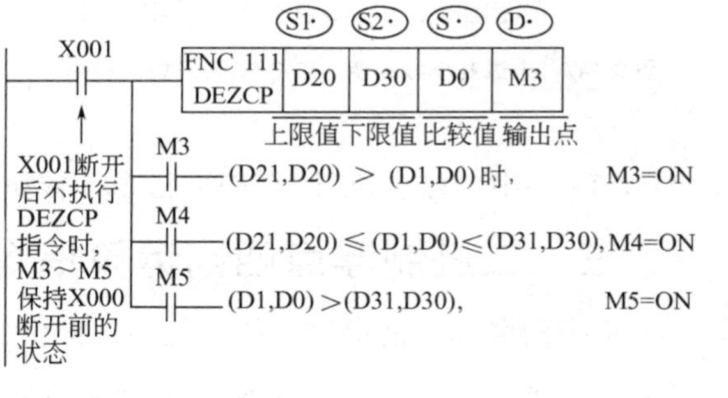

图 8-145　二进制浮点区间比较指令使用说明

若三个源操作数中指定的是 K、H 常数，自动转换成二进制浮点数进行比较。

S1(・) 的内容应小于或等于 S2(・) 内容，否则被看作上下限两个二进制浮点数一样大。

二、二进制浮点与十进制浮点互换指令

指令的名称、助记符、指令代码、操作数和程序步数见表 8-86。

表 8-86　二进制浮点与十进制浮点互换指令的要素

指令名称	指令代码位数	助记符	操作数		程序步
			S(・)	D(・)	
二进制浮点→十进制浮点	FNC118 (32)	DEBCD、DEBCDP	D	D	DEBCD、DEBCDP…9 步
十进制浮点→二进制浮点	FNC119 (32)	DEBIN、DEBINP			DEBIN、DEBINP…9 步

1. 二进制浮点→十进制浮点指令使用说明

二进制浮点转换为十进制浮点指令说明如图 8-146(a)，当驱动条件 X001＝ON 时，将源数据 S(·) 指定的 D31，D30 单元内二进制浮点数转换为十进制浮点数，存入 D(·) 指定的目标地址单元 D21，D20 中。指令执行后 D31，D30 单元内的二进制浮点数不变。

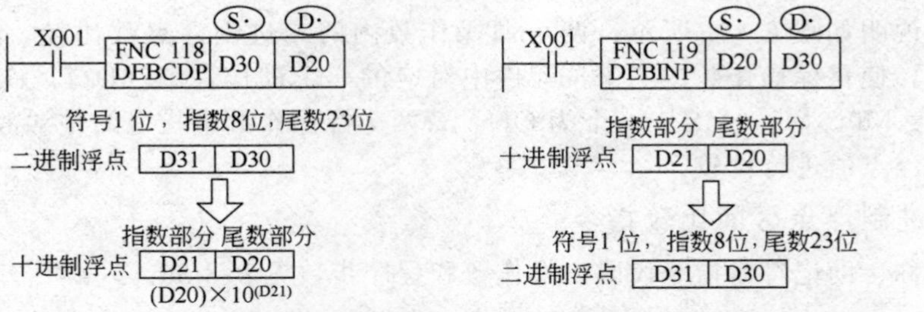

(a) 二进制浮点→十进制浮点指令使用说明　(b) 十进制浮点→二进制浮点指令使用说明

图 8-146　二进制浮点与十进制浮点互相转换指令使用说明

2. 十进制浮点→二进制浮点指令使用说明

十进制浮点转换为二进制浮点指令说明如图 8-146(b)，当驱动条件 X001＝ON 时，将源数据 S(·) 指定的 D21，D20 单元内的十进制浮点数转换为二进制浮点数，存入 D(·) 指定的目标地址单元 D31，D30 中。指令执行后 D21，D20 单元内的十进制浮点数不变。

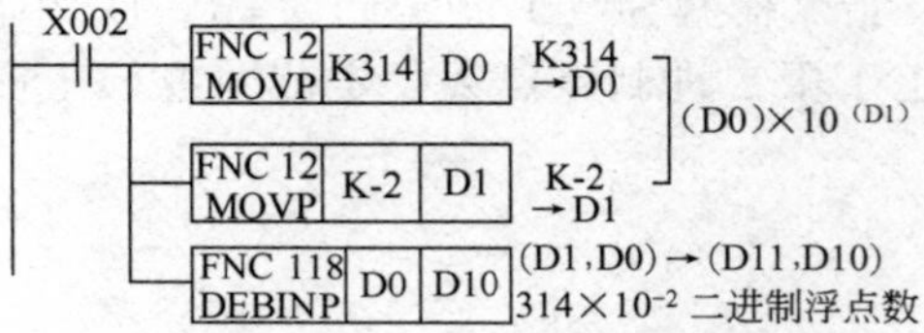

图 8-147　十进制小数转换为二进制浮点数的程序

3. 指令应用

将十进制小数 3.14 转换为二进制浮点数的程序如图 8-147 所示。十进制小数应转换成十进制浮点数：$3.14 = 314 \times 10^{-2}$，用传送指令送入（D1，D0）中，然后执行 DEBIN 指令，转换为二进制浮点数。

三、二进制浮点四则运算指令

指令的名称、助记符、指令代码、操作数和程序步数见表 8-87。

表 8-87　二进制浮点四则运算指令的要素

指令名称	指令代码位数	助记符	操作数			程序步
			S1(·)	S2(·)	D(·)	
二进制浮点加法	FNC120（32）	DEADD、DEADDP	K、H、D		D	DEADD，DEADDP…13 步
二进制浮点减法	FNC121（32）	DESUB、DESUBP				DESUB，DESUBP…13 步
二进制浮点乘法	FNC122（32）	DEMUL、DEMULP				DEMUL，DEMULP…13 步
二进制浮点除法	FNC123（32）	DEDIV、DEDIVP				DEDIV，DEDIVP…13 步

（一）二进制浮点加减法指令使用说明

（1）二进制浮点加法指令使用说明如图 8-148(a) 所示，执行指令时，根据 S1(·) 和 S2(·) 指定的常数（自动转换为二进制浮点数）或数据寄存器内的二进制浮点数相加，结果以二进制浮点数的形式存入 D(·) 指定的数据寄存器中。

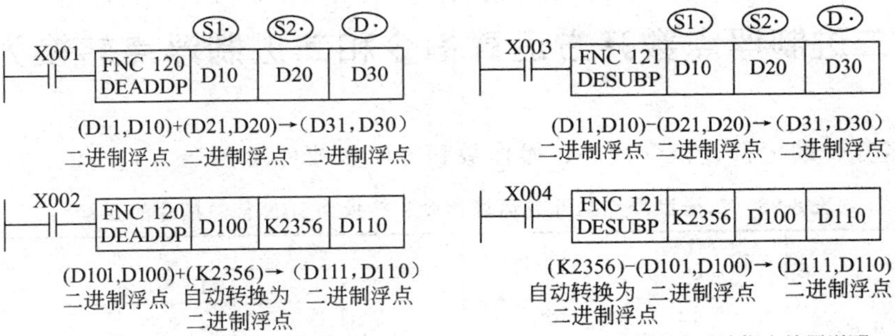

(a) 二进制浮点加法指令使用说明　　(b) 二进制浮点减法指令使用说明

图 8-148　二进制浮点加减法指令使用说明

(2) 二进制浮点减法指令使用说明如图 8-148(b) 所示，执行指令时，S1(・) 指定的常数（自动转换为二进制浮点数）或寄存器内的二进制浮点值减去 S2(・) 指定的常数（自动转换为二进制浮点数）或寄存器内的二进制浮点值，其结果以二进制浮点形式存入 D(・) 指定的寄存器中。

(3) 二进制浮点加减法指令使用注意事项

① 操作数若为 K、H 常数，指令会自动将常数转换成二进制浮点数后进行加减操作。

② 源操作数指定的寄存器号和目标操作数指定的寄存器号可以为同一地址号，此时若用的是连续执行型指令，应注意的是，指令会在每个运算周期中进行累计性加、减。

③ 运算结果若为零，零标志 M8020＝ON；运算中若有借位，则借位标志 M8021＝ON；运算中若有进位，则进位标志 M8022＝ON。

(二) 二进制浮点乘除法指令使用说明

(1) 二进制浮点乘法指令使用说明如图 8-149(a) 所示，执行指令时，根据 S1(・) 和 S2(・) 指定的常数（自动转换为二进制浮点数）或数据寄存器内的二进制浮点数相乘，积以二进制浮点数的形式存入 D(・) 指定的数据寄存器中。

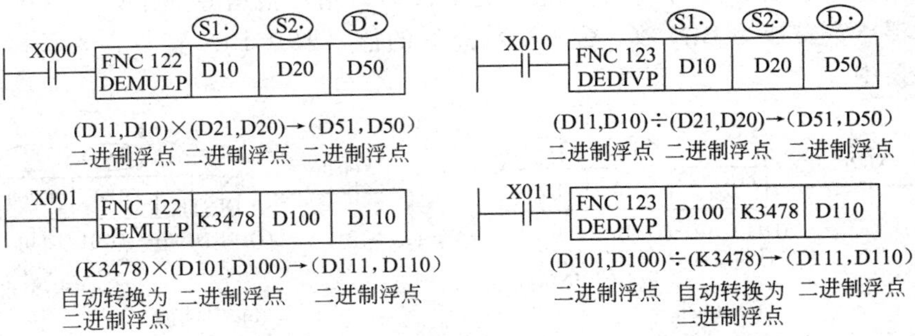

(a) 二进制浮点乘法指令使用说明　　(b) 二进制浮点除法指令使用说明

图 8-149　二进制浮点乘除法指令使用说明

(2) 二进制浮点除法指令使用说明如图 8-149(b) 所示，执行指令时，S1(・) 指定的常数（自动转换为二进制浮点数）或寄存器内的二进制浮点数被 S2(・) 指定的常数（自动转换为二进制浮点数）或寄存器内的二进制浮点数除，其结果以二进制浮点数的形式存入 D(・) 指定的寄存器中。

(3) 二进制浮点乘除法指令使用注意事项

① 操作数若为 K、H 常数，指令将自动将其转换成二进制浮点数进行操作。

② 除数 S2(·) 若为 0 时，出现运算错误，除法指令不执行。

四、二进制浮点数开方运算指令和二进制浮点转换为 BIN 整数指令

指令的名称、助记符、指令代码、操作数和程序步数见表 8-88。

表 8-88 二进制浮点数开方运算指令和转换为 BIN 整数指令的要素

指令名称	指令代码位数	助记符	操作数		程序步
			S(·)	D(·)	
二进制浮点开方	FNC127 (32)	DESQR、DESQRP	K、H、D（数据恒为正才有效）	D	DESQR，DESQRP…9 步
二进制浮点 →BIN 整数	FNC129 (16/32)	INT、INTP DINT、DINTP	D	D	INT，INTP…5 步 DINT，DINTP…9 步

（一）二进制浮点数开方运算指令

该指令使用说明如图 8-150。当 X001＝ON 时，指令根据 S(·) 指定的常数（自动转换为二进制浮点数）或寄存器中的二进制浮点数（应恒为正，否则运算出错，M8067＝ON，指令不执行）进行开平方运算，结果以二进制浮点数的形式存入 D(·) 指定的寄存器中。

若运算结果为真零时，零标志 M8020＝ON。

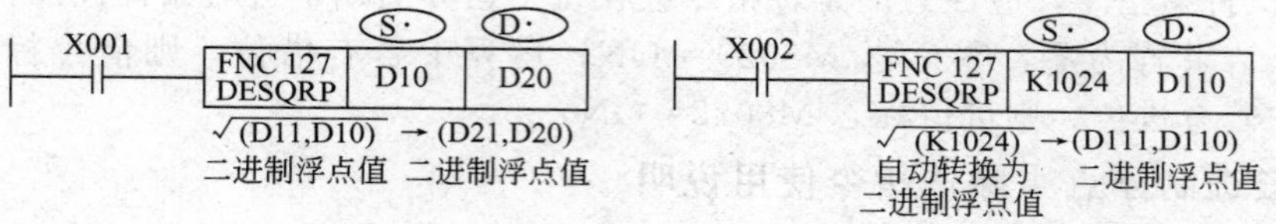

图 8-150 二进制浮点数开方运算指令使用说明

（二）二进制浮点数转换为 BIN 整数指令

指令使用说明如图 8-151，当执行条件为 ON 时，指令根据源操作数 S(·) 指定的寄存器内二进制浮点数转换为 BIN 数，舍去小数点后的值，取其 BIN 整数存入目标数据 D(·) 指定的寄存器中。

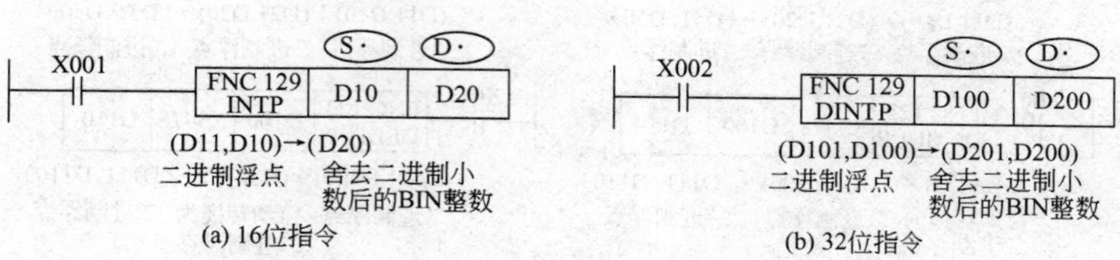

图 8-151 二进制浮点数转换为 BIN 整数指令使用说明

该指令是 M8023＝OFF 时，二进制整数转换为二进制浮点数指令 FNC49（DFLTP）的逆变换操作，请参阅本章图 8-80。

若转换的 BIN 整数为 0，零标志 M8020＝ON。

若转换时不满 1 而发生舍掉时，借位标志 M8021＝ON。

若 16 位转换结果超出 −32，768～32，767 范围或 32 位转换结果超出：−2，147，483～2，147，483 范围产生溢出时，进位标志 M8022＝ON。

五、二进制浮点三角函数指令

二进制浮点三角函数指令的名称、助记符、指令代码、操作数和程序步数见表 8-89。

表 8-89 二进制浮点三角函数指令的要素

指令名称	指令代码位数	助记符	操作数		程序步
			S(·)	D(·)	
二进制浮点 SIN	FNC130 (32)	DSIN、DSINP	D 0°≤角度<360°	D 0°≤角度<360°	DSIN,DSINP…9 步
二进制浮点 COS	FNC131 (32)	DCOS、DCOSP			DCOS,DCOSP…9 步
二进制浮点 TAN	FNC132 (32)	DTAN、DTANP			DTAN,DTANP …9 步

1. 二进制浮点 SIN 运算指令使用说明

二进制浮点 SIN 运算指令使用说明如图 8-152。当执行条件 X000＝ON 时，指令根据源操作数 S(·) 指定的数据寄存器内的二进制浮点弧度（RAD＝角度×π/180°）求出 SIN 值，以二进制浮点数的形式送入目标数据 D(·) 指定的数据寄存器中。本指令的逆变换操作指令为 FNC133（SIN^{-1}）。

2. 二进制浮点 COS 运算指令使用说明

二进制浮点 COS 运算指令使用说明如图 8-153。当执行条件 X000＝ON 时，指令根据源操作数 S(·) 指定的数据寄存器内的二进制浮点弧度（RAD＝角度×π/180°）求出 COS 值，以二进制浮点数的形式送入目标数据 D(·) 指定的数据寄存器中。本指令的逆变换操作指令为 FNC134（COS^{-1}）。

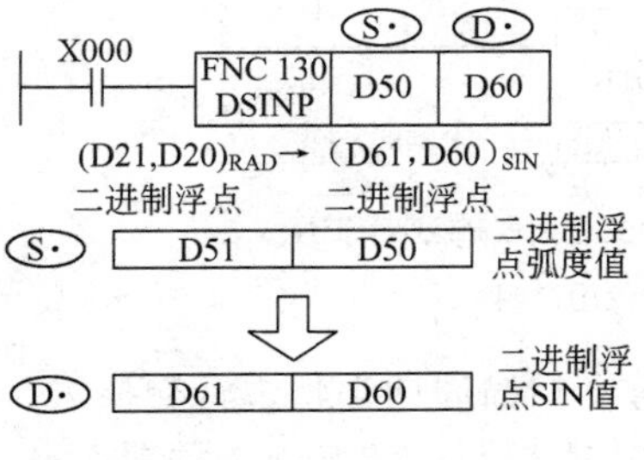

图 8-152 浮点 SIN 运算指令使用说明

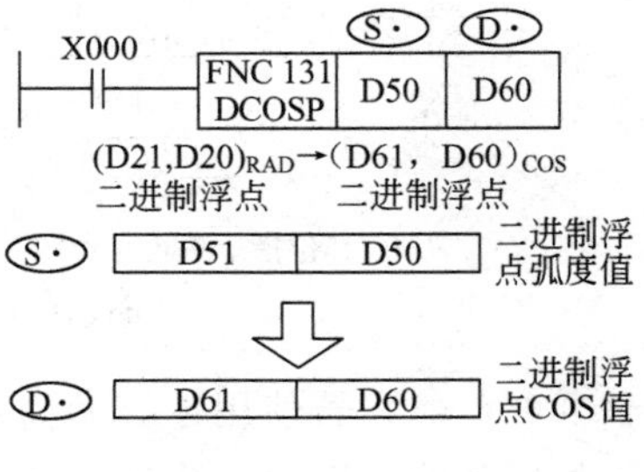

图 8-153 浮点 COS 运算指令使用说明

3. 二进制浮点 TAN 运算指令使用说明

二进制浮点 TAN 运算指令使用说明如图 8-154。当执行条件 X000＝ON 时，指令根据源操作数 S(·) 指定的数据寄存器内的二进制浮点弧度（RAD＝角度×π/180°）求出 TAN 值，以二进制浮点数的形式存入目标数据 D(·) 指定的数据寄存器中。本指令的逆变换操作指令为 FNC135（TAN^{-1}）。

4. 指令应用

图 8-155 中 X001、X002 可选择输入不同的角度，求出指定角度 SIN、COS、TAN 值的程序。

六、二进制数据高低位交换指令

指令的名称、助记符、指令代码、操作数和程序步数见表 8-90。

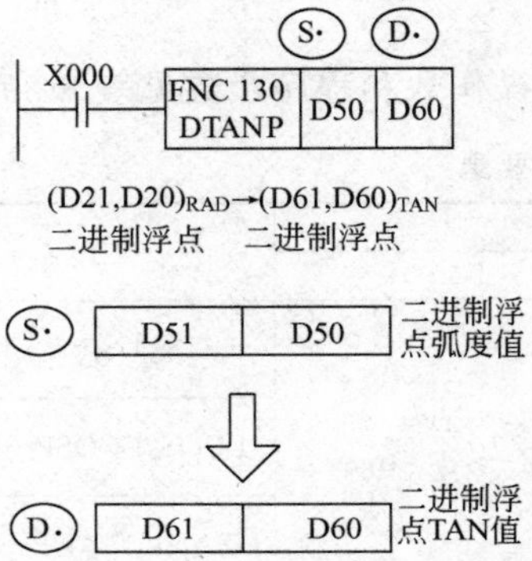

图 8-154 浮点 TAN 运算指令使用说明

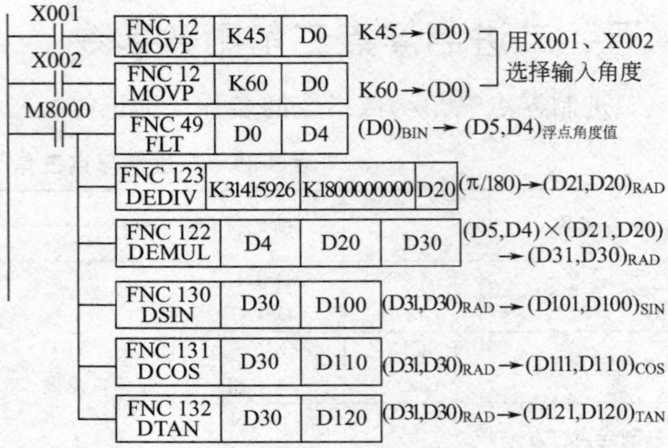

图 8-155 浮点三角函数应用举例

表 8-90 高低位交换指令的要素

指令名称	指令代码位数	助记符	操作数 S(·)	程序步
高低位交换	FNC147 (16/32)	SWAP、SWAPP DSWAP、DSWAPP	KnY、KnM、KnS、T、C、D、V、Z	SWAP、SWAPP…5 步 DSWAP、DSWAPP…9 步

该指令可以对 16 位或 32 位二进制整数数据进行高低八位交换，使用说明如图 8-156。图（a）为 16 位高低字节交换指令，当 X000＝ON 时，16 位指令将 D10 中高八位与低八位字节交换。图（b）为 32 位高低字节交换指令，当 X001＝ON 时，32 位指令将 D11、D10 中的高八位与低八位字节交换。

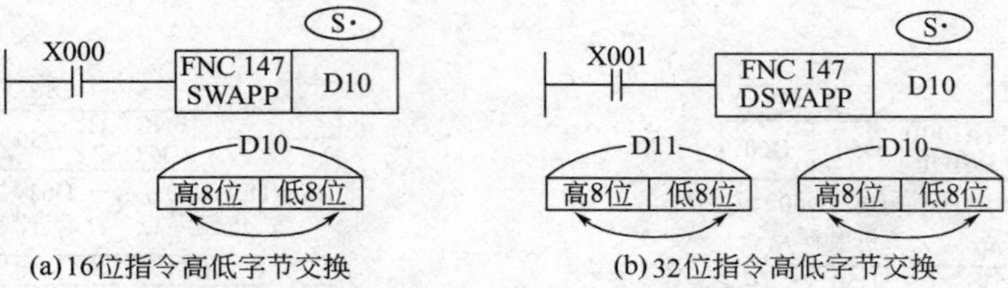

图 8-156 高低位字节交换指令使用说明

注意事项：(1) 若使用连续型高低交换指令时，每个扫描周期都将进行交换；(2) 此指令的功能与 FNC17（XCH）指令的扩展功能相同，请参阅本章图 8-39。

第十二节 $FX_{2N/3}$ 的时钟数据处理类指令及应用

$FX_{2N/3}$ 系列 PLC 共有的时钟数据处理类指令计六条，这类功能指令的编号范围为 FNC160～163、166～167，可对时钟数据进行比较、运算、读/写、格式转换等处理，也可以对可编程控制器内部计时器的数据进行修正。FX_{3U} 系列 PLC 还增加了一条专有的计时表指令“HOUR（FNC 169）”，将在第十四节介绍。

一、时钟数据比较类指令

（一）时钟数据比较指令

指令的名称、助记符、指令代码、操作数和程序步数见表 8-91。

表 8-91　时钟数据比较指令的要素

指令名称	指令代码位数	助记符	操作数					程序步
			S1(·)	S2(·)	S3(·)	S(·)	D(·)	
时钟数据比较	FNC160 (16)	TCMP TCMPP	K、H、KnX、KnY、KnM、KnS、T、C、D、V、Z			T、C、D、(占 3 点)	Y、M、S (占 3 点)	TCMP、TCMPP…11 步

指令使用说明如图 8-157 所示，当 X000＝ON 时，指令根据 S(·) 指定的时间常数或指定单元为起始号的 3 个连续单元 D0(时)、D1(分)、D2(秒) 数据与 [S1(·)，S2(·)，S3(·)] 中指定的常数或元件中设定的时、分、秒比较，根据比较结果是大于、小于、还是一致，使 D(·) 指定的三个位元件中某一个动作。

注意事项：

(1) S1(·) 中设定值为“时”，应在 [0～23] 范围内指定；S2(·) 中设定值为“分”，应在 [0～59] 范围内指定；S3(·) 中设定值为“秒”，应在 [0～59] 范围内指定。

(2) S(·) 中连续 3 个单元指定的时钟数据范围也同第 (1) 点。

(3) 指令中 S(·) 也可以指定 PLC 内部特殊用途数据寄存器中 D8015 (时)、D8014 (分)、D8013 (秒) 实时计时器的时间进行比较。

(二) 时钟数据区间比较指令

指令的名称、助记符、指令代码、操作数和程序步数见表 8-92。

表 8-92　时钟数据区间比较指令的要素

指令名称	指令代码位数	助记符	操作数				程序步
			S1(·)	S2(·)	S(·)	D(·)	
时钟数据区间比较	FNC161 (16)	TZCP、TZCPP	T、C、D [S1(·)≤S2(·)] (占 3 点)			Y、M、S (占 3 点)	TZCP、TZCPP、…9 步

该指令使用说明如图 8-158。当 X001＝ON 时，指令根据 S(·) 指定起始号的 3 个连续单元的 h、min、s 数据与 S2(·)，S1(·) 指定的上下限时钟数据范围比较，使 D(·) 指定的 3 个位元件中某一个动作。

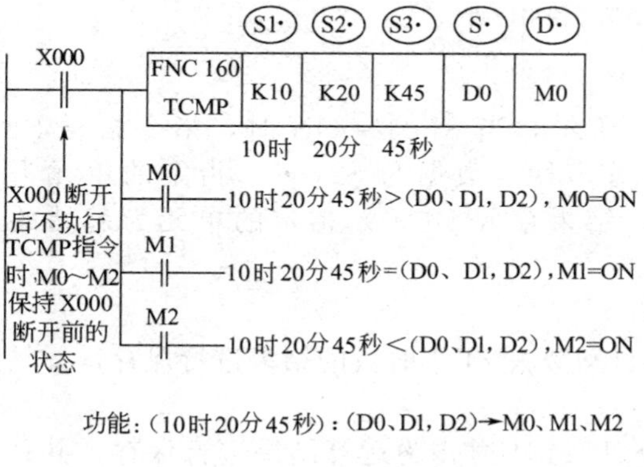

图 8-157　时钟数据比较指令使用说明

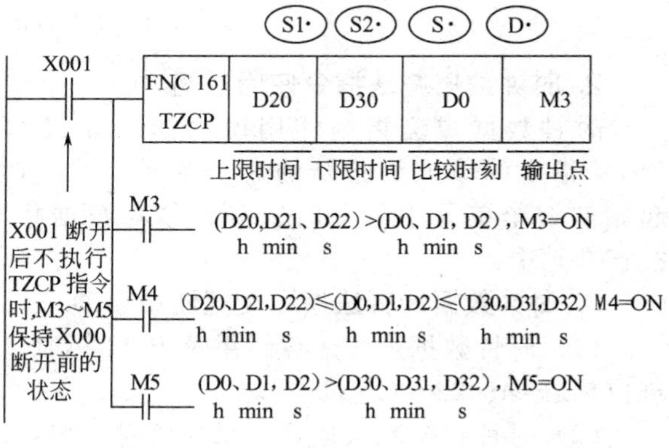

图 8-158　时钟数据区间比较指令使用说明

注意事项：

(1) S1(·)、S1(·)+1、S1(·)+2 中指定的 h、min、s 数据是下限时刻，S2(·)、S2(·)+1、S2(·)+2 中指定的 h、min、s 数据是上限时刻。下限时刻应小于或等于上限时刻。

（2）关于 h、min、s 的设定范围和 PLC 中内置实时计时器的使用同 FNC160 指令。

二、时钟数据加减法运算指令

指令的名称、助记符、指令代码、操作数和程序步数见表 8-93。

表 8-93　时钟数据加减法运算指令的要素

指令名称	指令代码位数	助记符	操作数			程序步
			S1(·)	S2(·)	D(·)	
时钟数据加法	FNC162（16）	TADD、TADDP	T、C、D（均占 3 个连续单元表示时、分、秒）			TADDP，TADD…7 步
时钟数据减法	FNC163（16）	TSUB、TSUBP				TSUBP，TSUB…7 步

1. 时钟数据加法指令使用说明

时钟数据加法指令使用说明如图 8-159(a) 所示，当 X000＝ON 时，指令根据 S1(·) 指定的单元为起始的 3 个单元中的（时、分、秒）数据与 S2(·) 指定的单元为起始的 3 个单元中的（时、分、秒）数据相加，结果存入 D(·) 指定的单元为起始的 3 个单元中。

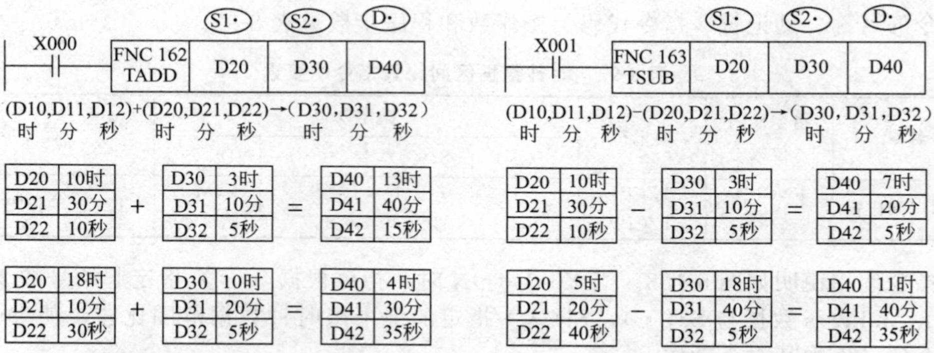

(a) 时钟数据加法指令使用说明　　(b) 时钟数据减法指令使用说明

图 8-159　时钟数据加减法指令使用说明

2. 时钟数据减法指令使用说明

时钟数据减法指令使用说明如图 8-159(b) 所示，当 X001＝ON 时，指令根据 S1(·) 指定的单元为起始的 3 个单元中的（时、分、秒）数据与 S2(·) 指定的单元为起始的 3 个单元中的（时、分、秒）数据相减，结果存入 D(·) 指定的单元为起始的 3 个单元中。

3. 时钟数据加减法指令使用注意事项

（1）时钟数据加法运算结果超出 24 小时，将自动减去 24 小时后的结果进行保存，并且进位标志 M8022＝ON；

（2）时钟数据减法运算结果为负时，将自动加上 24 小时作为运算结果进行保存，并且借位标志 M8021＝ON；

（3）运算结果若为 0（0h0min0s）时，零标志 M8020＝ON；

（4）关于时、分、秒的设定范围和 PLC 中内置实时计时器的使用同 FNC160 指令。

三、时钟数据读出与写入指令

指令的名称、助记符、指令代码、操作数和程序步数见表 8-94。

表 8-94 时钟数据读出与写入指令的要素

指令名称	指令代码位数	助记符	操作数		程序步
			S(·)	D(·)	
时钟数据读出	FNC166 (16)	TRD、TRDP	—	T、C、D (占连续 7 个单元)	TRDP，TRD…5 步
时钟数据写入	FNC167 (16)	TWR、TWRP	T、C、D	—	TWRP，TWR…5 步

时钟数据读/写指令可以对 PLC 中内置的 D8013～D8019 实时计时器中参数进行实时修改。

1. 时钟数据读出指令使用说明

如图 8-160(a)，当 X000＝ON 时，时钟读出指令将可编程控制器内置的实时计时器（D8013～D8019）的秒、分、时、日、月、年、星期七个数据读出，存入 D(·) 指定单元 D0 为起始号的 7 个连续单元中。

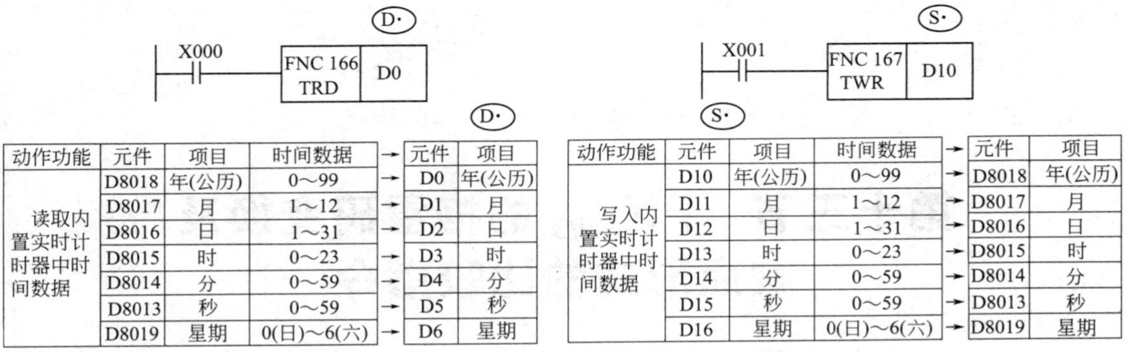

(a) 时钟数据读出指令使用说明　　(b) 时钟数据写入指令使用说明

图 8-160 时钟数据读/写指令使用说明

2. 时钟数据写入指令使用说明

如图 8-160(b)，当 X001＝ON 时，时钟写入指令根据 S(·) 指定单元 D10 为起始号的 7 个连续单元中时间数据写入到可编程控制器内置的实时计时器（D8013～D8019）中。

3. 时钟数据读/写指令操作说明

① 特殊数据寄存器 D8018（年）通常以公历后 2 位显示，如 80～99（相当于 1980～1999），00～79（相当于 2000～2099）。也可以切换为公历 4 位显示，切换不影响当前时间。切换方法如图 8-161，D8018 将在第二个运算周期开始显示 4 位公历 2010。

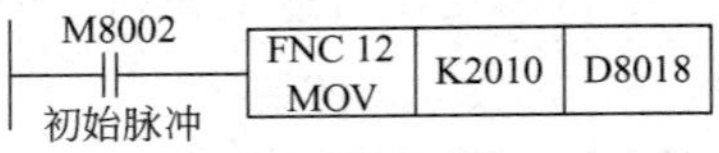

图 8-161 D8018 切换为 4 位显示

② 执行时钟数据写入指令 FNC167（TWR）时，PLC 中内置实时计时器的时间数据会立即变更，转为新的时间。因此，在设定源 S(·) 指定单元的时间数据时，应多设几分钟，当达到准确时间时，接通 X001，修改内置实时计时器的当前时间。

③ 用时钟数据写入指令 FNC167（TWR）修改内置实时计时器时间时，不需要控制“计时停止及预置”特殊辅助继电器 M8015。

4. 时钟数据读/写指令应用

将可编程控制器内置的实时计时器内容设定为 2018 年 8 月 25 日（星期六）15 时 20 分 30 秒的程序如图 8-162。程序在 X001 接通时，利用 FX_{2N} 可编程控制器内置的实时时钟

M8017 进行±30s 的修正操作，即 OFF→ON 的上升沿修正当前的秒，若在 0～29s 内，修正秒为 0，若在 30～59s，向分进位，秒为 0。

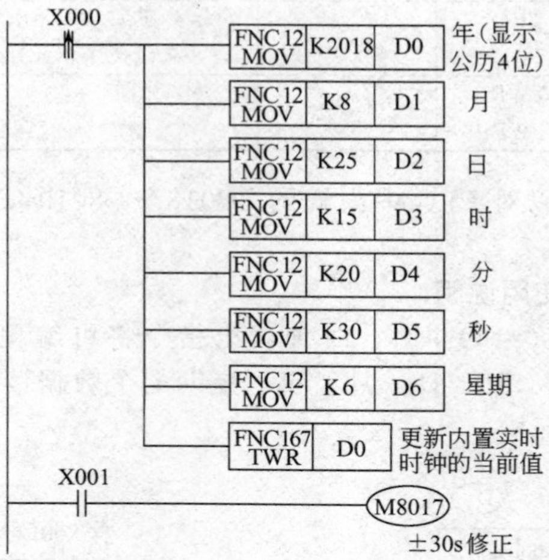

图 8-162　对 FX_{2N}PLC 内置实时时钟的设定操作

第十三节　$FX_{2N/3}$ 的格雷码变换及触点形式的比较指令

一、格雷码变换指令

格雷码是一种常见的无权码，其编码与二进制码的对应关系如表 8-95 所示。这种码的特点是：相邻的两组码之间仅改变一位，它与其他码同时改变二位或多位的情况相比，更为可靠，出错的可能性大大减少。因而常用于外设模拟模块的模拟量转换、绝对型旋转编码器的绝对位置检测等情况。

格雷码变换与逆变换指令的名称、助记符、指令代码、操作数和程序步数见表 8-96。

表 8-95　格雷码编码表

二进制码				格雷码(Gray)				二进制码				格雷码(Gray)			
b_3	b_2	b_1	b_0	G_3	G_2	G_1	G_0	b_3	b_2	b_1	b_0	G_3	G_2	G_1	G_0
0	0	0	0	0	0	0	0	1	0	0	0	1	1	0	0
0	0	0	1	0	0	0	1	1	0	0	1	1	1	0	1
0	0	1	0	0	0	1	1	1	0	1	0	1	1	1	1
0	0	1	1	0	0	1	0	1	0	1	1	1	1	1	0
0	1	0	0	0	1	1	0	1	1	0	0	1	0	1	0
0	1	0	1	0	1	1	1	1	1	0	1	1	0	1	1
0	1	1	0	0	1	0	1	1	1	1	0	1	0	0	1
0	1	1	1	0	1	0	0	1	1	1	1	1	0	0	1

表 8-96 格雷码变换与逆变换指令的要素

指令名称	指令代码位数	助记符	操作数		程序步
			S(·)	D(·)	
格雷码变换	FNC170 (16/32)	GRY、GRYP DGRY、DGRYP	K、H、KnX、KnY、KnM、KnS、T、C、D、V、Z	KnY、KnM、KnS、T、C、D、V、Z	GRYP，GRY…5 步 DGRYP，DGRY…9 步
格雷码逆变换	FNC171 (16/32)	GBIN 、GBINP DGBIN，DGBINP			GBINP，GBIN…5 步 DGBINP，DGBIN…9 步

（一）格雷码变换指令

16 位连续执行型格雷码变换指令使用说明如图 8-163(a)。当 X000＝ON 时，指令根据源操作数 S(·) 指定的常数或字元件中的二进制数据转换为格雷码，传送到 D(·) 指定的目标地址单元。该指令只要 X000＝ON 不断开，每个扫描周期根据源操作数变换一次。数据转换速度取决于可编程控制器的扫描时间。

（二）格雷码逆变换指令

16 位脉冲执行型格雷码逆变换指令使用说明如图 8-163(b)。当 X020＝ON 时，指令根据源操作数 S(·) 指定 X000 起始的 12 位输入口接收的格雷码数据或元件中格雷码数据转换为对应的二进制码，传送到 D(·) 指定的目标地址单元，并仅执行一次。格雷码数据从指定的输入继电器（X）输入的应答滞后时间为“可编程控制器的扫描时间＋输入滤波时间常数”，若希望去除滤波时间常数的延迟，可通过 FNC51（REFF）滤波调整指令或 D8020 进行滤波时间常数调整。

S(·) 指定的各个进制码或格雷码对应十进制数有效范围为：

16 位转换：0～32，767；32 位转换：0～2，147，483，647

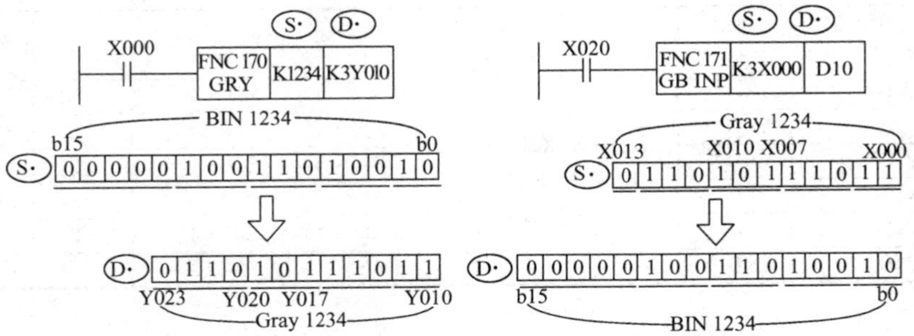

(a) 格雷码变换指令使用说明　　(b) 格雷码逆变换指令使用说明

图 8-163 格雷码变换与逆变换指令的使用说明

二、触点形式的比较指令

触点形式比较指令是对 S1(·) 与 S2(·) 两个源数据进行二进制数比较，根据其比较结果，决定后面程序是否运行。由于它在程序中具有触点的功能，故简称为触点形比较指令。

触点形比较指令有三类，每种类型根据比较的内容又有六种，计十八条指令。触点形比较指令若与左母线连接，则具有普通触点与左母线连接相同的“LD”取功能，这类指令称为连接母线的触点形式比较指令；若触点形比较指令串联在其他触点之后，具有“AND”与的功能，称为串联形触点比较指令；触点形比较指令若与其他触点并联连接，具有“OR”或的功能，称为并联触点形比较指令。

（一）连接母线的触点形式比较指令

指令的名称、助记符、指令代码、操作数和程序步数见表 8-97。指令编程应用如图 8-164。

表 8-97　连接母线的触点形式比较指令的要素

FNC No	16 位助记符（5 步）	32 位助记符（9 步）	操作数 S1(·)	操作数 S2(·)	导通条件	非导通条件
224	LD=	DLD=	K、H、KnX、KnY、KnM、KnS、T、C D、V、Z		[S1(·)]=[S2(·)]	[S1(·)]≠[S2(·)]
225	LD>	DLD>			[S1(·)]>[S2(·)]	[S1(·)]⩽[S2(·)]
226	LD<	DLD<			[S1(·)]<[S2(·)]	[S1(·)]⩾[S2(·)]
228	LD<>	DLD<>			[S1(·)]≠[S2(·)]	[S1(·)]=[S2(·)]
229	LD⩽	DLD⩽			[S1(·)]⩽[S2(·)]	[S1(·)]>[S2(·)]
239	LD⩾	DLD⩾			[S1(·)]⩾[S2(·)]	[S1(·)]<[S2(·)]

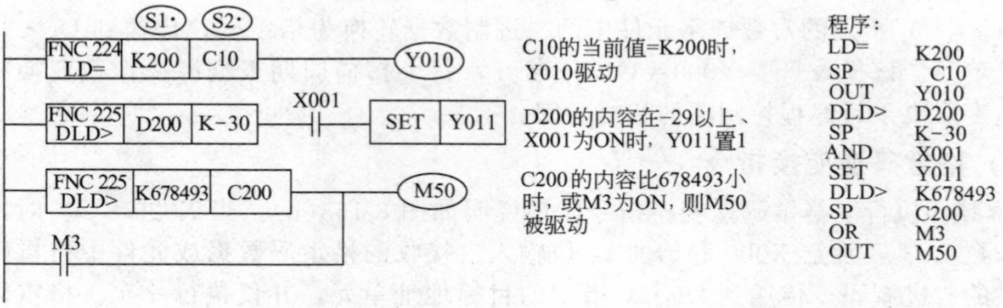

图 8-164　连接母线的触点形式比较指令应用与说明

（二）串联的触点形式比较指令

指令的名称、助记符、指令代码、操作数和程序步数见表 8-98。指令编程应用如图 8-165。

表 8-98　串联的触点形式比较指令的要素

FNC No	16 位助记符（5 步）	32 位助记符（9 步）	操作数 S1(·)	操作数 S2(·)	导通条件	非导通条件
232	AND=	DAND=	K、H、KnX、KnY、KnM、KnS、T、C D、V、Z		[S1(·)]=[S2(·)]	[S1(·)]≠[S2(·)]
233	AND>	DAND>			[S1(·)]>[S2(·)]	[S1(·)]⩽[S2(·)]
234	AND<	DAND<			[S1(·)]<[S2(·)]	[S1(·)]⩾[S2(·)]
236	AND<>	DAND<>			[S1(·)]≠[S2(·)]	[S1(·)]=[S2(·)]
237	AND⩽	DAND⩽			[S1(·)]⩽[S2(·)]	[S1(·)]>[S2(·)]
238	AND⩾	DAND⩾			[S1(·)]⩾[S2(·)]	[S1(·)]<[S2(·)]

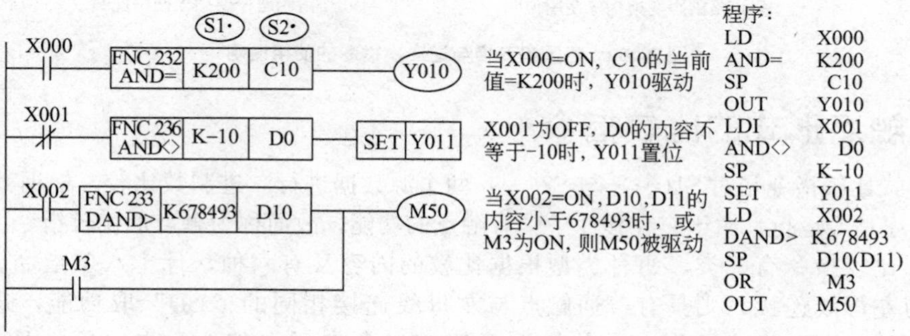

图 8-165　串联的触点形式比较指令的应用与说明

（三）并联的触点形式比较指令

指令的名称、助记符、指令代码、操作数和程序步数见表 8-99。指令编程应用如图 8-166。

表 8-99　并联的触点形式比较指令的要素

FNC No	16 位助记符（5 步）	32 位助记符（9 步）	操作数		导通条件	非导通条件
			S1(·)	S2(·)		
240	OR=	DOR=	K、H、KnX、KnY、KnM、KnS、T、C D、V、Z		[S1(·)] =[S2(·)]	[S1(·)] ≠[S2(·)]
241	OR>	DOR>			[S1(·)] >[S2(·)]	[S1(·)] ⩽[S2(·)]
242	OR<	DOR<			[S1(·)] <[S2(·)]	[S1(·)] ⩾[S2(·)]
244	OR<>	DOR<>			[S1(·)]≠[S2(·)]	[S1(·)] =[S2(·)]
245	OR⩽	DOR⩽			[S1(·)] ⩽[S2(·)]	[S1(·)] >[S2(·)]
246	OR⩾	DOR⩾			[S1(·)] ⩾[S2(·)]	[S1(·)] <[S2(·)]

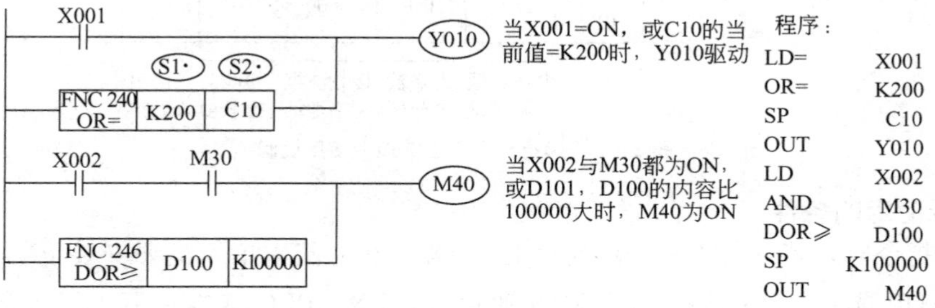

图 8-166　并联的触点形式比较指令的应用与说明

（四）触点形式的比较指令使用注意事项

① 若源数据的最高位（即 16 位数据最高位为第 15 位；32 位数据最高位为第 31 位）为 1 时，其值为负值进行比较。

② 使用 32 位计数器（包括 C200 以上）进行比较时，务必要用 32 位指令，若用 16 位指令指定 32 位计数器，会出现程序出错或运算出错。

第十四节　FX_3 系列 PLC 的专有应用指令介绍

FX_3 系列 PLC 在 FX_{2N} 系列 PLC 的 128 种应用指令的基础上增加了 83 种应用指令（FX_{2N} 系列 PLC 不能使用这些应用指令）。为了方便读者全面了解 FX_3 系列 PLC 新增加的应用指令的功能及使用方法，在附录二中给出了 $FX_{2N/3}$ 的全部应用指令，其中指令符号右上角打“*”的即为 FX_3 系列 PLC 的应用指令，本节将对 FX_3 系列 PLC 增加的应用指令作一介绍。

一、外部设备服务类指令

1. 串行数据传送 2 指令组成要素及操作说明

（1）串行数据传送 2 指令组成要素　在这类应用指令中，FX_{3U} 系列 PLC 在 FX_{2N} 系列 PLC 的 FNC80 RS 串行数据传送指令的基础上，扩展了一条 FNC87 的“串行数据传送 2”指令，其指令的名称、助记符、指令代码、操作数和程序步数见表 8-100。

表 8-100　串行数据传送 2 指令的组成要素

指令名称	指令代码位数	助记符	操作数					程序步
			S(·)	*m*	D(·)	*n*	*n*1	
串行数据传送 2	FNC 87 (16)	RS2	D、R	K、H、D、R ($m=0\sim4096$)	D、R	K、H、D、R ($n=0\sim256$)	K、H 1 或 2	RS2……11 步

注：表中 R 是 FX_{3U}PLC 中 16 位的文件寄存器，R0～R32767，十进制编号，共有 32768 个。

（2）串行数据传送 2 指令操作说明　该指令可用于安装在 FX_3 PLC 基本单元上的 RS-232C 或 RS-485 串行通信口进行无协议通信。FX_{3G} 也可以使用该指令，通过内置的 RS-422 编程接口进行无协议通信。指令的梯形图如图 8-167。当 X010＝ON 时，指令根据 S(·) 指定发送数据单元的起始地址 D100；m 指定 D0 中设定发送数据的字节数（设定范围为 0～4096）；D(·) 指定接收数据的首地；n 指定 D1 中接收数据的字节数，（设定范围为 0～4096）；$n1$ 指定使用的通道号为 1 号。

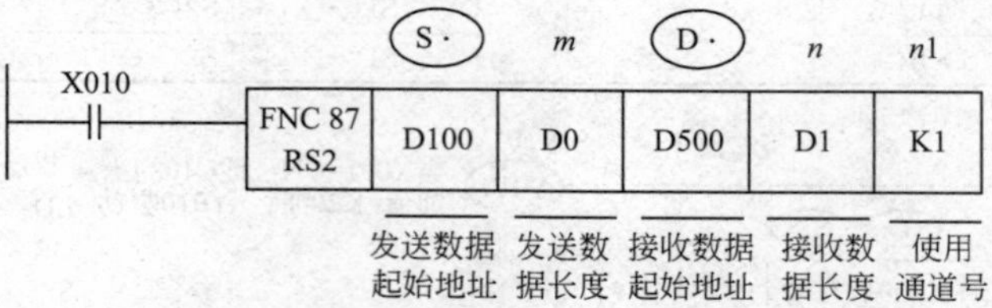

图 8-167　串行数据传送 2 指令使用说明

2. 指令使用的条件

使用该指令时，若进行 RS232C 通信时，FX_{3U}PLC 基本单元上要安装 FX_{3U}-232-BD 或 FX_{3U}-232-ADP 选购产品；若进行 RS485 通信时，FX_{3U}PLC 基本单元上要安装 FX_{3U}-485-BD 或 FX_{3U}-485-ADP 选购产品。

3. RS2 指令与 RS 指令的比较

FNC87 RS2 指令和 FNC80 RS 串行数据传送指令在使用方法上大致相同，只是 FNC87 RS2 指令增加了用来指定通道编号的参数 $n1$，但在传送数据上有差别，见表 8-101 所示。

表 8-101　RS2 与 RS 指令的传送区别

区别内容	RS2 指令	RS 指令	备注
报头点数	1～4 个字符(字节)	最大 1 个字符(字节)	用 RS2 指令，报头和报尾中最多可以指定 4 个字符
报尾点数	1～4 个字符(字节)	最大 1 个字符(字节)	
附加和校验	可以自动附加	要用用户程序对应	RS2 指令中，可以在收发的数据上自动附加和校验。但是，请务必在收发的通信帧中使用报尾

二、数据传送指令

FX_{3U} 系列 PLC 在 FX_{2N} 系列 PLC 的数据传送类方面增加了变址寄存器方面的成批保存和恢复两条应用指令。

1. 变址寄存器的成批保存和恢复指令组成要素及操作说明

（1）变址寄存器的成批保存和恢复指令组成要素　变址寄存器的成批保存指令和恢复指令的名称、助记符、指令代码、操作数和程序步数要素见表 8-102。它们都是 16 位指令，均可扩展构成脉冲执行型或连续操作型指令。这两种应用指令可以将 FX_{3U} 系列 PLC 基本单元中 16 个变址寄存器 V0～V7、Z0～Z7 的当前值，进行暂时成批保存或恢复，通常这两条指令应配对使用，防止变址寄存器数据丢失。

表 8-102　变址寄存器的成批保存和恢复指令组成要素

指令名称	指令代码	助记符	操作数	程序步
			D(·)	
变址寄存器数据成批保存	FNC102 (16)	ZPUSH、ZPUSHP	D、R D(·)统计成批保存的次数； [D(·)+1～D(·)+16]×成批保存的次数：成批数据存放的对应位置	ZPUSH、ZPUSHP～ 3 步

续表

指令名称	指令代码	助记符	操作数	程序步
			D(·)	
变址寄存器数据成批恢复	FNC 103 (16)	ZPOP、ZPOPP	D、R D(·)统计成批恢复的次数； [D(·)+1～D(·)+16]×成批恢复的次数：成批数据恢复的对应位置	ZPOP、ZPOPP～ 3 步

（2）指令的操作说明　指令的使用说明如图 8-168。图（a）是变址寄存器的成批数据保存指令梯形图，当 X000＝ON，指令根据 D(·) 指定起始元件 D0 作为成批数据保存次数的统计，每存一次加 1，D0 后续的 D1～D16 十六个数据寄存器接收 Z0、V0～Z7、V7 的成批暂存的数据。图（b）是变址寄存器的成批数据恢复指令梯形图，当 X001＝ON，指令根据 D(·) 指定起始元件 D0 作为成批数据恢复次数的统计，每恢复一次减 1，D0 后续的 D1～D16 十六个数据寄存器中数据传送到 Z0、V0～Z7、V7 中。

(a) 变址寄存器数据成批保存指令梯形图

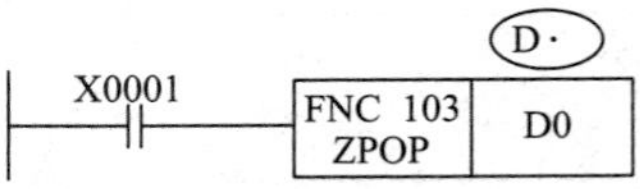

(b) 变址寄存器数据成批恢复指令梯形图

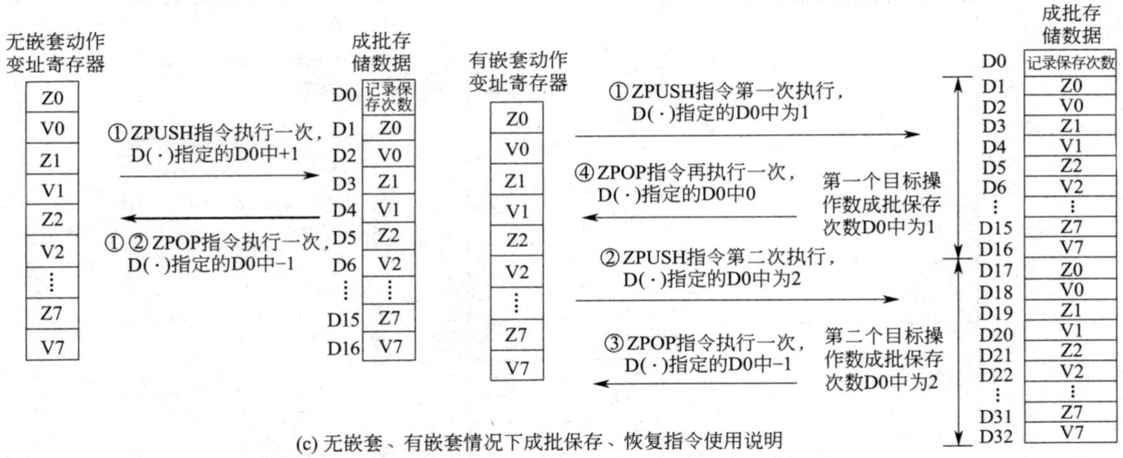

(c) 无嵌套、有嵌套情况下成批保存、恢复指令使用说明

图 8-168　变址寄存器数据成批保存指令、恢复指令梯形图及说明

在编程中，在无嵌套的情况下，通常 ZPUSH 指令与 ZPOP 指令要成对使用，且首次使用 ZPUSH 指令前要对 D(·) 指定的起始元件清零。在有嵌套的情况下，每执行一次 ZPUSH 指令，D0 后使用的区域会每次增加 16 个寄存器，如图 8-168(c)，因此要预先留足 n 次嵌套需要的寄存器区域。

2. 变址寄存器的成批保存和恢复指令的应用

图 8-169 是列举了在指针 P0 入口的子程序中，使用了变址寄存器时，在执行子程序之前，应先将 Z0，V0～Z7，V7 中的数据成批保存到 D0 以后的 D1～D16 中。在使用了变址寄存器的子程序执行结束后，应先将 D0 以后的 D1～D16 中暂存的数据恢复到 Z0，V0～Z7，V7 中。

三、浮点数指令

FX_{3U} 系列 PLC 在 FX_{2N} 系列 PLC 的 13 种浮点数指令基础上增加了 12 种指令，每种指令均为 32 位指令，可构成脉冲执行型或连续操作型指令，因此，12 种浮点数指令共计可扩展成 24 条指令，如表 8-103。

表 8-103　FX_{3U} 系列 PLC 增加的浮点数应用指令表

FNC No	指令助记符	指令功能	D 指令	P 指令
112	EMOV	二进制浮点数数据传送	○	○
116	ESTR	二进制浮点数转换为指定的字符串	○	○
117	EVAL	字符串到二进制浮点数的转换	○	○
124	EXP	二进制浮点数指数运算	○	○
125	LOGE	二进制浮点数自然对数运算	○	○
126	LOG10	二进制浮点数常用对数运算	○	○
128	ENEG	二进制浮点数符号翻转	○	○
133	ASIN	二进制浮点数 SIN^{-1} 运算	○	○
134	ACOS	二进制浮点数 COS^{-1} 运算	○	○
135	ATAN	二进制浮点数 TAN^{-1} 运算	○	○
136	RAD	二进制浮点数角度到弧度的转换	○	○
137	DEG	二进制浮点数弧度到角度的转换	○	○

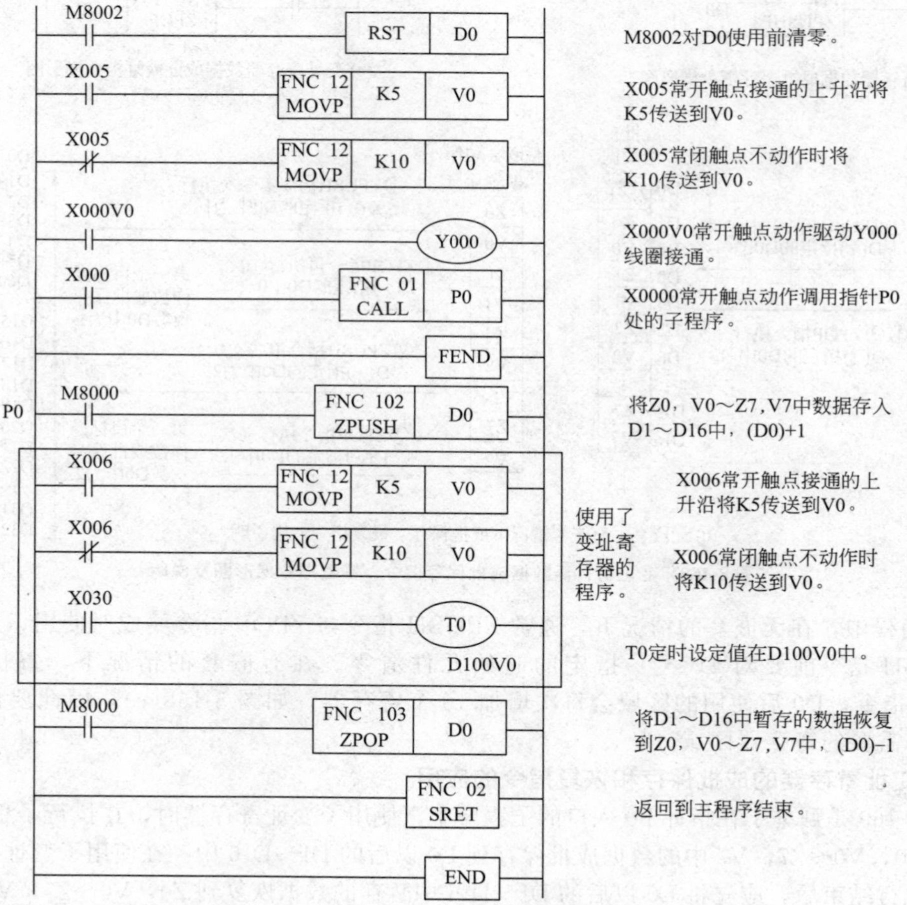

图 8-169　变址寄存器数据成批保存指令和恢复指令的应用举例

1. 二进制浮点数数据传送指令组成要素及操作说明

（1）二进制浮点数数据传送指令组成要素　二进制浮点数数据传送指令的名称、助记符、指令代码、操作数和程序步数见表 8-104。

表 8-104　二进制浮点数数据传送指令的组成要素

指令名称	指令代码位数	助记符	操作数范围		程序步
			S(・)	D(・)	
二进制浮点数数据传送	FNC112 (32)	DEMOV、DEMOVP	实数 E、D、R 特殊模块 U□/G□	D、R 特殊模块 U□/G□	DEMOV，DEMOVP…9 步

(2) 指令的操作说明

二进制浮点数数据传送指令梯形图和使用说明如图 8-170 所示。图 (a) 是当 X001＝ON 时，指令根据 S(・)＋1、S(・) 指定的 D1、D0 中的二进制浮点数数据传送到 D(・)＋1、D(・) 指定的 D11、D10 中。图 (b) 是当 X007＝ON 时，指令根据 S(・)＋1、S(・) 指定的实数 E－1.23 传送到 D(・)＋1、D(・) 指定的 D1Z0、D0Z0 中。

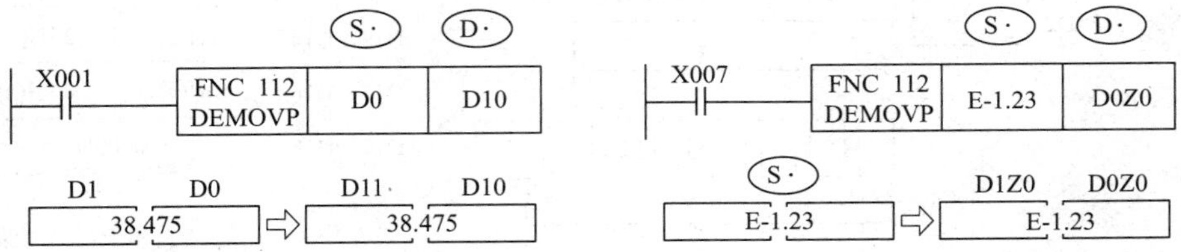

(a)　　　　(b)

图 8-170　二进制浮点数数据传送指令的使用说明

2. 将二进制浮点数转换为指定的字符串指令组成要素及操作说明

(1) 二进制浮点数转换为字符串指令的组成要素　该指令可用于将二进制浮点数转换成指定位数的 ASCII 码字符串数据。指令的名称、助记符、指令代码、操作数和程序步数见表 8-105。

表 8-105　二进制浮点数转换为字符串指令的组成要素

指令名称	指令代码位数	助记符	操作数范围			程序步
			S1(・)	S2(・)	D(・)	
二进制浮点数转换为字符串	FNC116 (32)	DSTR DSTRP	实数 E、D、R 特殊模块 U□/G□	KnX、KnY、KnM、KnS、T、C、D、R 特殊模块 U□/G□	KnY、KnM、KnS、T、C、D、R 特殊模块 U□/G□	DSTR、DSTRP…9 步

(2) 指令的操作说明及应用　图 8-171(a) 为指令的梯形图表示，当 X001＝ON，指令将 S1(・)＋1、S1(・) 指定的实数 E 或指定元件中的二进制浮点数，根据 S2(・)、S2(・)＋1、S2(・)＋2 中指定的内容，转换成字符串，保存到 D(・) 指定的元件中。图 8-171(b) 说明了转换后的数据根据 S2(・)、S2(・)＋1、S2(・)＋2 中指定的连续三个单元内容不同而不同。在 S2(・) 的指定中，若为“0”转换后的数据为小数点形式的数据；若为“1”转

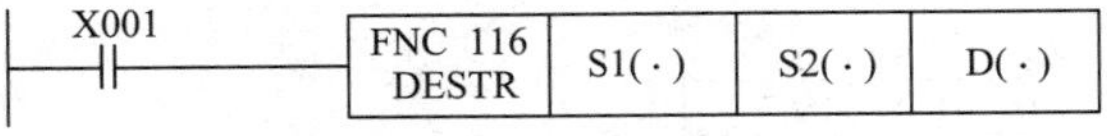

(a) 指令的梯形图形式

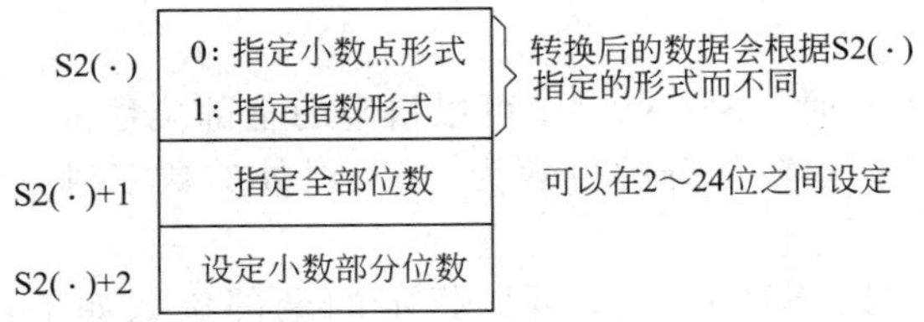

(b) S1(·)+1、S1(·)中内容按S2(·)指定的显示指定而有所不同

图 8-171　二进制浮点数转换为字符串指令的使用说明

换后的数据为指数形式的数据。S2(·)+1 中可以指定 2～24 位的数据。S2(·)+2 中可以设定小数部分 0～7 位数，超出设定的小数位数按四舍五入处理。

【例 1】 图 8-172 是将实数 E－1.23456 转换为全部位数为 8 位，小数部分位数为 3 位的小数点形式的 ASCII 码字符串数据，存放于 D10 起始的元件中的梯形图与使用说明。

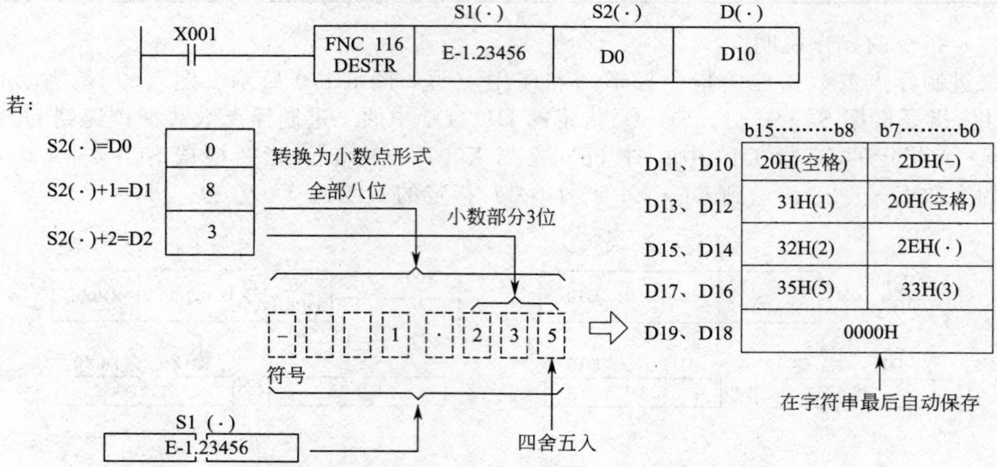

图 8-172　二进制浮点数转换为小数点形式的字符串的指令使用说明

【例 2】 图 8-173 是将实数 E－12.34567 转换为全部位数为 12 位，指数部分位数为 4 位的指数点形式的 ASCII 码字符串数据，存放于 D10 起始的元件中的梯形图与使用说明。

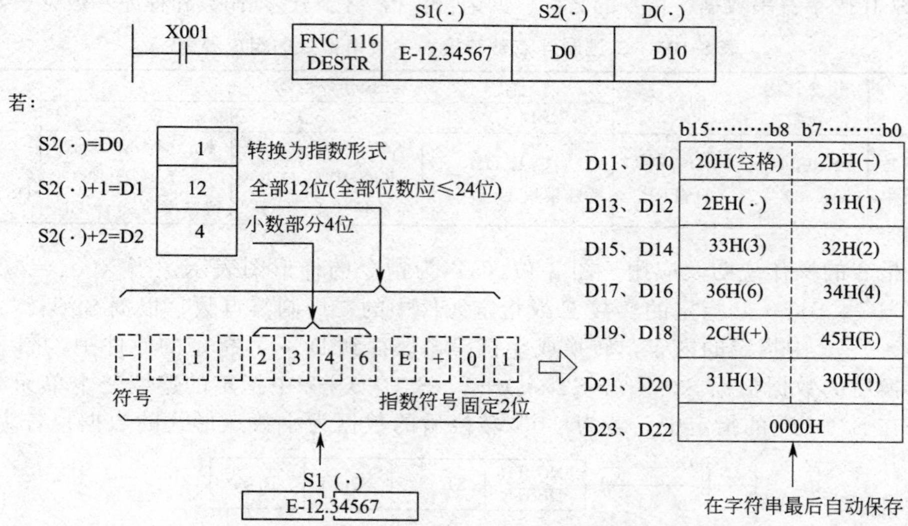

图 8-173　二进制浮点数转换为指数形式的字符串的指令使用说明

注意事项：

① S2(·) 指定为 0 时，S2(·)+1 可以指定的全部位数如下，小数部分的位数为“0”时，全部位数应≥2 位；小数部分的位数为“0”以外的数字时，全部位数应≥（小数部分位数+3 位）。

S2(·) 指定为 1 时，S2(·)+1 可以指定的全部位数如下，小数部分的位数为“0”时，全部位数应≥6 位；小数部分的位数为“0”以外的数字时，全部位数应≥（小数部分位数+7 位）。

② S2(·)+2 中可以指定的小数部分位数为 0～7 位数。但是，当设定了全部位数下，若要转换为小数形式字符串时，设定的小数部分位数≤（全部位数−3）。若要转换为指数形式字符串时，设定的小数部分位数≤（全部位数−7）。超出小数位数的小数尾数被四舍五入。

③ 转换后的字符串数据，符号位为正时，以 20H（空格）保存，为负时，以 2DH(−) 保存。整数占 1 位，在符号位与整数部分之间，保存“20H”（空格）。小数部分为“0”时，不保存“2EH”（.），小数部分为“0”以外的数字时，会自动将“2EH”（.）保存到指定的小数部分位数+1 的位中。

④ 该指令出现下列错误运算时，出错标志 M8067 会置 ON，产生的错误代码 K6706 保存在 D8067 寄存器中。

a. 如果整数部分，小数部分存在“30H”（0）～“39H”（9）以外的字符时，产生错误代码 K6706；

b. S1(·) 指定的数据不在 0，$\pm 2^{-126} \leqslant$ [S1(·)] $< \pm 2^{128}$，产生错误代码 K6706；

c. S2(·) 指定的数据在 0、1 以外，产生错误代码 K6706；

d. S2(·)+1 指定的全部位数不符合①的要求，产生错误代码 K6706；

e. S2(·)+2 指定的小数位数不符合②的要求，产生错误代码 K6706。

3. 将字符串转换为二进制浮点数指令的组成要素及操作说明

（1）字符串转换为二进制浮点数数据指令的组成要素　字符串转换为二进制浮点数数据指令是二进制浮点数数据转换为指定位数字符串数据的逆转换。指令的名称、助记符、指令代码、操作数和程序步数见表 8-106。

表 8-106　字符串转换为二进制浮点数数据指令的组成要素

指令名称	指令代码位数	助记符	操作数范围		程序步
			S(·)	D(·)	
字符串转换为二进制浮点数	FNC117 (32)	DEVAL DEVALP	KnX、KnY、KnM、KnS、T、C、D、R 特殊模块 U□/G□	D、R 特殊模块 U□/G□	DEVAL、DEVALP…9 步

（2）指令的操作说明及应用　图 8-174(a) 为指令的梯形图表示，当 X010=ON，指令根据 S(·) 指定的起始软元件中保存的字符串（这些字符串无论是小数点形式，还是指数形式）都转换为二进制浮点数数据后，保存到 D(·)+1、D(·) 指定的元件中。图 8-174(b) 说明了指令将字符串转换为二进制浮点数数据的方法。

(a) 指令的梯形图形式

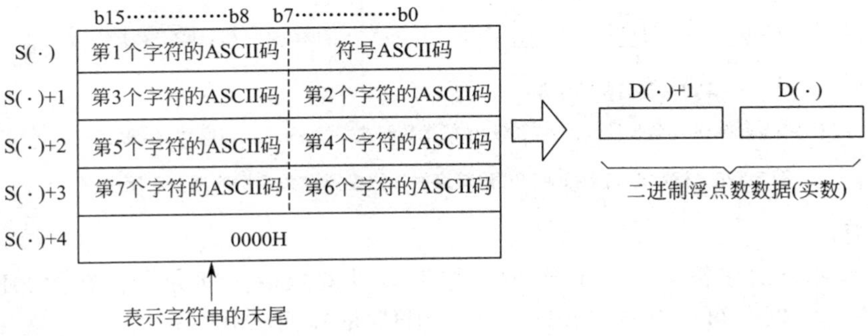

(b) S(·)～S(·)+4中字符ASCII码转换为二进制浮点数

图 8-174　字符串转换为二进制浮点数数据的指令使用说明

【例 1】 图 8-175 是将小数点形式的字符串转换为二进制浮点数数据的梯形图和转换说明。当 X000＝ON 时，指令将 S(·) 指定起始元件 D10 中全部 8 位，小数点部分 3 位的小数点形式的 ASCII 码字符串数据，转换为二进制浮点数数据存放于 D(·) 指定的 D1、D0 的元件中。

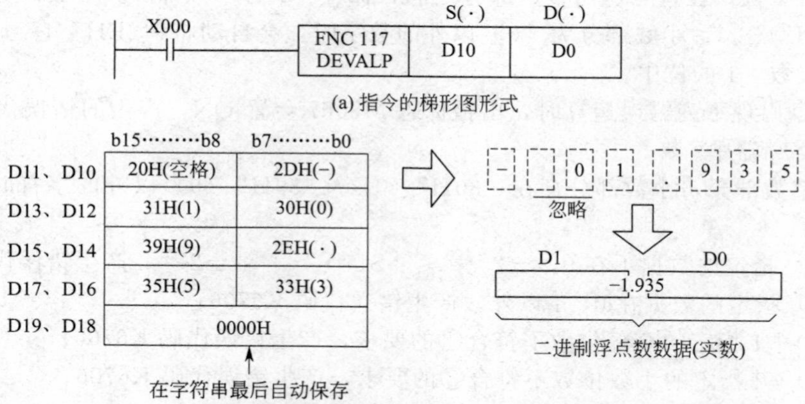

(a) 指令的梯形图形式

(b) S(·)指定起始D0中全长8位，小数部分3位的字符ASCII码转换为二进制浮点数

图 8-175 小数点形式字符 ASCII 码转换为二进制浮点数数据的指令应用举例

【例 2】 图 8-176 是将指数形式的字符串转换为二进制浮点数数据的梯形图和转换说明。当 X001＝ON 时，指令将 S(·) 指定起始元件 D10 中全部 12 位，小数点部分 4 位的指数形式的字符 ASCII 码，转换为二进制浮点数数据存放于 D(·) 指定的 D1、D0 元件中。

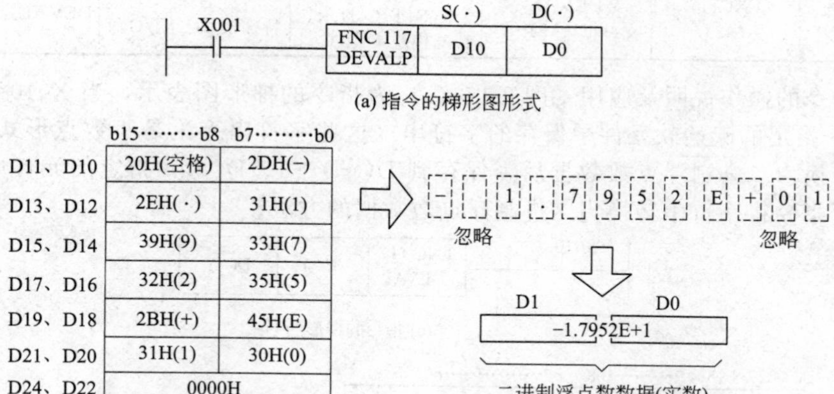

(a) 指令的梯形图形式

(b) S(·)指定起始D0中全长12位，小数部分4位的指数形式字符ASCII码转换为二进制浮点数

图 8-176 指数形式字符 ASCII 码转换为二进制浮点数数据的指令应用举例

注意事项：

① S(·) 指定的字符串中，在最初的“0”以外的数值之间如果存在“20H”（空格）或是“30H”（0）时，可以忽略“20H”或“30H”的转换。见图 8-175。

② 在指数形式的字符串中，“E”和数值之间如果存在“30H”（0），则可忽略。见图 8-176。

(3) 关于字符串转换为二进制浮点数数据出现下溢出、上溢出、零时的标志动作如下。

① 若字符串转换为二进制浮点数数据的绝对值 $<2^{-126}$ 时，存放于 D(·) 指定元件中的值小于 32 位实数最小值（2^{-126}）部分将被舍去，借位标志位 M8021 为 ON。

② 若字符串转换为二进制浮点数数据的绝对值 $\geqslant 2^{128}$ 时，存放于 D(·) 指定元件中的值大于 32 位实数最大值（2^{128}）部分将被舍去，进位标志位 M8022 为 ON。

③ 若字符串转换为二进制浮点数数据的尾数部分为“0”时，零标志位 M8020 为 ON。

4. 二进制浮点数指数运算指令的组成要素及操作说明

(1) 二进制浮点数指数运算指令的组成要素　该指令可以对二进制浮点数进行以 e(2,71828) 为底的指数运算。指令的名称、助记符、指令代码、操作数和程序步数见表 8-107。

表 8-107　二进制浮点数指数运算指令的组成要素

指令名称	指令代码位数	助记符	操作数范围		程序步
			S(·)	D(·)	
二进制浮点数指数运算	FNC124 (32)	DEXP DEXPP	实数 E、D、R 特殊模块 U□/G□	D、R 特殊模块 U□/G□	DEXP 、DEXPP…9 步

(2) 指令的操作说明及应用　图 8-177(a) 为指令的梯形图表示，当 X010＝ON，指令根据 S(·)+1，S(·) 指定元件中的二进制浮点数进行指数运算，结果保存到 D(·)+1、D(·) 指定的元件中。图 8-177(b) 说明了指数运算的过程。若指数运算的结果不在 $\pm 2^{-126} \leqslant |\text{运算结果}| < \pm 2^{128}$ 范围内，则产生错误代码 K6706。

编程举例：

编一个程序，从键盘输入两位 BCD 码，转换为二进制浮点数，进行指数运算，结果存放在 D21、D20 中。程序如图 8-178。

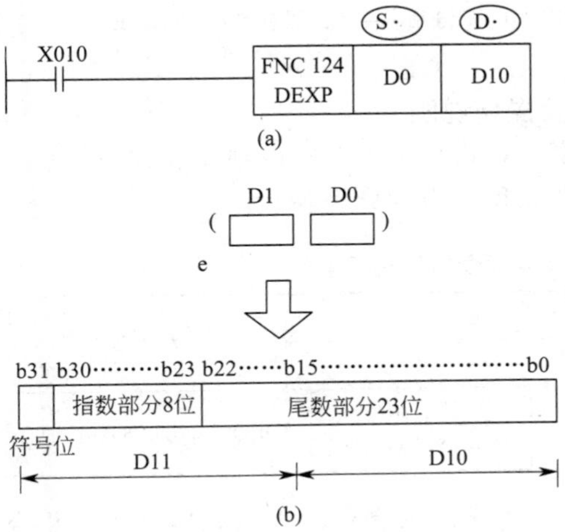

图 8-177　二进制浮点数指数运算指令的梯形图及运算说明

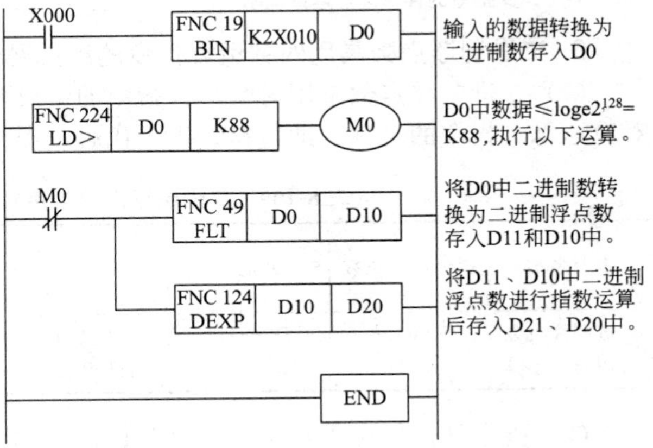

图 8-178　二进制浮点数指数运算的编程

5. 二进制浮点数自然对数运算指令的组成要素及操作说明

(1) 二进制浮点数自然对数运算指令的组成要素　该指令可以对二进制浮点数进行自然对数的运算。指令的名称、助记符、指令代码、操作数和程序步数见表 8-108。

表 8-108 二进制浮点数自然对数运算指令的组成要素

指令名称	指令代码位数	助记符	操作数范围		程序步
			S(·)	D(·)	
二进制浮点数自然对数运算	FNC125 (32)	DLOGE DLOGEP	实数 E、D、R 特殊模块 U□/G□	D、R 特殊模块 U□/G□	DLOGE、DLOGEP…9 步

（2）指令的操作说明及应用　图 8-179(a) 为指令的梯形图表示，当 X001＝ON，指令根据 S(·)+1，S(·) 指定元件 D11、D10 中的二进制浮点数（必须为正数，否则会出错，产生错误代码 K6706）进行自然对数运算，结果保存到 D(·)+1、D(·) 指定的 D21、D20 元件中。图 8-179(b) 是指令执行自然对数运算的过程。

编程举例：

编一个程序，求出 D10 中设定的“10”的自然对数，并存放在 D31、D30 中。程序如图 8-180。

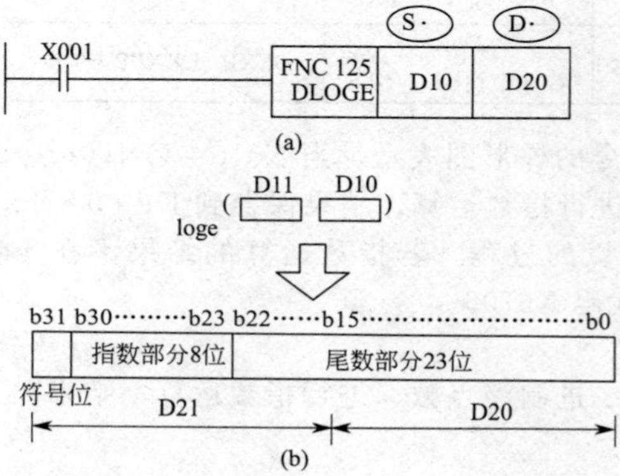

图 8-179　二进制浮点数自然对数运算指令的梯形图及运算说明

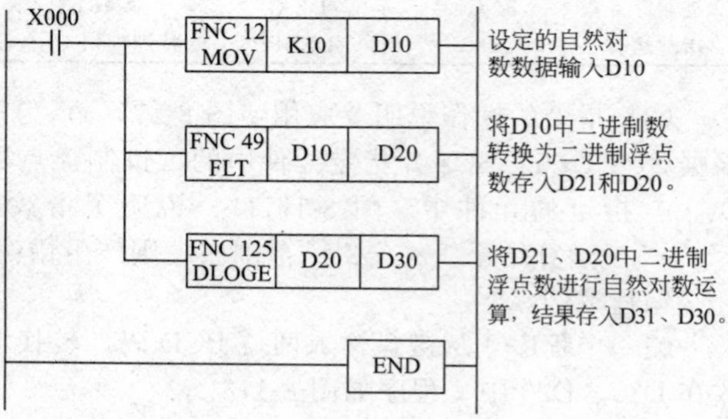

图 8-180　二进制浮点数自然对数运算的编程

6. 二进制浮点数常用对数运算指令的组成要素及操作说明

（1）二进制浮点数常用对数运算指令的组成要素　该指令可以对二进制浮点数进行常用对数运算。指令的名称、助记符、指令代码、操作数和程序步数见表 8-109。

表 8-109 二进制浮点数常用对数运算指令的组成要素

指令名称	指令代码位数	助记符	操作数范围		程序步
			S(·)	D(·)	
二进制浮点数常用对数运算	FNC126 (32)	DLOG10 DLOG10P	实数 E、D、R 特殊模块 U□/G□	D、R 特殊模块 U□/G□	DLOG10、DLOG10P…9 步

（2）指令的操作说明及应用　图 8-181(a) 为指令的梯形图表示，当 X001＝ON，指令根据 S(·)+1，S(·) 指定元件 D11、D10 中的二进制浮点数（必须为正数，否则会出错，产生错误代码 K6706）进行以 10 为底的常用对数运算，结果保存到 D(·)+1、D(·) 指定的 D21、D20 元件中。图 8-181(b) 是指令执行常用对数运算的过程。

编程举例：

编一个程序，求出 D10 中设定的“15”的常用对数，并存放在 D31、D30 中。程序如图 8-182。

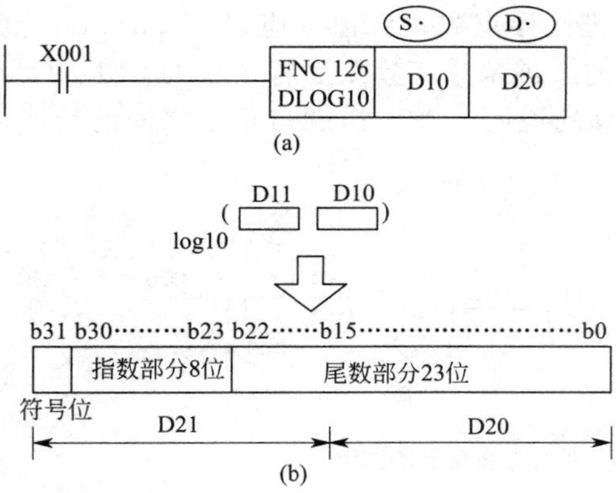

图 8-181 二进制浮点数常用对数运算指令的梯形图及运算说明

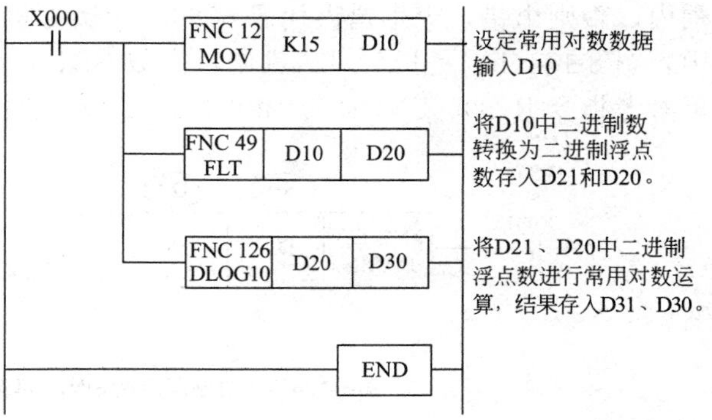

图 8-182 二进制浮点数常用对数运算的编程

7. 二进制浮点数符号翻转指令的组成要素及操作说明

（1）二进制浮点数符号翻转指令的组成要素　该指令可以对二进制浮点数符号进行翻转。指令的名称、助记符、指令代码、操作数和程序步数见表 8-110。

表 8-110 二进制浮点数符号翻转指令的组成要素

指令名称	指令代码位数	助记符	操作数范围	程序步
			D(・)	
二进制浮点数符号翻转	FNC128 (32)	DENEG DENEGP	D、R 特殊模块 U□/G□	DENEG、DENEGP…5 步

（2）指令的操作说明　图 8-183(a) 为指令的梯形图表示，当 X000＝ON，指令根据 S(・)+1，S(・) 指定元件 D101、D100 中的二进制浮点数符号翻转后存入 D101、D100 中，图 8-183(b) 是指令对二进制浮点数符号翻转为负的说明。

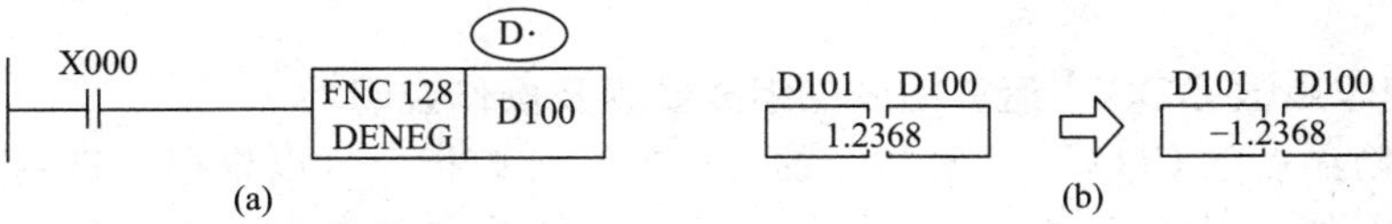

图 8-183 二进制浮点数符号翻转指令梯形图及使用说明

8. 二进制浮点数 SIN^{-1} 运算指令的组成要素及操作说明

（1）二进制浮点数 SIN^{-1} 运算指令的组成要素　该指令可以根据二进制浮点数的正弦值求出它的角度值，以弧度（$-\pi/2 \sim \pi/2$）的值进行保存。指令的名称、助记符、指令代码、操作数和程序步数见表 8-111。

表 8-111 二进制浮点数 SIN^{-1} 运算指令的组成要素

指令名称	指令代码位数	助记符	操作数范围		程序步
			S(・)	D(・)	
二进制浮点数 SIN^{-1} 运算	FNC133 (32)	DASIN DASINP	实数 E、D、R 特殊模块 U□/G□	D、R 特殊模块 U□/G□	DASIN、DASINP…9 步

（2）指令的操作说明及应用　图 8-184(a) 为指令的梯形图表示，当 X001＝ON，指令根据 S(·)+1，S(·) 指定元件 D11、D10 中的二进制浮点数正弦值（应在－1.0～1.0 范围内，否则出错，产生错误代码 6706）转换为角度的二进制浮点数弧度后，存入 D21、D20 中，图 8-184(b) 是指令对二进制浮点数 SIN^{-1} 运算的说明。关于弧度与角度之间的转换，可参考指令 RAD（FNC136）和 DEG（FNC137）。

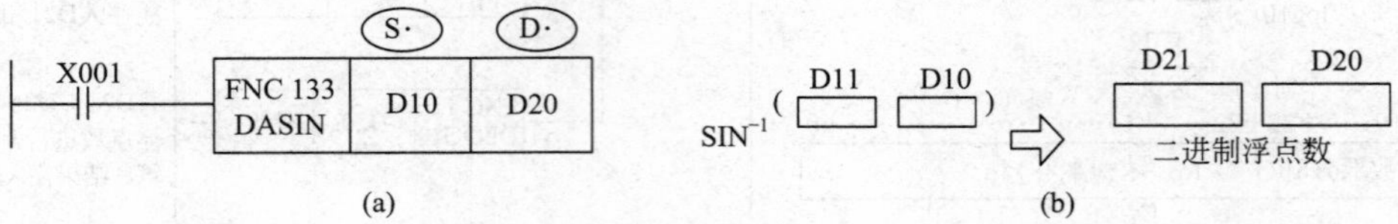

图 8-184　二进制浮点数 SIN^{-1} 运算指令的梯形图及运算说明

编程举例：

编写求出 D0、D1 中二进制浮点数的 SIN^{-1} 值，然后将其角度以 BCD 四位数形式输出到 Y040～Y057 的程序。程序如图 8-185。

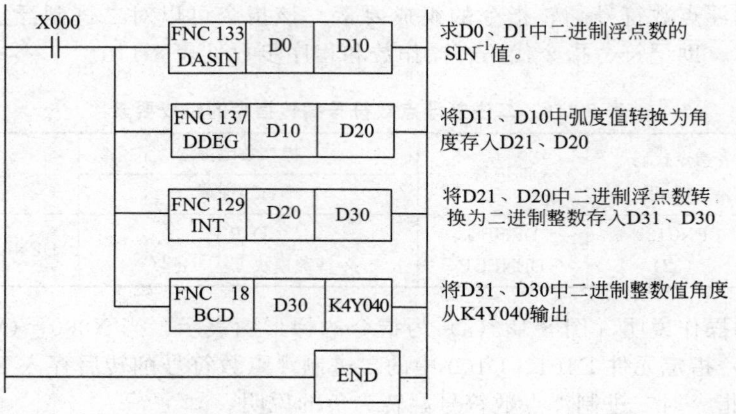

图 8-185　求 D0、D1 中数的 SIN^{-1} 值，然后将其角度以 BCD 四位数形式输出程序

9. 二进制浮点数 COS^{-1} 运算指令的组成要素及操作说明

（1）二进制浮点数 COS^{-1} 运算指令的组成要素　该指令可以根据二进制浮点数的余弦值求出它的角度值，以弧度（0～π）的值进行保存。指令的名称、助记符、指令代码、操作数和程序步数见表 8-112。

表 8-112　二进制浮点数 COS^{-1} 运算指令的组成要素

指令名称	指令代码位数	助记符	操作数范围		程序步
			S(·)	D(·)	
二进制浮点数 COS^{-1} 运算	FNC134 (32)	DACOS DACOSP	实数 E、D、R 特殊模块 U□/G□	D、R 特殊模块 U□/G□	DACOS、DACOSP…9 步

（2）指令的操作说明　图 8-186(a) 为指令的梯形图表示，当 X001＝ON，指令根据 S(·)+1，S(·) 指定元件 D11、D10 中的二进制浮点数余弦值（应在－1.0～1.0 范围内，否则出错，产生错误代码 6706）转换为角度的二进制浮点数弧度后，存入 D21、D20 中，图 8-186(b) 是指令对二进制浮点数 COS^{-1} 运算的说明。关于弧度与角度之间的转换，可

参考指令 RAD（FNC136）和 DEG（FNC137）。

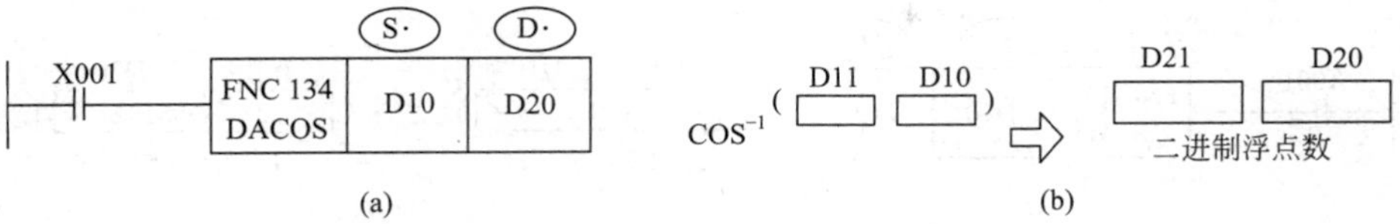

图 8-186　二进制浮点数 COS⁻¹ 运算指令的梯形图及运算说明

10. 二进制浮点数 TAN⁻¹ 运算指令的组成要素及操作说明

（1）二进制浮点数 TAN⁻¹ 运算指令的组成要素　该指令可以根据二进制浮点数的正切值求出它的角度值，以弧度的值进行保存。指令的名称、助记符、指令代码、操作数和程序步见表 8-113。

表 8-113　二进制浮点数 TAN⁻¹ 运算指令的组成要素

指令名称	指令代码位数	助记符	操作数范围		程序步
			S(・)	D(・)	
二进制浮点数 TAN⁻¹ 运算	FNC135 (32)	DATAN DATANP	实数 E、D、R 特殊模块 U□/G□	D、R 特殊模块 U□/G□	DATAN、DATANP…9 步

（2）指令的操作说明　图 8-187(a) 为指令的梯形图表示，当 X001＝ON，指令根据 S(・)+1，S(・) 指定元件 D11、D10 中的二进制浮点数正切值，转换为角度的二进制浮点数弧度（应大于−π/2，小于 π/2），存入 D21、D20 中，图 8-187(b) 是指令对二进制浮点数 TAN⁻¹ 运算的说明。关于弧度与角度之间的转换，可参考指令 RAD（FNC136）和 DEG（FNC137）。

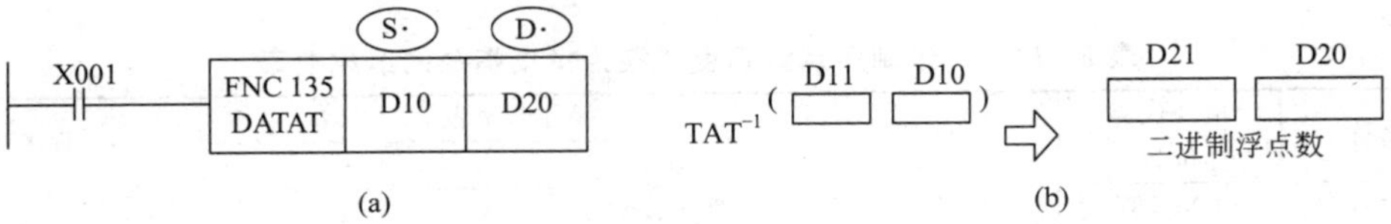

图 8-187　二进制浮点数 TAN⁻¹ 运算指令的梯形图及运算说明

11. 二进制浮点数角度转换为弧度指令的组成要素及操作说明

（1）二进制浮点数角度转换为弧度指令的组成要素　该指令可以将二进制浮点数的角度转换为弧度值进行保存。指令的名称、助记符、指令代码、操作数和程序步见表 8-114。

表 8-114　二进制浮点数角度转换为弧度指令的组成要素

指令名称	指令代码位数	助记符	操作数范围		程序步
			S(・)	D(・)	
二进制浮点数角度转换为弧度	FNC136 (32)	DRAD DRADP	实数 E、D、R 特殊模块 U□/G□	D、R 特殊模块 U□/G□	DRAD、DRADP…9 步

（2）指令的操作说明及应用　图 8-188(a) 为指令的梯形图表示，当 X001＝ON，指令根据 S(・)+1，S(・) 指定元件 D11、D10 中的二进制浮点数角度，转换为二进制浮点数弧度（＝角度×π/180°），存入 D21、D20 中，图 8-188(b) 是指令对二进制浮点数角度转换为弧度的过程说明。

编程举例：

编写一个从输入端输入的角度，转换为二进制浮点数弧度存放于 D21、D20 的程序，如

图 8-189。

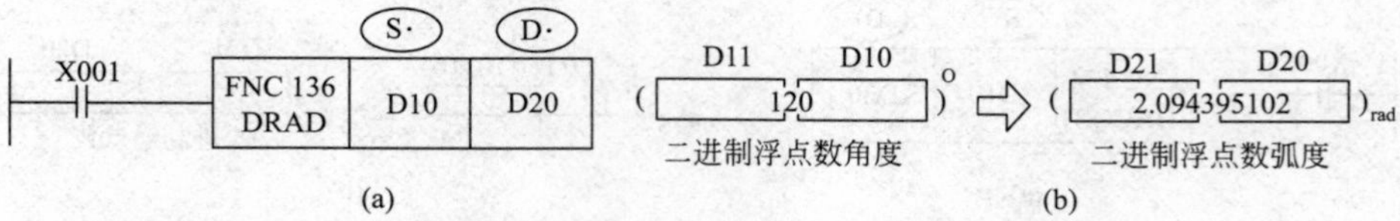

图 8-188　二进制浮点数角度转换为弧度指令的梯形图及运算说明

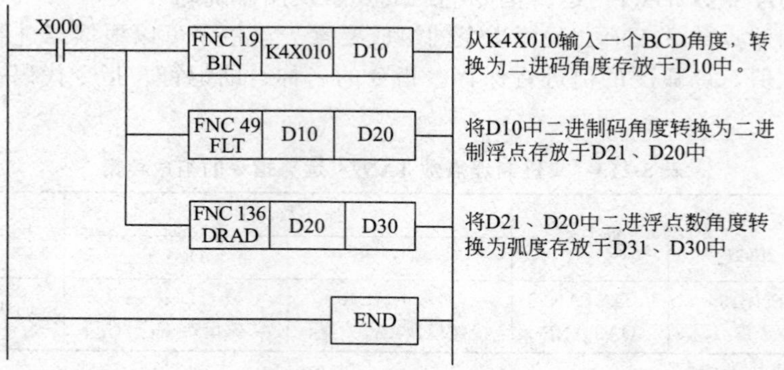

图 8-189　从输入端输入一个角度转换为二进制浮点数弧度存放于 D31、 D30 的程序

12. 二进制浮点数弧度转换为角度指令的组成要素及操作说明

（1）二进制浮点数弧度转换为角度指令的组成要素　该指令可以将二进制浮点数的弧度转换为角度值进行保存。指令的名称、助记符、指令代码、操作数和程序步见表 8-115。

表 8-115　二进制浮点数弧度转换为角度指令的组成要素

指令名称	指令代码 位数	助记符	操作数范围		程序步
			S(·)	D(·)	
二进制浮点数 弧度转换为角度	FNC137 (32)	DDEG DDEGP	实数 E、D、R 特殊模块 U□/G□	D、R 特殊模块 U□/G□	DDEG、DDEGP…9 步

（2）指令的操作说明及应用　图 8-190(a) 为指令的梯形图表示，当 X001＝ON，指令根据 S(·)＋1，S(·) 指定元件 D11、D10 中的二进制浮点数弧度，转换为二进制浮点数角度（＝弧度×180°/π)，存入 D21、D20 中，图 8-190(b) 是指令对二进制浮点数弧度转换为角度的过程说明。

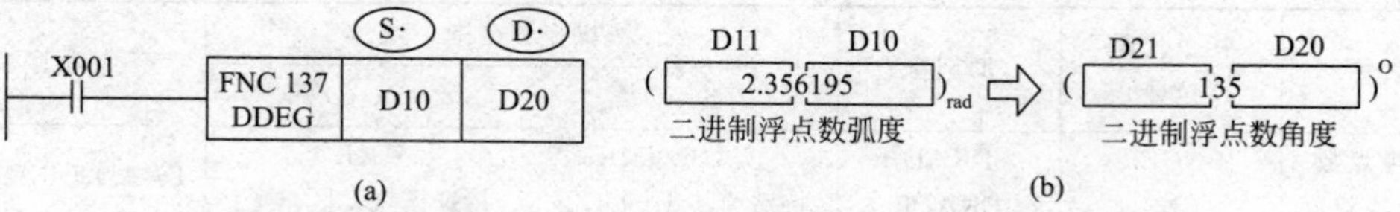

图 8-190　二进制浮点数弧度转换为角度指令的梯形图及运算说明

编程举例：编写一个将 D21、D20 中的二进制浮点数弧度转换为角度后，以 BCD 值形式从 K4Y020 输出的程序。如图 8-191。

四、数据处理 2 类指令

FX_{3U} 系列 PLC 在 FX_{2N} 系列 PLC 的数据处理 1 类十种指令的基础上又增加了 6 种指

令，其中有 2 种指令可扩展为 32 位指令，有 5 种指令可构成脉冲执行型指令，因此，6 种指令共计可扩展成 14 条指令，如表 8-116。

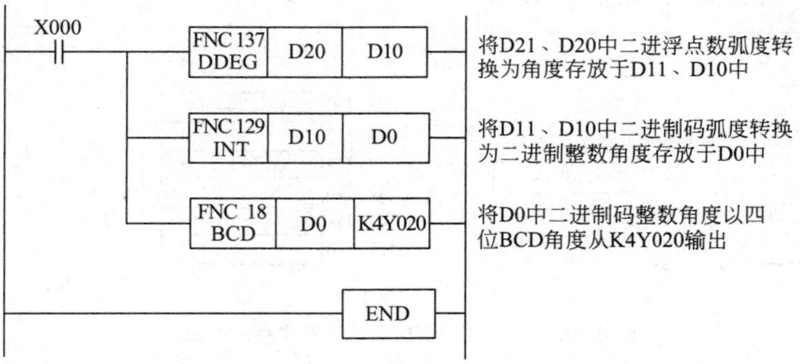

图 8-191　将 D20、 D21 的弧度转换成角度从输出端输出

表 8-116　FX_{3U} 系列 PLC 增加的数据处理 2 应用指令表

FNC No.	指令助记符	指令功能	D 指令	P 指令
140	WSUM	计算数据合计值	○	○
141	WTOB	字节单位的数据分离	—	○
142	WTOW	字节单位的数据组合	—	○
143	UNI	16 位数据的 4 位组合	—	○
144	DIS	16 位数据的 4 位分离	—	○
149	SORT2	数据排序 2	○	—

1. 计算数据合计值指令的组成要素及操作说明

（1）计算数据合计值指令的组成要素　该指令可用于对源操作数指定的 n 个连续 16 位或 32 位软元件中二进制数据求合计值，存放开目标操作数指定的软元件中。指令的名称、助记符、指令代码、操作数和程序步见表 8-117。

表 8-117　计算合计值指令的组成要素

指令名称	指令代码位数	助记符	操作数范围			程序步
			S(·)	D(·)	n	
计算合计值	FNC 140 (16/32)	WSUM、WSUMP DWSUM、DWSUMP	T、C、D、R 特殊模块 U□/G□	T、C、D、R 特殊模块 U□/G□	K、H 合计点数	WSUM、WSUMP…7 步 DWSUM、DWSUMP…13 步

（2）指令的操作说明　图 8-192 是计算合计值指令的梯形图和使用说明。图（a）和图（b）是 16 指令使用说明，当 X000＝ON，指令根据 S(·) 指定的 D0～D5 的连续 6 个单元内容计算合计值，累计和以 32 位二进制数据形式存放于 D(·) 指定的 D11 和 D10 中。

图 8-192(c) 和图(d) 是 32 位指令使用说明，当 X000＝ON，指令根据 S(·) 指定的 D1、D0～D11、D10 的连续 6 个 32 位单元内容计算合计值，累计和以 64 位二进制数据形式存放 D(·) 指定的 D20～D23 中。应注意的是，32 位计算合计值指令，和以 64 位二进制数据形式存放 D(·) 指定四个连续的 16 位元件中，但 FX_{3U} 不能处理 64 位数据，因此，64 位二进制数据最大不能超过 32 位数据范围，即应在 K-2，147，483，648～K2，147，483，647 范围内，可以忽略高 32 位数据，而只用低 32 位存放合计值。

另外还应注意，以下情况会产生错误代码 K6706，存入 M8067 中。

① 以 S(·) 指定起始元件的 n 点连续软元件超出了该软件的地址范围；

② n 小于等于 0；

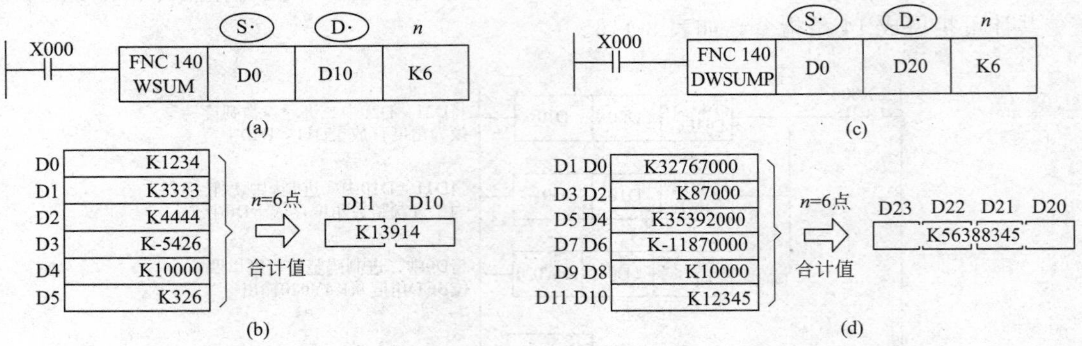

图 8-192　计算合计值指令的梯形图和使用说明

③ D(·) 指定的 n 个软元件超出地址范围，运算出错。

2. 以字节为单位的数据分离指令的组成要素及操作说明

(1) 以字节为单位的数据分离指令的组成要素　该指定可以根据源操作数指定的 16 位连续单元，分离 n 个八位的字节，存放到目标操作数指定的连续的 16 位单元中的低 8 位（低位字节）数据区，高 8 位为 0。指令的名称、助记符、指令代码、操作数和程序步见表 8-118。

表 8-118　以字节为单位的数据分离指令的组成要素

指令名称	指令代码位数	助记符	操作数范围			程序步
			S(·)	D(·)	n	
以字节为单位的数据分离	FNC 141（16）	WTOB、WTOBP	T、C、D、R	T、C、D、R	K、H、D、R	WTOB、WTOBP…7 步

(2) 指令的操作说明　图 8-193 中，图 (a) 是以字节为单位的数据分离指令梯形图。图 (b) 是指令使用的说明，当 X000＝ON，指令根据 $n=5$，由 S(·) 指定 D0～D2 三个单元中的五个字节（8 位/字节）数据，依次存放到 D(·) 指定的 D10～D14 五个单元中的低八位字节中，高八位字节均为 00H。

注意：若指令中参数 $n=0$，指令不执行。分离源数据的软元件和保存分离数据的软元件可以重复使用。

3. 以字节为单位的数据组合指令的组成要素及操作说明

(1) 字节单位的数据组合指令的组成要素　该指令是上面 FNC141 WTOB 指令的逆运算操作指令。字节单位的数据组合指令可以对 n 个连续的源软元件中低八位数据组合为 16 位数据存放到连续的目标软元件中去。指令的名称、助记符、指令代码、操作数和程序步见表 8-119。

表 8-119　以字节为单位的数据组合指令的组成要素

指令名称	指令代码位数	助记符	操作数范围			程序步
			S(·)	D(·)	n	
以字节为单位的数据组合	FNC 142（16）	WTOW、WTOWP	T、C、D、R	T、C、D、R	K、H、D、R	WTOW、WTOWP…7 步

(2) 指令的操作说明　图 8-194 是字节单位的数据组合指令梯形图和使用说明。图 (a) 是指令的梯形图。图 (b) 是指令的使用说明，当 X000＝ON，指令根据 $n=6$，由 S(·) 指定 D10～D15 单元中低八位的六个字节组合为三个 16 位的数据，依次存放到 D(·) 指定

的 D20～D22 三个单元中。

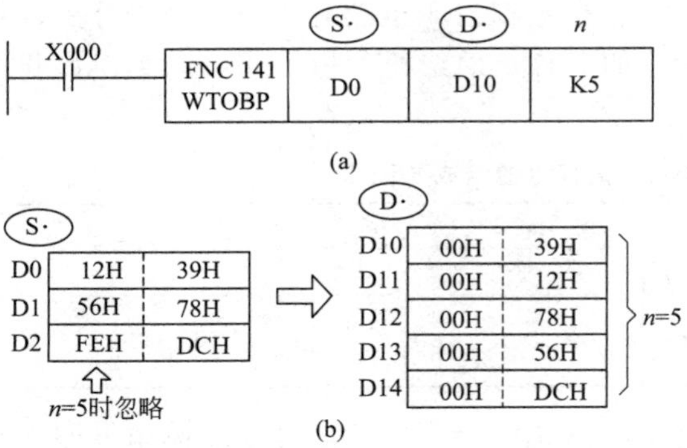

图 8-193　字节单位的数据分离指令的梯形图和使用说明

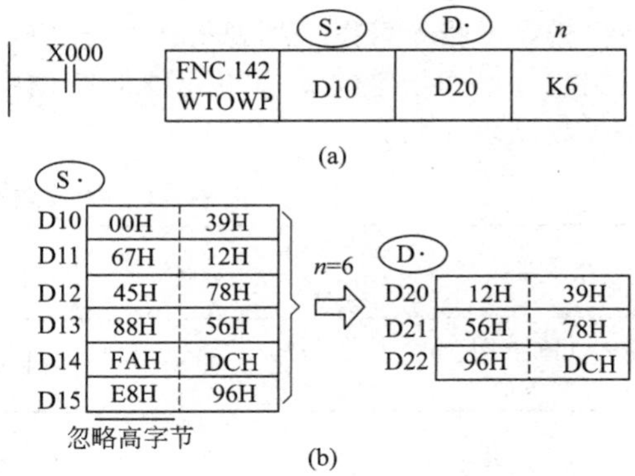

图 8-194　字节单位的数据组合指令的梯形图和使用说明

注意：指令中参数 $n=0$，指令不执行，n 为奇数，运算出错。源数据的软元件和保存组合数据的软元件可以同地址号码。

4. 16 位数据的 4 位组合指令的组成要素及操作说明

（1）16 位数据的 4 位组合指令的组成要素　该指令可以将 S(・) 指定的 n 点 16 位数据单元中的低 4 位数据组合为 16 位数据，存放到 D(・) 指定单元。指令的名称、助记符、指令代码、操作数和程序步见表 8-120。

表 8-120　16 位数据的 4 位组合指令的组成要素

指令名称	指令代码位数	助记符	操作数范围			程序步
			S(・)	D(・)	n	
16 位数据的 4 位组合	FNC 143 (16)	UNI、UNIP	T、C、D、R	T、C、D、R	K、H $n=1\sim4$	UNI、UNIP …7 步

（2）指令的操作说明　图 8-195(a) 是指令的梯形图。图（b）是指令的使用说明，当 X000＝ON，指令根据 $n=3$，由 S(・) 指定的 D10～D12 中三个 16 位数据单元中的低 4 位数据组合为 12 位二进制数据，存放到 D(・) 指定的 D20 单元中，由于仅占 D20 中 b0～b11 位，则 b11～b15 位应为 0。

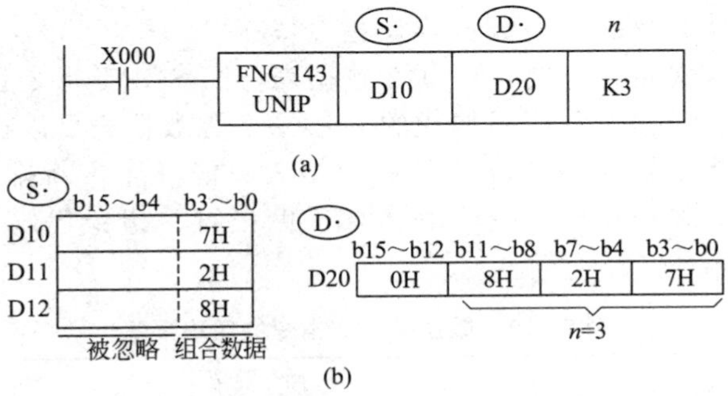

图 8-195　16 位数据的 4 位组合指令的梯形图和使用说明

注意：①指令中指定 $n=0\sim4$ 以外的数字，指令不执行，产生错误代码 K6706。

②S(・) 指定的起始 n 个软元件超出地址范围，产生错误代码 K6706。

5. 16位数据的4位分离指令的组成要素及操作说明

（1）16位数据的4位分离指令的组成要素　该指令是上面16位数据的4位组合指令的逆操作，即指令可以根据源操作指定的软元件中16位数据以4位结合为单位进行分离，存放到目标操作指定的 n 个单元的低四位中。指令的名称、助记符、指令代码、操作数和程序步数见表8-121。

表8-121　16位数据的4位分离指令的组成要素

指令名称	指令代码位数	助记符	操作数范围			程序步
			S(·)	D(·)	n	
16位数据的4位分离	FNC 144 (16)	DIS、DISP	T、C、D、R	T、C、D、R	K、H n=1～4	DIS、DISP …7步

（2）指令的操作说明　图8-196(a)是指令的梯形图。图（b）是指令的使用说明，当X000＝ON，指令根据S(·)指定的D20中16位数据以4位为单位进行分离，将 n=3个4位分离数据存放到D(·)指定的D20～D22三个单元的低4位中，高12位为0。

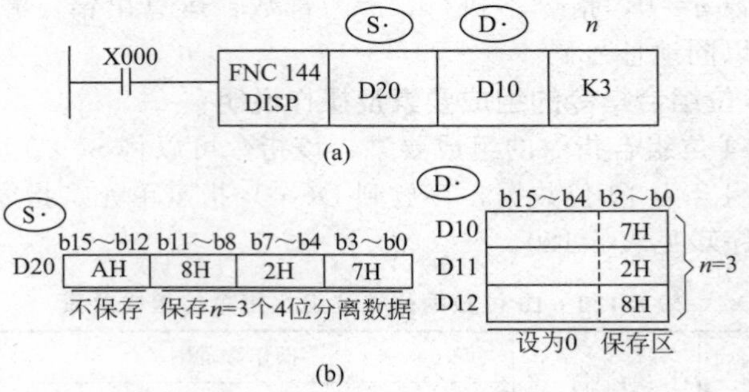

图8-196　16位数据的4位分离指令的梯形图和使用说明

注意事项：①指令中指定 n=0～4以外的数字，指令不执行，产生错误代码K6706。②D(·)指定的起始 n 个软元件超出地址范围，产生错误代码K6706。

6. 数据排序2指令的组成要素与操作说明

（1）数据排序2指令的组成要素　该指令以源操作数指定的软元件中的 $m2$ 列群数据为基础，以 $m1$ 行构成的 $m1 \times m2$ 数据表，根据 n 指定的列和M8165升/降序特殊辅助寄存器状态，进行升/降序重新排列后的新 $m1 \times m2$ 数据表，存入目标操作数指定的软元件中。该指令与方便指令类中的列表数据排序指令SORT（FNC 69）不同之处：一是该指令可以16位或32位的软元件构成 $m1 \times m2$ 数据表，而SORT指令只能由16位的软元件构成 $m1 \times m2$ 数据表；二是本指令对构成的 $m1 \times m2$ 源数据表可以进行升/降序重新排列成新的表，而SORT指令构成 $m1 \times m2$ 的源数据表只能降序重新排列成新的表。使用方法与SORT指令类似。数据排序2指令的名称、助记符、指令代码、操作数和程序步见表8-122。

表8-122　数据排序2指令的组成要素

指令名称	指令代码位数	助记符	操作数范围					程序步
			S(·)	$m1$(行)	$m2$(列)	D(·)	n	
数据排序2	FNC 149 (16/32)	SORT2、DSORT2	D、R 占用 $m1 \times m2$	K、H、D、R (1～32)	K、H (1～6)	D、R 占用 $m1 \times m2$	K、H D、R (指定列号)	SORT2…11步 DSORT2…21步

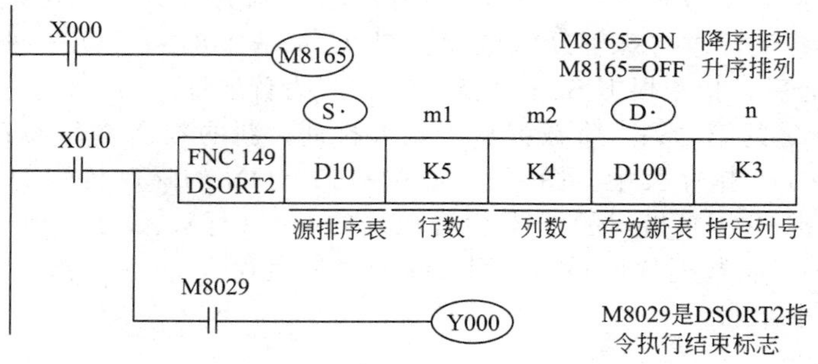

(a) 数据排序2指令梯形图程序

(1) M8165=OFF 升序排列

D10起始的排序前数据　　列数$m2$=4（行数$m1$=5）

列号 行号	1 人员编码	2 身长	3 体重	4 年龄
1	(D11 D10) 1	(D13 D12) 150	(D15 D14) 45	(D17 D16) 20
2	(D19 D18) 2	(D21 D20) 180	(D23 D22) 50	(D25 D24) 40
3	(D27 D26) 3	(D29 D28) 160	(D31 D30) 70	(D33 D32) 30
4	(D35 D34) 4	(D37 D36) 100	(D39 D38) 20	(D41 D40) 8
5	(D43 D42) 5	(D45 D44) 150	(D47 D46) 50	(D49 D48) 45

n=3

⇨

D100起始的排列数据

列号 行号	1 人员编码	2 身长	3 体重	4 年龄
1	(D101 D100) 4	(D111 D110) 100	(D121 D120) 20	(D131 D130) 8
2	(D103 D102) 1	(D113 D112) 150	(D123 D122) 45	(D133 D132) 20
3	(D105 D104) 2	(D115 D114) 180	(D125 D124) 50	(D135 D134) 40
4	(D107 D106) 5	(D117 D116) 150	(D127 D126) 50	(D137 D136) 45
5	(D109 D108) 3	(D119 D118) 160	(D129 D128) 70	(D139 D138) 30

n=3

(b) 升序排列

(2) M8165=ON 降序排列

D10起始的排序前数据　　列数$m2$=4（行数$m1$=5）

列号 行号	1 人员编码	2 身长	3 体重	4 年龄
1	(D11 D10) 1	(D13 D12) 150	(D15 D14) 45	(D17 D16) 20
2	(D19 D18) 2	(D21 D20) 180	(D23 D22) 50	(D25 D24) 40
3	(D27 D26) 3	(D29 D28) 160	(D31 D30) 70	(D33 D32) 30
4	(D35 D34) 4	(D37 D36) 100	(D39 D38) 20	(D41 D40) 8
5	(D43 D42) 5	(D45 D44) 150	(D47 D46) 50	(D49 D48) 45

n=3

⇨

D100起始的排列数据

列号 行号	1 人员编码	2 身长	3 体重	4 年龄
1	(D101 D100) 3	(D111 D110) 160	(D121 D120) 70	(D131 D130) 30
2	(D103 D102) 2	(D113 D112) 180	(D123 D122) 50	(D133 D132) 40
3	(D105 D104) 5	(D115 D114) 150	(D125 D124) 50	(D135 D134) 45
4	(D107 D106) 1	(D117 D116) 150	(D127 D126) 45	(D137 D136) 20
5	(D109 D108) 4	(D119 D118) 100	(D129 D128) 20	(D139 D138) 8

n=3

(c) 降序排列

图 8-197　数据排序 2 指令梯形图及使用说明

（2）指令的操作说明　数据排序 2 指令可以对 S(·) 指定的软元件构成的 $m1 \times m2$ 数据表，按 n 指定的列号，将该列数据从小到大升序排序或从大到小降序排列，构成的新的 $m1 \times m2$ 数据表，存入 D(·) 指定的软元件中。该指令在程序中可以使用两次，再次使用时，应将指令执行条件断开一下。该指令的梯形图程序与使用说明如图 8-197。图（a）是

32 位数据排序 2 指令的梯形图，程序中 M8165 是升/降序特殊辅助继电器，M8029 是数据排序 2 指令执行结束标志特殊辅助继电器。图（b）是 M8165＝OFF 的升序排列的使用说明，当 X010 接通后，指令根据 S(·) 指定的 D10 为首地址的 $m1$（行）$\times m2$（列）源数据表，按 n＝K3 指定的第 3 列，将数据从小到大排列，新的数据表存入 D(·) 指定的 D100 为首地址的 $m1\times m2$ 排序表中。图（c）是 M8165＝ON 的降序排列的使用说明，当 X010 接通后，指令根据 S(·) 指定的 D10 为首地址的 $m1$（行）$\times m2$（列）源数据表，按 n＝K3 指定的第 3 列，将数据从大到小排列，新的数据表存入 D(·) 指定的 D100 为首地址的 $m1\times m2$ 排序表中。

注意事项如下：

① 当 X010＝ON 时，指令按行扫描直至数据排序结束，指令执行结束标志 M8029＝ON，指令停止运行。运行中不能改变指令操作数和表数据的内容。再运行时，请将 X010 置于 OFF 一次。

② 若 S(·) 与 D(·) 所指为同一器件时，请注意指令未运行完毕时，不要改变 S(·) 中的内容。

五、定位控制类指令

FX_{3U} 系列 PLC 提供了可以使用内置的脉冲输出功能或使用高速输出特殊适配器的输出脉冲进行定位的 8 种指令。其中 1 种指令为 16 位指令，7 种指令可构成 16 或 32 位连续执行型指令，因此，共可扩展成 15 条指令，如表 8-123。

表 8-123　FX_{3U} 系列 PLC 的定位类指令表

FNC No	指令助记符	指令功能	D 指令	P 指令
150	DSZR	带 DOG 搜索的原点返回	—	—
151	DVIT	中断定位	○	—
152	TBL	表格设定定位	○	—
155	ABS	读出 ABS 当前值	○	—
156	ZRN	原点回归	○	—
157	PLSV	可变速脉冲输出	○	—
158	DRVI	相对定位	○	—
159	DRVA	绝对定位	○	—

1. 带 DOG（近点信号）搜索的原点回归指令组成要素及操作说明

（1）带 DOG（近点信号）搜索的原点回归指令的组成要素　该指令可以使机械位置与 PLC 内的当前值寄存器一致时，执行原点回归，该指令支持：①DOG 搜索功能的对应；②允许使用近点 DOG 和零点信号的原点回归，但不可以对零点信号计数后决定原点。指令的名称、助记符、指令代码、操作数和程序步见表 8-124。

表 8-124　带 DOG 搜索的原点回归指令组成要素

指令名称	指令代码位数	助记符	操作数范围				程序步
			S1(·)	S2(·)	D1(·)	D2(·)	
带 DOG 搜索的原点回归	FNC 150 (16)	DSZR	X,Y,M,T D□.b①	X②	Y③	Y④,M,T D□.b①	DSZR…9 步

① D□.b 不能进行变址；

② 只能指定 X000～X007；

③ 若基本单元为晶体管输出可指定 Y000～Y002，若基本单元为继电器输出，必须使用高速输出特殊适配器#1 上的 Y000、Y001、Y002#2、Y003#2。

#1：高速输出特殊适配器不能连接在 FX_{3UC}-32MT-LT 上；

#2：使用高速输出特殊适配器的 Y002、Y003 时，需要使用第 2 台的高速输出特殊适配器。

④ 在使用 FX_{3U+} 高速输出特殊适配器时，请指定下表中的输出：

高速输出特殊适配器的连接位置	脉冲输出	旋转方向的输出
第 1 台	D1(·)=Y000 用	D2(·)=Y004
	D1(·)=Y001 用	D2(·)=Y005
第 2 台	D1(·)=Y002 用	D2(·)=Y006
	D1(·)=Y003 用	D2(·)=Y007

注：在指令的组成要素表中，S1(·) 指定输入近点 DOG 信号的位软元件编号；S2(·) 指定零点信号的 X 输入编号；D1(·) 指定输出脉冲输出 Y 的编号；D2(·) 指定旋转方向信号的输出对象编号。

(2) 指令的操作说明　图 8-198 是带近地点（DOG）搜索的原点回归指令的梯形图，当 X020=ON 时，指令根据 S1(·) 指定 X010 接收近地点信号，S2(·) 指定 X000 接收零点信号；D1(·) 指定 Y000 输出脉冲；D2(·) 指定 Y004 输出旋转方向信号。

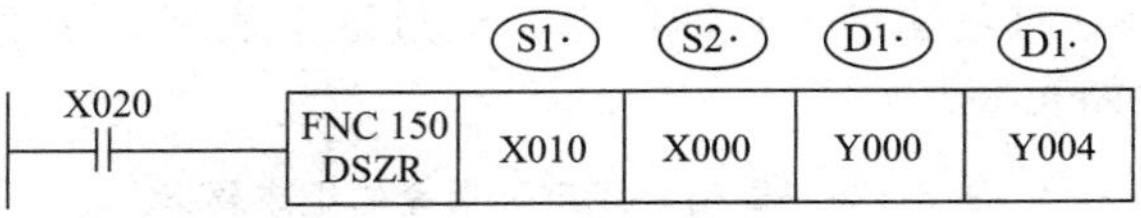

图 8-198　带 DOG 搜索的原点回归指令的梯形图

注意事项：在执行指令的过程中，请避免执行运行中的写入，否则会使脉冲输出减速停止。

2. 中断定位指令的组成要素及操作说明

(1) 中断定位指令的组成要素　中断定位指令是执行单速中断定长进给的指令。指令的组成要素如表 8-125。

表 8-125　中断定位指令组成要素

指令名称	指令代码位数	助记符	操作数范围				程序步
			S1(·)	S2(·)	D1(·)	D2(·)	
中断定位	FNC 151 (16/32)	DVIT DDVIT	K,H,KnX, KnY, KnM, KnS, T,C,D,R 特殊模块 U□/G□	K,H,KnX, KnY, KnM, KnS, T,C,D,R 特殊模块 U□/G□	Y①	Y②,M,S D□.b③	DVIT…9 步 DDVIT…17 步

① 若基本单元为晶体管输出可指定 Y000～Y002，若基本单元为继电器输出必须使用高速输出特殊适配器[#1]上的 Y000、Y001、Y002[#2]、Y003[#2]；

#1：高速输出特殊适配器不能连接在 FX_{3UC}-32MT-LT 上；

#2：使用高速输出特殊适配器的 Y002、Y003 时，需要使用第 2 台的高速输出特殊适配器。

② 在使用 FX_{3U+} 高速输出特殊适配器时，请指定下表中的输出：

高速输出特殊适配器的连接位置	脉冲输出	旋转方向的输出
第 1 台	D1(·)=Y000 用	D2(·)=Y004
	D1(·)=Y001 用	D2(·)=Y005
第 2 台	D1(·)=Y002 用	D2(·)=Y006
	D1(·)=Y003 用	D2(·)=Y007

③ D□.b 不能进行变址。

注：在指令的组成要素表中，S1(·) 指定中断后的输出脉冲数（相对地址），16 位指令运算时为−32767～+32768，(0 除外)，32 位指令运算时为−999，999～+999，999 (0 除外)；S2(·) 指定输出脉冲频率，16 位指令运算时为 10～+32767Hz，32 位指令运算时可按下表范围选取频率：

脉冲输出对象		设定范围
FX_{3U} 可编程序控制器	高速输出特殊适配器	10～200,000Hz
FX_{3U}\、FX_{3UC}可编程序控制器	基本单元为晶体管输出	10～100,000Hz

D1(·) 指定输出脉冲口 Y 的编号；D2(·) 指定旋转方向信号的输出对象编号。

(2) 指令的操作说明　图 8-199 是中断定位指令的梯形图，当中断定位条件满足

X010＝ON，指令指定中断后以每秒 100Hz 的频率从 Y000 输出 60000 个脉冲，Y004 的输出决定了单速中断定长进给的旋转方向。

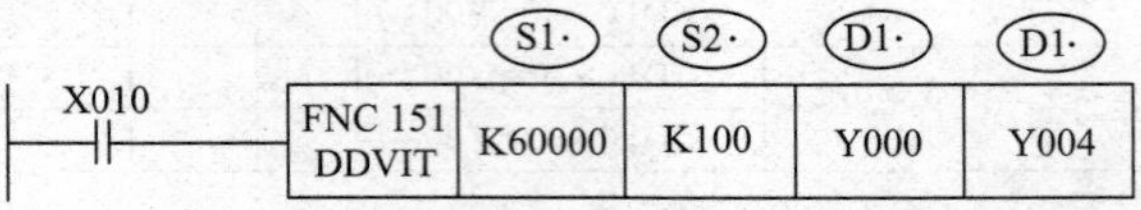

图 8-199　中断定位指令的梯形图及使用说明

注意事项：在执行指令的过程中，请避免执行运行中的写入，否则会使脉冲输出减速停止。

3. 表格设定定位指令的组成要素及操作说明

（1）表格设定定位指令的组成要素　该指令可以预先在数据表格中设定 FNC151 DVIT（中断定位指令），FNC157 PLSV（可变速脉冲输出指令），FNC158 DRVI（相对定位指令），FNC159 DRVA（绝对定位指令）的状态，通过这个表格设定实现各指令定位脉冲的输出。指令的组成要素如表 8-126。

表 8-126　表格设定定位指令的组成要素

指令名称	指令代码位数	助记符	操作数范围		程序步
			D(·)	n	
表格设定定位	FNC 152 (32)	DTBL	Y①	K、H n=1～100	DTBL…17 步

①若基本单元为晶体管输出可指定 Y000～Y002，若基本单元为继电器输出必须使用高速输出特殊适配器#1 上的 Y000、Y001、Y002#2、Y003#2；

#1：高速输出特殊适配器不能连接在 FX_{3UC}-32MT-LT 上；

#2：使用高速输出特殊适配器的 Y002、Y003 时，需要使用第 2 台的高速输出特殊适配器。

注：在指令的组成要素表中，D(·) 指定脉冲输出的 Y 地址号，n 执行表格的编号（1～100）。

图 8-200　表格设定定位指令的梯形图及使用说明

（2）表格设定定位指令的使用说明　表格设定定位指令的梯形图如图 8-200。当 X000＝ON，指令执行表格中设定的编号 1～4 指令的状态，定位脉冲指定从 Y000 输出。

注意事项：在执行指令的过程中，请避免执行运行中的写入，否则会使脉冲输出减速停止。

4. 读出绝对位置当前值指令的组成要素及操作说明

（1）读出绝对位置当前值指令的组成要素　若 FX_{3U} 可编程序控制器与三菱电机公司的 MR-H，MR-J2（S）或 MR-J3“带绝对位置检测”的伺服放大器连接，可使用本指令读出绝对位置（ABS）当前值数据，数据以脉冲换算值形式被读出。该指令的组成要素如表 8-127。

表 8-127　读出绝对位置当前值指令的组成要素

指令名称	指令代码位数	助记符	操作数范围			程序步
			S(·)	D1(·)	D2(·)	
读出绝对位置当前值	FNC 155 (32)	DABS	X，Y，M，S， D□.b①	Y②，M，S D□.b①	KnY，KnM，KnS T，C，D，R，V，Z 特殊模块 U□/G□	DABS…13 步

① D□.b 不能进行变址；

② 只能指定基本单元为晶体管输出口。

注：S(·) 指定以起始软元件的 3 个连续位元件接收来自“带绝对位置检测”的伺服放大器输出的数据；

D1(·) 指定以起始软元件的 3 个连续位元件向“带绝对位置检测”的伺服放大器发出读取的控制信号；

D2(·) 指定保存读取的 32 位二进制绝对值（ABS）数据的软元件编号。

（2）指令的操作说明　图 8-201 为读出绝对位置当前值指令的梯形图。当 X000＝ON 时，指令根据 D1(·) 指定以 Y000～Y002 三个连续位元件向“带绝对位置检测”的伺服放大器发出读取的控制信号；由 S(·) 指定以 X010～X012 三个连续位元件接收来自“带绝对位置检测”的伺服放大器输出的当前值数据，将读取的 32 位二进制绝对值（ABS）数据保存到 D2(·) 指定的 D11、D10 软元件中。

5. 不带 DOG 搜索的原点回归指令组成要素及操作说明

（1）不带 DOG（近点信号）搜索的原点回归指令的组成要素　该指令可以使机械位置与 PLC 内的当前值寄存器一致时，执行原点回归，该指令不支持①DOG 搜索功能的对应；②允许使用近点 DOG 和零点信号的原点回归，但不可以对零点信号计数后决定原点。指令的名称、助记符、指令代码、操作数和程序步见表 8-128。

表 8-128　原点返回指令组成要素

指令名称	指令代码位数	助记符	操作数范围				程序步
			S1(·)	S2(·)	S3(·)	D(·)	
原点返回	FNC156 (16/32)	ZRN DZRN	K,H,KnX,KnM, KnY,KnS T,C,D,V,Z,R 特殊模块 U□/G□	K,H,KnX,KnM, KnY,KnS T,C,D,V,Z,R, 特殊模块 U□/G□	X,Y,M,S D□. b①	Y②	ZRN…9 步 DZRN…17 步

① D□. b 不能进行变址；

② 若基本单元为晶体管输出可指定 Y000～Y002，若基本单元为继电器输出必须使用高速输出特殊适配器#1 上的 Y000、Y001、Y002#2、Y003#2。

#1：高速输出特殊适配器不能连接在 FX_{3UC}-32MT-LT 上；

#2：使用高速输出特殊适配器的 Y002、Y003 时，需要使用第 2 台的高速输出特殊适配器。

注：在指令的组成要素表中，S1(·) 指定开始原点回归时的速度；S2(·) 指定回归时速度的频率，①16 位指令时为 10～32767Hz，②32 位指令晶体管输出时为 10～100，000Hz，若基本单元为继电器输出，使用高速输出特殊适配器，为 10～200，000Hz；S3(·) 指定接收近点信号（DOG）的位软元件的编号；D(·) 指定输出脉冲的 Y 地址编号。

（2）指令的操作说明　图 8-202 是不带近地点（DOG）搜索的原点回归指令的梯形图，当 X020＝ON 时，指令根据 S1(·) 指定开始原点回归时的速度为 K60000 个脉冲；S2(·) 指定以 D0 中数据为回归时速度的频率，S3(·) 指定 X000 接收近点信号（DOG）；D(·) 指定 Y000 为输出脉冲口。

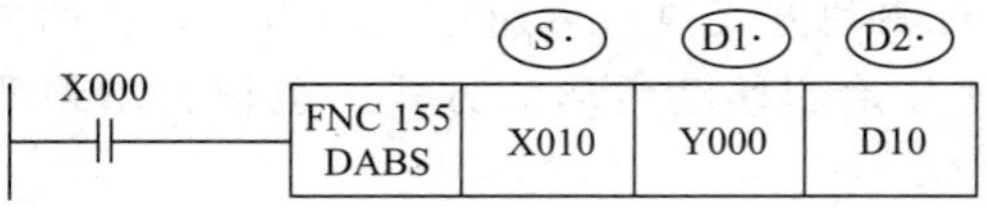

图 8-201　读出绝对位置当前值指令的梯形图及使用说明

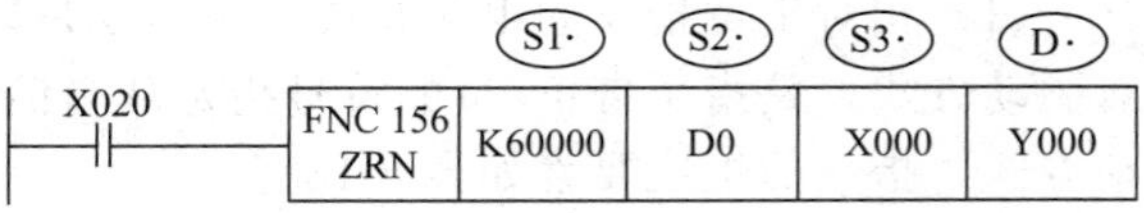

图 8-202　不带 DOG 搜索的原点回归指令的梯形图及使用说明

注意事项：在执行指令的过程中，请避免执行运行中的写入，否则会使脉冲输出减速停止。

6. 可变速脉冲输出指令的组成要素及操作说明

（1）可变速脉冲输出指令的组成要素　该指令是带旋转方向的可变速脉冲输出指令。指令的组成要素如表 8-129。

表 8-129　可变速脉冲输出指令组成要素

指令名称	指令代码位数	助记符	操作数范围 S(·)	操作数范围 D1(·)	操作数范围 D2(·)	程序步
可变速脉冲输出	FNC 157 (16/32)	PLSV DPLSV	K,H,KnX,KnM,KnY,KnS,T,C,D,V,Z,R 特殊模块 U□/G□	Y①	Y②,M,S D□.b③	PLSV…9 步 DPLSV…17 步

① 若基本单元为晶体管输出可指定 Y000～Y002，若基本单元为继电器输出必须使用高速输出特殊适配器[#1]上的 Y000、Y001、Y002[#2]、Y003[#2]。

#1：高速输出特殊适配器不能连接在 FX_{3UC}-32MT-LT 上；

#2：使用高速输出特殊适配器的 Y002、Y003 时，需要使用第 2 台的高速输出特殊适配器。

② 在使用 FX_{3U+} 高速输出特殊适配器时，请指定下表中的输出：

高速输出特殊适配器的连接位置	脉冲输出	旋转方向的输出
第 1 台	D1(·)＝Y000 用	D2(·)＝Y004
	D1(·)＝Y001 用	D2(·)＝Y005
第 2 台	D1(·)＝Y002 用	D2(·)＝Y006
	D1(·)＝Y003 用	D2(·)＝Y007

③ D□.b 不能进行变址。

注：在指令的组成要素表中，S(·) 指定输出脉冲频率的软元件编号，若为 16 位指令时可在－32767～＋32767Hz（0 除外）选择，32 位指令运算时可按下表范围选取频率：

脉冲输出对象		设定范围
FX_{3U} 可编程序控制器	高速输出特殊适配器	－200,000～＋200,000Hz(0 除外)
FX_{3U}、FX_{3UC} 可编程序控制器	基本单元为晶体管输出	－100,000～＋100,000Hz(0 除外)

D1(·) 指定输出脉冲的 Y 编号；D2(·) 指定输出旋转方向信号的位软元件的编号。

（2）指令的操作说明　图 8-203 是可变速脉冲输出指令的梯形图。当 X000＝ON，指令根据 S(·) 指定的 D10 中数据为输出脉冲频率，D1(·) 指定 Y000 为输出脉冲口，D2(·) 指定 D0.0 位的状态为输出旋转方向。

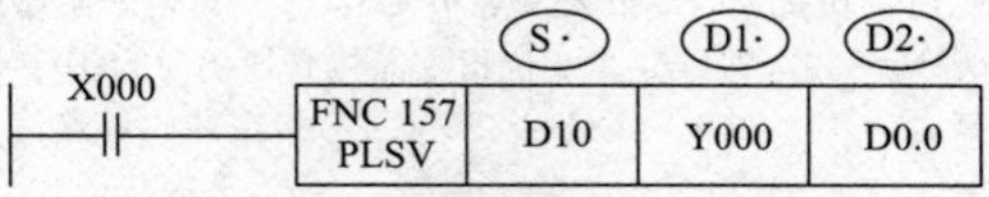

图 8-203　可变速脉冲输出指令的梯形图及使用说明

注意事项：在执行指令的过程中，请避免执行运行中的写入，否则会使脉冲输出减速停止。

7. 相对定位指令的组成要素及操作说明

（1）相对定位指令的组成要素　该指令是以相对驱动方式执行单速定位的指令，所谓相对驱动方式，是指用带正/负的符号指定从当前位置开始的移动距离的方式，也称为增量驱动方式。指令的组成要素如表 8-130。

表 8-130　相对定位指令的组成要素

指令名称	指令代码位数	助记符	操作数范围 S1(·)	操作数范围 S2(·)	操作数范围 D1(·)	操作数范围 D2(·)	程序步
相对定位	FNC 158 (16/32)	DRVI DDRVI	K,H,KnX, KnY, KnM, KnS, T,C,D,R,V,Z 特殊模块 U□/G□	K,H,KnX, KnY, KnM, KnS, T,C,D,R, V,Z 特殊模块 U□/G□	Y①	Y②,M,S D□.b③	DRVI…9 步 DDRVI…17 步

① 若基本单元为晶体管输出可指定 Y000～Y002，若基本单元为继电器输出必须使用高速输出特殊适配器[#1]上的 Y000、Y001、Y002[#2]、Y003[#2]。

#1：高速输出特殊适配器不能连接在 FX_{3UC}-32MT-LT 上；

#2：使用高速输出特殊适配器的 Y002、Y003 时，需要使用第 2 台的高速输出特殊适配器。

② 在使用 FX_{3U+} 高速输出特殊适配器时，请指定下表中的输出：

高速输出特殊适配器的连接位置	脉冲输出	旋转方向的输出
第 1 台	D1(·)=Y000 用	D2(·)=Y004
	D1(·)=Y001 用	D2(·)=Y005
第 2 台	D1(·)=Y002 用	D2(·)=Y006
	D1(·)=Y003 用	D2(·)=Y007

③ D□.b 不能进行变址。

注：在指令的组成要素表中，S1(·) 指定相对地址的输出脉冲数，16 位指令时可在－32767～＋32767Hz（0 除外）范围内选择，32 位指令可在－999，999～＋999，999（0 除外）范围内选取：S2(·) 指定输出频率，16 位指令时可在 10～32767Hz 范围内选取，32 位指令可按下表选取：

脉冲输出对象		设定范围
FX_{3U} 可编程序控制器	高速输出特殊适配器	10～＋200,000Hz
$FX_{3U\backslash}$、FX_{3UC} 可编程序控制器	基本单元为晶体管输出	10～＋100,000Hz

D1(·) 指定输出脉冲的 Y 编号；D2(·) 指定输出旋转方向信号的位软元件的编号。

（2）指令的操作说明 图 8-204 是相对定位指令的梯形图。由图可知，当 X020＝ON 时，指令根据 S1(·) 指定相对地址的输出脉冲数为 50000，S2(·) 指定 D0 中数据为输出频率，D1(·) 指定 Y000 为输出脉冲口；D2(·) 指定 Y003 的状态为输出旋转方向。

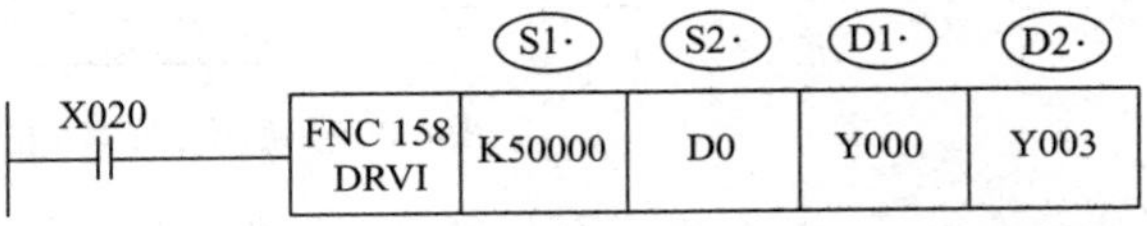

图 8-204 相对定位指令的梯形图及使用说明

注意事项：在执行指令的过程中，请避免执行运行中的写入，否则会使脉冲输出减速停止。

8. 绝对定位指令的组成要素及操作说明

（1）绝对定位指令的组成要素 该指令是以绝对驱动方式执行单速定位的指令。所谓绝对驱动方式，是指从原点（零点）开始的移动距离方式。指令的组成要素如表 8-131。

表 8-131 绝对定位指令组成要素

指令名称	指令代码位数	助记符	操作数范围				程序步
			S1(·)	S2(·)	D1(·)	D2(·)	
绝对定位	FNC 159 (16/32)	DRVA DDRVA	K,H,KnX,KnY,KnM,KnS,T,C,D,R,V,Z 特殊模块 U□/G□	K,H,KnX,KnY,KnM,KnS,T,C,D,R,V,Z 特殊模块 U□/G□	Y①	Y②,M,S D□.b③	DRVA…9 步 DDRVA…17 步

① 若基本单元为晶体管输出可指定 Y000～Y002，若基本单元为继电器输出必须使用高速输出特殊适配器#1 上的 Y000、Y001、Y002#2、Y003#2。

#1：高速输出特殊适配器不能连接在 FX_{3UC}-32MT-LT 上；

#2：使用高速输出特殊适配器的 Y002、Y003 时，需要使用第 2 台的高速输出特殊适配器。

② 在使用 FX_{3U}＋高速输出特殊适配器时，请指定下表中的输出：

高速输出特殊适配器的连接位置	脉冲输出	旋转方向的输出
第 1 台	D1(·)＝Y000 用	D2(·)＝Y004
	D1(·)＝Y001 用	D2(·)＝Y005
第 2 台	D1(·)＝Y002 用	D2(·)＝Y006
	D1(·)＝Y003 用	D2(·)＝Y007

③ D□. b 不能进行变址。

注：在指令的组成要素表中，S1(·) 指定绝对地址的输出脉冲数，16 位指令时可在－32767～＋32767Hz（0 除外）范围内选择，32 位指令可在－999，999～＋999，999（0 除外）范围内选取；S2(·) 指定输出频率，16 位指令时可在 10～32767Hz 范围内选取，32 位指令可按下表选取：

脉冲输出对象		设定范围
FX_{3U} 可编程序控制器	高速输出特殊适配器	10～＋200，000Hz
FX_{3U}、FX_{3UC} 可编程序控制器	基本单元为晶体管输出	10～＋100，000Hz

D1(·) 指定输出脉冲的 Y 编号；D2(·) 指定输出旋转方向信号的位软元件的编号。

（2）指令的操作说明　图 8-205 是指令的梯形图程序。当 X010＝ON，指令根据 S1(·) 指定的 D10 中为绝对地址的输出脉冲数，S2(·) 指定 D20 中为输出频率，D1(·) 指定 Y000 为输出脉冲口；D2(·) 指定 Y003 为输出旋转方向信号。

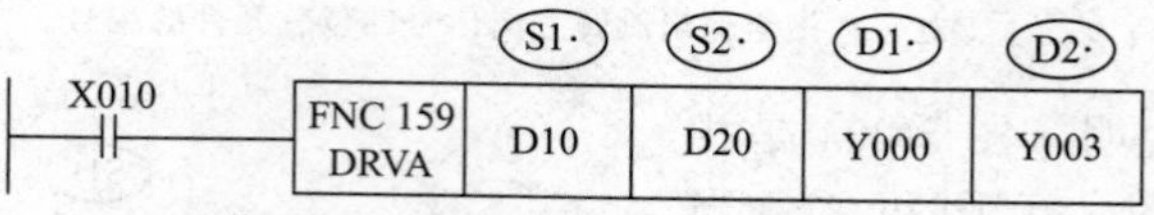

图 8-205　绝对定位指令的梯形图及使用说明

注意事项：在执行指令的过程中，请避免执行运行中的写入，否则会使脉冲输出减速停止。

六、时钟运算指令

FX_{3U} 系列 PLC 在 FX_{2N} 系列 PLC 的时钟处理类指令的基础上增加了 3 种时钟处理指令，可扩展为 10 条指令，如表 8-132。

表 8-132　FX_{3U} 系列 PLC 的时钟处理类指令表

FNC No.	指令助记符	指令功能	D 指令	P 指令
164	HTOS	时、分、秒数据的秒转换	○	○
165	HTOH	秒数据的时、分、秒数据转换	○	○
169	HOUR	计时表	○	—

1. ［时、分、秒］数据的秒转换指令组成要素及操作说明

（1）［时、分、秒］数据的秒转换指令组成要素　该指令具有将［时、分、秒］时间数据转换为秒单位数据的功能。指令的组成要素如表 8-133 所示。

表 8-133　时、分、秒数据转换为秒的指令要素

指令名称	指令代码位数	助记符	操作数		程序步
			S(·)	D(·)	
时、分、秒数据的秒转换	FNC 164 (16/32)	HTOS、DHTOS	KnX，KnY，KnM，KnS，T，C，D，R 特殊模块 U□/G□	KnY，KnM，KnS，T，C，D，R 特殊模块 U□/G□	HTOS…5 步 DHTOS…9 步

注：S(·) 指定的起始软元件占三个连续单元存放［时、分、秒］数据；16 位指令 D(·) 指定一个 16 位的单元存放转换的秒数据，转换的秒数据超过 K32，767（9 小时 6 分 7 秒），运行出错，产生错误代码 K6706；32 位指令 D(·) 指定两个 16 位的单元存放转换的秒数据，转换的秒数据超过 K2，147，483，647，运行出错，产生错误代码 K6706。

（2）指令的操作说明及编程应用　图 8-206 是指令的梯形图程序。图（a）是 16 位指令梯形图，图（b）是操作说明，当 X000＝ON，指令根据 S(·) 指定的 D10～D12 三个连续单元内的［时、分、秒］转换为秒的二进制数据存入 D(·) 指定的 D20 单元中；图（c）是 32 位指令梯形图，图（d）是操作说明，当 X001＝ON，指令根据 S(·) 指定的 D10～D12 三个连续单元内的［时、分、秒］转换为秒的二进制数据存入 D(·) 指定的 D20 和 D21 两个单元中。

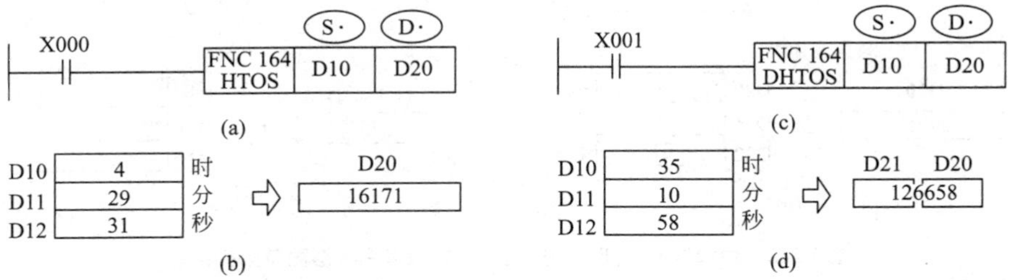

图 8-206　［时、分、秒］数据的秒转换指令梯形图及操作说明

编程应用：图 8-207 是将 PLC 内的实时时钟数据转换为秒的程序。

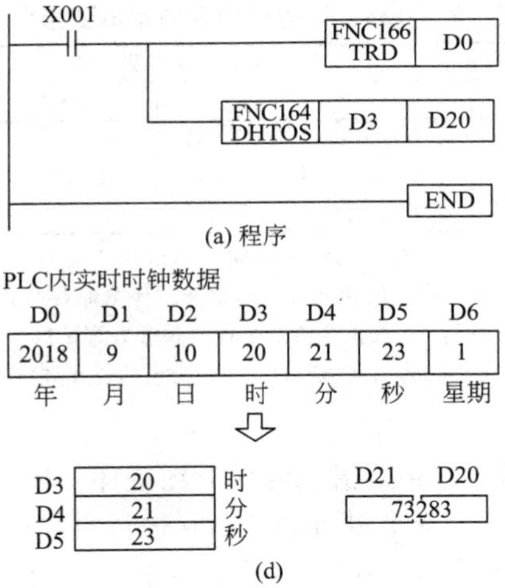

图 8-207　将 PLC 内的实时时钟数据转换为秒的程序

2. 秒数据的［时、分、秒］转换指令组成要素及操作说明

（1）秒数据的［时、分、秒］转换指令组成要素　该指令的功能是 FNC162 HTOS 的反操作，即将秒数据转换为［时、分、秒］数据。指令的组成要素如表 8-134。

表 8-134　秒数据的［时、分、秒］转换指令的组成要素

指令名称	指令代码位数	助记符	操作数 S(·)	操作数 D(·)	程序步
秒数据的时、分、秒转换	FNC 165 (16/32)	HTOH、DHTOH	KnX，KnY，KnM，KnS，T，C，D，R 特殊模块 U□/G□	KnY，KnM，KnS，T，C，D，R 特殊模块 U□/G□	HTOH…5 步 DHTOH…9 步

（2）指令的操作说明及编程应用　图 8-208 是指令的梯形图程序。图（a）是 16 位指令

梯形图，图（b）是操作说明，当 X000＝ON，指令根据 S(·) 指定的 D10 中秒的二进制数据转换为［时、分、秒］，存入 D(·) 指定的 D20～D22 三个连续的单元中；图（c）是 32 位指令梯形图，图（d）是操作说明，当 X001＝ON，指令根据 S(·) 指定的 D11、D10 中秒的二进制数据转换为［时、分、秒］，存入 D(·) 指定的 D20～D22 三个连续的单元中。

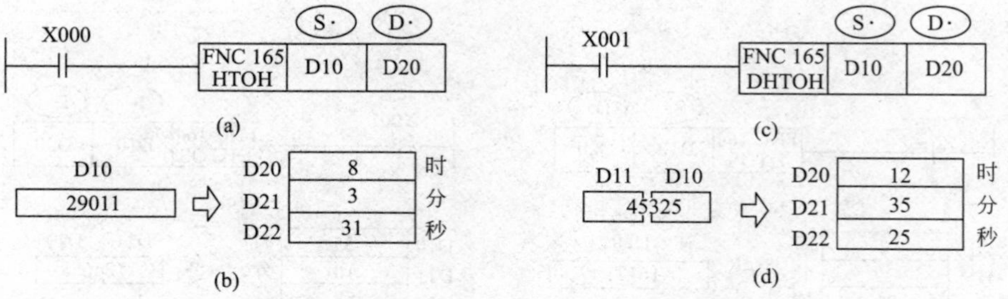

图 8-208　秒数据的［时、分、秒］转换指令梯形图及操作说明

3. 计时表指令的组成要素及操作说明

（1）计时表指令的组成要素　该指令具有以小时为单位，对输入触点闭合的时间进行累加检测，当达到设定时间时具有报警输出的功能。指令的组成要素如表 8-135 所示。

表 8-135　计时表指令的组成要素

指令名称	指令代码位数	助记符	操作数			程序步
			S(·)	D1(·)	D2(·)	
计时表	FNC 169 (16/32)	HOUR DHOUR	K,H,KnX, KnY, KnM, KnS,T,C,D,R,V,Z 特殊模块 U□/G□	D, R	Y,M,S D□. b	HOUR…7 步 DHOUR…13 步

注：S(·) 指定的数值或软元件中数据为检测的终止时间（单位为小时）；D1(·) 指定的元件是累加检测的当前值：16 位指令占 2 个连续单元，即 D1(·) 指定的软元件（通常选用停电保持型的）存放累加检测的当前小时数据，D1(·)＋1 存放累加检测不满 1 小时的当前值；32 位指令占 3 个连续单元，即 D1(·)＋1、D1(·) 存放累加检测的当前小时数据，D1(·)＋2 存放累加检测不满 1 小时的当前值；D2(·) 指定的位元件，当 D1(·) 累加检测的当前小时等于 S(·) 指定元件中数据时，位元件接通。

（2）指令的操作说明　图 8-209 是指令的梯形图程序。图（a）为 16 位指令的应用，当 X000＝ON，接通的指令中由 D1(·) 指定的 D200 进行累加检测当前值，D200 存放以小时为单位的当前值，D201 中存放不满 1 小时的以秒为单位的当前值，当（D200）≥K300 时，Y005＝ON；图（b）是 32 位指令的应用，当 X000＝ON，接通的指令中由 D1(·) 指定的 D301、D300 进行累加检测计当前小时值，D302 中存放不满 1 小时的以秒为单位的当前值，当（D301、D300）≥K1000 时，Y000＝ON。

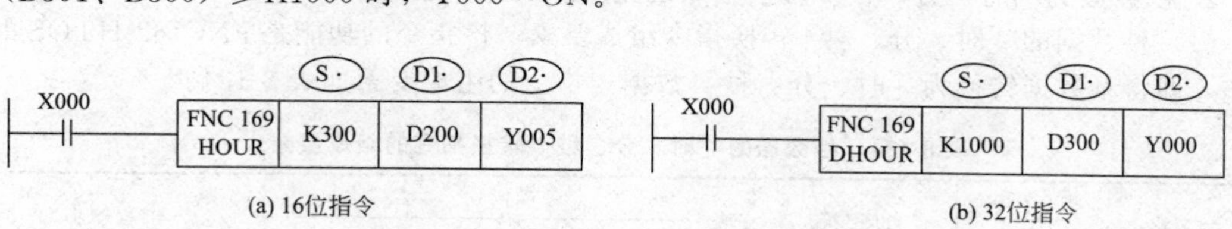

图 8-209　计时表指令的梯形图及操作说明

注意事项：

① 当 D1(·)＝S(·)，D2(·) 指定的位元件接通后，检测仍在继续，要重新检测，应对 D1(·) 指定元件中数据清除。

② D1(·) 采用停电保持型元件，当 X000 接通后，停电或断开，再接通，可继续在原来的检测数据基础上继续累加检测。

③ 若当前值大于 D1(·) 指定元件的 16 位或 32 位最大值时，检测停止。

七、外部模拟量设备的读写类指令

FX_{3U} 系列 PLC 增加了对 FXON-3A 及 FX2N-2AD/2DA 设备的 2 条读写指令，如表 8-136。

表 8-136　FX_{3U} 系列 PLC 的模拟量设备读写指令表

FNC No	指令助记符	指令功能	D 指令	P 指令
176	RD3A	模拟量模块的读出	—	○
177	WRD3A	模拟量模块的写入	—	○

1. 模拟量模块读出指令的组成要素及操作说明

(1) 模拟量模块读出指令的组成要素　该指令是读取 FX_{ON}-3A 和 FX_{2N}-2AD 模拟量模块的模拟量输入值的指令（FX_{ON}-3A 仅适用于 $FX_{3U/3UC}$ 系列 PLC）。指令的组成要素如表 8-137。

表 8-137　模拟量模块读出指令的组成要素

指令名称	指令代码位数	助记符	操作数			程序步
			m1	m2	D(·)	
模拟量模块读出	FNC 176 (16)	RD3A RD3AP	K,H,KnX,KnY,KnM,KnS,T,C,D,R,V,Z	K,H,KnY,KnM,KnST,C,D,R,V,Z	KnY,KnM,KnS C,D,R,V,Z	RD3A、RD3AP…7 步

注：m1 是与 PLC 基本单元连接的位置号，FX_{3U} 系列 PLC 基本单元可连接的外设位置号为 K0～K7，FX_{3UC} 系列 PLC 基本单元可连接的外设位置号为 K1～K7（K0 为内置的 CC-Link/LT 主站）；

m2 是模拟量模块输入通道编号，FX_{ON}-3A，两个输入通道编号为 K1 和 K2；FX_{2N}-2AD，两个输入通道编号为 K21 和 K22；

D(·) 是指定保存读出数据的字单元，FX_{ON}-3A 读出的数据 0～255 为 8 位，FX_{2N}-2AD 读出的数据 0～4095 为 12 位。

(2) 指令的梯形图与读出说明　图 8-210 所示是模拟量模块读出指令的梯形图及操作说明。当 X000＝ON，指令根据与 PLC 基本单元连接的 0 号位置的 FX_{ON}-3A 模拟量模块，对输入通道 1 读出模拟量数据，转换为八位二进制码存放于 PLC 的 D10 中。

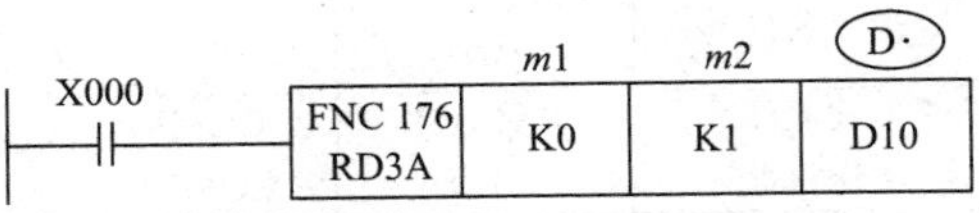

图 8-210　模拟量模块读出指令的梯形图及操作说明

2. 模拟量模块写入指令的组成要素及操作说明

(1) 模拟量模块写入指令的组成要素　该指令是向 FX_{ON}-3A 和 FX_{2N}-2DA 模拟量模块写入数字值的指令。指令的组成要素如表 8-138。

表 8-138　模拟量模块写入指令的组成要素

指令名称	指令代码位数	助记符	操作数			程序步
			m1	m2	S(·)	
模拟量模块写入	FNC 177 (16)	WR3A WR3AP	K,H,KnX,KnY,KnM,KnS,T,C,D,R,V,Z	K,H,KnY,KnM,KnST,C,D,R,V,Z	KnY,KnM,KnS C,D,R,V,Z	WR3A、WR3AP…7 步

注：m1 是与 PLC 基本单元连接的位置号，FX_{3U} 系列 PLC 基本单元可连接的外设位置号为 K0～K7，FX_{3UC} 系列 PLC 基本单元可连接的外设位置号为 K1～K7（K0 为内置的 CC-Link/LT 主站）；

m2 是模拟量模块输出通道编号，FX_{ON}-3A，只有 1 个输出通道号为 K1；FX_{2N}-2DA，两个输出通道编号为 K21 和 K22；

S(·) 是指定输出到模拟量模块数据的字单元，FX_{ON}-3A 写入的数据 0～255 为 8 位，FX_{2N}-2DA 写入的数据 0～4095 为 12 位。

（2）指令的梯形图与写入说明　图 8-211 所示是模拟量模块写入指令的梯形图和操作说明。

由图 8-211 梯形图可知，当 X000＝ON，指令根据与 PLC 基本单元连接的 0 号位置 FX_{ON}-3A 模拟量模块，PLC 对其输出通道 1 要写入的数字值存放于 D20 中，由 FX_{ON}-3A 模拟量模块通过输出通道 1 将 D20 中数字值转换为模拟量输出。

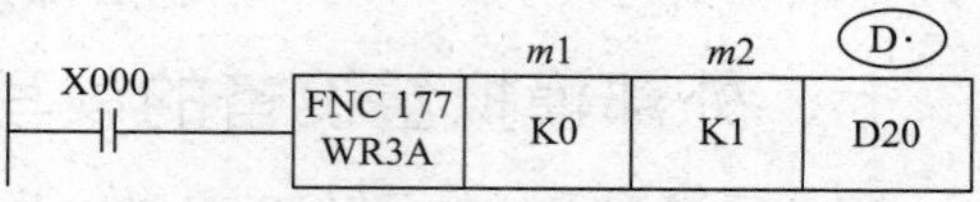

图 8-211　模拟量模块写入指令的梯形图及操作说明

八、 FX_{3U} 的其他类指令

FX_{3U} 系列 PLC 提供的其他类指令有五种，四种指令为 16 位指令，一种为 32 位指令，共可扩展 8 条指令，如表 8-139。

表 8-139　FX_{3U} 系列 PLC 的其他类指令表

FNC No.	指令助记符	指令功能	D 指令	P 指令
182	COMRD	读出软元件的注释数据	—	○
184	RND	产生随机数	—	○
186	DUTY	产生定时脉冲	—	○
188	CRC	CRC 运算	—	○
189	HCMOV	高速计数器数据传送	○	—

1. 读出软元件的注释数据指令的组成要素及操作说明

（1）读出软元件的注释数据指令的组成要素　该指令可在 GX Developer 等编程软件登录（写入）的软元件的注释数据读出来。指令的组成要素如表 8-140。

表 8-140　读出软元件的注释数据指令的组成要素

指令名称	指令代码位数	助记符	操作数		程序步
			S(・)	D(・)	
读出软元件的注释数据	FNC 182（16）	COMRD COMRDP	X，Y，M，S T,C,D,R	T,C,D,R	COMRD、COMRDP…5 步

注：1. S(・) 指定登录了要读出注释的软元件编号；D(・) 指定的起始地址软元件编号，以 ASCII 码保存读出注释的数据（最多可以保存 16 个字符）；

2. 特殊辅助继电器 M8091 的状态，决定了 D(・) 保存最后注释字符后的处理方式，如下表所示：

M8091 状态	处理内容
M8091＝OFF	● 注释的字符数为奇数时，保存最后注释字符的软元件的高字节(8 位)为 00H； ● 注释的字符数为偶数时，保存最后注释字符的软元件的下一个软元件为 00H；
M8091＝ON	● 注释的字符数为奇数时，保存最后注释字符的软元件的高字节(8 位)不变化； ● 注释的字符数为偶数时，保存最后注释字符的软元件的下一个软元件不变化。

（2）指令的梯形图与操作说明　图 8-212 是指令的应用梯形图程序和操作说明。图 (a)，当梯形图中 X020＝ON，指令根据 S(・) 指定的 D20 中的注释“Target Line A”，保存到 D(・) 指定的 D30～D36 中，由于 M8091 为 OFF，并且注释的字符数为奇数，保存最后注释字符“A”的软元件的高字节为 00H；同理，图 (b)，当梯形图中 X020＝ON，指令根据 S(・) 指定的 D20 中的注释“Target Line A”，保存到 D(・) 指定的 D30～D35 中，由于 M8091 为 OFF，并且注释的字符数为偶数，保存最后注释字符“A”的软元件 D35 的下一个软元件 D36 中为 0000H。

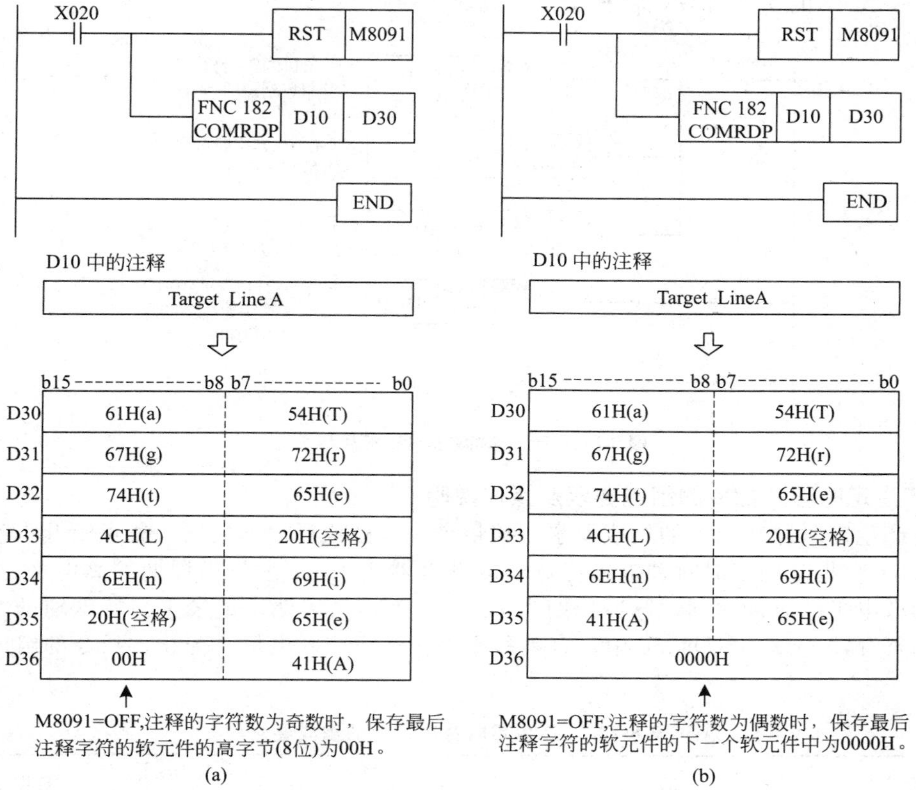

图 8-212 指令的应用梯形图程序和操作说明

注意事项：

① 若 S(・) 指定的软元件中没有写入注释字符数据，执行指令时，D(・) 指定的软元件中均保存“20H（空格）”，并产生错误代码 K6706，保存在 D8067 中；

② 若保存有注释字符数据超出 D(・) 指定的软元件地址范围，运行出错，产生错误代码 K6706，但是可以保存一部分注释。

2. 产生随机数指令的组成要素及操作说明

（1）产生随机数指令的组成要素　该指令可以根据伪随机数寄存器（D8311、D8310）内容产生 0～32767 的伪随机数，将其数值作为随机数保存到 D(・) 指定的软元件中。指令的组成要素如表 8-141。

表 8-141　读出软元件的注释数据指令的组成要素

指令名称	指令代码位数	助记符	操作数 D(・)	程序步
产生随机数据	FNC 184 (16)	RND RNDP	KnX、KnY、KnM、KnS T、C、D、R	RND、RNDP…3 步

（2）指令的梯形图与操作说明

图 8-213 是产生随机数据指令的梯形图。程序一旦运行，读取机内的时钟数据到 D0～D6 中，并将 D3～D5 中时分秒数据转换为总秒数存入 D14 中，再传送到伪随机数数据寄存器 D8311、D8310 中（每次可写入一个非负的 0～2，147，483，647 的数值）。当 X010 每接

通一次，RND指令就根据伪随机数计算公式：（D8311、D8310）×1103515245＋12345，产生一个0～32767的伪随机数，将其作为随机数保存到D100中。

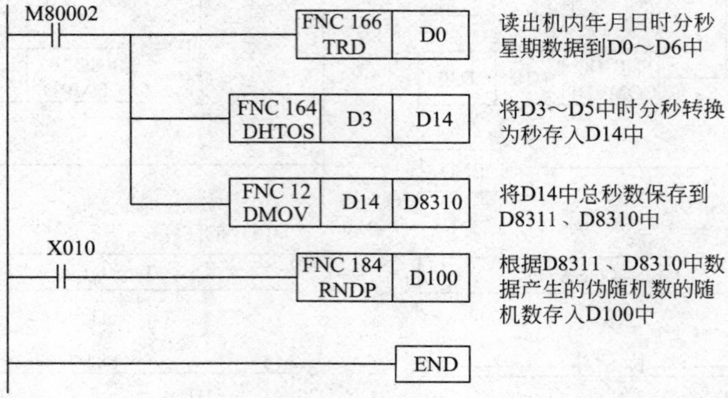

图 8-213　产生随机数指令的应用与说明

3. 产生定时脉冲指令的组成要素及操作说明

（1）产生定时脉冲指令的组成要素　该指令一旦被执行（即使输入触点断开也不停止），就根据D(·)指定的定时时钟输出特殊辅助继电器产生$n1$个扫描周期的高电平，$n2$个扫描周期的低电平的脉冲序列，脉冲周期为$n1+n2$个扫描周期，记录于与特殊辅助继电器对应的数据寄存器D8330～D8334中，直到程序停止运行或断电停止为止。指令的组成要素如表8-142。

表 8-142　产生定时脉冲指令的组成要素

指令名称	指令代码位数	助记符	操作数			程序步
			$n1$	$n2$	D(·)	
产生定时脉冲	FNC 186 (16)	DUTY	K、H T、C、D、R	K、H T、C、D、R	M8330～M8334	DUTY…7步

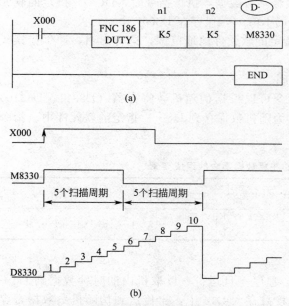

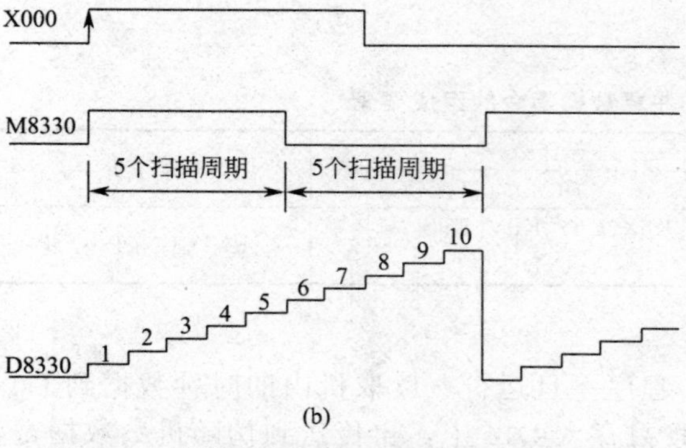

图 8-214　产生定时脉冲指令的梯形图及操作说明

（2）指令的梯形图与操作说明　图8-214是产生定时脉冲指令的梯形图及操作说明。图（a）为指令梯形图，当X000触点动作的上升沿，指令立即执行，D(·)指定的定时时钟输出特殊辅助继电器M8330产生$n1=5$个扫描周期的高电平，$n2=5$个扫描周期的低电平的脉冲序列，脉冲周期为$n1+n2=10$扫描周期，记录于与特殊辅助继电器对应的数据寄存器D8330中，直到程序停止运行或断电停止为止。指令执行的M8330输出脉冲和D8330计数波形如图（b）所示。

注意：①若指令中$n1=0$，$n2\geqslant0$，D(·)指定的定时时钟输出特殊辅助继电器固定为OFF状态；若指令中$n1>0$，$n2=0$，D(·)指定的定时时钟输出特殊辅助继电器固定为ON状态。

② 该指令可以在程序中使用 5 次，但每次使用指令时，不可重复使用已使用的定时时钟输出特殊辅助继电器编号。

③ D(·) 若指定 M8330～M8334 以外范围时，将出现运算出错，产生错误代码 K6705，保存于 D8067 中，出错标志位 M8067＝ON。

4. 循环冗余校验指令的组成要素及操作说明

(1) 循环冗余校验指令的组成要素　循环冗余校验 CRC（Cyclic Redundancy Check）指令是在通信等中使用的出错校验方法之一，该指令可以由 M8161 状态：当 M8161＝OFF，对 S(·) 指定的 n 个 16 位软元件中高、低八位字节运算，生成 CRC 的值保存于 D(·) 指定的一个软元件中；若 M8161＝ON，对 S(·) 指定的 n 个 16 位软元件中的低八位字节运算，生成 CRC 值的低八位值保存于 D(·) 指定的软元件中，高八位值保存于 D(·)＋1 指定的软元件中。本指令是 16 位指令，生成 CRC 值的多项式为（$X^{16}+X^{15}+X^{2}+X^{1}$）。指令的组成要素如表 8-143。

表 8-143　循环冗余校验指令的组成要素

指令名称	指令代码位数	助记符	操作数			程序步
			S(·)	D(·)	n②	
循环冗余校验	FNC 188 (16)	CRC CRCP	$K_4$①X、K_4Y、K_4M K_4S、T、C、D、R U□/ G□	K_4Y、K_4M、K_4S T、C、D、R U□/ G□	K、H、D、R (1～256)	CRC、CRCP…7 步

① 指定位元件的位数只能为 4 位，即 K_4□○○○；

② n 指定要计算 CRC 值的 8 位字节数或者保存数据的软元件数，取值应在 1～256 范围以内。

(2) 指令的梯形图与操作说明　图 8-215 是 CRC 指令的梯形图及操作说明。图 (a) 是 M8161＝OFF，16 位模式下的 CRC 指令梯形图，当 X000 为 ON，指令根据 S(·) 指定的 D100～D103 中的 7 个 16 位数据的 ASCII 码（0123456），生成 CRC 值后保存在 D(·) 指定的 D10 中，图 (b) 是指令操作说明；图 (c) 是 M8161＝ON，8 位模式下的 CRC 指令梯形图，当 X000 为 ON，指令根据 S(·) 指定的 D100～D106 中的 7 个低 8 位数据的 ASCII 码（0123456），生成 CRC 值后保存在 D(·) 指定的 D10、D11 中，图 (d) 是指令操作说明。

注意事项：① S(·)、D(·) 中指定的位元件超出 4 位，产生错误代码 K6706；

② n 指定 1～256 以外的值，产生错误代码 K6706；

③ S(·)＋n－1、D(·)＋1 超出软元件范围时，产生错误代码 K6706。

5. 高速计数器传送指令的组成要素及操作说明

(1) 高速计数器传送指令的组成要素　该指令可以读取 S(·) 指定的高速计数器的当前值或在 Ver2.2 以上版本的 $FX_{3U/3UC}$ 中的环形计数器 D8099、D8398 的当前值传送到 D(·)、D(·)＋1 指定的软元件中，根据指令中 n 的 0 或 1 值，可对高速计数器的当前值或者环形计数器 D8099、D8398 的当前值不清除或进行清除。该指令也可以在输入中断中使用，在第一行中对 HCMOV 编程时一定要使用 M8394 的触点指令驱动，若在一个输入中断程序中第二次使用该指令时，则不要再使用 M8394 的触点指令驱动了。指令的组成要素如表 8-144。

表 8-144　高速计数器传送指令的组成要素

指令名称	指令代码位数	助记符	操作数			程序步
			S(·)	D(·)	n	
高速计数器传送	FNC 189 (32)	DHCMOV	C235～C255 D8099、D8398	D、R	K、H、(0 或 1)	DHCMOV…13 步

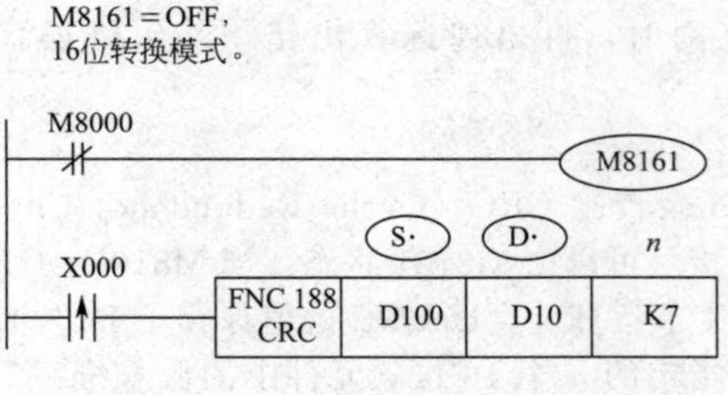

(a) 16位生成CRC梯形图

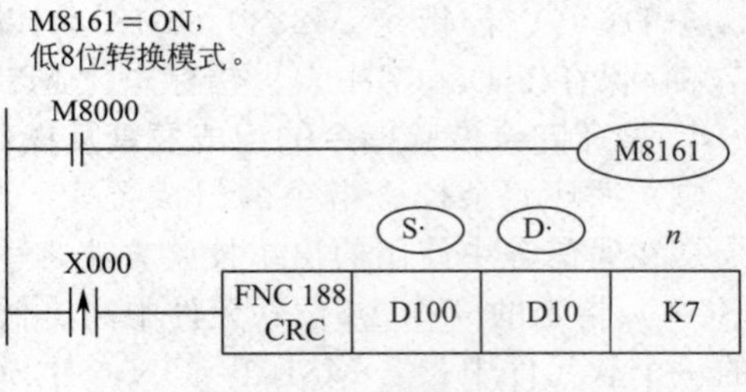

(c) 8位生成CRC梯形图

生成CRC对象	S(·)	数据内容	生成CRC对象数据	
7个字节指定的元件地址号	D100	3130H	低字节	30H
			高字节	31H
	D101	3332H	低字节	32H
			高字节	33H
	D102	3534H	低字节	34H
			高字节	35H
	D103	3736H	低字节	36H
			——	——
CRC值存于D(·)	D10	2ACFH	低字节	CFH
			高字节	2AH

(b) 16位生成CRC操作说明

生成CRC对象	S(·)	生成CRC对象数据	
7个字节指定的元件地址号	D100	低字节	30H
	D101	低字节	31H
	D102	低字节	32H
	D103	低字节	33H
	D104	低字节	34H
	D105	低字节	35H
	D106	低字节	36H
CRC值存于D(·)	D10	低字节	CFH
	D11	低字节	2AH

(d) 8位生成CRC操作说明

图 8-215　CRC 指令的梯形图及操作说明

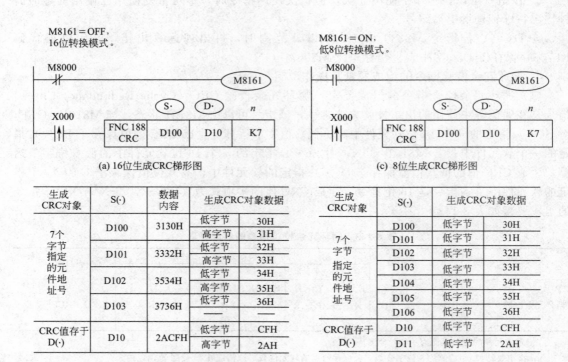

（2）指令的梯形图与操作说明　图 8-216 是 DHCMOV 指令的梯形图及操作说明。图（a）是 DHCMOV 指令的应用及说明，当程序运行时，指令将 D8399、D8398 的当前值分别传送到 D11、D10 中，D8399、D8398 的当前值不清除，若（D11、D10）中值大于等于 600，Y000 为 ON；图（b）是 DHCMOV 指令在输入中断子程序中的应用及说明，当主程序运行在开中断区时，若 X005 接通的上升沿出现时，DHCMOV 指令将 D8099 的当前值传送到 D200、D201 中为“0”，并对 D8099 的当前值清零。

使用注意事项：

① 对于 Ver2.20 以下版本的 FX_{3U}、FX_{3UC}，指令的 S(·) 不能指定环形计数 D8099、D8398；

② 若在输入中断子程序中连续使用 DHCMOV 指令，不可以重复使用同一个编号的高速计数器；

③ 若对 S(·) 和 D(·)＋1、D(·) 指定其他的软元件，指令运行出错，产生错误代码 K6706。

九、 $FX_{3U/3UC}$ 的数据块处理指令

$FX_{3U/3UC}$ 系列 PLC 提供了八种数据块处理指令，其中两种为数据块加、减法指令，六种为数据块比较指令，这 8 种指令可为 16 位连续型或脉冲型指令，也可扩展为 32 位连续型或脉冲型指令，共可扩展 32 条指令，其指令的编号、助记符及功能名称如表 8-145。

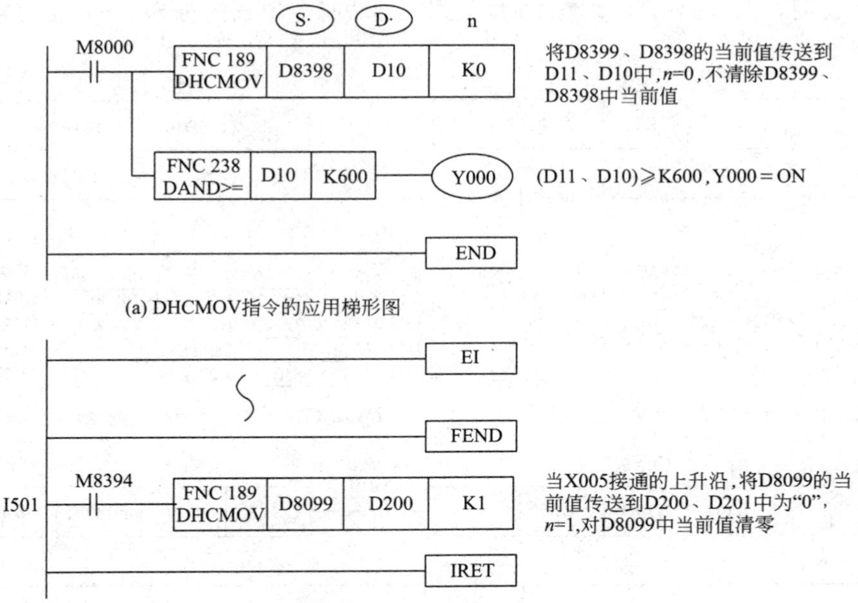

(b) DHCMOV指令在输入中断子程序中的应用梯形图

图 8-216 DHCMOV 指令的梯形图及应用说明

表 8-145 $FX_{3U/3UC}$ 系列 PLC 的数据块处理指令表

FNC No	指令助记符	指令功能名称	D 指令	P 指令
192	BK＋	数据块加法运算	○	○
193	BK－	数据块减法运算	○	○
194	BKCMP＝	数据块相等，S1(・)＝S2(・)	○	○
195	BKCMP＞	数据块大于，S1(・)＞S2(・)	○	○
196	BKCMP＜	数据块小于，S1(・)＜S2(・)	○	○
197	BKCMP＜＞	数据块不等，S1(・)≠S2(・)	○	○
198	BKCMP＜＝	数据块小于等于，S1(・)≤S2(・)	○	○
199	BKCMP＞＝	数据块大于等于，S1(・)≥S2(・)	○	○

1. 数据块加/减法运算指令的组成要素及操作说明

（1）数据块加法运算指令的组成要素 该指令可以对 S1(・) 和 S2(・) 指定的 n 个 16 位或 32 位数据块进行加法运算，结果存放于 D(・) 指定的 n 个 16 位或 32 位软元件中。指令的组成要素如表 8-146。

表 8-146 数据块加法指令的组成要素

指令名称	指令代码位数	助记符	操作数			程序步
			S(・)	D(・)	n	
数据块加法运算	FNC 192 (16/32)	BK＋、BK＋P DBK＋、DBK＋P	T、C、D、R	K、H T、C、D、R	K、H D、R	BK＋、BK＋P…9 步 DBK＋、DBK＋P …17 步

（2）数据块加法运算指令的梯形图与操作说明 图 8-217 是数据块加法运算指令的梯形图及操作说明。图（a）是 16 位数据块加法指令梯形图及操作说明，图（b）是可以在 16 位

数据块加法指令中直接对 S2(·) 指定常数运算；同理，图（c）是 32 位数据块加法指令梯形图及操作说明，图（d）是可以在 32 位数据块加法指令中直接对 S2(·) 指定常数运算。

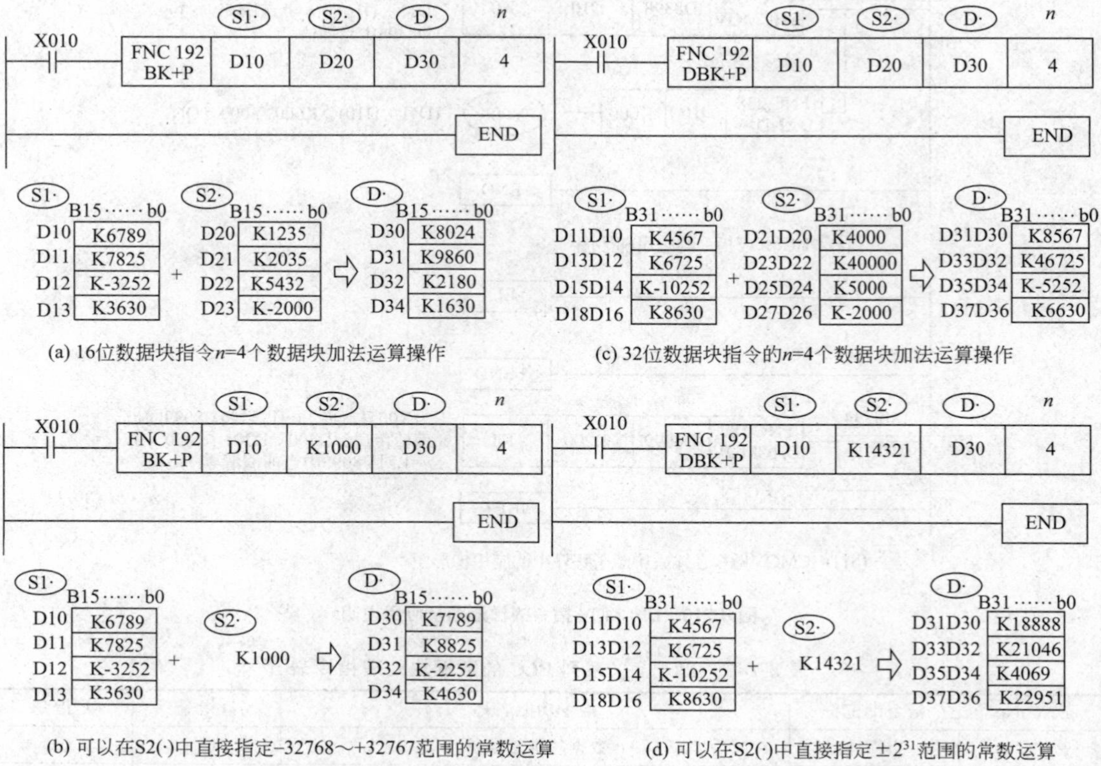

图 8-217　数据块加法运算指令的梯形图及操作说明

（3）数据块减法运算指令的组成要素　该指令可以对 S1(·) 和 S2(·) 指定的 n 个 16 位或 32 位数据块进行减法运算，结果存放于 D(·) 指定的 n 个 16 位或 32 位软元件中。指令的组成要素如表 8-147。

表 8-147　数据块减法指令的组成要素

指令名称	指令代码位数	助记符	操作数			程序步
			S(·)	D(·)	n	
数据块减法运算	FNC 193（16/32）	BK-、BK-P DBK-、DBK-P	T、C、D、R	K、H T、C、D、R	K、H D、R	BK-、BK-P…9 步 DBK-、DBK-P…17 步

（4）数据块减法运算指令的梯形图与操作说明　图 8-218 是数据块减法运算指令的梯形图及操作说明。图（a）是 16 位数据块减法指令梯形图及操作说明，图（b）是可以在 16 位数据块加法指令中直接对 S2(·) 指定常数运算；同理，图（c）是 32 位数据块减法指令梯形图及操作说明，图（d）是可以在 32 位数据块加法指令中直接对 S2(·) 指定常数运算。

（5）注意事项

① 运算结果产生以下出现上、下溢出时，进位标志 M8022 不置 ON：

16 位运算时：K-32767(H8000)＋K2(H0002)→K32766(H7FFE)

K-32767(H8000)＋K-2(HFFFE)→K-32766(H8001)

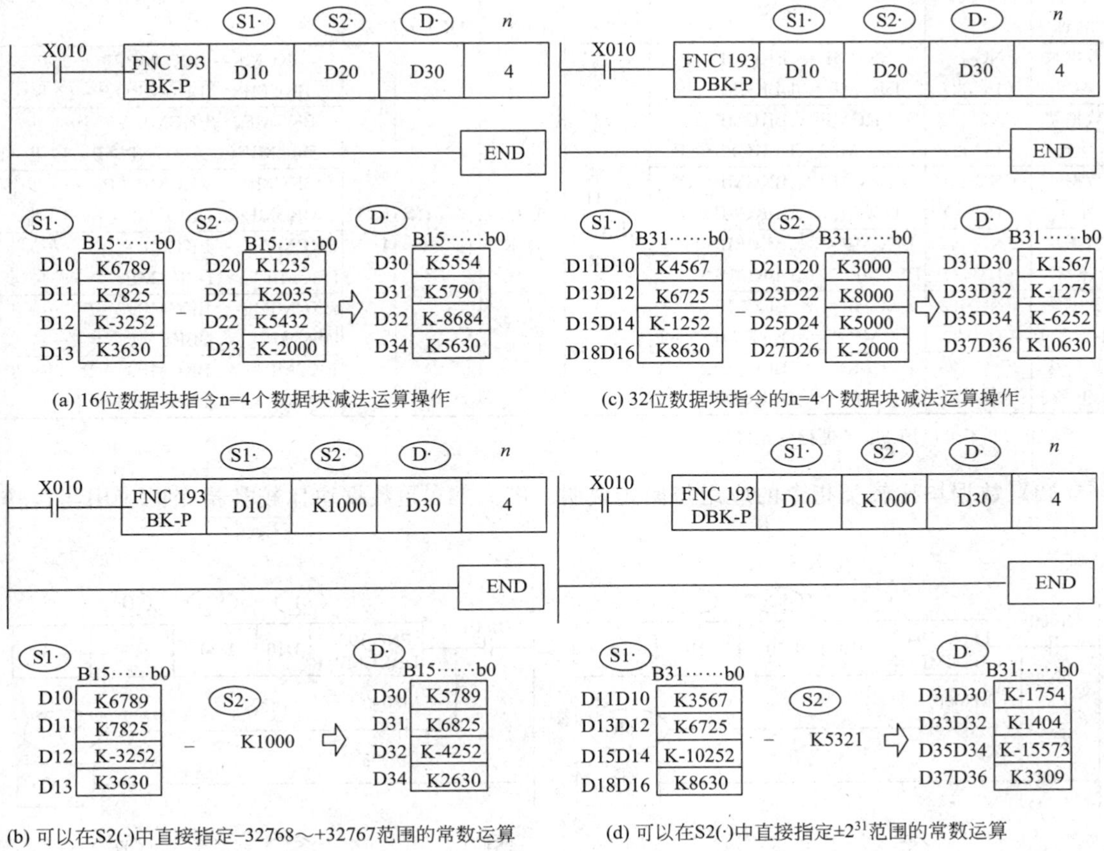

图 8-218　数据块减法运算指令的梯形图及操作说明

32 位运算时：K-2147483648(H80000000)＋K2(H00000002)→K2147483646(H7FFFFFFE)
K-2147483648(H80000000)＋K-2(HFFFFFFFE)→K-2147483647(H80000001)

② 以下一些情况下会产生运算出错，出错标志位 M8067 置 ON，D8067 中保存错误代码：

- S1(·)，S2(·)，D(·) 指定的起始的 n 点（32 位运算时为 $2n$ 点）软元件超出相应的软元件地址范围时，产生错误代码 K6706；
- S1(·) 指定的起始的 n 点软元件和 D(·) 指定的起始的 n 点软元件地址重复时（32 位运算时为 $2n$ 点），产生错误代码 K6706；
- S2(·) 指定的起始的 n 点软元件和 D(·) 指定的起始的 n 点软元件地址重复时（32 位运算时为 $2n$ 点），产生错误代码 K6706。

2. 数据块比较类指令的组成要素及操作说明

（1）数据块比较类指令的组成要素　该类数据块比较指令可以对 S1(·) 指定的常数或起始的 n 点（32 位运算时为 $2n$ 点）软元件内容与 S2(·) 指定的常数或起始的 n 点（32 位运算时为 $2n$ 点）软元件内容进行六种关系比较，比较的结果存放于，D(·) 指定的起始的 n 点位元件中，只有比较结果全都为 ON，才能使块比较特殊辅助继电器 M8090 为 ON。该类数据块比较指令的组成要素如表 8-148。

表 8-148 数据块比较类指令的组成要素

指令名称	指令代码位数	助记符	操作数 S2(·)	操作数 S2(·)	操作数 D(·)	操作数 n	程序步
数据块相等	FNC 194 (16/32)	BKCMP=、BKCMP=P DBCMP=、DBKCMP=P	K、H T、C、 D、R	T、C、 D、R	Y、M、S D□. b①	K、H D、R	BKCMP=、BKCMPP …9 步 BKCMP=、BKCMP=P…17 步
数据块大于	FNC 195 (16/32)	BKCMP>、BKCMP>P DBCMP>、DBKCMP>P					BKCMP>、BKCMP>P …9 步 DBCMP>、DBKCMP>P…17 步
数据块小于	FNC 196 (16/32)	BKCMP<、BKCMP<P DBCMP<、DBKCMP<P					BKCMP<、BKCMP<P …9 步 DBCMP<、DBKCMP<P…17 步
数据块不等	FNC 197 (16/32)	BKCMP<>、BKCMP<>P DBCMP<>、DBKCMP<>P					BKCMP<>、BKCMP<>P …9 步 DBCMP<>、DBKCMP<>P…17 步
数据块小于等于	FNC 198 (16/32)	BKCMP<=、BKCMP<=P DBCMP<=、DBKCMP<=P					BKCMP<=、BKCMP<=P …9 步 DBCMP<=、DBKCMP<=P…17 步
数据块大于等于	FNC 199 (16/32)	BKCMP>=、BKCMP>=P DBCMP>=、DBKCMP>=P					BKCMP>=、BKCMP>=P …9 步 DBCMP>=、DBKCMP>=P…17 步

① D□. b 不可以用 V、Z 进行变址修饰。

（2）数据块比较类指令的应用与操作说明　图 8-219 是数据块比较类指令的应用与操作说明。

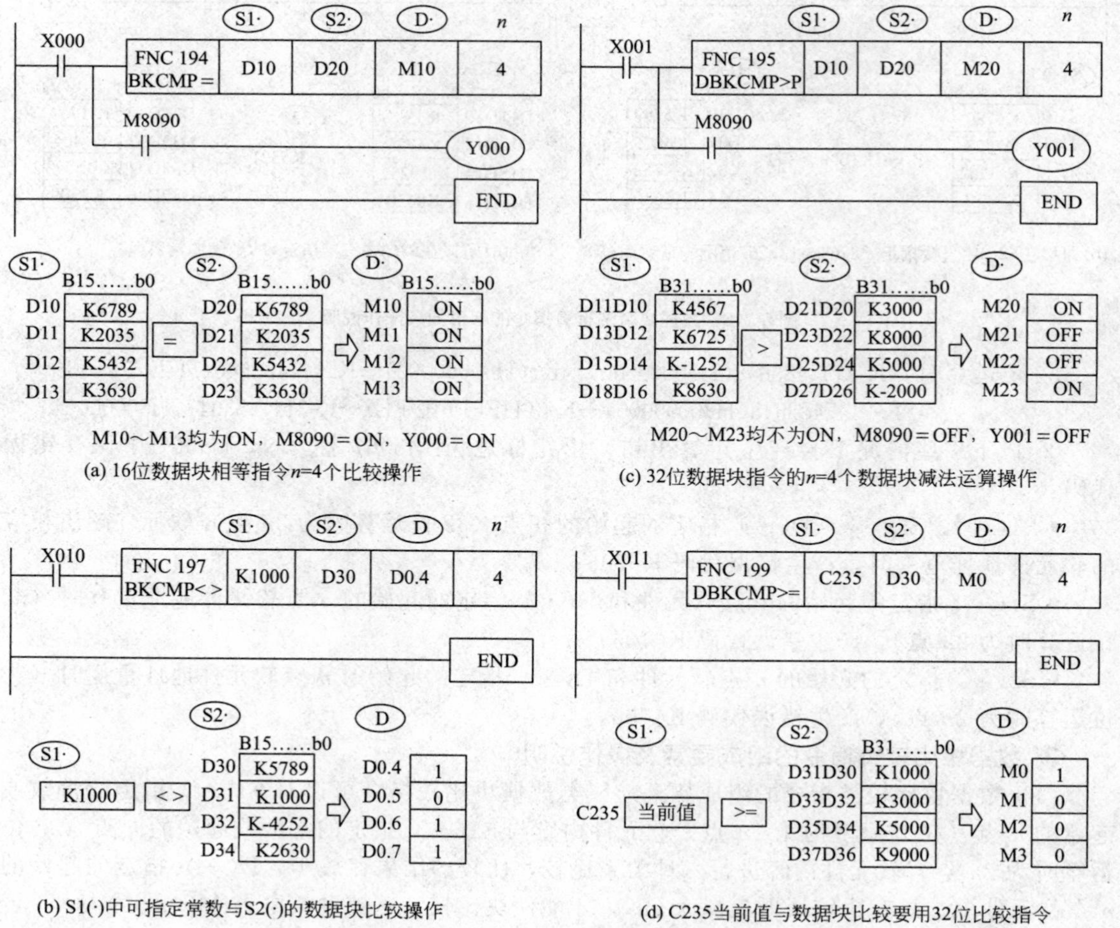

图 8-219 数据块比较指令的梯形图及操作说明

图（a）中，当 X000＝ON，指令对 S1(·) 指定的 D10 起始的 4 点 16 位数据与 S2(·) 指定的 D20 起始的 4 点 16 位 BIN 数据比较，结果存于 D(·) 指定的 M10 起始的 4 点位元件中。若 M10～M13 全为 ON，块比较辅助继电器 M8090＝ON，Y000＝ON。

图（b）中，当 X010＝ON，指令对 S1(·) 指定的 16 位常数与 S2(·) 指定的 D30 起始的 4 点 16 位 BIN 数据比较，结果存于 D(·) 指定的 D0.4 起始的 4 点位元件中。

图（c）中，当 X001＝ON，指令对 S1(·) 指定的 D11、D10 起始的 4 点 32 位数据与 S2(·) 指定的 D21、D20 起始的 4 点 32 位 BIN 数据比较，结果存于 D(·) 指定的 M20 起始的 4 点位元件中。若 M20～M23 全为 ON，块比较辅助继电器 M8090＝ON，Y001＝ON。

图（d）中，当 X011＝ON，指令对 S1(·) 指定的 C235 高速计数器的当前值与 S2(·) 指定的 D31、D30 起始的 4 点 32 位 BIN 数据比较，结果存于 D(·) 指定的 M0 起始的 4 点位元件中。

（3）数据块比较类指令的使用注意事项　以下一些情况下会产生运算出错，出错标志位 M8067 置 ON，D8067 中保存错误代码：

① S1(·)，S2(·) 指定的起始的 n 点（32 位运算时为 $2n$ 点）软元件超出相应的软元件地址范围时，产生错误代码 K6706；

② D(·) 指定的起始的 n 点位软元件，超出相应的软元件地址范围时，产生错误代码 K6706；

③ D(·) 指定为 D□.b 时，D(·) 指定的该数据寄存器地址号与 S1(·) 或 S1(·) 指定的起始的 n 点数据寄存器元件地址重复时（32 位运算时为 $2n$ 点），产生错误代码 K6706；

④ 16 位数据块比较指令中，在 S1(·)，S2(·) 指定了 32 位高速计数器（C235～C255）时，产生错误代码 K6706。

十、$FX_{3U/3UC}$ 的字符串控制指令

$FX_{3U/3UC}$ 系列 PLC 提供了 10 种字符串控制指令，其中两种为字符串与二进制数据相互转换指令，可扩展为 32 位连续型或脉冲型指令，八种为字符串各种处理指令，这 8 种指令只能为 16 位连续型或脉冲型指令。这类指令的编号、助记符及功能名称如表 8-149。

表 8-149　$FX_{3U/3UC}$ 系列 PLC 的字符串控制指令表

FNC No	指令助记符	指令功能名称	D 指令	P 指令
200	STR	BIN 数据转换为字符串	○	○
201	VAL	字符串转换为 BIN 数据	○	○
202	$＋	字符串结合	—	○
203	LEN	检测字符串长度	—	○
204	RIGHT	从字符串右侧开始取出	—	○
205	LEFT	从字符串左侧开始取出	—	○
206	MIDR	从字符串的任意取出	—	○
207	MIDW	从字符串的任意替换	—	○
208	INSTR	字符串的检索	—	○
209	$MOV	字符串的传送	—	○

1. BIN→字符串转换指令的组成要素及操作说明

（1）BIN→字符串转换指令的组成要素　$FX_{3U/3UC}$ 系列 PLC 不仅具有前面介绍的二进制浮点数转换为字符串指令 ESTR（FNC 116），还有本条可以将 16 位或 32 位的二进制数

转换为字符串（ASCII码）指令STR（FNC 200）。该指令的组成要素如表8-150。

表8-150 BIN→字符串转换指令的组成要素

指令名称	指令代码位数	助记符	操作数范围			程序步
			S1[①]（·）	S2[②]（·）	D[③]（·）	
BIN→字符串转换	FNC 200 （16/32）	STR、STRP DSTR、DSTRP	T、C、 D、R	K、H、KnX、KnY、KnM KnS、T、C、D、R、V、Z 特殊模块U□/G□	T、C、 D、R	STR、STRP……7步 DSTR、DSTRP…13步

① S1（·）指定的软元件中存放的是S2（·）指定的软元件中BIN数的所有位数，S1（·）+1指定的软元件中存放的是S2（·）指定的软元件中BIN数小数部分位数（所设小数数位≤所设全部位数－3）。S1（·）+1、S1（·）取值如下表所示：

指令位数	S1（·）指定BIN转换所有位数	S1（·）+1指定BIN转换小数位数
16位指令	2～8	0～5
32位指令	2～13	0～10

② S2（·）可以指定常数，也可以指定软元件中存放的是BIN码（16位指令，BIN数据小于$\pm 2^{15}$，32位指令，BIN数据小于$\pm 2^{31}$），如果除去符号和小数点以后，S1（·）所设位数大于BIN数的位数时，在D（·）指定的软元件中，在符号与数值之间保存“空格（20H）”。

③ D（·）指定的软元件中存放的是BIN数转换为字符串的ASCII码，在转换后的字符串末尾，会自动保存转换结束的“00H”。若总位数为偶数，在最后一个软元件中存放“00H”；若总位数为奇数，在最后一个软元件的高8位存放“00H”。

（2）BIN转换为字符串指令的应用与操作说明　图8-220是BIN转换为字符串指令的应用与操作说明。图（a）为16位指令的梯形图，当X000＝ON时，指令根据S2（·）指定的软元件D10中存放的BIN码，按照S1（·）+1、S1（·）指定的D0和D1中分别存放的所有位数为5位，小数为1位，转换为字符串的ASC码存放于D（·）指定的D20～D22中，因所有位数为奇数，在最后一个软元件D22的高8位自动存放“00H”，如图（b）所示。

图8-220中图（c）为32位指令的梯形图，当X001＝ON时，指令根据S2（·）+1、S2（·）指定的软元件D11、D10中存放的BIN码，按照S1（·）+1、S1（·）指定的D0和D1中分别存放的所有位数为8位，小数为3位，转换为字符串的ASC码存放于D（·）指定的D20～D24中，因所有位数为偶数，在最后一个软元件D24中自动存放“00H”，如图（d）所示。

（3）使用注意事项

① 在S1（·）、S1（·）+1取值范围（16位指令：所有位数2～8，小数位数0～5；32位指令：所有位数2～13，小数位数0～10）之外取值，以及小数位数≥所设全部位数－3，运行均会产生错误代码K6706。

② 对于16位指令，S2（·）指定的常数或指定元件中的BIN码，超出－32768～32767范围，以及32位指令，S2（·）+1、S2（·）指定的常数或指定元件中的BIN码，超出－2147483648～2147483647范围，运行均会产生错误代码K6707。BIN码符号位为“＋”，以“空格（20H）”保存，BIN码符号位为“－”，以“－（2DH）”保存。

③ 如果除去符号位和小数点位以外，指令中设置的所有位数多于BIN的位数时，则在符号和数值之间保存“空格（20H）”。

④ 指令中S1（·）+1设定的小数位为“0”，不自动附加小数点，S1（·）+1设定的小数位为“0”以外的数字，则会在小数位数字+1位置，自动附加小数点“2DH（.）”。

⑤ 指令中D（·）指定的软元件超出该软元件地址范围，产生错误代码K6706。

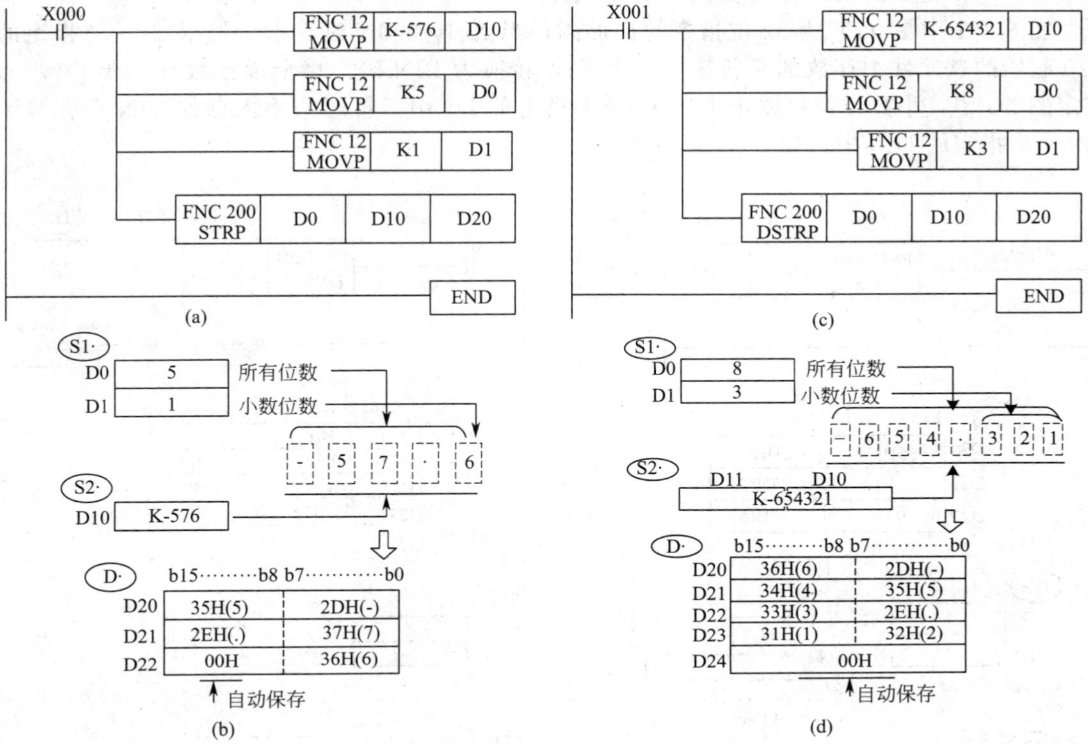

图 8-220 BIN 转换为字符串指令的编程与操作说明

2. 字符串→BIN 转换指令的组成要素及操作说明

(1) 字符串→BIN 转换指令的组成要素 FX$_{3U/3UC}$ 系列 PLC 不仅具有前面介绍的字符串（ASCII 码）转换为二进制浮点数指令 EVAL（FNC 117），还有本条可以将 16 位或 32 位的字符串（ASCII 码）转换为二进制数指令 VAL（FNC 201）。这两个指令也是 ESTR 和 STR 指令的逆运算。字符串→BIN 转换指令的组成要素如表 8-151。

表 8-151 字符串→BIN 转换指令的组成要素

指令名称	指令代码位数	助记符	操作数范围			程序步
			S①(·)	D1②(·)	D2③(·)	
字符串→BIN 转换	FNC 201 (16/32)	VAL、VALP DVAL、DVALP	T、C、 D、R	T、C、 D、R	KnY、KnM、KnS、 T、C、D、R、 特殊模块 U□/G□	VAL、VALP……7 步 DVAL、DVALP…13 步

① S(·) 指定的起始软元件存放的是待转换的 ASCII 码字符串；

② D1(·) 指定的软元件存放的是所有位数，D1(·)+1 指定的软元件存放的是小数位数；

③ 对于 16 位指令，D2(·) 指定的软元件中存放忽略小数点的 BIN 整数；对于 32 位指令，D2(·)+1、D2(·) 指定的 32 位软元件中存放忽略小数点的 BIN 整数。

(2) 字符串转换为 BIN 数指令的应用与操作说明 图 8-221 是字符串转换为 BIN 数指令的应用与操作说明。图 (a) 为 16 位指令的梯形图，当 X000＝ON 时，指令根据 S(·) 指定的 D20 起始的软元件中存放的字符串 ASCII 码，转换为 BIN 码，将全部位数存放于 D1(·) 指定的 D0 中，小数位数存放于 D1(·)+1 指定的 D1 中，将忽略小数点的 BIN 码存放于 D2(·) 指定的 D10 中，如图（b）所示。

图 8-221 中图（c）为 32 位指令的梯形图，当 X010＝ON 时，指令根据 S(·) 指定的 D20 起始的软元件中存放的字符串 ASCII 码，转换为 BIN 码，将全部位数存放于 D1(·) 指定的 D0 中，小数位数存放于 D1(·)＋1 指定的 D1 中，将忽略小数点的 BIN 码存放于 D2(·) 指定的 D10 中，如图（d）所示。

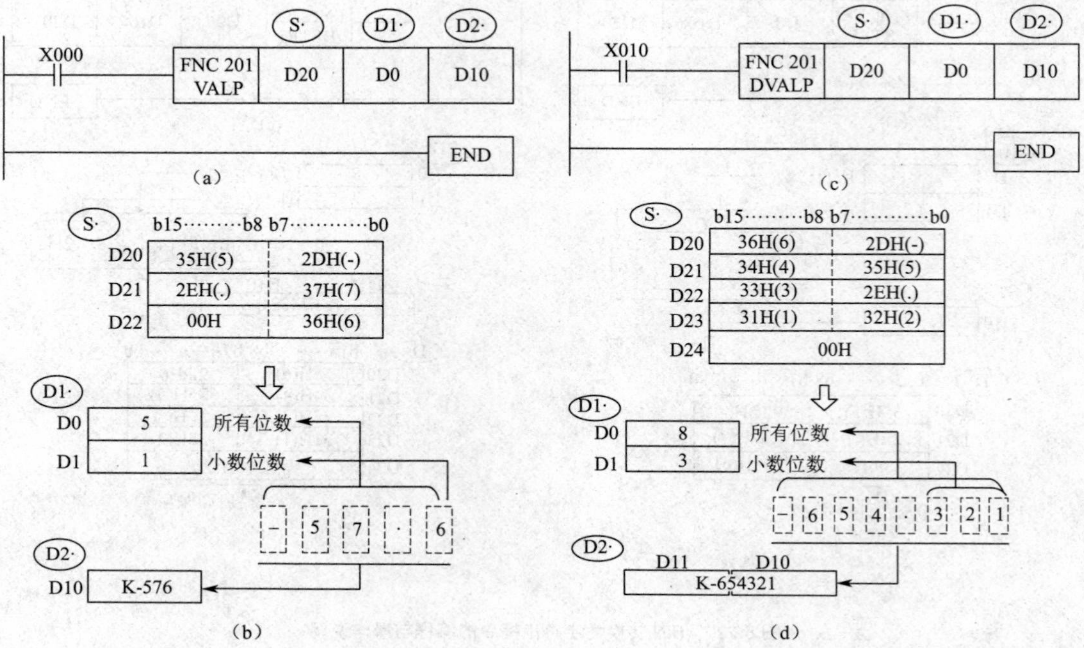

图 8-221 字符串转换为 BIN 数指令的应用与操作说明

（3）使用注意事项

① 在 S(·) 指定的起始软元件，若超出该类软元件地址范围，产生错误代码 K6706。

② 在 D1(·)、D1(·)＋1 指定的软元件中存放的所有位数、小数位数取值范围（16 位指令：所有位数 2～8，小数位数 0～5；32 位指令：所有位数 2～13，小数位数 0～10）之外，以及小数位数≥所设全部位数－3，运行均会产生错误代码 K6706。

③ 对于 16 位指令，D2(·) 指定元件中存放的 BIN 码，超出－32768～32767 范围，以及 32 位指令，D2(·)＋1、D2(·) 指定元件中存放的 BIN 码，超出－2147483648～2147483647 范围，运行均会产生错误代码 K6707。

3. 字符串的结合指令的组成要素及操作说明

（1）字符串的结合指令的组成要素　该指令可以将两个源操作数中的字符串与字符串进行组合连接，存放于目标操作单元中。该指令的组成要素如表 8-152。

表 8-152 字符串结合指令的组成要素

指令名称	指令代码位数	助记符	操作数范围			程序步
			S1(·)	S2(·)	D(·)	
字符串的结合	FNC 202 (16)	$＋ $＋P	KnX、KnY、KnM KnS、T、C、D、R 特殊模块 U□/G□	字符串“□” KnX、KnY、KnM KnS、T、C、D、R 特殊模块 U□/G□	KnY、KnM 、KnS T、C、D、R 特殊模块 U□/G□	$＋、$＋P……7 步

（2）字符串结合指令的应用与操作说明　图 8-222 是字符串结合指令的应用与操作说明。图（a），当 X000＝ON，指令将 S2(・) 指定的 D10 起始的软元件中 ASCII 码字符串与 S2(・) 指定的 D20 起始的软元件中 ASCII 码字符串组合，保存到 D(・) 指定的 D30 起始的软元件中。图（b），当 X000＝ON，指令将 S1(・) 指定的 D10 起始的软元件中 ASCII 码字符串与 S2(・) 指定的 ASCII 码字符串"ABCDE"组合，保存到 D(・) 指定的 D30 起始的软元件中。

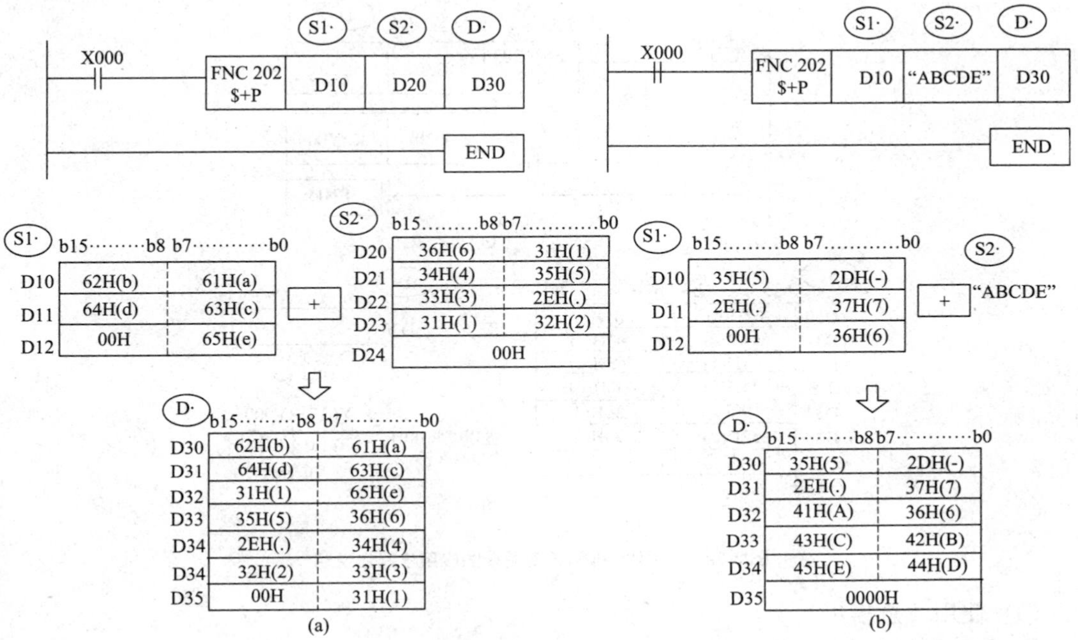

图 8-222　字符串结合指令的应用与操作说明

（3）使用注意事项

① 在 S1(・) 和 S2(・) 指定的是字符串时，长度不能超过 32 个字符，指定的是软元件中字符串，长度没有限制。

② 在 S1(・) 和 S2(・) 指定的字符串结合时，S2(・) 指定的字符串是接在 S1(・) 指定的字符串最后一个字符（忽略第一个字符串的"00H"）开始的，S2(・) 指定的字符串的最后一个字符后面自动附加"00H"：连接后的字符为偶数时，在保存最后一个字符的下一个软元件中保存"0000H"，连接后的字符为奇数时，在保存最后一个字符的高 8 位中保存"00H"。

③ 在 S1（・）和 S2(・) 指定的起始软元件，若超出该类软元件地址范围，产生错误代码 K6706。

4. 字符串的结合指令组成要素及操作说明

（1）检测字符串长度指令的组成要素　该指令可以检测出指定字符串长度（字符数）。该指令的组成要素如表 8-153。

表 8-153　检测字符串长度指令的组成要素

指令名称	指令代码位数	助记符	操作数范围		程序步
			S(・)	D(・)	
检测字符串长度	FNC 203（16）	LEN LENP	KnX、KnY、KnM KnS、T、C、D、R 特殊模块 U□/G□	KnY、KnM KnS、T、C、D、R 特殊模块 U□/G□	LEN、LENP…5 步

（2）检测字符串长度指令的应用与操作说明　图 8-223 是检测字符串长度指令的应用与操作说明。图（a）中，当 X010＝ON 时，指令检测 S(·）指定的 D30 起始元件中字符串的长度（从头检测到 00H 为止），将长度存放 D(·）指定的 D20 单元中，经 BCD 指令，将 D20 单元中 BIN 码转换为 BCD 码，通过 K4Y000 驱动 BCD 数码管显示检测的长度数值。

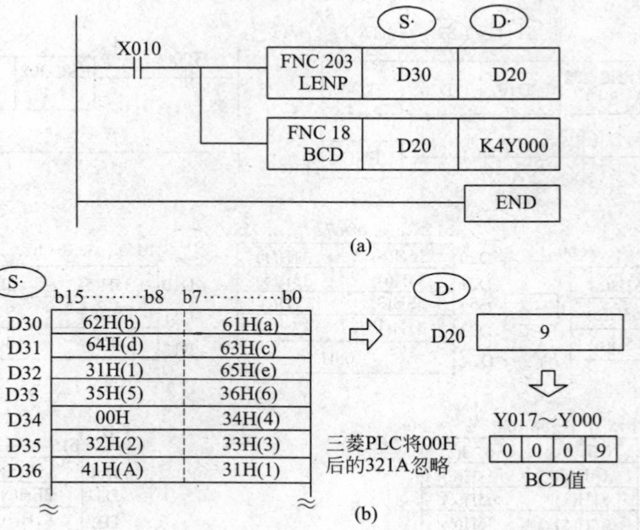

图 8-223　检测字符串长度指令的应用与操作说明

（3）使用注意事项

① 在这个指令中，也可以使用 ASCII 码以外的字符代码，但是字符串的长度只能以 8 位的字节为单位，例如，使用“SHIFT JIS”代码，将以 2 个字节代表 1 个字符代码的情况下，1 个字符的字符串长度为“2”。

② 在 S(·）指定的软元件编号开始的相应软元件范围内若没有设定［00H］，指令运行出错，产生错误代码 K6706，保存在 D8067 中，且出错标志 M8067 置 ON。

③ 检测在 S(·）指定的软元件编号开始的相应软元件范围的字符数超出 32768 个，产生错误代码 K6706，保存在 D8067 中，且出错标志 M8067 置 ON。

5. 从字符串右侧取出指令的组成要素及操作说明

（1）从字符串右侧取出指令的组成要素　该指令具有从指定的字符串右侧开始取出指定的字符数的功能。该指令的组成要素如表 8-154。

表 8-154　从字符串右侧取出指令的组成要素

指令名称	指令代码位数	助记符	操作数范围			程序步
			S(·)	D(·)	n	
从字符串右侧取出	FNC 204 (16)	RIGHT RIGHTP	KnX、KnY、KnM KnS、T、C、D、R 特殊模块 U□/G□	KnY、KnM KnS、T、C、D、R 特殊模块 U□/G□	K、H D、R	RIGHT、RIGHTP…7 步

（2）从字符串右侧取出指令的应用与操作说明　图 8-224 是从字符串右侧开始取出指定字符数指令的应用与操作说明。图（a）为指令的梯形图，当 X010＝ON 时，指令根据

S(·) 指定的 D30 起始的软元件中存放的字符串数据，从右侧开始取 $n=4$ 个字符数据，保存到 D(·) 指定的 D20 起始的软元件中，操作说明如图（b）所示。

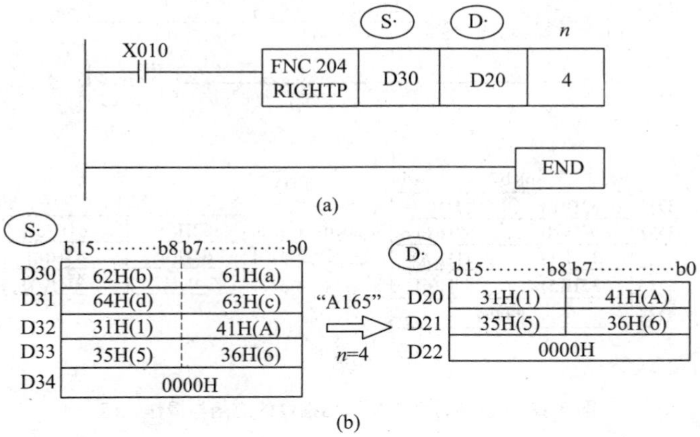

图 8-224 从字符串右侧取出指令的应用与操作说明

（3）使用注意事项

① 在这个指令中，S(·) 指定的软元件中也可以使用 ASCII 码以外的字符代码，但是字符串的长度只能以 8 位的字节为单位，例如，使用 SHIFT JIS 代码，以 2 个字节代表 1 个字符的字符代码的情况下，1 个字符的字符串的长度为“2”。

② 在 S(·) 指定的软元件编号开始的相应软元件范围内若没有设定［00H］，指令运行出错，产生错误代码 K6706，保存在 D8067 中，且出错标志 M8067 置 ON。

③ 如果从 S(·) 指定的软元件中只有 2 个字节的字符代码，只取出 1 个字节时，有可能得不到期望的字符代码。

④ n 值超出 S(·) 指定的软元件中字符数，或者 n 为负，产生错误代码 K6706，保存在 D8067 中，且出错标志 M8067 置 ON。

⑤ D(·) 指定的软元件编号开始的软元件数，比取出的 n 个字符数需要的软元件数少，不能最后自动保存 00H 时，产生错误代码 K6706，保存在 D8067 中，且出错标志 M8067 置 ON。

6. 从字符串左侧取出指令的组成要素及操作说明

（1）从字符串左侧取出指令的组成要素　该指令具有从指定的字符串左侧开始取出指定的字符数的功能。该指令的组成要素如表 8-155。

表 8-155 从字符串左侧取出指令的组成要素

指令名称	指令代码位数	助记符	操作数范围			程序步
			S(·)	D(·)	n	
从字符串左侧取出	FNC 205 (16)	LEFT LEFTP	KnX、KnY、KnM KnS、T、C、D、R 特殊模块 U□/G□	KnY、KnM KnS、T、C、D、R 特殊模块 U□/G□	K、H D、R	LEFT、LEFTP…7 步

（2）从字符串左侧取出指令的应用与操作说明　图 8-225 是从字符串左侧开始取出指定字符数指令的应用与操作说明。图（a）为指令的梯形图，当 X010＝ON 时，指令根据 S(·) 指定的 D30 起始的软元件中存放的字符串数据，从左侧开始取 $n=5$ 个字符数据，保存到 D(·) 指定的 D20 起始的软元件中，操作说明如图（b）所示。

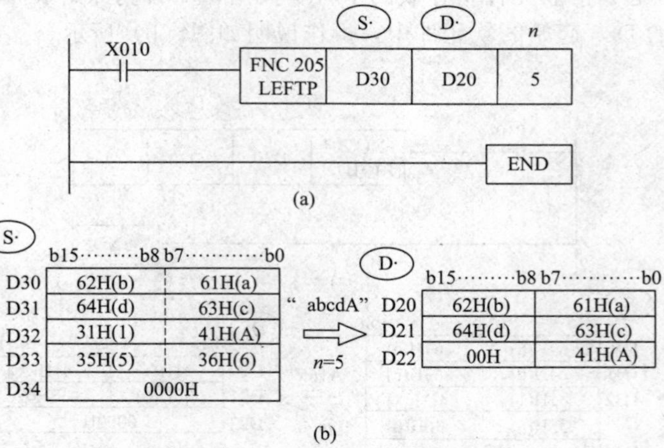

图 8-225　从字符串左侧取出指令的应用与操作说明

（3）使用注意事项　本指令的使用注意事项与从字符串右侧取出指令“RIGHT（FNC 204）”相同，此处不再赘述。

7. 从字符串中任意取出指令的组成要素及操作说明

（1）从字符串中任意取出指令的组成要素　该指令具有从指定的字符串中任意取出指定的字符数的功能。该指令的组成要素如表 8-156。

表 8-156　从字符串中任意取出指令的组成要素

指令名称	指令代码位数	助记符	操作数范围			程序步
			S1(·)	D(·)	S2①(·)	
从字符串中任意取出	FNC 206 (16)	MIDR MIDRP	KnX、KnY、KnM KnS、T、C、D、R 特殊模块 U□/G□	KnY、KnM KnS、 T、C、D、R 特殊模块 U□/G□	KnX、KnY、KnM KnS、T、C、D、R 特殊模块 U□/G□	MIDR、MIDRP…7 步

① S2(·）指定字符串的起始字符位置，S2(·）+1 指定取出的字符数。

（2）从字符串中任意取出指令的应用与操作说明　图 8-226 是从字符串中任意处取出指定字符数指令的应用与操作说明。图（a）为指令的梯形图，当 X010＝ON 时，指令按照 S2(·）指定的 R0 中数据 3，S2(·）+1 指定的 R1 中数据 4，从 S1(·）指定的 D30 起始的软元件中存放的字符串数据，从第 3 个字符数据开始，取 4 个字符数据保存到 D(·）指定的 D20 起始的软元件中，操作说明如图（b）所示。

（3）使用注意事项

① 指令中，S1(·）指定的软元件中也可以使用 ASCII 码以外的字符代码，但是字符串的长度只能以 8 位的字节为单位，例如，使用 SHIFT JIS 代码，以 2 个字节代表 1 个字符的字符代码的情况下，1 个字符的字符串的长度为“2”。

② 如果从 S1(·）指定的软元件中只有 2 个字节的字符代码，只取出 1 个字节时，有可能得不到期望的字符代码。

③ 在下列情况下会运算出错，产生错误代码会保存在 D8067 中，且出错标志 M8067 置 ON。

- 在 S1(·）指定的软元件编号开始的相应软元件范围内若没有设定［00H］，指令运行出错，产生错误代码 K6706。
- S2(·）指定的软元件中起始字符数据超出 S1(·）指定的软元件中的字符数，产生错误代码 K6706。

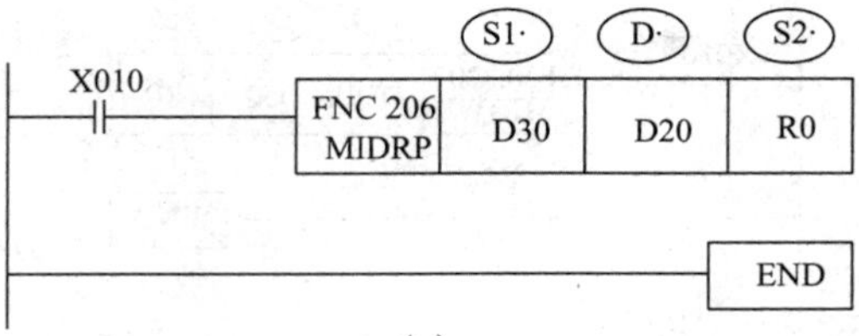

(a)

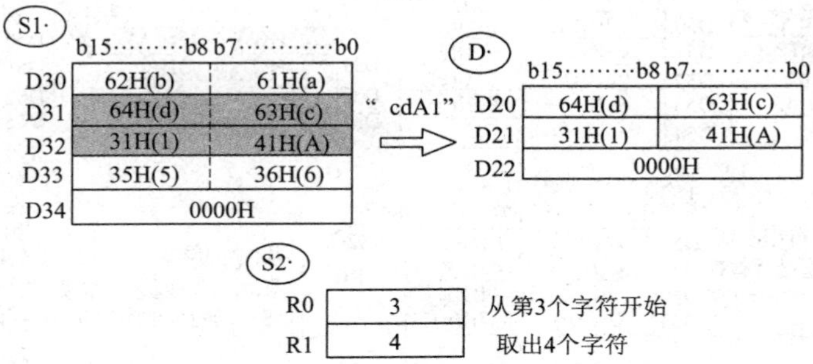

(b)

图 8-226 从字符串中任意取出指令的应用与操作说明

- S2(·)+1 指定软元件中的取出字符数，存放于 D(·) 指定的软元件地址编号超出范围时，产生错误代码 K6706。
- S2(·) 指定的软元件中数据为负、S2(·)+1 指定软元件中的数据为−2 以下值或超出 S1(·) 指定的软元件中字符数，均产生错误代码 K6706。
- D(·) 指定的起始软元件开始的软元件数，比取出的字符数需要的软元件数少，不能最后自动保存 00H 时，产生错误代码 K6706。

8. 字符串中任意替换指令的组成要素及操作说明

(1) 字符串中任意替换指令的组成要素

该指令具有对字符串任意替换指定的一些字符数的功能。该指令的组成要素如表 8-157。

表 8-157 从字符串中任意取出指令的要素

指令名称	指令代码位数	助记符	操作数范围			程序步
			S1(·)	D(·)	S2①(·)	
字符串中任意替换	FNC 207 (16)	MIDW MIDWP	KnX、KnY、KnM KnS、T、C、D、R 特殊模块 U□/G□	KnY、KnM KnS、T、C、D、R 特殊模块 U□/G□	KnX、KnY、KnM KnS、T、C、D、R 特殊模块 U□/G□	MIDW、MIDWP…7 步

① S2(·) 指定软元件中的数据 n 为 D(·) 指定起始软元件中字符串的被替换的起始字符位置；S2(·)+1 指定软元件中的数据 m 为 S2(·) 指定起始软元件中字符串从起始字符开始取 m 个替换字符，对 D(·) 指定起始软元件中字符串的指定起始位置进行替换。

(2) 字符串中任意替换指令的应用与操作说明 图 8-227 是从字符串中指定位置处替换指定字符数的指令应用与操作说明。图 (a) 为指令的梯形图程序，当 X010 为 ON 时，指令根据 R1 中数据，将 S1(·) 指定的 D30 起始的软元件中字符串的 4 个字符数据，根据 R0 中数据，保存到 D(·) 指定的 D50 起始软元件的字符串中，保存位置从左起第 2 个字符开始，如图 (b) 所示。图 (c) 是 R1 中数据为−1，则将 S1(·) 指定的 D30 起始的软元件中全部字符串，根据 R0 中数据，保存到 D(·) 指定的 D50 起始软元件的字符串中，保存位置从左起第 3 个字符开始。

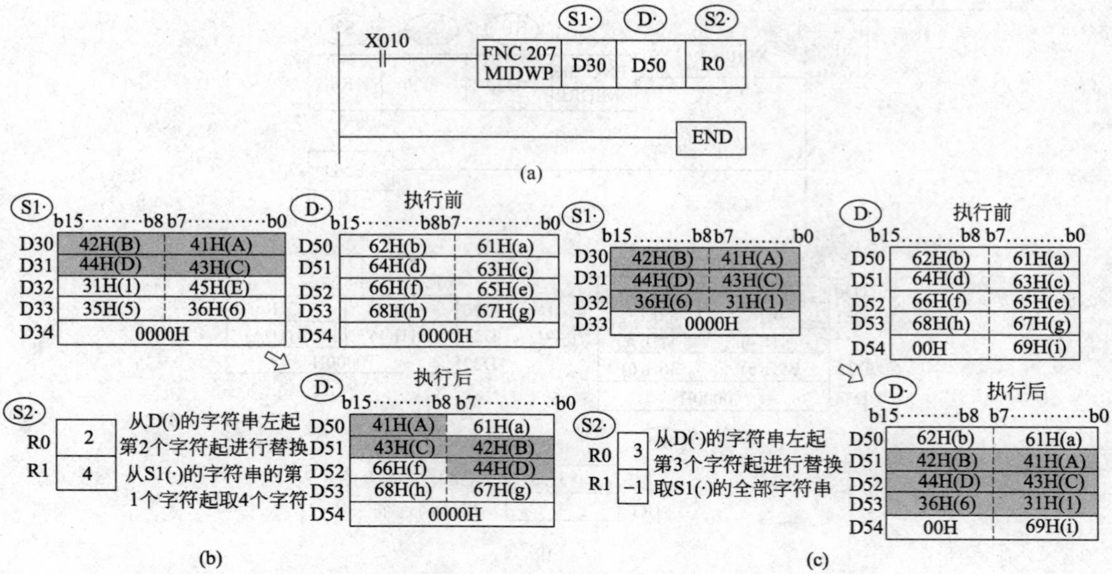

图 8-227　字符串中任意替换指令的应用与操作说明

（3）使用注意事项

① 指令中，S1(・) 指定的软元件中也可以使用 ASCII 码以外的字符代码，但是字符串的长度只能以 8 位的字节为单位，例如，使用 SHIFT JIS 代码，以 2 个字节代表 1 个字符的字符代码的情况下，1 个字符的字符串的长度为“2”。

② S1(・) 和 D(・) 指定软元件中的字符串数据是指从指定的软元件开始到检测到第 1 个［00H］为止的数据。

③ S2(・)＋1 软元件中数据是指定要替换的字符数，若为“0”时不执行处理；若为“－1”时，将 S1(・) 指定软元件中的字符串数据是指从开始到检测到第 1 个［00H］为止的数据全部保存到 D(・) 指定软元件中指定位置中；若替换的字符数超出了 D(・) 指定软元件中开始的字符串数据的最后字符时，则替换到最后字符为止。

④ 在下列情况下会运算出错，产生错误代码会保存在 D8067 中，且出错标志 M8067 置 ON。

● 在 S1(・) 和 D(・) 指定的软元件开始的相应软元件范围内没有设定［00H］时，产生错误代码 K6706。

● S2(・) 指定的软元件中数据超出 D(・) 指定的软元件中的字符数，产生错误代码 K6706。

● S2(・) 指定的软元件中数据为负或 S2(・)＋1 指定软元件中的数据为－2 以下值时，均产生错误代码 K6706。

● S2(・)＋1 指定软元件中的数，超出了 S1(・) 指定的软元件中的字符数，产生错误代码 K6706。

9. 字符串的检索指令的组成要素及操作说明

（1）字符串的检索指令的组成要素　该指令可以根据 S1(・) 指定软元件中提供的要检索的字符串，从 S2(・) 指定的软元件中检索源字符串指定位置开始检索，将检索到与要检索的字符串相同字符串的第 1 个字符位置保存到 D(・) 指定的软元件中。该指令的组成要素如表 8-158。

表 8-158 字符串的检索指令的组成要素

指令名称	指令代码位数	助记符	操作数				程序步
			S1(·)	S2(·)	D(·)	n	
字符串检索	FNC 208 (16)	INSTR INSTRP	字符串"□" T、C、D、R	T、C、D、R	T、C、D、R	K、H D、R	INSTR、INSTRP…9 步

(2) 字符串检索指令的应用与操作说明 图 8-228 是字符串检索指令的应用与操作说明。图(a)为指令的应用梯形图，当 X010 为 ON 时，指令根据 S1(·) 指定 D30 起始的软元件中提供的要检索的字符串，从 S2(·) 指定的软元件中的检索源字符串的第 3 个字符位置开始检索，将检索到一致的字符串的起始位置"5"保存到 D(·) 指定的 R0 软元件中，操作说明如图(b)所示。

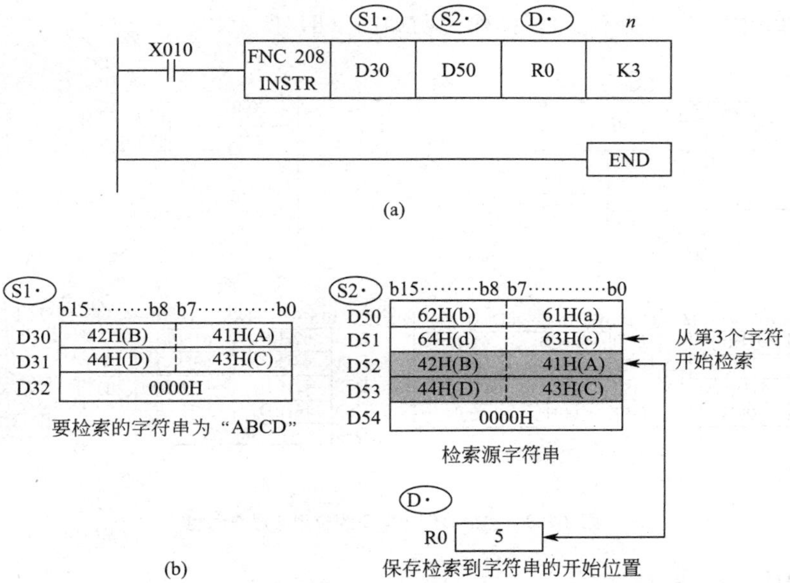

图 8-228 字符串检索指令的应用与操作说明

(3) 使用注意事项

① 在要检索的字符串 S1(·) 中，可以直接指定字符串。

② 从 S2(·) 指定软元件中源字符串的指定位置检索，如果不存在一致的字符串时，D(·) 指定软元件中保存"0"。

③ 在下列情况下会运算出错，产生错误代码会保存在 D8067 中，且出错标志 M8067 置 ON。

- 在 S1(·) 和 S2(·) 指定的软元件起始的范围内的字符串没有设定［00H］时，产生错误代码 K6706。
- 开始检索的位置 n 超过了 S2(·) 的源字符数，产生错误代码 K6706。

10. 字符串的传送指令的组成要素及操作说明

(1) 字符串的传送指令的组成要素 该字符串传送指令可以将 S(·) 指定软元件范围内的字符串，从第 1 个字符到第 1 个［00H］为止的字符串传送到 D(·) 指定软元件范围内。指令的组成要素如表 8-159。

表 8-159　字符串传送指令的组成要素

指令名称	指令代码位数	助记符	操作数范围		程序步
			S(・)	D(・)	
字符串传送	FNC 209 (16)	$MOV $MOVP	字符串“□” KnX、KnY、KnM、KnS、 T、C、D、R 特殊模块 U□/G□	KnY、KnM KnS、 T、C、D、R 特殊模块 U□/G□	$MOV、 $MOVP…5 步

（2）字符串传送指令的应用与操作说明　图 8-229 是字符串传送指令的应用与操作说明。图（a）中，当 X001＝ON 时，指令将 S(・) 指定的 D30 起始的软元件范围内的字符串，从第 1 个字符到第 1 个［00H］为止的字符串［其后的 44H（D）不传送］传送到 D(・) 指定的 D50 起始软元件范围内，操作说明如图（b）所示；图（c）是当 X001＝ON 时，指令将 S(・) 指定的 D30～D34 软元件内的字符串，传送到 D(・) 指定的 D31～D35 软元件内（D30 中字符保持不变），操作说明如图（d）所示。

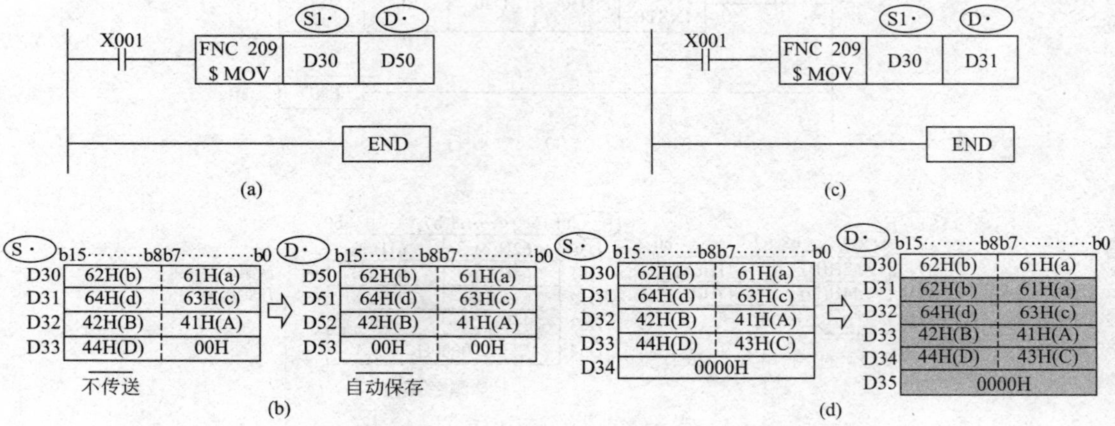

图 8-229　字符串传送指令的应用与操作说明

（3）使用注意事项

① 在 S(・)＋n 的低字节中保存了“00H”时，则在 D(・)＋n 的高字节、低字节都要保存“00H”。例如图 8-229 中（b），D33 的低字节保存了“00H”，则在 D53 的高字节、低字节都要保存“00H”。

② 在下列情况下会运算出错，产生错误代码会保存在 D8067 中，且出错标志 M8067 置 ON。

- 在 S(・) 指定的起始软元件最终软元件范围内的字符串不存在［00H］时，产生错误代码 K6706。
- 在 D(・) 指定的起始软元件最终软元件范围内不能保存所指的字符串时，产生错误代码 K6706。

十一、 $FX_{3U/3UC}$ 的数据处理 3 指令

$FX_{3U/3UC}$ 系列 PLC 的数据处理 3 提供了五种数据处理指令，其中 2 条可对数据表中数据进行删除、插入，有 1 条可以对先进先出写指令 SFWR 最后写入的数据读取保存，还有 2 条可对 m 位带进位数据串 n 位右移、左移的处理。这五种指令均为 16 位连续或脉冲指令。这类数据处理指令的编号、助记符及功能名称如表 8-160。

表 8-160　$FX_{3U/3UC}$ 系列 PLC 的数据表处理指令表

FNC No	指令助记符	指令功能名称	D 指令	P 指令
210	FDEL	数据表的数据删除	—	○
211	FINS	数据表的数据插入	—	○
212	POP	读取后入的数据	—	○
213	SFR	16 位数据带进位的 n 位右移	—	○
214	SFL	16 位数据带进位的 n 位左移	—	○

1. 数据表的数据删除指令的组成要素及应用说明

（1）数据表的数据删除指令的组成要素　该指令可以根据 D(·)+1 指定的软元件中数据表，对其指定的第 n 个元件中“要删除的数据”，进行删除，并将删除的数据保存在 S(·) 指定软元件中，数据表中 $n+1$ 个单元开始的数据逐个向上移动，D(·) 指定的起始软元件保存的数据数减 1。指令的组成要素如表 8-161。

表 8-161　数据表的数据删除指令的组成要素

指令名称	指令代码位数	助记符	操作数范围			程序步
			S①(·)	D②(·)	n③	
数据表的数据删除	FNC 210 (16)	FDEL、FDELP	T、C、D、R	T、C、D、R	K、H D、R	FDEL、FDELP…7 步

① S(·) 指定软元件中存放的是在数据表中要删除的数据；

② D(·) 指定的起始字元件中存放的是数据个数，起始字元件后续元件中存放的是数据表；

③ n 表示要删除的数据在数据表中的位置。

（2）数据表的数据删除指令的应用与操作说明　图 8-230 是数据表的数据删除指令的应用与操作说明。图 (a) 为指令的梯形图程序，图 (b) 为操作说明。当 X000＝ON 时，指令根据 $n=2$，将 D(·) 指定的起始软元件后的第 2 个软单元 D12 中数据“5555”删除，并保存在 S(·) 指定软元件 D0 中，D(·) 指定的第 $n+1=3$ 个软元件起始的数据表数据逐个向上移动，且 D(·) 指定的起始软元件 D10 中保存的数据数减 1 变为 4。

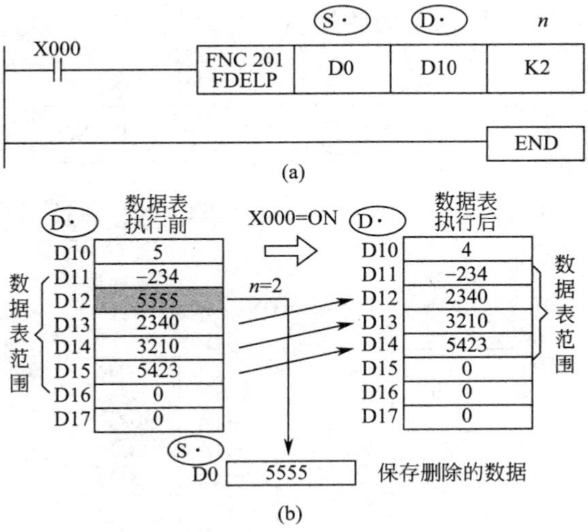

图 8-230　数据表的数据删除指令的应用与操作说明

（3）使用注意事项

① 数据表格的范围为，D(·) 指定的起始软元件的下一个单元 D(·)+1 到某个元件数据为“0”的前一个单元。

② 在下列情况下会运算出错，产生错误代码会保存在 D8067 中，且出错标志 M8067 置 ON。

• 在 D(·) 指定的起始软元件后的第 n 号的位置比数据保存数更大时，产生错误代码 K6706。

• $n \leqslant 0$ 执行了指令或 n 的值超出了数据表 D(·) 指定的软元件范围时，产生错误代码 K6706。

• D(·) 指定的起始软元件中保存的数据数为 0 时，以及 D(·) 指定的软元件超出了相应的地址范围，产生错误代码 K6706。

2. 数据表的数据插入指令的组成要素及应用说明

（1）数据表的数据插入指令的组成要素　该指令可以根据 S(·) 指定软元件中保存的 16 位“要插入的数据”，插入到 D(·) 指定的起始软元件后的数据表的第 n 个软单元中，数据表中 $n+1$ 个单元开始的数据逐个向下移动，D(·) 指定的起始软元件保存的数据数加 1。指令的组成要素如表 8-162。

表 8-162　数据表的数据插入指令的组成要素

指令名称	指令代码位数	助记符	操作数范围			程序步
			S①(·)	D②(·)	n③	
数据表的数据插入	FNC 211 (16)	FINS、FINSP	K、H T、C、D、R	T、C、D、R	K、H D、R	FINS、FINSP…7 步

① S(·) 指定软元件中存放的是在数据表中要插入的数据；
② D(·) 指定的起始字元件中存放的是数据个数，起始字元件后续元件中存放的是数据表；
③ n 表示要插入的数据在数据表中的位置。

（2）数据表的数据插入指令的应用与操作说明　图 8-231 是数据表的数据插入指令的应用与操作说明。图（a）为指令的梯形图程序，图（b）为操作说明。当 X000＝ON 时，指令根据 S(·) 指定软元件 D0 中保存的要插入的数据“4565”，插入到 D(·) 指定的起始软元件后的数据表的第 3 个软单元 D13 中，数据表中原第 3 个单元开始的数据逐个向下移动，D(·) 指定的起始软元件 D10 中保存的数据加 1 变为 5。

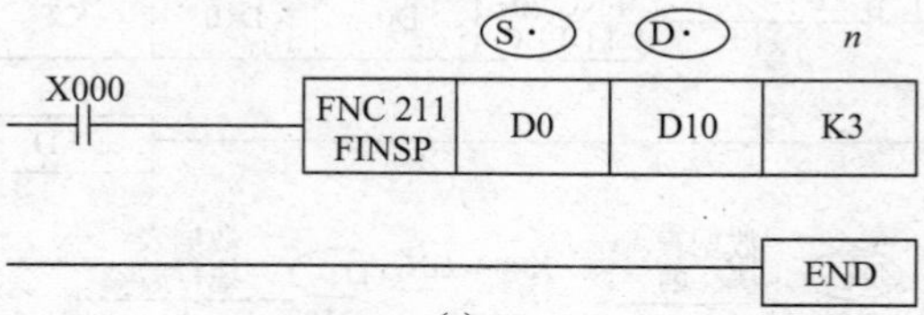

(a)

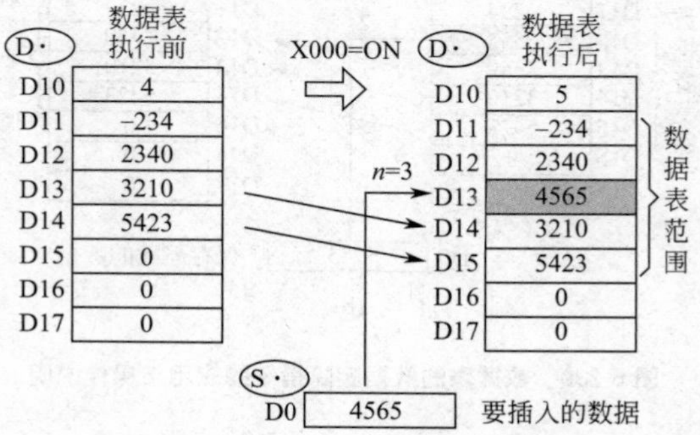

(b)

图 8-231　数据表的数据插入指令的应用与操作说明

（3）使用注意事项

① 插入后数据表格的范围为，D(·) 指定的起始软元件 D10 的下一个单元 D10＋1 (D11) 到 D10＋5(D15)。

② 在下列情况下会运算出错，产生错误代码会保存在 D8067 中，且出错标志 M8067 置 ON。

- 在 D(·) 指定的起始软元件后的第 n 号的位置比数据保存数更大时，产生错误代码 K6706。
- $n \leqslant 0$ 执行了指令或 n 的值超出了数据表 D(·) 指定的软元件范围时，产生错误代码 K6706。
- D(·) 指定的起始软元件中保存的数据数为 0 时，以及 D(·) 指定的软元件超出了相应的地址范围，产生错误代码 K6706。

3. 读取后入的数据指令的组成要素及应用说明

（1）读取后入的数据指令的组成要素 该指令可将先进先出写入指令 SFWR（FNC 38）写入的最后的数据读出，保存到 D(·) 指定的软元件中。指令的组成要素如表 8-163。

表 8-163 读取后入的数据指令的组成要素

指令名称	指令代码位数	助记符	操作数范围			程序步
			S[①](·)	D[②](·)	n[③]	
读取后入的数据	FNC 212 (16)	POP、POPP	KnY、KnM、KnS T、C、D、R 特殊模块 U□/G□	KnY、KnM、KnS T、C、D、R、V、Z 特殊模块 U□/G□	K、H $2 \leqslant n \leqslant 512$	POP、POPP…7 步

① S(·) 指定的起始字元件中存放的是先进先出指令 SFWR 写入次数的数据指针，S(·)＋1～S(·)＋n－1 指定字元件中为待写的数据，每写入一个数据，数据指针自动加 1；

② D(·) 指定的软元件中存放的是"读出指令 SFWR 最后写入的数据"，对 S(·)＋1～S(·)＋n－1 指定元件中数据无影响；

③ n 指定由 S(·) 指定组成的字软元件数，由于包含了指针单元，设置时 n 应为＋1 以后的值。

（2）读取后入的数据指令的应用与操作说明 图 8-232 是指令 POP 的应用程序与操作说明。图（a）为 POP 指令的应用梯形图程序，每次 X000 为 ON，指令 SFWR 根据 D0 数据写入到 D11～D15 的字元件中，D10 元件中数据指针自动加 1，同时，POP 指令读取 S(·) 指定的 D11～D15 中最后写入的数据，保存到 D(·) 指定的元件 D20 中，且 S(·) 指定的 D11～D15 中数据不变。

（3）使用注意事项

① 使用连续型 POP 指令时，要用脉冲型开关触点驱动，否则应使用脉冲型 POPP 指令。

② 在 POP 指令中，若 S(·) 指定的起始软元件中数据指针数据为 0，则不处理指令。应先用比较指令确认 S(·) 指定的起始软元件中当前数据值是否 $1 \leqslant [S(\cdot)] \leqslant (n-1)$；若 S(·) 指定的起始软元件中数据指针当前数据为 1，而被写入 0 时，零标志 M8020＝ON。

③ 在执行 POP 指令时，下列情况下会运算出错，产生错误代码会保存在 D8067 中，且出错标志 M8067 置 ON。

- S(·)＜0，产生错误代码 K6706。
- S(·)＞n－1，产生错误代码 K6706。

4. m 位数据 n 位右移(带进位)指令的组成要素及应用说明

（1）m 位数据 n 位右移（带进位）指令的组成要素 该指令可以使 D(·) 指定的软元件中的 m 位数据（带进位）向右移动 n 位（$n < m \leqslant 16$），并将第 n 位状态送入进位标志 M8022 中。指令的组成要素如表 8-164。

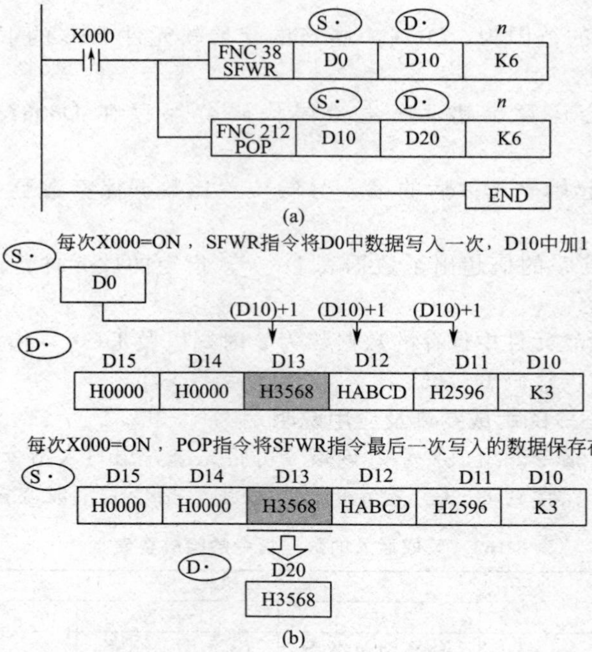

图 8-232　读出 SFWR 指令后写入的指令 POP 的应用与操作说明

表 8-164　m 位数据 n 位右移指令的组成要素

指令名称	指令代码位数	助记符	操作数范围		程序步
			D①(·)	n②	
m 位带进位的数据 n 位右移	FNC 213（16）	SFR、SFRP	KnY、KnM、KnS T、C、D、R、V、Z 特殊模块 U□/G□	K、H、KnY、KnM、KnS T、C、D、R、V、Z 特殊模块 U□/G□	SFR、SFRP…5 步

① D(·) 指定的软元件中保存的是 m 位带进位的数据；

② n 指定 D(·) 指定软元件中 m 位数据的第 n 位数据状态放入进位标志 M8022 中，并且将 $m-n$ 位数据向右移动 n 位，最高 n 位补 0。n 的取值在 0～15 范围，若 n 的取值在 16 以上，按照 n/16 的余数移动，例如，n＝20，则按 20/16 的余数 4 向右移动 4 位。

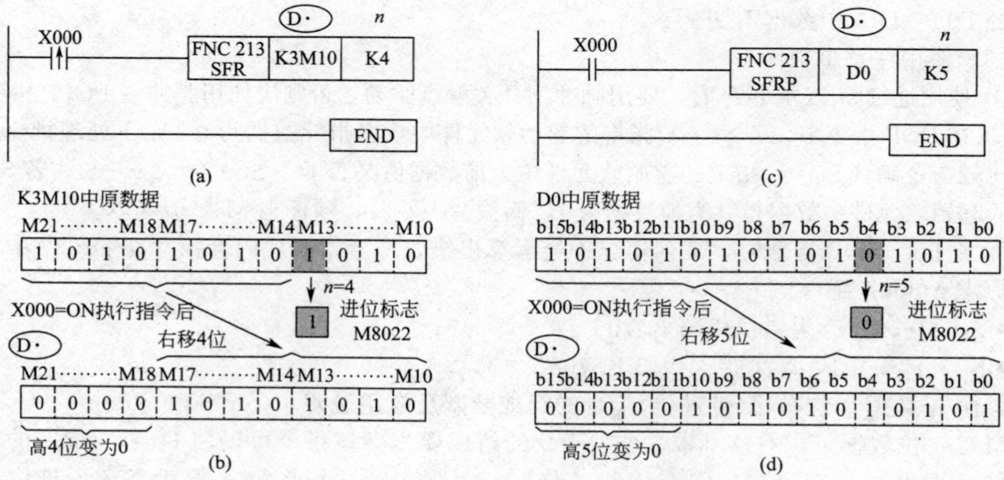

图 8-233　m 位数据 n 位右移指令的应用与操作说明

（2）m 位带进位的数据 n 位右移指令的应用与操作说明 图 8-233 是指令的应用与操作说明。图（a）为 $m=12$ 位带进位的数据右移 $n=4$ 位的指令梯形图，图（b）是对图（a）梯形图的操作说明，当 X000＝ON 时，指令将 K3M10 中第 4 位 M13 中状态 1 送入 M8022 中，并将高 8 位数据右移 4 位，高 4 位补 0。图（c）为 $m=16$ 位带进位的数据右移 $n=5$ 位的指令梯形图，图（d）是对图（c）梯形图的操作说明，当 X000＝ON 时，指令将 D0 中第 5 位 b4 的状态 0 送入 M8022 中，并将高 11 位数据右移 5 位，高 5 位补 0。

（3）使用注意事项 指令中，n 若为负，会产生错误代码 K6706，保存在 D8067 中，且出错标志 M8067 置 ON。

5. m 位数据 n 位左移（带进位）指令的组成要素及应用说明

（1）m 位数据 n 位左移（带进位）指令的组成要素 该指令可以使 D(·) 指定的软元件中的 m 位数据（带进位）向左移动 n 位（$n<m\leqslant 16$），并将第 n 位状态送入进位标志 M8022 中。指令的组成要素如表 8-165。

表 8-165 m 位数据 n 位左移指令的组成要素

指令名称	指令代码位数	助记符	操作数范围		程序步
			D①(·)	n②	
m 位带进位的数据 n 位左移	FNC 214 (16)	SFL、SFLP	KnY、KnM、KnS T、C、D、R、V、Z 特殊模块 U□/G□	K、H、KnY、KnM、KnS T、C、D、R、V、Z 特殊模块 U□/G□	SFL、SFLP…5 步

① D(·) 指定的软元件中保存的是 m 位带进位的数据；

② n 指定 D(·) 指定软元件中 m 位数据的第 $m-n+1$ 位数据状态放入进位标志 M8022 中，并且将 $m-n$ 位数据向左移动 n 位，最低 n 位补 0。n 的取值在 0～15 范围，若 n 的取值在 16 以上，按照 $n/16$ 的余数移动，例如，$n=18$，则按 18/16 的余数 2 向左移动 2 位。

（2）m 位带进位的数据 n 位左移指令的应用与操作说明 图 8-234 是指令的应用与操作说明。图（a）为 $m=12$ 位带进位的数据左移 3 位的指令梯形图，图（b）是对图（a）梯形图的操作说明，当 X000＝ON 时，指令将 K3M10 中第 $m-n+1=10$ 位 M19 的状态 1 送入 M8022 中，并将低 $m-n=9$ 位数据左移 3 位，低 3 位补 0。图（c）为 $m=16$ 位带进位的数据左移 6 位的指令梯形图，图（d）是对图（c）梯形图的操作说明，当 X000＝ON 时，指令将 D0 中第 $m-n+1=11$ 位的 b10 状态 0 送入 M8022 中，并将低 $m-n=10$ 位数据左移 6 位，低 6 位补 0。

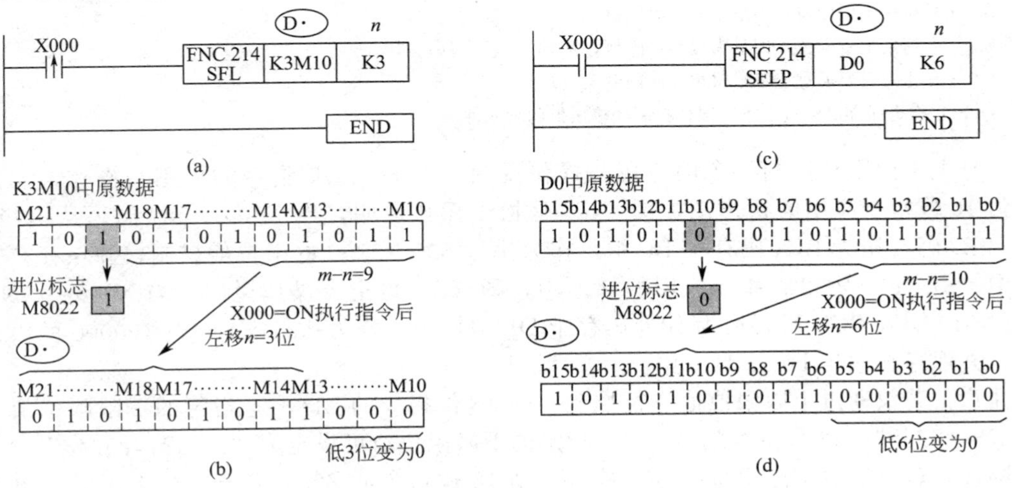

图 8-234 m 位数据 n 位左移指令的应用与操作说明

（3）使用注意事项　指令中，n 若为负，会产生错误代码 K6706，保存在 D8067 中，且出错标志 M8067 置 ON。

十二、$FX_{3U/3UC}$ 的数据表处理指令

$FX_{3U/3UC}$ 系列 PLC 的数据表处理提供了七种指令，它们均可扩展为 16 位或 32 位连续型或脉冲型的 28 条指令。这类数据处理指令的编号、助记符及功能名称如表 8-166。

表 8-166　$FX_{3U/3UC}$ 系列 PLC 的数据表处理指令表

FNC No	指令助记符	指令功能名称	D 指令	P 指令
256	LIMT	上下限限位控制	○	○
257	BAND	死区控制	○	○
258	ZONE	区间控制	○	○
259	SCL	定坐标（不同点坐标数据）	○	○
260	DABIN	十进制 ASCII 转换成二进制码	○	○
261	BINDA	二进制码转换成十进制 ASCII	○	○
262	SCL2	定坐标 2（X/Y 坐标数据）	○	○

1. 上下限限位控制指令的组成要素及应用说明

（1）上下限限位控制指令的组成要素　该指令可以通过指定软元件中的 16 位或 32 位 BIN 值，判断是否在指定的上下限值的范围内，若指定软元件中的 BIN 值小于下限值，则保存下限值，若指定软元件中的 BIN 值大于上限值，则保存上限值，若指定软元件中的 BIN 值在上、下限值范围内，则保存软元件中的 BIN 值。指令的组成要素如表 8-167。

表 8-167　上下限限位控制指令的组成要素

指令名称	指令代码位数	助记符	操作数范围			程序步
			S1①（·）≤S2②（·）	S3③（·）	D④（·）	
上下限限位控制	FNC256 (16/32)	LIMIT、LIMITP DLIMITP、DLIMITP	K、H、KnX、KnY、KnM KnS、T、C、D、R 特殊模块 U□/G□	KnX、KnY、KnM、KnS、T、C、D、R U□/G□	KnY、KnM、KnS、T、C、D、R U□/G□	LIMIT /LIMITP…9 步 DLIMITP /DLIMITP…17 步

① S1（·）指定下限限位，即最小输出界限值；
② S2（·）指定上限限位，即最大输出界限值，且 S2（·）≥S1（·）；
③ S3（·）指定需要通过上下限限位控制的输入量；
④ D（·）指定保存已经过上下限限位控制的输出值的软元件。

（2）上下限限位控制指令的应用与操作说明　图 8-235 是指令的应用与操作说明。图（a）为 16 位指令应用的梯形图，图（b）是指令操作说明，当 X000＝ON 时，从 K4X010 输入 BCD 码转换为 BIN 码存于 D0 中，作为执行 500～5000 的限位值控制，并保存在输出 D10 中。图（c）为 32 位指令应用的梯形图，图（d）是指令操作说明，当 X000＝ON 时，从 K8X010 输入 BCD 码转换为 BIN 码存于 D1、D0 中，作为执行－1000～100000 的限位值控制，并保存在输出 D11、D10 中。

注意：若仅通过上限限位值进行控制，则 16 位指令的 S1（·）指定的下限限位值可设定为“－32768”；32 位指令的 S1（·）指定的下限限位值可设定为“－2147483648”；

同理，若仅通过下限限位值进行控制，则 16 位指令的 S2（·）指定的上限限位值可设定为“32767”；32 位指令的 S2（·）指定的上限限位值可设定为“2147483647”。

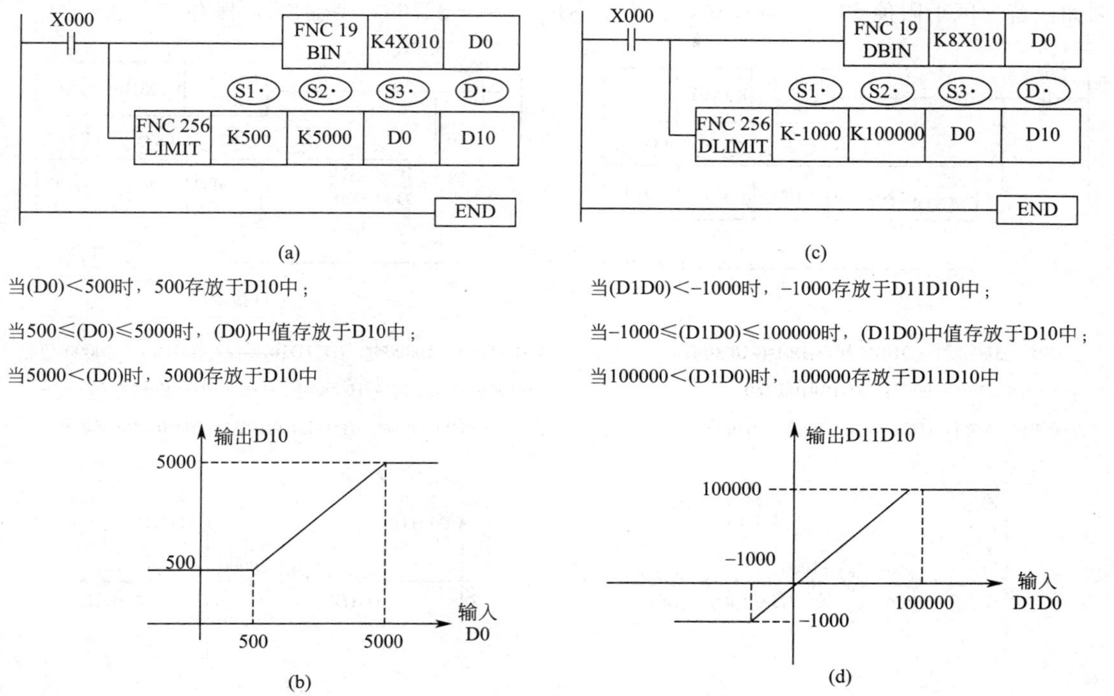

图 8-235　上下限限位控制指令的应用与操作说明

2. 死区控制指令的组成要素及应用说明

（1）死区控制指令的组成要素

本指令可以判断输入值是否在指定的死区的上、下限范围内，从而控制输出值。指令的组成要素如表 8-168。

表 8-168　死区控制指令的组成要素

指令名称	指令代码位数	助记符	操作数范围			程序步
			S1①（·）≤S2②（·）	S3③（·）	D④（·）	
死区控制	FNC257 (16/32)	BAND、BANDP DBAND、DBANDP	K、H、KnX、KnY、KnM、KnS、T、C、D、R 特殊模块 U□/G□	KnX、KnY、KnM、KnS、T、C、D、R U□/G□	KnY、KnM、KnS、T、C、D、R U□/G	BAND、BANDP…9 步 DBAND、DBANDP…17 步

① S1（·）指定死区下限值，为无输出区域；

② S2（·）指定死区上限值，为无输出区域，且 S2（·）≥S1（·）；

③ S3（·）指定要通过死区控制的输入值；

④ D（·）指定保存通过死区控制的输出值的软元件。

（2）死区控制指令的应用与操作说明　图 8-236 是指令的应用与操作说明。图（a）为 16 位死区控制指令应用的梯形图，图（b）是指令操作说明，当 X000＝ON 时，从 K4X010 输入 BCD 码转换为 BIN 码存于 D0 中，作为执行－1000～1000 的死区控制，并保存到输出 D10 中。图（c）为 32 位指令应用的梯形图，图（d）是指令操作说明，当 X000＝ON 时，从 K8X010 输入 BCD 码转换为 BIN 码存于 D1、D0 中，作为执行－10000～10000 的死区控制，并保存在输出 D11、D10 中。

注意：指令运行后输出值可能会溢出。

16 位运算时，因输出值为带符号的 16 位 BIN 值，运算结果可能会超出－32768～32767，

例如：若死区下限值 S1(·)＝－10，输入值 S3(·)＝－32768，则输出值

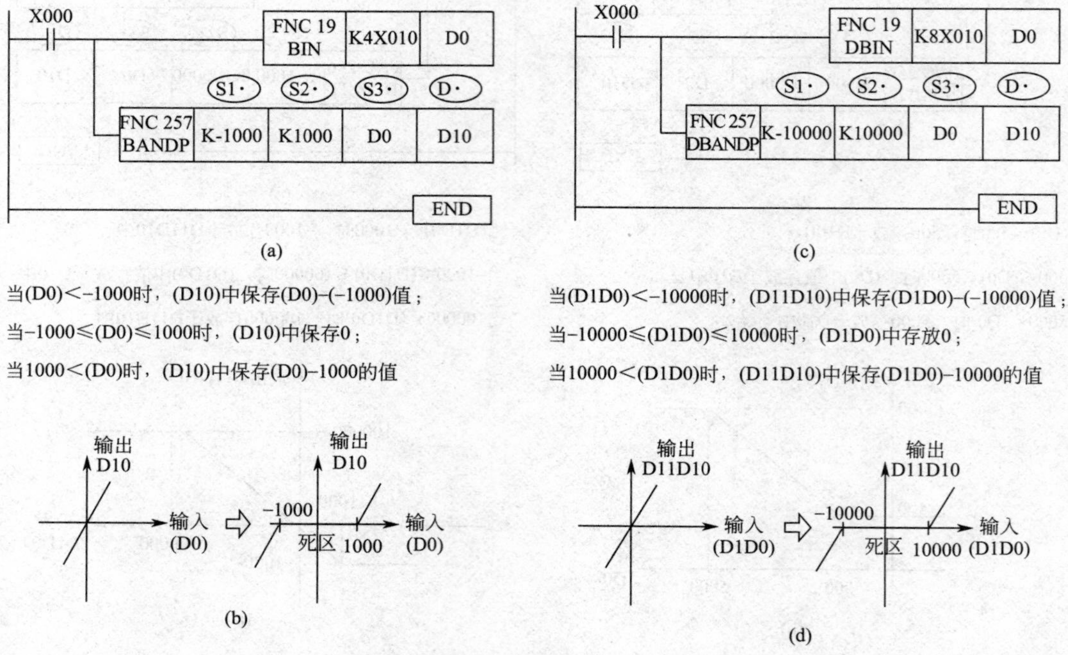

图 8-236　死区控制指令的应用与操作说明

D(·)＝-32768-10＝8000H-AH＝7FF6H＝36758

32 位运算时，因输出值为带符号的 16 位 BIN 值，运算结果可能会超出-2147483648～2147483647，例如：若死区下限值 S1(·)＋1，S1(·)＝1000，输入值 S3(·)＋1，S3(·)＝－2147483648，则输出值

D(·)＋1，D(·)＝－2，147，483，648－1，000＝8000000H－000003E8H＝7FFFFC18H＝2，147，482，648

3. 区域控制指令的组成要素及应用说明

（1）区域控制指令的组成要素　该指令可以根据输入值是正数还是负数，用指定的偏差值来控制输出值。指令的组成要素如表 8-169。

表 8-169　区域控制指令的组成要素

指令名称	指令代码位数	助记符	操作数范围			程序步
			S1①(·)≤S2②(·)	S3③(·)	D④(·)	
区域控制	FNC258 (16/32)	ZONE、ZONEP DZONE、DZONEP	K、H、KnX、KnY、KnM、KnS、T、C、D、R 特殊模块 U□/G□	KnX、KnY、KnM、KnS、T、C、D、R U□/G□	KnY、KnM、KnS、T、C、D、R U□/G	ZONE、ZONEP…9 步 DZONE、DZONEP…17 步

① S1(·) 指定值是加在输入值上的负偏差值；
② S2(·) 指定值是加在输入值上的正偏差值，且 S2(·)≥S1(·)；
③ S3(·) 指定要通过区域控制的输入值；
④ D(·) 指定保存通过区域控制的输出值的软元件。

（2）区域控制指令的应用与操作说明　图 8-237 是指令的应用与操作说明。图（a）为 16 位区域控制指令应用的梯形图，图（b）是指令操作说明，当 X000＝ON 时，从 K4X010

输入 BCD 码转换为 BIN 码存于 D0 中，作为执行－1000～1000 的区域控制，并保存到输出 D10 中。图（c）为 32 位指令应用的梯形图，图（d）是指令操作说明，当 X000＝ON 时，从 K8X010 输入 BCD 码转换为 BIN 码存于 D1、D0 中，作为执行－10000～10000 的区域控制，并保存于输出 D11、D10 中。

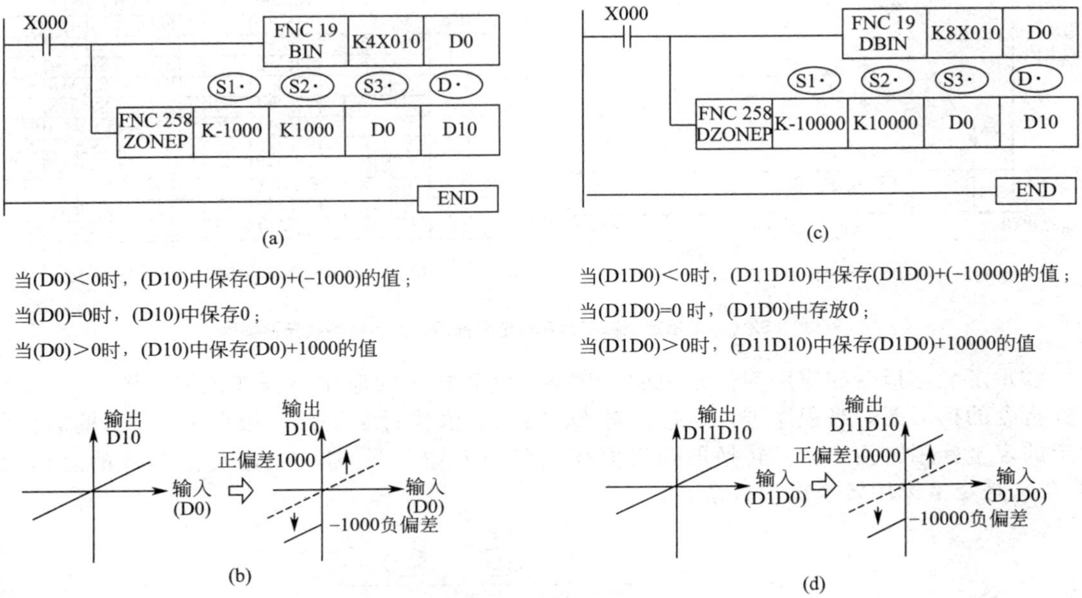

图 8-237 区域控制指令的应用与操作说明

注意：指令运行后输出值可能会溢出。

16 位运算时，因输出值为带符号的 16 位 BIN 值，运算结果可能会超出-32768～32767，例如：若区域负偏差 S1(·)＝－100，输入值 S3(·)＝－32768，则输出值

D(·)＝－32768＋(－100)＝8000H＋FF9CH＝7F9CH＝32668

32 位运算时，因输出值为带符号的 32 位 BIN 值，运算结果可能会超出-2147483648～2147483647，例如：若区域负偏差 S1(·)＋1，S1(·)＝－1000，输入值 S3(·)＋1，S3(·)＝－2147483648，则输出值

D(·)＋1，D(·)＝－2，147，483，648－1，000＝8000000H＋FFFFFC18H＝7FFFFC18H＝2，147，482，648

4. 定坐标(不同点坐标数据)指令的组成要素及应用说明

（1）定坐标指令的组成要素　该指令可以根据 S2(·) 指定的软元件开始的数据表，对 S1(·) 指定的软元件中的输入值定坐标，然后将被定坐标控制的输出值保存到 D(·) 指定的软元件中。指令的组成要素如表 8-170。

表 8-170 定坐标指令的组成要素

指令名称	指令代码位数	助记符	操作数范围			程序步
			S1①(·)	S2②(·)	D③(·)	
定坐标	FNC259 (16/32)	SCL、SCLP DSCL、DDSCLP	K、H、KnX、KnY、KnM、KnS、T、C、D、R 特殊模块 U□/G□	D、R	KnY、KnM、KnS、T、C、D、R 特殊模块 U□/G	SCL2、SCL2P…7 步 DSCL2、DDSCL2P…13 步

① S1(·) 为指定 X 坐标的输入值或是保存 X 输入值的软元件编号；

② S2(·) 为指定定坐标用的转换表格软元件的起始编号，该起始号软元件存放的是坐标点数，后续编号软元件中

是依次存放的每个坐标点的 X、Y 值表格，例如；S2(·) 指定坐标点为 5，后续占连续单元存放定坐标用转换设定表格的软元件编号，如图 8-238 所示；

③ D(·) 为保存被定坐标控制的 Y 输出值的软元件编号。

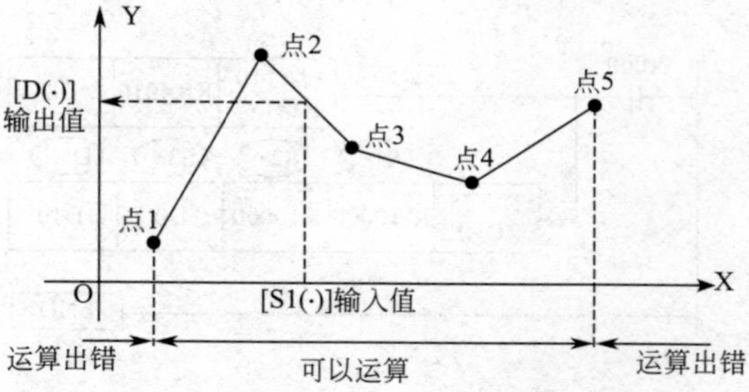

(a) 5个定坐标点的图

设定项目		设定数据表格的软元件分配	
		16位运算	32位运算
坐标点数=5		[S2(·)]	[S2(·)+1,S2(·)]
点1	X坐标	[S2(·)+1]	[S2(·)+3,S2(·)+2]
	Y坐标	[S2(·)+2]	[S2(·)+5,S2(·)+4]
点2	X坐标	[S2(·)+3]	[S2(·)+7,S2(·)+6]
	Y坐标	[S2(·)+4]	[S2(·)+9,S2(·)+8]
点3	X坐标	[S2(·)+5]	[S2(·)+11,S2(·)+10]
	Y坐标	[S2(·)+6]	[S2(·)+13,S2(·)+12]
点4	X坐标	[S2(·)+7]	[S2(·)+15,S2(·)+14]
	Y坐标	[S2(·)+8]	[S2(·)+17,S2(·)+16]
点5	X坐标	[S2(·)+9]	[S2(·)+19,S2(·)+18]
	Y坐标	[S2(·)+10]	[S2(·)+21,S2(·)+20]

(b) 定坐标用转换表格的软元件编号的设定

图 8-238　S2(·) 指定坐标点为 5 的定坐标用转换表格的软元件编号

（2）定坐标指令的应用与操作说明　图 8-239 是指令的应用与操作说明。图（a）是定坐标指令的梯形图，当程序进入运行，对 D0 输入的值执行定坐标，根据 R0 开始的软元件设定的定坐标用转换表格，转换的输出值存放在 D10 中。图（b）是坐标点为 6 的坐标图，图（c）是定坐标用转换设定数据表。

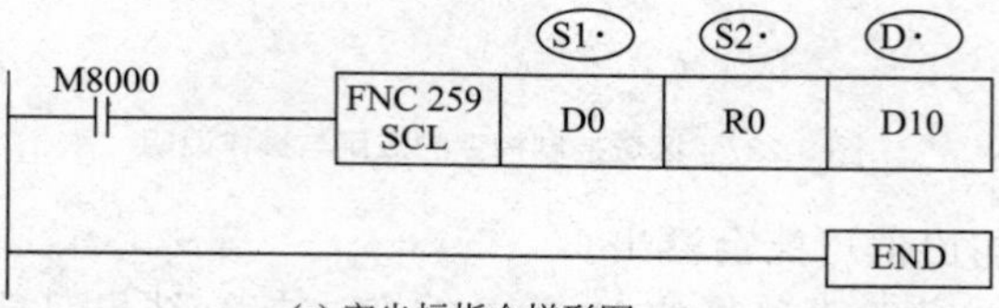

(a) 定坐标指令梯形图

执行动作

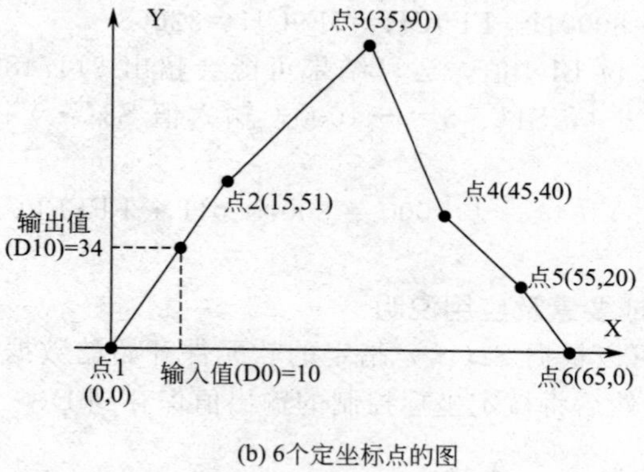

(b) 6个定坐标点的图

设定数据表格的软元件分配

设定项目		软元件	设定内容
坐标点数		R0	6
点1	X坐标	R1	0
	Y坐标	R2	0
点2	X坐标	R3	15
	Y坐标	R4	51
点3	X坐标	R5	35
	Y坐标	R6	90
点4	X坐标	R7	45
	Y坐标	R8	40
点5	X坐标	R9	55
	Y坐标	R10	20
点6	X坐标	R11	65
	Y坐标	R12	0

(c) 定坐标用转换设定数据表

图 8-239　定坐标指令的应用与操作说明

（3）使用注意事项

① 若转换设定的数据表中某两个坐标点 X 值相同，例如点 2 为（20，30），点 3 为（20，90），若输入 X 值为 20，则输出为后一个点 3 的值 90；

② 若转换设定的数据表中某三个坐标点以上的 X 值相同，例如点 3 为（50，30），点 4 为（50，90），点 5 为（50，120），点 6（50，170），若输入 X 值为 50 时，则输出为第二点 X 的值，即点 4 的输出为 90；

③ 如果输出数据不是整数时，小数第一位四舍五入后输出；

④下面的情况会产生错误代码 K6706，保存在 D8067 中，且出错标志 M8067 置 ON。

● 数据表格中 Xn 不按升序排列，会产生错误代码 K6706。但是，由于运算是从数据表格的软元件编号的低位开始检索的，即使数据表格的一部分没有按照升序排列，但到这部分为止的运算不会出错，指令仍会被执行。

● S1（·）指定值或指定元件中的值在数据表格设定范围之外时，产生错误代码 K6706。

● 运算过程中的数值超出 32 位数据范围时，产生错误代码 K6706。请在各点之间的距离不要超过 65535 以上。

5. 十进制 ASCII 码数字转换为二进制码指令的组成要素及应用说明

（1）十进制 ASCII 码数字转换为 BIN 码指令的组成要素　该指令可以将十进制 ASCII 码（30H～39H）形式显示的数据转换为 BIN 数据。指令的组成要素如表 8-171。

表 8-171　十进制 ASCII 码数字转换为 BIN 码指令的组成要素

指令名称	指令代码位数	助记符	操作数范围		程序步
			S(·)	D(·)	
十进制 ASCII 码转换为 BIN 码	FNC 260 (16/32)	DABIN、DABINP DDABIN、DDABINP	T、C、D、R	KnY、KnM、KnS T、C、D、R、 特殊模块 U□/G□	DABIN、DABINP…5 步 DDABIN、DDABINP…9 步

（2）十进制 ASCII 码数字转换为 BIN 码指令的应用与操作说明　图 8-240 是指令的应用与操作说明。图（a）和图（b）为 16 位指令的应用与操作说明；图（c）和图（d）为 32 位指令的应用与操作说明。当 X000＝ON 时，指令执行一次，将源操作数指定的起始元件中十进制 ASCII 码数字转换为二进制码存放于目标操作数指定的元件中。

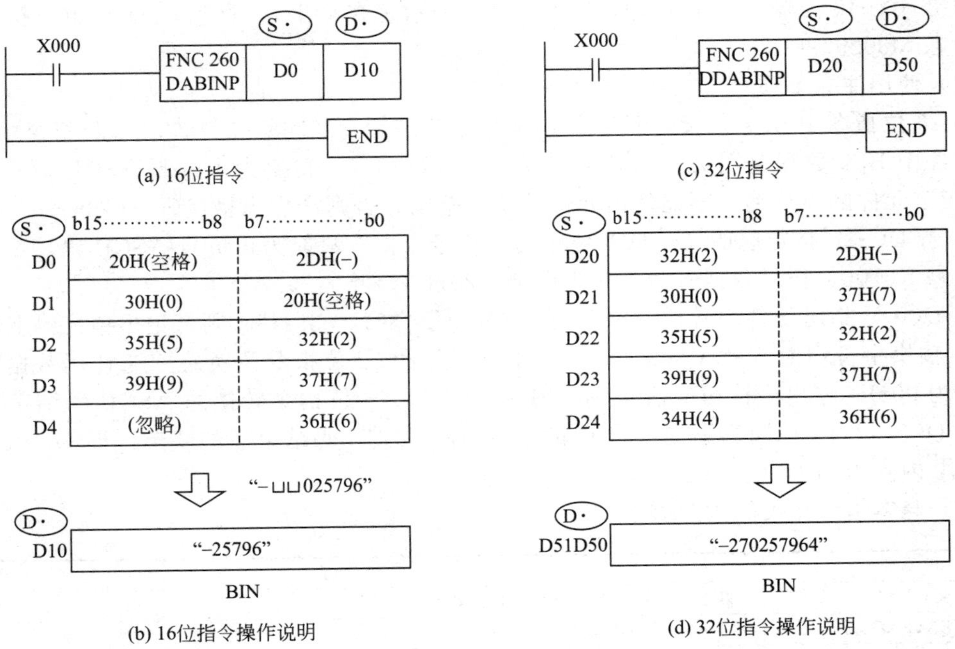

图 8-240　十进制 ASCII 码数字转换为 BIN 码指令的应用与操作说明

（3）使用注意事项

① 16 位指令中 S(・) 指定元件中数据范围不能超出－32768～32767，32 位指令中 S(・) 指定元件中数据范围不能超出－2147483648～2147483647，否则产生出错代码 K6706；

② 若 S(・) 指定起始元件低八位中的“符号数据”只能为正负号 ASCII 码，若为正，应设定“20H（空格）”，否则产生出错代码 K6706；

③ S(・) 指定元件中各位 ASCII 码数据只能是“30H～39H”，否则产生出错代码 K6706；

④ S(・) 指定元件中有“20H（空格）”“00H”，均作为“30H(0)”处理。

6. BIN 码转换为十进制 ASCII 码数字指令的组成要素及应用说明

（1）BIN 码转换为十进制 ASCII 数字指令的组成要素　该指令可以将 BIN 数据转换为十进制 ASCII 码（30H～39H）数据。指令的组成要素如表 8-172。

表 8-172　BIN 码转换为十进制 ASCII 码数字指令的组成要素

指令名称	指令代码位数	助记符	操作数范围		程序步
			S(・)	D(・)	
BIN 码转换为十进制 ASCII 码	FNC 261 (16/32)	BINDA、BINDAP DBINDA、DBINDAP	K、H、KnX、KnY、KnM、KnS、T、C、D、R、V、Z 特殊模块 U□/G□	T、C、D、R	BINDA、BINDAP…5 步 DBINDA、DBINDAP…9 步

（2）BIN 码转换为十进制 ASCII 码数字指令的应用与操作说明　图 8-241 是指令的应用与操作说明。图（a）和图（b）为 16 位指令的应用与操作说明；图（c）和图（d）为 32 位指令的应用与操作说明。在图（a）的 16 位指令程序中，当 X000＝ON 时，输出字符切换信号 M8091＝OFF，PR 指令的模式标志位 M8027 置 ON，BIN 转换为十进制 ASCII 码指令将源操作数指定元件 D10 中 BIN 码数字转换为十进制 ASCII 码存放于目标操作数指定的 D0 起始元件的连续单元中，通过 ASCII 码打印指令 PR 将 D0～D3 中字节数据从 Y030～Y037 串行输出（Y040 为输出选通脉冲，Y041＝1，表示正在输出），直到 00H 结束，执行指令结束标志 M8029＝ON。

（3）使用注意事项

① 16 位指令中 S(・) 指定元件中 BIN 数据范围为－32768～32767，32 位指令中 S(・) 指定元件中 BIN 数据范围为－2147483648～2147483647，转换为十进制 ASCII 码存放于 S(・) 指定元件的连续编号不能超出元件的编号范围，否则产生出错代码 K6706；

② 若 D(・) 指定起始元件低八位中的“符号数据”只能为正负号 ASCII 码，否则产生出错代码 K6706，符号数据若为正，应设定“20H（空格）”；

③ D(・) 指定元件中各位 ASCII 码数据不是“30H～39H”，则产生出错代码 K6706；

④ 输出字符切换信号 M8091＝OFF 时，16 位和 32 位指令转换的 ASCII 码数据结束后的字节为 00H；输出字符切换信号 M8091＝ON 时，16 位指令转换的 ASCII 码结束后的字节［即 D(・)＋3］原内容不变，32 位指令转换的 ASCII 码结束后的字节［即 D(・)＋5 的高字节］内容为 20H（空格）。

（4）与本指令相关的指令如下

相关指令	指令功能
ASCI(FNC 82)	将 HEX 代码转换为 ASCII 码指令
HEX(FNC 83)	将 ASCII 码转换为 HEX 代码指令
ESTR(FNC 116)	将二进制浮点数数据转换成指定位数的 ASCII 码字符串指令
EVAL(FNC 117)	将 ASCII 码字符串转换成二进制浮点数数据的指令
DABIN(FNC 260)	将十进制 ASCII 码(30H～39H)形式显示数值数据转换成 BIN 数据的指令

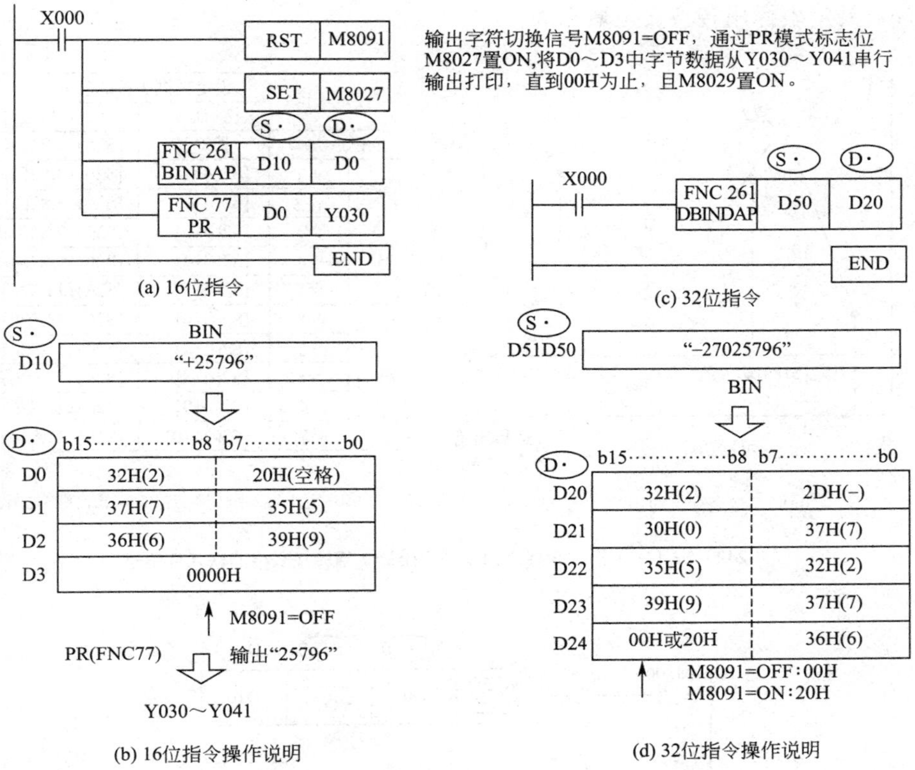

图 8-241 BIN 码转换为十进制 ASCII 码数字指令的应用与操作说明

7. 定坐标 2(X/Y 坐标数据)指令的组成要素及应用说明

(1) 定坐标 2(X/Y 坐标数据) 指令的组成要素　该指令可以根据 S2(•) 指定的软元件开始的数据表，对 S1(•) 指定的软元件中的输入值定坐标，然后将被定坐标控制的输出值保存到 D(•) 指定的软元件中。与 SCL(FNC259) 指令不同的是 S2(•) 指定的软元件中的数据表结构不同。指令的组成要素如表 8-173。

表 8-173　定坐标 2 指令的组成要素

指令名称	指令代码位数	助记符	操作数范围			程序步
			S1[①](•)	S2[②](•)	D[③](•)	
定坐标 2	FNC 269 (16/32)	SCL2、SCL2P DSCL2、DDSCL2P	K、H、KnX、KnY、KnM、KnS、T、C、D、R 特殊模块 U□/G□	D、R	KnY、KnM、KnS、T、C、D、R 特殊模块 U□/G	SCL2、SCL2P…7 步 DSCL2、DDSC2P…13 步

① S1(•) 为指定 X 坐标的输入值或是保存 X 输入值的软元件编号；

② S2(•) 为指定定坐标 2 用转换表格软元件的起始编号，该起始号软元件存放的是坐标点数，后续编号软元件中是依次存放的每个坐标点的 X 值、然后依次存放每个坐标点的 Y 值表格，例如：S2(•) 指定坐标点为 5，后续占连续单元存放定坐标用转换设定表格的软元件编号，如图 8-242 所示；

③ D(•) 为保存被定坐标控制的 Y 输出值的软元件编号。

(2) 定坐标指令的应用与操作说明　图 8-243 是指令的应用与操作说明。图 (a) 是定坐标指令的应用梯形图，当程序进入运行，对 D0 输入的值执行定坐标，根据 R0 开始的软元件设定的定坐标用转换表格，转换的输出值存放在 D10 中。图（b）是坐标点为 6 的坐标图，图（c）是定坐标用转换设定数据表。

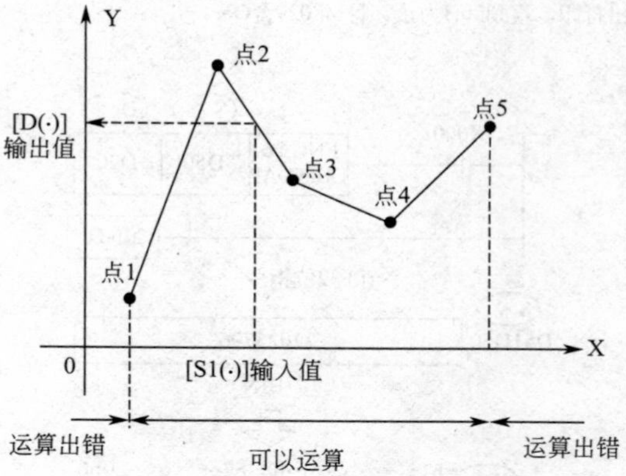

(a) 5个定坐标点的图

设定项目		设定数据表格的软元件分配	
		16位运算	32位运算
坐标点数=5		[S2(·)]	[S2(·)+1,S2(·)]
X坐标	点1	[S2(·)+1]	[S2(·)+3,S2(·)+2]
	点2	[S2(·)+2]	[S2(·)+5,S2(·)+4]
	点3	[S2(·)+3]	[S2(·)+7,S2(·)+6]
	点4	[S2(·)+4]	[S2(·)+9,S2(·)+8]
	点5	[S2(·)+5]	[S2(·)+11,S2(·)+10]
Y坐标	点1	[S2(·)+6]	[S2(·)+13,S2(·)+12]
	点2	[S2(·)+7]	[S2(·)+15,S2(·)+14]
	点3	[S2(·)+8]	[S2(·)+17,S2(·)+16]
	点4	[S2(·)+9]	[S2(·)+19,S2(·)+18]
	点5	[S2(·)+10]	[S2(·)+21,S2(·)+20]

(b) 定坐标2用转换表格的软元件编号的设定

图 8-242　S2（·）指定坐标点为 5 的定坐标 2 用转换表格的软元件编号

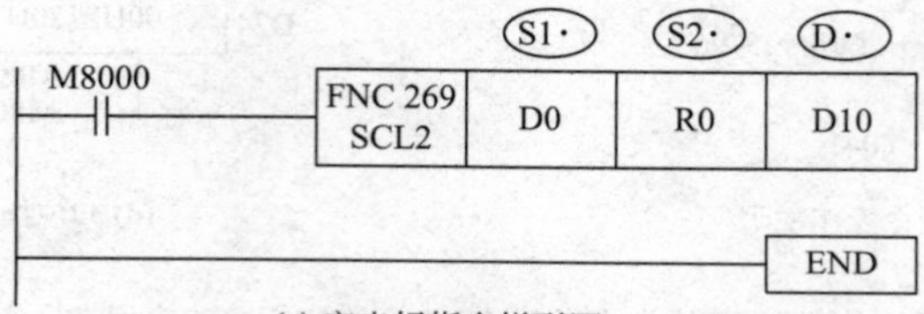

(a) 定坐标指令梯形图

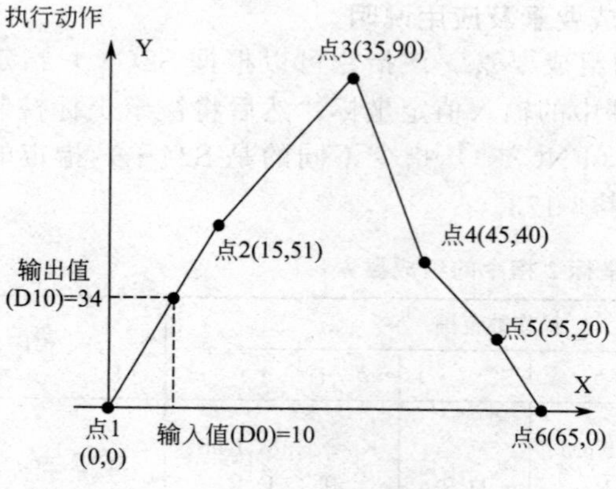

(b) 6个定坐标点的图

设定数据表格的软元件分配

设定项目		软元件	设定内容
坐标点数		R0	6
X坐标	点1	R1	0
	点2	R2	15
	点3	R3	35
	点4	R4	45
	点5	R5	55
	点6	R6	65
Y坐标	点1	R7	0
	点2	R8	51
	点3	R9	90
	点4	R10	40
	点5	R11	20
	点6	R12	0

(c) 定坐标用转换设定数据表

图 8-243　定坐标指令的应用与操作说明

（3）使用注意事项同 SCL（FNC 259）指令，这里不再重复。

十三、 $FX_{3U/3UC}$ 的变频器通信类指令

$FX_{3U/3UC}$ 系列 PLC 与变频器通信提供了五种指令，它们均 16 位指令。这类数据传送处理指令的编号、助记符及功能名称如表 8-174。

表 8-174　$FX_{3U/3UC}$ 系列 PLC 的变频器通信类指令表

FNC No.	指令助记符	指令功能名称	D 指令	P 指令
270	IVCK	变频器的运行监控	—	—
271	IVDR	变频器的运行控制	—	—
272	IVRD	读取变频器的参数	—	—
273	IVWR	写入变频器的参数	—	—
274	IVBWR	成批写入变频器的参数	—	—

变频器通信类指令与表 8-175 所示的相关软元件相关。

表 8-175　变频器通信类指令与相关软元件表

特地辅助寄存器编号		内　容	特地辅助寄存器编号		内　容
通道 1	通道 2		通道 1	通道 2	
M8029		指令执行结束	D8063	D8438	串行通信出错的错误代码
M8063	M8439	串行通信出错(通道 1)	D8150	D8155	变频器通信响应等待时间
M8151	M8156	变频器通信中①	D8151	D8156	变频器通信中的步编号②
M8152	M8157	变频器通信出错①	D8152	D8157	变频器通信错误代码①
M8153	M8158	变频器通信出错锁定①	D8153	D8158	变频器通信出错步的锁定②
M8154	M8159	IVBWR 指令出错①	D8154	D8159	IVBWR 指令出错的参数编号②

① STOP→RUN 时清除；

② 初始值：－1。

1. 变频器运行监控指令的组成要素及应用说明

(1) 变频器运行监控指令的组成要素　该指令使用变频器一侧的计算机链接运行功能，在可编程控制器中读出变频器的运行状态（注意，根据版本的不同，该指令适用的变频器也不同)。该指令相当于 FX_{2N}/FX_{2NC} 系列的 EXTR（K10）指令。指令的组成要素如表 8-176。

表 8-176　变频器运行监控指令的组成要素

指令名称	指令代码位数	助记符	操作数范围				程序步
			S1①(·)	S2②(·)	D③(·)	n④	
变频器运行监控	FNC 270 (16)	IVCK	K、H、D、R 特殊模块 U□/G□	K、H、D、R 特殊模块 U□/G□	KnY、KnM、KnS、D、R、特殊模块 U□/G	K、H	IVCK…9 步

① S1(·) 可直接指定，也可在软元件中指定变频器的站号（K0～K31)。

② S2(·) 指定变频器的指令代码或指定软元件中的指令代码读出变频器的运行状态，有关指令代码如下表所示(请参考变频器使用手册中与计算机链接的详细说明)。

S2(·)指定的变频器指令代码	读出内容	适用的变频器						
		F700	A700	V500	F500	A500	E500	S500
H7B	操作模式	○	○	○	○	○	○	○
H6F	输出频率[速度]	○	○	○	○	○	○	○
H70	输出电流	○	○	○	○	○	○	—
H71	输出电压	○	○	○	○	○	—	—
H72	特殊监示	○	○	○	○	○	—	—
H73	特殊监示选择号	○	○	○	○	○	○	○
H74	故障内容	○	○	○	○	○	○	○
H75	故障内容	○	○	○	○	○	○	—
H76	故障内容	○	○	○	○	○	○	—
H77	故障内容	○	○	—	—	—	—	—
H79	变频器状态监控(扩展)	○	○	○	○	○	○	○
H7A	变频器状态监控	○	○	○	○	○	○	○

续表

S2(·)指定的变频器指令代码	读出内容	适用的变频器						
		F700	A700	V500	F500	A500	E500	S500
H6E	读取设定频率(E2PROM)	○	○	○	○	○	○	○
H6D	读取设定频率(RAM)	○	○	○	○	○	○	○

③ D(·) 指定保存读出值的软元件编号。

④ n 指定使用的通道号（如：K1，为通道 1；K2，为通道 2）。

（2）变频器运行监控指令的应用与操作说明　图 8-244 所示为变频器运行监控指令的应用与操作说明。当 X000＝ON 时，指令针对n＝K1 通信口上连接的 S1(·) 指定 D0 中变频器的站号，根据 S2(·) 指定的指令代码［H6F］，将变频器的输出频率读到 D(·) 指定的 D20 中。

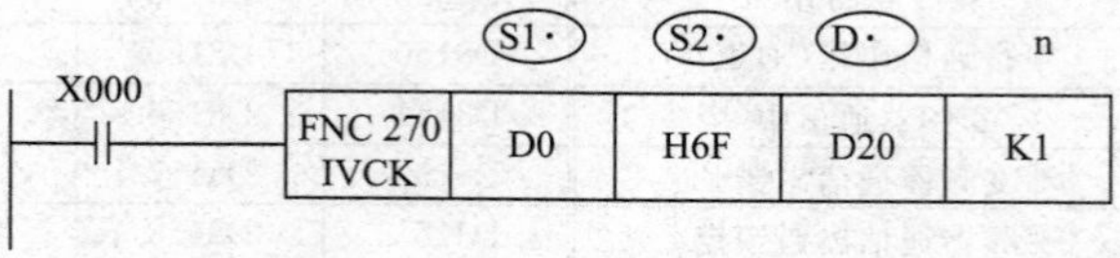

图 8-244　变频器运行监控指令的应用与说明

注：该指令适用三菱公司的通用变频器有 FREQROL-F700、A700、V500、F500、A500、E500、S500。且机型版本要在 Ver：2.00 以上。

（3）注意事项

① 不能对同一个端口使用 RS（FNC 80）、RS2（FNC 87）指令和变频器通信指令（FNC 270～FNC 274）。

② 可以对同一个端口同时驱动多台变频器通信指令（FNC 270～FNC 274）。

2. 变频器运行控制指令的组成要素及应用说明

（1）变频器运行控制指令的组成要素　该指令使用变频器一侧的计算机链接运行功能，通过可编程控制器写入变频器的运行所需的参数。该指令相当于 FX_{2N}/FX_{2NC} 系列的 EXTR（K11）指令。指令的组成要素如表 8-177。

表 8-177　变频器运行控制指令的组成要素

指令名称	指令代码位数	助记符	操作数范围				程序步
			S1①(·)	S2②(·)	S3③(·)	n④	
变频器运行控制	FNC 271 (16)	IVDR	K、H、D、R 特殊模块 U□/G□	K、H、D、R 特殊模块 U□/G□	KnX、KnY、KnM、KnS、D、R、特殊模块 U□/G	K、H	IVDR…9 步

① S1(·) 可直接指定，也可在软元件中指定变频器的站号（K0～K31）。

② S2(·) 指定变频器的有关指令代码或指定软元件中的指令代码如下表所示（请参考变频器使用手册中与计算机链接的详细说明）。

S2(·)指定的变频器指令代码	写入内容	适用的变频器						
		F700	A700	V500	F500	A500	E500	S500
HFB	操作模式	○	○	○	○	○	○	○
HF3	特殊监视的选择号	○	○	○	○	○	○	○
HF9	运行指令(扩展)	○	○	—	—	—	—	—
HFA	运行指令	○	○	○	○	○	—	—
HEE	写入设定频率(EEPROM)	○	○	○	○	○	—	—
HED	写入设定频率(RAM)	○	○	○	○	○	○	○
HFD	变频器复位	○	○	○	○	○	○	○

续表

S2(·)指定的变频器指令代码	写入内容	适用的变频器						
		F700	A700	V500	F500	A500	E500	S500
HF4	故障内容的成批清除	○	○	—	○	○	○	—
HFC	参数的全部清除	○	○	○	○	○	○	—
HFC	用户清除	○	○	—	○	○	—	—

③ S3(·) 指定写入变频器参数设定值的软元件编号。

④ n 指定使用的通道号（如：K1，为通道 1；K2，为通道 2）。

（2）变频器运行控制指令的应用与操作说明　图 8-245 所示为变频器运行控制指令的应用与操作说明。当 X000＝ON 时，指令针对 n＝K1 通信口上连接的，由 S1(·) 指定 K0 站号的变频器，根据 S2(·) 指定的 HFD 指令代码，写入到 S3(·) 指定的 D20 中，对变频器进行复位。

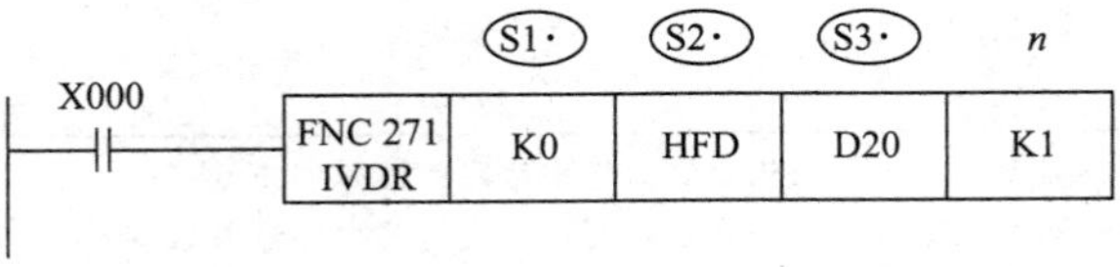

图 8-245　变频器运行控制指令的应用与说明

注：该指令适用三菱公司的通用变频器有 FREQROL-F700、A700、V500、F500、A500、E500、S500，且机型版本要在 Ver：2.00 以上。

（3）注意事项　与指令 IVCK(FNC270) 指令相同。

3. 读取变频器参数指令的组成要素及应用说明

（1）读取变频器参数指令的组成要素　该指令使用变频器一侧的计算机链接运行功能，可以通过可编程控制器读取变频器的参数。该指令相当于 FX_{2N}/FX_{2NC} 系列的 EXTR (K12) 指令。指令的组成要素如表 8-178。

表 8-178　读取变频器参数指令的组成要素

指令名称	指令代码位数	助记符	操作数范围				程序步
			S1[①](·)	S2[②](·)	D[③](·)	n[④]	
读取变频器参数	FNC 272 (16)	IVRD	K、H、D、R 特殊模块 U□/G□	K、H、D、R 特殊模块 U□/G□	D、R、特殊模块 U□/G	K、H	IVRD…9 步

① S1(·) 可直接指定也可在软元件中指定变频器站号（K0～K31）；

② S2(·) 可直接指定或指定软元件中的内容作为变频器的参数；

③ D(·) 指定保存读出值的软元件编号；

④ n 指定使用的通道号（如：K1，为通道 1；K2，为通道 2）。

（2）读取变频器参数指令的应用与操作说明　图 8-246 所示为读取变频器参数指令的应用与操作说明。当 X000＝ON 时，指令从 n＝K1 通信口上连接的站号由 S1(·) 指定的 K2 变频器，读出 S2(·) 指定的 D0 中变频器参数，保存到 D(·) 指定的 D20 中。

注：该指令适用三菱公司的通用变频器有 FREQROL-F700、A700、V500、F500、A500、E500、S500，且机型版本要在 Ver：2.00 以上。

（3）注意事项　与指令 IVCK（FNC270）指令相同。

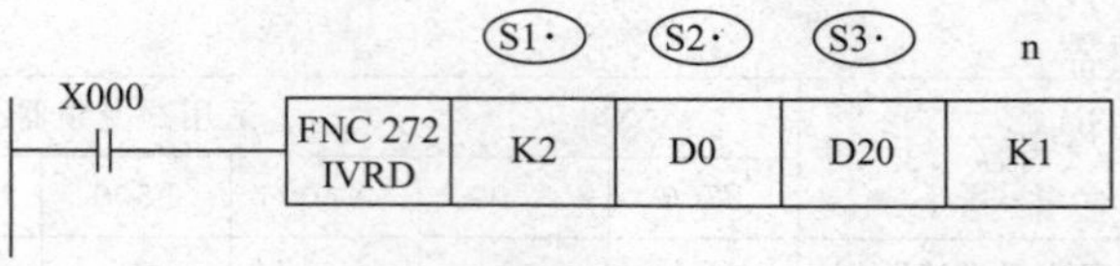

图 8-246　读取变频器参数指令的应用与说明

4. 写入变频器的参数指令的组成要素及应用说明

（1）写入变频器的参数指令的组成要素　该指令使用变频器一侧的计算机链接运行功能，可以写入变频器的参数。该指令相当于 FX_{2N}/FX_{2NC} 系列的 EXTR（K13）指令。指令的组成要素如表 8-179。

表 8-179　写入变频器的参数指令的组成要素

指令名称	指令代码位数	助记符	操作数范围				程序步
			S1①（·）	S2②（·）	S3③（·）	n④	
写入变频器的参数	FNC 273（16）	IVWR	K、H、D、R 特殊模块 U□/G□	K、H、D、R 特殊模块 U□/G□	K、H、D、R、特殊模块 U□/G	K、H	IVWR…9 步

① S1（·）可直接指定变频器站号，也可由指定软元件中指定的变频器站号（K0～K31）；
② S2（·）可直接指定变频器参数编号，也可指定软元件中指定的变频器参数编号；
③ S3（·）可直接指定，也可指定软元件中内容作为写入到变频器的参数设定值；
④ n 指定使用的通道号（如：K1，为通道 1；K2，为通道 2）。

（2）写入变频器的参数指令的应用与操作说明　图 8-247 所示为写入变频器的参数指令的应用与操作说明。当 X000＝ON 时，指令从 n＝K1 通信口上连接的由 S1（·）指定的 K2 站号变频器，将 S2（·）指定的 D0 中变频器的参数，写入到 S3（·）指定的 D20 中，作为变频器的参数设定值。

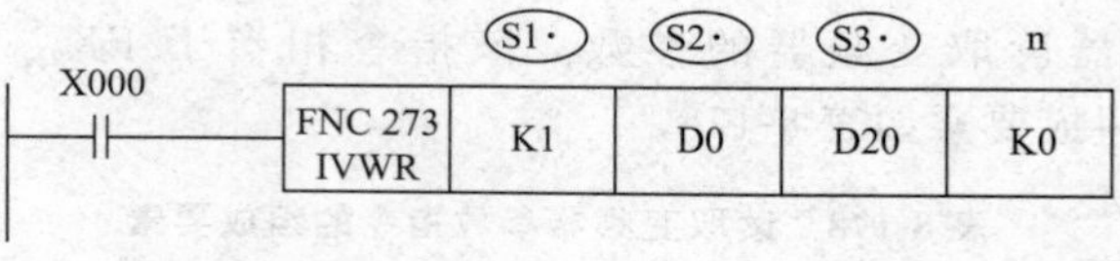

图 8-247　成批写入变频器参数指令的应用与说明

（3）注意事项　与指令 IVCK（FNC270）指令相同。

5. 成批写入变频器的参数指令的组成要素及应用说明

（1）成批写入变频器的参数指令的组成要素　该指令使用变频器一侧的计算机链接运行功能，可以成批写入变频器的参数。指令的组成要素如表 8-180。

表 8-180　成批写入变频器的参数指令的组成要素

指令名称	指令代码位数	助记符	操作数范围				程序步
			S1①（·）	S2②（·）	S3③（·）	n④	
成批写入变频器的参数	FNC 274（16）	IVBWR	K、H、D、R 特殊模块 U□/G□	K、H、D、R 特殊模块 U□/G□	D、R、特殊模块 U□/G	K、H	IVBWR…9 步

① S1（·）可直接指定变频器站号，也可由指定软元件中指定的变频器站号（K0～K31）；
② S2（·）可直接指定变频器的参数写入个数，也可指定软元件中指定的变频器的参数写入个数；
③ S3（·）指定写入到变频器的参数表的软元件起始编号；
④ n 指定使用的通道号（如：K1，为通道 1；K2，为通道 2）。

（2）成批写入变频器的参数指令的应用与操作说明　图 8-248 所示为成批写入变频器的参数指令的应用与操作说明。当 X000＝ON 时，指令针对 n＝K0 通信口上连接的由 S1(·) 指定的 K1 站号变频器，根据 S2(·) 指定 D20 中的写入参数个数和 S3(·) 指定的 D21 起始地址的数据表格（参数编号和设定值）成批写入到变频器中。

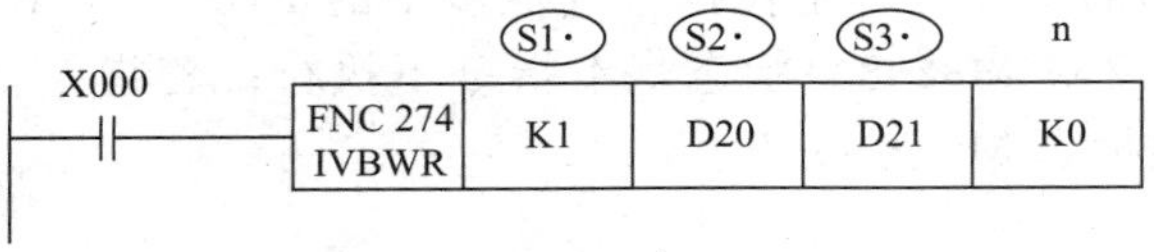

当(D20)中为3个写入参数时构成的数据表

S3· 指定元件		写入的参数编号及设定值
1	D21	参数编号
	D22	设定值
2	D23	参数编号
	D24	设定值
3	D25	参数编号
	D26	设定值

图 8-248　成批写入变频器参数指令的应用与说明

（3）注意事项　与指令 IVCK(FNC270) 指令相同。

十四、$FX_{3U/3UC}$ 的数据传送 3 指令

$FX_{3U/3UC}$ 的数据传送 3 提供了用于特殊处理的、执行比基本应用指令更加复杂处理的 2 条指令，它们都是 16 位指令。如表 8-181。

表 8-181　$FX_{3U//3UC}$ 系列 PLC 的数据传送 3 指令表

FNC No	指令助记符	指令功能名称	D 指令	P 指令
278	RBFM	缓冲单元(BFM)数据分割读出	—	—
279	WBFM	缓冲单元(BFM)数据分割写入	—	—

以上两条指令与 M8029（指令执行结束为 ON）、M8328（针对相同的单元号，正在执行其他步中的 RBFM 或 WBFM 指令时为 ON，本指令不执行）、M8329（当指令执行异常时为 ON，指令执行异常结束）软元件相关。

1. BFM 分割读出指令的组成要素及应用说明

（1）BFM 分割读出指令的组成要素　该指令可以分几个运行周期，从特殊功能模块/单元中连续的缓冲存储区（BFM）读取，保存在 D(·) 指定的软元件起始编号中。这功能对于保存在通信用的特殊功能模块/单元的 BFM 中接收的数据等分割后读出，非常方便。与本指令相关的读取 BFM 数据的还有 FROM（FNC 78）指令。指令的组成要素如表 8-182。

表 8-182　BFM 分割读出指令的组成要素

指令名称	指令代码位数	助记符	操作数范围					程序步
			$m1$①	$m2$②	D③(·)	$n1$⑤	$n2$⑥	
BFM 分割读出	FNC 278 (16)	RBFM	K、H、D、R	K、H、D、R	D④、R、	K、H	K、H	RBFM…11 步

① $m1$ 是指特殊功能模块/单元与 PLC 基本单元连接的位置单元号（0～7）；
② $m2$ 可以指定也可以通过指定软元件内容指定缓冲存储区（BFM）的起始编号（K0～K32767）；
③ D(·) 指定保存从缓冲存储区（BFM）读出的数据的软元件起始编号；
④ 指定数据寄存器 D 时，特殊数据寄存器除外；
⑤ $n1$ 是读出 BFM 的数据总点数；
⑥ $n2$ 是指每个运算周期的传送点数（K1～K32767）。

（2）BFM 分割读出指令的应用与操作说明　图 8-249 所示为分割读出指令 RBFM 的应用与操作说明。X001 为 ON 时，BFM 读出开始，使读出标志 M5 为 ON，RBFM 指令对位置单元 2 号的特殊功能模块或单元的 BFM 中＃2001～＃2080 的 80 点内容，按每个运行周期 16 个数据，读出到 D200～D279 中，指令执行结束，M8029 为 ON，使读出标志 M5 为 OFF。若指令针对相同的单元号，正在执行其他步中的 RBFM 或 WBFM 指令时，M8328 为 ON（程序由 Y001 反映 M8238）状态，本指令不执行；若指令执行出现异常结束时，M8329 为 ON，使读出标志 M5 为 OFF。

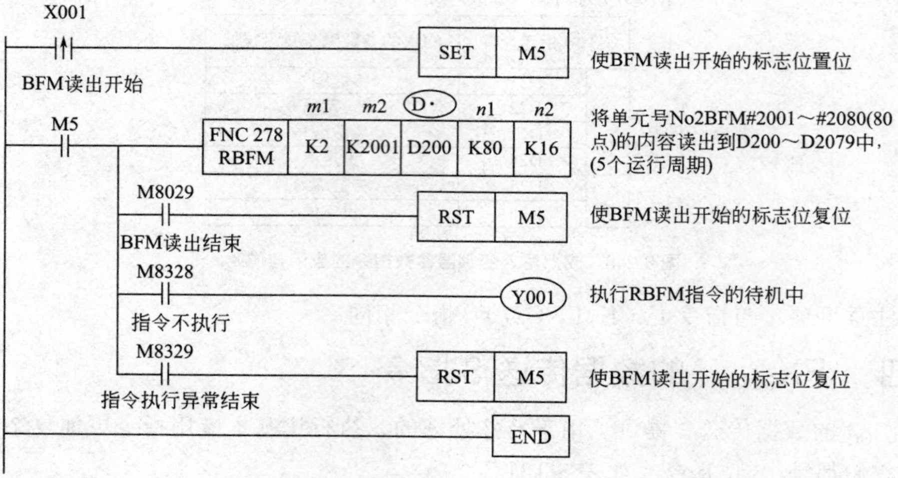

图 8-249　BFM 分割读出指令 RBFM 的应用与说明

2. BFM 分割写入指令的组成要素及应用说明

（1）BFM 分割写入指令的组成要素　该指令可以分几个运行周期，将数据写入到特殊功能模块/单元中连续的缓冲存储区（BFM）中，这对于需要将发送的数据分割后写入到通信用特殊功能模块/单元 BFM 中，是非常方便的。与本指令相关的写入数据到 BFM 的还有 TO(FNC 79）指令。指令的组成要素如表 8-183。

表 8-183　BFM 分割写入指令的组成要素

指令名称	指令代码位数	助记符	操作数范围					程序步
			$m1$①	$m2$②	S③（·）	$n1$⑤	$n2$⑥	
BFM 分割写入	FNC 279（16）	WBFM	K、H、D、R	K、H、D、R	D④、R、	K、H	K、H	WBFM…11 步

① $m1$ 是指特殊功能模块/单元与 PLC 基本单元连接的位置单元号（0～7）；

② $m2$ 可以指定也可以通过指定软元件内容指定缓冲存储区（BFM）的起始编号（K0～K32767）；

③ S(·）指定保存写入到缓冲存储区（BFM）的数据的软元件起始编号；

④ 指定数据寄存器 D 时，特殊数据寄存器除外；

⑤ $n1$ 是写入 BFM 的数据总点数；

⑥ $n2$ 是指每个运算周期的传送点数（K1～K32767）。

（2）BFM 分割写入指令的应用与操作说明　图 8-250 所示为 BFM 分割写入指令 WBFM 的应用与操作说明。X000 为 ON 时，BFM 写入开始，使写入标志 M0 为 ON，WBFM 指令将

D100～D179 中 80 点数据，以每个运行周期 16 个数据写入到 2 号位置单元的特殊功能模块/单元的 BFM♯1001～♯1080 中，5 个运行周期指令执行结束，M8029 为 ON，使写入标志 M0 为 OFF。若指令针对相同的单元号，正在执行其他步中的 RBFM 或 WBFM 指令时，M8328 为 ON（程序由 Y000 反映 M8238）状态，本指令不执行；若指令执行出现异常结束时，M8329 为 ON，使写入标志 M0 为 OFF。

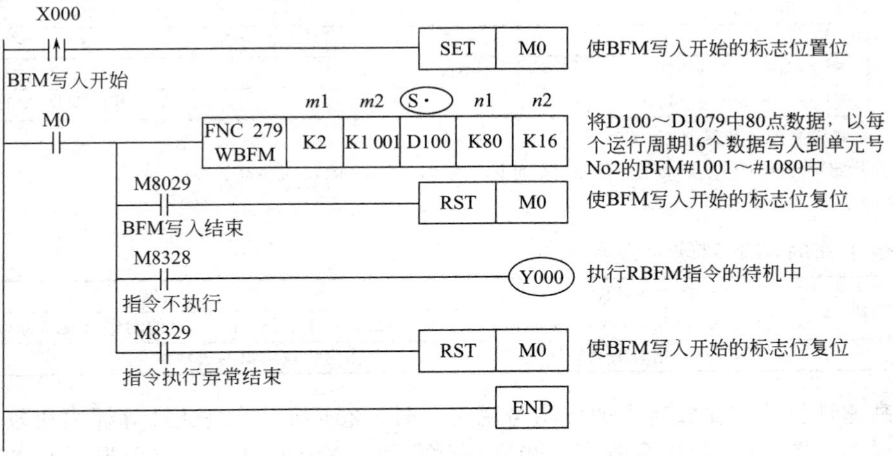

图 8-250 BFM 分割写入指令 WBFM 的应用与说明

3. BFM 分割读/写指令的使用注意事项

① 指令中 $n2$ 指定的每个运行周期传送的点数较多时，可能会使看门狗定时器 D8000 出错，可以采取以下两种方法解决：

可以按前面图 8-20 更改 D8000 中数据。

可以将指令中 $n2$ 指定的每个运行周期传送的点数减小。

② 指令执行过程中请勿中止指令的驱动，强行中止指令的驱动，则会中断缓冲存储器 BFM 的读/写处理。

③ 对指令中 D(・)/S(・) 指定的起始元件进行变址时，使用指令开始执行时的变址内容，指令执行后，即使变址寄存器的内容改变，也不会反映到指令的处理中。

④ 在 RBFM 指令执行中，请勿更新（BFM）$m2$ 开始的 $n1$ 点的内容，如果更新，则可能不能读出期望的数据；同理，在 WBFM 指令执行中，请勿更新 S(・) 开始的 $n1$ 点内容，如果更新，则期望的数据可能会没有写入 BFM 中。

十五、FX$_{3U/3UC}$的高速处理 2 指令

FX$_{3U/3UC}$系列 PLC 高速处理 2 指令仅有一条 32 位的高速计算器表比较指令 DHSCT（FNC 280）。

（1）高速计算器表比较指令的组成要素　该指令可以将预先制作好的数据表格和高速计数器的当前值进行比较，可以对最大 16 点输出进行置位或复位。指令的组成要素如表 8-184。

表 8-184　高速计算器表比较指令的组成要素

指令名称	指令代码位数	助记符	操作数范围					程序步
			S1[①]（・）	m[②]	S2[③]（・）	D[④]（・）	n[⑤]	
高速计算器表比较	FNC 280（32）	DHSCT	D、R	K、H、	C235～C255	Y、M、S	K、H	DHSCT…21 步

① S1(·) 指定保存数据表格的软元件的起始编号；

② m 指定数据表格的比较点数（$1\leqslant m\leqslant 128$）；由于每个比较点要占用 3 个软元件，$m$ 个比较点 S1(·) 需要占用 $3\times m$ 个软元件，其比较用表格形式如下：

表格编号 m	存放比较数据的单元	存放置 1/置 0 数据单元	表格计数器(D8138)
0	S1(·)+1,S1(·)	S1(·)+2	0↓
1	S1(·)+4,S1(·)+3	S1(·)+5	1↓
2	S1(·)+7,S1(·)+6	S1(·)+8	2↓
≀	≀	≀	≀
$m-2$	S1(·)+$3m-5$,S1(·)+$3m-6$	S1(·)+$3m-4$	$m-2$↓
$m-1$	S1(·)+$3m-2$,S1(·)+$3m-3$	S1(·)+$3m-1$	$m-1$↓,从 0 开始重复,M8138 为 ON

③ S2(·) 指定高速计数器编号（C235～C255）；

④ D(·) 指定动作输出位元件的起始编号，最低位应为 0，如 Y000、S0、M0；

⑤ n 指定动作输出点数（$1\leqslant n\leqslant 16$）。

该指令工作时与下列软元件有关：

软元件	软元件名称	功能
M8138	HSCT(FNC 280)指令的结束标志位	当最后一个表格($m-1$)号的动作结束时为 ON
D8138	HSCT(FNC 280)指令的表格计数器	保存作为比较对象的表格编号

（2）高速计算器表比较指令的应用与说明　图 8-251 所示为高速计算器表比较指令的应用与操作说明。图（a）为指令程序，当程序运行下，X010＝ON，指令根据 C235 对 X000 端的脉冲计数的当前值，与 D100 起始的软元件中设定的比较数据表［见图(b)］进行比较，然后以指定的模式输出到 Y010～Y012，指令操作如图（c）所示。当 X010＝OFF 时，不执行指令，对输出 Y010～Y012 不做处理，保持不变，D8138 复位。

（3）使用注意事项

① 该指令执行到 $m-1$ 后，D8138 清，回到表格 $m=0$ 的最初比较对象数据。

② 当 S2(·) 指定的高速计数器的当前值与数据比较表格中某个比较点的比较数据一致时，该比较点的动作元件中的设定值将送到 D(·) 指定元件中输出，D8138 的当前值自动加 1，移到下一个比较点。

③ 当 D8138 的当前值为 $m-1$ 时，自动复位，指向表格的最上层，结束标志位 M8138 为 ON。

④ 该指令在程序中只能使用一次，2 次使用将产生错误代码 K6765。

⑤ 该指令在初次执行后的 END 指令，才构成比较数据表，因此，动作的输出要从第 2 次扫描以后才会出现。

⑥ 对 S2(·) 指定的高速计数器进行变址修饰时，所有的 21 个高速计数器都将作为软件计数器使用。

十六、$FX_{3U/3UC/3G}$ 的扩展文件寄存器控制类指令

$FX_{3U/3UC/3G}$ 的扩展文件寄存器［ER］控制类指令共有 6 条，都为 16 位指令。它们可以对扩展文件寄存器进行读出、成批写入、登录、删除/写入和初始化操作。这六条指令的功能号、助记符和功能如表 8-185。

表 8-185　$FX_{3U/3UC/3G}$ 的扩展文件寄存器控制类指令

FNC No	指令助记符	指令功能名称	D 指令	P 指令
290	LOADR	读出扩展文件寄存器	—	○
291	SAVER	成批写入扩展文件寄存器	—	—

续表

FNC No	指令助记符	指令功能名称	D 指令	P 指令
292	INITR	扩展寄存器的初始化	—	○
293	LOGR	登录到扩展寄存器	—	○
294	RWER	扩展文件寄存器的删除、写入	—	○
295	INITER	扩展文件寄存器的初始化	—	○

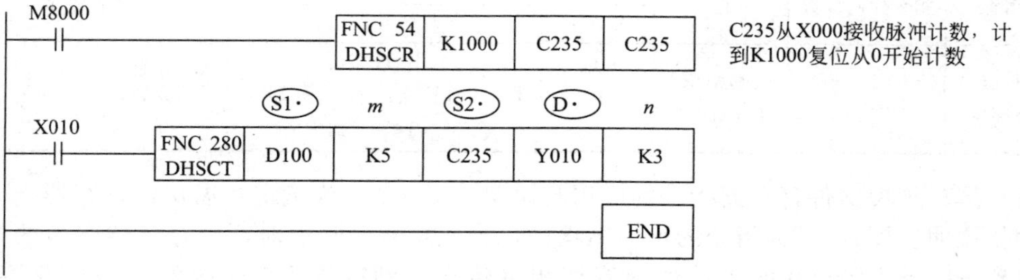

(a) DHSCT指令程序

表格编号 m	存放比较数据的单元		存放置1/置0数据单元		表格计数器(D8138)
	软元件	比较值	软元件	动作设定输出值	
0	D101,D100	K350	D102	H0001	0↓
1	D104,D103	K500	D105	H0006	1↓
2	D107,D106	K650	D108	H0004	2↓
3	D110,D109	K800	D111	H0003	3↓
4	D113,D112	K950	D114	H0005	4↓，从0开始重复

(b) DHSCT指令表格

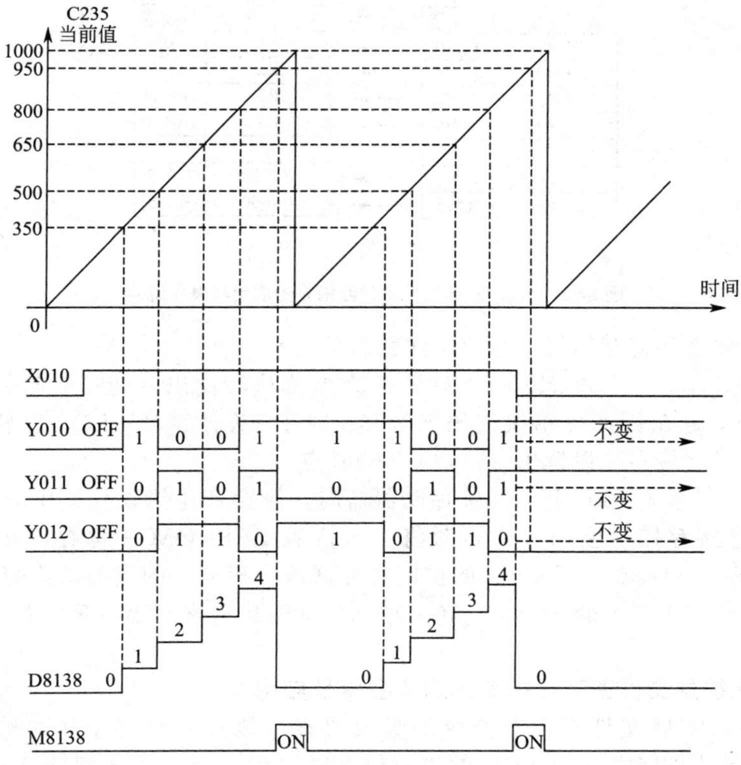

(c) DHSCT指令执行操作说明

图 8-251　高速计算器表比较指令的应用与操作说明

1. 读出扩展文件寄存器指令的组成要素及应用说明

（1）读出扩展文件寄存器指令的组成要素　该指令可以将保存在存储器盒（闪存、EEPROM）或主机内置 EEPROM 中的扩展文件寄存器（ER）的当前值读出（传送）到可编程控制器内置 RAM 的扩展寄存器（R）中。指令的组成要素如表 8-186。

表 8-186　读出扩展文件寄存器指令的组成要素

指令名称	指令代码位数	助记符	操作数范围		程序步
			S(·)	n	
读出扩展文件寄存器	FNC 290 (16)	LOADR LOADRP	R	K、H、D FX_{3U} 和 FX_{3UC}：$0\leqslant n\leqslant 32767$ FX_{3G}：$1\leqslant n\leqslant 24000$	LOADR、LOADRP…5 步

（2）读出扩展文件寄存器指令的应用与说明　图 8-252 为读出扩展文件寄存器指令的应用与操作说明。图（a）为指令的梯形图程序，当 M0 为上升沿时，将存储器盒内的扩展文件寄存器 ER1～ER4000 的当前值内容读出（传送）到内置 RAM 中的扩展寄存器 R1～R4000(4000 点）中，如图（b）所示。若指令中$n=0$，作为$n=32768$执行。

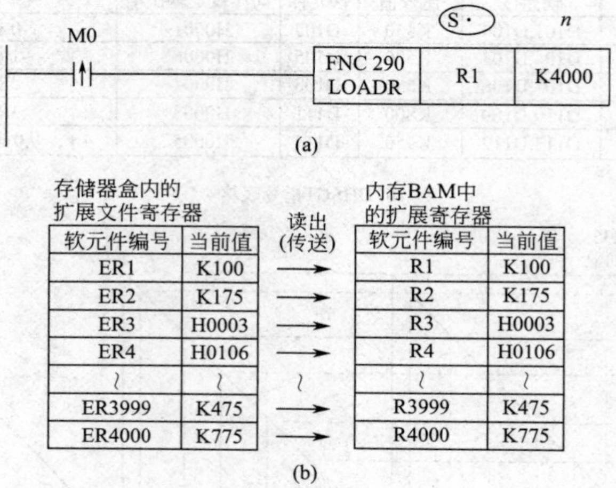

图 8-252　读出扩展文件寄存器指令的应用与操作说明

（3）读出扩展文件寄存器指令的使用注意事项

① 对于 $FX_{3U/3UC/3G}$ 系列 PLC，以软元件为单位执行读出（传送）时，最多可以读出（传送）32768 点，超出则产生错误代码 K6706；对于 FX_{3G} 系列 PLC，以软元件为单位执行读出（传送）时，最多可以读出（传送）24000 点。

② $FX_{3U/3UC/3G}$ 系列 PLC 若未连接存储器盒时，则会产生错误代码 K6771；FX_{3G} 系列 PLC 指令若未连接存储器盒时，执行时将主机内置 EEPROM 中保存的扩展文件寄存器（ER）[编号与 S(·)～S(·)$+n-1$ 的扩展寄存器编号相同] 的当前值内容，读出（传送）到可编程控制器内置 RAM 的 S(·)～S(·)$+n-1$ 的扩展寄存器（R）中，不会发生运算错误。

2. 成批写入扩展文件寄存器指令的组成要素及应用说明

（1）成批写入扩展文件寄存器指令的组成要素　该指令可用于将可编程控制器内置 RAM 的任意点数的扩展寄存器（R）的当前值 1 段（2048 点）写入存储器盒（闪存）的扩展文件寄存器（ER）中。指令的组成要素如表 8-187。

表 8-187 成批写入扩展文件寄存器指令的组成要素

指令名称	指令代码位数	助记符	操作数范围			程序步
			S①(·)	n②	D③(·)	
成批写入扩展文件寄存器	FNC 291 (16)	SAVER	R	K、H	D	SAVER…7 步

① S(·) 指定保存数据的扩展寄存器的软元件编号，只能指定扩展寄存器的段的起始软元件编号，以段为单位（2048 点）执行写入时，各段的起始软元件编号如下所示：

段编号	起始软元件编号	写入软元件范围	段编号	起始软元件编号	写入软元件范围
段 0	R0	ER0～ER2047	段 8	R16384	ER16384～ER18431
段 1	R2048	ER2048～ER4095	段 9	R18432	ER18432～ER20479
段 2	R4096	ER4096～ER6143	段 10	R20480	ER20480～ER22527
段 3	R6144	ER6144～ER8191	段 11	R22528	ER22528～ER24575
段 4	R8192	ER8192～ER10239	段 12	R24576	ER24576～ER26623
段 5	R10240	ER10240～ER12287	段 13	R26624	ER26624～ER28671
段 6	R12288	ER12288～ER14335	段 14	R28672	ER28672～ER30719
段 7	R14336	ER14336～ER16383	段 15	R30720	ER30720～ER32767

② n 为每个运算周期写入（传送）的点数（$0 \leqslant n \leqslant 2048$），若 $n=0$，作为 $n=2048$ 执行指令。

③ D(·) 指定保存已经写入的点数的软元件编号。

（2）成批写入扩展文件寄存器指令的应用与说明　图 8-253 为成批写入扩展文件寄存器指令的应用与操作说明。图（a）为指令的梯形图程序，当 X000 为 ON 时，成批写入扩展文件寄存器指令根据 S(·) 指定的内存 RAM 中 R0 起始的 0 段 2048 个单元数据，以每个运算周期 128 个点，写入到存储器盒内的扩展文件寄存器中对应的 D0 起始的 0 段 2048 个单元中，经过 2048/128≈16 个运算周期，2048 点的写入（传送）结束时，指令执行结束，指令执行结束标志位 M8029 变为 ON，使 M0 为 OFF，程序执行结束。

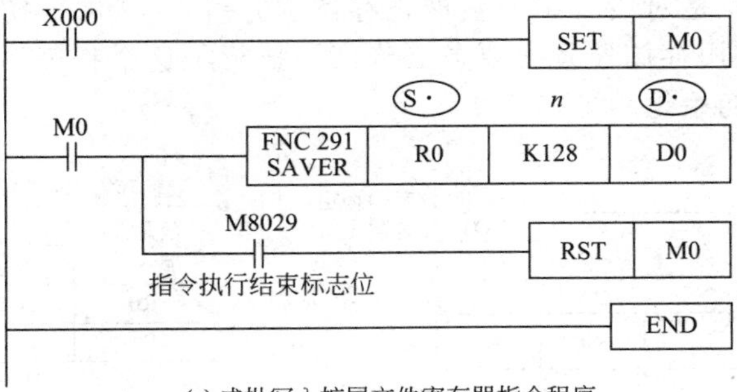

(a) 成批写入扩展文件寄存器指令程序

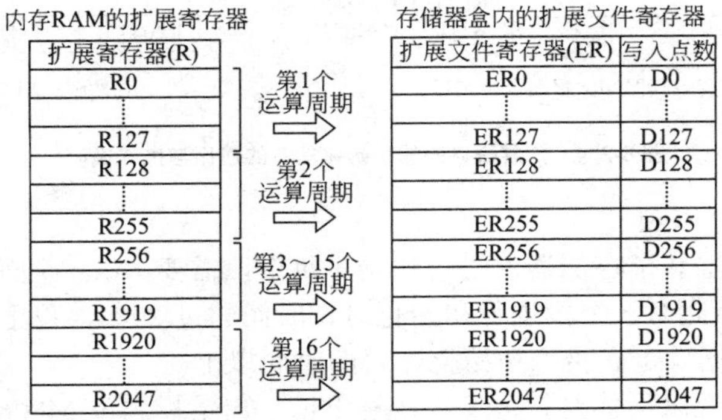

(b) 每个运算周期写入128个点，1段需要16个运算周期

图 8-253 成批写入扩展文件寄存器指令的应用与操作说明

（3）指令使用注意事项

① 指令执行中请勿中断，如果中断，则扩展文件寄存器中的数据可能会变成无法预料的数据。

② 若将所有点（2048）的数据写入大约需要340ms，尤其是n指定了K0或K2048时，指令执行的运算周期会比平时长约340ms，如果跨多个运算周期执行写入时，请将n设定为K1～K1024。

3. 扩展寄存器的初始化指令的组成要素及应用说明

（1）扩展寄存器［R］的初始化指令的组成要素　该指令可以通过LOGR（FNC 293）指令开始登录数据之前，使用本指令INITR（FNC 292）可以对可编程控制器内置RAM中的扩展寄存器（R）和存储器盒（闪存）中的扩展文件寄存器（ER）进行初始化。也可以对FX_{3UC}（Ver. 1. 30以下版本）可编程控制器，在使用SAVER（FNC 291）指令写入数据前，使用本指令对扩展文件寄存器（ER）进行初始化。本指令对指定的n个段初始化就是对初始化单元写入初始化数据HFFFF。指令的组成要素如表8-188。

表 8-188　扩展寄存器的初始化指令的组成要素

指令名称	指令代码位数	助记符	操作数范围		程序步
			S①（·）	n②	
扩展寄存器的初始化	FNC 292（16）	INITR INITRP	R	K、H、	INITR、INITRP…5步

① S（·）指定要初始化的扩展寄存器和扩展文件寄存器的软元件编号［未使用存储器盒时，不执行扩展文件寄存器（ER）的初始化］。但是，仅可以指定扩展寄存器的段的起始软元件编号［各段的起始软元件编号与指令SAVER（FNC 291）的分段起始软元件编号相同］。

② n指定要初始化的扩展寄存器和扩展文件寄存器的段数。

（2）扩展寄存器的初始化指令的应用与说明　图8-254为扩展寄存器的初始化指令的应用与操作说明。图（a）是对段0中的扩展寄存器R0～R2047进行初始化的程序，图（b）是操作说明。但是，使用存储器盒时要务必注意，执行了这个程序后，对扩展文件寄存器ER0～ER2047也会被初始化。

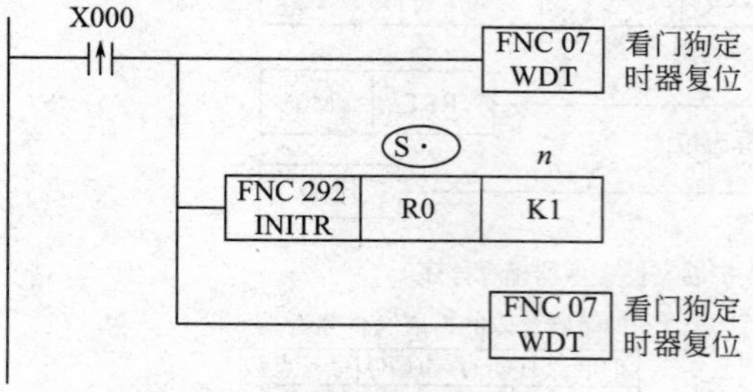

(a) 扩展寄存器初始化指令程序

扩展寄存器(R)[内置RAM中]

软元件编号	当前值	
	执行前	执行后
R0	H1235	HFFFF
R1	H5789	HFFFF
R2	H90AC	HFFFF
≀	≀	≀
R2047	HADEF	HFFFF

(b) 初始化指令操作说明

图 8-254　扩展寄存器的初始化指令的应用与操作说明

（3）指令使用注意事项

① 可编程控制器安装了存储器盒时，初始化每个段需要18ms时间（没有安装存储器盒时，为1ms以下），因此对多个段进行初始化时，时间超过200ms以上时，务必要将看门狗定时器D8000中的数据设定在指令初始化需要的时间以上。

② 执行指令时出现以下情况，会发生运算出错，出错标志位M8067＝ON，D8067中会保存出错代码。

- 当S（·）设定了扩展文件寄存器的段的起始软元件编号以外的数字时，产生错误代码K6706；

● 要初始化的软元件的编号超出了 32767 时，执行初始化到 R32767（ER32767）为止的软元件，并产生错误代码 K6706；

● 连接存储器盒时，写保护开关设置在 ON 时，产生错误代码 K6770。

4. 登录到扩展寄存器指令的组成要素及应用说明

（1）登录到扩展寄存器指令的组成要素　该指令可用于执行指定软元件的登录，并可以将已经登录的数据保存到扩展寄存器（R）以及存储器盒中的扩展文件寄存器（ER）中。指令的组成要素如表 8-189。

表 8-189　登录到扩展寄存器指令的组成要素

指令名称	指令代码位数	助记符	操作数范围					程序步
			S①（·）	m②	$D_1$③	n④	$D_2$⑤（·）	
登录到扩展寄存器	FNC 293（16）	LOGR LOGRP	T、C、D	K、H、D 1b≤m≤8000	R	K、H 1≤n≤16	D	LOGR、LOGRP…11 步

① S（·）指定执行登录的对象软元件起始编号（定时器不能设定 C200～C255）；

② m 为登录的对象软元件数，1≤m≤8000；

③ D_1（不能变址）指定登录中使用的软元件起始编号；

④ n 为登录中使用的软元件的段数，1≤n≤16；

⑤ D_2（·）指定软元件编号保存已登录的数据数。

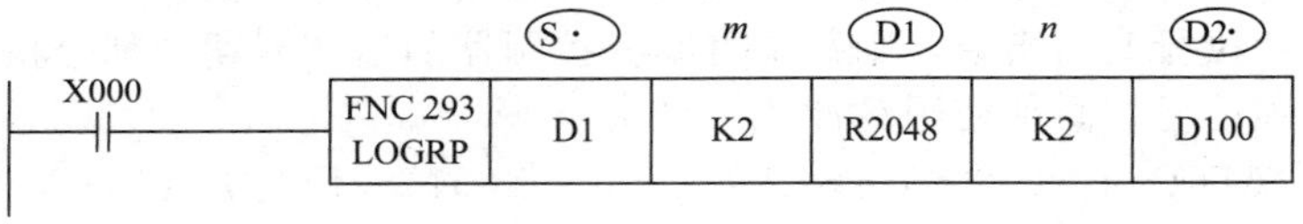

(a) 登录到扩展寄存器指令的梯形图

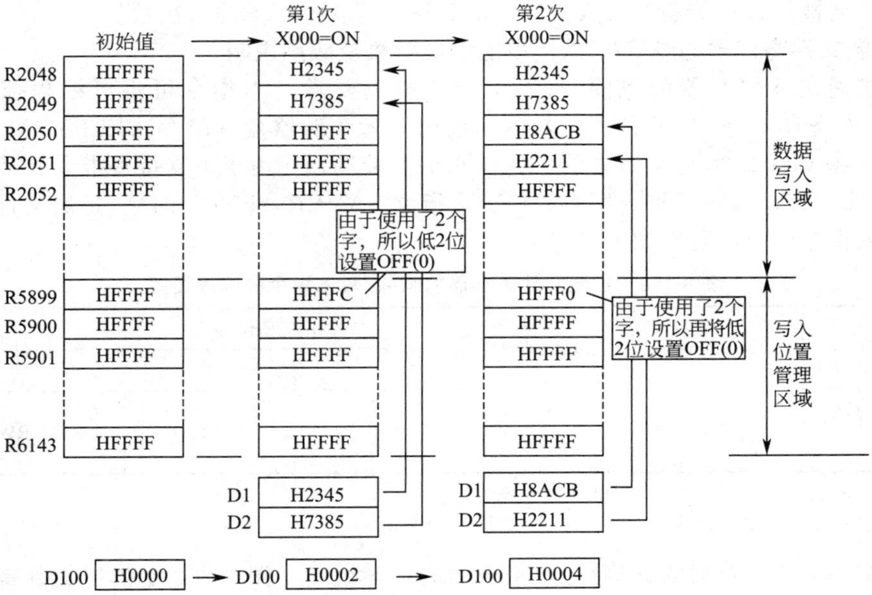

(b) 登录到扩展寄存器指令的操作说明

图 8-255　登录到扩展寄存器指令的应用与操作说明

（2）登录到扩展寄存器指令的应用与说明　图 8-255 为登录到扩展寄存器指令的应用与操作说明。图（a）为每次 X001 为 ON 时，在 R2048～R6143 的区域中登录 D1 和 D2 的程序。图（b）是指令操作说明，指令驱动一次，将保存的登录数据存放在D100中。未使用存储器盒时，不能对扩展文件寄存器（ER）执行写入。

（3）使用注意事项

① 由于存储器盒的存储介质是闪存，所以在开始登录之前，请务必以段为单位，对数据保存区域初始化。未经初始化就执行这个指令时，有可能会出现运算错误（错误代码：K6770）。

② 下面的情况下会发生运算错误，错误标志位（M8067）为ON，错误代码保存在D8067中：

• 当S(·）指定中设定了扩展文件寄存器的段起始软元件编号以外的数字时，会产生错误代码K6706。

• 写入数据时，会比较剩余区域和写入数据的量。此时，如果剩余的写入区域不够时，只写入可以写入的点数，并产生错误代码：K6706。

• 存储器盒的写保护开关设置在ON时，产生错误代码：K6770。

③ 有关存储器的允许写入次数。访问扩展文件寄存器时，请注意以下一些要点。

• 存储器盒（闪存）的允许写入次数在1万次以下。

每执行一次INITR（FNC 292）、RWER（FNC 294）、INITER（FNC 295）指令，就会被计入存储器的写入次数。存储器的写入次数请勿超出允许写入次数。

此外，使用连续执行型的指令，则每个可编程控制器的运算周期中都会执行对存储器的写入。如要避免这种情况，必须使用脉冲执行型指令。

• 即使执行LOADR（FNC 290）、SAVER（FNC 291）、LOGR（FNC 293）指令，也不会被计入存储器的写入次数。但是，执行SAVER（FNC 291）、LOGR（FNC 293）指令前，需要对写入对象的段进行初始化。使用INITR（FNC 292）、INITER（FNC 295）指令初始化时，会被计入存储器的写入次数，因此请注意存储器的写入次数。

5. 扩展文件寄存器的删除/写入指令的组成要素及应用说明

（1）扩展文件寄存器的删除/写入指令的组成要素　本指令可将可编程控制器内置RAM的扩展寄存器（R）的任意点数的当前值写入存储器盒（闪存）EEPROM中。

此外，在Ver. 1. 30以下版本的FX_{3UC}可编程控制器，由于不支持本指令RWER（FNC 294）的删除/写入，请使用成批写入（ER）指令SAVER（FNC 291）。扩展文件寄存器的删除、写入指令的组成要素如表8-190。

表8-190　扩展文件寄存器的删除/写入指令的组成要素

指令名称	指令代码位数	助记符	操作数范围		程序步
			S①(·)	n②	
扩展文件寄存器的删除/写入	FNC 294 (16)	RWER RWERP	R	K、H、D	RWER、RWERP…5步

① S(·）指定保存数据的扩展寄存器的软元件编号；

② n 指定写入的（传送）点数，(FX_{3G}：$1 \leqslant n \leqslant 24000$，$FX_{3U/3UC}$：$0 \leqslant n \leqslant 32767$)。

（2）扩展文件寄存器的删除/写入指令的应用与说明　图8-256是扩展文件寄存器的删除/写入指令的应用与说明。图（a）为指令的形式。

① 图8-256(b）是$FX_{3U/3UC}$ PLC的操作说明情况，指令将S(·）指定的起始扩展寄存器的n点16位BIN，写入相同编号的存储器盒（闪存）的扩展文件寄存器（ER）中。

② FX_{3G}可编程控制器的情况下

a. 连接了存储器盒时。图8-256(c）是FX_{3G}可编程控制器应用删除、写入指令将

S(·）指定的开始 n 点扩展寄存器（R）的内容（当前值），写入（传送）到相同编号的存储器盒（EEPROM）的扩文件寄存器（ER）中的应用与操作说明。

b. 未连接存储器盒时。图 8-256(d) 是 FX_{3G} 可编程控制器应用删除、写入指令将 S（·）指定的开始 n 点扩展寄存器（R）的内容（当前值），写入（传送）到相同编号的主机内置的 EEPROM 中的扩文件寄存器（ER）中的应用与操作说明。

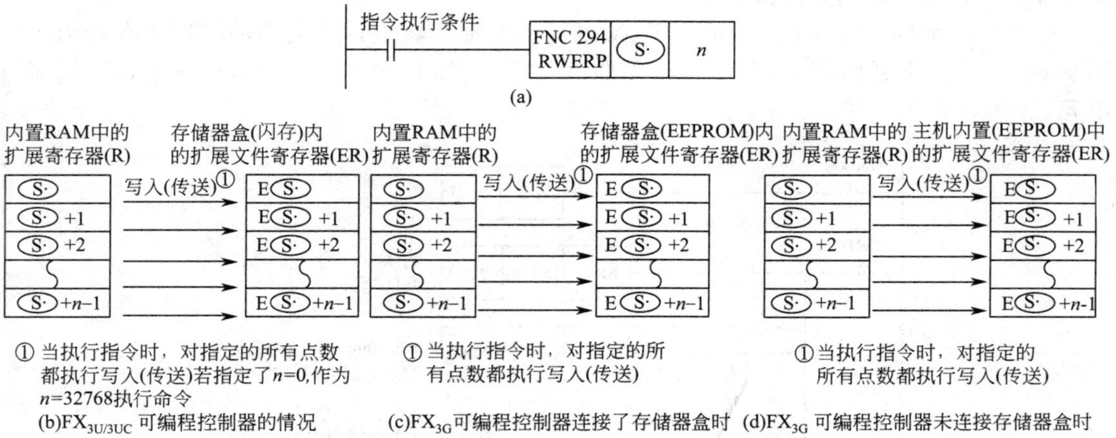

图 8-256 扩展文件寄存器的删除/写入指令的形式与操作说明

(3) 指令使用要点

① 对于 $FX_{3U/3UC}$ 可编程控制器，由于存储器盒的存储介质为闪存，所以使用这个指令将数据写入存储器盒中的扩展文件寄存器时，请务必注意以下的内容。

• 可以任意指定要写入的扩展寄存器，但是以段为单位执行写入动作。

因此，写入所需的时间为每段约 47ms。当要写入的扩展寄存器跨了 2 个段时，指令执行的时间大约为 94ms。请在执行这个指令之前，更改看门狗定时器的设定值 D8000。

• 在指令执行过程中请勿断开电源。如果在执行过程中断电，则有可能使指令的执行被中断。如果指令的执行中断，则可能会丢失数据，所以在执行指令之前请务必备份数据。

② 对于 FX_{3G} 可编程控制器，由于存储器盒的存储介质为 EEPROM，所以使用这个指令将数据写入存储器盒中的扩展文件寄存器时，请务必注意：

• 在指令执行过程中请勿断开电源。如果在执行过程中断电，则有可能使指令的执行被中断。

如果指令的执行中断，则可能会丢失数据，所以在执行指令之前请务必备份数据。

③ 下面的情况下会发生运算错误，错误标志位（M8067）为 ON，错误代码保存在 D8067 中。

• 要传送的软元件的末尾编号超出了 32767① 时，会产生错误代码：K6706。此时，对到末尾软元件编号的 R32767① 为止的软元件执行读出（传送）。

• 未连接存储器盒时，产生错误代码：K6771②。

• 存储器盒的写保护开关设置在 ON 时，产生错误代码：K6770。

注：① FX_{3G} 可编程控制器的情况下，末尾软元件编号会变为 23999。

② FX_{3G} 可编程控制器的情况下，未连接存储器盒时，读出主机内置 EEPROM 中保存的扩展文件寄存器的内容，就会发生运算错误。

(4) 有关存储器的允许写入次数

① $FX_{3U/3UC}$ 可编程控制器的情况下，有关存储器的允许写入次数与登录到扩展寄存器

指令 LOGR（FNC 性 293）指令的阐述相同。

② FX_{3G} 可编程控制器的情况下，存储器盒（EEPROM）允许写入次数在 1 万次以下，内置存储器（EEPROM）的允许写入次数在 2 万次以下。每执行一次 RWER（FNC 294）指令，就会被计入存储器的写入次数。存储器的写入次数请勿超出允许写入次数。此外，使用连续执行型的指令，则每个可编程控制器的运算周期中都会执行对存储器的写入。如要避免这种情况，必须使用脉冲执行型指令。

（5）程序举例　图 8-257 所示程序 X000 为 ON 时，将设定数据用的扩展寄存器 R20～R29（0 段）的变更内容，写入扩展文件寄存器（ER）中对应的 ER20～ER29（0 段）单元。

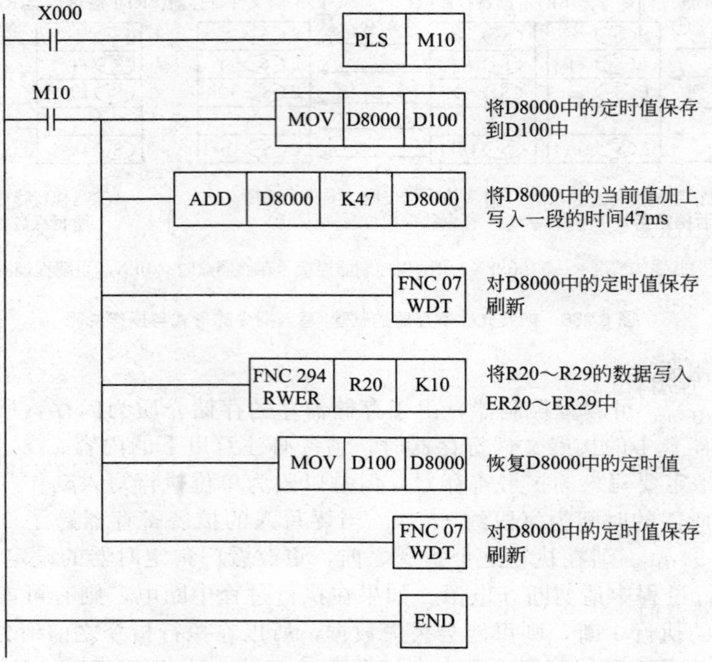

图 8-257　扩展文件寄存器的删除/写入指令的编程应用

6. 扩展文件寄存器的初始化指令的组成要素及应用说明

（1）扩展文件寄存器的初始化指令的组成要素　该指令可在执行 SAVER 指令前，对存储器盒（闪存）中的扩展文件寄存器（ER）进行初始化（HFFFF<K-1>）的情况时使用。此外，在 Ver. 1. 30 以下版本的 FX_{3UC} 可编程控制器，由于不支持 INITER 指令（FNC 295），所以可使用 INITR（FNC 292）指令进行初始化。指令的组成要素如表 8-191。

表 8-191　扩展文件寄存器的初始化指令的组成要素

指令名称	指令代码位数	助记符	操作数范围		程序步
			S(・)①	n②	
扩展文件寄存器的初始化	FNC 295 (16)	INITER INITERP	R	K、H	INITER、INITERP…5 步

① S(・) 指定与要执行初始化的扩展文件寄存器的软元件编号相同的扩展寄存器的软元件编号，但是，仅可以指定扩展寄存器的段的起始软元件编号。

② n 指定要初始化的扩展文件寄存器的段数，各段的起始软元件编号与成批写入扩展文件寄存器指令 SAVER（FNC 291）相同。

(2) 扩展文件寄存器的初始化指令的应用与说明 图 8-258 是扩展文件寄存器的初始化指令的应用与说明。图 (a) 是对段 0 中的扩展文件寄存器 ER0～ER2047 进行初始化的程序，当 X000 为 ON 时，执行 INITER 指令初始化每段约需 25ms。图 (b) 是操作说明。

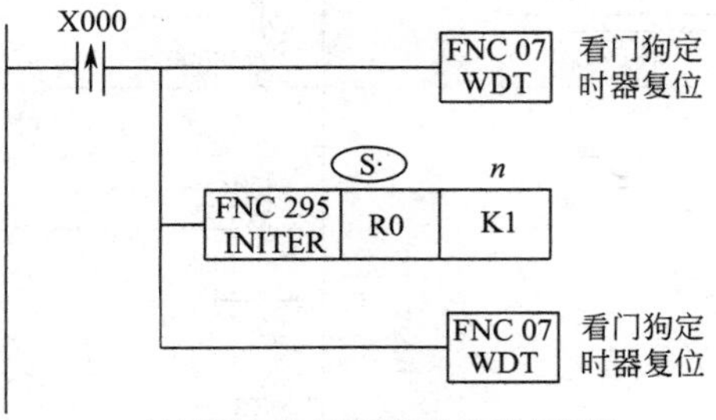

(a)扩展文件寄存器初始化指令程序

扩展寄存器(ER)[存储器盒内]

软元件编号	当前值	
	执行前	执行后
ER0	H4235	HFFFF
ER1	H3789	HFFFF
ER2	H70AC	HFFFF
~	~	~
ER2047	HA7EF	HFFFF

(b)初始化指令操作说明

图 8-258 扩展文件寄存器的初始化指令的应用与操作说明

(3) 指令使用注意事项

① 可编程控制器安装了存储器盒时，初始化每个段需要 25ms 时间，对多个段进行初始化时，时间超过 200ms 以上时，务必要将看门狗定时器 D8000 中的数据设定在指令初始化需要的时间以上。

② 执行指令时出现以下情况，会发生运算出错，出错标志位 M8067＝ON，D8067 中会保存出错代码。

- 当 S(·) 设定了扩展文件寄存器 (ER) 的段的起始软元件编号以外的数字时，产生错误代码 K6706；
- 要初始化的软元件的编号超出了 32767 时，执行初始化到 R32767 (ER32767) 为止的软元件，并产生错误代码 K6706；
- 连接存储器盒时，写保护开关设置在 ON 时，产生错误代码 K6770。

习题与思考题

【8-1】 应用指令在梯形图中是采用怎样的结构表达形式？它有哪些使用要素？叙述它们的使用意义？

【8-2】 在图 8-2 所示的应用指令表示形式中，“X000”“(D)”“(P)”“D10”“D14”分别表示什么？该指令有什么功能？程序为几步？

【8-3】 FX_{2N} 系列可编程控制有哪些中断源？如何使用？这些中断源所引出的中断在程序中如何表示？试比较中断子程序和普通子程序的异同点。

【8-4】 某化工设备设有外应急信号，用以封锁全部输出口，以保证设备的安全。试用中断方法设计相关梯形图。

【8-5】 设计一个时间中断子程序，每 20ms 读取输入口 K2X000 数据一次，每 1s 计算一次平均值，并送 D100 存储。

【8-6】 用 CMP 指令实现下面功能：X000 为脉冲输入，当脉冲数大于 5 时，Y001 为 ON；反之，Y000 为 ON。编写此梯形图。

【8-7】 分析图 8-259 所示程序，当 X001＝OFF 时，Y000～Y003 是如何输出的？当 D0 中数据为 1000 时，时间为多少秒？

【8-8】 分析图 8-260 所示程序，程序运行后，分析四个跳转程序段的输出状态。若跳转程序段不执行，输出是什么状态？

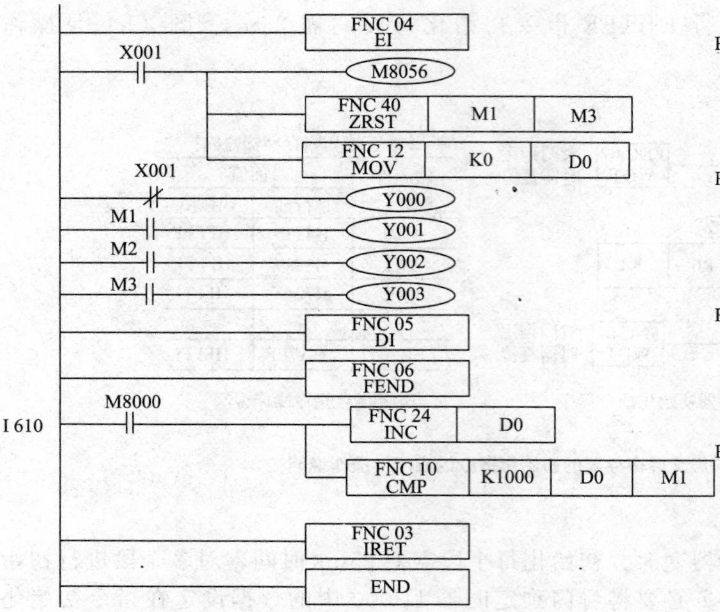

图 8-259　题【8-7】程序

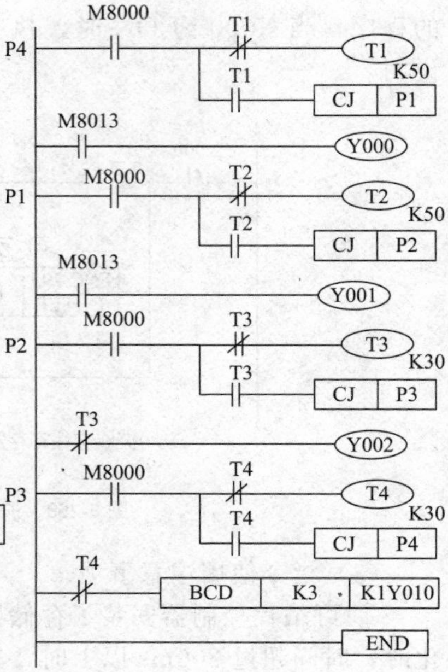

图 8-260　题【8-8】程序

【8-9】 程序如图 8-261 所示，试分析（1）当 X011 为 OFF 时，①X010 为 ON，调用 P0 子程序具有什么功能？Y000 处于什么状态？②X010 为 OFF，调用 P1 子程序具有什么功能？Y001 处于什么状态？（2）当 X011 为 ON 时，调用 P2 子程序具有什么功能？Y002 处于什么状态？

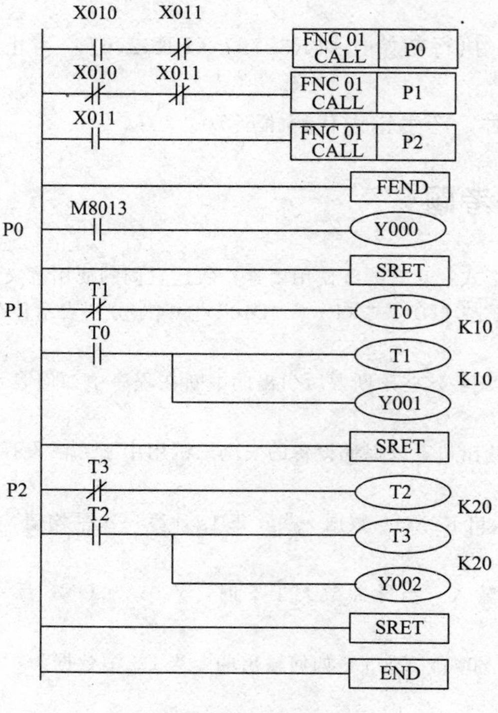

图 8-261　题【8-9】程序

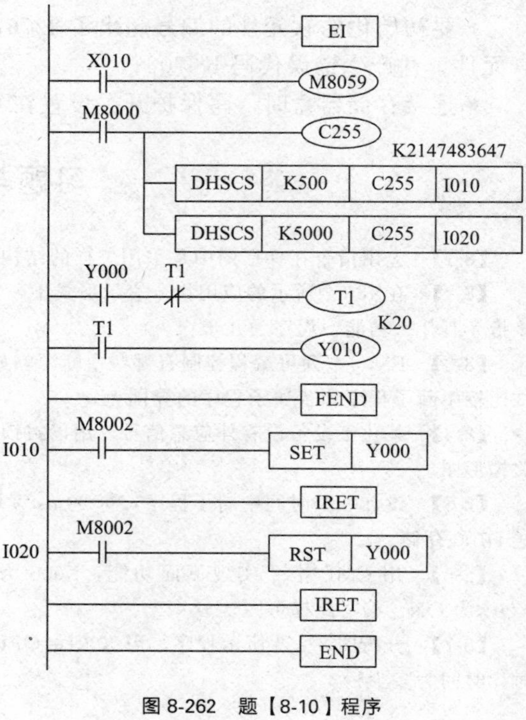

图 8-262　题【8-10】程序

【8-10】　分析图 8-262 所示的程序，当 X010＝OFF 时，说明程序中 Y000 与 Y010 是以什么规律变化的？当 X010＝ON 时，Y000 与 Y010 是什么状态？

【8-11】　程序如图 8-263 所示，已知（D0）＝0000000000010110，（D2）＝00000000001 11100，当程序中 X000 为 ON 时，（D4）、（D6）和（D8）的结果是多少？Y003～Y000 是什么状态？

【8-12】　试分析图 8-264 所示程序，C0～C2 是什么计数器？它们的计数过程通过 BCD 指令分别传送到 K2Y000、K2Y010、K2Y020 驱动几位显示器？显示的是什么内容？程序具有什么功能？

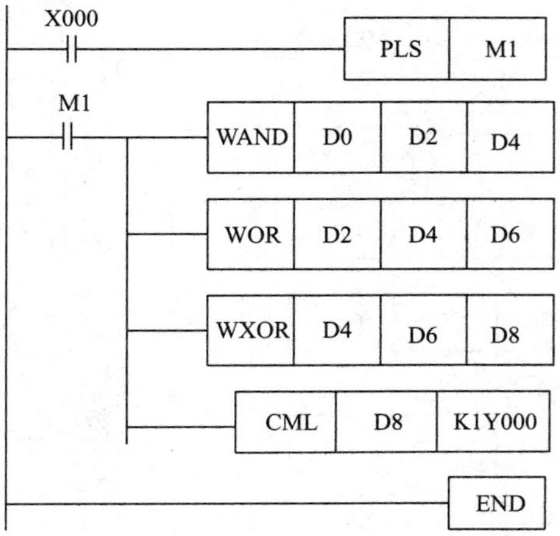

图 8-263　题【8-11】程序

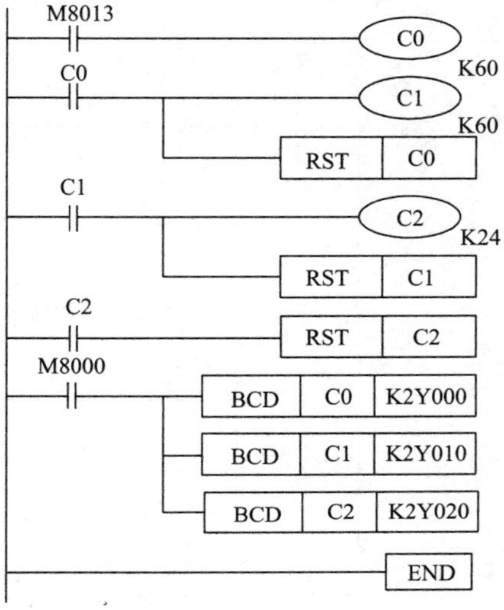

图 8-264　题【8-12】程序

【8-13】　三台电机相隔 5s 启动，各进行 10s 停止，循环往复。使用传送比较指令完成控制要求。

【8-14】　试用比较指令，设计一密码锁控制电路。密码锁为四键，若按 H65 正确后 2s，开照明；按 H87 正确后 3s，开空调。

【8-15】　试编写一个数字钟的程序。要求有时、分、秒的输出显示，应有启动、清除功能。进一步可考虑时间调整功能。

【8-16】　如何用双按钮控制 5 台电动机的 ON/OFF。

【8-17】　如何使用高速计数器的触点控制被控对象的置位、复位？高速计数器比较复位指令有什么用途？举例说明。

【8-18】　试用 SFTL 位左移指令构成移位寄存器，实现广告牌字的闪耀控制。用 HL1～HL4 四灯分别照亮“欢迎光临”四个字。其控制流程要求如表 8-192 所示。每步间隔 1s。

表 8-192　广告牌字闪耀流程

步序	1	2	3	4	5	6	7	8
HL1	×				×		×	
HL2		×			×		×	
HL3			×		×		×	
HL4				×	×		×	

【8-19】　试用 DECO 指令实现某喷水池花式喷水控制。第一组喷嘴 4s→二组喷嘴 2s→均停 1s→重复上述过程。

【8-20】　某设备需每分钟记录一次温度值，温度经传感器变换后以脉冲列给出，试构造相关设备安排及编绘梯形图程序。

【8-21】　采用三位 7 段数码静态显示三位数字，使用机内译码指令和采用机外译码电路各需占用多少位输出口？

【8-22】 采用三位 7 段数码管动态显示三组数字，使用机外译码电路方式，试编制相关梯形图。

【8-23】 采用晶体管输出型的 PLC 驱动带锁存七段数码管，使用指令 SECL 编程时，①若已知 PLC 输出为负逻辑，七段码显示器的数据输入和选取通脉冲信号为负逻辑，且是四位一组，则选取 $n=$？若是四位二组，应选取 $n=$？②若已知 PLC 输出为正逻辑，七段码显示器的数据输入和选取通脉冲信号均为正逻辑，且是四位一组，则选取 $n=$？若是四位二组，应选取 $n=$？

【8-24】 阅读图 8-265 所示高速计算器表比较指令程序及比较数据表，请画出 C235、Y010～Y013、D8138 和 M8138 的运行操作波形。

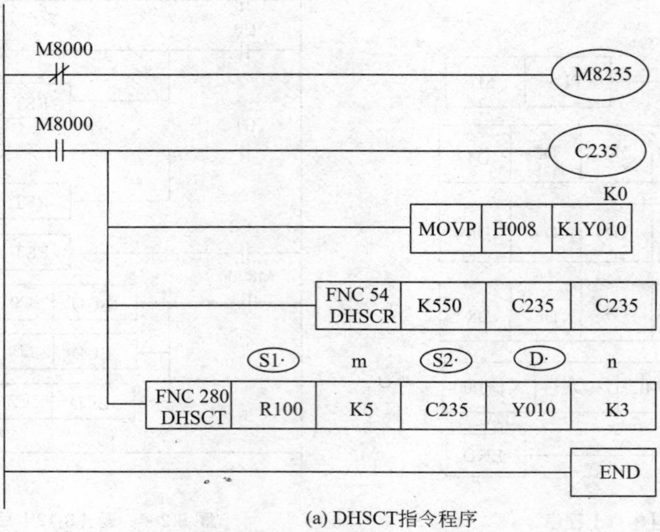

(a) DHSCT指令程序

表格编号 m	存放比较数据的单元		存放置1/置0数据单元		表格计数器(D8138)
	软元件	比较值	软元件	动作设定输出值	
0	R101, R100	K100	R102	H0006	0↓
1	R104, R103	K150	R105	H0004	1↓
2	R107, R106	K250	R108	H0003	2↓
3	R110, R109	K350	R111	H0005	3↓
4	R113, R112	K450	R114	H0008	4↓,从0开始重复

(b) DHSCT指令比较数据表格

图 8-265 高速计算器表比较指令的应用程序

第九章　可编程控制系统设计

前面介绍了可编程控制器的硬件基本结构与工作原理、指令系统与编程方法。本章在这基础上，进一步介绍可编程控制系统设计的基本原则与基本内容、设计的一般步骤与方法和PLC控制系统设计应用举例。

第一节　PLC控制系统设计的基本内容和步骤

一、PLC控制系统设计的基本原则

设计任何一个PLC控制系统，如同设计任何一种电气控制系统一样，其目的都是通过控制被控对象（生产设备或生产过程）来实现工艺要求，提高生产效率和产品质量。因此，在设计PLC控制系统时，应遵循以下基本原则。

(1) PLC控制系统控制被控对象最大限度地满足工艺要求。设计前，应深入现场进行调查研究，搜索资料，并与机械部分的设计人员和实际操作人员密切配合，共同拟定控制方案，协同解决设计中出现的各种问题。

(2) 在满足工艺要求的前提下，力求使PLC控制系统简单、经济、使用及维修方便。

(3) 保证控制系统的安全、可靠。

(4) 考虑到生产的发展和工艺的改进，在配置PLC硬件设备时应适当留有一定的裕量。

二、PLC控制系统设计的基本内容

PLC控制系统是由PLC与用户输入、输出设备连接而成的。因此，PLC控制系统设计的基本内容应包括以下内容。

(1) 选择用户输入设备（按钮、操作开关、限位开关、传感器等）、输出设备（继电器、接触器、信号灯等执行元件）以及由输出设备驱动的控制对象（电动机、电磁阀等）。这些设备属于一般的电气元件，其选择的方法在前面第一至四章中已做介绍。

(2) PLC的选择。PLC是PLC控制系统的核心部件。正确选择PLC对于保证整个控制系统的技术经济性能指标起着重要的作用。

选择PLC，包括机型、容量的选择以及I/O模块、电源模块等的选择。

(3) 分配I/O点，绘制I/O连接图。

(4) 控制程序设计。包括控制系统流程图、梯形图、语句表（即程序清单）等设计。

控制程序是控制整个系统工作的软件，是保证系统工作正常、安全、可靠的关键。因此，设计的控制程序必须经过反复调试、修改，直到满足要求为止。

(5) 必要时还需设计控制台（柜）。

(6) 编制控制系统的技术文件。包括说明书、电气图及电气元件明细表。

传统的电气图，一般包括电气原理图、电器布置图及电气安装图。在 PLC 控制系统中，这一部分图统称为“硬件图”。它在传统电气图的基础上增加了 PLC 部分，因此在电气原理图中应增加 PLC 的 I/O 连接图。

另外，在 PLC 控制系统中的电气图中还应包括程序图（梯形图），通常称它为“软件图”。向用户提供“软件图”，可便于用户在生产发展或工艺改进时修改程序，并有利于用户在维修时分析和排除故障。

三、PLC 控制系统设计的一般步骤及内容

设计 PLC 控制系统的一般步骤如图 9-1 所示。

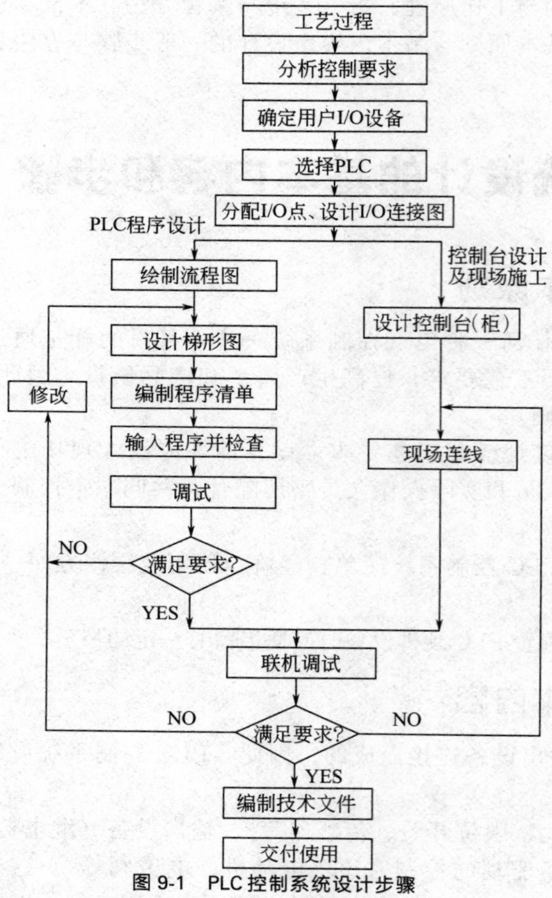

图 9-1　PLC 控制系统设计步骤

（1）根据生产的工艺过程分析控制要求，需要完成的动作（动作顺序、动作条件、必须的保护和联锁等）、操作方式（手动、自动；连续、单周期、单步等）。

（2）根据控制要求确定所需要的输入、输出设备。据此确定 PLC 的 I/O 点数。

（3）选择 PLC 机型及容量。

（4）定义输入、输出点名称，分配 PLC 的 I/O 点，设计 I/O 连接图。

（5）根据 PLC 所要完成的任务及应具备的功能，进行 PLC 程序设计，同时可进行控制台（柜）的设计和现场施工。

PLC 程序设计的步骤与内容有以下几点。

① 对于较复杂的控制系统，需绘制系统控制流程图，用以清楚地表明动作的顺序和条件。对于简单的控制系统，也可省去这一步。

② 设计梯形图。这是程序设计的关键一步，也是比较困难的一步。要设计好梯形图，首先要十分熟悉控制要求，同时还要有一定的电气设计的实践经验。

③ 根据梯形图编制程序清单。

④ 用计算机或编程器将程序键入到 PLC 的用户存储器中，并检查键入的程序是否正确。

⑤ 对程序进行调试和修改，直到满足要求为止。

（6）待控制台（柜）设计及现场施工完成后，进行联机调试。如不满足要求，再修改程序或检查接线，直到满足要求为止。

（7）编制技术文件。

（8）交付使用。

四、PLC 机型的选择

这是 PLC 应用设计中很重要的一步，目前，国内外生产的 PLC 种类很多，在选用 PLC

时应考虑以下几方面。

1. 规模要适当

输入、输出点数以及软件对PLC功能及指令的要求是选择PLC机型规模大小的重要依据。首先要确保有足够的输入、输出点数，并留有一定的余地（要有10%的备用量）。如果只是为了实现单机自动化，或机电一体化产品，可选用小型PLC。如果控制系统较大，输入、输出点数较多，被控设备较分散，可以选用中型或大型PLC。

还应确定用户程序存储器的容量。一般粗略的估计方法是：(输入＋输出)×(10～12)＝指令步数。特别要注意因控制较复杂，数据处理量较大，可能出现存储容量不够的问题。

2. 功能要相当，结构要合理

对于以开关量进行控制的系统，一般的低档机就能满足要求。

对于以开关量控制为主，带少量模拟量控制的系统，应选用带A/D、D/A转换，加减运算、数据传送功能的低档机。

对于控制比较复杂，控制性能要求较高的系统，例如要求实现PID运算、闭环控制、通信联网等，可视控制规模及复杂的程度，选用中档或高档机。其中高档机主要用于大规模过程控制、全PLC的分布式控制系统以及整个工厂的自动化等。

对于工艺过程比较固定、环境条件较好（维修量较小）的场合，选用整体式结构PLC。其他情况则选用模块式结构PLC。

3. 输入、输出功能及负载能力的选择

选择哪一种功能的输入、输出形式或模块，取决于控制系统中输入和输出信号的种类、参数要求和技术要求，选用具有相应功能的模块。为了提高抗干扰能力，输入、输出均应选用具有光电隔离的模块。对于输出形式，分为无触点和有触点两种形式。无触点输出大多使用大功率三极管（直流输出）或双向可控硅（交流输出）电路，其优点是可靠性高、响应速度快、寿命长，缺点是价格高、过载能力差。有触点输出是使用继电器触点输出，其优点是适用电压范围宽、导通压降损失小、价格便宜，缺点是寿命短、响应速度慢。

此外，还应考虑输入、输出的负载能力，要注意承受的电压值和电流值。应该指出的是，输出电流值和导通负载电流值是不同的概念。输出电流值是指每一个输出点的驱动能力。导通负载电流值是指整个输出模块驱动负载时所允许的最大电流值，即整个输出模块的满负荷能力。

4. 使用环境条件

在选择PLC时，要考虑使用现场的环境条件是否符合它的规定。一般考虑的环境条件有：环境温度、相对湿度、电源允许波动范围和抗干扰等指标。

第二节　可编程控制器在电镀生产线上的应用

一、电镀工艺要求

电镀生产线有三个槽，工件由可升降吊钩的行车移动，经过电镀、镀液回收、清洗工序，实现对工件的电镀。工艺要求是：工件放入电镀槽中，电镀280s后提起，停放28s，让镀液从工件上流回电镀槽，然后放入回收液槽中浸30s，提起后停15s，再放入清水槽中清洗30s，最后提起停15s后，行车返回原位，电镀一个工件的全过程结束。电镀生产线的工艺流程如图9-2所示。

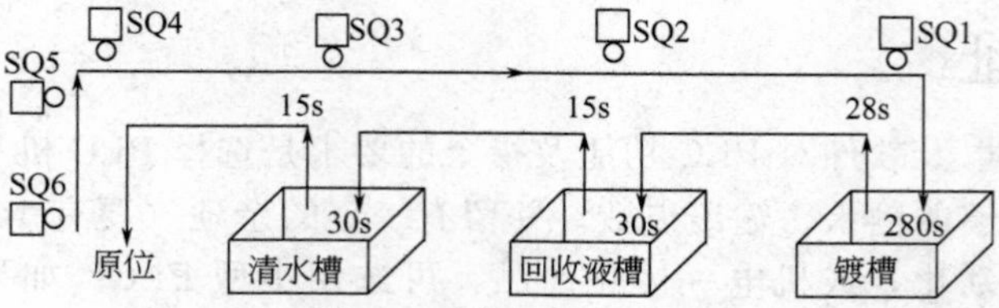

图 9-2　电镀工艺流程图

二、控制流程

电镀生产线除装卸工件外，要求整个生产过程能自动进行。同时行车和吊钩的正反向运行均能实现点动控制，以便对设备进行调整和检修。

行车自动运行的控制过程是：行车在原位，吊钩下降在最下方时，行车左限位开关 SQ4、吊钩下限开关 SQ6 被压下动作，操作人员将电镀工件放在挂具上，即准备开始进行电镀。

（1）吊钩上升　按下启动按钮 SB1，使辅助继电器 M1 接通，吊钩提升电机正转，吊钩上升，当碰撞到上限位开关 SQ5 后，吊钩上升停止。

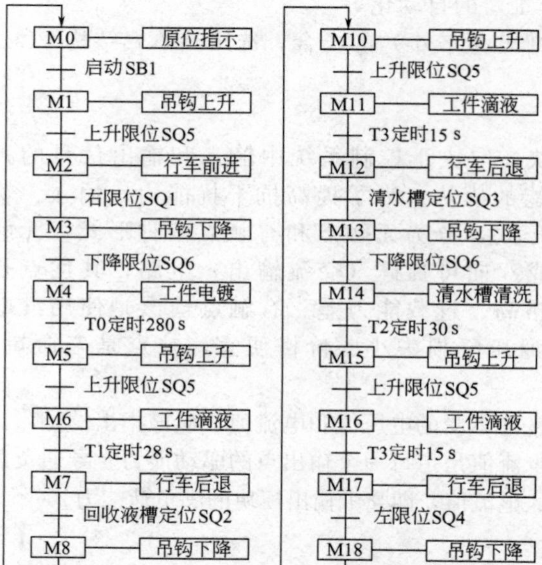

图 9-3　电镀生产线自动工作状态流程图

（2）行车前进　在吊钩上升停止的同时，辅助继电器 M2 接通，行车电机正转前进。

（3）吊钩下降　行车前进碰撞到右限位开关 SQ1，行车前进停止，同时辅助继电器 M3 接通，吊钩电机反转，吊钩下降。

（4）定时电镀　吊钩下降碰撞到下限位开关 SQ6 动作时，同时辅助继电器 M4 接通，使定时器 T0 定时 280s 电镀。

（5）吊钩上升　T0 定时时间到，辅助继电器 M5 接通，吊钩电机正转，吊钩上升。

（6）定时滴液　吊钩上升碰撞到上限位开关 SQ5 动作时，吊钩停止上升，同时辅助继电器 M6 接通，定时器 T1 定时 28s，工件滴液。

（7）行车后退　T1 定时时间到，辅助继电器 M7 接通，行车电机反转，行车后退，转入下道镀液回收工序。

后面各道工序的顺序动作过程，依此类推。最后行车退回到原位上方，吊钩下放到原位。若再次按下启动按钮 SB1，则开始下一个工作循环。电镀生产线的自动工作状态流程图如图 9-3 所示。

三、PLC 的选型

根据图 9-3 的自动工作状态流程图，PLC 控制系统的输入信号有 14 个，均为开关量。其中各种单操作按钮开关 6 个，行程开关 6 个，自动、点动选择开关 2 个（占两个输入接点）。

PLC 控制系统的输出信号有 5 个，其中 2 个用于驱动吊钩电机正反转接触器 KM1、KM2，2 个用于驱动行车电机正反转接触器 KM3、KM4，1 个用于原位指示。

控制系统选用 FX_{2N}-32MR-001，I/O 点数各为 16 点，可以满足控制要求，且留有一定裕量。

四、I/O 地址编号及接线图

将 14 个输入信号、5 个输出信号按各自的功能类型分好，并与 PLC 的 I/O 点一一对应，编排地址。表 9-1 是外部 I/O 信号与 PLC 的 I/O 接点地址编号对照表。

表 9-1 外部信号与 PLC 的 I/O 接点地址编号对照表

输入信号			输入信号		
名称	功能	I/O 编号	名称	功能	I/O 编号
SB1	启动	X000	SQ4	行车左限位(后退)	X014
SB2	停止	X001	SQ5	吊钩限位(提升)	X015
SB3	吊钩提升	X002	SQ6	吊钩限位(下降)	X016
SB4	吊钩下降	X003	输出信号		
SB5	行车前进	X004	名称	功能	I/O 编号
SB6	行车后退	X005	ZD	原点指示灯	Y000
SA1	选择开关(点动)	X006	KM1	吊钩提升电机正转接触器	Y001
SA2	选择开关(自动)	X007	KM2	吊钩提升电机反转接触器	Y002
SQ1	行车右限位(前进)	X011	KM3	行车电机正转接触器	Y003
SQ2	行车(回收液槽)定位	X012	KM4	行车电机反转接触器	Y004
SQ3	行车(清水槽)定位	X013			

根据表 9-1，可绘出 I/O 接线图如图 9-4 所示。

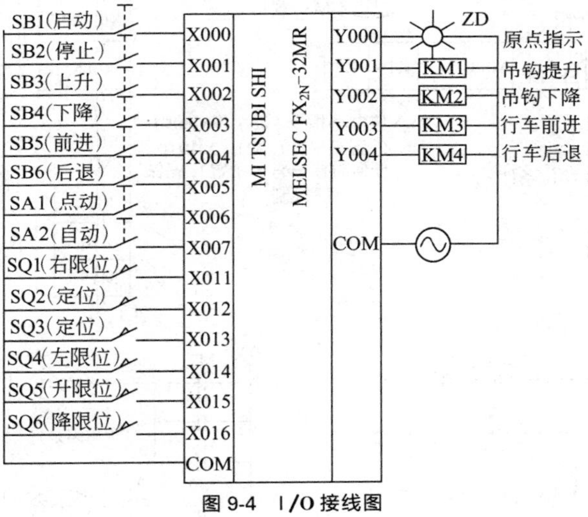

图 9-4 I/O 接线图

五、PLC 程序设计

电镀生产线的 PLC 控制程序包括点动操作和自动操作两部分。整个 PLC 控制程序如图 9-5。

1. 点动操作

点动操作有行车的进、退操作，吊钩的升、降操作。点动操作程序如图 9-5 所示梯形图的起始处至标号 P0 之间的程序段。

2. 自动控制

由图 9-3 的电镀生产线自动工作状态流程图可看出，其工作过程是典型的顺序控制，主要由单序列构成，一般采用移位指令来实现顺序控制较为方便。另外，考虑到生产中急停或停电后，希望能通过点动操作来完成剩下的工序或者返回原位，因此辅助继电器采用非停电保持型的通用继电器即可。定时器也采用普通型定时器。自动控制程序如图 9-5 所示梯形图中条件跳转指令 CJ P1 到 P1 程序段。

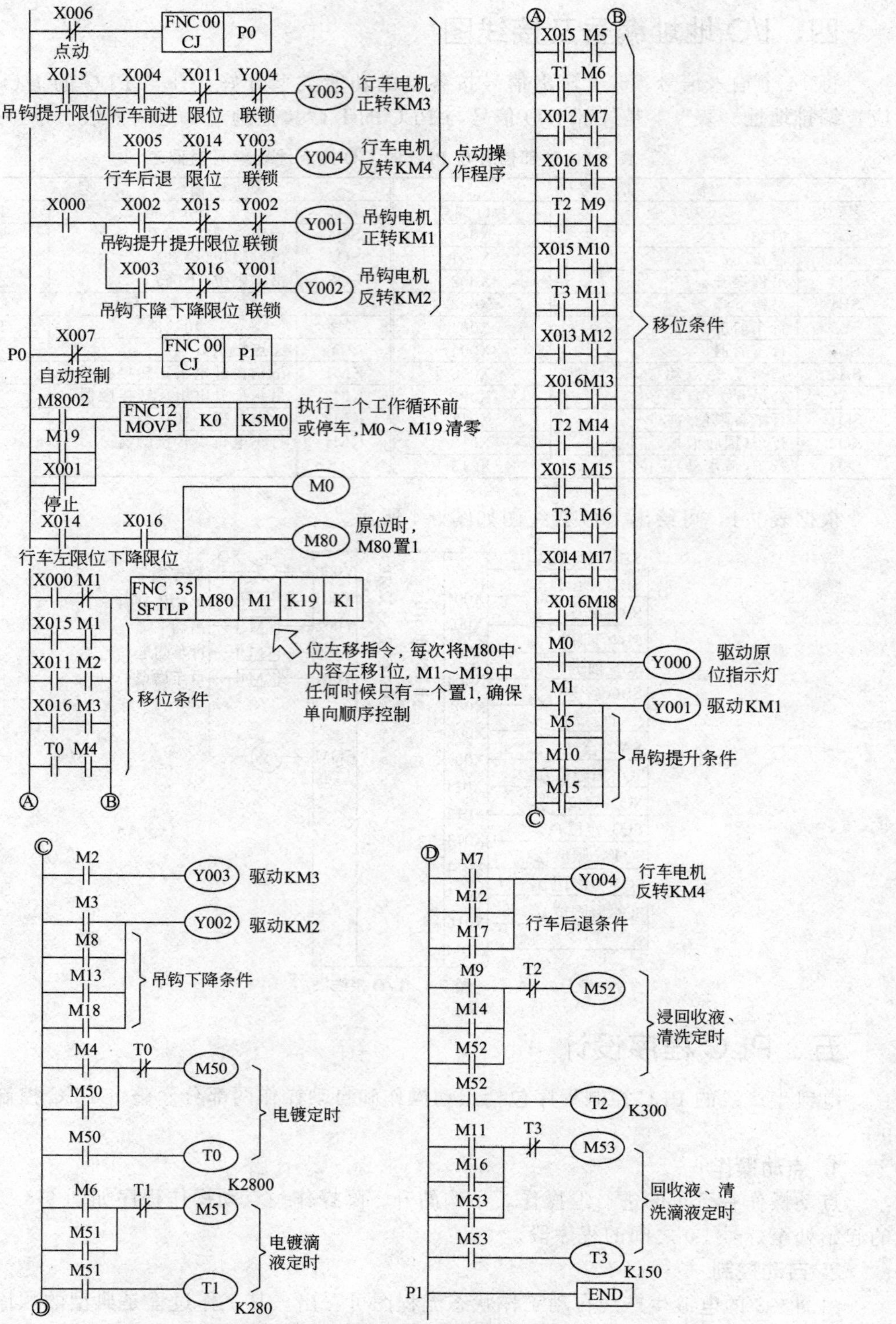

图 9-5 电镀生产线 PLC 控制梯形图程序

从图 9-5 的梯形图程序中可以看出，接在 X001 上的停止按钮 SB2 即可以作为停车按钮，又可以作为急停按钮，当然，急停后必须通过点动操作才能返回原位。本例中，当行车从原位前进至 SQ1 的过程中，虽然压过 SQ3 和 SQ2，但行车并不停止，这是由于移位条件采用输入信号和相关辅助继电器接点 M 串联的缘故，所以只有行车后退压下 SQ3 或 SQ2，并且相应的辅助继电器处于导通状态时才会停止。

第三节 可编程控制器在化工过程控制中的应用

一、工艺过程及要求

某化学反应过程由二个容器、一个反应池、一个产品池四部分组成，化学反应过程如图 9-6 所示。系统各部分之间用管道和泵连接，每个容器都装有检测容器空和满的传感器。＃1、＃2 容器分别用泵 P1、P2 将碱和聚合物灌满，灌满后传感器发出信号，P1、P2 泵关闭。＃2 容器开始加热，当温度升到 60℃时，温度传感器发出信号，关断加热器。然后，泵 P3、P4 分别将＃1、＃2 容器中的溶液输送到＃3 反应池中，同时搅拌器启动，搅拌 60s。一旦＃3 反应池满或＃1、＃2 容器空，则泵 P3、P4 停，处于等待状态。当搅拌时间到，泵 P5 将混合液抽入＃4 产品池，直到＃4 产品池满或＃3 反应池空。产品用泵 P6 抽走，直到＃4 产品池空。完成一次循环，等待新的循环开始。若化学反应过程中停电后恢复供电，应能在原来的步骤继续自动进行化学反应。

二、控制流程

根据化学反应流程及工艺要求，可绘出状态流程图如图 9-7 所示。控制系统采用半自动工作方式，即系统每完成一次循环，自动停止在初始状态，等待再次启动信号，才开始下一次循环。图中 L 为激活脉冲，用于初始阶段的激活。为了保证化学反应过程中停电后恢复供电，能在原来的步骤继续自动进行化学反应，应选用 M500 起始的停电保持型辅助继电器。

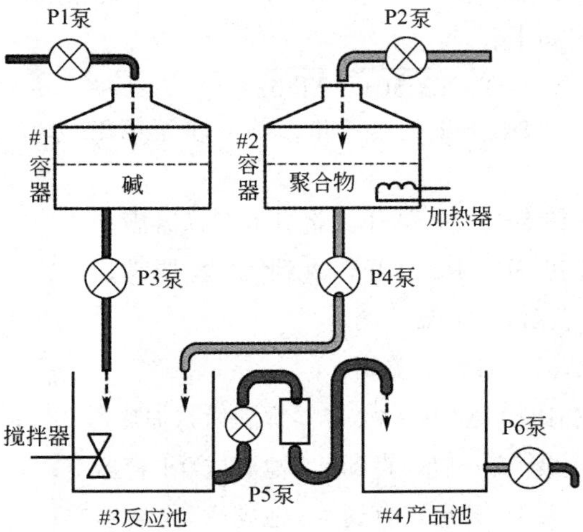

图 9-6 化学反应过程示意图

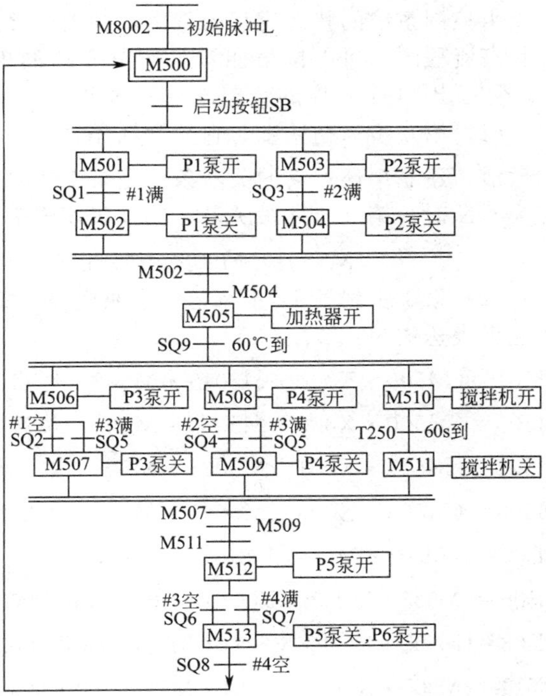

图 9-7 控制系统状态流程图

三、机型选择

从图 9-7 控制系统状态流程图可知，输入信号有 10 个，均为开关量信号，其中启动按钮 1 个，检测元件 9 个。输出信号有 8 个，也都为开关量，其中 7 个用于电机控制，1 个用于电加热控制。因此，控制系统选用 FX_{2N}-32MR 可编程控制器即可满足控制要求。

四、I/O 地址编号

将输入、输出信号按各自的功能类型分好，并将状态流程图中的 14 个步序用辅助继电器一一对应，编排好地址。列出外部 I/O 信号与 PLC 的 I/O 口地址编号对照表，如表 9-2 所示。

表 9-2　外部信号与 PLCI/O 口地址编号对照表

输入信号			输出信号			辅助继电器			
名称	功能	编号	名称	功能	编号	名称	编号	名称	编号
SB	启动按钮	X000	KM1	P1 泵接触器	Y000	L	M8002	9 步	M509
SQ1	＃1 容器满	X001	KM2	P2 泵接触器	Y001	0 步	M500	10 步	M510
SQ2	＃1 容器空	X002	KM3	P3 泵接触器	Y002	1 步	M501	11 步	M511
SQ3	＃2 容器满	X003	KM4	P4 泵接触器	Y003	2 步	M502	12 步	M512
SQ4	＃2 容器空	X004	KM5	P5 泵接触器	Y004	3 步	M503	13 步	M513
SQ5	＃3 容器满	X005	KM6	P6 泵接触器	Y005	4 步	M504		
SQ6	＃3 容器空	X006	KM7	加热器接触器	Y006	5 步	M505		
SQ7	＃4 容器满	X007	KM8	搅拌机接触器	Y007	6 步	M506		
SQ8	＃4 容器空	X010				7 步	M507		
SQ9	温度传感器	X011				8 步	M508		

五、PLC 梯形图程序设计

该化学反应过程控制程序可以通过逻辑法进行编写，也可以通过步进指令来编写 STL。这里介绍逻辑法进行梯形图程序设计，作为程序设计方法的补充。

（一）列写逻辑方程

由控制系统的状态流程图看出，控制主要是由单流程和并联分支两种基本结构组成。根据状态流程图，可以按第四章第三节介绍的逻辑设计法一般公式 $M_{iOUT}=(X_{开}+X_{自锁})\times X_{关}$ 列写出 14 个步序的状态逻辑表达式。

（1）第 0 步为初始步　它的激活条件为（M8002＋M513・X010），其中 M8002 用于初始激活，建立循环；它的关断条件是泵 1 和泵 2 开，即（$\overline{M501}+\overline{M503}$），即 M501 和 M503 都为 ON 时，第 0 步才被关断。第 0 步逻辑表达式如下：

$$M500=(M8002+M513\cdot X010+M500)\cdot(\overline{M501}+\overline{M503})$$

（2）第 1 步到第 12 步　包含了两组并列序列（即第 1 步至第 5 步，第 6 步至第 12 步）。其逻辑表达式为：

$M501=(M500\cdot X000+M501)\cdot\overline{M502}$　按启动按钮 SB、P1 泵开，直到＃1 容器满；

$M503=(M500\cdot X000+M503)\cdot\overline{M504}$　按启动按钮 SB、P2 泵开，直到＃2 容器满；

$M502=(M501\cdot X001+M502)\cdot\overline{M505}$　＃1 容器满后，P1 泵关闭；

$M504=(M503\cdot X003+M504)\cdot\overline{M505}$　＃2 容器满后，P2 泵关闭；

$M505=(M502\cdot M504+M505)\cdot(\overline{M506}+\overline{M508}+\overline{M510})$　＃1、＃2 容器都满后，加热器开启；

$M506=(M505\cdot X011+M506)\cdot\overline{M507}$　加温到 60℃，泵 P3 开启，直到＃3 池满或＃1 容器空；

$M508=(M505\cdot X011+M508)\cdot\overline{M509}$　加温到 60℃，泵 P4 开启，直到＃3 池满或＃2 容器空；

$M510=(M505\cdot X011+M510)\cdot\overline{M511}$　加温到 60℃，搅拌机开启，直径 60s 时间到；

$M507=(M506\cdot X002+M506\cdot X005+M507)\cdot\overline{M512}$　＃3 池满或＃1 容器空，P3 泵关闭；

$M509=(M508\cdot X004+M508\cdot X005+M509)\cdot\overline{M512}$　＃3 池满或＃2 容器空，P4 泵关闭；

$M511=(M510\cdot T250+M511)\cdot\overline{M512}$　搅拌计时；

M512＝(M507・M509・M511＋X512)・$\overline{\text{M513}}$ 搅拌时间到，P5 泵开启。

(3) 第 13 步为单序列结构 它的激活条件是（M512・X007＋M512・X006）；它的关断条件为 $\overline{\text{M500}}$。其逻辑表达为：

M513＝(M512・X007＋M512・X006＋M513)・$\overline{\text{M500}}$ ＃4 池满或＃3 池空，P5 泵关，P6 泵开启。

(4) 执行电器的逻辑表达式

Y000(P1 泵)＝M501； Y001(P2 泵)＝M503； Y002(P3 泵)＝M506；

Y003(P4 泵)＝M508； Y004(P5 泵)＝M512； Y005(P6 泵)＝M513；

Y006(加热器)＝M505； Y007(搅拌机)＝M510； 定时器 T250 由 M510 控制。

(二) 控制系统的梯形图程序

化学反应过程控制系统的梯形图及有关注释如图 9-8 所示。梯形图的获得是直接通过逻辑表达式完成的。执行电器的控制梯形图可并接在步序线圈中，也可以分开绘制，当执行电器由多个步序线圈驱动时，必须分开绘制。

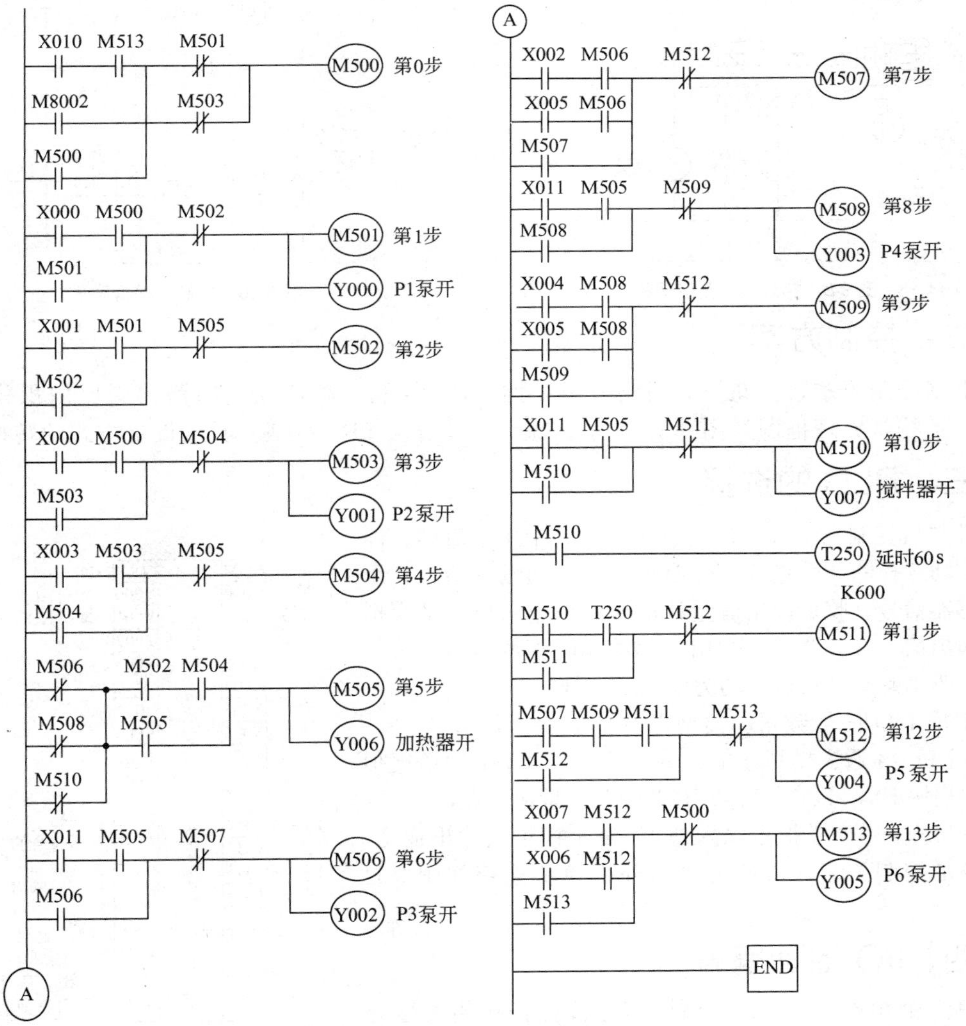

图 9-8 化学反应过程控制系统梯形图

第四节　可编程控制器在随动控制系统中的应用

在化工、冶金、轻工等行业中，有许多是当某变量的变化规律无法预先确定时间函数时，要求被控变量能够以一定的精度跟随该变量变化的随动控制系统。随着 PLC 的指令系统和功能模块的不断完善，它在随动控制系统中的应用已越来越广，本节将以刨花板生产线的拌胶机系统为例，介绍 PLC 在随动控制系统中的应用。

一、工艺过程及控制要求

拌胶机工艺流程如图 9-9 所示。刨花由螺旋给料机供给，压力传感器检测刨花量。胶由胶泵抽给，用电磁流量计检测胶的流量；刨花和胶要按一定的比率送到拌胶机内搅拌，然后将混合料供给下一道热压机工序蒸压成型。

要求控制系统控制刨花量和胶量恒定，并有一定的比例关系，即胶量随刨花量的变化而变化，精度要求小于 3%。

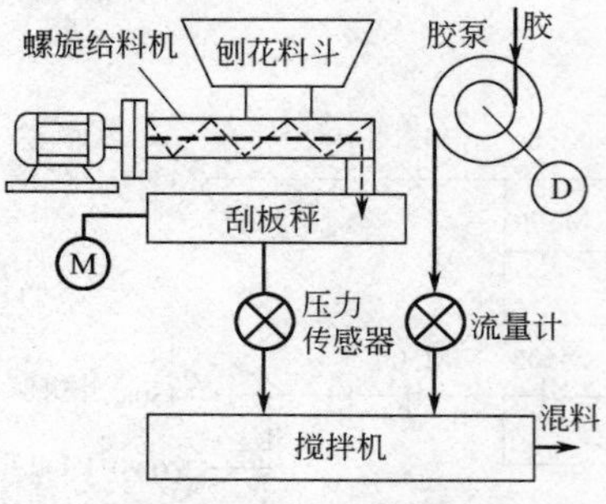

图 9-9　拌胶机工艺流程图

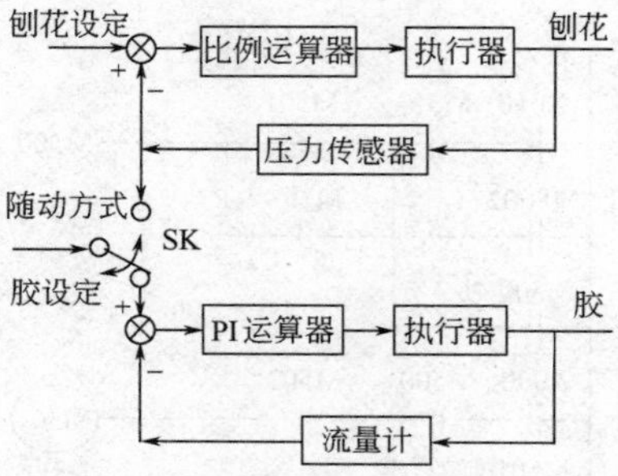

图 9-10　控制原理框图

二、控制方案

根据控制要求，刨花控制回路采用比例（P）控制，胶量控制回路采用比例积分（PI）控制，其控制原理框图如图 9-10 所示。随动选择开关 SK 用于随动/胶设定方式的转换。

三、PLC 的选择

拌料机控制系统输入信量有 7 个，其中用于启动、停车、随动选择的 3 个输入信号是开关量，而刨花给定、压力传感器信号、胶量设定流量计信号 4 个输入信号是模拟量；输出信号有 2 个，一个用于驱动晶闸管调速器，另一个用于驱动螺旋给料机，均为模拟量信号。

根据 I/O 信号数量、类型以及控制要求，选择 FX_2-16MR 主机，4 通道模拟量输入模块 FX_2-4AD，2 通道模拟量输出模块 FX_2-2DA。这样共有 8 个开关量输入点，8 个开关量输出点，4 个模拟量输入通道，2 个模拟量输出通道，能够满足控制要求。PLC 主机与外部模块连接如图 9-11 所示。

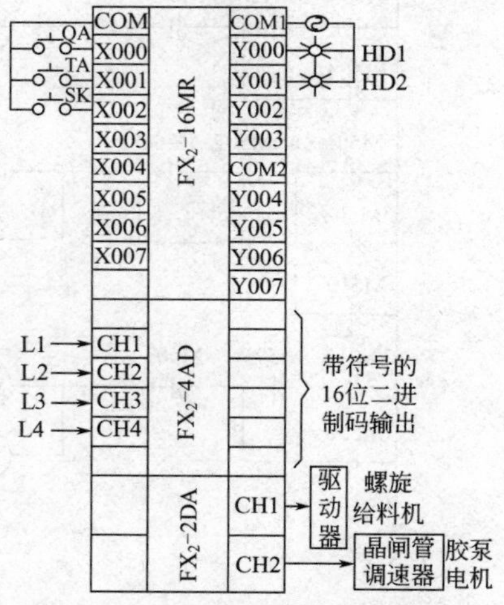

图 9-11　PLC 主机与外部模块连接图

四、I/O 地址编号

将 7 个输入信号、2 个输出信号按各自功能类型分好，并与 PLC 的 I/O 端一一对应，编排好地址，列出外部信号与 PLC 的 I/O 端地址编号对照表，如表 9-3 所示。

表 9-3　外部信号与 PLC 的 I/O 端地址编号对照表

输入信号			输出信号		
名　称	功　能	编　号	名　称	功　能	编　号
QA	启动开关	X000	O1	螺旋给料机驱动器	CH1
TA	停车开关	X001	O2	胶泵调速器	CH2
SK	随动/胶设定转换开关	X002	HD1	模拟量输入正常指示灯	Y000
L1	刨花量设定	CH1	HD2	模拟量输出正常指示灯	Y001
L2	压力传感器	CH2			
L3	胶量设定	CH3			
L4	流量计	CH4			

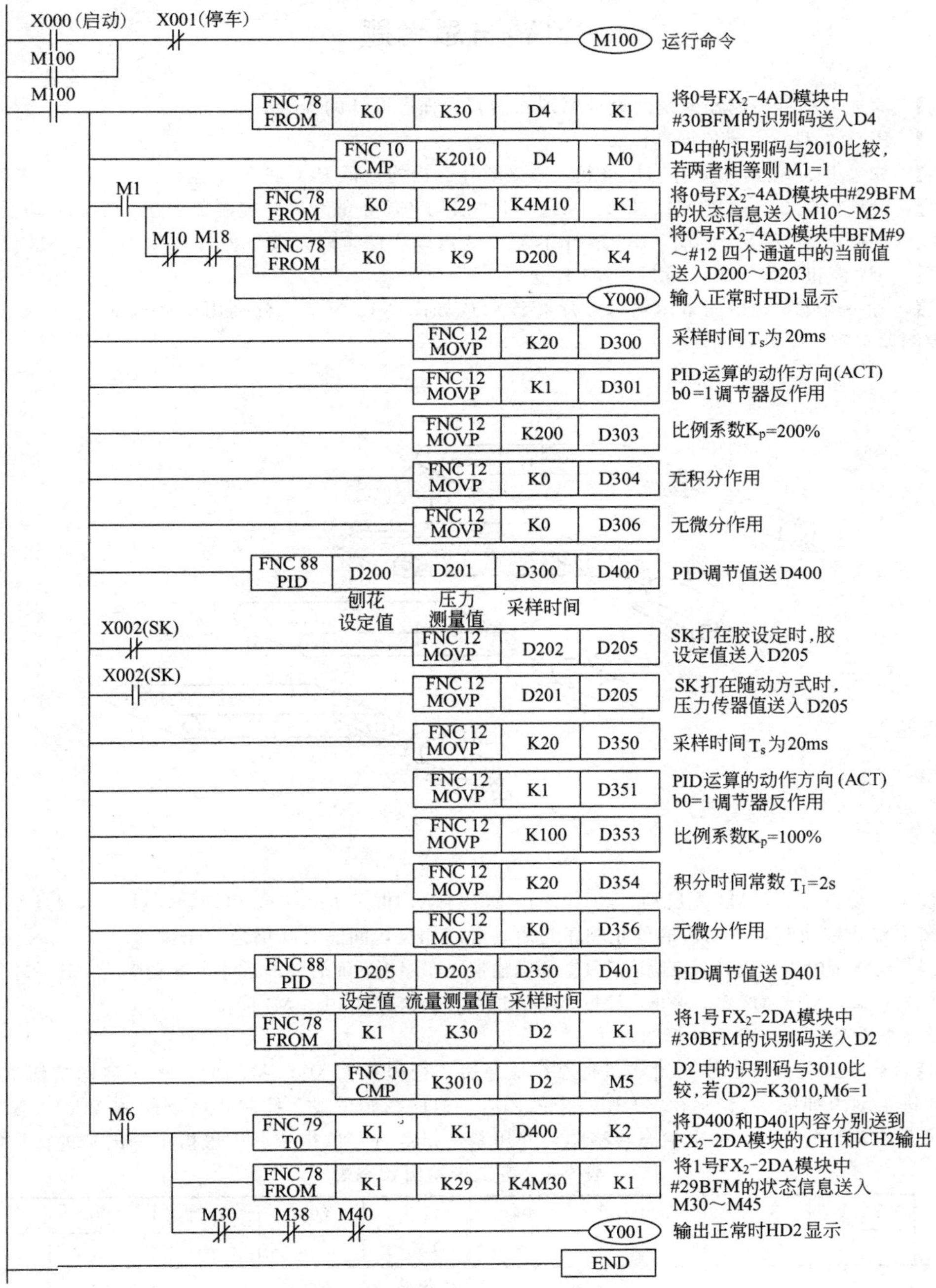

图 9-12　拌胶机控制系统梯形图程序

五、程序设计

根据控制原理图 9-10，刨花量设定经 FX_2-4AD 的 CH1 通道和压力传感器的刨花反馈信号经 A/D 转换后作差值运算，并取绝对值，然后乘比例系数 $K_p=2$，由 FX_2-2DA 的 CH1 通道输出；当 SK 转接到随动方式时，刨花的反馈量作胶的给定量，反之，由胶量单独给定。两种输入方式都是将给定量与反馈量作差值运算，通过 PI 调节，抑制输入波动，达到控制要求。拌胶机控制系统的梯形图程序设计及解释如图 9-12 所示。

习题与思考题

【9-1】 简述可编程控制器系统的设计原则和内容，程序设计的步骤。

【9-2】 PLC 选型的主要依据是什么？

【9-3】 如果 PLC 输出端接有感性负载，应采取什么措施保证 PLC 的可靠运行？

【9-4】 设计控制 3 台电机 M1、M2、M3 的顺序启动和停止的程序。控制要求是：按下启动按钮 1s 后 M1 启动，M1 运行 5s 后 M2 启动，M2 运行 3s 后 M3 启动。停车时，按下停车按钮 1s 后，M3 停止，M3 停止 3s 后，M2 停止，M2 停止 5s 后，M1 停止。

【9-5】 有一运输系统由四条运输带顺序相连而成如图 9-13 所示，分别用电动机 M1、M2、M3、M4 拖动，控制要求有以下几点。

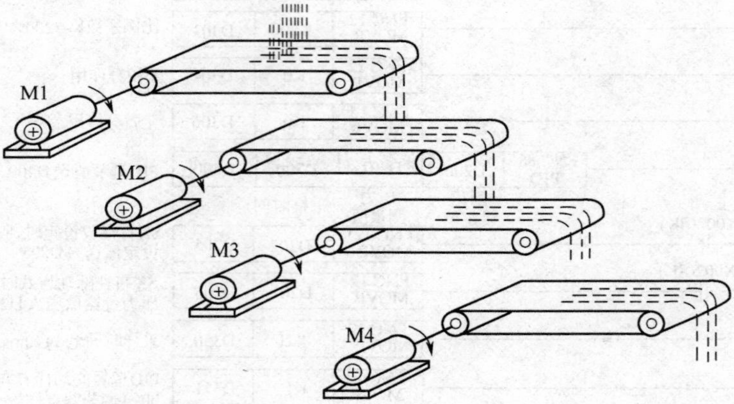

图 9-13 习题【9-5】图

① 按下启动按钮后，M4 先启动，经过 10s，M3 启动，再过 10s，M2 启动，再过 10s，M1 启动。

② 按下停止按钮时，电动机的停止顺序与启动顺序相反，间隔时间仍为 10s。

③ 当某运输带电机过载时，该运输带及前面运输带立即停止，而后面的运输带电机待运完料后才停止。例如，M2 电机过载，M1、M2 立即停止，经过 10s，M3 停止，再经过 10s，M4 停止。

试设计出满足以上要求的梯形图程序。

【9-6】 某液压动力滑台在初始状态时停在最左边，行程开关 X000 接通时，按下启动按钮 X005，动力滑台的进给动力如图 9-14 所示。工作一个循环后，返回初始位置。控制各电磁阀的 Y001～Y004 在各工步的状态如表 9-4 所示。画出状态转移图，并用基本指令、移位指令、步进指令写出步进梯形图。

表 9-4 各工步输出状态表

工序	Y001	Y002	Y003	Y004	工序	Y001	Y002	Y003	Y004
快进		+	+		工进 2		+		
工进 1	+	+			快退			+	+

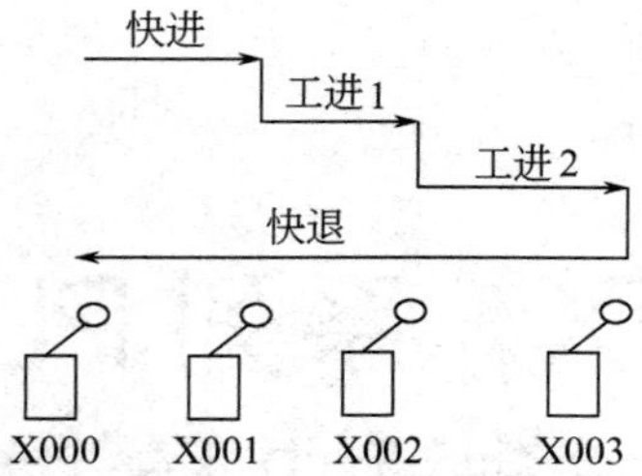

图 9-14 习题【9-6】图

【9-7】 试编制实现下述控制功能的梯形图。用一个按钮控制组合吊灯的三挡亮度：X000 闭合一次，灯泡 1 点亮；闭合二次，灯泡 2 点亮；闭合三次，灯泡 3 点亮；再闭合一次，三个灯全部熄灭。

【9-8】 设计一个八位抢答器电路，当某一位抢答成功时，显示出该位号码（用七段译码器输出）。

第十章　FX_{2N} 系列 PLC 的特殊功能模块及通信

在现代工程控制项目中，仅仅使用 PLC 的 I/O 模块，还不能完全解决工程上的一些实际问题。因此，PLC 生产厂家开发了许多特殊功能模块，如模拟量输入模块、模拟量输出模块、高速计数模块、PID 过程控制调节模块、定位控制模块、专用通信模块等。有了这些模块与 PLC 主机一起连接起来，就可以构成功能完善、可满足各种工程要求的控制系统单元，使 PLC 的应用范围越来越广泛。

PLC 主机（即基本单元）通过扩展总线最多可带八个特殊功能模块，一般接在 FX_{2N} 基本单元或扩展单元的右边，按 NO. 0～NO. 7 顺序编号，如图 10-1 所示。

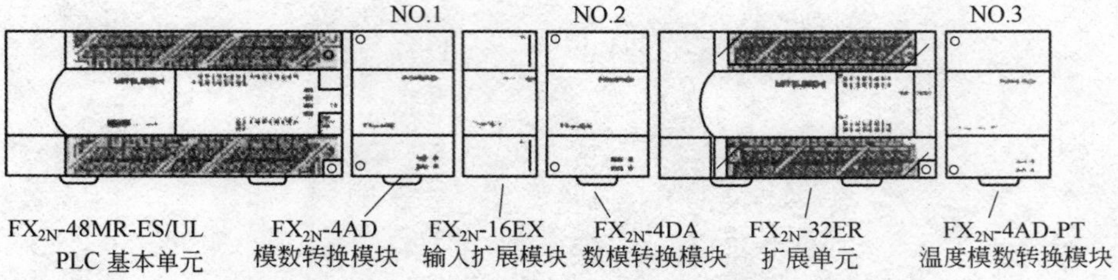

图 10-1　PLC 基本单元与特殊功能模块的连接

本章将对三菱公司 FX_{2N} 系列 PLC 某些特殊功能模块的主要性能、线路连接以及 PLC 的通信作一简要介绍和说明。

第一节　模拟量输入/输出模块

FX_{2N} 系列 PLC 模拟量输入模块有：2、4、8 通道电压/电流模拟量输入模块，其型号为 FX_{2N}-(2/4/8) AD；另外还有 4 通道温度传感器模拟量输入模块，其型号为 FX_{2N}-4AD-PT/TC。模拟量输出模块有：2、4 通道电压/电流模拟量输出模块，其型号为 FX_{2N}-(2/4)DA。本节主要介绍 4 通道电压/电流模拟量输入/输出模块，其他输入/输出模块可以参考产品手册使用。

一、模拟量输入模块 FX_{2N}-4AD

1. 模拟量输入模块 FX_{2N}-4AD 的技术指标

FX_{2N}-4AD 为 4 通道 12 位 A/D 转换模块，它可以将模拟电压或电流转换为最大分辨率为 12 位的数字量，并以二进制补码方式存入内部 16 位缓冲寄存器中，通过扩展总线与 FX_{2N} 基本单元进行数据交换。FX_{2N}-4AD 的技术指标如表 10-1 所示。

2. FX_{2N}-4AD的线路连接

FX_{2N}-4AD通过扩展总线与FX_{2N}系列基本单元连接。而4个通道的外部连接则需根据外界输入的电压或电流量不同而有所不同，如图10-2所示。图中标注①～⑤的说明如下。

表10-1　FX_{2N}-4AD技术指标

项　　目	电压输入	电流输入
	四通道模拟量电压或电流的输入，可通过对其输入端子的选择实现	
模拟量输入范围	DC：－10～10V（输入阻抗：200kΩ）（绝对最大量程±15V DC）	DC：－20～20mA（输入阻抗：250Ω）（绝对最大量程±32mA）
数字量输出范围	12位转换结果，以16位二进制补码方式存储，其输出范围为：－2048～＋2047	
分辨率	5mV（10V默认范围：1/2000）	20μA（20mA默认范围：1/1000）
综合精度	±1％（在－10～10V的范围）	±1％（在－20～20mA的范围）
转换速度	常速：15ms/通道；高速：6ms/通道	
外接输入电源	24(1±10％)V，55mA，可由PLC基本单元或扩展单元内部供电：5V，30mA	
模拟量用电源	－10～10V	－4～20mA或－20～20mA
I/O占有点数	8个输入或输出点均可	
隔离方式	模拟与数字之间为光电隔离；4个模拟通道之间没有隔离	

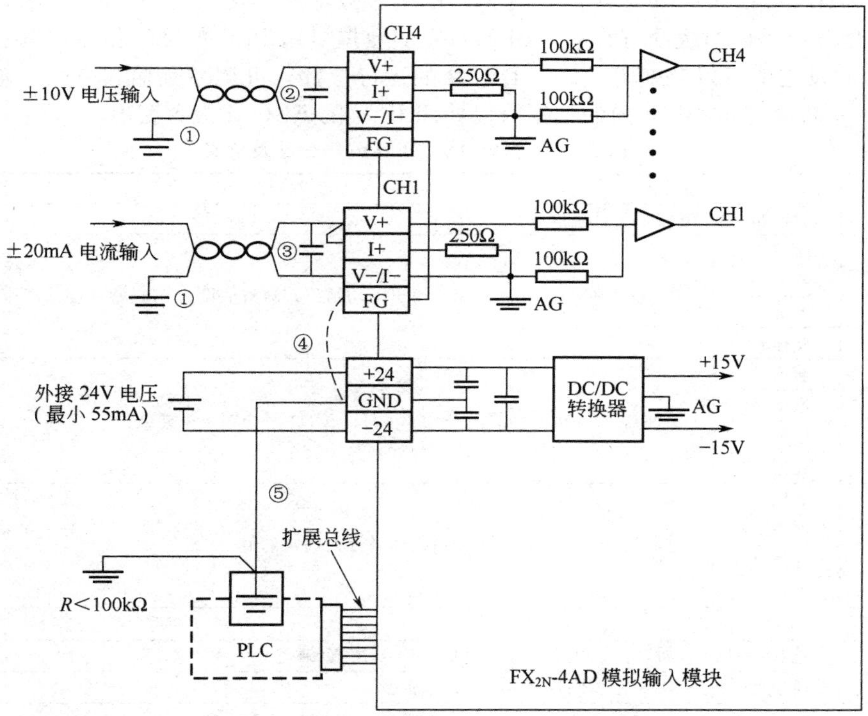

图10-2　FX_{2N}-4AD模块的外部接线连接

① 外部模拟输入通过双绞屏蔽电缆输入至FX_{2N}-4AD的各个通道中。

② 如果输入有电压波动或有外部电器电磁干扰影响，可以在模块的输入口中加入一个平滑电容（0.1～0.47μF/25V）。

③ 若外部输入是电流输入量，则需把V＋和I＋相连接。

④ 若有过多的干扰存在，应将机壳的地FG端与FX_{2N}-4AD的电源接地端GND相连。

⑤ 可能的话，将FX_{2N}-4AD与PLC基本单元的地连接起来。

FX_{2N}-4AD三种预设方式下的模拟输入与数字输出关系如图10-3所示。

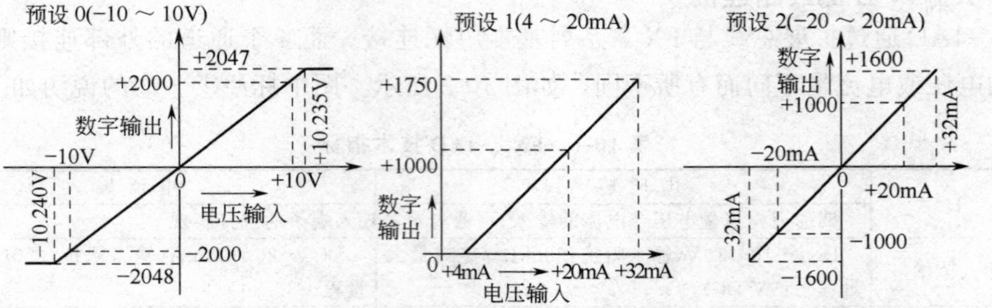

(a) −10 ～ 10V 电压输入　(b) 4 ～ 20mA 电流输入　(c) −20 ～ 20mA 电流输入

图 10-3　FX_{2N}-4AD 三种预设方式下的模拟输入与输出关系

3. FX_{2N}-4AD 缓冲寄存器（BFM）

FX_{2N}-4AD 的内部共有 32 个缓冲寄存器（BFM），用来与 FX_{2N} 基本单元进行数据交换，每个缓冲寄存器的位数为 16 位 RAM。FX_{2N}-4AD 占用 FX_{2N} 扩展总线的 8 个接点，这 8 个接点可以是输入点或输出点。

FX_{2N}-4AD 的 32 个缓冲寄存器（BFM）的编号分配及其含义如表 10-2 所示。

表 10-2 中带 * 号的缓冲寄存器（BFM）中的数据可用 PLC 的 TO 指令改写。改写带 * 号的 BFM 的设定值可以改变 FX_{2N}-4AD 模块的运行参数，可调整其输入方式、输入增益和偏移量等。不带 * 号的 BFM 内的数据可以使用 PLC 的 FROM 指令读出。

表 10-2　FX_{2N}-4AD 的 BFM 编号分配及含义

<table>
<tr><th>BFM</th><th colspan="9">内　容</th></tr>
<tr><td>*#0</td><td colspan="9">通道初始化，缺省值＝H0000</td></tr>
<tr><td>*#1</td><td>通道 1</td><td colspan="8" rowspan="4">存放采样值(1～4096)，用于得出平均结果。缺省值设为 8(正常速度)，高速操作可选择 1</td></tr>
<tr><td>*#2</td><td>通道 2</td></tr>
<tr><td>*#3</td><td>通道 3</td></tr>
<tr><td>*#4</td><td>通道 4</td></tr>
<tr><td>#5</td><td>通道 1</td><td colspan="8" rowspan="4">缓冲器#5～#8，分别存储通道 CH1～CH4 平均输入采样值</td></tr>
<tr><td>#6</td><td>通道 2</td></tr>
<tr><td>#7</td><td>通道 3</td></tr>
<tr><td>#8</td><td>通道 4</td></tr>
<tr><td>#9</td><td>通道 1</td><td colspan="8" rowspan="4">这些缓冲区用于存放每个输入通道读入的当前值</td></tr>
<tr><td>#10</td><td>通道 2</td></tr>
<tr><td>#11</td><td>通道 3</td></tr>
<tr><td>#12</td><td>通道 4</td></tr>
<tr><td>#13、#14</td><td colspan="9">保留</td></tr>
<tr><td rowspan="2">#15</td><td rowspan="2">选择 A/D 转换速度</td><td colspan="8">如设为 0，则选择正常速度，15ms/通道(缺省)</td></tr>
<tr><td colspan="8">如设为 1，则选择高速，6ms/通道</td></tr>
<tr><td>#16～#19</td><td colspan="9">保留</td></tr>
<tr><td>#20</td><td colspan="9">复位到缺省值和预设，缺省值＝0</td></tr>
<tr><td>#21</td><td>偏移/增益值禁止调整(1,0)；缺省值为(0,1)，允许调整</td><td>b7</td><td>b6</td><td>b5</td><td>b4</td><td>b3</td><td>b2</td><td>b1</td><td>b0</td></tr>
<tr><td>#22</td><td>指定通道的偏移，增益值修改</td><td>G4</td><td>O4</td><td>G3</td><td>O3</td><td>G2</td><td>O2</td><td>G1</td><td>O1</td></tr>
<tr><td>#23</td><td colspan="9">偏移值，缺省值＝0</td></tr>
<tr><td>#24</td><td colspan="9">增益值，缺省值＝5000</td></tr>
<tr><td>#25～#28</td><td colspan="9">保留</td></tr>
<tr><td>#29</td><td colspan="9">错误状态</td></tr>
<tr><td>#30</td><td colspan="9">识别码 K2010</td></tr>
<tr><td>#31</td><td colspan="9">不使用</td></tr>
</table>

从指定的模拟量输入模块读出数据前应先将设定值写入，否则按缺省设定值读出和执行。

（1）通道选择 在BFM #0中写入十六进制4位数字H××××进行A/D模块通道初始化，最低位数字控制CH1，……，最高位控制CH4，每位写入的数字含义如下。

×=0 设定输入范围为－10～10V；

×=1 设定输入范围为4～20mA；

×=2 设定输入范围为－20～20mA；

×=3 关闭通道。

例如BFM#0=H3301则说明CH1通道设定输入电流范围为4～20mA，CH2通道设定输入电压范围为－10～10V，CH3、CH4两通道关闭。

（2）模拟量转换为数字量的速度设置 可在FX_{2N}-4AD的BFM#15号缓冲器中写入0或1控制A/D转换速度。需注意的是若要求高速转换，应尽量少用FROM和TO指令。

（3）偏移量与增益值的调整

① 当BFM#20被设置为1时，FX_{2N}-4AD的全部设定值均恢复到缺省值，这样可以快速删去不希望的偏移量与增益值。

② 设置每个通道偏移量与增益值时，BFM#21的（bi，bi_{-1}）必须设置为（0，1），若（bi，bi_{-1}）设为（1，0），则偏移量与增益值被保护，缺省值为（0，1）。

③ BFM#23和BFM#24为偏移量与增益值设定缓冲寄存器，用PLC的TO指令进行设定，偏移量和增益值的单位是mV或μA，最小单位是5mV或20μA。其值由BFM#22的Gi—Oi（增益—偏移）位状态送到指定的输入通道偏移和增益寄存器中。例如：BFM#22的G1、O1位置为1，则BFM#23和BFM#24的设定值送入CH1的偏移和增益寄存器中。

④ 通道可以是初始值，也可以为同一个偏移量与增益值。

（4）BFM#29的状态位信息设置含义 如表10-3所示。

表10-3 BFM#29状态位信息表

#29缓冲器位	ON	OFF
b0:错误	如果b1～b3任意一位为ON，b0=ON，A/D转换器的所有通道停止	无错误
b1:偏移量与增益值错误	偏移量与增益值修正错误	偏移量与增益值正常
b2:电源不正常	24V DC错误	电源正常
b3:硬件错误	A/D或其他硬件错误	硬件正常
b10:数字范围错误	数字输出值小于－2048或大于＋2047	数字输出正常
b11:平均值错误	数字平均采样值大于4096或小于0(使用8位缺省值)	平均值正常(1～4096)
b12:偏移量与增益值修正禁止	#21缓冲器的禁止位(b1,b0)设置为(1,0)	#21缓冲器的(b1,b0)设置为(0,1)

注：b4～b7、b9、b13～b15无定义。

（5）BFM#30的缓冲器识别码 可用FROM指令读出特殊功能块的识别号。FX_{2N}-4AD单元的识别码为K2010。

（6）增益值与偏移量的意义和设置范围 增益与偏移量是FX_{2N}-4AD需要设定的两个重要参数，除了可以通过PLC编程进行调整以外，也可以用PLC输入终端上的下压按钮开关来调整FX_{2N}-4AD的增益与偏移。如图10-4所示为FX_{2N}-4AD模块增益与偏移的输入/输出示意图。

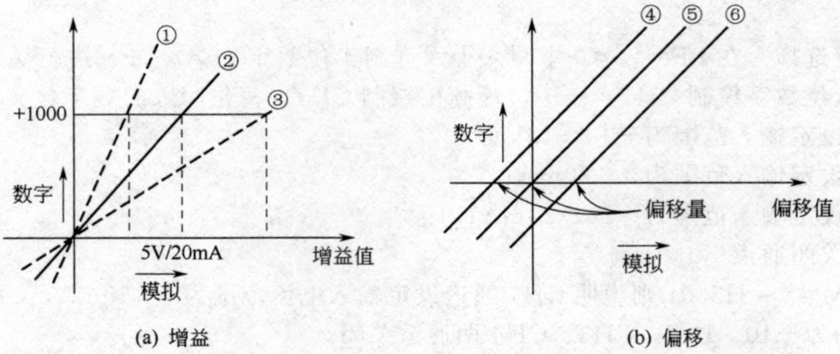

①
②
③
+1000
数字
5V/20mA
增益值
模拟
(a) 增益
④ ⑤ ⑥
数字
偏移量
偏移值
模拟
(b) 偏移

图 10-4　FX_{2N}-4AD 增益与偏移状态示意图

图 10-4(a) 中，增益值决定了校准线的角度或斜率，大小在数字输出＋1000 处，图中①为小增益，读取数字值间隔大；②为零增益（缺省值），5V 或 20mA；③为大增益，读取数字值间隔小。图 10-4(b) 中，偏移量决定了校准线的位置，图中④为负偏移量；⑤为偏移量（缺省值），0V 或 4mA；⑥为正偏移量。

增益与偏移可以分别或一起设置，合理的偏移范围是－5～5V 或－20～20mA，合理的增益值是 1～5V 或 4～32mA。

4. 编程及应用

（1）FX_{2N}-4AD 模块的基本应用编程　FX_{2N}-4AD 可以通过 FROM 和 TO 指令与 PLC 基本单元进行数据交换。图 10-5 所示为 FX_{2N}-4AD 基本应用程序。FX_{2N}-4AD 与 PLC 基本单元连接的位置编号为 0 号，计算平均数的采样次数设为 4，并且由 PLC 的数据寄存器 D0、D1 接收该平均值。

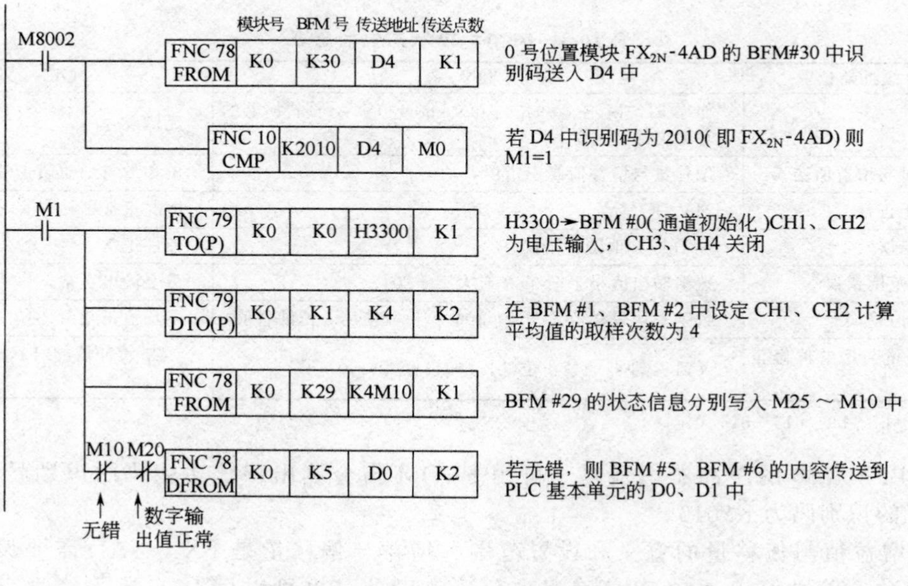

模块号 BFM 号 传送地址 传送点数
M8002
FNC 78 FROM K0 K30 D4 K1
0 号位置模块 FX2N-4AD 的 BFM#30 中识别码送入 D4 中
FNC 10 CMP K2010 D4 M0
若 D4 中识别码为 2010(即 FX2N-4AD) 则 M1=1
M1
FNC 79 TO(P) K0 K0 H3300 K1
H3300→BFM #0(通道初始化)CH1、CH2 为电压输入，CH3、CH4 关闭
FNC 79 DTO(P) K0 K1 K4 K2
在 BFM #1、BFM #2 中设定 CH1、CH2 计算平均值的取样次数为 4
FNC 78 FROM K0 K29 K4M10 K1
BFM #29 的状态信息分别写入 M25 ～ M10 中
M10 M20
FNC 78 DFROM K0 K5 D0 K2
若无错，则 BFM #5、BFM #6 的内容传送到 PLC 基本单元的 D0、D1 中
无错
数字输出值正常

图 10-5　FX_{2N}-4AD 基本应用程序

（2）增益和偏移量的编程设置　采用 PLC 的 TO 指令编程可以改变 FX_{2N}-4AD 的增益

和偏移量，其程序如图 10-6 所示。

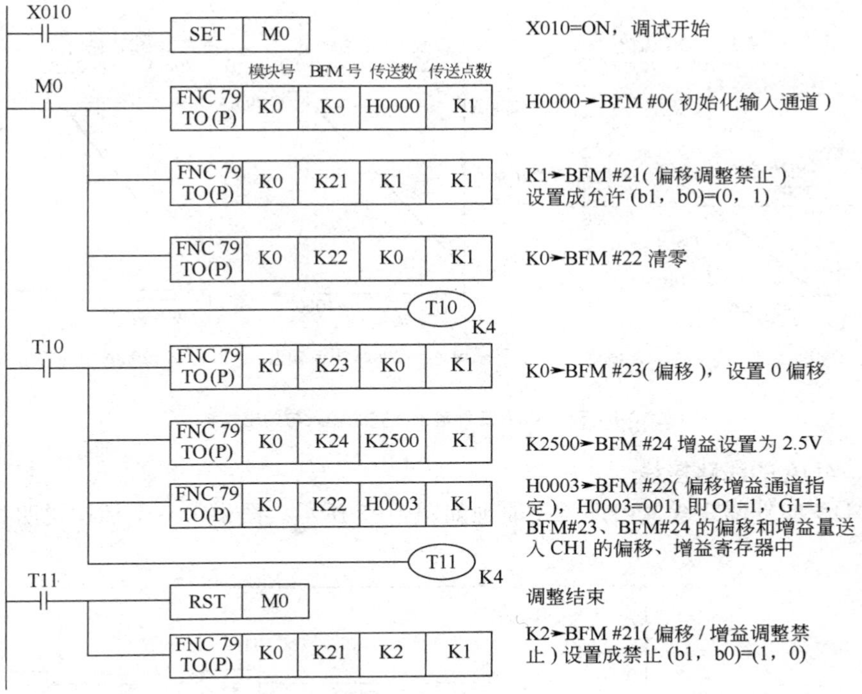

图 10-6 FX_{2N}-4AD 的增益和偏移量的编程设置

FX_{2N}-4AD 特殊功能模块处在 NO.0 位置上，一般 CH1 通道的偏移和增益分别调整为 0V 和 2.5V。

二、模拟量输出模块 FX_{2N}-4DA

1. 模拟量输出模块 FX_{2N}-4DA 的技术指标

FX_{2N}-4DA 有 4 个通道输出（CH1～CH4），每个通道均可进行 D/A 转换。数字量转换为模拟信号输出的最大分辨率为 12 位，输出的模拟电压范围为－10～10V 时，分辨率为 5mV，电流范围为 0～20mA 时，分辨率为 20μA。FX_{2N}-4DA 占用 FX_{2N} 扩展总路线 8 个接点，这 8 个接点可以是输入或输出点。FX_{2N}-4DA 的技术指标如表 10-4 所示。

表 10-4 FX_{2N}-4DA 技术指标

项 目	电 压 输 出	电 流 输 出
模拟量输出范围	DC:－10～10V(外部负载阻抗:2kΩ～1MΩ)	DC:0～20mA(外部负载阻抗:500Ω)
数字输入范围	带符号 16 位二进制(数值有效位为 11 位,符号位 1 位)	
分辨率	5mV(10V×1/2000)	20μA(20mA×1/1000)
综合精度	±1%(满量程 10V)	±1%(满量程＋20mA)
转换速度	4 个通道:2.1ms(使用的通道数变化不影响转换速度)	
隔离方式	模拟和数字电路之间用光电耦合器隔离,与基本单元间是 DC/DC 转换器隔离,模拟通道之间没有隔离	
外接输入电源	24(1±10%)V DC,200mA,基本单元或扩展单元内部供电:5V,30mA	
I/O 占有点数	占用 8 个 I/O 点	

FX_{2N}-4DA 三种模式的 I/O 特性如图 10-7 所示。缺省模式是模式 0。应用 PLC 指令可

改变输出模式，选择了电压/电流模式就决定了所有输出端子。

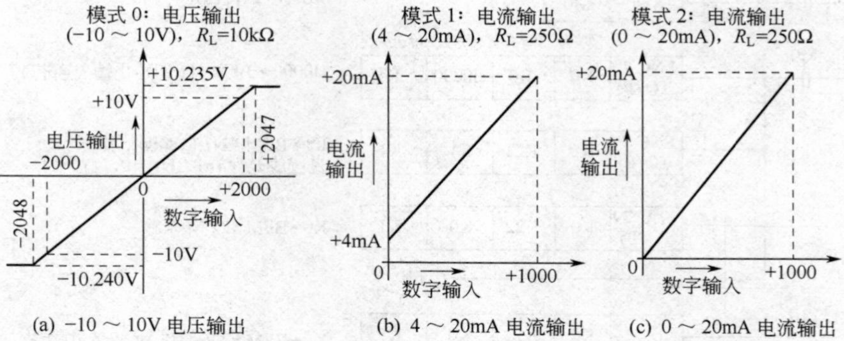

图 10-7　FX_{2N}-4DA 三种输出模式的输入与输出关系

2. FX_{2N}-4DA 的线路接线

FX_{2N}-4DA 的外部接线及内部电路原理如图 10-8 所示。图中①～⑦标注说明如下。

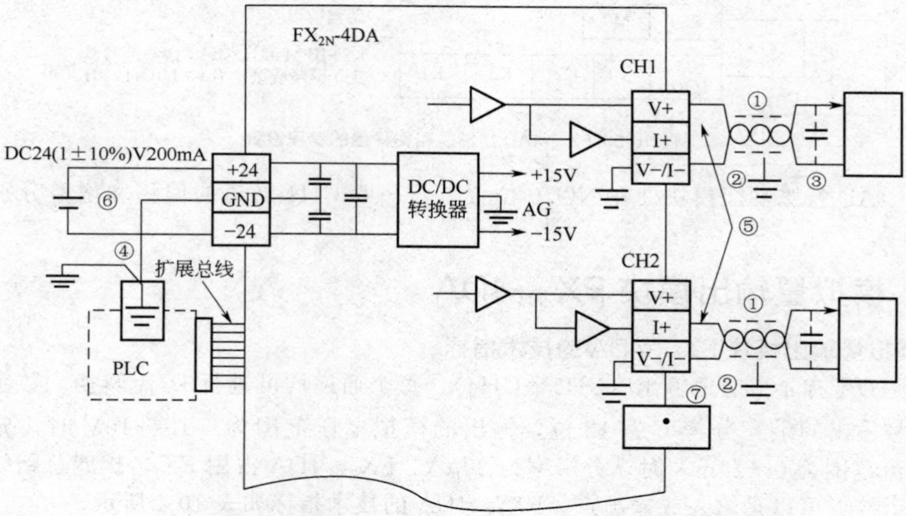

图 10-8　FX_{2N}-4DA 的外部接线及内部电路

① 双绞线屏蔽电缆，应远离干扰源。

② 输出电缆的负载端使用单点接地。

③ 若有噪声或干扰可以连接一个平滑电容器，容值在 0.1～0.47μF/25V。

④ FX_{2N}-4DA 与 PLC 基本单元的大地应接在一起。

⑤ 电压输出端或电流输出端，若短接的话，可能会损坏 FX_{2N}-4DA。

⑥ 24V 电源，电流 200mA 外接或者用 PLC 的 24V 电源。

⑦ 不使用的端子，不要在这些端子上连接任何单元。

3. FX_{2N}-4DA 缓冲寄存器（BFM）

FX_{2N}-4DA 的内部有 32 个缓冲寄存器（BFM），用来与 FX_{2N} 基本单元进行数据交换，每个缓冲寄存器的位数为 16 位 RAM。

FX_{2N}-4DA 的 32 个缓冲寄存器（BFM）的编号分配及含义如表 10-5 所示。表中带“W”号的数据缓冲寄存器（BFM）可用 TO 指令写入 PLC 中，标有“E”的数据缓冲寄存器可以写入 EEPROM，当电源关闭后可以保持数据缓冲寄存器中的数据。

表 10-5　FX_{2N}-4DA 的 BFM 的编号分配及含义

BFM		内　容	
W	#0(E)	输出模式选择，出厂设置为 H0000	
	#1	输出通道 CH1～CH4 的数据	
	#2		
	#3		
	#4		
	#5(E)	数据保持模式，出厂设置 H0000	
#6、#7		保留	
W	#8(E)	CH1、CH2 的偏移/增益设定命令，初始数 H0000	
	#9(E)	CH3、CH4 的偏移/增益设定命令，初始数 H0000	
	#10	偏移数据 CH1	单位：mV 或 μA 初始偏移值：0；输出 初始增益值：+5000；模式 0
	#11	增益数据 CH1	
	#12	偏移数据 CH2	
	#13	增益数据 CH2	
	#14	偏移数据 CH3	
	#15	增益数据 CH3	
	#16	偏移数据 CH4	
	#17	增益数据 CH4	
#18～#19		保留	
W	#20(E)	初始化，初始值=0	
	#21(E)	禁止调整 I/O 特性(初始值：允许调整)	
#22～#28		保留	
#29		错误状态	
#30		K3020 识别码	
#31		保留	

(1) BFM#0 为输出模式选择缓冲寄存器　BFM#0 的每一位可根据需要对 FX_{2N}-4DA 输出模式进行选择（电压型或电流型）。BFM#0 中应写入十六进制 4 位数字 H××××，进行 DA 模块通道初始化。最低位数字代表通道 CH1，第二位数字代表通道 CH2，……，最高位数字代表通道 CH4，即

```
     最高位              最低位
       |                   |
H      ×      ×      ×      ×
      CH4    CH3    CH2    CH1
```

×=0　设置电压输出模式(−10 ～ 10V)

×=1　设置电流输出模式(4 ～ 20mA)

×=2　设置电流输出模式(0 ～ 20mA)

例如，BFM#0=H1102，说明如下。

CH1：设定为电流输出模式，0～20mA。

CH2：设定为电压输出模式，−10～10V。

CH3、CH4：设定为电流输出模式，4～20mA。

(2) BFM#1～BFM#4 为输出通道数据缓冲寄存器　BFM#1～BFM#4 分别是通道 CH1～CH4 输出通道数据缓冲寄存器，它们的初始值均为零。

(3) BFM#5 为数据输出保持模式缓冲寄存器　当 BFM#5=H0000 时，PLC 从“运行”进入“停止”状态，其运行时的数据被保留。若要复位以使其成为偏移量，则将“1”写入 BFM#5 中。例如 BFM#5=H0011，说明通道 CH3、CH4 保持，CH1、CH2 为偏移

值。即：

BFM ＃5＝H　0　0　1　1　　×＝0：保持输出

CH4　CH3　CH2　CH1　　×＝1：复位到偏移值

除上述功能外，缓冲器还可以调整 I/O 的特性，并将 FX_{2N}-4DA 的各种状态传输给 PLC。

表 10-5 中，BFM＃10～BFM＃17 有关参数说明如下。

① 偏移量　当 BFM＃1～BFM＃4 为 0 时，实际模拟输出值。

② 增益值　当 BFM＃1～BFM＃4 为＋1000 时，实际模拟输出值。

③ 当设置为模式 1（4～20mA）电流输出时，自动设置偏移量为＋4000，增益值为＋20000。当设置为模式 2（0～20mA）电流输出时，自动设置偏移量为 0，增益值为＋20000。

(4) BFM＃8、BFM＃9 为偏移和增益设置允许缓冲寄存器　对 BFM＃8、BFM＃9 写入一个十六进制数，将可能允许设置 CH1～CH4 的偏移量与增益值。

例如：BFM＃8（CH2、CH1）　　　BFM＃9（CH4、CH3）

H　×　×　×　×　　　H　×　×　×　×

G2　O2　G1　O1　　　G4　O4　G3　O3

×＝0：不允许设置；×＝1：允许设置。

(5) BFM＃10～BFM＃17 为偏移量/增益值设定缓冲寄存器　BFM＃10～BFM＃17 偏移量与增益值可以用 TO 指令来设定，写入数值的单位是 mV 或 μA。

(6) BFM＃20 为初始化设定缓冲寄存器　当 BFM＃20 被设置为 1 时，FX_{2N}-4DA 的全部设置变为缺省值。

(7) BFM＃21 为 I/O 特性调整抑制缓冲寄存器　若 BFM＃21 被设置为 2，则用户调整 I/O 特性将被禁止；如果 BFM＃21 设置为 0，I/O 特性调整将保持；缺省值为 1，即 I/O 特性允许调整。

(8) BFM＃29 错误状态显示缓冲寄存器　如表 10-6 所示，当产生错误时，利用 FROM 指令，读出错误数值。

表 10-6　BFM＃29 错误信息表

位 号	名　称	位 OFF(＝1)	位 ON(＝0)
b0	错误	当 b1～b4 为 1，则错误	无错
b1	O/G 错误	存储器中偏移量/增益值不正常或设置错误	偏移量/增益值正常
b2	电源错误	24V DC 错误	电源正常
b3	硬件错误	A/D 或其他硬件错误	硬件正常
b10	范围错误	数字输入后模拟输出超出正常范围	输入输出值在正常范围
b12	G/O 调整禁止	BFM＃21 设置不为 1	调整状态，BFM＃21＝1

(9) BFM＃30 的识别码　FX_{2N}-4DA 的识别码为 K3020，PLC 可在数据传输前，用 FROM 指令读出特殊功能模块的识别码，确认是否正确。

4. FX_{2N}-4DA 编程应用

(1) 基本应用编程　FX_{2N}-4DA 同 FX_{2N}-4AD 一样，也是通过 FROM 和 TO 指令与 PLC 基本单元进行数据交换的。设 FX_{2N}-4DA 特殊功能模块在 NO. 1 位置，CH1、CH2 为电压输出通道（－10～10V），CH3 为电流输出通道（4～20mA），CH4 也为电流输出通道（0～20mA），PLC 在 STOP 状态时，输出保持，FX_{2N}-4DA 的基本应用程序如图 10-9 所示。

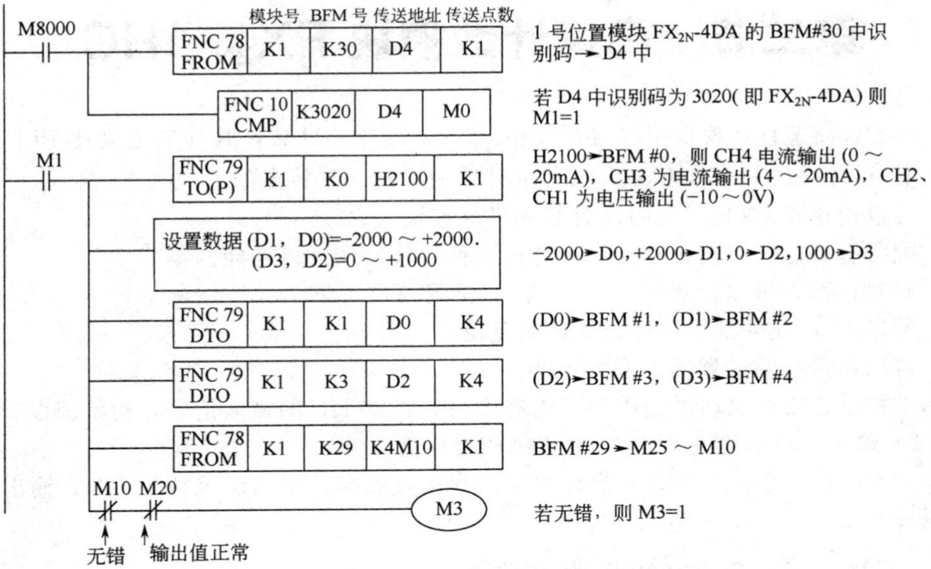

图10-9 FX_{2N}-4DA的基本应用程序

(2) 通道的I/O特性调整编程　设FX_{2N}-4DA模块在NO.1位置，将通道CH2设为电流输出模式1，偏移值为7mA，增益值变为20mA，CH1、CH3、CH4设为标准的电压输出模式，调整I/O特性的程序如图10-10所示。

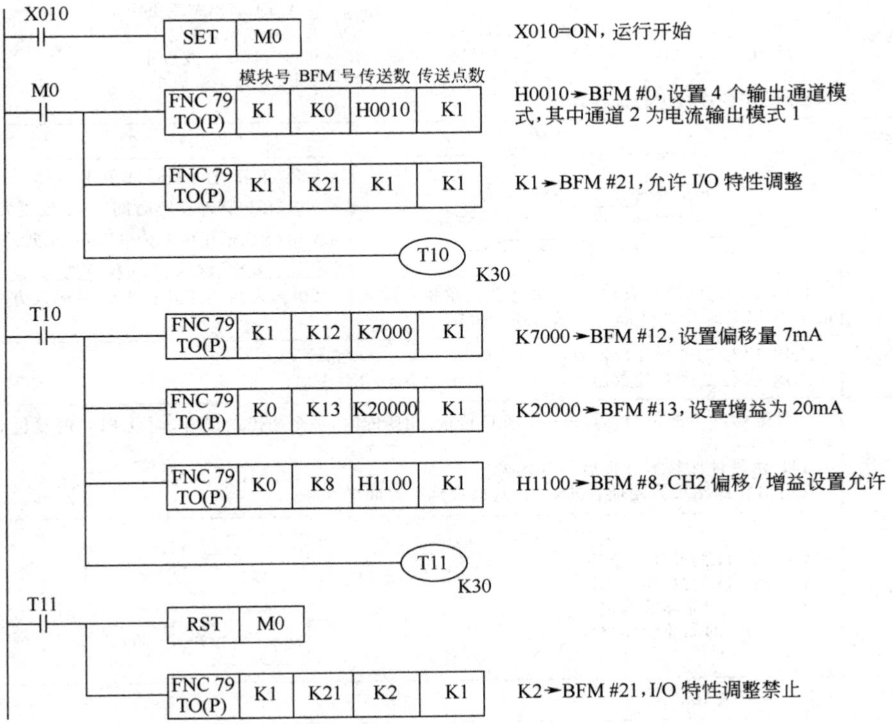

图10-10 FX_{2N}-4DA中CH2 I/O特性调整程序

第二节　高速计数模块 FX_{2N}-1HC

FX_{2N}-1HC 高速计数模块可以进行 2 相 50kHz 脉冲的计数，其计数速度比 PLC 的内置高速计数器（2 相 30kHz，1 相 60kHz）的计数速度高。其特点如下。

（1）可以由单相/双相、50kHz 计数硬件高速输入。

（2）配备有高速一致输出功能，可通过硬件比较器实现该功能。

（3）对双计数，可以设置×1、×2、×4 倍乘模式。

（4）通过 PLC 或外部输入进行计数器复位。

（5）可以连接线驱动器输出型编码器。

若用 1 相或 2 相线驱动器输出型编码器作为 FX_{2N}-1HC 的输入信号，初始值设置由指令（PRESET）输入，计数禁止用指令（DISABLE）输入。

FX_{2N}-1HC 有两个输出端口，当计数值达到预置数时，输出设置位为 ON，输出端采用晶体管隔离。

一、FX_{2N}-1HC 的技术性能指标

FX_{2N}-1HC 的技术性能指标见表 10-7 所示。

表 10-7　FX_{2N}-1HC 的技术性能指标

项目		1 相输入		2 相输入		
		1 个输入	2 个输入	1 倍计数	2 倍计数	4 倍计数
输入信号	信号水平	A 相,B 相　[A24＋],[B24＋]:24(1＋10%)V DC,7mA 或更小 [A12＋],[B12＋]:12(1＋10%)V DC,7mA 或更小 [A5＋],[B5＋]:3.5～5.5V DC,10.5mA 或更小 PRESET,DISABLE　[XP24],[XD24]:10.8～26.4V DC,15mA 或更小 [XP24],[XD24]:5(1＋10%)V DC,8mA 或更小 (由端子的连接进行选择)				
	最大频率	50kHz			25kHz(×2)	12.5kHz(×4)
	脉冲形状	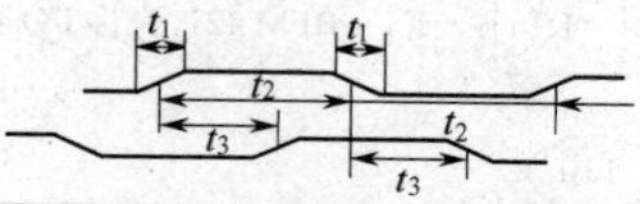 t_1:上升/下降时间 3ms 或更小 t_2:ON/OFF 脉冲持续时间 10μs 或更大 t_3:A 相与 B 相相位差为 3.5ms 或更大 PRESET(Z 相)输入 100μA 或更大				
计数特性	格式	自动时:向上(加计数)/向下(减计数)(单相双输入或双相输入);当工作在单相单输入方式时,向上/向下由 PLC 命令或外部一个输入端子决定				
	范围	当用 32 位二进制计数器时:－2147483648～2147483647 当用 16 位二进制计数器时:0～65535(上限可由用户指定)				
	比较类型	当计数器的当前值与比较值(由 PLC 传送)相匹配时,每个输出被设置,而且 PLC 的复位命令可将其转向 OFF 状态 YH:由硬件比较器处理后的直接输出 YS:由软件比较器处理后的输出,其最大延迟时间为 300ms				
输出信号	输出类型	YH＋:YH 的晶体管输出 YH－:YH 的晶体管输出 YS＋:YS 的晶体管输出 YS－:YS 的晶体管输出 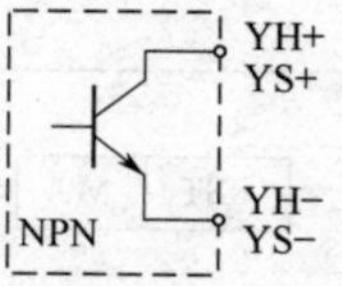				
	输出容量	5～24V DC,0.5A				
占用的 I/O		FX_{2N} 扩展总线的 8 个接点被占用(可以是输入或输出)				
FX_{2N}-1HC 电源		5V,90mA DC(由基本单元或有源扩展单元的内部电源供电)				

二、FX_{2N}-1HC 的电路接线

PNP 型编码器与 FX_{2N}-1HC 的电路连接如图 10-11 所示。NPN 编码器只要注意端子极性和 FX_{2N}-1HC 端子极性相匹配即可。若是线驱动输出编码器，则其电路连接如图 10-12 所示。

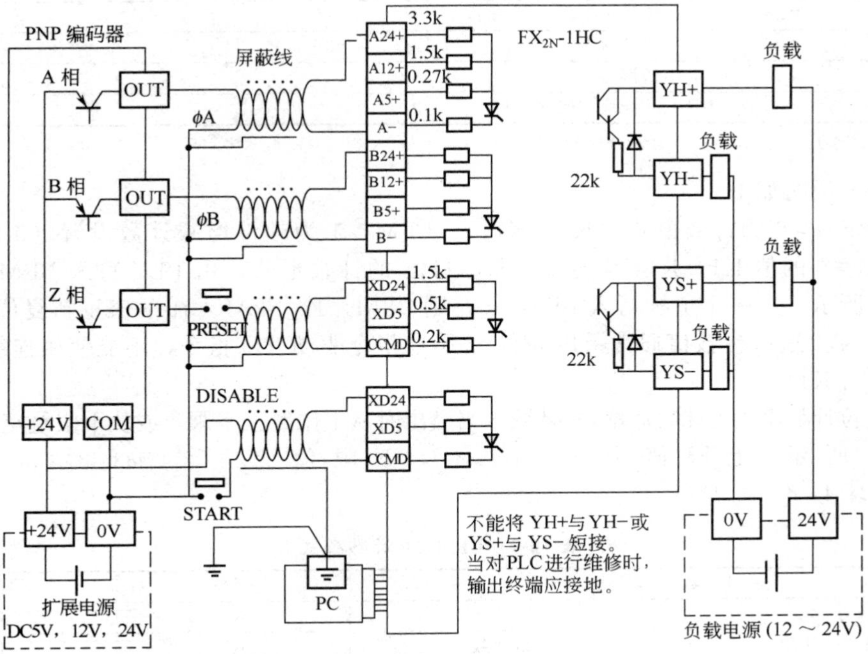

图 10-11　PNP 型编码器与 FX_{2N}-1HC 的电路连接

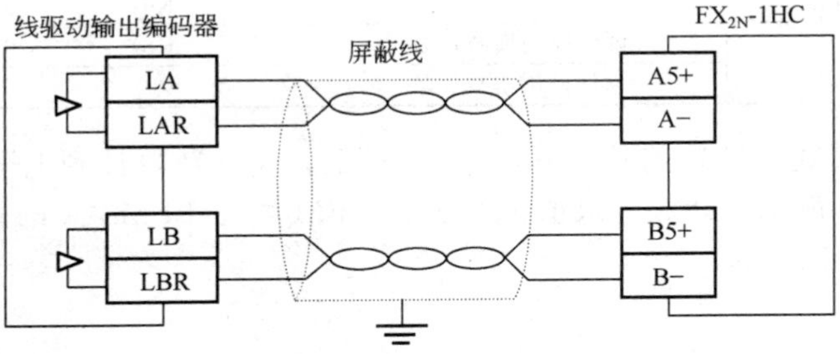

图 10-12　线驱动输出编码器与 FX_{2N}- 1HC 的电路连接

三、FX_{2N}-1HC 的缓冲寄存器

FX_{2N}-1HC 内部 32 个 BFM 编号及意义如表 10-8 所示。

表 10-8　BFM 编号及意义

BFM 编号		内　　容	
写	#0	计数模式 K0～K11	缺省值为 K0
	#1	软件增/减设置(单相输入)	缺省值为 K0
	#3、#2	上/下限的数据值	缺省值为 K65536
	#4	命令	缺省值为 K0
	#11、#10	预先调整上/下限数据	缺省值为 K0
	#13、#12	设置比较值控制 YH 端	缺省值为 K32767
	#15、#14	设置比较值控制 YS 端	缺省值为 K32767

续表

BFM 编号		内　容	
读/写	＃21、＃20	保存当前值	缺省值为 K0
	＃23、＃22	设置最大计数值	缺省值为 K0
	＃25、＃24	设置最小计数值	缺省值为 K0
读	＃26	比较结果	
	＃27	终端状态	
	＃29	错误显示	
	＃30	功能块代码 K4010	

注：＃5、＃9、＃16、＃19、＃28、＃31 保留。

表 10-8 说明如下。

(1) BFM＃0 为计数模式（K0～K11），BFM＃1 为软件增减计数设置（0 为增，1 为减） BFM＃0 的值 K1～K11 决定了 FX_{2N}-1HC 的计数形式，由 PLC 写入 BFM＃0，具体见表 10-9 所示。当一个值被写入 BFM＃0，则 BFM＃1～BFM＃31 的值重新复位为缺省值。设置 K0～K11 这些参数值通常采用 M8002 脉冲指令驱动 TO 指令，不能使用连续型指令设置参数 K0～K11。

① 32 位计数模式　计数器增/减计数，当溢出时从上限跳至下限，或从下限跳至上限，如图 10-13（a）所示。上限值为＋2147483647，下限值为－2147483648（32 位时，参数 K=0、2、4、6、8、10)。

表 10-9　BFM＃0 计数模式表

计　数　模　式		32 位	16 位
双相输入(相位差脉冲)	1 组计数	K0	K1
	2 组计数	K2	K3
	4 组计数	K4	K5
单相双输入(加/减脉冲计数)		K6	K7
单相单输入	硬件控制增减计数	K8	K9
	软件控制增减计数	K10	K11

② 16 位计数模式　计数器从 0～65535 内计数，当计数器计到上限时溢出，当前值为零，如图 10-13(b) 所示。计数上限值由存放在 BFM＃3、BFM＃2 的数据决定（16 位时，参数 K=1、3、5、7、9、11)。

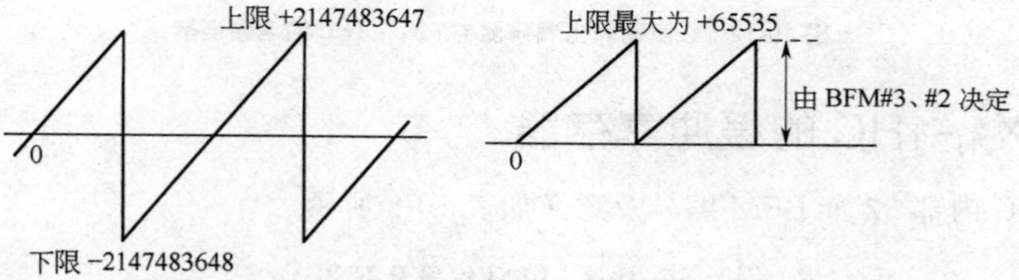

(a) 32 位计数　　(b) 16 位计数

图 10-13　高速计数器计数范围示意图

③ 单相单输入计数（K8～K11）　硬件增/减计数由 A 相输入决定，如图 10-14（a）所示。A 相 OFF 时，为增计数，A 相 ON 时，为减计数。

软件增/减计数由 BFM＃1 的数据决定，BFM＃1＝K0 时，为增计数，BFM＃1＝K1 时，为减计数，如图 10-14(b) 所示。

④ 单相双输入计数（K6、K7） 单相 A、B 相输入脉冲计数时，A 相由输入脉冲的上升沿进行减计数，B 相由输入脉冲的上升沿进行加计数，若 A、B 相同时有脉冲，则计数器的值不变，如图 10-15 所示。

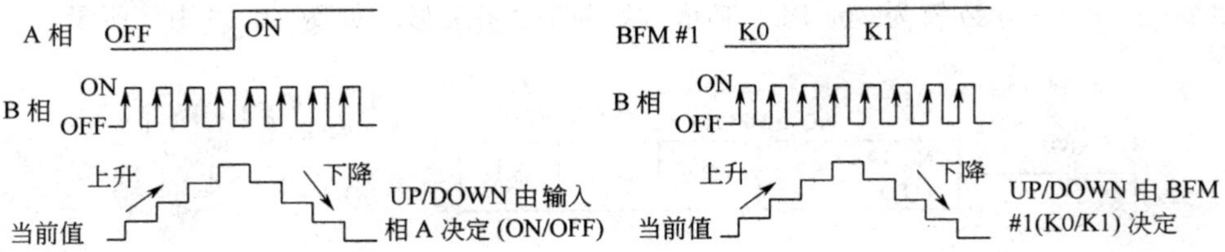

(a) 硬件增 / 减计数　　(b) 软件增 / 减计数

图 10-14 计数方式示意图

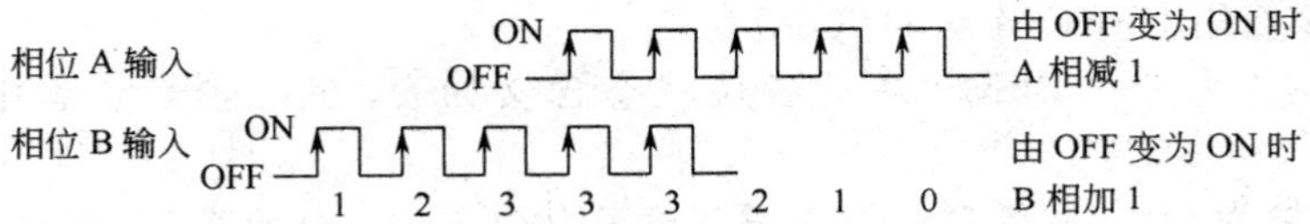

图 10-15 单相双输入计数波形图

⑤ 双相计数（K0～K5）

a. 一组计数时（K0、K1），当 A 相为 ON 时，B 相由 OFF→ON 时（上升沿）计数器加 1；当 A 相为 ON 时，B 相由 ON→OFF 时（下降沿）计数器减 1，如图 10-16 所示。

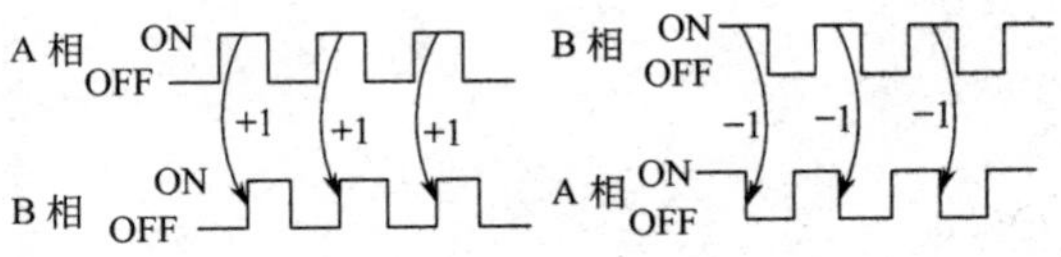

(a) 加计数　　(b) 减计数

图 10-16 一组计数时序波形图

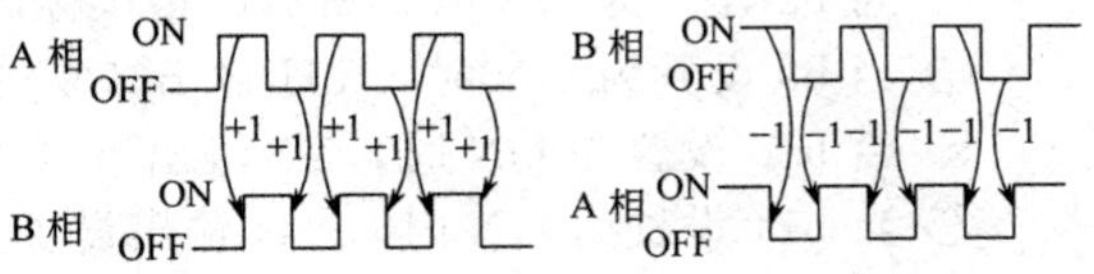

(a) 加计数　　(b) 减计数

图 10-17 二组计数时序波形图

b. 二组计数时（K2、K3），当 A 相为 ON 时，B 相由 OFF→ON 时（上升沿）计数器加 1；当 A 相为 ON 时，B 相由 ON→OFF 时（下降沿）计数器减 1，反之也可，如图 10-17 所示。

c. 四组计数（K4、K5） 四组计数时的时序波形如图 10-18 所示。

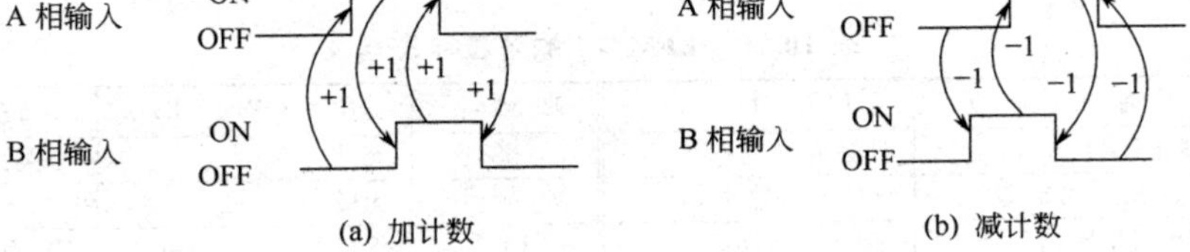

(a) 加计数　　(b) 减计数

图 10-18 四组计数时序波形

（2）BFM＃3、BFM＃2 数据值设定　BFM＃3、BFM＃2 均为 16 位数据缓冲寄存器，存储计数器上下限值，缺省值为 K65536。BFM＃3、BFM＃2 写入数据要用（D）TO 指令。图 10-19(a) 所示是用 DTO 指令对计数器数值设定，由指令可知特殊功能块接在 PLC 基本单元的 NO. 2 位置，把 K100 输入到 BFM＃3、BFM＃2 的 32 位中，其中 BFM＃3＝0，BFM＃2＝100。当计数值为 100 时，其增/减时的时序波形图如图 10-19(b) 所示。

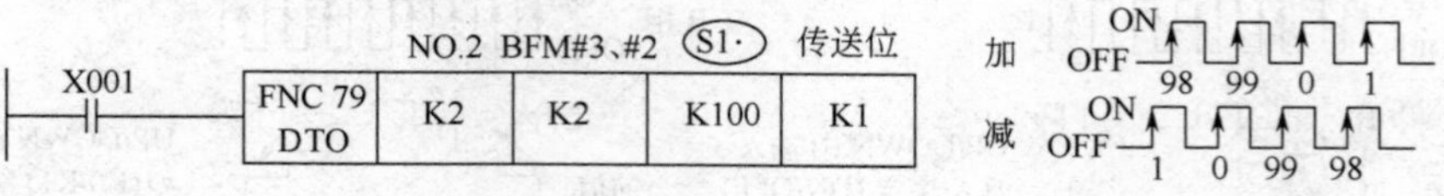

(a) 设定计数值 K100　　(b) 计数时序波形

图 10-19　计数器数值的设定及计数时序波形

计数数值在特殊功能模块中是成对出现的，以 32 位的形式进行处理。当设定的当前值在 K32767～K65535 之间时，数据会自动转变为 32 位，PLC 基本单元与 FX_{2N}-1HC 交换计数器数据，应该使用 DFROM 或 DTO 指令。

（3）BFM＃4 命令　BFM＃4 的各位状态含义如表 10-10 所示。表中各位的含义说明如下。

① 当 b0 设置为 ON，并且 DISABLE 输入端子为 OFF 时，计数器允许对输入脉冲开始计数。

② 如果 b1 不设置为 ON，YH（硬件比较输出）不会变成 ON。

③ 如果 b2 不设置为 ON，YS（软件比较输出）不会变成 ON。

④ 当 b3＝ON 时，如果 YH 输出被设置，则 YS 输出被复位；如果 YS 输出被设置，则 YH 输出被复位。当 b3＝OFF 时，YH 和 YS 输出独立动作，不相互复位。

⑤ 当 b4＝OFF 时，PRESET 输入端子的预先设置功能失去作用。

⑥ 当 b8 设置为 ON 时，所有的错误标志被复位。

⑦ 当 b9 设置为 ON 时，YH 输出被复位。

⑧ 当 b10 设置为 ON 时，YS 输出被复位。

⑨ 当 b11 设置为 ON 时，YH 输出设置为 ON。

⑩ 当 b12 设置为 ON 时，YS 输出设置为 ON。

（4）BFM＃11、BFM＃10 计数数据设置　当计数器开始计数时，BFM＃11、BFM＃10 设置的数据作为计数初始值。初始值是：BFM＃4 的 b4 位设置为 ON，并且 PRESET 输入终端由 OFF 变为 ON 时才有效。计数器的缺省值为 0。

计数器的初始值也可以通过 BFM＃21、BFM＃20（计数器的当前值）中写数据进行设置。

（5）BFM＃13、BFM＃12YH 比较值设置和 BFM＃15、BFM＃14YS 比较值设置　计数器当前计数值与 BFM＃13、BFM＃12，BFM＃15、BFM＃14 中的设定值进行比较后，FX_{2N}-1HC 中的硬件和软件比较器输出比较结果。

表 10-10　BFM＃4 的各位状态含义

BFM＃4	位为 OFF(＝0)	位为 ON(＝1)	BFM＃4	位为 OFF(＝0)	位为 ON(＝1)
b0	禁止计数	计数允许	b8	无效	错误标志复位
b1	YH 禁止输出	YH 允许输出	b9	无效	YH 输出复位
b2	YS 禁止输出	YS 允许输出	b10	无效	YS 输出复位
b3	YH/YS 独立动作	相互复位动作	b11	无效	YH 输出设置
b4	禁止复位	预先复位允许	b12	无效	YS 输出设置
b5～b7	无效				

如果使用PRESET或TO指令使比较值与计数值相等，YH、YS输出将不变成ON。只有当输入脉冲计数与比较值相匹配时，输出YH、YS才变成ON。

YS比较器输出大约需要300μs的时间。

当BFM#4的b1、b2为ON时，达到比较值时才可以输出。一旦有了输出，它将一直保持下去，只有当BFM#4的b9、b10进行复位时，才发生改变。

(6) BFM#21、BFM#20当前计数器值　计数器的当前值可以通过PLC进行读操作，在高速运行时，由于存在通信延迟，所以它并不是十分准确的值。通过改变BFM的值，可以改变计数器的当前值。

(7) BFM#23、BFM#22最大计数值　BFM#23、BFM#22存放着计数器计数所能达到的最大值和最小值。若停止，则存储的数据被清除。

(8) BFM#26比较状态　BFM#26是只读缓冲寄存器，PLC的写命令对其不起作用，BFM#26的各位功能含义如表10-11所示。

表10-11　BFM#26各位功能含义

BFM#26		位为OFF(=0)	位为ON(=1)
YH	b0	设定值≤当前值	设定值>当前值
	b1	设定值≠当前值	设定值=当前值
	b2	设定值≥当前值	设定值<当前值
YS	b3	设定值≤当前值	设定值>当前值
	b4	设定值≠当前值	设定值=当前值
	b5	设定值≥当前值	设定值<当前值
b6～b15		未定义	

(9) BFM#27终端状态　BFM#27决定了FX_{2N}-1HC的终端状态，BFM#27的各位功能含义如表10-12所示。PRESET可以对BFM#27的b0位状态预先复位输入，DISABLE可以改变b1位失效输入状态。

表10-12　BFM#27各位功能含义

BFM#27	位为OFF(=0)	位为ON(=1)
b0	预先复位输入为OFF	预先复位输入为ON
b1	失效输入为OFF	失效输入为ON
b2	YH输出为OFF	YH输出为ON
b3	YS输出为OFF	YS输出为ON
b4～b15	未定义	

(10) BFM#29错误状态　BFM#29反映了FX_{2N}-1HC的错误状态，它各位错误信息如表10-13所示。

表10-13　BFM#29各位错误信息含义

BFM#29	错误状态	
b0	当b1～b7中的任何一个为ON时，它被设置	
b1	计数长度值写错(不是K2～K65536)时，它被设置	
b2	当预先设置值写错时，它被设置	在16位计数器模式下
b3	当比较值写错时，它被设置	
b4	当当前值写错时，它被设置	

续表

BFM#29	错误状态	
b5	当计数器超出上限时，它被设置	指 32 位计数器的上限或下限
b6	当计数器超出下限时，它被设置	
b7	当 FROM/TO 指令不正确使用时，它被设置	
b8	当计数器模式（BFM#0）写错时，它被设置	当超出 K0～K11 时
b9	当 BFM 号写错时，它被设置	当超出 K0～K31 时
b10～b15	未定义	

注：错误标志可由 BFM#4 的 b8 进行复位。

（11）BFM#30 特殊功能模块代码　FX_{2N}-1HC 的功能模块代码为 K4010，存放在 BFM#30 中。

四、FX_{2N}-1HC 的编程及应用

FX_{2N}-1HC 的内部系统结构框图如图 10-20 所示。该模块使用时可按图 10-21 所示程序进行设计应用，若需要，在程序中加一些其他指令可对计数器当前值的状态进行读取。

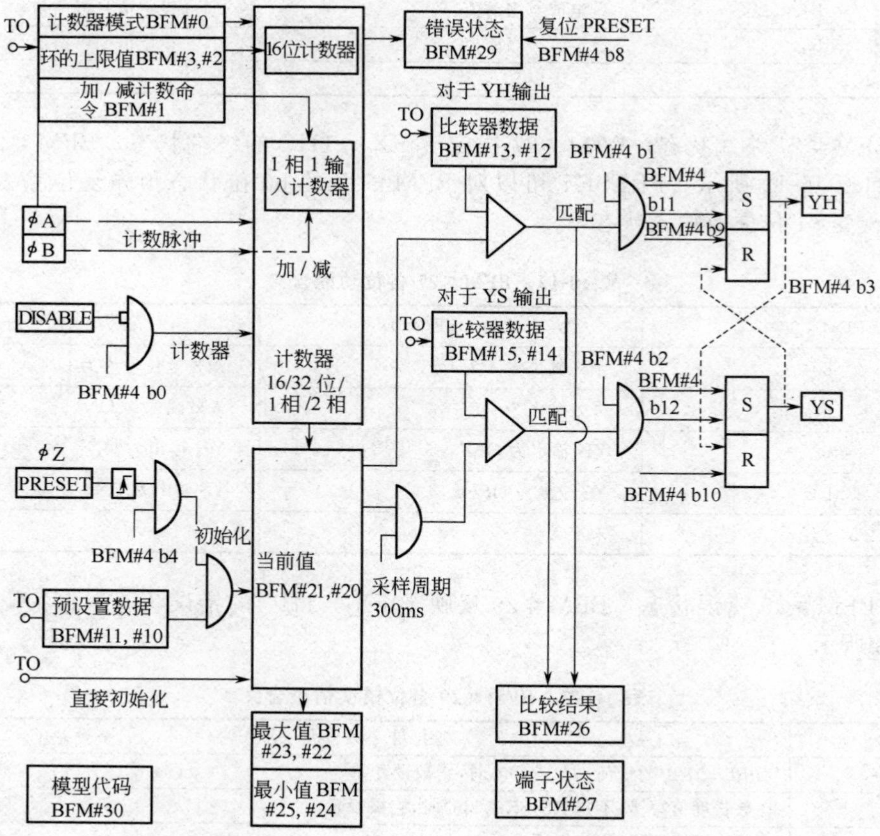

图 10-20　FX_{2N}-1HC 的内部系统结构框图

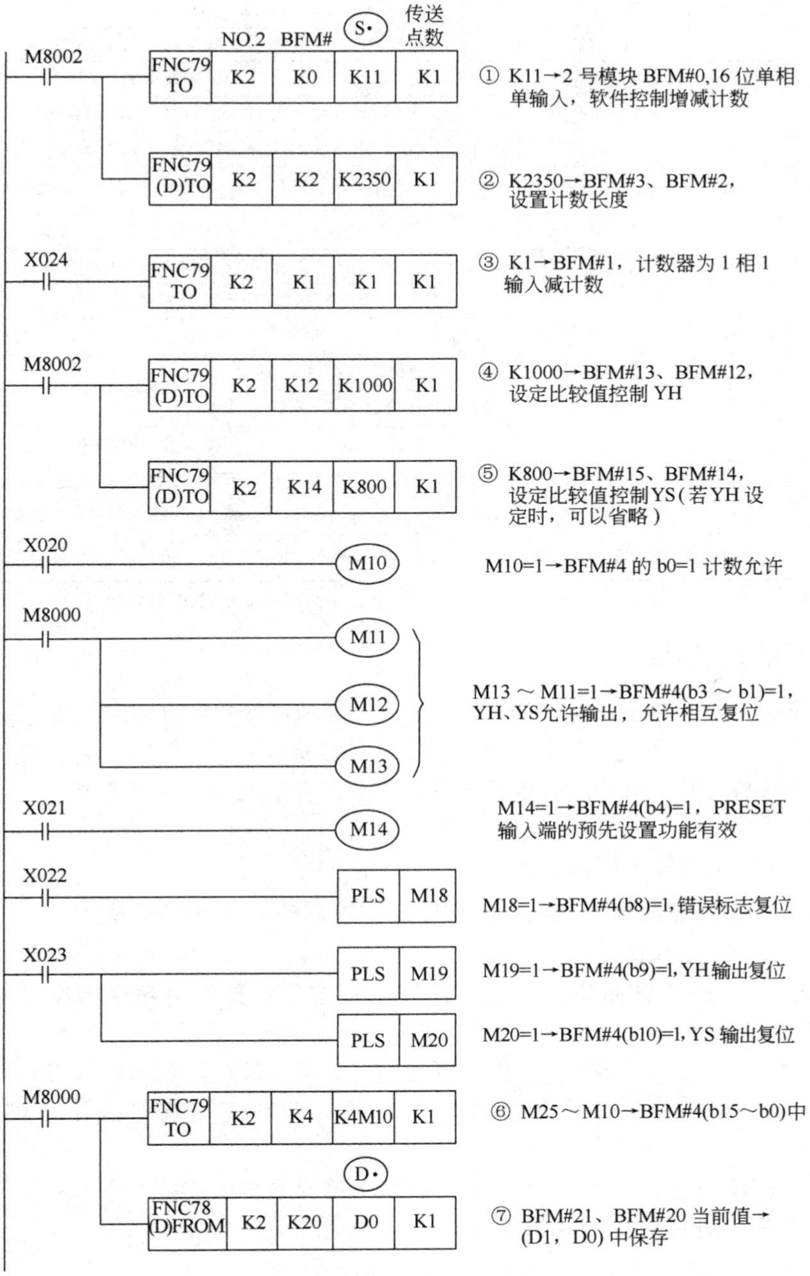

图 10-21　FX_{2N}- 1HC 的应用程序

第三节　其他特殊功能模块

FX_{2N} 可编程序控制器的其他特殊扩展设备如表 10-14 所示。

表 10-14　FX_{2N} 可编程序控制器的其他特殊扩展设备

种　类	区别	型　号	功　能　概　要
脉冲输出定位控制模块	B	FX_{2N}-1PG	脉冲输出模块，单轴用最大输出脉冲频率为 100kHz
	B	FX_{2N}-10PG	脉冲输出模块，单轴用最大输出脉冲频率为 1MHz
	B	FX_{2N}-10GM	定位控制器，单轴控制最大输出脉冲串为 200kHz
	B	FX_{2N}-20GM	定位控制器，双轴控制（有插补功能）最大输出脉冲频率 200kHz
可编程凸轮开关	B	FX_{2N}-1RM-SET	高精度角度位置检测，可与 FX_{2N} 联用，也可以单独使用
通信用功能扩展板	A	FX_{2N}-232-BD	RS-232C 通信用功能扩展板，用于连接各种 RS-232C 设备
	A	FX_{2N}-422-BD	RS-422 通信用功能扩展板，用于连接 PLC 外部设备
	A	FX_{2N}-485-BD	RS-485 通信用功能扩展板，用于计算机链路，PLC 间并联链路
	A	FX_{2N}-CNV-BD	连接特殊适配器的功能扩展板，可用于 FX_{2N} 与 FX_{ON} 转换器的连接
通信模块	B	FX_{2N}-232IF	RS-232C 通信接口模块，1 通道
	B	FX_{2N}-16CCL-M	CC-Link（开放式网络）系统主站模块
	B	FX_{2N}-16LNK-M	MELSEC I/O Link 远程 I/O 连接系统主站模块
	B	FX_{2N}-32CCL	CC-Link 系统通信接口模块，用于与主站 PLC 或远程 PLC 之间连接
	B	FX_{2N}-32DP-IF	PROFIBUS 接口模块，FX_{2N} 的 I/O 专用模块与 PROFIBUS-DP 网络连接
接口变换器	计算机	FX-485PC-IF-SE	RS485/232C 变换接口，用于 RS-485 信号转换为 RS-232C 信号

注：A 表示通信用功能扩展板由 PLC 基本单元供给电源；B 表示特殊模块电源由 PLC 供给。

一、脉冲输出模块

脉冲输出模块用于控制运动物体的位置、速度和加速度。它可以控制直线运动或旋转运动。脉冲输出模块与 PLC 构成的运动控制系统，可实现 JOG 运行、原点回归、单轴定位、2 段速度定位、中断 1 速或 2 速定位、可变速度运行七种操作模式，广泛应用于数控机床、自动装配生产线上。

1. FX_{2N}-1PG 脉冲输出模块特点

（1）FX_{2N}-1PG 脉冲输出模块配备有便于定位控制的七种操作模式。

（2）最高可输出 100kHz 的脉冲串。

（3）每个 FX_{2N}-1PG 脉冲输出模块可控制 1 轴定位，其控制程序编制在 PLC 程序中，通过 PLC 进行控制。

（4）定位数据设定和瞬时位置显示可通过 PLC 的读/写（FROM/TO）指令实现。FX_{2N}-1PG 脉冲输出模块除序列脉冲输出外，还有各种高速响应的输出端子，以适应控制的需要。

（5）FX_{2N}-1PG 占有 8 点 I/O，一台 PLC 基本单元最多可连接 8 个 FX_{2N}-1PG。

2. FX_{2N}-10PG 脉冲输出模块特点

（1）最高输出的高速脉冲为 1MHz，可以使速度和精度匹配。

（2）最小启动时间 1ms，可缩短操作时间。

（3）定位期间加强了最优速度控制。

（4）应用了近似 S 型加/减速控制。

（5）可以接收外部脉冲发生器产生的最大 30kHz 输入。

（6）安装了表格操作，使得多段速运行和定位编程更容易。

3. FX_{2N}-1PG/10PG 技术指标

FX_{2N}-1PG/10PG 技术指标见表 10-15。

表 10-15 FX_{2N}-1PG/10PG 技术性能指标

项目		FX_{2N}-1PG	FX_{2N}-10PG
控制轴数		1 轴(一台 PLC 机最多控制 8 根单轴)	
指令速度		0.01～100kHz，指令单位可选 Hz、cm/min、10deg/min、inch/min	1Hz～1MHz，指令单位可选 Hz、cm/min、10deg/min、inch/min
设置脉冲范围		0～999999。可选绝对位置或相对位置规格。单位可在脉冲、mm、mdeg 和 10^{-4}inch 之间选择。位置数据设置以 10^1、10^2、10^3 的倍数	－2147483648～＋2147483647。可选绝对位置或相对位置规格。单位可在脉冲、mm、mdeg 和 10^{-4}inch 之间选择。位置数据设置以 10^1、10^2、10^3 的倍数
脉冲输出格式		可选向前(FP)和反向(RP)或具有方向(DIR)的脉冲。集电极开路和晶体管输出。5～24V/DC,20mA	
占用 I/O 点数		8 个 I/O 点(输入或输出点均可)	
电源	对输入信号	24(1±10%)V DC,40mA	START、DOG、X000 和 X001:24(1±10%)V DC,32mA
	对内部控制	5V,55mA DC	5V,120mA DC
	对脉冲输出	5～24V DC,20mA	通过 Vin 伺服放大器或外部电源供电
适用控制器		FX_{2N}、FX_{2N}C 系列(必须用 FX_{2NC}-CNV-IF 转换电缆连接)	

图 10-22 是由 FX_{2N}-1PG 或 FX_{2N}-10GM 与 PLC 组成的单轴定位控制系统框图。

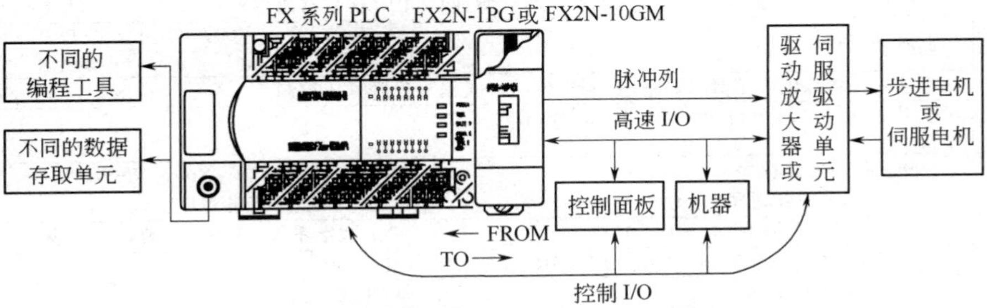

图 10-22 单轴定位控制系统框图

4. FX_{2N}-10GM/20GM 定位控制器

FX_{2N}-10GM/20GM 是一种采用定位专用语言的高功能定位控制模块。FX_{2N}-10GM 是单轴定位控制模块，有 4 点通用输入和 6 点通用输出。FX_{2N}-20GM 是 2 轴定位控制模块，可进行直线、圆弧插补控制或 2 个单轴控制，占 8 个通用输入和 8 个通用输出。

(1) FX_{2N}-10GM 定位控制器特点

① 不仅能处理单速定位和中断定位，且能处理复杂的控制，如多速操作。

② 可以单独地工作，不必连接到 PLC 上。

③ 一个定位控制模块控制一轴，最大输出脉冲 200kHz。一台 FX_{2N} 系列 PLC 最多可以连接 8 个定位控制模块实现多轴独立控制。

④ 与 PLC 基本单元间数据交换通过 FROM/TO 指令实现。

⑤ 能连接到手动脉冲发生器上，还能进行绝对值位置控制。

⑥ 具有流程图的编程软件，使程序开发可视化。

(2) FX_{2N}-20GM 定位控制器特点

① 能同时执行 2 轴控制，进行直线或圆弧插补。

② 可以独立地操作，不必连到 PLC 上。

③ 一个定位控制模块控制一轴时，可以将最多 8 个定位控制模块连到 FX_{2N} 系列 PLC 上。

④ 最大输出脉冲列为 200kHz，但在插补时最大为 100kHz。

⑤ 其余同上述 FX_{2N}-10GM 中⑤、⑥的特点。

5. FX_{2N}-10GM/20GM 定位控制技术指标

FX_{2N}-10GM/20GM 定位控制技术指标如表 10-16 所示。

表 10-16　FX_{2N}-10GM/20GM 定位控制技术指标

项　目		FX_{2N}-10GM	FX_{2N}-20GM
控制轴数		单轴	2 轴（2 轴或同时 2 轴独立）
插补		不可以	可以
驱动方法		可以与 PLC 连接或单独使用（独立使用时不能 I/O 扩展）	可以与 PLC 连接或单独使用（独立使用时能够 I/O 扩展）
程序寄存器		3.8K 步，带内置 RAM	7.8K 步，内置 RAM，可选用寄存器板 FX_{2N}-EEPROM-16，不能用时钟功能寄存器板
定位单位		指令单位：mm、deg、inch 和 pls（相对/绝对）。最大指令值±999999	
累加地址		－2147483648～＋2147483647	
速度指令		最大 200kHz，153000cm/min（不超过 200kHz）。自动梯形图方式加/减速	
零返回		最大 200kHz，153000cm/min（不超过 200kHz）。自动梯形图方式加/减速（插补驱动不超过 100kHz）	
控制输入		操作系统：FWD（手动向前）、RVS（手动反向）、ZRN（机器零返回）、START（自动启动）、STOP、手动脉冲发生器（最大 2kHz）、单步操作输入 机械系统：DOG（近点信号）、LSF（向前转动极限）、LSR（反向转动极限）、中断　4 点 伺服系统：SVRDY（准备伺服）、SVEND（伺服结束）、PGO（零点信号）	
控制输出		伺服系统：FP（向前转动脉冲）、RP（反向转动脉冲）、CLR（计数器清零）	
		主体：Y000～Y005	主体：Y000～Y007，可用扩展板扩展到 Y010～Y067（最大 I/O 点　48 点）
控制方法		通过一种特殊编程工具，以定位控制单位的形式编写程序完成控制	
		与 PLC 使用时，通过 FROM/TO 指令完成定位控制	
程序号		X00～X99：定位程序； 100 之后：子任务程序	00～99：同时 2 轴；X00～X99 和 Y00～Y99：2 轴独立；100 之后：子任务程序
指令	定位	Cod 数字系统（使用指令编码）-13 型	Cod 数字系统（使用指令编码）-19 型
	顺序	LD、LDI、AND、ANI、OR、ORI、ANB、ORB、SET、RST 和 NOP	
	应用	FNC 数字系统-29 型	FNC 数字系统-30 型
占用 I/O 点		8 点（输入或输出均可）	
通信		与 PLC 通信：FROM/TO 指令	
电源		24（1－15%）/24（1＋10%）V DC 5W	24（1－15%）/24（1＋10%）V DC 10W
适用控制器		FX_{2N}/FX_{2NC}（需要 FX_{2NC}-CNV-IF 转换电缆连接）	

二、可编程凸轮开关 FX_{2N}-1RM-SET

在机电控制系统中，通常需要通过检测角度位置来接通或断开外部负载，以前是用机械式凸轮开关来完成这种任务的。机械式凸轮开关要求加工精度高，易于磨损。可编程凸轮开关 FX_{2N}-1RM-SET 可实现高精度角度位置检测，它可以与 FX_{2N}PLC 基本单元连用，也可以单独使用。使用与它构成一体的数据设定组件（无刷分解器和分解器电缆），可以进行动作角度设定和监视。它内置有无须电池的 EEPROM，可存放 8 种不同程序。可用 FX-20-E 简易编程器和计算机用的软件编程和传送程序，配套的无刷转角传感器的电缆最长可达 100m。FX_{2N} 可接 3 块 FX_{2N}-1RM-SET，后者也可以单独使用，在程序中占用可编程序控制器的 8 个输入输出点。通过连接晶体管扩展模块，可以得到最多 48 点的 ON/OFF 输出。两个输入点的额定值为 DC 24V/7mA，它们用光电耦合器隔离，响应时间为 3ms。

三、通信功能扩展板和通信模块

可编程控制器与计算机通讯近年来发展很快。在 PLC 与计算机连接构成的综合系统中，计算机主要完成数据处理、修改参数、图像显示、打印报表、文字处理、系统管理、编制 PLC 程序、工作状态监视等任务。可编程控制器仍然直接面向现场、面向设备，进行实时控制。PLC 与计算机的连接，可以更有效地发挥各自的优势，互补应用上的不足，扩大 PLC 的处理能力。

为了适应 PLC 网络化的要求，扩大联网功能，几乎所有的 PLC 厂家，都为 PLC 开发了与上位计算机通信的接口或专用的通讯模块。一般在小型PLC机上都设有RS422通信接口或RS-232C通信接口；在中大型PLC上都设有专用的通信模块。PLC与计算机之间的通信正是通过PLC上的RS422或RS-232C接口和计算机上的RS-232C接口进行的。PLC与计算机之间的信息交换方式，一般采用字符串、全双工或半双工、异步、串行通信方式。因此可以这样说，凡具有RS-232C接口并能输入输出字符串的计算机都可以和PLC通信。

利用PLC基本单元上的RS-232C或RS422通信接口，可以很容易地配置一个PLC与外部计算机进行通讯的系统。该系统中PLC接受控制系统中的各种控制信息，分析处理后转化为PLC中软元件的状态和数据；PLC又将所有软元件的数据和状态送入计算机，由计算机采集这些数据，进行分析及运行状态监测，用计算机改变PLC的初始值和设定值，从而实现计算机对PLC的直接控制。

计算机与PLC、PLC与PLC之间的信息交换，通常采用通信接口模块实现。若通信口不够，要用通信扩展板来扩展通信口，若各个设备的接口不同，要采用通信用的适配器进行信息变换。下面介绍FX系列PLC常用的通信用模块、通信功能扩展板和通信用的适配器。

1. RS-232C通信用功能扩展板与通信模块

（1）FX_{2N}-232-BD RS-232C通信功能扩展板　FX_{2N}PLC基本单元内可安装一块FX_{2N}-232-BD通信功能扩展板，它的接口可与外部各种设备的RS-232C接口连接进行通信。FX_{2N}-232-BD的传输距离为15m，通信方式为全双工双向（2.00版通信协议），最大传输速率为19200bit/s。除了与各种RS-232C设备通信外，通过FX_{2N}-232-BD，个人计算机的专用编程软件可向FX_{2N}PLC传送程序，或通过它监视PLC的运行状态。

（2）FX_{2N}-232IF RS-232C通信接口模块　FX_{2N}-232IF可以作为特殊模块扩展的RS-232C通信用接口，可以在通信中与扩展板一起使用。在传送和接收信息时，可对十六进制数和ASCII码自动换算。一台FX_{2N}系列PLC上最多可连接8块FX_{2N}-232IF，它用光电耦合器隔离，可用FROM/TO命令收发数据。

将RS-232IF通信接口模块和功能扩展板连接到PLC上，它作为具有RS-232C通信接口的特殊模块可与个人计算机、打印机、条形码读出器等装有RS-232C的外部设备通信，通信时可使用FX_{2N}的串行数据传送指令（FNC80，RS）。串行通信接口的波特率、数据长度、奇偶性等可由特殊数据寄存器（D8120）设置。

RS-232IF通信接口模块最大传输距离15m，通信方式为全双工，最大传输速率为19200bit/s，占用8个I/O点，与PLC通信需要用FX_{2NC}-CNV-IF连接头转换适配器。

2. FX_{2N}-422-BD RS-422通信功能扩展板

FX_{2N}-422-BD通信功能扩展板可以为FX系列PLC提供一个额外的RS-422通信端口，可与具有RS-422端口的外部设备通信，FX_{2N}-422-BD可安装在PLC内，不需要外部安装空间，传送距离为50m，通信方式为半双工，最大传输速率为19200bit/s。

3. FX-485PC-IF RS-232C／RS485接口转换模块

若PLC是RS485接口信号，可通过FX-485PC-IF转换为RS-232C信号，以便与RS-232C接口的计算机通信。一台计算机最多可与16台PLC通信。传送距离为500m（RS-485，RS422）/15m（RS232C），通信方式为全双工，最大传输速率为19200bit/s。

4. RS-485通信用适配器和通信用功能扩展板

（1）FX_{0N}-485-ADP RS485C通信适配器　FX_{0N}-485-ADP是一种光电隔离型通信适配器，除了FX_{2NC}之外的PLC之间都要用该适配器连接。FX_{0N}-485-ADP适配器不用通信协议就能完成数据传输功能，传输距离为500m，通信方式为半双工，最大传输速率为19200bit/s（并联），一台FX_{0N}型PLC可安装一个FX_{0N}-485-ADP。可实现两台PLC并行工作，也可用于 N：N 连接。

（2）FX_{2N}-485-BD RS485 通信功能扩展板　FX_{2N}-485-BD 是 RS485 通信接口功能扩展板。不用通信协议，采用 RS 指令就可完成外部设备间的数据传输功能，也可使用专用协议，由一台微机通过 FX_{2N}-485-BD 对指定的 PLC 进行数据传输，传输距离为 50m，最大传输速率为 19200bit/s（并联）。一台 FX_{2N} 可编程序控制器内可以安装一块 FX_{2N}-485-BD 功能扩展板。

通过 FX_{2N}-485-BD 可以将两台 FX_{2N}PLC 之间实现双机并联连接（即 1：1 连接）。

使用 FX_{2N}-485-BD 和 RS-48-ADP，将计算机作为主站，通过 FX-485PC-IF 与 N 台 FX、A 系列 PLC（作为从站）进行连接，形成通信网络（即 1：N 连接），实现生产线、车间或整个工厂的监视和自动化，如图 10-23 所示。

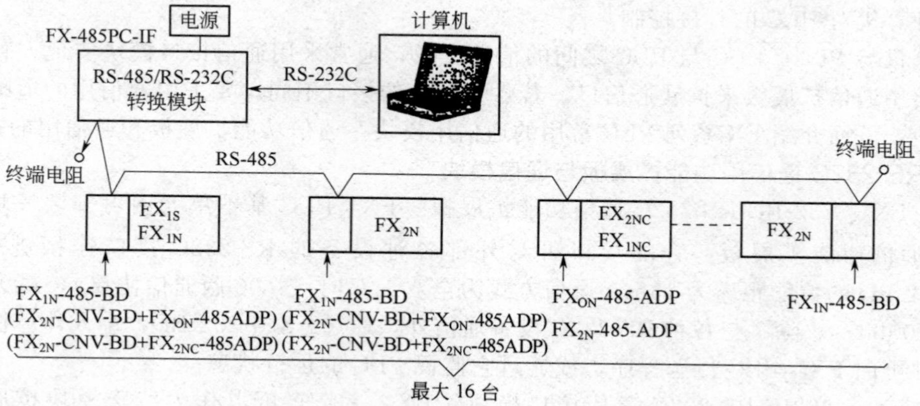

图 10-23　使用 RS485 通信的 1：N 连接

也可以将若干台 FX_{ON} 或 FX_{2N}PLC 通过 FX_{ON}-485ADP 或 FX_{2N}-485-BD 并接相连，组成 N：N（总线上 N 个 PLC）的 RS485 通信网络（最多 8 台）。

RS-485 的最长通信距离为 500m。若连接了功能扩展板，最长通信距离将缩短为 50m。

四、网络通信特殊功能模块

1. FX_{2N}-16CCL-M　CC-Link（开放式网络）系统主站模块

该通信模块的特点如下。

（1）多达 7 个远程 I/O 站以及 8 个远程设备站可以连接到主站上。

（2）允许 FX 系列 PLC 在 CC-Link 中作为主站使用。

（3）FX 系列 PLC 可以在 CC-Link 中作为远程设备站，用 CC-Link 接口 FX_{2N}-32CCL 进行连接。

（4）CC-Link 占用 FX 系列 PLC8 个 I/O 地址。

采用 FX_{2N}-16CCL-M 组成的 CC-Link 系统如图 10-24 所示。

2. FX_{2N}-32CCL　CC-Link 接口模块

（1）该模块在 CC-Link 系统中，允许一台 FX 系列 PLC 作为一个远程设备站被连接，如图 10-24 所示。

（2）FX_{2N}-32CCL 模块和 CC-Link 系统主站模块 FX_{2N}-16CCL-M 组合使用，可以实现 FX 系列 PLC 的 CC-Link 系统。

（3）该模块占用 8 个 I/O 地址单元。

3. FX_{2N}-16LNK-M　MELSEC（三菱数据通信）I/O Link 远程 I/O 连接系统主站模块

（1）该模块最大支持 128 点。

（2）主站模块以及远程 I/O 单元可以用双绞电缆或者橡皮绝缘电缆进行连接。

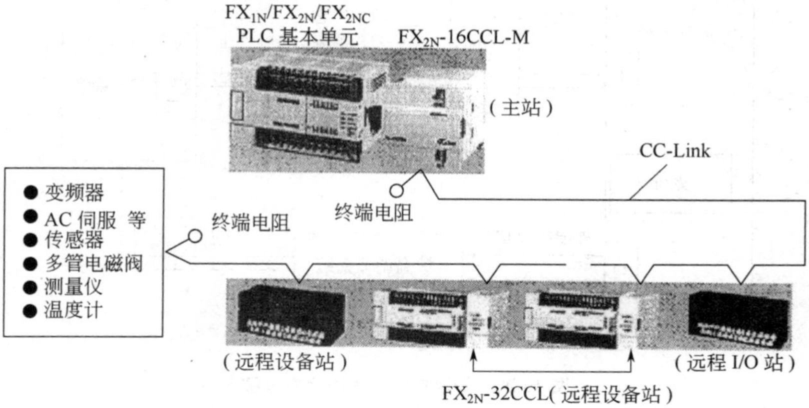

图 10-24　CC-Link 系统

(3) 整个系统中所允许的扩展距离总长最大为 200m。

(4) 即使其中的一个远程 I/O 单元出现故障，也不影响整个系统。

(5) 通用设备的输入 (X) 和输出 (Y) 分配到每一个远程 I/O 单元上。

(6) 该远程 I/O 单元可用于三菱公司的 A 系列 PLC。

4. FX_{2N}-32DP-IF　PROFIBUS (欧洲标准现场总线)接口模块

(1) 该模块可以用于将一个 FX_{2N} 数字 I/O 专用功能模块直接连接到一个现存的 PROFIBUS-DP 网络上。

(2) 一个 PROFIBUS-DP 主站上的数字量或者模拟量可以由任一提供的 I/O 模块和专用功能模块进行接收或者发送。

(3) 高达 256 个 I/O 点或者 8 个专用功能模块可以连接到该单元上，仅仅会受到主站数据运送能力和供电能力的限制。

(4) 可以提供高达 12Mbit/s 的速度。

第四节　特殊功能模块的应用

一、FX_{2N}-4AD 及 FX_{2N}-4DA 模块在温控系统中的应用

利用 FX_{2N}-4AD 及 FX_{2N}-4DA 模块进行模/数、数/模转换可以方便地实现工业生产过程的自动化控制。

图 10-25 是某炉温控制系统原理方框图。系统中利用温度传感器对炉温进行实时监控，同时将炉内的温度信号转换成电信号，通过电缆传送到中央控制系统，控制系统对温度的电信号进行处理。如果炉温过高，超过设定的温度值时，控制系统向炉温调节系统发出停止加温的信号，并保持炉内温度；如果炉温过低，未达到要求的温度值时，控制系统向炉温调节系统发出加温的信号，直到温度达到设定温度值为止。

为了在实验室进行炉温控制系统模拟实验，图 10-26 是具体的温控实验接线图。图中用两个电位器的分压值 V1、V2 模拟温度传感器输出的温度模拟信号，并输入到 FX_{2N}-4AD 的两个输入通道中。为了说明 FX_{2N}-4DA 模块的应用，图中用 FX_{2N}-4DA 输出的模拟量驱

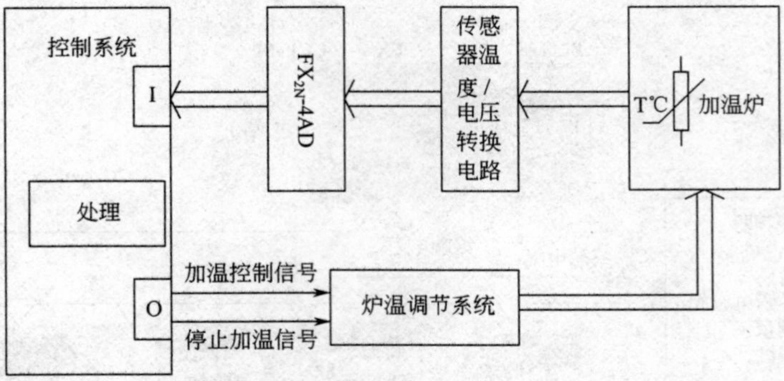

图 10-25　炉温控制系统原理方框图

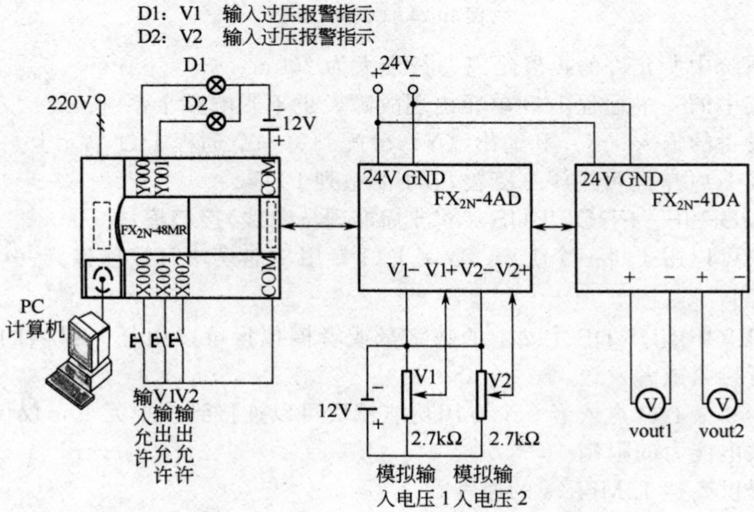

图 10-26　炉温控制系统实验调试接线图

动电压表指示炉温。

图 10-26 中 X000 是输入允许开关，X001 是 V1 输出允许开关，X002 是 V2 输出允许开关，Y000 是 V1 输入过压报警信号指示，Y001 是 V2 输入过压报警指示。控制程序如图 10-27 所示。

二、高速计数器模块在单轴数控装置中的应用

利用高速计数器 FX_{2N}-1HC 对高速脉冲计数的功能，在数控定位、电梯控制等实际工程上得到了广泛的应用。图 10-28 是高速计数器在单轴数控装置中的应用的连接框图。

图 10-28 中，PLC 选用 FX_{2N}-48MT 晶体管输出型，步进电机的驱动器型号选用 BQS-21。

BQS-21 为二相 4 拍式步进电机中小功率驱动器，采用高频恒流斩波脉宽调制式驱动方式。使用电压范围较宽：12～36V/DC 单电压供电，电流可调节（最大可调电流为 2A），并可以向外输出脉冲。该模块还有过热与过流保护、错接保护、可靠性高等良好的运行特性。

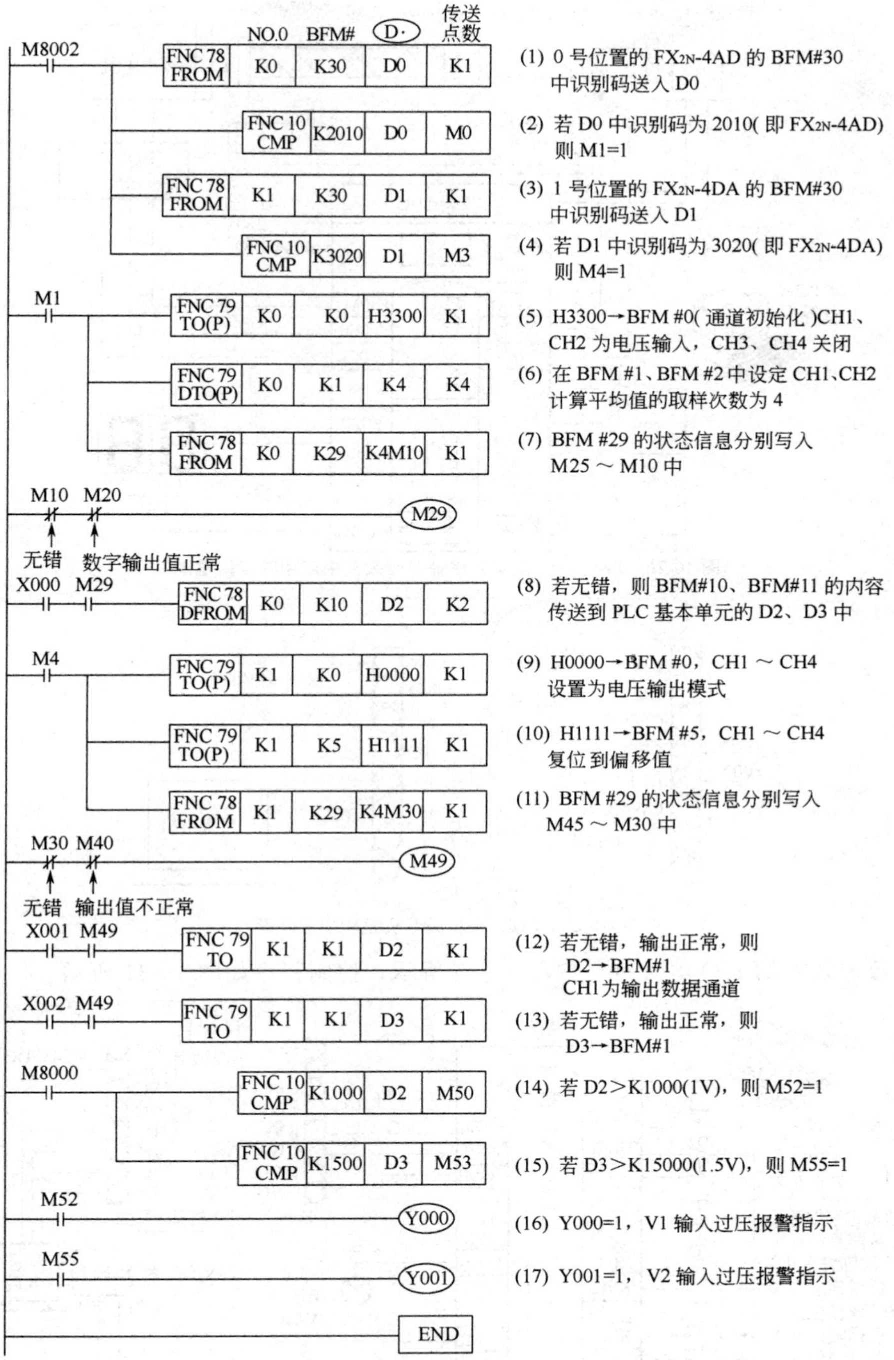

NO.0 BFM# D· 传送点数
M8002
FNC 78 FROM K0 K30 D0 K1
(1) 0 号位置的 FX2N-4AD 的 BFM#30 中识别码送入 D0
FNC 10 CMP K2010 D0 M0
(2) 若 D0 中识别码为 2010(即 FX2N-4AD) 则 M1=1
FNC 78 FROM K1 K30 D1 K1
(3) 1 号位置的 FX2N-4DA 的 BFM#30 中识别码送入 D1
FNC 10 CMP K3020 D1 M3
(4) 若 D1 中识别码为 3020(即 FX2N-4DA) 则 M4=1
M1
FNC 79 TO(P) K0 K0 H3300 K1
(5) H3300→BFM #0(通道初始化)CH1、CH2 为电压输入，CH3、CH4 关闭
FNC 79 DTO(P) K0 K1 K4 K4
(6) 在 BFM #1、BFM #2 中设定 CH1、CH2 计算平均值的取样次数为 4
FNC 78 FROM K0 K29 K4M10 K1
(7) BFM #29 的状态信息分别写入 M25 ～ M10 中
M10 M20
M29
无错 数字输出值正常
X000 M29
FNC 78 DFROM K0 K10 D2 K2
(8) 若无错，则 BFM#10、BFM#11 的内容传送到 PLC 基本单元的 D2、D3 中
M4
FNC 79 TO(P) K1 K0 H0000 K1
(9) H0000→BFM #0，CH1 ～ CH4 设置为电压输出模式
FNC 79 TO(P) K1 K5 H1111 K1
(10) H1111→BFM #5，CH1 ～ CH4 复位到偏移值
FNC 78 FROM K1 K29 K4M30 K1
(11) BFM #29 的状态信息分别写入 M45 ～ M30 中
M30 M40
M49
无错 输出值不正常
X001 M49
FNC 79 TO K1 K1 D2 K1
(12) 若无错，输出正常，则 D2→BFM#1 CH1为输出数据通道
X002 M49
FNC 79 TO K1 K1 D3 K1
(13) 若无错，输出正常，则 D3→BFM#1
M8000
FNC 10 CMP K1000 D2 M50
(14) 若 D2>K1000(1V)，则 M52=1
FNC 10 CMP K1500 D3 M53
(15) 若 D3>K15000(1.5V)，则 M55=1
M52
Y000
(16) Y000=1，V1 输入过压报警指示
M55
Y001
(17) Y001=1，V2 输入过压报警指示
END

图 10-27 FX_{2N}-4AD/FX_{2N}-4DA 模块控制程序

BQS-21 的外接端口如图 10-29 所示，各引脚的功能说明如下。

CPIN 为时钟脉冲输入端，用以改变步进电机的速度；$\overline{\text{RST}}$ 为复位端；CW/$\overline{\text{CCW}}$ 为运转方向控制端；HALF/$\overline{\text{FULL}}$ 为半步和整步控制端；CPOUT 与 XR 端外接电阻产生内部时钟脉冲，由 CPOUT 端输出；5V 为 Vcc 端输入 12～36V 时的内部 5V 电源输出端。A+、A−、B+、B−为二相步进电机的输出端连线。

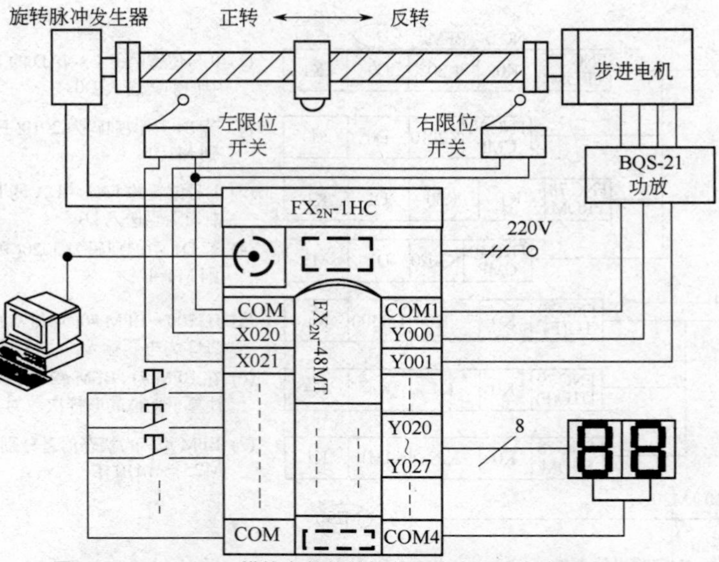

图 10-28 FX_{2N}-1HC 模块在单轴数控装置中应用的连接框图

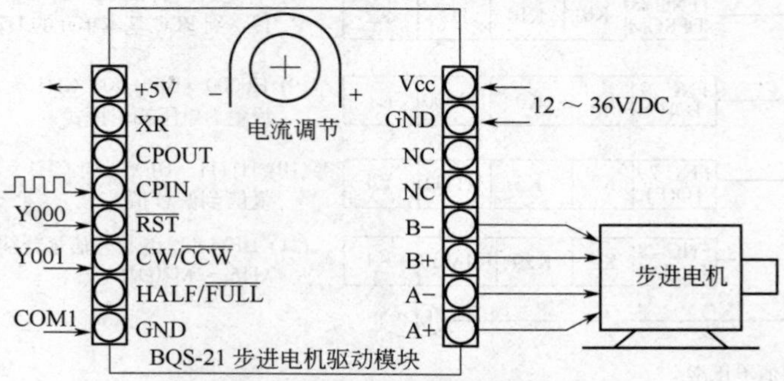

图 10-29 BQS-21 步进电机驱动模块外形

单轴数控装置的 I/O 电气接口如图 10-30 所示，控制程序如图 10-31 所示。

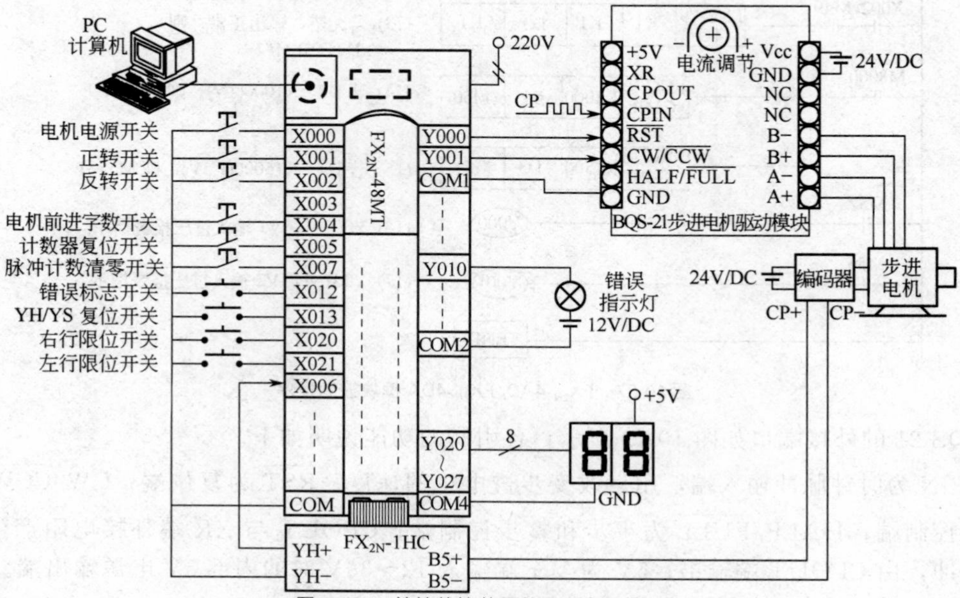

图 10-30 单轴数控装置的 I/O 电气接口

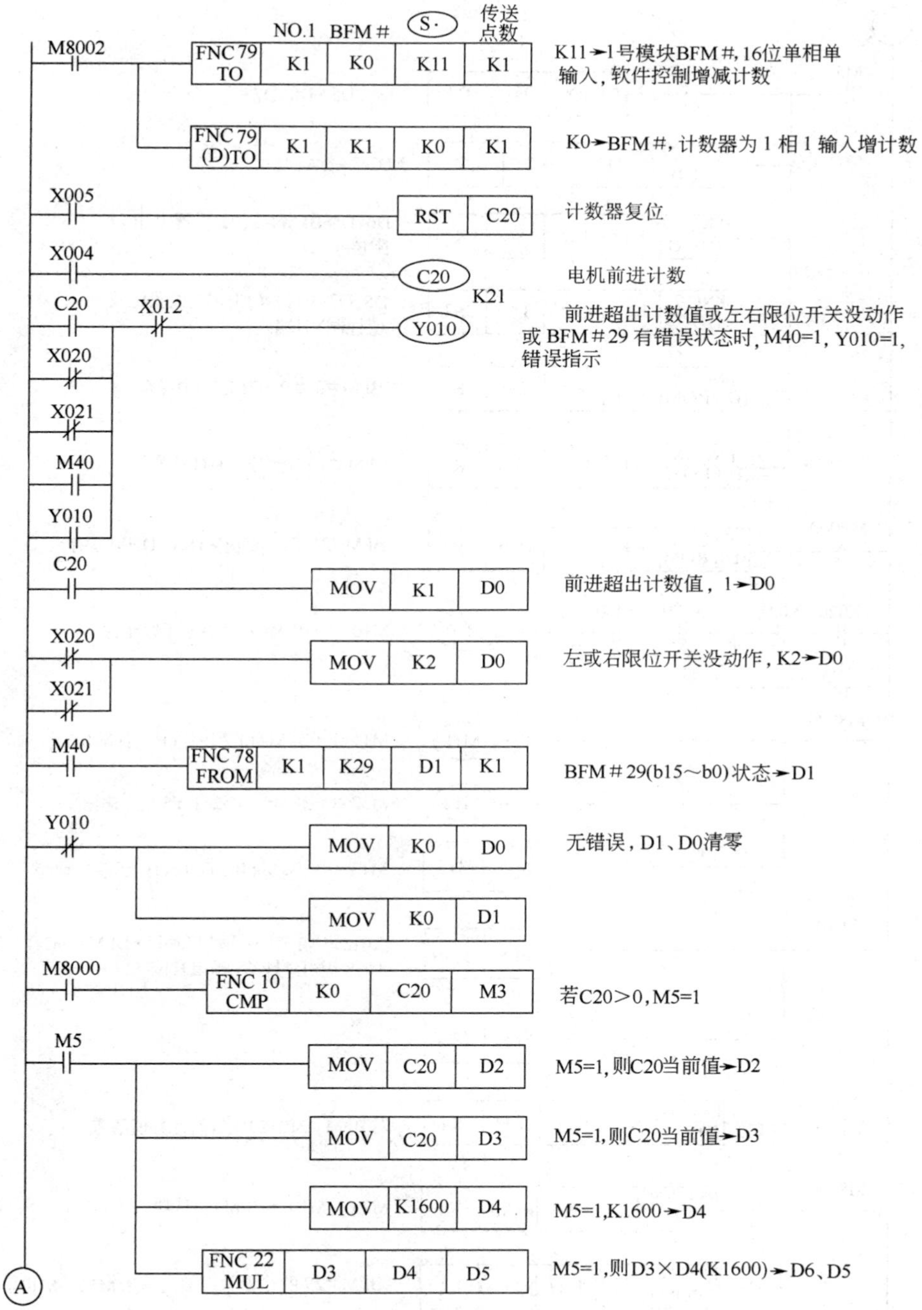
NO.1 BFM # S· 传送点数
M8002
FNC 79 TO K1 K0 K11 K1
K11→1号模块BFM #,16位单相单输入，软件控制增减计数
FNC 79 (D)TO K1 K1 K0 K1
K0→BFM #，计数器为 1 相 1 输入增计数
X005
RST C20
计数器复位
X004
C20 K21
电机前进计数
C20 X012 Y010
X020
X021
M40
Y010
前进超出计数值或左右限位开关没动作或 BFM # 29 有错误状态时，M40=1，Y010=1，错误指示
C20
MOV K1 D0
前进超出计数值，1→D0
X020
X021
MOV K2 D0
左或右限位开关没动作，K2→D0
M40
FNC 78 FROM K1 K29 D1 K1
BFM # 29(b15～b0)状态→D1
Y010
MOV K0 D0
MOV K0 D1
无错误，D1、D0清零
M8000
FNC 10 CMP K0 C20 M3
若C20＞0，M5=1
M5
MOV C20 D2
M5=1，则C20当前值→D2
MOV C20 D3
M5=1，则C20当前值→D3
MOV K1600 D4
M5=1，K1600→D4
FNC 22 MUL D3 D4 D5
M5=1，则D3×D4(K1600)→D6、D5
A

图 10-31

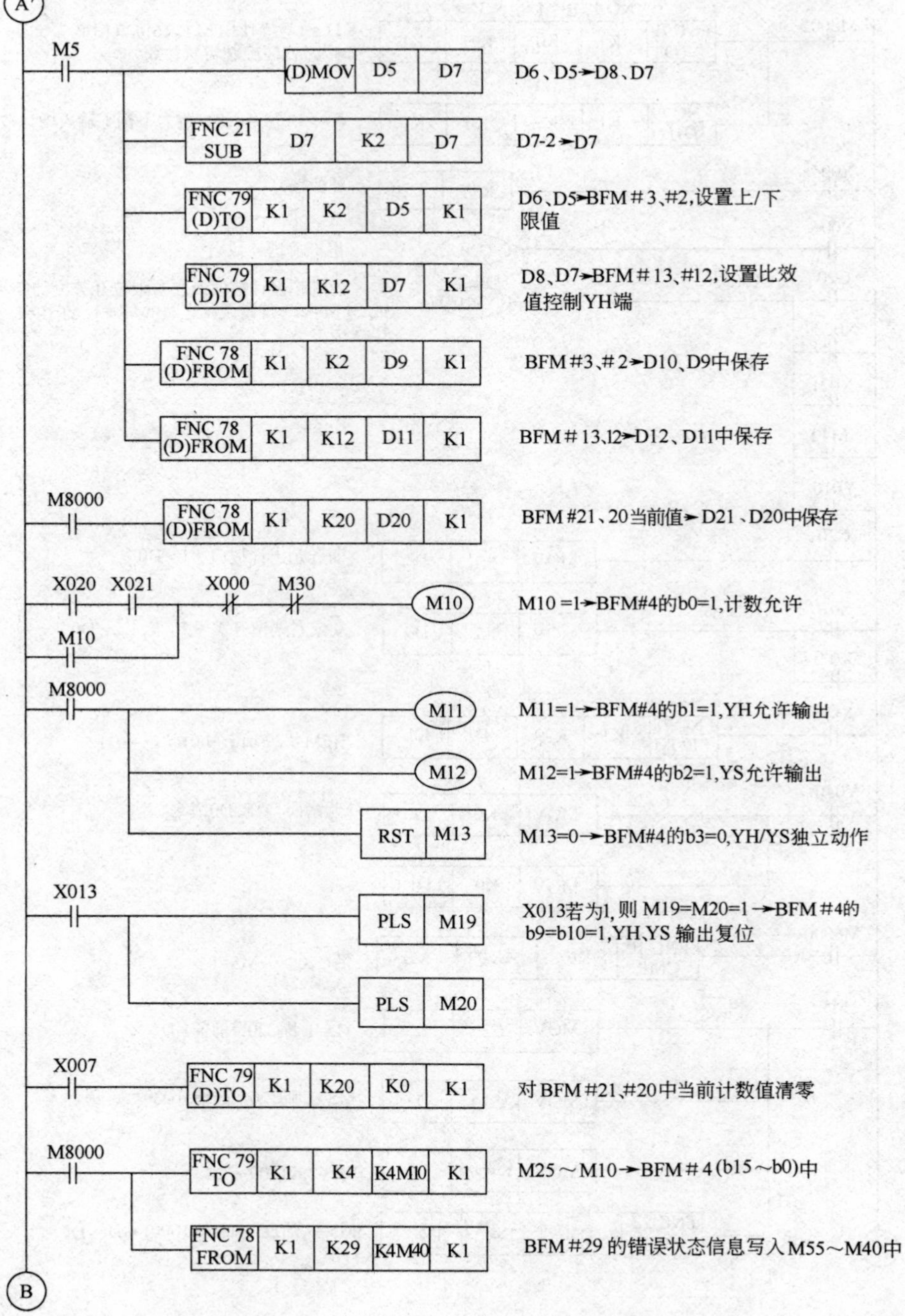
A′
M5
(D)MOV D5 D7
D6、D5➝D8、D7
FNC 21 SUB D7 K2 D7
D7-2➝D7
FNC 79 (D)TO K1 K2 D5 K1
D6、D5➝BFM＃3、#2,设置上/下限值
FNC 79 (D)TO K1 K12 D7 K1
D8、D7➝BFM＃13、#12,设置比效值控制YH端
FNC 78 (D)FROM K1 K2 D9 K1
BFM＃3、＃2➝D10、D9中保存
FNC 78 (D)FROM K1 K12 D11 K1
BFM＃13、12➝D12、D11中保存
M8000
FNC 78 (D)FROM K1 K20 D20 K1
BFM＃21、20当前值➝D21、D20中保存
X020 X021 X000 M30
M10
M10 =1➝BFM#4的b0=1,计数允许
M8000
M11
M11=1➝BFM#4的b1=1,YH允许输出
M12
M12=1➝BFM#4的b2=1,YS允许输出
RST M13
M13=0➝BFM#4的b3=0,YH/YS独立动作
X013
PLS M19
X013若为1,则M19=M20=1➝BFM＃4的b9=b10=1,YH,YS 输出复位
PLS M20
X007
FNC 79 (D)TO K1 K20 K0 K1
对BFM＃21,＃20中当前计数值清零
M8000
FNC 79 TO K1 K4 K4M10 K1
M25～M10➝BFM＃4(b15～b0)中
FNC 78 FROM K1 K29 K4M40 K1
BFM＃29 的错误状态信息写入M55～M40中
B

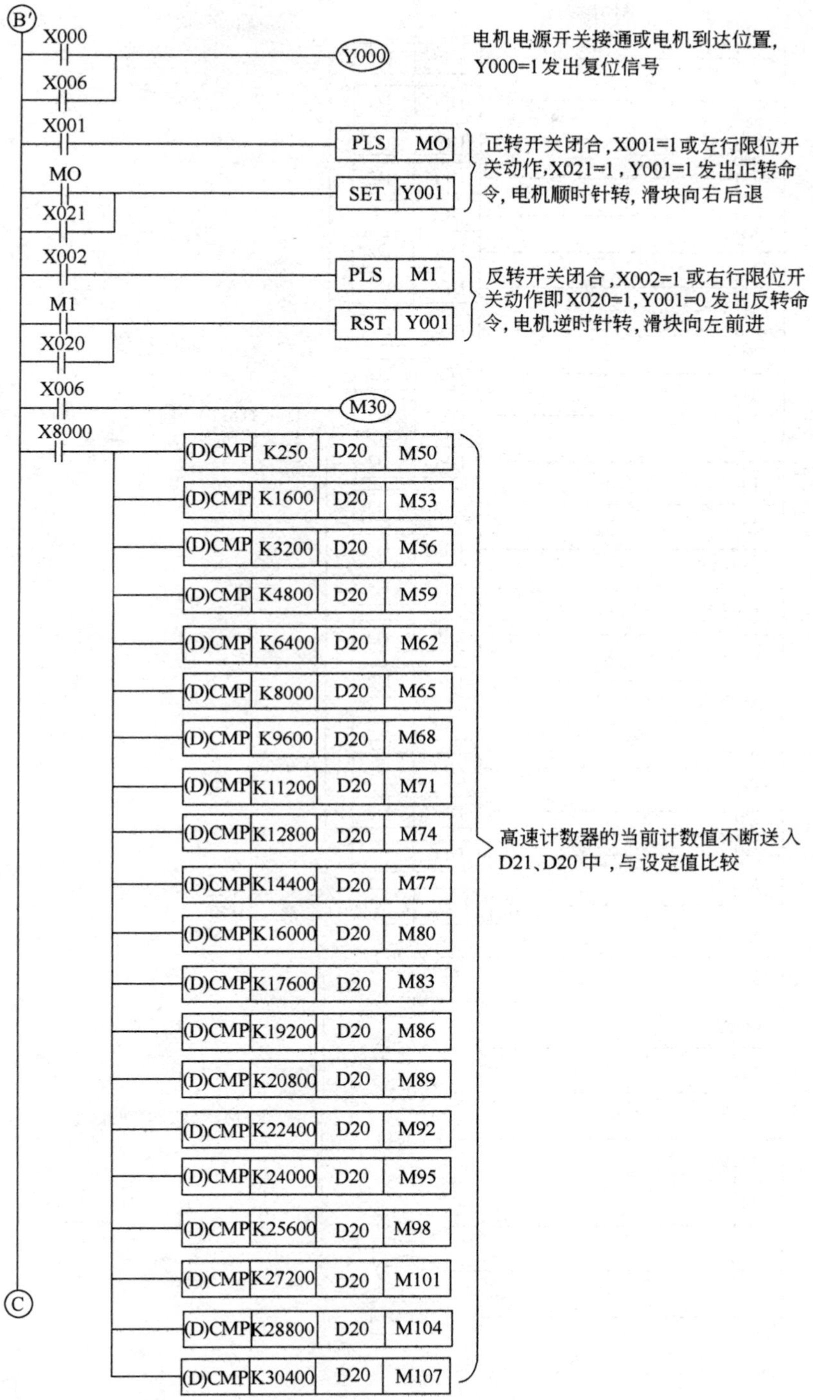
B′
X000
Y000
X006
电机电源开关接通或电机到达位置，Y000=1发出复位信号
X001
PLS MO
MO
SET Y001
X021
正转开关闭合，X001=1或左行限位开关动作，X021=1，Y001=1发出正转命令，电机顺时针转，滑块向右后退
X002
PLS M1
M1
RST Y001
X020
反转开关闭合，X002=1或右行限位开关动作即X020=1，Y001=0发出反转命令，电机逆时针转，滑块向左前进
X006
M30
X8000
(D)CMP K250 D20 M50
(D)CMP K1600 D20 M53
(D)CMP K3200 D20 M56
(D)CMP K4800 D20 M59
(D)CMP K6400 D20 M62
(D)CMP K8000 D20 M65
(D)CMP K9600 D20 M68
(D)CMP K11200 D20 M71
(D)CMP K12800 D20 M74
(D)CMP K14400 D20 M77
(D)CMP K16000 D20 M80
(D)CMP K17600 D20 M83
(D)CMP K19200 D20 M86
(D)CMP K20800 D20 M89
(D)CMP K22400 D20 M92
(D)CMP K24000 D20 M95
(D)CMP K25600 D20 M98
(D)CMP K27200 D20 M101
(D)CMP K28800 D20 M104
(D)CMP K30400 D20 M107
高速计数器的当前计数值不断送入D21、D20中，与设定值比较
C

图 10-31

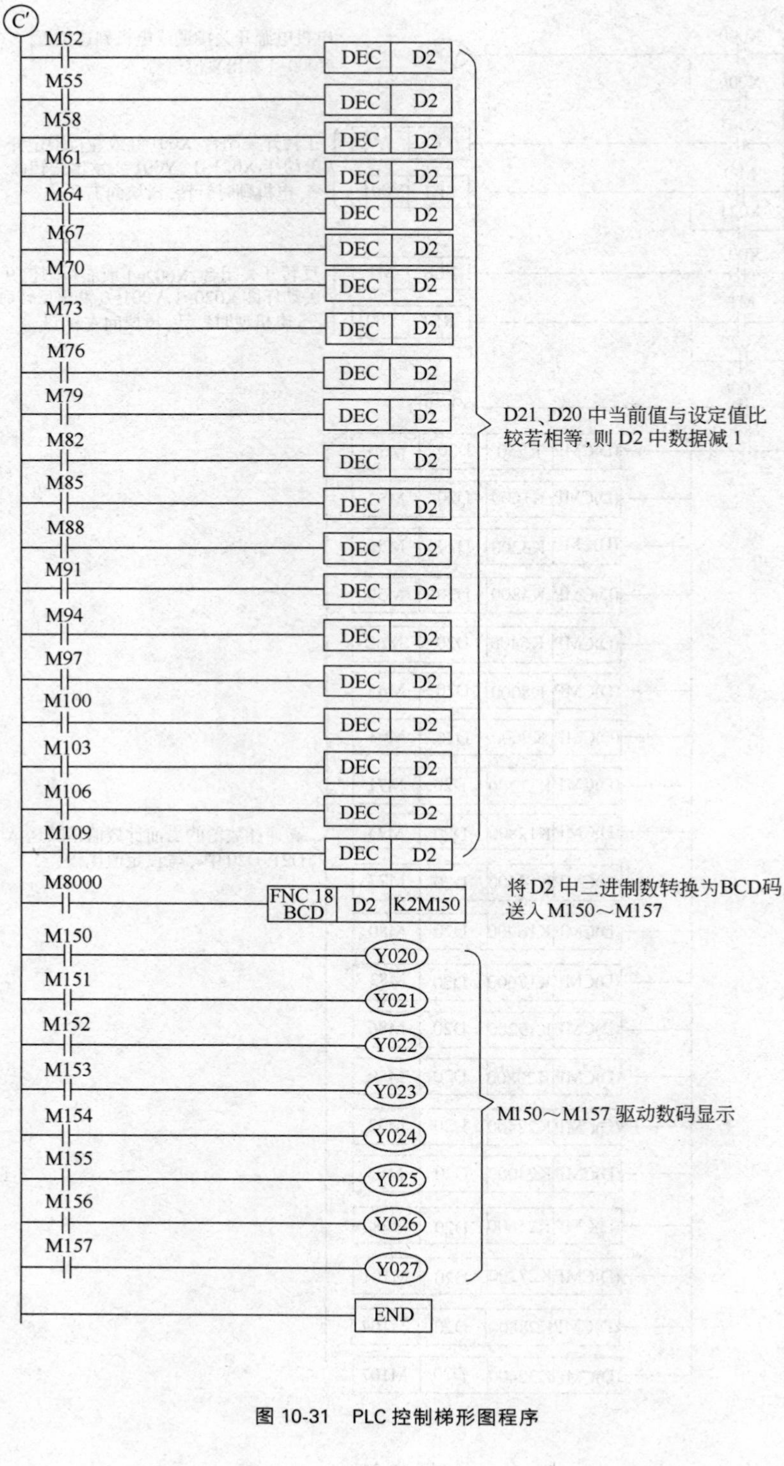

图 10-31　PLC 控制梯形图程序

第五节 PLC通信的基本概念

PLC通信是指PLC与计算机、PLC与PLC、PLC与现场设备或远程I/O之间的信息交换。如PLC编程就是计算机输入程序到PLC及计算机从PLC中读取程序的简单PLC通信。无论是计算机还是PLC，它们都属于数字设备，之间交换的数据（或称信息）都是“0”和“1”表示的数字信号，所以通常把具有一定编码要求的数字信号称为数据信息。很显然，PLC通信是属于数据通信。

一、通信系统的基本组成

图10-32所示为通信系统的基本组成结构框图，它分别由传送设备、发送器、接收器、传送控制设备（通信软件、通信协议）和通信介质（总线）等部分组成。

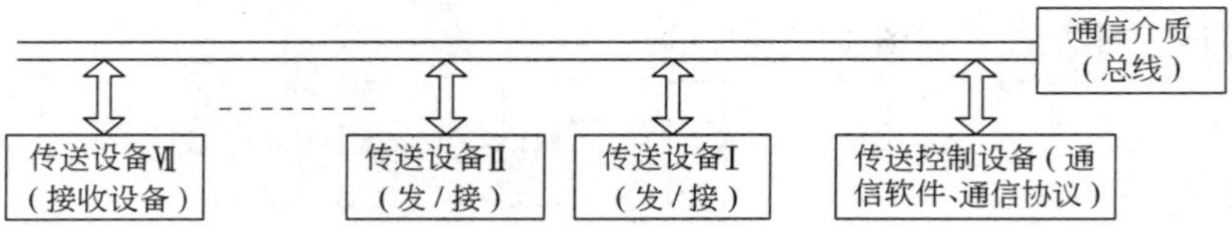

图10-32 通信系统的基本组成框图

传送设备至少有两个，其中有的是发送设备，有的是接收设备。对于多台设备之间的数据传送，有时还有主、从之分。主设备起控制、发送和处理信息的主导作用，从设备被动地接收、监视和执行主设备的信息。主从关系在实际通信时由数据传送的结构来确定。在PLC通信系统中，传送设备可以是PLC、计算机或各种外围设备。

传送控制设备主要用于控制发送与接收之间的同步协调，以保证信息发送与接收的一致性。这种一致性靠通信协议和通信软件来保证，通信协议是指通信过程中必须严格遵守的数据传送规则，是通信得以进行的法规。

通信软件用于对通信的软、硬件进行统一调度、控制和管理。

二、通信方式

数据通信方式有两种基本方式：并行通信方式和串行通信方式。

1. 并行通信方式

并行通信方式是指传送数据的每一位同时发送或接收。如图10-33所示，表示8位二进制数同时从A设备传送到B设备。在并行通信中，并行传送的数据有多少位，传输线就有多少根，因此传送数据的速度很快。若数据位数较多，传送距离较远，那么必然导致线路复杂，成本高。所以，并行通信不适合远距离传送。

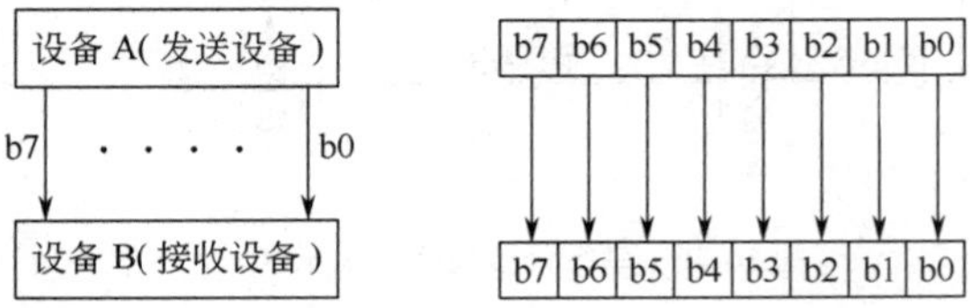

图10-33 并行通信示意

2. 串行通信方式

串行通信是指传送的数据一位一位地顺序传送，如图10-34所示。传送数据时只需要

1～2 根传输线分时传送即可，与数据位数无关。串行通信虽然慢一点，但特别适合多位数据长距离通信。目前串行通信的传输速率每秒可达兆字节的数量级。PC 与 PLC 的通信，PLC 与现场设备、远程 I/O 的通信，开放式现场总路线（cc-Link）的通信均采用的是串行通信方式。

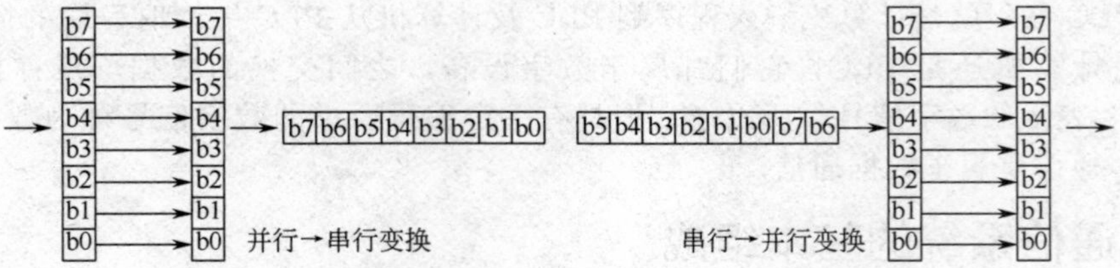

(a) 发送数据　　(b) 接收数据

图 10-34　串行通信示意

（1）数据通信的方式　在串行数据通信中，按数据传送的方向可将通信分为单工、半双工和全双工通信三种方式，如图 10-35 所示。

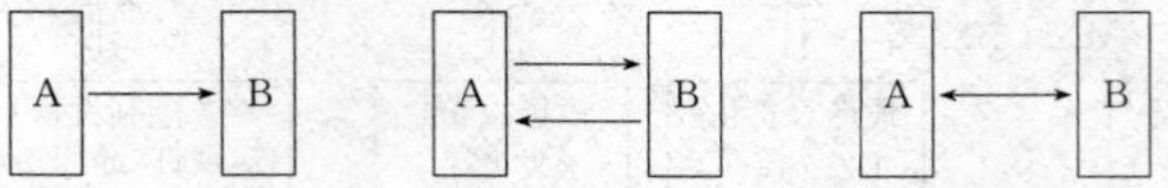

（a）单工通信　（b）半双工通信　（c）全双工通信

图 10-35　数据通信方式示意

单工通信是指信息的传递始终保持一个固定的方向，不能进行反方向传送，线路上任一时刻总是一个方向的数据在传送。半双工通信是在两个通信设备中同一时刻只能有一个设备发送数据，而另一个设备接收数据，没有限制哪个设备处于发送或接收状态，但两个设备不能同时发送或接收信息。全双工通信是指两个通信设备可以同时发送和接收信息，线路上任一时刻可有两个方向的数据在流动。

（2）异步通信方式　在串行通信方式中，为了保证发送数据和接收数据的一致性，又采用了两种通信技术，即同步通信和异步通信技术。异步通信是指将被传送的数据编码成一串脉冲，按照定位数（通常是按一个字节，8 位二进制数）分组，在每组数据的开始处的开始位加“0”标记，在末尾处加校验位“1”和停止位“1”标记。以这种特定的方式，一组一组发送数据，接收设备将一组一组地接收，在开始位和停止位的控制下，保证数据传送不会出错，如图 10-36 所示。

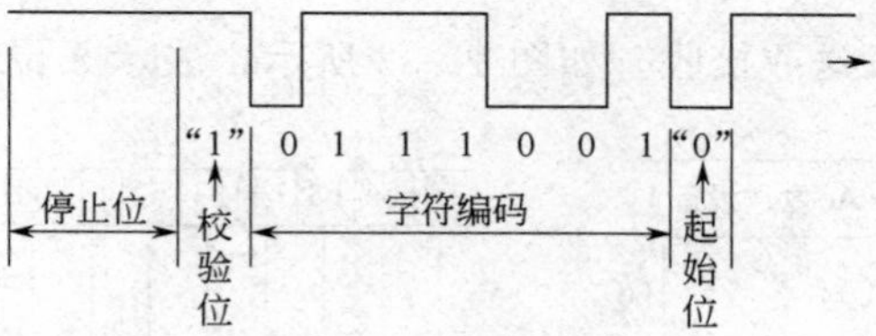

图 10-36　串行异步通信方式示意

这种通信方式，每传一个字节都要加入开始位、校验位和停止位，传送效率低。这种方式主要用于中、低速数据通信。

（3）同步通信方式　同步通信方式与异步通信方式的不同之处在于它以数据块为单位，在每个数据块的开始处加入一个同步字符来控制同步，而在数据块中的每个字节前后不需加开始位、校验位和停止位标记，因而克服了异步传送效率低的缺点。同步传送所需要的软、硬件价格较贵，所以通常只在数据传送速率超过 20000bit/s 的系统中才使用。

PLC 的通信方式常使用半双工或全双工异步串行通信方式。

三、通信介质

通信介质是信息传输的物质基础和重要渠道，是PLC与通用计算机及外部设备之间相互联系的桥梁。PLC普遍使用的通信介质有：同轴电缆（带屏蔽）、双绞线、光纤等。

PLC对通信介质的基本要求是通信介质必须具有传输速率高、能量损耗小、抗干扰能力强、性价比高等特性。目前，同轴电缆和带屏蔽的双绞线在PLC的通信中广泛使用。

此外，红外线、无线电、微波、卫星通信等介质在PLC通信中用得较少。

四、PLC的通信接口

FX系列PLC的串行异步通信接口主要有RS-232C、RS-422和RS-485等。

1. RS-232C通信接口

RS-232C是美国电子工业协会EIA于1962年公布的一种标准化接口。“RS”是英文“推荐标准”的缩写；“232”是标识号；“C”表示此接口标准的修改次数。它既是一种协议标准，又是一种电气标准，规定通信设备之间信息交换的方式与功能。它采用按位串行通信的方式传送数据，波特率规定为19200bit/s、9600bit/s、4800bit/s等几种。

电气性能上，RS-232C采用负逻辑，规定逻辑“1”电平在－5～－15V范围内；逻辑“0”电平在5～15V范围内，具有较强的抗干扰能力。

机械性能上，RS-232C接口是标准的25针的D型连接器，也有9针的。25针有时不会都用，简单的只需用3根，最复杂的已用到22根。

2. RS-422通信接口

RS-422接口是EIA协会于1977年推出的新接口标准RS-449的一个子集，它定义RS-232所没有的10种电路功能，规定用37脚的连接器。它采用差动发送、差动接收的工作方式，发送器、接收器使用＋5V的电源，因此通信速率、通信距离、抗共模干扰等方面较RS-232C接口有较大的提高。使用RS-422接口，最大数据传输速率可达10kbit/s。通信的距离可从12～1200m。

3. RS-485通信接口

RS-485通信接口实际上是RS-422的变形，不同点在于RS-422为全双工，而RS-485为半双工。

五、通信协议

所谓通信协议即是数据通信时所必须遵守的各种规则和协议。通信协议其实是由国际上公认的标准化组织或其他专业团体集体制定的。国际化组织主要是由美国牵头的，目前有如下四家。

第一是国际标准化组织ISO（International Standard Organization），由美国国家标准化组织与其他国家的标准化组织的代表所组成，是世界上最著名的国际标准化组织之一。制定了开放式互相通信协议OSI（Open System Interconnection）。

第二是国际电子电器工程师协会IEEE（Institute of Electrical and Electronic Engineer）也是世界上著名的标准化专业组织之一，他们建立了IEEE802通信协议标准。

第三是美国高级研究院ARPA（Advanced Research Projects Agency），它是美国国防部的标准化组织，主要开发了TCP/IP与FTP通信协议，这个协议已成为当今国际互联网（Internet）的通信标准。

第四为美国通用汽车公司GM（General Motor），该公司实力雄厚，工厂自动化走在世界前列，制定了制造自动化协议MAP（Manufacture Automation Protocol），使不同厂家的

PLC、工控机、计算机、自动化仪表、设备和控制系统连成一个整体。MAP 协议是一个高效能、低价格的通信标准，是组成计算机集成制造的基本原则。目前，PLC 与上位机（计算机）之间的通信可以按照标准协议（如 TCP/IP）进行，但 PLC 之间、PLC 与远程 I/O 通信协议还没有标准化。

第六节 PLC 与计算机的通信

PLC 与计算机通信是 PLC 通信中最简单、最直接的一种通信方式，目前，几乎所有种类的 PLC 都具有与计算机通信的功能。与 PLC 通信的计算机常称之为上位计算机，PLC 与计算机之间的通信又叫上位通信。由于计算机直接面向用户，应用软件丰富，人机界面友好，编程调试方便，网络功能强大，因此在进行数据处理、参数修改、图像显示、打印报表、文字处理、系统管理、工作状态监视、辅助编程、网络资源管理等方面有绝对的优势；而直接面向生产现场、面向设备进行实时控制是 PLC 的特长，因此把 PLC 与计算机连接起来，实现数据通信，可以更有效地发挥各自的优势，互补应用上的不足，扩大 PLC 的应用范围。

PLC 与计算机通信后，在计算机上可以实现以下 8 个基本功能。

（1）可以在计算机上编写、调试、修改应用程序。PLC 与计算机通信后，利用辅助编程软件，直接在计算机上编写梯形图或功能图或指令表程序，它们之间均可以相互转换。此外还有自动查错、自动监控等功能。

（2）可用图形、图像、图表的形式在计算机上对整个生产过程进行运行状态的监视。

（3）可对 PLC 进行全面的系统管理，包括数据处理、生成报表、参数修改、数据查询等。

（4）可对 PLC 实施直接控制。PLC 直接接受现场控制信号，经分析、处理转化为 PLC 内部软元件的状态信息，计算机不断采集这些数据，进行分析与监测，随时调整 PLC 的初始值和设定值，实现对 PLC 的直接控制。

（5）可以实现对生产过程的模拟仿真。

（6）可以打印用户程序和各种管理信息资料。

（7）可以利用各种可视化编程语言在计算机上编制多种组态软件。

（8）由于 Internet 发展很快，通过计算机可以随时随地获得网上有用的信息和其他 PLC 厂家、用户的 PLC 控制信息，也可以将本地的 PLC 控制信息发送上网，实现控制系统的资源共享。

一、通信连接

PLC 与计算机通信主要是通过 RS-232C 或 RS-422 接口进行的。计算机上的通信接口是标准的 RS-232C 接口；若 PLC 上的通信接口也是 RS-232C 接口时，PLC 与计算机连接可以直接使用适配电缆进行连接，实现通信，如图 10-37 所示。若 PLC 上的通信接口是 RS-422 时，必须在 PLC 与计算机之间增加一个 RS-232C/RS-422 接口转换模块，再用适配电缆进行连接就可以实现通信了，如图 10-38 所示。RS-232C/RS-422 的接口转换模块可实现 RS-232C 信号和 RS-422 信号进行相互交换，这类接口转换模块常用的有 SC-09 和 FX-232AW 通信模块，这些模块结构简单、使用方便、性能可靠、价格低廉，图 10-39 是 PLC 与计算机通过 SC-09 或 FX-232AW 接口转换模块进行通信的连接图。

图 10-40 与图 10-41 是 SC-09 及 FX-232AW 与计算机通信时的接口引线连接图。

在图 10-41 中，由于计算机的 RS-232C 口的 4、5 引脚已经短接，所以对计算机发送数据来说，好像 PLC 总是处于数据准备就绪状态，计算机在任何时候都有可能将数据传送到 PLC 中；但由于 RS-232C 口的 20、6 引脚交叉连接，对计算机来说就必须检测 PLC 是否处

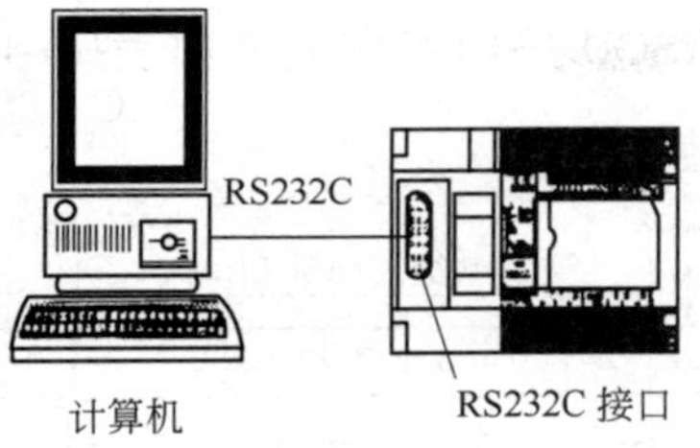

图 10-37 PLC 与计算机直接通信示意

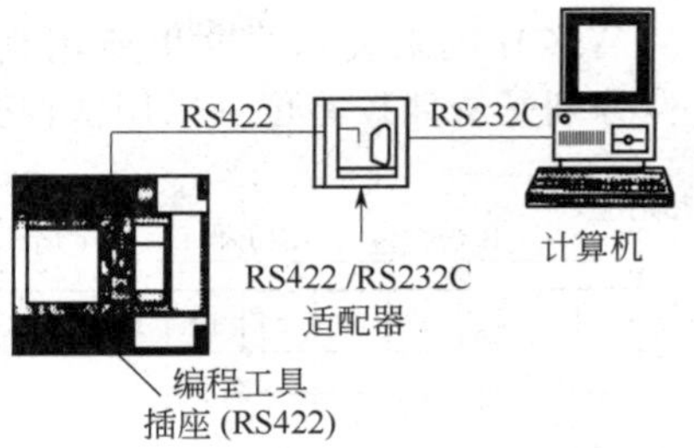

图 10-38 PLC 与计算机通过接口通信示意

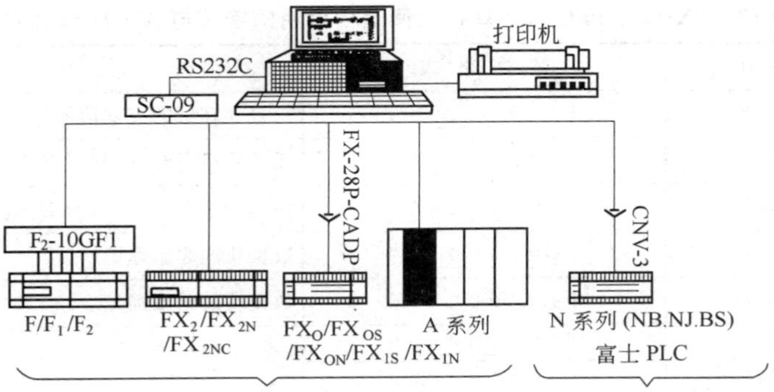

图 10-39 PLC 与计算机通信示例

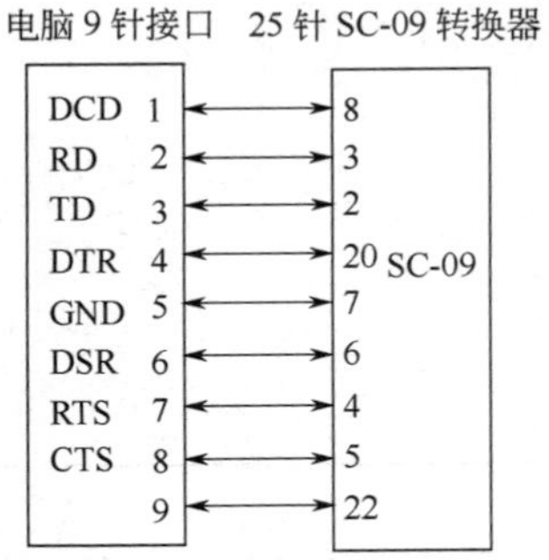

图 10-40 SC-09 接口引线连接

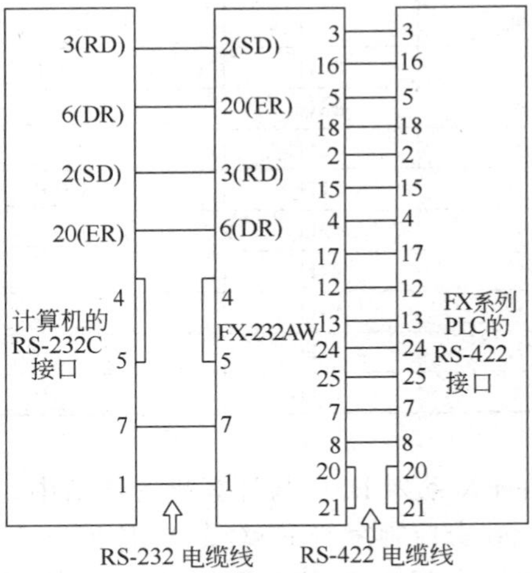

图 10-41 FX-232AW 接口引线连接

于准备就绪状态，即检测引脚 6 是否为高电平。当引脚 6 为高电平时，表示 PLC 准备就绪，可以接收数据，计算机就可以发送数据了；当引脚 6 为低电平时，表示 PLC 与计算机不能通信。

二、通信协议

FX 系列 PLC 与计算机之间的通信若采用的是 RS-232C 标准，数据交换格式为字符串方式，如图 10-42 所示。在字符串格式中，左边第一位是开始位；中间 7 位是数据位，必须用字符的 ASCII 码来表示，这里所用到的字符及其 ASCII 码的对应关系如表 10-17 所示，右边 2 位分别是奇偶校验位（采用偶校验）和停止位。

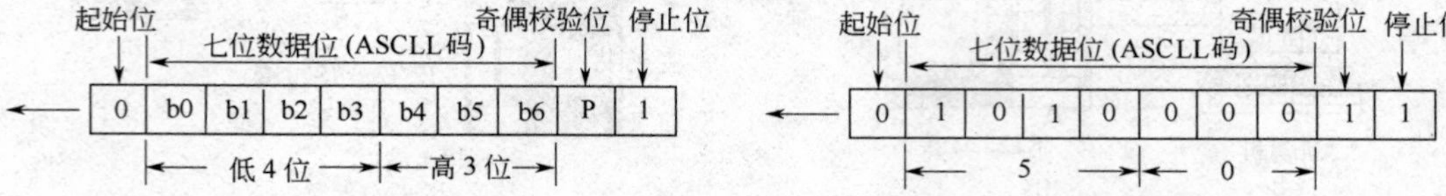

(a) 数据格式的规定　　(b) 字符 ENQ(05H) 的格式

图 10-42　FX 系列与计算机之间通信的字符串格式

表 10-17　FX 系列 PLC 与计算机之间通信所用的字符与 ASCII 码对应关系

字　符	ASCII 码	数 据 格 式	注　　释
ENQ	05H	1100001010	来自计算机的查询信号
ACK	06H	1100001100	无校验错误时，PLC 对 ENQ 的应答信号
NAK	15H	1100101010	检测到错误时，PLC 对 ENQ 的应答信号
STX	02H	1100000100	数据块的起始标记
ETX	03H	1100000110	数据块的结束标记
0	30H	1101100000	十六进制字符
1	31H	1101100010	
2	32H	1101100100	
3	33H	1101100110	
4	34H	1101101000	
5	35H	1101101010	
6	36H	1101101100	
7	37H	1101101110	
8	38H	1101110000	
9	39H	1101110010	
A	41H	1110000010	
B	42H	1110000100	
C	43H	1110000110	
D	44H	1110001000	
E	45H	1110001010	
F	46H	1110001100	

在 FX 系列 PLC 与计算机的通信中，数据是以帧为单位发送和接收的，每一帧为 10 个字符。其中控制字符 ENQ、ACK 或 NAK，可以构成单字符帧。其余的字符在发送或接收时必须用字符 STX 和 ETX 分别表示该字符帧的起始标志和结束标志，否则将不能同步，产生错帧。多字符传送时构成多字符帧，一个多字符帧由字符 STX、命令码、数据、字符 ETX 以及和校验五部分组成，如图 10-43 所示，其中和校验值是将命令码到 ETX 之间所有字符的 ASCII 码（十六进制数）相加，取所得和的最低二位数。命令码只有“0”“1”“7”“8”四个数字，对应的功能为：“0”表示读 PLC 软元件数据；“1”表示写 PLC 软元件数

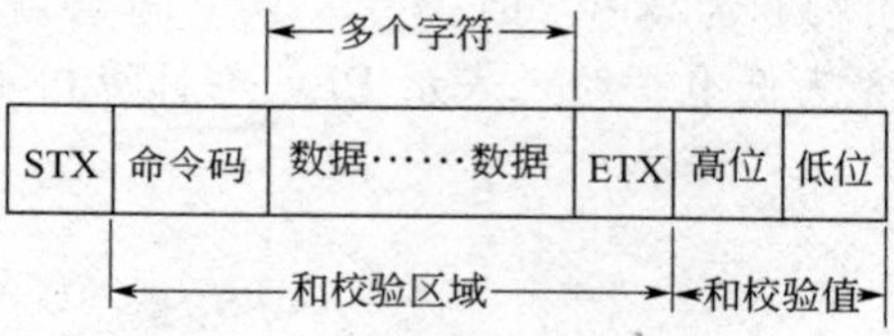

图 10-43　多字符帧的组成

据；“7”表示对 PLC 软元件强制置“1”；“8”表示对 PLC 软元件强制置“0”。命令码的主要操作对象是 PLC 的 X、Y、M、S、T、C 等软元件，“0”“1”还可以对数据寄存器 D 操作。

在 FX 系列 PLC 与计算机之间的通信中，PLC 始终处于一种“被动响应”的地位，无论是数据的读或写，都是先由计算机发出信号。开始通信时，计算机首先发送一个控制字符 ENQ，去查询 PLC 是否做好通信的准备，同时也可检查计算机与 PLC 的连接是否正确。当 PLC 接收到该字符后，如果它处在 RUN 状态，则要等到本次扫描周期结束（即扫描到 END 指令）时才应答；如果它处在 STOP 状态，则马上应答。若通信正常，则应答字符为 ACK；若通信有错，则应答字符为 NAK。如果计算机发送一个控制字符 ENQ，经过 5s 后，什么信号也没有收到，此时计算机将再发送第二次控制字符 ENQ，如果还是什么信号也没有收到，则说明连接有错。当计算机接收到来自 PLC 的应答字符 ACK 后，就可以进入数据通信了。

当计算机发送数据时，其 RS-232C 接口上的 ER 端为高电平，与其相连接的 FX-232AW 接口模块上的 DR 端也为高电平，表示计算机的数据就绪，PLC 可以接收数据了。此时，PLC 被强制处于接收数据状态。当计算机发送完数据后，必须将 ER 端置为低电平，保证计算机处在接收数据的状态，以读取 PLC 的应答信号。当计算机收到 PLC 的应答信号后，复位通信线路，表示本次通信完成。

三、计算机与多台 PLC 的连接

1. 系统连接

一台计算机与多台 PLC 连接通信，称为 1∶N 网络，一台计算机最多可连接 16 台 PLC，如图 10-23 所示。每一台 PLC 上都有相应的 RS-485 接口适配器或接口功能扩展板，通过数据连接线与计算机之间进行信息、数据交换。

2. 接口模块的连线

（1）接口模块与计算机连接　计算机与多台 PLC 的连接，需要通过 FX-485PC-IF 通信接口模块，完成 RS-232C 与 RS-485 之间的信号转换，其硬件连线如图 10-44 所示。

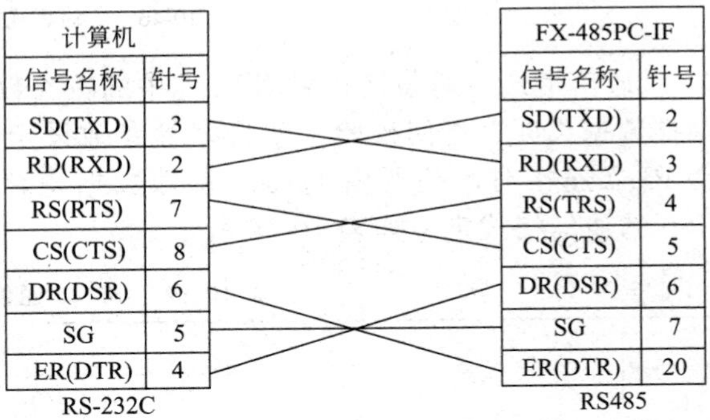

图 10-44　RS232 与 FX-485PC-IF 的硬件连线

（2）接口模块与 PLC 的连接　FX-485PC-IF 通信接口模块与 PLC 的连接可以根据其用途选择一对或两对导线进行连接，选择方法如表 10-18 所示。

表 10-18　连接方法选择表

连接导线选择	一对导线	二对导线
有必要使信号等待 70ms(或更短)	×	○
无必要使信号等待 70ms(或更短)	●	○
使用接通要求功能	×	○

注：●—推荐使用；○—可能使用；×—不能使用。

FX_{2N}PLC 与 FX_{2N}-485-BD 一起使用，可以进行全双工通信，而 FX_{2N}PLC 与其他通信模块相配置则不能进行全双工通信。

① 一对导线的连接方式　一对导线的连接示意如图 10-45 所示。图中连接端子 SDA、

SDB或RDA、RDB之间的R是终端电阻，阻值为110Ω，屏蔽双绞线的屏蔽层必须要接地。使用时可参考FX-485PC-IF使用说明书。

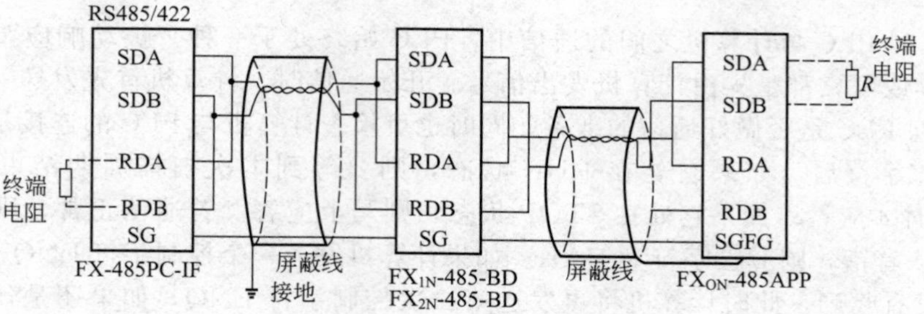

图 10-45　一对导线的连接示意

② 二对导线的连接方式　二对导线的连接示意图如图10-46所示。图中连接端子SDA、SDB或RDA、RDB之间的R是终端电阻，阻值为330Ω，屏蔽双绞线的屏蔽层必须要接地。使用时可参考FX-485PC-IF使用说明书。

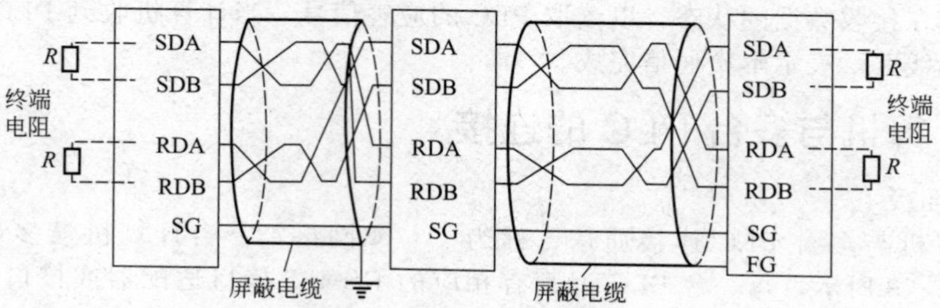

图 10-46　二对导线的连接示意

③ 通信格式　通信格式采用PLC中的特殊数据寄存器D8120来进行设置，在D8120中分别把数据长度、奇偶校验、波特率等参数设定后，计算机与PLC的通信格式就确定了。多台PLC连接时，还要由D8121特殊数据寄存器设置PLC的站点号。特殊数据寄存器D8120的通信格式定义如表10-19所示。

表 10-19　D8120 通信格式定义表

位号	名称	功能说明	
		位为 OFF(=0)	位为 ON(=1)
b0	数据长度	7 位	8 位
b1 b2	奇偶	(b2,b1) (0,0):无 (0,1):奇 (1,1):偶	
b3	停止位	1 位	2 位
b4 b5 b6 b7	波特率(bit/s)	(b7,b6,b5,b4) (0,0,1,1):300　(0,1,1,0):2400 (0,1,0,0):600　(0,1,1,1):4800 (0,1,0,1):1200　(1,0,0,0):9600 (1,0,0,1):19200	
b8[①]	标题	无	有效(D8124) 默认:STX(02H)
b9[①]	终结符	无	有效(D8125) 默认:ETX(03H)

续表

位 号	名 称	功能说明	
		位为 OFF(=0)	位为 ON(=1)
b10 b11 b12	控制线	无协议	(b12,b11,b10) (0,0,0):无作用(RS-232C 接口) (0,0,1):端子模式(RS-232C 接口) (0,1,0):互连模式(RS-232C 接口) (0,1,1):普通模式 1(RS-232C 接口),[RS-485(422)接口][③] (1,0,1):普通模式 2(RS-232C 接口)
		计算机连接	(b12,b11,b10) (0,0,0):RS-485(422)接口 (0,1,0):RS-232C 接口
b13[②]	和校验	没有添加和校验码	自动添加校验码
b14[②]	协 议	无协议	专用协议
b15[②]	传输控制协议	协议格式 1	协议格式 4

① 当使用计算机与 PLC 连接时，置“0”。

② 当使用无协议通信时，置“0”。

③ 当使用 RS-485（422）接口时，控制线就照此这样进行设置。而当不使用控制线操作时，控制线通信是一样的。FX_{OS}、FX_{1S}、FX_{1N}、FX_{2N} 系列 PLC 均支持此 RS-485 连接。

④ 通信协议　为了与计算机通信要求一致，在 PLC 的程序中必须对 D8120、D8121 和 D8129 设置数值。D8120 是一个 16 位的特殊数据寄存器，通过对其设定来判断和计算机通信的详细协议，具体可设置通信长度、校验形式、传送速度和协议方式等，如图 10-47 所示。其含义为采用格式 1 的协议标准，1 位停止位，奇校验、传送数据长度为 7 位，通信速率为 9600bit/s 和数据检验。

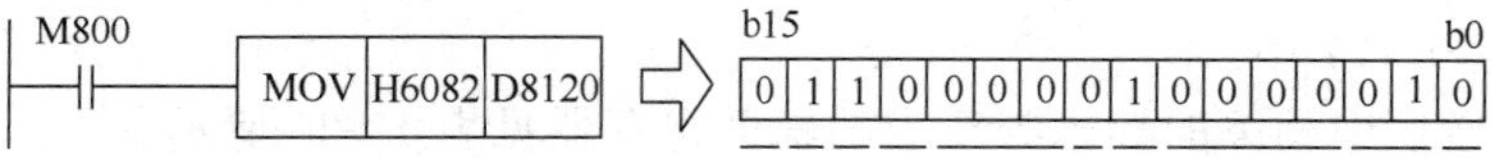

图 10-47　D8120 特殊数据寄存器的通信格式设置

D8121 用于设置站号。站号是由连路中的各台 PLC 设置，用于计算机访问。站号设置范围为 00～07H。

D8129 设置检验时间，检验时间指的是当从计算机向 PLC 传送数据失败时，计算机从传送开始至接收最后一个字符所等待的时间，其单位为 10ms。

计算机向 PLC 的 CPU 传送的字符串格式如图 10-48 所示。图中的字符串格式中，是否需要和校验码，可由 D8120 特殊数据寄存器 b13 位来设置；在字符串末尾是否需要添加控制码 CR/LF 由 D8120 数据寄存器 b12～b10 来设置；计算机与 PLC 之间的通信数据均以 ASCII 码进行。

操作指令有：BR 和 WR 为读出 PLC 的软元件的状态，BW 和 WW 是由计算机向 PLC 写入软元件的状态，RR 和 RS 分别控制远距离 PLC 的运行和停止，TT 为回馈检测，计算机将数据送往 PLC，再从 PLC 接收数据以验证通信是否正确。

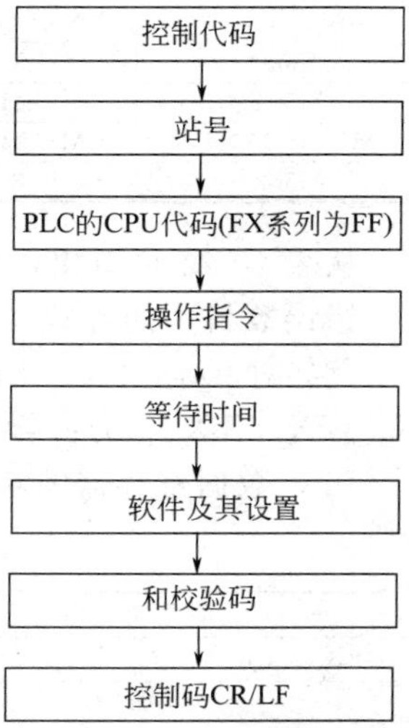

图 10-48　字符串格式

第七节 PLC与PLC之间的通信

在工业控制系统中，对于多控制任务的复杂控制系统，不可能单靠增大PLC点数或改进机型来实现复杂的控制功能，而是采用多台PLC连接通信来实现。PLC与PLC之间的通信称为同位通信，又称之为N：N网络，三菱FX_{2N}系列PLC与PLC之间的系统连接框图如图10-49所示。图中PLC与PLC之间使用RS-485通信用的FX_{2N}-485-BD功能扩展板或特殊适配器连接，可以通过简单的程序数据连接2～8台PLC，这种连接又称并联连接。在各站间，位软元件（0～64点）和字软元件（4～8点）被自动数据连接，通过分配到本站上的软元件，可以知道其他站的ON/OFF状态和数据寄存器数值。应注意的是并联连接时，其内部的特殊辅助继电器不能作为其他用途。这种连接适用于生产线的分布控制和集中管理等场合。

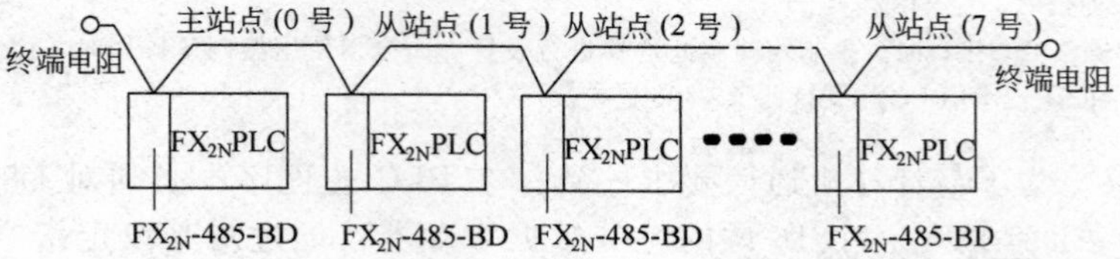

图10-49 PLC与PLC之间的简易连接

在图10-49中，0号PLC称之为主站点，其余称之为从站点，它们之间的数据通信通过FX_{2N}-485-BD上的通信接口进行连接。

站点号的设定数据存放在特殊数据寄存器D8176中，主站点为0，从站点为1～7，站点的总数存放在D8177中。

N：N网络通信中相关的标志与对应的辅助寄存器见表10-20所示。

表10-20 N：N网络通信中相关标志与对应辅助寄存器功能表

辅助继电器		特性	功能	影响站点
FX_{ON}/FX_{1S}	$FX_{1N}/FX_{2N}/FX_{2NC}$			
M8038	M8038	只读(R)	设置N：N网络参数	M(主)/L(从)
M504	M8183	只读(R)	当主站点有错误时，为ON	L(从)
M505～M511	M8184～M8191	只读(R)	从站点产生错误时，为ON	M(主)/L(从)
M503	M8191	只读(R)	与其他站点数据通信时，为ON	M(主)/L(从)

从表10-20可看出，在CPU出错或程序有错或在停止状态下，对每一站点处产生的通信，错误数目不能计数。此外，PLC内部辅助寄存器与从站号是一一对应的。

例如对FX_{OS}/FX_{1S}来说：第1从站是M505，第2从站是M506，……，第7从站是M511。$FX_{1N}/FX_{2N}/FX_{2NC}$为：第1从站是M8184，第2从站是M8185，……，第7从站是M8190。

PLC数据寄存器的功能及意义如表10-21所示。

表10-21 N：N网络各数据寄存器的功能及意义表

数据寄存器		特性	功能	站点响应
FX_{ON}/FX_{1S}	$FX_{1N}/FX_{2N}/FX_{2NC}$			
D8173		R	存储自己的站点号	M/L
D8174		R	存储从站点的总数	M/L
138175		R	存储刷新范围数	M/L

续表

数据寄存器		特 性	功 能	站点响应
FX_{0N}/FX_{1S}	$FX_{1N}/FX_{2N}/FX_{2NC}$			
D8176		W	设置自己的站点号	M/L
D8177		W	设置从站点的总数	M
D8178		W	设置刷新范围数	M
D8179		W/R	设置重试次数	M
D8180		W/R	设置通信超时数	M
D201	D8201	R	存储当前网络扫描时间	M/L
D202	D8202	R	存储最大网络扫描时间	M/L
D203	D8203	R	主站点的通信错误数目	L
D204~D210	D8204~D8210	R	从站点的通信错误数目	M/L
D211	D8211	R	主站点的通信错误代码	L
D212~D218	D8212~D8213	R	从站点的通信错误代码	M/L
D219~D255	—	—	不使用	

注：表中 R 为只读，W 为只写，M 为主站点，L 为从站点。

D8176 为本站的站点号设置数据寄存器。若（D8176）中为 0，该站为主站点，若 (D8176)=1～7，表示为从站点号。

D8177 为设定从站点总数数据寄存器。当（D8177）=1 时，即为 1 个从站点，当 (D8177)=2 时，即为 2 个从站点，……，当（D8177）=7 时，即为 7 个从站点，当不设定时，默认值为 7。

D8178 为设定刷新范围（0～2）数据寄存器。当（D8178）=0 时，即为模式 0；当 (D8178)=1 时，即为模式 1，当（D8178）=2 时，即为模式 2。

模式 0 时，对 FX_{ON}、FX_{1S}、FX_{1N}、FX_{2N}、FX_{2NC}PLC 来说，第 0～7 号站点的位软元件不刷新，而只对字软件每站的 4 点刷新，即对第 0 号站为 D0～D3，第 1 号站为 D10～D13，……，第 7 号站为 D70～D73 刷新。

模式 1 时，对 FX_{1N}、FX_{2N}、FX_{2NC}PLC 来说，可对每站 32 点位软元件，4 点字软件的刷新范围刷新，即可对第 0 号站 M1000～M1031、D0～D3，第 1 号站 M1064～M1095、D10～D13，第 2 号站 M1128～M1159、D20～D23，……，第 7 号站 M1448～M1449、D70～D73 刷新。

模式 2 时，对 FX_{1N}、FX_{2N}、FX_{2NC}PLC 来说，可对每站 64 点位软元件，8 点字软件的刷新范围刷新，即可对第 0 号站 M1000～M1063、D0～D7，第 1 号站 M1064～M1127、D10～D17，……，第 7 号站 M1448～M1511、D70～D77 刷新。

三种模式刷新范围见表 10-22 所示。

表 10-22 三种模式刷新范围

站 点 号		软 元 件 号	
		位软元件(M)0 点	字软元件(D)4 点
模式 0（$FX_{ON}/FX_{1S}/FX_{1N}/FX_{2N}/FX_{2NC}$PLC）字软元件(D)4 点	0 号		D0～D3
	1 号		D10～D13
	2 号		D20～D23
	3 号		D30～D33
	4 号		D40～D43
	5 号		D50～D53
	6 号		D60～D63
	7 号		D70～D73

续表

站点号		软元件号	
		位软元件(M)0 点	字软元件(D)4 点
模式 1(FX_{1N}/FX_{2N}/FX_{2NC}PLC)位软元件(M)32 点,字软元件(D)4 点	0 号	M1000～M1031	D0～D3
	1 号	M1064～M1095	D10～D13
	2 号	M1128～M1159	D20～D23
	3 号	M1192～M1223	D30～D33
	4 号	M1256～M1287	D40～D43
	5 号	M1320～M1351	D50～D53
	6 号	M1384～M1415	D60～D63
	7 号	M1448～M1479	D70～D73
模式 2(FX_{1N}/FX_{2N}/FX_{2NC}PLC)位软元件(M)64 点,字软元件(D)8 点	0 号	M1000～M1063	D0～D7
	1 号	M1064～M1127	D10～D17
	2 号	M1128～M1191	D20～D27
	3 号	M1192～M1255	D30～D37
	4 号	M1256～M1319	D40～D47
	5 号	M1320～M1383	D50～D57
	6 号	M1384～M1447	D60～D67
	7 号	M1448～M1511	D70～D77

D8179 为重试次数数据寄存器。可设定 0～10 数值，默认值为 3。

D8180 为通信超时设定数据寄存器。通信超时是主站点与从站点之间通信驻留时间。设定值范围为 5～55，默认值为 5。乘以 10（单位为 ms），即为通信超时的持续时间。

N：N 网络的相关参数设定程序如图 10-50 所示。

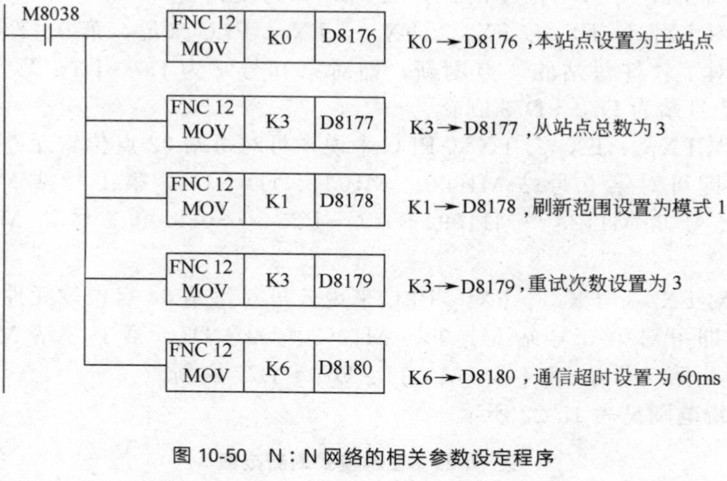

图 10-50　N：N 网络的相关参数设定程序

第八节　PLC 的网络简介

随着计算机、自动化技术的飞速发展，PLC 通信已在工厂自动化（FA）中发挥着越来越重要的作用。PLC 发展到今天，各生产厂家生产的 PLC 主单元上都加有具备网络功能的硬件和软件，还有各种功能的通信模块，实现 PLC 间的连接、构成各种形式的网络已非常方便。由上位机、PLC、远程 I/O 相互连接所形成的分布式控制系统网络、现场总线控制系统网络已被广泛应用，成为目前 PLC 发展的主要方向。

一、PLC 网络结构

根据 PLC 网络系统的连接方式，可将其网络结构分为三种基本形式：总线结构、环形结构和星形结构，如图 10-51 所示。每一种结构都有各自的优点和缺点，可根据具体情况选择。总线结构和环形结构，以其结构简单、可靠性高、易于扩展的性能被广泛应用。星形结构由于在结构上布线繁多，在 PLC 控制网络中用的很少。

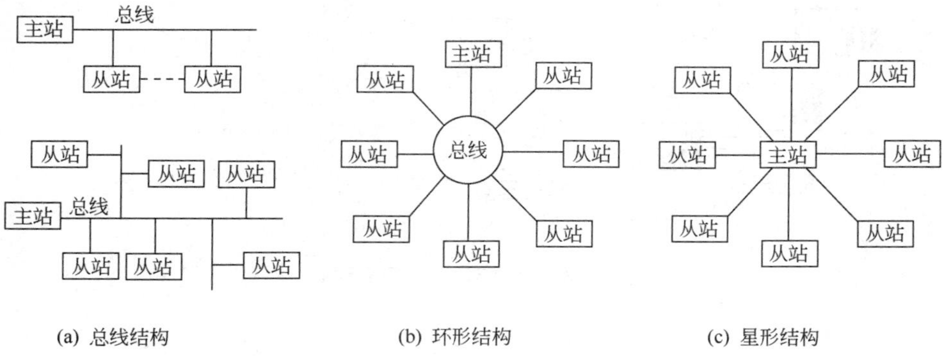

图 10-51 PLC 网络结构形式

PLC 网络的信息通信方式是为辅助继电器（M）、数据寄存器（D）专门开辟一个地址区域，将它们按特定的编号分配给其他各台 PLC，并指定一台 PLC 可以写其中的某些元件，而其他 PLC 可以读这些元件，然后用这些元件的状态去驱动其本身的软元件，以达到通信的目的。而各主站之间元件状态信息的交换，则由 PLC 的网络软件（或硬件）自己去完成，不需要由用户编程。

二、三菱 PLC 网络

（一）MELSEC NET 网络

MELSEC NET 是为三菱 PLC 开发的数据通信网络。它不仅可以执行数据控制和数据管理功能，而且也能完成工厂自动化所需要的绝大部分功能，是一种大型的网络控制系统。它有如下特点。

（1）具有构成多层数据通信系统的能力　主站可以通过光缆或同轴电缆与 64 个本地子站或远程 I/O 站进行通信，每个子站又可以作为下一级通信系统的主控站，再连接 64 个下级子站。这样整个网络系统可达三层，最多可设置 4097 个子站，如图 10-52 所示。如果它与 MELSEC NET/MINI 网络系统连接，则可与 F 系列、F_1 系列、F_2 系列、FX 系列、A 系列等 PLC 及交流变频调速装置连接成功能强大的通信系统。

（2）可靠性高　MELSEC NET 网是由两个数据通信环路构成，反向工作，互为备用。每一时刻只允许有一个环路工作，该环此时称为主环，另一个环路备用，此时的备用环称为副环，如图 10-53(a) 所示。当主环路或子站发生故障时，系统的“回送功能”将通信自动切换到副环路，并将子站故障断开，如图 10-53(b) 所示；如果主副环路均发生故障，它又把主副环路在故障处自动接通，形成回路，实现“回送功能”，如图 10-53(c) 所示。这样，可以保证在任何故障下整个通信系统不发生中断而可靠工作。另外，系统还具有电源瞬间断电校正功能，保证了通信的可靠。

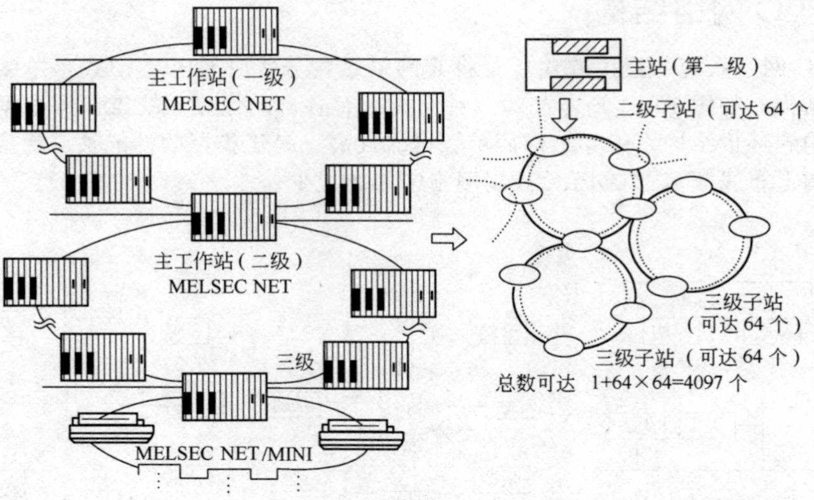

图 10-52 MELSEC NET 网络系统

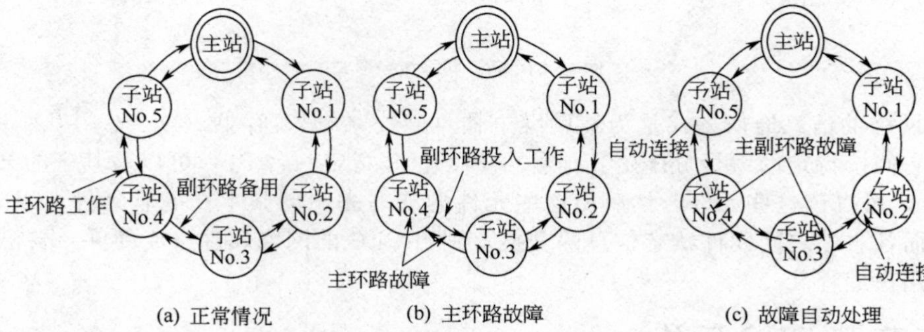

图 10-53 MELSEC NET 数据通信系统

（3）具有良好的通信监测功能　任何子站的运行和通信状态都可以用主站或子站上所连接的图形编程器进行监控，还可以通过主站对任何子站进行存取访问，执行上载（PLC 程序读入计算机）、下载（计算机程序写入 PLC）、监控及测试功能。

（4）编程方便　网络中有 1024 个通信继电器和 1024 个通信寄存器，可在所有站中适当地分配使用，便于用户编写通信程序。传输速度可达 1.25MB/s，保证了 MELSEC NET 网络的公共数据通信。

（二）MELSEC NET/MINI 网络

对于自动化要求较低的地方，考虑到经济成本，有时不必采用很大的网络系统，但希望将小型 PLC 以及其他控制装置综合起来，构成集散控制系统。MELSEC NET/MINI 网络就是三菱为满足此要求而开发的小型网络系统，它的主要特点如下。

（1）MELSEC NET/MINI 网络系统允许挂接 64 个子站，可控制 512 个远程 I/O 点，同时对子站连接的模块数没有限制。

（2）远程 I/O 站的输入输出点数设置范围更广。用 AOJ2 时，可以 8 点输入、8 点输出，也可以 32 点输入、24 点输出；用 A1N、A2N、A3N 时，则按需要配置 I/O 模块。该网络系统也是高速数据传输系统，最大传输速率可达 1.5MB/s。

（3）丰富的数据通信模块，方便地实现了不同系列 PLC 之间的连接。如 F-16NP 通信模块可用于以光纤为传输介质的 F_1、F_2、FX 系列 PLC 上；F-16NT 通信模块可用于以同轴电缆为传输介质的 F_1、F_2、FX 系列 PLC 上；AJ71P32 通信模块，可用于以光纤为传输介质的 A 系列 PLC 上；AJ71P32 通讯模块，可用于以同轴电缆为传输介质的 A 系列 PLC 上。还有适用于 FX_2、FX_{2C} 系列 PLC 的通信模块，FX-16NP/NT（输入 16 点、输出 8 点）和 FX-16NP/NT-S3（输入 28 字，输出 28 字，16 位数据的传送可通过 FX 系列 PLC 的 FROM/TO 指令实现）等。

习题与思考题

【10-1】 FX_{2N}-4AD 模拟量输入模块与 FX_{2N}-48MR 连接，仅开通 CH1、CH2 两个通道，一个作为电压输入，另一个作为电流输入，要求 3 点采样，并求其平均值，结果存入 PLC 的 D0、D1 中，试编写梯形图程序。

【10-2】 FX_{2N}-4DA 模拟量输出模块连接在 FX_{2N}-64MR 的 2 号位置，CH1 设定为电压输出，CH2 设定为电流输出，并要求当 PLC 从 RUN 转为 STOP 后，最后的输出值保持不变，试编写梯形图程序。

【10-3】 现有 4 点模拟量电压输入采样，并加以平均，再将该值作为电压模拟量输出值予以输出；同时求得 1 号通道输入值与平均值之差，用绝对值表示后，将其放大 2 倍，作为另一模拟量输出，请选择功能模块，并编写出梯形图程序。

【10-4】 FX 系列 PLC 特殊功能模块有哪些？试举例写出三种特殊功能模块，并说出有哪些主要特点？

【10-5】 定位控制模块有哪几种？主要功能是什么？

【10-6】 FX_{2N}-485-BD 和 FX-485PC-IF 通信模块在功能上有何区别？如何使用？

【10-7】 FX 系列 PLC 与计算机之间的通信若采用的是 RS-232C 标准，数据交换格式的通信协议是如何规定的？

【10-8】 PLC 网络系统的基本结构形式有哪几种？网络的信息通信方式是如何进行的？

【10-9】 MELSEC NET/MINI 网络有何特点？它与 MELSEC NET 网络有何区别？

附录一 $FX_{3U/3UC/2N/2NC}$ 可编程控制器特殊元件 M、D 编号及名称检索

PLC 状态

编号	名称・功能	3U	3UC	2N	2NC
[M]8000[1]	RUN 监控，RUN 时在扫描时间内一直为 ON	○	○	○	○
[M]8001	RUN 监控，RUN 时在扫描时间内为 OFF	○	○	○	○
[M]8002	初始脉冲，RUN 后接通 1 个扫描周期	○	○	○	○
[M]8003	初始脉冲，RUN 后断开 1 个扫描周期	○	○	○	○
[M]8004[2]	检测 M8060～M8067 任一个出错时为 ON	○	○	○	○
[M]8005	电池电压过低，出现异常低为 ON	○	○	○	○
[M]8006	检测电池过低位置，低于最低位置为 ON	○	○	○	○
[M]8007	检测瞬停，超过 1 个扫描时间为 ON	○	○	○	○
[M]8008	停电检测，瞬停时间超出 D8008 时为 ON	○	○	○	○
[M]8009[3]	DC24V 掉电，检测 24V 电源掉电时为 ON	○	○	○	○

PLC 状态

编号	名称・功能	备注
D8000	监视定时器，初始值为 200ms	
[D]8001	PLC 型号和版本	
[D]8002	存储器容量	
[D]8003	存储器种类	
[D]8004	存放出错特 M 地址	M8060～M8067
[D]8005	电池电压	0.1V 单位
[D]8006	电池电压降低检测	3.0V（0.1V 单位）
[D]8007	存放瞬停次数	电源关闭清除
D8008	允许的瞬停时间	
[D]8009	下降单元编号	降低的起始输出编号

时钟

编号	名称・功能	3U	3UC	2N	2NC
[M]8010	不可使用	—	—	—	—
[M]8011	10ms 时钟脉冲	○	○	○	○
[M]8012	100ms 时钟脉冲	○	○	○	○
[M]8013	1s 时钟脉冲	○	○	○	○
[M]8014	1min 时钟脉冲	○	○	○	○
M8015	计时停止或预置，实时时钟用	○	○	○	○
M8016	时间显示停止，实时时钟用	○	○	○	○
M8017	±30 秒修正，实时时钟用	○	○	○	○
[M]8018	实时时钟（RTC）检测，一直为 ON	○	○	○	○
[M]8019	实时时钟（RTC）出错	○	○	○	○

时钟

编号	名称・功能	备注
[D]8010	扫描当前值	0.1ms 单位包括常数扫描等待时间
[D]8011	最小扫描时间	
[D]8012	最大扫描时间	
D8013	秒 0～59 预置值或当前值	
D8014	分 0～59 预置值或当前值	
D8015	时 0～23 预置值或当前值	
D8016	日 1～31 预置值或当前值	
D8017	月 1～12 预置值或当前值	
D8018	公历 4 位预置值或当前值	
D8019	星期 0（一）～6（六）预置值或当前值	

标志位

编号	名称・功能	3U	3UC	2N	2NC
[M]8020	零标志位，运算为 0 时为 ON	○	○	○	○
[M]8021	借位标志位，运算有借位为 ON	○	○	○	○

输入滤波

编号	名称・功能	备注
[D]8020[5]	输入滤波器调整	
[D]8021	不可使用	

续表

编号	名称・功能	3U	3UC	2N	2NC
M8022	进位标志位，运算有进位为 ON	○	○	○	○
[M]8023	不可使用	—	—	—	—
M8024④	BMOV 方向指定，ON 时，D(・)→S(・)	○	○	○	○
M8025④	HSC 模式(FNC53-55)，外复位时为 ON	○	○	○	○
M8026④	RAMP 方式(FNC67)	○	○	○	○
M8027④	PR 方式(FNC77)	○	○	○	○
M8028	执行 FROM/T0 指令时允许中断	○	○	○	○
[M]8029	执行指令结束标志	○	○	○	○

续表

编号	名称・功能	备注
[D]8022	不可使用	
[D]8023	不可使用	
[D]8024	不可使用	
[D]8025	不可使用	
[D]8026	不可使用	
[D]8027	不可使用	
[D]8028	Z0(Z)寄存器内容	
[D]8029	V0(Z)寄存器内容	

PLC 方式

编号	名称・功能	3U	3UC	2N	2NC
M8030⑥	电池 LED 灭灯指示	○	○	○	○
M8031⑦	非保持内存全部清除	○	○	○	○
M8032⑦	保持内存全部清除	○	○	○	○
M8033	内存保存停止，映象区数据区内容原样保持	○	○	○	○
M8034	禁止所有外部输出触点输出	○	○	○	○
M8035	强制 RUN 模式	○	○	○	○
M8036	强制 RUN 指令	○	○	○	○
M8037	强制 STOP 指令	○	○	○	○
[M]8038	通信参数设定标志位	○	○	○	○
M8039	恒定扫描模式，以 D8039 中时间恒定扫描	○	○	○	○

模拟电位器

编号	名称・功能	备注
[D]8030	模拟电位器 VR1 的值(0～255 的整数值)	
[D]8031	模拟电位器 VR2 的值(0～255 的整数值)	
[D]8032	不可使用	
[D]8033	不可使用	
[D]8034	不可使用	
[D]8035	不可使用	
[D]8036	不可使用	
[D]8037	不可使用	
[D]8038	不可使用	
[D]8039	常数扫描时间，初始值 0ms(1ms 单位)	

步进梯形图

编号	名称・功能	3U	3UC	2N	2NC
M8040	禁止转移，为 ON 时禁止状态间转移	○	○	○	○
M8041⑧	转移开始，自动运行时可从初始状态开始	○	○	○	○
M8042	启动脉冲，对应启动输入的脉冲输出	○	○	○	○
M8043⑧	原点回归结束，在原点回归模式结束中置位	○	○	○	○
M8044⑧	原点条件，在检测出机械原点时驱动	○	○	○	○
M8045	禁止所有输出复位	○	○	○	○
[M]8046⑥	STL 状态动作⑨	○	○	○	○
M8047⑥	STL 监视有效，为 ON 时 D8040～D8047 有效	○	○	○	○
[M]8048⑥	信号报警器动作，任 1 个报警状态为 ON 接通	○	○	○	○
M8049⑧	信号报警器有效，为 ON 时，D8049 有效	○	○	○	○

步进梯形图

编号	名称・功能	备注
[D]8040⑩	ON 状态编号 1	
[D]8041⑩	ON 状态编号 2	
[D]8042⑩	ON 状态编号 3	
[D]8043⑩	ON 状态编号 4	
[D]8044⑩	ON 状态编号 5	
[D]8045⑩	ON 状态编号 6	
[D]8046⑩	ON 状态编号 7	
[D]8047⑩	ON 状态编号 8	
[D]8048	不可使用	
[D]8049⑪	ON 状态最小编号	

中断禁止

编号	名称・功能	3U	3UC	2N	2NC
M8050	输入中断，为ON时，I00□禁止	○	○	○	○
M8051	输入中断，为ON时，I10□禁止	○	○	○	○
M8052	输入中断，为ON时，I20□禁止	○	○	○	○
M8053	输入中断，为ON时，I30□禁止	○	○	○	○
M8054	输入中断，为ON时，I40□禁止	○	○	○	○
M8055	输入中断，为ON时，I50□禁止	○	○	○	○
M8056	定时器中断，为ON时，I60□禁止	○	○	○	○
M8057	定时器中断，为ON时，I70□禁止	○	○	○	○
M8058	定时器中断，为ON时，I80□禁止	○	○	○	○
M8059	计数器中断，为ON时，I010～I060全禁止	○	○	○	○

不可以使用的特D

编号	名称・功能	备注
[D]8050	不可使用	
～		
[D]8059		
[D]8100		
[D]8110		
～		
[D]8119		
[D]8160		
～		
[D]8163		

出错检测

编号	名称・功能	3U	3UC	2N	2NC
[M]8060	I/O构成出错	○	○	○	○
[M]8061	PLC硬件出错	○	○	○	○
[M]8062	PLC/PP通信出错	○	○	○	○
[M]8063[12]	串行通信出错[通道1]	○	○	○	○
[M]8064	参数出错	○	○	○	○
[M]8065	语法出错	○	○	○	○
[M]8066	梯形图出错	○	○	○	○
[M]8067[13]	运算出错	○	○	○	○
M8068	运算出错锁存	○	○	○	○
M8069[14]	I/O总线检查	○	○	○	○

出错检测

编号	名称・功能	备注
[D]8060	I/O构成出错的未安装的I/O起始号	M8060
[D]8061	PLC硬件出错的错误代码编号	M8061
[D]8062	PLC/PP通信出错的错误代码编号	M8062
[D]8063	串行通信出错[通道1]的错误代码编号	M8063
[D]8064	参数出错的错误代码编号	M8064
[D]8065	语法出错的错误代码编号	M8065
[D]8066	梯形图出错的错误代码编号	M8066
[D]8067	运算出错的错误代码编号错误代码编号	M8067
D8068[15]	运算出错产生的步编号的锁存[16]	M8068
[D]8069[15]	M8065～67出错产生的步号[17]	

并行连接

编号	名称・功能	3U	3UC	2N	2NC
M8070[15]	并联链接，请在主站时驱动为ON	○	○	○	○
M8071[15]	并联链接，请在子站时驱动为ON	○	○	○	○
[M]8072	并联链接，运转过程中为ON	○	○	○	○
[M]8073	并联链接，M8070/M8071设置不良为ON	○	○	○	○

并行连接

编号	名称・功能	备注
[D]8070	判断并联连接出错，[时间初始值500ms]	
[D]8071	不可使用	
[D]8072	不可使用	
[D]8073	不可使用	

采样跟踪

编号	名称・功能	3U	3UC	2N	2NC
[M]8074	不可使用	○	○	○	○
[M]8075	采样跟踪准备开始指令	○	○	○	○
[M]8076	采样跟踪准备开始指令	○	○	○	○
[M]8077	采样跟踪，执行中监视	○	○	○	○
[M]8078	采样跟踪，执行结束监测	○	○	○	○
[M]8079	跟踪系统区域	○	○	○	○

标志位、高速环形计数器

编号	名称・功能	3U	3UC	2N	2NC
[M]8080	不可使用			—	—
≀	不可使用			—	—
[M]8089	不可使用	—	—	—	—
[M]8090	BKCMP（FNC194 ～199）指令的块比较信号	○	○	—	—
[M]8091	COMRD，BINDA 指令的输出字符数切换信号	○	○	—	—
[M]8092	不可使用	—	—	—	—
[M]8093	不可使用	—	—	—	—
≀	不可使用	—	—	—	—
[M]8098	不可使用	—	—	—	—
[M]8099[3]	高速环形计数器(0.1ms 单位，16 位)动作	○	○	○	○

内存信息

编号	名称・功能	3U	3UC	2N	2NC
[M]8100	不可使用	—	—	—	—
[M]8101	不可使用	—	—	—	—
[M]8102	不可使用	—	—	—	—
[M]8103	不可使用	—	—	—	—
[M]8104	安装有功能扩展存储器时接通[19]	—	—	○	○
[M]8105	在闪存写入时接通	○	○	—	—
[M]8106	不可以使用	—	—	—	—
[M]8107	软元件注释登录的确认	○	○	—	—
[M]8108	不可以使用	—	—	—	—
[M]8109	输出刷新出错	○	○	—	—

RS. 计算机链接[通道 1]

编号	名称・功能	3U	3UC	2N	2NC
[M]8110	不可使用	—	—	—	—
≀	不可使用	—	—	—	—
[M]8120	不可使用	—	—	—	—
[M]8121[8]	RS 指令，发送待机标志位	○	○	○	○
M 8122[8]	RS 指令，发送请求	○	○	○	○
M 8123[8]	RS 指令，接收结束标志位	○	○	○	○

采样跟踪

编号	名称・功能	备注
[D]8074	在 A6GPP，A6PHP，A7PHP，计算机中使用了采样跟踪功能时，这些软元件就是被可编程控制器系统占用的区域。（采样跟踪是外围使用的软元件）	[M]8075 ≀ [M]8079
[D]8075		
≀		
[D]8096		
[D]8097		
[D]8098		

内存信息

编号	名称・功能	备注
D8099	0～32767 的递增动作的环形计数器	M8099
[D]8101	PC 类型以及系统版本	
[D]8102	$FX_{3U/3UC}$ 为 16～64K 步[18]，$FX_{2N/2NC}$ 为 4～16K 步	存储容量
[D]8103	不可使用	
[D]8104	$FX_{2N/2NC}$ 的功能扩展内存固有的机型代码[19]	M8104
[D]8105	$FX_{2N/2NC}$ 的功能扩展内存的版本[19]（Ver. 1.00）	
[D]8106	不可使用	
[D]8107	$FX_{3U/3UC}$ 的软元件注释登录数	[M]8107
[D]8108	$FX_{3U/3UC}$ 的特殊模块的连接台数	
[D]8109	$FX_{3U/3UC}$ 发生输出刷新错误的 Y 编号	[M]8109

RS. 计算机链接[通道 1]

编号	名称・功能	备注
[D]8120	RS 指令，计算机链接[通道 1]设定通信格式	
[D]8121	计算机链接[通道 1]设定站号	
[D]8122	RS 指令，发送数据的剩余点数	M8122
[D]8123	RS 指令，接收点数的监控	M8123
D8124	RS 指令，报头〈初始值：STX〉	
D8125	RS 指令，报尾〈初始值：ETX〉	
[D]8126	不可使用	
D8127	计算机链接通道 1 的下位通信请求起始编号	M8126～M8129
D8128	计算机链接通道 1 的下位通信请求的数据数	
D8129	RS 指令，计算机链接[通道 1]设定超时时间	

高速计数器比较、高速表格、定位

编号		名称・功能	备注
[D]8130		HSZ(FNC 55)指令，高速比较表格计数器	M8130
[D]8131		HSZ，PLSY 指令，速度型式表格计数器	M8130
[D]8132	低位	HSZ，PLSY 指令，速度型式频率	M8132
[D]8133	高位		

续表

编号	名称·功能	3U	3UC	2N	2NC
M8124	RS指令，检测出进位的标志位	○	○	○	○
M8125	不可以使用	○	○	○	○
[M]8126	计算机链接[通道1]全局ON	○	○	○	○
[M]8127	计算机链接通道1的下位通信请求发送中	○	○	○	○
M8128	计算机链接通道1下位通信请求出错标志位	○	○	○	○
M8129	计算机链接通道1下位通信请求字/字节切换	○	○	○	○

高速计数器比较、高速表格、定位

编号	名称·功能	3U	3UC	2N	2NC
M8130	HSZ(FNC 55)指令，表格比较模式	○	○	○	○
M8131	同上的执行结束标志位	○	○	○	○
M8132	HSZ,PLSY指令，速度模型模式	○	○	○	○
[M]8133	同上的执行结束标志位	○	○	○	○
[M]8134～[M]8137 不可使用		—	—	—	—
[M]8138	HSCT(FNC280)指令，指令执行结束标志位	○	○	○	○
[M]8139	高速计数器比较指令执行中	○	○	○	○
[M]8140～[M]8144 不可使用		—	—	—	—
[M]8145	[Y000]停止脉冲输出的指令	○	○	○	○
[M]8146～[M]8149 不可使用		—	—	—	—

变频器通信功能

编号	名称·功能	3U	3UC	2N	2NC
[M]8150	不可使用	—	—	—	—
[M]8151[15]	变频器通信中[通道1]	○	○	—	—
[M]8152[15]	变频器通信出错[通道1]	○	○	—	—
[M]8153[15]	变频器通信出错的锁定[通道1]	○	○	—	—
[M]8154	$FX_{3U/3UC}$在每个IVBWR指令出错[15][通道1] $FX_{2N/2NC}$在每个EXTR(FNC 180)指令中被定义	○	○	○	○
[M]8155	通过EXTR(FNC 180)指令使用通信端口	—	—	○	○
[M]8156	$FX_{3U/3UC}$变频器通信中[15][通道2] $FX_{2N/2NC}$EXTR（FNC 180)指令中发生通信或参数出错	○	○	○	○

续表

编号		名称·功能	备注
[D]8134	低位	HSZ（FNC 55），PLSY(FNC 57)指令，速度型式目标脉冲数	M8132
[D]8135	高位		
D8136	低位	PLSY,PLSR指令，输出到Y000和Y001的脉冲合计数的累计	
D8137	高位		
[D]8138		HSCT(FNC280)指令，表格计数器	M8138
[D]8139		高速计数器比较指令执行中的指令数	M8139
D8140	低位	PLSY、PLSR指令，Y000输出脉冲的累计或定位指令时的当前值的地址	
D8141	高位		
D8142	低位	PLSY、PLSR指令，Y001输出脉冲的累计或定位指令时的当前值的地址	
D8143	高位		
[D]8144		不可以使用	
[D]8145		不可以使用	
[D]8146		不可以使用	
[D]8147		不可以使用	
[D]8148		不可以使用	
[D]8149		不可以使用	

变频器通信功能

编号	名称·功能	备注
D8150	$FX_{3U/3UC}$的变频器通信的响应等待时间[通道1]	
[D]8151	变频器通信中的步编号[通道1]，初始值：-1	[M]8151
[D]8152	变频器通信的错误代码[15][通道1]	[M]8152
[D]8153	变频器通信出错步锁存[通道1]，初始值：-1	[M]8153
[D]8154	$FX_{3U/3UC}$的IVBWR指令中发生出错的参数编号[通道1] $FX_{2N/2NC}$的EXTR(FNC 180)指令的响应等待时间	[M]8154
D8155	$FX_{3U/3UC}$的变频器通信的响应等待时间[通道2]	[M]8155
[D]8156	变频器通信中的步编号[通道2]，初始值：-1 $FX_{2N/2NC}$的EXTR(FNC 180)指令的错误代码	[M]8156

续表

编号	名称・功能	3U	3UC	2N	2NC
[M]8157[15]	变频器通信出错[通道 2] 在 EXTR(FNC 180)指令中发生的通信错误被锁定	○	○	○	○
[M]8158[15]	变频器通信出错的锁定[通道 2]	○	○	—	—
[M]8159[15]	IVBWR(FNC 274)指令错误[通道 2]	○	○	—	—

续表

编号	名称・功能	备注
[D]8157	变频器通信的错误代码[15][通道 2] EXTR(FNC 180)指令的出错步锁定,初始值:-1,	[M]8157
D8158	变频器通信出错步锁存[通道 2],初始值:-1	[M]8158
[D]8159	IVBWR 指令发生出错的参数编号[通道 2],初始值-1	[M]8159

扩展功能

编号	名称・功能	3U	3UC	2N	2NC
M8160	XCH(FNC17)的 SWAP 功能	○	○	○	○
M8161	8 位处理模式	○	○	○	○
M8162	高速并联链接模式	○	○	○	○
[M]8163	不可使用	—	—	—	—
M8164	FROM,TO 指令,传送点数可改变模式	—	—	○	○
M8165	SORT2(FNC149)指令,降序排列	○	○	—	—
M8166	不可使用	—	—	—	—
M8167	HKY(FNC71)处理 HEX 数据的功能	○	○	○	○
M8168	SMOV(FNC13)处理 HEX 数据的功能	○	○	○	○
[M]8169	不可使用	—	—	—	—

扩展功能

<table>
<tr><th>编号</th><th colspan="11">名称・功能</th><th>备注</th></tr>
<tr><td>D8164</td><td colspan="11">指定 FROM,TO 指令的传送点数</td><td>M8164</td></tr>
<tr><td colspan="12">[D]8015～[D]8018 不可使用</td><td></td></tr>
<tr><td rowspan="8">D8169</td><td colspan="12">使用第 2 密码限制存取的状态</td></tr>
<tr><td rowspan="2">当前值</td><td rowspan="2">存取的限制状态</td><td colspan="2">程序</td><td rowspan="2">监控</td><td rowspan="2">更改当前值</td><td rowspan="2">3U</td><td rowspan="2">3UC</td><td rowspan="2">2N</td><td rowspan="2">2NC</td><td rowspan="7"></td></tr>
<tr><td>读出</td><td>写入</td></tr>
<tr><td>H0000</td><td>没设定第 2 密码</td><td>○</td><td>○</td><td>○</td><td>○</td><td>○</td><td>○</td><td>—</td><td>—</td></tr>
<tr><td>H0010</td><td>禁止写入</td><td>○</td><td>X</td><td>○</td><td>○</td><td>○</td><td>○</td><td>—</td><td>—</td></tr>
<tr><td>H0011</td><td>禁止读出/写入</td><td>X</td><td>X</td><td>○</td><td>○</td><td>○</td><td>○</td><td>—</td><td>—</td></tr>
<tr><td>H0012</td><td>禁止全部在线操作</td><td>X</td><td>X</td><td>X</td><td>X</td><td>○</td><td>○</td><td>—</td><td>—</td></tr>
<tr><td>H0020</td><td>解除密码</td><td>○</td><td>○</td><td>○</td><td>○</td><td>○</td><td>○</td><td>—</td><td>—</td></tr>
</table>

脉冲捕捉/通信口的通道设定

编号	名称・功能	3U	3UC	2N	2NC
M8170	输入 X000 脉冲捕捉[15]	○	○	○	○
M8171	输入 X001 脉冲捕捉[15]	○	○	○	○
M8172	输入 X002 脉冲捕捉[15]	○	○	○	○
M8173	输入 X003 脉冲捕捉[15]	○	○	○	○
M8174	输入 X004 脉冲捕捉[15]	○	○	○	○
M8175	输入 X005 脉冲捕捉[15]	○	○	○	○
M8176	输入 X006 脉冲捕捉[15]	○	○	—	—
M8177	输入 X007 脉冲捕捉[15]	○	○	—	—
M8178	并联链接通道切换[OFF,通道 1;ON:通道 2]	○	○	—	—
[M]8179	简易 PC 间链接通道切换[20]	○	○	—	—

简易 PC 间链接(设定)

编号	名称・功能	备注
[D]8170～[D]8172 不可以使用		
[D]8173	相应的站号的设定状态	
[D]8174	通信子站的设定状态	
[D]8175	刷新范围的设定状态	
D8176	设定相应站号	M8038
D8177	设定通信的子站数	M8038
D8178	设定刷新范围	M8038
D8179	重试的次数	M8038
D8180	监视时间	M8038
D8181	不可以使用	

简易 PC 间链接

编号	名称・功能	3U	3UC	2N	2NC
[M]8180~[M]8182 不可使用		—	—	—	—
M8183	数据传送顺控出错(主站)	○	○	○	○
M8184	数据传送顺控出错(1 号站)	○	○	○	○
M8185	数据传送顺控出错(2 号站)	○	○	○	○
M8186	数据传送顺控出错(3 号站)	○	○	○	○
M8187	数据传送顺控出错(4 号站)	○	○	○	○
M8188	数据传送顺控出错(5 号站)	○	○	○	○
M8189	数据传送顺控出错(6 号站)	○	○	○	○
M8190	数据传送顺控出错(7 号站)	○	○	○	○
[M]8191	数据传送顺控执行中	○	○	○	○
[M]8192~[M]8197 不可使用		—	—	—	—

高速计数器倍增的指定/增、减计数方向

编号	名称・功能	3U	3UC	2N	2NC
M8198	C251,C252,C254 用 1 倍/4 倍切换㉑	○	○	—	—
M8199	C253,C255,C253(OP)用 1 倍/4 倍切换㉑	○	○	—	—
M8200	M8□□□动作后,与其对应的 C□□□变为递减模式,ON 为减计数,OFF 为增计数	○	○	○	○
M8201		○	○	○	○
≀		○	○	○	○
M8234		○	○	○	○
[M]8246	单相双输入、双相输入计数器的 C□□□为递减模式时,与其对应的 M□□□为 ON。即:ON 为减计数,OFF 为增计数	○	○	○	○
≀		○	○	○	○
[M]8255		○	○	○	○
[M]8256~[M]8259 不可使用		—	—	—	—

模拟量特殊适配器/标志位

编号	名称・功能	3U	3UC	2N	2NC
M8260~M8269	第 1 台的特殊适配器	○	○	—	—
M8270~M8279	第 2 台的特殊适配器	○	○	—	—
M8280~M8289	第 3 台的特殊适配器	○	○	—	—
M8290~M8299	第 4 台的特殊适配器	○	○	—	—
[M]8300~[M]8303	不可使用	—	—	—	—
[M]8304	零位,乘除运算结果为 0,置 ON	○	○	—	—
[M]8305	不可使用	—	—	—	—
[M]8306	进位,除法运算结果溢出时,置 ON	○	○	—	—
[M]8307~[M]8315	不可使用	—	—	—	—
[M]8317	不可使用	—	—	—	—

变址寄存器

编号	名称・功能	备注
[D]8182	Z1 寄存器的内容	
[D]8183	V1 寄存器的内容	
[D]8184	Z2 寄存器的内容	
[D]8185	V2 寄存器的内容	M8038
≀	≀	
[D]8194	Z7 寄存器的内容	
[D]8195	V7 寄存器的内容	
[D]8196	不可使用	
[D]8197	不可使用	
≀	不可使用	
[D]8200	不可使用	

简易 PC 间链接(监控)

编号	名称・功能	备注
[D]8201	当前的链接扫描时间	
[D]8202	最大的链接扫描时间	
[D]8203	数据传送顺控出错计数器(主站)	M8183 ≀ M8191
[D]8204	数据传送顺控出错计数器(站 1)	
≀	≀	
[D]8210	数据传送顺控出错计数器(站 7)	
[D]8211	数据传送错误代码(主站)	
[D]8212	数据传送错误代码(站 1)	
≀	≀	
[D]8218	数据传送错误代码(站 7)	
[D]8219~[D]8259 不可使用		

显示模块功能

编号	名称・功能	备注
D8260~D8269	$FX_{3U/3UC}$ 第 1 台的特殊适配器	
D8270~D8279	$FX_{3U/3UC}$ 第 2 台的特殊适配器	
D8280~D8289	$FX_{3U/3UC}$ 第 3 台的特殊适配器	
D8290~D8299	$FX_{3U/3UC}$ 第 4 台的特殊适配器	
D8300	显示模块用 控制元件(D),初始值−1	
D8301	显示模块用 控制元件(M),初始值−1	
D8302	设定显示语言,日语 K0,英语 K0 以外	
D8303	LCD 对比度设定值,初始值:K0	
D8304~D8309	不可使用	

I/O 未安装指定出错

编号	名称・功能	3U	3UC	2N	2NC
[M]8316	I/O 非安装指定出错	○	○	—	—
[M]8318	BFM 的初始化失败。从 STOP→RUN 时，对于用 BFM 初始化功能指定的特殊扩展模块/单元，发生针对其的 FROM/TO 错误时接通，发生出错的单元号被保存在 D8318 中，BFM 号被保存在 D8319 中	○	○	—	—
[M]8319～[M]8327 不可使用		—	—	—	—
[M]8328	指令不执行	○	○	—	—
[M]8329	指令执行异常结束	○	○	—	—

RND(FNC184)/语法、回路、运算

编号		名称・功能	备注
[D]8310	低位	RND(FNC184)生成随机数，初值：K1	
[D]8311	高位		
D8312	低位	发生运算出错的步编号的锁存(32bit)	M8068
D8313	高位		
[D]8314	低位	M8065～7 的出错步编号，(32bit)	M8065～M8067
[D]8315	高位		
[D]8316	低位	指定(直接/通过变址的间接指定)了未安装的 I/O 编号的指令的步编号	M8316
[D]8317	高位		
[D]8318	BFM 的初始化功能发生出错的单元号		M8318
[D]8319	BFM 的初始化功能发生出错的 BFM 号		M8318
[D]8319～[D]8329 不可使用			

定时时钟、定位(一)

编号	名称・功能	3U	3UC	2N	2NC
[M]8330	DUTY(FNC186)定时时钟输出 1	○	○	—	—
[M]8331	DUTY(FNC186)定时时钟输出 2	○	○	—	—
[M]8332	DUTY(FNC186)定时时钟输出 3	○	○	—	—
[M]8333	DUTY(FNC186)定时时钟输出 4	○	○	—	—
[M]8334	DUTY(FNC186)定时时钟输出 5	○	○	—	—
[M]8335	不可以使用	—	—	—	—
M8336⑧	DVIT(FNC151)指令，中断输入指定功能有效	○	○	—	—
[M]8337	不可以使用	—	—	—	—
[M]8338	PLSV(FNC1157)指令，加减速动作	○	○	—	—
[M]8339	不可以使用	○	○	—	—
[M]8340	[Y000]脉冲输出监控(ONL:BUSY;OFF:READY)	○	○	—	—
M8341⑧	[Y000]清除信号输出功能有效	○	○	—	—
M8342⑧	[Y000]指定原点；回归方向	○	○	—	—
M8343	[Y000]正转限位	○	○	—	—

定时时钟、定位(一)

编号		名称・功能	备注
[D]8330	DUTY 定时时钟输出 1 的扫描数的计数器		{M}8330
[D]8331	DUTY 定时时钟输出 21 的扫描数的计数器		{M}8331
[D]8332	DUTY 定时时钟输出 3 的扫描数的计数器		{M}8332
[D]8333	DUTY 定时时钟输出 4 的扫描数的计数器		{M}8333
[D]8334	DUTY 定时时钟输出 5 的扫描数的计数器		{M}8334
[D]8335	不可使用		
D8336	DVIT 指令用，中断输入指定初始值：—		{M}8336
[D]8337～[D]8339 不可以使用			
D8340	低位	[Y000]当前值寄存器，初始值：0	
D8341	高位		
D8342	[Y000]偏差速度，初始值：0		

定时时钟、定位(二)

编号	名称・功能	3U	3UC	2N	2NC
M8344	[Y000]反转限位	○	○	—	—
M8345⑧	[Y000]近点 DOG 信号逻辑反转	○	○	—	—
M8346⑧	[Y000]零点信号逻辑反转	○	○	—	—
M8347⑧	[Y000]中断信号逻辑反转	○	○	—	—
[M]8348	[Y000]定位指令驱动中	○	○	—	—

定时时钟、定位(二)

编号		名称・功能	备注
D8343	低位	[Y000]最高速度，初始值：100000	
D8344	高位		
D8345	[Y000]爬行速度，初始值：1000		
D8346	低位	[Y000]原点回归速度，初始值：50000	
D8347	高位		

续表

编号	名称·功能	3U	3UC	2N	2NC
M8349⑧	[Y000]脉冲输出停止指令	○	○	—	—
[M]8350	[Y001]脉冲输出监控(ONL:BUSY;OFF:READY)	○	○	—	—
M8351⑧	[Y001]清除信号输出功能有效	○	○	—	—
M8352⑧	[Y001]指定原点;回归方向	○	○	—	—
M8353	[Y001]正转限位	○	○	—	—
M8354	[Y001]反转限位	○	○	—	—
M8355⑧	[Y001]近点DOG信号逻辑反转	○	○	—	—
M8356⑧	[Y001]零点信号逻辑反转	○	○	—	—
M8357⑧	[Y001]中断信号逻辑反转	○	○	—	—
[M]8358	[Y001]定位指令驱动中	○	○	—	—
M8359⑧	[Y001]脉冲输出停止指令	○	○	—	—
[M]8360	[Y002]脉冲输出监控(ONL:BUSY;OFF:READY)	○	○	—	—
M8361⑧	[Y002]清除信号输出功能有效	○	○	—	—
M8362⑧	[Y002]指定原点;回归方向	○	○	—	—
M8363	[Y002]正转限位	○	○	—	—
M8364	[Y002]反转限位	○	○	—	—
M8365⑧	[Y002]近点DOG信号逻辑反转	○	○	—	—
M8366⑧	[Y002]零点信号逻辑反转	○	○	—	—
M8367⑧	[Y002]中断信号逻辑反转	○	○	—	—
[M]8368	[Y002]定位指令驱动中	○	○	—	—
M8369⑧	[Y002]脉冲输出停止指令	○	○	—	—
[M]8370	[Y003]脉冲输出监控(ONL:BUSY;OFF:READY)	○	○	—	—
M8371⑧	[Y003]清除信号输出功能有效	○	—	—	—
M8372⑧	[Y003]指定原点;回归方向	○	—	—	—
M8373	[Y003]正转限位	○	—	—	—
M8374	[Y003]反转限位	○	—	—	—
M8375⑧	[Y003]近点DOG信号逻辑反转	○	—	—	—
M8376⑧	[Y003]零点信号逻辑反转	○	—	—	—
M8377⑧	[Y003]中断信号逻辑反转	○	—	—	—
[M]8378	[Y003]定位指令驱动中	○	—	—	—
M8379⑧	[Y003]脉冲输出停止指令	○	—	—	—

续表

编号	名称·功能		备注
D8348	[Y000]加速时间,初始值:100		
D8349	[Y000]减速时间,初始值:100		
D8350	低位	[Y001]当前值寄存器,初始值:0	
D8351	高位		
D8352	[Y001]偏差速度,初始值:0		
D8353	低位	[Y001]最高速度,初始值:100000	
D8354	高位		
D8355	[Y001]爬行速度,初始值:1000		
D8356	低位	[Y001]原点回归速度,初始值:50000	
D8357	高位		
D8358	[Y001]加速时间,初始值:100		
D8359	[Y001]减速时间,初始值:100		
D8360	低位	[Y002]当前值寄存器,初始值:0	
D8361	高位		
D8362	[Y002]偏差速度,初始值:0		
D8363	低位	[Y002]最高速度,初始值:100000	
D8364	高位		
D8365	[Y002]爬行速度,初始值:1000		
D8366	低位	[Y002]原点回归速度,初始值:50000	
D8367	高位		
D8368	[Y002]加速时间,初始值:100		
D8369	[Y002]减速时间,初始值:100		
D8370	低位	[Y003]当前值寄存器,初始值:0	
D8371	高位		
D8372	[Y003]偏差速度,初始值:0		
D8373	低位	[Y003]最高速度,初始值:100000	
D8374	高位		
D8375	[Y003]爬行速度,初始值:1000		
D8376	低位	[Y003]原点回归速度,初始值:50000	
D8377	高位		
D8378	[Y003]加速时间,初始值:100		
D8379	[Y003]减速时间,初始值:100		
[D]8380～[D]8392 不可使用			

高速计数器功能

编号	名称・功能	3U	3UC	2N	2NC
[M]8380	C235,41,44,46,47,49,51,52,54 的动作状态	○	○	—	—
[M]8381	C236 的动作状态	○	○	—	—
[M]8382	C237,42,45 的动作状态	○	○	—	—
[M]8383	C238,48,48(OP),50,53,55 的动作状态	○	○	—	—
[M]8384	C239,43 的动作状态	○	○	—	—
[M]8385	C240 的动作状态	○	○	—	—
[M]8386	C244(OP)的动作状态	○	○	—	—
[M]8387	C245(OP)的动作状态	○	○	—	—
[M]8388	高速计数器的功能变更用触点	○	○	—	—
M8389	外部复位输入的逻辑切换	○	○	—	—
M8390	C244 用功能切换软元件	○	○		
M8391	C245 用功能切换软元件	○	○		
M8392	C248,C253 用功能切换软元件	○	○		

中断程序/环形计数器

编号	名称・功能	3U	3UC	2N	2NC
[M]8393	设定延迟时间用的触点	○	○	—	—
[M]8394	HCMOV(FNC189)中断程序用驱动触点	○	○	—	—
[M]8395	不可使用	○	○	—	—
[M]8396	不可使用	○	○	—	—
[M]8397	不可使用	○	○	—	—
[M]8398	1ms 的环形计数(32 位)动作	○	○	—	—
[M]8399	不可使用	—	—	—	—

RS2(FNC87)[通道 1]、[通道 2]

编号	名称・功能	3U	3UC	2N	2NC
[M]8400	不可以使用	○	○	—	—
[M]8401	RS2[通道 1]发送待机标志位	○	○	—	—
M8402	RS2[通道 1]发送请求	○	○	—	—
M8403	RS2[通道 1]发送结束标志位	○	○	—	—
[M]8404	RS2[通道 1]检测出进位的标志位	○	○	—	—
[M]8405	RS2[通道 1]数据设定准备就绪(DRS)标志位	○	○	—	—
[M]8406～[M]8408 不可以使用		—	—	—	—
M8409	RS2[通道 1]判断超出时的标志位	○	○		
[M]8410～[M]8420 不可以使用		—	—	—	—
[M]8421	RS2[通道 2]发送待机标志位	○	○	—	—
M8422	RS2[通道 2]发送请求	○	○	—	—
M8423	RS2[通道 2]发送结束标志位	○	○	—	—
[M]8424	RS2[通道 2]检测出进位的标志位	○	○	—	—

中断程序/环形计数器

编号	名称・功能		备注
D8394	延迟时间		M8393
[D]8394	不可使用		
[D]8395	不可使用		
[D]8396	不可使用		
[D]8397	不可使用		
D8398	低位	0～2147483647(1ms 单位)的递增动作的环形计数[22]	M8398
D8399	高位		

续表

编号	名称・功能	3U	3UC	2N	2NC
[M]8425	RS2[通道 2]数据设定准备就绪(DRS)标志位	○	○	—	—
[M]8426	PC 链接[通道 2]全局 ON	○	○	—	—
[M]8427	PC 链接[通道 2]下位通信请求发送中	○	○	—	—
M8428	PC 链接[通道 2]下位通信请求出错标志位	○	○	—	—
M8429	PC 链接[通道 2]下位通信请求字/字节切换	○	○	—	—

检测出错

编号	名称・功能	3U	3UC	2N	2NC
[M]8430～[M]8437 不可以使用		—	—	—	—
[M]8438	串行通信出错 2[通道 2]	○	○	—	—
[M]8439～[M]8448 不可以使用		—	—	—	—
[M]8449	特殊模块出错标志位	○	○	—	—
[M]8450～[M]8459 不可以使用		—	—	—	—

定位

编号	名称・功能	3U	3UC	2N	2NC
M8460	DVIT(FNC151)指令[Y000]用户中断输入指令	○	○	—	—
M8461	DVIT(FNC151)指令[Y001]用户中断输入指令	○	○	—	—
M8462	DVIT(FNC151)指令[Y002]用户中断输入指令	○	○	—	—
M8463	DVIT(FNC151)指令[Y003]用户中断输入指令	○	○	—	—
M8464	DSZR,ZRN 指令[Y000]清除信号元件功能有效	○	○	—	—
M8465	DSZR,ZRN 指令[Y001]清除信号元件功能有效	○	○	—	—
M8466	DSZR,ZRN 指令[Y002]清除信号元件功能有效	○	○	—	—
M8467	DSZR,ZRN 指令[Y003]清除信号元件功能有效	○	○	—	—
[M]8468～[M]8511 不可以使用		—	—	—	—

RS2(FNC87)[通道1]、[通道2]

编号	名称·功能	备注
D8400	RS2[通道1]设定通信格式	
[D]8401	不可以使用	
[D]8402	RS2[通道1]发送数据的剩余点数	M8402
[D]8403	RS2[通道1]接收点数的监控	M8403
[D]8404	不可以使用	
[D]8405	显示通信参数[通道1]	
[D]8406～[D]8408 不可以使用		
D8409	RS2[通道1],设定超时时间	
D8410	RS2[通道1],报头1,2＜初始值:STX＞	
D8411	RS2[通道1],报头3,4	
D8412	RS2[通道1],报尾1,2＜初始值:ETX＞	
D8413	RS2[通道1],报尾3,4	
[D]8414	RS2[通道1],接收数据求和(接收数据)	
[D]8415	RS2[通道1],接收数据求和(计算结果)	
[D]8416	RS2[通道1],发送数据求和	
[D]8417～[D]8418 不可以使用		
[D]8419	显示动作模式[通道1]	
D8420	RS2[通道2],设定通信格式	
D8421	RS2[通道2],发送数据的剩余点数	
[D]8422	RS2[通道2],接收点数的监控	M8422
[D]8423	RS2[通道2],接收点数的监控	M8423
[D]8424	不可以使用	
[D]8425	显示通道参数[通道2]	
[D]8426	不可以使用	

续表

编号	名称·功能	备注
D8427	PC链接[通道2]指定下位通信请求起始编号	M8426～M8429
D8428	PC链接[通道2]指定下位通信请求的数据数	
D8429	PC链接[通道2],设定超时时间	
D8430	RS2[通道2],报头1,2＜初始值:STX＞	
D8431	RS2[通道2],报头3,4	
D8432	RS2[通道2],报尾1,2＜初始值:ETX＞	
D8433	RS2[通道2],报尾3,4	
[D]8434	RS2[通道2],接收数据求和(接收数据)	
[D]8435	RS2[通道2],接收数据求和(计算结果)	
[D]8436	RS2[通道2],发送数据求和	
[D]8437	不可以使用	
[D]8438	串行通信出错2[通道2]的错误代码编号	M8438
[D]8439	显示动作模式[通道2]	
[D]8440～[D]8448 不可以使用		
[D]8449	特殊模块错误代码	M8449
[D]8450～[D]8459 不可以使用		

定位

编号	名称·功能	备注
D8460～[D] 8463 不可以使用		M8393
D8464	不可使用	M8464
D8465	不可使用	M8465
D8466	不可使用	M8466
D8467	不可使用	M8467
[D]8468～[D]8511 不可以使用		

① 用[]框起的软元件，在程序中只能当触点使用，不能执行驱动或写入。

② $FX_{3U/3UC}$PLC为M8060，M8061，M8064，M8065，M8066，M8067中任意一个为ON时接通；$FX_{2N/2NC}$PLC为M8060，M8061，M8063，M8064，M8065，M8066，M8067中任意一个为ON时接通。

③ 只有$FX_{3U/3UC}$PLC可以使用扩展电源单元；只有$FX_{2N/2NC}$PLC可以使用扩展单元。

④ 对于$FX_{2N/2NC}$PLC中数据不被清除；对于$FX_{3U/3UC}$PLC，从RUN→STOP时被清除。

⑤ $FX_{2N/2NC}$PLC中为X000～X007的滤波器；$FX_{3U/3UC}$PLC中为X000～X017的滤波器。

⑥ 在执行END指令时处理。

⑦ 在驱动M8031或M8032后，在执行END指令时，$FX_{3U/3UC}$PLC对Y/M/S/T/C的映像区及T/C/D/特D/R的当前值被清除，但对文件寄存器(D)、扩展文件寄存器(ER)不被清除；$FX_{2N/2NC}$PLC中对Y/M/S/T/C的映像区及T/C/D的当前值被清除，但对特D不被清除。

⑧ 从RUN→STOP时清除，或是RS指令OFF时清除。

⑨ 当M8047为ON时，S0～S899及$FX_{3U/3UC}$PLC中S1000～S4095中任意一个为ON时，M8046接通。

⑩ 状态S0～S899及$FX_{3U/3UC}$PLC的S1000～S4095中为ON的状态的最小编号保存到D8040中，其次为ON的状态编号保存到D8041，以下依次将运行的状态(最大8点)保存到D8047为止。

⑪ M8049为ON时，保存信号报警继电器S900～S999中为ON的状态的最小编号。

⑫ 对于$FX_{3U/3UC}$PLC，在RUN→STOP时，对M8063出错信息清除，但对于$FX_{3U/3UC}$PLC的M8063不被清除。

⑬ 在RUN→STOP时，清除M8067中运算出错信息。

⑭ 驱动M8069为ON后，执行I/O总路线检测。

⑮ 从STOP→RUN时清除。

⑯ 32K步以上时，在[D8313，D8312]中保存步编号。

⑰ 32K步以上时，在[D8315，D8314]中保存步编号。

⑱ 安装有FX_{3U}的−FLROM−16时。

⑲ Ver. 3. 00以上版本对应。

⑳ 通过判断是否需要在设定用程序中编程，来指定要使用的通道。

㉑ M8198/M8199为OFF时，1倍，为ON时，4倍，并且从RUNP→STOP时清除。

㉒ M8398驱动后，随着END指令的执行，1ms的环形计数器[D8399，D8398]动作。

附录二　$FX_{2N/3U}$ 应用指令顺序排列及其索引

分类	FNC No.	指令符号	功能	D指令	P指令	页码
程序流程	00	CJ	程序跳转	—	○	209
	01	CALL	子程序调用	—	○	211
	02	SRET	子程序返回	—	—	211
	03	IRET	中断返回	—	—	213
	04	EI	开中断	—	—	213
	05	DI	关中断	—	—	213
	06	FEND	主程序结束	—	—	217
	07	WDT	监视定时器刷新	—	○	218
	08	FOR	循环区起点	—	—	218
	09	NEXT	循环区终点	—	—	218
传送比较	10	CMP	比较	○	○	220
	11	ZCP	区间比较	○	○	221
	12	MOV	传送	○	○	222
	13	SMOV	移位传送	—	○	223
	14	CML	反向传送	○	○	224
	15	BMOV	块传送	—	○	224
	16	FMOV	多点传送	○	○	226
	17	XCH	交换	○	○	226
	18	BCD	BCD 转换	○	○	227
	19	BIN	BIN 转换	○	○	227
四则逻辑运算	20	ADD	BIN 加	○	○	230
	21	SUB	BIN 减	○	○	231
	22	MUL	BIN 乘	○	○	232
	23	DIV	BIN 除	○	○	232
	24	INC	BIN 增 1	○	○	233
	25	DEC	BIN 减 1	○	○	233
	26	WAND	逻辑字“与”	○	○	234
	27	WOR	逻辑字“或”	○	○	234
	28	WXOR	逻辑字“异或”	○	○	234
	29	NEG	求补码	○	○	234
循环与移位	30	ROR	循环右移	○	○	237
	31	ROL	循环左移	○	○	237
	32	RCR	带进位右移	○	○	237
	33	RCL	带进位左移	○	○	237
	34	SFTR	位右移	—	○	238
	35	SFTL	位左移	—	○	238
	36	WSFR	字右移	—	○	239
	37	WSFL	字左移	—	○	239
	38	SFWR	“先进先出”写入	—	○	240
	39	SFRD	“先进先出”读出	—	○	240

分类	FNC No.	指令符号	功能	D指令	P指令	页码
数据处理	40	ZRST	区间复位	—	○	243
	41	DECO	解码	—	○	244
	42	ENCO	编码	—	○	245
	43	SUM	ON 位总数	○	○	246
	44	BON	ON 位判别	○	○	246
	45	MEAN	平均值	○	○	246
	46	ANS	报警器置位	—	—	247
	47	ANR	报警器复位	—	○	247
	48	SOR	BIN 平方根	○	○	247
	49	FLT	二进制整数→二进制浮点数	○	○	248
高速处理	50	REF	刷新	—	○	249
	51	REFE	刷新和滤波调整	—	○	250
	52	MTR	矩阵输入	—	—	251
	53	HSCS	比较置位(高速计数器)	○	—	252
	54	HSCR	比较复位(高速计数器)	○	—	252
	55	HSZ	区间比较(高速计数器)	○	—	253
	56	SPD	速度检测	—	—	254
	57	PLSY	脉冲输出	○	—	254
	58	PWM	脉冲幅度调制	—	—	255
	59	PLSR	加减速的脉冲输出	○	—	255
方便指令	60	IST	状态初始化	—	—	258
	61	SER	数据搜索	○	○	259
	62	ABSD	绝对值式凸轮顺控	○	—	260
	63	INCD	增量式凸轮顺控	—	—	261
	64	TTMR	示教定时器	—	—	262
	65	STMR	特殊定时器	—	—	263
	66	ALT	交替输出	—	—	264
	67	RAMP	斜坡信号	—	—	265
	68	ROTC	旋转台控制	—	—	266
	69	SORT	列表数据排序	—	—	267
外部设备 I/O	70	TKY	0—9 数字键输入	○	—	272
	71	HKY	16 键输入	○	—	273
	72	DSW	数字开关	—	—	274
	73	SEGD	7 段编码	—	○	275
	74	SEGL	带锁存的 7 段显示	—	—	276
	75	ARWS	方向开关	—	—	278
	76	ASC	ASCII 转换	—	—	279
	77	PR	ASCII 码打印输出	—	—	279
	78	FROM	特殊功能模块读出	○	○	280
	79	TO	特殊功能模块写入	○	○	280

续表

分类	FNC No.	指令符号	功能	D指令	P指令	页码
外部设备SER(选项设备)	80	RS	串行数据传送	—	—	283
	81	PRUN	八进制位并行传送	○	○	286
	82	ASCII	HEX→ASCII 转换	—	○	287
	83	HEX	ASCII→HEX 转换	—	○	287
	84	CCD	校正代码	—	○	289
	85	VRRD	电位器模拟量读取	—	○	290
	86	VRSC	电位器模拟量刻度读取	—	○	290
	87	RS2*	串行数据传送 2	—	—	311
	88	PID	PID 运算	—	—	292
	89	—				
数据传送2	102	ZPUSH*	变址寄存器的成批保存	—	○	312
	103	ZPOP*	变址寄存器的恢复	—	○	313
浮点数运算	110	ECMP	二进制浮点数比较	○	○	299
	111	EZCP	二进制浮点数区间比较	○	○	299
	112	EMOV*	二进制浮点数传送	○	○	299
	116	ESTR*	二进制浮点数→字符串的转换	○	○	315
	117	EVAL*	字符串→二进制浮点数的转换	○	○	317
	118	EBCD	二进制浮点数→十进制浮点数	○	○	299
	119	EBIN	十进制浮点数→二进制浮点数	○	○	299
	120	EADD	二进制浮点数加法	○	○	300
	121	ESUB	二进制浮点数减法	○	○	300
	122	EMUL	二进制浮点数乘法	○	○	301
	123	EDIV	二进制浮点数除法	○	○	301
	124	EXP*	二进制浮点数指数运算	○	○	319
	125	LOGE*	二进制浮点数自然对数运算	○	○	320
	126	LOG10*	二进制浮点数常用对数运算	○	○	320
	127	ESQR	二进制浮点数开平方	○	○	302
	128	ENEG*	二进制浮点数符号翻转	○	○	321
	129	INT	二进制浮点数→BIN 整数	○	○	302
	130	SIN	二进制浮点数 SIN 运算	○	○	303
	131	COS	二进制浮点数 COS 运算	○	○	303
	132	TAN	二进制浮点数 TAN 运算	○	○	303
	133	ASIN*	二进制浮点数 SIN-1 运算	○	○	321
	134	ACOS*	二进制浮点数 COS-1 运算	○	○	322
	135	ATAN*	二进制浮点数 TAN-1 运算	○	○	323
	136	RAD*	二进制浮点数角度→弧度的转换	○	○	323
	137	DEG*	二进制浮点数弧度→角度的转换	○	○	324

分类	FNC No.	指令符号	功能	D指令	P指令	页码
数据处理2	140	WSUM*	算出数据合计值	○	○	325
	141	WTOB*	字节单位的数据分离	—	○	326
	142	WTOW*	字节单位的数据组合	—	○	326
	143	UNI*	16 位数据的 4 位组合	—	○	327
	144	DIS*	16 位数据的 4 位分离	—	○	328
	145	—				
	146	—				
	147	SWAP	高低八位字节交换	○	○	303
	149	SORT2*	数据排序 2	○	—	328
定位控制	150	DSZR*	带 DOG 搜索的原点返回	—	—	330
	151	DVIT*	中断定位	○	—	331
	152	TBL*	表格设定定位	○	—	332
	155	ABS*	读出 ABS 当前值	○	—	332
	156	ZRN*	原点回归	○	—	333
	157	PLSV*	可变速脉冲输出	○	—	334
	158	DRVI*	相对定位	○	—	334
	159	DRVA*	绝对定位	○	—	335
时钟处理	160	TCMP	时钟数据比较	—	○	304
	161	TZCP	时钟数据区间比较	—	○	305
	162	TADD	时钟数据加法	—	○	306
	163	TSUB	时钟数据减法	—	○	306
	164	HTOS*	时、分、秒数据的秒转换	○	○	336
	165	HTOH*	秒数据的时、分、秒转换	○	○	337
	166	TRD	时钟数据读出	—	○	306
	167	TWR	时钟数据写入	—	○	306
	169	HOUR*	计时表	○	—	338
外部设备	170	GRY	二进制码转换成格雷码转	○	○	308
	171	GBIN	格雷码转换成二进制码	○	○	308
	176	RD3A*	模拟量模块的读出	—	○	339
	177	WRD3A*	模拟量模块的写入	—	○	339
其他指令	182	COMRD*	读出软元件的注释数据	—	○	340
	184	RND*	产生随机数	—	○	341
	186	DUTY*	产生定时脉冲	—	—	342
	188	CRC*	CRC 运算	—	○	343
	189	HCMOV*	高速计数器传送	○	—	343
数据块处理	192	BK＋*	数据块加法运算	○	○	345
	193	BK－*	数据块减法运算	○	○	346
	194	BKCMP＝*	数据块相等	○	○	348
	195	BKCMP＞*	数据块大于	○	○	348
	196	BKCMP＜*	数据块小于	○	○	348
	197	BKCMP＜＞*	数据块不等	○	○	348
	198	BKCMP＜＝*	数据块小于等于	○	○	348
	199	BKCMP＞＝*	数据块大于等于	○	○	348

续表

分类	FNC No.	指令符号	功能	D指令	P指令	页码
字符串控制	200	STR*	二进制数转换成字符串	○	○	350
	201	VAL*	字符串转换成二进制数	○	○	351
	202	$+*	字符串的结合	—	○	352
	203	LEN*	检测字符串的长度	—	○	353
	204	RIGHT*	从字符串的右侧开始取出	—	○	354
	205	LEFT*	从字符串的左侧开始取出	—	○	355
	206	MIDR*	从字符串中的任意取出	—	○	356
	207	MIDW*	从字符串中的任意替换	—	○	357
	208	INSTR*	字符串的检索	—	○	359
	209	$MOV*	字符串的传送	—	○	360
数据处理3	210	FDEL*	数据表的数据删除	—	○	361
	211	FINS*	数据表的数据插入	—	○	362
	212	POP*	读取后入的数据	—	○	363
	213	SFR*	16位数据带进位的 n 右移	—	○	364
	214	SFL*	16位数据带进位的 n 右移	—	○	365
触点型比较	224	LD=	(S1)=(S2)	○	—	310
	225	LD>	(S1)>(S2)	○	—	310
	226	LD<	(S1)<(S2)	○	—	310
	228	LD<>	(S1)≠(S2)	○	—	310
	229	LD≦	(S1)≤(S2)	○	—	310
	230	LD≧	(S1)≥(S2)	○	—	310
	232	AND=	(S1)=(S2)	○	—	310
	233	AND>	(S1)>(S2)	○	—	310
	234	AND<	(S1)<(S2)	○	—	310
	236	AND<>	(S1)≠(S2)	○	—	310
	237	AND≦	(S1)≤(S2)	○	—	310
	238	AND≧	(S1)≥(S2)	○	—	310
	240	OR=	(S1)=(S2)	○	—	311
	241	OR>	(S1)>(S2)	○	—	311

分类	FNC No.	指令符号	功能	D指令	P指令	页码
触点型比较	242	OR<	(S1)<(S2)	○	—	311
	244	OR<>	(S1)≠(S2)	○	—	311
	245	OR≦	(S1)≤(S2)	○	—	311
	246	OR≧	(S1)≥(S2)	○	—	311
数据表处理	256	LIMT*	上下限限位控制	○	○	366
	257	BAND*	死区控制	○	○	367
	258	ZONE*	区间控制	○	○	368
	259	SCL*	定坐标(不同点坐标数据)	○	○	369
	260	DABIN*	十进制ASCII转换成二进制码	○	○	371
	261	BINDA*	二进制码转换成十进制ASCII	○	○	372
	269	SCL2*	定坐标2(X/Y坐标数据)	○	○	373
变频器通信	270	IVCK*	变频器的运行监控	—	—	375
	271	IVDR*	变频器的运行控制	—	—	376
	272	IVRD*	读取变频器的参数	—	—	377
	273	IVWR*	写入变频器的参数	—	—	378
	274	IVBWR*	成批写入变频器的参数	—	—	378
数据传送3	278	RBFM*	RBFM分割读出	—	—	379
	279	WBFM*	RBFM分割写入	—	—	380
高速处理2	280	HSCT*	高速计数器表比较	○	—	381
扩展文件寄存器的控制	290	LOADR*	读出扩展文件寄存器	—	—	384
	291	SAVER*	成批写入扩展文件寄存器	—	—	385
	292	INITR*	扩展寄存器的初始化	—	○	386
	293	LOGR*	登录到扩展寄存器	—	○	387
	294	RWER*	扩展文件寄存器的删除．写入	—	○	388
	295	INITER*	扩展文件寄存器的初始化	—	○	390

注：1. 表中“D指令”栏中带圈的，表示可以为32位指令，不带圈的只能为16位指令；

2. 表中“P指令”栏中带圈的。表示可以为脉冲型指令，不带圈的只能为连续型指令；

3. 表中指令助记符号的右上角带“*”，表示是FX_{3U}系列PLC指令。

参考文献

[1] 史国生．电气控制与可编程控制器技术［M］．3版．北京：化学工业出版社，2010.
[2] 三菱电机公司．FX_{3U}、FX_{3UC}编程手册（基本、应用指令说明书）．2005.12.
[3] 王永华．现代电气及可编程控制技术［M］．3版．北京：北京航空航天大学出版社，2014.
[4] 廖常初．FX系列PLC编程及应用［M］．2版．北京：机械工业出版社，2015.
[5] 盖超会，阳胜峰．三菱PLC与变频器 触摸屏综合实训教程［M］．北京：中国电力出版社，2011.
[6] 梅凤英．电气控制与PLC应用技术［M］．北京：机械工业出版社，2013.
[7] 崔龙成．三菱电机小型可编程序控制器应用指南［M］．北京：机械工业出版社，2012.
[8] 初航，史进波．三菱FX系列PLC编程及应用［M］．北京：电子工业出版社，2014.
[9] 范国伟．电气控制与PLC应用技术［M］．北京：人民邮电出版社，2013.
[10] 杨后川．三菱PLC应用100例［M］．北京：电子工业出版社，2011.
[11] 廖晓梅．三菱PLC编程技术及工程案例精选［M］．北京：机械工业出版社，2012.
[12] 周军．电气控制及PLC［M］．北京：机械工业出版社，2011.